全訂増補版 メダカ学全書

The Integrated Book for the Biology of the Medaka

愛知教育大学名誉教授

理学博士

岩松鷹司著

TAKASHI IWAMATSU Ph. D.,
Emeritus PROFESSOR
DEPARTMENT OF BIOLOGY
AICHI UNIVERSITY OF EDUCATION

大学教育出版

謹んでこの小著を

恩師　山本時男先生
及び
父母に捧げる

The author dedicates this book to
Professor Toki-o Yamamoto
and my parents

序
PREFACE

科学者が探究し、表した自然の事物は、たとえ真理ではなくても、その人の芸術であり、情熱の現れである。――――――岩松鷹司

生物学の発展に研究材料がしばしば大きく影響を及ぼすことは，多くの研究者の知るところである。ここにとり上げたメダカは，日本ではその名を知らないものはいないほど馴染み深い小魚である。今日までこれに関する研究も多く，特に筆者の恩師山本時男先生によってなされた研究は，メダカが受精及び性の分化に関する研究分野で優れた研究材料であることを知らしめるものである。

メダカを，分類，分布，形態，生理，遺伝，行動など総合的視点に立って紹介した書物がこれまでなかったため，筆者は「生物教材としてのメダカ」と題して1974年からシリーズで書き始めた。その翌年，山本時男先生が数人のメダカの研究者の協力を得て“Series of Stock Culture in Biological Field—Medaka (Killifish) Biology and Strains”を編集なさった。この高著は研究者にとって真にすばらしい専門書である。しかし，これは英文で書かれているため，誰もが簡単に読める訳ではない。そこで，メダカを国内のより多くの方に知っていただくために，筆者は『メダカ学』（1993）を著した。資料不足と観察・表現の能力の微弱さが手伝って，記載に誤りや不十分な点が多々あったが，今回補追・訂正する機会を得て，論文等最新の情報を網羅した完全な形にする努力を行った。この執筆に際して，協力してくれた妻及び柴田安司氏及び研究室の諸氏をはじめ，次の諸先生方にご支援と激励を賜わり，よりよい書物にすることができた。筆を進めるにあたり，ご協力をいただいた下記の各位のご好意に対して心から感謝の意を表す次第である。特に，資料をご提供くださった先生方に深く感謝を申し上げる。
青木一子，緋田研爾，伊賀哲郎，井尻憲一，石川裕二，石田寿老，伊東鎮雄，稲熊興助，宇和　紘，尾里建二郎，鬼武一夫，太田忠之，影山哲男，木下治雄，慶野宏臣，酒井則良，酒泉　満，嶋　昭紘，瀬古　玲，田口泰子，竹内邦輔，高橋　進，竹内哲郎，富田英夫，中島晴子，中埜栄三，中村弘明，長浜嘉孝，成瀬　清，根岸寿美子，橋川　央，濱口　哲，平林民雄，平本幸男，

堀　寛，堀　令司，B. K. Hall，山上健次郎，山内晧平，山田耕司，吉本康明．川崎チヨ，青木紀子，小川雅康，大野順子，中森寿一，安良城文主，寺島郁子，林　正己，生駒隆章，森下佳彦，福森あい，蓑和琢治，増田敏一，白井由乃，脇田　香，三宅重幸，梶田憲正，赤佐秀子，中西睦子，田野孝子，三尾みさを，松村時夫，橋本秀代，斉藤弘治，本多陽子，川崎綾子，山内晴雄，岩見田健，神尾とも子，太田清光，打田豊美，長島多美，石川鏡子，長瀬伸子，庄司裕志，多田幸雄，福田喜久江，湧川末雄，渡部芳子，中山尚子，沢田泰明，小池良治，浪崎理恵子，西山祐子，都築信義，神谷誠一，三輪　豊，大林裕子，山守敬子，平木教男，加藤千秋，加藤潔司，木村正郎，藤條玲子，伊奈克巳，池田恵美子，高間孝治，山本有子，小島徹也，伊藤尚子，鶴田ひろ子，早川るみ子，朏　雅治，山口朋子，福富裕志，位田明美，長岡信志，吉川康子，浅井　薫，赤沢　豊，森　弘美，中川恵津子，志村貴子，半谷　徹，大島恵美子，野口さゆり，福地孝宏，平野正也，宿谷文彦，坪崎　潔，永田要二，渡辺　隆，村松友和，横山清文，篠田道宏，永田理恵子，宮下重和，横地　孝，下條直樹，前田博子，堀部祐子，寺田安孝，松久有途，山本智爾，永田美恵子，浅田奈美枝，清水裕美子，荻野隆美，米今純子，新美加代，蜂須賀靖幸，蟹江敏洋，岡崎洋行，都築祥子，伊藤敦俊，浦　雅貴，安田征達，高岡ちえ，高須絵理，林　晃生，廣岡直城，船戸将之，提髪玲子。

1997年10月30日

刈谷市井ケ谷町にて

著者　識す

新版に向けて

近年「地球狭し」と感じられるほど，過去の予想を上回って人類の活動が活発になっている。特に，経済の側面から消費の促進を煽り，環境に複雑に絡み合った社会問題が急増している。その問題解決は自然科学にも要請されている。その要請に呼応して，科学の分野では方法や技術が進歩し，研究体制が改変されてきた。それに拍車をかけて，研究論文も電子情報化して急増している。

利便性と快楽性を求めるヒトの欲望を満たす医学，農学，工学，薬学などの応用自然科学に期待がもたれ，環境学や福祉学といった学際的分野が取り上げられて社会に浸透している。生命に関する分野では，自然の乱開発，物質の人工合成と消費に伴う環境の激変とそれに影響を受ける遺伝子の変化や改変に関心が集中している。したがって，それに関わる研究者と情報が年々増えている。すなわち，センチュウ，ショウジョウバエ，ゼブラフィシュやマウスなどと共に実験動物として優れた研究材料であるメダカを，環境汚染や発生過程における遺伝子機能を解明するのに用いる研究者も激増しているのである。そのために，『メダカ学全書』（1997）の内容にそれらの情報を増補する必要が生じた。とはいっても，特にリンケージグループの解明のために，大規模な突然変異の誘発mutanogenesisがなされ，膨大な遺伝子の確認が報告されるに至り，今や，それらすべてを本書に記載することができない有様である。

情報収集力のない筆者は，身近な研究者の業績恵贈と情報提供に頼らざるを得なかった。そのため，これまでのすべての情報を収録できていないのが誠に遺憾である。今回本書に新たな図版や文献を提供してくださった青木一子，石川裕二，太田忠之，尾里建二郎，日下部岳広，木下政人，木村郁夫，工藤明，小林啓邦，近藤寿人，酒泉　満，佐藤政則，佐藤正祐，嶋　昭紘，鈴木範男，竹花祐介，中島晴子，成瀬清，萩野哲，広瀬裕一，藤田　清，松本二郎，若松佑子，籔本美孝，Lynne R. Parentiの諸先生に感謝の意を表する。特に，文献等にご協力くださった小林啓邦博士に心からお礼申し上げる。なお，図の掲載許可に関してElsevier等に感謝申し上げる。

最後に，本書を出版にするにあたり，快くご協力くださった大学教育出版の佐藤守氏に深く感謝申し上げる。

2006年８月

井ヶ谷にて

岩松　鷹司

全訂増補版に寄せて

1997年，そして2006年と少しずつ改訂を重ねてきたが，その内容にもさらに新たな改訂と追加が必要になった。それも，人間の科学的能力には限界があり多岐亡羊であるが，不可知な生命現象の解明への欲求は止まることなく続くがゆえにやむを得ないことである。

メダカは生命現象の解明には扱いやすい絶好の研究材料である。特に，脊椎動物の原型である魚類のモデルとしてメダカは世界中の優れた学者の注目の的となり，その形態と機能が研究されている。何といっても，発生および成長の過程においても取り扱いやすいメダカは，精密な生命体構築のための遺伝子の不可視で，かつ動的な設計図に基づいて遺伝子産物が展開する誘導カスケードの解明に適している。それゆえ，たかがメダカと云われるが，この小魚を用いて生命を解明しようとする研究活動はますますグローバル化して発展しており，年間100を超す学術論文が発表されている。しかし，研究者がメダカに関心を持ち生命現象の調査研究を開始して，まだ一世紀ほどしか経っていない。したがって，研究の足場となる基本的なデータは年々増加しているといえど，まだまだ十分でない。もっと多くの若者が道聴塗説に惑わされず，あらゆる視点からメダカを通して生命に関する疑問を見いだして，生命の本質を解明する努力を惜しまないことを切望する。

近年，“Mechanisms of Development”から特集Medaka（Co-ordinating Editor, Marnie E. Halpern）が発刊されたり，研究者のための英文の実践的情報である『The Medaka』が出版されたりしており，それらは全世界の研究者にとって活用しやすいもので大変ありがたい出版物である。

本書は，過去の研究者の努力による成果を尊重し，今後の研究に役立つ基本的データとしてより充実したものになるのを目標にしている。そのため，魅力的で古典的な内容を次々改訂増補することを余儀なくされている。古くても重要なものを遺して増築し続ける生物の進化を見習って，本増補版も初期の研究成果を蔑視，あるいは無視することなく温故知新のための文献として大切にして，いかに新たな研究成果が加わって発展し現在に至っているかを書き遺す小著でもありたい。新たな本書に情報を提供してくださった鬼武一夫学長，尾田正二博士，高橋孝行教授，酒泉 満教授，竹花裕介博士，武田洋幸教授，橋本寿史教授，山本雅道博士，元校長 吉岡敏彦氏，名古屋市東山動植物園の黒邉雅実園長，飼育係員 田中理映子氏，日本トラスト協会理事の今村高良氏，輿

小田寛氏および林 美正氏，そして中根耕造氏に心からお礼を申し上げる。そして，最後に筆者の心身を支えてくれた妻千紗子に心から感謝の意を表すとともに，全訂増補版の出版にご尽力くださった大学教育出版の佐藤守氏に深く感謝申し上げる。

2017年 9 月　　井ヶ谷にて

岩松　鷹司

全訂増補版 メダカ学全書

The Integrated Book for the Biology of the Medaka

目　次

第４章　形態と生理　136

第５章　体表と内部形態　179

第６章　生殖　258

第７章　発生　347

第８章　遺伝　531

全訂増補版 メダカ学全書

The Integrated Book for the Biology of the Medaka

概　説
INTRODUCTION

メダカは，卵生の淡水魚で日本を含むアジア地域(東洋区)の池，水田や流れのゆるやかな小川とか河川に棲んでいる。しかし、山間の冷たい清流の谷川や流れの速い川などには棲んでいない。一般に，メダカは小さい群れをなして水面近くを泳いでいる。湾に近い海水の混じる河口の汽水域にも泳いでいるのを時折みかける。ジャワメダカのように，海水の入る河口やマングローブの汽水域に棲んでいるものもいる。体色は，野生メダカのものが水底の泥の色に近い保護色の焦げ茶色がかった灰色であるが，体表の色素細胞の有無あるいは反応性の違いによってさまざまな色調を示す。ヒ(緋)メダカといわれるものは体表に黒色の色素細胞のないものであり，黄色の色素細胞と血液の色でオレンジ色をしている。ヒメダカの中に混ざって，黄色の色素細胞も発達していないものがあり，眼は黒いが体色が血液の色でピンク色を帯びた白色で，白メダカといわれるものがいる。黒色と黄色の色素細胞のまったくないものが白子(アルビノalbino)で，眼は血液の色で赤い。

俗にメダカという名称は，貝原益軒の『大和本草』(1709)に「目高」とあるように，すでに江戸時代に用いられていたようである。そのためか，それはかつて東京及びその附近ではメダカ，メタカ，メザカ(田中，1922, 1932)と呼んでいたといわれる。平安時代の和漢辞書「倭名類聚抄」に記載されているウルリコという魚種不明の小魚が，メダカの方言にウロリ，ウルメコ，ウルミコがあることから，メダカであると考えられる。

もし，そうだとしたら，これが最も古いメダカの記載になろう。他の方言ウルメ(青森の弘前)，ギンメ(群馬)，メンパチ(三重の宇治山田)，メダゴ(福岡)，メメチン(徳島)，タカメンチン(鹿児島)などからもわかるように，体の割に大きい眼をもつためか「メ」という表現が多く使われている。また，体が小さい特徴を指してか，コメンコ(静岡)，コメエト(岡山の津山)，コマンジャコ(細かい雑魚，大阪)と呼んだり，水面に浮いてくる習性からウキス，ウケス，あるいは他種の魚の稚魚と同じように，アブラコ，ウルメコと呼ぶ地方がかなりある。メダカの方言は，魚類学者が1,500ぐらいあると報告しているが，辛川・柴田(1980)によれば，約5,000語といわれている。さらに，近年馬渡（2007）は，福岡県のメダカの方言に詳しく，台湾16語，韓国・朝鮮の37語まで記述している。また，明治6（1873）年の初等科教科書にはメダカの魚名としてメメザコが記載されているが，明治36（1903）年９月３日発行の尋常小学校読本に東京の一方言メダカが使用されていることにも触れている。それ以後小学校では共通用語としてメダカが用いられている。

文献を漁っていて，先輩の魚類学者田中茂穂博士の記述（1922）に心惹かれたので，ここに付記する。「日本語の方言中魚類程多きは非ざるべく，魚類中淡水魚は更に著しく方言が多く，淡水魚中メダカは更に更に方言多し。初め余はメダカの方言は二，三百位はあるべしと考えしが，追々集まるに従ひ殆ど千五百位ある見込みと目下報告書続々来りつつあると，是が整理に時間を要する為に出版期は来年となるべし。朝鮮・台湾・広東州・関東州等諸地方の方言もまた集まりつつあるが，とりわけ台南中学校菅猪之助氏の消息には同地方では「海裡無魚三界娘仔爲王」となる諺ありて，三界娘仔(サンカイニウア)はメダカの方言で，上記の意義は「鳥なき里の蝙蝠」の義なる由なり。メダカとは眼高の義とは一般の首肯する處なるも，東京でメザカと称し，東北にてメザコと称する等より思い合わせば，溝魚（ミゾサカナ）の転訛には非ずやと思わる。若し，然りとせば本種の標準名はメザコと改めたきものなり」。

メダカは，体が小さいせいか，あまり実用価値のないものとして，“なんだメダカか”といわれがちである。しかし，メダカは昔は肥料にされたり，甲府や新潟地方には食用に供されていたという報告がある。妹尾(1940)によれば，第二次大戦直前の新潟県中蒲原郡では，９月中旬あたりから12月中旬までの漁期に１日に

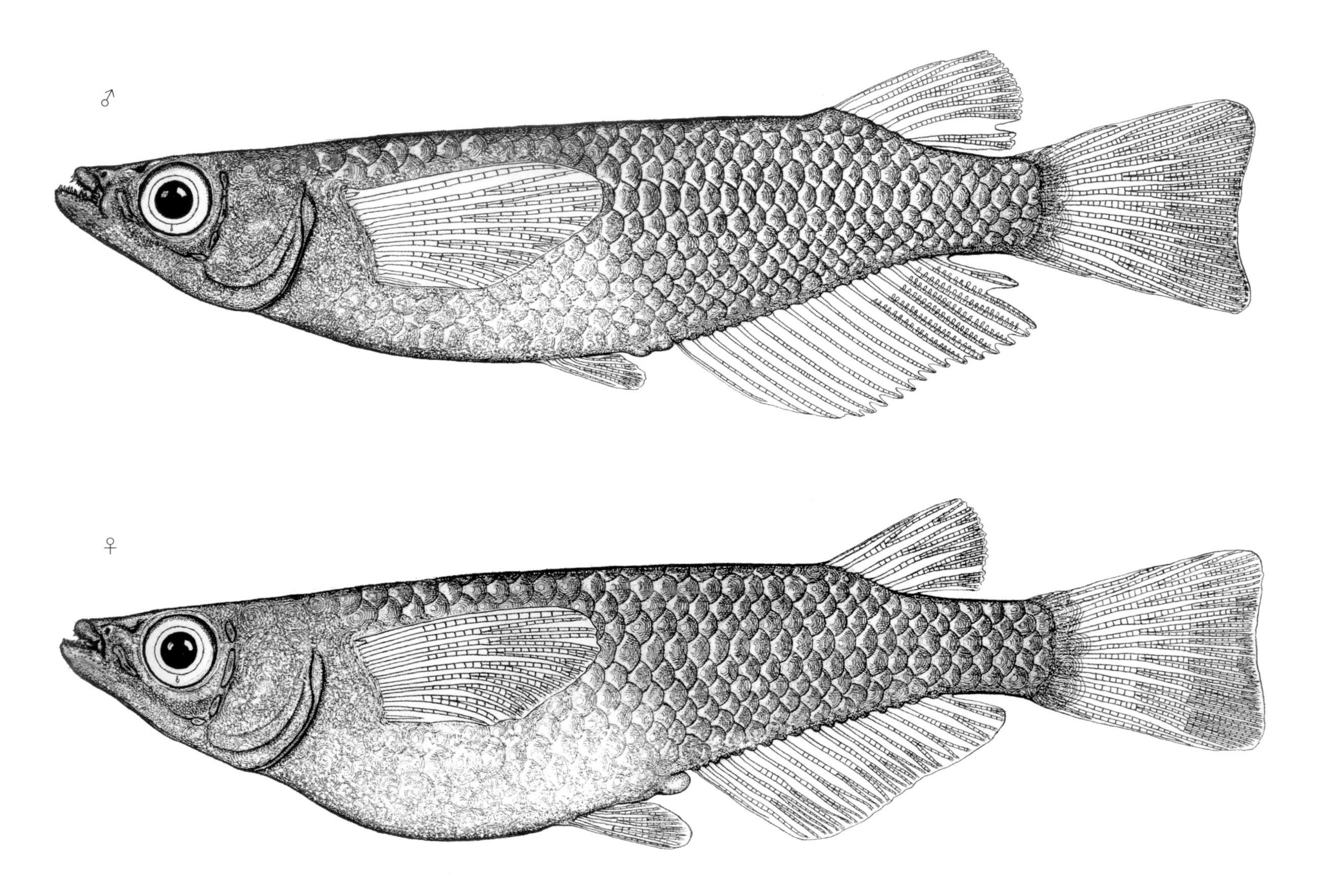

図1　ニホンメダカの外観

6 kgぐらいを，豊漁時には22.5kgを漁獲していたという。報告書は，この地方でのメダカの調理法まで詳しく触れており，それは次のように佃煮様に煮上げるものである。まず，メダカを清水でよく洗う。食塩を一握り入れた水を鍋（容量不明）に沸騰させておき，その中にメダカを少量ずつ小ざるに入れて，ざっとゆで上げる。味醂，醤油，砂糖などで味付けした汁を別の鍋に用意し，これに前記の塩ゆでしたメダカを入れて魚体をくずさないように煮込む。その後は，土製の瓶類に入れて保存し，必要に応じて少量ずつ取り出して副食物としていた。煮汁は魚から出たゼラチンで冬期には煮コゴリとなり，2カ月間の保存が可能で，汁物のダシに使用された。広大な田んぼで稲作を行う長い歴史をもつこのような地方ではメダカが多く採れるため，古くからメダカの食用が定着していたのであろう。

このほか，メダカの食用に関する情報は，全国に及んでおり，秋田（蒸して食べる，あるいは塩炒り），山形（汁物），新潟（佃煮，魚団子），山梨（干して醤油をつけて食べる，冬メダカは卵とじ），愛知（煮て食べる），三重，滋賀（佃煮），鳥取，徳島（味噌汁），愛媛（味噌汁），福岡（味噌汁），熊本（とんがらし煮）などの諸県にある（馬渡，2007）。現在も食用（新潟県見附市“うるめの田舎煮”）のほかには薬として，眼や乳房の病気を治すのによいといって，生きたメダカをそのまま飲む人がいる。かつて，筆者も乳腺炎を患っていた御婦人にメダカをさし上げ，治ったお礼にと差し出され，メダカがお菓子に変わったのには驚いた。

わが国におけるヒメダカの産地は奈良県大和郡山市と愛知県海部郡弥富町で，他の観賞魚とともに養殖されている。この小さいヒメダカの有用性は，現在食用面ではほとんどなく，主として大きい魚の餌や実験動物として広い領域にわたって活用されている。硬骨魚には，脳神経系，内分泌系，循環器系，免疫系など高等なほ乳動物に認められる系の原形がすでにでき上がっており，メダカも脊椎動物のモデルとして研究対象になっている。とりわけ発生学，遺伝学，生理学，薬学，生態学などの分野での研究材料として，ニホンメダカは，また小･中･高等学校の教材として認められている。その教材としての長所については，ブリッグスと江上（1959）にも記述されているが，さらに優れた特長を新たに加えて，下記のとおり箇条書きにした。

(1) メダカは魚であり，脊椎動物の原型であるので，ヒトと同じ生命現象が見られる。したがって，メダカのからだを調べることによってヒトなど他の脊椎動物のからだや病気などを理解するのに役立つ。とくに，発生や性の決定・分化，そしてからだの諸機能・形態などの研究の材料に活用される。

(2) 野生メダカは，池，田んぼ，小川などで捕まえられるし，またヒメダカならペットショップや淡水魚の養殖業者から容易に入手できるので便利である。これらの飼育管理費も他の脊椎動物に比べて安い。

(3) からだが小さいので1つの水槽に数匹飼うことができ，実験室や部屋などの狭いところで飼育でき，嫌な臭いも出さない。他の多くの魚類と違って，淡水でしかも広い溜り水で飼育維持できる。飼育温度域が広く，繁殖期には室温（適温25～28℃）で温度調節を必要としない。

(4) 自然・野外でも約4カ月間，生息条件が良ければ毎日早朝（2～4時）に産卵する。光に依存して生きる長日性動物であるので直射日光が大切である。適温下で，十分な日照時間（150ルクス以上，1日14時間以上）と光周期によって卵形成や産卵の時刻が決まる。したがって，点燈時刻を調節して産卵時刻を随時にコントロールできる。

(5) 飼育管理で重要な点は，光と温度以外に水の量・質と餌である。自然では水面が広く，絶えず水は流れ・浸潤して代わっており，餌になる水棲微小生物が豊富である。したがって，自然のように少量ずつ水を換えて餌をいつも与えてやる。市販の養魚（マスや金魚など）・繁殖用の市販の餌をジューサーなどで十分粉砕して少量ずつ給餌する。

(6) 雌は雄の交尾刺激によって産卵する。そのため，雌を産卵時刻前に雄と隔離しておき，予定産卵時刻後に雄の入っている水槽に雌を入れると，交尾・産卵の様子がみられるし，受精直後の卵を得ることができる。

(7) メダカは第二次性徴が顕著で，雄雌の違いが外観で判る。雄成魚の臀鰭・背鰭は長く，両鰭の後部に切れ込みがあり，臀鰭後部の軟条に乳頭状小突起がある。雌成魚の臀鰭・背鰭にはその切れ込みがないし，幅狭く黄色っぽい臀鰭の軟条に小突起はない。雌には泌尿生殖隆起が発達しているが，雄にはない。二歳以上の雌になると，臀鰭の軟条末端が分岐する。また，麻酔薬や氷冷で麻痺させると，雄はひっくり返って腹を上にする。

(8) 雌は飼育条件によって異なるが，30個前後の卵を肛門の後部の泌尿生殖口から産卵する。直径は約1.2 mmで，卵膜と卵黄が透明であるため，胚の発生を透過光顕微鏡（総合倍率100倍）で観察しやすい。受精後30分ぐらい経つと，卵膜が指でもんでも潰れ

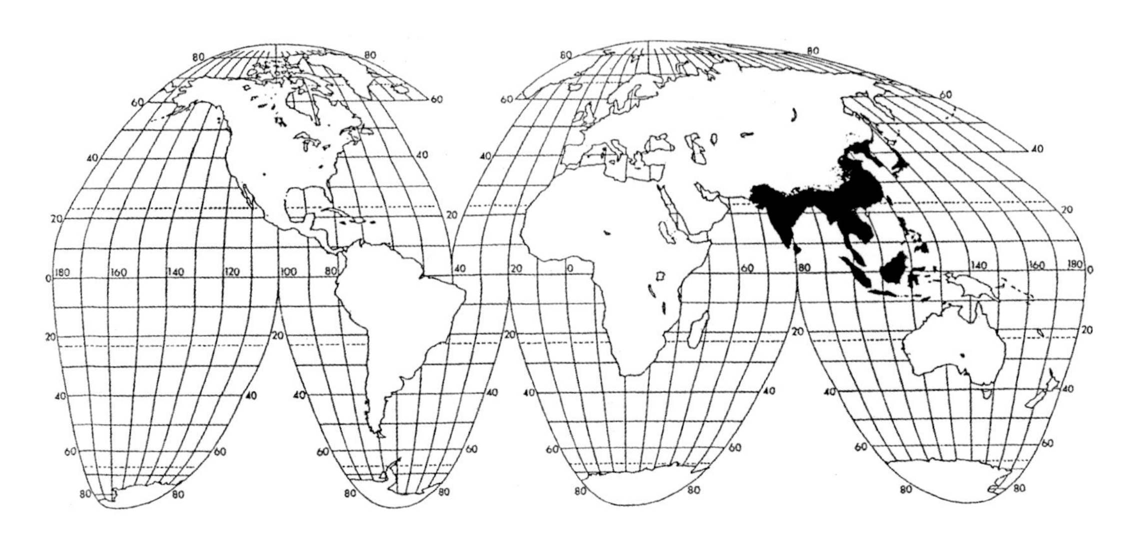

図2 メダカの棲息分布

ないほど硬くなる。

(9) 成熟した未受精卵や精子を得るには，毎日産卵している雄と雌を産卵前に隔離しておく。予定産卵時刻が過ぎて，雄雌を別々に麻酔して塩類溶液内に移しからだを横にして，おなかの後部を太く丸いガラス棒の先部分でゆっくり圧して，泌尿生殖口から未受精卵，あるいは精子を排出させて得られる。

(10) 孵化に要する日時は温度によって異なり，25℃前後であれば10日間ほどである。稚魚はミドリムシ（ユーグレナなど）を加えた飼育水（池や川の水，あるいは湯冷まし）で，餌（粉餌，ゾウリムシ，ミジンコなど）で飼育する。適温下であれば，孵化後2.5カ月で性的に成熟する。

(11) 生まれて成魚になるまでの期間が短く，育種が容易でる。また，全ゲノムが解明されており，突然変異の誘発および解析の技術が進んでいる。そのため，遺伝的系統や品種が多く，遺伝学の研究材料に適している。

(12) 飛んだり，海を渡ったりできない魚であるため，自然では生息域が限られているので魚の成り立ち・進化やアジアの大陸・地域の地理的変動，そこに棲む民族・風俗や他の動物の歴史を理解するのに役立つ。

(13) 化学物質による環境汚染，乱開発や外来種による生態系の破壊など人為的環境破壊の指標動物として有用である。

以上，メダカは，魚という点を除けば，“生命のすべての現象をみせてくれる”生物学かつ理科の教材として都合のよい特質をもっている。

後述するメダカの分布（図２）の研究は，大陸の変動の研究につながる。また，メダカの学名が*Oryzias*とされているように，その棲息分布は稲*Oryza sativa*を栽培する水田の分布（図３）とほぼ一致している。稲の栽培との史的関係が明らかになれば，メダカの分布を通して民俗的風習も浮き彫りにできるであろう。

我々はメダカのルーツを探り，海を渡ることのないメダカはアジアの島々に生息していることから東アジアの地形のでき方にまで関心をもち，“インドネシアの島々に採集の旅”（中部読売新聞社，1982年２月18日報道）に出かけた。1979年採集して，生きたメダカを持ち帰り，種の確認と分類を研究し始めた。これが皮切りになって，日本，ドイツやアメリカの研究者によるメダカの新種発見，そして分類研究が始まった。

(1) 日本人とメダカとの関わり

メダカ科 Oryziidae はアジアの固有種であり，現在分類学上不確定の数種（Roberts, 1998）を除き，新種（Parenti & Soeroto, 2004; Parenti, 2008）を加えた１属30種近くが知られている。ニホンメダカ*Oryzias latipes*は絶滅危惧種として1999年２月18日に発行された環境庁のレッドデータブックに掲載され話題を呼んだ。実は，ニホンメダカだけでなく，スラベシ島の湖にしかいない在来淡水魚 *O. profundicola* プロファンディコラメダカや *O. orthognathus* オルトグナサスメダカなども絶滅が危惧されている。その島では養殖のために，そのようなメダカが棲む湖にティラピア，ナマズやコ

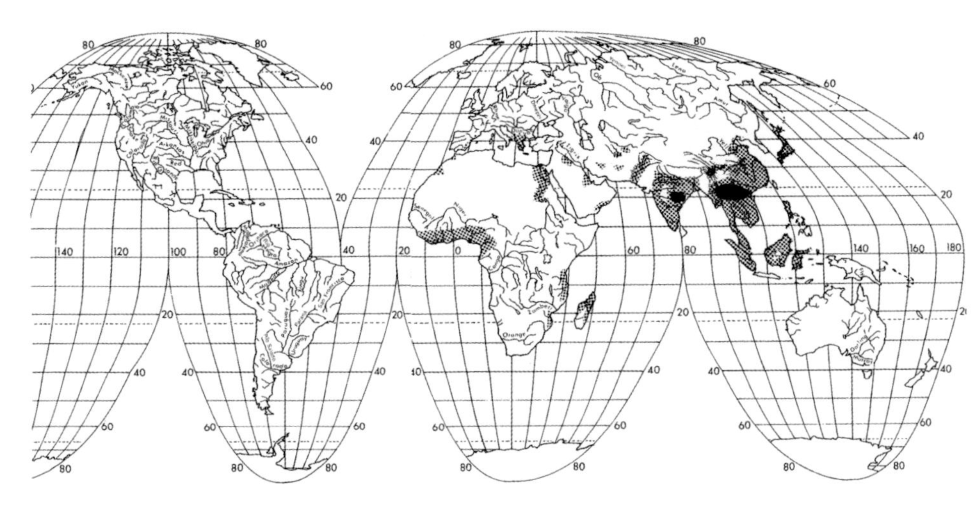

図3　栽培稲の分布（ヒューク・チャンより改図）

■　紀元前4000年までに稲が栽培されたと推定される地域.

▨　紀元前1500年から紀元前1000年ごろまでに稲が栽培されたと推定される地域.

イ科の淡水魚が導入されたことに原因しているようである。シンガポールでも日本人の需要に応じてエビの養殖場をつくるためにマングローブ海水域の生態系が破壊され，そこに棲むジャワメダカやテッポウウオなど稀少魚類の生息が脅かされている。思わぬところに日本人とメダカとの関係がある。

ところで，日本人だけがどうしてメダカと古くから深く関わり合ってきたであろうか。ニホンメダカ以外のフィリピンメダカ，タイメダカ，メコンメダカ，ジャワメダカ，インドメダカなどは水田に棲息していないが，ニホンメダカは水田域に棲息している（岩松，1993, 1997）。この点がメダカと関わり合ってきた原因であろうか。しかし，ニホンメダカが田んぼに棲息している朝鮮半島，中国・台湾ではほとんど関心がこれまでなかったことから推して，そればかりではなさそうである。それは，おそらく日本人の「感性」と「自然の事物の捉え方」や「生活習慣」に関係があるように思う（岩松，2002）。

日本は島国で，人々は山と海の間に住んでいる。美しくすばらしい自然も，あるときは思いも及ばない恐ろしいものであることを知っている。人間の想像も及ばないその自然現象が超人的な存在物によって起こると信じ，自然のあらゆるものに神の存在を信じたのである。日本人の自然観は，「自然は神である」とするところに根源があると思う。「自然現象はすべて神の御意であるし，この世に具現されているものはすべて神の化身であり，分身である」とする。その捉え方からすれば，もちろんメダカも神の化身であり，神の遣いなのである。したがって，自然の何物をも損じ，破壊することは，神を冒すことであるとした。木一本を切る時も神に許しを乞うように祈るのである。

もともと農業・漁業の国であった日本では，自然の中で水を大切にしてきた。夏に向かうと，雨期を迎えて小さい島ですら水が豊かになる。瀬戸内海の小さい豊島は，水が豊富でメダカの多い島である。山から浸潤してくる水は集まり，小さな流れをなしてカワニナ，ホタルやトンボなどの幼虫を繁殖させていた。日本では，豊かな水をもたらしてくれるものは昔から山の神，竜神，水神であると信じ，それらの神を祭り，村の安全と豊作・豊漁を祈願してきた。水稲栽培には水不足に対応できるように田んぼの周りに畦，溝や小さな溜め池を造り，水の確保に工夫した。供物としての米の取り立てが厳しかった江戸の封建時代には，稲作の出来・不出来が農民の命を左右した。つまり，水争いの歴史が水の確保に工夫をさせたのである。水が漏れないようにきれいに泥で固めた畦を子供が通り道にして踏み崩すのを極端に恐れた。水が涸れ，稲が枯れ，メダカが死ぬことは農民の死に直結していたので，田んぼの僅かな水も大切で，そんなところにでも繁殖するメダカに励まされたことと思う。そのため，畦，溝の水辺にいつも注意しており，そこに棲むメダカのような小さな生き物にも馴染み深かったのであろうと思う。当然メダカがいなくなる年は米が不作で，飢饉の年になる。メダカが“米の作況の指標”になったのである。

メダカが生きられるように，そして稲が枯れないように溜め池を造り，水辺を守ったのである。そして，各地では共に生き親しんだメダカに勝手な愛称を付けて呼んだのであろう。それが各地にあるメダカの方言である。昔，村，町の領地単位で同じ方言を用いていたとすれば，辛川十歩が調べた日本中の5,000に及ぶ方言（辛川・柴田，1980）は，領地がその数だけあったことを意味している。そのためか，日本語の中でメダカの方言が最も多い。経済的に価値のないメダカには全国の流通の必要性もなく，呼び名がまちまちでもよかったのであろう。そして，その呼び名は，「メダカ」「ウキス」「チンマイ」「ジャコ」「ダンギボウ」などメダカの特徴をよくいい表している。ただし，メダカは田んぼに棲み，稲*Oryza*に由来する学名*Oryzias*をもつ魚なのに，イナゴのように「イネ」と関わり合う方言がないのは不思議である。方言を調べると，メダカと日本人との関わりがよくわかるのである。ちなみに，現代共通語として用いられているメダカは，「目高」に由来している。1697年に著された『本朝食鑑』には，「江都の葛西の水中に目高というものがいる。形状はごく小さく，（略）頭は大きく眼は高くふくれあがっている。性質は，群游し岸に浮かび，溝塹に聚まる」とあり，貝原益軒の『大和本草』（1709）より先に「目高」を用いている。

日本人が小さなメダカに関心をもったもう１つの原因は，江戸時代に「目高もととのうち」といっているように，小さなものを大切にするものの見方・考え方にあるように思う。知的に優れた日本人には，自然の驚異や幽玄さの探求から，人間の能力，科学の限界を悟り，自然には人の手を加えないことをよしとする東洋哲学があったのであろう。前述のように，昔の日本人は自然のあらゆるものに「みえない神」の潜在を信じ，みえないものに重きを置いてきたのである。たとえば，女性の美しさも，着物を着て体を隠して，みえない体の美しさをみた。それだけではなく，みえない心の美しさを併せてみたのである。逆に，美しさや醜さを隠す慎ましやかさを美徳とした。これが日本人の東洋哲学的なものの見方・考え方の表れであろうと思う。東洋人は自然の事物を墨で描き，墨の濃淡に自然の色彩をみて，かつ何も描いていない余白には表現できない自然のすばらしさを表している。所詮自然の奥深く，描ききれない美しさを「観る人の目」に委ねているのである。また，生気論的な捉え方をして，身の回りのあらゆるものに精霊を認め，精霊の宿るそれらが衰退し，朽ち衰えていく有様に「慈悲の心」をもち，「もののあわれ」「わび」「さび」を感じるのではないかと思う。

このようにヒトが目にみえないもの，すなわち「ものの本質」を見抜き，それを音，形，色，匂い，味や文字などに表現して遺してきたものが文化であろう。目にみえないものに秘められているすばらしさを求める日本人の心が，日本特有の文化を生み，小さなメダカにまで目を注いだのであろう。いわば，“メダカのいるところに日本がある”のである。

(2) メダカと日本の研究教育

江戸中期以降，天下太平の時代に移って，書物，絵画が多くなり，肖像画にも背景を描くようになって，それらに庶民の生活の様子も登場してくる。江戸時代の庶民を描いた草紙，錦絵や浮世絵にもメダカが描かれている（図４）。水辺をよく取り入れて描いている鈴木春信による錦絵「めだかすくい」（図５）は，子供がメダカに関心が深かったことを物語っている。当時人気を呼んだ中国産のキンギョとともに，目高も金魚売りによって売られていたようである（江上，1989）。しかし，派手好みの人たちにはキンギョが人気を呼び，金がなくても水辺で捕まえられるメダカは子供の遊び友だちになっていった（図６）。

メダカは狭い飼育場所，安い管理費，殖えやすいなどの観点から，大変飼育しやすい動物である。わが国では，明治から大正の時代に東京大学において初めて実験動物学を導入し，今日の実験形態学や生理学の基礎を拓いた谷津直秀教授の下で，メダカを用いた実験動物学の研究がなされるようになった。メダカは狭いスペースでたくさん飼育でき，14時間以上光を当てて水温を25℃にしてエサを十分与えれば，年中いつでも卵が得られる。また，一世代が短いので，遺伝，発生，行動といった研究には好都合の動物である。宇宙ステーションにメダカを持ち込み，その無重力下での生殖・発生や行動を調べたのも，メダカにそういった特長があったからである（Ijiri, 1997）。

江戸時代に野生メダカの突然変異種であるヒメダカやシロメダカが愛好家によってすでに育種（図７）されていたこともあって，世界に先駆けて体色の遺伝の仕方を研究するのに活用できたのである。明治の終わりから大正の初めにかけて，石川千代松（1912），そして1900（明治33）年の「メンデルの法則」の再発見後間もなく，カイコで遺伝を研究（1906）した外山亀太郎（1916）や石原誠（1916）がメダカの体色遺伝を研究して，世界に先駆けて脊椎動物の遺伝もメンデルの法則に従うことを証明した（図８）。すなわち，赤い体

図4　歌麿　団扇と金魚の二女　大判　錦絵
ユゲット・ベレス・コレクション
UTAMARO Two Women with a Fan and Goldfish. Ōban Nishikie. Huguette Berés Collection. 右下隅にメダカがみえる.

色に対して黒い体色が優性で，ヒメダカとクロメダカをかけ合わすと，その子が全部クロメダカになる。そのクロメダカ同士をかけ合わすと，クロメダカが3匹，ヒメダカが1匹の割合で孫が生じるというメンデルの法則が適用されることを示した。1921年には，會田龍雄は，雄を決定する遺伝子と赤い体色を決定する遺伝子とが連関してY染色体上に存在することを初めて証明した。すなわち，メダカを用いて雄性決定遺伝子と赤い体色を決定する遺伝子が連関（リンケージ）している限性遺伝を発見したのである。グッピーを用いて10年遅れで同じことを発見したのがWingeである（Winge, 1930）。これは，ショウジョウバエの伴性遺伝と異なる遺伝様式の発見で，世界に注目された。1930年代以来1970年頃まで，日本に初めて実験動物学を導入した東京帝国大学の谷津教授の最後の高弟である山本時男先生も発生の研究にメダカを用いた。そして，名古屋大学で受精や性の決定に関する世界をリードするたくさんの成果をあげている（Yamamoto, 1975）。例えば，會田龍雄の発見したＹ染色体Y-chromosomeの雄性決定遺伝子と連鎖した緋色発現遺伝子をもつ赤色の雄とそれをもたない雌を選んで交配して赤メダカが雄，白メダカが雌であるd-rR系統メダカを育種した。そのd-rR strain系統メダカを用いてメダカの人為的性転換を証明したのも成果の一つである。雄性決定遺伝子の発見とその解明を行ったのも日本人である（Matsuda *et al.*, 2002; Schartl, 2004）。現在メダカのゲノムの解明も進んでおり（Shima & Mitani, 2004），ヒトの遺伝子異常による病気の原因が同じような異常をもつ突然変異メダカ（若松ら，2002）を用いて解明されるようになってきている。

このほか数多くの日本人によるメダカを用いた

図5　めだかすくい　無款（鈴木春信）明和２～７年（1765～70）
中判錦絵（23.6×18.4cm，No.NG188）（ポートランド美術館蔵）
Catching Killifish with a Net. Unsigned (Suzuki Harunobu).

図6　魚と遊ぶ童
鈴木春信画（ポートランド美術館蔵）

(3) メダカと環境保全

1962年にレイチェル・カーソンが『沈黙の春』を著し，世界が注目するようになった殺虫剤や除草剤のような自然環境を汚染する化学物質は，水に溶け，水の中の生き物を殺してきた。そうした薬剤の乱用は，戦後の日本においてメダカ，フナ，ドジョウなどの死を招き，しばらくして農薬を用いた農家の人々の薬害死をもたらすことになった。その二の舞は今中国でみられている。「メダカなどいなくてもどうってことはない，自分たちには関係ない」と，今でもそう認識しているヒトが多いのである。身の回りに，我々と関係しないものがあるであろうか。自然の中に，果たして役に立たないものが存在するであろうか。

前述のように，環境は我々すべての生き物の鋳型なのである。メダカがいなくなるという現象は，我々の環境が破壊されていることを示しており，メダカが環境汚染のバロメーターになっている。今ではメダカを自然環境汚染の監視役の指標動物として，企業が活用している。例えば，日本化学工業界の支援する研究でも，野生生物に関する内分泌かく乱化学物質の影響評価にメダカを活用している。かつては価値のない生き物と考えられていたメダカは，日本だけではなく，全世界で価値ある生き物として評価されているのである。一世代の短いメダカを用いれば何世代に

学術研究が発表されるにつれて，近年メダカが生命現象を理解するのに好都合な生き物であることが世界で急速に認知されるようになってきた。メダカは，子供たちの学習の助けになることが文部省に認められ，教科書にも登場するようになったのは昭和に入ってからである。筆者は，国民小学校で学んだ「メダカサン，メダカサン，オオゼイヨッテ　ナンノソウダン。アミンナガ　ワットニゲテイッタ」という教科書の文章を想い出す。これもメダカを用いて研究してきた日本人によって教材化されたお蔭である。現在メダカは，昔ながらの心の癒しとして親しまれており，理科教育と環境教育の教材としても活用され，重視されている。これに対して，経済価値のないメダカをみてもあまり関心のない他のアジア人には教材としてほとんど注目されなかったが，最近シンガポールのように環境教育に活用するようになったところもある。

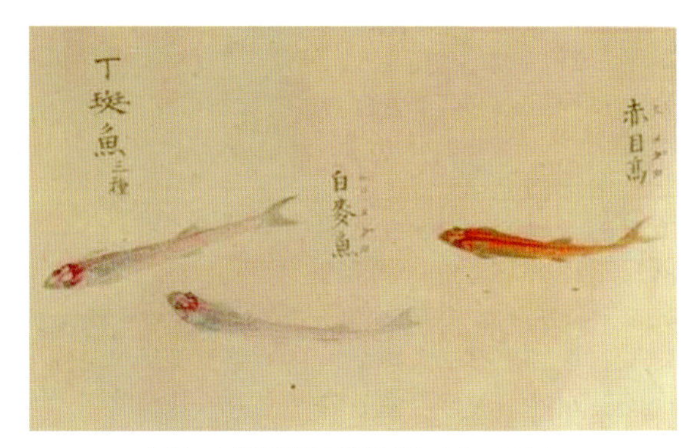

図7　江戸時代に育種されたヒメダカ
梅園魚譜の部分（国立国会図書館蔵）

図8　野生メダカとヒメダカとの交配
黒い野生メダカとオレンジ色のヒメダカを親(P)にして得られる子ども(F_1)はすべて野生型のクロメダカである．その子ども同士をかけ合わせると，産まれるメダカ(F_2)にはヒメダカが3分の1の割合でみられる．

わたっても汚染物質の影響を追跡でき，生殖機能への影響を調べることができる。世界保健機関（WHO）と経済協力開発機構（OECD）では，環境汚染の指標動物としてのメダカを用いて，ホルモン様の作用をもつ化学物質の安全性について取り組み，検査・試験方法の開発に努めている（有薗，2000）。メダカを用いた内分泌物質スクリーニング計画（EDSP）の試験方法として，生存率，成長，第二次性徴，ビテロゲニン量，生殖巣が影響評価の対象になっている（萩野，2000）。これまで，DDT，PCB，ダイオキシン，フタル酸エステル，ノニルフェノール，ビスフェノール，有機スズなどたくさんの化学物質の毒性がメダカを用いて明らかにされている。メダカを用いての調査研究は，これらの多くの化学物質が女性ホルモンの作用をもち，体内でホルモン作用をかく乱させることを示しているのである。

種々の生きたアジアのメダカをみることができるところが名古屋の東山動物園にある。それは，1993年にメダカをテーマにしたユニークな水族館として世界に向けて産声を上げた「世界のメダカ館」（図9）である。経済的に価値がほとんどなく，弱く小さな淡水魚メダカは，経済優先の現代社会を象徴するかのように，その生命が脅かされ，絶滅種となる運命にある。そのメダカ館は，まさにそうしたメダカの救世主の如く出現し，価値観の見直し，人為的環境破壊，生物種の人為的絶滅について考えるよいチャンスを提供してくれる。しかも，子供たちに小さい生き物への愛と慈しみを養う教育の場としても重要であり，メダカに類似した美しい仲間を展示してあり，生き物の美しさをも鑑賞できる。すべての水槽には水草が美しく配置されており，生き物の母なる水と緑を共に眺められ，心に安らぎが与えられる点も見逃せない。また，学習コーナーでは，ニホンメダカの体のつくりや発生の様子を観察できる。東山動物園の一隅にある鉄筋コンクリート製の世界のメダカ館（図9）は，2,700㎡の敷地面積（建築面積1,116㎡）の二階建てである。208個の展示水槽には，6科57属327種の約14,000点が展示されている。

産業革命が始まって以来，活発な人類の物質・エネルギーの消費活動によって，地球の枯渇化が急速に進んでいる。その枯渇化がもはや人間の五感で認識できるレベルにまで至った今，20世紀の終わりに，やっと消費活動の変換・縮小に向けて動き始めた。人間教育の不徹底の中，泡沫の幸せを求めて心が私欲に浸っている人々は，経済の活性化・消費拡大を唱え，地球の枯渇化に気づいてもその防止への動きに共感せず，他の生き物の棲息域にも許可なく立ち入り，その場所を踏みにじり，奪い続けている。一方で，生きる足場である地球の大切さを認識し，人類の正しい道を積極的に求める人々は，時には自らを犠牲にしてまで，これまでの行動を見直す活動を行っている。そのすばらしい人々の一群は，自然破壊の防止とメダカの保護の活動に乗り出している。有史以前からアジア人の主食としての米(稲)と共に生きてきたメダカなどの弱い生き物が棲める環境は，我々アジア人にとって大切で，良い環境であり，保持されなければならない。

メダカが生存していることは，その餌としての日本在来の水生の小動物（食物網）の共存を意味している。そうした意味で，わが国の自然環境の現状確認と保全のために全国各地におけるメダカの生息状況を調べることが大切である。これまですでに，愛知県（1983，1996，2003）大阪府（1999，2001，2005），長野県（1997，1998），山形県（1998～2002），三重県（2000，2012），福岡県などで生息調査がなされている。

現代，全国の水辺も天敵のいない外来魚の増殖によ

図9　名古屋市立東山動物園の「世界のメダカ館」　外観(上)と内部の展示の一隅(下)

って，日本在来の水生生物が激減しており，水辺の日本が喪失している。東北・北陸を除く全国の河川に放散した稚魚を産む卵胎生の外来魚カダヤシ*Gambusia affinis*はメダカの棲む浅い水域にも入り込み，メダカの生息が脅かされている。

その原因は，これまで地方自治団体の放流もあるが，メダカを知らないため，カダヤシをメダカと間違えて放流する者が多いことにもある。もちろん，こうした外来魚による環境汚染以外に，有害化学物質である環境ホルモンによる環境汚染もある。さらに，ペット販売業者などによる野生メダカを地域産地の違いを構わず扱うことで，地域固有の野生メダカの遺伝子攪乱がされているのも現状である。そのためにも，地域固有の野生メダカを飼育して殖やしてもらい，メダカというものをよく知ってもらうメダカ里親プロジェクトは，全国各地域の自然を保全する上に大切である。日本めだかトラスト協会は，このプロジェクト活動を奨励している。

メダカ里親プロジェクトの主な実施目的は，

(1) 地域の自然環境保全のための指標動物である地域固有種のメダカを殖やし護ること，
(2) 自然に関心をもち生き物の殖える素晴らしさを知ること，
(3) 小さいものに対する思いやりと慈愛の心を養うこと，
(4) メダカを知り生命を知ること，
(5) 小さいものをじっくりみることによって，観察力と集中力を培うこと，
(6) 飼育によって，責任感を意識した行動力と持続力を身につけること，
(7) メダカの話題で，親子や周りの人とのコミュニケーションの機会を増やすこと，などにある。

ここに，そのための活動のさらなる発展を願って，それに関わっているグループの一部を以下紹介しておく。

メダカのトラスト活動の関係団体

エコロくらぶ（〒031-0073青森県八戸市一丁目10-9）
花巻メダカトープ協議会（〒025-0016岩手県花巻市高木15-88-8（有）高木タクシー内）
里山自然観察会（〒029-3102岩手県西磐井郡花泉町金沢山神字31-46）
山形県余目町立第一小学校・第一小学校PTA（〒999-7781山形県東田川郡余目町余目南田105-1　余目町立第一小学校）
山形県めだかの学校（〒994-0055山形県天童市原町甲2）
日立自然保護の会（〒319-1222茨城県日立市久慈町5-3-15）
日立自然保護の会（ジュニア部）(〒319-1222茨城県日立市久慈町5-3-15)
阿武隈淡水動物研究会（〒319-2212茨城県那珂郡大宮町上大賀712）
野メダカを育てる会（〒371-0013群馬県前橋市西片貝町5-7　前橋市児童文化センター内「野メダカを育てる会」担当　大山啓三）
NPO法人黒浜沼周辺の自然を大切にする会（〒349-0104埼玉県蓮田市緑町2-22-10）
船橋メダカの学校（〒274-0816千葉県船橋市芝山2-5-16-601）
四街道メダカの会（〒284-0026四街道市つくし座3-6-5）
移入魚研究会（〒130-0004東京都墨田区本所1-28-6白石方5号）
酒匂川水系のメダカと生息地を守る会（〒250-0861神奈川県久野26-5泰山ハイツB1　高橋方）
めだかい（〒228-0826神奈川県相模原市新戸2539-1）
藤沢メダカの学校をつくる会・PTA（〒251-0027神奈川県藤沢市鵠沼桜が丘4-15-33）
山の自然学クラブ（〒234-0054神奈川県横浜市港南区港南台5-15-30）
横須賀「水と環境」研究会（〒239-0803神奈川県横須賀市桜ヶ丘2-4-16）
学校法人　日本自然環境専門学校（〒750-0086新潟県新潟市花園１丁目3-22）
めだかの学校（〒954-0111新潟県見附市今町1-8-26）
ふれあいフォーラム実行委員会（〒959-1244新潟県燕市大字東太田1066　燕工業高校内）
野生共存デザインネットワーク自然案内土緑舎（〒940-0093新潟県長岡市水道町5-8-36）
山田校下ことぶき会（〒929-1116石川県河北郡宇ノ気町下山田ホ5　加中光雄方）
ナチュラリスト敦賀緑と水の会（〒914-0047福井県敦賀市東洋町6-37　笹木方）
中池見湿地トラスト・ゲンゴロウの里基金委員会（〒914-0054福井県敦賀市白銀町13-29　田代美津子方）
メダカ連絡会（〒915-8530福井県武生市府中１丁目13-7　武生市役所建設部下水道課内）
めだかの学校（〒403-0002山梨県富士吉田市小明見1595）
メダカの学校川田分校（〒381-0103長野県長野市若穂川田2020　長野市立川田小学校内）
須坂水の会（〒382-0076長野県須坂市馬場町1122-12小林紀雄事務所内）
信州メダカの学校（〒390-0852長野県松本市島立4633-2）
長良中学校（〒502-0817岐阜県岐阜市長良福光2070

山田茂樹教諭）
メダカの学校（〒488-0846愛知県尾張旭市霞ヶ丘中18 尾張野鳥の会内）
世界のメダカ館（〒464-0804愛知県名古屋市千種区東山元町3-70）
国土交通省中部地方建設局中部技術事務所（〒461-0047愛知県名古屋市東区大幸南１丁目1-15）
豊田市淡水魚類研究会（〒470-1309愛知県豊田市西広瀬町四日市328　梅村方）
めんだっこスクール（〒413-0235静岡県伊東市大室抗原8-454）
庄内地区のまちづくりを考える会（メダカの学校）（〒519-0272三重県鈴鹿市東庄内町2430-2）
NPO発意企画実現集団ドーナッツ（〒512-8066三重県四日市市伊坂台２丁目106）
YAMAGA OUTDOOR SCHOOL（〒511-0921三重県桑名市東金井559-3）
上津小学校（〒518-0204三重県那賀郡青山町北山1373 上津小学校）
草津塾メダカプロジェクトチーム（〒525-0045滋賀県草津市若草1-10-13）
大江鬼の里メダカの学校（〒620-0333京都府加佐郡大江町字二筒1830）
舞鶴メダカの学校（〒624-0824京都府舞鶴市真倉595）
わく星学校（〒606-8267京都府左京区北白川西町85-3）
和泉めだかネットワーク（〒594-0065大阪府和泉市観音寺町14）
（株）大阪水産養殖（〒594-0032大阪府和泉市池田下町1477-1）
（社）大阪自然環境保全協会（〒530-0015大阪府大阪市北区中崎西2-6-3パステルI-201）
大阪市立環境学習センター（生き生き地球館）（〒538-0036大阪府大阪市鶴見区緑地公園2-135）
淀川ネイチャークラブ（〒532-0003大阪市淀川区宮原4-4-2-105　コーヨーカメラ内）
環境科学株式会社環境創造研究室（〒560-0883大阪府豊中市岡町南1-1-10）
伊丹市水道局（〒664-0014兵庫県伊丹市広畑6丁目1）
豊岡六方めだか公園（〒668-0865兵庫県伊丹市広畑６丁目１）
メダカのいる里づくり実行委員会（〒669-3309兵庫県氷上郡柏原町柏原5600　丹波の森公苑内）
はっくるべりー（〒671-2201兵庫県姫路市書写1353 竹中将人方）
芦屋川に魚を殖やそう会（〒659-0068兵庫県芦屋市業平町1-11　山田美智子方）
はしもと里山保全アクションチーム（〒648-0073和歌山県橋本市市脇5-5-17）
グリーンソサエティ（〒643-0002和歌山県有田郡湯浅町青木227　グリーンソサエティ代表三ツ村貞範）
メダカ家（和歌山）（〒640-0416和歌山県那賀郡志川町長山277-819　森　俊方）
東郷湖メダカの会（〒689-0706鳥取県東伯郡東郷町フジ津650）
米子地区環境問題を考える企業懇話会（〒689-3592鳥取県米子市吉岡373　王子製紙（株）米子工場内）
米子市子どもエコクラブ「めだかみーつけ隊」クラブ（〒683-0854鳥取県米子市彦名町4530-2）
メダカの学校（〒709-3142岡山県建部町建部上609 顧問　竹内哲郎，責任者　藤井一平）
メダカの中井（〒718-0011岡山県新見市新見1351-1 中井恒夫方）
武田　優（〒737-0813広島県呉市東三津田町6-14）
メダカの学校周南（〒753-0057山口県山口市前町7-21）
メダカの学校（〒745-0867山口県周南市大字徳山663-3 新堀方）
山口県立厚狭高校生物部（〒757-0001山口県厚狭郡山陽町厚狭東の原1660　生物部顧問児玉伊智郎教諭）
徳島県立博物館（〒770-8070徳島県徳島市八万町文化の森総合公園）
高松まちづくり協議会（〒761-0303香川県高松市天神町5-25川田ビル1F（社）高松青少年会議所内　環境保全委員会）
ししの里・メダカの海（〒761-0612香川県木田郡三木町氷上3161-1）
まあちゃんのメダカの宿（〒780-0002愛媛県松山市二番町2丁目2-5）
こう壽庵（〒791-8042愛媛県松山市南吉田町1016）
風の会（〒790-0053愛媛県松山市竹原4丁目3-36）
（有）山口園芸（〒798-3361愛媛県北宇和郡津島町北灘甲90-1）
フォーラムメダカの学校小松分校（〒799-1103愛媛県周桑郡小松町大字北側278）
三瓶メダカの学校（〒796-0913愛媛県西宇和郡三瓶町蔵貫村）
（社）生態系トラスト協会（〒781-0270高知県高知市長浜4964-11）
グランドワーク＋市推進協議会（〒783-0086高知県南国市緑ヶ丘3-1408　森下良一方）

日高村（〒781-2194高知県高岡郡日高村本郷61-1　日高村役場）

日高村グランドワーク推進協議会（〒781-2154高知県高岡郡日高村岩目地628　事務局日高村役場）

春野町ふるさと会・株田わらべの里（〒781-0321高知県高岡郡春野町秋山　森　洋史方）

ちくたく通り育成愛護協議会・ちくたく通りせせらぎ（〒784-0042高知県安芸市土居1747　大坪優子方）

池の浦の自然を守る会（〒781-1154高知県土佐市新居273-8　田村邦雄）

北九州市八幡西区小嶺自治区会（〒806-0081福岡県北九州市八幡西区小嶺1-3-4）

室見川のメダカを守る会（〒814-0175福岡県福岡市早良区田村3丁目19-41）

メダカと自然を守る会（〒810-0013福岡県福岡市中央区大宮1-3-4　事務局長　栗山直博）

長崎ペンギン水族館めだか学校（〒851-2215長崎県長崎市鳴見台2-8-24）

メダカの学校九重分校（〒870-8691大分県大分市大字勢家1137（株）大分交通）

都城メダカの学校（〒885-0114宮崎県都城市庄内町13037-3　事務局：校長　中村定利）

盆地の川の観察会（〒885-　都城市比田町4476-4　代表　瀬口三樹弘）

メダカの学校（〒890-0023鹿児島県鹿児島市永吉2丁目32-5　校長　松本清志，事務局長　池田博幸）

メダカの学校志布志分校（〒899-7103鹿児島県曽於郡志布志町志布志2-3-31　校長　佐藤寛）

森山小学校（〒899-7211鹿児島県曽於郡志布志町内ノ倉1643）

メダカとホタルの久木野校（〒899-3611鹿児島県加世田市津貫15521　久木野小学校）

一倉小学校（〒891-0204鹿児島県揖宿郡喜入町一倉5335　一倉小学校）

ビオスの丘（有）らんの里沖縄（〒904-1114沖縄県石川市嘉手苅961-30）

グループ・エコライフ（〒901-2121沖縄県浦添市内間4-13-8）

日本めだかトラスト協会（〒781-0270高知市長浜4964-11）

文献

阿部　生，1929．メダカに就て．帝水，8（9），11.

Aida, T., 1930. Further genetical studies of *Aplocheilus latipes*. Genetics, 15: 1-16.

秋月岩魚，1999.．ブラックバスがメダカを食う．pp. 222, 宝島社.

アトリエ　モレリ，2003，ドキドキワクワク生き物飼育教室５　かえるよ！メダカ（久居宣夫監修）．pp. 47, リブリオ出版.

有薗幸司，2000．内分泌攪乱化学物質の生物試験研究法（井上　達監修）．pp. 242-246, シュプリンガー・フェアラーク東京.

Carson, R., 1962. Silent Spring. Hamish Hamilton.（青樹梁一訳：『沈黙の春』，新潮社，1987）

Colborn, T., D. Dumanoski and J. P. Myers, 1996. Our Stolen Future.（長尾　力訳：『奪われし未来』1997, 東京）

Briggs, J.C., and N. Egami, 1959. The medaka (*Oryzias latipes*). A commentary and a bibliography. J. Fish. Res. Bd. Canada, 16(3): 363-380.

江上信雄，1950．メダカ臀鰭の鰭条数の遺伝（予報）．遺伝学雑誌，25: 252.

――――，1951．メダカ臀鰭の鰭条数の遺伝（第2報）．遺伝学雑誌，26: 242.

――――，1952．メダカの臀鰭軟条数，脊椎骨数の地理的変異とその原因．遺伝学雑誌，28: 164.

――――，1953a．メダカの臀鰭軟条数の変異に関する研究．Ⅰ．日本各地産野生メダカの軟条数の変異．　魚類学雑誌，3: 33-35.

――――，1953b．メダカの臀鰭軟条数の変異に関する研究．Ⅱ．鰭条数についての交配実験．　魚類学雑誌，3: 171-178.

――――, 1954a. Geographical variation in the male characters of the fish, *Oryzias latipes*. Annot. Zool. Japon., 27: 7-12.

――――, 1954b. Effect of artificial photoperiodicity on time of oviposition in the fish, *Oryzias latipes*. Annot. Zool. Japon., 27: 57-62.

――――, 1956. Notes on sexual difference in size of teeth of the fish, *Oryzias latipes*.　Jap. J. Zool., 12: 65-69.

――――, 1989. メダカに学ぶ生物学．pp. 237, 中公新書.

――――, and S. Ishii, 1956. Sexual differences in the

shape of some bones in the fish, *Oryzias latipes*. Jour. Fac. Sci. Univ. Tokyo, Sec. Ⅳ, 9: 263-278.

————, and M. Nambu, 1961. Factors initiating mating behavior and oviposition in the fish, *Oryzias latipes*. Jour, Fac. Sci. Univ. Tokyo, Sec. Ⅳ, 9: 263-278.

————; 山上健次郎・嶋昭紘, 1990. メダカの生物学. 東京大学出版会.

————・吉野道仁, 1958. メダカの臀鰭軟条数の変異に関する研究. Ⅲ. 野生メダカ軟条数の地理的変異(資料の追加). 魚類学雑誌, 7: 83-88.

Fineman, R., J. Hamilton, G. Chase and D. Bolling, 1974. Length, weight and secondary sex character development in male and female phenotypes in three sex chromosomal genotypes (XX,XY,YY) in the killifish, *Oryzias latipes*. J. Exp. Zool., 189: 227-234.

萩野　哲, 2000. 内分泌攪乱物質の生物試験研究法(井上　達監修). pp. 126-132, シュプリンガー・フェアラーク東京.

Hamaguchi, S. and M. Sakaizumi, 1995. "Embryo engineering" of small laboratory fishes - The Eighth Medaka Symposium. Fish Biol. J. Medaka, 7: 69-70.

林　秀剛・宇和　紘・沖野外輝夫, 1992. 川と湖と生き物　－多様性と相互作用－. pp. 270, 信濃毎日新聞社.

Hensley, D.A. and W.R. Courtenay, 1980. *Oryzias latipes* (Temminck and Schlegel), Medaka. In: Lee, D.S., C.R. Gilbert, C.H. Hocutt, R.E. Jenkins, D.E. McAllister and J.R. Stauffer, Jr., eds. Atlas of North Amer. Freshwater Fishes. Raleigh: North Carolina St. Mus. Nat. Hist., 90.

堀　寛, 1998. 門前のゼブラ, 後門のフグ, そしてメダカはどこにゆく－モデル魚類のホームページ紹介－. 43: 148-1487.

——— and K.I. Watanabe, 1995. Medaka fish homepage on the internet. Fish Biol. J. Medaka, 7: 71.

Huber, J.H., 1996. Liste actualisée des noms taxonomiquues, des localités de pêche et des références bibliographiques des Poissons Cyprinodontes ovipares (Arherinomorpha, Pisces). pp. 399, Societe Francaise d'Ichtyologie, Paris.

福井時次郎・小川良徳, 1957. 石川県地方産野生メダカの臀鰭条数の変異. 動物学雑誌, 66: 151.

石原　誠. 1916. メダカの体色の遺伝. 動物学雑誌, 28: 117.

石川千代松, 1912. 原種改良論. 水産講習所, pp.104.

Ishikawa, Y., 2000. Medaka fish as a model system for verebrate developmental genetics. BioEssays, 22: 487-495.

岩井光子, 2014. メダカ色のラブレター. pp.184, 風媒社.

Iwamatu, T., 1986. Comparative study of morphology of *Oryzias latipes*. Bull. Aichi Univ. Educ., 35 (Nat. Sci.) : 99-109.

————, 1993. メダカ学. pp. 324, サイエンティスト社, 東京.

————, 1993. Scientist, H. Uwa passed away at 53; a taxonomist of the medaka. Fish Biol. J. Medaka, 5: 1-3.

————, 1996. メダカ. 遺伝, 50: 67-70.

————, 1997. メダカ学全書. pp.360, 大学教育出版, 岡山.

————, 1998. メダカのたんじょう. pp.32, 大日本図書.

————, 2002. メダカと日本人. pp.213, 青弓社.

————, 2004. 魚類の受精, pp.195, 培風館 (東京).

————, 2005. 日本の生きものずかん８＝メダカ. pp.39, 集英社.

————・平田賢治, 1980. メダカ *Oryzias* 3種の形態の比較研究. 愛知教育大学研究報告, 29: 103-120.

————, T. Ohta and O. P. Saxena, 1984. Morphological observations of large pit organs in four species of freshwater teleost, *Oryzias latipes*. Medaka, 2: 7-14

————・山高育代, 1996. 愛知県内のメダカの生息状況と水域の調査. 愛知教育大学研究報告, 45: 41-56

小澤祥司, 2000. メダカが消える日. pp.220, 岩波書店.

蒲原念治, 1955. 原色日本魚類図鑑. p.16, 保育社.

Kantman, G.A. and R. J. Beyers, 1972. Relationships of weight, length and body composition in the medaka, *Oryzias latipes*. Am. Midland Nat., 88: 239-244.

辛川十歩, 1952. メダカの方言を集めて. 遺伝, 6: 14-16.

—————・柴田　武, 1980. メダカ乃方言 ―5,000の変種とその分布―. 未央社.

Kinoshita, M., K. Murata, K. Naruse and M. Tanaka, 2009. A laboratory manual for medaka biology. pp.419, Wiley-Blackwell.

小林 尚，1997. メダカ *Oryzias latipes* の生息環境Ⅰ —どれくらいの流速に生息できるか？—．信州大学科学教育研究室農学部分室，研究報告，No.32, 21-26.

————，1998. メダカ *Oryzias latipes* の生息環境Ⅱ —緩やかな流れの意味するもの—．信州大学科学教育研究室農学部分室，研究報告，No.33, 9-17.

小林久雄，1936. メダカの鱗．植物及動物，Ⅳ(3): 626-628.

————, 1936. サケ科及びアユとメダカの鱗の形態類似．科学，Ⅳ(3): 136.

————, 1958. 魚類の鱗の比較形態と検索．愛知教育大学研究報告，7: 1-104.

————, and T. Hayashi, 1958. Primary studies on scale arrangement of Japanese fishes. Bull. Jap. Soc. Sci. Fish., 24: 416-421.

高知県生態系保護協会，2005. メダカの泳ぐふるさとの原風景と民話・伝承を伝える．pp.78，日本めだかトラスト協会.

小宮輝之，2001. かいかたそだてかたずかん(13) めだかのかいかたそだてかた．pp. 31，岩崎書店.

Kulkarni, C.V., 1948. The osteology of Indian cyprinodonts. Part I. – Comparative study of the head skeleton of *Aplocheilus, Oryzias,* and *Horaichthys.* Proc. Natl. Inst. Sci. India, 14(2): 65-119.

Lindsey, C.C., 1965. The effect of alternating temperature on vertebral count in the medaka (*Oryzias latipes*). Can. J. Zool., 43: 99-104.

Matsuda, M., Y. Nagahama, A. Shima, T. Sato, C. Matsuda, T. Kobayashi, C.E. Morrey, N. Shibata, S. Asakawa, N. Shibata, H. Hori, S. Hamaguchi and M.Sakaizumi, 2002. *DMY* is a Y-specific DM-domain gene required for male development in the medaka fish. Nature, 417: 559-563.

松原喜代松，1963. 動物系統分類学， 9巻(上・中)，魚類(1,2)，p. 531, 中山書店(東京).

馬渡博親，2007. 新メダカ呼名考．pp.57，文化印刷(株).

三重県立博物館「メダカ係」，2000. 身近な生き物からみる三重の自然.

中村滝男，2000. メダカ保護活動の新たな展開．水環境学会誌，23: 12-15.

————，1999. 空飛ぶメダカ（絶滅危惧種メダカのふしぎ)．pp.79，ポプラ社.

名古屋市東山動物園・世界のメダカ館，2003. 世界のメダカ．名古屋市.

日本魚類学会編，1980. 日本産魚名大辞典．三省堂(東京).

日本めだかトラスト協会，2003. 日本めだか年鑑 2003年版，pp.167

尾田正二，2014. モデル生物としてのメダカの新領域—なぜ今メダカは宇宙へ行くのか．化学と生物，52(4)：265-269.

大羽 滋，1959. 備讃瀬戸諸島におけるメダカ集団の形態的変異—臀鰭軟条数．動物学雑誌，68: 143-144.

小川良徳，1955. 能登地方産メダカの臀鰭軟条数の変異(予報)．採集と飼育，17: 274-277.

————，1958. 丹波地方産メダカの臀鰭軟条数の変異．採集と飼育，20: 48-51.

————・福井時次郎，1957. 石川県地方産野生メダカの臀鰭軟条数の変異．日本海区水産研究年報，21: 81-84.

Oka, T.B., 1931. On the processes on the fin rays on the male of *Oryzias latipes* and other sex characters of this fish. Jour. Fac. Sci. Tokyo Univ., Sec. Ⅳ, 2: 209-218.

岡田弥一郎・中村守純，1948. 日本の淡水魚類．pp.208，日本出版社.

————・内田恵太郎・松原喜代，1936. 日本魚類図説. p. 88, 三省堂.

岡島銀次，1933. メダカの方言．鹿児島高等農林博物学会報，3: 53.

Ozato, K., Y. Wakamatsu and K. Inoue, 1992. Medaka as a transgenic fish. Mol. Mar. Biol. Biotechnol., 1: 346-354.

———— and ————, 2002. Developmental genetics of medaka. Develop. Growth Differ., 36: 437-443.

小澤祥司，2000. メダカが消える日．pp. 220，岩波書店.

Parenti, L. R., 1981a. A phylogenetic and biogeographic analysis of Cyprinodontiform fishes (Teleostei, Atherinomorpha). Bull. Amer. Mus. Nat. Hist., Vol.168, art. 4: 335-557.

————, 1981b. The phylogenic significance of bone types in euteleost fishes. Zool. J. Linn. Soc., 87: 37-51.

————, 1987. Phylogenic aspects of tooth and jaw structure of the medaka, *Oryzias latipes,* and other beloniform fishes. J. Zool. Lond., 211: 561-572.

———— and B. Soeroto, 2004. *Adrianichthys roseni* and *Oryzias nebulosus*, two new ricefishes (Atherinomorpha: Beloniformes: Adrianichthyidae) from lake Poso, Sulawesi, Indonesia. Ichthyol. Res., 51: 10-19.

Ramaswami, L.S., 1946. A comparative account of the skull of *Gambusia*, *Oryzias*, *Aplocheilus* and *Xenophorus* (Cyprinodontes: Teleosteomi). Spolia Zeylanica, 24(3): 181-192.

Roberts, T.R., 1998. Systematic observations on tropical Asian medakas or ricefishes of the genus *Oryzias*, with descriptions of four new species. Ichthyol. Res., 45: 213-224.

Romer, A.F., 1960. Vertebrate paleotology. Univ. Chicago, Illinoi.

Rosen, D.E., and J.R. Mendelson, 1960. The sensory canal of the head in poeciliid fish (Cyprinodontiformes), with reference to dentitional type. Copeia, 1960: 3.

———— and L. R. Parenti, 1981. Relationships of *Oryzias*, and the groups of atherinomorph fishes. Amer. Mus. Novitates, 2719: 1-25.

佐原雄二・細見正明，2003. メダカとヨシ．pp.186，岩波書店．

————・吉田比呂子，2000. 江戸時代観賞魚としてのメダカ試論．弘前大学農学生命科学部学術報告，2: 26-31.

Sakaizumi, M. and N. Egami, 1980. Long term cultivation of medaka (*Oryzias latipes*) cells from liver tumores induced by dimethylnitrosamine. Fac. Sci., Tokyo Univ., Sec. Ⅳ, 14: 391-398.

————, 1962. Studies on the pit organs of fishes. V. The structure and polysaccharide histochemistry of the cupula of the pit organ. Annot. Zool. Japon., 35: 80-88.

佐藤ヒロシ，2004. ぼくの小学校はメダカの学校—いきものをまもるシリーズ4. pp.32，佼成出版社．

佐藤亮一，2004. 標準語引き　日本方言辞典．小学館．

佐藤光雄，1952. メダカの側線器の発生．科学，22: 544-545.

————, 1955. Studies on the pit organs of fishes. I. Histological strucuture of the large pit organs. Jap. J. Zool., 1: 443-452.

佐藤矩行・山本雅道，1973. メダカ．動物の世界百科 19，pp. 3705-3709. 日本メールオーダー社．

佐原雄二・細見正明，2003. メダカとヨシ．現代日本生物誌，pp.184，岩波書店．

渋澤敬三，1958. 日本魚名集覧．角川書店．

Shima, A. and H. Mitani, 2004. Medaka as a research organism: post, present and future. Mech. Dev., 121: 599-604.

清水　誠・大場幸雄，2008. メダカの種類いろいろメダカ館．pp.86，めだかの館（広島さつきセンター）．

清水善吉・メダカ調査参加者，2012. 三重県におけるメダカとカダヤシの分布2000. 三重自然誌，第13号，153－179.

シニア自然大学，1999. 大阪府におけるメダカ生息一次調査報告．

————, 2001. 水辺の生き物の環境維持・復元を目指した —大阪府に於けるメダカ生息状況報告．大阪府におけるメダカ生息一次調査報告．ESTRELA, No. 92, 47-53.

————メダカ調査委員会，1999. 大阪府におけるメダカ生息状況報告（第2報），pp.1-23.

篠原亮太，2000. メダカ保護の意味するところ．水環境学会誌，23: 1.

妹尾秀実，1940. メダカの漁獲で三萬圓．採集と飼育，2: 361.

高木正人，1970. 全日本及び周辺地域における魚の地方名．凸版印刷(株)．

竹内邦輔，1966. メダカの顎歯数の性差．動物学雑誌，76: 236-238.

————, 1967. メダカの鱗上結合繊維束．動物学雑誌，76: 255-258.

————, 1967. Large tooth formation in female medaka, *Oryzias latipes*, given methyltestosterone. J. dent. Res., 46: 750.

————, 1968. Inhibition of large distal tooth formation in male medaka, *Oryzias latipes*. Experientia, 24: 1061-1062.

田中茂穂，1922. 鱗祭洞剳記．動物学雑誌，34: 480-482.

————, 1932. 原色日本魚類図鑑．大地書院(東京)，p. 46.

外山亀太郎，1906. 一・二のMendel形質に就いて．日本育種学会報，1: 1-9.

内田ハチ，1951. 秋田市付近及び名古屋市にて採集せるメダカ(*Orizias latipes*) に於ける第二次性徴について．秋田大学紀要，(1951): 1-10.

上野輝彌，1975. 魚類．鹿間時夫編，pp.181-242, 新版古生物学　Ⅲ，朝倉書店(東京)．

宇和　紘，1991. メダカのルーツ．アニマ，No. 229, 25-27.

———，1992. 稲とメダカ．「川と湖と生き物」(林秀剛・宇和　紘・沖野外輝夫編)，pp. 95-112, 信濃毎日新聞社.

——— and L. R. Parenti, 1988. Morphometric and meristic variation in ricefishes, genus *Oryzias*: a comparison with cytogenic data. Japan. J. Ichthyol., 35(2): 159-166.

若松佑子，2006. メダカ．特集「まるごと生き物大集合：バイオリソースプロジェクト」．生物の科学遺伝，60 (5): 28-29.

———・Sergey Pristyazhnyuk・木下政人・田中実・尾里健二郎，2002. 透明メダカ：生涯バイオイメージングのための新しいモデル動物．細胞工学，21: 76-77.

Wittbrodt, J, A. Shima and M. Schartl, 2002. Medaka－a model organism from the Far East. Nature Rev. Genet., 3: 53-64.

藪本美孝・上野輝彌，1984. メダカ *Oryizias latipes* の骨学的研究．Bull. Kita-kyushu Mus. Nat. Hist. No. 5: 143-161.

山田寿郎，1966. 硬骨魚数種の表皮扁平上皮細胞に見られる指紋様構造．動物学雑誌，75: 140-144.

山形県メダカ情報センター，1998-2001. 山形県内の在来種メダカ（*Oryzias latipes*）生息地調査報告（第1－4）．

Yamamoto, M. and N. Egami, 1974. Fine structure of the surface of the anal fin and the process on its fin-rays of male *Oryzias latipes*. Copeia, 1974: 262-265.

山本時男，1937. メダカに関する文献．動物学雑誌，49: 393-396.

———, 1941. メダカに関する文献．追補(１)．動物学雑誌，83: 307-308.

———，1943. 魚類の発生生理．pp. 221，養賢堂（東京）．

———, 1947. メダカの側線系とその機能．動物学雑誌．57: 13.

———, 1967. Medaka. *In* “Methods in Developmental Biology” (F. H. Wilt and N. K. Wessels, eds.) pp. 101-111, Crowell Co., New York.

———，1975. Medaka（Killifish）: Biology and Strains. Keigaku Publ. Co., Tokyo, pp. 365.

吉家世洋，1987. そだててみよう④　メダカ．pp. 30, あかね書房.

第1章　分類と地理的分布

CLASSIFICATION AND DISTRIBUTION

I．分類学上の位置づけ

メダカの最初の出現地域及びその先祖の形態については，化石に関する詳しい調査がないため現在まだ不明である。メダカの属する魚類Atheriniformesの化石は，白亜紀のものが最も古い。これまで知られているメダカに近縁のCyprinodontoideiも含まれている。これはユーラシアで発見された漸新世（2,600万～3,700万

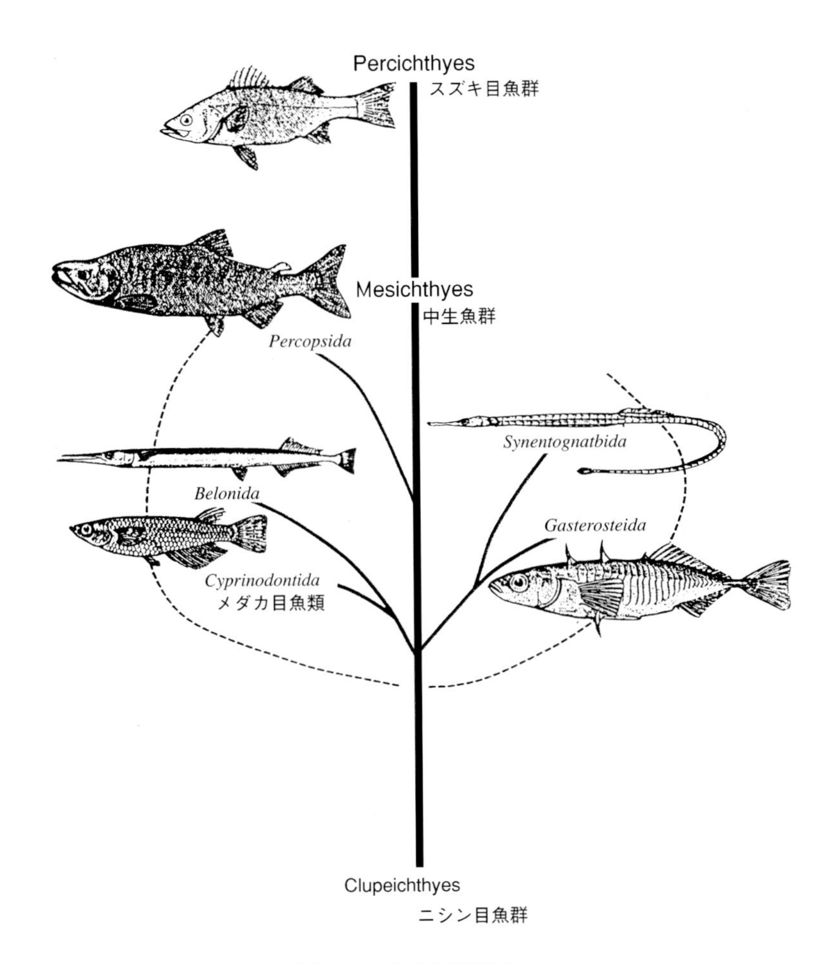

図1・1　中生魚群各目間の推定類縁関係（松原，1963より）

表1･1 *Atheriniformes* 目魚類の化石と分布

魚種	地質	地理的分布(*現生)
Order Atheriniformes トウゴロウイワシ目		
Suborder *Exocoetoidei* トビウオ亜目		
Exocoetidae (Hemiramphidae) トビウオ科	現世（大洋*）	
Chirodus	中新世	ユーラシア
Cobitopsis	上白亜紀	南西アジア
	漸新世	ユーラシア
Derrhias	中新世	北アメリカ（大洋*）
Exocoetus(Hemiexocoetus) トビウオ	始新世	北アメリカ
Euleptorhamphus(Beltion)	中新世	北アメリカ（大洋*）
Hemilampronites	上白亜紀	ユーラシア，北アメリカ
Hemiramphus サヨリ	始新世	ユーラシア（大洋*）
Rogenites(Rogenia)Zelosis	中新世	北アメリカ（大洋*）
Belonidae ダツ科		
Belone	中新世	北アフリカ
	始新世—鮮新世	ユーラシア（大洋*）
Scomberesocidae サンマ科		
Praescomberesox	始新世—漸新世	北アメリカ
Scomberersus	中新世	北アメリカ
Scomberesox	中新世	ユーラシア，北アメリカ
	鮮新世	北アフリカ（大洋*）
Forficidae		
Ferfex	中新世	北アメリカ
Zelotichthys(Selota Zelotes)	中新世	北アメリカ
Tselfatiidae ツェルファティア科		
Protobrama	上白亜紀	南西アジア
Tselfatia	上白亜紀	北アフリカ
Suborder *Cyprinodontoidei* メダカ亜目		
Oryziidae メダカ科	現世	東インド諸島
Adrianichthyidae アドリアニクチス科	現世	東インド諸島
Horaichthyidae ホライクチス科	現世	アジア
Cyprinodontidae キプリノドン科	現世	ユーラシア，アフリカ，南北アメリカ
Aphanius	中新世—現世	アジア
Brachyebias	中新世	西アジア
Carrionellus	下第三紀	南アメリカ
Cyprinodon	漸新世—現世	ユーラシア
	下第三紀—現世	北アメリカ
Empectrichthys	鮮新世—現世	北アメリカ
Fundulus(Gephyrura Parafundulus)	中新世，鮮新世—現世	北アメリカ
	中新世—現世	ユーラシア
Haplochilus	漸新世—現世	ユーラシア
Lithofundulus	第三紀	南アフリカ

Lithopoecilus	第三紀	東インド諸島
Pachylebias(Anelia? Physocephalus)	漸新世—中新世	ユーラシア
Prolebias(Ismene Pachystetus)	漸新世—中新世	ユーラシア
Goodeidae　グーデア科	現世	北アメリカ
Anablepsidae　ヨツメウオ科	現世	中央アメリカ，南アメリカ
Jenynsiidae　ジェニンシア科	現世	中央アメリカ，南アメリカ
Poeciliidae　タップミンノー科	現世	南北アメリカ
Suborder *Atherinoidei*　トウゴロウイワシ亜目		
Melanotaeniidae　トウゴロウメダカ科	現世	東インド諸島
Atherinidae　トウゴロウイワシ科	現世	アジア，オーストラリア，北アメリカ（大洋*）
Atherina	始新世—現世	ユーラシア
	中新世—現世	アジア
	現世	北アメリカ
Menidia	鮮新世—現世	北アメリカ
Prosphyraena	中新世	ユーラシア
Rhamphognathus	始新世	ユーラシア
Zanteclites	中新世	北アメリカ
Isonidae　ナミノハナ科	現世	（大洋*）
Neostethidae　ネオステサス科	現世	北太平洋，東アジア
Phallostethidae　ファロステサス科	現世	北太平洋，東アジア

（データ：Romer, 1966から）

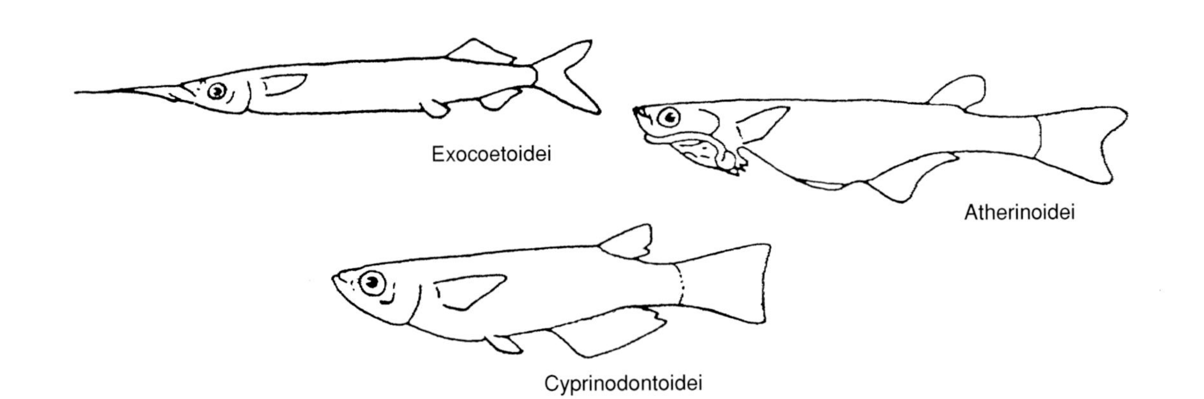

年前）のものである（表1・1参照，Romer, 1966）。これに近縁とされるダツ目はすでに白亜紀に現れている。メダカがどのような魚類から進化してきたかについては，これまで現存する魚類から推論されているに過ぎない。研究者によって異論はあるが，これについて検討している松原（1963），そしてローゼン（1964）に従って記述を進める。

メダカ科 Oryziidae はかつてキプリノドン目Cyprinodontiform に分類され，硬骨類真骨上目に属する。三畳紀に出現したと推定されている真骨魚は進化の点では現生魚類のうちで最も棲息に成功し，現在進化の頂点にある1群とされている。この類の多くが海に生活していること，及び化石魚の大部分が海中生活をしていたことから，海において出現したものとみなされている。真骨魚は約25,000種またはそれ以上に及び現生種のほかに多くの化石種（表1・2）を含んでいる。

真骨類の系統を追究する際に問題となるのは，ジュラ紀に出現したとされているニシン目魚類とそれよりやや遅れて出現しているスズキ目魚類との間に，中生魚類Mesichthyesがかつて存在したか否かの点である。従来，真骨類の進化途上においてスズキ目魚類に2大分化が起こったと考えられている。これらの両目魚類はいずれも単系的monophyleticで，前者ではニシン目魚類としての進化が停止し，これからウナギ類，コイ類など多くの群が派生し，後者ではスズキ目魚類としての進化が止まり，これに代わって放射状にカジカ類，フグ類，アンコウ類などの多くの群が派生したと考えられている。

この2群の間に類縁関係のはっきりしない数群の魚類，いわゆる中生魚類（Gregory, 1933）がある（図1・

表1・2　硬骨魚真骨上目の層位分布

硬骨魚	三畳紀	ジュラ紀	白亜紀	古第三紀			新第三紀		第四紀	
				暁新世	始新世	漸新世	中新世	鮮新世	更新世	現世
真骨上目　Teleostei										
レプトレピス目　Leptolepidiformes	━	━	━	━						
オステオグロッスム目　Osteoglossiformes（15）		━	━	━	━	━	━	━	━	━
ニシン目　Clupeiformes		━	━	━	━	━	━	━	━	━
サケ目　Salmoniformes			━	━	━	━	━	━	━	━
コイ目　Cypriniformes			━	━	━	━	━	━	━	━
ウナギ目　Anguilliformes			━	━	━	━	━	━	━	━
ソコギス目　Notacanthiformes			━	━	━	━	━	━	━	━
ハダカイワシ目　Myctophiformes			━	━	━	━	━	━	━	━
クジラウオ目　Cetomimiformes										━
クテノトリッサ目　Ctenothrissiformes			━							
ダツ目　Beloniformes			━	━	━	━	━	━	━	━
サケスズキ目　Percopsiformes					━	━	━	━	━	━
タラ目　Gadiformes			━	━	━	━	━	━	━	━
キプリノドン目　Cyprinodontiformes						━	━	━	━	━
ヨウジウオ目　Syngnathiformes					━	━	━	━	━	━
キンメダイ目　Beryciformes			━	━	━	━	━	━	━	━
アカマンボウ目　Lampridiformes						━	━	━	━	━
マトウダイ目　Zeiformes					━	━	━	━	━	━
スズキ目　Perciformes			━	━	━	━	━	━	━	━
カサゴ目　Scorpaeniformes					━	━	━	━	━	━
ウバウオ目　Gobiesociformes										━
トゲウナギ目　Mastacembeliformes							━	━	━	━
カレイ目　Pleuronectiformes					━	━	━	━	━	━
フグ目　Tetraodontiformes			━	━	━	━	━	━	━	━
タウナギ目　Synbranchiformes										━
ウミテング目　Pegasiformes										━
アンコウ目　Lophiiformes					━	━	━	━	━	━

（鹿間，1975）

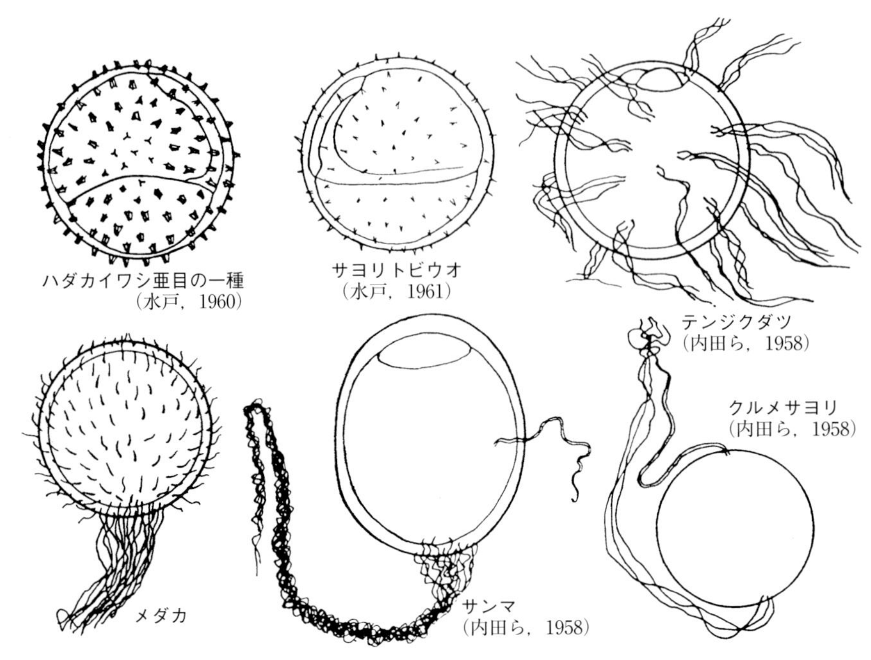

図1・2　メダカ卵とダツ亜目魚卵の卵膜の類似性

1）。この中生魚類に含まれている類は，研究者によっても一定していないが，メダカを*Cyprinodontida*に入れていた松原（1963）は次の5目をこれに含めている。

メダカ目　*Cyprinodontida*
ダツ目　*Belonida*
トゲウオ目　*Gasterosteida*
ヨウジウオ目　*Syngnathida*
サケスズキ目　*Percopsida*

このうち，メダカ目魚類は各鰭に棘条をもたず（尾鰭にある棘状軟条を除く），腹鰭が腹位にあって6～7軟条からなっている。胸鰭は高位で，その基部は体側にあって垂直に位置する。背鰭は1基で後位にあって臀鰭の上方に位置する。体は円鱗で被われ，側線の開口がない。多くのものには頭部に感覚管sensory canalとその開孔がある。口は一般に小さく，多くは斜上方に向いており，上下顎に小歯をもつ。上顎は前上顎骨のみで縁取られている。下顎に関節骨articular bone，種子骨sesamoidがあったり，なかったりする。鰾は無管で，眼窩蝶形骨orbitosphenoidがない。頭頂骨がある場合には，上後頭骨supraoccipitalの介在により左右のものは分離し，上後頭骨は額骨と接触する。左右の下咽頭骨は分離するか，または癒合していてもその正中線に縫合がある。鰓蓋諸骨は発達しており，鰓条骨が4～7条ある。肩帯は頭蓋骨から懸垂し，中烏口（喙）骨mesocoracoidがない。射出骨actinostは4個で，腰帯は鎖骨に付着しない。横（側）突起は椎体と癒合し，脊椎骨数が26～53である。上下の肋骨はあるが，肉間骨interpercular boneはない。こうした形態をもつメダカ目魚類は鱗の形態及び腹鰭の位置と軟条数などの外部の諸形質においてはニシン目魚類*Clupeichthyes*と違わない。しかし，前上顎骨のみで縁どられた上顎を備え，眼窩蝶形骨や中烏口骨などをすでに失い，鰾は無管であることなどの諸点からするとスズキ目魚類*Percichthyes*のものと違いはない。このように，この類はニシン目魚群とスズキ目魚群との中間性を帯びている。

メダカ目魚類を含むこの中生魚類の各小群が，はたして，ローマー（1960）が考えているように不明の中生魚類の一祖先から放射状に進化してきたものか，レーガンとゴスリン（1952）が支持しているようにニシン目魚類のように祖先の各分派から独自の進化の途を辿ったか，それとも，ニシン目魚群のあるものからスズキ目魚群へと直線的に分化していったものが途中で一時止まって生じたものであるか否かは難しい問題である。このように進化の経路がはっきりしない中生魚群は，ニシン目魚群とスズキ目魚群との共通点をもつ魚類をむしろ人工的に集めた単なる1雑魚群であるという見方もできる。しかし，トビウオ亜目及びメダカ亜目の卵生魚において，卵は卵膜上に粘着性のない短毛もしくは細糸（付着糸）をもっている（図1・2）が，ニシンやスズキの卵にはそれがまったくみられない。このことは，これらの中生魚群が単なる寄せ集めではなく，近縁関係にあることを思わせる。

メダカ目魚類は中生魚群のうち，最も原始的な１群(Goslin, 1971による中位群)とみなされている(図１・１)。また，松原(1963)は，この類にアンブリオプシス亜目魚類 *Amblyopsina*（図１・３）とメダカ亜目魚類 *Cyprinodontina*を入れている。前者の代表的な *Amblyopsidae*は中部及び東部アメリカの主として洞窟に棲んでいるので，眼は退化しているが，口蓋骨 palatine (bone) と翼状骨pterygoidは明らかに分離している。しかし，後者ではこの両骨が癒合しているばかりでなく，後翼状骨が失われている。この点から，前者の方が後者よりメダカ類の祖先型に近いと考えられている。アンブリオプシス亜目魚類は１科を含むに過ぎないが，メダカ亜目魚類には多数の科が含まれ，しかも生殖法にいくつかの型がみられるので，この点から次の３上科に大別されている。

(1)卵生oviparity で，体外受精をする……キプリノドン上科*Cyprinodonticae*

(2)卵生であるが雄が交接脚gonopodium (genitalium) を備えているため体内受精をする……トメウラス上科 *Tomeuricae*

(3)雄に交接脚があり，体内受精をし，かつ雌が卵胎生ovo-viviparityまたは胎生 viviparity をする……タップミンノー上科 *Poeciliicae*

したがって，この類は次のように２亜目，３上科に分類されている。

アンブリオプシス亜目*Amblyopsina*

口蓋骨は外翼状骨（翼状骨）と明瞭に分離しており，後翼状骨がある。肛門は喉位。

メダカ亜目*Cyprinodontina*

口蓋骨は外翼状骨と癒合し，後翼状骨がない。肛門は普通の位置。

キプリノドン上科*Cyprinodonticae*

卵生で，雄の臀鰭は精子挿入器（交尾脚，intromittent organ）に変形していない。

トメウラス上科*Tomeuricae*

卵生で，雄は臀鰭が交接脚化した形状をなし（図１・５），精包 spermatophoreを形成する。体内受精して発生卵を産み，水草につける。右側の腹鰭が雌雄ともにない（*Tomeurus gracillis*）。

タップミンノー上科*Poeciliicae*

卵胎生で，雄の臀鰭は１つの精子挿入器に変形している。

なお，ここでいうメダカ亜目魚類には，およそ８科を入れている。レーガンはメダカが属するとした *Cyprinodontida*を*Microcyprini*目の下に置いた。

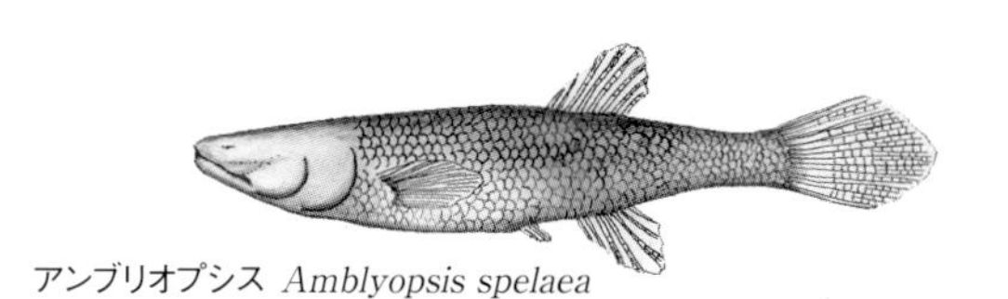

アンブリオプシス *Amblyopsis spelaea*

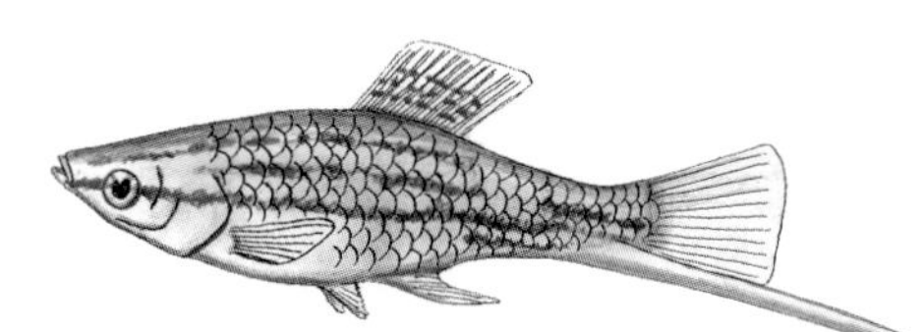

ソードテイル *Xipbopborus helleri*

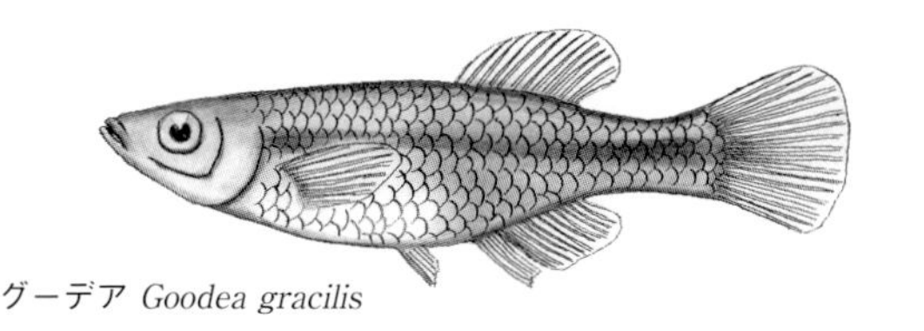

グーデア *Goodea gracilis*

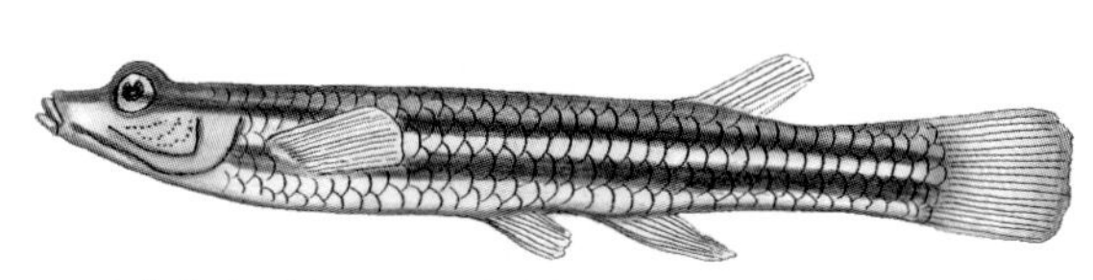

ヨツメウオ *Anableps tetrophthalmus*

図1・3　メダカ目魚類の数種の外観

ノーサン・ケイプフィッシュ*Amblyopsis spelaea*：12cmの大きさで，アメリカ合衆国(ケンタッキー州など)に棲む。

ソードテイル*Xiphophorus helleri*♂：8-10cmの大きさで，メキシコ南部，グァテマラに棲む．

グーデア*Goodea gracilis*：7cmの大きさで，メキシコに棲む．臀鰭の軟条の最初の6本が交接脚をなしている．卵には卵黄が少なく，約20匹胎生．

ヨツメウオ*Anableps tetrophthalmus*：17-25cmの大きさで，メキシコ，中央アメリカ，南アメリカ北部に棲む．水面に眼を半分出して泳ぎ，一度に1-5匹(約5cm)産む．

＜*Microcyprini* 目の特徴＞

鰾は無管で，鱗は円形である。側線はなく，頭頂骨は前頭骨と接している。眼窩蝶形骨や中烏口骨はなく，鰓蓋骨がよく発達している。下顎には関節骨があるものとないものとがある。鰭には棘がない。アーチ形の胸鰭は高位についているものと低位についているものとがあり，いずれも頭蓋につながっている。腹鰭の軟条は６～７本で，鎖骨とくっついていない。背鰭はかなり後方，つまり臀鰭の上方に位置している。肛門は体の前方にあるものや後方にあるものがある。口

図1・4　パンチャックス*Panchax panchax*

は一般に小さく，前上顎骨によってのみで縁どられている。下咽頭骨は分離しているか，融合している場合は中央に縫合がみられる。鰓条骨は4～7個ある。このCyprinodontidaeは腹鰭，肛門，側面中央鱗数，口吻，前上顎骨，上咽頭骨及び鱗の大きさによって同目内の*Adrianichthyidae*と*Phallostethidae*から区別された(Weber and de Beaufort, 1922)。

*Cyprinodontidae*科内の*Aplocheilus*と*Panchax*（図1・4）の共通した特徴は次の点である。

頭部はその背前方部が扁平で，その背方と鰓蓋には鱗がある。背鰭は短く，その起位点は臀鰭の起位点より後方にある。6～7本の軟条をもつ腹鰭は胸鰭と離れている。尾鰭は丸味を帯びている。鰓条骨は5本で，上咽頭骨は2，3，4番目に歯が発達している。上顎骨は細長く，前上顎骨とは癒着しておらず，顎についている歯は先が尖った円錐形である。中翼状骨はない。

Aplocheilus は口が小さく，伸長性のない上顎をもち，鋤骨に歯がない。また広範囲で合体した鰓膜と上位についた胸鰭をもつ。一方，*Panchax*の上顎は口の角近くで下方に曲がっており，伸長性の上顎をもち，鋤骨に歯がある。鰓膜は互いに分離し，胸鰭は体側の中央より下位につく。このような*Aplocheilus*属として扱われていたメダカはキプリノドン科 *Cyprinodontidae* に入れられていた。

こうした研究とは別に，メダカ類がトウゴロウイワシ科と近縁であることはコープ(1870)によって早くから指摘されており，トウゴロウイワシ魚群のうち特殊化したものとも考えられていた(Myers, 1938)。その後，half beaks, killifish, silversides など分類学上の再編成を行ったローゼン(1964)は，トウゴロウイワシ類 *Atherinoids*，トビウオ類 *Exocoetoids*，サンマ類 *Scomberesoroids* を含む新しいトウゴロウイワシ目 *Atheriniforms* を設けた。彼によれば，*Cyprinodontoid*（killifishes）の口部と口蓋方形軟骨弓palatoquadrate arch では前上顎骨 premaxilla が伸長性をもつのに対して，*Adrianichthyoid*（killifishes）の前上顎骨にはそれがない。このアドリアニクチス科魚類 *Adrianichthyidae* はセレベス島の淡水のポソ湖に封じ込められた小魚である。リンドゥ湖には *Adrianichthys kruyti*（図1・5）と *Xenopoecilus sarasinorum, X. oophorus, X. poptae* が知られている(Kottelat, 1990)。

*Xenopoecilus*は大きい馬蹄形の口，篩骨ethmoidと正中上後頭骨突起 median supraoccipital processが特徴である；軟骨cartilageと盤状の関節骨の大きい球のかぶさっている全接口蓋骨autopalatineの先端に碗状の窪みがある；前額骨をもつ口蓋翼状骨弓の背部が大型化している；主上顎骨 maxillaが前顎骨の後端の外面上より上部の縁に届いている；前額骨は鉤(かぎ)状，ないしは尖った後腹部突起を欠いている；関節骨は歯骨dentaryの後端内にほぼ全体が収まっている烏口骨突起coranoid processをもたず著しく小さい；第1肋骨pleural ribは第2椎骨よりもむしろ第3椎骨に関節で接合

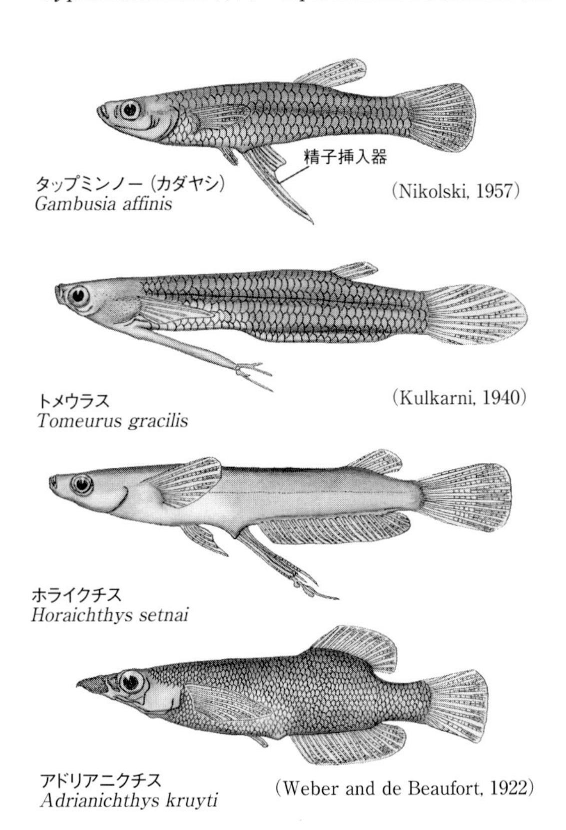

図1・5　メダカ亜目魚類の数種の雄外観

している；腰帯pelvic girdlesは正中上に接していないが，肋骨間に上方に伸びた長い側距lateral spurをもっている；1つないしは2つの非常に細い棒状の上尾骨epuralsをもつ背腹非相称の尾骨caudal skeletonと末端の半椎体の上に上方及び下方で下尾骨板hypural platesと接合している鰭条の間に大きな間隙があり，上葉と下葉のはっきりしない尾鰭をなしている（Rosen, 1964）。

ローゼン（1964）はゼノポエキルス*Xenopoecilus poptae*と*X. sarasinorum*の骨格を記載しており，両種を他のトウゴロウイワシ目Atheriniformesと比較している。すなわち，メダカ亜目Cyprinodontoidei にアドリアニクチス上科 Adrianichthyoideを設け，その下に3つの科，Oryziidae, Adrianichthyidae, Horaichthyidaeを置いている。さらに，ローゼンとパレンチ（1981）は自ら提案したトウゴロウイワシ型の種族の相互関係について検討を加え，ダツ目の1亜目としてアドリアニクチス亜目 Adrianichthyoidei を設けた。そして，その単一のアドリアニクチス上科 Adrianichthyoidea の下にアドリアニクチス科 Adrianichthyidae，メダカ科 Oryziidae とホライクチス科 Horaichthyidae の3科を位置づけた。ローゼンとパレンチ（1981）がトウゴロウイワシ目の分類に用いた形質は，次のものである。

(1) 最先端が前部角舌骨上の刻み目後端にさし込んでおり，舌弓に挿入する4つの後部葉状上鰓骨。
(2) 背鰭，臀鰭，腹鰭に棘の存在。
(3) 第1上鰓骨と咽鰓骨との間にある背部鰓弓骨に弓間軟骨が存在すること。
(4) 大きくて，長い付着糸と付着毛をもち，油滴の多い卵。
(5) 胚の頭部前方に心臓が発達している入出循環の形成。
(6) 精巣白膜 tunica albuginea 近くの盲管での精原細胞の形成。
(7) 前顎骨 premaxilla と分離している吻軟骨 rostal cartilage。
(8) 頭蓋に上顎骨間膜 maxillary ligament と交叉した副上顎骨間膜 paratomaxillary ligaments で伸張する上顎。
(9) 骨化した皮骨と軟骨内骨の円盤状篩骨。
(10) 鼻には水圧ポンプ機能をもつ。
(11) 第3，第4，第5眼窩下骨の消失。
(12) 鰓弓骨における第1上鰓骨の基部半分に鉤状突起が潰れているか，欠損している。
(13) 第4咽鰓骨の消失。

さらに，キプリノドン目Cyprinodontiformesとダツ目Beloniformesからなるトウゴロウイワシ型の小グループの定義として，

(14) 第2眼窩下骨の消失。
(15) 分離した鉤状突起がなく，広がった基部をもつ第1上鰓骨。
(16) 第1咽鰓骨の消失。
(17) 第1，第4より著しく小さい第2，第3上鰓骨。

しかし，コッテラ（1990）が指摘しているように，なぜメダカ科とホライクチス科をアドリアニクチス上科に入れたかについて十分な根拠が明示されていない。コッテラ（1990）はスラベシ島のリンドゥ湖とポソ湖に棲むゼノポエキルス *Xenopoecilus* 属，アドリアニク

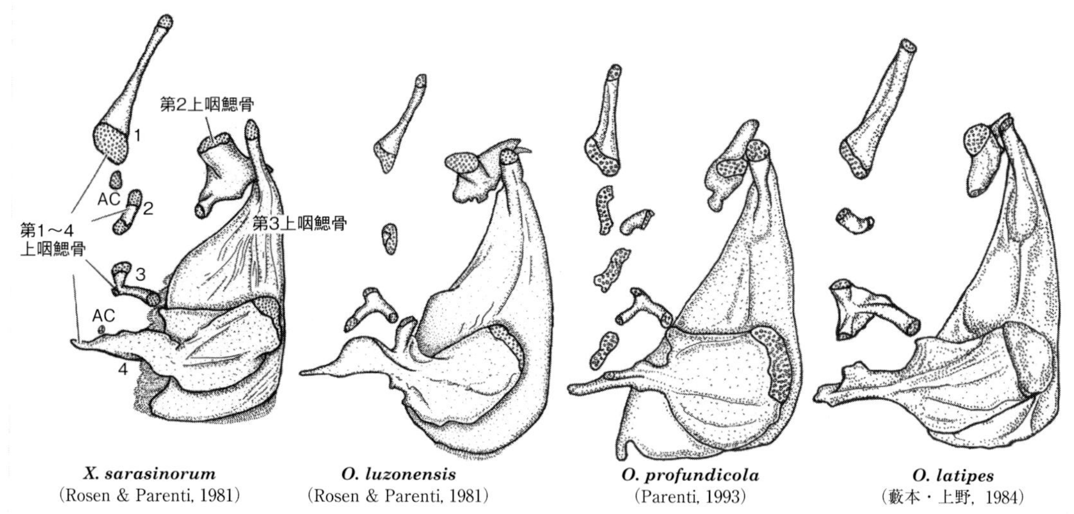

図1･6　メダカ種とゼノポエキルス種にみられる背側の鰓弓骨
AC, 附属軟骨.

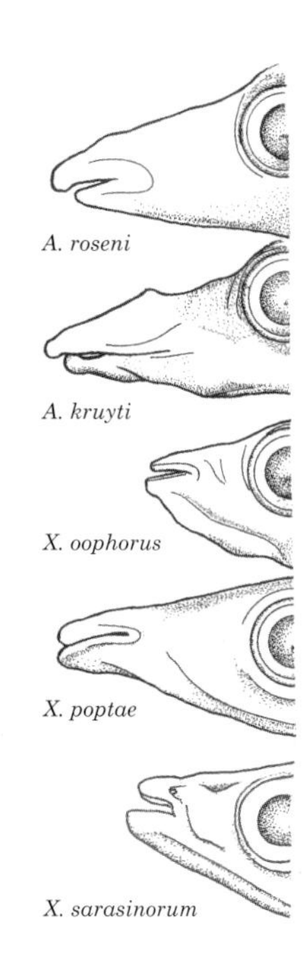

図1･7　アドリアニクチス属とゼノポエキルス属の頭部前端の形態
上下顎の大きさの比較（Parenti and Soeroto, 2004より改図）

チス *Adrianichthys* 属とメダカ *Oryzias* 属の関係が明らかにされていないことにも触れている。*Oryzias* は背部鰓弓骨が極めてよく似ており（図1・6，Rosen and Parenti, 1981），吻部も上下両顎が揃っているか，下顎が上顎より前出している点も *Adrianichthys* よりも似ている（図1・7，Parenti and Soeroto, 2004）。その他，*Xenopoecilus* と *Oryzias* は第1脊椎骨と頭蓋骨との関節も同じで，基後頭骨（主関節1つ）と外後頭骨（副関節2つ）の3カ所でみられる（図1・8；岩松・佐藤，2005）ダツ目のトビウオやサヨリと同じである（図1・9）（Iwamatsu *et al.*, 2009）。

さらに，骨格の調査検討を行った藪本と上野（1984）によっても指摘されているように，ニホンメダカの特徴として次の諸骨が頭部に存在しないこと（消失）を報告している。すなわち，第4上鰓骨の関節面が拡大していること，軟骨性の角鰓骨突起が枝分かれしていること，口蓋骨の縮小，外翼状骨の消失，間弓軟骨の縮小か消失，第2上咽鰓骨の直立，下舌骨が単一であること，間舌骨 interhyal bone の消失，尾鰭の主鰭条が下尾骨の上葉より下葉に多いことなどを挙げている。メダカには歯骨と前上顎骨の間に軟骨癒合があることと同様に，間舌骨がないこと，前上顎骨の上向きの関節突起，吻部関節，すべてが固定して突出させられない下顎骨に役立っていること，そして前上顎骨の縮小がダツ目にみられる祖先形質であることはParenti（1987）も認めるところである。また，その他の特徴として第3咽鰓骨と咽頭骨の肥大と歯列をも挙げている。台形の尾鰭を支えている尾部骨格をみると，下尾骨が対峙している。鋤骨をもたない篩骨部分及び補尾骨のある尾部骨格の形態は *Xenopoecilus* と *Oryzias* でも同じである（図1・10；岩松・佐藤，2005）。この補尾骨について，尾部骨格の発生を調べた藤田（1992）は，もしそれがアドリアニクチス属 *Adrianichthys* とホライクチス属 *Horaichthys* の魚類にも存在するのであれば，科に共通した子孫形質共有 synapomorphy であろうと述べている。

トウゴロウイワシ目　Atheriniformes
　トビウオ亜目　*Exocoetoidei*
　　トビウオ上科　*Exocoetoidea*
　　　ヘミラムフス科　*Hemiramphidae*
　　　（*Hemiramphus* サヨリ）
　　　トビウオ科　*Exocoetidae*（*Exocoetus* イダテントビウオ，*Dermogenys* デルモゲニー，図1・11）
　　サンマ上科　*Scomberesocoidea*
　　　ダツ科　*Belonidae*（*Ablennes* ダツ）
　　　サンマ科　*Scomberesocidae*
　　　（*Cololabis* サンマ）
　アドリアニクチス亜目　*Adrianichthyoidei*
　　アドリアニクチス上科 *Adrianichthyoidea*
　　　メダカ科　*Oryziidae*（*Oryzias* メダカ）
　　　アドリアニクチス科　*Adrianichthyidae*
　　　（*Adrianichthys* アドリアニクチス，*Xenopoecilus* ゼノポエキルス）
　　　ホライクチス科　*Horaichthyidae*
　　　（*Horaichthys* ホライクチス）
　キプリノドン亜目　*Cyprinodontoidei*
　　キプリノドン上科　*Cyprinodontoidea*
　　　キプリノドン科　*Cyprinodontidae*
　　　（*Fundulus* ゴールデン・イエア，*Aplocheilus* ドワルフ・パンチャックス）
　　　グーデア科　*Goodeidae*（*Goodea* グーデア）
　　　ジェニンシア科　*Jenynsiidae*（*Jenynsia* ジェニンシア）
　　　ヨツメウオ科　*Anablepidae*（*Anableps* ヨツメウオ）
　　　カダヤシ科　*Poeciliidae*（*Poecilia* タップミ

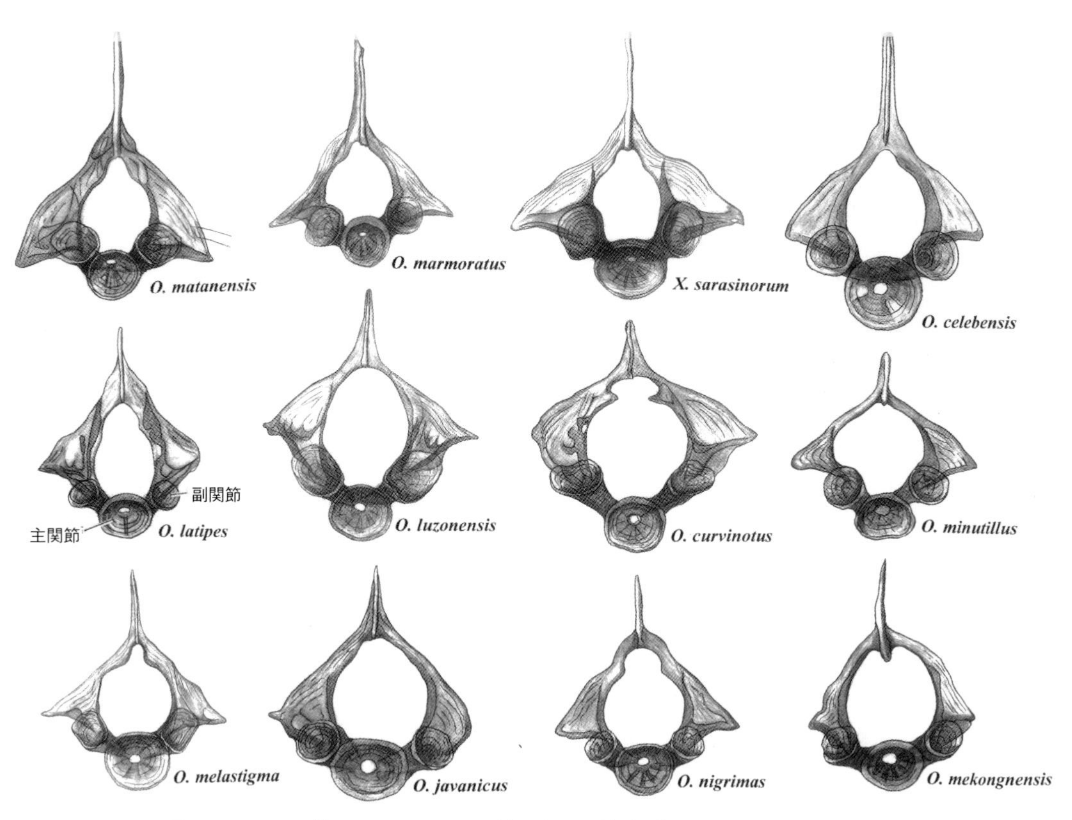

図1･8 メダカ種とゼノポエキルス種の脊椎骨第1椎体に見られる頭骨との関節
第1椎体には，基後頭骨との1主関節及び外後頭骨との2副関節がみられる．

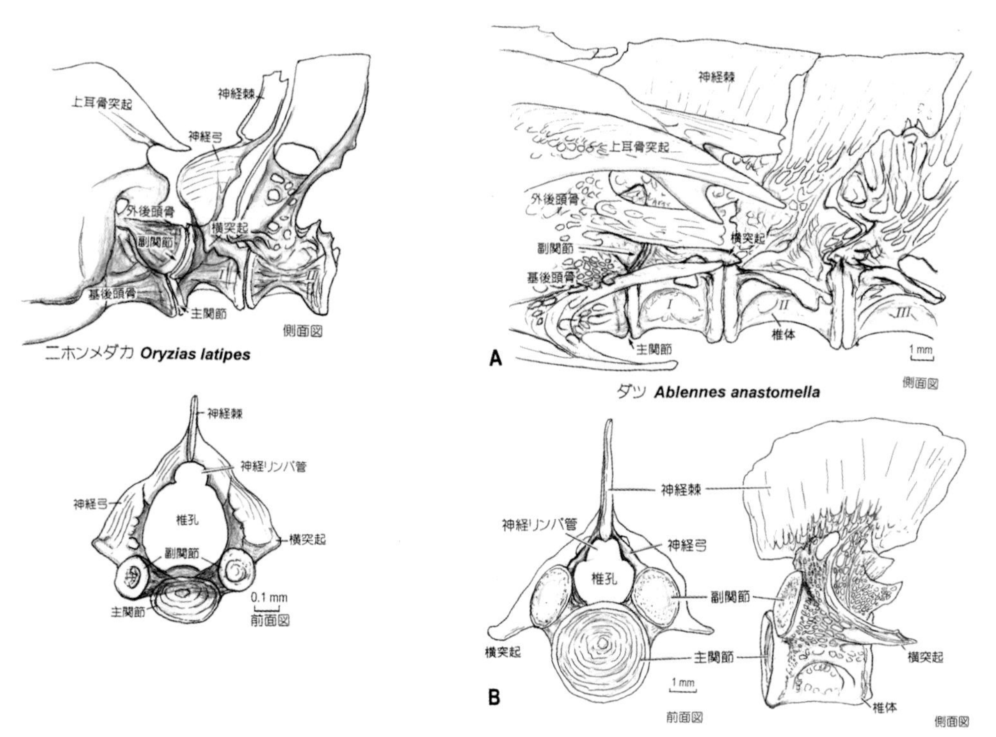

図1･9 ダツ *Ablennes anastomella* とニホンメダカ *Oryzias latipes* の第1脊椎骨

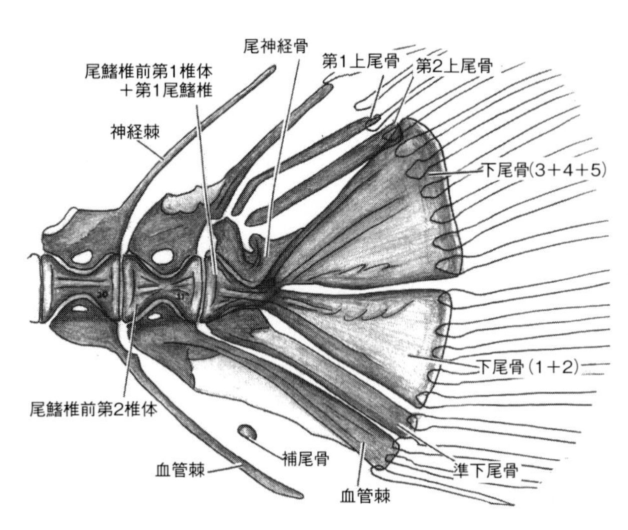

図1･10　ゼノポエキルス *X. sarasinorum* の尾部骨格
（岩松・佐藤，2005）

ンノー，グッピー，*Xiphophorus* ソードテイル，プラティ）

トウゴロウイワシ亜目　*Atherinoidei*

トウゴロウイワシ上科　*Atherinoidea*

メライタエニア科　*Melanotaeniidae*（*Melanotaenia* オーストラリア・レインボー）トウゴロウイワシ科　*Atherinidae*（*Atherina* トウゴロウイワシ）

ナミノハナ科　*Isonidae*（*Iso* ナミノハナ）

トウゴロウメダカ上科　*Phallostethoidea*

ネオステテサス科　*Neostethidae*（*Neostethus* ネオステテサス）

トウゴロウメダカ科　*Phallostethidae*（*Phallostethus* トウゴロウメダカ）

新しく設けたトウゴロウイワシ目の亜目，上科には次のような特徴があって，それらを分類の仮の手がかりとしている（Rosen, 1964）。

A．トビウオ亜目について

側線が両体側下位を走る。三角板で縫合線もない合体した咽頭骨pharyngeal bonesをもつ。頭（顱）頂骨の欠除。鰓条branchiostegal rays 9～15。第1背鰭の完欠。臀鰭に棘spineはない。鼻孔 narial openingは単一。

トビウオ上科：

下顎は長いか，もしくは長くない。多くの場合，大きい1対の鰭。吻骨rostal bonesは分離している。皮篩骨dermoethmoidがない。

サンマ上科：

上下顎の延長。大きくない1対の鰭。吻骨が縫合線を残して接続している。皮篩骨がある。

B．アドリアニクチス亜目について

側線が欠除，あるいは中位側面で一連の孔器によって象徴される。下咽頭骨が通常分離し，三角板に合体しているものでも縫合線がある。頭頂骨があるか，もしくはない；鰓条4～7；第1背鰭はない；臀鰭に棘はない；鼻孔が一対ある。

アドリアニクチス上科：

前鋤骨がなく，上鎖骨 supracleithrumもない。雄は骨性の交接脚と“かかり”のあるさく状の精包 spermatophore（*Horaichthys*）をもつ。全接口蓋骨autopalatineが種子骨によって被われている。翼状方形軟骨 pterygoquadrate cartilage が背側突起をなして

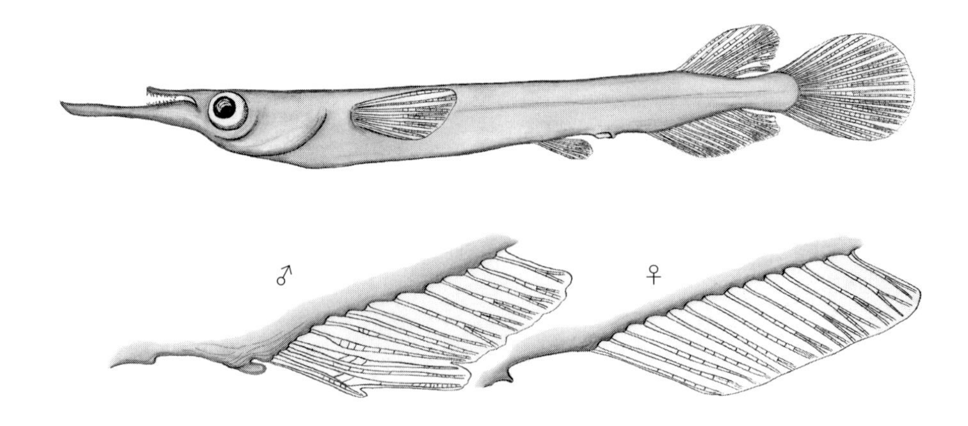

図1･11　デルモゲニーとその臀鰭

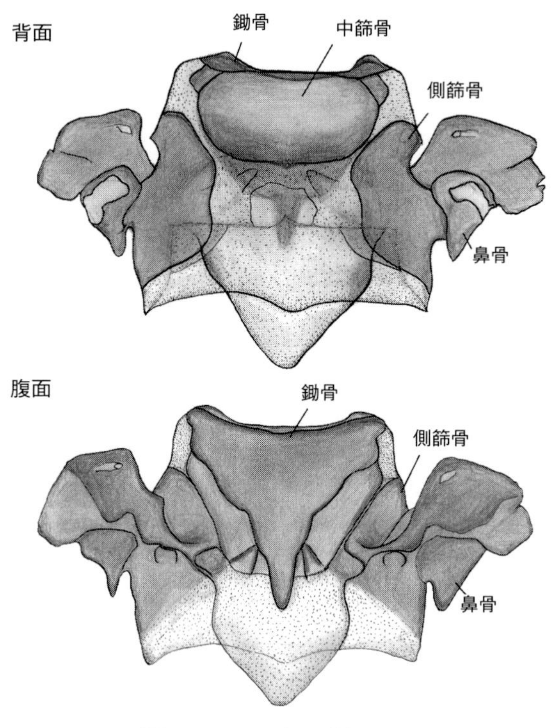

図1･12　グッピー頭骨の一部

いる。前上顎骨 premaxilla の下端は上顎骨 maxillaの下にあって小菱形である。第１の肋骨は第３脊椎骨にある。直立した側距をもつ腰帯骨 pelvic bones は中央線で接続していない。脊索腹側の筋組織 hypochordal musculature が尾骨の上にある。下尾骨板が互いに接続していない。尾鰭が原始葉incipient lobesを形成している。

C．キプリノドン亜目について

キプリノドン上科：

ほとんどの場合，前鋤骨があり，上鎖骨がある。口蓋骨は被われていない。前上顎骨の下端は歯骨と上顎骨間にあって，多くは前方に鉤状になった不等辺四角形をしている。第１肋骨が第２脊椎骨上にある。直立側距をもたない。腰帯骨は重なり合うか，中央突起によって正中線で接続している。脊索腹側の筋組織が尾骨上にはない。下尾骨を形成している。円味があるか，先の切れた尾鰭は原始葉をもたない。この上科の中に入れられているグッピーには硬骨化したばかりの前鋤骨しかなく，それには歯がついていない（図１･12）。

D．トウゴロウイワシ亜目について

側線が欠除しているか，もしくは中位側部に一連の孔器pit organとか，鱗孔scale canalで象徴されている。下咽頭骨は分離している。頭頂骨があり，鰓条骨軟条が５～７本ある。通常臀鰭起位点に先んじて，あるいは上方に柔軟な棘の第１背鰭をもつ。臀鰭が棘によって先行されている。一対の鼻孔がある。

トウゴロウイワシ上科：

腹鰭pelvic finが腹部，下腹部，胸部に位置しており，抱擁器官には変形していない。第１胸部肋骨は第３脊椎骨上にある。口蓋内転筋弓が眼窩の後部に限定している。

トウゴロウメダカ上科：

腹鰭が雄では，複雑な胸部抱擁器官priapium（*Phallostethidae*）に変形し，雌では欠除している。第１胸部肋骨が第２脊椎骨にある。口蓋骨内転筋弓が眼窩の底部を占めている。

ローゼン（1964）は下記の所見からOryziidae（Oryziatidae）という新しい１科を設けたのである。アドリアニクチス上科の中でも，メダカ科は異常に大きくなった顎と篩骨をもたないこと，１対の上後頭骨突起をもつこと，及び明白に分離した下咽鰓骨をもつことで，近縁のアドリアニクチス科とは，異なっている。このアドリアニクチス上科は，キプリノドン上科とは次の点で異なっている。

①種子骨の被いかぶさった口蓋骨をもつ，②背側突起をなしている翼状方形軟骨がある，③上顎骨と歯骨間よりむしろ上顎骨下にあって，鉤形の小菱形骨の前上顎骨の下端をもつ，④第１胸部肋骨が第３脊椎骨についている，⑤上鎖骨が欠けている，⑥腰帯骨が直立側距をもち，腹部中央で接続していない，⑦脊索腹側の筋組織が尾鰭の骨にはない，⑧尾鰭が原始葉をなしている，⑨下尾骨板は決して融合していない。

その後ローゼンとパレンティ（1981）は，鰓弓骨と舌骨に付属するものからみて，アドリアニクチス類（メダカとその近縁種）がアメリカメダカ killifishes より，サヨリ，トビウオ，ダツやサンマの類に近似しているという観察を基にして，メダカ科 Oryziidae を次のようにダツ目に位置づけている。この位置づけは，ヘッケル（Haeckel, 1855）のスケッチにもみられるように，ダツ目に入れられているサヨリ，ダツ，サンマ，トビウオの卵母細胞は形態的に互いによく似ていることからも支持できる（後述）。それらの魚では，メダカにみられるように付着糸・付着毛が卵母細胞表面を取り巻いている。胚を発生環境に適したところに保持する意味で，メダカを含むダツ目魚類の付着糸は機能上の

図1・13　アシヌアメダカ *Oryzias asinua*
（田中理映子氏提供）

相同 analogyがあるといえよう。

ダツ目Beloniformes

アドリアニクチス亜目　*Adrianichthyoidei*

アドリアニクチス科　*Adrianichthyoidae*（ホライクチス科*Horaichthyidae*とメダカ科*Oryziidae*を含む）

トビウオ亜目　*Exocoetoidei*

トビウオ上科　*Exocoetoidea*

サヨリ科　*Hemiramphidae*

トビウオ科　*Exocoetidae*

サンマ上科　*Scomberesocoidea*

ダツ科　*Belonidae*

サンマ科　*Scomberesocidae*

ヨルダンとスナイダー（1906）は，Oryziidaeに属する唯一の属*Oryzias*について次のような特徴を挙げている。体形は楕円形で，左右に扁平で，体表は大きな鱗で被われている。小さく尖った単純な歯を2列もつ小さい口，加えて鋤骨には歯がない。鰓孔は上に限定されていない。消化管は短く，ほぼ体長に等しい。体腔壁は黒である。臀鰭の中央背面に短い背鰭がある。臀鰭は長く（鰭軟条17〜20），尾鰭は台（截）形 truncate である。

このメダカ科は，*O. latipes*（Temminck and Schlegel, 1842），*O. carnaticus*（Jerdon, 1849），*O. javanicus*（Bleeker, 1854），*O. curvinotus*（Nichols and Pope, 1927），*O. melastigma*（McClelland, 1936），*O. celebensis*（Weber, 1894），*O. minutilius*（Smith, 1945），*O. timorensis*（Weber and de Beaufort, 1912）の1属8種からなっているとローゼン（1964）はいっている。さらに，これらに加えて*O. luzonensis*（Herre and Ablan, 1934），*O. matanensis*（Aurich, 1935），*O. marmoratus*（Aurich, 1935），及び新種メコンメダカ（*O. mekongensis*, 宇和, 1985），*O. nigrimas O. orthognathus, O. profundicola*（Kottelat, 1990）及び*O. nebulosus*（Parenti and Soeroto, 2004）が知られている。

近年，パレンテイ氏は新種メダカとその近縁種を系統分類学的に分析した報告書（Parenti, 2008）を発表している。

1．*Oryzias asinua*（新種アシヌアメダカ；図1・13）

Oryzias asinua − Parenti, L.R., R.K. Hardiaty, D. Lumbantobing and F. Herder (2013) Copeia, 2013(3): 403-414.

本種は，インドネシア，スラベシ・テンガラ，コナウェの摂政管区にあるアブキ山 Abuki mountains の麓で，アシピコAsipiko 村のスンガイ・アシヌア Sungai Asinua の主要水路に沿って生息している。生い茂った草が泥，砂，砂利に被われた小さい島をなした氾濫原 floodplain の澄んだ水辺で，アシヌアメダカは halfbeak（デルモゲニーなど）と共に棲んでいる。体長17.4〜21（最大26.8）mmで，*Oryzias woworae* の一種で，截形の尾鰭の背腹両縁と尾柄腹部がオレンジ－赤色で，特に雄では体表が青い光沢を帯びている。*O. woworae*と違っているのは，体形がスリムで雄が背鰭の中央軟条が長く，その端は尾鰭の第1軟条に達している点である。

頭長25（25－30），吻長6（6〜9），体側円鱗数34（29－34）で，腹鰭の最内側の軟条は膜で体表に結合している。雌には肛門の後部に2葉の泌尿生殖隆起がある。最初の肋骨は第3脊椎骨の横突起についており最初の上神経棘 epineural bones は第1脊椎骨の横突起背部についている。腰帯の側突起は第5脊椎骨についている第3肋骨に接している。背鰭の起点は第22（21－23）の上にある。

種名 *asinua* はこの種がスンガイ・アシヌアに生息していたことを示すためにつけられた。

2．*Oryzias bonneorum*（ボンネオラムメダカ）

Oryzias bonneorum − Parenti, L.R. (2008) Zool. J. Linn. Soc., 154: 494-610.

インドネシア，スラベシ・テンガー Sulawesi Tengah のリンドウ湖 Lake Lindu に棲み，固有種である仲間の *O. sarasinorum* に似てたぶん遠洋魚である。雄の体色パターンは体側に褐色を帯びた縦縞が9まである。雄の臀鰭の軟条には乳頭状小突起はない。比較的スリム（幅13～15% SL）な *O. sarasinorum* とは違って，本種はより幅広い（17～20% SL）。頭長31（31～32），吻長９（７～９），背鰭・臀鰭の起点部は盛り上がっている。最も内側の腹鰭軟条 medialmost pelvic-fin ray はまくでからだに繋がっていない。尾鰭はやや三日月状 lunate で，背腹両端の軟条が中央のものよりやや長い。雌の泌尿生殖隆起は単葉である。涙感覚管 lacrimal sense canal，大孔器 large pit organ は開孔型である。最初の肋骨は第３脊椎骨の横突起に付き，腰帯の体側の翼状横突起は第５肋骨に付いている。

背鰭軟条数D.13（12～13），臀鰭条数A.20（19～20），胸鰭軟条数P.11（11～12），尾鰭主軟条数C.i,5/6,i，鰓条骨数５（５～６），体側鱗数38（36～39），脊椎骨数32（31～32，胴部12～13＋尾部19），鰓条骨数５（５～６）。腹鰭と臀鰭との間に目立った窪みはない。上下の顎は幾分長く，下顎が上顎より前に伸びている。この種は体内受精をするらしく，多分胎生 live-bearing であると考えられているが，生殖については更なる確認が必要である。

種名 *bonneorum* は，20世紀初頭にインドネシア全域で活躍していた昆虫分類学者 C. Bonne 氏と J. Bonne-Wepster 氏の名前に由来する。二人は20世紀初頭にインドネシア全域で活躍しており，蚊の幼虫（ボウフラ）を食べるかどうかを確かめるためにこのメダカを採集していた。

３．***Oryzias celebensis***（セレベスメダカ；図1・14，図1・15）

Haplochilus celebensis － Weber, M.（1894）Zool. Ergebn. einer Reise in Niederl. Ost. -Indien Ⅲ：426.

Haplochilus celebensis － Boulenger, G. A.（1897）Proc. Zool. Soc. No.29, p.29.

Aplocheilus celebensis － Weber, M. and de Beaufort, L. F.（1922）The fishes of the lndo-Australian archypelage. 4: 370-374.

Aplocheilus celebensis － Aurich, H.（1935）Mitteilungen der Wallacea-Woltereck. Mitteilung XIII. Fishe I. Zoologischer Anzeiger, 112: 97-107.

（特徴）

D.7～10（通常9），P.10～11, V.6, A.17～22（通常20），L.l. 29～32, L.tr.12～14.（全長38mm）

体高3.7～4.4（体長），3.8～5.5（全長），頭長3.7（体長），4.7（全長）で，他のどのメダカ種より大型である。眼の大きさは2.3（頭長）で吻長よりやや大きいが，頭部の後眼窩部と眼隔より幾分小さい。口の裂目は小さく，水平である。口角は眼の前部境界よりも吻端に近い。背鰭の起点は臀鰭の最後から第３番目の軟条の背

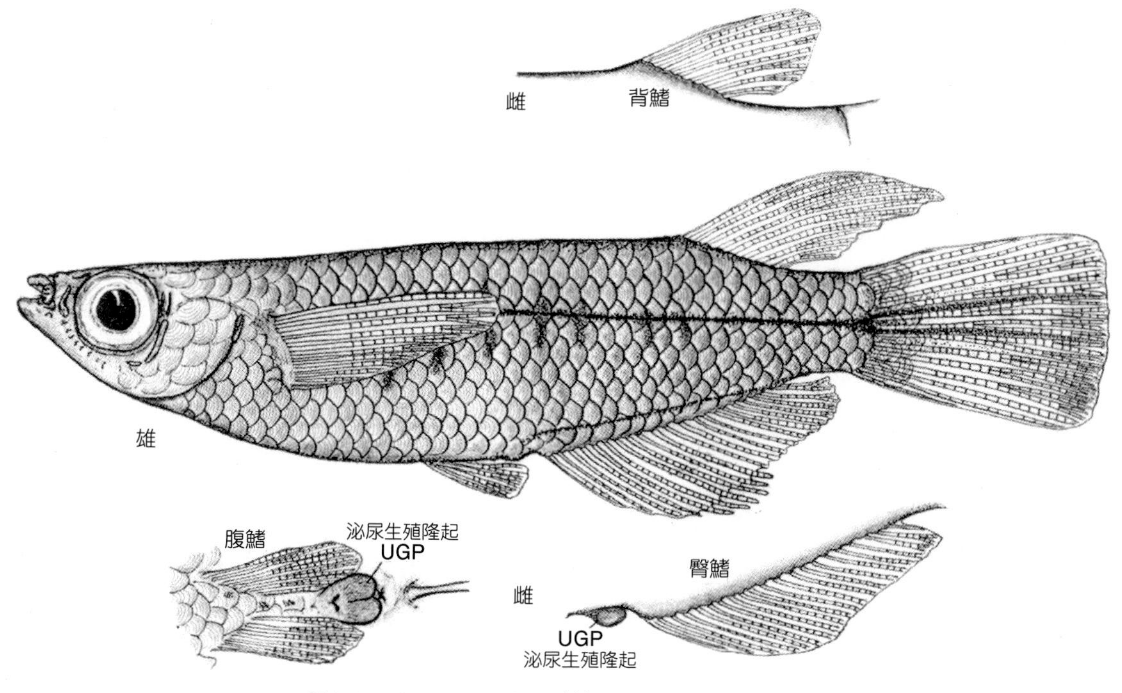

図1・14　セレベスメダカの外観（Iwamatsu *et al.*, 1984）

図1・15　*Oryzias celebensis* セレベスメダカ（上：雄，下：雌）

方にあり，後頭部の大きい鱗から数えて23番目に位置する。臀鰭において，軟条節に乳頭状小突起がなく，その起点は尾鰭の基部と瞳の中間，もしくはやや眼球寄りに位置している。胸鰭は頭長より短いが，吻長を除いた頭長より長い。腹鰭基部は臀鰭後端と吻端の中間の位置にある。尾鰭は截（せつ）（台形）である。

色調（アルコール固定）：　黄味を帯びた褐色か肉色で，腹部は半透明で多少銀色を帯びた黒色である。体側中央に1本の細い黒色の条が走っており，いくつかの黒いスポットがみられる。通常，以上に述べた特徴の他に腹部後端から臀鰭基部の背側に1本の黒く細い条が走り，左右両体側を走るその黒い条は臀鰭後端で出合っている。

性徴：　雌の体高，背鰭長，臀鰭幅（長）は雄のそれらより小さい。すなわち，雄の背鰭は著しく長く尾鰭に十分かかる程である。その臀鰭の前半部の幅（長）は大きいが，鰭条には小突起はなく，雌のように軟条先端が分岐していない。雌は生殖期には臀鰭や腹鰭の先端が黒くなる。

棲息域：　セレベス（スラベシ）島南部（Ujun Pandam, Makassar, Maros, Sidenreng sea, Teleadji）の淡水域。

4. ***Oryzias curvinotus*** **（ハイナンメダカ，海南メダカ；図1・16）**

Aplocheilus curvinotus － Nichols, J. T. and C. H. Pope (1927) Bull. Amer. Mus. Nat. Hist., 54: 321-394 (Hainan).

図1・16　*Oryzias curvinotus* ハイナンメダカ雄
（Dr. S. Hamaguchi撮影）

Oryzias latipes (?) － Oshima, M. (1926) Annot. Zool. Japon., XI：19 (Hainan).

（特徴）

D. 6, A. 25, L.1.35 （体長23mm）

体高3.4（体長），頭長3.4（体長），眼径2.6（頭長），吻長4（頭長），眼隔2（頭長），口幅2.5（頭長），体幅1.6（頭長），尾柄高2.3（頭長），胸鰭1.2（頭長），腹鰭2.4（頭長），最長背鰭軟条1.5（頭長），最長臀鰭軟条1.6（頭長），尾鰭1.3（頭長）。

体は左右が扁平で，頭部は幅広い。楔形で前方に上下扁平である。腹部は狭く，臀鰭基部直前に肛門がある。口は上向きで小さい。下顎が先に突出しており，眼隔は幅広く扁平である。眼は大きい。鰓膜は狭窄部がなく，眼の後縁下方で鋭角に合わさっている。背鰭はその起点が臀鰭のそれより尾鰭寄りにあって，背部のはるか後方についている。その先端は尾鰭基部の中間に位置している。臀鰭条数が多いのも特徴である。腹鰭の長さは臀鰭までの距離の3分の2である。胸鰭は高位で，やや上向きに付いている。尾鰭はやや切れ込みがある。側線はない。

上記の報告（Oshima, 1926）にあるように，最初は *Oryzias latipes*（ニホンメダカ）と間違って記載され，原田（1943）も同様（D.4～6, A.18）に記述している。宇和ら（1982）には雄の臀鰭の鰭軟条に小突起がないと述べているが，その後の観察で痕跡的な小突起があることを認めている（宇和，1985）.

色調：　頭端は暗色で，背面後方に延びた1条の暗色帯を呈す。尾柄の中央にある暗黒色の1条の線が体側の中央部を体長の半分ほど前方に延びている。

棲息域：　中国南東部の海南島Nodoa。

図1・17　*Oryzias eversi* エバーシメダカ
上：雄，下：雌（腹鰭の内側に発生卵を抱いている）
（岩松顯氏撮影）

5．*Oryzias eversi*（新種エバーシメダカ，図1・17）

Oryzias eversi − Herder, F., R.K. Hadiaty and A.W. Nolte (2012) The Raffles Bull. Zool., 60(2):467-476.

この種は，スラベシ島の Tan toraja にある丘の小川で採集されたもので，全長が約48mmで，他の Adrianichthys とは区別されるものである。臀鰭軟条数A.19（17～19），尾鰭軟条数D.22（i,4/5,i），背鰭軟条数D.10～12，胸鰭軟条数P.10（９～10），腹鰭軟条数V.６。体側中線鱗33～36，背鰭起点下鱗1/4 14，脊椎骨数33（30～33），眼径は頭長の28.2～35.5%。肋骨は第３～第12脊椎骨に付く。背鰭担鰭骨は第18～第22脊椎骨の神経棘の先端間にあり，臀鰭担鰭骨は第13～第22脊椎骨の血管棘の先端間にある。眼球後縁の大孔器は開溝型である。肛門は全長の中央部に位置している。生殖隆起genital papilla (protuberance) は，雄では管状で小さいが，雌では二葉に丸く大きい。雄の背鰭は長く，尾鰭の基部を越している。また，稀に雄の腹鰭は軟条が互いに癒合して，短く交接脚 gonopodium 型に変形しているものがある（図１・18）が，臀鰭軟条には乳頭状小突起はない。臀鰭の第３－６軟条は長く，先が分岐している。生きた体色は白っぽい灰色から緑っぽい光沢のある明るい黄茶で，雄は交尾時に目立った黒色である。雌の長い腹鰭は卵塊を保持するように順応している。卵径約1.5mm（1.51±0.1mm，範囲1.4－1.7mm，n=49）の大型で，卵膜の動物極側の卵門の周りに貧弱で短い付着毛（平均９本，４－14），植物極側には約13本（12.6±0.5）の付着糸がある（図

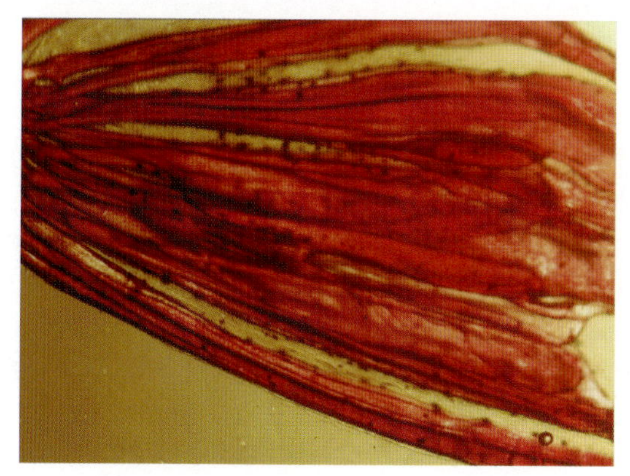

図1・18　雄 *Oryzias eversi*メダカの腹鰭

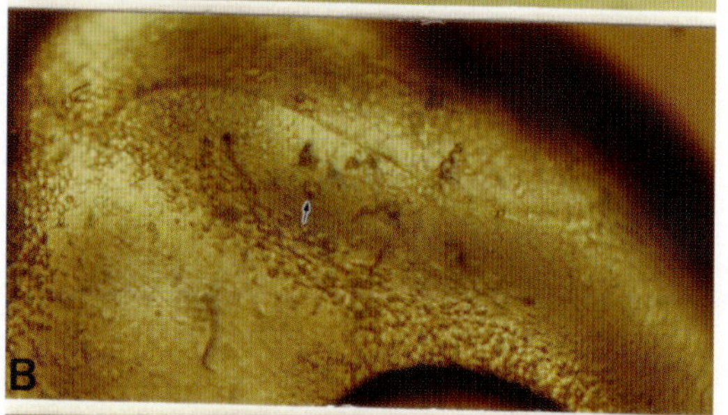

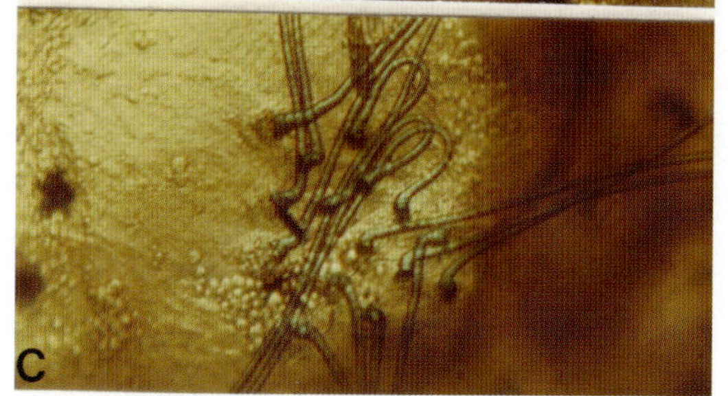

図1・19　*Oryzias eversi* の卵
A：腹部に付着糸でぶら下げられた卵塊（×23）
B：動物極側卵膜の付着毛と卵門（矢印）
C：植物極側卵膜の付着系（B，C：×153）

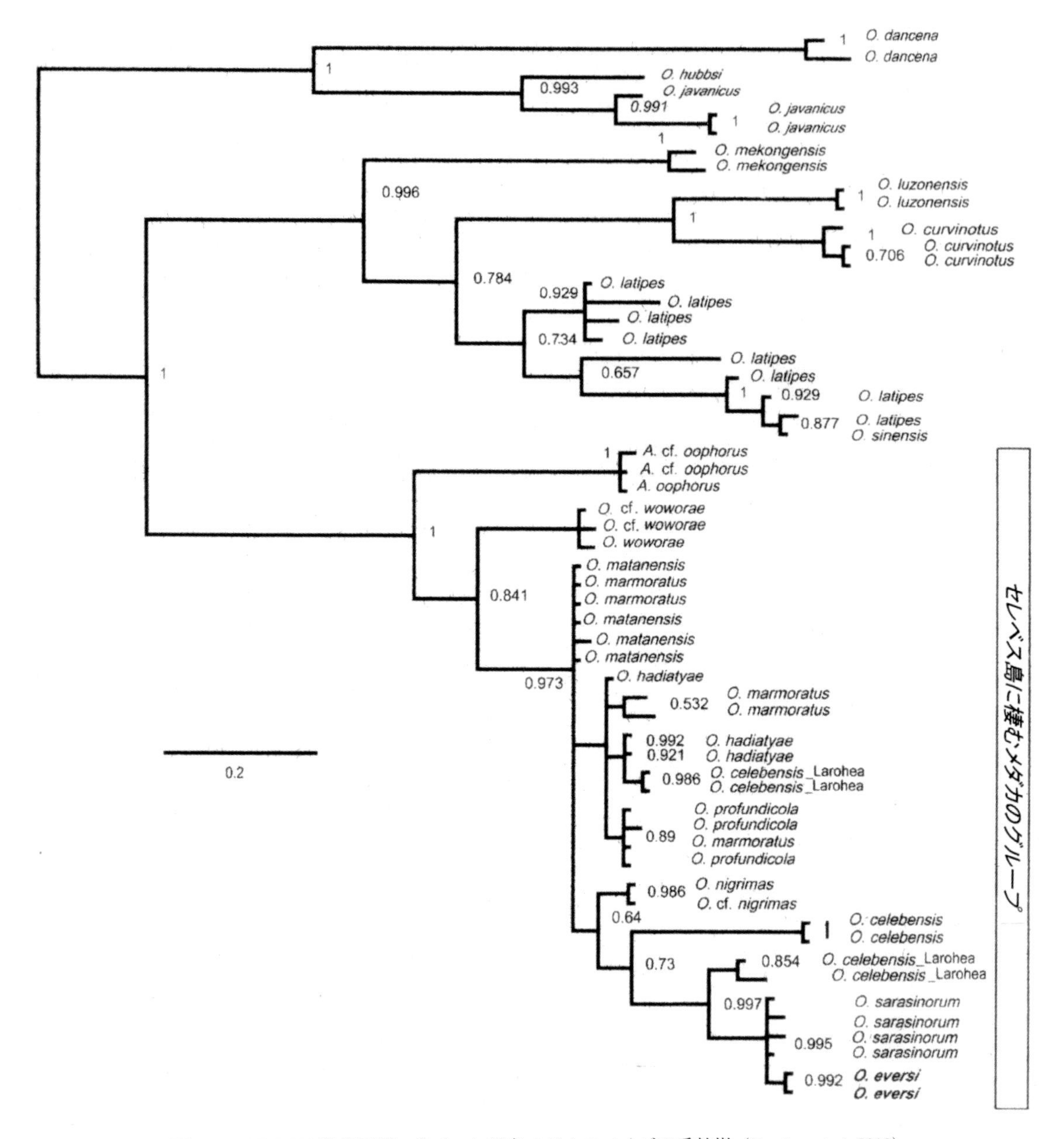

図1・20　16sDNA塩基配列に基づいた現存メダカのベイズの系統樹（Herder *et al.*, 2012）

1・19)。尾鰭の先端は截形をしている。腹部の臀前方に著しい窪みをもつ雌は，産卵後卵を胚が孵化するまで付着糸で泌尿生殖口からぶら下げて腹鰭保育 pelvic brooding behavior を行う。水底で動きが静かで，ほとんど水表面に上がって来ない。ミトコンドリア正基準標本系統 mitochondrial holotype phylogeny はこの新種が中央スラベシ島のリンヅウ湖 Lake Lindu に棲む腹鰭保育魚 pelvic brooder *Oryzias sarasinorum* の近縁種であることを示唆している。この新種 *O. eversi* と *X.(O.) sarasinorum* のホロタイプ群は，卵を腹部に付けるメダカのクレイド clade に納まるが，もう一つのスラベシ島のポソ湖に棲む腹鰭保育魚 *Adrianichthys oophorus* は第2の系統をなしている（図1・20）。これらは，胎生魚のように胚の存在に依存した排卵（生殖）を行うものである。この腹鰭保育という胎生的生殖戦略は，おそらくスラベシ島におけるメダカが多岐にわたって進化してきた生殖様式の一つであろう。

図1・21　*Oryzias hadiatyae* ハディアティエメダカ（雄）
（田中理映子氏提供）

種名 *eversi* は，かつてスラベシ島の現地魚類調査した有名な研究者Hans-Georg Evers氏の名前に由来する。

6．*Oryzias hadiatyae*（ハデイアテイアエメダカ，図1・21）

Oryzias hadiatyae − Herder, F. and S. Chapuis (2010) Raffles Bull. Zool., 589(2): 269-280.

インドネシアのスラベシ島の中部スラベシにおけるトウチ湖 Lake Towuti の西方にあるマリリ湖 Lake Malili 系の小さなマサピ湖 Lake Masapi（黒水湖）に生息する。

体長（SL）は雄22.5〜40.3mm，雌23.0〜46.1mmの大きさである。また，体高は体長の18.2〜25.7％で，体幅が体長の10.9〜14.5％である。臀鰭軟条数A.20（19〜22），背鰭軟条数D.9（8〜10），腹鰭軟条数V.6（5〜6），胸鰭軟条数P.10（10〜11），体側鱗数27〜31，横位側列鱗数 transversal scale rows 1/2 10〜14，脊椎骨数29（28〜30）である。雄の体側表面には暗褐色の斑点がある。*O. woworae* とは体色パターンが違っており，体側線に沿って薄い黒色横縞がある。

種名 *hadiatyae* は，マサピ湖で最初に発見した魚類調査学者 Renny Kurnia Hadiaty 氏の名前に由来する。

7．*Oryzias haugiangensis*（ハウギアンゲネンシスメダカ）

Oryzias haugiangensis − Roberts, T.R. (1998) Ichthyol. Res., 45: 213 − 224.

ベトナムのメコン川の北岸と Can Tho にあるバザック川 Bassac River（Hau Giang）で採集した最大体長が20.8 mmで，小型種である。ベトナムにおけ腰帯は針のように細く長い側面支柱 lateral shrut をもつ。

尾鰭のは先端はせつ形で，雌の泌尿生殖隆起はそれほど大きくはない。

背鰭軟条数D.6〜7，臀鰭軟条数A.19〜22，腹鰭軟条数V.6，胸鰭軟条数P.10〜11，主要尾鰭軟条数C. i,4/5,i，脊椎骨数27〜29（10〜11+17〜19），鰓条骨数5〜6。

種名のハウギアンゲネンシス *haugianensis* は採集

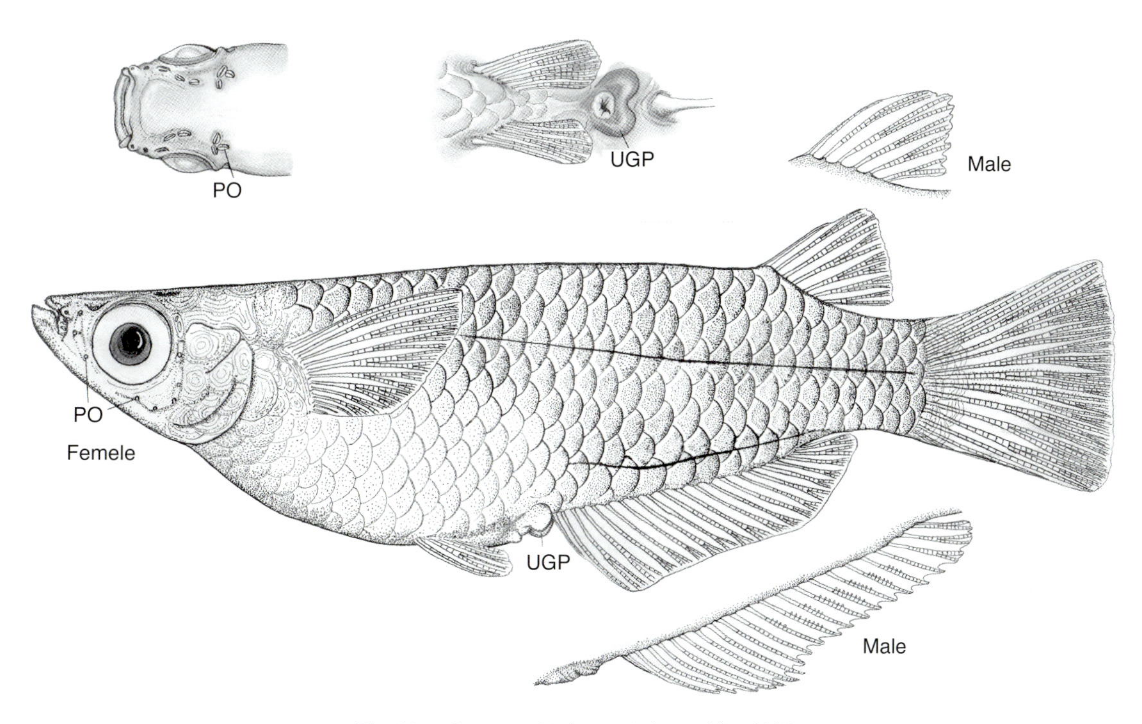

図1・22　ジャワメダカ（シンガポール産）の外観

図1・23　*Oryzias javanicus* ジャワメダカ（ジャカルタ）（前：雄，後：雌）

地名 Hau Giang に由来する。

8．*Oryzias javanicus*（ジャワメダカ；図1・22，図1・23）

Aplocheilus javanicus − Bleeker (1854) Nat. Tijdschr. Ned. Indië Ⅶ，p.323.

Aplocheilus javanicus − Bleeker (1860) Ichth. Arch, Ind. Prodr. Ⅱ. Cyprini., p.490.

Aplocheilus javanicus − Bleeker (1863) Atl. Ichth. Ⅲ. 141-142.

Haplochilus javanicus - Günther (1866) Cat. Brit. Mus. Ⅶ; 311.

Haplochilus javanicus − Bleeker (1911) V. trilineata C. M. L. Popta. Notes Leyden Museum, 34：13.

Aplocheilus javanicus − Weber, M. (1913) Siboga-Exp. Fishe, No. 57. p. 91-92 (Lombok).

Aplocheilus javanicus − Weber, M. and L. F. de Beaufort (1922) The fishes of the Indo-Australian archipelago, 4：370-374.

（特徴）

D.7, P.10〜11, V.6, A.21〜24, L.l. 29〜30, L. tr. 10（全長35mm）

頭部と体の前部の背面は扁平である。体高は3.5〜3.7（体長），4.0〜4.5（全長）で，頭長は約3.7（体長），約4.5（全長）である。眼径は約2.5（体長）で，吻長より長く，頭の眼窩後部よりもかろうじて長く，しかも眼隔とはほぼ等しい。口の裂目は小さく，水平で，その角は眼の前部の境界からの吻長の半分以上である。背鰭の起位点は後頭部の大きな鱗から22番目または23番目の鱗の位置である。臀鰭の起位点は瞳孔と尾鰭基部との中間の位置にある。胸鰭は頭長と同じ長さである。腹鰭は吻端と臀鰭の中間か，やや吻端寄りにある。尾鰭は台形である。雄の臀鰭の後方の軟条には節上に乳頭状小突起がある。形態的計測上，ジャワ産のものとシンガポール産のものとの間に有意差は認められない（Iwamatsu *et al.*, 1982）が，両者は繁殖能力や大きさなどの点で異なる。

色調（アルコール固定）：　黄色で，腹部のそれは多少銀色を呈す。頭部の背面は黒く，体背面は薄黒い。体側線に1本の細く黒い条があり，もう1本の黒い条が，臀鰭の背側を後方に走り，臀鰭の最後端の後で左右両側から合一している。一般に背面正中線に暗色の条がある。

性徴：　雄において，背鰭は雌のそれより長く，臀鰭の軟条の先端は最後のものを除いて分岐していない。雄の臀鰭軟条には乳頭状小突起があり，軟状の形成幅に地理的差異がある。また，雄の尾鰭末端に顕著な白色素胞が認められる。雌の臀鰭の軟条は多くは各先端が分岐しており，乳頭状小突起はない。また，その後端から7〜8本目までの軟条がやや短く，急に幅狭い。発情時には臀鰭や腹鰭の先端が黒くなる。

棲息域：　シンガポール，ジャワ（Perdana, Tijandjum, Kusa Kembangan）,ロンボック島，マラッカ，中国 Karoli Jano, ボルネオ島 West Kalimantan などの淡水及び汽水域。

方言：　スンダン語でImpun, ジャワ語で Lundjar と呼ばれている。また，南ボルネオでは Kelatan Kiljil, 東ジャワ Bandung で Sisik milik, ジャワで Pernet とも呼ばれている（Schuster and Djajadiredja, 1952）。

9．*Oryzias latipes*（ニホンメダカ；図1・1，図1・24）

Poecilia latipes − Temminck and Schlegel (1842) Fauna Japonica, Pisces, pp.224-225, pl.102, Fig.5.

Haplochilus latipes − Günther (1866) Cat. Brit. Mus. Ⅵ: 311 (Nagasaki).

Aplocheilus latipes − Bleeker (1879) Poiss. Jap. V. Ak. Amst., 18：24

Haplochilus latipes − Karoli (1882) Termesget. Fuzetek, Budapest, V. pp.147-187 (Canton).

Haplochilus latipes − Ishikawa and Matsuüra (1897) Prel. Cat. p.18 (Tokyo).

Aplocheilus latipes − Jordan and Snyder (1901) Check list, p.57 (Yokohama).

Oryzias latipes − Jordan and Snyder (1906) Proc. U. S.

図1・24　*Oryzias latipes* ニホンメダカ（上：雄，下：雌）

Nat. Mus., 31 (No.1486) ;289-290, Fig.1.

Haplochilus latipes − Kreyenberg and Pappenkeim (1908) Abhandl. Ber. Mus. Nat-u. Heimatk. Naturwiss. Ver. Magdeburg, II, p.22 (Pingshiang).

Aplocheilus latipes − Chevey, P. and J. Lemason (1937) Contribution a l'etude de poissons des eaux douces lonkinoiss. Inst. Rech. Agronom. Indochine, Hanoi, p.124.

（特徴）

D.6, P.14, V.4～7, A.16～20, C.14, L.l.29～31, L.tr. 10～11,

体高3.5～4.0（体長），頭長3.5～4.0（体長），尾柄高7.5（体長），眼径2.5～3.0（頭長）。吻長4.0（頭長），眼隔2.3（頭長）。眼は大きく，眼隔は上下に扁平で，吻長は短く，下顎がやや突出している。鰓孔部は胸鰭の上縁部にまで開き，その動きは鰓膜によって制約されていない。鰓条（皮）骨は５本，鰓耙は第１鰓弧において13本で，尖っていない。顎骨には２列に並んだ尖端の単純な歯があり，その後列の歯は小さくてみつけにくい程である。鋤骨は滑らかで，上咽頭骨には６～７本横列している。消化管の長さはほぼ体長と同じである。体腔壁は内壁が黒く，外壁は銀色に輝いている。頭部背面と両側，喉，それに顎にある孔器はむき出しで，側線はない。背鰭は短く，臀鰭の中央上方に起位点をもち，その高さは眼球の後端から吻端までの距離と同じか，やや長い。臀鰭は非常に長く，最後端の鰭軟条の最長は背鰭のその最長とほぼ等しい。その鰭は倒れると尾鰭の基部にちょうど届く。胸鰭は体側の中央部より下方に付いており，その長さは約4.3（体長）である。雄の腹鰭は短く，倒れると肛門に届く。尾鰭は4.5（体長）である。

色調：　明るい褐色で，腹部の体壁を通して体腔膜の銀色被膜がみえる。背面中央に後頭部から背鰭にかけて１条の幅狭い暗線が走っている。体側には薄黒い鱗がまばらに点在している。胸鰭の先端から尾鰭の基部にかけて体側に沿って１条の薄黒い線が延びている。鰭の膜は，縁になるほど色が暗く，腹鰭は黒い。尾鰭の基部には狭いが明るい部分がある。

性徴：　雌は体高が肛門より後方の尾部において小さい。臀鰭は幅狭く，腹鰭は通常長く，臀鰭の起位点に届くほどである。その鰭はシミがないか，ごく僅か暗色である。臀鰭の軟条の各中央近くには，雄のような

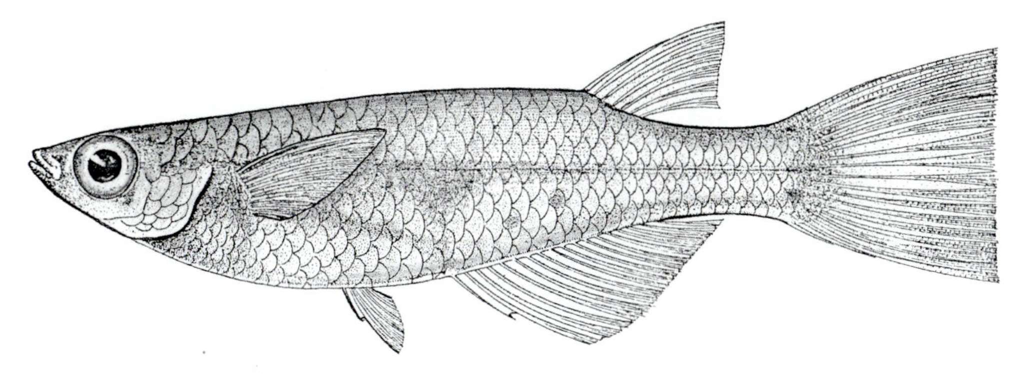

図1・25　フィリピンメダカの外観（Herre and Ablam, 1934）

図1・26　*Oryzias luzonensis* フィリピンメダカ（左：雌，右：雄）

乳頭状小突起はみられず，そのほとんどの先端は分岐している。

棲息域：　北海道を除く日本列島，朝鮮半島，台湾，中国などの小川，水流のゆるやかな河川などの淡水域，時には潮溜などの汽水域にも棲息している。

10. *Oryzias luzonensis*（フィリピンメダカ；図1・25，図1・26）

Aplocheilus luzonensis － Herre, A. W. and G. L. Ablan (1934) Philippines Jour. Sci., 54 (No.2) : 275-277.

（特徴）

D.5～7, A.15～18, L.1.30～35, L. tr. 10.

体は両側に押しつぶされた形で，頭部背面は扁平である。体高4.0～4.3（体長），頭長3.4～4.25（体長），尾鰭長約4（体長）。眼径は2.7（頭長）で，吻長より長く，眼隔より僅かに短い。背鰭の起位点は臀鰭の前から12番目の軟条の背側に位置している。背鰭と臀鰭の最長軟条は4.7～5.0（体長）で，最小尾柄高は2.0（頭長）である。臀鰭の起位点は瞳と尾鰭基部とのほぼ中間の位置にある。腹鰭の起位点は臀鰭基底の最後端と瞳との中間にある。胸鰭は頭長より僅かに短い。また，台形の尾鰭は角ばった隅をもつ。雄の臀鰭の鰭条には，節間あるいは節部に小突起がある。

色調：　背側では黄色光沢を示し，体の両側に沿って銀色の光彩を示す灰色をなしている。鰓蓋の上部隅から尾鰭基部にかけて，特に後方には細い薄黒い条が走っている。個体によっては，後方体側及び尾鰭基部に黒い斑点をもつものもある。背鰭，臀鰭，腹鰭及び尾鰭の上下の部分は通常黄色か黄味を帯びているが，無色の場合もある。

色調（アルコール固定）：　尾柄に黒い斑点をもち，薄い灰色から黒味を帯びたものまでさまざまである。通常非常に狭い黒色の体側線がある。頭部から背鰭にかけての背面中央に沿って黒い線が走っている。時折，臀鰭基部上方に黒い条が認められる。鰭は通常無色であるが，黒色，あるいは黒味を帯びている場合もある。

棲息域：　ルソン島北部イロコスノルテ州 Solsona の小川や水田。

11. *Oryzias marmoratus*（マルモラタスメダカ；図1・27）

Aplocheilus marmoratus － Aurich, H. (1935) Mitteilungen der Wallacea-Expedition Woltereck. Mitteilung XIII. Fische I. Zoologischer Anzeiger, 112: 97-107.

（特徴）

D.8～12（通常），A.20～26（通常22），P.7～11，V.6.

図1・27　*Oryzias marmoratus* マルモラタスメダカ（Dr. K. Naruse 撮影）

C.i,4/5.i, L.1. 29～36（通常31～32），L. tr. 11～15（通常12～13），Predorsal 5～7＋20～26（平均６＋22～23），鰓条骨数５.

近年，コッテラが1988年６月22日にスラベシ・セラタン，トウチ湖のチマムプの南約６kmにあるリンコブランガ砂浜で，湖に流れ込む細い小川から採集したものは体長36.5mmの雌である。パレンチらが1995年８月９日にチマムプの南約８kmのトウチ湖に流れ込むGg. リンコブランガで採集したものは体長34～40.2mm，そして続いてマハロナ湖の南西湖岸に流れ込むSg. トムバララで採集した体長10.2～35.1mmのものが報告されている。腹鰭の腰帯の横突起は第３～４肋骨と並列している。

体高3.5～4.2（体長），頭部3.6～4.2（体長）。胸鰭は頭長と同じ長さか，もしくはややそれより短く，吻部を除いた頭長よりは長い。臀鰭の起位点は眼の後縁と尾鰭基部との中間に位置するか，もしくはやや眼に近いところにある。脊椎骨数は30（胴12＋尾18）である。背鰭の第１担鰭骨の先端は第17－第18椎骨の神経棘間にあり，胴部は第12椎骨までで，血管棘をもつ第13椎骨から後ろが尾部である。肋骨は11本あり，腰帯は第３～第５肋骨の間にある。腹鰭の基部は臀鰭後端と吻端の中間に位置するか，もしくは臀鰭側にやや近い。尾鰭は僅かに丸味があるか，短く切れている。

色調（アルコール固定）：　黄味がかった褐色，もしくは肉色で，腹部は黒味を帯びた半透明である。頭部上面は暗い褐色を呈す。体側には多少大理石様の紋理marmoriertがあり，しばしば中央に約５～９の横紋が散在している。30mm以下の小さい個体においては，それはほとんどみられない。背面には広がった黒い条をもつ。それはセレベスメダカのように体側中央の黒く細い条と共に臀鰭近くを後方に向けて走っている。透明な背鰭と臀鰭は黒味を帯びており，尾鰭は灰色で，そして残りの鰭は単なる淡い色素の沈着があるに過ぎない。

性徴：雄の口の角には大きい歯が２～３本あり，雌は大きい泌尿生殖隆起（UGP）をもつ。

棲息域：　中部スラベシのトウチ Towuti 湖，マハロナ Mahalona 湖の浅瀬。

12. ***Oryzias matanensis***（マタネンシスメダカ；図1・28）

Aplocheilus matanensis － Aurich, H. (1935) Mitteilungen der Wallacea-Expedition Woltereck. Mitteilung XIII. Fische Ⅰ. Zoologische Anzeiger, 112: 97-107.

図1・28　*Oryzias matanensis* マタネンシスメダカ雌
（Dr. K. Naruse 撮影）

（特徴）

D.7～9（通常８），A.20～25（通常23），P.11～12, V.6, L.1.40～47（通常42～44），L. tr. 13～19（通常14～15），Predorsal6～8＋29～37（通常7＋32～35），鰓条骨数５，（全長31～53mm）.

近年，コッテラが1988年６月19日にソロアコの西，スラベシ・セラタンのマタノ湖で採集した体長40.0～44.5mm（42.5mm雄；44.5mm雌）のもの，1995年８月７日に漁民及びパレンチらがソロアコのマタノ湖西岸で採集した体長14.9～47.3mm，そして1995年８月６日にパレンチらがソロアコ北へ約６～７kmの入江に流れ込むマタノ湖西岸の流れで採集した体長7.6～46.1mmのものも報告されている。

腹鰭の腰帯の横突起は第３～４肋骨と並列している。脊椎骨数は30（12＋18）である。

体高3.2～4.4（体長），頭長3.7～4.2（体長）。胸鰭は頭長より僅かに短いが，吻部を除いた頭長よりは遥かに長い。臀鰭の起位点は眼の後縁と尾鰭基部との中間にあり，多くは眼により近い。腹鰭の基部は吻端と臀鰭の後端の中間に位置するか，もしくは臀鰭側に近い。

色調：　*O. marmoratus*に似て背腹に長い斑紋が体側にある。この斑紋列の他に１つの小さくやや円い斑紋がある。小さい標本（34mm）はその斑紋をまったくもたない。*O. marmoratus*と同様に背面，体側中央，それに臀鰭と並んでその後に達する黒線がある。鰭は小さい個体には色がついていないが，成長するにつれ背鰭，臀鰭，腹鰭が黒味を帯び，胸鰭が灰色になる。尾鰭はその基部の３分の１に鱗があって，体と同じように肉色で，その中央が暗褐色であり，その最後３分の１が淡い灰色である。

性徴：　雄の口の角に大きい歯が２～５本ある。雌は泌尿生殖隆起（UGP）が発達している。

棲息域：　中部スラベシのマタノMatano 湖の浅瀬。

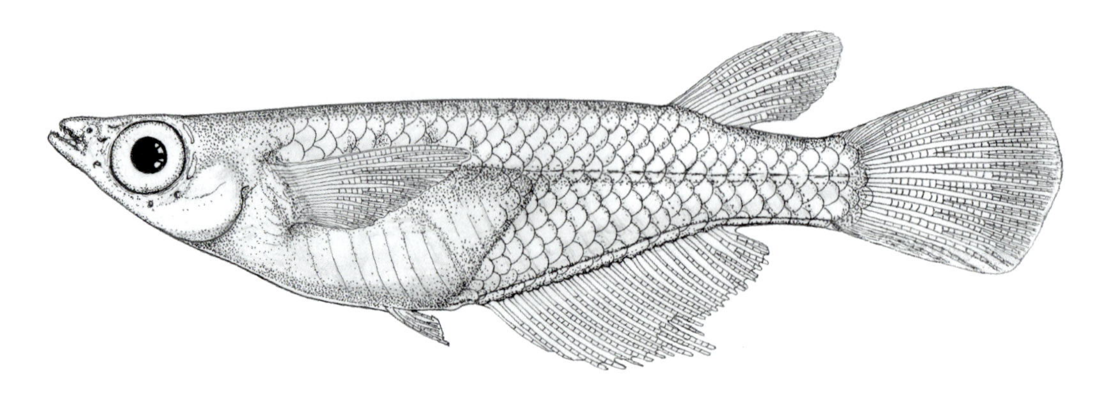

図1・29　インドメダカ♂の外観

13. *Oryzias melastigma*（インドメダカ；図1・29，図1・30）

Aplocheilus melastigma − McClelland, J. (1836) As. Res. xix, Ind. Cyp. pp.301, 427, pl.42, Fig.3 (from H. B. Mss).

Haplochilus melastigma − Day, F. (1829-1888) The Fauna of British India including Ceylon and Burma Fishes. 1: 414-417.

Oryzias melastigma − Kulkarni, C. V. (1949) The osteology of Indian cyprinodonts. Proc. Natl. Inst. Sci. India, 14(2): 65-119.

（特徴）

図1・30　*Oryzias melastigma* インドメダカ（上：雌，下：雄）

D.6〜7, P.10, A.20〜24, C.15, V.6, L.l.27〜30, L. tr.9〜11, B.4（全長37mm）.

頭長4.25（全長），体高3.75〜4.0（全長），眼径約3.3（頭長）。マッククレランド（1836）によれば，1インチもないような体長で，この属のうちで最も小さいとあるが，必ずしもそうではない。口蓋骨に歯は微小か，もしくはない。歯は僅かに鈎形で，口の両側に多い。腹鰭は軟条が小さく，臀鰭は繊維状に伸びた軟条がいくつかある。尾鰭は円形のうちわ形である。10椎骨で胴部を形成しており，尾部は腹側に血管棘をなす11椎骨以後である。背鰭の第1担鰭骨は第18－第19椎骨の神経棘間にある。腰帯は第1－第4肋骨間にある。

色調：背面に沿って暗緑色で，腹部は暗い白色，臀鰭の外縁部は白い。体側の中央線に沿った幅狭い黒線が尾鰭の基部で終わっている。種名の *melas* は黒，*stigma* は斑紋 spot を意味している。背鰭の基部に1つの黒い斑紋があり，腹鰭が小さい。

棲息域：Wynaad，マドラス地域，インド南部のベンガール湾に臨むオリッサ州，パキスタン，スリランカ，Lowerベンガルとミャンマー。

14. *Oryzias carnaticus*（カーナティカスメダカ）

Oryzias carnaticus − Jerdon, T. C. (1849) Madras. J. Lit. Sci., 15: 302-346.

Oryzias carnaticus − L. R. Parenti (2008) Zool. J. Lin. Soc., 154: 494-610 (Fig. 39).

D.6〜7, A.21〜24, P.11〜13, V.6, C.i,4/5,i, 脊椎骨数28〜30（10〜11＋18〜20），鰓条骨数5.

この種はインドメダカと同種らしく，その後の記載がない。種名の *Carnaticus* はこの種が生息している Carnatic 川の名に由来している。

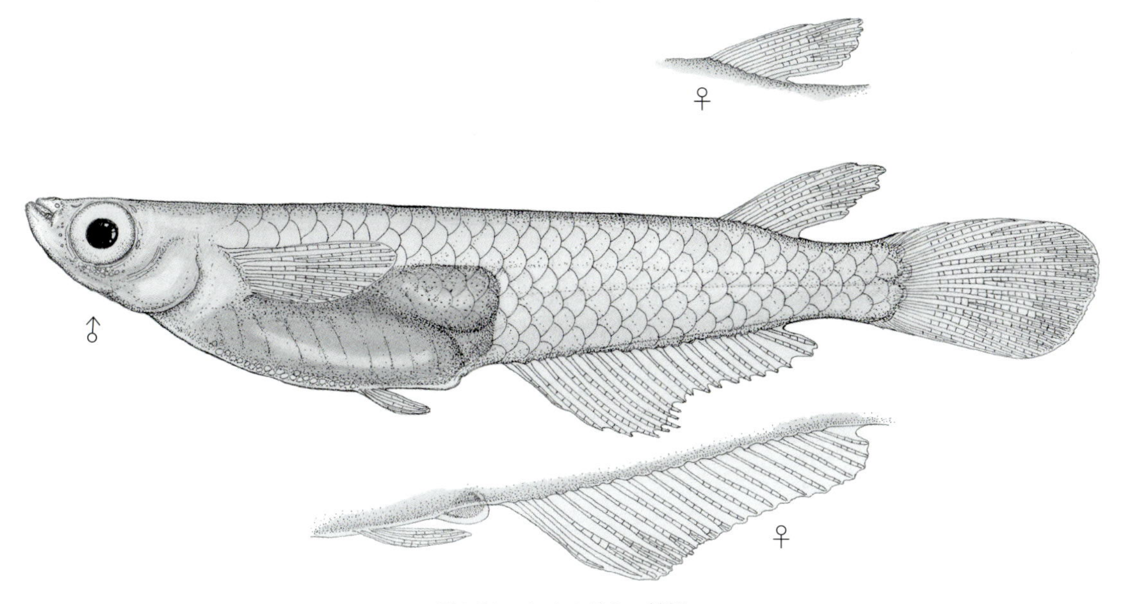

図1・31　タイメダカの外観

図1・32　*Oryzias minutillus*　タイメダカ雄（Dr. K. Takata 撮影）

15. ***Oryzias minutillus***（タイメダカ；図1・31，図1・32）

Oryzias minutillus – Smith, H. M. (1945) Bull. U. S. Nat. Mus. 188, XI＋622, pp.107, figs. 9 pls.

（特徴）

D.6～7（6），A.17～21（19），P.7～8，V.5，C.i,3/4,i, L.1.27または28, L. tr. 10, Predorsal 19，脊椎骨数24～29（8～11＋16～18），鰓条骨数4～5．

頭の前部は背面が扁平で，体幅3.5（体長），頭長4.1（体長），眼径約2.4（頭長），吻長2.25（眼径）で，眼隔より大きい。背鰭は最長の軟条1.8（頭長）で，その起位点が臀鰭の後部基部よりやや前方にある。臀鰭の最長の軟条は背鰭のそれと同じである。臀鰭の起位点は瞳孔と尾鰭基部の中間の位置である。腹鰭は頭長の0.5の長さで，その起位点は臀鰭の後端と吻端の中間の位置にある。胸鰭は腹鰭よりやや長い。

色調：　体は半透明で，体腔壁の黒色が透けてみえる。ごく小さい黒斑のついている背面には，中央にかたまった黒い斑紋があり，後頭部から尾鰭まではっきりした条をもっている。腹部の上方から尾鰭の基部へまっすぐな黒い線が走っており，これが腹面を走る黒い線と尾柄側にある1つの黒い線に続いている。頭端，鰓蓋，前眼窩部や唇部が黒い斑点をもつ。体の下部には幅広く広がった黒い斑点が2～3個ある。背鰭，尾鰭，臀鰭は薄い黒色で縁どられている。体長は，採集されたものは成熟していて，15.5～17mmと*Oryzias*の中で最も小さい。

棲息域：　中部タイのバンコックにある小さい運河。

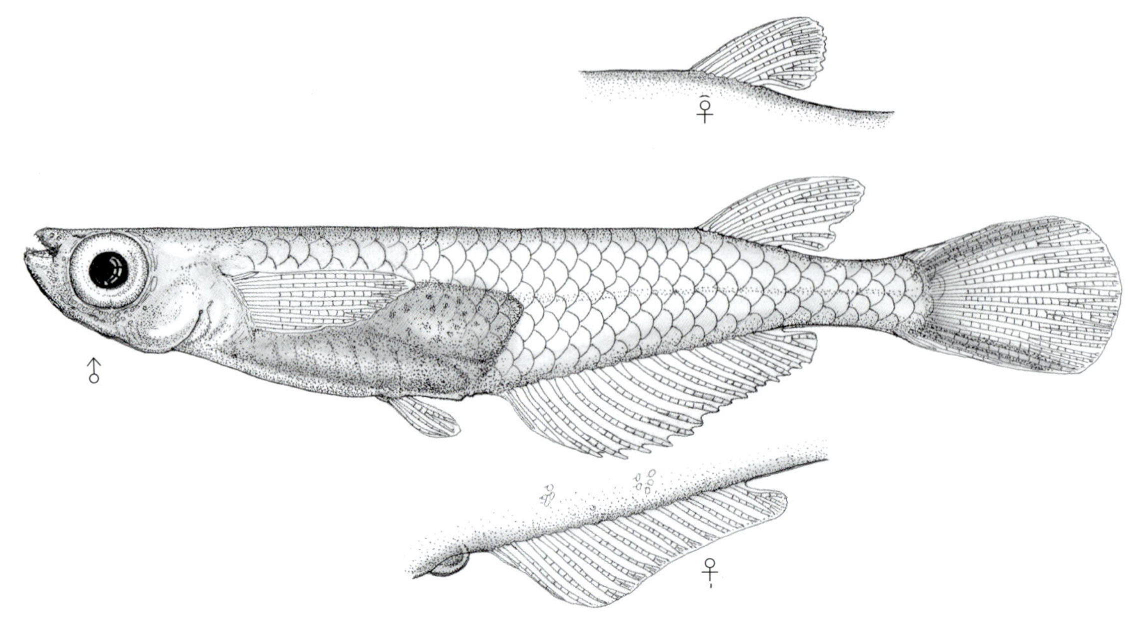

図1·33　メコンメダカの外観

図1·34　*Oryzias mekongensis* メコンメダカ（上：雌，下：雄）

チェンマイ，アユタヤなどのチャオプラヤ川流域。南部のチュンソンやプーケット島。

16. *Oryzias mekongensis*（メコンメダカ；図1·33，図1·34）

Oryzias mekongensis －宇和（1985）遺伝，39: 6-11

Oryzias mekongensis－Uwa, H. and W. Magtoon (1986) Copeia, 1986: 473-478.

D.5～7，A.13～16，P.6～8，V.5～6，C.i,4/5,i，L.1.29～32，L. tr.9～10，脊椎骨数27～31（10～11＋17～20），鰓条骨数4－5.

タイメダカに似て，体長13mm程度の小型のメダカで，スリムな体形をしている。雄には，臀鰭の鰭条に小突起はみられないが，尾鰭の上下両端にはオレンジ色のラインがみられる。

棲息域：　タイ東北部のメコン川流域。

17. *Oryzias pectoralis*（ペクトラリスメダカ）

Oryzias pectoralis － Stallknecht, H., 1989. "Vietnam". Aqua. Terr. Monatsch. Vivarienkunde Zierfish., 36: 128-130.

Roberts, T.R. (1998) Ichthyol. Res., 45: 213-224.

Kottelat, M. (2001) Washington, DC: The World Bank, Environm. Soc. Develop. Unit, East Asia and Pacific Region.

Parenti, L.R., 2008. Zool. J. Linn. Soc., 154: 494-610.

この種は体長最大22.3 mmの小さいメダカである。生息分布：Roberts（1998）はナム・テウン分水嶺（メコン流域）だけから本種を採集しているが，Kottelat（2001）はグアン・ニン省のペクトラリスメダカを記載している。どうもラオス，ベトナムにも広く分布して生息しているようである（図1·35）。それらの地域の田んぼや沼，そして川のワンドのようなところに棲んでいる。

雄は臀鰭の後部軟条の節間・節上に尖った小突起 body contact organs をもち，雌は2葉の泌尿生殖隆起をもつ。鱗は円鱗で比較的大きく，体側鱗数は32～34（10～11＋19～21）である。また，メコンメダカと

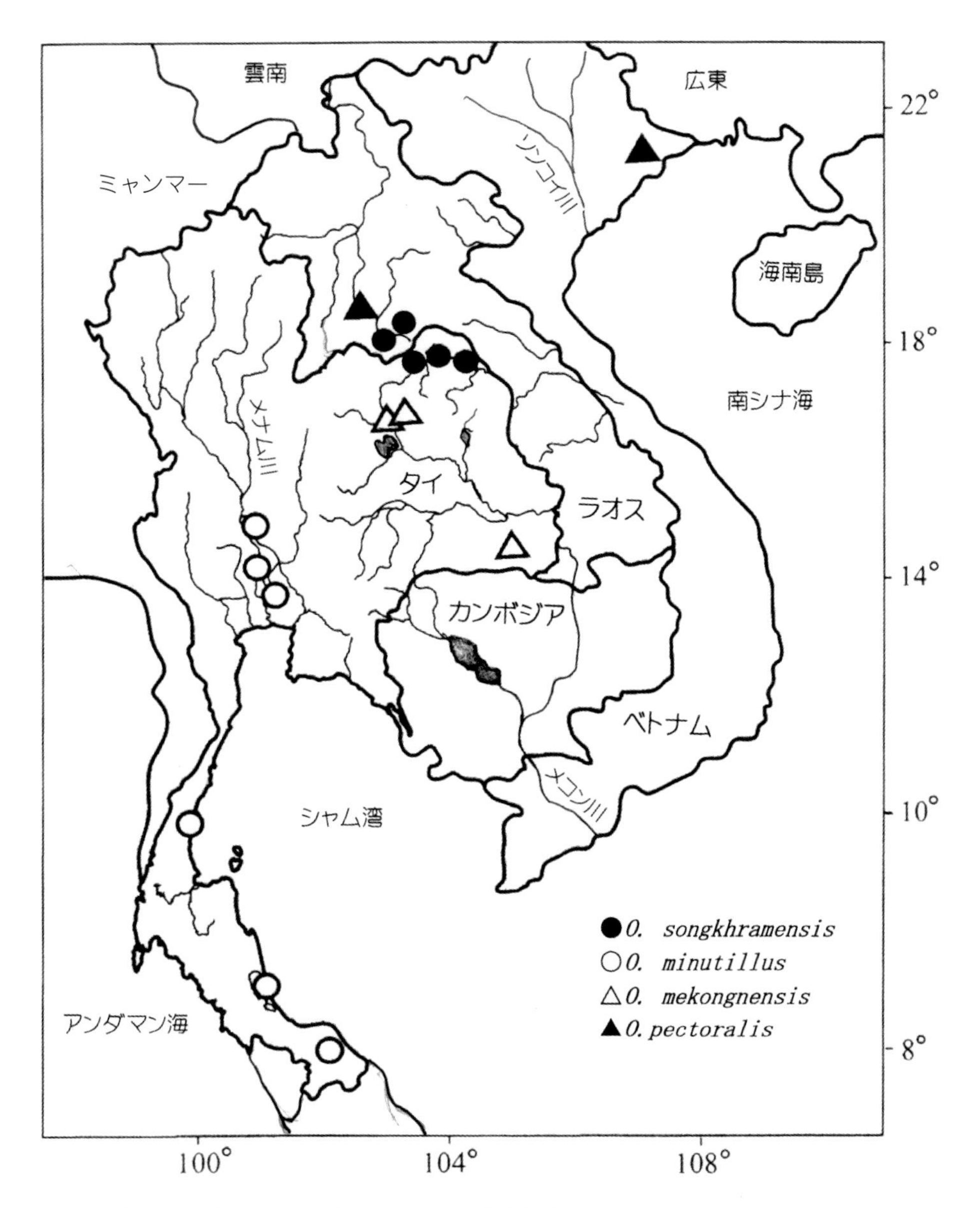

図1･35　東南アジアにおけるメダカの地理的分布（Magtoon，2010の改図）

共に胸鰭の基部背面に黒点（スポット）がある。尾鰭の主軟条は i,4/5,i である。最初の肋骨が第３脊椎骨の横突起につき，最初の上肋骨は第１脊椎骨の横突起についている。背鰭軟条数D.６～７，臀鰭軟条数A.19～20，腹鰭軟条数V.６，胸鰭軟条数P.９～10，脊椎骨数30～32（10～11＋19～21），鰓条骨数５.

種名 *pectoralis* は，胸鰭 pectoral fins の基部背面に黒点があることに由来する。

18. *Oryzias setnai*（セトナイメダカ，図1･36）

Horaichthys setnai — Kulkarni, C.V. (1940) Records of the Indian Museum, 42: 379-423.

Hubbs, C.L., 1941. J. Bombay Nat. Hist. Soc., 42: 446-447.

1938年 Kulkarni がインド・ボンベイ付近の汽水域で採集。インド亜大陸の南のクッチ湾近くからトリバンドラム（ケララ）までに延びたインドの西海岸沿いに生息している。

小型（全長22.5mm，体長19mm）で，体形は体幅

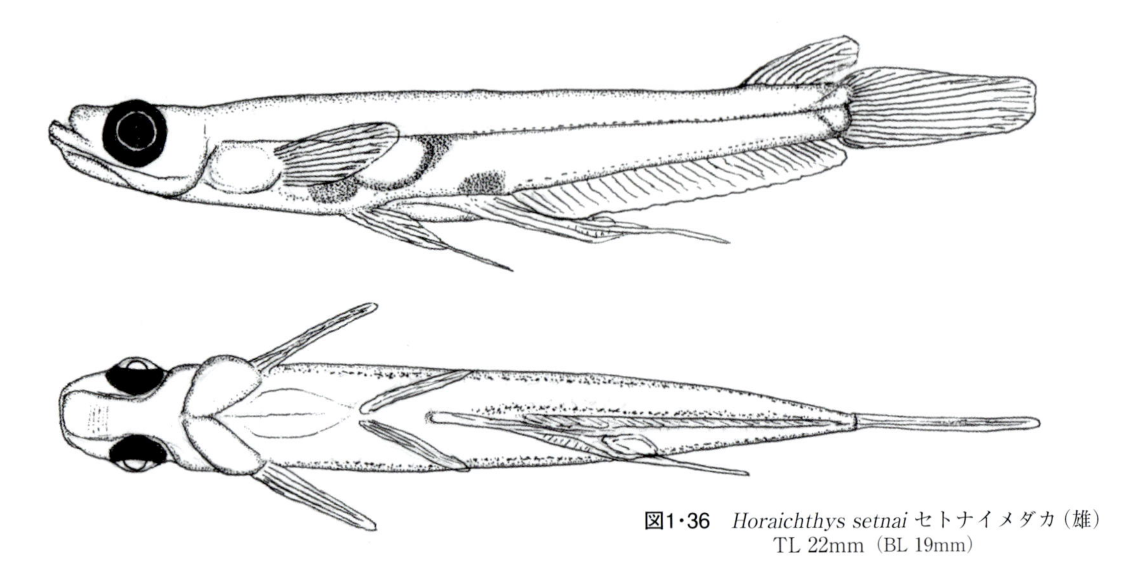

図1・36　*Horaichthys setnai* セトナイメダカ（雄）
TL 22mm（BL 19mm）

図1・37　*Oryzias soerotoi* ティウメダカ
（上：雄，下：雌）（田中理映子氏提供）

がスリムで狭く，体高 body depth 14～20，腹鰭と臀鰭の間の窪みはなく，下顎が上顎よりやや突き出ている（吻長上顎0.3mm，下顎0.7mm）。頭部背面は眼窩の前にやや盛り上がっている。鱗は，円鱗で，体側鱗数が32－34である。雄の臀鰭軟条には乳頭状小突起 papillar processes（body contact organ）がない。

雌のからだは非相称で，腹鰭が左側の軟条と腰帯しかなく，多くのものでは腹部正中線の左側に泌尿生殖口が開いている。腹鰭の最も中央側の軟条は鰭膜でからだに繋がっている。

背鰭軟条数D. 6 ～ 7，臀鰭軟条数A.27～32，腹鰭軟条数V. 5，胸鰭軟条数P.10，主要尾鰭軟条数C,i, 3-4/4, i，脊椎骨数31～34（8～10＋21～25），鰓皮骨数 4 とやや *Oryzias* 種の特徴から外れている。

19. *Oryzias soerotoi*（新種ティウメダカ，図1・37）

Oryzias soerotoi － Mokodongan, D.F., R. Tanaka and

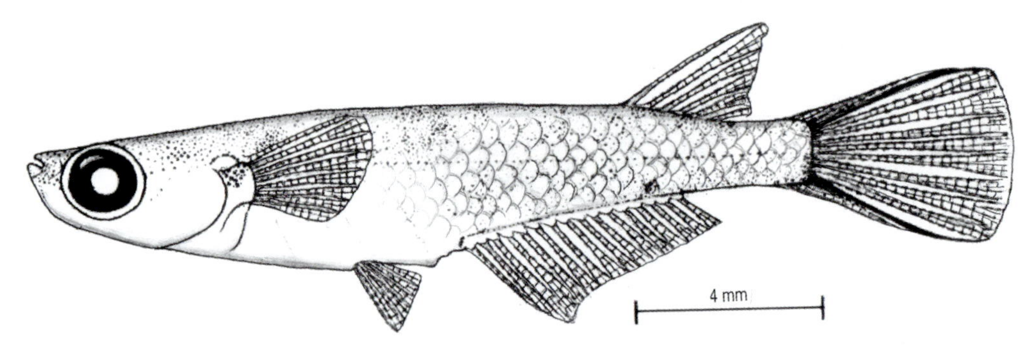

図1・38　ソンクラメンシスメダカ *Oryzias songkhramensis*　体長16.7mm雄（タイ）（Magtoon，2010）

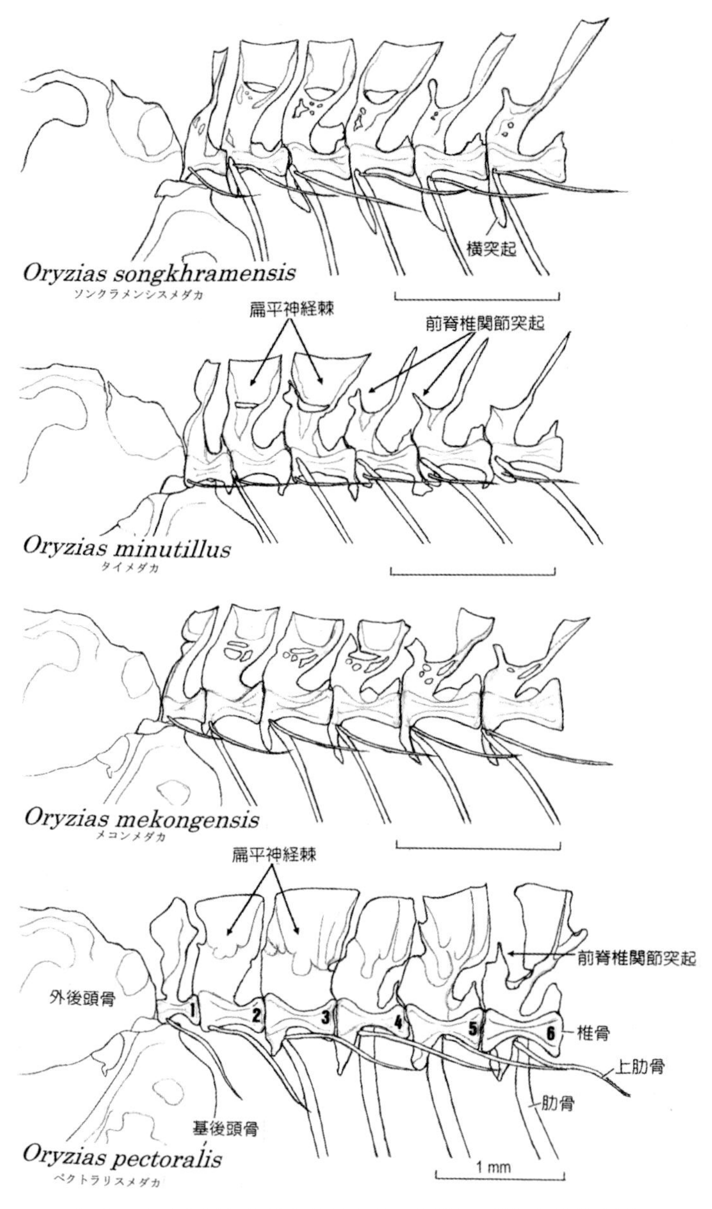

図1･39　タイ北部および中央ラオスのメダカの胴部脊椎骨全域
（左側前方側面図，Magtoon, 2010）

K. Yamahira (2014) Copeia, 2014(3): 561-567.

インドネシア・スラベシ島の中部スラベシにあるティウ湖 Lake Tiu に生息するメダカである。体の特徴としては，雄の尾鰭の背腹両縁が鮮明なオレンジ色をしている。体側線鱗数は30～32，胸鰭軟条数P.10（9～10），腹鰭軟条数V.6，背鰭軟条数D.8（8～9），臀鰭軟条数A.20（18～21），尾鰭軟条数C.i,3/5,i，頭長は体長の21.9～24.9%，臀鰭基部長は体長の23.7～29.7%，最大体長32.2 mmである。

種名 *soerotoi* はインドネシア共和国ラトウランギ大学水産海洋学部のバンバン・スロト Bambang Soeroto 氏の名前に由来する。和名ティウメダカは，ティウ湖に棲むことから，名古屋市東山動物園の世界のメダカ館によって名づけられた。

20. ***Oryzias songkhramensis*** （ソンクラメンシスメダカ，図1･38）

Oryzias songkhramensis − Magtoon, W. (2010) Trop. Nat. Hist., 10(1): 107-129.

タイ東北部のソンクラム Songkhram とメコン川流域の3ヵ所，およびラオスの2ヵ所の水路や田んぼのきれいな水でタモを使って採集されている。体の特徴として尻鰭には16（15～16）本の軟条があり，雄の後ろから7軟条には乳頭状小突起 papillar processes（bony contact organs）がある。この小突起の位置は鰭軟条の節間と節上とデタラメである。また，背鰭軟条数D.4（4～5），腹鰭軟条数V.5（4～5），尾鰭軟条数C.i,4/5,i，脊椎骨28（27～29），体側円鱗数27（26～29），前背鰭鱗数21（19～21）をもつ。背鰭軟条数と鰓（皮）条数は4で，メコンメダカに似ているが，脊椎骨数と側鱗数が少ない点と尾鰭の背腹両縁に黒く薄い黄色のバンドをもっており，特に雄の尾鰭のその部分が鮮やかなオレンジと黒色であるメコンメダカとは異なる。雌には肛門後部に2葉の生殖隆起 genital papilla がある。

また，ペクトラリスメダカに似ているが，(1)臀鰭の基部長が短く，軟条数が少ない，(2)前背鰭鱗数が少ない，(3)鰓(皮)条骨数 branchiostegal rays が4で，少ない，(4)脊椎骨数が少ない，(5)頭部が長い，(6)前脊椎関節突起 prezygapophysis (prz) のない（扁板状神経突起）をもつ脊椎骨が前4個までである（図1･39），(7)最初の肋骨が第2脊椎骨の横突起についている，(8)尾柄が長い，(9)胸鰭長が短いなど多くの違いがある。

種名の *songkhramensis* はタイのソンクラム川に由来している。

ソンクラメンシスメダカは他のメコンメダカ，タイ

図1･40　*Oryzias profundicola* プロファンディコラ雄（Dr. K. Takata 撮影）

メダカ，ペクトラリスメダカと同じくタイ北部と中央ラオスの水域に生息している。Magtoon (2010) によれば，ソンクラメンシスメダカは，一般体形，とくに背鰭軟条数，鰓条骨数，尾鰭主軟条数においてメコンメダカに似ている。しかし，この両種の違いを10も挙げている。例えば，図1･39にみられるように，第1－第4脊椎骨は神経前脊椎関節突起 neural prezygapophysis をもたないが，メコンメダカでは第4脊椎骨にそれをもっている。ちなみに，ペクトラリスメダカとニホンメダカはそれを第6脊椎骨と第5脊椎骨にそれぞれ初めてもっている。また，ペクトラリスメダカでは，第1肋骨が第2脊椎骨の横突起についている他の3種類のメダカと違って，第3脊椎骨の横突起に肋骨がついている。第1脊椎骨（環椎atlas）と後頭骨との関節は，この図には描かれていないが，主関節と副関節と2つある。

21. *Oryzias timorensis*（チモールメダカ）

Aplocheilus timorensis − Weber, M. and de Beaufort, L. F.(1912) Versl. Vergad. Wisen Nalurk. Afd. Kon. Akad. Amsterdam, p.135.

Aplocheilus timorensis − Weber, M. and de Beaufort, L. F. (1922) The fishes of the Indo-Australian archypelago, 4: 370－374.

Aplocheilus timorensis − Aurich, H. (1935) Mitteilungen de Wallacea-Expedition Woltereck. Mitteilung XIII. Fische I. Zoologische Anzeiger, 112: 97－107.

（特徴）

D.9, A.17～19, V.6, P.10～11, C.i,4/5,i, L.1.31～34, L. tr. 14, 脊椎骨数30～31（12～13＋17～19），鰓条骨数5，（体長37mm）.

頭部は背面が扁平である。体高は3.7～3.8（体長），4.6～4.7（全長）で，頭長は3.3～3.5（体長）である。眼径は約3.0（頭長）で，吻長より辛うじて長く，頭部の後眼窩部よりごく僅か短く，また眼窩間距離（眼隔）より短い。口の裂目は小さく，水平である。口角は眼の前部の境界よりも吻端に近い。背鰭の第1軟条は後頭部の大きい鱗から数えて26番目の鱗の位置にある。それは，臀鰭の中央から，それよりやや後方の背面にある。臀鰭の起位点は眼の後部の境界と尾鰭の中間近くにあるか，やや後者寄りにある。腹鰭は吻端と臀鰭の後端の中間近くにあるか，または後者寄りである。胸鰭は頭長より短い（？）。尾鰭は円形である。

色調：　褐色を帯びており，腹部のそれは体腔壁が透けて黒い。1条の黒い体側線は尾鰭の端で黒い斑紋に終わっている。同様な黒い条が臀鰭の上方を走っており，臀鰭後方で腹側のものと合一している。黒味を帯びた斑紋が胴部の両体側中央部にいくつか点在する。

棲息域：　中部チモール Mota Talau の淡水域。

22. *Oryzias profundicola*（プロファンディコラメダカ；図1･40）

Oryzias profundicola − Kottelat, M. (1990) Ichthyol. Explor. Freshwaters, 1: 151-166.

（特徴）

D.10～14，A.26～29，P.10～11，V.6，C.i,4/5,i，L.1.32～34，L.tr.13～15，脊椎骨数29（11＋18），鰓条骨数5.

コッテラが1989年3月15日にスラベシ・セラタンのトウチ湖，チマムプの東4～7kmのワチディで採集した体長40.5mm雌，46.0mm雄と，パレンチらも1995年8月9日にトウチ湖，チマムプ南へ約8km，湖に流れ込むSg.リンコブランで体長17.9～42.1mmを採集

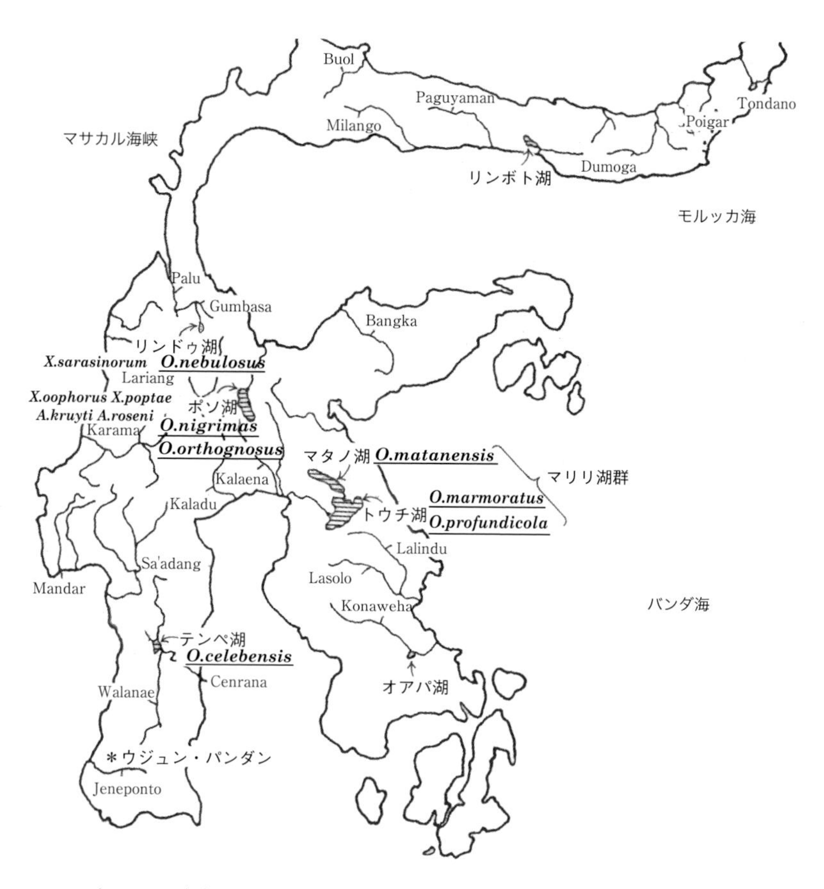

図1･41　スラベシ（セレベス）島とアドリアニクチス科の固有種（Parenti and Soeroto, 2004）

している。

口端はほぼ水平で，両顎はほぼ等しく，上顎がやや長い。頭部背面は眼間部分で少し盛り上がっており，その後部にはへこみはない。体高は体長の30～35％の長さである。背鰭（軟条数10～14）は雄の方が雌より長く，尾鰭の基部に達する。この背鰭は臀鰭の第11～14軟条の上方についている。軟条数が26～29と多い臀鰭は雄の方が雌より長く，後方に曲がっている。胸鰭（軟条数10～11），腹鰭（軟条数6）には，特記することはない。

色調：　雄は緑っぽい褐色をしており，体全体にぼやけた暗褐色の斑点がむらむらについている；少なくとも5～8個のその黒ずんだ斑点が体側線上についている。眼は青く，背鰭は先端とその繊維状軟条部が黄色で，鰭中央の基部近くは濃い紫の斑点がある。尾鰭の上下縁端は明るい黄色で，中央部の軟条に沿って暗紫色の筋が走っている。臀鰭はその基部の軟条間に黒ないしは濃い紫色の点が分布しており，その先端部と繊維状軟条が明るい黄色にみえる。腹鰭は黄色で，胸鰭は無色透明である。

性徴：　雄は背鰭と臀鰭の先端に膜鰭をもたない繊維状の軟条部分をもつ。雄の口部において，分厚く，ひだのある口唇はその口角部に2，3の外向きの歯をもつ。雌の生殖隆起は，2葉に丸く盛り上がっているが，雄のそれは円錐状に僅かに盛り上がった短い管状である。雄の臀鰭の軟条には乳頭状小突起はない。

棲息域：　スラベシ島のトウチ湖（図1･41）。水底には砂や小石の上に大きい石が転がっているテマンプ河の河口に棲む。

23. *Oryzias nigrimas*（ニグリマスメダカ；図1･42）

Oryzias nigrimas － Kottelat, M., (1990) Ichthyol. Explor. Freshwaters, 1; 49-67.

（特徴）

D.8～11，P.11～12，V.6，A.21～25，C.i,4/5,i，L.1.34～37，L. tr.13～15，脊椎骨数32～33（13～14＋19），鰓条骨数5.

コッテラが1988年6月24～25日にスラベシ・テンガ

図1・42　*Oryzias nigrimus* ニグリマスメダカ（上：雄，下：雌）

ーのテンテナとペウラとの間のポソ湖東岸で採集した体長20.6～46.0mm，そしてパレンチらが1995年8月13日にパモナ・ケイブスにあるポソ湖に流入するポソ川の西岸で採集したものには，より大きいものを含む体長12.9～51.0mmのものであった。

O. nigrimas の*nigr* は雄の特有の黒色婚姻色nuptial colourationの「黒」（ラテン語）からきており，*mas*は「雄」からきている。他の標徴的なものは，やや切れ込みのある背鰭をしている点である。卵は直径が約1.5mmで，産卵後すぐ水草などにつけられて，12日以内に孵化する。

色調：　雌は，灰色を帯びた褐色で，腹部がやや明るい色をしている。眼は青い。ホルマリン固定し，アルコールで保存すると，黄色味を帯びた灰色で，背中線に沿って黒いすじをもつ。臀鰭の鰭軟条基部の後方で臀鰭基部から始まる暗いすじは，臀鰭基部と平行に走り，尾鰭脚の腹側中央に達している。雄は，白っぽい腹部と灰色を帯びた尾鰭を除いて，体全体及び鰭が暗い青色を帯びた灰色から黒である。興奮すると全身真黒になる。眼は青色で，咽頭部の上に光沢のある青色の斑点が1つある。固定標本では，背鰭と臀鰭は黒っぽいが，全体として雌とほぼ同様な色調をしている。

性徴：　雄の歯は雌のそれより大きい。雌の肛門の後ろにみられる2葉に膨らんだ生殖隆起は，雄にあまり発達していない。臀鰭に乳頭状小突起はみられない。

棲息域：　中部スラベシ（ポソ湖の浅瀬，図1・41）。

24. *Oryzias orthognathus*（オルトグナサスメダカ）

Oryzias orthognathus − Kottelat, M. (1990) Ichthyol. Explor. Freshwaters, 1: 49 − 67.

（特徴）

D.8～11，P.11～12，V.6～7，A.23～25，C.i,4/5,i（16），L.l.45～54，L. tr.15～17，脊椎骨数33（13＋20），鰓条骨数5.

他の*Oryzias* 種よりも口が極端に上向きである。とりわけ，体側鱗数が多く，*O. nigrimas* と同様に臀鰭と背鰭の軟条数が多い。肋骨は第3椎骨の横突起から第11椎骨までの9本で，臀鰭の担鰭骨は第8－第9肋骨間に始まり，背鰭の担鰭骨（第17－第18椎骨の神経棘間に始まる）と同じく第24椎骨の血管棘に終わる。種名の*orthognathus* の*orthos* はギリシャ語「まっすぐ」（上に向かって）で，*gnathos* は「あご」（下顎）からきている。

色調：　雌は腹部が白っぽい色をしているが，全体として金色がかった褐色である。鰭は透明で，尾鰭は上下両端に沿って黄味を帯びた朱色で縁取りされている。ホルマリン固定後，アルコール保存したものでは，背中線（暗い背側の内部の筋）に沿って黒い筋があり，黄味がかった灰色をしている。黒いすじは臀鰭の起点と臀鰭基部のやや上方のすぐ後方から始まり，臀鰭の基部に平行に尾鰭脚の腹部中央に達している。一方，雄では，腹部が白っぽく，銀色がかった灰色をしている。雌と同様に，鰭は透明で，背腹両縁が黄味がかった朱色をしているし，中央の鰭軟条に沿って紫色の長いすじが2本ある。

性徴：　上記の通り，雄は銀色がかった灰色をしており，背鰭・臀鰭には僅かに先が繊維状の鰭軟条があるが，雌は金色がかった褐色をしており，そのような軟条はみられない。泌尿生殖隆起は，雌においてのみ2つの膨らみを示している。雌雄とも臀鰭の軟条には乳頭状の小突起はない。

棲息域：　中部スベラシ（ポソ湖，図1・41）。

25. *Oryzias nebulosus*（新種ネブロサスメダカ，図1・43，図1・44）

Parenti, L.R. and B. Soeroto (2004) Ichthyol. Res., 51: 10-19.

（特徴）

A. 22, C.I, 4/5, I , D. 10, P. 11, V. 6

頭部は比較的短く，体高は20～25（モード25）であ

図1･43　*Oryzias nebulosus* ネブロサスメダカ（雄：Prof. L. Parenti のご厚意による）

図1･44　*Oryzias nebulosus* ネブロサスメダカ
（Parenti & Soeroto, 2004；山形県メダカの学校　提供）

る。口の先端は下顎が上顎にまで突出している。腹面は頭部から臀鰭の起点まで外に膨らんでおり，頭部背面では眼前部でへこんでいる。目は大きく７～９（モード７），眼窩が頭部背面にまであり，背鰭，臀鰭の基部は体の表面からやや突出している。体側線上の鱗は円形で，その数は32～36（モード34）である。尾鰭の軟条末端が腹側部分でやや長い。腰帯 pelvic girdle の横突起は第３～５（モード第４）肋骨の位置にある。前尾椎骨数11～13（モード12），背鰭も比較的前部（12～14臀鰭軟条の上部に起点をもつ）にあり，鰓弓は比較的縦に細長い。頭部から背鰭起点まで背面は緩やかな曲線を示す。脊椎骨数30～32（11～13+18～20）である。胴部椎骨数は11～13（モード12）で，*O. nigrimas* の胴部椎骨数13～14（モード12）より少ない。

前上顎骨は短く，上向突起をもち幅広い。犬歯状の歯が不規則な２列に並んでいる。前篩骨軟骨はない。中篩骨が盤状で，篩骨軟骨の前部辺縁は不規則である。

種名の *nebulosus* はラテン語の「霧状の」という意味からきている。

性徴・色調：　雄成魚は暗灰色～黒色であるが，雌成魚は明るい灰色がかった黄～茶色である。雄では，前上顎骨の後枝上には１つの大きい歯と２つの小さい歯がある。雄の背鰭と臀鰭の軟条は雌のそれより長い。

棲息域：　スラベシ・テンガーのテンテナにあるポソ湖の東岸とその支流ポソ川に生息している。パレンチらが1995年８月13日にスラベシ・テンガーのテンテナの南約10km，ポソ湖東岸のペウラで採集した体長32.5mm（MZB11649）が正基準標本 holotype である（最大体長33mm）。

26. *Oryzias sinensis*

Oryzias sinensis － Nichols, J.T. (1943) Natural History of Central Asia. Vol. 9, New York: The American Nuseum of Natural History. Uwa, H. and L.R. Parenti (1988) Jap. J. Ichthyol., 35: 15-17. Kim, Is. And J.T. Park (2002) Freshwater Fish. Korea (2002) 1-465. Parenti, L.R. (2008) Zool. J. Linn. Soc., 154: 494 610.

最大の個体は26mmと小さく，両腕型の染色体グループである。第１肋骨は第２脊椎骨に付き，*O. latipes* と *O. luzonensis* に似ている。胴部は第11椎骨までで，肋骨は10である。背鰭の第１担鰭骨は第17－第18椎骨の神経棘間にある。胸鰭に乳頭状小突起 bony process をもつ点で *O. curvinotus* とは異なっている。雄臀鰭の軟条にある乳頭状小突起は節間・節上にランダムについていて，*O. latipes* と異なる。腰帯は第３～第５肋骨化にある。また，腹鰭と臀鰭の間には腹部の窪みはなく，口部では下顎が上顎よりやや前に出ている。背鰭軟条数D.６～７，臀鰭軟条数A.16～20，腹鰭軟条数Ｖ.６，胸鰭軟条数Ｐ.８～10，主要尾鰭軟条数C.i,4/5,i，体側鱗数29～30（10～11＋18～19），脊椎骨数28～30（10～11＋18～19），鰓条骨数５，染色体は

図1・45　ウォラシメダカ *Oryzias wolasi*
体長24.8mm雄（Parenti *et al.*, 2013）

両腕型で，3中部動原体型metacentric，8～9次中部動原体型 submetacentric，1～2次端部動原体型 subtelocentric，10～13端部動原体型 acrocentric で構成されている46（2n）本である。核型の特徴を表す指標になる染色体腕数の総和，すなわち基本数（chromosome arm number, fundamental number: NF）は68～70である。ニホンメダカと違って，大型の中部動原体染色体をもつ（宇和, 1990）。

27. *Oryzias dancena* (Hamilton, 1822)

Oryzias dancena － Roberts, T.R. (1998) Ichthyol. Res., 45: 213-224.

ロバート（Roberts, 1998）が *Cyprinus dancena* (Hamilton, 1822) を *Oryzias dancena* と命名を変更したものである。McClelland (1939) の *Aplocheilus melastigma (Oryzias melastigma)* は他の *Aplocheilus* に基づいた特徴を示すものであって，不適切としてこの種名を記載している。しかし，*melastigma* は特徴を示す表現で，これまで多くの研究者が用いてきた種名 *O. melastigma* と同じものを今さらどうして命名変更の必要性（意義）があろうか。この命名変更の提案は *O. melastigma* の名称で報告された多くの研究成果に，混乱をもたらすだけでメリットはない。

（標徴）

D. 6～8, A,19～24, P. 10～11, V. 6, C.i,4/5,i, 脊椎骨数28～29（10～11＋17～18），鰓条骨数4～5.

比較的に体が大きい種で，体長が体高の約3倍である。上顎の横に幅広い口は，まっすぐか，凸状に開口していて，他の種にみられない明白な黒色素の幅狭い辺縁をもつ。

図1・46　ウォウォラエネダカ *Oryzias woworae* ♂
（雄，山形県めだかの学校提供）

黒いすじが後頭部から背鰭にまで背面中央にみられる。雄では，数本の鰭軟条の先端が白く光っている。これらの特徴は，すべてインドメダカ *O. melastigma* と同じである。

28. *Oryzias wolasi*（ウォラシメダカ，図1・45）

Oryzias wolasi － Parenti, R.L., R.K. Hadiaty, D. Lumbantobing and F. Herder (2013) Copeia,2013 (3): 403-414.

本種はスラベシ・テンガラ Sulawesi Tenggara の首都ケンダリ（Kendari）の南，コナベ・セナタベ Konawe Senatan（南コナベ）のスンガイ・アンダムバオ村ウォラシ地域の24～26℃の比較的低い水温の内陸に棲む。形態的特徴は，背鰭軟条数7（7～9），臀鰭軟条数19（17～20），胸鰭軟条数9（9～10），腹鰭軟条数6，尾鰭軟条数i,4/5,i, 脊椎骨数29（29～30）（12＋17, 17～18），体長22.9（20.1～25.4）mmである。臀鰭軟条には乳頭状小突起はない。体色の特徴は，尾鰭の背腹両端，尾柄腹縁，そして臀鰭基部の後部域がオレンジ色から深赤色で，体表面が青い光沢色を帯びている。この青色は雄において特に目立つ。これも *Oryzias woworae* 種のグループの中でも，最も色彩が美しいメダカである。

種名 *wolasi* はスラベシ島のウォラシ Wolasi 地域でみつけられたことに由来する。

29. *Oryzias woworae*（ウオウオラエメダカ，図1・46，図1・47）

Oryzias woworae － Parenti, L.R. and R.K. Hadiaty (2010) Copeia 2010, No.2, 268-273.

______，______，D. Lumbantobing and F. Herder, 2013. Copeia, 2013 (3): 403-414.

インドネシア・スラベシ本島の南東沿岸沖のムナ島（Muna Island）の淡水に生息し，スラベシ島に棲む最も小さいメダカである。形態的特徴は最大節数15の背

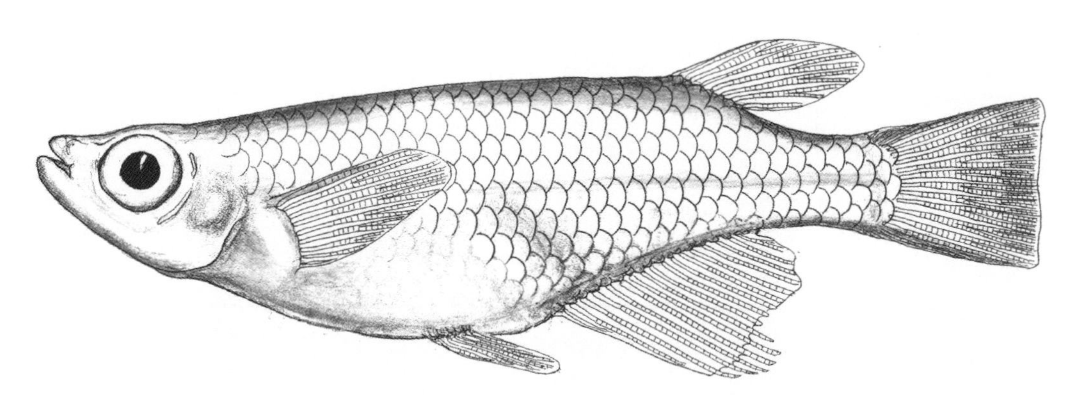

図1・47　ウオウオラエメダカ *Oryzias woworae* の外観図（原図）

鰭軟条の数D.８（７〜８），最大節数14の臀鰭軟条数A.18（17〜19），２回分岐した腹鰭軟条V.（最大節数12）の数６，胸鰭は最大節数21をもつ中央軟条が長い軟条数P.10（９〜10），背腹にそれぞれ２本の棘をもつ尾鰭の最大節数30の軟条数C.i,5/6,i である。

第11脊椎骨まで肋骨があり，10番目の肋骨が最初の幅広い臀鰭担鰭骨と先端で接し合っている。臀鰭の担鰭骨は第11脊椎骨の血管棘から第20・21（〜22）脊椎骨血管棘の間までみられる。そして，背鰭の担鰭骨は第19脊椎骨の神経棘末端から第22（〜23）脊椎骨の神経棘末端までの間にみられる。第12脊椎骨に肋骨は付いていないが，血管棘末端は開いている。第13〜14脊椎骨の血管棘の血道弓門は大きい。第19脊椎骨の神経棘末端が背鰭の最初の担鰭骨と接している。腹鰭の腰帯は，第２肋骨から第４肋骨の間にあり，腰帯の側突起は第４肋骨末端と接している。脊椎骨数29（29〜30），体側鱗数32（30〜33）である。

成魚では，頭部と腹鰭の前方の体の表面，胸鰭背部，背鰭基部，臀鰭基部の後部域，尾柄，そして尾鰭の背腹両部分が鮮やかな赤色を呈す。とくに，雄では胸鰭（約６mm長）の第１〜２軟条部と腹鰭（約2.8mm長）および腹部から尾鰭腹縁とその背縁まで赤く，体側表面がメタリックブルーでカラフルな体色を呈して美しく，俗名ネオンブルーと呼ばれている。臀鰭軟条には乳頭状小突起はない。

種名の *woworae* は初めてこの新種のカラー写真を撮った Museum Zoologicum Bogoriense の甲殻類の分類学者 Daisy Wowor 氏の名前に由来する。

ロバート（Roberts, 1998）は，この他インドメダカと区別ができないメダカをインド南東部 Carnatic の地名からとって命名した *O. carnaticus*（Jerdon, 1849）を取り上げたり，*O. minutillus* を採集した宇和氏の名から *O. uwai* と命名している。さらに，中部ラオスから採集したもので胸鰭の付け根の上半分が黒いことから *O. pectoralis*，メコンデルタのメコン川で採集したものにバッサク川のベトナム語 Hau Giang から *O. haugiangensis*，そして我々が採集した *O. javanicus* を最初に採集した C.L. Hubbs 氏の名前をとって *O. hubbsi* と命名している。これらの種の分類が何に基づいてなされたものか判然とせず，短絡的に命名したことによって種の扱いは混乱を来すことになる。これらすべてを入れると，*Oryzias* 属は31種になる（表１・３）。しかし，現時点のメダカ種の定義を検討し，確認することを提案しているようにもとれる。

以上，メダカ属内の各種の記載をみても，古い文献においては観察にあいまいな点が多い。それらは外形を基にした特徴で各種を分類しており，判然と区別する基準に乏しい（表１・３参照）。例えば，ウェーバーとド・ビューフォルト（1922）は *O. javanicus*, *O. celebensis*, *O. timorensis* の分類基準として次のものをあげている。

――インド－オーストラリア種の検索――

1. *O. javanicus* － D.7，A.21〜23，L.tr.10.
2. *O. celebensis*, *O. timorensis* － D.7〜9, A.17〜21, L.tr.14.

O. celebensis － 尾鰭基部と眼の中間に臀鰭の起位点をもつ。腹鰭の起位点が吻端と臀鰭後端の中間にある。

O. timorensis － 眼の後縁に対するよりも尾鰭基部近くに臀鰭の起位点がある。腹鰭の起位点が吻部よりも臀鰭後端寄りにある。

また，Aurich（1935）は，*O. celebensis*, *O. javanicus*, *O. marmoratus*, *O. matanensis*, *O. timorensis*の分

表1･3　メダカと近縁種の体の計測データ

種名　背鰭D	尻鰭A	胸鰭P	腹鰭V	尾鰭C	鱗L.l./L.tr.	(脊椎骨)	体長	文献
O. asinua								
7－9	17－19	9－10	6	*i*,4/5,*i*	29－34	(29－30)	17－26	27
O. bonnerum								
12－13	19－20	11－12	6	*i*,5/6,*i*	36－39	(31－32)	38.5－52	25
O. carnaticus [1)]								
8	22	－	－	－	－	(－)	37.5	1
6－7	22－24	11－13	6	18－20	－	(29－31)	12.5－27.7	2
6－7	21－24	11－13	6	*i*,4/5,*i*	26－30	(28－30)	30.5	26
O. celebensis								
7－9	19－21	10－11	6	－	30－32/14	(－)	－	3
8－10	20－22	10－11	6	－	29－31	(－)	27	4
8－10	17－22	－	－	－	29－32/12－14	(－)	－	5
6－9	18－21	10－12	5－6	19－24	－	(30－32)	23－32	6
7－11	19－23	7－11	5－7	19－24	－	(－)	15.9－28.4	7
6－9	18－23	10－12	5－6	19－24	32－33	(28－30)	28.6	8
8－10	19－22	－	－	－	－	(－)	24	9
O. curvinotus								
6	25	－	－	－	35	(－)	23	10
5－6	18－20	－	－	－	－	(－)	19.9	9
O. dancena [2)]								
6－7	20－24	10－11	6	19－21	－	(28－29)	20.5－31.2	2
O. eversi								
10－12	17－19	9－10	6	*i*,4/5,*i*	33－36	(30－33)	28－38	29
O. hadiatyae								
8－10	19－22	10－11	5－6	－	27－31	(28－30)	22－46	30
O. haugiangensis [3)]								
6－7	19－22	10－11	6	*i*,4/5,*i*	－	(27－29)	17.1－20.8	2
O. hubbsi [4)]								
5－6	17－21	8－9	6	20－23	－	(27－28)	15.5－21.3	2
O. javanicus								
7	21－23	10－11	6	－	29－30/10	(－)	－	3
5－6	16－22	9－11	5	－	28－31	(－)	17.5－29.0	11
6－7	22－23	9－11	6－7	17－20	－	(29－30)	13－23	6
WK 7－8	21－24	11－13	6	20－23	－	(28－29)	16－24	12
JK 6－7	20－22	10－11	6	20－21	－	(28－29)	12.7－23.8	12
SP 6－7	20－24	11－12	5－6	19－20	－	(28－30)	23.3－26.1	12
6－7	18－22	10－11	6	20－21	27－28	(26－28)	25.8	13
6－7	20－25	11	6	20－21	－	(28－29)	18.5－27.2	2
O. latipes								
6	20	14	7	14	－	(－)	－	14
6	18	9	5	－	31	(－)	－	15
4－6	18－23	7－9	5	－	9－32/14－15	(－)	34	16
6	16－20	－	－	－	29－31	(－)	－	5
5－6	17－20	9－11	5－7	18－22	30－32	(29－32)	20－29	6
6－7	17－22	8－11	5－7	17－23	－	(－)	24.8－34.0	7
6	18－20	－	－	－	－	(－)	33.1	9
6－7	18－20	9－10	6	－	－	(30－31)	20.5－31.3	2
O. luzonensis								
5－7	15－18	－	－	－	30－35/10	(－)	－	17

6−7	17−18	10−11	−	20−21	28−30	(28−29)	20.4	8
5−7	14−15	−	−	−	−	(−)	25.3	9
O. marmoratus								
8−10	21−24	9−11	6	−	29−36/11−15	(−)	29−46	4
9−12	20−26	10	6	−	31−32	(−)	26.0−39.2	18
O. matanensis								
7−9	21−24	9−11	6	−	40−47/13−19	(−)	53	4
8−9	20−25	11−12	6	−	41−47/13−16	(−)	41.5−46.6	18
O. mekongnensis								
6	17−18	7−8	5−6	18−24	27−28	(27−28)	16.1	8
5−7	13−16	−	−	5/6	28−31	(29−32)	13.2	19
6−7	14−15	−	−	−	−	(−)	12.4	9
O. melastigma								
6−7	20−24	−	−	15	27	(−)	−	20
6−7	20−24	−	−	−	27	(−)	−	17
6−7	18−25	−	−	−	27−31	(−)	−	5
5−6	21−23	11	6	20−21	28−29	(27−28)	23.7	13
6−7	19−24	−	−	−	−	(−)	23.7(B)	9
O. minutillus								
6	19	−	−	−	27−28/10	(−)	15.5−17.0	21
6−7	17−2	−	−	−	27−28	(−)	−	5
5−6	17−20	7−8	4−5	15−20	26−27	(25−26)	−	24
5−7	18−21	−	−	−	26−29	(27−29)	11.0−16.4	19
6	19	−	−	−	−	(−)	13	9
6−7	17−21	7−8	5	18−21	24−28	(−)	9.7−15.5	2
O. nebulosus								
9−11	21−22	9−11	6	−	32−36	(29−33)	31.7−33.0	22
O. nigrimas								
8−11	21−25	11−12	6	2/4+5/2	34−37	(−)	46.5−47.2	18
O. orthognathus								
8−11	23−25	11−12	7	2/4+5/2	45−54	(−)	50.0−51.5	18
O. pectoralis 5)								
6−7	19−20	9−10	6	*i*,4/5,*i*	32−34	(30)	21.1−22.3	2
O. profundicola								
10−14	26−29	10−11	6	−	32−34	(−)	31.1−47.7	18
O. sarasinorum								
11−13	21−23	11−12	7	−	75/21	(−)	69	22
12−13	24	12	5−7	23−25	−	(31)	48−53	23
O. sinensis								
6−7	16−21	−	6	−	29−30	(28−30)	26	28
O. soerotoi								
8−9	18−21	9−10	8−9	*i*,3/5,*i*	30−32	(−)	28−32	33
O. songkhramensis								
4−5	15−16	−	4−5	*i*,4/5,*i*	26−29	(27−29)	13−19	34
O. setnai								
6−7	27−32	10	5	*i*,3-4/4,*i*	−	(−)	23	31
O. timorensis								
9	17−19	10−11	6	−	31−34	(−)	−	3
9−10	17−19	−	−	−	−	(−)	25.0	9
O. uwai								
6−7	18−21	7−8	6	18−20	−	(25−28)	11.6−16.1	2

O. wolasi								
7－8	17－20	9－10	6	*i*,4/5,/	－	(29－30)	20－25	32
O. woworae								
7－8	17－19	9－10	6	*i*,5/6,/	30－33	(29－30)	－	32
A. kruyti								
17	25	16	6	－	70－80	(－)	110	3
14－16	24－25	14－15	6	1/5+6/1	73－75	(－)	78.2－109.1	18
A. roseni								
13－16	25	13－14	6	1,5/6,1	63－65	(36)	69－90	22
X. oophorus								
10－11	20－22	12	6	2/4+5/2	58－65	(－)	37.8－65.1	18
X. poptae								
11－13	24－27	12－13	7	－	75/20	(－)	97.5－204	3
11－13	24－26	13－14	7	1/5+6/1	75－85	(－)	113－171	18

(1) Jerdon, 1849; (2) Roberts, '98; (3) Weber & Beaufort, '22; (4)Aurich, '35; (5) Labhart, '78; (6) 岩松 & 平田, '80; (7) Iwamatau *et al.*, '84; (8) Iwamatsu, '86; (9) Uwa & Parenti, '88; (10) Nichols & Pope, '27; (11) Alfred, '66; (12) Iwamatsu *et al.*, '82; (13) Iwamatsu *et al.*, '86; (14) Temminck & Schlegel, 1846; (5) Oshima, '19; (16) 原田, '43; (17) Herre & Ablen, '34; (18) Kottelat, '90; (19) Uwa & Magtoon, '86; (20) Day, 1829-1888; (21) Smith, '45; (22) Parenti & Soeroto, 2004; (23) 岩松, 未発表; (24) 岩松, '97. (25) Prenti, 2008; (26) Day, '68; (27) Parenti et al., 2013; (28) Nichols, '43; (29) Herder *et al.*, 2012; (30) Herder *et al.*, 2010; (31) Kulkarni, '40; (32) Parenti & Herder, 2010; (33) Mokodongan *et al.*, 2014; (34) Magtoon, 2010.

1) CarnaticのWaniambaddyに通じる川(インド, バングラデシュ)で採集。鰭軟条数や形から*Aplocheilus melastigma*(McL)に酷似。
2) *Cyprinus dancena* Hamilton.　3) Bassac川のベトナム語Hau Giangに由来。　4) 採集者Carl Leqavitt Hubbsの名前から命名。
5) 胸鰭基部に黒点があることから命名。
JK：ジャカルタ, SP：シンガポール, WK：ウエストカリマンタン

類基準として次のものをあげている。

――インド－マライ種の検索――

1. *O. matanensis* － L.l.40～47；背鰭までの鱗数 Predorsal 6～8＋29～37, C. ギザギザである。
2. *O. javanicus* － L.l.29～36, Predorsal 5～7＋20～26, C. 円味, ないしは短く切れている。
 2′－L.l. 29～30, L.tr.10, D.7.
 2″－L.l.29～36(平均30より多い), L.tr.11～15, D.7～10(平均9).

2－1　*O. timorensis* － Predorsal 約26, A. 17～19, 臀鰭の起点は眼の後縁より尾鰭基部寄りにある。腹鰭の基部は吻端より臀鰭後端寄りにある。

2－2－　Predorsal 20～26(平均25より少ない), A. 17～24。腹鰭基部は臀鰭の後端と吻端の中間, もしくはやや吻端寄りにある。

2－2－1　*O. celebensis* － A.17～23 (平均21) より少ない。胴部に黒っぽい大理石様の紋理も縦の斑紋もない。

2－2－2　*O. marmoratus* － A.21～24(平均22～23)。胴部に黒っぽい大理石様の紋理, もしくは縦の斑紋がある。

これらの外部形態的分類基準だけでなく, さらに詳細な骨学的, 生理学的, かつ細胞(染色体)学的に調べ, 正しく分類されなければならない。これまで*O. latipes*における体細胞の染色体数は48 (n＝24)であることが報告されている(Iriki,1932 a,b；Katayama, 1937；Ojima and Hitotsumachi, 1969；Arai,1973；Hama *et al*, 1976；Uwa and Ojima, 1981)。この *O. latipes* では, metacentricとsubmetacentric染色体がそれぞれ10対ずつ, subtelocentric染色体が1対, それにacrocentric染色体が13対の48 (FN＝20×2＋2＋26＝68腕部をもつ)である。これは, 同数(48本)の染色体をもつ*O. melastigma*とは染色体の形態的な点(核型)が異なる(Arai, 1973)。

*O. latipes*において, 両腕をもつ染色体の数が20であるのに, それが*O. melastigma*においては2である(Scheel, 1972)。また, *O. celebensis*における体細胞染色体数は36(n＝18)である(Uwa *et al.*, 1981)。この染色体構成はmeta-染色体4対, submeta-染色体2対, それにacrocentric染色体12対である(NF＝48)。特に, meta-及びsubmeta-の4対の染色体はそれらの短腕がC-bandsで特徴づけられる。この種において, 染色体数が少ないのはロバートソン型動原体融合 Robertsonian fusion によってacrocentric染色体1対から大きなmeta-centric 染色体が生じ始めたためと考えられている。

Ⅱ．メダカ属の起源と分布

メダカがいつ，どこで，どのように出現したかについて，現在十分な手がかりはない。前述のように，古生物学的にみても，真骨魚の出現はレプトレピス目Leptolepidiformesの三畳期であるとされている。中位群に属するハダカイワシ目Myctophiformes（ハダカイワシ*Myctophoidei*，ミズウオ亜目*Alepisauroidei*），ダツ目Beloniformes（ダツ亜目*Belonoidei*，トビウオ亜目*Exocoetoidei*），サケスズキ目Percopsiformes（サケスズキ亜目*Percopsoidei*，カイゾクスズキ亜目*Aphredoderoidei*），ヨウジウオ目Syngnathformes，キンメダイ目Beryciformes，アカマンボウ目Lampridiformes，マトウダイ目 Zeiformesなどの硬骨魚類のうち最も古い化石は，ハダカイワシ目で，白亜紀の地層から発見されている。現在報告されているメダカに近いキプリノドン目の最古の化石は，古第三紀の漸新世のものである（表1・2）。キプリノドン目がどのような先祖から進化してきたかについては不明である。現生のメダカ目の多くは，小型の淡水魚であるが，汽水や海水域に棲むものもある。もし，キプリノドン目が古第三紀，あるいはそれ以降に出現したとすれば，その前後の地理的状況が淡水メダカの分布を決めることになろう。ジュラ紀において，東南アジアにはボルネオ島，ジャワ島，スマトラ島及びスラベシ島に至るキャセイシアCathaysia（図1・48）と呼ばれる陸地があったと考えられている。

この説によれば，ニューギニアからニューカレドニアを経てニュージーランドに拡がる Papuan 地向斜的な海（David and Brown, 1950），及び Cathasia 陸地とオーストラリアとを隔てるチモール附近から西オーストラリアに広がる地向斜的な海があったという。多くの淡水産真骨魚がジュラ紀以降に出現したものと考えれば，マライ諸島の淡水魚を研究してスラベシ島とスンダ島（ジャワ，スマトラ，ボルネオ島などを含む）に棲む淡水魚が，オーストラリア区系のものと異なることを見いだしたマックス・ウェーバー（1880－1902）の結論がよく理解できる。すなわち，メダカの棲息分布は東洋区とオーストラリア区の境界としてのウェーバー線を支持している（図1・49）。

ちなみに，東南アジアを含む東洋区の動物相とニューギニアを含むオーストラリア区の動物相がはっきりとした境界で区切られ，その境界がバリ・ロンボック両島間の狭い海峡から北上してボルネオ島・スラベシ島間のマカッサル海峡を経てミンダナオ島の南を東にあることを最初に提唱したのは，昆虫類と鳥類の調査をしたイギリスの博物学者ウォレス Wallece である。この境界線はのちにハックスリーによってウォレス線と名付けられた。その後，淡水魚生息を調査したウェーバー Weberは動物の境界線をウォレス線より東に引いて，スラベシ島も小スンダ列島も東洋区に含めている。これがウェーバー線である。この両線の違いが何を意味するかは，東南アジア諸島の形成に関して考える上で極めて興味深い。これまで，ウォレス線とウェーバー線の間の地域をウォレシア Wallacea と呼び，旧熱帯区とオーストラリア区との間の推移帯 transitional zoneとする説もある。とりわけ，注目すべきはメダカ種の多いスラベシ島の形成についての地質的分析にも関心がもたれる。

これらの1属15種のメダカのうち，どこに棲むものがより進化したスタイルをもつかについても明らかではない。

どこか1地域で最初に出現したのち分散したのか，広範囲にわたって同時に出現したのかわからないが，近隣するオーストラリア大陸にまで広がっていないことから判断して，広域の海洋で出現し，各沿岸にたどり着いて，そこに定着したとは考え難い。むしろ，どこか比較的塩類濃度の低い汽水域か，雨期に淡水で稀釈されやすい近海で出現し，大陸の沿岸をつたって広がったとの考えの方が理解しやすい。しかし，北はわが国にまで，西はパキスタンにまで広範囲の分布を理解するのは，我々の空間・時間感覚では難しい。現在のような東南アジア諸島ができたのは，おそらくメダカの先祖の出現以後のことであろう。各諸島に隔離されたメダカの先祖は，それぞれ独自の種の分化の道をたどったに違いない。そのことと関連して，スラベシ島のいくつかの湖に異なったメダカ種が信じ難いほど多く生息しているが，その原因が島の成り立ちにありそうである。スラベシ島は，今から20万年前ごろ5つほどの小さい島が集まり始め，約5万年前には島の原形がほぼ現在のようになったと推定されている（Stelbrink *et al.*, 2014）。そのことから，スラベシ島はすでに分化した固有メダカ種の生息している小さい島々が集まってできた可能性がある。また，ジャワメダカがマレーシア半島，ジャワ島，ボルネオ島に分布しているのであるが，これはこれらの島々が比較的遅くまでつながっていたことを意味しているのかもしれない。

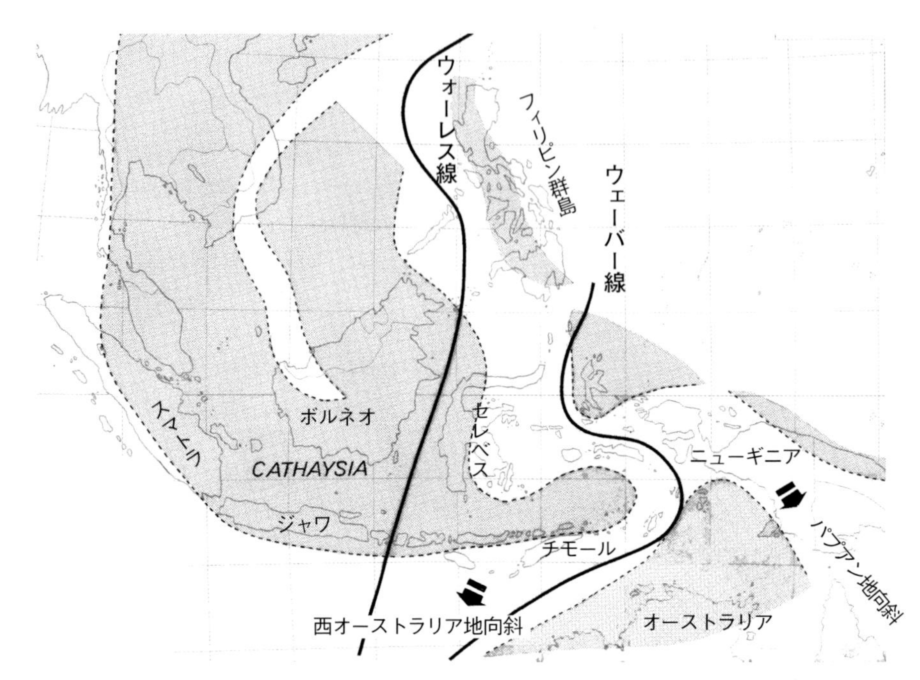

図1・48　ジュラ紀における東南アジアの海陸分布（佐藤正，1967より改図）

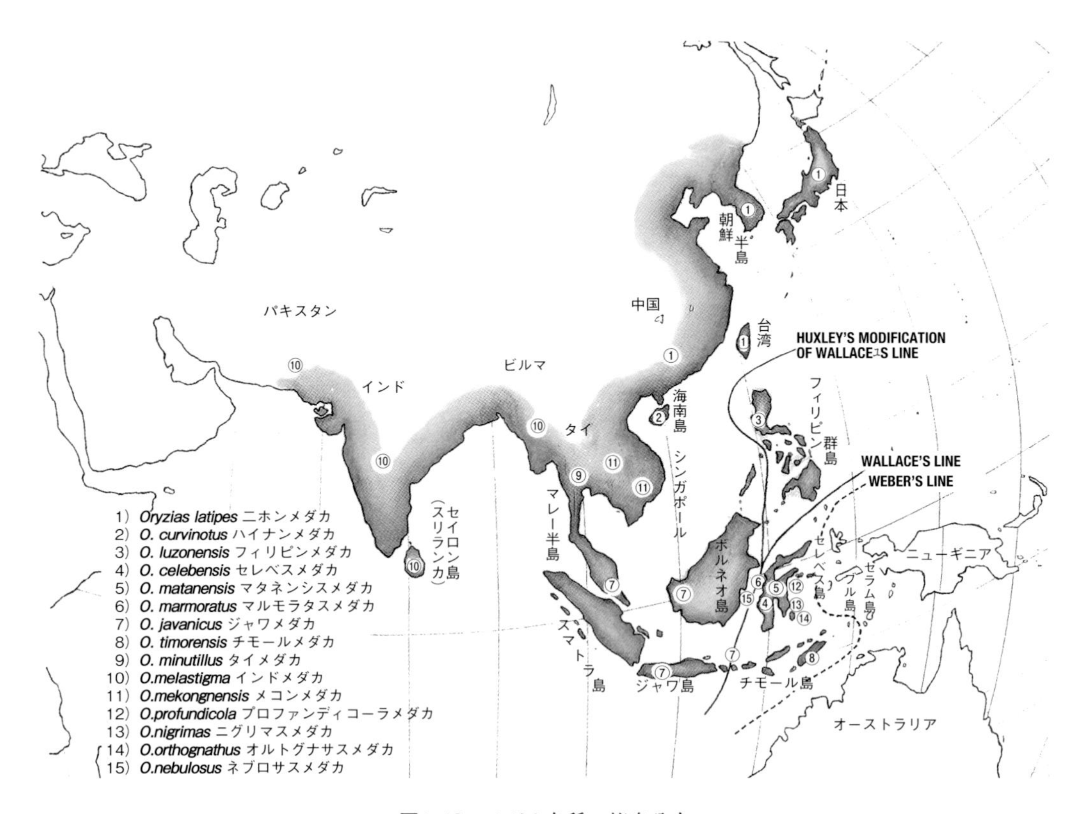

図1・49　メダカ各種の棲息分布

表1・4　*Oryzias*と*Aplocheilus*の比較（Smith, 1938, 1945）

Oryzias	*Aplocheilus*
1）上顎は伸出させられない。	1）上顎は伸出させられる。
2）口は小さく，口角は不明瞭に下方に曲がる。	2）口は馬蹄形で，口角部は急に下方に曲がる。
3）鋤骨に歯がない。	3）鋤骨に歯がある。
4）擬鰓がない（誤認）。	4）擬鰓がある。
5）左右の鰓膜は峡部を横切って相癒合する。	5）左右の鰓膜は相互に，また峡部とも離れている。
6）胸鰭基底の上端は体側の中央線より上方にある。	6）胸鰭基底の上端は体側の中央線より下方にある。

Ⅲ．メダカの学名の変遷

最初テミンクとシュレーゲルによって1842年に*Poecilia latipes* として記載された。その種名 *latipes* は臀鰭が *latus* 幅広い *pes* 足という意味である。それをギュンテル（1866）は*Haplochilus latipes*とした。ブリーカー（1879）及びヨルダンとスナイダー（1901）はさらにそれを*Aplocheilus latipes* と表した。属名 *Aplocheilus* はマクレランドによって1836年（Asiatic Researches, 19; 276-305）に設定されたものである。後に，ヨルダンとスナイダー（1906）は*Aplocheilus* 属からメダカを分けて，新しい属名*Oryzias*を設け，その下においた。すなわち，*Oryzias latipes* となった。この学名の変遷についての記載にはスミス（1938）がある。その当時，*Oryzias* には *Aplocheilus* に属するものも入れられていた。ヨルダンとスナイダー（1906）は*Oryzias* が短い顎をもち，鋤骨に歯がない点で *Aplocheilus* と区別されるべきであるとしたが，ウェーバーとド・ビューフォート（1922），及びレーガン（1911）はなおも *Oryzias* を*Aplocheilus* の同義語と考えて用いなかった。アール（1929）は前顎骨の外側に大型化した歯がない点から，*Oryzias*を*Aplocheilus* と分けるべきであるとの見方をとった。スミス（1938, 1945）も *Oryzias* と*Aplocheilus* を次の諸点（表1・4；下線は誤認）から同様な意見を述べている。

初期に記載された*Oryzias* の歯には前上顎骨の外端に大型化した歯に当たるものがない（Jordan and Snyder, 1906）。事実，*Oryzias latipes* の雄には，インドの *O. melastigma* やシャム，インド－オーストラリア群島やフィリピンに棲むものにみられるような大型化したものではないが，大きい歯が認められる。したがって，前上顎骨にある大形の歯だけでは *Oryzias* を *Aplocheilus* と区分する理由にならないとしている。

Ⅳ．メダカの分布と種分化

メダカ*Oryzias*は，日本を含むアジア・東南アジアに限定して分布しており，それらの地域の淡水及び汽水に棲息している。西はインド・パキスタン，東はウェバー線で仕切られた領域のスラベシ島に広がっている。これらの種は，その分布状態から，過去から現在までメダカ属の辿ってきた道の何を物語っているのであろうか。また，どの地域に初めて出現して，どのように現在のように分布するに至ったのか。そして，出現の時から，海洋を通して分散できなかったであろうか。

筆者と平田氏は，1978年にメダカ属の各種の分布と起源を調べるのを目的として，採集調査の計画を立てた。我々はメダカのルーツを探り，海を渡ることのないメダカはアジアの島々に生息していることから東アジアの地形のでき方にまで関心をもち“インドネシアの島々に採集の旅”（中部読売新聞社，1982年２月18日報道）に出かけた。1979年採集して，生きたメダカを持ち帰り，種の確認と分類を研究し始めた。これが皮切りになって，日本，ドイツやアメリカの研究者によるメダカの新種発見，そして分類研究が始まった。そして，1979年２月にスラベシ島南部 Ujun Pandum から日本にセレベスメダカを生きたまま持ち帰るのに成功し，信州大学と東京大学に分譲した。その後，さらにジャカルタの汽水（塩分約７g/ℓ）域でジャワメダカを採集し，持ち帰った。一方，筆者は東南アジアの

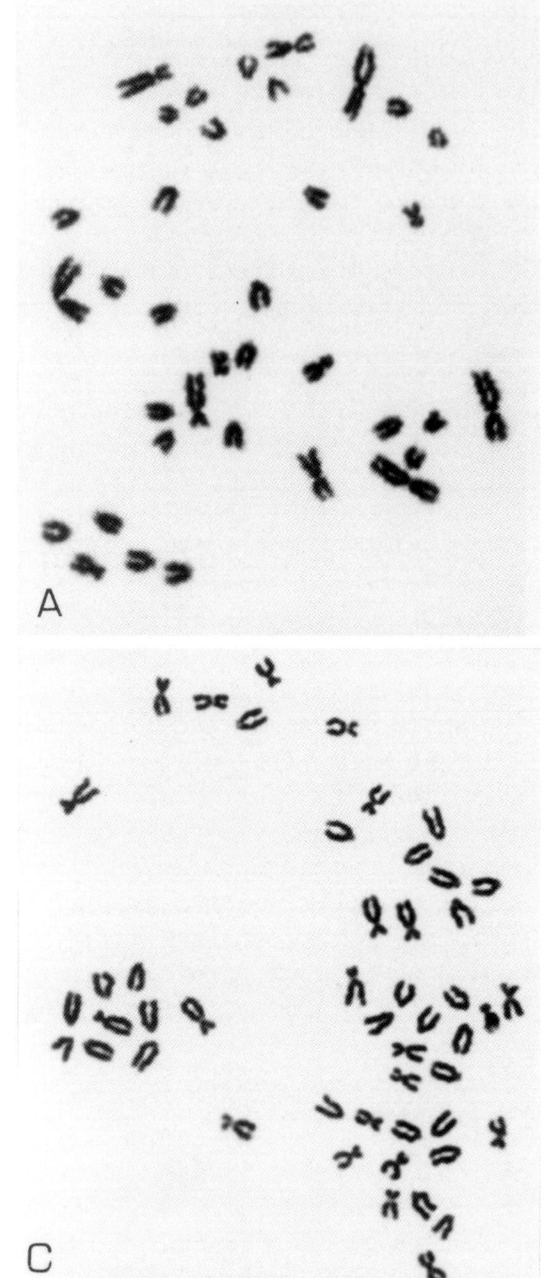

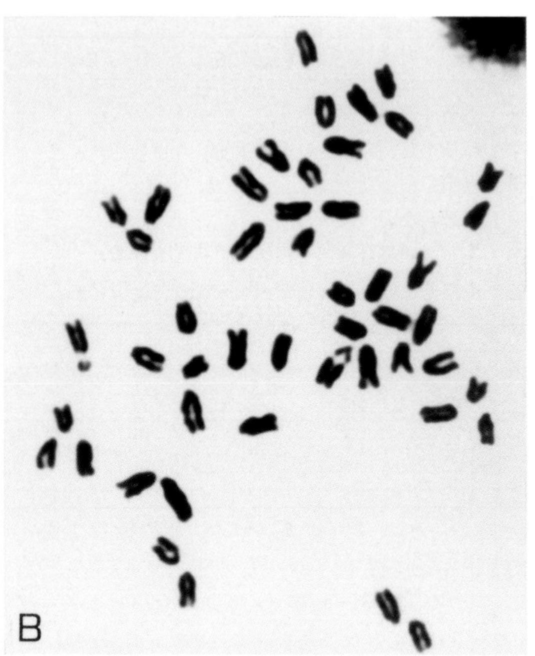

図1・50　メダカの染色体型
A：動原体融合型(セレベスメダカ，セレベス東南部).
B：単腕型(インドメダカ，インド南部).
C：両腕型(ニホンメダカ，松山).
(×2,800－宇和紘博士提供による)

各日本人学校に採集を依頼したが，入手できたのはグッピー，タップミンノー，パンチャックスであった。さらに，インドの魚類の研究者 Dr. O.P. サクセナに採集を依頼し，アンダパンダン島，インド南部で採集したインドメダカを届けてもらった。核型と種の分化に関心をもって調査活動を開始した信州大学の宇和紘博士がフィリピンメダカ，タイメダカ，メコンメダカ(新種)を現地から持ち帰り，それらの3種の類縁関係について，細胞遺伝学的立場から分析した。それによれば，メダカの染色体は単腕型（端部動原体型 acrocentric，次端部動原体型 subtelocentric）で，その数がセレベスメダカ，チュウゴクメダカとタイメダカを除いて，すべて 2n＝48である(図1・50)。これはメダカ属を含む魚類の基本染色体数である。ちなみに，小島(1978) によれば，メダカの属す中位群魚類では染色体の最少は 2n＝18 (*Saphyosemion christyi*) で，最多が

表1･5　メダカ属魚類の染色体数と核型の特徴（宇和，1990，未発表）

核型グループ 種　名	採集地	染色体数 (2*n*)	基本数 (NF)	染色体構成 (対)	［大型］ 染色体	NORs 染色体	Cバンドマーカー染色体
〈単腕染色体型グループ〉							
インドメダカ	チタンバラン（インド南部）	48	48	24A	0	A*sc*	2A
	ラノン（タイ国南部）	48	48	24A	0	A*sc*	—
ジャワメダカ	シンガポール	48	48	1ST+23A	0	A*sc*	1A+1ST
	プーケット（タイ国南部）	48	48	1ST+23A	0	A*sc*	—
	ジャカルタ	48	48	24A	0	A*tm*	4A
タイメダカ	モンハイ（中国雲南省）	42	42	21A	0	A*tm*	—
	プーケット（タイ国南部）	42	42	21A	0	A*tm*	—
〈両腕染色体型グループ〉							
メコンメダカ	ヤンタラ（タイ国東北部）	48	58	1M+4SM+12ST+7A	0	A*cm*	—
Oryzias sp.	不明（シンガポール経由）	48	64	1M+7SM+16ST&A	0	A*cm*	1SM
ニホンメダカ	松山	48	68	2M+8SM+1ST+13A	0	SM*sa*	—
（亜種）	青森	48	70	2M+9SM+2ST+11A	0	SM*sa*	—
	羅兒里（韓国東部）	48	68	2M+8SM+1ST+13A	0	SM*sa*	—
チュウゴクメダカ	昆明（中国雲南省）	46	68	3M+8SM+2ST+10A	1M	SM*sa*	—
（亜種）	上海	46	70	3M+9SM+2ST+9A	1M	SM*sa*	—
	内里（韓国西部）	46	68	3M+8SM+1ST+13A	1M	2SM*sa*	—
ハイナンメダカ	香港	48	82	4M+13SM+5ST+2A	0	SM*sa*	—
ルソンメダカ	ソルソナ（ルソン島）	48	96	24M&SM	0	SM*sa*	3SM
〈染色体融合型グループ〉							
タイメダカ	バンコク	34	44	4M+1SM+12A	4M	SM*sa*	—
	チェンマイ（タイ国北部）	30	44	6M+1SM+8A	6M	SM*sa*	—
セレベスメダカ	ウジュンパンダン（スラベシ島）	36	48	4M+2SM+12A	3M+1SM	SM*sa*	2M+2SM
ニグリマスメダカ	スラベシ島（ポソ湖）	38	48	3M+2SM+12A	3M+1SM	SM	—
マタネンシスメダカ	スラベシ島（マタノ湖）	42	48	M+2SM+2ST+17A	SM	SM	—
マルモラタスメダカ	スラベシ島（トウチ湖）	42	48	M+2SM+18A	SM	SM	—

A：端部動原体型(acrocentric)
A*cm*：端部型染色体の動原体部(centromeric region)
A*sc*：端部型染色体の２次狭窄部(secondary contriction)
A*tm*：端部型染色体の腕の末端部(teleomeric region)
M：中部動原体型(metacentric)
NOR*s*：核小体形成部位(nucleolus organizer region)
SM：次中部動原型(submetacentric)
SM*sa*：次中部型染色体の短腕末端部(short arms)
SMT：次端部動原体型(subtelocentric)

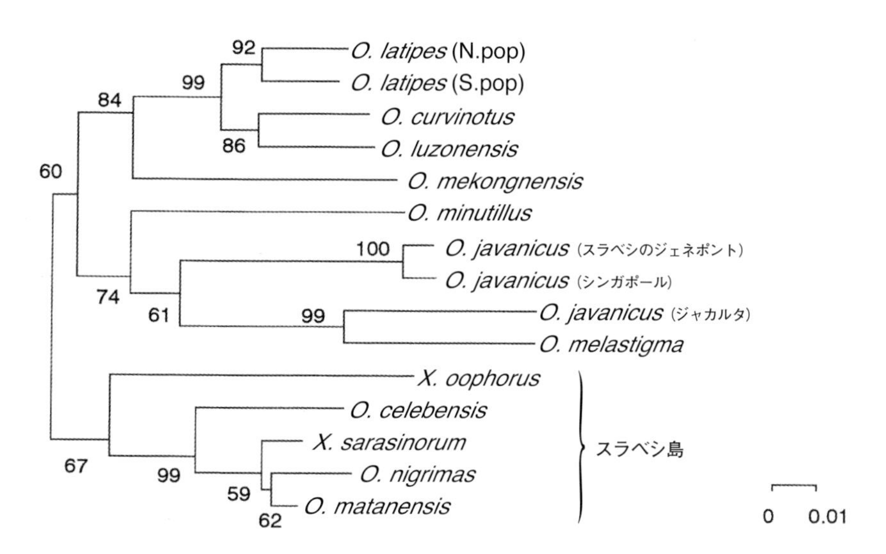

図1･51　アドレアニクチス科に属する魚類の12sリボゾームRNA遺伝子の塩基配列にみられる遺伝的隔たりに関する近隣接合法による系統樹

各分枝の数字は1000ブートストラップ複製によって支持されている節に時間の百分率を示している．目盛りの線は樹の長さ0.01単位を示している（Naruse, 1996より改図）．

表1・6　メダカ種の計測

種	*O. minutillus*	*O. javanicus*	*O. melastigma*	*O. mekongensis*	*O. luzonensis*	*O. celebensis*	*O. latipes*
個体数	7	16	38	7	3	15	19
全長（mm）	18.5±0.7	27.0±0.4	24.6±0.6	19.7±0.2	24.8±0.6	34.3±0.4	35.5±0.4
体長（mm）	15.0±0.5	21.6±0.7	19.5±0.5	16.1±0.6	20.4±0.4	28.6±0.4	29.0±0.3
（体長に対する比）							
頭長	19.8	24.4	25.1	20.6	23.4	24.1	26.6
尾長	75.9	57.2	52.9	72.9	67.3	—	—
体高	16.4	25.8	23.7	19.5	19.9	25.6	22.0
尾鰭軟条最大長	23.3	25.3	28.9	23.8	23.7	19.8	22.7
胸鰭軟条最大長	16.8	24.1	26.7	18.2	17.6	21.8	21.1
腹鰭軟条最大長	14.8	18.4	17.6	15.8	16.4	21.5	19.2
背鰭軟条最大長	9.6	11.0	11.7	10.0	10.5	12.2	12.5
臀鰭基長	32.5	32.7	30.9	31.3	26.8	26.5	28.5
背鰭基長	10.0	7.6	6.2	8.7	8.6	8.9	8.8
（数の平均と範囲）							
脊椎骨	25.7±0.2(25-26)	26.5±0.2(26-28)	27.3±0.1(27-28)	27.5±0.2(27-28)	28.7±0.3(28-29)	29.2±0.2(28-30)	29.8±0.1(29-30)
肋骨の付く脊椎骨	8.8±0.1(8-9)	8.8±0.1(8-9)	9.7±0.2(8-11)	9.7±0.2(9-10)	9.7±0.3(9-10)	10.9±0.2(10-12)	11.0±0　(11)
輻射骨（趾骨）	2.8±0.2(2-3)	3.9±0.1(3-4)	3.2±0.3(2-4)	4.0±0　(4)	3.3±0.3(3-4)	3.9±0.1(3-4)	3.6±0.1(2-4)
扁平な神経棘	3.4±0.2(3-5)	4.8±0.2(4-6)	6.5±0.1(5-8)	5.2±0.2(5-6)	5.7±0.3(5-6)	8.1±0.2(7-9)	8.7±0.2(7-10)
鰓耙	6.9±0.2(6-8)	10.1±0.2(9-13)	12.2±0.2(11-14)	8.2±0.2(8-9)	12.0±0.9(10-14)	13.1±0.9(10-16)	17.9±0.1(17-19)
鰓弁数	18.1±0.9(14-22)	25.9±0.6(23-32)	32.0±0.3(29-38)	23.8±0.7(21-25)	26.3±1.5(24-30)	43.0±1.7(36-56)	40.9±0.5(37-44)
鰓条骨	4.1±0.1(4-5)	5.0±0　(5)	4.8±0　(4-5)	4.0±0　(4)	5.3±0.3(5-6)	5.2±0.1(5-6)	5.3±0.1(5-6)
体側鱗	26.3±0.2(26-27)	27.9±0.3(27-28)	28.1±0.1(28-29)	27.4±0.2(27-28)	28.8±0.4(28-30)	32.3±0.3(32-33)	31.1±0.2(30-32)
胸鰭軟条	7.4±0.2(7-8)	10.9±0.3(10-11)	11.0±0　(11)	7.4±0.2(7-8)	10.3±0.3(10-11)	11.1±0.1(10-12)	9.6±0.2(9-11)
背鰭軟条	5.9±0.1(5-6)	6.6±0.2(6-7)	5.4±0.2(5-6)	6.0±0　(6)	6.3±0.2(6-7)	7.6±0.3(6-9)	5.9±0.1(5-6)
尾鰭軟条	18.3±0.6(15-20)	20.1±0.1(20-21)	20.1±0.1(20-21)	21.3±0.8(18-24)	20.5±0.3(20-21)	21.2±0.5(19-24)	21.0±0.4(18-22)
臀鰭軟条	18.9±0.3(17-20)	20.9±0.6(18-22)	22.3±0.2(21-23)	17.6±0.2(17-18)	17.3±0.2(17-18)	20.1±0.3(18-23)	18.6±0.3(17-20)
腹鰭軟条	4.8±0.2(4-5)	6.0±0　(6)	6.0±0　(6)	5.6±0.2(5-6)	6.3±0.2(5-6)	5.5±0.2(5-6)	6.1±0.1(5-7)

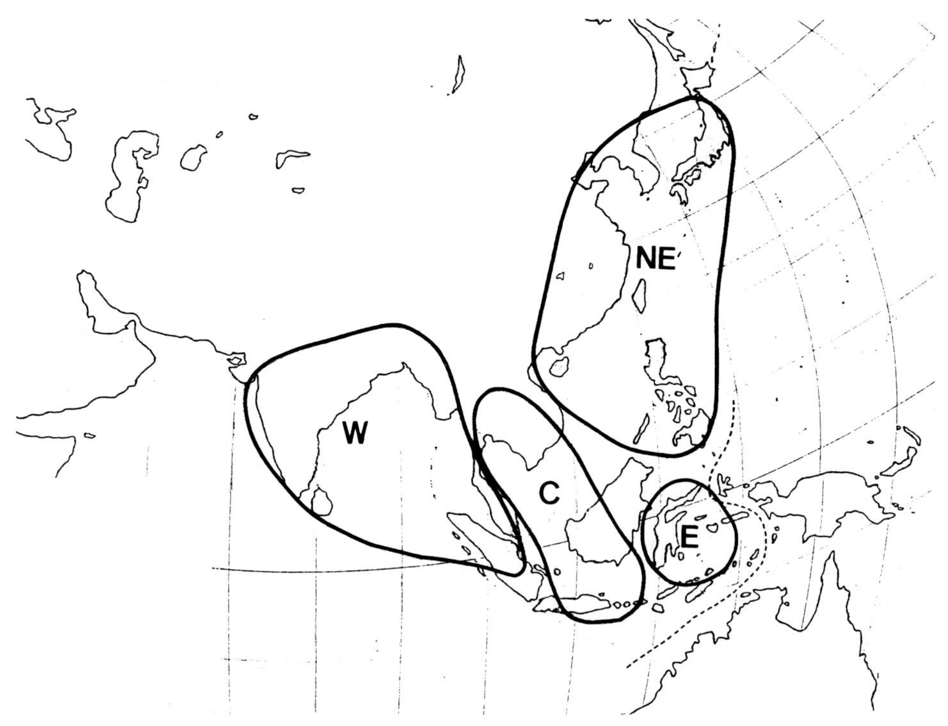

図1･52　メダカ種のグループの地理的分布（説明，本文参照）

2n＝69（*Poecillia formosa*）であるが38%が 2n＝48である。各種メダカは，二次狭窄または付随体をもつ染色体を１対もっている。この部分は，銀染法でリボゾームRNAの遺伝子座である核小体(仁)形成部位 NORsである。

宇和（1990）は，メダカを核型（表１・５）から３グループに大別している。すなわち，パキスタン，インド，スリランカ，ビルマ，マレー半島，スマトラ島，ジャワ島などの南アジアに分布する単腕染色体型（インドメダカ，Uwa *et al.*, 1983；ジャワメダカ・シンガポール，Uwa and Iwata, 1981），日本，朝鮮，中国大陸，台湾などに分布する両腕染色体型(メコンメダカ，Uwa and Magtoon, 1986；ハイナンメダカ，Uwa *et al.*, 1982；ニホンメダカ，Uwa and Ojima, 1981；フィリピンメダカ，Formacion and Uwa, 1985)，及びスラベシ島とタイに分布する動原体融合染色体型(セレベスメダカ，Uwa *et al.*, 1981; タイメダカ，Magtoon and Uwa, 1985)である。単腕型が少なくともメダカ目の基本型と考えられており（Ebeling and Chen, 1970），この考えに基づいて，両腕型染色体は２本の単腕型染色体が動原体部で癒着（ロバートソン型動原体融合）する両腕間逆位によって生じ，また大きい単腕型染色体は２つの単腕型染色体が融合することによって１つに大型化したと推定している（宇和, 1990)。すなわち，染色体構成の複雑な両腕型グループにおいて，両腕型染色体の数の少ないメコンメダカが基本型に近く，両腕型（metacentric, submetacentric）の染色体の多くのもの（ハイナンメダカ，ニホンメダカ，フィリピンメダカ）へと核型進化(種分化)が起きたと考えられている。核型によるメダカの分類は，酵素型の研究とよく符合する（酒泉, 1983, 1985a, b)。また成瀬ら（1993）はシトクローム b 遺伝子の塩基配列のデータとその遺伝子より保守的と考えられる分子12s rRNA遺伝子の一部（約4000塩基）の塩基配列を決定して，メダカ亜目魚類の系統関係を表してみたのが図１･51である。これは，３つの枝分かれを示しており，融合型染色体グループ，両腕型染色体グループ，単腕型染色体グループの分類とほぼ一致して単一系統を示す。しかし，このうち単腕型染色体グループに属するタイメダカはどのグループにも属さないものであることを示唆している。このことは種の起源を探る上で非常に興味深い点である。

形態的視点（表１・６）からみた場合も基本的に一致するが，４グループに大別できる（図１･52, Iwamatsu, 1986)：中央部グループ（C：ジャカルタ，西カリマンタンのジャワメダカ；タイメダカ)，東部グループ（E：セレベスメダカ)，北東部グループ（NE：ニホンメダカ，

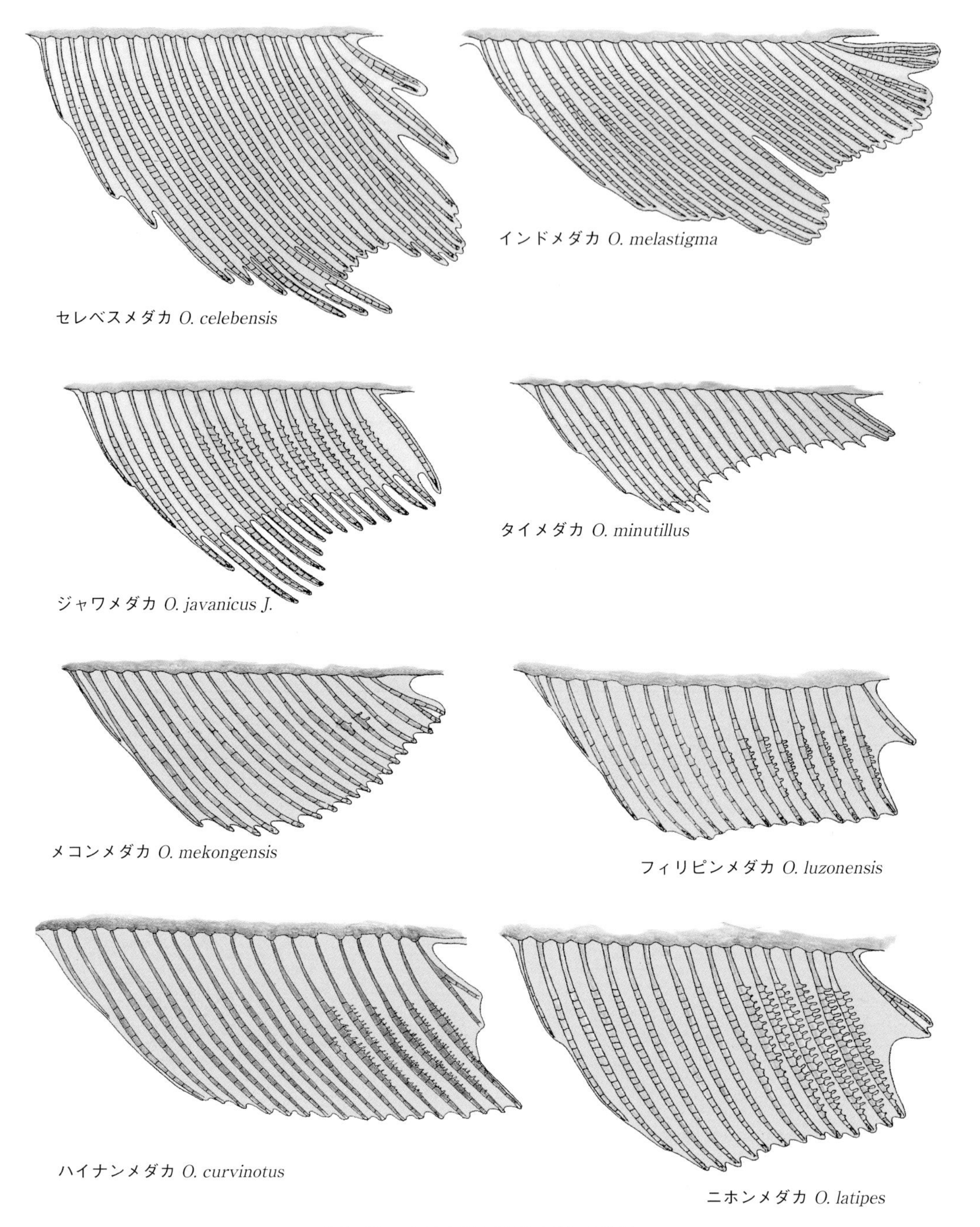

図1･53　メダカ種の臀鰭（雄）の形態

フィリピンメダカ），西部グループ（W：インドメダカ，シンガポールのジャワメダカ）。この区分は，必ずしも種の分化の方向性を意味するものではない。例えば，メダカの形態的特徴の１つである臀鰭の形態（図１･53）をみてもわかるように，類似した形態（交接器型）をもち，鰭条節間に分布する乳頭状小突起がメコンメダカ<ハイナンメダカ<フィリピンメダカ<ニホンメダカの順に発達しており，これらは一連の種分化の方向性を示していると思われる（図１･54）。この４種は，核型による両腕型グループに分類されているものである。

メダカ種には，雄成魚には第二次性徴として臀鰭後

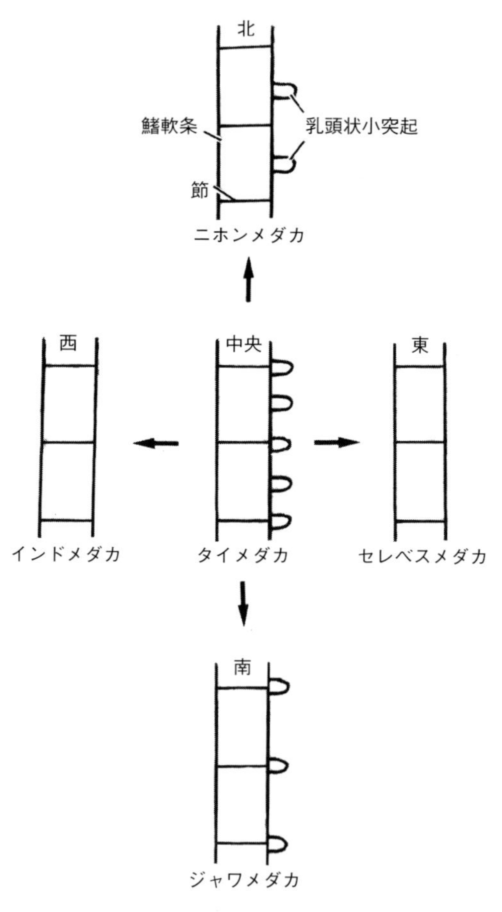

図1･54　アジア地域におけるメダカ種の臀鰭の鰭条小突起とその変異方向の可能性

半部の軟条に乳頭状小突起（pp）をもつものともたないものがある（図１･53）。アジア東西の両端に位置するスラベシ島とインドに生息するメダカは成魚でも雄の臀鰭軟条にppをもたない。しかも，その形態が種によって異なるし，地理的分布と関連している（図１･55）。雄の臀鰭にppをもつものでも，軟条の節上にもつもの，軟条の節間に生じるもの，あるいは軟条の節間と節上にもつものが存在する。アジア中央南のジャワ島，ボルネオ島，マレーシア半島に生息するジャワメダカはそれを軟条節上にもつが，アジア中央北部の日本に生息するニホンメダカはそれを軟条節間にもつ。ところが，東南アジアの中央部のフィリッピンからタイ，カンボジアに生息するメコンメダカ，タイメダカ，ペクトラリスメダカ，ソクラメンシスメダカ，ハイナンメダカ，フィリッピンメダカなどはそれを軟条の節上・節間にもつ。このように，雄臀鰭の軟条の形態に注目してみると，アジア東西軸の両端にいるメダカには乳頭状小突起がなく，アジアの中央南北軸の両端には鰭軟条の節間にその小突起をもつメダカと節上にその小突起をもつメダカがそれぞれ生息している。また，アジア中央部のタイ，カンボジア，ラオス，ハイナン，フィリッピンなどにはその小突起を鰭軟条の節間節上にランダムにもつメダカが棲んでいる。こうしたメダカ種の生息分布は地理的に一定の方向性をもって形態的連続変異 cline を示し，種分化の拡散的方向性を示唆している（図１･54，図１･55）。このように乳頭状小突起は地理的に種固有なパターンを示している。この臀鰭の形態について，我々は長年関心を持ち，メダカ種の分化を種間交雑実験によって分析している。現在，多くの研究者に間では，鰭軟条の乳頭小突起はメダカの分類学的形質 taxonomic character の扱いになっていないが，その形態の異なるメダカ群が地理的に一定の方向性をもって分布を示す異所性 allopatry（異所性種分化allopatric speciation）が認められる。

これらの pp は遺伝的には劣性であり，ppをもつ種ともたない種との種間交配をすると，その種間雑種の雄F_1にはそれは生じない。例えば，臀鰭軟条に pp をもたないセレベスメダカと軟条節間にそれをもつニホンメダカとの種間雑種F_1の雄には pp は生じないし，雌臀鰭軟条に pp を誘導する男性ホルモンを与えても生じない（Iwamatsu *et al.*, 1984）。同様に pp をもたないインドメダカと軟条間に pp をもつニホンメダカとの種間雑種F_1の雄においても，臀鰭の外観がインドメダカ型で，しかも pp は生じない。この種間雑種F1は自然交配で産卵し，雄も雌も生殖能がある。また，pp を軟条節間にもつニホンメダカとそれを節上・節間にもつフィリッピンメダカやラオスのペクトラリスメダカの種間交雑種の雄F_1には pp は節上節間に生じる。すなわち，pp を節間にしか発現しない形質は，それをもたない形質あるいは節上・節間に発現する形質に対して劣性のようである。少なくとも，この pp の形質はメダカの種分化の方向および地理的分布の成り立ちを解明する手がかりになると考えられる。

これら以外にも頭部の中篩骨の形態についても，どれが原始型であるかは不明であるが，連続した違いがみられる(図１･56)。もしグッピー型がより分化したものとすれば，それによく似た形態をもつニホンメダカが分化型といえよう。卵の形態（表１･７）をみると，付着糸の多いメコンメダカ，ハイナンメダカ，フィリピンメダカ，ニホンメダカのグループ，付着毛の少ないジャワメダカ，タイメダカ，メコンメダカのグループに分けられる。

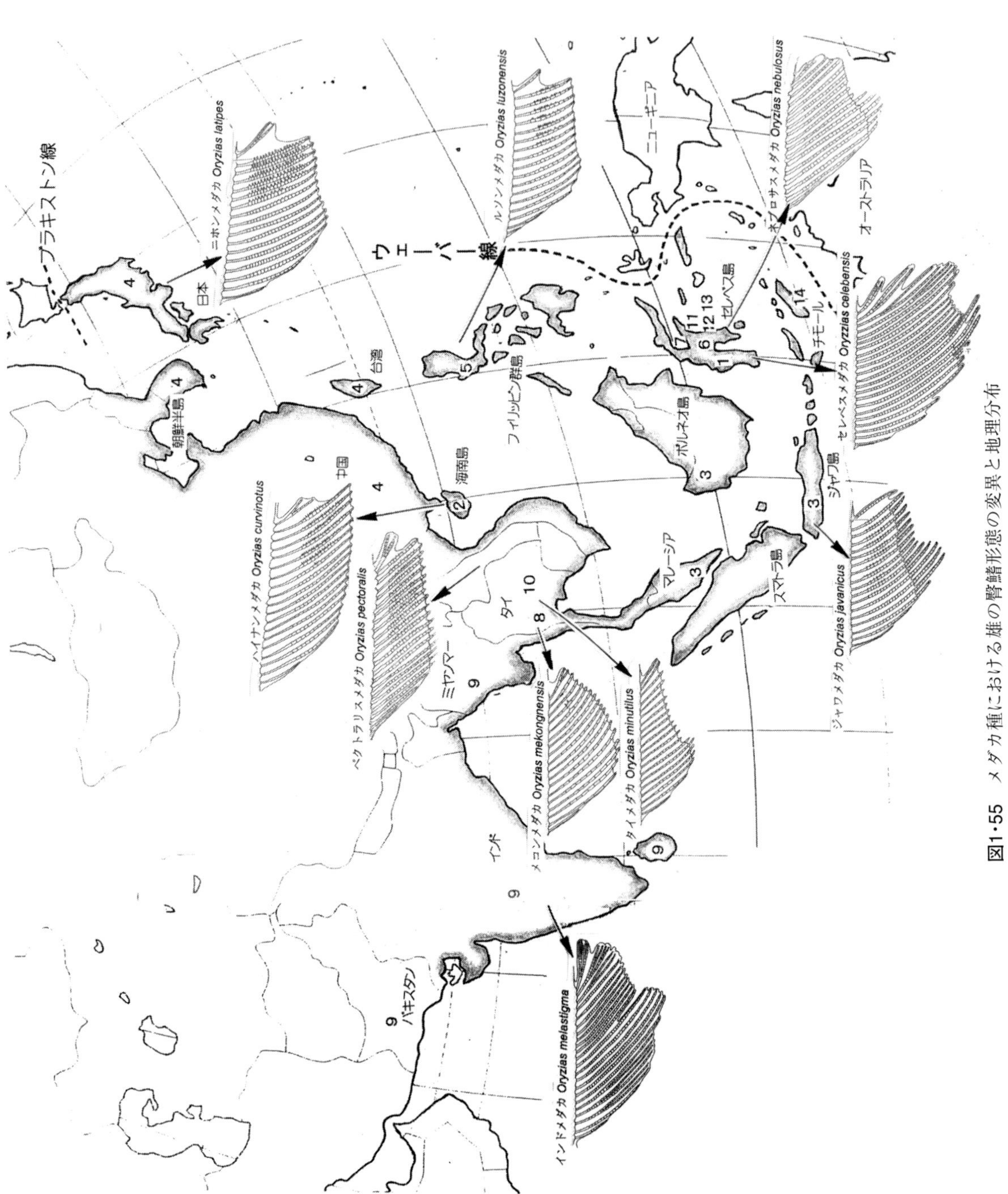

図1・55　メダカ種における雄の臀鰭形態の変異と地理分布

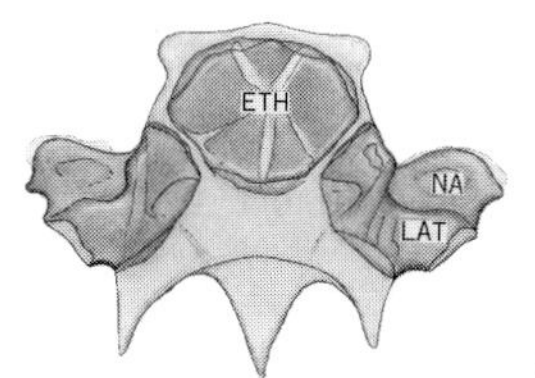

O. melastigma インドメダカ

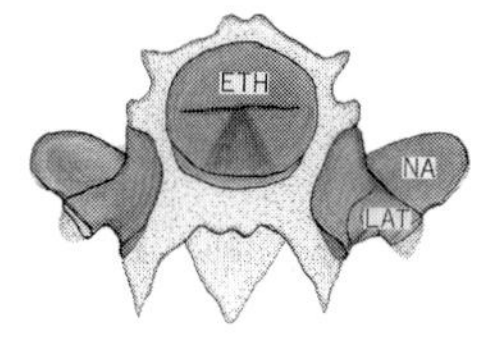

O. celebensis セレベスメダカ

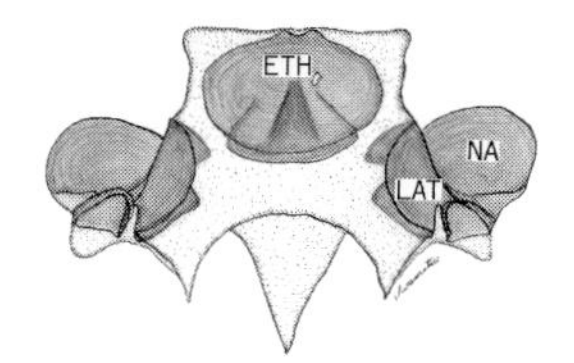

O. latipes　ニホンメダカ

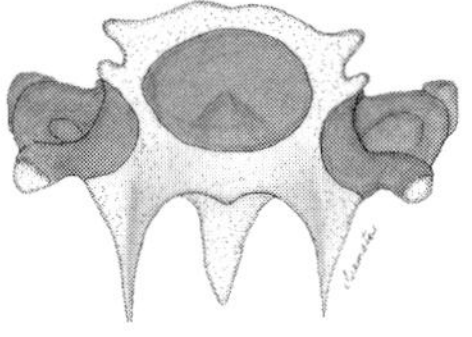
O. javanicus ジャワメダカ

図1･56　メダカ種の篩骨の形態
ETH：中篩骨，LAT：涙骨，NA：鼻骨

これらの種の分化をもたらしたものが何であったかは，あくまでも仮説の域を出ない。タンパク質の変異グループの地理的分布が不連続であり，淡水魚であるため，地理的隔離に原因があると考えられる。では，どのようにして現在の分布に至ったか。ニホンメダカでも塩田とか，河口の汽水域における棲息が知られており，比較的強い耐塩性をもつ。耐塩性があれば，大洪水などで沿岸の海水の塩類濃度が低下し，そこに押し流されて来たメダカが生存して，近くの河口に入り込む可能性がある。特に，海水中でも1週間以上生存できるインドメダカのように耐塩性が強いと，海産動物の餌にならなければ他の河口やマングローブに拡散できる。そのためか，耐塩性の最も弱いセレベスメダカはその分布が狭いし，最もそれが強いインドメダカが最も長い沿岸線域に分布している。

メダカ種の大部分は熱帯域に棲んでおり，高温に対して強い耐性を示す。それとは逆に，低温に対する耐性は多くのものでは弱い。棲息の北限に分布するニホンメダカが最も低い水温下（水面氷結の水中）で生存できるし，次いで耐寒性の強いのが地理的に近い北緯のルソン島に棲むフィリピンメダカである。以上のメダカの限定された分布に関係のある耐塩性と耐寒性（後述）が，メダカにどのように獲得されたか興味深い。

表1･7　メダカとゼノポエキルスの卵の種・属間差

種	使用卵(雌)数	卵の直径（μm）			付着毛(付着糸)の数
		未受精卵	受精卵 1)		
		（卵膜）	（卵膜）	（卵自体）	
O. celebensis	75(5)	1326±4	1359±9	1123±4	173.6±1.1 (19.4)
O. curvinotus	6(-)	1194±20	1200±14	1039±12	130.9±13.2 (31.4)
O. eversi	18(3)	—	1459.5±20.0	—	8.9±0.4(15.8)
O. javanicus J. 3)	89(9)	960±5	986±5	895±4	41.5±2.4 (21.1)
O. javanicus S. 2)	51(3)	1077±8	1230±5	1069±3	—　(—)
O. latipes	40(4)	1189±6	1235±4	1058±25	200.3±4.7 (29.6)
O. luzonensis	25(4)	—	1398±5	1208±8	147.3±5.3 (28.6)
O. marumoratus	21	—	1266.1±7.6	1119.8±8.6	156.5±2.5 (52.4)
O. matanensis	19	—	1181.5±7.0	1024.8±6.0	189.8±2.8 (80.5)
O. mekongensis	19(-)	1155±18	1207±10	—	78.4±7.0 (24.2)
O. melastigma	43(7)	1013±5	1065±6	928±6	193.0±4.5 (20.3)
O. minutillus	11(-)	—	1062±2	—	34.0±2.4 (19.3)
O. nebulosus	11	—	926.5±8.6	780.2±9.1	191.3±8.6 (1.7)
O. nigrimas	16(-)	—	1134±11	1134±19	59.5±3.6 (25.4)
O. orthognasus	10	—	760.2±9.3	644.0±5.1	132.9±8.2 (3.0)
O. pectoralis	5	—	—	—	143.4±11.2 (33.0)
O. woworae	7	1360	—	—	120.4±13.1 (26.9)
O.(X.) sarasinorum 4)	6(-)	—	2068±29	1879±29	16.2±2.5 (38.6)
H. setnai	12	—	1037.2±6.5	858±67.5	230.7±15.4 (11.2)

1) Shortly after activation.
2) Collected from Singapore.
3) Collected from Jakarta.
4) Diameter at the equatorial region in the 24-somite stage.

V．種内の地理的変異

どの生物種においても，種内に彷徨変異としての個体変異と遺伝的な個体変異がある。種の分化を解明する観点から，この遺伝的変異に興味がひかれる。ニホンメダカ *Oryzias latipes* の種内の遺伝的変異と地理的分布の関係に初めて着手したのが臀鰭軟条数の変異である（江上, 1953a, b, 1954；江上・吉野, 1958）。その後，地理的に広範囲にわたってタンパク質レベルでニホンメダカの変異が調べられた（参照；酒泉, 1990）。

(1) 臀鰭軟条数及び脊椎骨数

ニホンメダカの臀鰭軟条数を調べた江上（1953a, b）と江上・吉野（1958）は，概して日本海岸側のメダカの臀鰭軟条数が太平洋岸側のものより少ない傾向があることを報告している（図1・57）。

新井（未発表）によれば，日本におけるニホンメダカの臀鰭軟条は，全国的には18～19本の平均値をもつ地点が多いが，その平均値は36°N以北の地点（平均18本）を境にして，太平洋側集団（平均18～19本）と日本海側集団（平均17～18本）に分けられるらしい。この種内変異グループの分布は酒泉ら（1982）によるスーパーオキシド・ジスムターゼとL－ソルビトール・デヒドロゲナーゼの分析結果と一致するという。

脊椎骨数には，臀鰭軟条数にみられるような区分ができない（新井，未発表）。

(2) 染色体

染色体の多型についてみると，北日本の上越，村上及び青森のニホンメダカの核型は，染色体の腕比に中間的な値を示すものが多く，判然としないが，南日本のメダカに比べてM型染色体が1対多いという（宇和，未発表）。

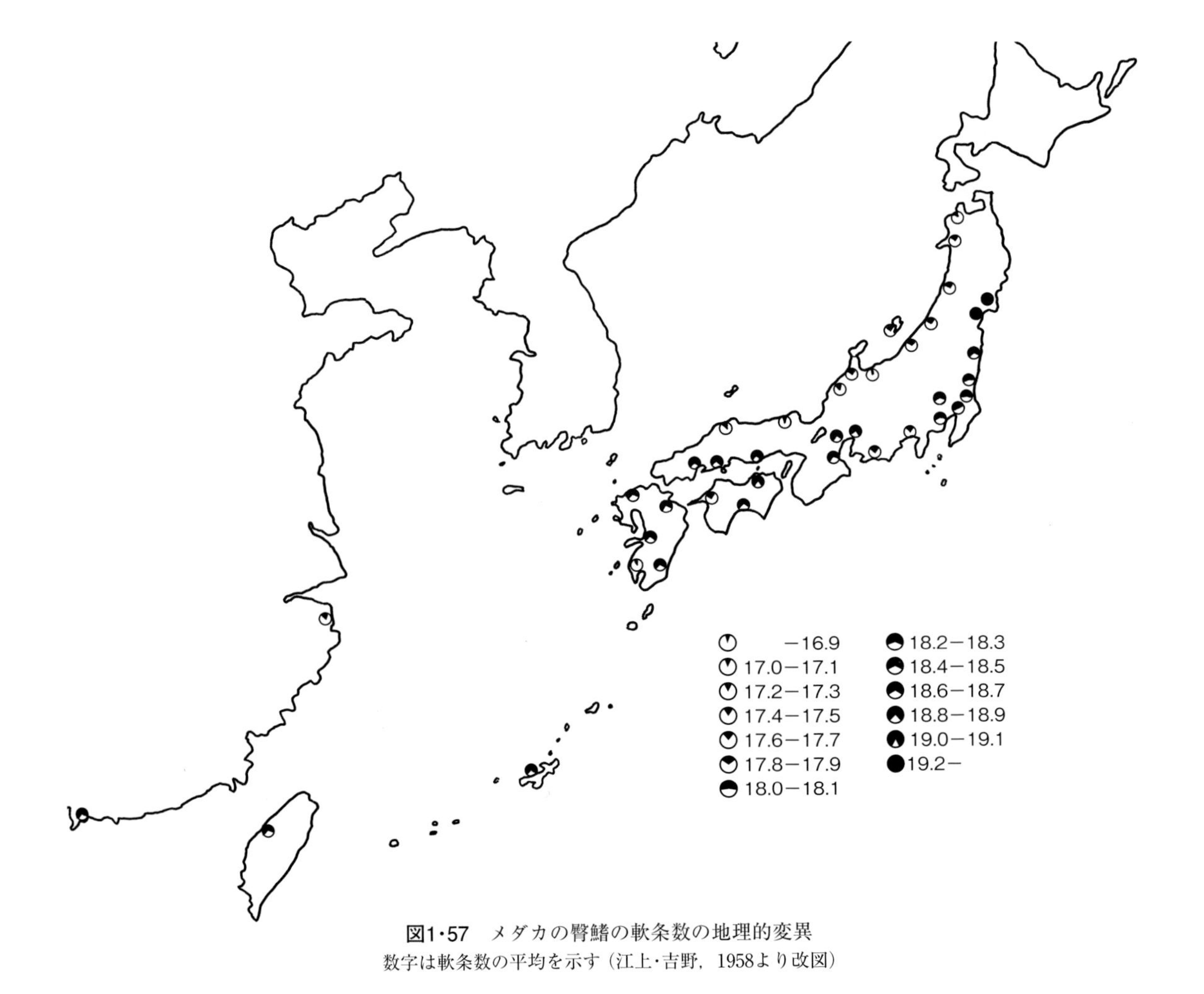

図1・57　メダカの臀鰭の軟条数の地理的変異
数字は軟条数の平均を示す（江上・吉野，1958より改図）

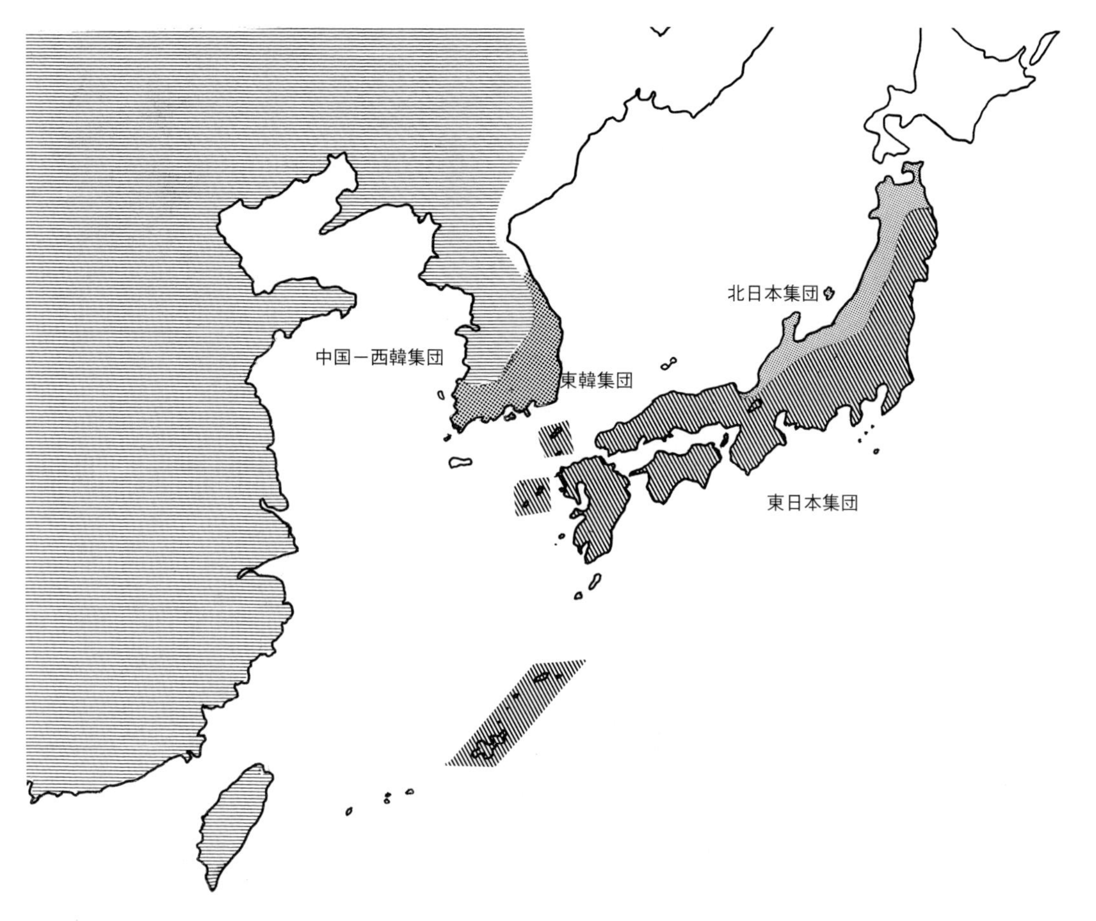

図1・58　ニホンメダカの主要４集団の分布とハイブリッド集団（酒泉，1987より改図）

(3) タンパク質

酒泉ら（1980, 1983）は日本各地（75地点）のメダカのタンパク質を電気泳動法によって調べ，その多型を分析し，南日本と北日本の２つの集団に区分できることを示している。ちなみに，調べられたタンパク質は，アルコール・デヒドロゲナーゼ（ADH），L－ソルビトール・デヒドロゲナーゼ（IDH），６－ホスホグルコン酸・デヒドロゲナーゼ（PGD），スーパーオキシド・ジスムターゼ（SOD），アミラーゼ（AMY），クレアチンキナーゼ（CK-A），グルコースリン酸・イソメラーゼ（G-PI-A），ホスホグルコムターゼ（PGM），乳酸・デヒドロゲナーゼC（LDH-C），トランスフェリチン（TRF），アスパラギン酸アミノトランスフェラーゼ（AAT），酸性ホスファターゼ（ACP），乳酸・デヒドロゲナーゼA（LDH-A）である。

ニホンメダカの分布する朝鮮半島・中国大陸についても調べられ，東韓集団と中国・西韓集団に区分できるとしている（図１・58）。

前述のように，ミトコンドリアDNA（mtDNA）全体のアロザイム解析や制限酵素断片長多型（RFLP）解析でニホンメダカの野生集団は遺伝的に４集団「北日本集団」「南日本集団」「東韓集団」「中国－西韓集団」から構成されていることが報告されている。国内の303地点から採集された野生メダカ1225個体の遺伝的変異を簡便的に検出するために，mtDNAシトクロームｂ遺伝子のPCR-RFLP解析を行っている。この方法は，ポリメラーゼ連鎖反応（PCR）によって増幅したシトクロームｂ遺伝子を５種類の制限酵素で切断し，制限酵素断片長多型（RFLP）を検出するものである。この方法で個体ごとに変異型（マイトタイプmitotype）を検出できるので，集団内の構成を詳細に分析できる。11.3～11.8%の違いをもつ３つの個体群（クラスターA,B,C: Takehana *et al.*, 2003）をなすmtDNAハプロタイプがたくさんみつかっている（Matsuda *et al.*, 1997）。ほとんどの個体群は同一のmtDNA型あるいは近縁のmtDNA型で構成されており，個体群内の変異は小

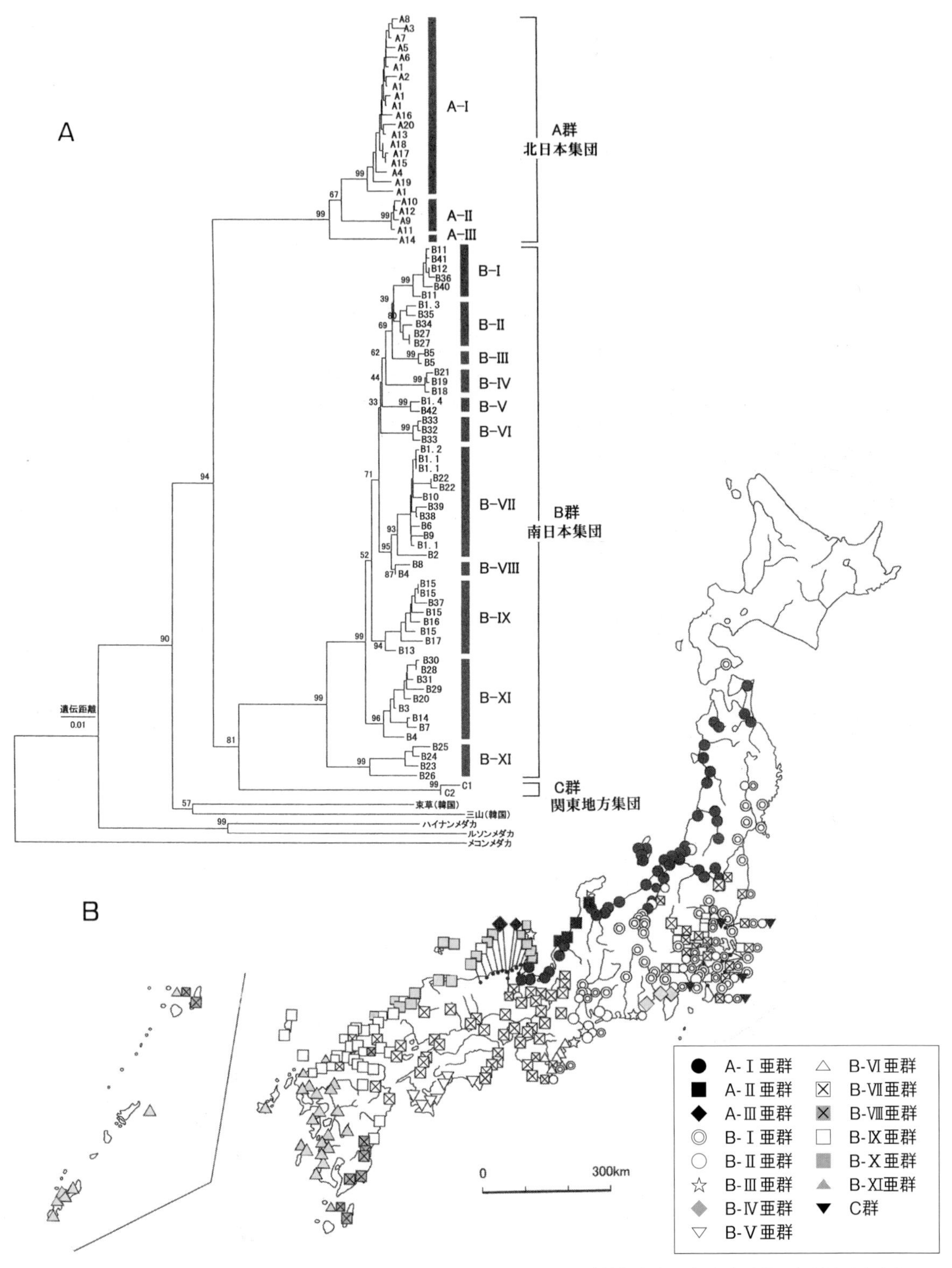

図1･59　シトクロームb遺伝子の塩基配列に基づくマイトタイプの分子系統樹(A)と各地域亜群の生理的分布(B)
A1～C2は制限酵素断片長法で検出したマイトタイプを示す．各分岐点の数字はブートストラップ値(%)．比較のため，個体群(A～C群、複数の亜群を含む個体群は小記号の組み合わせで表示)と下方に韓国のメダカ，東南アジアのメダカ3種を示す．(竹花・酒泉，2002より改図)．

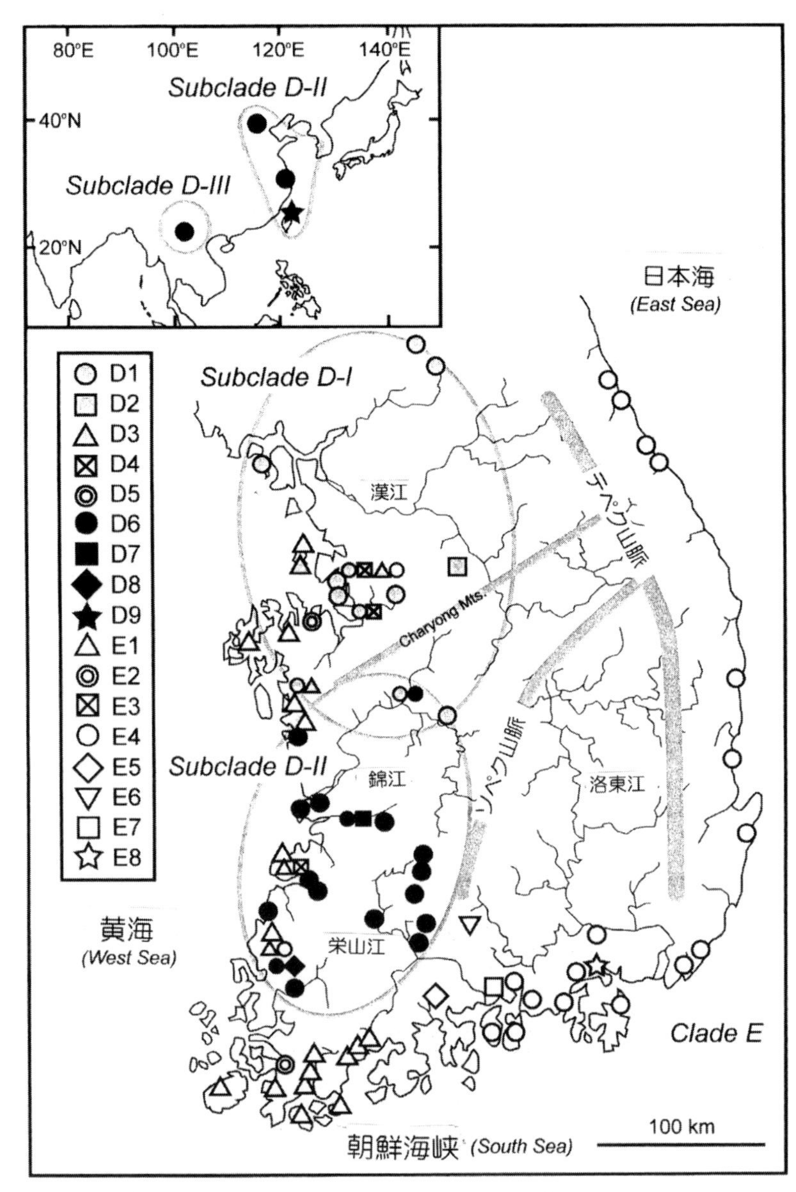

図1・60 韓国と中国におけるマイトタイプの地理的分布（Takehara *et al*., 2004）

さいことがわかる。個体ごとに変異型マイトタイプを検出できるため，各マイトタイプについてシトクロームｂ遺伝子の全塩基配列（1141塩基対）を決定して，得られた配列を基に遺伝距離を求めて近隣結合法 neighbor-joining method で作成した系統樹が図１・58である（竹花・酒泉，2002）。図１・59にみられるように，マイトタイプは北日本集団に対応するA個体群，南日本集団に対応するB個体群，関東地方でのみ，みられるC個体群に分けられる。これらの個体群は，シトクロームｂ遺伝子の進化速度（2.5〜2.8%/百万年）から400〜470万年前に分岐したと推定され，鮮新世 Pliocene 初期に分化したと考えられている（Takehana *et al*., 2003）。

南西韓国から中国に棲む野生メダカのシトクロームｂ遺伝子の系統樹は，日本野生メダカのクレードclade A,B,Cと異なるクレードDとクレードEの存在を示している。これらのクレードの地理的分布は酵素多型や核型によって定義されている中国・西韓国集団と東韓国集団と一致することがわかった。このことは両集団が長い間隔離状態にあったことを示唆している。さらに，クレードDは３つの準クレード（D1-I〜D-III）に分割されるもので，準クレードD-IIの系統発生的関係や生息分布パターンから推して，中国から南西韓国へとメダカが拡散したことを物語っている。また，クレードEには多様性がほとんど観察されないことから，東韓国集団は最近になって現状態に分布したと考えられている（図１・60：Takehana *et al*., 2004）。

野生メダカの遺伝的集団を明らかにした竹花ら（Takehana *et al*., 2003）は，PCR-PFLP分析がメダカの遺伝的変動や人為的遺伝子の流動をつかむのに簡便的な方法として極めて有効であることを示すとともに，関東地域における自然の分布が人為的に破壊されている可能性を示している。

(a)　北日本集団

奥羽から山脈で仕切られているかのような集団で，北は青森県の東部から丹後半島の東側までの日本海側に分布する。遺伝的にみて均一な集団である。

(b)　南日本集団

日本に棲息するニホンメダカは，上記の北日本集団とそれ以外の地域に分布する南日本集団とに分けられる。この集団は多くの共通した遺伝子型をもつが，いくつか

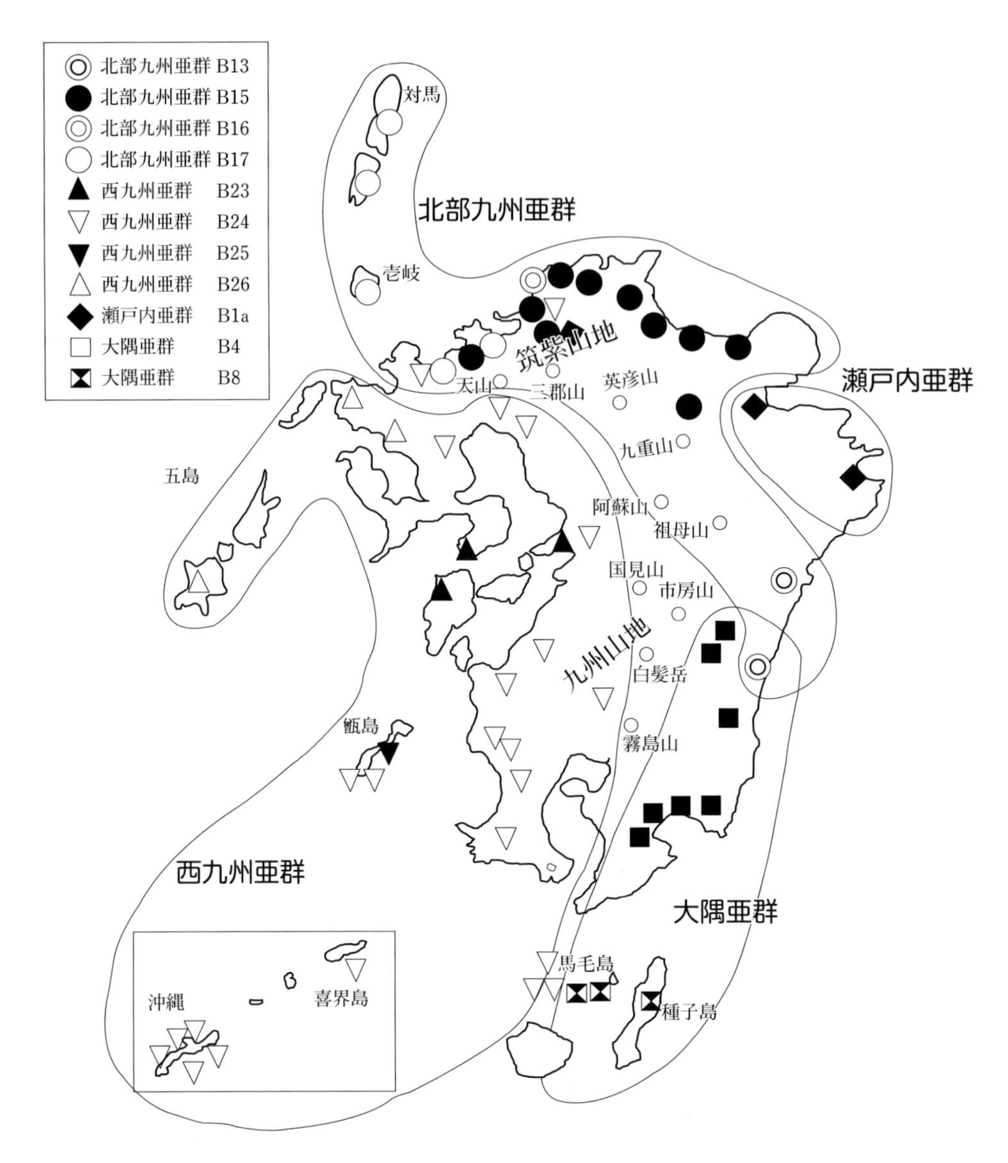

図1・61　九州のメダカの遺伝子分布（與小田，2015）

の変異をもつ「東日本型」「東瀬戸内型」「西瀬戸内型」「山陰型」「北部九州型」「有明型」「大隅型」「薩摩型」「琉球型」などの9地域の小集団に分割されている。

(c)　東韓集団

朝鮮半島の日本海側から玄界灘側の南部にかけて分布する集団である。遺伝的変異の少ない集団という。また，西部では中国－西韓集団と分布が重なる。南東部で西側からの遺伝子移入が一部の遺伝子座でみられる。しかし，全体としては変異の少ない比較的均一な集団であり，ミトコンドリアDNAではほとんど変異がみられない（Yamagishi *et al.*, 1989）。

最近（2008～2015）まで，九州86ヵ所に棲むメダカの遺伝子を調査して，遺伝子27型を確認し，それらの遺伝子型は地理的に4亜群（図1・61），北九州亜群，西九州亜群，大隅亜群，そして瀬戸内亜群に分けられることが報告されている（與小田，2015）。これらのデータはメダカの種分化と九州の地理的成り立ちの過程を知る上に興味深いものである。これらの地域固有のメダカにおける種内遺伝子変異の調査は，同じ先祖メダカからがどれだけの時間をかけて日本列島の形成開始からさまざまな地形，水系の変動の下で隔離を余儀なくされて環境変化に耐えながら現在の遺伝子多型メダカを生じたのか，そして九州の地理的変動を知る上にも極めて重要である。九州の地理的形成の早期にできたであろう九州山地や筑紫山地の山々がなす水系に限定されて生息してきたメダカの歴史の調査でもある。また，限られた地域ごとに遺伝子型の異なるメダカの地理的分布はメダカが海洋の沿岸を伝って広がらないであろうことを物語っている。

(d)　中国･西韓集団

朝鮮半島の西側から華北･華中の広い中国大陸の地域にかけて棲息･分布する集団である。雲南地方のメダカもこのグループに属することが明らかになっている(Sakaizumi *et al.*, 1987; Uwa *et al.*, 1988)。染色体数は46で，他の北日本集団，南日本集団，東韓集団の48と異なり，ニホンメダカの亜種チュウゴクメダカ *Oryzias latipes sinensis*として独立させることが提案されている(Chen *et al.*, 1989)。

酒泉(1990)によれば，西韓集団は韓国西北部の漢江流域に分布する漢江型と韓国西南部の錦江流域に分布する錦江型の小集団に分けられる。これら４つの集団が分岐した年代は，かなり古い時期(100～300万年前？)に溯ると推定されている。

(4) リボゾームＲＮＡ遺伝子 (rDNA)

タンパク質の変異による北日本集団に含まれる青森，両津，加賀のメダカではrDNAの反復単位が共通しており，南日本集団のものと質的に異なる。また，南日本集団内では質的によく似ているが，地点間に単位の長さが異なるものがある。このrDNAの反復単位の変異の分布パターンは，タンパク質多型のそれと一致する(酒泉，1985)。

上記のタンパク質の変異から，酒泉(1985)は１遺伝子座当たりのコドンの違いを推定し，北日本集団と南日本集団との間の遺伝的距離が大きく，両集団分岐は数十万年から百数十万年前に起きたと考えているが，５百万年(Otsuka *et al.*, 1999)ともいわれている。

上記のような種内変異が日本列島の歴史と密接にかかわり合っており，どのように生じたかについて，地理(地形)的･気候的観点から考察されている(酒泉，1990)。特に，北日本集団と南日本集団とのハイブリッドを祖先にもつ集団が存在する丹後･但馬地方(Sakaizumi, 1984, 1985c)は，種分化の研究に注目される。なお，分類と系統に関しては，最近の報告に基づいてまとめられた優れた総説(Naruse, 1996)がある。

(5) その後のニホンメダカ種の検討

韓国における野生ニホンメダカは東韓国集団と中国－西韓国集団からなっている。この主な２集団は５種類の臓器における12種類の酵素とトランスフェリンを用いて分析されている（Takehana *et al.*, 2004）。各集団は酸性フォスファターゼ，アミラーゼ，クレアチンキナーゼ，L-乳酸脱水素酵素，リン酸グルコムターゼおよびトランスフェリンのアロザイム分析で東西のいずれかのゲノタイプにほぼ分かれる。今やゲノムにマップされている800以上のDNAマーカー（Naruse *et al.*, 2004）が報告されているので，それを使って調べれば野生集団をより詳細に分析できる。2007年（Kasahara *et al.*, 2007）の段階でメダカゲノムには，20,141の遺伝子の存在が認められている。

中国と韓国に棲むメダカには，早くから中国－西韓集団と東韓集団の2集団が存在することはアロザイム分析（Sakaizumi and Joen, 1987），核型分析および形態的分析（Chen *et al.*, 1989; Kim and Lee, 1992; Kim and Moon, 1987; Uwa and Joen, 1987; Uwa *et al.*, 1988），そして全ミトコンドリアDNA（mtDNA）の制限断片長多型（RFLP）分析によってわかっている。中国メダカ *Oryzias latipes sinensis* は大型中部動原体型 metacentric 染色体を含む46染色体をもつ（Uwa, 1990）。この大型の中部動原体型染色体はロバートソン型動原体融合によって LG11 と LG13 の２対の端部動原体型 acrocentric 染色体に由来している（Myosho *et al.*, 2012）。韓国と中国に棲む野生メダカのミトコンドリア・シトクロームｂ（cyt b）遺伝子（mtDNA 1141 bp）のポリメラーゼ連鎖反応－制限断片長多型（RCP-RFLP s ）を分析して，クレードDとクレードEのマイトタイプ mitotype が２集団と一致することを見ている（Takehana *et al.*, 2004）。すなわち，中国－西韓集団（n＝46）にクレードDと東韓集団（n＝48）にクレードE，そして台湾にはクレードDに含まれるメダカが生息している（図１･60：Takehana *et al.*, 2004）。朝鮮半島西部の沿岸域と内陸域にはクレードD集団とクレードE集団が入り混じって生息し，クレードDマイトタイプは沿岸と内陸にみられるが，クレードEマイトタイプは沿岸に断続的に分布している。こうした集団間にみられる大規模な遺伝的相違は２集団の生殖的隔離と遺伝子座における遺伝子浸透 introgression が考えられている。

動物進化系統を再構成するのに有力な分子マーカーであるmtDNA，特にシトクロームｂ遺伝子（1141 bp）が一般的に使われている。ミトコンドリア・シトクロームｂ遺伝子のマイトタイプ mtDNA haplotype がPCR-RFLP分析によって識別・分析されて，ニホンメダカの野生集団の遺伝的集団構成が調べられている

（Takehana *et al.*, 2003）67mtDNAハプロタイプ haplotype があり，アロザイム分析と一致してクレードAとクレードBにおけるmtDNAハプロタイプの地理的分布が北日本集団と南日本集団に対応し，クレードCは関東地域に限定してみられる（Takehana *et al.*, 2003）。さらに，クレードAは3つの準クレード，クレードBは11の準クレードに分けられる。これらの主要なクレードは共通した先祖に起源をもち，準クレードへの分岐も第四紀 Quaternary に起きたと考えられている。とくに，関東地域においてメダカの自然分布には人為的要因による混乱がみられるという。

「日本列島の誕生」は大陸縁での沈み込みの開始，およびそれに伴う地質体（翡翠輝石岩）の形成が起こったとされる5.2億万年前と考えられている。古第三紀（6,600万年）以前の日本列島は，まだ大陸に張り付くように存在しており，新たな日本海（海洋地殻）が約3,000万年前から始まった背弧の急速な拡大（2,000～1,500万年前）によって形成されて，現島弧の位置に移動したようである（堤, 2015）。したがって，少なくとも1,500万年前（新生代第三紀の終わり）ごろまでの大陸から離れる前には，台湾や日本列島に同じメダカがいたと考えられる。500万年前に朝鮮半島と西南日本弧が陸続きの頃，太平洋プレートの沈み込みで東北日本弧と衝突合体して，メダカが北上できた可能性がある。

南日本集団と北日本集団が分岐したのは今から400～1800万年である（Takehana *et al.*, 2003; Kasahara *et al.*, 2007; Setiamarga *et al.*, 2009）。南日本集団は西日本において遺伝子多様性頻度が高いので，その起源はおそらくはどこか日本の西部にあるようである（Katsumura *et al.*, 2012）。中新世に大陸から西日本域の先祖に分かれ，さらにその先祖から第三紀最新世（鮮新世）の間に3グループ（クレードA, B, C）に分岐したと考えられている（Takehana *et al.*, 2003）。本州の山脈が北日本集団と南日本集団を分ける境界をなしたと推測される。そして，準クレードへの地域ごとの分布は第四紀の地質史と密接に関係している。クラスターCのハプロタイプを示すメダカはクレードBのハプロタイプを示すメダカのものと似たアロザイムゲノタイプをもっているが，これはクレードBとの交雑によって核ゲノムが置き換わったものと考えられる。

大陸のクレードと日本のクレードは今から540万年から600万年前に分岐し，その後400万年から470万年前にA, B, Cのクレードにそれぞれ分かれ，さらに110～160万年前に準クレードA－1～A－IIIに，そして50～230万年前準クレードB－I～B－XIに分かれたといわれている（Takehana *et al.*, 2003）。これらの発見から，日本のメダカの原種は後期中新世 late Miocene にユーラシア大陸から日本列島西部に拡散してきたもので，その原種が鮮新世において3クレードに分かれたことになる。メダカのクレードA（北日本集団）とクレードB（南日本集団）を分かつ境界は2集団間の障壁をなす本州の山脈であって，コロニー化した各クレード内での遺伝的相互作用が長い間続いてきた。北日本集団（クレードA）において，その共通先祖クレードAから兵庫県の北岸沿いに分布する準クレードA－IIIが最初に分かれ，続いて石川県に分布する準クレードA－IIと準クレードA－Iが分かれて南から北へ向けて広がった（Takehana *et al.*, 2003）。クレードAの中でも最も広範囲に分布する準クレードA－I は NJ 系統樹の短枝でも明らかなように，分化が限定されている特徴がある。この遺伝的変異量の減少はボトルネック効果 bottle neck effect によること，および準クレードA-Iの分布息を広めたのはごく近年のことであると推測されている。

トランスポゾンをもつニホンメダカ *Oryzias latipes* は極めて多様な変異系統があり，台湾，中国，朝鮮半島にも生息している。400～1800万年前に本州の山脈によって生息域が北日本集団と南日本集団とに分かれて以来，それぞれのニホンメダカ集団は分岐した状態のままにある。自然において，数百万年もの間両集団は遺伝的交流がない状態が続いているので，事実上生殖隔離がなされている「別種」であるとの報告がある。しかし，大きい山脈で境界されていなくても小さいメダカは，移動・分散の能力が低いため，ひとたび山間・河川水系に隔離されると，生殖隔離状態が同様な長期にわたって続くことになる。しかも，台湾や朝鮮半島においても海や山脈などによる地理的隔離および生殖隔離が同様な期間起きているにかかわらず，ニホンメダカ種はアロザイム，マイトタイプ，シトクロームｂシークエンス（塩基配列）の異なるグループ（A, B, Cのクラスター，クレード）としての扱いにとどまり，別種とはされていない。集団内変異と集団間変異は変異方向が異なる。したがって，Asaiら（2014）の提案のように，北日本集団を単純な形態に見る僅かな相違をもって南日本集団と別種とするのは危険である（尾田正二博士の私信）。これまで，臀鰭軟条数（江上・吉野，1958）や酵素タンパク質・DNAなどの多型（Sakaizumi, 1985a,b）の分析からニホンメダカにおける北日本集団と南日本集団の違いは早くから確認されているが，それらを亜種 subspecies と扱う提案すらなされていない。メダカ種の定義が厳密になされていない現時点において，北日本集団メダカを「新種」とする扱いは，あまりにも無謀で，ニホンメダカの分類に混乱を招きかねない。

Ⅵ．アドリアニクチス科に関する記載

スラベシ島には，アドリアニクチス科とメダカ科の12固有種が棲息している（図１・42）。ポソ湖には *Adrianichthys kruyti, A. roseni, Oryzias nigrimas, O. nebulosus, O. orthognathus, Xenopoecilus oophorus, X. poptae* の７種，南西スラベシ島（ウジュン・パンダン）に *O. celebensis* の1種，マリリ湖群に *O. marmoratus, O. matanensis, O. profundicola* の３種，そしてリンドゥ湖には *X. sarasinorum* の棲息が確認されている。スラベシ島のメダカ属とゼノポエキルス属とはミトコンドリアのシトクロームb（Naruse *et al.*, 1993）および12sリボゾームRNA遺伝子の塩基配列の違いを分析しても互いに近縁関係にあることがわかる。すなわち，スラベシ島に棲息する*Oryzias*属内のｄ値（0.025～0.143）は，ニホンメダカ*O. latipes*とスラベシ島の*Oryzias* 属間のもの（0.246～0.278），及びスラベシ島の*Oryzias*属と*X. oophorus*との間のもの（0.248～0.258）に比べて小さい。特に，スラベシ島の*Oryzias* 属の*O. latipes* 間との遺伝的距離は，その*X. oophorus* 間とのそれとはほとんど同じであり，*Oryzias* 属と*Xenopoecilus* 属とは遺伝的に類縁関係にあることを示している。

また，生殖リズムの違いはあるが，両者は形態的に極めてよく似ている（岩松・佐藤，2005）ので，ゼノポエキルス属をアドリアニクチス属と共にここに触れておく。ちなみに，スラベシ島のポソ湖に棲む固有種アドリアニクチス属*Adrianichthys* とゼノポエキルス属*Xenopoecilus* については，ウィッテンら（Whitten *et al.*, 1987b）及びソエロトとツンガ（Soeroto and Tungka, 1996）は絶滅危惧種と考えている。ポソ湖固有種である *A. kuryti* と *X. poptae* は，40年以上前から採れていないから，スラベシ島の漁業事務所ではもはや絶滅したのではないかと危惧している。1990年にコッテラもそれらを採集していないし，成瀬ら（1993）も*X. poptae*１尾しか捕獲できていない。陸水学的にみても，ポソ湖は熱帯域の貧栄養湖としては良好で，人類による化学物質汚染は認められない（Okino *et al.*, 1992）。このことから，導入した養殖魚が*A. kuryti* や *X. poptae* と競合し，絶滅に追いやっていると考えられている（Naruse *et al.*, 1993）。

分類：　代表的な魚 *Xenopoecilus* 属はリンドゥ湖に棲む*X. sarasinorum*（Popta, 1905）である。残りの２種はポソ湖に棲む *X. poptae*（Kottelat, 1990b）と *X. oophorus*（Weber and de Beaufort, 1922）の３種にすぎない。1988年にポソ湖で捕まえて，1990年に発表しているコッテラ（1990）によれば，これら２種と*A. kruyti* とはポソ湖の固有種である。

特色：　*X. poptae* は，この種では大部分が約17cmの大きさである。

棲息域：　*Xenopoecilus* 属はスラベシ島（以前のセレベス島）のリンドゥ湖とポソ湖に棲息しており，インドネシア語で ikan padi，特にスラベシ島では方言でbuntingiと呼ばれている。クルイ（A.C. Kruyt）によれば，この魚は深さ12～15mで大きな群れをなしており，経済的には重要である。特に，11月から１月まで繁殖期にそれらの漁ができる。

ポソ湖のメダカ科とアドリアニクチス科の魚類の検索（Kottelat, 1990）

1．腹鰭の最後の軟条が全長の半分で膜に包まれて体表に結びついている。体側鱗数が34～54，既知体長51.5mm，上下顎には１～３列の円錐歯がある。
　—最後の腹鰭軟条は膜で体表と結びついていない。体側鱗数は58～85，体長約20cmに達する。上下顎には毛状歯が数列。
2．上顎は目立って突出している。口の裂け目は上に向いている。体側鱗数は45-54。— *O. orthognathus*
　—上下の顎はほぼ同じ長さで，口の裂け目はほぼ水平である。体側鱗数は34～37。　— *O. nigrimus*
3．眼径は吻長に近い。臀鰭軟条数は20-22，背鰭軟条数は９～10。体側鱗数は58～65。— *X. oophorus*
　—眼径は吻長の約1.5～2.5倍。臀鰭軟条数は24～27，背鰭軟条数は11～16，体側鱗数は75～85。
4．上顎は突出し，下顎は完全に上顎に被われている。眼球は頭部背面に突出している（図14）。
　— *A. kruyti*
　—両顎の長さはほぼ同じで，下顎は上顎には被われていない。眼球は頭部背面に突出していない。
　— *X. poptae*

――*Xenopoecilus* 種の検索――

1．A.21～23，P. 1.5頭長，臀鰭の起点は尾鰭の基部よりも頭側寄り　― *X. sarasinorum*

2．A.24～27，P. 1.8～2.4頭長，臀鰭の起点は尾鰭の基部と頭の中間にある　― *X. poptae*

Xenopoecilus oophorus (Kottelat, 1990)

Xenopoecilus oophorus − Kottelat, M. (1990) Ichthyol. Explor. Freshwater, 1: 49-67.

A.20～22，D.8～10，P.12，V.6.

顎は上下ほぼ同じか，下顎がやや前に出ている（図14）。両顎には数列の毛状歯があり，頭部すぐ後の背面が浅く盛り上がっている。眼径は吻長に等しい。体側鱗数は58-65で，胸鰭は腹鰭の起点背方に達している。腹鰭はあるもの（おそらく雌）は，臀鰭起点よりやや後方にまで伸びているが，他のもの（おそらく雄）は肛門で終わっている。背鰭は臀鰭の第10～第11軟条の上に起点をもつ。体長は*X. poptae*（106～171mm）より小さい。種名はギリシャ語の*ôon*「卵」と*pherein*「携帯する，運ぶ」という意味に由来している。最も大きい雌は，直径2.0～2.1mmの27～30個の卵を10～20本の付着糸で腹部（くっついているところは正確にはわからない）にぶら下げている。塊をなしている卵は互いにくっつき合っておらず，先端が臀鰭の起点より後に達するほど長い腹鰭に完全に覆われている。卵塊の付いている腹部は明白にへこんでいる。受精卵を孵化するまで泌尿生殖口からぶら下げている“子抱き魚”である。コッテラ（Kottelat, 1990）は，この様子から腹鰭保育魚“pelvic brooder”と呼び，メダカも同じ仲間であることを示唆している。しかし，数時間しかぶら下げていないメダカとは異なる。

性徴：不明

棲息域：1988年９月にポソ湖のテンテナとペウラ間の東岸で，体長27.5～65.1mmのものをコッテラが採集しており，その後パレンチらが1995年８月に同湖の西岸で体長8.0～69.3mmのものを600匹以上捕まえている。

Xenopoecilus poptae (Weber and de Beaufort, 1922)

Xenopoecilus poptae − Kottelat, M. (1990) Ichthyol. Explor. Freshwater, 1: 49-67.

B.7，A.24～27，D.11～13，P.12～14，V.7，L.l.約75～85，L.tr.約20。

頭上部平たく，体側扁平である。体高4.4～6.5（体長），5.1～7.5（全長）；頭長3～3.2（体長），3.4～3.6（全長）；眼径４～5.2（体長），1.6～2.5（吻長），1.5～1.6（眼窩後端から頭部後端まで）；1.2～1.6（両眼窩間）。上下の顎はほぼ同じ長さ，もしくは下顎がやや長い。眼径は吻長より小さい（*X. sarasinorum*もやや小さい）。両顎に尖った歯の毛状帯。背鰭起点が臀鰭中央よりやや前方（第９～12番目の鰭条の上）にある。尾鰭基部と頭部との中間に臀鰭起点がある。雄の臀鰭と背鰭は強く，背鰭の長い鰭軟条の先端はほぼ尾鰭基部に達している。起点が臀鰭軟条の９～12番目の上方にある背鰭は雄の方が雌のものより幾分長い。胸鰭1.8～2.4（頭長），吻端と尾鰭基部間の中間に起点をもつ腹鰭は雄で４～５（頭長），雌で約2.3（頭長）。尾は幾分湾入形である。体側と腹部は銀色で，すべての鰭は浅黒い。

棲息域：1909年11月～1910年１月に体長113.4mmの１匹をクルイトがポソ湖で採集している。その後，同湖北側でギュテビエルらが1983年に体長106～144mmを数匹，1991年４月に体長106～171mmのものを10匹捕まえている。1995年８月，そして1999年にバウダ（Iwan Bauda）によってポソ湖で，2003年３月にはシギリプ（Lusiana Sigilipu）がポソ湖南のペンドロPendoloで採集している。体内受精魚と考えられている（Rosen, 1964）。

体長は97.5～204mmで，スラベシ島ポソ湖の深い（12～15m）ところに群れをなして棲んでいる。繁殖期に鉤で引っかけて捕まえると，すぐ卵を放出する。最も大きい個体では，直径2.0～2.1mmの卵を腹部（くっついているところは正確にはわからない）に27～30個ぶら下げている。塊をなしている卵は互いにくっついてはおらず，先端が臀鰭の起点より後に達する腹鰭に完全に覆われている。コッテラ（1990）は腹鰭保育魚pelvic broodersと呼ぶことを提唱している。孵化すると，幼魚は親と一緒に泳ぐ。産卵期に孵化後の卵膜は，見渡す限り水面を被う。そのため，トラジャスToradjasでは“momosonja”と呼ばれている。

Xenopoecilus sarasinorum (Popta, 1905)（図１・63）

Haplochilus sarasinorum − Popta, C.M.L. (1905) Leyden Museum, 25: 239-247.

Xenopoecilus sarasinorum − Regan, C.T. (1911) Ann. Mag. Nat. Hist. Ser., 8: 374.

Oryzias sarasinorum − Parenti, L.R. (2008a) Zool. J. Linn. Soc., 154: 494-610.

B.6; D.11～13，A.21～23，P.11～12，V.7，L.l.75，L.tr.21。体長6.9mm（C. Poptae）

背鰭はほぼ真っ直ぐ。体高６～65（体長），6.7～7.7（全長）；頭長3.2～3.3（体長），3.8～3.9（全長）；眼径

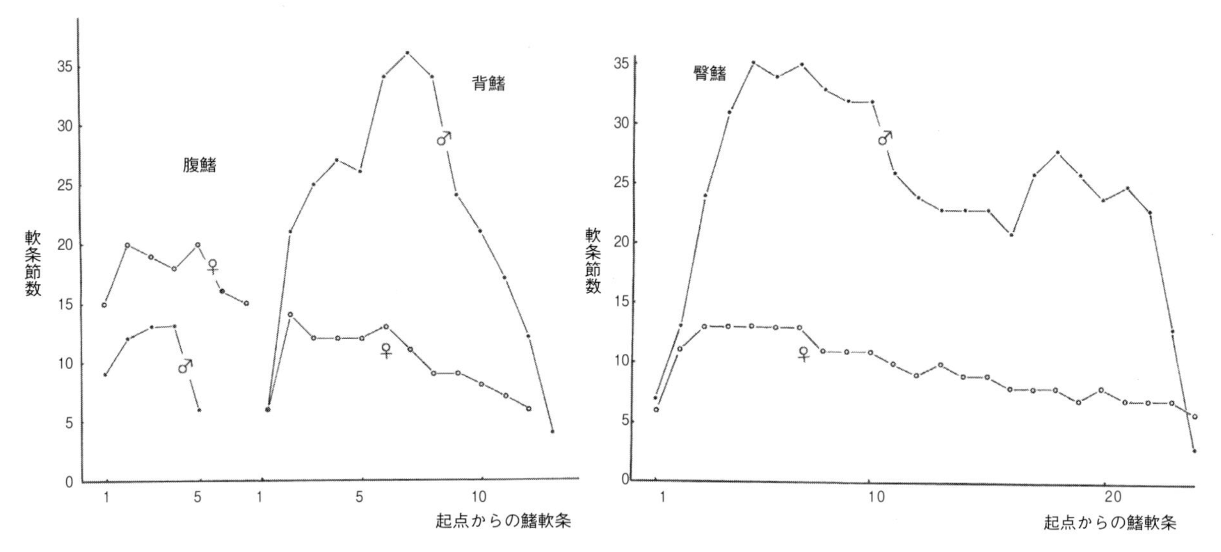

図1･62　ゼノポエキルス *X. sarasinorum* の鰭にみられる雌雄差
雌の腹鰭が長く，雄の背鰭・尻鰭が長い．

3.3～3.7(吻長1.2)；腹鰭3.5～4.0(♂頭長)，2.0(♀頭長)。腹鰭起点は体の中央より尾鰭寄りで，尾鰭は深い湾入形。肋骨は第13椎骨の横突起まで付いており，腰帯は第2～第7肋骨間にある。扁平神経棘は第9椎骨まである。

体は，特に後部では徐々に横に扁平になり，背部の輪郭はほとんどまっすぐで，頭は大きく幅広い。背鰭は臀鰭の後半分の上方にある。それは比較的小さいが，雄では伸びた鰭軟条には非常に重要な役割がある。その中間の鰭軟条は最も長い。臀鰭の軟条は，前から後へ行くにつれて短くなっている。背鰭と臀鰭は，成魚では尾鰭基部よりも後まで伸びている。胸鰭は外に尖っていて，斜めの基部をもっている。腹鰭は体の中央についている。

色調・性徴：雄と雌はともに7～8 cmの大きさで，銀色から金色の色彩に富む輝きをもつ眼をしている。体軸に沿って1本の細く黒いすじをもち，銀色。背鰭は暗褐色，臀鰭，尾鰭，胸鰭は褐色で，腹鰭は透明。すべての鰭は，特に雄ではほとんどが黒ずんでいる。雄において，臀鰭は明白な凸凹と強く長い鰭軟条を示す(図1･62)。麻酔すると，雄の方が体色が黒くなり，雌より早く腹を上にして泳ぐ。交尾期の色調は，雄では尾鰭を除いて，ほとんどが黒くなり，それによって雌を引きつける外観を示す。雌の腹鰭(図1･62，図1･63)は過剰に伸びており，“一腹仔の養育”に重要な役割を果たしている。

管理と飼育：種は群れる魚で，強い通気のよい水槽を必要とする。*Oryzias* 種と同様に，一番の黒くなった雄は，雌と交尾行動をし，何度も頭上を直に円軌道を描く“求愛円舞”をする。数匹の交尾している雄の間では，互いに傷つけ合うことはない。成熟した卵をもつ雌は雄の接近を受け入れる。並列遊泳して，雄は雌に抱きつく。両者の生殖口は非常に接近する。雄は，背鰭と臀鰭で雌を包むように抱き，そして産み出された卵を受精させる。卵には，長い付着糸，数が少ない(16±3)付着毛と油滴(598±5 μm)がある(表1･7)。卵が互いに生殖口から，“臍帯”(へその緒 Nabelachnüren；Kottelat, 1990)ではなく，卵の表面の長い付着糸でぶら下がっている。雌親が一種の“臍帯”を通して胚を世話していると推論しているが，間違いである。約15～20個の卵において，胚発生をはっきり辿ることができる。それが産卵後約18日で発生して孵化する。名古屋の「世界のメダカ館」では，卵を孵化までぶら下げているのでコモリメダカと名付けて呼んでいる。卵は，赤道部径(卵膜2068±14 μm)が動植物軸径(卵膜1958±17 μm) より大きく，短い輸卵管の内壁に癒着した付着糸でぶら下がって孵化するまで卵形成が抑えられていて，排卵はみられない(Iwamatsu *et al.*, 2008)。胚が孵化して，空になった卵膜が付いた付着糸は，しばしば雌はさらに2～3時間ぶら下げたままである。稚魚は細かい粉餌を食べるので，飼育には問題ない。

特色：*X. sarasinorum* の受精卵において付着糸や付着毛，油滴，血流は *Oryzias* 種のものと同じである(図

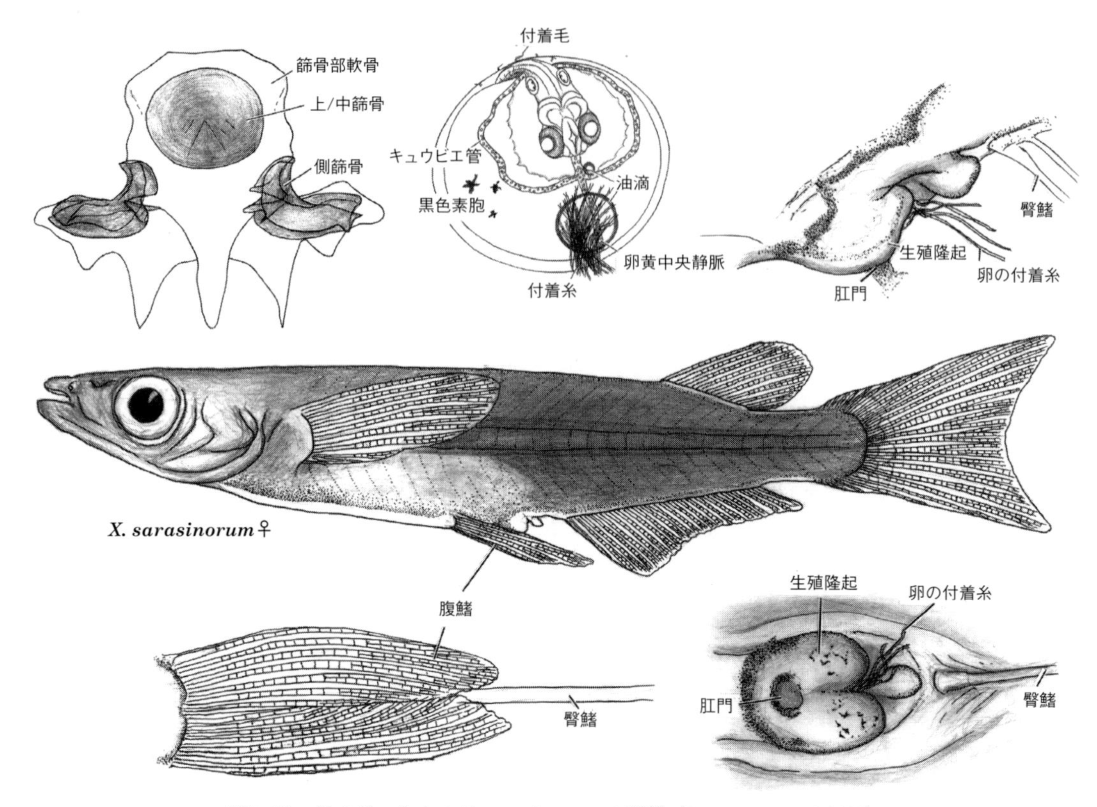

図1･63 ゼノポエキルス*X. sarasinorum* の形態（Iwamatsu *et al.*, 2008）

1･63；岩松・佐藤，2005)。*O. nigrimas* と*X. sarasinorum* とは交雑が可能であることは興味深い。しかし，交雑した雌は卵塊をぶら下げているが，その卵は２，３日後には死んでしまう。

棲息域：アジア：インドネシア，スラベシ島（セレベス島），最初で唯一の発見場所はおそらくスラベシ島の中央西部のリンドゥ湖である。この魚は岸近くの浅瀬に棲息している。

Xenopoecilus と Oryzias との生殖様式の違い

ゼノポエキルス *Xenopoecilus* は，メダカ *Oryzias* と遺伝子や形態のレベルで極めてよく似ているため，Parenti (2007) には種名 *Oryzias* が用いられている。両種とも卵生で，しかも産卵した卵を長い付着糸で泌尿生殖口からぶら下げている。メダカの雌はその一腹の卵塊を水草などに擦り付けるか，水草などがなければ次の産卵までに落としてしまう。ところが，*Xenopoecilus* の雌は，卵塊を付着糸で腹鰭・臀鰭間にある窪みに卵が孵化するまで保持し続けている。この違いは，子孫を遺すための生殖戦略の違いである。

まず第１の違いは *Xenopoecilus* 雌が産卵すると，卵膜表面にもつ付着糸が卵巣腔内，ないしは短い卵管内に留まるだけでなく，粘液や遊離上皮細胞と共に絡み合って複合体の塊りをなす（図１･64)。次に，その硬くなった塊りが生殖口の内壁に接着・癒合して生殖口が塞がる。さらに，付着糸のその複合体に毛細血管が入り込み，その先端にぶら下がっている卵（胚）が孵化するまで大きい塊りをなしたままである。このとき，ぶら下がっている卵塊を無理に抜き取ると，出血を起こして雌は死ぬ。卵塊を腹部にぶら下げている雌は，卵の孵化を確認するかのように時々からだを振動させる。そして，卵塊の胚が孵化して身軽になると，生殖口内壁に癒合していた複合体は退化する。それから約５日すると複合体は付着糸と空の卵膜と共に取れてしまう（Iwamatsu *et al.*, 2008)。こののち，排卵が起きて，新たな生殖サイクルが始まる。これが *Xenopoecilus* の約２週間の生殖サイクルである（Iwamatsu *et al.*, 2007)。付着しに発生中の胚がついている複合体を泌尿生殖口にもっている間は，決して排卵しない。すなわち，この卵生の *Xenopoecilus* の生殖は，まさに胚発生依存の胎生の生殖様式でなされている。これは光（日周期サイクル）依存して毎日産

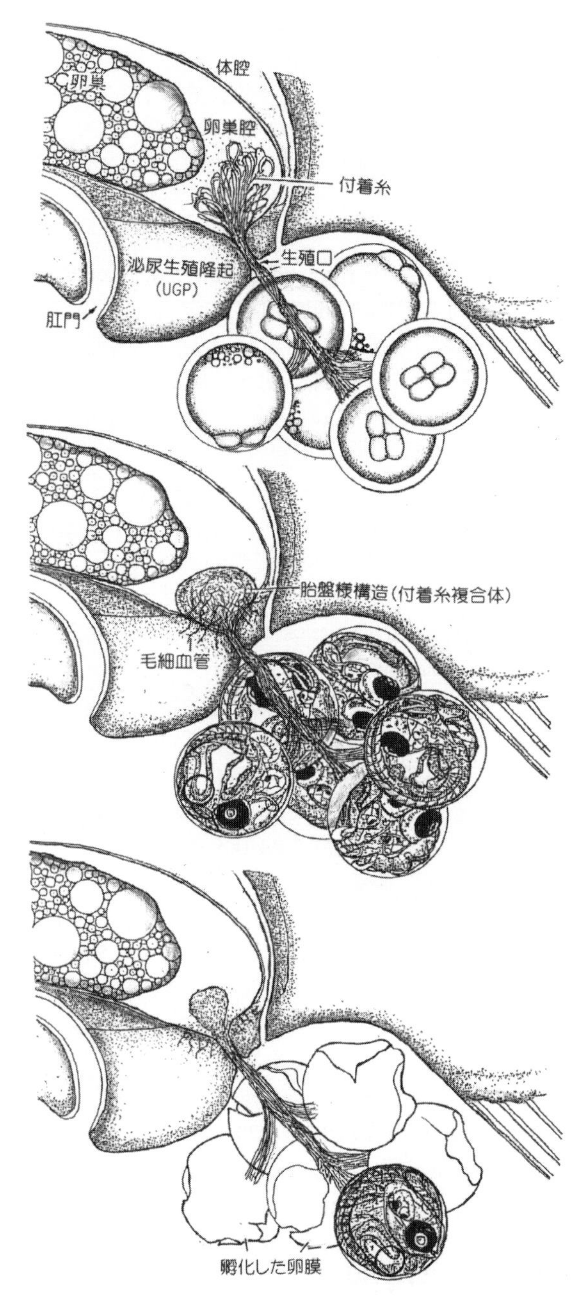

図1･64　ゼノポエキルスにおける付着系の複合体と卵発生付着系複合体は胚が孵化すると退化消失する．

卵をおこなうメダカに比べて，*Xenopoecilus* はほぼ2週間に一回しか産卵しないで，数少ない胚を擁護する生殖戦略である。

卵生メダカは，交尾して体外で受精するが排卵した卵のある卵巣腔内に泌尿生殖口から精子を注入する人工授精で体内受精させることが可能である。毎朝産卵している雌メダカを雄と交尾させないで，精巣をピンセットで潰して準備した精子懸濁液を微小ピペットで泌尿生殖口から卵巣腔に注入すると，そこに排卵している卵は100％体内受精する。受精卵は卵膜が硬化するため細い輸卵管を通過できず，そのまま卵巣腔内で発生する。懸濁精子液ではなく，射出精子の場合も，100％体内受精するが，翌朝には精子は死ぬためもはや排卵している卵を受精させられない。その体内に沢山の未受精卵と共に受精卵を孕んでいるその雌は翌朝も，そして次の朝も排卵し続ける（Iwamatsu *et al.*, 2002, 2005）。卵巣腔に注入した精子懸濁液の場合，その懸濁液内に混在した精細胞 spermatids から成熟精子が生じるらしく，その翌朝排卵した卵は体内受精して発生を開始する。さらに，精子懸濁液を注入してから３日目（72h）に開腹して調べたところ，卵数は減っているが排卵がみられ高い受精率と発生開始率を確認することができる。胎生魚の胚とは異なり，卵巣腔内の胚は発生が阻害されるが，胚は卵巣腔内で最大stage 26までは発生を進めることがわかった。体内では，それ以後の発生は阻害されるが，それらの胚を体外で発生させれば，正常な個体になることなどもわかった。女性ホルモンの比較的多い卵巣腔内で発生した場合でも，性分化には影響が認められなかった。このように，卵生の雌メダカは体内に沢山の胚をもつ妊娠状態であっても，光に依存して周期的に排卵を続ける。すなわち，胎生魚では，胚を体内にもつ妊娠状態になると排卵が抑制的に調節されるが，卵生魚では体内の胚をもつ状況でもそれに影響を受けず光や温度に依存した排卵様式をもつ。

Adrianichthys kruyti (Parenti and Soeroto, 2004)
Adrianichthys kruyti − Parenti, L.R. and B. Soeroto (2004) Ichthyol. Res., 51: 10-19.
A. 24～28, D. 14～16, P. 14～15, V. 6, L.l. 73-75.
棲息域：1910年11月～1910年１月にクルイ（A.C. Kruyt）がスラベシ島テンガ－Tengahのポソ湖で採集した体長109mmの１匹が最初である。その後，ギュテビエルらによって1983年９月にその湖の北側出口で体長85～192mmの６匹が採集されている。パレンチらが採集した最近までに，コッテラ，スロトとツンガによって棲息が確認されている。

Adrianichthys roseni (Parenti and Soeroto, 2004)
Adrianichthys roseni − Parenti, L.R. and B. Soeroto (2004) Ichthyol. Res., 51: 10-19.

A. 25, D. 13〜16, P.13〜15, V.6, L.l. 63〜65.
腹鰭の付いている腰帯の横突起は第5肋骨の延長線と一致している。脊椎骨数は36である。

種名の*roseni*は，ローゼンDonn E. Rosenからとったものである。*A. kruyti*に似ているが，*Xenopoecilus* 種とは異なっている。例えば，*X. sarasinorum* や *Oryzias*の各種と違って *A. kruyti* と同様に頭部には1対の前中篩軟骨がある。また，*A. kruyti* に似て，上顎は下顎を包んでいるが，大きく広がっていない。

棲息域：スラベシ島テンガーのポソ湖で，1978年9月に体長90mmの雌がウィルモフスキー（N.J. Willmovsky）によって採集されている。

文献

Ahl, E., 1929. Ubersicht über die lebend eingeführten Arten der Gattung *Oryzias* and *Aplocheilus*. Das Aquarium Apr., 1929, pp.55-58, Berlin.

Aida, T., 1930. Further genetical studies of *Aplocheilus latipes*. Genetics, 15: 1-16.

Alfred, E. R., 1962. Notes on a collection of fresh-water fishes from Panang. Bull. Nat. Mus. Singapore, 32: 143-154.

———, 1966. The fresh-water fishes of Singapore. Zool. Verhandelingen, 78: 42-44.

Arai, A., H. Mitani, K. Naruse and A. Shima, 1994. Relationship between the induction of proteins in the HSP70 family and thermosensitivity in two species of *Oryzias* (Pisces). Comp. Biochem. Physiol. Biochem. Mol. Biol., 109: 647-654.

Arai, R., 1973. Preliminary notes on chromosomes of the medaka, *Oryzias latipes*. Bull. Natn. Sci. Mus. Tokyo, 16: 173-176.

———, 1983. Karyological and osteological approach to phylogenetic systematics of tetraodontiform fishes. Bull. Natn. Sci. Mus. Tokyo, (Zool.), 9: 175-210.

——— and T. Yamamoto, 1981. Chromosomes of six species of percoid fishes from Japan. Bull. Natn. Sci. Mus. Tokyo, (Zool.), 7: 87-100.

Arnoult, J. 1963. Un oryziine (Pisces, Cyprinodontidae) nouveau de l'est de Madagascar. Bull. Mus. Natl. d'Hist., ser. 2, 35: 235-237.

Asai, T., H. Senou and K. Hosoya, 2011. *Oryzias sakaizumii*, a new ricefish from northern Japan (Teleostei: Adrianichthyiae). Ichthyol. Freshwaters, 22: 289-299.

Ashida, T. and H. Uwa, 1987. Karyotype polymorphism of a small ricefish, *Oryzias minutillus*. Zool. Sci., 4: 1003.

Aurich, H., 1935. Mitteilungen der Wallacea-Expedition Woltereck. Mitteilung XIII. Fische I. Zool. Anz., 112 (5-6): 97-107.

Bade, E., 1898. Der rote Zahnkasrpfen (*Aplocheilus latipes* Blk.). Blätt. Aquar. u. Terrar. Freun., 9: 240-241.

Berg, L. S., 1940-1955. Classification of fishes, both recent and fossil. Trav. l'Inst. Zool. l'Acad. Sci. l'URSS, 5 (2): 20.

Berra, T. M., 1981. An atlas of distribution of the freshwater fish families of the world. University of Nebraska Press, Lincoln and London, pp.197.

Blanco, G. J., 1947. The breeding activities and embryology of *Aplocheilus luzonensis*, Herre and Ablan. Philip. J. Sci., 77: 89-92.

——— and D. V. Villalid, 1951. The young of some fishes of Luzon. Philip. J. Fish., 1: 79-104.

Bleeker, P., 1854. Ichthylogische waarnemingen gedaan ob verschillende reizen in de residentie Bautam. Nat. Tijdschr. Ned. Ind., 7: 309-326.

———, 1860. Zesde bijdrage tot de kennis der visch fauna van Japan. Act. Soc. Sc. Indo-Neerl., 7: 1-104.

Boeseman, M., 1947. Revision of the fishes collected by Burger and von Siebold in Japan. Zool. Meded., 28: 1-242.

Boulenger, G. A., 1897. Freshwater fishes of Celebes. Proc. Zool. Soc., No. 29, 426-429.

Briggs, J. C. and N. Egami, 1959. The medaka (*Oryzias latipes*). A commentary and a bibliography. J. Fish. Res. Bd. Canada, 6 (3): 363-380.

Chen, T. R., 1971. A comparative chromosome study of twenty killifishes of the genus *Fundulus* (teleostei: Cyprinodontidae). Chromosoma (Berl.), 32: 436-453.

———, H. Uwa and X.L. Chu, 1985. Taxonomy and distribution of the genus *Oryzias* in Yunnan, China. Acta Zootax Sinica, 14: 239-245. (In Chinese with English abstract)

———, ——— and ———, 1989. Taxonomy and distribution of the genus *Oryzias* in Yunnan,

China (Cyprinodontiformes: Oryziidae). Acta Zootax Sinica, 14: 239-246. (In Chinese with English summary)

Chevey, P. and J. Lemasson, 1937. Contribution a l'etude des poissons des eaux douces tonkinoises. Inst. Rech. Agronom. Indochine, Hanoi, p.124.

Collette, B.B., G.E. McGowen, N. V. Parin and S. Mito, 1984. Beloniformes: Development and Relationships. *In*: Ontogeny and Systematics of Fishes. Special Publication Number 1 (eds. The American Society of Ichthyologists and Herpetologists), Allen Press Inc. Lawrencr, KS, USA, pp.335-354.

Darington, P. I., 1980. Zoogeography: The geographical distribution of animals. Museum of comparative zoology. Harvard Univ., Krieger Co.

Day, F., 1829-1888. The fauna of British India including Ceylon and Burma. Fishes, 1:414-417.

Ebeling, A. W. and T. R. Chen, 1970. Heterogamy in telostean fishes. Trans. Amer. Fish. Soc., 99: 131-138.

江上信雄，1950. メダカ臀鰭の鰭条数の遺伝（予報）. 遺伝学雑誌，25: 253.

————, 1951. メダカ臀鰭の鰭条数の遺伝（第２報）. 遺伝学雑誌，26: 242.

————, 1952. メダカの臀鰭軟条数，脊椎骨数の地理的変異とその原因．遺伝学雑誌, 28: 164.

————, 1953a. メダカの臀鰭軟条数の変異に関する研究．Ⅰ．日本各地産野生メダカの軟条数変異．魚類学雑誌，3: 33-35.

————, 1953b. メダカの臀鰭軟条数の変異に関する研究．Ⅱ．鰭条数についての交配実験．魚類学雑誌，3: 171-178.

————, 1954a. メダカの臀鰭軟条数の変異に関する研究．Ⅰ．日本各地産野生メダカの軟条数の変異（続き）．魚類学雑誌，3: 87-89.

————, 1954b. Effect of artificial photoperiodicity on time of oviposition in the fish, *Oryzias latipes*. Annot. Zool. Japon., 27: 57-62.

————, 1956. Notes on sexual differences in size of teeth of the fish, *Oryzias latipes*. Jap. J. Zool., 12: 65-69.

————, 1981. メダカの来た道．自然，７号，72-83.

————, 1985. 野生のメダカと研究用につくり出したメダカ－環境教育とメダカ－．生物教育，26: 151-155.

———— and S. Ishii, 1956. Sexual differences in the shape of some bones in the fish, *Oryzias latipes*. Jour. Fac. Sci. Univ. Tokyo, Sec. Ⅳ, 7: 563-571.

————・吉野道仁，1958. メダカの臀鰭軟条数の変異に関する研究．Ⅲ．野生メダカ軟条数の地理的変異（資料の追加）．魚類学雑誌，7: 83-88.

———— and M. Nambu, 1961. Factors initiating mating behavior and oviposition in the fish, *Oryzias latipes*. Jour. Fac. Sci., Univ. Tokyo, Sec. Ⅳ, 9: 263-278.

————・酒泉　満，1981. メダカの系統について．系統生物，6: 2-13.

Formacion, M. J. and H. Uwa, 1985. Cytogenetic studies on the origin and species differentiation of the Philippine medaka, *Oryzias luzonensis*. J. Fish Biol., 27: 285-291.

Fujita, K. 1992. Caudal skeleton ontogeny in the adrianichthyid fish, *Oryzias latipes*. Jap. J. Ichthyol., 39: 107-109.

福井時次郎・小川良徳，1957. 石川県地方産野生メダカの臀鰭条数の変異．動物学雑誌，66: 151.

古畑種基・篠遠喜人・森脇大五郎・岡　徹，1960. 遺伝の実験法．裳華房.

Gill, T. N., 1865. Synopsis of the fishes in the Gulf of St. Lawrence and Bay of Fundy. Canadian Nat., Ser. 2, 2 (4): 244-266.

————, 1874. Arrangement of the families of fishes, or Classes Pisces, *Marssipobranchii* and *Leptocardii*. Smithonian Misc. Cool., for 1872, 11 (247): 1-49.

Gong, Z. and V. Korzh, 2004. The zebrafish and medaka models. World Sci. pp.600.

Goodrich, H. B., 1926. The development of Mendelian characters in *Aplocheilus latipes*. Proc. Nat. Acad. Sci., 12: 649.

————, 1927. A study of development of Mendelian characters *Oryzias latipes*. J. Exp. Zool., 49: 261-287.

Gosline, W. A., 1971. Functional morphology and classification of teleostean fishes. Univ. Press, Hawaii, Honolulu, pp.1-208.

Grellmann, 1969. *Oryzias latipes* from China, Monatsschr. Ornithol. Vivarienkude Ausg. Aquarien Terrarien, 16: 308-309.

Günther, A., 1866. Catalogue of the fishes in the British Museum, 6: 311.

Haeckel, E., 1855. Ueber die Eier der *Scamberesoces*.

Archiv fur Anatomie, Physiologie und wissenschaftishe Medicin. 1885, No. 4, 23-31.

Hamaguchi, S. and M. Sakaizumi, 1992. Sexually differentiated mechanisms of sterility in interspecific hybrids between *Oryzias latipes* and *O. curvinotus*. J. Exp. Zool., 263: 323-329.

原田五十吉，1943. 海南島淡水魚類譜．海南島海軍特務局政務部．pp. 5-6.

Hennig, W., 1966. Phylogenetic Systematics (translated by D. Davis and R. Zangarl). pp.263, Urbana, Univ. Illinoi Press.

Herder, F. and S. Chapuis, 2010. *Oryzias hadiatyae*, a new species of ricefish (Atherinomorpha: Beloniformes: Adrianichthyidae) endemic to Lake Masapi, Central Sulawesi, Indonesia. Raffles Bull. Zool., 589(2): 269-280.

——— R.K. Hadiaty and A.W. Nolte, 2012. Pelvic-brooding in a new species of riverine ricefish (Atherinomorpha: beloniformes: adrianichthydae) from Tana Toraja, Central Sulawesi, Indonesia. Raffles Bull. Zool., 60(2): 467-476.

Herre, A. W. and G. L. Ablan, 1934. *Aplocheilus luzonensis*, a new Philippine Cyprinodont. Philippine Jour. Sci., 54 (2): 275-277.

Hinegardner, R. and D. E. Rosen, 1972. Cellular DNA content and the evolution of teleostean fishes. Amer. Nat., 106: 621-644.

Hsu, P.-K., 1950. Some heterophid metacercariae belonging to the genera *Haplochilus* and *Procerovum* (Trematoda: Heterophyidae). Lingnan Sci. J., 23: 1-20.

Hubbs, C. L., 1924. Studies on the fishes of the order Cyprinodontes Ⅰ－Ⅳ, Misc. Publ. Mus. Zool., Univ. Michigan, No.13: 1-31.

———, 1926. Studies on the fishes of the order Cyprinodontes Ⅳ. Mus. Zool., Univ. Michigan, No.16: 1-87.

Innes, W. T., 1950. Exotic aquarium fishes (11th edition). Innes Co., Philadelphia, pp. 517, Illus.

Iriki, S., 1932a. Preliminary notes on the chromosomes of Pisces, *Aplocheilus latipes* and *Lebistes reticulatus*. Proc. Imp. Acad. (Tokyo), 8: 262-263, 8 figs.

———, 1932b. Studies on the chromosomes of Pisces. On the chromosomes of *Aplocheilus latipes*. Sci. Rep. Tokyo Bunrika Daigaku, Sec., 1: 127-131.

和泉克雄, 1971. 熱帯メダカ族百科．東京書店．

岩松鷹司，1974. 生物教材としてのメダカ *Oryzias latipes*. Ⅰ．分類学的位置と一般形態．愛知教育大学研究報告，23: 73-91.

———，1981. 異種精子によるメダカ *Oryzias latipes* 卵の発生．愛知教育大学研究報告，30: 141-151.

———, 1986. Comparative study of morphology of *Oryzias* species. 愛知教育大学研究報告，35: 99-109.

———・平田賢治，1980. メダカ *Oryzias* 3種の形態の比較研究．愛知教育大学研究報告，29 (Nat. Sci.): 103-120.

——— and ———, 1984. Normal course of development of the Java medaka, *Oryzias javanicus*. 愛知教育大学研究報告，33 (Nat. Sci.): 87-109.

———, S. Hamaguchi, K. Naruse, K. Takata and H. Uwa, 1993. Stocks of *Oryzias* species in Japan. Fish Biol. J. Medaka, 5: 5-10.

———, A. Imai, A. Kawamoto and A. Inden, 1982. On *Oryzias javanicus* collected at Jakarta, Singapore and West Kalimantan. Annot. Zool. Japon., 55: 190-198.

———, and T. Kanie, 1995. On *Oryzias javanicus* collected from Jakarta. Bull. Aichi Univ. Educat. 44: 89-94.

———, H. Kobayashi and M. Sato, 2005. *In Vivo* fertilization and development of medaka eggs initiated by artificial insemination. Zool. Sci., 22:119-123.

———, ———, ——— and M. Yamashita, 2008. Reproductive role of attaching filaments on the egg envelope in *Xenopoecilus sarasinorum* (Adrianichthidae, Teleostei). J. Morph., 269: 745-750.

———, ———, Y. Shibata, M. Sato, N. Tsuji and K. Takakura, 2007. Reproductive activity of females of an oviparous fish, *Xenopoecilus sarasinorum*. Zool. Sci., 24: 1122-1127.

———, T. Ohta and O. P. Saxena, 1984. Morphological observations of the large pit organs in four species of freshwater teleost, *Oryzias*. Medaka, 2: 7-14.

———・佐藤正祐，2005. メダカ属とゼノポエキルス属の差異について．Animate, 5: 43-48.

———, M. Sato and K. Nakane, 2009. Development of the first vertebra in *Oryzias latipes* and its morphology in Beloniformes and Cyprinodontiformes. Bull. Aichi Univ. Educat., 58: 69-79.

———, H. Uwa, A. Inden and K. Hirata, 1984. Experiments on interspecific hybridization between *Oryzias latipes* and *Oryzias celebensis*. Zool. Sci., 1: 653-663.

———, T. Watanabe, R. Hori, T. J. Lam and O. P. Saxena, 1986. Experiments on Interspecific hybridization between *O. melastigma* and *O. javanicus*. Zool. Sci., 3: 287-293.

Jerdon, T. C., 1849. On the freshwater fishes of southern India. Madras J. Lit. Sci., 15: 302-346.

Jordan, D. S. and J. O. Snyder, 1906. A review of the Poecillidae or killifishes of Japan. Proc. U. S. Nat. Mus., 31: 287-290.

辛川十歩・柴田武，1980. メダカ乃方言．pp. 847，未央社．東京．

Katayama, M., 1937. On the spermatogenesis of the teleost, *Oryzias latipes* (T. & S.). Bull. Jap. Sci. Fish., 5: 227-278.

Kim, I.S. and E.H., 1992. New record of ricefish, *Oryzias latipes sinensis* (Pisces, Oryziadae) from Korea. Korea J. Syst. Zool., 8: 177-182.

——— and K.C. Moon, 1987. The karyotype of a ricefish, *Oryzias latipes* from southern Korea. Korean J. Zool., 30: 379-386. (In Korea with English abstract)

Kottelat, M., 1990a. Synopsis of the endangered Buntingi (Osteichthyes: Adrianichthyidae and Oryziidae) of Lake Poso, Central Sulawesi, Indonesia, with a new reproductive guild and descriptions of three new species. Ichthyol. Explor. Freshwaters, 1: 49-67.

———, 1990b. The ricefishes (Oryziidae) of the Malili lakes, Sulawesi, Indonesia, with description of a new species. Ichthyol. Explor. Freshwaters, 1: 151-166.

Kulkarni, C. V., 1940. On the systematic position, structural modifications, bionomics and development of a remarkable new family of cyprinodont fishes from the province of Bombay. Rec. Indian Mus., 42: 379-423.

———, 1948. The osteology of Indian cyprinodonts. Part Ⅰ. Comparative study of the head skeleton of *Aplocheilus*, *Oryzias* and *Horaichthys*. Proc. Natl. Inst. Sci. India, 14 (2): 65-119.

Labhart, P., 1977. Eine Synonymie in der Gattung *Oryzias*. DKG-Journal, 9: 152-156.

———, 1978. Die Arten der Gattung *Oryzias* Jordan & Snyder, 1907. DKG-Journal, 10: 53-58.

Lydekker, R., 1886. Indian tertiary and posttertiary vertebrata. Geol. Surv. India, 3: 244-257.

松原喜代松，1955. 魚類の形態と検索．石崎書店．

———，1963. 動物系統分類学 9（中）(内田亨監修)，中山書店（東京）

———・落合明，1976. 魚類学（下）．恒星社厚生閣（東京）．

松本達郎，1967. 地史学（下巻）．朝倉書店．

Magtoon, W., 1986. Distribution and phyletic relationships of *Oryzias* fishes in Thailand. *In* "Indo-Pacific fish biology: Proceedings of the Second International Conference on Indo-Pacific fishes" (T. Ueno, R. Arai, T. Taguchi and K. Matsuura, eds.). Ichthyol. Soc. Jap., Tokyo. pp. 859-866.

———, N. Nadee, T. Higashitani, K. Takata and H. Uwa, 1992. Karyotype evolution and geographical distribution of the Thai-medaka, *Oryzias minutillus*, in Thailand. J. Fish Biol., 41: 489-497.

——— and H. Uwa, 1985. Karyotype evolution and relationship of small ricefish, *Oryzias minitullus*, from Thailand. Proc. Japan Acad. 61B: 157-160.

———, 2010. *Oryzias songkhramensis*, a new species of ricefish (Beloniformes; Arianichthyidae) from Northeast Thailand and Cenral Laos. Trop. Nat. Hist., 10(1): 107-129.

——— and A. Termvidchakorn, 2009. A revised taxonomic account of ricefish *Oryzias* (Beloniformes; Adrianichthyidae), in Thailand, Indonesia and Japan. Nat. Hist. J. Chulalongkhorn Univ., 9: 35-68.

Matsuda, M, H. Yonekawa, S. Hamaguchi and M. Sakaizumi, 1997. Geographic variation and diversity in the mitochondria DNA of the medaka, *Oryzias latipes*, as determined by restriction endonuclease analysis. Zool. Sci, 1: 517-526.

Mclelland, J. 1836. Indian Cyprinidae. Asiatic Researches, 19: 276-305.

Mokodongan, D.F., R. Tanaka and K. Yamahira, 2014. A new ricefish of the genus *Oryzias* (Beloniformes, Adrianichthyidae) from Lake Tiu, Central Sulawesi, Indonesia. Copeia, 2014(3): 561-567.

Myers, G. S., 1931. The primary groups of oviparous cyprinodont fishes. Stanford Univ. Publ. Biol. Sci.,

Ⅳ (3): 7-14.

————, 1938. Studies on the genera of cyprinodont fishes. Copeia (1938), 136-143.

Myosho, T., Y. Takehana, T. Sato, S. Hamaguchi and M. Sakaizumi, 2012. The origin of the large metacentric chromosome pair in Chinese medaka (*Oryzias sinensis*). Ichthyol. Res., 59: 384-388.

Nagai, T., Y. Takehana, S. Hamaguchi and M. Sakaizumi, 2008. Identification of the sex-determining locus in the Thai medaka, *Oryzias minitllius*. Cytogenet. Genome Res., 121: 137-142.

中村守純，1941. タップミンノウの飼育．採集と飼育，3: 186-187.

Naruse, K., 1996. Classification and phylogeny of fishes of the genus *Oryzias* and its relatives. Fish. Biol. J. Medaka, 8: 1-9.

————, H. Mitani and A. Shima, 1992. A highly repetitive interspersed sequence isolated from genomic DNA of the medaka, *Oryzias latipes*, is conserved in three other related species within the genus *Oryzias*. J. Exp. Zool., 262: 81-86.

————, A. Shima, M. Matsuda, M. Sakaizumi, T. Iwamatsu, B. Soeroto and H. Uwa, 1993. Distribution and phylogeny of rice fish and their relatives belonging to the suborder Adrianichthyoidei in Sulawesi, Indonesia. Fish Biol. J. Medaka, 5: 11-15.

Nelson, J. S., 1984. Fishes of the world (2nd edition). John Wiley & Sons.

Ngamniyom, A., W. Magtoon, Y. Nagahama and Y. Sasayama, 2007. A study of the sex ratio and fin morphometry of the Thai medaka, *Oryzias minutillus*, inhabiting suburbs of Bangkok, Thailand. Fish Biol. J. Medaka, 11: 17-21.

————, ————, ———— and ————, 2009. Expression levals of hormone receptors and bone morphogenic protein in fins of medaka. Zool. Sci., 26: 74-79.

Nichols, J. T., 1943. The fresh-water fishes of China. Natural history of Central China. Amer. Mus. Nat. Hist., Vol.9, pp.322.

———— and C. H. Pope, 1927. The fishes of Hainan. Bull. Amer. Mus. Nat. His., 54: 321-394.

小川良徳，1955. 能登地方産メダカの臀鰭軟条数の変異（予報）．採集と飼育，17: 274-277.

————，1958. 但島地方産メダカの臀鰭軟条数の変異．採集と飼育，20: 48-51.

————・福井時次郎，1957. 石川県地方産野生メダカの臀鰭軟条数の変異．東海区水産研究年報，2: 81-84.

小島吉雄，1978. 魚類の細胞遺伝学概論．遺伝，32 (7): 4-10.

———— and S. Hitotsumachi, 1969. The karyotype of the medaka, *Oryzias latipes*. Chromosome Inform. Serv., 10: 15-16.

Oka, T. B., 1931. On the process on the fin rays on the male of *Oryzias latipes* and other sex characters of this fish. Jour. Fac. Sci. Tokyo Univ., Sec.Ⅳ, 2: 209-218.

Okada, Y., 1959-1960. Studies on the freshwater fishes of Japan. Prefect. Univ. Mie, Tsu, Mie, Perfect., Japan. pp. 595-597.

大羽　滋，1959. 備讃瀬戸諸島におけるメダカ集団の形態的変異－臀鰭軟条数．動物学雑誌，68: 143-144.

大沢一爽，1982. メダカの実験．共立出版.

Oshima, M., 1919. Contributions to the study of the fresh water fishes of the island of Formosa. Annals Carnegie Mus., 12: 169-328.

————, 1926. Notes on a collection of fishes Hainan, obtained by Prof. S. F. Light. Annot. Zool. Japon., 9: 1-25.

Parenti, L. R., 1981. A phylogenetic and biogeographic analysis of Cyprinodontiform fishes (Teleostei, Atherinomorpha). Bull. Amer. Mus. Nat. Hist., 168 (4): 355-557.

————, 1986. The phylogenetic significance of bone types in euteleost fishes. Zool. J. Linn. Soc., 87: 37-51.

————, 1987. Phylogenetic aspects of tooth and jaw structure of the medaka, *Oryzias latipes*, and other beloniform fishes. J. Zool., Lond., 211: 561-572.

————, 1989. Why icefish are not killifish. J. Amer. Killifish Assoc., 22: 79-84.

————, 1993. Relationships of Atherinomorph fishes (Teleostei). Bull. Marine Sci, 52 (1): 170-196.

———— and B. Soeroto, 2004. *Adrianichthys roseni* and *Oryzias nebulosus*, two new ricefishes (Atherinomorpha: Beloniformes Adrianichthyidae) from lake Poso, Sulawesi, Indonesia. Ichthyol. Res,

51: 10-19.

———, 2008a. A phylogenetic analysis adnd taxonomic revision of ricefish, *Oryzias* and relatives (Beloniformes, Adrianichthyidae). Zool. J. Linn. Soc., 154: 494-610.

———, 2008b. A phylogenetic analysis and taxonomic revision of ricefishes, *Oryzias* and ralatives (Beloniformes, Adrianichthyidae) from Lake Poso, Sulawesi, Indonesia. Jap. J. Ichthyol., 51: 10-19.

——— and R.K. Hadiaty, 2010. A new, remarkably colorful, small ricefish of the genus *Oryzias* (Beloniformes, Adrianichthyidae) from Sulawesi, Indonesia. Copeia, 2010（2）：268－273.

Popta, C.M.L, 1905. Note XXII. *Haplochilus sarasinarum*, n.sp. Notes Leyden Mus, 25: 239-247.

Ramaswami, L. S., 1946. A comparative account of the skull of *Gambusia*, *Oryzias*, *Aplocheilus* and *Xiphopholus* (Cyprinodontes: Teleostei). Spolia Zeylanica, 24 (3): 181-192.

Regan, C. T., 1909. The classification of teleostean fishes. Ann. Mag. Nat. Hist. Ser. 8, 3: 75-86.

———, 1911. The osteology and classification of the teleostean fishes of the order Microcyprini. Ann. Mag. Nat. Hist., Ser. 8, 7: 320-327.

Roberts, T.P, 1998. Systematic observations on tropical Asian medakas or ricefishes of the genus *Oryzias*, with descriptions of four new species. Ichthyol. Res, 45(3): 213-224.

Romer, A. F., 1960. Vertebrate paleontology. Univ. Chicago Press, Chicago, Illinois.

———, 1966. Vertebrate paleontology, 3rd ed., Univ. Chicago Press, Chicago, Illinois.

Rosen, D. E., 1962. Comments on the relationships of the North American cave fishes of the family Amblyopsidae. Amer. Mus. Novitates, No.2109: 1-35.

———, 1964. The relationships and taxonomic position of the halfbeaks, killifishes, silversides, and their relatives. Bull. Amer. Mus. Nat. Hist., 127 (Art.5): 219-267.

———, 1965. *Oryzias madagascariensis* Arnoult redescribed and assigned to the East African fish genus Pantanodon (Atherinodontiformes, Cyprinodontoidei). Novitates, Amer. Mus., 2240: 1-10.

——— and J. R. Mendelson, 1960. The sensory canal of the head in poeciliid fish (Cyprinodontiformes), with reference to dentitional type. Copeia, 1960: 3.

——— and L. R. Parenti, 1981. Relationships of *Oryzias*, and the groups of atherinomorph fishes. Novitates, Amer. Mus., 2719: 1-25.

Ryder, J.A., 1882. Development of the silver gar (*Belone longirostris*) with observation on the genesis of the blood in embryo fishes, and a comparison of fish ova with those of other vertebrates. Bull. U.S. Fish Comm., (1881) 1: 283-301.

酒泉　満, 1981. 酵素多型から見た日本産野生メダカの地域分化．動物学雑誌，90: 698.

———, 1982. 野生メダカの遺伝学．放射線生物学，18: 123-134.

———, 1984. Rigid isolation between the northern population and the southern population of the medaka, *Oryzias latipes*. Zool. Sci., 1: 795-800.

———, 1985a. 教材としてのメダカ．生物教育，26: 164-174

———, 1985b. Electrophoretic comparison of proteins in five species of *Oryzias* (Pisces, *Oryziatidae*). Copeia, 1985: 521-522.

———, 1985c. Species-specific expression of parvalbumins in the genous *Oryzias* and its related species. Comp. Biochem. Physiol., 80B: 499-505.

———, 1985d. 野生メダカの遺伝子レベルでの地域差．遺伝，39(8): 12-17.

———, 1986a. Genetic divergence in wild populations of medaka *Oryzias latipes* (Pisces: *Oryziatidae*) from Japan and China. Genetica, 69: 119-125.

———, 1986b. Genetic diversity evolution in wild populations of medaka *Oryzias latipes* (Pisces: *Oryziatidae*). *In* "Modern Aspects of Species" (K. Iwatsuki, P. H. Raven and W. J. Rock, eds.). Univ. Tokyo Press, pp.161-179.

———, 1987a. メダカの分子生物地理学．「日本の淡水魚類－その分布，変分化をめぐって」(水野信彦・後藤　晃編)．東海大学出版会，pp.88-90.

———, 1987b. 遺伝的手法によるメダカの生物地理．遺伝，41(12): 17-22.

———, 1990. 遺伝学的にみたメダカの種と内変異．メダカの生物学(江上信雄・山上健次郎・嶋昭紘編)，東京大学出版会，pp.143-161.

———, N. Egami, and K. Moriwaki, 1980. Allozymic

variation in wild populations of the fish, *Oryzias latipes*. Proc. Japan Acad., 56B: 448-451.

———— and S. R. Jeon, 1987. Two divergent groups in the wild populations of medaka *Oryzias latipes* (Pisces: *Oryziatidae*) in Korea. Kor. J. Limnol., 20: 13-20.

————, A. Kikuta and K. Tsuchiya, 1988. Genetic differentiation of medaka (*Oryzias latipes*) and history of the water system in the Seto Inland Sea area. Zool. Sci., 5: 1224.

————, K. Moriwaki and N. Egami, 1983. Allozymic variation and regional differentiation in the wild populations of the fish *Oryzias latipes*. Copeia, 1983: 311-318.

————・鈴木 仁・米川博道, 1987. 核と細胞質の遺伝子からみたメダカ境界集団の起源. 遺伝学雑誌, 62: 548.

————, H. Uwa and S.-R. Jeon, 1987. Genetic diversity of the East Asian populations of the freshwater fish, *Oryzias*. Zool. Sci., 4: 1003.

佐藤矩行・山本雅道, 1973. メダカ. アニマルライフ(動物の世界百科), pp. 3705-3709. 日本メール・オーダー社.

Schaller, D., 1994. Schwarzmännchen, *Oryzias nigrimas*. Teil 1: Einführung und Systematik. Aquarium, 305: 18-20.

Scheel, J. J., 1969. *Oryzias minitulus* Smith, 1945, a little-known dwalf killifish from Thailand. J. Amer. Killifish Assoc., 6: 5-7.

————, 1972. Rivulin karyotypes and their evolution (Rivulinae, Cyprinodontidae, Pisces). Z. Zool. Syst. Evolut.-forsch., 10: 180-209.

Schlegel, H., 1846. Siebold's Fauna Japonica. Pisces D., p. 224.

Schrey, W.C., 1978. Fast schon eine 'Raritat' - Die Gattung *Oryzias*. Die Aquar. Terrar. Zeitsch., 10: 335-338.

Schster, W. H. and R. P. Djajadiredja, 1952. Local common names of Indonesian fishes. Minist. Agric. Indon., Lab. Inland Fish., N. V. Penerbit, W. van Hoeves Gravenhage, Bandung.

妹尾秀実, 1940. メダカの漁獲で三萬圓. 採集と飼育, 2:361.

鹿間時夫, 1975. 新版 古生物学 Ⅲ. 朝倉書店.

Smith, H. M., 1938. Status of the oriental fish genera *Aplocheilus* and *Panchax*. Proc. Biol. Soc. Washington, 51: 165-166.

————, 1945. The fresh-water fishes of Siam, or Thailand. Bull. U. S. Nat. Mus., 188: 1-622.

Soeroto, B. and F. Tungka, 1996. The inland fishes and the distribution of Adrianichthyoidea of Sulawesi Island, with special comments on the endangered species in Lake Poso. *In* "Proceedings of the First International Conference on Eastern Indonesian-Australian Vertebrate Fauna, Manado, Indonesia" (D.J. Kichener and A. Suyanto, eds.), November 22-26, 1994. Western Australian Museum for Lembaga Ilmu Pengetahuan Indonesia, Perth, pp. 1-5.

Sriramulu, V., 1959. A note on the chromosomes of *Oryzias melastigma* (McClelland). Curr. Sci., 28: 117-118.

————, 1963. Effect of colchicine on the somatic chromosomes of *Oryzias melastigma* McClelland. La Cellule, 63 (3): 369-374.

Stelbrink, B., I. Stoger, R.K. Hadiaty, U.K. Schliewen and F. Herder, 2014. Age estimates for an adaptive lake fish radiation, its mitochondrial introgression, and unexpected sister group: Sailfin silversides of the Malili Lakes system in Sulawesi. BMC Evol. Biol., 14: 94.

Takata, K., M. Hoshino, W. Magtoon, N. Nadee and H. Uwa, 1993. Genetic differentiation of *Oryzias minutillus* in Thailand. Japan. J. Ichthyol., 39: 319-327.

高山-渡辺絵理子・辻徹・佐藤政則・土井寅治・八鍬拓司・佐々木隆行・渡辺明彦・鬼武一夫, 2006. 山形県内に生息する野生メダカにおける種内分化の分子遺伝学的解析. Bull. Yamagata Univ. (Nat. Sci.), 16: 55-69.

Takehana, Y., D. Demiyah, K. Naruse, S. Hamaguchi and M. Sakaizumi, 2007. Evolution of different Y chromosomes in two medaka species, *Oryias dancena and O. latipes*. Genetics, 175: 1335-1340.

————, S.-R. Jeon and M. Sakaizumi, 2004. Genetic structure of Korean wild populations of the mdaka *Oryzias latipes* inferred from allozymic variation. Zool. Sci., 21: 977-988.

————, S. Hamaguchi and M. Sakaizumi, 2008. Different origins of ZZ/ZW sex chromosomes in closely related medaka fishes, *Oryzias javanicus and O. hubbsi*. Chromosome Res., 16: 801-811.

———, N. Nagai, M. Matsuda, K. Tsuchiya and M. Sakaizumi, 2003. Geographic variation and diversity of the cytochrome b gene in Japanese wild populations of medaka, *Oryzias latipes*. Zool. Sci., 20: 1279-1291.

———, K. Naruse, Y. Asada, Y. Matsuda, T. Shin-I, Y. Kohara, A. Fujiyama, S. Hamaguchi and M. Sakaizumi, 2012. Molecular cloning and characterization of the repetitive DNA sequences that comprise the constitutive heterochromatin of the W chromosomes of medaka fishes. Chromosome Res., 20: 71-81.

———, ———, S. Hamaguchi and M. Sakaizumi, 2007. Evolution of ZZ/ZW and XX/XY sex-determination systems in the closely related medaka species, *Oryzias hubbsi and O. dancena*. Chromosoma, 116: 463-470.

———, ——— and M. Sakaizumi, 2005. Molecular phylogeny of the medaka fishes genus *Oryzias* (Beloniforms: Adrianichthyidae) based on nuclear and mitochondrial DNA sequences. Mol. Phylogenet. Evol., 36: 417-428.

———, S. Uchiyama, M. Matsuda, S. Jeon and M. Sakaizumi, 2004. Geographic variation and diversity of the cytochrome b gene in wild populations of medaka (*Oryzias latipes*) from Korea and China. Zool. Sci., 483-491.

竹内邦輔，1966. メダカの顎歯数の性差．動物学雑誌，75: 236-238.

———，1981. 誰にでもできるメダカの実験．pp.110.

田中茂穂，1922. 鱗祭洞割記．動物学雑誌，34: 480-482.

———，1932. 原色日本魚類図鑑．p. 46, 大地書院．東京．

Temminck, C. J. and H. Schlegel, 1842-1850. Pisces. Siebold's Fauna Japonica. pp. 323, Leiden.

堤之恭，2015. 絵でわかる日本列島の誕生．p.181，講談社．

Turner, B. J., 1965. A new place for the medakas. Classica, 1 (2): 1-7.

上野益三・宮地伝三郎，1935. 水棲動物．pp. 228-229. 岩波書店．

内田ハチ，1951. 秋田市付近及び名古屋市にて採集せるメダカ（*Oryzias latipes*）に於ける第二次性徴について．秋田大学紀要，(1951): 1-10.

内田鉄雄，1978. メダカの受精卵の採集・飼育法とその教材化．採集と飼育，40: 507-513.

上野輝彌，1975. 魚類（鹿間時夫編）．新版古生物学Ⅲ．pp.181-242，朝倉書店（東京）．

宇和　紘，1984. メダカの細胞遺伝．遺伝，38: 24-30.

———, 1985. メダカ属の種と系統．遺伝，39: 6-11.

———, 1986. Karyotype evolution and geographical distribution in the ricefish, genus *Oryzias* (Oryziidae). *In* "Indo-Pacific fish biology" (T. Ueno, R. Arai, T. Taniuchi and K. Matsuura, eds.). Ichthyol. Soc. Japan, pp. 867-876.

———，1990. 核型と進化．メダカの生物学（江上信雄・山上健次郎・嶋　昭紘編）．東京大学出版会，pp.162-182.

———, 1991. Cytosystematic study of the Hainan medaka, *Oryzias curvinotus*, from Hong Kong (Teleostei: Oryziidae). Ichthyol Explor. Freshwaters, 1: 361-367.

———, 1992. Live specimens of ricefishes and relatives suborder Adrianichthyoidei maintained in Shinshu University: a list with karyotypic data. Fish Biol. J. Medaka, 4: 41-44.

——— and D. Dudgeon, 1988. Karyotype and phylogeny of Hainan medaka, *Oryzias curvinotus*, from Hong Kong. Zool. Sci., 5: 1224.

———・岩田明子・岩松鷹司・小島吉雄，1981. メダカ属魚類３種の核型の比較．動物学雑誌，90: 617.

———, T. Iwamatsu and Y. Ojima, 1981. Karyotype and banding analysis of *Oryzias celebensis* (Oryziatidae, Pisces) in culture cells. Proc. Japan Acad., 57B: 95-99.

———, ——— and O. P. Saxena, 1983. Karyotype and cellular DNA content of the Indian ricefish, *Oryzias melastigma*. Proc. Japan Acad., 59B: 43-47.

——— and A. Iwata, 1981. Karyotype and cellular DNA content of *Oryzias javanicus* (Oryziatidae, Pisces). Chromosome Inform. Serv., 31: 24-26.

——— and S.-R. Jeon, 1987. Karyotypes in two divergent groups of a ricefish, *Oryzias latipes*, from Korea. Kor. J. Limnol., 20: 139-147.（韓国語）

——— and W. Magtoon, 1986. Description and karyotype of a new ricefish, *Oryzias mekongensis*, from Thailand. Copeia, 1986 (2): 473-478.

———・小島吉雄，1980. 培養細胞によるメダカ染色体の核型分析．動物学雑誌，89: 558.

——— and ———, 1981. Detailed and banding karyotype analyses of the medaka, *Oryzias latipes*, in cultured cells. Proc. Japan Acad., 57B: 39-43.

——— and L. R. Parenti, 1988. Morphometric and meristic variation in ricefishes, genous *Oryzias*: a comparison with cytogenetic data. Jap. J. Ichthyol., 35 (2): 159-166.

———, K. Tanaka and M. J. Formacion, 1982. Karyotype and binding analyses of the Hainan medaka, *Oryzias curvinotus* (Pisces). Chromosome Inform. Serv., 33: 15-17.

———, R.-F. Wang and Y.-R. Chen, 1988. Karyotypes and geographical distribution of ricefishes from Yunnan, southwestern China. Jap. J. Ichthyol., 35 (3): 332-340.

Weber, M., 1894. Die Susswasser-Fische des Indiachen Archipels, nebst Bemerkungen über den Ursprung der Fauna von Celebes. Zool. Ergeb. Reise Niederl. Ostiad., 3: 405-476.

———, M., 1913. Neue Beiträge zur Kenntnis der Süsswasserfishe von Celebes. Bijd. Dierk., Amsterdam, 19: 197-213.

——— and L. F de Beaufort, 1922. The fishes of the Indo-Australian archipelag Ⅳ. Heteromi, Solenichthyes, Synentognathi, Percesoces, Labyrinthici, Microcyprini. Leiden, E. J. Brill, Ltd., pp. 410.

Whitten, A.J., M. Mustafa and G.S. Henderson, 1987. The ecology of Sulawesi. Gadjah Mada Univ. Press.

———, S.V. Nash, K.D. Bishop and L. Clayton, 1987. One or more extinctions from Sulawesi, Indonesia ? Conserv. Biol., 1: 42-48.

Yadav, RS., 1992. Fishes of district Sundargarh, Orissa, with special reference to their potential in mosquito control. Indian. J. Malariol., 29: 225-233.

Yamagishi, T., T. Nakazawa, M. Sakaizumi, H. Yonekawa and S.-R. Jeon, 1989. Geographic survey of mitochondrial DNA polymorphism in Korean wild population of the medaka *Oryzias latipes*. Zool. Sci., 6: 1113. (ABSTRACT)

Yamamoto, T., 1975. Systematics and Zoogeography. *In* "Medaka (*killifish*) Biology and Strains." Keigaku Publishing Co., Tokyo, pp.17-29.

山崎浩二, 2010. 世界のメダカガイド. pp.192, 文一総合出版.

輿古田 寛, 2015, 九州のメダカの遺伝子 ～九州本土のメダカの遺伝子の分布の概要（改訂版）～. 福岡めだかの学校. pp. 32.

Zhou, D., 1994. Cyprinodontiformes. Oryziatdae. In: Ding, R., ed. The fishes of Sichuan.Chengdu: Sichuan Publ. House Sci. Tech., 494-496.（中国語）

第2章　飼育と管理

CARE AND MANAGEMENT

I．入手と輸送

野生メダカは，小川，田んぼや小さい池などではたも網 dip net や四手網を用いて採集できる。その他の入手は大形魚の餌として取り扱っている観賞魚販売業者からでも可能である。ヒメダカは，多量なら金魚養殖場から直に購入できるが，少なければ金魚屋のような小売業者から入手できる。外部から入手したばかりのメダカには，皮膚や鰓にバクテリアや原生動物がついているものが多いので，使用開始する前に飼育している他のメダカに感染しないようにメチレンブルー液などで消毒しておく。運搬は，少量（水深約 2 cm）の水と共にメダカをビニール袋に入れ，多量の酸素，もしくは空気を入れて行う。輸送時には，それをさらにダンボール箱に入れてもよい。冬期に熱帯メダカ（セレベスメダカやジャワメダカなど）を輸送するときは，着ているオーバーコートやジャンパーなどの内側に入れて保温すればよい。多量の場合，発泡スチロール箱に使い捨てカイロを入れ，その傍にメダカの入ったビニール袋を置いて保温しながら輸送する。大きいビニ

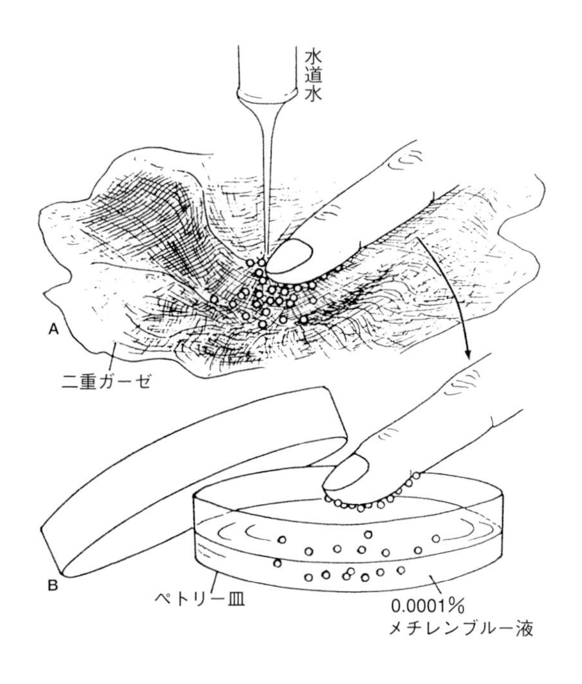

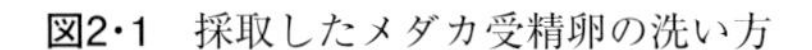
図2･1　採取したメダカ受精卵の洗い方

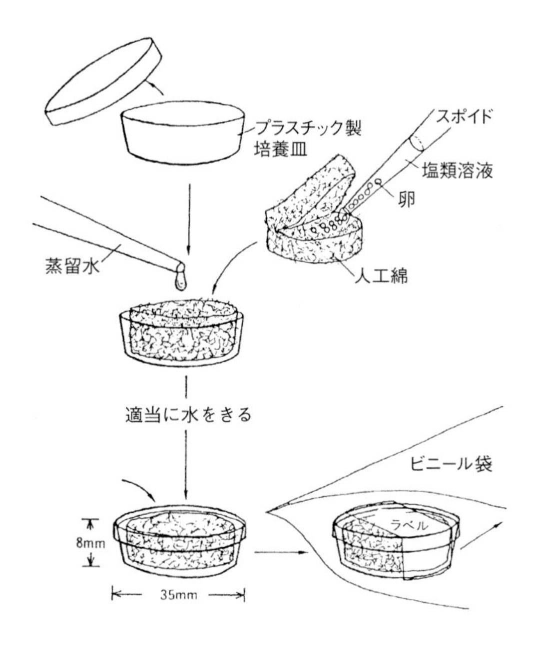

図2･2　メダカ卵の郵送のための準備（岩松・江上，1982）

ール袋（約50ℓ）の中に1,000匹のメダカを約２ℓの水と共に入れ，多量の空気（酸素）を満たしておけば，１日は死ぬことはない。輸送時には，できるだけ振動や直射日光を避ける必要がある。もち帰ると，ビニールの袋ごとすぐ飼育水槽などの水に浮かしておいて水槽の水温に馴らす。そして，水に浮かしたまま袋の口を開け，一度水を迎え入れてから，ゆっくり水と共にメダカを水槽に流し込む。

受精卵は小さい容器に入れて，封筒での郵送が可能である（岩松・江上，1982）。そのためには，まず産卵直後の卵を塩類溶液に入れて，実体解剖顕微鏡下でそれらの付着糸を除去する。受精卵のみをスポイドで二重のガーゼの上に移し，水道水を滴下しながら，きれいに洗った指先で転がして洗う（図２・１）。それらを指先に付けてペトリー皿内の塩類溶液に移した後，適当な大きさに切った濾過用人工綿の間に，図２・２のように卵を少量の液と共に移す。除菌塩類溶液でよく洗っておけば抗生物質の添加はまったく必要はない。その人工綿を小型（直径35mm）プラスティック製培養皿に入れ，その上に蒸留水を注ぎ，軽く振って水を垂れない程度にきる。この培養皿に蓋をして，採集（受精）した日時を付したセロテープかビニールテープで蓋が開かないように止める（総重量６～７g）。水がこぼれても封筒を濡らさないように，それをビニール袋に入れて，定形の封筒に入れて郵送する。このようにして送られた卵は，国内外で２週間以内であれば，孵化しないで生きたまま配達される。

Ⅱ．飼育場及び水槽

メダカを飼うのに，池や水田などを用いる場合と扱いやすい水槽を用いる場合とがある。前者の場合，天然水が循環していれば手数がかからないし，広くて運動が十分できるため生育がよい。しかし，この場合外敵にやられないような配慮がいる。例えば，イタチ，カワネズミ，ネコ，ヘビ，カエルなどの他に，水中のウナギ，ライギョ，フナ，アメリカザリガニなど，それに空からアジサシ，ゴイサギなどに狙われる。一般に気付かないが，水棲昆虫（ゲンゴロウ，ミズカマキリ，ガムシ，タガメ，ミズスマシ，タイコウチやヤゴなど）もメダカの稚魚及び親の大敵である。

自然光の条件下では，金網で全面を被った網室か，または温調設備の整ったガラス室に飼育水槽（以下，水槽）を置いて飼育する。系統メダカの飼育には，水

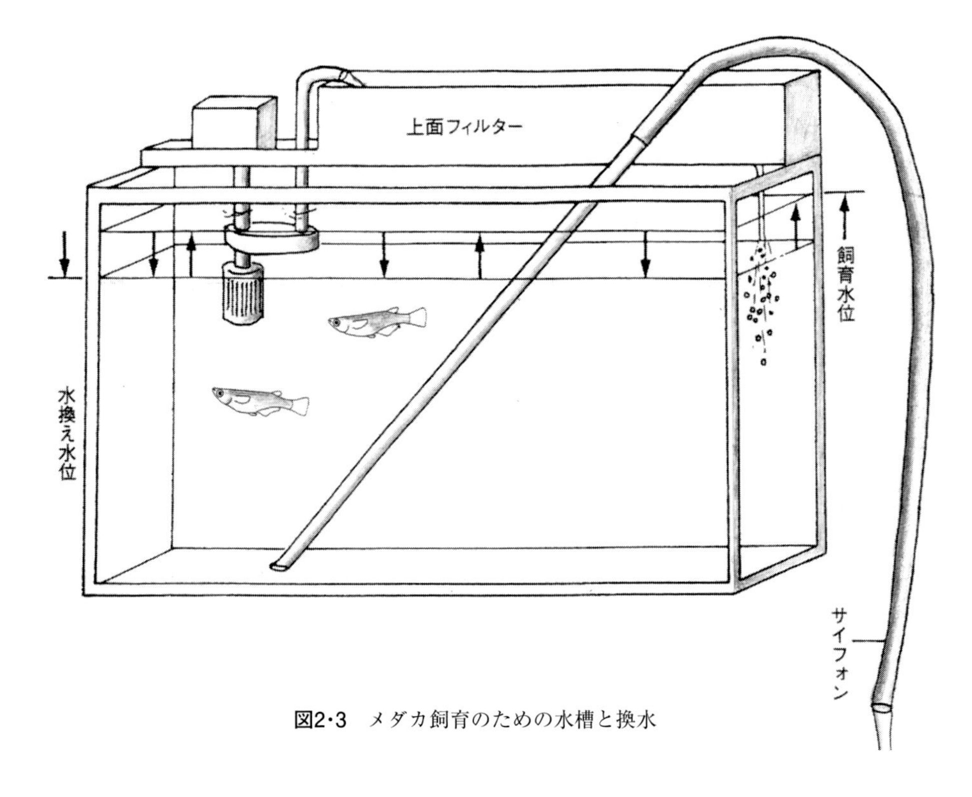

図2・3　メダカ飼育のための水槽と換水

蓮鉢やコンクリート水槽のように水面が広く酸素が多く溶け込むものが適している。飼育個体数は水面の広さに応じて決まる（個体数／表面積（cm^2）≦0.02)。水槽には，上記の外敵防御及び他の系統メダカの混入を防ぐために金網（マス目２cm 前後：網目が細か過ぎると日射不足になり水が腐敗しやすい）を貼った蓋をつける。この蓋は雨水によるメダカの流出を防ぐのにも役立つ。コンクリート水槽を作る場合，排水の点に最も注意し，工夫を施す必要がある。つまり，換水時に最も汚れた底面近くの水が汚物を誘って排出されるようにする。また，降雨量が多く，表層水が水槽から溢れ，魚の流出をきたさないように工夫する。例えば，排水口に立ち上がりのパイプを差し込んで，水槽の水位が一定以上になれば，そのパイプの上端を封じてある金網蓋から排水されるようにする。また，新しくコンクリート水槽を作った場合，水槽の壁から“あく”が出て魚を死なせてしまう。それを避けるため，一度鶏糞など有機物を溶かし，それに緑藻を加え繁殖させ，それらに“あく”を取らせたのち，よく洗い落として新たに飼育水を加える。

室内で飼育する場合，透明なガラス水槽がよく用いられる。合成樹脂（アクリル，プラスティック）製のものがあるが，耐久性，透明度の面でガラス製のものに劣る。魚は一般に酸素欠乏に弱く，水槽の水量よりも，上記のように酸素の溶け込む水面の広いものを要求する。研究室でよく用いられるガラス水槽は，丸型（直径30cm前後）のものとステンレス（または合成樹脂）製の枠をもつアングル水槽といわれるものである。アングル水槽の中でも，最もよく用いられているものはガラス製，幅30cm×高さ35cm×長さ60cmの７号のサイズのものである。製造後間もないステンレス枠のアングル水槽は一度水を入れると，水圧で柔らかいパテがしばしば吹き出す。このような水槽は，水を全部抜くとガラスと枠の間に隙間が生じ，水漏れの原因となるので，水を抜いて水槽の位置を変えるときは注意する。移動させる必要がないように，これらの設置場所は換水，配電，取り扱いの便利な点を考慮して決める。水槽（図２・３）には，メダカの飼育管理上，水中への酸素供給用ポンプ，あるいは循環水浄化（濾過）装置，サーモスタット（自動温度調節器），ヒーター（電熱器），温度計や照明装置が取り付けられる。循環水浄化装置は，空気だけを供給するエアポンプと違って，酸素の供給と共に，飼育水を濾過して水の汚れを防ぐことができ，これには上面濾過式と床面濾過式の２種類がある。有害なヒルや病原虫などが増殖する場合，上面濾過式の方がその処置の面倒さが少ない。また，底床の砂や濾過綿に汚物が多く付くと，水質を悪くしやすい。この点からも研究用には上面濾過式（図２・３）が好まれる。

サーモスタットとヒーターは，秋から春にかけて水温調節のため必要である。水槽を空調の完備した部屋に置いてあれば，当然不要である。しかし，外気温が壁や床を伝わって水槽の水温を低くする場合が時折ある。その場合，水槽の下面と側面に断熱材をあててそれに対処するか，ヒーターを用いた加温が必要である。６～７号のアングル水槽に用いるヒーターは100Wのもので十分である。サーモスタットはバイメタル式のものであれば，100Wのヒーター３本（３個の水槽）に１個でもよい。この場合，サーモスタットにはコンデンサーをつけ，それぞれの水槽には同型のヒーターと同量の水を保持する必要がある。サーモスタットにコンデンサーをつけないと，しばしば接点が焼き付いて電流が流れっ放しになり，ヒーターが加熱し続けるためメダカを煮殺してしまうことがある。致死温度は41℃以上である。

光は，長日性動物であるメダカにとって，繁殖条件に不可欠である。光の効果は，その強さにより，ある程度以上あればその照射時間の長い方がよい。白色蛍光灯20Wを水槽から５～10㎝離して設置すれば，アングル水槽６～７号の底面に約100～150ルクスの光が達する。この強さの光を１日14時間以上照明して，水温，水質，餌と個体数(密度)が適切であれば，メダカは年中活発に産卵し続ける。光が不足すると，松果腺の働きと視床下部の指令で脳下垂体から分泌されるホルモンが不足して，成長や生殖活動（生殖巣の発達）が阻害される。

Ⅲ．飼育用水

飼育には生物に有害な物質を含んでいたり，溶存酸素の著しく少ないものや極端な酸性・アルカリ性のものは不適当である。一般に，飼育(用)水として，水道水，井戸水，雨水，池や湖沼，それに河川の水などが用いられている。

水道水：

都市の水道水は貯水場で殺菌剤(塩素)を加えて飲料水として処理されたものである。このため，特に幼若なメダカや系統的に塩素に敏感なメダカに水道水を用いる場合，混入している塩素を除去する必要がある。その除去のためには，直射日光下に１日以上汲み置くか，ハイポ（チオ硫酸ソーダ）を0.1～0.3ｇ/10ℓ（50ℓに結晶１つ）の割合で溶かす。池に水道水を直に流し込みっ放しの場合，高い所から抜気しながら全水量が入れ換わるに要する時間が半日より長くかかるようにしないと，時として全滅する場合がある。むしろ，水を入れ換えてから，メダカを入れた方が無難である。

井戸水：

海水とか，工場廃水，あるいは高濃度の無機塩類の混入していないものであれば，飼育水として適している。時には，溶存酸素量の少ない場合があるから，撹拌発泡させて空気を混入させて汲み置くとよい。

雨水：

樋からの雨水を池や貯水槽に溜め置いたものは，一般によい飼育水とされている。大気汚染の著しい地域や特殊塗料を塗った屋根からの雨水は当然そうではない。

池・湖沼や河川の水：

水質汚染の少ない上流の河川の水や湖沼の水は，飼育水としてまず問題はない。しかし，地域によって有毒な無機成分が含まれていたり，酸・アルカリ度の極端なところが知られているから，注意を要する。

以上の適切な飼育水で飼育を開始しても，やがて毎日メダカの排泄物や餌の食べ残しが水中のバクテリアの増殖を招く。バクテリアが著しく増殖すると，水が白っぽく濁ってきたり，酸素欠乏のためにメダカが水面に“鼻あげ”を示すようになる。この場合，活性炭を水に混ぜ込み，浄化装置で濾過するか，水を全部入れ換えて緑藻（ユーグレナ，クロレラなど）やメチレンブルーを加える。

沸かし湯：

水道水など一度沸かして冷ました置き水，風呂の残り湯は，稚魚の飼育水としても使える。

Ⅳ．飼育のための光

冬のように1日13時間より日照時間が短いと，松果腺の活動（浦崎，1971～1973）によってメダカは産卵しなくなる。春，日照時間が13時間以上になると，ホルモンが出始めて卵が発達し始める（吉岡，1962，1963，1970，1971；春日ら，1972）。そのため，水槽は室内であれば，日光の当たる13時間以上明るい所に置くか，１日13時間以上の人工照明（江上，1954，1955）（60W蛍光灯を水面から20cm程度離れたところに設置：150ルクス以上）下に置いて飼育する。そうすれば，光の刺激を受けたメダカは点灯後３～４時間して卵を発達させるホルモン（生殖腺刺激ホルモン，ゴナドトロピン）を脳下垂体からの分泌するようになる（Iwamatsu，1978a：図２・４）。それから７時間かけて卵母細胞が成長して，さらに７時間すると濾胞細胞から出される成熟誘起ホルモンによって卵の成熟が始まる（Iwamatsu，1978a，b，1980）。そして６時間で減数分裂して排卵が起きる。こうして，光の刺激によって分泌される生殖腺刺激ホルモン（岩松・赤沢，1987）の作用で，小さい卵（卵母細胞）は日周期的に昼間発達し，夜間に成熟して早朝排卵される（高野ら，1974；Chen，1976；石岡ら，1978；山本・大石，1979；上田・大石，1982，1997）。したがって，排卵直後の朝まだ暗いときに，雌は雄の交尾刺激で産卵する。

稚魚の飼育に適した水槽は水面が広く大きいもので，日のよく当たるところに置けば，成長ホルモンも出て成長も促進されるし，稚魚の餌になるミドリムシ（ユーグレナやクロレラなど）が繁殖する。ただし，水槽を置くところ（台）がコンクリートやプラスチックなどの上であると，太陽光の輻射熱が水槽内に伝わり水温を異常に上げることになる。それを防ぐためには，水槽の周りに草が生えた土や発泡スチロールなどの上に置くなど，直射日光が大切であるから，設置場所を

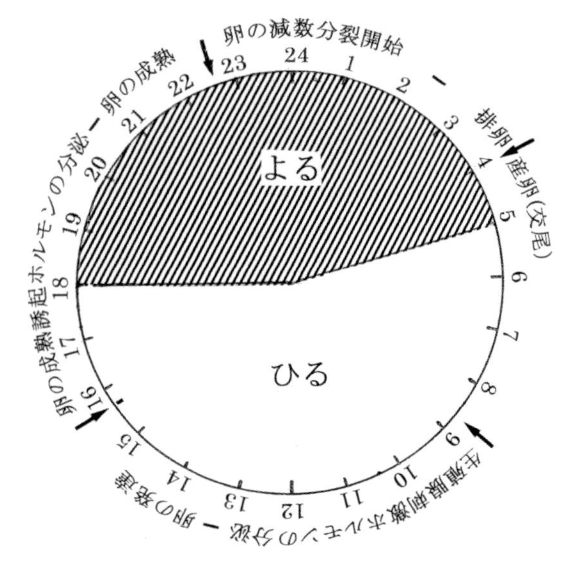

図2・4　メダカ産卵の日周期

工夫する必要である。稚魚だけの飼育にも，水が50ℓ以上入る大きい水槽であれば，水温が高温になりにくい。また，若いモノアラガイを５匹ぐらい入れておくと，水面の食べ残しを食べてくれて，水面にバクテリアの薄い膜ができないので餌の広がりがよい。

Ⅴ．水温の調節

冬季には，１日の日照時が13時間より短くなり，水も20℃より低くなるので，メダカが体温の下がり，餌もとらなくなり，肝臓での卵黄タンパク質の合成など体内の活動が低下する（Egami, 1959; Iwamatsu, 1973)。そのため，ホルモンも卵もつくれず産卵できなくなる。卵巣内の卵母細胞を発達させたり成熟させるためには最適な水温25～26℃（Iwamatsu and Fujieda, 1977）に保つのにサーモスタット（温度自動調節装置）とヒーターを使う。そして，この場合ヒーターから離れた水中にサーモスタットと温度計をぶら下げておいて温度の確認・管理を行う。

Ⅵ．水換えと水槽管理

飼育水は数カ月間換えなくてもよいとか，水換えしない方がよいとの誤った風評がある。

しかし，周知の通り，自然において川や用水路の水は絶えず流れ入れ代わっているし，池では周りから浸潤水，雨水が入って自然に換水が起きている。したがって，毎日あるいは一日おきに底に溜まった汚れ（糞や餌の食べ残しなど）を吸い取って，水温が５℃以内の変化になるように全飼育水の１/５～１/４程度の水量を換えるようにする。水換えは単に水を入れ替えるだけではなく，水槽内を管理するのが目的である。また，水換えをすると水温が下がるので，メダカのからだのリズムを整えるために，換水は１日のうち最も気温が下がる時刻に行う。その際，水槽の底に沈んだ糞や餌の食べ残しをサイフォン（ビニールチューブ，あるいはシリコンチューブ）で静かに吸い取り（チューブを圧し潰して吸い出す速度・量を調節する)，減った水量だけ飼育水を加える（図２・３)。また，水槽のガラス面に付着した汚れは，時どきスクレイパー（市販 Scraper L300）できれいに落とし，それらが十分沈んだ後，同様にサイフォンで吸い取り，もとの水量にまで加水する。稚魚用の水槽は深さ15～20cm程度で50ℓ以上の水が入るものであれば，稚魚の変態が終わる全長が1.5cm以上になるまで水換えしなくてもよいほどの大きさが適している。しかし，水槽の底に溜まった汚れは，有毒物を生じるので時どき細いサイフォンで注意深く吸い取る。

Ⅶ．餌と給餌

成魚には，市販の粒餌・粉餌・フレーク餌（テトラミン）などを乳鉢，あるいはジューサーを用いて乾燥した煮干・雑魚など（できるだけ種類の多く）と共にすりつぶして混合して粉餌をつくる。粉餌は，10分間ほどで大半を食べる量，水槽の水面全体に広がるように与える。水面の食べ残しをモノアラガイが掃除してくれるのでこれを少し入れておくと便利である（殖え過ぎた分は除く)。上記のように，十分な水量で飼育し水換えを怠らなければ，一日に餌を３～４回与えると，毎日産卵する。生き餌としてミジンコやイトミミズなども良いが，食べ過ぎて消化不良になることがあるので注意が必要である。留守にして餌を与えられない時には，餌となるミドリムシ（ユーグレナ）などが入った水や淡水藻アオミドロ *Spirogyra*（ホシミドロ科）などが付着した水草を入れ，容器に粒餌を入れて水槽の底に沈めておく。

稚魚には，数種類の餌を混ぜて乳鉢で十分すりつぶした粉餌を与える。稚魚には，孵化直後まだ卵黄をお腹に持っているときから，粉餌を孵化直後から成魚と同様，粉餌を１日数回水槽の水面に一様に広がるように与える。またビタミンなどの摂取や消化管のために，稚魚の餌になるユーグレナ，クロレラなどの緑藻類で緑色になった水を飼育水（水道水は絶対に用いないこと）が薄緑色になる程度加えておく。さらにまた稚魚の生餌として，こうした緑藻類の植物性プランクトンと共にゾウリムシや小さなミジンコなどの動物性プランクトンを与えるとよい。入れたモノアラガイが食べ残しの餌を十分食べてくれない場合，水面にバクテリ

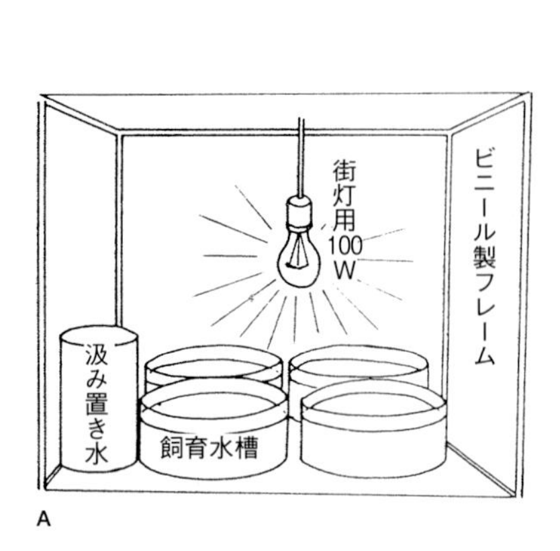

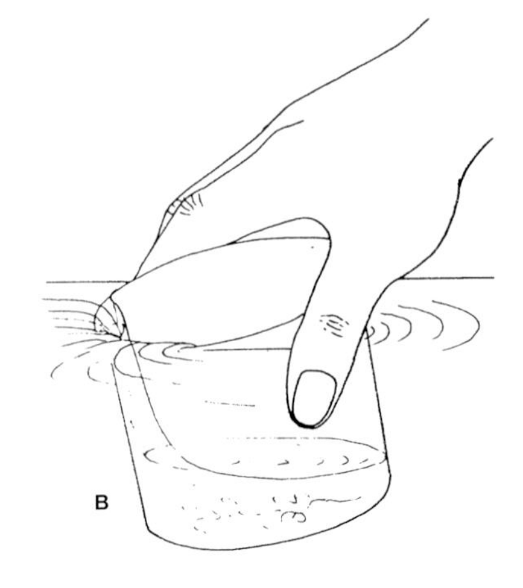

図2・5　孵化直後から稚魚の飼育の仕方
A：飼育チェンバー，B：食べ残しをすくい出す様子.

アの薄層膜ができて，水面に粉餌が広がりにくくなる。図2・5のようにビーカーとかコップを水に沈めながらすくい取るか，テイシュペーパー，あるいはトイレットペーパーを水面に広げて取り除くのもよい方法である。

稚魚は全長が約1.5cmに達するまでに変態を完了して，それまで無かった肋骨，腹鰭や鱗ができ，消化管も発達して丈夫になり，やっと成魚のような生活ができるようになる。

Ⅷ. 飼育個体密度

1つの水槽内での個体数は，成長速度や繁殖率に著しく影響を及ぼす。個体数が過密で飼育すると，成長速度及び産卵数が抑制される。したがって，過密にならないよう留意する必要がある。直径30cm程度の丸い水槽であれば，成魚10～15匹，アングル水槽6～7号であれば50～70匹が正常に産卵する限界のようである。例えば，雌3匹雄2匹の繁殖飼育には，水面積の広い60ℓの水が入るガラス水槽を用いる。また飼育するメダカの密度は，繁殖に影響（寺尾・田中，1928；川尻，1949；井上，1974）するため，基本的には10ℓの水量に1匹程度にするとよい。この条件であれば，水の浄化装置やエアレーションの必要はない。

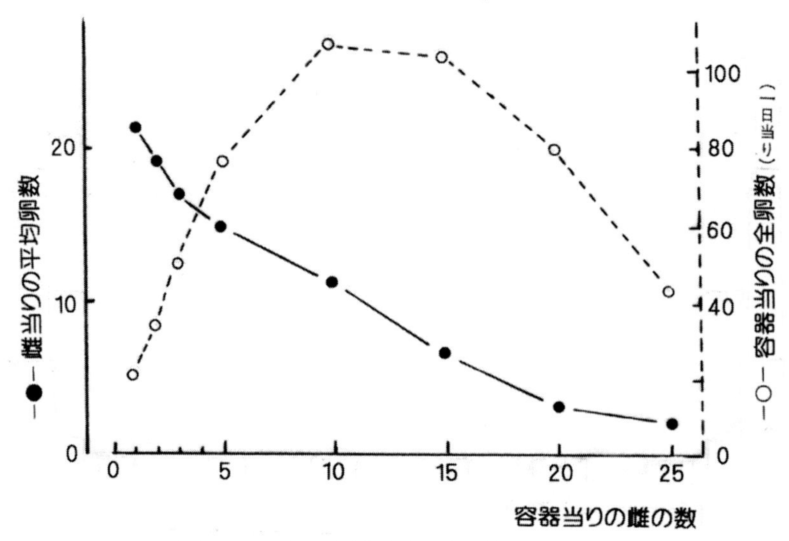

図2・6　メダカの飼育密度と産卵数（江上，1989）

棲息密度（x）と産卵数（y）との関係について，寺尾・田中（1928）が報じている。棲息密度（x）と１つがいの１日当たりの産卵数（y）は $y=ax^{-b}$の式で表され，aが47（Terao and Tanaka, 1928），あるいは16.61～26.92（川尻，1949），b が－0.724（Terao and Tanaka, 1928），あるいは－0.61～0.69（川尻，1949）と報告されている。井上（1974）によれば，飼育水量は同じでも，水の表面積，あるいは溶存酸素量が変化すると，産卵数は変わる。

野外のような広い水域で生息しているメダカの１匹当たりの産卵数は調査されていないが，屋内の狭いガラス水槽内（丸型，直径24cm）において飼育して調べられている（井上，1974）。2.5ℓという著しく水量の少ない飼育条件下において，一匹当たりの産卵数は雌（ペア）の水槽当たりの密度が高くなるにつれて減少する（図２・６）。この厳しい飼育環境下において，15ペア以上に過密化が進むと，互いに干渉し合うためか，個体数が増加しても全体の産卵数は減少する。この調査において，雄と雌を同数共存させているが，雄は雌の摂食行動を妨げる傾向があり，雌雄の個体数の関係も調べなければならない。餌を十分与えても，密度が高いと成魚（体長３～3.5cm）でも産卵数は20～30個以上にならない。しかし，はたして，１匹の雌の卵巣内で卵母細胞が一度に何個成熟・排卵し，産む卵数は最大いくつであろうか。１匹の雌は１シーズンに何個の卵を産むのか。江上（Egami, 1959）によると，丸型ガラス水槽内（直径24cm）で１ペアを飼育した場合，１度に産む卵の数はモードが10－20内にあり（図２・７），最大数が65個である。1繁殖シーズンに産む卵数は1,000～2,000の雌が多く，最高3,099個の卵を産んだという。この実験では，連続産卵日数は６月15日～９月２日の80日である。

筆者もそれを調べるきっかけになったのは，d-rR系統の保持のためにメダカ成魚１ペアだけをエアレーションや浄化の装置を設置しない７号ガラス水槽（60×35×30cm，水量約60ℓ，水温26～28℃）に入れて，16時から22時まで照明（自然光＋20W蛍光灯）を補って毎日４回の給餌で飼育・採卵していたときのことであった。飼育開始から半月ほど経って毎朝雌の腹部から採卵していて一度に産卵する数が多いので，卵数を記録し始めた（2013年６月15日）。１腹卵数が最大94個で，毎日休むことなく産卵し続けた（図２・８）。日照時間が短くなる10月に入り産卵数が減って，雄が死んだ。その当日産卵できなかったが，新たな雄で再び毎日産卵した。そして，産卵しなかった10月22日に麻酔して開腹し，卵巣（長さ6.8mm，幅5.8mm）を取り出し，0.5%グルタールアルデヒドで固定した。このときの雌の全長は約44mmで，約５カ月間（129日）に産んだ卵数は8,337個であり，１回の産卵数は平均65個になる。測定開始前にすでに産卵していたので，総産卵数はその数より多いことになる。0.05%グルタールアルデヒドで固定した卵巣内には種々の成長段階の卵母細胞6,645個が含まれており，それらの全生殖細胞の直径をことごとく計測した。この雌がもっていた生殖細胞の総数は

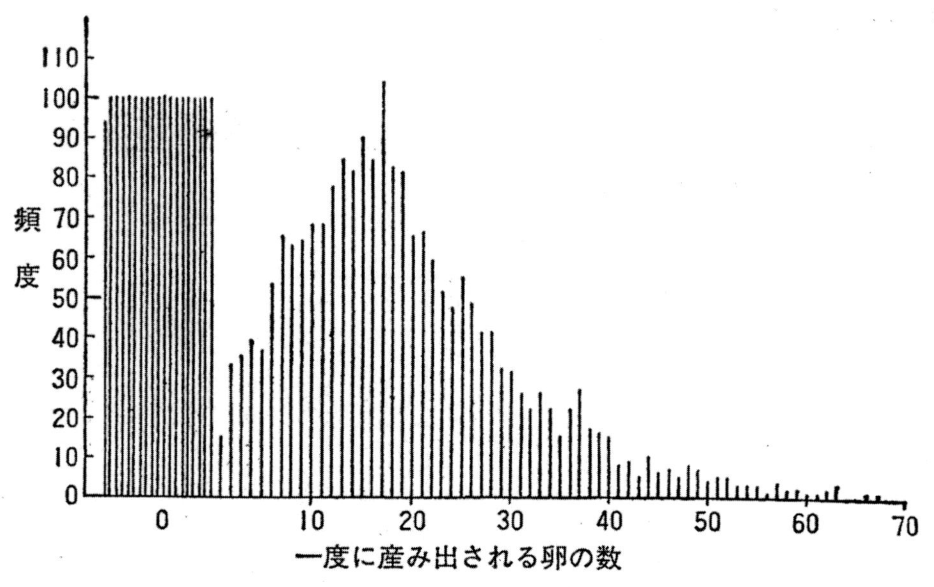

図2·7　メダカが一度に産む卵の数の頻度分布（Egami, 1959より）

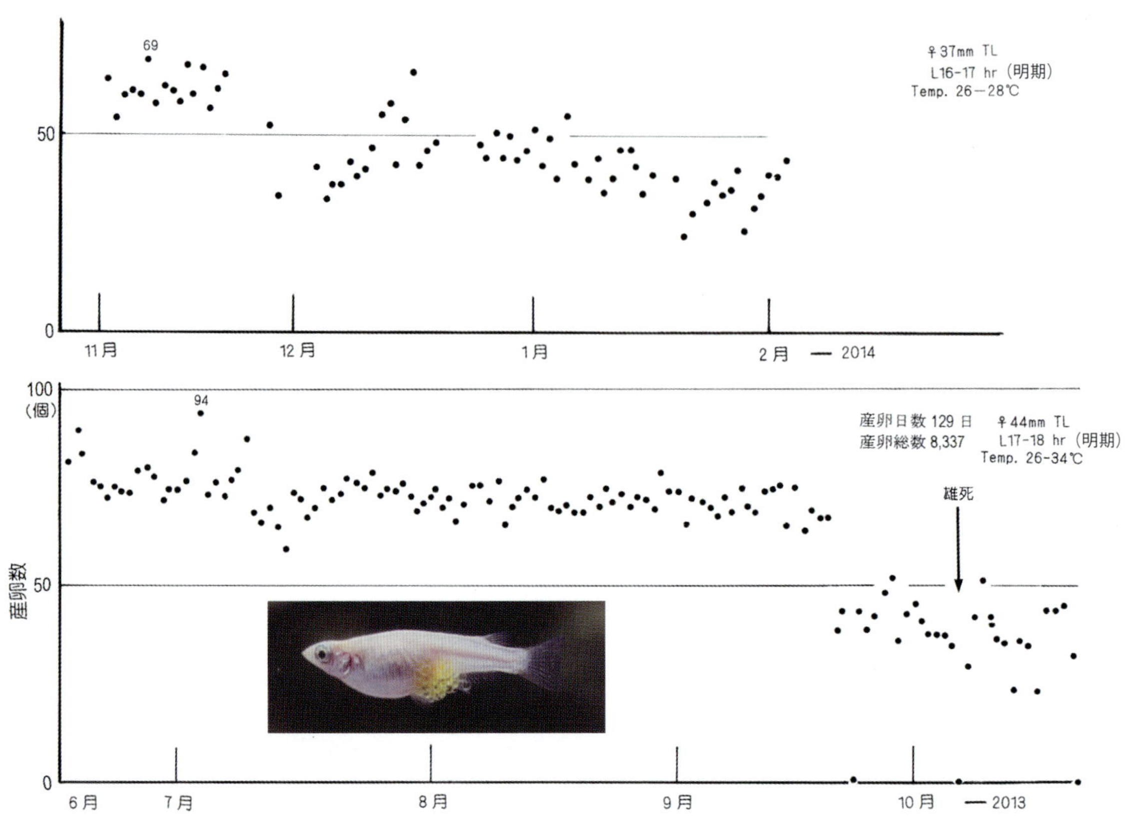

図2･8　1匹の雌メダカの1腹産卵数
多産系メダカ　上：37mm TL，下：44mm TL（2014）

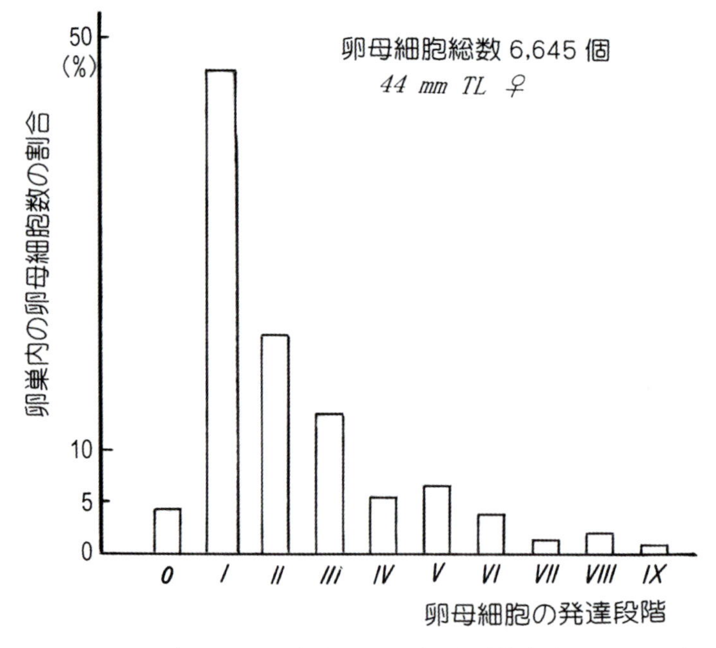

図2･9　多産メダカの卵巣当たりの卵母細胞構成（44mm TL ♀）

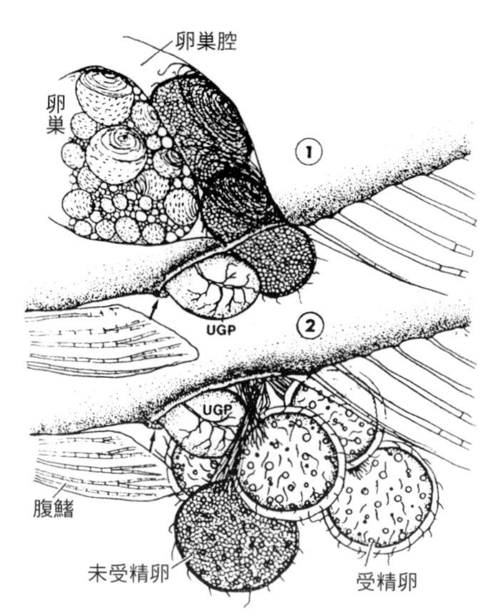

図2･10　雌メダカの泌尿生殖口からの産卵状態
（①から②へ）
UGP：泌尿生殖隆起．矢印は肛門を示す．

おそらく１万５千個以上になろう。。その結果，卵母細胞の大きさの分布は図２・９に示す通りで，発達段階Ⅰ（直径20～60μm）の卵母細胞（41.3％）が最も多く，前卵黄形成期のもの（stage Ⅰ－Ⅲ）が大部分（81.8％）を占めていた。もちろん，卵黄形成期の卵母細胞も多く，翌日成熟する直径810～1,100μmの卵母細胞が45個（約0.7％）存在した。この卵巣には，直径約10μmの卵原細胞に相当するものが全生殖細胞の約４％含まれており，活発に新しい卵母細胞を産出し続けていることを伺わせる。したがって，生殖寿命がある哺乳類の卵巣とは異なる。もう１匹の雌（全長37mm）も飼育条件が上記のものと同じで，非繁殖シーズンである冬期の11月から２月までの80日間であった（図２・８）。一日も休まず3,777個を産卵した。最大の１腹産卵数が69個であった。冬期でも，日照時間（光）と水温が適切であれば毎日産卵し続けることを示している。これらの飼育例から推して，もし断続的な産卵があるとすれば，飼育条件，もしくは飼育管理の不適切さ，あるいは雄の交尾能力か，雌との不適合が原因と考えられる。

産卵数は成長と成熟する卵母細胞の数の反映であり，それらを支配している脳下垂体からのゴナドトロピンの分泌量によって大きく影響されるはずである。事実，腹腔内に市販のゴナドトロピン（100IU/ml）を注射すると，腹圧増加の刺激もあって，日に日に産卵数は増加する。

冬眠メダカは飢餓状態にあったものでも，至適温度25～28℃，連続光下で，十分な餌を与えれば２週間前後で産卵するようになる。雌メダカは産卵には必ず雄メダカの交尾刺激を要求するので，一定数の雄と一緒にする。しかし，雄があまり多過ぎると，雌が餌を食べるのを妨げ，産卵数を低下させる。したがって，雄の数は雌のそれの３分の１程度がよい。雌は産卵した卵を泌尿生殖口にしばらくぶら下げている（図２・10）。

それらを手で採るか，水草に擦り付けさせてその水草を別の飼育水の入っている水槽に移す。産卵後，手で採った卵はガーゼで洗った後，顕微鏡下でガラス棒で付着糸を切って，メチレンブルーを0.00005～0.0002％含む池の水や塩類溶液で培養する。孵化後は上記の場合と同じように飼育する。飼育水にはうっすら緑を帯びる程度の量のユーグレナやクロレラを加え，孵化したらすぐに粉餌を与え始める。飼育を開始するときには，24時間の連続光（街灯用のはだか電球）を当て，その距離で水温を一定（28～30℃）に調節する（図２・５）。丸いガラス水槽（直径30cm）の場合，図２・５Bのように水面の食べ残しの餌をビーカーですくい取り，底の排泄物を水を回転させて容器の中央に集めて大型スポイドで吸い取る。その後，汲み出した水量だけ汲み置き水か，自然水を加える。粉餌は水面に一様に広がる程度与える。

Ⅸ．疾病と治療

メダカの病気は，①原生動物，吸（線）虫類，甲殻類などの寄生による場合（図２・11，図２・12），②内因性の異常による場合，③餌の食べ過ぎ（消化不良）や餌の不足のために起こる場合，そして④水中の排泄物・有毒物・酸欠などの飼育条件の不備による場合がある。これらの原因による病気には症状のはっきりしているものとそうでないものがある。これに関しては，渡辺国夫氏の優れた実用書『金魚の飼い方と病気』（永岡書店，1978）があるので，参照していただきたい。

外部から入手したばかりのメダカには，皮膚や鰓にバクテリアや原生動物がついているものが多いので，使用開始する前に飼育している他のメダカに感染しないようにメチレンブルー液などで消毒しておく。

1．寄生による場合

a．ミズカビ病（綿かぶり病）

水生菌ミズカビ *Saprolegniaceae* が体表に寄生することによる。ミズカビ科のうちで，魚に感染する種はミズカビ*Saprolegnia*，ワタカビ*Achlya*，アファノマイセス*Aphanomyces* の3属であるといわれている。これは，外傷による皮膚疾患にかかっていたり，消化障害を起こしている場合にみられる。これを治すには，マラカイトグリーンを一度小さい容器に温湯で溶かし，0.002％に15秒（0.0005％に30～40分）間メダカを泳がせる。その後マラカイトグリーンを洗い，さらにニトロフラゾン（12mg/ℓ）に24時間以上薬浴させる。その他，0.00004％トリクロルホン（水産用マラゾン）あるいはディプテレックス水和剤液にメチレンブルーを約0.0001％の割で含む水で飼育する（約30℃）。

b．白雲病

原生動物のチロドネラ*Chilodonella*（0.1～0.3㎜，図2・11），トリコディナ*Trichodina*やシクロケエタ・フジタイ*Cyclochaeta fujitai*（体長，20～35μm，図2・12）などが皮膚に寄生し，そのため体表が白く濁ってみえる。皮膚以外に鰓にも寄生するが，この場合は呼吸障害を来す。

治療には，水温を30℃ぐらいに上げた0.00004％ネグホン，0.0001％メチレンブルー，0.00002％アクリフラビンを含む飼育水に入れて，その中で飼育する。これと共に，0.025％ホルマリン溶液に1日1時間の薬浴を3～4日繰り返す。

c．白点病

鰭など体表，あるいは鰓がところどころ白色の薄い膜をかぶったようになり，体全体が衰弱して死ぬ。これは，原生動物繊毛虫類のイクチオフチリウス・ムルチフィリィス *Ichthyophirius multifiliis*（体長0.7～1mm，図2・11），いわゆる白点虫が表皮に入り込んで寄生することに原因する。この治療は白雲病と同様でよい。

d．トリコディナ症

飼育水が繊毛虫類トリコディナで汚染されていると，メダカはそれによって寄生される。そのため，体表に粘液の分泌が多くなり，鰓蓋が異常に膨れ上がるのが病気の症状である。この治療も白雲病と同様でよい。

e．吸虫病

春から夏にかけて，かかりやすい病気のようである。これは，病原虫である扁形動物吸虫類ギロダクチルス科 *Gyrodactylus elegans*（三代虫，体長280～800μm，

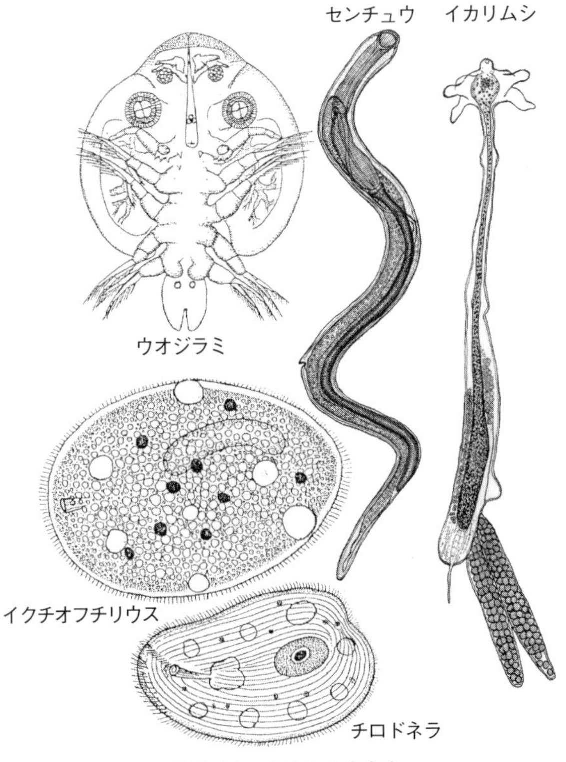

図2・11　メダカの病害虫

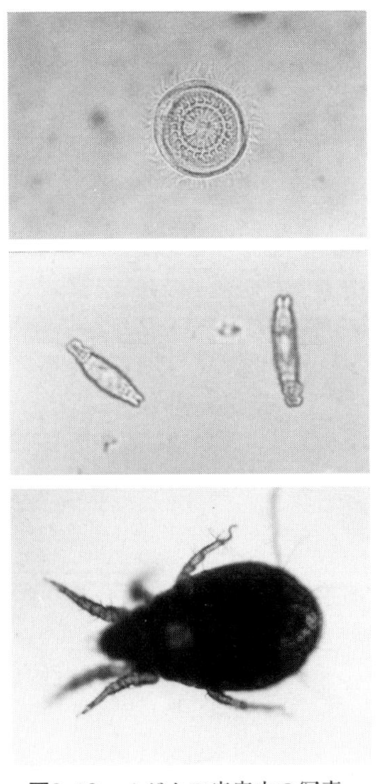

図2・12　メダカの病害虫の写真
上：フジタイ，中：ギロダクチルス，下：ミズダニ．

図２・12）のギロダクチルスがその後円盤という附着器でメダカの皮膚や鰓に吸いついて寄生するために起こる。外見上，皮膚が不透明になり，鰭など白く縮みがちになる。治療として，水温を30℃ぐらいに上げて，トリクロルホンを0.000025％の割合に混ぜた水で飼育する。また，数日間，0.025％ホルマリンに30分間薬浴させるか，食塩水（0.3～0.5％）でしばらく飼育する。

野外環境では，鰓尾類チョウ（ウオジラミ，*Argulus japonicas*，図２・11）も多くのメダカの体表に寄生して，吸血することによってメダカを衰弱死させる。

ｆ．イカリムシ症

５～10mmの長さの成熟した甲殻類のイカリムシ *Lenaea cyprinacea*（図２・11：♀，８×0.3mm）が皮膚を通して鱗下にまで食い込んだ鉤（イカリ）部から栄養を吸収する。イカリムシの雌は尾部に緑色がかった紡錘形の卵嚢を１対もち，幼虫は孵化すると水中を泳ぎながら脱皮して成長し，魚の皮膚に寄生する。雄は交尾後寄生しないで死ぬ。したがって，まずピンセットで皮膚に食い込んでいる鉤部を抜き取り，マーキュロクロームやヨードチンキで消毒する。それに併せて，水中のイカリムシの幼虫を撲滅するため１～２週間おきに３～４回トリクロルホンを0.00004％の濃度になるように飼育水に混ぜる。養魚場では，農薬であるディプテレックス水和剤も用いている。

ｇ．線虫症

袋形動物線虫類*Camallanus*（図２・11，センチュウ♀体長4.5～7.3mm）が消化管内壁に頭部で吸着して，栄養を吸収するため宿主の体は衰弱して死ぬ。この種の線虫*Camallanus cotti* は繁殖（親１匹当たり150～300の幼虫を卵胎生で生じる）が著しく活発で，水槽中に無数に殖える場合がある。これには，水槽を農薬0.001％で消毒し，十分な水洗後，白雲病の治療法をもって対処する。

ｈ．その他

寄生虫や傷口から細菌感染によって二次的に病気になる場合がある。これらの場合，飼育水の管理を十分に行っていれば，大事に至らない。

以上，外部寄生による病気の治療は共通して，飼育水を清潔にし，30℃前後に水温を上げ，農薬とメチレンブルーを併用混入させ，１～２週間ごとに部分換水すれば，たいがい可能である。

２．餌の過食や消化不良による場合

メダカはイトミミズなどの生き餌を食べ過ぎたり，ミズカビの多い水槽でそれらを食べて，消化不良や消化管内での有毒物質の発生によって死ぬことがある。例えば，イトミミズ類には，繊毛虫 *Hoplitophrya tubificis* や *Intoshellina limnodrili*，または扁形動物条虫類イトミミズタンペンジョウチュウ *Glaridacris limnodrili* が寄生している。

また，カルシウム，マグネシウム，鉄，ヨード，リンなどの過不足によって種々の病気になるし，日光の当たらない飼育室ではビタミンＡ，Ｄの不足による異常が起きやすい。

こうした事態を招かないためには，日ごろから水槽をきれいにし，栄養のバランスのとれた餌を与え，生き餌を与え過ぎないことである。

３．飼育条件の悪い場合

光が十分に当たらないと，脳下垂体からのホルモンの分泌量が減少して体力低下を来したり，水中に悪性の細菌類が増殖しやすくなるため，その感染を受けやすくなる。また，排泄物や食べ残しの餌，さらに目にみえない微生物の生じる有毒物が水に溶け込んで水質

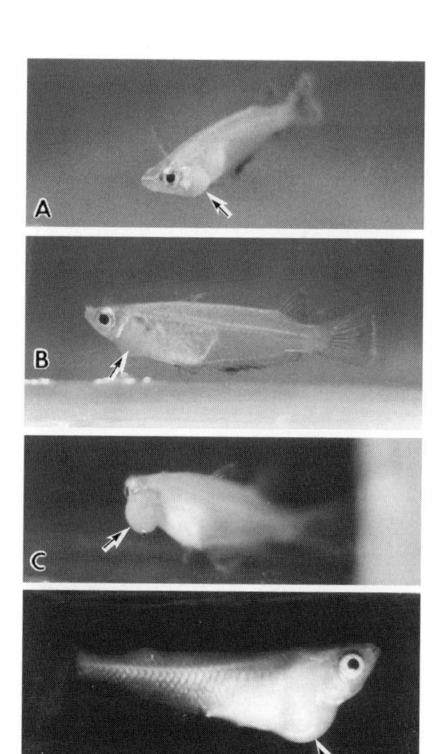

図2・13　メダカの腫瘍（矢印）
Ａ，Ｂ：ジャワメダカ（シンガポール），
Ｃ，Ｄ：ニホンメダカ．

を悪くし，メダカの体調を狂わせたり，腫瘍を生じる場合がある（図2・13）。

水槽壁がミズカビ類で茶色にならないように清潔にし，メチレンブルーを混入するなどしないと，緑藻すら繁殖できない透明な悪水になる。また，水温の低下によって，あるいは餌の与え方にむらがあると，メダカは体調を損ねて，消化不良，衰弱を起こしてしまう。その他，藍藻，アオミドロや水面に浮く藻類とか浮き草が繁殖し過ぎると，それらが毒素を出したり，水中のpHを上げたり，夜間に溶存酸素量を減らして，メダカの体調を悪くする。モノアラガイは藍藻が大好きなので，モノアラガイを入れて食べさせるとよい。

以上，光，温度，給餌，水質，棲息密度などに十分留意しなければならない。

X．人為的誘発による腫瘍

前述のように，実験暗室の水槽中で数カ月の飼育中において腫瘍が鰓，頭部，肝臓に2～3％近く散発的に生じる。

一方，石川ら（1975）のジエチルニトロソアミンによる腫瘍誘発の研究に始まるメダカにおける発癌（腫瘍）の研究は，さらに多くの物質（アフラトキシンB1，アフラトキシンG1，オルト-アミノアゾトリエン，ステリグマトシスチン，ベンツピレン，メチルアゾキシメタノール（MAM）アセテート）でなされている。成魚において，0.01～10ppm濃度で3カ月以内に肝細胞癌や肝腺腫を誘発することが報告されている（正仁親王・石川，1990）。肝腫瘍の誘起には，DENAアセテート（0.1～10ppm/日），MAMアセテート（2～3ppm/日）（Aoki and Matsumura, 1977, 1981）が使用されている。

Hatanaka ら（1982）は，アフラトキシンB/G1，ステリグマトシスチン，オルト-アミノアゾトルエン，メチルアゾキシメタノール（MAM）アセテート，及びジメチルニトロサミン（DEN）などでの24週間処理で，肝細胞の癌腫carcinomaを誘発するのに成功している。正仁親王ら（Masahito *et al.*, 1996）によれば，メダカを用いたガンの研究に関する論文はアメリカ合衆国では石川によってなされた1975年の最初の研究以来1989年まで，毎年5～6論文が報じられていたが，近年はやや減少気味であるという。

肝臓以外における腫瘍の人為的誘発は，鰓（Brittelli *et al.*, 1985），眼（Hawkins *et al.*,1986）及び皮膚（黒色腫：Hyodo-Taguchi and Matsudaira, 1984）に報告されている。ブリッテリら（1985）によれば，成魚を0.5～1.0ppmの*N*-メチル-*N'*-ニトロ-*N*-ニトロソグアニジン中で28日間飼育すると，その後3～9カ月して鰓に腫瘍が発生する。眼の場合，孵化後6～10日目のヒメダカを10～100ppmのメチルアゾキシメタノールアセテートで2時間処理すると，その8～24週間後に発生するという。詳しくは，後述の環境の章で触れる。

XI．系統維持

普通，兄妹交配 brother-sister mating（同胞交配）を20世代（血縁係数99.6；近交係数98.6％）以上行ったものを近交系（統）と呼ぶ。例えば，特定の形質をもつものを雌雄各1匹ずつ一緒にし，25～26℃の恒温室で飼育し，産卵している3つがいのヒメダカorange-red type（0～1，0～2，0～3）を親とする。これらの3つがいから得られた卵を，それぞれ1つがいごと育てて，最初に設定した形質をもつ3つがいを再び選び，第1回の兄妹交配を行う。その後も毎世代同様につがいごとに飼育し，兄妹交配を繰り返す（田口，1980）。

近交系はヒメダカから作出したHO系統（1979），野生型メダカから育種して確立したHB系統（1980），そして新潟産メダカを系統化したHNI系統（1989）が知られている（田口，1990）。これらの近交系を用いて，ある特定の遺伝子だけが異なり，その他の遺伝子（座）がすべて同じコンジェニック系統を作成すれば，遺伝子の機能分析や単離が可能である。これに関して，最近の総説（Hyodo-Taguchi, 1996）を参照されたい。

種間雑種の多くの場合，初期卵割時に分裂異常になって正常な胚ができなかったり，成魚になってもその生殖細胞の減数分裂が異常になったりして，正常な配偶子が形成さない。そうした種間雑種の中でも，成魚になって不妊になる場合，雑種胚の段階で特殊な遺伝子をもつ胚の生殖細胞への分化能のある細胞を移植することによって，不妊雑種に生殖細胞をつくらせることも可能である（Shimada and Takeda, 2008）。

こうして得られた近交系メダカは，移植実験（鰭：

Egami and Kikuta, 1969；鱗：Kikuchi and Egami, 1983）によって検定できる。すなわち，同系統間では，互いに表皮を鱗と共に移植することが可能であるが，異系統間では約１週間で移植表皮の色素胞の崩壊（拒絶反応）が起こる。

文献

阿部四郎，1929. メダカについて．帝国水産，8: 11.

———，1936. ニホンメダカ，*Oryzias latipes*. 養殖と製造，1: 8.

Aoki, K. and H. Matsudaira, 1977. Induction of hepatic tumors in a teleost (*Oryzias latipes*) after treatment with methylazoxymethanol acetate. J. Natl. Cancer Inst., 59: 1747-1749.

——— and ———, 1981. Factors influencing tumorigenesis in the liver after treatment with methylazoxymethanol acetate in a teleost, *Oryzias latipes*. *In* “Phyletic Approaches to Cancer” (C. J. Dawe, J. C. Harshbarger, S. Kondo, T. Sugimura and S. Takayama, eds.). Jap. Sci. Soc. Press, pp. 205-216.

———・中鶴陽子・桜井純子・正仁親王・史川隆俊，1988. ヒメダカ肝における0^6-メチルグアニンDNA－メチル基転移酵素活性におよぼすX線およびメチルアゾキシメタノールアセテートの影響．第47回日本癌学会総会記事，p. 115.

Battalora, M. S., W. E. Hawkins, W. W. Walker and R. M. Overstreet, 1990. Occurrence of thymic lymphoma in carcinogenesis bioassay specimens of the Japanese medaka (*Oryzias latipes*). Cancer. Res., 50: 5675S-5678S.

Brittelli, M. R., H. H. C. Chen and C. F. Muska, 1985. Induction of branchial (gill) neoplasms in the medaka fish (*Oryzias latipes*) by *N*-methyl-*N*′-nitro-*N*-nitrosoguanidine. Cancer Res., 45: 3209-3214.

Briggs, J. C. and N. Egami, 1959. The medaka (*Oryzias latipes*), a commentary and a bibliography. J. Fish. Res. Bd. Can., 16: 363-380.

Chan, K.K., 1976. Presence of a photosensitive daily rhythm in the female medaka, *Oryzias latipes*. Can. J. Zool., 54: 852-856.

Egami, N., 1954. Effect of artificial photoperiodicity on time of oviposition in the fish *Oryzias latipes*. Annot. Zool. Japon., 27: 57-62.

———, 1955. メダカの生物学小史．遺伝，9: 20-23.

———，1956. メダカ*Oryzias latipes*の飼育法．遺伝学ハンドブック，pp. 851-852，技報堂(東京).

———, 1959. Effect of exposure to low temperature on the time of oviposition and in growth of the oocytes in the fish, *Oryzias latipes*, in laboratory aquarium. J. Fac. Sci., Tokyo Univ., IV, 8: 539-548.

———, 1971a. The medaka, *Oryzias latipes* (Teleostei) as a laboratory animal. ICLA Asian Pacific Meeting on Laboratory Animals, 2: 4.

———，1971b. Further notes on the life span of the teleost, *Oryzias latipes*. Exp. Gerontol., 6: 379-382.

———，1972. メダカの寿命と老令変化(予報)．動物学雑誌，81: 320.

———，1973. The medaka, *Oryzias latipes* (Teleost fish) as a laboratory animal. ICLA Proceedings, 111-116.

———，1985. 野生メダカと研究用につくり出したメダカ．生物教育，26: 151-155.

——— and H. Etoh, 1969. Life span data for the small fish, *Oryzias latipes*. Exp. Gerontol., 4: 127-129.

——— and K. Hosokawa, 1973. Responses of the gonad to environmental changes in the fish, *Oryzias latipes*. *In* “Responses of fish to environmental changes”(Chavin, ed.). Charles C. Thomas Publ., pp. 279-301.

——— and K. Kikuta, 1969. X-ray effects on rejection of transplanted fins in the fish, *Oryzias latipes*. Transplantation, 8: 300-302.

濱口順子，1981. 魚の自然発生腫瘍と実験的腫瘍．遺伝，35(8): 7-15.

Harada, T., J. Hatanaka and M. Enomoto, 1988. Liver cell carcinomas in the medaka (*Oryzias latipes*) induced by methylazoxymethanol-acetate. J. Comp. Pathol., 98: 441-452.

Hatanaka, J., N. Doke, T. Harada, T. Aikawa and M. Enomoto, 1982. Usefulness and rapidity of screening of the toxicity and carcinogenicity of chemicals in medaka, *Oryzias latipes*. Jap. J. Exp. Med., 52: 243-253.

Hawkins, W. E., J. W. Fournie, R. M. Overstreet and W. W. Walker, 1986. Intraocular neoplasms induced by methylazoxymethanol acetate in Japanese medaka, (*Oryzias latipes*). J. Natl. Cancer Inst., 76:

453-465.

Hinton, D. E., 1984. Morphological survey of teleost organs important in carcinogenesis with attention to fixation. Natl. Cancer Inst., Monogr., 65: 291-320.

Hyodo-Taguchi, Y., 1996. Inbred strains of the medaka, *Oryzias latipes*. Fish Biol. J. Medaka, 8: 11-14.

——— and N. Egami, 1985. Establishment of inbred strains of the medaka *Oryzias latipes* and the usefulness of the strains for biomedical research. Zool. Sci., 2: 305-316.

——— and H. Matsudaira, 1984. Induction of transplantable melanoma by treatment with *N*-methyl-*N'*-nitro-*N*-nitrosoguanidine in an inbred strain of the teleost. *Oryzias latipes*. J. Natl. Cancer Inst., 73: 1219-1227.

——— and ———, 1987. Higher susceptibility to *N*-methyl-*N'*-nitro-*N*-nitrosoguanidine-induced tumorigenesis in an interstrain hybrid of the fish, *Oryzias latipes* (medaka). Jpn. J. Cancer Res., 78: 487-493.

——— and M. Sakaizumi, 1993. List of inbred strains of the medaka, *Oryzias latipes*, maintained in the Division of Biology, National Institute of Radiological Sciences. Fish Biol. J. Medaka, 5: 29-30.

井上忠明，1974. ヒメダカの産卵と密度効果．遺伝，28(2): 17-22.

石川千代松，1913. 新動物学精義(上巻) pp.372-373, 金刺芳流堂(東京).

Ishikawa, T., P. Masahito and S. Takayama, 1984. Usefulness of the medaka, *Oryzias latipes*, as a test animal: DNA repair processes in medaka exposed to carcinogens. Natl. Cancer Inst. Monogr., 65: 35-43.

———, T. Shimamine and S. Takayama, 1975. Histologic and electron microscopic observations on diethylnitrosamine-induced hepatomas in small aquarium fish (*Oryzias latipes*). J. Natl. Cancer Inst., 55: 909-916.

石岡圭子・松本恵子・吉岡 寛, 1978. メダカの産卵周期にともなう卵発達の日周期性と排卵時間．生物教材，13: 42-58.

岩松鷹司, 1973. On changes of ovary, liver and pituitary gland of the sexually inactive medaka (*Oryzias latipes*) under the reproductive condition. Bull. Aichi Univ. Educat., 22(Nat. Sci.): 73-88.

———, 1978a. Studies on oocyte maturation of the medaka, *Oryzias latipes*. VI. Relationship between the circadian cycle of oocyte maturation and activity of the pituitary gland. J. Exp. Zool., 206: 355-363.

———, 1978b. Studies on oocyte maturation of the medaka, *Oryzias latipes*. VII. Effect of pinealectomy and melatonin on oocyte maturation. Annot. Zool. Japon., 51: 198-203.

———, 2006, 新メダカ学全書, pp. 473, 大学教育出版, 岡山.

———, 2014, メダカ繁殖飼育マニュアル. ANIMATE, No.11, 1-6.

———・赤沢 豊, 1987. メダカにおける卵巣の発達に及ぼす脳下垂体摘出と性ステロイド投与の影響. 愛知教育大学研究報告, 36: 63-71.

———・江上信雄, 1982. メダカの卵の郵送. 遺伝, 36(10): 88-89.

——— and R. Fujieda, 1977. Studies on oocyte maturation of the medaka, *Oryzias latipes*. IV. Effect of temperature on progesterone- and gonadotropin-induced maturation. Annot. Zool. Japon., 50: 212-219.

Job, T. J., 1940. On the breeding and development of Indian "mosquito-fish" of the genera *Aplocheilus* and *Oryzias*. Rec. Indian Mus., 42:51.

春日精一・岩崎良教・高野和則, 1972. メダカの卵巣成熟に与える光および水温の影響, 動物学雑誌, 83: 403.

川尻 稔, 1949. ヒメダカの蕃殖率に及ぼす群居密度. 日本水産学会, 15: 166-172.

Kikuchi, S. and N. Egami, 1983. Effect of γ-irradiation on the rejection of transplanted scale melanophores in the teleost, *Oryzias latipes*. Develop. Comp. Immunol., 7: 51-58.

木村郁夫・石田廣次, 1989. メダカの系統, 発生段階と発癌感受性. 第48回日本癌学会総会記事, p. 64.

Klaunig, J. E., B. A. Barut and P. J. Goldblatt, 1984. Preliminary studies on the usefulness of medaka, *Oryzias latipes*, embryos in carcinogenicity testing. Natl. Cancer Inst. Monogr., 65: 155-161.

越田 豊, 1977. メダカ. 遺伝, 31(2): 58-63.

Kyono, Y., 1978. Temperature effects during and after the diethylnitrosamine treatment on liver tumorigenesis in the fish, *Oryzias latipes*. Europ. J. Cancer, 14: 1089-1097.

―――――, 1980. Temperature effects on liver tumorigenesis in the medaka, *Oryzias latipes*. *In* "Radiation effects on aquatic organisms" (N. Egami, ed.). Japan Sci. Soc. Press. Tokyo, pp. 213-216.

―――――, 1984. Effects of temperature and partial hepatectomy on the induction of liver tumors in *Oryzias latipes*. Natl. Cancer Inst. Monogr., 65: 337-344.

――――― and N. Egami, 1977. The effect of temperature during the diethylnitrosamine treatment on liver tumorigenesis in the fish, *Oryzias latipes*. Europ. J. Cancer, 13: 1191-1194.

―――――, A. Shima and N. Egami, 1979. Changes in the labeling index and DNA content of liver cells during diethylnitrosamine-induced liver tumorigenesis in *Oryzias latipes*. J. Nalt. Cancer Inst., 63: 71-74.

Lauren, D.J., S.J. Teh and D.E. Hinton, 1990. Cytotoxicity phase of diethylnitrosamine-induced hepatic neoplasia in medaka. Cancer Res., 50: 5504-5514.

Masahito P., K. Aoki, N. Egami, T. Ishikawa and H. Sugano, 1989. Life-span studies on spontaneous tumor development in the medaka (*Oryzias latipes*). Jap. J. Cancer Res., 80: 1058-1065.

―――――, ――――― and T. Ishikawa, 1997. Cancer research using the medaka, *Oryzias latipes*, over 21 years. Fish Biol. J. Medaka, 8: 15-19.

―――――・石川隆俊，1990.メダカにおける腫瘍発生.「メダカの生物学」(江上信雄・山上健次郎・嶋 昭紘編)，pp. 267-280，東京大学出版会.

Mitani, H. and N. Egami, 1980. Long term cultivation of medaka (*Oryzias latipes*) cells from liver tumors induced by diethylnitrosamine. Fac. Sci., Toyo Univ. sec. Ⅳ, 14: 391-398.

Myers, G. S., 1952. Easiest of all to span and raise - the medaka. Aquarium, J., 23: 189-194.

Shima, A. and H. Mitani, 2004. Medaka as a research organism: pst, present and future. Mech. Dev., 121: 599-604.

志水 誠・大場幸雄, 2008. メダカの種類いろいろメダカの館，メダカの館（広島).

Shu, P.-R., 1947. A study of the life history of *Oryzias latipes* (T. & S.). Res. Bull. Fucken Acad., Biol. Sec., 2: 147-160.

Solberg, A. N., 1942. Controlling the spawning of the medaka, *Oryzias* (*Aplocheilus*) *latipes*. Aquarium, 11: 135-138.

田口泰子，1980. メダカの近交系の作出．動物学雑誌，89: 283-301.

―――――, 1990. メダカの系統保存について．海洋，22: 142-148.

―――――, 1990. 近交系とその特性．「メダカの生物学」(江上信雄，山上健次郎・嶋　昭紘編)．東京大学出版会，pp.129-142.

高野和則・春日精一・佐藤　茂（1974）人工光周期下におけるメダカの生殖周期，北大水産彙報，24: 91-99.

寺尾　新・田中友三，1928. メダカの産卵におよぼす群居密度の影響，水産講習所報告，24: 52-53.

――――― and ―――――, 1928. Influence of population density upon the egg-laying in the fish, *Oryzias latipes* (T. & S.). Proc. Imp. Acad. Tokyo, 4: 559-560.

Toledo, C., J. Hendricks, P. Loveland, J. Wilcox and G. Bailey, 1987. Metabolism and DNA-binding *in vivo* of aflatoxin B_1 in medaka (*Oryzias latipes*). Comp. Biochem. Physiol., 87C: 275- 281.

富田英夫，1981. メダカ．「実験動物としての魚類－基礎実験と毒性試験」(江上信雄編)，Ⅱ－2，pp.129-137, ソフトサイエンス社（東京).

Torikata, C., M. Mukai and K. Kageyama, 1989. Spontaneous olfactory neuroepithelioma in a domestic medaka (*Oryzias latipes*). Cancer Res., 49: 2994-2998.

Ueda, M. and T. Oishi, 1982. Circadian oviposition rhythm and locomotor activity in the medaka, *Oryzias latipes*. J. interdiscipl. Cycle Res., 13: 97-104.

―――――・―――――，1997. メダカの産卵におけるサーカディアンリズム．動物学雑誌，88: 652.

Ulmer, R. E., 1942. Breeding the medaka, *Aplocheilus latipes*. Aquarium, 10: 152-154.

浦崎　寛，1971. メダカの松果腺の生殖腺制御機能について．動物学雑誌，80: 460.

―――――, 1972. Role of the pineal gland in gonadal development in the fish, *Oryzias latipes*. Annot. Zool. Japon., 45: 152-158.

―――――, 1973. Effect of pinealectomy and photoperiod on oviposition and gonadal development in the fish, *Oryzias latipes*. J. Exp. Zool., 185: 241-245.

Van Beneden, R. J., K. W. Henderson, D. G. Blair, T. S. Papas and H. S. Gardner, 1990. Oncogenes in hematopoietic and hepatic fish neoplasms. Cancer. Res., 50: 5671S-5674S.

Yamamoto, T., 1975a. The medaka, *Oryzias latipes*, and the guppy, *Lebistes reticulatus*. *In* "Handbook of Genetics" (R. C. King, ed.). Vol. 4, Chap. 7, Plenum Publ. Corp. (New York).

———, 1975b. Stages in the development. *In* "Medaka (killifish) : Biology and Strains" (T. Yamamoto, ed.). Keigaku Publ. Co. (Tokyo), pp. 59-72.

第3章　実験のための技術

TECHNIQUES FOR EXPERIMENTS

自然とは異なる条件下に置いたり，条件因子を加減したりすることによって生体が時間を追って，どのように応答するかを実験対照区と比較・観察・分析するやり方で現象のメカニズムを解明する方法が実験である。

I．麻酔と計測

1．麻酔

成魚の麻酔には0.035％クロレトンchloretone（chlorobutanol, acetone chloroform）溶液とか，0.01~0.1％MS222（tricaine methanesulfonate）液，あるいはフェニールウレタン（phenyl urethane）溶液が用いられる。フェニールウレタン（融点50℃；60℃で0.1％水溶液）は飽和溶液にして約30％の割合でエタノールを加えたもので，それを魚の入っている水に麻酔の程度をみながら少量ずつ注ぐ（約0.01％）。フェニールウレタンにはエタノールを加えた方が麻酔のかけ過ぎがなく手術用として適している。注射のような瞬時の操作には，成魚をみぞれ状の氷（あるいは氷水）中に入れて麻痺させた状態でも可能である。卵の麻酔にも0.2％MS222（Aketa, 1966），5 mMフェニールウレタン（Yamamoto, 1944），あるいは5 mMクロレトン（Yamamoto, 1949a）が用いられる。麻酔したメダカを掬って他の容器に移すのには，フォーク，あるいは フォークのように先端を櫛状にした薬さじが便利である。ちなみに，どのメダカ種でも雄は麻酔が効くと，腹を上にする習性があるので雌雄の判別に都合がよい。

2．体形の計測（図3･1）

頭部について，眼の前縁より口の先端までを吻snout，両眼の間を両眼間隔 interobital space，眼の後縁より後ろの背面を後頭部 occiput，眼の下方部を頬cheek，眼の後縁より後方下部を鰓蓋部 opercular regionといっている。頭部腹面は両鰓蓋の上皮は縫合symphysis しており，それより前方を頤（おとがい）chin，それより後方を咽喉部 jugular，頭部より後ろ

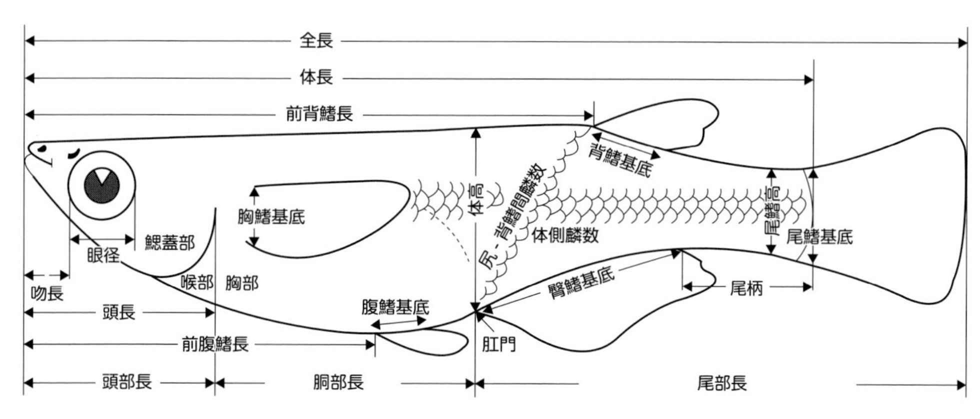

図3･1　メダカの体の計測図
L. trans.：肛門と背鰭との間の体側鱗数，L. lat.：体側線上の鱗数.

の腹面を胸 brest という。
体長：吻端から尾鰭基部までの実測長。
頭長：実測体長を頭部（吻端から鰓蓋最後端まで）実測長で割った値（体長／頭長）。
吻長：実測頭長を実測吻長（吻端から眼前までの長さ）で割った値（頭長／吻長）。
眼径：実測頭長を実測眼径（眼の外輪の直径）で割った値（頭長／眼径）。
体高：実測体長を臀鰭前端部の背腹の幅で割った値（体長／体幅）。
尾柄高：実測体長，もしくは実測頭長を尾鰭基部幅で割った値（体長／尾柄幅，もしくは頭長／尾柄幅）。
縦列鱗数：体側中央線に沿った鱗数（L. lat.）。
横列鱗数：臀鰭前端より背方に並ぶ鱗数（L. trans.）。

３．色素胞の算定

麻酔によってメラニンが拡散すると隣接し合う色素胞が重なり測定できなくなるので，鰭の場合は基部から切り取り，鱗の場合は抜き取ってM/7.5KCl溶液中に入れ，黒色素胞が凝集するのを待って算定する。接眼ミクロメーターの目盛り10~50内に入る色素胞の数を３カ所以上数えて，平均値を求める。

Ⅱ．摘出手術

１．生殖巣の摘出（去勢）

水道水で洗ったメダカを大型ペトリー皿内の塩類溶液（山本氏の塩類溶液，または0.6％食塩水）に入れ，麻酔液を加えて麻酔状態にする。双眼実体解剖顕微鏡下に置いて，腹部の切開・生殖巣の摘出手術を行う。小さいガーゼ片をメダカの体前半分にかけて，体が動かないようにピンセットで押さえる。もう一方の手で，まず体側線のやや腹側寄りの位置である体腔後方の背側部に眼科用のメス scalpel，あるいは先の鋭利なカミソリを刺して小さい切開口を作り，そこに先の細い時計用ピンセットを少し入れる。その次に，切開口を背腹方向に拡げるようにしながらピンセットを開いて，さらに奥に挿し込んで生殖巣をつかみ出す。ピンセットを深く挿し込むとき，その先がなるべく腹側向きにならないようにしないと，消化管をつまみ出すことになる。つまみ出した生殖巣を完全な形で切除するために，からだをガーゼで押さえていた手を離して，２本の時計用ピンセットを操作する。この手術を成功させるためには，予め解剖を行って，生殖巣の摘出に最適な切開口の位置，その口部から挿し込むピンセットの深さや位置を確かめておく必要がある。

こうして，去勢した個体については，水道水に直に入れても死ぬことはないが，傷口が小さくなるまで数日間，塩類溶液中で飼育する。山本と鈴木(1955)はバクテリアの感染を防ぐため，手術後はペニシリンG 50 IU/ℓを含む除菌水に入れておくことを勧めている。

２．雄成魚の不妊法

未受精卵を得るためには，前述のように雌を犠牲にしなければならない。希少種においては，雌を犠牲にできない場合があるし，せっかく作成したクローンメダカを保持したい場合には，未受精卵を放卵させせられたならば，雌を犠牲にしなくてもそれらを得ることができる。未受精卵を放卵させるためには，精子を出さないで，交尾する不妊雄が必要になる。雄を不妊にするには，３つの方法がある。①稚魚の生殖巣の分化時に多量の男性ホルモンなどの薬物で精巣形成を阻害する方法，②性成熟後，精巣の摘出手術を行う（前述），③性成熟後，輸精管を結紮する。ここでは，輸精管を結紮する方法について述べる。

雄メダカを麻酔薬（0.1％MS222; 三共）溶液に入れ，鰓蓋運動をしているが触れても反応しない状態になると，その半分濃度の麻酔薬の0.65％NaClに入れる。麻酔から醒めないうちに，実体解剖顕微鏡下で小さいメス scalpel の先を肛門の後背部に差し込んで開腹し，先の細いピンセットで切り口を押し広げて，もう一方のピンセットで輸精管をつまみ出す。切り口を開いていたピンセットで縫合糸を輸精管の内側から回して，輸精管を縛って手術を完了する。この手術後，雄は0.65％NaCl溶液中に５日間も飼育すれば，傷も塞がる。この不妊雄は0.65％NaCl溶液（未受精卵の受精能力をしばらく保持する）中で，前日に雄と離しておいた雌と塩類溶液に入れて雄と一緒にすると，交尾行動を行い，精子が出ないため未受精のままの卵を産ませられる。

３．脳下垂体の摘出

アルコールを含むフェニールウレタンで麻酔してすぐ，手で直接メダカを口の奥がよくみえるように固定し，口を開かせる。図３・２のように，マウスピースに連結したシリコンチューブの先の注射針（No.23）を用いて舌を下に押さえるように口腔内に挿入する。

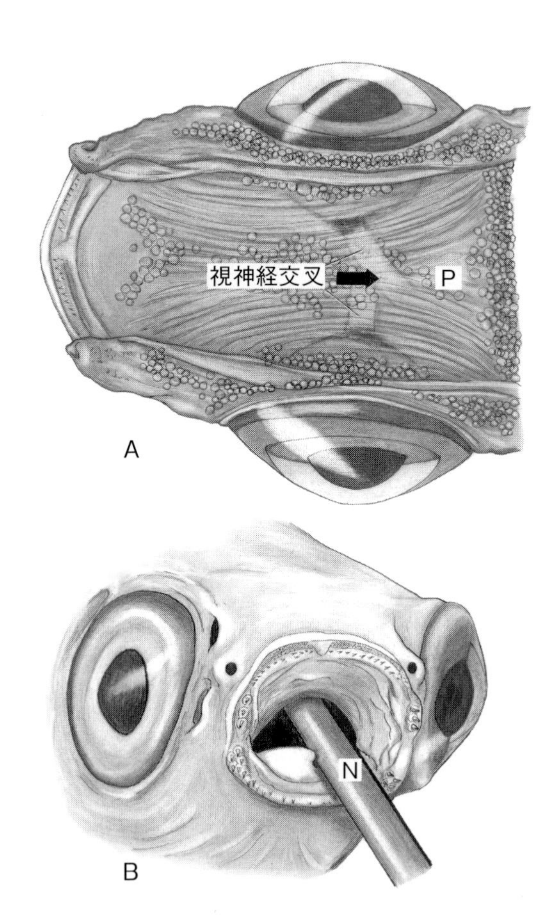

図3･2　脳下垂体の位置と摘出の図
A：切開して上蓋を下方からみた図，B：麻酔後，脳下垂体(P)摘出のための注射針(N)を適切な深さに挿入し，脳下垂体を吸い取る．

一定の深さ（あらかじめ解剖によって針の先端が副蝶形骨に達することを確かめておく）のところで針の穴を下に向けて上蓋に突きたてた後，脳下垂体の位置で針の穴を上向けにし，その穴の位置を僅かに左右に1回ずつ回転させると同時に口で吸ってシリコンチューブ内を陰圧にして脳下垂体を吸い取る。この操作を終えたら,すぐ空気をよく混入させた塩類溶液（26~28℃）に戻す(Iwamatsu, 1978)。

この他,眼窩から脳下垂体を摘出する方法がある(河本, 1969)。フェニールウレタンで麻酔し,ペトリー皿にパラフィンを流し込んで作った手術台の上にメダカを横たえ，山本の塩類溶液で湿したガーゼを体の上にかけて虫ピンで固定する。双眼実体顕微鏡下で眼の周りの表皮をピンセットで剥がした後，眼球をもち上げながら視神経や血管を深い位置で切断して，眼球を除去する。そして，眼窩内の脂肪粒や神経などを血液とともに塩類溶液で洗い流す。透明な神経頭蓋の中には白い視神経交叉があり，そのすぐ下側に乳白色の脳下垂体がみえる。それを先を細くしたピンセット（もしくは微小スポイトで吸い取る）で脳下垂体をつまみ出す。手術後，塩類溶液中にメダカを移して3~4日間回復を待ってから，淡水に戻す。これらの手術を施したもので，脳下垂体をもつものをシャム sham 対照区として用いる。急を要さない実験の場合，この方法がやさしい。また，内田ら（1971）はBall（1965）の変法で脳下垂体摘出を行っている。

4．眼球の摘出

メダカを麻酔し，上記のようにパラフィン解剖皿にガーゼで固定し，眼の周りの表皮をカミソリ（メス）またはピンセットで切り取り,先の細いピンセットで,眼球を引き抜く。手荒であるが，この方が手速く操作ができて出血が少なくてよい。手術後は1日，ないし数日間抗生物質を添加した生理食塩水に入れておく。

5．松果腺の摘出

麻酔後，メダカを上記のようにパラフィン解剖皿（この場合，パラフィンに体が入る深い溝をつける）にガーゼで背面を上にして固定し，双眼実体解剖顕微鏡（×20）下に置く。前額骨の中央部分の上面の鱗をはずしとり，黄色味を帯びた松果腺を確認する。硬質ガラス製の微小スポイトを斜めに磨いて尖らせて，そ

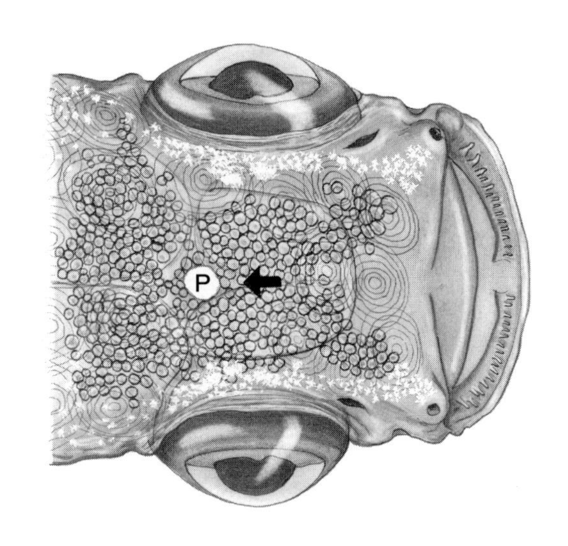

図3･3　背面から見た松果腺の位置
P：松果腺，矢印は微小ピペットの挿入方向を示す．

の先端を松果腺に向けて前方から挿入する（図３・３）。そのスポイドにとりつけたシリコンチューブの吸い口を吸って，スポイド内に松果腺を吸い取る。

6. 鰭や鱗の移植と拒絶反応

移植免疫の研究はメダカでも試みられている。この鰭の移植の場合，その小片を尾鰭の鰭軟条の間に挟み込む。菊池と江上（1983）は予めヒメダカの鱗を抜き取っておいたところに野生メダカの黒色素胞をもつ移植鱗を挿入する移植実験を行っている。25℃で他の移植された鱗の黒色素胞は２～３日目ごろから崩壊し始め，５～６日目ですべて消失し，メラニン顆粒が散乱する。１回目の移植（一次移植）後，経時的に二次移植を行うと，一次移植から10日目から強い二次応答がみられるが，25~30日目には急激に弱くなる。この二次応答反応は５～７℃の低温下では起こらない（菊池，1985）。

7. 鰭の除去

麻酔状態のメダカを，少量の塩類溶液を入れた大型ペトリー皿に横に寝かせ，指先で魚体を固定する。鋭利なカミソリを鰭の基部（鰭軟条に対して直角）に当てて鰭を押し切る。鰭の再生の実験には森（1942）やKatogi *et al.*（2004）の報告がある。

Ⅲ. ホルモンの投与

1. 成魚

ゴナドトロピンのような水溶液のホルモンは腹腔内に注射する。成魚（体長30mm以上）メダカの腹腔内に注入できる量は0.02~0.05ml/匹程度である。水に溶けないステロイドのようなホルモンは次のような方法で投与される。

a. 粉餌に混ぜる。この場合，まず少量の粉餌をホルモン（錠剤）と共に細かくつぶし，少量ずつ粉餌を加えながら，乳鉢でよくすり混ぜる（Yamamoto, 1958）。

b. ホルモン稀釈液中に飼育する（Okada and Yamashita, 1944；岡田・江上，1954）。ステロイドホルモンはエタノールに溶かして水と混ぜる。

c. 体側腹部の鱗下にホルモンの結晶をピンセットで挿入する（小川，1959）。

d. 腹腔内に注射する。エタノールに溶かしたものをオリーブ油に溶かし，アルコールを減圧除去した後注射する（Hishida, 1964）。注射針（No.25~No.28）を腹部後方の筋肉壁を通して斜めに刺し，体腔からホルモンの漏れを少なくする。注入量（0.02~0.03ml/匹）はなるべく少ない方がよい。

2. ホルモンによる性転換の方法

山本時男先生に筆者が初めてご指導を受けた方法（Yamamoto, 1953, 1958）は，未分化生殖巣の分化を性ホルモンでコントロールすることによって，性を転換させるものである。まずd-*rR*（domesticated *rR*）系統メダカが根に受精卵を産み付けているホテイアオイを同水温の汲み置き水に移す。毎朝孵化している稚魚をナイロンメッシュ(使い古しのストッキングで作った）の小さい手網ですくい取り，汲み置き水の入った丸形ガラス水槽（直径30cm）に移してホルモン餌を水面全体に広がるほど与える。毎朝，食べ残しの水面の餌をガラス容器ですくい取り，底の糞などを吸い取って，減った分だけの水を加えた後ホルモン餌を与えることを繰り返す。孵化直後の性分化前から，性分化のほぼ終了する体長10mm以上に生育するまでの間，性ホルモンを混ぜ込んだ餌を与え続ける。したがって，飼育管理には十分な注意力と忍耐力を要する。経口投与するホルモンの餌は，乳鉢で30分間ほど粉餌にホルモンを擦り込んで準備する。

性が決定する機構を解明するために，我々はホルモンの作用時間を限定する方法を1993年以来採っている（Iwamatsu, 1999; Iwamatsu *et al.*, 2005, 2006; Kobayashi and Iwamatsu, 2005）。この方法は，受精後一定の時間だけ性ホルモン水溶液に浸して処理・発生（100ng/ml，１日間）させる。その処理後，ホルモン無しの条件で発生・発育させる（図３・４）。その後，卵巣から取り出した卵母細胞を男性ホルモン（１～100mg/ml 17 α methyldihydrotestosterone, MDHT: Sigma）含有培養液中で成熟させ，正常塩類溶液中で人工授精させて発生させた（Iwamatsu *et al.*, 2006）。そうすると，孵化後ホルモン投与を無しで発育させても，性の転換が起こることがわかった。すなわち，卵成熟期間の性ホルモン処理だけで，卵の性が決定されるのである。雌雄を簡便的に判定するのには，雄の臀鰭の鰭軟条に認められる乳頭状小突起 papillar processes（PP）と背鰭後端裂け目 notch，雌の臀鰭軟条の先端分岐 dichotomous fin ray（DCR）と泌尿生殖隆起 urinogenital protuberance（UGP）を麻酔状

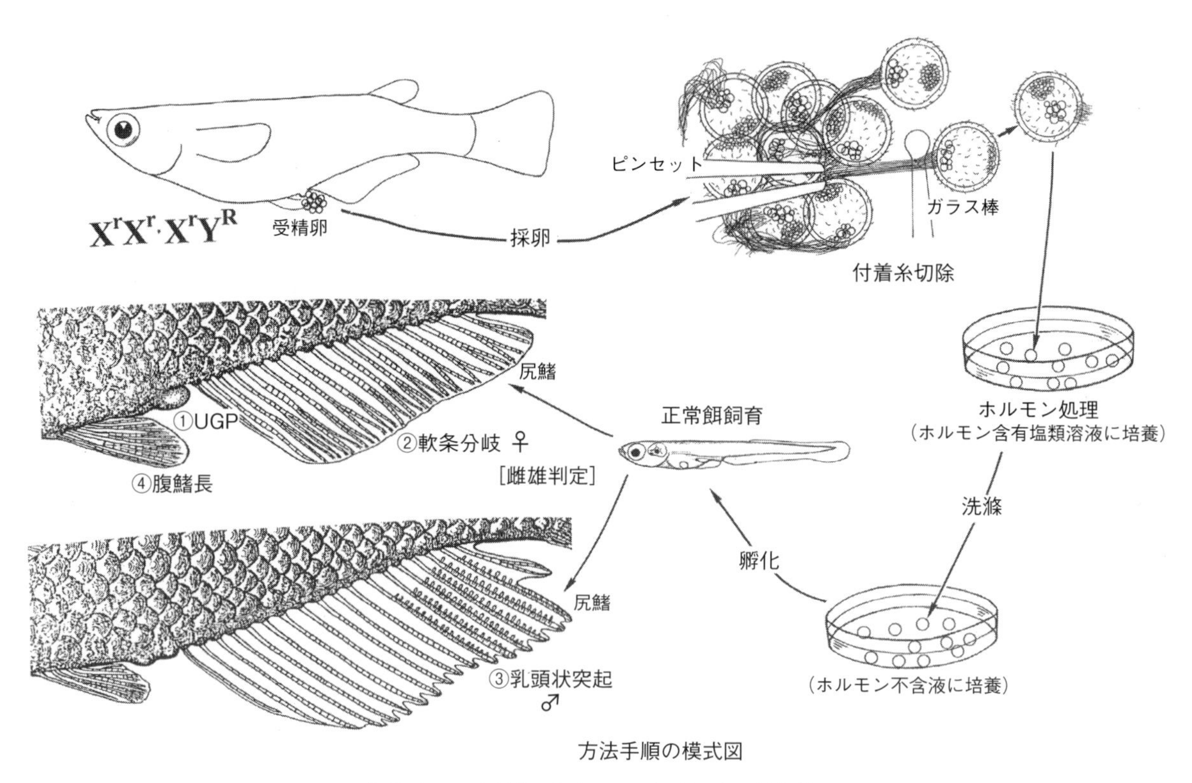

図3･4　メダカ胚の性ホルモン処理による性転換
十分な濃度の性ホルモン溶液に１日間浸すだけでも性が転換する．性の判定は，簡便的には雌の大きいUGP（泌尿生殖隆起），臀鰭条の先端分岐（DR），長い腹鰭（LV），そして雄の臀鰭条の乳頭状突起（PP）で可能である．

態で観察する。これらで性の判定が難しいとき，腹部後端を切開して生殖巣が卵巣か，精巣かを確認する。

こうした性転換の確認に好都合な雄（X^rY^R）が緋，雌（X^rX^r）が白の体色をもつd-*rR* 系統は山本先生によって初めて育種開発されたものである。この系統を用いれば，緋色の雌が生じると，遺伝的に雄（X^rY^R）の性が雌に転換したことがわかる。現在では，同様な系統メダカ（S-rR, Hagino *et al*., 2001：住化テクノサービス）がいくつかの研究室で独自に開発されている。

３．雌の受精卵作成

原生殖細胞 primordial germ cell（PGC）から卵母細胞への分化や卵形成の過程を研究するためには，受精直後から雌になる予定卵を入手できれば好都合である。その入手には，まず合成男性ホルモン methyldihydrotestosterone（MDHT: 1-2.5 ng/ml, Iwamatsu *et al*., 2006, Kobayashi et al., 2011）を含む塩類溶液に産卵直後のd-rR系統受精卵を入れて１日間（26～27℃）処理する。その後水洗してホルモンを含まないメチレンブルー液で孵化するまで発生させる。そして，孵化後は正常な餌で生育させれば，性転換した白い成熟雄（XrXr）を得ることができる。この性転換雄と正常な雌（XrXr）と交配させて，すべて雌になる受精卵（XrXr）を得ることができる。

近年，メダカも多種の変異（清水・大場，2008）を育種して商業ルートにのせられて，高値を付けて販売されている。

Ⅳ．卵の得方と実験・観察

１．卵母細胞の採取と培養

産卵24時間前の最大グループの未成熟卵母細胞を卵巣から取り出し，培養液中で成熟させることは可能である。照明時間と水温を一定にした条件下で飼育しているメダカには，脳下垂体からのホルモンの分泌リズムが定まっている。また，点灯後２～３時間に脳下垂体からホルモンの分泌が始まることが実験的に確かめられている（Iwamatsu, 1978）。したがって，この時刻より前に卵巣から得た濾胞内卵母細胞は，ゴナドトロピンなどの脳下垂体ホルモンの影響を受けていない。逆に，その時刻以後であれば，すでにそのホルモンの刺激を受けた濾胞内卵母細胞があり，卵巣から採り出されたそれらは体外でホルモン刺激なしでも成熟する。ホルモンの濾胞内卵母細胞への影響を調べる場合，このことを留意して実験計画を立てなければならない。

濾胞内卵母細胞の採り出し方は，後述の成熟未受精卵や精巣の場合（Yamamoto, 1939）と同様である。写真（図３・５）に示すように，メダカを背を上にして指で固定（A）した後，眼科用ハサミの先で脳髄をつぶし（B），肛門部からハサミの一方の先端を挿入して（C）腹部の前端まで切開する（D）。親指の爪先で背部から強く押しつぶして，卵巣を露出（E）させた後，腸をとり除いて(F)ハサミの先端を脊椎骨腹側部に突き刺し（H），腹側に引き出す（I–J）。または，卵巣前端部の腹部を脊椎骨直下までハサミで切り，卵巣を引き出し輸卵管部を切断して，塩類溶液に入れる。この塩類溶液（岩松，1975）の組成は山本氏の塩類溶液　（M/7.5リンゲル液, Yamamoto, 1939）よりNaが少なく低張である（表３・１）。岩松氏塩類溶液は，まず沈殿を避けるためカルシウムを含まない20倍液（NaCL 65g，KCl 4g，$MgSO_4 \cdot 7H_2O$ 1.5～2g，$NaHCO_3$ 1g, Phenyl red 0.1g，H_2O 500ml）を加減・加圧で滅菌して原液として準備する。使用時に，蒸留水で20倍希釈して２ℓ当たりに$CaCl_2$（0.2 g /ml）液を２mlを加え，素早くよく混ぜて作る。塩類溶液中で卵母細胞を卵巣から採り出すには，１組の先の細い時計用３Cピンセットか，ガラス針を用いる（図３・６）。一方のピンセットで卵巣を固定しておき，もう一方のピンセットで卵巣を引き裂き，濾胞上皮を傷つけないように，研究対象に用いる卵母細胞だけを選び出す。これらの器具はすべて滅菌されたものである。

これらの濾胞に包まれた卵母細胞だけを新鮮な上記の塩類溶液（５~10ml）に入れて静かに洗う。これまでの操作は室温でもよいが，培養は温度（25°~27℃）を一定にした方が望ましい。培養液には，市販のアール培地199（粉末，大日本製薬）の90％液が比較的適しているが，上記の塩類溶液でもよい。ただし，山本氏塩類溶液は卵膜の硬化をひき起こすやや高張であって，卵母細胞はこの中では卵膜が硬化して成熟しない。しかし，この液に牛血清アルブミンを加えると，卵膜硬化が抑えられてその成熟がみられる（岩松，1973）。

若い卵母細胞を体外で成熟させる場合，一般に市販の濾胞刺激ホルモン follicle stimulating hormone（FSH１~51 μg /ml）か，妊馬血清ゴナドトロピン pregnant mare’s serum gonadotropin（PMSG 100 IU /ml）を培養液（アール培地199の90％液，30μg/mlペニシリンG-Na, 60μg/mlストレプトマイシンを添加する）に混ぜたもの（３～５ml）に濾胞細胞層に包まれたままの卵母細胞（30個以内）をいれた滅菌ミクロシャーレ（プラスティック製ペトリ皿，直径35mm）で培養する。培養は26℃前後の恒温器で22~24時間で十分である。培養開始後14~15時間で成熟分裂を開始（卵核胞の崩壊）する。その後５~６時間以後に排卵（濾胞層が脱離する）を起こすものがみられる。排卵が起きなくても，ピンセットで濾胞層を剥ぎ取ってやると，媒精によって正常に発生を開始できる。PMSGのようなゴナドトロピン以外にプロゲステロンのようなステロイドホルモンにも，成熟分裂の開始を誘起する働きがある。しかし，この場合媒精によって表層変化を示した卵でも，卵割開始後やがて発生が異常になって死ぬ。

濾胞層から莢膜細胞 theca cells を取り除き，顆粒膜細胞 granulosa cells とを単離することも可能であり（Iwamatsu, 1980），そのホルモン合成も調べることができる。

２．成熟した未受精卵および精子の得方

雌の産卵（放卵）は雄の交尾刺激で開始するが，これに雄の放精から産卵までに要する時間は2.53±0.72秒である（南部・細川，1962）。雌は，排卵した卵を卵巣腔にもっていても，交尾行動中の雄の刺激がないと産卵できない。したがって，排卵以前に雄と離しておくと，雌は産卵予定時間から12時間以内では放卵し

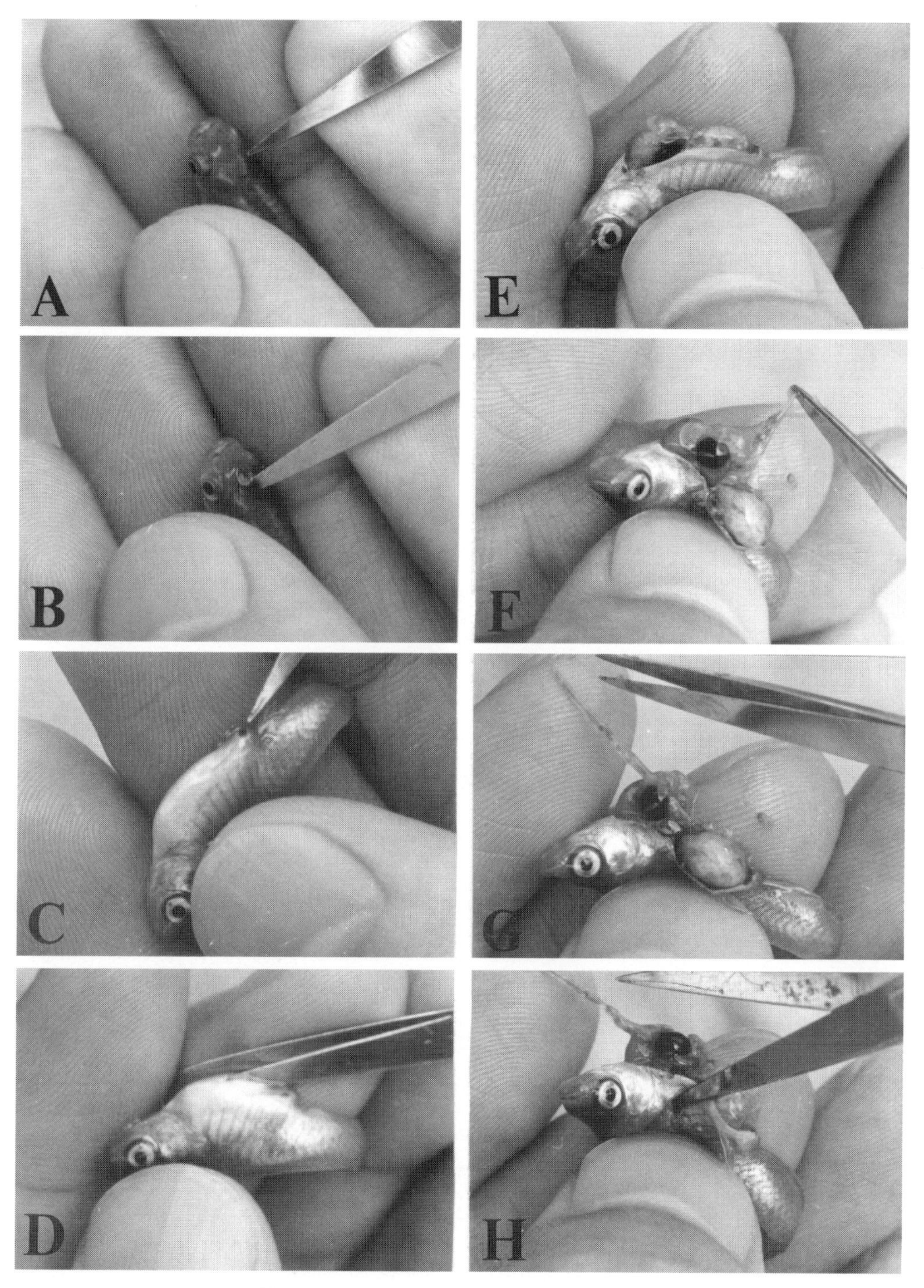

図3･5　メダカの生殖巣の採取(説明；本文参照)

ないので，卵巣腔内に排卵されている成熟未受精卵を，前述の未成熟卵の採取時のように開腹し，卵巣上皮膜に包まれた状態（図３・７A）で得ることができる。その際，卵巣上皮膜を破らないように採り出し，塩類溶液中に入れる。その卵巣上皮膜，及び卵巣腔壁をピンセットで注意深く破ることによって，成熟未受精卵を採り出すことができる。

遺伝的に貴重なメダカを保存するために，卵及び精

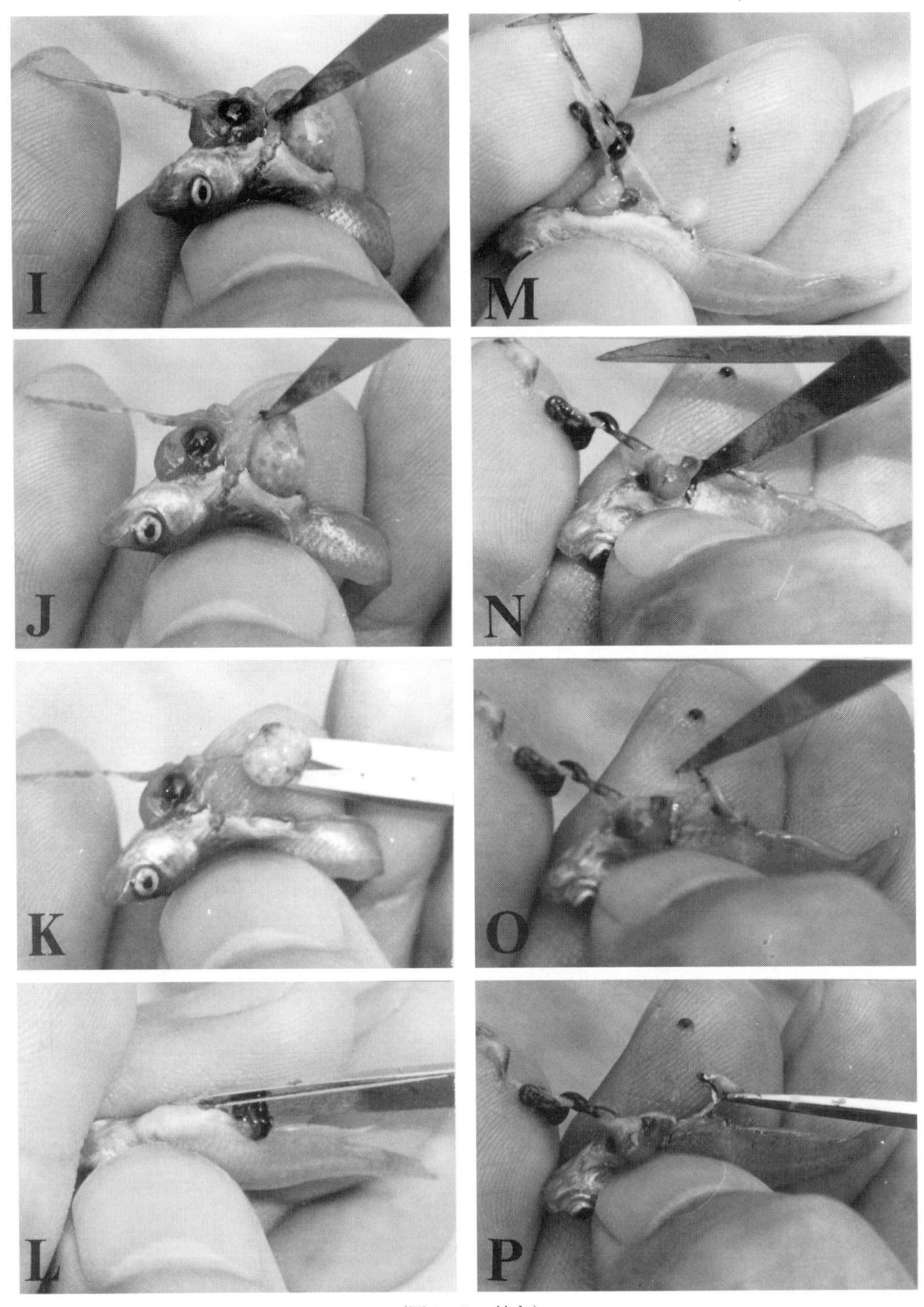

（図３・５の続き）

子を開腹して採取するのは許されない。そのためには，成魚を麻酔して卵と精子を採取する方法をとる。雄は麻酔がかかると，腹を上にするので雌雄の判別は容易である。まず，採卵するには毎日産卵している雌を産卵させないように排卵予定時刻前に雄と離しておく。そして，排卵予定時刻後に排卵した卵を卵巣腔にもつ雌をフェニールウレタンのような麻酔薬で麻酔する。その雌を塩類溶液の入ったペトリ皿に移し低倍率の双

表3・1 メダカの卵母細胞および成熟卵のための塩類溶液（岩松, 1975）

塩類組成	メダカ卵のための山本氏等調塩類溶液	メダカ卵母細胞培養のための岩松氏塩類溶液*
NaCl	750mg	650mg
KCl	20mg	40mg
$CaCl_2$	20mg	11.3mg**
$MgSO_4 \cdot 7H_2O$	―――	15mg
$NaHCO_3$(M/10)	pHを7.3に調整する量	pHを7.3に調整する量
蒸留水	100ml	100ml

* 成熟未受精卵の保存及び媒精溶液としても適している（岩松鷹司, 1973. 第7章文献参照）。
** または$CaCl_2 \cdot 2H_2O$ 15mg

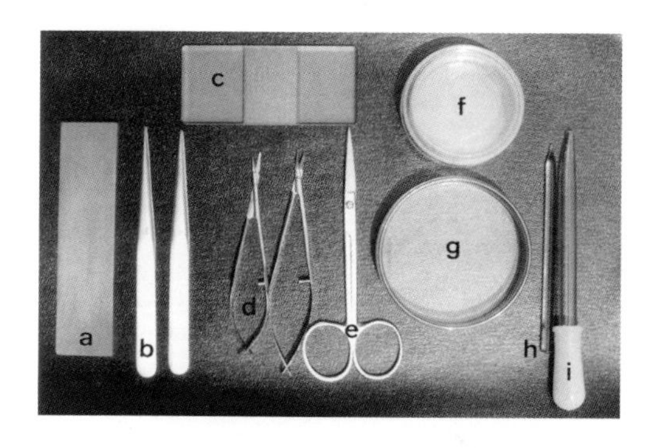

図3・6 メダカ生殖巣の採取用具
a, 油砥：b, 3Cピンセット：c, 卵の観察用スライドガラス：d, 卵の手術用剪紅ハサミ：e, 眼科用ハサミ：f, 培養ペトリ皿：g, 採卵用ペトリ皿：h, ガラス棒：i, スポイト.

眼実体顕微鏡下で, その頭部を親指と人差し指で軽く押さえて, 腹部後方の卵巣腔部を先の丸くしたガラス棒でゆっくり圧すと, 泌尿生殖口から未受精卵が変形しながら放出される（図3・8）。ピンセットで卵の付着糸をつかみ他の塩類溶液が入ったペトリ皿に移す。一方, 精子を採卵するには, 雌と離して飼育しておいた雄を麻酔して低温の塩類溶液に入れて, その頭部を親指と人差し指で押さえて腹部後方を先の丸いガラス棒でゆっくり圧すと, 泌尿生殖口から塊りになった精子が噴き出る。雄の位置を少しずらして放出された精子が放散しないうちに, すばやく先の細いスポイトで精子を吸い取る。または, 大型ホールスライドガラスに塩類溶液を入れてそこに麻酔した雄を入れて上記のように腹部後方を圧して放精しておき, そこに麻酔雌からとった未受精卵を付着糸でぶら下げて入れると受精させられる。こうして採取した精液をあらかじめ取っておいた未受精卵にかければ, 自然の交尾時と同様に受精が起きる。

3. 未受精卵の卵膜除去

上記のように, 排卵直後に採り出した卵をペトリー皿内の塩類溶液に卵巣腔に入ったままの状態で（図3・7）採り出し, 双眼実体解剖顕微鏡（×20）下に置く。卵の植物極の付着糸をピンセットでしっかりつかんで, 剪紅ハサミ（ピンセット式）で卵膜を図3・9のように切除する。

その切除部分と反対側の卵膜をピンセットでつかみ, もう一方のピンセットで卵膜をなでながら, やさしく卵自体を押し出す。過熟卵は卵膜の硬化がやや起きている。また, 卵膜は山本氏塩類溶液のようなNaCl濃度が高い液では硬化しやすい。卵膜が硬化した卵を裸にするのは, 卵膜の切口がシャープになり細胞表面を傷つけやすいため, 難しい。この方法で得た裸卵は, 化学的処理されていないので, 種々の研究に適している（Iwamatsu, 1983）。

早くから卵膜除去に用いられている方法は孵化酵素腺から孵化酵素（Ishida, 1944a, b）を採り出し, その酵素によって卵膜を溶解させるものである。少量の塩類溶液（0.2~0.5ml）を入れ, その中に孵化間近の胚（St. 32~33）を30個前後入れてそれらの頭部の両眼の間をつぶして, 胚の残骸を除去する。受精卵をこの液に入れると, 3時間以内に卵膜の内膜が溶かされるので, 先がきっちり合うように磨いた3Cピンセットで卵膜外膜を破り取る。未受精卵の場合, 上記のようにして得た孵化酵素液にパンクレアチンを加えれば, 未受精卵からも卵膜を取ることができる（Sakai, 1961）。スミスバーグ（Smithberg, 1966）によれば, これらの酵素の代わりにプロナーゼを用いても卵膜を除去できるという。この他に孵化酵素の活性のある液を得る簡便な方法として, 次の方法がある。

まず, 受精後7日目（27℃）の胚を30個以上集め, ガーゼの上で水道水を滴下しながら洗ったのち, 卵と等量の蒸留水に入れてホモジェナイザーで, 氷冷しな

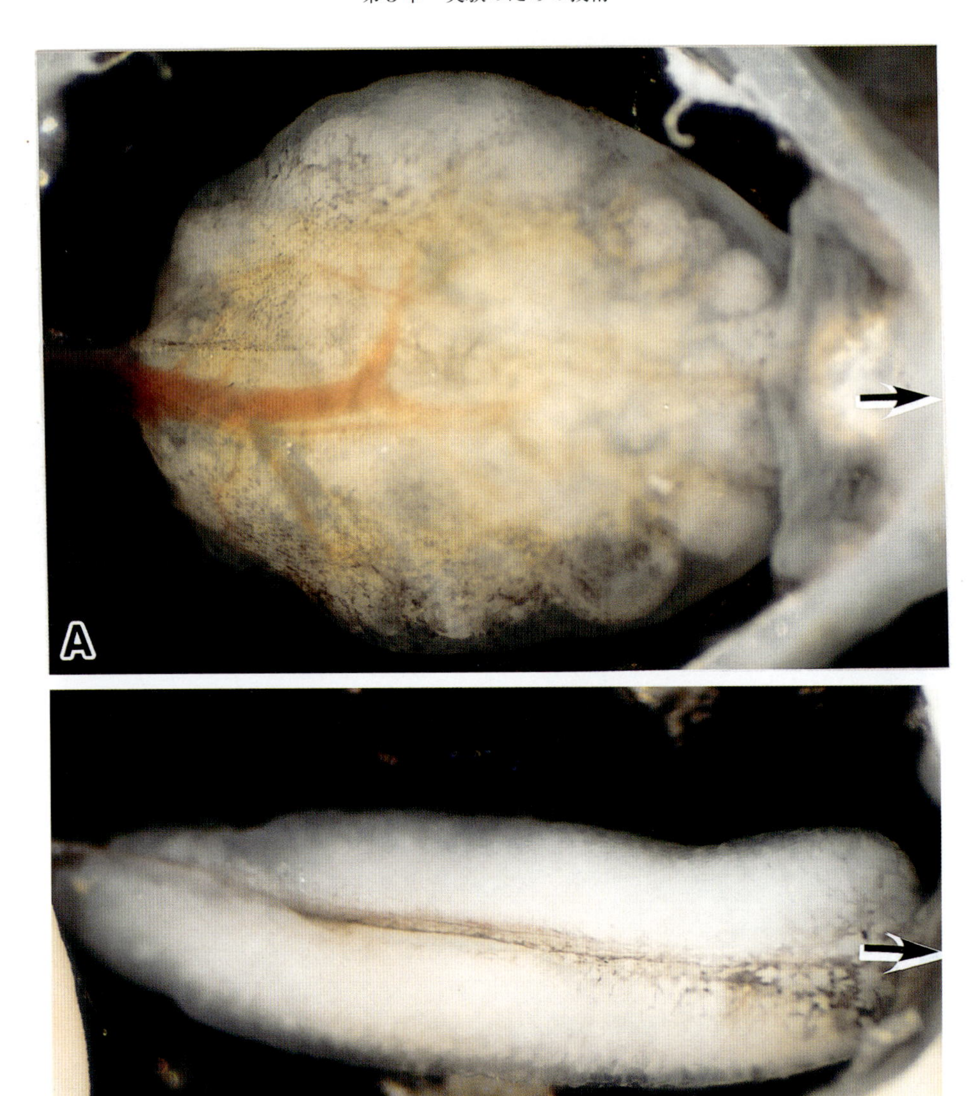

図3･7　開腹されたメダカの卵巣（A）と精巣（B）
ovd：輸卵管部（外へ），vd：輸精管部（外へ）．

がらすりつぶす。そのすりつぶした液をそのまま冷蔵庫（4～8℃）内に一夜放置し，その上澄を粗孵化酵素液として卵膜溶解に用いる。卵膜除去したい卵の卵膜上の付着糸や付着毛をピンセットで抜き取ると，26～35℃で30～60分間して卵膜内層が溶かされるので，短時間で裸卵を得ることができる。分解されない卵膜最外層をピンセットで胚に触れないように注意深く除去する。裸卵は，一度除菌塩類溶液で洗って，新しい培養用の同液中に移す。

4．卵内への物質の注入操作

卵黄内にホルモン（Hishida, 1964）やカロチノイド（Takeuchi, 1965)を含むオリーブ油を注入する操作は，マイクロマニピュレーターを用いなくても，比較的簡単である。先端の口径が20 μmのスポイドを用いて，双眼実体解剖顕微鏡下で操作できる。

メダカ卵の細胞質は卵黄と分離した薄い表層部にしか存在しないため，その部分に物質を注入する場合，マイクロマニピュレーターを要する。マイクロインジ

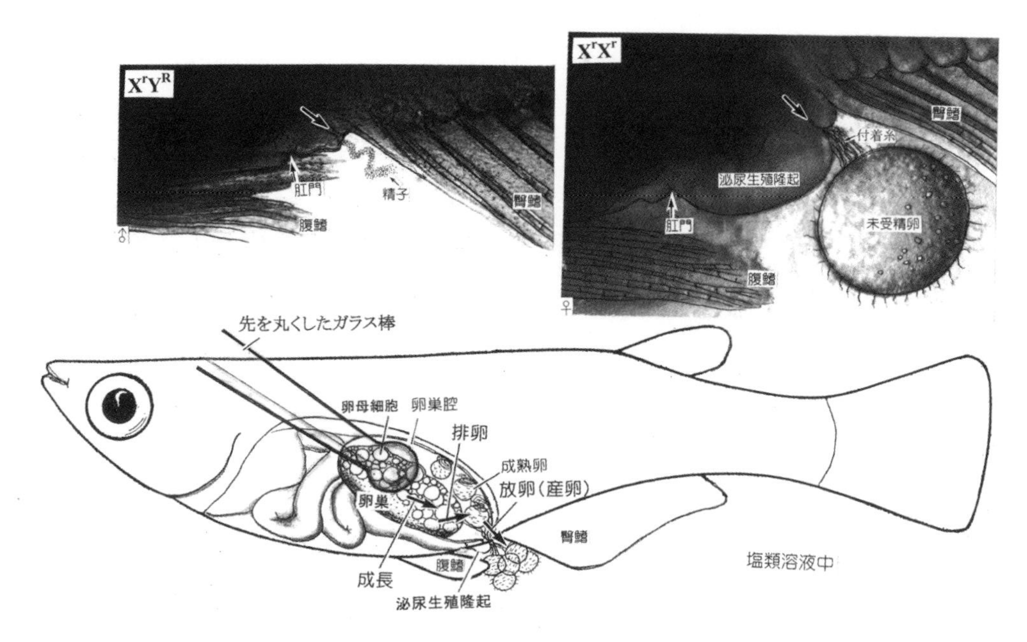

図3･8　未受精卵および精子の腹圧式採取法

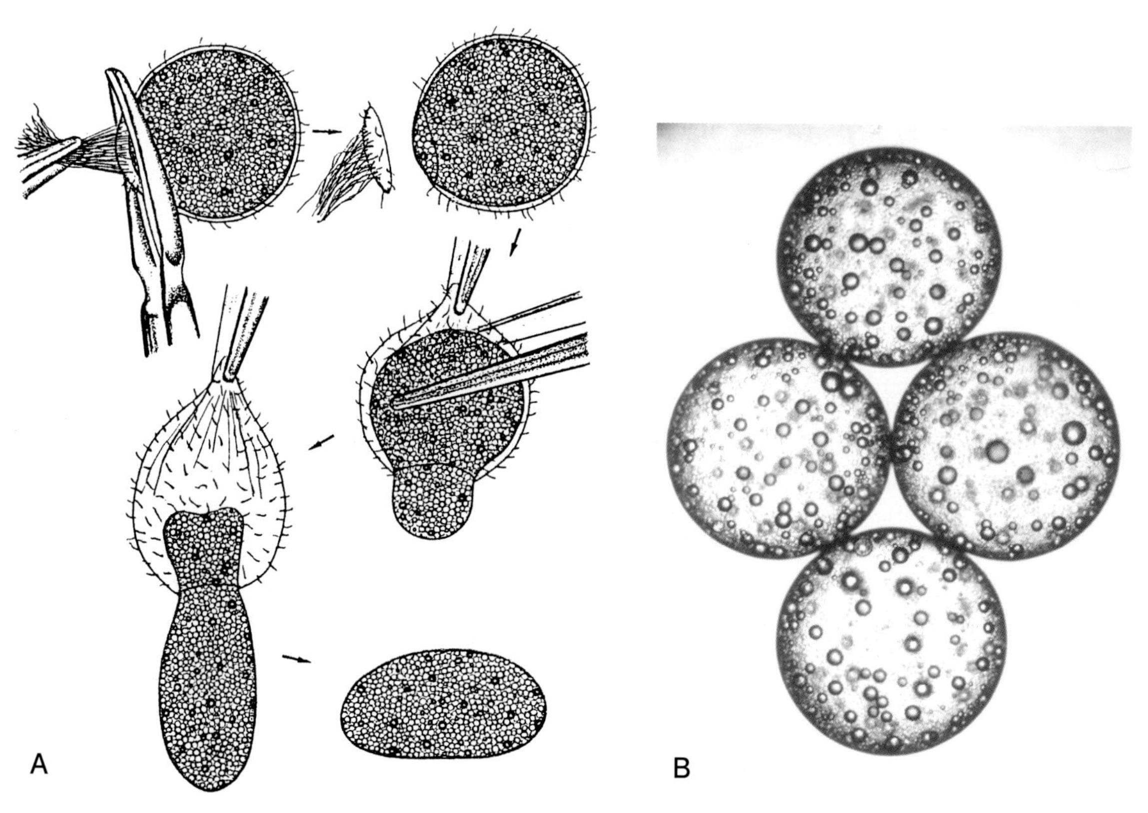

図3･9　未受精卵の卵膜切除の手順（A）と得られた裸卵（B）

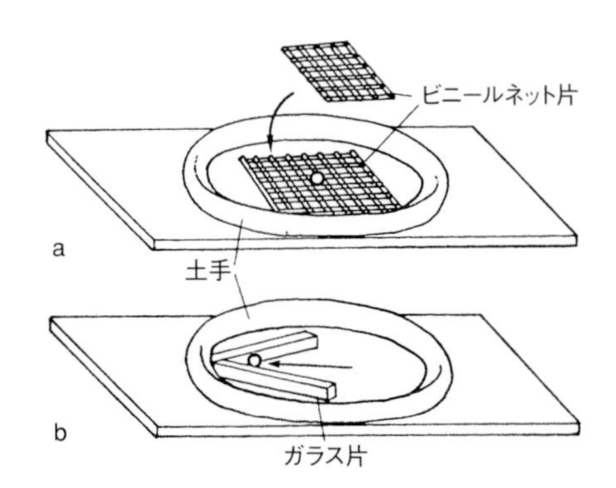

図3・10　メダカ卵への注入用スライド

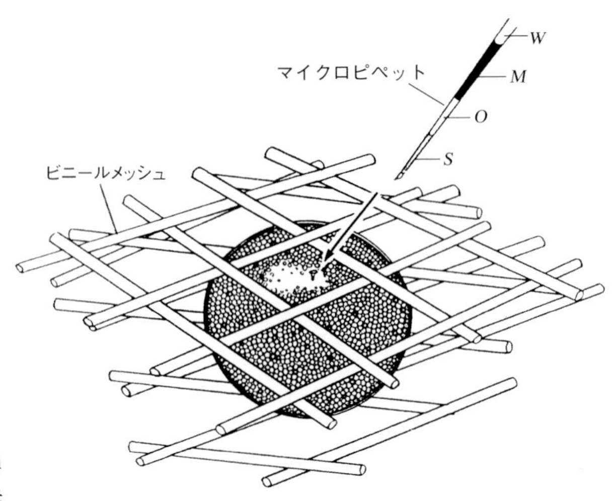

図3・11　メダカ卵への物質注入法
W：水，M：水銀，O：パラフィン油，S：注入物.

ェクション用の微小ピペットは先端の口径３~10μmの毛細管（直径0.9mm，ライツ製）である。また，先端は45°ぐらいになるようにピンセットで斜めに磨くか，もしくは割って鋭く尖らせておく。これを水圧系の注射器（ライツ製）に連結してあるマニピュレーターのホルダーに取り付けて操作する。まず，水銀をマイクロ（微小）ピペットの先端の反対側に詰めて，予め水を満たしたホルダーに挿入して締め付け，水圧で水銀をマイクロピペットの先端にまで押しやる。さらに逆に先端から流動パラフィンを吸う。こうして，注入物質が水銀に直に接しないようにしておいて，先端から注入物質を注入直前に吸い，さらに少量の流動パラフィンを吸う。最後に吸う流動パラフィンは，注入物が漏れないようにするだけではなく，細胞膜を貫いて細胞内に入りやすくする。一方注入を受ける卵を，塩類溶液を満たしたビニール網を貼りつけてあるスライドガラスに置く（図３・10）。

次いで，ビニール網の小片で注入部を定めて軽く抑える。微小ピペットを卵表面に対して45°ぐらいの角度で卵膜から突き刺す(図３・11)。その突き刺す深さと速度は注入物質に応じてマニピュレーターを操作することによって調節する。注入後，バクテリアの繁殖しやすい培養液でなければ，抗生物質を加えない除菌塩類溶液でも注入卵を培養できる。

微小管，中心粒などの細胞成分や精子（岩松・太田，1972, 1973, 1974a, b, Iwamatsu *et al.*, 1976; Ohta and Iwamatsu, 1980a, b）を未受精卵，あるいは受精直後の卵に注入して発生を誘起させている。また，クローンメダカを作成するために，近交系の野生型メダカ胞胚の単一核をヒメダカ未受精卵に注入して３倍体魚を得ている（Niwa *et al.*, 1999)。遺伝子機能を解析するために，後述のように卵に遺伝子を注入してトランスジェニックメダカが作成されるようになった（Ozato *et al.*, 1986; Chong and Vielkind, 1989)。

油溶性のビタミンやステロイドホルモンなどを卵に注入する場合は，エーテルやエタノールなどの有機溶媒に溶かして，オリーブ油，ゴマ油や流動パラフィンに溶かしたのち，それらの有機溶媒を減圧揮発させてマイクロピペットで，前述したようにマイクロマニピュレーターを用いて卵内に注入する。この場合，注入量は卵黄球の直径の半分以下の直径（R）をもつ油滴が限界である。注入物質の量は次の関係で求められる（Takeuchi, 1965)。

$$R = 12.4 \times \sqrt[3]{A/C}$$

（C：注入物の濃度（μg/ml)，A：注入油量（μg))

５．卵の観察の仕方

卵を生きたまま光学顕微鏡で観察するには，図３・12に示すように，カバーガラスがかかる程度の間隔をおいて，約１mmの厚さのガラス片を接着剤で予め貼りつけたスライドガラスに卵を数滴の溶液と共に滴下する（a)。これにカバーガラスをかけて（b－c)，顕微鏡のステージに置いて総合倍率100倍で観察する。

６．人工授精（媒精）と受精反応の観察

媒精には，数日間雌と離して飼育しておいた成熟雄を図３・５（I-P）のように開腹して，体腔内の背部から押し出して得た精巣（図３・７B）を用いる。精巣を得る場合も卵巣を採り出す場合と同様に，ハサミの先で脳髄を破壊したのち肛門から開腹する(L)。次に，ハサミの先で腸を除いて（M）爪先で背部から押しつ

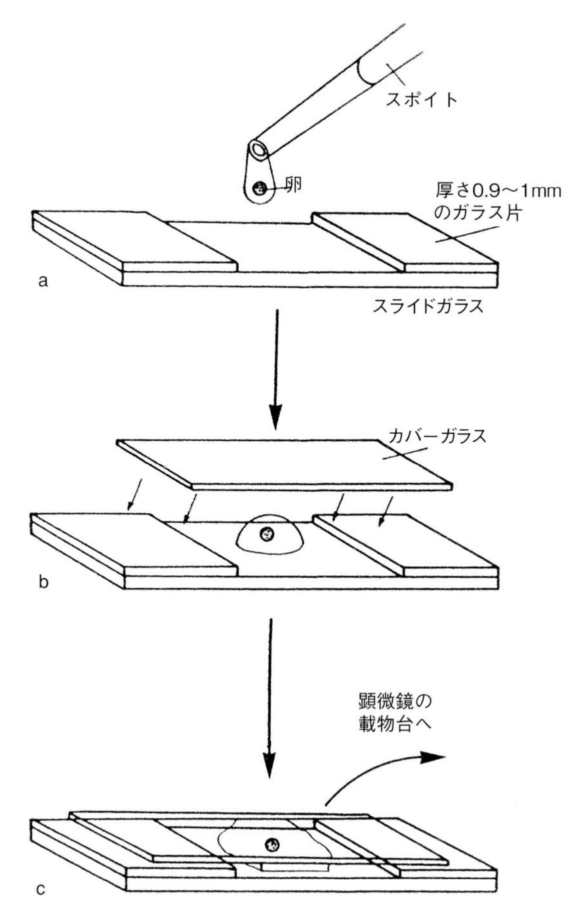

図3･12　メダカ卵の観察用スライドガラスと操作

ぶして精巣を露出させた後，腹部の脊椎骨近くにハサミの先を深く刺し，腹側に体壁を引き裂いて精巣を引き出す（N－O）。最後に輸精管部をはさみで切って，そのままハサミで塩類溶液（0.3~0.5ml）に入れる。精巣は塩類溶液中に入れられると，律動的な収縮運動（岩松・太田，1968）に伴って精子を吹き出し，渦巻くように溶液中に泳ぎ出す。精巣をつぶして精子を十分泳ぎ出させた液が精子懸濁液である。これを先の細いスポイトで，少量（約１ml）の新鮮な塩類溶液に入れてある卵に加えて媒精を行う。排卵していない卵母細胞の媒精は，先のきっちり合ったピンセットで付着糸の巻いている植物極部側から濾胞細胞層を剥がして行う。

受精反応をみるためには，卵観察用スライドガラス（図３･12）を用いて，カバーガラスをずらして卵を転がし，卵門をやや横向きにして確認する。卵門の位置は卵膜に生えている付着糸（植物極）の反対側の極（動物極）である。卵膜の表面に短い毛（付着毛）が生えているが，これらの先端は動物極側を向いているので，その方向を辿れば卵門がみつかる。精子を注入する前に，卵門部にレンズの焦点を合わせておく。精子を先端の細いスポイトでカバーガラスをかけたままの卵にかける。即座に検鏡し，注意深く卵門をみていると，卵門に速やかにとび込む精子を観察できる。さらにその20~30秒後には，卵門周辺の卵膜に収縮が起こり，囲卵腔ができて，そこが明るくみえる。そこで，すばやくスライドを動かして，卵の赤道部に焦点を移して表層胞をみつめていると，それらが動物極側から植物極側へと次々消失していくのが観察できる。

７．裸の受精卵の得方と培養

卵膜のない裸の受精卵は，前述の裸未受精卵の得方と同じで，卵巣腔から出た未受精卵の植物極側の卵膜の一部を切り除いて，媒精して付活することによって簡単に得られる。植物極卵膜の除去卵は，卵門とその植物極部の原形質膜から精子の侵入を受ける。しかし，植物極部に入った精子は，原形質の流れに乗って動物極側の細胞質に入れず，卵割に関与できない（Iwamatsu and Mori, 1968）。したがって，これらの裸卵は正常に１個の精子と受精を完了して発生を開始する。

裸受精卵を得るには，媒精後表層胞の崩壊開始直後，図３･13に示すようにピンセットで付着糸を掴み，ピンセットタイプの眼科用外科ハサミで植物極側を切除する。その卵は植物極側の卵膜切開口から，卵自体が囲卵腔の浸透圧によって自動的に卵膜内から脱出する（図３･13）。除菌塩類溶液中で裸になった胚は，互い

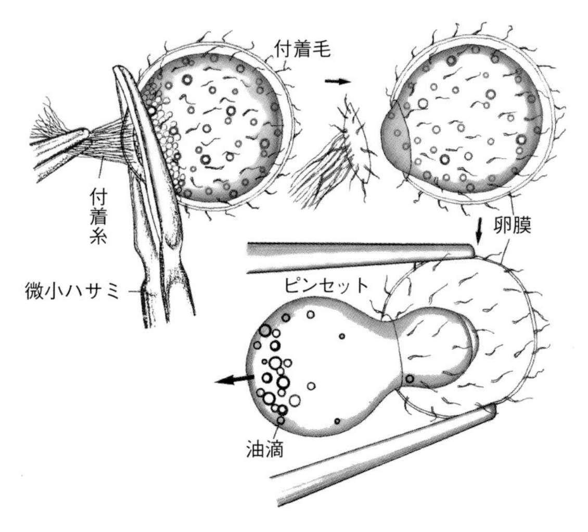

図3･13　受精卵の卵膜切除手順

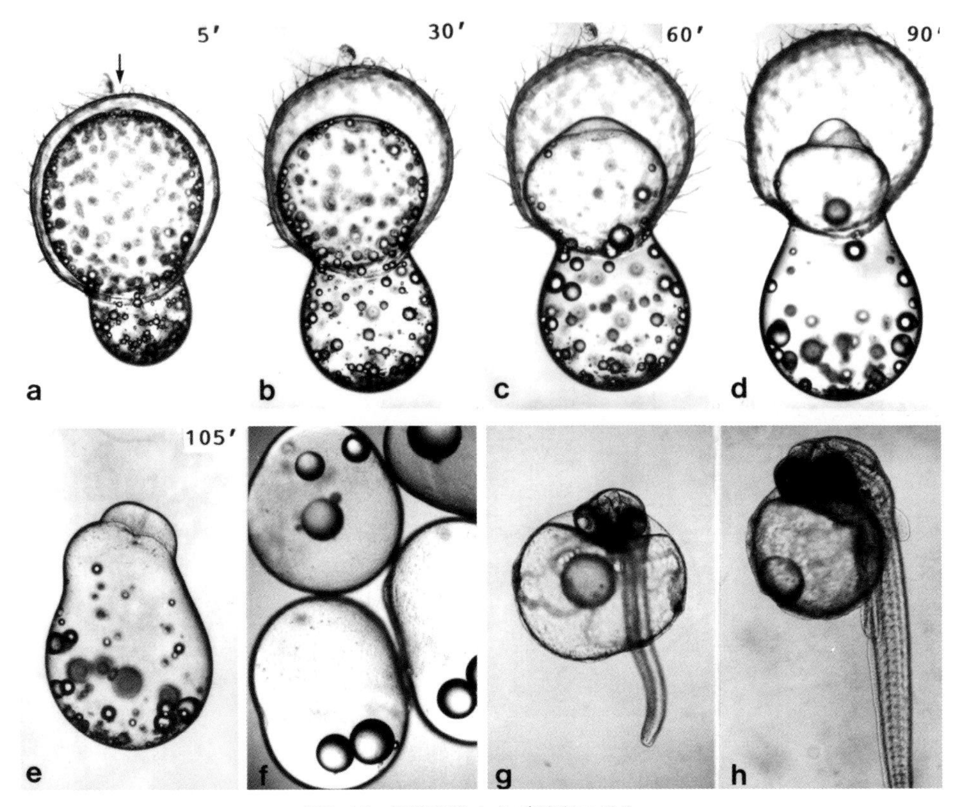

図3・14　卵膜切除した受精卵の発生

に接し合っていても融合することがなく，正常に発生する（図3・14）。しかし，周りに精子を加えると，精子が裸卵と膜融合してその精子を介して卵と卵とが膜融合によって大きい卵が生じる（Iwamatsu, 1983. 岩松，1984; Iwamatsu *et al.*, 1993）。これらの卵は，囲卵腔内浸透圧が高いためか，無菌塩類溶液に卵自体が植物極側の卵膜切除口から押し出され始める（図3・14b, c）。その後，1～2時間で卵膜から出た裸の受精卵を得ることができる。

このように機械的に，もしくは酵素的に卵膜を除去した受精直後の卵を塩類溶液で一度洗った後に，スポイトで静かに6％ポリエチレングリコール（PEG）塩類溶液の入ったペトリ皿に移す。移すときに，卵表が空気に直に接しないようにしないと，卵は壊れてしまうので注意する。また，塩類溶液に2％になるように寒天を加えて熱し，寒天の溶解後この溶液をミクロシャーレに1～2 mmの厚さになるように流し込み，加圧滅菌したのち，底面を被って固める。このミクロシャーレに20~40 μg/mlゲンタマイシン入りの6％PEG塩類溶液を入れ，これに裸受精卵を入れて培養する。この溶液は使用直前に用意し，ペリスタポンプを用いてミリポアフィルター（ポアーサイズ 0.24 μm）で濾過することによって除菌したものである。むろん，これに使用するスポイトやミクロシャーレ，それに溶液を入れる細口ビンなどもすべて滅菌したものである。

培養液は2日ごとに1回，新しい寒天底面被膜シャーレに入れて，胚を移し換える。寒天用の10％PEG塩類溶液に0.0001％メチレンブルーをゲンタマイシンの代わりに添加しても，カビの増殖を抑制できる。除菌塩類溶液中で裸になった胚は，互いに接し合っていても融合することがなく，正常に発生する（図3・14）

8．濾胞細胞の培養

メダカ塩類溶液に採り出した卵巣を1％Na-次亜塩素酸に2～3秒間浸したのち，70％エタノールに瞬間的に浸してミリポアフィルターで除菌した塩類溶液で3回洗う。その卵巣を新たな除菌塩類溶液中で滅菌スカルペルを用いて切開し，濾胞を分離する。それを培養液 culture medium（L-15に10％牛胎児血清，30 μg/mlストプトマイシン及び30 μg/mlゲンタマイシンを添加したもの）で一度洗って，液面にその表面が接する程度の液量（直径35mm培養皿，Corning）で培

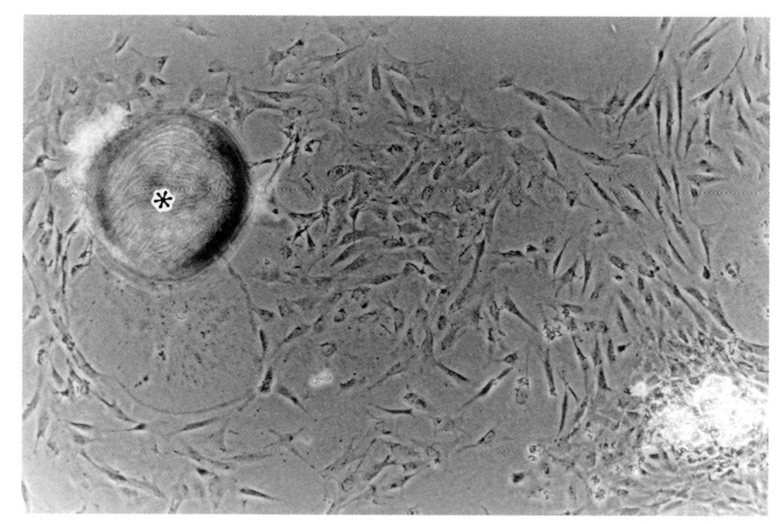

図3･15　卵巣濾胞の培養細胞
直径250 μmの濾胞(*)を３日間培養したもの(GTHを含む)×88.

で急冷し，−79℃（メタノール）で保存する場合，実験開始時の精子の運動率が70％以上を示さなければ冷凍保存は困難である。

養を開始する。リードペーパーに水を浸して水分を飽和状態にしたプラスチック製のケースに培養皿を置き，混合ガス（90％N_2, 5％O_2, 5％CO_2）を充たして培養する。そのケースを26℃，または27℃のインキュベーター内に置いて，３日ごとに培養液とガスを交換する。この条件では 濾胞細胞の増殖はみられる（図3･15；岩松ら，1990）が，卵母細胞の保持が難しい。したがって，これではまだ十分ではなく，さらに改善が必要である。ちなみに，肝細胞の培養（Cao *et al.*, 1996）の報告もある。また，メダカの細胞培養については後述の「細胞培養の方法」を参照されたい。

9. 精子の凍結保存法

細胞や遺伝子を保存しておいて活用するために，それらを凍結する方法がある。青木ら（1997）は，図3･16に示されているように，種々の目的のためにメダカ精子の凍結保存方法を検討している。それによれば，メダカ精子を10％の濃度になるように*N*, *N*-ジメチルフォルムアミド*N*, *N*-dimethylformamide（DMF）を加えた牛胎児血清（FBS）50 μg/mlを入れたプラスチック試験管に採る。そして，その精子懸濁液を液体窒素を入れた容器の口から９~10cmの深さまでの液体窒素の気相に10~20分間保った後，液体窒素内に浸して凍結保存する。そして，使用時には，ウオーターバス内の30℃の水に0.5~１分間浸して急速に溶かした後，岩松の塩類溶液で２倍に薄める。

小林（1966）によれば，15％グリセリン・リンゲル（２℃）に約40分間放置の後ドライアイスで−79℃ま

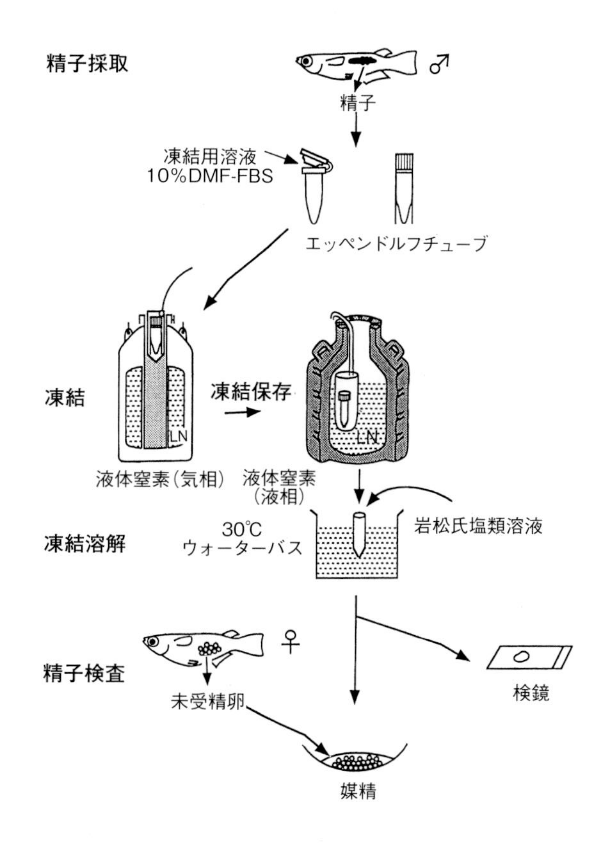

図3･16　精子の凍結保存の全過程の模式図
（Aoki *et al.*, 1997の改図）

V．染色体観察と細胞培養の方法

1．染色体観察の方法

小島吉雄氏の方法(エア・ドライ法)に従って述べる。

a．精巣，腎臓，または鰓を眼科用ハサミで切り出し，シリコン溶液（シグマコート，Sigma）で表面をコートしたガラス容器に入れ，少量の塩類溶液で潤す。

b．先が薄く，かつよく合った眼科用ハサミで，速い操作で微小の断片に切り刻む。

c．10%の割合で仔牛血清を含むイーグル－MEM培養液３mlをシリコン・コートした遠心管に採り，それに切り刻んだ組織を入れ懸濁する。

d．さらに，その懸濁に0.01%コルヒチンを１滴落とし，パラフィルムでその遠心管に蓋をして混ぜ合わせた後，試験管立てに30~37℃で60分間放置する。

e．底に沈んだ組織片を残して，上澄みを他のシリコン・コートした遠心管に移す。

f．1,000rpmで８分間遠心し，上澄みを捨て，0.075 MKClを約３ml加えて15分間室温に放置する。

g．その後，作って間もない冷カルノア氏液（酢酸：エタノール＝１：３）の３~５mlを細胞懸濁液に静かに混ぜ，２~３分間放置する。

h．1,000rpmで８分間遠心し，上澄みを捨てる。

i．新たに冷カルノア氏液を加え，細胞を再び静かに攪拌し，15分間室温に放置する。

j．もう一度遠心・上澄み除去の後，冷カルノア氏液を３~５ml加え，15分間放置する。

k．1,000rpmで８分間遠心後，上澄みを捨て，試料の３~５倍の冷カルノア氏液を加えて細胞を懸濁する。

l．先の細いスポイトで，この懸濁液を冷50%エタノールに浸したスライドガラス(厚さ0.9mmのスライドガラス，きれいに拭いて50%エタノールに入れ，冷蔵庫に入れておく)に滴下する。

m．滴下後すぐ懸濁液を口で吹き広げ，即座にアルコールランプの炎にかざす。そして，もう一度吹いて乾かす。

n．そのスライドガラスを99%エタノールに浸して，10倍稀釈のギムザ氏液で20~30分間染色する。

o．95%エタノールで１回洗って，２回の水洗後，乾燥させてからツェデル油を落として観察する。

UedaとNaoi (1999) は4 Na-EDTA-ギムザ染色によって胚の中期染色体の長軸に沿ったG-バンド様構造をもつB-バンドをとらえている。この胚細胞に適用されるB-バンドテクニックは魚類の染色体分析に有用である。

2．細胞培養の方法

最近では，メダカの腫瘍に由来する細胞（Mitani and Egami, 1980）を含めて研究が進み，培養細胞による染色体の観察方法が採られるようになった（Uwa and Ojima, 1981）。それは次のような手順でなされている。

まず，メダカを麻酔し，尾鰭末端を切り取る。1% Na－次亜塩素酸に２~３秒浸した後70%エタノールに瞬間的に浸して，10分間ずつ３回塩類溶液で洗う。この後，0.1%トリプシン－塩類溶液(0.002% EDTAを含む)５mlに入れ，マグネティックスターラーで２時間（４℃）低速攪拌を行い，細胞塊をバラバラにほぐす。これらの細胞の懸濁液を５分間1,000rpmで遠心して集め，プラスティック皿のL－15 medium (100IU/mlペニシリン，100μg/mlストレプトマイシン，60 μg/mlカナマイシンと20%牛胎児血清を添加したもの)に懸濁して培養する(25~29℃)。一層の一代目の細胞を得るためには３~４日間毎日半分ずつ培養液を入れ換える。２~３週間で群がった細胞層が得られる。このように培養増殖した細胞の染色体を調べるためには，培養液にコルセミド，またはコルヒチン(最終濃度0.025μg/ml)を加え，２~４時間後に細胞を0.1%トリプシン-0.002%EDTA溶液で剥がして集める。これらの細胞を0.075M KCl（低張)処理し，冷カルノア氏液で固定し，冷50%エタノールに浸しておいたきれいなスライドガラスを取り出し，固定した細胞懸濁液を滴下する。この後は前述のエア・ドライ法に従って標本を作る(Ojima and Hitotsumachi, 1969)。

VI．繁殖法と観察・実験

1．受精卵の発生のさせ方と稚魚の飼育法

まず，人工授精によって得た受精卵，雌の泌尿生殖口にぶら下がっている受精卵，あるいは水草についている受精卵を採り，受精後30分以上たっているものであれば二重ガーゼの上に置いて，前述(図２・１)のように，少量の水道水をかけながら指先で転がして卵膜表面の付着物を取り除く。さらに，それらを塩類溶液に入れてスポイトで洗った後，白濁色の死卵や未受精

卵を除く。人工授精卵は塩類溶液で一度洗うだけでよい。こうして得た卵をシャーレや扁平なガラス容器に深さ１cm程度に蒸留水，あるいは雨水（井戸水），池の水や汲み置き（１日以上）の水道水を一度煮沸して冷やした水（25~30℃）を入れ，それに移す。これらの培養水には，最終濃度が約0.0001％のメチレンブルーを加える。メチレンブルーには孵化の抑制効果があるので，孵化時が近づくと，メチレンブルーの入っていない飼育水に卵を移す。直径11cmのシャーレには卵の数を30個以下にし，発生させる。寒冷期で定温器のない場合には，前述（図２・５）のように寿命の長い街灯用電球で加温するとよい。受精卵は７~10日後には孵化する。孵化しない場合，先がきっちり合った１対のピンセットで卵膜を破ってもよい。この場合，まず，時計用ピンセットで卵をはさみ，徐々に加圧する。囲卵腔が著しく狭くなれば，卵膜をつかみ，もう一方のピンセットで裂く（参照：図３・23）。

孵化した幼魚を開口の大きいスポイトで吸って，大きい水槽（水面の広い，水深15cm以上）に移し，雨水や池の水（あるいは水道水を一度沸騰させた置き水でもよい）を用いて飼育する。餌は，ゾウリムシなどの生き餌が推奨されているが，山本（1953, 1958）の考案した粉餌（エビ粉60：こうせん30：イースト（ワカモト）６：抹茶４）でよい。また，エビ粉とこうせんを等量混ぜた粉餌でも十分である。腐敗物など有機物の豊富な水を直射日光下に数日放置すれば，ミドリムシが繁殖するから，その水を二重ガーゼで濾過して，幼魚の飼育水がうす緑色になる程度加えると発育が順調になる。毎日，前述の「繁殖のための世話」のように世話する。

体長が１cmぐらいまでに成長したら，循環式（上面濾過）浄化装置付きのアングル水槽（26~30℃）に移して，個体数をなるべく少なくして流水中で運動させながら飼育すると生育が著しく早くなる。成魚においては，前述と同様にサイフォンを用いて下に溜った食べ残しや排泄物を除去し，一定の水位まで加水する（図２・３），過ってサイフォンで吸い出したメダカ，あるいは地面に落ちたメダカをもとに戻すとき，図３・17のように，メダカのからだを横にして頭をもち上げて跳ねるのを利用して，すくい上げるとよい。

２．クローンメダカの作成

（１）未成熟卵法

自然条件下で，メダカ卵の成熟は真夜中に卵成熟誘起ステロイドホルモン（MIS）が濾細胞からの分泌されることによって始まる。そのホルモン分泌開始後約７時間して卵核胞期で停止していた減数分裂が再開し，核膜崩壊（卵核胞の崩壊, GVBD）がみられる。その時から，約６時間（26℃）して第二減数分裂中期に入って再び減数分裂が停止した状態になり，いわゆる成熟卵として排卵される。

しかし，卵母細胞は第一減数分裂の中期あたりから精子侵入を受けて受精・卵割できる能力を獲得する。従って，その時ヒメダカ雌の卵母細胞に紫外線（UV-ray）処理を施した野生メダカの精子をかけて発生を開始させれば，卵母細胞は第一減数分裂を完了（第１極体放出）後，第二減数分裂を省略して同質２倍体のまま発生する。すなわち，野生の雄メダカの遺伝形質をもたないヒメダカの母性クローンメダカ２nが高率で得られる。

実験手順としては卵核胞の崩壊開始時に減数分裂を抑制させる約10℃下にメダカを移しておいて，実験に都合のよい数時間内に26－27℃下に移して減数分裂を進行させる。第一減数分裂中～後期になる時間を確かめて，紫外線処理した精子で媒精・発生させる。

（２）成熟卵法

メダカにおけるクローン作出は図３・18にみられるような手順で行われる。まず，毎日産卵している雌メ

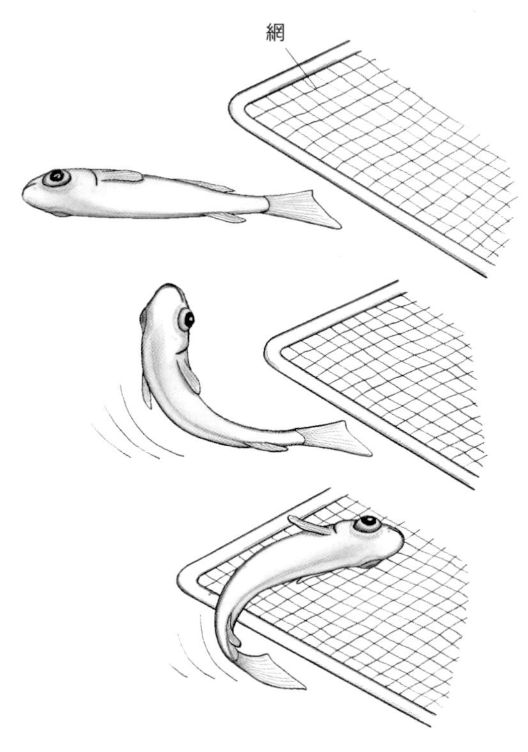

図3･17　床に落ちたメダカの網への受け方

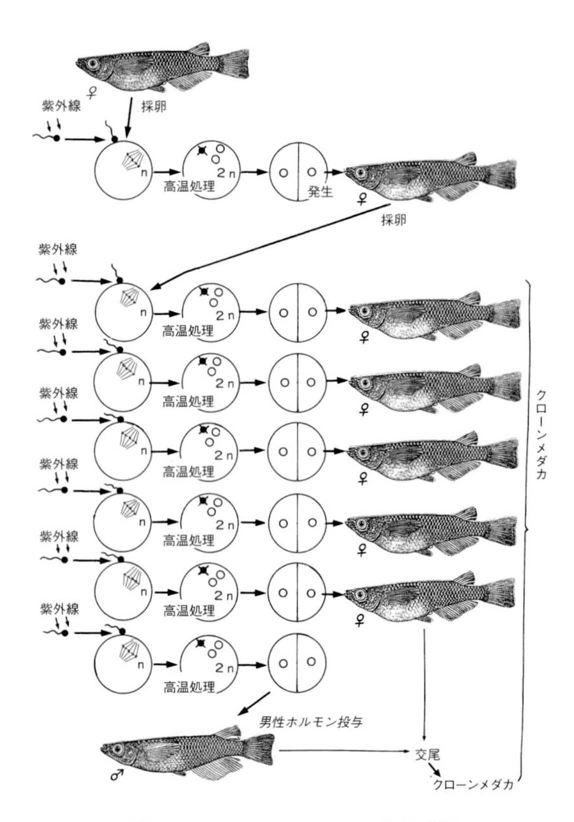

図3･18　クローンメダカの作出手順

ダカを雄と離しておいて，翌日の産卵時刻に，前述(図３・５)のように開腹してメダカ卵母細胞培養用塩類溶液（p. 111，表３・１）に卵巣を取り出す。未受精卵をあらかじめ紫外線照射で遺伝子が不活性化された精子で人工授精する。精子侵入後３分して受精反応が終わるが，その終了と共に高温処理（41℃，２分間），あるいは高水圧（700kg/cm^2，25℃，２～３分間）を施す。第二減数分裂(第２極体の放出)は精子侵入後７～８分で完了するので，その完了前に処理を施して減数分裂を妨げる。卵内に侵入した精子核は受精前核にならず退化して発生に関与しないが，精子中心粒は分裂装置を形成する。そのため，卵は雌の受精前核と放出しなかった極体の核とが合体して生じた核で発生を開始する。このDNA複製を行った核が各卵割球に分割され，卵は雌の核だけで発生し，母親と同じ遺伝子構成の個体になる。

こうして，紫外線処理精子によって発生を開始した卵は高温処理後50~70％が２倍体の稚魚として発生する（井尻，1989)。また，紫外線処理精子で媒精すると同時に雌の体細胞核を注入した卵も，しばしば正常に発生する。これらの稚魚は成魚になると，すべて雌（XX）である。孵化直後の稚魚に男性ホルモン（17α－メチルテストステロン）を40μg/g（粉餌，テトラミン）の割合で体長が11~12mmになるまで食べさせれば，機能的な雄（XX）になる。この性転換クローン雄をクローン雌と交尾させれば，たくさんのクローン雌(XX）を作ることができる（Naruse *et al*., 1985).

３．超雄性(ＹＹ)メダカの作出

d-rR系統メダカ(雄マーカーY^R，雌マーカーX^r）にホルモンを用いて性の転換を引き起こし，超雄（YY雄）を作出することができる（山本，1960，1962，1963a, b, 1964)。この方法では，少なくとも２世代の交配実験が必要である。次の方法では，このような純系系統でなくとも，しかも１回の実験で，超雄の作成が実験的に可能である。

まず，１匹の野生メダカの雌から得た未受精卵を動物極を上にして紫外線（UV）処理（1.5×10^{4}erg/e；Iwamatsu, 1985b）を行う。このUV処理卵をUV未処理のヒメダカ精子で媒精する。また，正常ヒメダカ卵をUV処理（Ijiri, 1980; Iwamatsu, 1985b：6×10^{3}erg/egg）した野生メダカの精子で媒精する。こうして，精子の中心粒の入った付活卵は半数体のまま第１卵割に移ろうとする。そのとき（媒精後85~95分，25℃），熱処理（41℃，２～３分間）するか，もしくは水圧（700kg/cm^2，10分間，25℃）をかけて，第１卵割を抑制してゲノムの倍数化を行う。これらの卵から発生･発育した個体はすべて父親か，母親と同じ常染色体のゲノム構成をもつクローンメダカである。しかし，超雄（YY）か，雌（XX）で性染色体の構成が異なる。したがって，どのメダカ種でも理論的には雄ばかり産ませられる超雄（YY）を得ることができる。

４．交配と近交系の作出

交配実験には，飼育槽に他の系統品種の卵，稚魚や成魚が混入しないような設備と万全の注意が必要である。グループ交配 mass matingによる系統保持の場合，雌雄数匹をコンクリート水槽，もしくは水蓮鉢に入れて飼育する（参照，**飼育場及び水槽**)。網室には関係者以外の立入りを禁ずる。繁殖期には，１つの交配グループの入った水槽には専用のたも網を使う。飼育場内でゴミ等を取り除こうとして使用したたも網を決して振ったり，はたいたりしてはならない。なぜならたも網に付いていた卵や稚魚が飛散して，他の系統に混入する原因になるからである。卵を殺すために，

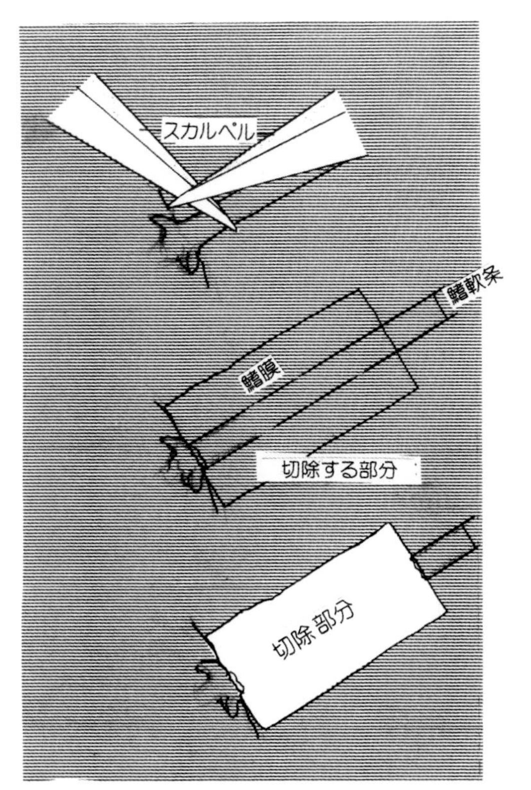

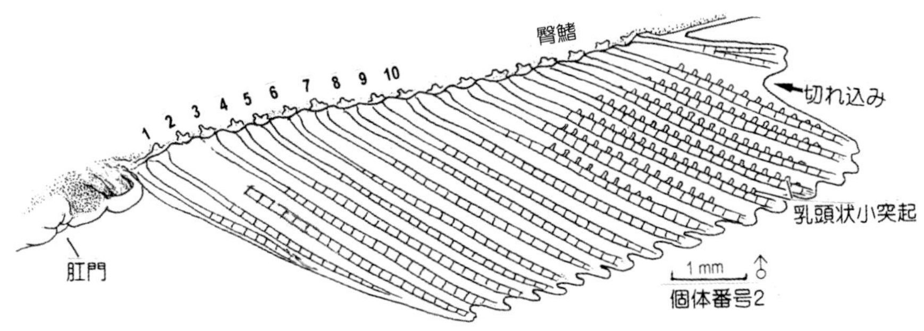

図3・19　鰭軟条の部分切除の仕方

した水槽は空にして干し，数日後に新たに飼育水をはって準備しておく。

交配実験において注意しなければならない他の事項に，体内受精の可能性があげられよう（Amemiya and Murayama, 1931）。メダカは，通常体外受精を行うが，産卵されなかった卵が卵巣腔内で受精し，次の成熟卵に混じって産卵される可能性がある。その可能性による系統の混乱をさけるためには，交配の２～３回目以後の卵を用いる必要がある。この他，次のような点にも留意しなければならない。性を転換させた雌のように，水槽内に雄がいない場合がある。それらの雌は成熟後雄の交尾刺激がなく，産卵できない。そのため，卵巣腔内で卵膜の硬化を起こした過熟卵が小さい泌尿生殖口から出られず，日に日に卵巣腔内に排卵しては溜まる一方になる。こうした雌の腹部は著しく大きく風船のようになり，やがて破裂して死ぬ。したがって，この事態を招かないように，成熟前に黒色素胞（マーカー）をもつ雄（野生型*BB*）を加えておく。

一度使ったたも網は直射日光で干しておく。メダカの系統によっては，水質･水温に敏感なものもあるから，換水時や新しい水槽に移すとき，それらに注意を払わねばならない。換水はサイフォンを用いて，水槽の底に溜った排泄物や藻類の死骸を吸い出し，新たな飼育水を静かに補給する。採卵にあたってはあらかじめメダカの入っていない専用の水槽を設け，それに２週間以上入れておいたホテイアオイのような水草を用いる。雌メダカは卵をその水草の根につけるから，水草を浮かせて５～６日後卵の付着を確認して，親に食べられないように他の水槽に移す。そのとき，水温の差が５℃以内であることを確かめてから移す。一度使用

個体の識別：　個体の追跡調査をするときに，個体番号や識別マークを付ける必要ができてくる。メダカは，小さいし，水の中であるため付けた色がとれやすいので，数種類の色の糸を筋肉に縫い込んだり，鰭を切除する方法が採られる。長期にわたると，糸が取れるし，鰭条の再生が起きてわからなくなることが起きやすい。ここに，臀鰭の第２鰭条（第１鰭条は短いので）から第３，第４……10と鰭条基部から切除して番

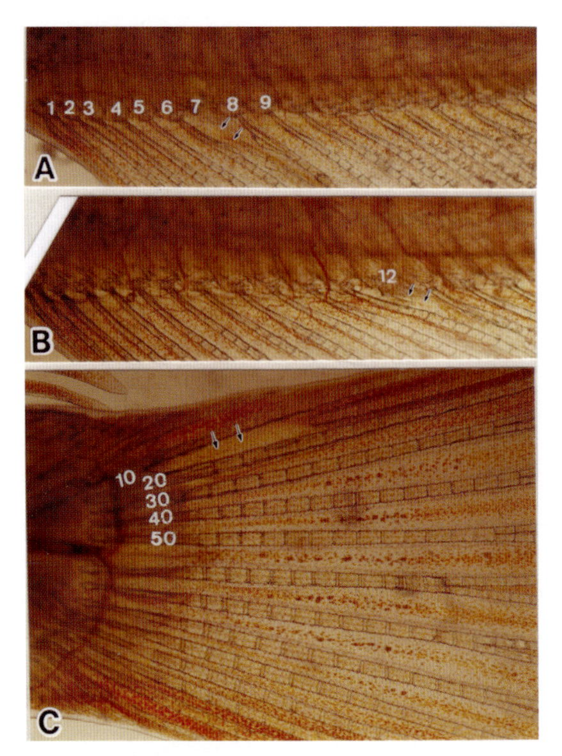

図3･20　鰭を用いたメダカの番号付け
A，B：臀鰭（A：７番，B：12番），C：尾鰭（10番）
小矢印：切除部分

号とすることを推奨する。まず鰭条間の膜鰭を破り，鋭利なスカルペルで鰭条を基部から切除する（図３･19）。こうすると，再生修復が難しいため，切断部がいつまでも残るのでマークとして使える。尾鰭，背鰭をそれぞれ10，100のレベルにすれば，数百個体マークできる（図３･20）。この他，行動を見るために個体を識別する標識として尾鰭（福田，2005に「尻鰭」と書いてあるのは間違い）を部分的に切除する方法がある。この場合，メダカを麻酔してガラスシャーレなどの上に置き，指先でメダカを押さえて鋭利なスカルペル（メス）もしくはカミソリで尾鰭末端部を部分的に切除して，塩類溶液か，クリーンな水に傷が治る２～３日間餌を与えないで飼育する。

室内でアングル水槽（７号）を用いて，交配を研究する場合，水温を25°～30℃にし，１日の照明を150ルクス・14時間で発育させると，孵化したばかりの幼魚は２～３カ月で十分成熟する。水草につけた卵から体長１cmぐらいになるまで循環浄化装置を働かせないで育て，それ以後その装置を働かせるとよい。７号のアングル水槽（約60ℓ）１つ当たり30匹前後が棲息密度として適当であろう。こうすれば，年間４～５世代をとることができる。

研究の目的に適した生物の開発は，より明確なデータを得る上に極めて重要である。特に，繁殖力が強く，飼育しやすい近交系が作出できれば，優れた研究が可能である。作出には基本的には，兄妹交配（sib mating）を20代以上行えば，メダカの近交系が得られる。近交系が樹立されると，鱗の移植による定着率が高くなり，組織適合性遺伝子座の数が少なくなる（田口，1985）。これまで，種々の物質に対する感受性をもつ系統を育種作成している。HNIは，北日本集団から近縁交配によって得られた野生型系統（Hydo-Taguchi and Sakaizumi, 1993）である。また，近交系メダカは，放射線の晩発性障害や発生障害など放射線の影響を研究するのに広く用いられている。各近交系統は体色や形態に関する遺伝子を標識にして兄妹交配によって維持され，酵素タンパク質の多型やDNAの制限酸素による切断片長の多型によってモニタリングされる必要がある。

現在では，いくつかの近交系（個体群内で遺伝子構成の相似化，ホモ化した）メダカについて放射線と化学発癌剤の１つ *N*-methyl-*N′*-nitro-*N*-nitrosoguanidine（MNNG）に対する感受性が調べられており，腫瘍の発生率に系統差があることが報告されている（Hyoudo-Taguchi and Matsudaira,1984）。

５．人為的突然変異による遺伝子解析

メダカは小さく，飼育しやすく，子孫を得やすい。しかも，遺伝的な系統が多く得られている。劣性形質をホモにもつものをテスターとして用い，飼育水中の変異原や放射線の遺伝的影響を検出することができる。島田・嶋（1990）によれば，自然生存突然変異率は3.28×10^{-6}/遺伝子座位である。野生型の雄メダカをγ線などで処理して，非処理のテスター雌とのペアで交配すると，雄の精巣には幹細胞型精原細胞から成熟精子まで種々の段階の生殖細胞があるので，放射線の生殖細胞への影響が調べられる（Fukamachi *et al.*, 2001）。メダカ精子に500Rを照射した場合の総突然変異率は１Ｒ当たり1.2×10^{-5}/遺伝子座であるという（島田・嶋，1990）。このように，放射線は突然変異の人為的誘発による遺伝子の解析にも活用されている。

また簡便的に突然変異を誘発させるのに，短期間で多量に形成される雄の生殖細胞（Loosli *et al.*, 2000）や胚を突然変異誘発剤*N*-ethyl-*N*-nitrosourea（ENU）で処理する方法も使用されている（石川・荒木，2000；Ishikawa *et al.*, 1999）。成熟雄を１mMリン酸

バッファーでpH6.3に調整した3 mM ENU中で１時間（26℃）処理し，0.0001％メチレンブルー液に２時間（途中１回液を交換する）入れて回復させる。この２日後と３日後に同じ処理を繰り返す。得られたF_1からF_2子孫を取り，さらにF_2同士の交配で得られたF_3胚の形態変異を調べてスクリーニングする。生殖細胞における突然変異誘発率は1.1～1.95×10^{-3}である（Loosli *et al.*, 2000）。

高島らはENU-突然変異誘起によって尾芽の肥大化，眼球の矮小，キュービエ管の過分岐を示すUT-006変異体を得ている。この表現型は温度感受性を示し，低温下で無眼，無脊索になり，極端なものは頭部・胴部の形成に必須な遺伝子であるようである。M-マーカーによって連鎖群13（LG13）に存在する遺伝子 *chordin* であることがわかった。このUT-006変異体は心臓や内臓の左右性にも異常がみられる。今野らもENU処理によって59系統の心臓形成に異常を示す突然変異体を誘発して，表現型を確認している。例えば，*ki17* は心室の拍動不全を示す突然変異体で，30～34体節期に異常が確認できる。発生が進むと，心室に血液が溜まり，血流が停止する。

胚発生中にγ線照射することによって生じるゲノム安定度の機構を研究するために照射感受性突然変異体に対するENU処理メダカの集団をスクリーニングし，低線量照射で照射誘起カール尾（*ric*）奇形の高頻度誘起で３つのタイプの突然変異を同定している（Aizawa *et al.*, 2004）。この実験は，RICが桑実胚期から器官形成期までの胚におけるDNA２重鎖切断修復に関わり合っており，*ric 1* におけるDNA２重鎖破壊の修復が起こらなければ，中期胞胚移行（MBT）後にアポトーシスが引き起こされることを示唆している。

６．突然変異体原因遺伝子の同定のためのポジショナルクローニング

近年，突然変異遺伝子の存在する連鎖群を同定する方法が開発されている（Kimura *et al.*, 2004）。小林・武田（2004）によれば，まず予めd-rR系統（南日本集団）由来の突然変異形質をもつものとHNI系統（北日本集団）を交配してF_1を得て，さらにその突然変異形質をもつもの同士の交配によって突然変異胚（F_2）を得る。このF_2胚の中から突然変異胚と野生型胚を選別して，１個体ずつゲノムDNAを抽出する。突然変異胚と野生型胚それぞれ30個体分ずつ等量混合し，これを鋳型として各連鎖群（１～24 LG）にそれぞれ２マーカーずつ用意しておいた計48マーカー（M-marker）に対するPCRプライマーを用いて PCR を行う（48×２＝96サンプル）。M-マーカーシステムで選択されているすべてのマーカーは PCR のみで南日本集団と北日本集団のメダカ間で多型を示す（simple sequence length polymorphism, SSLPマーカー）ので，得られた PCR 産物の電気泳動パターンの比較で，各連鎖群への連鎖をみることができる。実際，突然変異遺伝子の存在する遺伝子群において d-rR 系統由来のバンドが HNI 系統由来のバンドより濃いパターンを示す。

突然変異を引き起こす遺伝子を単離するのにも，北日本集団と南日本集団のメダカの遺伝的多様性が利用されている（小林・武田, 2004）。上述のように，あらかじめ d-rR 系統（南日本集団）由来の突然変異形質をもつものとHNI系統（北日本集団）を交配してF_1を得て，さらにその突然変異形質をもつもの同士の交配によって突然変異胚（F_2）を得ておく。このF_2突然変異胚は配偶子（卵・精子）形成の際に，d-rR 系統と HNI 系統の相同染色体間に乗換えが起こるため d-rR系統とHNI系統由来の染色体が混在してモザイク状になっている（図３･21）が，突然変異体の原因遺伝子は必ず d-rR系統の染色体に連鎖している。

図３･21の縦棒は突然変異遺伝子をもつd-rR系統の染色体とそれに対応するHNI系統の染色体を示しており，d-rR 系統と HNI 系統の間の多型を示す DNAマーカーの位置を１～４，そして突然変異遺伝子をX記

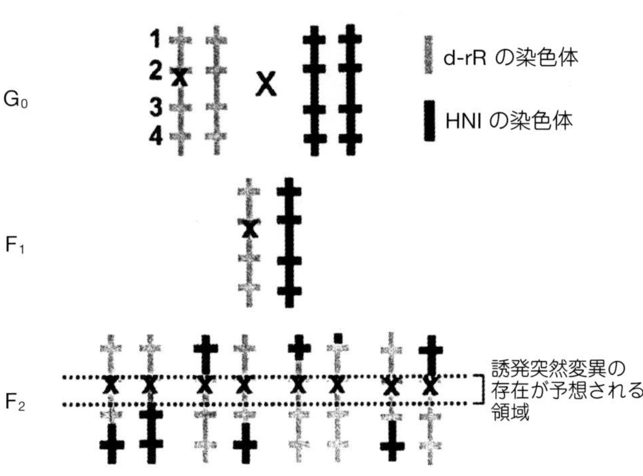

図3･21　ポジショナルクローニングの原理（小林・武田，2004）

号で示してある。突然変異遺伝子をもつd-rR系統と野生型のHNI系統（Goで示す）の雑種F1（ヘテロ）では，d-rR系統由来の染色体とHNI系統由来の染色体を１本ずつもつ。このF1個体のうちの半数が図３・21で示されたように，d-rR系統由来の染色体上に突然変異遺伝子をもつ。F_1 個体の中から突然変異を示すものを選択交配して，生まれたF_2 胚のうち，突然変異形質をもつものの染色体を模式的に示したのが図３・21中のF_2 である。F_1 個体の配偶子形成時の減数分裂中に染色体交差が生じ、F_2 では同一染色体に d-rR 系統と HNI 系統の DNAマーカーが混在することを表している。

7．卵母細胞及び受精卵への遺伝子の導入

卵母細胞が減数分裂期近くなると，その核である卵核胞は卵母細胞の表面に接してくるのでみやすく，その核内にDNAの直接注入が可能になる。この時期（産卵前７～８時間；Iwamatsu, 1978）の卵母細胞はすでに成熟のためのホルモン刺激を受けているので，培養中卵膜の硬化が起きないように牛血清アルブミン（岩松，1973）を加えれば，新たに培養液にホルモンを添加しなくても受精及びその後の発生に支障のない成熟卵が得られる。この方法によって，トランスジェニックメダカの作成のために減数分裂開始の数時間前に，卵核胞内にDNAをマイクロインジェクションする（Ozato *et al.*, 1986; 図３・22a）。

また，受精する過程に，図３・11のように卵細胞質にDNAを注入する方法がある。受精時の表層胞の崩壊によって，10分間ぐらいで卵膜が硬くなるので，ガラス針も刺さらなくなる。そのため，その硬化前であれば，DNAも卵細胞質にマイクロインジェクションすることができる。また，受精後卵膜硬化前にガラス針を刺して穴を開けておくか，卵膜硬化阻害剤（グルタチオンやシステインなど）で処理して卵膜の硬化を抑えておけば，発生が進行していても微小ピペットで卵細胞質への物質注入は可能である（図３・22b）しかし，受精直後，図３・14のように裸にした卵であれば，卵割中でも多目的に注入操作が可能である。

さらに，DNA溶液中で卵に750V/cm²の電気パルスをかけるエレクトロポーレーションによって，卵細胞質内にDNAを導入するやり方もある（Inoue *et al.* 1990）。

8．キメラメダカの作成

中期―後期胞胚の細胞はメダカにおけるES細胞系を確立するのに有望な材料である（Wakamatsu *et al.*, 1993）。近交系野生型メダカHNI-I（B/B；Taguchi, 1990）の胞胚期の胚細胞を劣性の体色変異魚アルビノの胞胚葉 blastoderm に移植して，16％の野生型のF_1 を得ている。さらに，このF_1 をアルビノと交配したら，野生型とアルビノの子孫が１：１の割合で生じる。フォスフォグルコムターゼのアロザイム分析は野生型

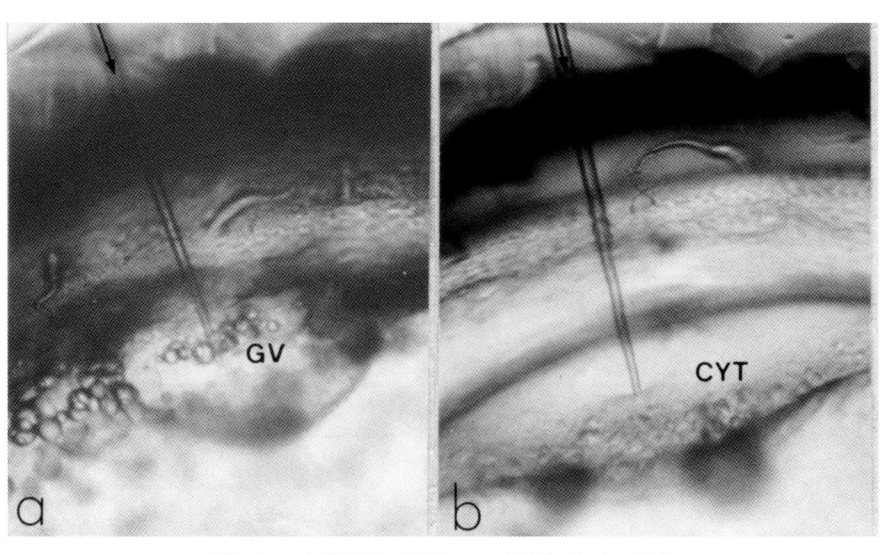

図3・22　未成熟卵の卵核胞への顕微注入（×100）
矢印：マイクロピペットの挿入，CYT：卵細胞質，GV：卵核胞（×180）．
（尾里建二郎博士による）

のF$_1$が野生型メダカとアルビノメダカとの雑種であることが判明した。

９．細胞移植法

メチレンブルー塩類溶液（M-PBS）にPVP（1,500）を６％溶かし，ミリポアフィルターで除菌する。これを除菌培養用のM-PVP塩類溶液とする。除菌M-PVP培養溶液中で中期胞胚をマイクロマニピュレーター（成茂MO-202）の毛細管ホルダーに取り付けたマイクロピペット（先端径約30 μm）で吸って除膜卵に注入する（Iwamatsu *et al.*, 1983）。

10．メダカのビテロゲニンアッセイ

内分泌かく乱物質のバイオアッセイ系として開発された測定方法である。通常雄には，肝臓でビテロゲニンの合成を行っておらず，血中にはビテロゲニンは検出されない。環境中にエストロゲン活性をもつ物質が存在すると，雄の肝臓でもおそらくエストロゲン・リセプターを経由してビテロゲニン遺伝子を刺激してその転写を促し，血中に合成したビテロゲニンが検出されるようになる。測定に際して，外因性のエストロゲンの影響を排除するために，雄メダカをエストロゲンの存在しない水の中で約１週間飼育する。その後，それらを対照区，エストロゲン曝露区に分けて一週間飼育して採血を行う。血中のビテロゲニン濃度をEnBio Medaka Vitellogenin ELIZA系（Amersham pharmacia biotech）で測定する（角埜・小山，2000）。

11．精巣卵の検出のための小片化法

女性ホルモン作用をもつ化学物質である環境ホルモンによって，精巣に誘導された精巣卵を調べる定量的，かつ簡便的な方法が確立されている（林ら，2003）。d-*rR*系統（名古屋大学），もしくはS-*rR*系統（住化テクノサービス）を用いてエストロゲンによって遺伝的雄の精巣に形成された精巣卵を調査する。まず，10%リン酸緩衝ホルマリン溶液で固定した精巣全体を実体解剖顕微鏡下のスライドガラスに載せて，それにトルイジンブルーを含むグリセリン溶液を滴下する。その精巣をピンセットと解剖針で小片化する。小片化された組織にカバーガラスをかけて検鏡する。この方法において，精巣の部域ごとに小片化すれば，それぞれの部域の精巣卵を観察して定量的に計測できる。しかも，精巣卵（卵母細胞）の発達段階をその形態でより詳細な判定が可能であり，女性ホルモン作用をより正確に評価できる。

12．骨格の観察

研究時間に余裕があれば，骨・軟骨の染色は，以下のDingerkusとUhler（1977）の方法（変法）がよい。

1）麻酔によって絶命した，あるいはリン酸緩衝液でpH 7にした５～10%ホルマリン（または４%パラフォルムアルデヒド-PBS液）で一晩固定されたメダカをよく水洗いする。稚魚の場合，4%パラフォルムアルデヒド-PBS液で２時間程度固定する。
2）そして，成魚の場合先の尖ったピンセットで注意深く皮膚を剥ぎ取り，内臓を除去する。
3）0.1%，または0.01%アルシャン・ブルーalcian blue 8GN（95%エタノール80mlと氷酢酸20mlの混合液に溶かした）それに１～２日間入れて染める。
4）その後，２～３時間ごとに95%エタノールで２回洗い，２～３時間ごとに半分ずつ蒸留水をスポイトで加えては捨てて，徐々に水に置き換える。
5）タンパク質を分解して過剰のアルシャン・ブルーを除くために，トリプシン１gを30ml飽和硼酸ナトリウム液と70mlの蒸留水の混合液に溶かして，その中に入れる。骨・軟骨がはっきりみえるまで２～３週間かけて，液が青味を帯びたら２～３日ごとに新しい液に入れ換える。
6）0.5%KOH液にアリザリン・レッドalizarin red Sを濃い紫色になるように加えた液（４%）に入れる。骨が明確に赤くなるまで約１日間入れておく。
7）サンプルを0.5%KOH-グリセリン（3:1）液から徐々にグリセリン液に置き換える。３%の過酸化水素H_2O_2水をKOH-グリセリン液100mlに２，３滴加えた液で，最初の２回数日間かけて濃い色がとれるまで漂白する。
8）染色し終わったサンプルは，アルシャン・ブルーで軟骨が青く，アリザリン・レッドで硬骨が紅く染まっている。それらは防腐剤としてチモールの小結晶を２，３個入れたグリセリンに入れて保存する。

短時間で骨格を調べたい場合，深く麻酔した状態で数時間固定して，皮膚・内臓を除去して２%KOH（室温）に浸してタンパク質を溶かす。途中スポイトで溶けた筋肉をよく洗い取り除く。筋肉がほぼ取れたらサンプルが動かない程度の流水で十分水洗して，アリザリンレッド液（硬骨）・アルシャン・ブルー液（軟骨）に入れて６～12時間染める。赤紫色に濃く染まったら，流水で注意深く水洗して，50%グリセリン溶液に入れ換えて弁色・透明化して観察する。

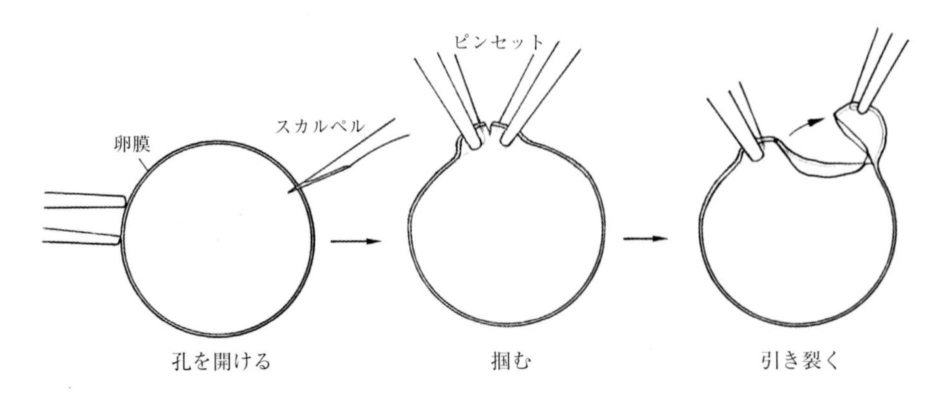

図3･23　孵化が遅れた発生卵の卵膜除去の仕方

13. 鱗上の色素胞の観察

体色は皮膚や鱗上に分布する色素胞のもつ色素顆粒や血液の色によって変化する。これらの変化は，神経やホルモンの支配下にあり，体内外の種々の刺激によって異なる。鱗がまだできていない野生メダカ胚の体表には黒色素胞や白色素胞が目立ってみえる。白色素胞は透過光を当てないで，反射光だけ当ててみると白く見える。

成魚になると，体表に鱗（体軸に沿って30前後）があるので，採取する位置を決めて先の細いピンセットで抜き取って観察する。皮膚の内側にある鱗を抜き取るのであるから，このときメダカは大けがをすることになる。麻酔薬や氷水で麻痺させた状態で手術するのが原則であるが，それができない場合もある。低倍率の双眼実体解剖顕微鏡下で，ペトリ皿内に横たわったメダカがやっと浸る程度の塩類溶液，あるいは水を入れて，メダカの頭部や尾部に小さく切ったガーゼをかけて跳ねないように抑えて操作する。鱗はその前方が真皮に深く挿入された状態で，その後方が皮膚近くにあって色素胞をもつ。抜き採った鱗には神経繊維もついている。

14. 孵化遅れの胚の救出

孵化が予定時期より著しく遅れた場合，卵膜を除いても脊椎骨が曲がったままになり，泳げなくなる個体が多くなる。卵黄球が小さくなっているので，一方のピンセットで卵を固定・支持しておき，もう一方のスカルペル（小型メス）か，鋭利な解剖針で卵膜に孔を開ける。そのへこんだ卵膜を先のキッチリ合ったピンセット２つで卵膜の一部をしっかり掴んで，一気に引き裂く（図３･23）。大きく破れた卵膜の孔から胚を追い出す。破れた穴が小さい場合，もう一度胚に傷を付けないように卵膜を掴んで引き裂いて孔を大きくする。

15. 神経繊維の蛍光顕微鏡観察用染色法の手順

材料としては孵化直後の稚魚を例に採る（Ishikawa *et al.*, 1986）。

1）まず，染色前に抗体が浸透しやすいように処理を施す。固定したサンプルをよく洗って，0.5%トリトンX-100，0.5%サポニン，８%蔗糖を含むリン酸緩衝（pH 7）した塩類溶液（PBS）（TS-溶液）で30分間，室温で処理する。

2）その前処理を施したサンプルを少量のTS-溶液中で凍結（−20℃）・解凍を１回以上繰り返す。

3）PBSで洗った後，サンプルを0.2%牛血清アルブミン（BSA），0.3%トリトンX-100，0.1%Na-アザイドを含むPBS（BSA-PBS）に溶かした抗-NFP（神経繊維タンパク質）抗体（マウス，またはウサギIgG：１～２μg/ml）で２日間（４℃）インキュベーションする。

4）PBSで３～６時間洗滌してから，BSA-PBS に溶かした FITC をくっつけたヒツジ抗マウス-，またはウサギ-抗体（30μg/ml）と２時間インキュベーションする。

5）PBSで30分間洗滌後，ホールスライドガラスの40%グリセリン-60%0.5M炭酸バッファー（pH 9）に入れて観察する。

16. 神経繊維の光学顕微鏡観察用染色法の手順

HRP（わさびペルオキシダーゼ）でラベルした抗神経繊維（NFP）抗体を用いて，DAB（3,3'-diaminobenzidine）で発色させる方法である（Ishikawa *et al.*, 1986；Ishikawa, 1990, 1992）。神経をラベルするのに

DiI（1,1'-dioctadecyl-3,3,3'-3'-tetramethyl-indocarbocyanine perchorate）も用いられている。筋神経の発達の様子は切片にしないで丸ごと染色するホールマウント染色法（whole mount 染色法）が三次元像を見るのに用いられる（Ishikawa, 1990a,b, 1992; Ishikawa and Hyodo-Taguchi, 1994）。脳の神経繊維を調べるのにも，この方法が適している。

例えば，稚魚や若魚を麻酔して，バッファー（pH 7）したZamboni's 固定液，あるいは4％グルタールアルデヒドで1～3時間（室温）固定する。

1）全長7～14mmの幼魚の場合，PBSに溶かした1％トリプシン中で2～16時間（4℃）インキュベーションする。全長15mm以上の場合，まず1％トリプシンで4時間，もしくは1％ KOHで約30分間筋肉を部分的に溶解する。PBSで1時間ほど洗った後ピンセットで皮を注意深く除去して，さらに約1日間1％トリプシン中（4℃）でインキュベーションする。

2）PBSで十分洗って，抗体が浸透しやすいように，新たに準備した1.5%トリトンX-100，1.5%サポニン，8％蔗糖を含むPBS（3倍TS-液）中で1時間インキュベーションする。PBSで30分間1回洗い，PBS中で凍結・解凍を2回行って，さらに3倍TS-液で1～2日間（4℃）で洗う。

3）PBSで洗った後，内在するペルオキシダーゼ活性を阻止するために，1％過ヨウ素酸に10分間浸す。

4）PBSで1時間，さらにBSA-PBSに移して30分間洗った後，BSA-PBSに溶かした抗NFP抗体（マウス：2μg/ml）で2～3日間（4℃）インキュベーションする。

5）PBSで6時間洗ってNa-アザイドを含まないBSA-PBSに溶かしたHRP-ラベルのヒツジ-抗マウス抗体（10μg/ml）と2～3日間（4℃）インキュベーションする。

6）PBSで6時間洗った後，50mM Tris-HClバッファー（pH 7.6）に溶かした0.005% DAB（DAB液）に1～2時間前処理をする。

7）抗体にラベルされているペルオキシダーゼが反応産物（発色）を生じるように，氷水中で0.00125％過酸化水素を含むDAB液中でインキュベーションする。

8）最後に，PBSで洗った後，グリセリン濃度を徐々に上げて，0.1%Na-アザイドを含む80%グリセリン中で観察するまで保存する。

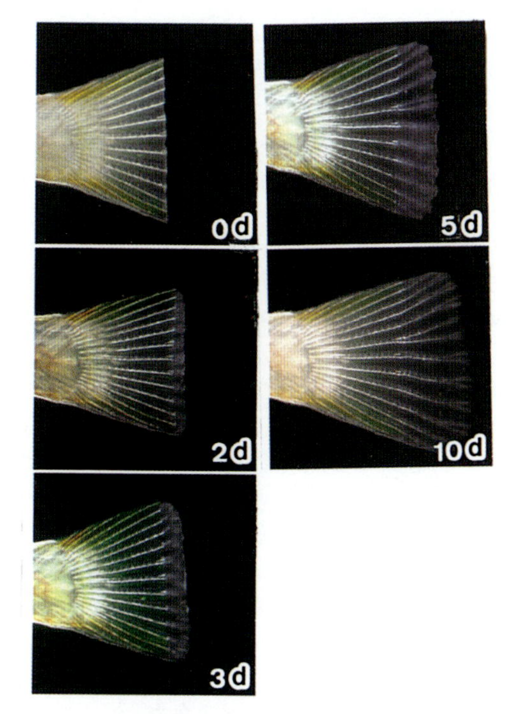

図3・24　メダカ尾鰭の再生

切断手術当日（0d）から2～3日（2d～3d）後には増殖し始めた芽体（中胚葉細胞の塊）が切断部に生じ，末端部に伸びてもとの組織に修復が進行している．5日目（5d）になると，切断部に近いところから鰭軟条が分化形成され，10日目（10d）にはもとの尾鰭のように鰭軟条に分岐も明確に認められるようになる．（Katogi *et al.*, 2004より改図）

17. 鰭の再生実験

飼育しやすいメダカは鱗や鰭の再生実験に適した材料である（森，1942；三輪・沼野井，1966；田島，1983）。麻酔して生理食塩水で潤したペトリー皿の上に体を横にしてカミソリ，スカルペル，あるいはピンセット式微小ハサミ（刃渡り5mm前後）で，鰭軟条に対して垂直に切断する。切断手術後，ミリポアフィルターで除菌（あるいは煮沸滅菌）した塩類溶液（水）で2週間（室温）ほど飼育すれば，鰭は整形的に再生する（図3・24：Katogi *et al.*, 2004）。再生には未分化の細胞塊，芽体blastemaの形成が必ず先行する。芽体形成が誘起される再生初期には，*olrfe16d23* と *olrfe14k04* だけが発現する。新規なシグナルペプチドをコードしている*olrf5n23* の発現は再生中ずっと傷上皮に認められるが，*olrfe23l22*，*olrfe20n22*，*olrfe24i02* は芽体部位に明白に発現する（Katogi *et al.*, 2004）。

鰭の形態と性ホルモンの関係を調べる実験に再生手法が用いられている（岡田・山下，1944）。また，雄の性徴である臀鰭や腹鰭に及ぼす環境ホルモンの影響の有無に関する実験にも，鰭切断による再生現象は適用できる。

18. 鱗の再生と移植による免疫記憶テスト

若魚から成魚の体表の鱗をピンセットで抜き取っておくと，数日で再生する。どの鱗を抜き取ったかを間違えないように，確認しやすい体側線（水平中隔）上の鱗を抜き取る。また，ヒメダカの鱗を抜き取り，野生の黒色素胞がついている鱗を抜き取った後に挿入移植すると，そのまま野生の鱗は定着する。たとえは，その野生鱗を挿入するとき，黒色素胞のついている側から鱗を挿入すると，どうなるかをみる（三輪・沼野井，1966）のも興味深い。

野生メダカの鱗をヒメダカに同種間移植すると，黒色素胞は一週間以内に崩壊する。その15日後に2回目の移植を行うと，2日で同様な拒絶反応がみられた。しかし，23℃では50日間の後に移植すると，免疫的な記憶は失せていて，拒絶反応は初めての場合と同じに戻っていた。最初の移植に対する免疫記憶は30日以内に消え，哺乳類より短い。それに対して，6℃では50日間後でも2回目に見られた拒絶反応が記憶されていることがわかった（Kikuchi *et al.*, 1983）。このように，鱗の同種間移植は一週間以内に拒絶されるが，γ線照射したメダカではその拒絶はゆっくりになり20日以内までである。このγ線照射効果は25日以内に消失する。もし2回目の移植前にγ線照射を施すと，2回目の拒絶反応は抑えられる（Kikuchi and Egami, 1983）。

19. 採血

採血に先立って，シャーレにパラフィンを流し込んで固めた解剖皿を用意する。小さい穴を開けたガーゼを水で濡らし，シャーレ全体に被せて尾部の採血部分を露出してガーゼを虫ピンで止めて麻酔したメダカを固定する。双眼実体解剖顕微鏡の観察ステージに載せる。尾部の背行大動脈をみやすくするために，メス（スカルペル）で体側部の皮膚の一部を切除して剥がし取る。大静脈にマイクロマニピュレーターに取り付けてある先の鋭いマイクロピペット（先端管径20～50 μm）を素早く，かつ注意深く刺し込んでゆっくり血液を吸い込む（参照，Jozuka and Adachi, 1979）。

別の方法としては，まず解剖皿のパラフィン台にメダカが入れられる大きさに楔形に溝を掘っておいて，そこにメダカを腹側が上の状態で入れる。次に眼科用ハサミ（ピンセット方式）で鰓のすぐ後方腹面の体壁を切除して，心室を露出する。塩類溶液で湿らせたガーゼを心室のみが露出するように穴を開けてかける。前述のようにマイクロマニピュレーターを使って，マイクロピペットで採血する。

簡便的な方法として，軽く麻酔し0.1～0.5mlの一定量のCa-欠如塩類溶液に切断した尾部を即座に浸し，十分出血させる。そして細いピンセットで口腔内に小さいティッシュペーパーを入れて水分を完全に吸い取り，眼科用ハサミで鰓の後端腹側心臓部を深く切る。素早く頭部と腹部の切り口を下にして小管にいれ，それをパラフィンオイルの入った遠心管内に入れて800～1,000 g で10分間遠心する。遠心管のパラフィンオイル底部に溜まった体液を血液とする。ただ，この方法では，尿などが混入することは避けられない。

20. メダカの血流の観察

背骨のあるすべての脊椎動物にはもちろん，昆虫や貝やイカなどの無脊椎動物にも心臓の働きで血液が血管内を流れる。生きたままでその血流を顕微鏡下で観察できる脊椎動物は限られており，身近で容易に観察できる動物としては，透明な卵や鰭をもつメダカがある。特に，メダカの卵は入手しやすいし，胚の心臓や血管も同時に観察できるので優れた教材である。

a．観察の目的

血液は全身に張り巡らされた血管の中を流れて，からだを保つために ①酸素や栄養物の供給と老廃物の排除を行い，②リンパ液と共にからだの免疫力（体力）に関与し，③からだの働きを調節するホルモンなどの輸送を行い，さらには④傷口から出て外部からの毒物や微生物の侵入を防いでいる。こうした働きをもつ血液の体内循環の様子を観察するのが目的である。心臓の拡張・収縮運動（ポンプ）の働きによって体内を循環する血液は，リズミカルに脈を打ちながら一定の速度（回数／分）で血管内を流れている。

b．材料の準備と観察の方法

卵（胚）の準備と血流観察方法：

採卵及び卵の観察の仕方は，「飼育マニュアル」（岩松，2014a）と「メダカの誕生」（岩松，2014b）のところを参照されたい。

産卵して卵塊を腹部に付けている雌をゆっくり手網ですくい，雌を手に受けて卵塊だけを指で掴む。そして，そっと雌を泳がせる。卵塊をシャーレ（ペトリ皿）の水に入れる。観察の邪魔にならないように，二重にしたガーゼの上に卵塊を置いて水道の蛇口から少しずつ水を垂らして洗いながら指で卵を転がしてバラバラにする（図2・1）。バラバラになった卵を指でガーゼからシャーレのメチレンブルー水（深さ約1cm）に入れて発生させ，準備する。受精卵（胚）の観察は，メダカ卵観察用のスライドガラス（図3・12；岩松，1973）を用いて行う。そのスライドガラスは厚さ1.2～1.4mmのスライドガラスに厚さ0.9mmスライドガラスの切断片（長さ1～2mm程度）2枚を10～15mmの間隔でアラルダイト接着剤を用いて強く圧して貼り付けたものである。その両切断ガラス片の間に卵を溢れない程度の水と共に滴下する。その上にカバーガラス（cover-slip）を被せて顕微鏡のステージに置いて総合倍率40～100倍で観察する。このスライドガラスの特長はスライドガラスとカバーガラスとの間はメダカ卵の直径（1.2～1.3mm）よりやや狭く，カバーガラスでやや圧された状態であってカバーガラスをずらすと卵が転がる。したがって，自由に転がして観察したい卵の部分に設定することができる。

胚の血流の観察：　卵内の胚体はスライドガラスを用いて顕微鏡（総合倍率100倍）下で観察できるので，からだの中に分布する血管内を流れる血液を観察するのは容易である。しかも，心臓の拍動を同時に観察できるので，血流のリズムが理解しやすい。

室温26℃ぐらいで，メダカ卵は産卵（受精）後3日になると，頭部腹側に管状の心臓に拍動がみえる。胚体内およびその周りにできる体腔を取り囲む卵黄球表面上に血管ができる。そして，心臓の膨縮運動によって生じる血管内の液の流れが胚体の尾部の血島から血球を卵黄中央静脈に押し出す。こうして，産卵後3日頃から血流が観察できる。胚の発生が進むにつれて，心臓と血管が発達すると血管も長くなり卵黄球表面を蛇行し，心拍が強くなって血流も速くなる。胚体を用いれば，血管内の血球の転がりと心臓の膨縮運動のリズムが同時に観察できるので，血液の体内循環を理解するのに適している。

成魚の血流観察ための準備と方法：

メダカ成魚の血流の観察には，ヒメダカ，あるいはアルビノメダカの成魚を用いる。血流の観察に適したからだの部分は尾鰭である。観察時は，成魚を麻酔薬で軽く麻酔した状態で行う。麻酔には，MS222やクレロトンを用いてもよいが，飽和フェニールウレタン溶液とエタノールを7：3の割合に混ぜた溶液を麻酔液として用いる。成魚を入れた少量の飼育水にその麻酔液を少量ずつ滴下して2～3分で動かなくなる程度加える。この少量の液と共に麻酔した成魚をシャーレの中に入れて，頭部の鰓蓋を残してからだ全体に調理用の透明なラップを掛ける。そのシャーレを顕微鏡のステージに置いて尾鰭を観察する。観察中，鰭膜の血流で麻酔の具合をみながら，麻酔薬もしくは水を頭部にスポイトでかける。

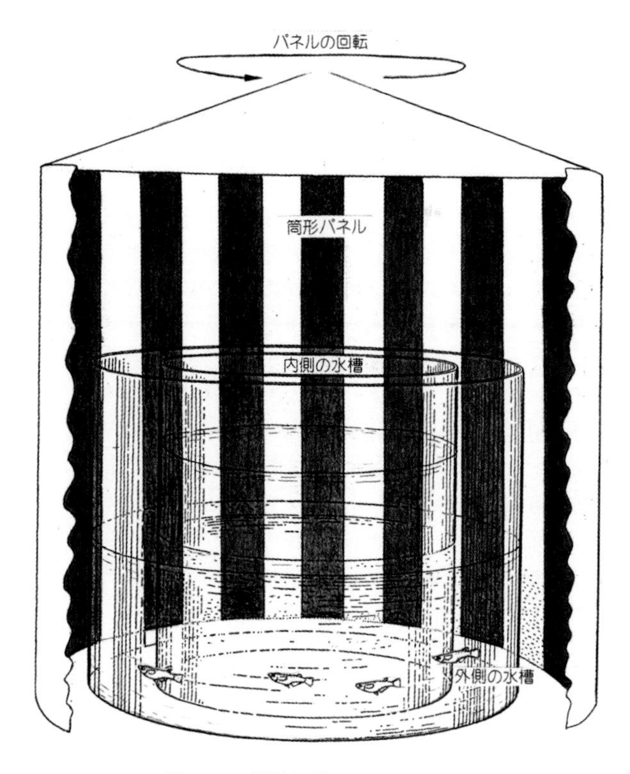

図3・25　縦縞円筒の回転パネル

21. 視覚の実験

視覚は脊椎動物にとって重要な感覚の一つであり，光を捉える最も高度に編制された系である。まず，視覚の最初の段階では，光子が網膜の光受容体における光受容膜の過分極を引き起こすことによってとらえられる。続いて，この電子化学的反応が高度な神経細胞を経由して脳の視蓋に伝えられる。

胚の眼球は孵化間近になると，光に反応してよく動く。孵化後すぐ遊泳するメダカの視覚は，成長につれて眼の網膜および脳・神経系と共に発達する。視物体または視野の動きに対する眼球，頭部ないしはからだの動き，すなわち視運動反応 optomotor reaction（動視反応）が孵化後から日を追ってメダカの行動から調べられている（Ohki and Aoki, 1985）。メダカの分解視力を行動実験で調べるのに，白黒の縦縞模様の筒形パネルを使って，メダカがその黒い縞目の動きに対してどう追従行動するかを測定する。例えば，図３･25のような透明な水槽の外側に白黒の縦縞を描いた筒形パネルを回転できるように設置する（三輪・久米，1950；竹内，1981）。しかも，その回転速度を適宜変えられるようにしておくと，視力や遊泳力も測定できる。周りの縞目の円筒パネルを回転させると，円形水槽内のメダカは回転方向に逆らって泳ぐ。透明な水槽内のメダカが周りの筒形パネルを一定速度で回転させたとき，起こす視運動反応，すなわち縦縞模様を追いかける追従反応を測定する。また，暗室で，縞目の色や間隔，さらには光度をさまざまに変えれば，色彩判別能力も方法にも用いることができる。その他，メダカの雄とか雌，餌になる生き物や天敵である生き物などの図形を縞目の代わりに用いれば，それらの識別反応も調べられる。

成魚でみると，縦縞の幅が狭いと，たとえ回転速度を変えても，追従反応は良くない。また筒形パネルの回転速度を一定（215deg/sec）にして，縦縞の幅を2.71°にすると反応が悪く，8.7°に大きくすると80 %近くのメダカが反応を示す。そして，孵化後３～７日目の稚魚ではどの縦縞の幅に対しても視運動反応は悪い。しかし，孵化後２週間では，急速に分解視力がよくなる（青木，1990）。この孵化後２週間目ごろの視運動反応の変化に対した網膜の形態的な変化は認められないという。そして，孵化後15日以降網膜における錐状体の配列の完成に伴って視運動反応が成魚と同じになるらしい。また，視覚の情報処理に関する視蓋の層状構造は孵化後30～60日の間にみられ，その特徴的ニューロンの発達は孵化後30～45日の間という。

文献

Aida, T., 1921. On the inheritance of color in fresh-water fish, *Aplocheilus latipes* Temmick and Schlegel, with special reference to sex-linked inheritance. Genetics, 6: 554-573.

Aketa, K., 1966. A study of the block mechanism against polyspermy in medaka, *Oryzias latipes*. Annot. Zool. Japon., 39: 149-155.

雨宮育作, 1928. 教授用材料としての目高の卵．東洋學藝雜．44: 571.

———— and S. Murayama, 1931. Some remarks on the existence of developing embryos in the body of an oviparous cyprinodont, *Oryzias* (*Aplocheilus*) *latipes* (Temmick et Schlegel). Proc. Imp. Acad., 7: 176.

Ando, S. and Y. Wakamatsu, 1995. Production of chimeric medaka (*Oryzias latipes*). Fish Biol. J. Medaka, 7: 65-68.

青木　清，1990．視覚と行動．pp.200-215,「メダカの生物学」(江上信雄・山上健次郎・嶋昭紘 編)，東京大学出版会.

————., M. Okamoto, K. Tatsumi and Y. Ishikawa, 1997. Cryopreservation of medaka spermatozoa. Zool. Sci., 14: 641-644.

Ball, J. N., 1965. Partial hypophysectomy in the teleost *Poecilia* : separate identities of teleostean prolactin-like hormone. Gen. Comp. Endocrinol., 5: 654-661.

Battalora, M.S., W.E. Hawkins, W.W. Walker and R.M. Overstreet, 1991. Occurrence of thymic lymphoma in carcinogenesis bioassay specimens of the Japanese medaka (*Oryzias latipes*). Cancer Res., 50: 5675S-5678S.

Cao, Y.-A., J. B. Blair and G. K. Ostrander, 1996. The initial report of the establishment of primary liver cell cultures from medaka (*Oryzias latipes*). Fish Biol. J. Medaka, 8: 47-56.

Chong, S.S. C.and J.R. Vielkind, 1989. Expression and fate of CAT receptor genes microinjected into fertilized medaka (*Oryzias latipes*) eggs in the form of plasmid DNA, recombinant phage particles and its DNA. Theor. Appl. Genet., 78: 369-380.

DeKoven, D. L., 1992. A purified diet for medaka (*Oryzias latipes*): refining a fish model for toxicological research. Lab. Anim. Sci., 42: 180-189.

Dingerkus, G. and L.D. Uhler, 1977. Enzyme clearing of alcian blue stained whole small vertebrates for demonstration of cartilage. Strain Technol., 52: 229-232.

江上信雄，1956. 遺伝学ハンドブック．pp. 850-852, 技報堂(東京).

————, 1971. The medaka, *Oryzias latipes* (teleost fish) as a laboratory animal. Exp. Animals, 22: 109-114.

————，1972. 実験動物としての下等脊椎動物の開発.「実験動物の開発・改良」のシンポジウム講演集，3-6.

———, 1981. 実験動物としての魚類 − 基礎実験法と毒性試験. ソフトサイエンス社. pp. 568.
———, 1985. 野生メダカと研究用につくり出したメダカ−環境教育とメダカ. 生物教育, 26: 151-155.
———・勝見充行, 1982. 実験生物学講座 1. 生物材料調整法, pp.108-112. 丸善.
榎並　仁・湊　顕, 1955. ホルモンの生物学的実験法. 生物学実験法講座(岡田弥一郎). 第6巻A. pp. 85-87.
江藤久美, 1978. 魚類の細胞培養. 遺伝, 32: 64-71.
———, 1981. 催奇形性試験法.「実験動物としての魚類−基礎実験法と毒性試験」(江上信雄編), Ⅲ・5, pp.449-462, ソフトサイエンス社.
———, I. Suyama, Y. Hyodo-Taguchi and H. Matsudaira, 1988. Establishment and characteristics of various cell lines from medaka (Teleostei). *In* "Invertebrate and fish tissue culture" (Kuroda, Y. *et al.*, eds.), Japan Sci. Soc. Press, Tokyo/Springer-Verlag, Berlin, pp. 266-269.
福田重夫, 2005. 生物材料実験法. p.159, 東京数学社.
Funayama, T., H. Mitani, Y. Ishigaki, T. Matsunaga, O. Nikaido and A. Shima, 1994. Photorepair and excision repair removal of UV-induced pyrimidine dimers and (4-6) photoproducts in the tail fin of the medaka, *Oryzias latipes*. J. Radiat. Res., 35: 139-146.
荻野　哲, 2000. メダカを用いる試験法. 内分泌撹乱化学物質の生物試験法(井上　達監修), シュプリンガー・フェアラーク東京, pp.127-132.
Henson-Apollonio, V. and V. Johnson, 1994. Quantitation of lectin binding by cells harvested from the spleen and anterior kidney of the Japanese medaka (*Oryzias latipes*). Ann, N.Y. Acad. Sci., 712: 338-341.
Hishida, T., 1964. Reversal of sex-differentiation in genetic males of the medaka (*Oryzias latipes*) by injecting estrone-16-C^{14} and diesthylstilbestrol (monoethyl-C^{14}) in the egg. Embryologia, 8: 234-246.
檜山義夫, 1948, 魚類実験生態論. p.174, 鳳文書林(東京).
Hyodo-Taguchi, Y. and N. Egami, 1985. Establishment of inbred strains of the medaka *Oryzias latipes* and the usefulness of the strains for biomedical research. Zool. Sci., 2: 305-316.
——— and ——— 1989. Use of small fish in biomedical research with special reference to inbred strains of medaka. *In* "Nonmammalian animal models for biomedical research" (Woodhead, A. D. ed), CRC Press, Inc. Boca Raton, Florida, pp. 185-214.
——— and M. Sakaizumi 1993. List of inbred strains of medaka, *Oryzias latipes*, maintained in the Division of Biology, National Institute of Radiological Sciences. Fish Biol. J. Medaka, 5: 29-30.
Ijiri, K., 1980. Gamma-ray irradiation of the sperm of the fish *Oryzias latipes* and induction of gynogenesis. J. Radiat. Res., 21: 263-270.
———, 1983. Chromosomal studies on radiation-induced gynogenesis in the fish *Oryzias latipes*. J. Radiat. Res., 24: 184-195.
———, 1987. A method for producing clones of the medaka, *Oryzias latipes* (Teleostei, Oryziatidae). Proc. V Conger. Eur Ichthyol., Stockholm. pp.277-284.
———, 1989. メダカにおけるクローンの作出. 水産育種, 14: 1-10.
池田嘉平, 1944. メダカの背地反応. 生物実験. pp.137-138, 日本出版社.
Inoue, K., K. Ozato, H. Kondoh, T. Iwamatsu, Y. Wakamatsu, T. Fujita and T. S. Okada, 1989. Stage-dependent expression of the chicken δ-crystallin gene in transgenic fish embryos. Cell Differ. Dev., 27: 57-68.
———, S. Yamashita, J. Hata, S. Kabeno, S. Asada, E. Nagahisa and T. Fujita, 1990. Electroporation as a new technique for producing transgenic fish. Cell Differ. Dev., 29: 123-128.
犬飼哲夫・狩野康比古, 1955. 脊椎動物発生実験−魚類, 生物学実験講座　第11巻, p.54.
Ishida, J., 1944a. Hatching enzyme in the freshwater fish, *Oryzias latipes*. Annot. Zool. Japon., 22: 137-154.
———, 1944b. Further studies on the hatching enzyme of the freshwater fish, *Oryzias latipes*. Annot. Zool. Japon., 22: 155-164.
石原　誠, 1916. メダカの体色の遺伝に就いて. 福岡医科大学雑誌, 9: 259-266.
石川千代松, 1913. 新動物学精義(上巻). pp. 272-273, 金刺芳流堂(東京).
Ishikawa, T., P. Masahito and S. Takayama, 1984. Usefulness of the medaka, *Oryzias latipes*, as a test animal: DNA repair processes in medaka exposed

to carcinogens. Natl. Cancer Inst. Monogr., 65: 35-43.
Ishikawa, Y., 1990. Development of muscle nerve in the teleost fish, medaka. Neurosci. Res., Suppl. 13: S152-S156.
————, 1992. innervation of the caudal-fin muscle in the teleost fish, medaka (*Oryzias latipes*). Zool. Sci., 9: 1067-1080.
————・荒木　和男，2000. メダカにおけるENUおよびX線による誘発突然変異体スクリーニング．蛋白質・核酸・酵素，45: 2820-2828.
______, Y. Hyodo-Taguchi, K. Aoki, T. Yasuda, A. Matsumoto and M. Sasanuma, 1999. Induction of mutations by ENU in the medaka germ line. Fish Biol. J. Medaka, 10: 27-29.
————, and Y. Hyodo-Taguchi, 1994. Cranial nerves and brain fiber systems of the medaka fry as observed by a whole-mount staining method. Neurosci. Res., 19: 379-386.
————, Y. Hyodo-taguchi, K. Aoki, T. Yasuda, A. Matsumoto and M. Sasamura, 1999. Induction of mutation by ENU in the medaka germline. Fish Biol. J. Medaka, 10: 27-29.
————, C. Zukeran, S. Kuratani and S. Tanaka, 1986. A staining procedure for nerve fibers in whole mount preparations of the medaka and chick embryos. Acta Histochem. Cytochem., 19: 775-783.
Islinger, M., H. Yuan, A. Voelkl and T. Baunbek, 2002. Measurement of vitellogenin gene expression by RT-PCR as a tool to identify endocrine disruption in Japanese medaka (*Oryzias latipes*). Biomarkers, 7: 80-93.
磯野正次，1935. メダカに就いての実験観察．植物及動物，3(9): 1714.
岩松鷹司，1973. メダカ卵母細胞の培養液の改良．魚類学雑誌，20: 218-224.
————，1975. 生物教材としてのメダカ．Ⅱ．卵母細胞の成熟および受精．愛知教育大学研究報告，24: 113-144.
————, 1978. Studies on oocyte maturation of the medaka, *Oryzias latipes*. Ⅵ. Relationship between the circadian cycle of oocyte maturation and activity of the pituitary gland. J. Exp. Zool., 206: 355-364.
————, 1980. Studies on oocyte maturation of the medaka, *Oryzias latipes*. Ⅷ. Role of follicular constituents in gonadotropin- and steroid-induced maturation of oocytes *in vitro*. J. Exp. Zool., 211: 231-239.
————, 1983. A new technique for dechorionation and observations on the development of the naked egg in *Oryzias latipes*. J. Exp. Zool., 228: 83-89.
————, 1984. 卵の単一割球の発生－メダカ卵の場合．ラボラトリーアニマル，1(5): 58-61.
————, 1985a. メダカ卵の実験的操作．遺伝，39: 42-46.
————, 1985b. Nuclear inactivation of *Oryzias* gametes by irradiation with ultraviolet light. 愛知教育大学研究報告, 34: 85-91.
————，1985c. メダカの解剖．生物教材，26 (3)：156-163.
————，2006. “メダカで受精の瞬間を見よう”. Animate, No. 6, 39-48.
————，2014a. メダカの繁殖のマニュアル. Animate, No.11, 1-6.
————，2014b. 理科の教材としてのメダカの適切な活用―小学5粘性の理科「メダカのたんじょう」―，愛知教育大学教育創造開発機構紀要，4：37-46.
————, R. A. Fluck and T. Mori, 1993. Mechanical dechorionation of fertilized egg for experimental embryology in the medaka. Zool. Sci., 10: 945-951.
————・江上信雄，1982. メダカの卵の郵送．遺伝，36(10): 88-89.
————, T. Miki-Noumura and T. Ohta, 1976. Cleavage initiation activities of microtubules and *in vitro* reassembled tubulins of sperm flagella. J. Exp. Zool., 195: 97-106.
———— and K. Mori, 1968. Site of egg nucleus to fuse with sperm nucleus in the egg of the medaka, *Oryzias latipes*. 愛知教育大学研究報告. 17: 55-64.
————・森　隆，1994. 生物教材としての野生メダカとヒメダカの体色遺伝の研究．愛知教育大学教科教育センター研究報告, 18: 199-210.
————・————，1996. 野生メダカの鱗上の黒色素胞反応の教材化の試み．愛知教育大学教科教育センター研究報告, 20: 177-185.
————・大島恵美子・酒井則良，1990. 培養したメダカ卵巣濾胞の形態とステロイド合成．愛知教育大学研究報告，39: 69-78.
————・太田忠之，1968. メダカの精巣の律動性収縮運動．実験形態学誌 21: 498.
————・————，1972. 多数精子による魚卵の発生．動物学雑誌，81: 146-149.

———・———，1973. メダカ精巣成分分画の卵割誘導効果について．動物学雑誌，82: 101-106.

———・———, 1974. Cleavage initiating activities of sperm fractions injected into the egg of the medaka, *Oryzias latipes*. J. Exp. Zool., 187: 3-12.

——— and ———, 1978. Electron microscopic observation of sperm penetration and pronuclear formation in the fish egg. J. Exp. Zool., 205: 157-179.

Jozuka, K. and H. Adachi, 1979. Environmental physiology on the pH tolerance of teleost. 2. Blood properties of medaka, *Oryzias latipes*, exposed to low pH environment. Annot. Zool. Japon., 5: 107-113.

Katogi, R., Y. Nakatani, T. Shin-I, Y. Kohara, K. Inohaya and A. Kudo, 2004. Large-scale analysis of the genes involved in fin regeneration and blastema formation in the medaka, *Oryzias latipes*. Mech. Develop., 121: 861-872.

河本典子，1969. メダカの脳下垂体除去法とその生殖巣の変化．発生生物学誌，23: 77-78.

菊池慎一，1985. メダカの移植片拒絶反応．遺伝，39: 25-27.

——— and N. Egami, 1983. Effects of gamma-irradiation on the rejection of transplanted scale melanophores in the teleost, *Oryzias latipes*. Comp. Immunol. 7: 51-58.

Kinoshita, M. and K. Ozato, 1995. Cytoplasmic microinjection of DNA into fertilized eggs. Fish Biol. J. Medaka, 7: 59-64.

Klaunig, J. E., B. A. Barut and P. J. Goldblatt, 1984. Preliminary studies on the usefulness of medaka, *Oryzias latipes*, embryos in carcinogenicity testing. Natl. Cancer Inst. Monogr., 65: 155-161.

Komura, J., H. Mitani and A. Shima, 1988. Fish cell culture: establishment of two fibroblast like cell lines (OL-17 and OL-32) from fins of the medaka, *Oryzias latipes*. *In vitro* Cell Dev. Biol., 24: 294-298.

越田　豊，1977. メダカ．遺伝，1977 (2) : 58-63.

久保伊津男・桜井　裕，1951. メダカの計測．魚類学会報，1-5: 339-346.

Kusaka, T., 1957. Experiments to see the different effects of net on driving, several species of fish. Bull. Japan. Soc. Sci. Fish., 23: 1-5.

Matsudaira, H., H. Etoh, Y. Hyodo-Taguchi, K. Aoki, K. Asami, I. Suyama, C. Muraiso, O. Yukawa and I. Furuno-Fukushi, 1989. A useful experimental system for chemical and environmental carcinogenesis. *In* "Recent progress of life science technology in Japan" (Ikawa, Y. and A. Wada, eds). Acad. Press/Harcourt Brace Jovanovich Japan, Inc. Tokyo, pp.137-151.

道端　斉，1981. 急性毒性試験法－汚染物質のスクリーニング．「実験動物としての魚類－基礎実験法と毒性試験」(江上信雄編)，Ⅲ-9, pp.509-524, ソフトサイエンス社.

Mitani, H. and N. Egami, 1980. Long term cultivation of medaka (*Oryzias latipes*) cells from liver tumors induced by diethylnitrosoamine. J. Fac. Sci., Univ. Tokyo, Ⅳ. 14: 391-398.

———・小村潤一郎・嶋　昭紘，1990. 培養細胞を用いたDNA修復研究. メダカの生物学(江上信雄・山上健次郎・嶋　昭紘編)．pp. 234-250.

三浦　高・地土井襄璽・青木　忠，1958. 雌メダカを用いたアンドロゲンの生物検定．ホルモンと臨床，6: 18-21.

三輪知雄・久米又三，1950. 生物実験法．pp.239-245, p.277，共立出版.

———・沼野井春雄, 1966. 生物学実験法講座　第8巻上，pp. 63-67. 中山書店.

———・———, 1966. 生物学実験法講座　第12巻，遺伝生化学実験法．pp. 85-90. 中山書店.

森　英司，1942. 硬骨魚(メダカ)の尾並びに尾鰭の再生に就いて．動物学雑誌，54: 119-124.

村地悌二・小野文俊・西川光夫，1954. メダカ*Oryzias latipes*を用いたアンドロゲンの生物検定の新法の臨床への応用．内分泌, 1: 516-521.

———・———・———，1955. メダカ*Oryzias latipes*を用いたアンドロゲンの生物検定のための新法の臨床への応用．雑誌浴風園，26: 1-8.

Murakami, Y., 1994. Micromachined electroporation system for transgenic fish. J. Biotechnol., 34; 35-42.

永田義夫，1934. メダカに於ける生殖腺剔出実験．動物学雑誌，46: 293-294.

———, 1936. メダカに於ける第一次及び第二次性徴の関係．Ⅱ. 卵巣を除去せるメダカに精巣の移植実験．動物学雑誌，48: 103-108.

南部　実・細川和子，1962. メダカの産卵刺激：接触時間について．動物学雑誌，71: 404.

Naruse, K., K. Ijiri, A. Shima and N. Egami, 1985. The production of cloned fish in the medaka (*Oryzias latipes*). J. Exp. Zool., 236: 335-341.

————・酒泉 満，1993. 生物モデルとしてのメダカ．実験医学，11: 80-84.

————・———— and A. Shima, 1994. Medaka as a model organism for research in experimental biology. Fish Biol. J. Medaka, 6: 47-52.

西内康浩，1981. 急性毒性試験法－海水馴致ヒメダカの薬剤感受性．「実験動物としての魚類－基礎実験法と毒性試験」(江上信雄編)，3-2, pp. 380-406, ソフトサイエンス社.

小川嘉一郎, 1959. エストロン処理せるメダカ (*Oryzias latipes*) 成体雄魚に関する二・三の考察 I．精巣卵 (testis-ova) 形成過程．動物学雑誌，68: 159-165.

Ohta, T. and T. Iwamatsu, 1974. Initiation of cleavage in fish eggs by injection of flagellar microtubules of sea urchin spermatozoa. Develop. Growth & Differ., 16: 67-74.

______・______, 1980. Initiation of cleavage in *Oryzias latipes* eggs injected with centrioles from sea urchin spermatozoa. J. Exp. Zool., 214: 93-99.

小島吉雄，1981. 飼育管理と実験技法－染色体観察法．「実験動物としての魚類－基礎実験法と毒性試験」(江上信雄編)，Ⅱ-3, pp. 204-211. ソフトサイエンス社.

Ojima, Y. and S. Hitotsumachi, 1969. The karyotype of the medaka, *Oryzias latipes*. Chromosome Inform. Serv., 10: 15-16.

Okada, Y. K., 1943. Regeneration of the tail in fish. Annot. Zool. Japon., 22: 59-68.

————，1947. 男性ホルモンの微量測定．動物学雑誌，57: 12-13.

————・江上信雄，1954. メダカを用いた男性ホルモンの生物検定に関するFurther note. 内分泌, 1: 36-43.

———— and H. Yamashita, 1944. Experimental investigation of the manifestation of secondary sexual characters in fish, using the medaka, *Oryzias latipes* (Temmick and Schlegel) as material. J. Fac. Sci., Tokyo Univ., Ⅳ, 6: 383-437.

大沢一爽，1982. メダカの実験－33章，pp.159, 共立出版，東京.

Ozato, K., H. Kondoh, H. Inohara, T. Iwamatsu, Y. Wakamatsu and T. S. Okada, 1986. Production of transgenic fish: Introduction and expression of chicken δ-crystallin gene in medaka embryos. Cell Differ., 19: 237-244.

————, Y. Wakamatsu and K. Inoue, 1992. Medaka as a model of transgenic fish. Mol. Mar. Biol. Biotechnol., 1: 346-354.

林 彬勒・萩野 哲・籠島通夫・芦田昭二・岩松鷹司・東海明宏・吉田喜久雄・米沢義堯・富永 衛・中西準子，2003. メダカ (*Oryzias latipes*) を用いたオス魚より精巣卵を量的に検出するための新手法 (小片化法)．水環境学会，26：725-730.

Sakai, Y. T., 1961. Method for removal chorion and fertilization of the naked egg in *Oryzias latipes*. Embryologia, 5: 357-368.

酒泉 満，1985. 教材としてのメダカ—飼育と遺伝を中心として—．生物教育，26: 164-174.

Shimada, A. and A. Shima, 1989. Dose-rate dependency of radiation-assay system using the fish, *Oryzias latipes*. Proc. 3rd Japan-US Workshop on Tritium Radiobiology and Health Physics (S. Okada ed.), Inst. Plasma Physics. Nagoya Univ., pp. 234-238.

————・————，1990. メダカ生殖細胞突然変異．メダカの生物学(江上信雄・山上健次郎・嶋 昭紘編)．東京大学出版会，pp. 251-266.

篠遠喜人，1952. メダカのかけあわせ．採集と飼育，14: 84-851.

Smithberg, M., 1966. An enzymatic procedure for dechorionating the fish embryo, *Oryzias latipes*. (Abstract) Anat. Rec., 154: 823-829.

角埜 彰・小山次朗，2000. 環境生物への影響を指標とする試験．内分泌攪乱化学物質の生物試験法 (井上 達監修)，シュプリンガー・フェアラーク東京，pp.119-126.

田口泰子，1979. メダカ卵の遺伝形質*of* について．動物学雑誌，88: 185-187.

————，1980. メダカの近交系の作出．動物学雑誌，89: 283-301.

————，1981. 魚類の遺伝的純化.「実験動物としての魚類－基礎実験法と毒性試験」(江上信雄編)，1-3, pp. 9-22. ソフトサイエンス社.

————，1985. メダカの近交系の作出とその応用．遺伝，39: 18-21.

————，1990a. メダカの系統保存について．海洋，22: 142-148.

————，1990b. 近交系とその特性．メダカの生物学 (江上信雄・山上健次郎・嶋 昭紘)，東京大学出版会，pp. 129-142.

田嶋嘉雄，1975. 実験動物学各論．pp.394-401. 朝倉書店.

田島与久, 1983. メダカの尾ひれの再生実験. 遺伝, 37(6) : 66-70.

Takeuchi, K., 1965. A method of lipid injection into a fish egg. Experimentia, 2: 736.

———, 1967. *d-rR* メダカ胚の遺伝的性の判定方法. 動物学雑誌, 76: 397.

———, 1981. 誰にでもできるメダカの実験. pp.110, 新光印刷.

富田英夫, 1981. メダカ.「実験動物としての魚類－基礎実験法と毒性試験」(江上信雄編), II・2, pp.129-137, ソフトサイエンス社.

———, 1982. Gene analysis in the medaka (*Oryzias latipes*). Medaka, 1: 7-9.

恒吉正巳, 1959. メダカによる男性ホルモンの微量生物検定. ホルモンと臨床, 7: 21-24.

———, 1960. 雌メダカによるテストステロンの測定に関する研究. 動物学雑誌, 69: 33.

Uchida, S., S. Hatai, T. Hirano and I. Kanemoto, 1971. Effect of prolactin on survial and plasma sodium levels in hypophysectomized medaka *Oryzias latipes*. Gen. Comp. Endocrinol., 16: 566-573.

内田鉄雄, 1978. メダカの受精卵の採集・飼育法とその教材化. 採集と飼育, 40: 507-513.

Ueda, T. and H. Naoi, 1999. BrdU-4Na-EDTA-giemsa band karyotypes of 3 small freshwater fish, *Dani rerio*, *Oryzias latipes*, and *Rhodeus ocellatus*. Genome, 42: 531-535.

Uwa, H. and Y. Ojima, 1981. Detailed and banding karyotype analyses of the medaka, *Oryzias latipes*, in cultured cells. Proc. Japan Acad., 57B: 39-43.

若松佑子・尾里建二郎, 1998. メダカの地域集団・近交系・突然変異系統. 蛋白質核酸酵素, 43(11): 67-71.

———, ———, H. Hashimoto, M. Kinoshita, M. Sakaguchi, T. Iwamatsu, Y. Hyodo-Taguchi, H. Tomita, 1993. Generation of germ-line chimeras in medaka (*Oryzias latipes*) Mol. Marine Biol. Biotechnol., 2 (6): 325-332.

Yamamoto, T., 1939. Changes of the cortical layer of the egg of *Oriyzias latipes* at the time of fertilization. Proc. Imp. Acad. (Tokyo), 15: 269-271.

———, 1944. Physiological studies on fertilization and activation of fish eggs. II. The conduction of the "fertilization wave" in the egg of *Oryzias latipes*. Annot. Zool. Japon., 22: 126-136.

———, 1949a. Physiological studies on fertilization and activation of fish eggs. IV. Fertilization and activation in narcotized eggs. Cytologia, 15: 1-7.

———, 1949b. メダカ及びその卵の取扱い方. 動物生理の実験, pp.62-81. 河出書房, 東京.

———, 1953. Artificially induced sex-reversal in genotypic males of the medaka (*Oryzias latipes*). J. Exp. Zool., 123: 571-594.

———, 1958. Artificial induction of functional sex-reversal in genotypic females of the medaka (*Oryzias latipes*). J. Exp. Zool., 137: 227-264.

———, 1960. メダカのYY雄の性分化の人為的転換. 遺伝学雑誌, 35:295.

———, 1962a. メダカの人為的性転換の恒常性. 動物学雑誌, 71: 12-13.

———, 1962b. メダカのＹＹ接合子の生存能力の問題. 2. 交叉魚$X^R_C X^r$の遺伝分析. 遺伝学雑誌, 37: 417.

———, 1963a. エストリオール誘導によるメダカのXYメスとその子孫. 動物学雑誌, 72: 346.

———, 1963b. Induction of reversal in sex differentiation of YY zygotes in the medaka, *Oryzias latipes*. Genetics, 48: 293-306.

———, 1964. The problem of viability of YY zygotes in the medaka, *Oryzias latipes*. Genetics, 50: 45-58.

——— and H. Suzuki, 1955. The manifestation of the urinogenital papillae of the medaka (*Oryzias latipes*) by sex-hormones. Embryologia, 2: 133-144.

Yokoi, H. and K. Ozato 1995. Injection of DNA into the medaka oocyte nucleus. Fish Biol. J. Medaka, 7: 53-57.

第4章　形態と生理

MORPHOLOGY AND PHYSIOLOGY

I．一般形態

メダカの体は鰓蓋の後端までの頭 head，その後部の肛門までの胴（体幹），肛門より後部の鰭 fins の端までの尾 tail の４部に大別される。体形は左右に扁平な側扁形 compressiformである。すなわち，からだを前方からみると，頭部（吻端から鰓蓋骨後縁まで）前域の外郭は横に長い楕円形（紡錘型 fusiform）を示し，頭部後端ではその外郭はほぼ円形で，そして後方尾鰭基底に移るにつれ縦に長い楕円形（側扁形）になっている（図４・１）。

臀鰭基底の後端から尾鰭基底までの部分を尾柄 caudal peduncle という。背鰭前基部の位置の体高については雄の方が雌のものより大きいという形態的性徴がみられる。前述の「体形の計測」のところで触れたように，眼の前縁より口の先端までを吻，両眼の間を両眼間隔，眼の後縁より後ろの背面を後頭部，眼の下方部を頬，眼の後縁より後方下部を鰓蓋部といっている。

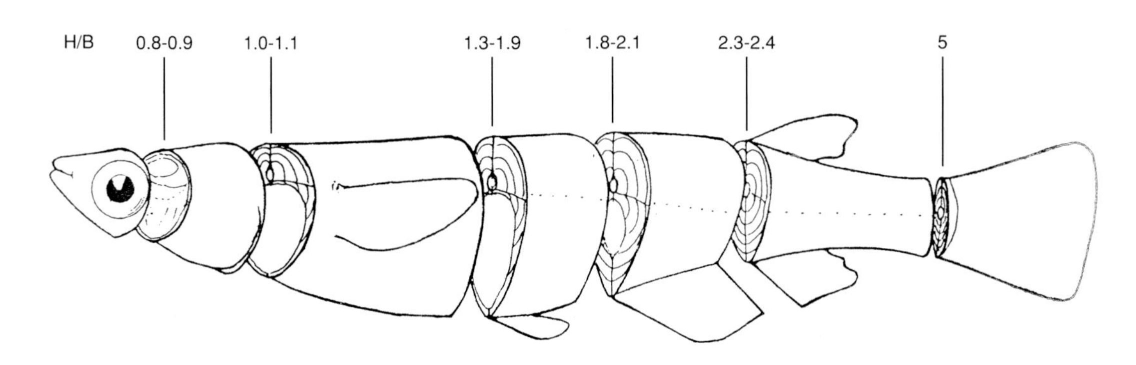

図4・1　メダカの体形

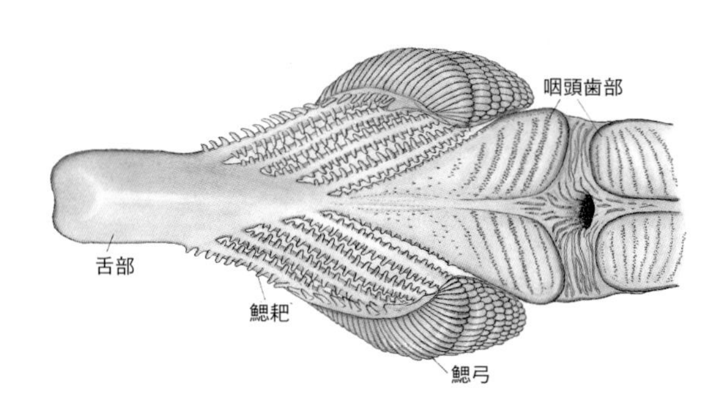

図4・2　メダカの鰓部と咽頭部

頭部腹面は両鰓蓋の上皮は縫合しており，それより前方を頤，それ後を喉部，頭部より後ろの腹面を胸brestという。体長は頭長の約４倍及び体高の約4.5倍（30~40mm）で，尾柄の約9.5倍である。頭長は眼の直径の約2.5倍，両眼間隔の約２倍，眼の前方の鼻部の約４倍である。吻の背部側面に２対の鼻孔が開いている。眼の前方の吻部は眼の直径より短く，前方が丸く幅広い。口は横に切れ，下顎がやや突出し，上下それぞれの顎に60個前後の尖った小さい歯が２列についており，後列の歯がやや小さい。上顎は２個の骨で縁どられ，下顎も２個の骨で形成されている。顎の前端に左右の

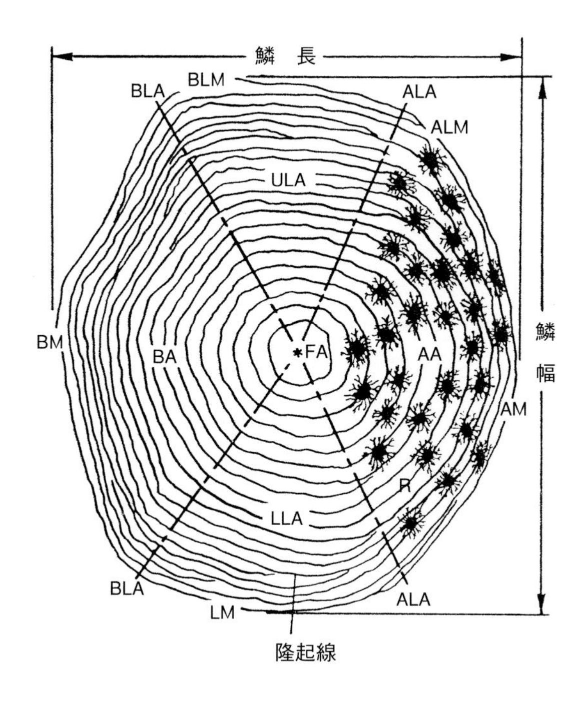

図4・3　野生メダカの鱗

AA：頂部，AM：頂縁，ALA：頂側角，ALM：頂側縁，BA：基部，BM：基縁，BLA：基側角，BLM：基側縁，FA：中心部，LLA：下側部，LM：側縁，ULA：上側部（*中心）．

骨を合着している結合部 symphysis がある。頭部後側面には鰓を保護する鰓蓋があり，それは数個の骨とこれに付属する鰓膜とでできている。外鰓孔は鰓蓋の後縁に開いている。頭部腹面の左右両鰓孔間の部分を狭部 isthmus といい，左右の鰓膜と癒合している。第１の鰓弓についている短く尖った鰓耙（さいは）は約13ある（図４・2）。

からだは感覚器官の点在する外皮に被われ，鱗はその外皮の内側にあって頭部前域（顎の先と吻部）を残して分布している。鱗の多くは円鱗 cycloid scale で，溝条grooves のないその表面には同心円状の隆起線 ridge　によってできた鱗紋がある（図４・3）。

鱗（小林，1936；稲葉・野村，1950）は，中心部 focal area（FA）から真皮に入っている基部 basal area（前部 anterior area），上下の側部 lateral area，頂部 apical area（後部 posterior area）に区分して表現される。各隆起線の間隔は魚の成長に比例している。隆起線数は基部で多い。側線はない。野生メダカにおいて，頭部背面の後から背鰭の基部に向かって，そして体側の中央線に沿っても黒いすじがついている。前者が垂直隔膜で，後者は水平中隔である。

鰭は，鰭条，棘と鰭膜からなり，胴部の左右両体側で対をなす対鰭と尾部で対をなさない不対鰭がある。鰭条 fin rays には，固くて先端が分岐せず分節ももたない鰭棘条 spine と分節のある鰭軟条 soft fin rays が

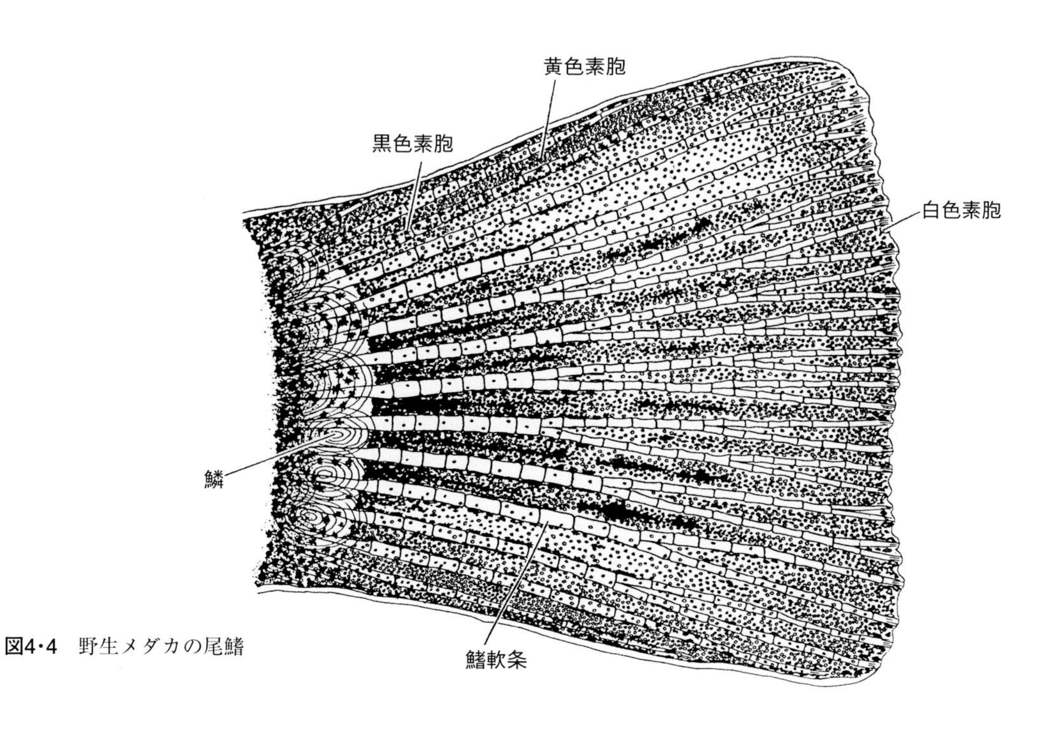

図4・4　野生メダカの尾鰭

ある。尾鰭以外の鰭には鰭軟条節 ray segments のない棘は見られない。鰭軟条 soft fin rays は，軟条節のある一対の軟条が互いに対合接着した状態でできており，先端が分岐しているものとしていないものとがある。

対鰭 paired fins は，体の水平バランスを保つ機能をもつため水平鰭とも呼ばれ，それには胸鰭 pectoral fins と腹鰭 pelvic fin（ventral fin）がある。四足動物の前肢に当たる胸鰭は鰓孔のすぐ後方の体側中央線上にあり，後肢に相当する腹鰭は肛門のすぐ前方にあって癒合していない。腹鰭は一般に進化の程度が高いものほど，からだの前域や喉部に位置するといわれる(山岡，1989)。また，魚種によっては，腹鰭が左右癒合して吸盤などに変形しているものや欠失しているもの（無足魚）が知られている（cf. Yamanoue *et al.*, 2010)。尾部にある不対鰭 unpaired finは，背鰭 dorsal fin，尾鰭 caudal fin，臀鰭 anal finであってからだの正中線上にあることから正中鰭ともいわれ，からだを前後に推進させるのが主な機能である。背鰭は臀鰭の約３分の２後背部に起点をもつ１基の短い鰭であり，基部の長い臀鰭は泌尿生殖口の直後に起点をもつ１基の鰭である。その基部の後端は背部にある背鰭の後端と同じところで終わっており，前部鰭軟条がより長い。尾鰭は上下両葉がほぼ相称で，後端部辺縁がまっすぐに切れた截形 truncate の正形尾 homocercal tail である（図４・４)。

これらの一般形態は，メダカの種によって異なっており，分類の基準になっている(表１・３，表１・６)。

Ⅱ．雌雄の形態的差異

ニホンメダカ *Oryzias latipes* の第二次性徴について，石原（1917)，會田（1921)，小野（1927）及びグードリッチ（1927）などは臀鰭と背鰭の形で認めている。後年，その性徴は，岡（1931a）によって，初めて臀鰭の乳頭状小突起 papillary processes，泌尿生殖口部分，背鰭について詳しく記載された。その後，鰭（永田, 1934, 1936; 岡, 1938a, 1939; Okada and Yamashita, 1944; Okada, 1952; Yamamoto, 1953, 岡田・江上, 1954; 第３章前出)，グアノフォア（岡，1938a)，泌尿生殖隆起 urogenital papillae（Kamito, 1928; Yamamoto and Suzuki, 1955)，婚姻色 nuptial coloration（Niwa, 1955, 1957, 1965a, b)，肝臓（Egami, 1959a)，歯（Egami, 1956; 竹内, 1966）等の性徴とそれらに対するホルモンの影響について調べられている。メダカ*Oryzias*属の他の種における第二次性徴についての記載はこれまで報告されていないが，背鰭と臀鰭に形態的雌雄差が共通して認められる（表４・１)。

成熟メダカのように，全長が14～15mmになると，雌では腹部（腹鰭 pf の後端）にヒトの乳房のように２つ膨らんだ丸い泌尿生殖隆起（UGP）が生じ，その後端基部中央（臀鰭 af の起点前）に泌尿生殖口 urogenital orifice（矢印）がある（図４・５)。雄は膨らみに魅せられるかのように，よくみえる下方から雌に接近して交尾を仕掛ける。卵（未受精卵 uf，受精卵 f）は，その泌尿生殖口から産み出され，その内側の輸卵管内に残る付着糸（at）によってぶら下がっている。その膨らみの前中央部に肛門（矢尻）がある。一方，雄の腹部後端にはそのような膨らみはなく，肛門が泌尿生殖口の前方にある。因みに，変態を完了した全長15mmの若い雄において，受精能をもつ精子が精巣中央部に形成・蓄積されていて背鰭後端の切れ込み notch がみられるものが多いが，臀鰭軟条には乳頭状小突起はまだ認められない。そして，全長が約18mmになると，乳頭状小突起が初めて微かに見られるようになる。後述のように，この乳頭状小突起には精子形成より高い血中男性ホルモン量が要求されることを示唆している。雌では約16mm以上になると，第二次性徴の泌尿生殖隆起が明白になる。

下記の雌雄の形態的違いが雄雌の見分け方の助けになる。

１．鱗

鱗の隆起線数は，雌より雄において個体差が著しく，平均値が大きい傾向を示す（久保·桜井，1951)。

２．体長

久保・桜井（1951）によれば，メダカは一般に雌が大きく，雌大型魚に属する。例えば，ニホンメダカ *O. latipes* の１歳魚群の体長の並数は雄では21~22mm，雌では24~25mm，２歳魚群のそれは雄雌それぞれ24~26mm，27~29mmであるという。しかし，必ずしもそうとは言えない。

３．婚姻色

繁殖期の雄において，尾鰭の末端部に白色素胞ロイコフォア（グアノフォア）が顕著になる（岡，1938a)

表4・1　数種のメダカの性徴（Iwamatsu, 1986）

種　名	*O. minutillus*		*O. javanicus*		*O. melastigma*	
性	雌	雄	雌	雄	雌	雄
個体数	4	3	8	8	19	19
体長（mm）	15.2±0.7	14.0±0.6	22.3±0.4	22.8±0.3	19.7±0.6	19.2±0.7
(長さ)[1]						
背鰭最長軟条	13.0	18.6	16.4	19.5	15.2	20.3
腹鰭最長軟条	10.4	8.0	11.4	11.0	11.7	11.7
臀鰭基部長	33.3	31.5	31.4	33.1	30.1	31.9
(数)						
分岐臀鰭軟条数／全軟条数(%)	0.2	0.1	0.6	0.1	0.9	0.2
小突起をもつ臀鰭軟条数	0	0	0	9.3	0	0
臀鰭軟条の節数	5.6	7.7	9.5	13.4	8.9	13.1
背鰭軟条の節数	6.5	9.3	8.9	13.3	8.6	12.5
泌尿生殖隆起	large	small	large	small	large	small

種　名	*O. mekongensis*		*O. luzonensis*		*O. celebensis*		*O. latipes*	
性	雌	雄	雌	雄	雌	雄	雌	雄
個体数	4	3	3	1	41	40	28	25
体長（mm）	16.5±1.0	15.5±0.1	20.7±0.5	19.5	28.8±0.8	28.6±0.5	30.0±0.5	28.1±0.4
(長さ)[1]								
背鰭最長軟条	14.0	16.9	15.2	19.8	16.0	25.1	17.0	21.8
腹鰭最長軟条	11.5	8.0	10.6	10.4	12.7	11.8	13.7	12.2
臀鰭基部長	30.1	32.8	25.5	30.2	25.9	27.0	27.4	29.7
(数)								
分岐臀鰭軟条数／全軟条数(%)	0.4	0.1	0	0	0.4	0.1	0.8	0.1
小突起をもつ臀鰭軟条数	0	0	0	7.0	0	0	0	7.8
臀鰭軟条の節数	7.2	8.2	5.7	8.1	8.7	14.3	11.4	17.7
背鰭軟条の節数	8.0	8.9	8.5	10.2	9.2	13.5	14.6	20.0
泌尿生殖隆起	large	small	large	small	large	small	large	small

[1] 体長の百分率で表している。

が，これは男性（精巣）ホルモンによるものである（Okada and Yamashita, 1944）。鼻から眼球にかけて密に分布する白色素胞は，生殖活動の活発な雄の性徴である。これは男性ホルモン（テストステロン）によって支配されている（岩松，1988）。繁殖期になると，野生メダカにおいて，腹鰭が黒くなって自分を誇張するかのように広げる。尾鰭と臀鰭にいくつかの黒い条もよく発達しているし，緋黄色が臀鰭の背腹両側に目立つ。これは，他の魚類にみられる婚姻色に相当するもので，黒色素胞 melanophores，黄色素胞 xanthophoresの数の増加によるらしい（丹羽，1955, 1957; Suzuki-Niwa, 1965a, b）。これらの色素胞の発達は去勢（精巣・卵巣の摘出），及び性ホルモン投与によって変わることが知られている。すなわち，それは主として精巣由来の男性ホルモンによって支配されている（丹羽, 1955; Suzuki-Niwa, 1965a）。しかも，女性ホルモンがこの男性ホルモン（25$\mu g/g$）の効果を拮抗的に抑制することが報告されている（Suzuki-Niwa, 1965a）。

4．体形

成魚の体高は雄の方が雌よりも大きい。この違いの原因がアンドロゲンの影響を受けて発達する間血管棘 interhemal spines及び間神経棘 interneural spines の伸長にあるという（Egami, 1959a）。背面からみると，雌では体腔背面域の体節部にイリドフォア（虹色素胞）が発達している。

5．歯

頭部には，吻部の先端に２列の棘状小歯（60本前後）をもつ上下両顎がある。上顎の前上顎骨には，２～３列の円錐歯があり，それらは雄では大きく，数が少ない。図４・６（藪本・上野，1984）にみられるように，雄の口の両側端に位置する部分にはより大形の歯が３～６本生えており，雌はすべて小さい（竹内，1967; 藪本・上野，1984; Parenti, 1987）。雄の両顎歯は雌のそれより長く，男性ホルモン（テストステロンプロピオネート，Egami, 1956; メチルテストステロン，

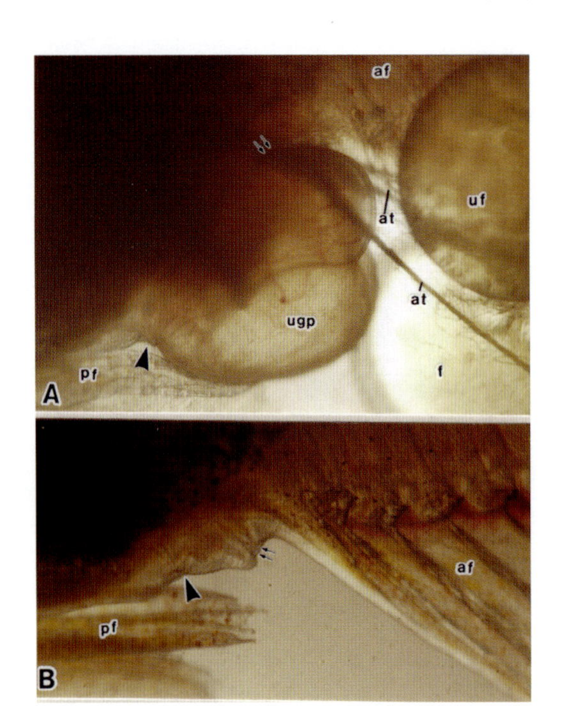

図4･5　成魚メダカの雌雄の腹部形態
A：雌，B：雄（記号説明は本文中）

竹内，1966）の影響を受けている。

雄メダカの前上顎骨と歯骨の後部に尖った大きい歯をもっているが，雌では口部の歯は雄より多くの小歯をもっているだけである。全長が約５mmの時から小さい犬歯状の歯をもち，雄では体長が約16mmになるまでに他の二次性徴と共に前上顎骨と歯骨の後部上に大きい歯が発達し始める。雄の前上顎骨は，円錐歯の象牙質 dentine と接着骨 attachment bone の柄部 pedicel との間に無機化していないコラーゲン環をもっている（図４・７）。雄の前方の歯も接着骨との繊維状の接続部をもつ。

６．鰭

背鰭——背鰭には６本の軟条がある。雄において，その軟条（第６軟条）だけがその１つ前のものと著しく離れているために，雄の特徴としてそこに鰭の裂目がみられる（Oka, 1931a）。また，軟条長は雄の方が長い。

臀鰭——成熟した雌において，臀鰭軟条の先端が雄には見られない分岐 dichotomy を示すが，それは全長が約20 mm以上になってからである。全長約18mm以上の雄の臀鰭には最後から２番目の軟条から前方へ７～８本目までの軟条の節間に乳頭状の小突起（図４・８，長さ175 μm，幅53 μm：Oka, 1931a）が精子形成開始よりずっと遅れて生じる。軟条長は雄の方が長く，軟条節 ray node の数が多い。去勢すると，臀鰭の形とその乳頭状小突起が未発達になる（永田，1934, 1936）。また去勢した魚に精巣を移植すると，それらは雄性の完全な性徴を表す。成魚雌に男性ホルモンを投与しても，臀鰭の雄性型への変化がみられる（Okada and Yamashita, 1944）。

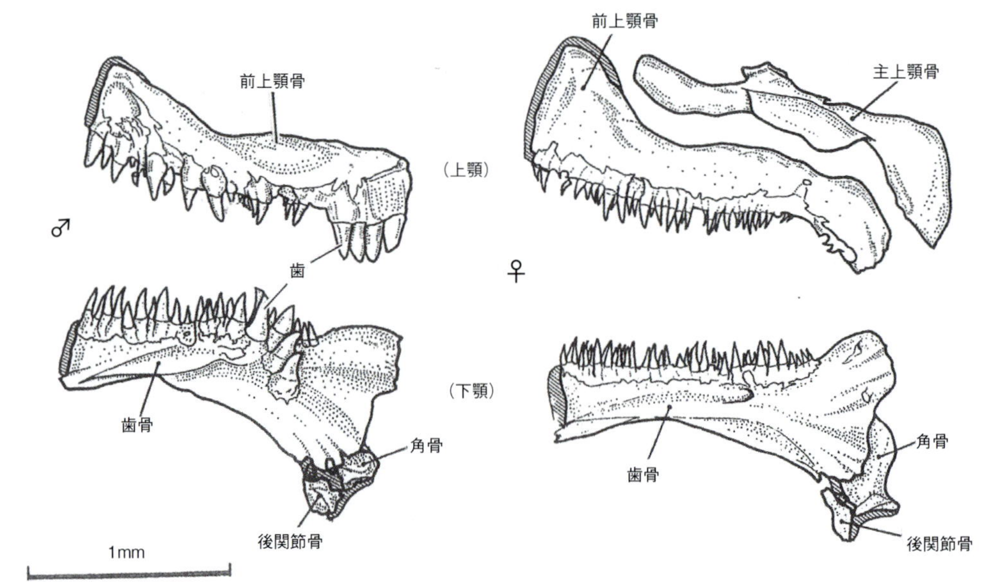

図4･6　メダカの上・下顎骨にみられる歯の形態と雌雄差
雄（♂）において，左右両端に分布する歯が大きい（藪本・上野，1984）.

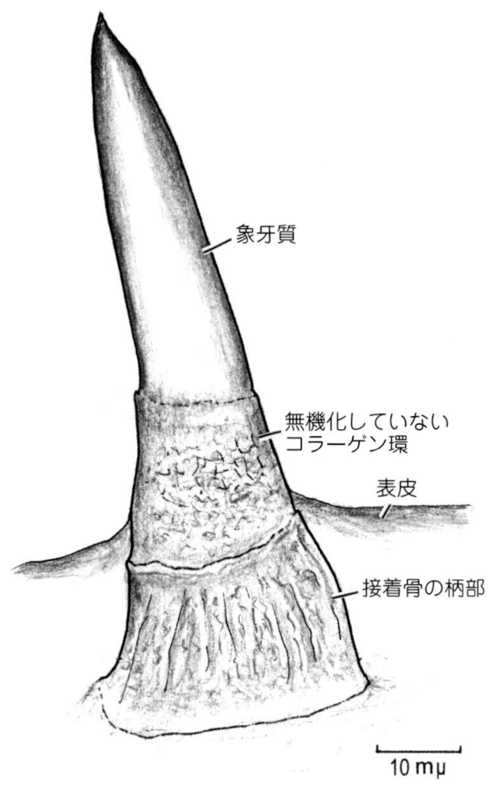

図4・7　メダカ成魚の前上顎骨の歯
（Parenti, 1987の走査型電子顕微鏡写真の模写）

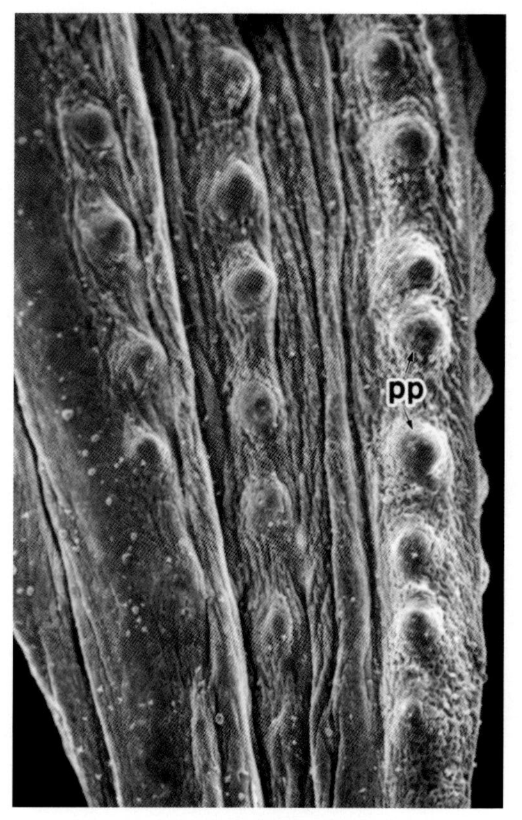

図4・8　メダカ臀鰭軟条の乳頭状小突起の走査型電子顕微鏡像
PP：乳頭状小突起（×100）．

尾鰭――雄において，尾鰭の末端部に白いロイコフォア（グアノフォア）がよく発達している。

腹鰭――雄の腹鰭が雌のものより短い（Oka, 1931a）。これは精巣（男性）ホルモンが腹鰭の伸長に対して抑制効果をもっているためである（Suzuki-Niwa, 1959, 1965a）。

胸鰭――１歳以上の魚において，胸鰭長は雌の方が長い（久保・桜井，1951）。

７．泌尿生殖隆起

雌の第二次性徴として，肛門後部の２つの膨らみである泌尿生殖隆起（UGP，図４・９）は雌においてよく発達している。これは，エストロゲンとアンドロゲンとによって刺激されて発達するが，エストロゲンに対してより敏感に反応し発達する（Yamamoto and Suzuki, 1955）。UGPは自然条件下では卵巣からのエストロゲンによって発達するらしい。雌の肛門の後ろに発達するこのUGPは，変態の完了とほぼ時を同じくして全長が14～15mmになると，解剖顕微鏡でも確認できるようになる。

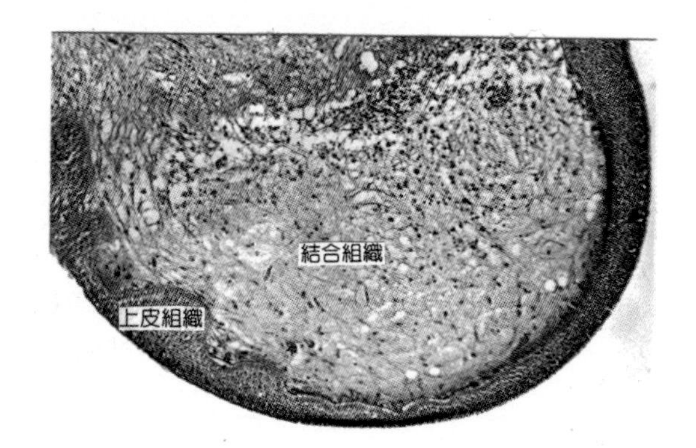

図4・9　雌メダカの泌尿生殖隆起（UGP）の縦断切片像（×62）

８．肝臓

雌の肝臓重／体重は雄のそれに比べて大きく，雄の肝臓の色調は雌のそれよりも赤味が強い。この性徴は，エストロゲンに支配されている（Egami, 1955a）。雌でもエストロゲン分泌の少ない冬期や飢餓状態では雄型

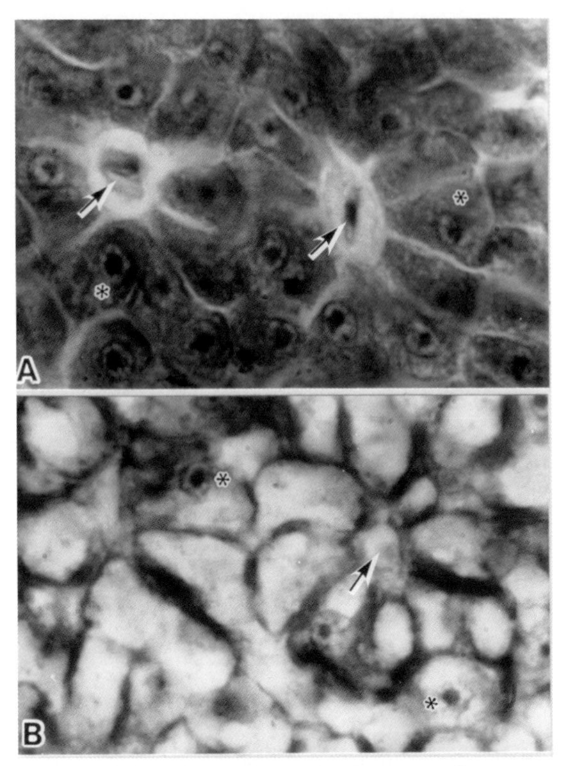

図4･10　繁殖期のメダカの肝臓の切片像
Ａ：雄，Ｂ：雌
（スター印，核が見られる肝細胞；矢印，毛細血管中の血球）.

を示す。繁殖期の雄にエストロゲンを投与すると肝臓は形態的にも雌化する（Egami, 1955a）。雌の肝細胞は肥大しており，光学顕微鏡レベルでは細胞質に液胞状をなす成分が多くみられる（図４･10）。

９．鼻・眼間白色素胞

ヒメダカにおいて，約20mm以上の体長になると，雄では白色素胞の分布が鼻部背面から眼球背面にかけて雌よりも著しくなり，生殖活動の活発なものでは雌に比べて約５倍多い（図４･11）。この数と分布の広がりは男性ホルモンによって著しく増加する（岩松，1988）。

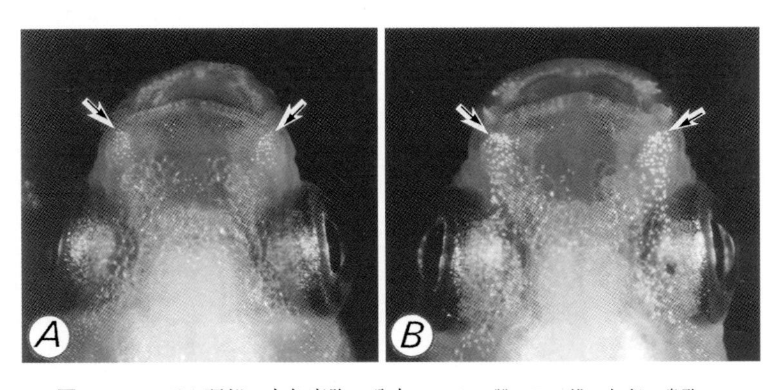

図4･11　メダカ頭部の白色素胞の分布　　Ａ：雌，Ｂ：雄，矢印：鼻孔.

Ⅲ．第二次性徴の発現

１．性的成熟

ニホンメダカが初めての交尾･産卵を開始するのは，実験室では孵化後５～６週であるが（Fineman *et al*., 1975）。精巣内に形成された精子の蓄積が認められるのは，変態がほぼ終了した全長15mmになってからである。自然条件下では４～６カ月である（Briggs and Egami, 1959; Egami, 1959a）。発生開始後の性的成熟に要する期間は，個体密度，餌，水温，光量や運動量などによって変動する。遺伝子型XX, XY, YYのメダカにおけるそれぞれの性成熟に要する期間には明確な違いがみられず，また性ホルモン処理によっていずれの型のメダカにおいても，共通してやや遅れがみられるに過ぎない（Fineman *et al.*, 1975）。しかし，産卵する卵の大きさ（直径）は遺伝子型によって異なり，XY雌＞XX雌＞YY雌の順に大きい。

2．第二次性徴とホルモンの関係

第二次性徴とホルモンとの関係を調べる方法として，内分泌組織を除去して，既知のホルモンを投与する方法が採られている。その投与は，これまで，①ホルモンの結晶を鱗の下に挿入移植する，②ホルモンを飼育水に混ぜる（ステロイドの場合，エタノールやプロピレングリコールに溶かした後），③ホルモンを粉餌とよく混ぜて食べさせる，あるいは④ホルモンを体（腹腔）内に注射する（ステロイドの場合，一度エタノールに溶かした後ゴマ油かオリーブ油に溶かし，エタノールを減圧で除去する）などの手段が採られている。

第二次性徴は，メダカにおいては前述のような種々の形態にみられる。それらの性徴に直接作用するホルモンは，主として性ホルモンである。他の脊椎動物のように，視床下部からは脳下垂体からゴナドトロピン gonadotropin など数種のホルモンの分泌を引き起こす放出指令ホルモンが出される。この指令ホルモンによって，脳下垂体が刺激されると，そこからゴナドトロピンなどのポリペプチドホルモンが血中に分泌される。例えば，脳下垂体を摘出すると，生殖腺の退化（河本，1973）や卵母細胞の成長（卵黄形成）（岩松・赤澤，1987）・成熟（Iwamatsu, 1978: 第3章前出）の停止が起きる。これは，脳下垂体ホルモンによって刺激を受ける生殖巣（卵巣・精巣）あるいは副腎皮質でのステロイドホルモンの合成・分泌が起きないためであろう。したがって，脳下垂体の摘出によって，それらのステロイドホルモンによって支配されている第二次性徴や性行動がみられなくなる。これらのうち，臀鰭軟条の乳頭状小突起や尾鰭の白色素胞に対するステロイドホルモンの作用は，光や塩類には直接影響を及ぼされない（Egami, 1954a）。

臀鰭軟条の乳頭状小突起の発達は，男性ホルモンによって支配されていることが，精巣摘出（永田，1934, 1936）や男性ホルモン投与（Fineman *et al.*, 1974, 1975; Okada and Yamashita, 1944; Egami, 1954a; Tsuneyoshi, 1959a, 1960b; Arai, 1964; Uwa, 1968; Hishida and Kawamoto, 1970; Kawamoto, 1969a, b, 1973），あるいは抗男性ホルモンを投与（Hamaguchi, 1978）することによって確かめられている。

宇和・永田（1975）と宇和（1975）によれば，17α-エチニール・テストステロン（ethisterone: 恒吉，1967; Uwa, 1968）によって誘導される乳頭状小突起は，各節板対の小突起を発現する中央部小突起形成細胞塊が節板後縁での前駆細胞（おそらく間充織細胞）の増殖とそれらの小突起の形成中央部への移動によって，さらに節板後縁の前方にある節板対で囲まれた内腔の後半分と節板後縁の後方に当たる部分における細胞が移動して加わることによって形成される。この小突起形成過程におけるウリジン－^{3}H，チミジン－^{3}H，及びロイシン－^{3}Hの取り込みをみた結果（Uwa, 1969b），これらの取り込みはエチステロン投与後12時間の間に臀鰭の小突起形成部にみられ，タンパク質合成が起こる。その投与後48時間で，小突起形成細胞 scleroblast の前駆細胞にみられ，それに続く24時間でタンパク質合成活性が最大になり，小突起形成細胞塊が生じる。その72時間後における骨性物質の分泌，あるいは多分コラーゲン合成（Uwa, 1971）を開始する形態変化に対応しているらしいことを示している。これらのホルモンに対する第二次性徴の発現能は0～2歳魚の間において，有意差が認められない（宇和・栗林，1971）。

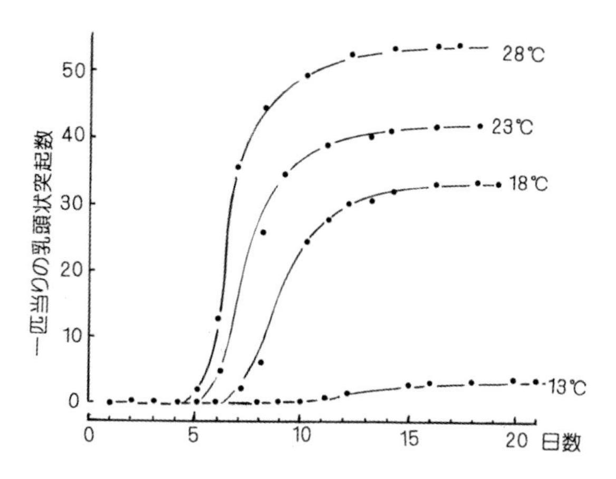

図4・12 いろいろな温度の下で，雄性ホルモン溶液中で飼ったメダカに生じた乳頭状突起の数
（Egami, 1954より）

尾鰭の白色素胞の発達に対してプロピレングリコールに溶かして飼育水に混ぜた100~1600 $\mu g/\ell$ の男性ホルモンは，11-ketotestosterone＞methyl androstenediol＞ testosterone＞ testosterone propionate＞ dehydroisoandrosterone の順にその効果を発し，臀鰭の軟条小突起数に対してもde-hydroisoandrosteroneを除いて，同様な効果を表すことが報告されている（Arai and Egami, 1961; Egami and Arai, 1964）。

これまで，水温と乳頭状小突起の発現の関係について実験がなされている（Egami, 1954）。それによると，

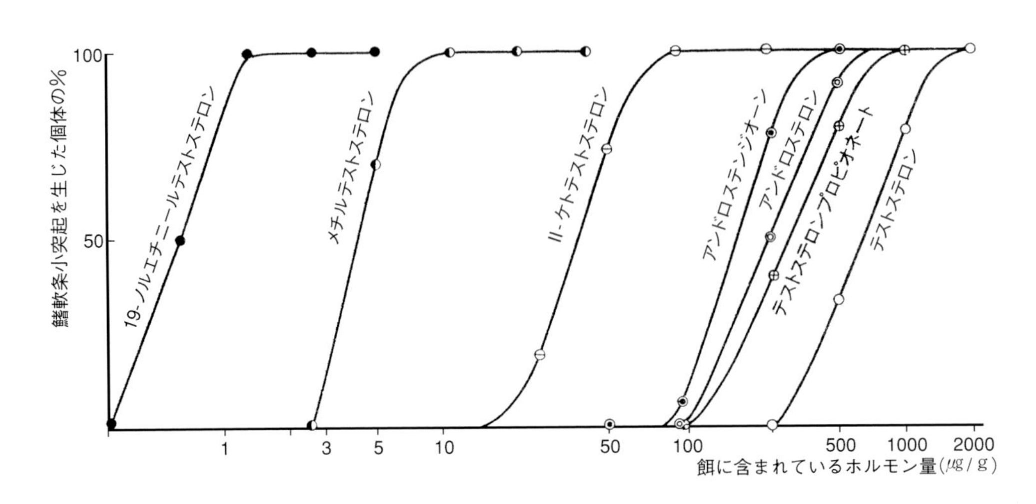

図4･13　男性ホルモンの雌メダカの鰭軟条小突起誘導に対する効果（河本，1973）

水温が高いほど，男性ホルモンがよく効いて乳頭状小突起が多く生じる。それは，図4･12に見られるように，水温が23℃以上であれば処理開始日から5～6日目に生じ始める。江上（1989）によれば，その発現にはテストステロンよりも11－ケトテストステロンがもっとも効果的で，次いでメチルアンドロステンジオールが効くという。かつて，この乳頭状小突起の発現は，男性ホルモンの量・作用（力価）を測定する生物検定（生物学的定量）法 bioassay に活用できると考えられた。それに活用するには，限定した条件が要求される。たとえば，メダカをテスターとする場合，水温，光，餌，水質などの飼育条件や測定の対象となる物質の測定中の精度・安定性なども求められる。しかし，体内には，さまざまなホルモンが存在し，それらが二次性徴の発現にどのように作用しているかについてもわからいないため，厳密な生物検定には適さないようである。

江上（Egami, 1957）は，甲状腺ホルモンの作用との関係を調べるために，テストステロン・プロピオネート testosterone propionate による臀鰭乳頭状小突起の発達に及ぼすチオウレア thiourea の影響を見ている。テストステロン・プロピオネートの濃度は50γ/ℓと150γ/ℓで，チオウレアは1/8～2g/ℓの濃度を水に溶かして，その中で雌生魚を飼育している。そして，150γ/ℓテストステロン・プロピオネートの場合，1g/ℓ以上の濃度のチオウレアで雌の臀鰭に誘起された乳頭状小突起の数の増加が抑制されることをみている。特に，去勢した雌では，1/2g/ℓのチオウレアでテストステロン・プロピオネートの乳頭状小突起形成の促進効果が抑制される。チオウレアのこれらの抑制効果は，甲状腺ホルモンの分泌を減少させ，かつ体調を阻害する効果によって引き起こされるらしい。チロキシンは，1/18～1/6ng/ℓの範囲でチオウレアによるその乳頭状小突起形成の抑制効果を弱める作用がある。この研究結果は，チオウレアが一般的健康への干渉，および甲状腺からのホルモン分泌減少によって男性ホルモン処理を受けた雌の臀鰭における乳頭状小突起形成を阻害する効果がありそうである（Egami, 1954）。

一方，男性ホルモンを餌に混ぜて投与する方法において，臀鰭軟条の乳頭状小突起の誘導に対する男性ホルモンの作用が調べられている。すなわち，雌に種々の男性ホルモンの経口投与を行った場合，19-norethynyl testosterone（>0.3μg/g; ED_{50} 0.36μg/g, 1.2×10^{-9}M/g）> methyl testosterone（>5μg/g; ED_{50}14×10^{-9}M/g）>androstenedione（>100μg/g; ED_{50} 180μg/g, 62×10^{-8}M/g）>androsterone（>250μg/g; ED_{50} 86×10^{-6}M/g）>testosteronepropionate（>250μg/g; ED_{50} 89×10^{-6}M/g）>testosterone（>500μg/g; ED_{50} 235×10^{-8}M/g）の順に臀鰭軟条の乳頭状小突起の誘導効果をもつという（Kawamoto, 1969a; Hishida and Kawamoto, 1970; 河本，1973：図4･13）。この場合のED_{50}は，ホルモン投与によって，少なくとも1個体でも軟条に小突起を生じた魚を“誘導された個体”とみなして，そのような個体が全体の50%に達する半数効果濃度 median effective dose を算定することによって求められる。

体高（体高×100／体長）は雄の方が雌に比べて大きいが，これは男性ホルモン（テストステロン）によって発達が促される（Egami, 1959）。肝臓は雌雄とも非繁殖期において雄型であるが，繁殖期において雄にエストロンを移植し，雌にテストステロン・プロピオネートを移植すると，それぞれ反対の性型に変化する（Egami, 1955a）。この形態的変化は電子顕微鏡によっても調べられている（Yamamoto and Egami, 1974b）。性的に未熟な個体の肝臓細胞は大きさが小さく，細胞成分がまばらである。繁殖期になると成熟雌の肝臓細胞は，雄のそれに比べてよく発達した小胞体，少量のグリコーゲン顆粒と多量のリピド顆粒を含んでいる。非繁殖期に入ると，雌雄ともその肝臓細胞はグリコーゲン顆粒が密に貯まる。雄の老魚の肝臓細胞は大きいが，それはグリコーゲン顆粒やリピド顆粒の蓄積による。繁殖期にエストロン片を雄に移植した場合，その雄の肝臓は大きくなり，その色調は白っぽくなり，構造が雌型になる。また逆に，雌にテストステロン・プロピオネート片を投与すると，その肝臓は小さくなり，構造が雄型になる。また，輸精管はエストロゲンの移植によって15~30日間で筋肉組織の発達によって肥大する（鈴木, 1954）。

以上のうち，雄性の第二次性徴は，男性ホルモンによって顕著になるが，一般に少量の女性ホルモンの添加によって相乗効果がみられる。しかしながら，女性ホルモン（エストラジオール1mg/10^4ml, Egami, 1954b; スチルベステロール・プロピオネート12~48 μg/g 餌，Uwa, 1968）を多量に添加した場合，抑制効果がみられる（恒吉，1967）。例えば，メチルテストステロンによる婚姻色の発現は卵巣の存在によって抑えられる（Niwa, 1965a, b）。

性ホルモンの作用も遺伝子型によって多少異なる。XX-メダカの体重に関しては，女性ホルモン処理個体より男性ホルモン処理個体の方が増加が抑えられる。しかし，XY-メダカとYY-メダカの体重に関しては，男性ホルモン処理よりも女性ホルモン処理によって減少する（Fineman *et al.*, 1974）。

Ⅳ．網膜と光感受性

メダカ killifish（KFH）の錐状体において，４種類のKFH-R，KFH-G，KFH-B KFHとKFH-V がc DNAにコードされている視覚色素はそれぞれ赤，緑，青と紫（もしくは紫外線）に感受性があり，内節の筋様体 myoid 部に発現されている（Hisatomi *et al.*, 1997）。KFH-B と KFH-V の mRNAシグナルは，それぞれ長単一錐状体 long single cone（L）と短単一錐状体 short single cone（S）に発現される。二重錐状体 double cone（D）では，KFH-RとKFH-Gがそれぞれ主部 principal member（Pr）の筋様体末部，付属部 accessory

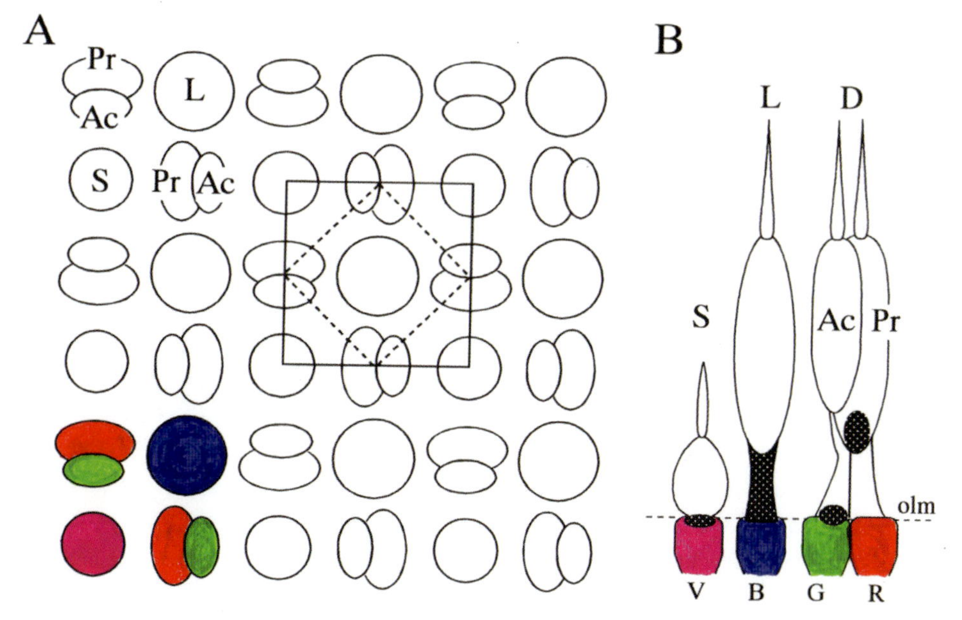

図4・14　成魚メダカの網膜における視細胞（錐状体）とその配列状態の模式図（略号の説明，本文参照）（Hisatomi *et al.*, 1997）

member（Ac）の筋様体部に位置している。

視細胞層の模式図（図4・14，Hisatomi *et al.*, 1997）にみる錐状体には，短単一錐状体，長単一錐状体と二重錐状体がみられる。二重錐状体は短単一錐状体のAc（accesory member）とPr（principle member）とが対合したものである。網膜の水平断面でみると，4つのタイプの錐状体には規則正しい一定のモザイク状配列 cone mosaic がみられる（Ohki and Aoki, 1985; 青木，1990；Hisatomi *et al.*, 1997）。この網膜上の幾何学的配列が色覚機能にどのような効果をなしているのかについては十分なことは知られていない。これらの視細胞の大きさ，分布密度，配列状態は網膜の部位によっても異なる。桿状体の過分極を引き起こす光変換 phototransduction カスケードの引き金を引くロドプシン rhodopsin（吸収極大 λmax，467-527nm）が光によって活性化される。その活性型ロドプシンの中間物メタロドプシンII metarhodopsin II がロドプシンキナーゼ rhodopsin kinase によってリン酸化され，調節タンパク質アレスチン arrestin に結合して続く情報伝達を遮断している。特に，錐状体アレスチンが桿状体における光変換の脱活性化に関与しているものと信じられている。こうした働きをもつアレスチン killifish-arrestin（Kfh Arr）がメダカの桿状体（Kfh Arr-R）と錐状体（Kfh Arr-C）にも存在することが報告され（Hisatomi *et al.*, 1997），その後桿状体にもう一つのアレスチンKfhArr-R2の存在が報告されている（Imanishi *et al.*, 1999）。これら桿状体における2つのアスレチンアイソフォームは共に発現されている。

メダカの網膜の光受容体には，3種類の特異的なグアニールシクラーゼ guanylate cyclase（*Oryzias latipes* GC）（*Ol*GC-R1, *Ol*GC-R2, *Ol*GC-C）が存在し，*Ol*GC-R1と*Ol*GC-R2は共に桿状体で，*Ol*GC-C は4つのタイプの錐状体で発現されている（Seimiya *et al.*, 1997; Hisatomi *et al.*, 1999）。これらの GC は松果腺の光変換過程においても関わっているらしい。

メダカの網膜には，G-タンパク質対合受容体キナーゼ G-protein-coupled receptor kinase（GRKs）が錐状体に GRK7（*Ol*GRK-C），そして桿状体に GRK1（*Ol*GRK-R1）の2種類それぞれ存在する。この*Ol*GRK-R1 は桿状体内節 rod inner segment の暗順応眼のシナプス末端 synaptic termini に存在して，明順応後桿状体外節 rod outer segment（ROS）に移行する。これに対して，桿状体外節に存在するOlGRK-R2は明条件には関与していない。この研究（Imanishi *et al.*, 2007）では，2種類の GRK は体内では光変換に相補的役割を果たしており，桿状体における GRK1 の局在が光依存の調節を受けていることを示唆している。

脊椎動物の光受容細胞における調節タンパク質であるフォスデュシン phosducin（PD）は，直接Gタンパク質（G$\beta\gamma$）の $\beta\gamma$ サブユニットと共に相互反応することが知られているが，リン酸化した PD は G$\beta\gamma$ に対する親和性をもっていない。PDと Gα とは G$\beta\gamma$ の表面を互いに共有するもので，PDはリン酸化依存様式（G$\beta\gamma$-PD系）で G$\beta\gamma$ と関連して Gα と競合的に阻害し合うものである。光受容細胞において v PD は暗ではリン酸化され，明では脱リン酸化され v PD が三量体 G$\alpha\beta\gamma$ の形成を抑えることによって光順応光受容体に光変換シグナルの増幅を下流調節していると信じられている。このメダカの PD は暗順応網膜においてリン酸化されている（Kobayashi *et al.*, 2004）。メダカPDのG$\beta\gamma$に対する親和性は c AMP と Ca^{2+} 濃度によって調節されているが，組み換え型の*Ol*PD-Rと*Ol*PD-C の間にはリン酸化パターンに違いがあり，G$\beta\gamma$に対する親和性に違いが見られる。この違いは桿状体と錐状体の明・暗順応に影響しているらしい（Kobayashi *et al.*, 2004）。

Yamamoto *et al.*（2007）によれば，硬骨魚は他の脊椎動物と違って，網膜内の桿状体と錐状体に特有のフォスデュシン（PD-R，PD-C）をもっている。メダカに存在するPDは暗順応網膜ではリン酸化され，G$\beta\gamma$に対する親和性が低下する（Kobayashi *et al.*, 2004）。硬骨魚の G$\beta\gamma$-PD 系の価値を検討するために，メダカの桿状体および錐状体に選択的に発現されるGβ1とGβCをコードしている c DNAを分離し免疫組織学的手法を駆使して錐状体外節 cone outer segment（COS）には，PD-CではなくGβCの強い反応性が検出されることをみている。また，桿状体外節（ROS）において，PD-R反応性が暗順応網膜におけるより光順応網膜において強いこと，そして暗順応 ROS には PD-R 濃度が低いことを認めている。光順応桿状体において PD-R が ROS に移行し，光変換カスケードを効果的に下流調節していることを示唆している。この研究では，メダカのGβs（Ol-Gβ1，Ol-GβC）をコードしている2種類の c DNAが桿状体あるいは錐状体のいずれかにおいて選択的に発現していると報告している。その後続いて，メダカの光受容体にはGβとPDの同位型 isoform が細胞内を共に移行すること，そして光順応網膜において桿状体に特異的な Gβ1と PD-R は共に ROS に位置しているが，COS には PD-C は少ししかないことがわかった。これらのデータによって，PD-R

のROSへの移行が光順応メダカの桿状体においてG$\beta\gamma$-PD系に光変換を効果的に抑えていることが示唆された。

体色変化は急速な色素胞の生理的反応と色素胞の形態および密度の変化による色素胞の形態的反応の両反応によって捉えられる（Sugimoto, 2002）。背景に対する魚類の長期順応において，色素胞の密度をどのように変え，また何によって形態的色調変化を制御しているのか，いまだに明らかではない。近年，とくに黒色素胞が分化し，その動きの反応を調節する因子の影響下ではアポトーシス apoptosis による死が示されている。成魚の皮膚における黒色素胞の密度は分化とアポトーシスのバランスによって保たれているらしい。仮想的色素形成細胞（黒色素芽細胞 melanoblast）もしくは幹細胞から分化した黒色素胞はメラニン化し，動的反応を示す。成熟した黒色素胞は，密度を変化させ，アポトーシス（上皮から細胞の小胞化と除去を含む過程）によって死ぬ。これらの過程はα－黒色素胞刺激ホルモン（MSH），メラニン凝集ホルモン（MCH）やアドレナリン（NE）などに影響を受ける。

白い背景に対して数か月間順応させている間，アポトーシスは徐々に散発的になるが，いくつかの黒色素胞は生き残り得る。これに対して黒い背景に対しては，黒色素胞が十分に発達して，稀にしかアポトーシスで死ぬことがないため，分化は抑えられている。この両ケースにおいて，ネガテイブフィードバック的調節が効いているらしい。長期の順応後NEに対する感受性と交感神経支配の衰弱は，白い背景に関しては黒色素胞のアポトーシスへの影響を弱め，その逆の現象は黒色素胞の発達に影響するらしい（Sugimoto, 1993b; Sugimoto *et al.*, 1994; Sugimoto and Oshima, 1995）。

V．細胞内情報伝達

サイクリックAMP（cAMP）と同様に，サイクリックGMP（cGMP）はホルモン作用，恒常性の維持，感覚器や神経系において細胞内の第2メッセンジャーであり，GTPからグアニル酸シクラーゼによって合成される（図4･15）。鈴木らによって，脊椎動物のモデルとしてのメダカを用いたグアニル酸シクラーゼの多様性と発現機構に関する研究が進められている（日下部・鈴木, 2000）。血圧，腎機能，骨形成などの調節に関わるナトリウム利尿ペプチドのリセプターである膜結合型グアニル酸シクラーゼ（GCA, GCB）があり，メダカで発見された膜結合型 *OlGC1* は*GCB*，*OlGC2* と*OlGC7* とはGCAのホモログと推定されている（Kusakabe and Suzuki, 2000，日下部・鈴木，2000）。その*OlGC1* をコードしている約93kbpの長いゲノムDNAを分離して，ヌクレオチド塩基配列を決定している（Takada and Suzuki, 1999）。哺乳類のペプチド性毒素（耐熱性エンテロトキシン）のリセプターであるGCCは，メダカでもその遺伝子が単離されており，*OlGC6* と名付けられた（Mantoku *et al.*, 1999）。また，網膜視細胞に特異的なGCF，網膜視細胞や松果腺細胞に発現するGCEや鼻の嗅細胞に特異的なGCDも，膜結合型グアニル酸シクラーゼであって，脊椎動物一般に知られている。図4･15のように，メダカでは眼のcDNAラ

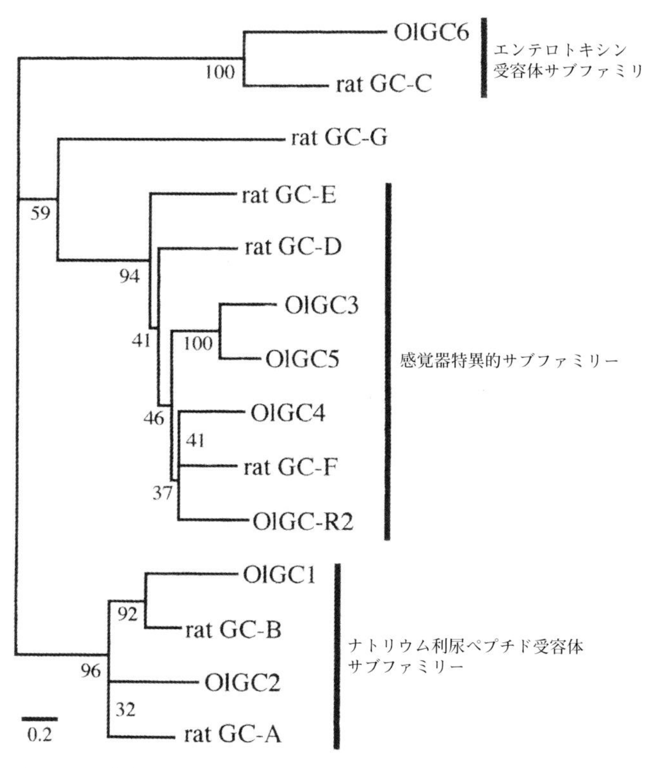

図4･15　膜結合型グアニル酸シクラーゼファミリーの分子系統樹
（日下部・鈴木，2000）

イブラリーから4種類の感覚器特異的アイソフォーム（*OlGC3, OlGC4, OlGC5, OlGC-R2*）が分離されており（Seimiya *et al.*, 1997; Hisatomi *et al.*, 1999），脊椎動物では構造上も機能上も多様性に富んでいることを示唆している。これらの遺伝子は網膜の視細胞で発現するが，*OlGC4*と*OlGC-R2*は桿体，*OlGC4*は錐体で発現する。可溶性型グアニル酸シクラーゼはα（α_1，α_2）とβ（β_1，β_2）の2つのサブユニットからなるヘテロ2量体で，メダカでは同じ染色体上に近隣して存在するα_1とβ_1のサブユニットの遺伝子を単離し，その構造も解明されている（Mikami *et al.*, 1998, 1999）。*OlGC4*が網膜，松果腺および嗅覚窩 olfactory pits 発現するのに，*OlGC5*の発現は網膜の光感受細胞に限られている（Kusakabe and Suzuki, 2000）。また，遺伝子*OlGC6*を分離して全塩基配列を明らかにしており，それが受精後1日目から転写することをみている（Mantoku *et al.*, 1999）。メダカ消化管のグアニル酸シクラーゼ遺伝子*OlGC6*のプロモーター活性も胚に種々のプロモーター・ルシフェラーゼ融合遺伝子構成体を注入して調べられている（Nakauchi and Suzuki, 2003）。その他，哺乳類のナトリウム排泄増加ペプチドレセプター/膜グアニル酸シクラーゼA（GCA）のメダカホモログをコードしている2つの cDNAクローン（*OlGC2, OlGC7*）とゲノム cDNAクローンを分離し，全塩基配列を決定している（Yamagami *et al.*, 2001）。*OlGC2*（約33.0kbp）と*OlGC7*（約44.3kbp）の両遺伝子はヒト*GC-A* 遺伝子（約16.6kbp）とメダカ*GC-B* ホモログ遺伝子（*OlGC1*, 約93kbp）のエクソン/イントロン編成に似た22エクソンからなっている（Yamamoto *et al.*, 2001）。さらに，*OlGC8*は細胞外ドメイン（214残基），膜貫通部（19残基），細胞内タンパクキナーゼドメイン（284残基）及びシクラーゼ触媒ドメイン（228残基）からなり，orphanリセプターであることを示唆している（Yamagami *et al.*, 2003）。

メダカの可溶性グアニル酸シクラーゼα_1，β_1サブユニット（*OlGCS-*α_1と*OlGCS-*β_1）遺伝子の発現開始部位は，成魚の脳，眼，腎臓，卵巣や精巣間には差異がない。しかも，これらの遺伝子の 5-flanking 部域は互いのプロモーター活性に相互に影響するようなことは認められない（Yamamoto and Suzuki, 2002）。一方，4つの膜結合グアニル酸シクラーゼ（*OlGC3, OlGC4, OlGC5, OlGC-R2*），3つの可溶性グアニル酸シクラーゼサブユニット（*OlGCS-*α_1，*OLGCS-*α_2，*OlGCS-*β_1），神経性の一酸化窒素 nitric oxide 合成酵素（nNOS）及びcGMP 依存タンパクキナーゼI（cGKI）のmRNAs の存在位置が調べられている（Harumi *et al.*, 2003）。それによると，*OlGC3*と*OlGC5*の mRNAs は胚網膜の基部に，*OlGC4*と*OlGC-R2*の mRNAs が外核層に発現されるし，*OlGCS-*α_2と*OlGCS-*β_1 の mRNAs は主に内核層とガングリオン細胞層に発現される。しかし，GC-α_1サブユニットと cGKI の mRNAs は成魚または胚の網膜には検出されなかった。これらの結果は，NO自体もしくは cGMP が成魚と胚の網膜において膜結合GCsを通して光変換 phototransduction によって果たす役割に加えて，胚の網膜において神経信号と神経の発達に新奇な役割を果たしていることを示唆している。

メダカの胚形成中における orphan リセプターグアニル酸シクラーゼ遺伝子の発現部位のパターンを調べたKusakabeとSuzuki（2001）は，プロモーター緑色蛍光タンパク質遺伝子（*GFP*）融合構成体メダカ胚に導入して光受容器細胞特異的発現を分析している。*OlGC3*は，St.36で初めて発現し，網膜光受容器細胞に限定されている。この*OlGC3*の発現には，orthodentricle- 関連ホメオボックス（OTX）転写因子を含む隣接の cis-調節因子が必要である。

Yamamotoら（2003）は胚発生中における一酸化窒素（NO）/cGMPのシグナル経路を理解するために，神経性NO合成酵素（nNOS），可溶性グアニル酸シクラーゼのサブユニット（*OlGCS-*α_1，*OlGCS-*α_2，*OlGCS-*β_1），及びcGMP依存タンパク質キナーゼⅠ・Ⅱ（cGKI, cGKII）の遺伝子の発現パターンを調べている。その結果は，この NO/cGMP シグナル経路が初期発生において決定的役割を果たしていることを示唆している。

可溶性型グアニル酸シクラーゼはα（α_1，α_2）とβ（β_1，β_2）の2つのサブユニットからなるヘテロ2量体で，メダカでは同じ染色体上に近隣して存在するα_1とβ_1のサブユニットの遺伝子を単離し，その構造も解明されている（Mikami *et al.*, 1998, 1999）。*OlGCS-*α_2はリンケージグループ13（LG13）に位置しているが，*OlGCS-*α_1と*OlGCS-*β_1の遺伝子とは異なるLG1に位置している（Yao *et al.*, 2003）。RT/PCR分析では，これらの両転写は未受精卵にあり，受精直後一時的に減衰するがその後，再び増加する。*OlGCS-*α_1と*OlGCS-*β_1に緑色蛍光タンパク質遺伝子を付けて2細胞期の卵に注入して調べたところ，*OlGCS-*α_1の5'-上流部が*OlGCS-*β_1の発現に影響しうることを示唆している。両転写は脳，眼，脾臓，精巣などに多くみられ，発現パターンは互いに発生過程及び成体で異なっている。

文献

Aida, T., 1921. On the inheritance of color in a fresh-water fish, *Aplocheilus latipes* Temmick and Schlegel, with special reference to sex-linked inheritance. Genetics, 6: 554-573.

———, 1936. Sex reversal in *Aplocheilus latipes* and a new explanation of sex differentiation. Genetics, 21: 136.

Arai, R., 1964a. Comparison of the effects of androgenic steroids on production of pearl organs in the female Japanese bitterling and of papillary processes on anal fin rays in the female medaka. Bull. Nat. Sci. Mus. (Japan), 7: 91-94.

———, 1964b. Difference in responsiveness to methylandrostenediol between two branches of anal-fin rays of females of the medaka. Bull. Nat. Sci. Mus., 7: 95-96.

———, 1967. Androgenic effects of 11-ketotestosterone on some sexual characteristics in the teleost, *Oryzias latipes*. Annot. Zool. Japon., 40: 1-5.

———, and N. Egami, 1961. Occurrence of leucophores on the caudal fin of the fish, *Oryzias latipes*, following administration of androgenic steroids. Annot. Zool. Japon., 34: 185-191.

Briggs, J. C. and N. Egami, 1959. The medaka (*Oryzias latipes*). A commentary and a bibliography. J. Fish. Res. Board Canada, 16: 363-380.

Egami, N., 1954a. Notes on the effect of changes in the light-condition and salinity of the medium on the appearance of male characters in females of the fish, *Oryzias latipes*, kept in androgen-water. Annot. Zool. Japon., 27: 118-121.

———, 1954b. Effects of hormonic steroids on the formation of male characteristics in females of the fish, *Oryzias latipes*, kept in water containing testosterone propionate. Annot. Zool. Japon., 27: 122-127.

———, 1954c. Appearance of the male character in the regenerating and transplanted rays of the fish, *Oryzias latipes*, following treatment with methyldihydrotestosterone. Jour. Fac. Sci. Univ. Tokyo, Sec. Ⅳ, 7: 271-280.

———, 1954d. Influence of temperature on the appearance of male characters in females of the fish, *Oryzias latipes*, following trearment with methyldihydrotestosterone. Jour, Fac. Sci., Univ. Tokyo, Sec. Ⅳ, 7: 281-298.

———, 1954e. Geographical variations in the male characters of the fish, *Oryzias latipes*. Annot. Zool. Japon., 27: 7-12.

———, 1954f. Effects of hormonic steroids on ovarian growth of adult *Oryzias latipes* in sexually inactive seasons. Endocrinol. Japon., 1: 75-79.

———, 1954g. Effects of pituitary substance and estrogen on the development of ovaries of adult females of *Oryzias latipes* in sexually inactive seasons. Annot. Zool. Japon., 27: 13-18.

———, 1955a. Effect of estrogen and androgen on the weight and structure of the liver of the fish, *Oryzias latipes*. Annot. Zool. Japon., 28: 79-85.

———, 1955b. Effect of estrogen administration on oviposition of the fish, *Oryzias latipes*. Endocr. Japon., 2: 89-98.

———, 1956. Notes on sexual difference in size of teeth of the fish, *Oryzias latipes*. Jap. J. Zool.,12: 65-69.

———, 1957. Inhibitory effect of thiourea on the development of male characteristics in female of the fish, *Oryzias latipes*, kept in water containing testosterone propionate. Annot. Zool. Japon., 30: 26-30.

———, 1959a. Note on sexual difference in the shape of the body in the fish, *Oryzias latipes*. Annot. Zool. Japon., 32: 59-64.

———, 1959b. Record of the number of eggs obtained fron a single pair of *Oryzias latipes*, kept in laboratory aquarium. Jour. Fac. Sci. Univ. Tokyo, Sec. Ⅳ, 8: 531-538.

———, 1961. Different types of hormonal control of secondary sexual characters of teleost fishes. Tenth Pacific Sci. Congr. Honolulu. p.168.

———, 1975. Secondary sexual characters of *Oryzias latipes*. *In* "Medaka (Killifish), Biology and Strains" (T. Yamamoto, ed.). pp.109-125.

——— and R. Arai, 1964. Male reproductive organs of teleostei and their reactions to androgens, with note on androgens in cyclostomata and teleostei, Proc. Nat. Congr. Endocr., 146-152.

——— and S. Ishii, 1956. Sexual differences in the shape of some bone in the fish, *Oryzias latipes*. Jour. Fac, Sci. Univ. Tokyo, Sec. Ⅳ, 7: 563-571.

——— and ———, 1961. Hypophyseal factors controlling ovarian activities in several freshwater fishes. Tenth Pacific Sci. Congr. Honolulu. p.156. (Abst. Sym. Papers)

———, T. Oshima and Y, H. Nakanishi, 1965. Inhibitory effect of X-irradiation on the development of male characteristics in females of the teleost, *Oryzias latipes*, kept in water containing methyltesterone. Jap. J. Zool., 14: 31-43.

———・田口泰子・佐藤慶子，1967. メダカの精巣に対する性ホルモン物質作用のオートラジオグラフによる検討．動物学雑誌，76: 426.

Fineman, R. M., 1968. Characteristics of unfertilized egg with a Y, and eggs with on X, sex chromosome. Anat. Rec., 160: 349 (Abstract).

———, 1969. Delay in fertilization after spawning by killifish, *Oryzias latipes*. Anet. Rec. 163: 186 (Abstract).

———, J. Hamilton and G. Chase, 1975. Reproductive performance of male and female phenotypes in three sex chromosomal genotypes (XX, XY, YY) in the killifish, *Oryzias latipes*. J. Exp. Zool., 192: 349-354.

———, ———, ——— and D. Boilling, 1974. Length, weight and secondary sex character development in male and female phenotypes in three sex chromosomal genotypes (XX, XY, YY) in the killifish, *Oryzias latipes*. J. Exp. Zool., 189: 227-234.

———, ——— and W. Siler, 1974. Duration of life and mortality rates in male and female phenotypes in three sex choromosomal genotypes (XX, XY, YY) in the killifish, *Oryzias latipes*. J. Exp. Zool., 188: 35-40.

Goodrich, H. B., 1927. A study of the development of Menderian characters in *Oryzias latipes*. J. Exp. Zool., 49: 261-280.

Hamaguchi, S., 1978. The inhibitory effects of cyproterone acetate on the male secondary sex characters of the medaka, *Oryzias latipes*. Annot. Zool. Japon., 51: 65-69.

Hamilton, J. B., R. O. Walter, R. M. Daniel and G. E. Mestler, 1969. Competition for mating between ordinary and supermale Japanese medaka fish. Anim. Behav., 17: 168-176.

Henson-Apollonio, V. and V. Johnson, 1994. Quantitation of lectin binding by cells harvested from the spleen and anterior kidney of the Japanese medaka (*Oryzias latipes*). Ann. N. Y. Acad. Sci., 712: 338-341.

Hisatomi, O., H. Monkawa, Y. Imanishi, T. Satoh and F. Tokunaga, 1999. Three kinds of guanylate cyclase expressed in medaka photoreceptor cells in both retina and pineal organ. Biochem. Biophys. Res. Commun., 255: 216-220.

Hishida, T., 1962. Accumulation of testosterone-4-C^{14} propionate in larval gonad of the medaka, *Oryzias latipes*. Embryologia, 7: 56-67.

———, 1964. Reversal of sex-differentiation in genetic males of the medaka (*Oryzias latipes*) by injecting estrone-16-C^{14} and diethylstilbestrol (monoethyl-1-C^{14}) into the egg. Embryologia, 8: 234-246.

———，1969. ホルモン投与時期とメダカの性分化の転換．動物学雑誌，78: 384.

——— and N. Kawamoto, 1970. Androgenic and male-inducing effects of 11-ketotestosterone on a teleost, the medaka (*Oryzias latipes*). J. Exp. Zool., 173: 279-284.

Honma, Y. and E. Tamura, 1984. Histological chanes in the lymphoid system of fish with respect to age, seasonal and endocrine changes. Dev. Comp. Immunol., Supple. 3.

池田嘉平，1944. メダカの背地反応．生物実験．日本出版社．

Ishihara, M., 1917. On inheritance of body color in *Oryzias latipes*. Mitt. Med. Fac. Kais. Univ. Kyushu, 4: 43-47.

岩松鷹司，1975. 生物教材としてのメダカ．II．卵母細胞の成熟および受精．愛知教育大学研究報告，24: 113-144.

———，1976. 生物教材としてのメダカ．III．発生過程の生体観察．愛知教育大学研究報告，25: 67-89.

———, 1986. Comparative study of morphology of *Oryzias* species. Bull. Aichi Univ. Educat., 35: 99-109.

———，1988. 雄メダカの鼻・眼球背面の白色素胞及びその発達に及ぼす性ホルモンの影響．愛知教育大学研究報告，37: 45-52.

———・赤澤　豊，1987. メダカにおける卵巣の発達に及ぼす脳下垂体摘出と性ステロイド投与の影響．愛知教育大学研究報告，36: 63-71.

———・森　隆，1996. 野生メダカの鱗上の黒色素胞反応の教材化の試み．愛知教育大学教科教育センター研究報告，20: 177-185.

岩田明子・宇和　紘，1979. 培養系におけるメダカの骨性小突起の保持と生長．動物学雑誌，88: 585.

――― and ―――, 1981. Maintenance and growth of the horny processes of the medaka *Oryzias latipes, in vitro*. Develop. Growth & Differ., 23: 245-248.

Kamito, A., 1928. Early development of Japanese killifish (*Oryzias latipes*), with notes on its habits. Jour. Coll. Agricul. Imp. Univ. Tokyo, 10: 21-38.

河本典子，1969a. メダカの第二次性徴におよぼす男性ホルモンの影響．動物学雑誌，78: 31.

―――，1969b. Effects of androstendione, 19-norethynyltestosterone, progesterone, and 17α-hydroxyprogesterone upon the manifestation of secondary sex characters on the medaka, *Oryzias latipes*. Develop. Growth & Differ., 11: 89-103.

―――，1969c. メダカのneuterの脳下垂体の移植精巣維持の能力について．動物学雑誌，78: 385-386.

―――，1970. Methyltestosterone投与によるメダカ生殖巣の性分化の転換及び退化過程の形態的観察．発生生物学誌，24: 48-49.

―――，1973. メダカの第二次性徴発現における各種男性ホルモンの力価．動物学雑誌，82: 36-41.

Kikuchi, S. and N. Egami, 1982. Gemma-ray effects on the rejection of transplanted melanophores in the medaka. Medaka, 1: 23-25.

――― and ―――, 1983. Effects of γ-irradiation on the rejection of transplanted scale melanophores in the teleost, *Oryzias latipes*. Develop Comp. Immun., 7: 51-58.

――― and A. Imaizumi, 1983. A note on morphological changes in the thymus after rejection in the fish, *Oryzias latipes*. Zool. Mag., 92: 428-430

―――, ――― and N. Egami, 1983. The effect of the temperature on the immunologic memory against allograft transplantation in the fish *Oryzias latipes*. J. Fac. Sci., Univ. Tokyo, Sec.Ⅳ, 15: 325-328.

Kobayashi, H., 1990. On hermaphroditic gonads of androgen-induced intersexs of the genetic female medaka, *Oryzias latipes*. J. Sch. Liber. Art. Asahi Univ., No.16, 95-104.

―――，1996. メダカの性転換に及ぼすエストロゲンとアンドロゲンの同時投与による効果．朝日大学一般教育紀要，22: 135-143.

―――・菱田富雄，1989. 卵膜除去したメダカ胚に対するメチルテストステロンの影響 － 特に生殖細胞数の変化に関連して－．朝日大学一般教育紀要，15: 113-121.

久保伊都男・桜井　裕，1951. メダカの計測．魚類学会報，1-5: 339-346.

Kusakabe, T. and N. Suzuki, 2000. The guanylyl cyclase family in medaka fish *Oryzias latipes*. Zool. Sci., 17: 131-140.

―――・―――，2000. グアニル酸シクラーゼ cGMP情報伝達系の多様性と進化．蛋白質・核酸・酵素　増刊号「小型魚類研究の新展開」，45(17): 2931-2936.

Mantoku, T., R. Muramatsu, M. Nakauchi, S. Yamagami and N. Suzuki, 1999. Sequence analysis of cDNA and genomic DNA, and mRNA expression of the medaka fish homolog of mammalian guanylyl cyclase C. J. Biochem., 125: 476-486.

増田　晃，1952. メダカの第二次性徴に関する研究Ⅰ. 第二次性徴消長と塩分濃度の関係．高知大学学術研究報告，1: 1-15.

―――，1953. メダカの第二次性徴に関する研究Ⅱ. 第二次性徴出現と塩分濃度の関係．高知大学学術研究報告，3: 49-56.

Matsuzawa, T and J. Hamilton 1973. Polymorphism in lactate dehydrogenase of skeletal muscle associated with YY sex choromosomes in medaka (*Oryzias latipes*). Proc. Soc. Exp. Biol. Med., 142: 232-236.

Mikami, T., T. Kusakabe and N. Suzuki, 1999. Tandem organization of medaka fish soluble guanylyl cyclase alpha 1 and beta 1 subunit genes. Implications for coordinated transcription of two subunit genes. J. Biol. Chem., 274: 8567-8573.

永田義夫，1934. メダカに於ける生殖腺剔出実験．動物学雑誌，46: 293-294.

―――，1936. メダカに於ける第一次及び第二次性特徴の関係．Ⅱ. 卵巣を除去せるメダカに精巣の移植実験．動物学雑誌，48: 103-108.

丹羽はじめ(Suzuki-Niwa, H.), 1955. メダカの婚姻色に対する去勢とメチルテストステロン投与の効果．魚類学雑誌，4: 293-294.

―――，1957. メダカの第二次性徴に対する男性ホルモンと女性ホルモンとの拮抗作用．動物学雑誌，66: 74.

————, 1959. Inhibitory effects of male hormone on growth and regeneration of the pelvic fin in the medaka, *Oryzias laripes*. Embryologia, 4: 349-358.

————, 1965a. Inhibition by estradiol of methyl testosterone-induced nuptial coloration in the medaka (*Oryzias latipes*). Embryologia, 8: 299-307.

————, 1965b. Effects of castration and administration of methyl testosterone on the nuptial coloration on the medaka (*Oryzias latipes*). Embryologia, 8: 289-298.

Oka, T. B., 1931a. On the processes on the fin-rays of the male of *Oryzias latipes* and other sex characters of this fish. J. Fac. Sci. Imp. Univ. Tokyo, Sec. Ⅳ, 2: 209-218.

————, 1931b. Effect of the triple allelomorphic genes in *Oryzias latipes*. J. Fac. Sci. Imp. Univ. Tokyo, Sec. Ⅳ, 2: 171-178.

————, 1938a. 雄メダカの鰭のグアノ細胞，第二次性徴．動物学雑誌，50: 173-174.

————, 1938b. Differentiation of the embryonic tissues of the fish, *Oryzias latipes*, planted on the chorio-allantois of chick. Annot. Zool. Japon., 17: 636.

————, 1939. メダカの第二次性徴の再生速度の変化．動物学雑誌，51: 83.

岡田 要, 1943. 魚類に於ける性と性徴並びにその実験的考察．実験形態学年報，1: 34-64.

————, 1952. A biological method of determining the male hormone dissolved in water. Papers Coord. Comm. Res. Genet., 3: 155.

————, and H. Yamashita, 1944. Experimental investigation of the manifestation of secondary sexual characters in the fish, using the medaka, *Oryzias latipes* (Temminck & Schlegel) as material. J. Fac. Sci. Tokyo Imp. Univ., Sec. Ⅳ (Zool.), 4: 383-437.

————・森 英司，1948. 再び魚類の尾の再生について．動物学雑誌，58: 29-30.

Ono. Y., 1927. The behavior of the cells in tissue cultures of *Oryzias latipes* with special reference to the ectodermic epithelium. Annot. Zool. Japon., 11: 145-149.

————・植松辰美，1957. メダカ性行動展開の順序について．動物学雑誌，66: 175.

Seimiya, M., T. Kusakabe and N. Suzuki, 1997. Primary structure and differential gene expression of three membrane forms of guanylyl cyclase found in the eye of the teleost *Oryzias latipes*. J. Biol. Chem., 272: 23407-23417.

鈴木はじめ，1954. メダカの輸精管に及ぼすエストロンの作用．動物学雑誌，63: 156.

竹内邦輔，1966. メダカの顎歯数の性差．動物学雑誌，75: 236-238.

————，1967a. メダカの顎歯の二次性徴と雄性ホルモンの影響．実験形態学会（第3回全国大会），21: 499.

————，1967b. メダカの顎歯の正常発生．愛知学院大学歯学会誌，5: 81-83.

————，1967c. Large tooth formation in female medaka, *Oryzias latipes*, given methyltestosterone. J. Dent. Res., 46: 750.

————, 1968. Inhibition of large distal tooth formation in male medaka, *Oryzias latipes*, by estradiol. Experientia, 24: 1061-1062.

————, 1968. Specificity of carotenoid transfer in the larval medaka, *Oryzias latipes*. J. Cell. Physiol., 72: 43-48.

————，1969a. エストラジオールによる雄メダカ端歯形成の抑制．動物学雑誌，78: 31.

————，1969b. メダカ端歯の自然形成速度とホルモンによる形成速度の比較．発生生物学誌，23: 79（講演要旨）.

田村栄光，1978. 日本産魚類の胸腺に関する形態学的研究．新潟大・理・佐渡臨海特別報告，1.

恒吉正己，1959a. Endocrinological studies on the manifestation of secondary sexual characters in killifish (*Oryzias latipes* T. & S.) from Kagoshima. 鹿児島大学教育学部研究紀要，11: 35-47.

————，1959b. メダカによるAndrogensの微量測定法についての研究．第1報．Testosteroneの測定．ホルモンと臨床，7: 21-24.

————，1960a. 雌メダカによるテストステロンの測定に関する研究．動物学雑誌，69: 33.

————, 1960b. On the development of male fish, *Oryzias latipes*, kept in water containing methyl testosterone and ethinyl-testosterone. 鹿児島大学教育学部研究紀要，12: 53-60.

————，1967. メダカの二次性徴に及ぼす諸種ステロイドホルモンの混合効果．動物・植物・生態学会九州支部合同大会，p.13.

内田ハチ，1951. 秋田市付近及び名古屋市にて採集せるメダカ（*Oryzias latipes*）に於ける第二次性徴について．秋田大学紀要,(1951)1-10.
Uwa, H., 1968. Hormonal inhibitions of ethisterone-induced anal-fin process formation in adult females of the medaka, *Oryzias latipes*. Embryologia, 10: 173-180.
――――, 1969a. 雄性ホルモンで誘導されるメダカの突起形成細胞の分化過程．動物学雑誌，78: 31.
――――, 1969b. メダカの小突起形成過程における^{3}H－プロリン，^{3}H－オキシプロリンのとりこみ．動物学雑誌，78: 386.
――――, 1969c. Changes in RNA-, DNA- and protein-synthetic activity during the formation of anal-fin processes in ethisterone-treated female of *Oryzias latipes*. Develop. Growth & Differ., 11: 77-87.
――――, 1971. The synthesis of collagen during the development of anal fin process in ethisterone-induced females of *Oryzias latipes*. Develop. Growth & Differ., 13: 119-124.
――――, 1974. Ultrastructual study on the scleroblast of *Oryzias latipes* during ethisterone-induced anal-fin process formation. Develop. Growth & Differ., 16: 41-53.
――――, 1975. 雌メダカのシリビレ条前端部の小突起形成能．動物学雑誌，84: 161-165.
――――・栗林瑠美，1971. 老成雌メダカの小突起形成能の保持．動物学雑誌，80: 170-171.
――――・永田哲士，1975. メダカの小突起発現過程における突起形成細胞の動態．動物学雑誌, 84: 408.
―――― and ――――, 1976. Cell population kinetics of scleroblast during ethisterone-induced anal-fin process formation in adult females of the medaka *Oryzias latipes*. Develop. Growth & Differ., 18: 279-288.
Yamagami, S. and N. Suzuki, 2005. Diverse forms of guanylyl cyclases in medaka fish − Their genomic structure and phylogenetic relationships to those in vertebrates and invertebrates. Zool. Sci., 22: 819-835.
Yamamoto, M. and N. Egami, 1974a. Fine structure of the surface of the anal fin and the processes on its fin-rays of male *Oryzias latipes*. Coperia, 1974: 262-265.
―――― and ――――, 1974b. Sexual differences and age changes in the fine structure of hepatocytes in the medaka, *Oryzias latipes*. J. Fac. Sci., Univ. Tokyo, Ⅳ. 18: 199-210.
山本時男，1949. 動物生理の実験, 河出書房(東京).
――――, 1953. Artificially induced sex-reversal in genotypic males of the medaka (*Oryzias latipes*). J. Exp. Zool., 123: 571-594.
―――― and K. Onitake, 1975. A preliminary note on methylandrostenediol-induced XX males and reduction of anal fin-rays in the medaka *Oryzias latipes*. Proc. Jap. Acad., 51: 136-139.
―――― and H. Suzuki, 1955. The manifestation of the urinogenital papillae of the medaka (*Oryzias latipes*) by sex-hormones. Embryologia, 2: 133-144.

Ⅵ．体　色

1．背地反応と色素細胞

a．背地反応

からだが比較的小さくて，体力のない魚であるメダカにとって，自らの体を保持するためには，外敵から逃避するのが一番得策であろう。メダカの体色の変化は逃避行動や捕食行動に役立つものであり，背地反応という。例えば,泥で濁りやすい浅い水域に棲むメダカの体色は泥の色に近い保護色である。その体色は数種の色素細胞（色素胞chromatophore）の分布と活動によって決まる。すなわち，体表近くに分布する色素胞は細胞内での色素の合成と蓄積及び外からの取り込みを行い，かつ神経支配を受けたそれらの色素(顆粒)の凝集・拡散によって体色を変化させる。

メダカの体色の変化は鱗上の色素細胞の変化で簡単に観察できる。この反応をみるには，白と黒の容器（カップなど）を各１個用意して，それぞれに野生メダカを１匹ずつ入れて置く。数分の後に，黒い容器のメダカを白い容器に移せば，２匹の体色の違いがよくわかる。この反応は光のない暗闇ではみられないが，背地の入射と反射の光の強さの比に依存している。すなわち，入射光の強さ・反射光の強さの値が大きいと黒化し，その値が小さいと白化する。黒化の原因は体表にある黒色色素のメラニン顆粒(メラノソーム)の拡散であり，白化はその逆の凝集である。それをみるためには，メダカのからだの後側から体表の鱗をスポイトか，ピンセットで剥ぎ採り，すばやく少量の10％ホ

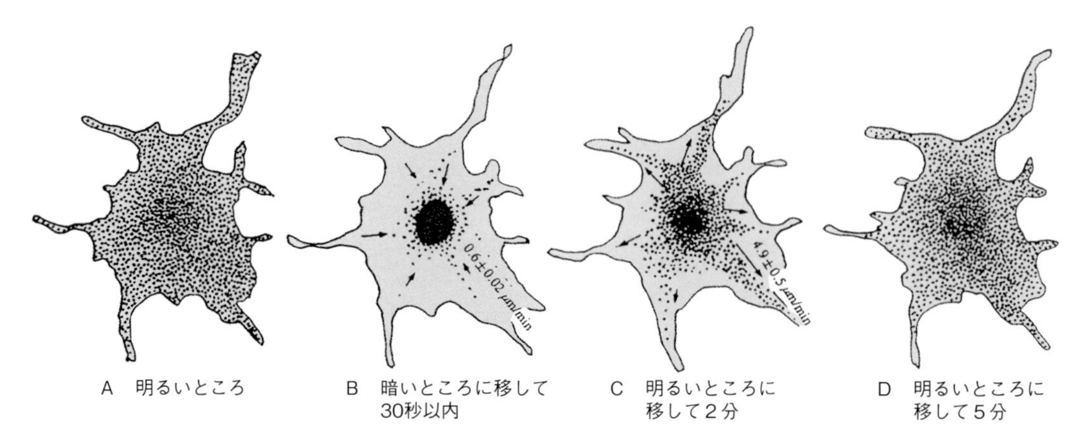

図4・16　メダカの黒色素胞の光に対する反応（Negishi, 1988より改図）

ルマリン（または４％グルタールアルデヒド）溶液に入れて５分間以上（室温）固定する。少量の液と共にスライドガラスの上に鱗同士が重ならないように置いてカバーガラスをかけて顕微鏡（100~200倍）で観察する。ちなみに，色素胞の動きを測定するための光電系の装置には改良がなされている（Fujii *et al.*, 2000）。

杉本（Sugimoto, 1993）によれば，メダカは外皮（鱗）上の黒色素胞の数と形態（大きさ）の変化によって背景に応じて体色変化をする。ドーパ正反応の黒色素芽細胞は黒色背景に適応したメダカより，白色背景に適応したものの方が多くなるという。そして，薬物で交感神経を除去すると，黒色素胞は黒色背景適応魚の方が白色背景適応魚のものに比べて数には違いはないがより大きくなる。続いて，黒色素胞の反応に及ぼす長期の背景適応の影響が神経の電気刺激で調べられている（Sugimoto *et al.*, 1994）。10日間黒い背景と白い背景の水槽に飼育したメダカの胴部背面の鱗を採り，10分間カルシウム・マグネシウム－欠如塩類溶液（４℃）に浸して，上皮層を除去した鱗が用いられた。この実験結果は，長期の背景適応が色素顆粒の動きを支配している神経繊維 chromatic nerve fibers の興奮性，もしくは分布密度に変化を及ぼすことを示唆した。また，10～15日間黒い背景に適応させた野生メダカの鱗にみられる色素胞のアドレナリン性神経支配パターンを^{3}H-ノルアドレナリンのオートラジオグラフィーで調べてみると，多くの神経繊維が各色素胞の周りに放射状の集網を作り上げており（Sugimoto and Oshima, 1995），たくさんの黒色素胞とその周りに多くの神経繊維が放射状の集網構造をなしている。ところが，長い間白色背景に適応させると黒色素胞数が減少して，高密度に分布していた神経繊維もみられなくなる。また白色背景に適応したメダカでは，白色素胞が増加するけれど，ノルアドレナリンでラベルされた神経繊維の集網は色素胞の周りには確認できない。

色素胞の反応に関する研究は，その生態学的・細胞生理学的に興味ある生命現象を提供する。つまり，この研究は細胞の活動に関して内分泌系及び神経系の支配機構を解明するのに役立つものである（藤井，1990）。

b．色素細胞

メダカの色素胞は，その中に含まれる色素顆粒によって生じる色彩で，黒色素胞 melanophore，黄色素胞 xanthophore，白色素胞 leucophore，虹色素胞 iridophore に分類されている。虹色素胞を除いた黒色素胞（図４・16），白色素胞と黄色素胞は，その内部に球状色素顆粒をもち，光に対する反応性をもつ。また，黒色素胞以外の色素胞（黄色素胞，白色素胞）におけるMSH作用がCa^{2+}－依存症である（Oshima and Fujii, 1985）。これらの色素胞の微細構造についての研究も行われている。黒色素胞については小比賀（1974, 1976a, b）によって，黄色素胞については亀井-竹内ら（1968）及び亀井-竹内と波磨（1971）によって，また白色素胞については亀井・竹内ら（1968）及び竹内・真鍋（1977）によって報告されており，虹色素胞については川口と竹内（1968）及び竹内と坂本（1974）の報告がある。さらに，色素胞の形態に関しては，優れた総説がある（Obika, 1996）。

２．黒色素胞

黒色素胞のメラニン顆粒（楕円体0.5～1.0μm；メラノソーム　melanosome）の拡散を引き起こす物質には黒色素胞を支配する神経の伝達物質やアトロピンがあると考えられていた。一方，黒色素胞においてメラニ

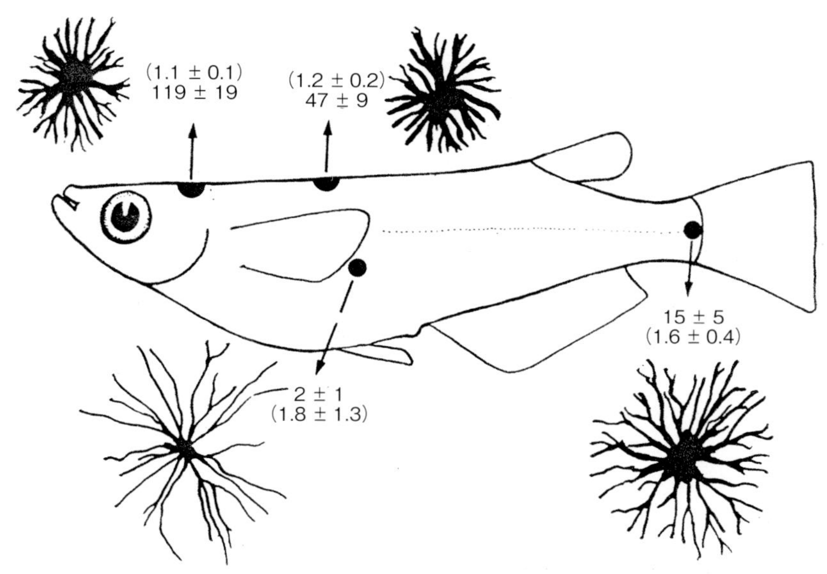

図4・17　メダカの体の部域による黒色素胞の形態と反応性の違い（太田，1976bより改図）
数値は鱗当たりの黒色素胞の数を示す．カッコ内の値は，M/7.5KClの中で完全凝集に要する時間（分）．

ン顆粒の凝集（収縮）を引き起こす物質には，K^+，Na^+以外のアルカリ金属イオンやアルカリ土金属イオン，さらにはアドレナリン，アセチルコリン，ヒスタミンがある。この拡散と凝集の時にみられる顆粒の移動速度は，直線分枝突起では1~2μm/secで，平均0.06~0.3 μm/sec（20℃）である（小比賀，1975a）。

野生型メダカ（*BB, Bb*）において，黒色素胞は，真皮性dermal melanophoreで，その細胞内には限界膜で囲まれた球形に近い長径（約0.5μm）の楕円形のメラノソーム melanosomeといわれる色素小胞内に黒色素（真正メラニン eumelanin）を含む顆粒が存在する（Hirose and Matsumoto, 1993）。黒色素胞にはこの他に細胞器官として微小管がよく発達しているが，それらは細胞の分枝突起では細胞膜附近に多く，突起の長軸に平行に走っている。細胞中心附近では細胞分枝突起に向かって配列しているものが多い（小比賀，1974）。発生途上，神経冠から分化した黒色素胞が初めて出現するのは22体節をもつ胚の頭部背面においてである。成魚において，単位面積当たりの黒色素胞の数は頭部と背部では著しい差はみられないが，尾部ではそれらに比べて少ない（太田，1976b; 図4・17）。腹部にはその数が1鱗当たり平均2個と極端に少ない。体表の各部分の黒色素胞の形態を比較すると，腹部のものの多くは頭部・背部のものより，その分枝突起が細く長い。これらの各部分の黒色素胞の反応をみても，頭部・背部に比べて尾部における黒色素胞のKイオンに対する反応性が低く，腹部に至ってはまったく反応しないものもある。しかし，この反応しない黒色素胞もアドレナリンによって速やかに凝集反応を示す。このことから，体表の異なった部分から得た黒色素胞の反応性の違いは，体表の位置によって黒色素胞に分布している神経性要素が異なるためであろうと推論されている（Iga, 1975b; 太田，1976b）。

緋メダカ（*bbRR, bbRr*），または白メダカ（*bbrr*）において黒色素胞は存在するが，色素小胞内には黒色素を含んでいない（Hirose and Matsumoto, 1993：図4・18C）。これらの無色の黒色素胞amelanotic melanophore はチロシンの存在下で，ヨード・アセトアミドとか，*P*-クロロマーキュリベンゾエート（PCMB）のような SH 阻害剤によってメラニンを合成できる。すなわち，これらの色素胞はチロシナーゼ，もしくはチロシンヒドロキシラーゼ（Hishida *et al.*, 1961b; Oikawa, 1967; 1969a, b, 1972）をもっている。生理的にもこの無色黒色素胞は，正常黒色素胞と同様に，アトロピンやアドレナリンに対して反応する（Oikawa, 1971b, 1972）。これらの色素胞はメラニン欠失黒色素胞と呼ばれ，クロム親和反応をもつと考えられている（及川，1967）。その細胞の形態や生理的反応は野生型のものと同じである（Sugimoto *et al.*, 1985）。しかも，その細胞は数が多く，チロシナーゼ活性が高い（Hishida *et al.*, 1961; Tomita and Hishida, 1961a, b; Oikawa, 1970）。正常な黒色素胞とこのメラニン欠失黒色素胞において，ドーパオキシダーゼとチロシナーゼ活性を比較すると，後者においてより強い活性が認

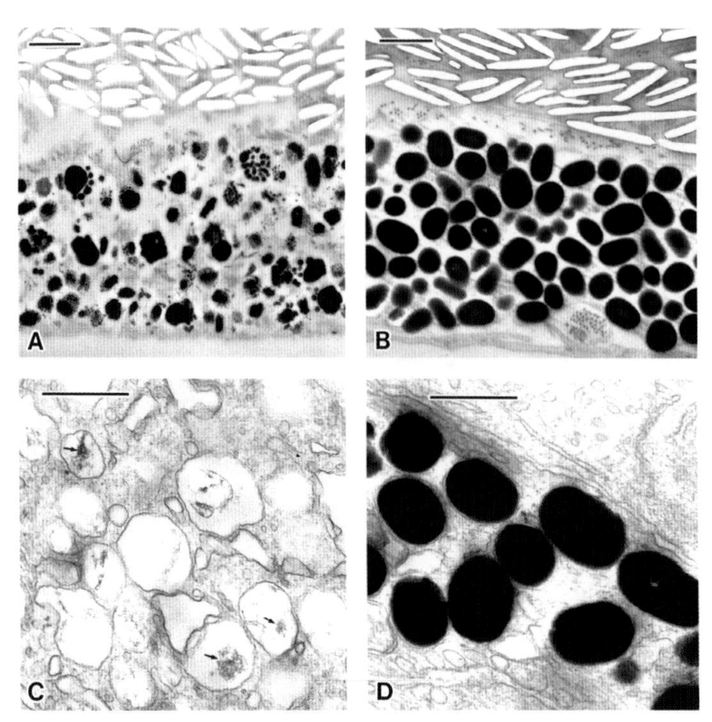

図4・18 ヒメダカと野生型メダカの皮膚と体腔壁にみられる黒色素胞と虹色素胞

ヒメダカ(A)と野生型メダカ(B)における体腔壁の外側(上)に棒状反射小板をもつ虹色素胞，及び内側(下)にメラニン顆粒をもつ黒色素胞；ヒメダカでは種々の形状・大きさのメラニン顆粒を示す．皮膚の黒色素胞はヒメダカ(C)では色素小胞内に僅かな高電子密度の物質(矢印)を含むに過ぎないが，野生メダカ(D)の色素小胞内にはメラニンが詰まっている．bar: 1 μm (Hirose and Matsumoto, 1993より改図)

められる（Tomita and Hishida, 1961; Ide and Hama, 1969）。十分にメラニン合成がすでになされている黒色素胞においてはフェノール・オキシダーゼ活性が非常に低いという結果から，遺伝子*B*の作用はメラニン合成時の前からその過程中までに限られていると考えた。そして，その後でチロシナーゼによって顆粒が十分メラニン化するにつれ，酵素の活性部位がブロックされるため，メラニンを十分にもつ黒色素胞ではもはやその酵素活性がみられなくなると説明されている。波磨（1975）によれば，メラニンは緋メダカ成魚にはほとんどないが，孵化直後のその幼魚にはむしろ多く認められるという。これらのメラニンは複合体として細胞分化の過程において細胞外に放出される。このように，メラニンを失った黒色素胞は正常なものに比べて円く，やや小さい。無色の黒色素胞内でのメラノソーム前駆顆粒の凝集と拡散を制御している機構について調べた杉本ら（Sugimoto *et al.*, 1985）によると，メラニン凝集ホルモン（MCH），メラトニン，α-アドレナリンのアゴニスト（ノルアドレナリン）はKイオンが細胞内の凝集を引き起こす反面，β-アドレナリンのアゴニスト（イソクスプリンisoxsupurine），アデノシン，α-メラノフォア刺激ホルモン（α-MSH）及びアトロピンはメラニンの拡散を引き起こす効果があるという。

アルビノ（白子 *ib*）においては，発生途中メラノソームの形成能を失う。孵化直後の幼魚をみても，形がおかしく，灰色がかった黒色素胞にはメラニン合成能はほとんど認められない（Hama, 1975）。

a）黒色素胞の反応に対するNaイオン及びKイオンの影響

摘出した鱗の黒色素胞は一般にNaイオンで拡散（メラニン顆粒の拡散）し，Kイオンで収縮（メラニン顆粒の凝集）するといわれる（山本，1949）が，NaCl溶液，KCl溶液あるいはこれらの混合溶液で処理すると，黒色素胞によって反応性が多少異なる。摘出時にそのまま収縮している黒色素胞を拡散させるM/7.5 NaCl-KCl液の混合比（容量比）は1.3：1に限界の中心があり，これよりNaCl濃度が高くなれば拡散を起こす（尾崎，1956a）。リンゲル液で拡散した黒色素胞を等張ブドウ糖液（4.244g%）に移すと収縮がみられる。これは，Naイオンの透過によるという。NaCl溶液の濃度がM/16以下になれば，顆粒の凝集がみられ，

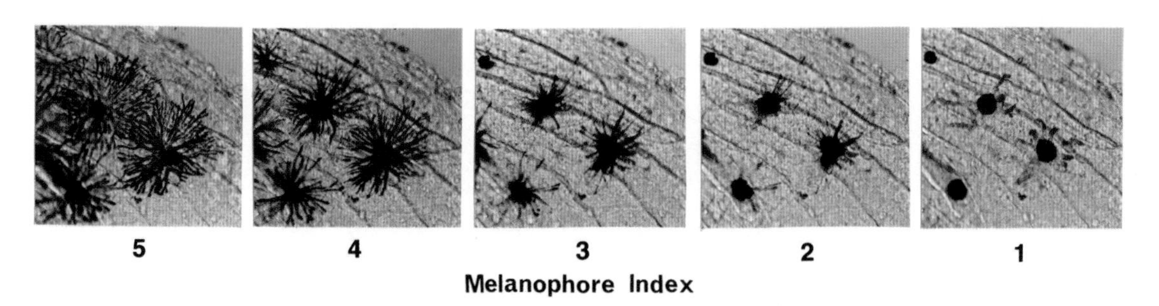

図4･19　メダカ摘出鱗の黒色素胞のKCl溶液に対する反応
生理的塩類溶液(5)からKCl溶液に換えて，30秒(4)，1分(3)，2分(2)，および5分(1)後の黒色素胞の変化．数字は黒色素胞指数を表す．(参照 Iga, 1986：伊賀哲郎博士の提供による)

M/32NaCl溶液では凝集状態が続く（太田，1972)。

ブドウ糖液での前処理に関係なく，黒色素胞はリンゲル液で一定時間処理した後，KCl液で収縮する（図4･19)。黒色素胞がKイオンで収縮するためには，先にNaイオンの存在することが必要である。つまり，Na濃度の減少が収縮を引き起こすと考えられる。したがって，NaCl溶液からKCl溶液へ移すことによる収縮はKイオンの作用ではなく，Naイオンの透出効果であると推論された（尾崎，1956a, b)。また，KCl液中で完全収縮した黒色素胞を等張ブドウ糖液に移すと拡散がみられるが，これはKイオンの透過によると推論している（尾崎，1956b)。一方，石橋（1957）は，NaCl, KCl, あるいは$CaCl_2$の溶液や蒸留水を注入してもメラニン顆粒の移動が起きないのに，オキザロ酸ナトリウムや炭酸ナトリウムの注入によってメラニン顆粒が移動反応を示すことから，細胞内の遊離カルシウム濃度の減少が黒色素胞反応の原因であろうと考えた。

NH_4Cl, $BaCl_2$, $CaCl_2$, KBr, $SrCl_2$及び果糖などの溶液はブドウ糖で前処理した色素胞を拡散させ，リンゲル液で前処理したものを収縮させるか，あるいは一過性の収縮を起こさせる（尾崎，1956b; 片山，1960)。組織内に残留しているBa^{2+}は凝集神経末端に近い神経の部分を刺激して律動的興奮を引き起こすらしい（片山，1970; 長浜 *et al.*, 1963; Katayama, 1975)。この律動性反応が色素胞の切断枝においてもみられることから，興奮伝達物質の受容部が黒色素胞表面にかなり広く分布しているものと考えている（Katayama, 1975)。$BaCl_2$の濃度を8.9mM以上にすると，黒色素胞の律動的反応がみられ，それは一定濃度のKClによって抑制される（Katayama, 1975)。神経退化後や麻酔された黒色素胞では律動的反応がみられないことから，この反応は拡散神経と凝集神経の興奮度が不安定な時に，神経要素の律動的興奮で生じると信じられていた。

長浜（1953）と上田（1955）は，鱗や尾鰭を用いて，一部をM/7.5KCl溶液で処理し，他の部分を生理的塩類溶液で処理すると，KCl処理部分の黒色素胞のみにおいて，メラニン顆粒の収縮が起こることを確認した。このことから，Kイオンは顆粒凝集神経の刺激を介して黒色素胞に作用するのではなく，直接黒色素胞に作用して収縮を引き起こすと考えられた。摘出した鱗の黒色素胞にKイオンを長時間にわたって作用させると，色素顆粒の凝集がみられるが，これは一過性であって時間がたつにつれて再び拡散してくる（石橋，1960a)。この拡散反応は可逆的であるし，Caイオン（90.9mM）の存在によって影響を受けない（Iga, 1976a)。Kイオンは神経退化手術を施した直後の鱗上の黒色素胞の色素顆粒凝集を引き起こすが，その反応は手術後時間が経つにつれて不完全になり，ついにはみられなくなる(図4･20)。石橋（1960）は，この一連の黒色素胞の反応の変化が鱗に入る神経の退化，再生と関連があるとした。一方，3～5％コカインで麻酔処理すると，黒色素胞はアドレナリンでも反応しないし，Kイオンによって部分的にしか反応しない（Ishibashi, 1962)。これらのことから，Kイオンは黒色素胞に直接作用するのではなく，神経を介して働くものと考えた（Iwata *et al.*, 1959; 石橋，1960a; 谷本，1967a)。そして，また鱗（体表）上の黒色素胞の分布位置によって反応が異なる（図4･17）のは，神経分布の差異に基づくものと推定されている。

b）黒色素胞の反応に対する神経支配

アドレナリンでみられる同様な反応性には，黒色素胞－神経系は関与していない（Ueda, 1955)。このことは，神経退化部分の黒色素胞を用いた藤井(1958)によって，アドレナリンが正常な部分の黒色素胞と同様に，神経退化黒色素胞の収縮を引き起こすことを示す実験

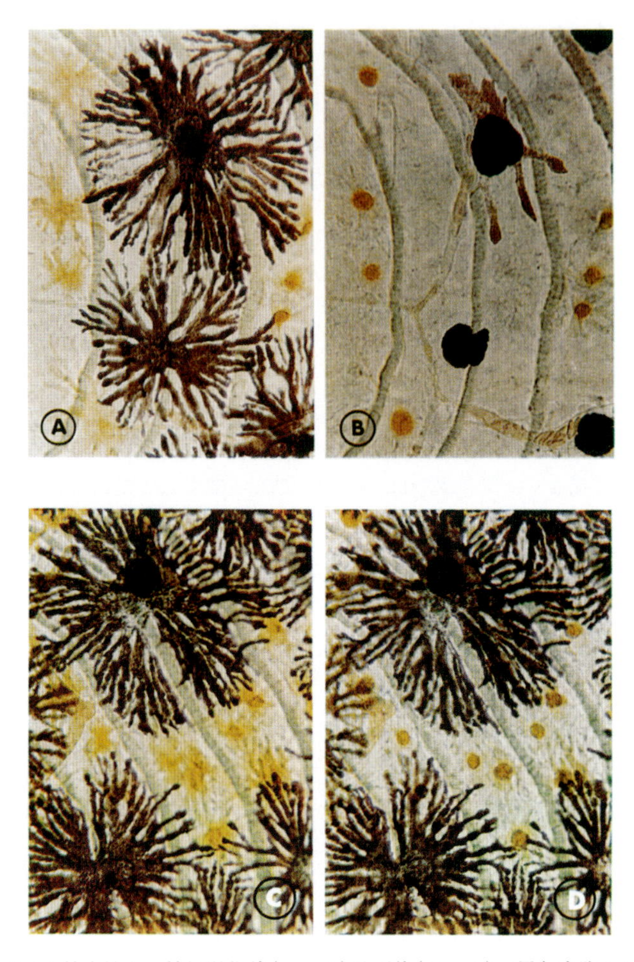

図4･20　野生メダカの摘出鱗上の神経退化前（A，B）及び後（C，D）の黒色素胞のKClに対する反応
（23℃, Iga, 1969; 伊賀哲郎博士より提供）
A：生理食塩水中で十分色素顆粒の広がった黒色素胞と黄色素胞.
B：M/7.5KClに浸して５分間後の色素顆粒の凝集した黒色素胞と黄色素胞.
C：生理食塩水中で十分色素顆粒の広がった黒色素胞と黄色素胞.
D：M/7.5KClに浸して３分間後の色素顆粒の広がったままの黒色素胞と凝集した黄色素胞.

結果によって結論づけられた。

黒色素胞は主として交感神経系によって制御されており，その後神経節繊維がノルアドレナリンを放出して黒色素胞膜のα－アドレナリン受容体（リセプター）を経由して黒色素顆粒の凝集を引き起こす（Kamada and Kinoshita, 1944; Yamada *et al.*, 1984; Morishita, 1987）。黒色素胞の動きについては，メラトニン（Ohta, 1975），黒色素胞刺激ホルモン（MSH: Negishi and Obika, 1980）やメラニン凝集ホルモン（MCH：Negishi *et al.*, 1986）の影響下にあることが知られている。また，黒色素胞以外の色素胞（黄色素胞，白色素胞）におけるMSH作用はCa^{2+}－依存性である（Oshima and Fujii, 1985）。アドレナリンとの類似構造をもつ交感神経刺激性アミンによって引き起こされるその顆粒凝集効果には，芳香環（カテコール核）のOH基が重要な役割を果たしている。このようなアドレナリンとその類似物質に対する受容体には，α型とβ型の２種類がある。前者は凝集に関与し，後者は拡散（太田，1975b）に関与している。ディベナミンのような物質でα－受容体を塞ぐと，アドレナリンによる顆粒凝集は抑えられる。逆に，β－受容体をそれと反応するイソプロテレノールで刺激すると，凝集状態から拡散状態になる（太田，1975）。この受容体はメラトニン作用部と関係ないという。β－受容体にKイオンが関与して起こるKイオン－誘起拡散はβ－アドレナリン阻害剤であるプロプラノロール処理に影響される。

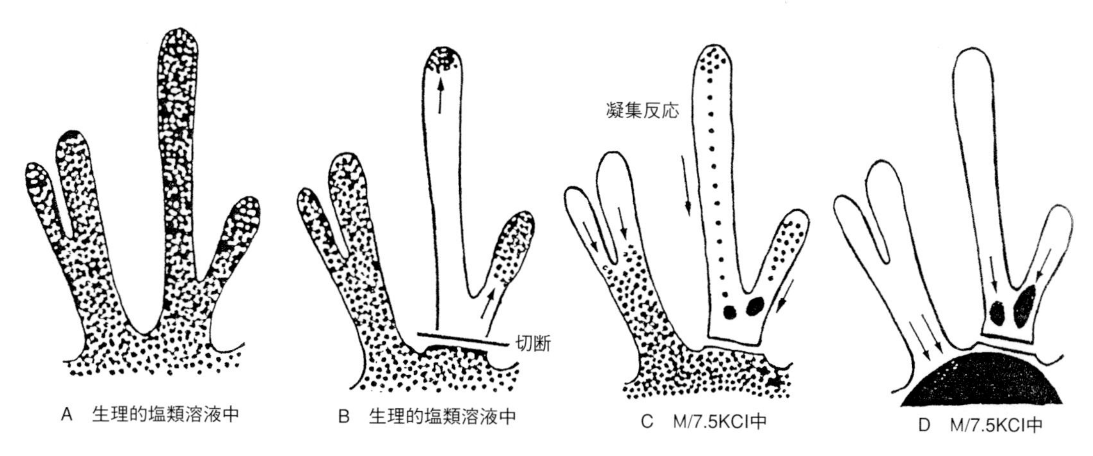

図4・21　メダカ摘出鱗黒色素胞の切断枝における凝集反応（長浜・山田・片山，1963より改図）

過去には，黒色素胞は神経的に二重支配を受けていると考えられていた。すなわち，1つの黒色素胞が色素顆粒の凝集神経と拡散神経の支配を受けていると考えられていたのである。鱗に交流刺激を与えて，その上にある黒色素胞の反応を調べた上田（1955）と谷本（1965）は，黒色素胞がそれに接している神経終板から分泌される物質によって色素顆粒の凝集を示すといい，その終板部での分泌活動は刺激の強さが増加したり，刺激時間が長くなると，その活動が活発になると結論づけている。このように，交流刺激で黒色素胞が色素顆粒の凝集を示すのは，その交流によって両神経が刺激を受けるが，これは，感受性の強い凝集神経が凝集物質を多量に分泌するためであると考えた。また，直流刺激は黒色素胞に直接作用する場合と神経系を介して作用する場合があるという（谷本，1967b）。

黒色素胞の色素顆粒の凝集に神経を介して作用する物質がいくつか知られている。松井（1965a）はエフェドリン（10^{-6}~10^{-2}M）が生理的に正常な神経をもつ黒色素胞に作用して色素顆粒凝集を引き起こすが，神経の退化した後のものにはその凝集を引き起こさないことを確かめた。この他、ヒロポンやベンゼドリン（松井，1965b），またはモノアミンオキシダーゼ（MAO）の阻害剤であるフェメルジンphemelzine（10^{-6}～10^{-2}M；伊賀，1965）も同様に神経に作用することが知られている。

山田（1963）によれば，SH基阻害剤（PCMB）を作用させると，黒色素胞は色素顆粒凝集を引き起こす溶液中でも拡散し，リンゲル液に戻した後でも凝集誘起物質によっても凝集しない。ところが，L-システインを与えると，その凝集抑制効果が消失する。また，SH基剤であるメルサリル mersalyl と NEM が色素顆粒の動きを阻害することから，SH-タンパク質が色素顆粒の動きに重要な役割をもつと考えられている（Iga, 1975a）。メルサリルはアドレナリン刺激に対して阻害効果をもつが，メラトニンによる色素顆粒凝集反応に対して阻害効果をもたないという点からすれば，アトロピンの作用に似ている。これらの物質が単独では拡散を引き起こさないことから，この物質の凝集抑制効果はβ－アドレナリン受容体に働いて色素顆粒拡散を引き起こすことによるものではないらしい。伊賀（1979）は，このメルサリルの作用部位が黒色素胞の細胞膜上のα－アドレナリン受容体の活性部位か，あるいはその近くにもつSH基である可能性をあげている。一方，これらの物質がSH-タンパク質であるATPアーゼの活性を阻害することにより色素顆粒の凝集を抑制している可能性がある。例えば，(Na^{+}-K^{+}) ATPアーゼの活性を阻害するウアバインの影響を調べたところ，正常な神経のついた黒色素胞内の色素顆粒の不可逆的な凝集を阻害するが，神経の退化した黒色素胞での凝集・拡散には影響を及ぼさない。また，ウアバインは黒色素胞に直接作用する物質には影響を及ぼさない。これらのことから，伊賀（1978b）はウアバインが色素顆粒の凝集を引き起こす伝達物質の自動的放出を促進する前シナプス神経要素に働くものと考えている。

c）色素顆粒の移動の原動力

色素顆粒の移動機構に関する説としてゾル・ゲル変換説，電気泳動説，微小管説，及びマイクロフィラメント説がある。このうち，木下（1953b）は黒色素胞内の色素顆粒が電気活動のような機構で移動する可能性を提示した。そして，細胞の損傷実験と膜電位の変

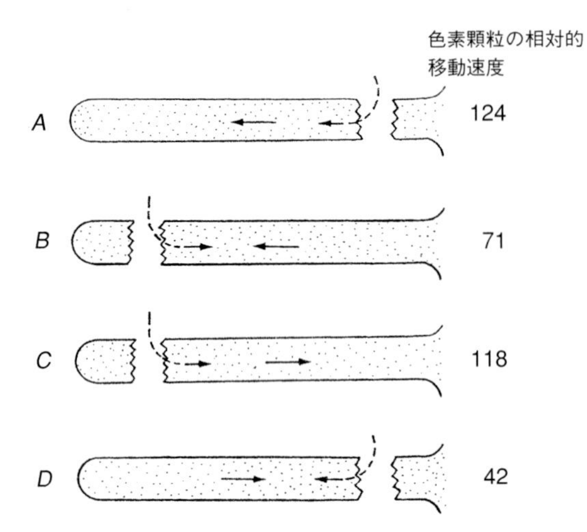

図4・22　メダカ黒色素胞の損傷を与えた分枝突起内の色素顆粒の移動（Kinoshita, 1963）
実線矢印：色素顆粒の移動方向
破線矢印：負傷電流の方向

化を微小電極法で測定し，この可能性を裏づけた。傷つけられた細胞表面が負に荷電しているとすれば，当然その傷近くの負に荷電している色素顆粒は，一種の負傷電流によって切断部の反対方向に移動を余儀なくさせられる。すなわち，負傷電流と同じ方向に移動する色素顆粒の速度は増加して，負傷電流と反対方向に移動する顆粒の速度は低下する（Kinoshita, 1963）。凝集時には細胞中心部で脱分極化が起き，拡散時には分枝突起の先端部でそれが起こるとすれば流動方向の変換が説明できる。分枝をもった状態で切断された枝では，初めに分岐点に集まり，再び移動を始めて一カ所に凝集する。同様に，生理的塩類溶液中では顆粒が枝の先端に一塊となって集まり（図4・21B），M/7.5Kを作用させると数珠状に連なって近心方向に移動して（図4・21C, 4・18B），基部に凝集する（図4・21D; 長浜ら, 1963）。すなわち，色素顆粒の凝集・拡散の方向はもとの極性のままである（石橋, 1960b; 長浜ら, 1963; 谷本, 1965）。しかも黒色素胞の中心部を破壊しても切断部に反応する。これも荷電した顆粒がその突起部分に沿った電位差勾配による電流によって移動する仮説で説明できる（図4・22：Kinoshita, 1963）。また，色素顆粒の移動原動力を微小管に求める微小管説については小比賀（1974）の観察がある。コルヒチンやコルセミドなどによって処理された黒色素胞で顆粒拡散が認められ，凝集反応が遅くなるが，これらの処理では微小管が存在しており，この説を支持する結果は得られていない。さらに，細胞膜と関連した収縮性マイクロフィラメントが細胞の形を変化させて顆粒運動に関与するとするマイクロフィラメント説についての観察もある。走査型電子顕微鏡での観察（小比賀，1974）によれば，顆粒拡散時には細胞はやや扁平で太い分枝突起が放射状にみえるが，凝集時にはその突起が細くなり，その代わりに細胞中心部が著しく膨大している。このように，凝集時には分枝突起が扁平にならずに細くくびれるところから，この細胞の変形は顆粒の移動によって起こるというより，むしろ細胞表面の変化によって顆粒が移動させられるものと考えている。

一方，マイクロフィラメントを消失させるサイトカラシンによる黒色素胞内の色素顆粒の移動に対する阻害効果は全く認められない（Ohta, 1974）。このことは，マイクロフィラメントが色素顆粒の移動に必ずしも重要ではないことを示しており，黒色素胞の形を支配している微小管（チューブリン・ダイニン）系がその動きに関与しているという示唆（Negishi, 1988; Obika, 1986）とも矛盾しない。

表4・2　8種のメダカの表現型における鱗の黒色素胞，黄色素胞，白色素胞の数

系統	表現型	遺伝子型	鱗当たりの平均黒色素胞数	鱗当たりの平均黄色素胞数	鱗当たりの平均白色素胞数
クロメダカ	Brown	*BBRR++*	24.83 ± 3.48	129.11 ± 16.01	4.65 ± 0.73
アオメダカ	Blue	*BBrr++*	25.79 ± 4.16	—	3.36 ± 0.41
ヒメダカ	Orange-red	*bbRR++*	—	126.01 ± 18.15	4.38 ± 0.79
シロメダカ	White	*bbrr++*	—	—	3.31 ± 0.56
灰メダカ	Gray	*BBRRcici*	19.83 ± 5.01	58.67 ± 8.43	9.69 ± 0.83
ウスアオメダカ	Light-blue	*BBrrcici*	24.74 ± 2.88	—	11.88 ± 0.29
クリームメダカ	Cream	*bbRRcici*	—	59.81 ± 5.78	11.23 ± 0.91
ミルキーメダカ	Milky	*bbrrcici*	—	—	11.27 ± 0.11

（Takeuchi, 1969）

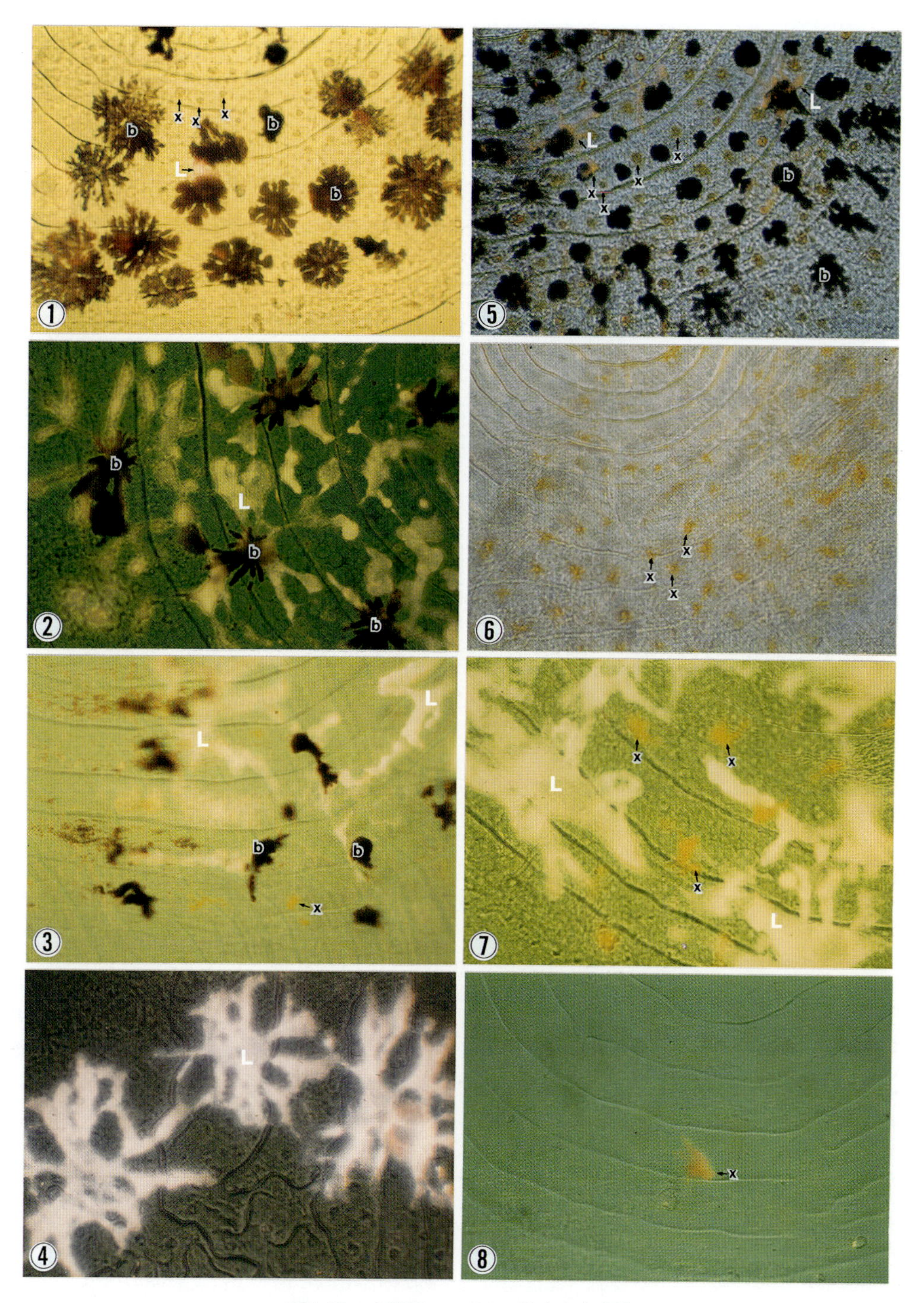

図4・23　８種類のメダカの体色と色素胞

①アオメダカ(*BBrr*++)，②ウスアオメダカ(*BBrrcici*)，③灰メダカ(*BBRRcici*)，④ミルキーメダカ(*bbrrcici*)，⑤クロ(野生)メダカ(*BBRR*++)，⑥ヒメダカ(*bbRR*++)，⑦クリームメダカ(*bbRRcici*)，⑧シロメダカ(*bbrr*++)．b：黒色素胞，L：白色素胞，X：黄色素胞．(竹内哲郎博士より提供)

図4·24 8種類のメダカの体色

①アオメダカ(*BBrr++*)，②ウスアオメダカ(*BBrrcici*)，③灰メダカ(*BBRRcici*)，④ミルキーメダカ(*bbrrcici*)，⑤クロ(野生)メダカ(*BBRR++*)，⑥ヒメダカ(*bbRR++*)，⑦クリームメダカ(*bbRRcici*)，⑧シロメダカ(*bbrr++*)．(Takeuchi, 1969, 竹内哲郎博士より提供)

3．白色素胞

a）形態

白色素胞は，特に繁殖期になると，雄の鰭の先端部に肉眼でも白い点状に認められる。多くの雌にはこれが認められないが，体長24mm以上のものの中にこれをもつものがある。この性差については，第4章Ⅱで前述したように，岡田と山下（1944），丹羽（1957），及び新井と江上（1961）によって報告されている。この発現が数種の男性ホルモンによって支配されていることは実験的にも確かめられている（丹羽, 1957; Arai and Egami, 1961）。尾鰭の白色素胞は去勢雄には当然認められなく，精巣移植あるいはテストステロン処理雌に現れる（増田, 1952, 1953; Arai and Egami, 1961）。同様な第二次性徴として吻部から眼球にかけての背面体表に分布する白色素胞があげられる（岩松, 1988）。その数は雄において著しく多く，男性ホルモンによって増加する。これらのことから，雄における白色素胞の発達は精巣や副腎皮質からの男性ホルモンに依存しているといえよう。大きい雌の尾鰭にも白色素胞が出現するのが認められるが，それは雌の卵巣か，副腎皮質で多少男性ホルモンが分泌されているからであろうと考えられている（Arai and Egami, 1961）。

白色素胞の樹状分枝突起は，その長さや数が一般に黒色素胞ほど顕著ではない。鰭にみられる白色素胞は鰭の最下層部に存在して粗膠原繊維に被われている。表皮内のものと同じで，この鰭の白色素胞も厚さ3～4 μmの平板状の細胞で，その内部に表皮内のものより小さい顆粒（球～楕円体の直径約0.2~0.5μm）が存在する。これらの分枝部と細胞中心部は太く，広い。光学顕微鏡下では，透過光によっては褐色にみえ，反射光では白く輝いてみえる。メダカの系統によっては，白色素胞をもたないもの（*ℓf*; Tomita, 1973）とか種々

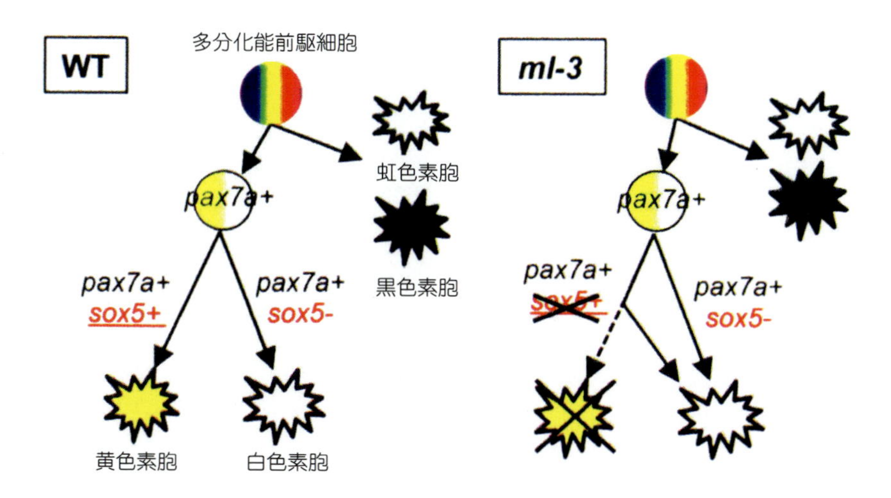

図4・25　神経冠からの黄色素胞と白色素胞の分化モデル（Nagao *et al.*, 2014）

の白色素胞突然変異種（表4・2，図4・23，図4・24：Gray, *BRci*; Light-blue, *Brci*; Cream, *bRci*; Milky, *brci*: Takeuchi, 1969）が知られている。このうち，白色素胞を発現発達させる*ci*因子をホモにもつミルキーメダカMilky及びウスアオメダカ Light-blue の系統における白色素胞の数は野生型クロメダカ（*BBRR*++）におけるものより3～4倍多い。白色素胞の直径は，メダカの系統による変動が著しい。鱗上の白色素胞はクロメダカとアオメダカとの系統では直径が40~60μmで樹状の分枝突起の発達が悪いが，ミルキーメダカ，灰メダカとウスアオメダカの各系統では，その分枝突起の発達がよく，直径が200~800μmである（Takeuchi, 1969）。

図4・25に示すように，野生メダカ（WT）において多分化能神経冠細胞から黒色素胞や虹色素胞も分化し，黄色素胞と白色素胞は *pax7a* の発現に続いて *sox5*が発現することによってSOX5の働きでそれらの共通前駆細胞（*pax7a*$^{+}$）から黄色素胞に分化するが，*sox5*が発現しなければ白色素胞に分化する。一方，変異メダカ mℓ-3（many leucophores-3）において，*pax7a*は発現するが，機能的SOX5の欠失が黄色素胞への分化の失敗を招き，そのためすべての前駆細胞から過剰に白色素胞が生じる（Nagao *et al.*, 2014）。白色素胞は，プリン依存の光反射をするので虹色素胞に関係していると考えられていたが，*ℓf*－*2*（遺伝子*pax7a* の機能喪失変異体）が黄色素胞と白色素胞の前駆細胞の形成に欠陥を生じることから黄色素胞に似ている（Kimura *et al.*, 2014）。

白色素胞は，しばしば虹色素胞と一緒にしてグアノフォアguanophoreと呼ばれる。しかし，白色素胞は主としてプテリンpterinと尿酸の詰まった白色顆粒を含んでいるが，虹色素胞は細胞内器官の1つの反射小板reflecting platelet をもつ。皮下及び体腔壁の虹色素胞は数個の細胞層からなる厚い層（約40μm）をなしている。これらの色素胞のほとんどは直径2μm以下の円形を呈している。この細胞の原形質には核と少しの細胞質を残してほとんどグアニン小板が満たされている。鰓蓋の虹色素胞，主鰓蓋骨の下部にある白色素胞は非常に大きく，積み重なって著しく厚い層をなしている（Kawaguchi and Takeuchi, 1968）。

野生型メダカにおいて，白色素胞は stage 26の胚の中脳下に透過光でやや赤味を帯びた色素胞（松井，1949）として出現する。幼魚の白色素胞は，発育とともに数が増加し，全長が10~12mmになると，赤味と白っぽい赤味を帯びた白色素胞が目立ってくる。亀井-竹内ら（1968）によれば，この白色素胞の赤色を帯びた色素顆粒は単一限界膜をもつａ型（直径0.5~0.6μm），二重膜構造と繊維構造から生じたラメラ構造を内部にもつｂ型，それに1~5μmの空所がある二重膜構造をもつｃ型（直径0.7~0.8μm）に分類され得る。これらはロイコソーム leucosome（竹内・真鍋，1977c）と呼ばれているが，ドロソプテリン drosopterins（isodrosopterin, neodrosopterin）と無色プテリン及び尿酸を含むことから，ドロソプテリノソーム drosopterinosome（Hama, 1970a, Hama and Hasegawa, 1967）とも呼ばれている。

b）反応性

白色素胞はアドレナリンあるいは等張（M/7.5）KCl

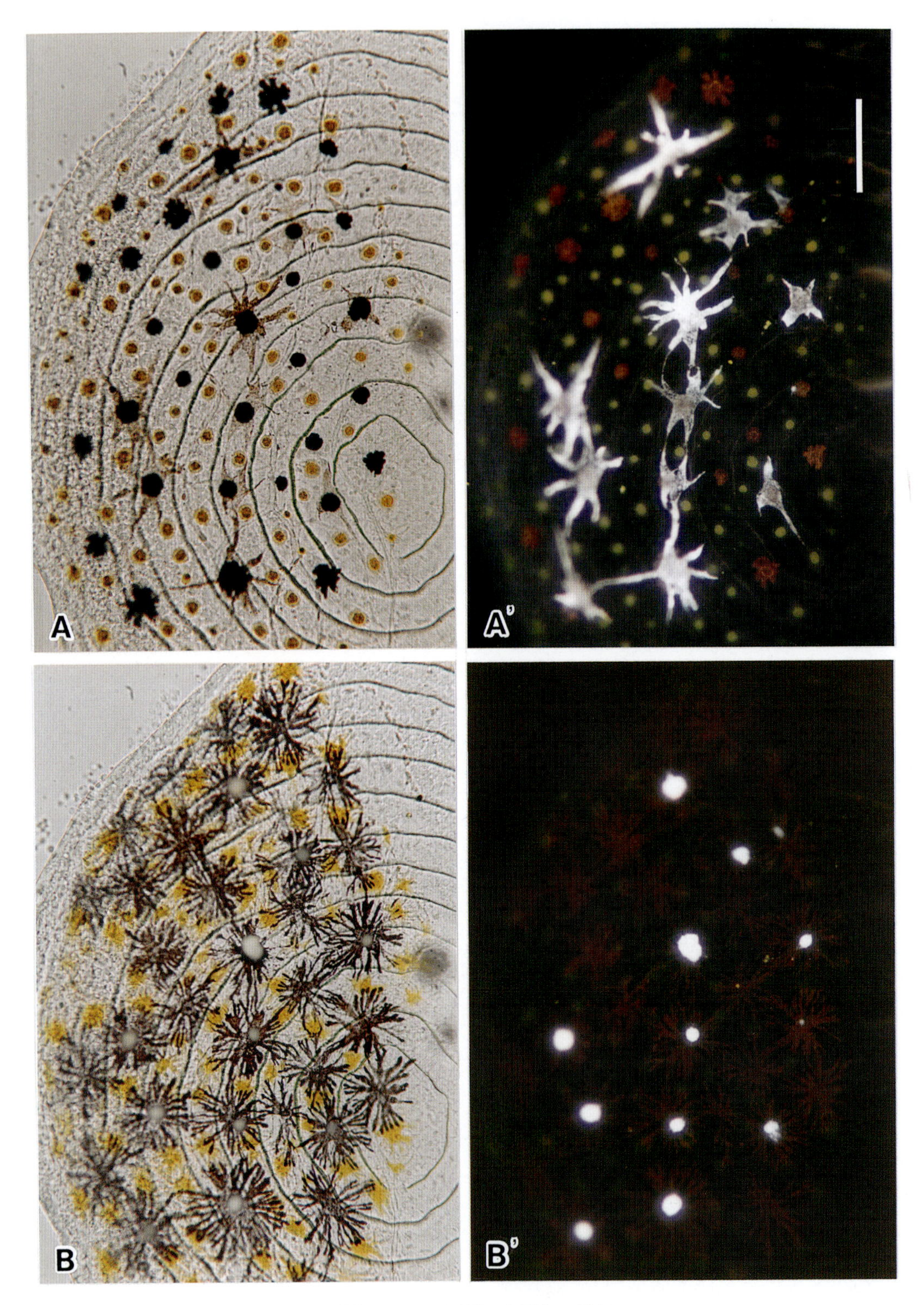

図4・26　メダカ鱗の色素胞の反応

A, A'：等張KCl溶液に移して5分後の色素胞の状態（A）と色素顆粒が拡散した状態の白色素胞（A'落射光での撮影）を示す（白線, 100μm）. B, B'：生理的塩類溶液中での黒色素胞と黄色素胞では色素顆粒が拡散状態（B；透過光と落射光との併用撮影）であるのに, 白色素胞（B'；落射光での撮影）では色素顆粒が凝集している. （伊賀哲郎博士の提供による）

溶液では，色素顆粒が拡散する。白色素胞内では，色素顆粒は黒色素胞のものとは反対に生理的塩類溶液中で凝集状態を保つ（図4・26）。このように，白色素胞内での色素顆粒が細胞中心に凝集するのは色素顆粒が負に荷電しており，色素胞の細胞中心部における電位差（－17.5mV）が分枝突起部のそれ（30.0~31.2mV）に比べて負に荷電する程度が小さいためという。この顆粒がKCl溶液中で拡散するのは，この電位差勾配がこの溶液内では逆になるためという報告もある（Kinoshita, 1963）。また，白色素胞はNaCl溶液中で顆粒凝集を引き起こし，K以外にCa, Mg, NH_4, Li, Mn, Ba, Ni, Cdなどのイオンを含む溶液でその拡散がみられる（三好，1934, 1952）。

摘出鱗の白色素胞は，神経刺激またはアドレナリン性β刺激に対して顆粒の拡散反応を示す（伊賀，1975c）。神経の退化した白色素胞の多くはイオン刺激によって反応しないが，健全な神経のついた白色素胞は同様な刺激によって拡散反応を示す。神経の退化した白色素胞のうち，まれに僅かな顆粒の拡散を示すものがある。これはイオンが色素細胞に直に働いていると考えられるが，多くはイオンが白色素胞に接した神経末端から神経伝達物質を放出させて，その色素胞の顆粒拡散をもたらすという（Iga, 1978a）。このときの拡散を引き起こすKの閾値濃度は17.3mMで，その濃度が33.3mM以上になると完全拡散が起きる。白色素胞は背景が白色のとき，その色素顆粒の拡散を示す。これは，上方及び下方から眼に入った光の量比によって起こることが知られている。また白色素胞自身が光を直接受容して顆粒の拡散を示すことも知られている（太田・杉本，1980）。一方，メダカの脊髄に電気刺激を与えた場合，白色素胞の拡散がみられる。

アドレナリン，ノルアドレナリンやイソプロテレノールによって白色素胞につく神経が正常か，退化しているかに無関係にその色素顆粒拡散が引き起こされる。このことは，これらのアミン類が直に白色素胞に作用していることを示している（Iga *et al.*, 1977）。

また，神経退化手術を施した鱗上の白色素胞にはその反応がみられない。このような反応は白色素胞が黒色素胞と同様に，神経支配を受けていることを示す。

イソプロテレノールによって，白色素胞はその色素顆粒の拡散反応を示すのであるが，α－アドレナリン受容体に対する遮断剤であるジベナミンやエルゴタミンの前処理はその拡散反応には何ら影響を及ぼさない。これに反してβ－遮断剤であるプロプラノロール（PPL）やジクロロイソプロテレノール（DCI）の前処理はその拡散反応を完全に阻害する。この結果から，白色素胞の顆粒拡散はβ－アドレナリン受容体を介して起きるものであると結論されている（伊賀，1975c; Iga *et al.*, 1977）。このように，カテコールアミンはアドレナリン性β受容体の刺激を介して白色素胞顆粒を拡散させる。

また，脳下垂体中葉から分泌される黒色素胞刺激ホルモン（MSH）もMSH受容体を介して，白色素胞顆粒の拡散をもたらす（Oshima *et al.*, 1986）。黒背地に適応した個体では，脳下垂体中葉のPAS陽性細胞と鉛ヘマトキシリン陽性細胞が強く染まり，一方白背地に適応した個体では，これらの陽性細胞，特に円形顆粒をもつPAS陽性細胞の染色性が低下する（中村・山本，1979）。ところが，その色素顆粒はβ－遮断剤プロプラノロールと共存させると，ノルアドレナリンやイソプロテレノールで凝集がもたらされ，プロプラノロール処理後アドレナリンによって完全凝集が引き起こされる。α－拮抗剤のフェニレフリンは10^{-10}M濃度でMSHとの共存下で凝集作用のみを引き起こす。これらのアミンの凝集効果はすべてα－遮断剤フェントラミンの共存によって抑制される。これらの結果は，アミンが白色素胞のアドレナリン性α－受容体を刺激してその顆粒凝集を引き起こすことを示す（山田，1979）。α-，β-受容体遮断剤の存在しない場合，両受容体はカテコールアミンの刺激によって顆粒の拡散を示す。これはカテコールアミン類が両受容体に働くが，β－アドレナリン受容体に対してより優位に働くためらしい（Iga, 1979）。テオフィリンは白色素胞の顆粒の可逆的な拡散を引き起こす。この拡散はα-，β-遮断剤によって抑制されない。これはテオフィリンがアドレナリン受容体を刺激して白色素胞の顆粒の凝集を引き起こすのではないことを示す。その原因は，cAMPを分解するフォスフォジエステラーゼを抑制することによって細胞内cAMPを増加させるために起こるらしい。山田と岩切（1977）はcAMPが白色素胞の顆粒の拡散をもたらすことを実験的に示した。その後，神経つきの白色素胞が種々のアミン類(ノルアドレナリン，アドレナリン，イソプロテレノール，ドーパミン，フェニレフリン)によってβ－アドレナリン受容体を介して拡散を引き起こすらしいことが示されている（Yamada, 1980）。このノルアドレナリンの作用はランタニウムイオンによって抑制される（Takeyasu, 1980b）。アドレナリン性β－受容体に作用するイソプロテレノール，あるいはACTHで拡散した白色素胞の顆粒はメラトニン（10^{-7}~10^{-5}M）の存在で凝集を示す。テオフィリンで拡散した白色素胞の顆粒に対し，メラトニンはテオフィリンの共存下で一過性の顆粒凝集を引き起こした後，再拡散をもたらしてその状態を持続する。この拡散反応はβ－遮断剤であるDCIによって抑制されないが，グラミンによって抑制される。したがって，テオフィリンの存在下で拡散効果を示すメラトニンの白色素胞の顆粒凝集効果はβ－受容体を介していない（太田・安藤，1979）。

外液にカフェインを加えると，黒色素胞と同様に，白色素胞の顆粒拡散がみられる（竹安，1976）。このカフェインに対する反応性は神経分布・神経退化には関係ない。このことはノルアドレナリンの拡散作用を抑制するβ－受容体遮断剤（DCI）やα－受容体遮断剤ジベナミンによって抑制されないことと考え合わせて，メラトニン（Ohta, 1975b）と同様に，アドレナリン受容体を介さないで細胞内反応部位に働くものと考えられている（Nagahama *et al.*, 1980）。彼らはこの反応部位がサイクリックAMPの濃度を高める系であろうとも考えている。プロカインはカフェインの作用を減少させるが，それがその遊離Ca^{2+}の増加を抑えると考えている（竹安，1976, 1980b）。また，カルシウム欠如リンゲルで前処理すると，カフェインの効果が減少し，消失する。

白色素胞内の顆粒の移動機構については，まだ十分研究されておらず，残された課題である。竹内・真鍋（1977）は白色素胞内の色素顆粒の移動に関して，電子顕微鏡観察の結果から，これらの細胞間隙に存在する粗なコラーゲン繊維が何らかの役割をもつものと考えている。

4．虹色素胞

虹色素胞iridophoreは，鰓蓋，眼球や体腔壁に多量に分布しており，皮下にも散在している。その細胞質には，グアニン顆粒guanin platelets（reflecting platelets）が詰まっている。川口と竹内（1968）によれば，虹色素胞の上面部に黄色素胞があり，下面に直径0.25~0.7μmの黒色素顆粒 melanosomes を含む黒色素胞がある。この虹色素胞は，体の部域によって形態が異なっており，プリンの桿状，ないしは針状平板（0.2～数μm）の顆粒をもつ銀色虹色素胞silvery guanophore，グアニン顆粒をもつやや玉虫色の虹色素胞 iridescent guanophore と格子状に配列するグアニン顆粒の抜け殻を示す青色の虹色素胞 blue guanophore に識別し得る。

a）銀色虹色素胞

黒色素胞と黄色素胞の分布と無関係に体表及び体腔壁に分布している。皮膚の虹色素胞は，皮下の粗な結合組織に位置している。その細胞質内にもつグアニン小板は概して体表に対してでたらめに配列しているが，中にはそれに平行して配列しているものもある。

b）玉虫色虹色素胞

体腔壁の虹色素胞は，大きく，その細胞器官である長いグアニン小板は平行配列を示す。銀色と玉虫色の虹色素胞は，黒色素胞と共に，内臓諸器官を光から保護する役割を果たしているようである。眼球の強膜は，毛細血管層，２種類の虹色素胞からなる虹色素胞層と黒色素胞層の３層からなっている。虹彩の虹色素胞は大きく，無数にあり，厚い層をなしている。尾部の両体側の皮下には，玉虫色虹色素胞の薄い層がみられる。

c）青色虹色素胞

この虹色素胞は，主として鰓蓋骨に分布しており，格子状外観を呈す長いグアニン小板が平行に配列している。

5．黄色素胞

黄色素胞は通常真皮の最も浅い部分に分布しているが，メダカの系統によってはまったく存在しないもの（シロメダカやアオメダカ）がある。黄色素胞は，発生途中の胚体（St. 26ごろ）においてすでに出現しているが，カロチノイド（球状80～100nm）を含むものは孵化時に現れる。それは，孵化後間もない全長約５mmの幼（稚）魚において，背側に多く腹側に少なく，分布に勾配がみられる。頭部には黄色素胞がないところが数カ所あり，唇部にはごく少ししかない。体長が８mmに達すると，それらは脊索及び背鰭・臀鰭にみられるようになるが，唇部に多く，頭部に少ない。この時期に腹鰭ができるが，黄色素胞はそこには僅かしかない。これらの分布状態は概して成魚のそれに似ている。成魚においては，尾鰭の上縁と下縁の部分に密に分布しており，背鰭・胸鰭において，背側寄りの方が腹側寄りよりも多く分布している（背腹勾配）。

光学顕微鏡下で黄色にみえるこの色素胞は，細胞質内に黒色素胞の色素顆粒よりやや大きい顆粒と不定形または球状のカロチノイドを含むもの carotenoid xanthophore とカロチノイドを含まないもの acarotenoid xanthophore がある（Hama and Hasegawa, 1967）。黄色素胞の大きさは，メダカの系統によって違いがあるが，*R*因子をもつ Brown, Gray, Orange-red や Cream の各系統において多くは直径５~20μmである（Takeuchi,

1969)。カロチノイド黄色素胞を電子顕微鏡でみると，微小管やマイクロフィラメントのみられるこの細胞の表面附近や分枝突起の細胞質には直径0.5~1 μmの球，あるいは楕円体の色素顆粒が存在し，細胞中心附近にカロチノイド小胞が存在することが多い（小比賀，1974）。この小胞は，おそらく竹内（1979）のいうリピド可溶性カロチノイドを含む直径0.2~0.5μmの色素顆粒のようである。この色素顆粒はプテリジンを含むため，プテリノゾーム pterinosome と呼ばれており，同心円状に配列するラメラ構造をもつ（波磨ら，1963; Kawaguchi *et al*., 1964; Obika and Matsumoto, 1968）。このような黄色素胞はその分化開始時にセピアプテリノゾーム sepiapterinosome （Hama, 1970a; Hama and Hasegawa, 1967）と呼ばれる黄色顆粒を含んでいる。このセピアプテリノゾームは，メラノソームと相同細胞器官で不活性状態のチロシナーゼを僅かに含んでいる（Ide and Hama, 1969b）という。その黄色顆粒は，セピアプテリン（sepiapterinとisosepiapterin）と無色のプテリン（tetrahydrobiopterin, biopterin, 2-amino-4-hydroxy pteridine（AHP），AHP-6-CH_2OH, AHP-6-COOH, xanthopterin, 及び isoxanthopterin）とを含んでいる。発生が進むとともに，セピアプテリンが減少し，無色プテリンが幼魚型から成魚型に変化する（Hama *et al*., 1965）。この変化は，プテリノゾームの形態的変化と関係しているようである。亀井-竹内と波磨（1971）によれば，これらの顆粒は５つの型（G1~5）に分類できる球形もしくは楕円体（直径0.5~0.7μm，長さ0.8~0.9μm）である。G1とG2の型は限界膜とその内部に繊維構造をもち，G2は表面だけに僅かなラメラ構造をもっている。G3の型は幾重ものラメラ構造と中心繊維構造をもつものである。G4の型はこの中心繊維構造が消失したものであって，G5の型はラメラ構造のほんの小片をもつか，もしくはそれらをまったくもたないものである。G1の型が発生とともに連続的にG5の型へと変わっていくものと結論づけている。この色素顆粒内のラメラ構造は繊維状構造から生じると考えられている。

黄色素胞に含まれるカロチノイドがどこの前駆物質に由来するかはまだよくわかっていない。竹内（1960, 1967）はトウガラシのカロチンを，毎日産卵している雌に食べさせるか，卵の卵黄球内に直接注入すると，それらの卵が濃い橙色の黄色素胞をもつ幼魚に発生することを認めた。この結果は，幼魚の黄色素胞のカロチノイドが卵黄カロチノイドに由来することを示唆している。ヒメダカのカロチノイドはルテイン（黄色素 xanthophyll）であるとの報告（Goodrich *et al*., 1941）があるが，波磨ら（1965）によれば，10種類の成分（β-carotene, lunaxanthin, lutein，その他数種の不明のカロチノイドMⅠ~MⅦ）からなるという。この成分のうち，ルナキサンチンが全体の40%を占め，これに似た不明のカロチノイド（MV）も同程度に含まれており，ルテインは僅か４%含まれているに過ぎない。

生理的塩類溶液に鱗が採り出されると，その白色素胞の色素顆粒は凝集状態を示すのに，黒色素胞と黄色素胞の顆粒は拡散状態になる。この外液を等張のKClまたはアドレナリンを含む液に移すと，２~３分間で黒色素胞と黄色素胞の顆粒は凝集し，白色素胞のそれは拡散する。このように黄色素胞は，黒色素胞と同じ様式で反応するが，白色素胞とは反対の反応を示す。また，黄色素胞の反応は脳下垂体ホルモンが関与しているか否かはわからないが，黒色素胞と同様に神経によって抑制されている。摘出した鱗上の神経分布・神

表4･3 メダカの体色変異に関する遺伝子と連鎖群（リンケージグループ，染色体）

遺伝子名	連鎖群	文献
b-B	12	Fukamachi *et al*., (2001) Nature Genetics, 28: 381-385.
r-R	1	Yamamoto (1975) Medaka Biology and Strains, p.157.
lf	1	Kimura *et al*., (2014) PNAS, 111: 7343-7348
lf-2	5	Kimura *et al*., (2014) PNAS, 111: 7343-7348
i-3	4	Fukamachi *et al*., (2004) Genetics, 168: 1519-1527.
gu	5	Oshima *et al*., (2013) G3, 1577-1585.
il-1	ND	−
ml-3	23	Nagao *et al*., (2014) PLOS Genetics, 10: e1004246.
wl	9	Kimura, *et al*., (2014) PNAS, 111: 7343-7348.
ci	13	Fukamachi *et al*., (2004) PNAS, 101: 10661-10666.

ND. 不明　　（橋本寿史博士提供）

経退化したいずれの黄色素胞においても，KClはその顆粒凝集を引き起こす。このことは，KClが黄色素胞に直接作用することを示しているらしい（Iga, 1969）。

大島ら（Oshima *et al*., 1996）は，培養した黄色素胞が100nM以下のティラピア・プロラクチン（$tPRL_{177}$）とヒツジ・プロラクチン（oPRL）に反応して色素顆粒の拡散するのを確認した。光に対する神経支配及び非神経支配下での黄色素胞は光（9,000ルクス）に対して30秒以内に色素凝集反応を示すので，この反応は細胞膜上のα-アドレナリン受容体を通して起こるのではない。この光に対する最大の感受性は波長410－420nmであり，光の直接の効果は可逆的であるし，夏の光に対する黄色素胞の反応性は冬のそれより高いという（Oshima *et al*., 1998）。波長410～420nmの光に感受性のある可視色素による光受容は，多分細胞内cAMPを減少させて黄色素胞の凝集を引き起こすG-タンパク質経由でフォスフォジエステラーゼ活性を増加させるらしい。さらに，神経除去の鱗上黄色素胞及びその培養細胞を用いて凝集に及ぼすK^+の影響を調べているが，それによれば，30mM以上の高Kイオン濃度で黄色素胞の色素顆粒の凝集がみられるという。増加したK^+濃度によって起こる膜の脱分極化が，黄色素胞の細胞膜に存在するボルテージ依存のCa^{2+}-チャンネルを通して細胞質にCa^{2+}流入を伴うらしい。魚類では細胞内cAMPレベルの減少が色素胞の色素顆粒を凝集させることから，このことがアデニル酸シクラーゼ活性を抑制すると考えられる。

6．光に対する色素胞の保護作用

魚の色素胞の光に対する保護作用を研究するために，4タイプの色素胞の光吸収が微小分光光度計技法で分析されている（Armstrong *et al*., 2000）。得られた各色素胞クラスの吸収スペクトルは300～500nmであった。白色素胞，黒色素胞，黄色素胞は似ており，スペクトルのUV部の光を強く吸収する。一般に，プテリディンとメラニンを含んでいる白色素胞と黒色素胞はUV保護効果がある。しかし，UV域の光をあまり吸収しないカロチノイドを含む黄色素胞はその効果はないが，有色のプテリディンを含む黄色素胞は幾分UV保護に役立っているようである。

7．付記

メダカの体色を支配する遺伝子が座を占める染色体（リンケージグループ）はすでに調べられており，それらを表4・3に記しておく。

文献

Aida, T. 1921. On the inheritance of colour in a fresh-water fish, *Aplocheilus latipes* Temmick and Schlegel with special reference to sex-linked inheritance. Genetics, 6: 554.

———, 1930. Further genetical studies of *Aplocheilus latipes*. Genetics, 15: 1-16.

————, 1933. メダカの体色遺伝．昭和七年度帝国学士院受賞者講演録．日本学術協会．

Ando, S., 1960. Note on the type of mechanism of the colour change of the medaka, *Oryzias latipes*. Annot. Zool. Japon., 33: 33-36.

———, 1962. Response of embryonic melanophores of the wild medaka (*Oryzias latipes*) to various stimuli. Embryologia, 7: 169-178.

荒井加寿美・立浪　忍・矢後長純・岩松鷹司，1986. メダカ属外部形態データの数値分類の試み．分類の理論と応用に関する研究会，第3回，pp.1~6.

Arai, R. and N. Egami, 1961. Occurrence of leucophores on the caudal fin of the fish, *Oryzias latipes*, following administration of androgenic steroids. Annot. Zool. Japon., 34: 185-192.

Armstrong, T.N., T.W. Cronin and B.P. Bradley, 2000. Microspectrophotometric analysis of intact chromatophores of the Japanese medaka, *Oryzias latipes*. Pigment Cell Res., 13: 116-119.

Esaki, S. 1925. Uber die funktionelle Struktur der Leberzellen. I. Die Veranderungen der Leberzellen des Fisches (*Oryzias latipes*) bei guter Ernahrung, im Hungerzustand und bei verschiedenartiger Futterung. Folia Anat. Jap., Bd. 3, S. 138.

江藤久美，1962a. 魚類の黒色素胞の調節機構に対する放射線の影響　I．動物学雑誌，71: 43.

————，1962b. 魚類の黒色素胞の調節機構に対する放射線の影響　II．動物学雑誌，71: 374.

藤井良三，1958. カリウムイオン及びアドレナリンの魚類黒色素胞凝集系に及ぼす作用機構．動物学雑誌，67: 225-229.

————，1961. Demonstration of the adrenergic nature of transmission at the junction between melanophore-concentrating nerve and melanophore in bony fish. J. Fac. Sci., Univ. Tokyo, Sec. IV,

9: 171-196.

————, 1976. 色素細胞. UPバイオロジー10, 東京大学出版会, pp. 137.

————, 1990. 色素細胞と体色変化. メダカの生物学（江上信雄・山上健次郎・嶋　昭紘編）, 東京大学出版会, pp. 185-199.

————・宮下洋子, 1979a. 白色素胞反応の定量的記録と制御機構の解析. 動物学雑誌, 88: 356.

———— and ————, 1979b. Photoelectric recording of motile responses of fish leucophores. Annot. Zool. Japon., 51: 87-94.

————・中沢　透, 1970. 魚類黒色素胞系におよぼす紫外線の作用. 動物学雑誌, 79: 332.

———— and N. Oshima, 1986. Control of chromatophore movements in teleost fishes. Zool. Sci., 3: 13-47.

———— and S. Taguchi, 1969. The responses of fish melanophores to some melanin-aggregating and dispersing agents in potassium-rich medium. Annot. Zool. Japon., 42: 176-182.

______, T. Yamada and N. Oshima, 2000. Further improvements to the photoelectric method for measuring motile responses of chromatophores. Zool. Sci., 17: 33-45.

藤井佳子・藤井良三, 1964. 魚類黒色素胞の神経支配機構. 1. 電子顕微鏡による研究. 動物学雑誌, 73: 351.

Fukamachi, S., S. Asakawa, Y. Wakamatsu, N. Shimazu, H. Mitani and A. Shima, 2004. Conserved function of medaka *pink-eyed dilution* in melanin synthesis and its divergent transcriptional regulation in gonads among vertebrates. Genetics, 168: 1519-1527.

————, A. Shimada and A. Shima, 2001. Maturations in the gene encoding *B*, a novel transporter protein, reduce melanin content in medaka. Nature genetics, 28: 381-385.

————, M. Sugimoto, H. Mitani and A. Shima, 2004. Somatolactin selectively regulates proliferation and morphogenesis of neural-crest derived pigment cells in medaka. PNAS, 101: 10661-10666.

Fukuzawa T. and M. Obika, 1995. N-CAM and N-cadherin are specifically expressed in xanthophores, but not in the other types of pigment cells, melanophores, and iridiphores. Pigment Cell Res., 8: 1-9.

Furuta, T., A. Momotake, M. Sugimoto, M. Hatayama, H. Torigai and M. Iwamura, 1996. Acyloxycoumarinylmethyl-caged cAMP, the photolabile and membrane-permeable derivative of cAMP that effectively stimulates pigment-dispersion response of melanophores. Biochem. Biophys. Res. Commun., 228: 193-198.

Goodrich, H. B., 1927. A study of the development of Menderian characters in *Oryzias latipes*. J. Exp. Zool., 49: 261-280.

————, G. A. Hall and M. S. Arrick, 1941. The chemical identification of gene-controlled pigments in *Platypoecilus* and *Xiphophorus* and comparisons with other tropical fish. Genetics, 26: 573-586.

Hama, T. 1967a. Studies on the chromatophores of *Oryzias latipes* (teleostean fish): behavior of the pterine, fat and carotenoid during xanthophore differentiation in the color varieties. Proc. Japan Acad., 43: 901-906.

————, 1967b. Nouvelle demonstration de la coexistence de la drosopterione et de la purine dans le leucophore de medaka (*Oryzias latipes*, Teleosteen). Comp. Rend. Soc. Biol., 161: 1197-1200.

————, 1969a. Existence of tyrosinase in the albinos of *Oryzias latipes* embryo. Comp. Rend. Soc. Biol., 163: 236-239.

————, 1969b. Mode d'existence de la tyrosinase dans l'albinos d' *Oryzias latipes*. Comp. Rend. Soc. Biol., 163: 236-239.

————, 1970a. On the coexistence of drosopterin and purine (drosopterinosome) in the leucophore of *Oryzias latipes* (teleostean fish) and the effect of phenylthiourea and melanine. *In* "Chemistry and Biology of Pteridines" (Proc. 4th Intern. Symp. on Pteridines Toba, 1969). Internat. Acad. Printing Co. Ltd., 391-398.

————, 1970b. メダカの白色素胞の生物学的・生化学的性状について. 動物学雑誌, 79: 352-353.

————, 1975. Chromatophores and iridocytes. *In* "Medaka (Killifish) - Biology and Strains" (T. Yamamoto, ed.). Keigaku Publ., Tokyo, pp. 139-153.

————・後藤　完・唐木良子・檜山泰子, 1963. メダカにおける色素細胞とプテリジン誘導体との関連. 動物学雑誌, 72: 318.

————, ————, ———— and ———— 1965. The relation between the pterins and chromatophores in the medaka, *Oryzias latipes*. Proc. Jap. Acad., 41: 305-309.

———— and H. Hasegawa, 1967. Studies on the chromatophores of *Oryzias latipes* (Teleostean fish): Behavior of the pteridine, fat and carotenoid during xanthophore differentiation in the color varieties. Proc. Jap. Acad., 43: 901-906.

———— and T. Kajishima, 1967. Pigment cell differentiation in vertebrate. Jap. J. Exp. Morph., 21: 317-327.

————・安富真澄・竹内郁夫，1971. メダカの色素胞の分化に関する電顕的研究．動物学雑誌，80: 451-452.

半澤朔一朗・拓殖秀臣，1936. 脊髄魚の生理學的研究．動物学雑誌，48: 202.

Hirao, S., R. Kikuchi and T. Hama, 1969. The carotenoids of the medaka, *Oryzias latipes*, a teleost. Bull. Japan. Soc. Sci. Fish., 35: 187-198.

Hirose, E. and J. Matsumoto, 1993. Deficiency of the gene B impairs differentiation of melanohores in the medaka fish, *Oryzias latipes* : Fine structure studies. Pigment Cell Res., 6: 45-51.

菱田富雄・富田英夫，1957. メダカの体色変種に於けるキサントホアとその色素沈着．動物学雑誌，66: 94.

————, ———— and T. Yamamoto, 1961. Melanin formation in color varieties of the medaka (*Oryzias latipes*). Embryologia, 5: 335-346.

Hyodo-Taguchi Y. and H. Matsudaira, 1984. Induction of transplantable melanoma by treatment with *N*-methyl-*N'*-nitro-*N*-nitrosoguanidine in an inbred strain of the teleost *Oryzias latipes*. J. Natl. Cancer. Inst., 73: 1219-1227.

井出宏之・波磨忠雄，1969a. メダカ色素顆粒の単離およびその性状について，動物学雑誌，78: 33.

———— and ————, 1969b. Subcellular localization of tyrosinase and pteridines of the chromatophores in *Oryzias latipes* (teleostean fish). Proc. Jap. Acad., 45: 51-56.

伊賀哲郎，1962. メダカ黒色素胞に対するKイオンの作用．動物学雑誌，71: 373-374.

————，1963. メダカ黒色素胞の交流刺激に対する反応．動物学雑誌，72: 312-313.

————，1965. メダカ色素胞に対するモノアミンオキシダーゼ阻害剤(MAO－I)の作用．動物学雑誌，74: 351.

————，1967. メダカ黒色素胞に対する交感神経刺激性アミンの作用と化学構造．動物学雑誌，76: 444.

————，1968a. 魚類黒色素胞のアドレナリン凝集機構 I．カテコールアミンの作用．動物学雑誌，77: 19-26.

————，1968b. 魚類黒色素胞のアドレナリン凝集機構　II．チラミン類の作用．島根大学文理学部紀要(理学科編)，1: 52-62.

————，1968c. 魚類黒色素胞のアドレナリン凝集機構　III．フェニールエチルアミンの作用．島根大学文理学部紀要(理学科編)，1: 63-67.

————, 1969. The action of potassium ions on the xanthophores of the teleost, *Oryzias latipes*. Mem. Fac. Lit. Nat. Sci., Shimane Univ. (Nat. Sci.), 2: 67-75.

————，1970.　神経の退化，再生過程でのメダカ黒色素胞のアドレナリン，シンパトール，チラミンに対する感受性変化．動物学雑誌，79: 38-45.

————，1971. 非電解質溶液中での魚類黒色素胞の顆粒の凝集・拡散反応．動物学雑誌，80: 454.

————，1975a. Effects of sulfhydryl inhibitors on migration of pigment granules in the melanophore of *Oryzias latipes*. Mem. Fac. Lit. Sci., Shimane Univ. (Nat. Sci.) 8: 75-84.

————，1975b. Variation in response of scale melanophores of a teleost fish, *Oryzias latipes*, to potassium ions. J. Sci. Hiroshima Univ. (B-1), 26: 23-35.

————，1975c. メダカうろこ白色素胞の生理学．動物学雑誌，84: 362.

————，1976a. Action of potassium ion on melanophores in isolated scales of *Oryzias latipes*, with special reference to its pigment-dispersing effect. J. Sci. Hiroshima Univ. (B-1), 26: 123-137.

————，1976b.　メダカ黒色素胞のα-アドレナリン性受容体の性質．動物学雑誌，85: 402.

————, 1977a. Potassium-induced melanosome dispersion in melanophores of *Oryzias latipes* is independent of adrenergic mechanisms. Annot. Zool. Japon., 50: 195-202.

————，1977b. メダカ白色素胞の神経性調節．動物学雑誌，86: 386.

————, 1978a. The mode of action of potassium ions on the leucophores of a freshwater teleost, *Oryzias latipes*. J. Exp. Zool., 205: 413-422.

————, 1978b. The effect of ouabain on melanophore movements in a freshwater teleost, *Oryzias latipes*. Mem. Fac. Sci. Shimane Univ. (Nat. Sci.), 12: 81-89.

————, 1978c. メダカ白色素胞のα－アドレナリン性受容体. 動物学雑誌, 87: 394.

————, 1979a. Blockage of alpha adrenergic receptors in fish melanophores by a sulfhydryl inhibitor Mersalyl. Annot. Zool. Japon., 52: 151-156.

————, 1979b. Alpha adrenoceptors : Pigment aggregation in *Oryzias latipes*. Mem. Fac. Sci., Shimane Univ., 13: 87-95.

————, 1983. Electric stimulation experiments on leucophores of a freshwater teleost, *Oryzias latipes*. Comp. Biochem. Physiol., 74C: 103-108.

————・福田佳子, 1964. メダカのメラノーマ. 動物学会中四国会報, 第16号：1.

————・本郷孝博, 1969. メダカ摘出うろこ黄色素胞に対するＫイオンの作用. 動物学会誌, 78: 9.

————, K. Yamada and M. Iwakiri, 1977. Adrenergic receptors mediating pigment disperison in the leucophores of a teleost, *Oryzias latipes*. Mem. Fac. Lit. Sci., Shimane Univ., Nat. Sci., 11: 63-72.

Iida, A., Inagaki, H. M. Suzuki, Y. Wakamatsu, H. Hori and A. Koga, 2004. The tyrosinase gene of the i^b albino mutant of the medaka fish carries a transposable element insertion in the promoter region. Pigment Cell Res., 17: 158-164.

————, N. Takamatsu, H. Hori, Y. Wakamatsu, A. Shimada, A. Shima and A. Koga, 2005. Reversion mutation of i^b oculocutaneous albinism to wild-type pigmentation in medaka fish. Pigment Cell Res., 18(5): 382-384.

Ikeda, Y., 1934. Change of body weight of *Oryzias latipes* in anisotonic media. Jour. Fac. Sci., Tokyo Imp. Univ. Sec. Ⅳ (Zool.) 3, 505.

石橋貴昭, 1953. メダカの黒色色素細胞に対する二, 三薬品効果の検討. 動物学雑誌, 62: 160.

————, 1956. Microinjectionによるメダカの黒色色素胞の研究. Ⅰ. 種々の塩イオンの効果. 動物学雑誌, 65: 130.

————, 1957. Effect of the intracellular injection of inorganic salts on fish scale melanophore. J. Fac. Sci., Hokkaido Univ., Ⅳ, 13: 449-454.

————, 1958. 魚類黒色々素胞に対するK^+イオンの働き方. 動物学雑誌, 67: 40.

————, 1960. 魚類の黒色素胞に対するカリウムイオンの働き方—特に実験材料としての摘出魚鱗の性質に就いての考察. 動物学雑誌, 69: 336-343.

————, 1960b. 魚の黒色素胞の分離された枝における色素粒の動き. 動物学雑誌, 66: 344-348.

————, 1962. Further studies on the action of potassium ion upon the melanophores in an isolated scale. Mem. Fac. Sci., Kyusyu Univ., Ser. E, 3: 137-142.

石原　誠, 1916. メダカの体色の遺伝. 動物学雑誌, 28: 177, 194.

————, 1917. On the inheritance of body color in *Oryzias latipes*. Mitt. Med. Fac. Kais. Univ. Kyushu, 4: 43-51.

Ishikawa, T., S. Takayama and T. Kitagawa, 1978. Autoradiographic demonstration of DNA repair synthesis in ganglion cells of aquarium fish at various ages *in vivo*. Virchows. Arch. B Cell Pathol., 28; 235-242.

Ishikawa, Y., 1992. Innervation of the caudal-fin muscles in the teleost fish, medaka (*Oryzias latipes*). Zool. Sci., 9: 1067-1080.

————, Y. Hyodo-Taguchi and K. Tatsumi (1997) Medaka fish for mutant screens. Nature, 386: 234.

______, M. Yoshimoto and H. Ito, 1999. A brain atlas of a wild-type inbred strain of the medaka, *Oryzias latipes*. Fish Biol. J. Medaka, 10: 1-26.

Iwakiri, M., 1968. Action of some nervous substance on dermal melanophores of a teleost, *Oryzias latipes*. Bull. Fukuoka Univ. Educ., PartⅢ (Nat. Sci.), 18: 93-108.

————, 1970. Action of histamine on dermal melanophores of a teleost, *Oryzias latipes*. Bull. Fukuoka Univ. Educ., PartⅢ (Nat. Sci.), 20: 117-127.

————, 1972. メダカ摘出うろこ黒色素胞の色素顆粒凝集反応に及ぼすピリベンザミンの影響. Bull. Fukuoka Univ. Educ., PartⅢ (Nat. Sci.), 22: 129-137.

————, 1976. Action of tryptamine and its derivatives on the melanophores in the teleost, *Oryzias latipes*. Bull. Fukuoka Univ. Educ., PartⅢ (Nat. Sci.), 25: 67-76.

————, 1978. メダカ体表白色素胞に対するインドールアミンの作用. 動物学雑誌, 87: 392.

岩松鷹司, 1988. 雄メダカの鼻・眼球背面の白色素胞及びその発達に及ぼす性ホルモンの影響．愛知教育大学研究報告，37: 45-52.

岩田明子，1981. 緋メダカのシリビレの培養下におけるメラニン化とそのチロシナーゼ活性の季節的変化．動物学雑誌，90: 635.

————，1982. メダカの黒色素胞について．動物学雑誌，91: 593.

————，1983. *In vitro* melanization and seasonal changes of the fin in the orange-red variety of the medaka, *Oryzias latipes*. Zool. Mag., 92: 96-101.

————，1986. Distribution of fibronectin, microtubules and microfilaments in the melanophore of the medaka, *Oryzias latipes*. Cell Struct. Funct., 11; 99-107.

————, M. Iwata and E. Nakano, 1984. Fibronectin-induced migration of melanophores in vitro in scales of medaka, *Oryzias latipes*. Cell Tissue Res., 238: 509-513.

————, ———— and ————, 1986a. Enhancement by fibronectin of spreading of isolated melanophores of the medaka, *Oryzias latipes*. Cell Tissue Res., 243: 603-607.

————, ———— and ————, 1986b. Changes in the shape of melanophores of the medaka, *Oryzias latipes*, cultured on collagen and fibronectin-coated substrate. Zool. Sci., 3: 73-81.

岩田清二，1969. "色素運動"．生理学体系 1-2(一般生理学 II)，医学書院，pp. 434-448.

————・岡田美徳・高橋琢之，1977. メダカにおける黒色素胞の存在様式と反応．動物学雑誌, 86: 387.

————, T. Takahashi and Y. Okada, 1981. Nervous control in chromatophores of the medaka. *In* "Phenotypic Expression in Pigment Cells" (by Seiji, M. ed.), pp. 433-438, Univ. Tokyo Press,Tokyo.

————, M. Watanabe and K. Nagano, 1959. The mode of action of pigment concentrating agents on the melanophores in an isolated fish scale. Biol. J. Okayama Univ., 5: 195-206.

Kamada, T. and H. Kinoshita, 1944. Movement of granules in the fish melanophores. Proc. Imp. Acad. Tokyo, 20: 484-492.

Kamei-Takeuchi, I ., 1979. Application of malachite green-containing glutaraldehyde as a fixative for electron microscopy of xanthophores in the medaka, a teleostean fish (I). J. Exp. Zool., 208: 417-422.

————, I. G. Eguchi and T. Hama, 1968. Ultrastructure of the pteridine pigment granules of the larval xanthophore and leucophore in *Oryzias latipes* (teleostean fish). Proc. Japan. Acad., 44: 959-963.

————, and T. Hama, 1971. Structural changes of pterinosome (pteridine pigment granule) during the xanthophore differentiation of *Oryzias* fish. J. Ultrastruc. Res., 34: 452-463.

片山平三郎，1960a. メダカ鱗の黒色素胞切断枝の$BaCl_2$による振動運動．動物学雑誌，69: 38.

————，1960b. メダカ黒色素胞の色素凝集反応に及ぼす抗ヒスタミン剤(ベナドリール及びピリベンザミン)ならびにアトロピンの影響．Bull. Biol. Soc. Hiroshima Univ., 27: 27-33.

————，1962. メダカ黒色素胞の凝集反応に及ぼすアトロピンおよび抗ヒスタミン剤の影響．動物学雑誌，71: 374.

————，1970. 魚類黒色素胞のBa－律動の機構について．動物学雑誌，79: 332.

————, 1974. Effects of alkaline-earth ions on the melanophore in an isolated scale of *Oryzias latipes*. J. Sci. Hiroshima Univ., Ser. B, Div.1, 25: 259-269.

————, 1975. Studies on pulsations of fish melanophores caused by Ba-ions. J. Sci. Hiroshima Univ., Ser. B, Div.1, 26: 1-22.

Kawaguchi, S. and Y. Kamishima, 1964. Electron microscopic study on the iridophore of the Japanese porgy. Biol. J. Okayama Univ., 10: 75-81.

———— and T. Takeuchi, 1968. Electron microscopy on guanophores of the medaka, *Oryzias latipes*. Biol. J. Okayama Univ., 14: 55-65.

Kawai, I., 1989. Light sensitive response of the scale xanthophores of a teleost, *Oryzias latipes*. Med. Biol., 118: 93-97.

Kimura, T., Y. Nagano, H. Hashimoto, Y. Yamamoto-Shiraishi, S. Yamamoto, T. Yabe, S. Takada, M. Kinoshita, A. Kuroiwa and K. Naruse, 2014. Leucophores are similar to xanthophores in their specification and differentiation processes in medaka. PNAS, 111: 7343-7348.

木下治雄，1953a. メダカの黒色色素胞における膜電位．動物学雑誌，62: 161.

————, 1953b. Studies on the mechanism of pigment migration within fish melanophores with special

reference to their electric potentials. Annot. Zool. Japon., 26: 115-127.
————, 1963. Electrophoretic theory of pigment within fish melanophore. Ann. N. Y. Acad. Sci., 100: 992-1004.
————・藤井良三・藤井佳子，1963. 電子顕微鏡による色素胞活動の研究．動物学雑誌，72: 313.
————・上田一夫，1969. 魚類黒色素胞の生理学的研究．Ⅰ．電気刺激に対する凝集・拡散反応．動物学雑誌，78: 9.
———— and ————，1970. Physiological studies of fish melanophores. Ⅰ. Concentration and dispersion response elicited by electric stimulation. J. Fac. Sci. Tokyo Univ., Ⅳ, 12: 101-116.
Kobayashi, H., H. Uemura, Y. Takei, N. Itatsu, M. Ozawa and K. Ichinohe, 1983. Drinking induced by angiotensin Ⅱ in fishes. Gen. Comp. Endocrinol., 49: 295-306.
松井愛子，1963. メダカ摘出鱗黒色素胞に対するアドレナリンおよび凝集性イオンの局所的作用効果．動物学会中四国会報，第15号：1.
————，1965a. メダカ黒色素胞に対するエフェドリンの作用．広島大学生物学会誌，32: 14-23.
————，1965b. メダカ黒色素胞に対するシンパトール，チラミン，ヒロポン及びベンゼドリンの作用．動物学雑誌，74: 351.
————，1967. 魚類黒色素胞系におけるアドレナリン性興奮伝達．動物学雑誌，76: 443-444.
松井喜三，1949. メダカの発生過程．実験形態学誌，5: 33-42.
Matsumoto, J., T. Akiyama, E. Hirose, M. Nakamura, H. Yamamoto and T. Takeuchi, 1992. Expression and transmission of wild-type pigmentation in the skin of transgenic orange-colored variants of medaka (*Oryzias latipes*) bearing the gene for mouse tyrosinase. Pigment Cell Res., 5: 322-327.
————, H. Ono and E. Hirose, 1996. Recent advancesin molecular biology on pigmentation of the medaka, *Oryzias latipes*. Fish Biol. J. Medaka, 8: 29-35.
Miyata, S., 1985. Innervation and responsiveness of melanophores in regenerating scales of the medaka, *Oryzias latipes*. Zool Sci., 2: 183-191.
————. and K. Yamada, 1987. Innervation pattern and responsiveness of melanophores in tail fins of teleosts. J. Exp. Zool., 241: 31-39.
三好　晋，1934. *Oryzias latipes* のiridocytesに及ぼす諸種の塩化物竝びに内分泌物質の影響．動物学雑誌，46: 120.
————，1943. 魚類の色覚に就いて（予報）．動物学雑誌，55: 364.
————, 1952. Response of iridocytes in isolated scales of the medaka (*Oryzias latipes*) to chlorides. Annot. Zool. Japon., 25: 21-29.
森　巌，1960. メダカの生活環境における無機イオンの作用．5．色素胞の行動．動物学雑誌，69: 36.
Morishita, F., 1985. Subtypes of beta adrenergic receptors mediating pigment dispersion in chromatophores of the medaka, *Oryzias latipes*. Comp. Biochem. Physiol. C, Comp. Pharmacol., 81: 279-285.
————, 1987. Responses of melanophores of the medaka, *Oryzias latipes*, to adrenergic drugs: evidence for involvement of alpha$_2$ adrenergic receptors mediating melanin aggregation. Comp. Biochem. Physiol., 88C: 69-74.
————, Katayama, H. and K. Yamada, 1985. Subtypes of beta adrenergic receptors mediating pigment dispersion in chromatophores of the medaka, *Oryzias latipes*. Comp. Biochem. Physiol., 81C: 279-285.
———— and K. Yamada, 1989. Subtype of alpha adrenergic receptors mediating leucosome aggregation in medaka leucophores. J. Hiroshima Univ., Ser. B, Div.1, 33: 99-112.
長浜　博，1953a. メダカの黒色々素胞に対するＫイオンの作用について．動物学雑誌，62: 150-151.
————, 1953b. Action of potassium ions on the melanophore in an isolated fish scale. Jap. J. Zool., 11: 75-85.
————・足立　尭，1960. メダカ黒色素胞の切断枝のＫイオンに対する反応．動物学雑誌，69: 37-38.
———— and ————, 1969. Movement of granules in isolated processes of fish melanophores. J. Sci. Hiroshima Univ., Ser. B, Div.1, 22: 119-126.
————・大崎誠一・宗岡二郎，1973. メダカ黒色素胞に対するカフェインの作用．動物学雑誌，82: 306.
————, K. Takeyasu and K. Yamada, 1980. Action of methylxanthines on melanophores in isolated scales of a fresh-water teleost. J. Sci. Hiroshima Univ., Ser. B, Div.1, 28: 27-49.

————・山田耕司, 1964. メダカ黒色素胞の少数顆粒切断枝. 動物学雑誌, 73: 350-351.
————・————・片山平三郎, 1963. 魚類黒色素胞のBa－律動について. 広島大学生物学会誌, 30: 13-29.
Nagao, Y., T. Suzuki, A. Shimizu, T. Kimura, R. Seki, T. Adachi, C. Inoue, Y. Omae, Y. Kamei, I. Hara, Y. Taniguchi, K. Naruse, Y. Wakayama, R.N. Kelsh, M. Hibi and H. Hashimoto, 2014. Sox5 functions as a fate switch in medaka pigment cell development. PLoS Genetics, 10: e1004246.
中村弘明・山本芳弘, 1979. メダカの背地適応における黒色色素胞の消長について. 動物学雑誌, 88: 590.
Namoto, S., 1985. Effects of adenylate cyclase activating agents on pigment-aggregating action of lithium ions to fins melanophores. J. Sci. Hiroshima Univ., Ser. B, Div.1, 32: 105-116.
————, 1987. Subtypes of adenosine receptors mediating pigment dispersion in leucophores of the medaka: evidence for an A_2-receptor. Comp. Biochem. Physiol., 88C: 75-81.
———— and K. Yamada, 1983. Effects of monovalent cations on denervated fish melanophores, the special reference to the action of lithium ions. J. Sci. Hiroshima Univ., Ser. B, Div.1, 31: 107-115.
———— and ————, 1987a. Effect of forskolin, isoproterenol and lithium ions on leucophores of a teleost, *Oryzias latipes*: evidence for involvement of adenylate cyclase in pigment-dispersion response. Comp. Biochem. Physiol., 86C: 91-95.
———— and ————, 1987b. Possible mechanisms of lithium transport in fish melanophore. J. Sci. Hiroshima Univ., Ser. B, Div.1, 33: 37-50.
根岸寿美子, 1976. メダカ摘出ウロコメラノフォアにおける色素顆粒凝集機構について. 動物学雑誌, 85: 403.
————, 1977. メダカのメラノフォア凝集反応に対するSH試薬およびSH化合物の影響. 動物学雑誌. 86: 389.
————・小比賀正敬, 1978. 色素細胞の凝集拡散運動に対する2, 4-dinitrophenolの影響. 動物学雑誌, 87: 395.
————, 1985. Light response of cultured melanophores of a teleost adult fish, *Oryzias latipes*. J. Exp. Zool., 236: 327-333.
————, 1988. The involvement of microtubules in the light response of medaka melanophores. Zool. Sci., 5: 951-957.
————, Fernandez, H. R. and M. Obika, 1985. The effects of dynein ATPase inhibitors on melanosome translocation within melanophores of the medaka, *Oryzias latipes*. Zool. Sci., 2 : 469-475.
————, I. Kawazoe and H. Kawauchi, 1988. A sensitive bioassay for melanotropic hormones using isolated medaka melanophores. Gen. Comp. Endocrinol., 70: 127-132.
———— and M. Obika, 1980. The effects of melanophore-stimulating hormone and cyclic nucleotides on teleost fish chromatophores. Gen. Comp. Endocrinol., 42: 471-476.
———— and ————, 1985. The role of calcium and magnesium on pigment translocation in melanophores of *Oryzias latipes*. *In* "Pigment cell 1985: Biological, Molecular and Clinical Aspects of Pigmentation" (J. Bagnara, S. N. Klaus, E. Paul and M. Schartl, eds.), Univ. Tokyo Press, Tokyo, pp. 233-239.
野間正紀, 1967. 魚類色素顆粒の運動. 実験形態学誌, 21: 465.
小比賀正敬, 1974a. 色素細胞の形態と色素. 細胞, 6: 120-129.
————, 1974b. 単離メラノフォアにおける色素の凝集・拡散反応. 動物学雑誌, 84: 361.
————, 1975a. 魚類色素細胞内顆粒の運動機構. 慶応義塾大学日吉論文集(自然科学編). 12: 87.
————, 1975b. Changes in cell shape during pigment migration in melanophores of a teleost, *Oryzias latipes*. J. Exp. Zool., 191: 427-432.
————, 1976a. An analysis of the mechanism of pigment migration in fish chromatophores. Pigment Cell, 3: 254-264.
————, 1976b. Pigment migration in isolated fish melanophores. Annot. Zool. Japon., 49: 157-163.
————, 1977. 魚類色素細胞内色素顆粒の運動機構－アクチン様フィラメントの関与. 動物学雑誌, 86: 385.
————, 1986. Intracellular transport of pigment granules in fish chromatophores. Zool. Sci., 3: 1-11.
————, 1988. Ultrastructure and physiological response of leucophores of the medaka *Oryzias*

latipes. Zool. Sci., 5: 311-321.
———, 1993. Cytoskeletal architecture of dermal choromatophores of the freshwater teleost *Oryzias latipes*. Pigment Cell Res., 6: 417-422.
———, 1996. Morphology of chromatophores of the medaka. Fish Biol. J. Medaka, 8: 21-27.
——— and S. Negishi, 1982. Subcellular localization of calcium in teleost melanophores. Annot. Zool. Japon., 55: 210-223.
——— and ———, 1985. Effects of hexylene glycol and nocodazole on microtubules and melanosomes translocation in melanophores of the medaka, *Oryzias latipes*. J. Exp. Zool., 235: 55-63.
———, W. A. Turner, S. Negishi, D. G. Menter, T. T. Tchen and J. D. Taylor, 1978. The effects of lumicolchicine, colchicine and vinblastine on pigment migration in fish chromatophores. J. Exp. Zool., 205: 95-110.
大石克彦，1983. メダカの色素胞の観察. 遺伝，37 (7): 94-99.
太田忠之，1972. メダカ摘出うろこ黒色素胞に対するNaCl及びKCl稀釈溶液の作用. 愛知教育大学研究報告，21: 87-96.
———，1973a. 魚類の黒色素胞内色素顆粒の移動運動－Cytochalasin Bの作用. 動物学雑誌，82: 306.
———，1973b. メダカ摘出うろこ黒色素胞に対する塩化コリン稀釈溶液の作用. 愛知教育大学研究報告，22: 59-62.
———, 1974. Movement of pigment granules within melanophores of an isolated fish scale. Effects of cytocharasin B on melanophores. Biol. Bull., 146: 258-266.
———, 1975a. Melatonin action on fish melanophores. Bull. Aichi Univ. Educ., 24: 145-152.
———，1975b. アドレナリン性β効果による魚類色素胞の顆粒の拡散. 医学と生物学，90: 329-332.
———，1976a. 魚類色素胞に対するメラトニンの作用. 動物学雑誌，85: 402.
———，1976b. 体表各部位における魚類黒色素胞の形態及び生理的反応性について. 愛知教育大学研究報告，25: 91-96.
———，1977. 魚類黒色素胞のメラトニン凝集作用機構－メチルキサンチンの作用. 動物学雑誌，86: 385.
———，1980. Eagle MEM中での魚類うろこ上の黒色素胞の形態変化と反応性. 愛知教育大学研究報告，29: 121-127.
———・安藤智恵子，1979. 魚類の白色素胞に対するメラトニンの作用. 動物学雑誌，88: 535.
———・杉本昌司，1980. 光によるメダカ白色素胞の顆粒の拡散. 魚類学雑誌，27: 72-76.
及川胤昭，1967. メダカ(*Oryzias latipes*)の皮膚におけるクロム親和反応について. 動物学雑誌，76: 385.
———，1969a. クロム親和性細胞の出現時期と突然変異体の間のクロム親和性細胞の存否について. 動物学雑誌，78: 70.
———，1969b. メダカ(*Oryzias latipes*)の皮膚に存在するクロム親和性細胞の生理学的形態変化. 動物学雑誌，78: 407.
———，1970. メダカ(*Oryzias latipes*)の皮膚に存在するクロム親和性細胞とcolorless melanophoreとの関係. 動物学雑誌，79: 363.
———，1971a. Uptake of labeled dopa by chromaffin cells corresponding to colorless melanophores *in vivo*. Annot. Zool. Japon., 44: 210-213.
———, 1971b. Histochemical and physiological study of chromaffin cells in the skin of the medaka, *Oryzias latipes*. Develp. Growth & Differ., 13: 125-130.
———, 1972. Histochemical demonstration of fluorogenic amines in the cytoplasm of chromaffin cells (colorless melanophores) in the skin of the medaka, *Oryzias latipes*. Annot. Zool. Japon., 45: 76-79.
岡　徹，1930. 遺伝質の量と斑入の問題. 遺伝学雑誌，6: 206.
———，Effects of the triple allelomorphic genes in *Oryzias latipes*. J. Fac. sci., Tokyo Univ., IV, 2: 171-178.
———，1938a. 雄メダカの鰭のグアノ細胞，第二次性徴. 動物学雑誌，50: 173.
———, 1938b. On the effects of a gene of variegation in *Oryzias latipes*, studied by means of regeneration. Japan. J. Genetics, 14: 261.
大倉永治・竹内哲郎，1960. メダカ*Oryzias latipes*の体色々素抑制遺伝子(*ci*)に関する研究. 遺伝学雑誌，35: 284.
Oshima, N. and R. Fujii, 1984. A precision photoelectric method for recording chromatophore responses *in vitro*. Zool. Sci., 1: 54-552.
——— and ———, 1985. Calcium requirement

for MSH action on non-melanophoral chromatophores of some teleosts. Zool. Sci., 2: 127-129.

———, H. Kasukawa, R. Fujii, B. C. Wilkes, V. J. Hruby and M. E. Hadley, 1986. Action of melanin-concentrating hormone (MCH) on teleost chromatophores. Gen. Comp. Endocrinol., 64: 381-388.

———, M. Makino, S. Iwamuro and H.A. Bern, 1996. Pigment dispersion by prolactin in cultured xanthophores and erythrophores of some fish species. J. Exp. Zool., 275: 45-52.

Oshima, A. N. Morimura, C. Matsumoto, A. Hiraga, R. Komine, T. Kimura, K. Naruse and S. Fukamachi, 2013. Effects of body-color mutations on vitality: An attempt to establish easy-to-breed see-through medaka strains by outcrossing. G, 3: 1577-1585.

———, E. Nakata, M. Ohta and S. Kamagata, 1998. Light-induced pigment aggregation in xanthophores of the medaka, *Oryzias latipes*. Pigment Cell Res., 11: 362-367.

———, H. Sekine and M. Tanooka, 1998. Involvement of Ca^{2+} in the direct effect of K^{+} on xanthophores of the medaka, *Oryzias latipes*. Zool. Sci., 15: 645-650.

———, N. Yamaji and R. Fujii, 1986. Adenosine receptors mediate pigment dispersion in leucophores of the medaka, *Oryzias latipes*. Comp. Biochem. Physiol., 85C: 245-248.

尾崎久雄，1956a. メダカ摘出鱗黒色々素胞に対するNa及びKイオンの作用．Ⅰ．無処理及びRinger液前処理による反応の相違．動物学雑誌，65: 404-408.

———，1956b. メダカ摘出黒色色素胞に対するNa及びKイオンの作用．Ⅱ．葡萄糖液中での色素胞の反応．動物学雑誌，65: 409-414.

———，1957. メダカ摘出黒色色素胞に対するNa及びKイオンの作用．Ⅲ．Kイオンの拡散効果．動物学雑誌，66: 247-252.

Sasaki, T., Y. Hyodo-Taguchi, I. Iuchi and K. Yamagami, 1989. Purification and partial characterization of the muscle LDH-A4 and -B4 isozymes and the respective subunits of the fish, *Oryzias latipes*. Comp. Biochem. Physiol., 93B: 11-20.

Sasayama, Y., N. Suzuki and W. Magtoon, 1995. The location and morphology of the ultimobranchial gland in medaka, *Oryzias latipes*. Fish Biol. J. Medaka, 7: 43-46.

Shima, A., N. Morimura, C.Matsumoto, A. Hiraga, R.Komine, T. Kimura, K. Naruse and S. Fukamachi 2013. Effects of body-color mutations on vitality: An attempt to establish easy-to-breed see-through medaka strains by outcrossing. G3, 1577-1585.

Sugimoto, M., 1993a. Morphological color changes in the medaka, *Oryzias latipes*, after prolonged background adaptation − I. Changes in the population and morphology of melanophores. Comp. Biochem. Physiol., 104A: 513-518.

———, 1993b. Morphological color changes in the medaka, *Oryzias latipes*, after prolonged background adaptation − II. Changes in the responsiveness of melanophores. Comp. Biochem. Physiol., 104A: 519-523.

———, 1995. Changes in adrenergic innervation to chromatophores during prolonged background adaptation in the medaka, *Oryzias latipes*. Pigment Cell Res., 8: 37-45.

———, 2002. Morphological color changes in fish: Regulation of pigment cell density and morphology. Microsc. Res. Tech., 58: 496-503.

———, T. Kawamura, R. Fujii and N. Oshima, 1994. Changes in the responsiveness of melanophores to electrical nervous stimulation after prolonged background adaptation in the medaka, *Oryzias latipes*. Zool. Sci., 11: 39-44.

——— and N. Oshima, 1995. Changes in adrenergic innervation to chromatophores during prolonged background adaptation in the medaka, *Oryzias latipts*. Pigment Cell Res., 8: 37-45.

———, N. Oshima and R. Fujii, 1985. Mechanisms controlling motile responses of amelanotic melanophores in the medaka, *Oryzias latipes*. Zool. Sci., 2: 317-322.

———, N. Uchida and M. Hatayama, 2000. Apoptosis in skin pigment cells of the medaka, *Oryzias latipes* (Teleostei), during longtem chromatic adaptation: the role of sympathetic innervation. Cell Tissue Res., 301:205-216.

竹内邦輔，1960a. 和金及びメダカの体色とカロチノイド代謝．動物学雑誌，69: 27.

———, 1960b. The behavior of carotenoid and distribution of xanthophores during development of the medaka (*Oryzias latipes*). Embryologia, 5: 170-177.

———, 1961. A study on carotenoid metabolism in the wakin (*Carassius auratus*) and the medaka (*Oryzias latipes*). Annot. Zool. Japon., 34: 11-17.
———, 1962. メダカ胚のカロチノイド輸送能. 動物学雑誌, 71: 21.
———, 1967. Discrimination of genetic sex in embryos of d-rR strain of the medaka (*Oryzias latipes*). Experientia, 23: 569-570.
———, 1968. Specificity of carotenoid transfer in the larva, medaka, *Oryzias latipes*. 実験形態学誌, 22: 111-112.
———, 1977. メダカ摘出うろこ白色素胞に対するカフェインの果粒拡散作用に対するプロカインおよびLa^{3+}の効果. 動物学雑誌, 86: 386.
竹内哲郎. 1967. Grayメダカの体色色素細胞の形態的研究. 岡山県私学紀要, 4: 69-78.
———, 1968. Grayメダカの体色色素細胞の形態的観察について. 動物学会中四国会報, 第20号: 3.
———, 1969. A study of the genes in the gray medaka, *Oryzias latipes*, in reference to body color. Biol. J. Okayama Univ., 15: 1-24.
———・真鍋恵美, 1977a. 電子顕微鏡観察によるメダカのleucophoreの発生経過について. 動物学雑誌, 86: 321.
———・———, 1977b. メダカ*Oryzias latipes*のleucophoreに関する微細構造の研究. Ⅰ. 成魚皮フのleucophoreの微細構造について. 就実論叢, 7: 121-132.
———・———, 1978. *dl*系メダカのメラノソームの微細構造について. 動物学雑誌, 87: 482.
———・———, 1980. メダカ*Oryzias latipes*のleucophoreに関する微細構造の研究. Ⅱ. 胚発生期のleucosomeの発現形成について. 就実論叢, 10: 51-74.
———・小笠原靖子, 1969. メダカ色素胞の電子顕微鏡的研究. 動物学雑誌, 78: 89.
———・作本恵美, 1971. *Fused*メダカの*f* 因子分析の結果について. 動物学雑誌, 80: 469.
——— and E. Sakumoto, 1974. Review of reflective tissue (iridocytes) on the medaka, *Oryzias latipes*. Res. Bull. Okayama Shujitsu Junior Coll., No.4, 41-45.
竹安邦夫, 1975. メダカ摘出ウロコ黒色素胞におよぼす数種の向精神薬の作用について. 動物学雑誌, 84: 362.
———, 1976. メダカ摘出うろこ白色素胞に対するカフェインの作用. 動物学雑誌, 85: 405.
———, 1980a. Calcium requirement for pigment-dispersing action of caffein on teleost leucophores in isolated scales. J. Sci. Hiroshima Univ., Ser. B, Div.1, 28: 61-76.
———, 1980b. Influence of procaine and lanthanum ion on the pigment-dispersion response of teleost leucophores in isolated scales to caffeine and nor-adrenaline. J. Sci. Hiroshima Univ., Ser. B, Div.1, 28: 77-88.
———, 1980c. Effects of melatonin on leucophores in isolated scales of a fresh-water teleost. J. Sci. Hiroshima Univ., Ser. B, Div.1, 28: 89-94.
田中義人, 1932. メダカのmelanophoreの反応を極限する酸素の分圧と酸化還元電位に就いて. 動物学雑誌, 44: 164.
谷本智昭, 1965. 電気刺激によるメダカ鱗の黒色素胞反応. 香川県理科会誌, No.1, 16-24.
———, 1967a. 硬骨魚の黒色素胞研究の現況. 香川生物, No. 3, 7-12.
———, 1967b. 時間的変化による硬骨魚鱗黒色素胞の状態と交流・直流に対する反応性. 香川県理科会誌, No. 3, 39-46.
富田英夫, 1966. メダカの新変異種と生理的体色変化. 動物学雑誌, 75: 336.
———, 1969. ヒメダカの形態的体色変化. 遺伝, 23: 71-74.
———, 1970. メダカの新連鎖群. 動物学雑誌, 79: 390.
———, 1971. メダカの体色変異種. 動物学雑誌, 80: 450-451.
———, 1973. メダカの斑色. 動物学雑誌, 82: 382.
———, 1992. The lists of the mutants and strains of the medaka, common gambusia, silver crucian carp, goldfish and golden venus fish maintained in the Laboratory of Freshwater Fish Stocks, Nagoya University. Fish Biol. J. Medaka, 4: 45-47.
———・菱田富雄, 1954. メダカ胚とメラニン形成. 動物学雑誌, 63: 169.
——— and ———, 1961a. A quantitative study on phenol oxidase of skins in color varieties of the medaka (*Oryzias latipes*). Embryologia, 5: 347-356.
——— and ———, 1961b. On the phenol oxidase of embryonic and larval stages of the medaka (*Oryzias latipes*). Embryologia, 5: 423-439.

————・竹内邦輔，1960. 動物組織による亜麻仁油の酸化．医学と生物，55: 194-196.

冨田達也・井出宏之・波磨忠雄・江口吾朗，1977. 細胞培養による黒色色素胞の増殖と分化．動物学雑誌，86: 321.

Uchida-Oka, N. and M. Sugimoto, 2001. Norepinephrine induces apoptosis in skin melanophores by attenuating cAMP-PKA signals via alpha2-adrenoceptors in the medaka, *Oryzias latipes*. Pigment Cell Res., 14: 356-361.

Ueda, K., 1955. Stimulation experiment on fish melanophores. Annot. Zool. Japon., 28: 194-205.

浦崎　寛，1969b. メダカの黄色素胞における光周期的変化．動物学雑誌，78: 329-333.

Utida, S., S. Hatai, T. Hirano and F. I. Kamemoto, 1971. Effect of prolactin on survival and plasma sodium levels in hypophysectomized medaka *Oryzias latipes*. Gen. Comp. Endocrinol., 16: 566-573.

Uwa, H., 1968. Hormonal inhibitions of ethisterone-induced process formation in adult females of the medaka, *Oryzias latipes*. Embryologia, 10: 147-154

Watanabe, M., I. Izumi and K. S. Iwata, 1962. The action of adrenalin on the melanophore of *Oryzias*, with special reference to its pigment dispersing action. Biol. J. Okayama Univ., 8: 95-102.

————・小林三千男，1962a. メダカ鱗黒色素胞に対する自律神経剤の作用．動物学雑誌，71: 43-44.

————・————，1962b. 自律神経剤処理後のメダカ鱗黒色素胞に対するアドレナリンおよびKClの作用．動物学会中四国会報，第14号：2.

————, ———— and K. S. Iwata, 1962. The action of certain autonomic drugs on the fish melanophore. Biol. J. Okayama Univ., 8: 103-114.

山田耕司，1963. メダカ摘出うろこ色素胞の凝集・拡散反応におよぼすSH基阻害剤(PCMB)の影響．動物学雑誌，72: 312.

————，1977. メダカうろこ白色素胞に及ぼすアデニン化合物の効果．動物学雑誌，86: 387.

————，1978. ACTHのメダカ白色素胞果粒拡散作用．動物学雑誌，88: 535.

————，1979. メダカ白色素胞に対する交感神経様作用剤の顆粒凝集作用．動物学雑誌，88: 535.

————, 1980. Action of sympathomimetic amines on leucophores in isolated scales of a teleost fish with special reference to beta adrenoceptors mediating pigment dispersion. J. Sci. Hiroshima Univ., Ser. B, Div.1, 28: 95-114.

————, 1982. Sulfhydril requirement for action of melanophores stimulating hormone on fish leucophores. J. Sci. Hiroshima Univ., Ser. B, Div.1, 30: 201-211.

————・岩切　稔，1977. メダカ白色素胞におよぼすサイクリックAMP，メチルキサンチン類およびイミダゾールの効果．広島大学・生物学会誌，44: 23-27.

———— and ————, 1982. Effects of cyclic AMP, methyhlxanthines and imidazole on fish leucophores. Annot. Zool. Japon., 55: 199-209.

————, Miyata, S. and H. Katayama, 1984. Autoradiographic demonstration of adrenergic innervation to scale melanophores of a teleost fish, *Oryzias latipes*. J. Exp. Zool., 229: 73-80.

Yamamoto, K., 1931. On the physiology of the peritoneal melanophores of the fish. Mem. Coll. Sci. Kyoto Imp. Univ., Ser. B, 7:189.

山本時男，1932. イオン係数Na/Caの増大による黒色素細胞の律動的搏動．動物学雑誌，44: 208-209.

————, 1933. Pulsations of melanophores in the isolated scales of *Oryzias latipes* caused by the increase of the ion quotient C_{Na}/C_{Ca}. Jour. Fac. Sci. Tokyo Imp. Univ., Sec. Ⅳ, 3: 119-128.

————，1941. 魚卵研究餘録(Ⅰ)．メダカの卵黄嚢の黒色素細胞と血管系の関係(Ⅱ)．メダカの胚に於ける血管系の調節．植物及び動物，9: 430-432.

————，1949. 動物生理の実験．河出書房(東京).

————・菱田富雄・富田英夫，1954. メダカの体色変種におけるメラニン形成．動物学雑誌，63: 169.

————・及川胤昭，1968. メダカの白子(*i*)と色消し因子(*ci*)との連鎖．遺伝学雑誌，43: 449-450.

第5章　体表と内部形態

EXTERNAL FEATURES AND INTERNAL ANATOMY

Ⅰ．体表系　External features

1．皮膚 Skin 及び感覚器官 Sensory organs

メダカの体表面は数層の表皮細胞からなる重層上皮で被われている（山田，1966）。外界に接するその最外層は極度に扁平化した上皮細胞からなり，表面から多角形の細胞形状がみられる。この扁平上皮細胞のそれぞれには線状隆起からなる指紋様の表面構造がみられる（図5・1）。上皮細胞のこの紋様は発生段階の胸鰭原基出現期にすでに認められる。頭蓋側の皮膚下には吻部まで鱗 scale（scl）があり，その表面を被う上皮 epithelium（ep）と基底膜basement membrane（bm）に仕切られた真皮 dermis（der）からなっている皮膚に被われている（図5・2a）。

皮膚には粘性糖タンパク質を分泌して体表を保護する。血管及び神経が入り込んでいるが，結合組織（ct）部分に多くの毛細血管（bv）がみられる。上皮の角皮層には粘液分泌細胞（腺）mucous cell（mc）が点在している。また，鱗のない吻端（口，mo）に近い鼻孔（np）のすぐ後部には，上皮の代わりに頂体 cupula をもつ数個の孔器 pit organ（P）がある（図5・3b）。この頂体（cu）孔器は感覚細胞 sensory cell（sc）と支持細胞 supporting cell（sp）からなり，そこに神経繊維 nerve fiber（n）が基底膜を貫いて入っている（図5・3d）。

眼窩辺緑部の大孔器に関する走査型電子顕微鏡による観察（Iwamatsu *et al.*, 1984a）は，それが通洞（closed）型と開溝（open）型の2型に分けられ，セレベスメダカ *O. celebensis*, ニホンメダカ *O. latipes*, フィリッピンメダカ *O. luzonesis*では開溝型であり，インドメダカ *O. melastigma*とシンガポール産のジャワメダカ *O. javanicus*では通洞型であることを示した（図5・4）。ジャカルタ産の*O. javanicus*は，ごく一部の大孔器に通洞型がみられた。

大小の孔器（図5・4）あるいは味蕾 taste bud は頭部以外，胴部にも広く分布していることが知られている（Yamamoto, 1975）。頭部の下顎腹側の皮膚におい

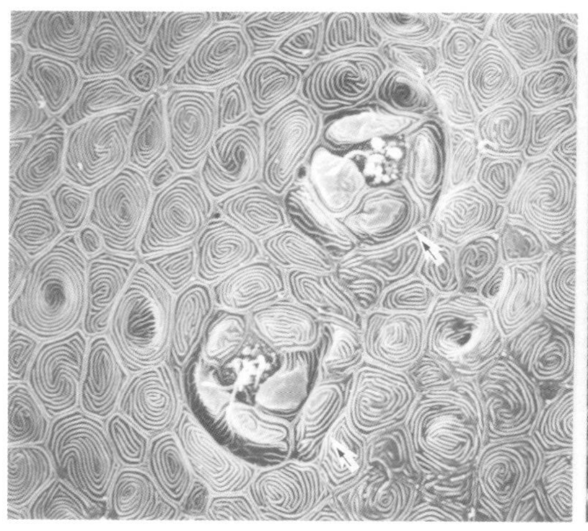
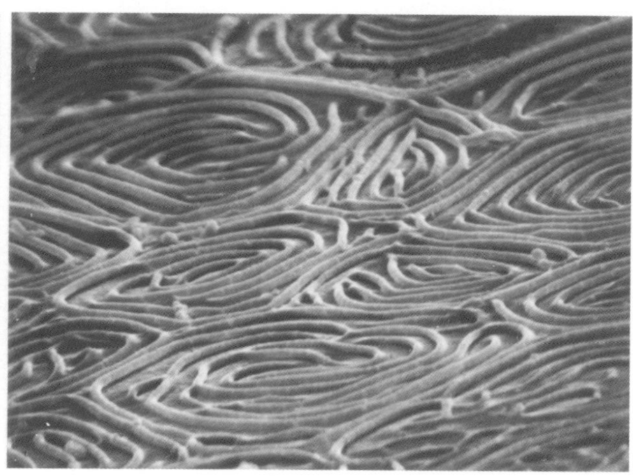

図5・1　タイメダカの皮膚の表面（走査型電子顕微鏡像）
左：頭部皮膚にみられる小孔器（矢印，×1,200），右：皮膚表面の指紋模様（×7,500　岩松・太田，未発表）．

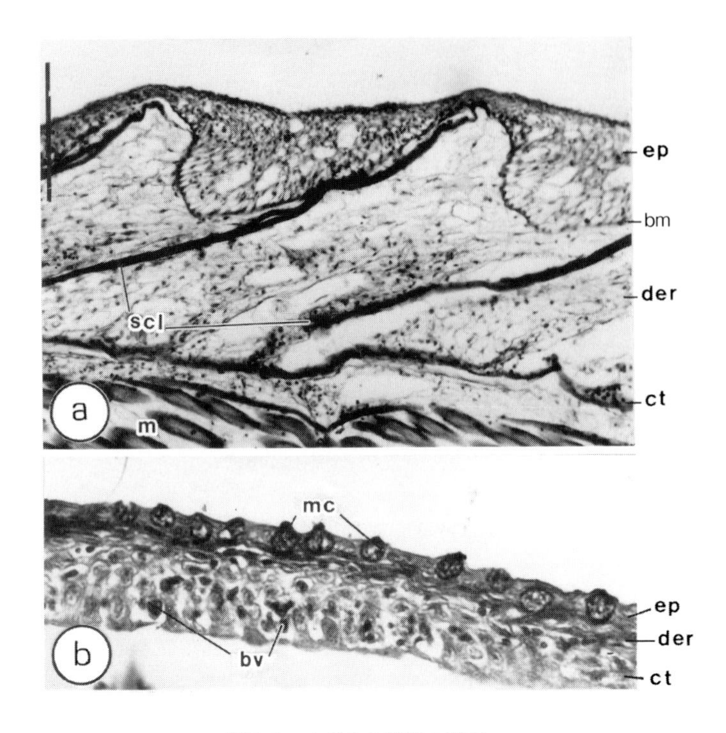

図5・2　メダカの皮膚の断面
a：背面部，b：腹面部（bv血管，ct結合組織，bm基底膜，der真皮，ep上皮，m筋層，mc粘液分泌腺，scl 鱗）.（岩松，1977）

て，真皮部の鱗はなく，最外部に角皮層 stratum corneum（sg）がある。その内側にある小さい細胞群（顆粒層）が胚芽層 stratum germinativum である。基底膜（bm）を境に内側に真皮層があり，結合組織（ct）と筋層（m）が続いている（図5・2 a）。眼球腹側以外の部分の皮膚には粘液分泌腺（mc：図5・2 b）はあまりみられない（図5・5）。

しかし，口に近い部分や眼球の前後に神経・血管の著しく入り込んだ数個の終末球がある。また，下顎中央に近い上皮深部（胚芽層）の膠原繊維層 subepidermal collagenous lamella（scl）と基底膜（bm）に接した孔器がみられる。この構造体は，上皮によって囲まれておらず，その低部は厚く細胞間隙 intercellular space（ic）をもつ支持細胞（sp）と感覚細胞（sc）とからなり，外液に露出した管溝siphonoglyph側に頂体（cu）をもっている（図5・3 d）。表皮の粘液分泌細胞（腺）は，その分布が胴・尾部では腹側に多く，背側に移るにつれて少なくなる。それらは特に腹鰭の部分に密に分布している。

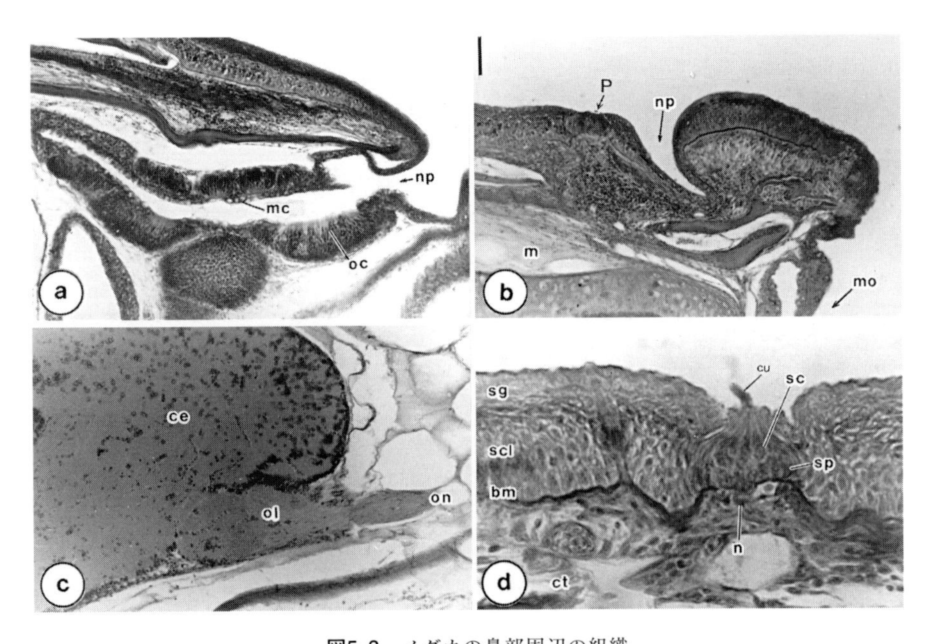

図5・3　メダカの鼻部周辺の組織
a・b：鼻部，c：前脳先端の嗅葉部，d：皮膚と大孔器，n：神経（説明，本文参照）.（岩松，1977）

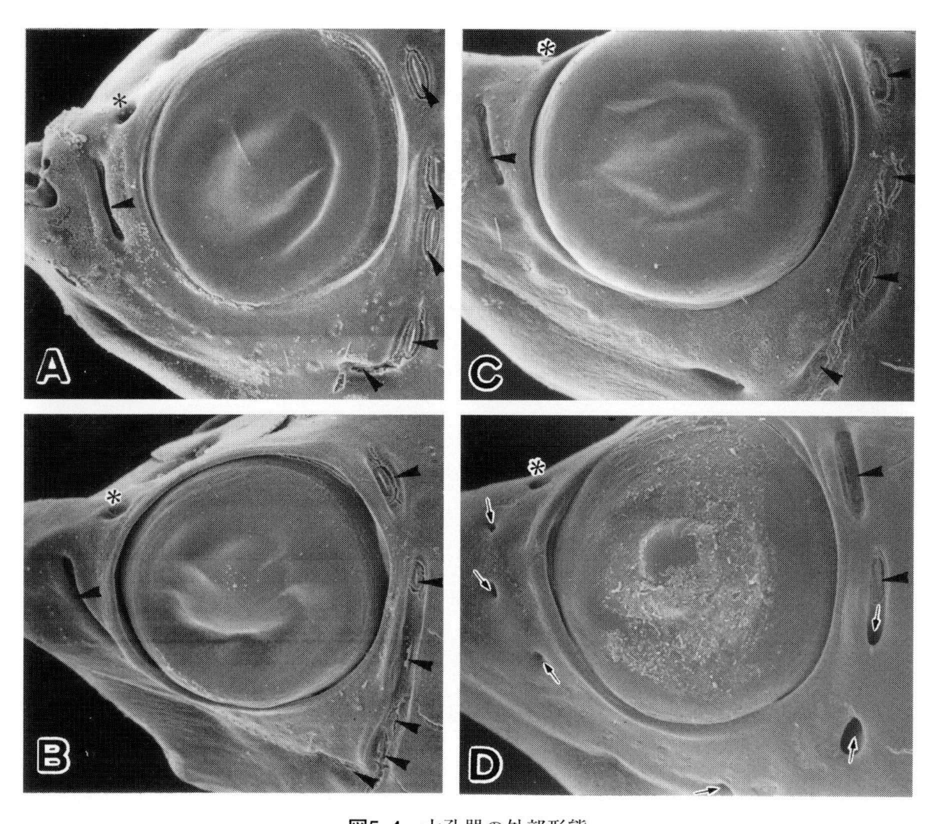

図5・4　大孔器の外部形態
A：*O. luzonensis*，B：*O. javanicus*（シンガポール），C：雑種 *O. melastigma latipes*，
D：雑種 *O. melastigma celebensis* 矢印と矢じりは，通洞と開溝を示す．＊印，涙孔（岩松・太田，未発表）

2．鼻　Naris

上顎背面から鼻孔（np）の内部に入ると，そこには粘膜細胞（mc）・嗅覚細胞 olfactory cell（oc）がむき出しになっている鼻腔内外壁がみられる（図5・3 a，図5・6）。

その鼻腔の後端には嗅覚細胞がなく，数層の上皮細胞からなっている。嗅覚細胞層には，前（終）脳 telencephalon（ce）前方の嗅葉（ol）から出た嗅神経（on）が入り込んでいる（図5・3 c）。

嗅覚器官の表面を走査型電子顕微鏡で見ると，感覚上皮 sensory epithelium（SE）は未分化上皮 indifferent epithelium（IE）によって円く仕切られた感覚上皮小区域sensory islet（直径 約15～30 μm）内に散らばっている（Yamamoto and Ueda, 1979）。その感覚上皮域は輪郭が幾分変形した大きいものから非常に小さいものまである。

嗅覚器官の超薄切片を透過型電子顕微鏡で観察すると，感覚上皮部域の末端は主につのタイプの細胞（タイプ2繊毛細胞 ciliated cell，微絨毛細胞 microvillous cell，支持細胞 supporting cell）からなっている（Yamamoto and Ueda, 1979；図5・7 A, B）。時として，棒状細胞もみられる。タイプ2繊毛細胞（図5・7 A, C2）と微絨毛細胞（図5・7 B, m）は先端近くでは細長く（幅，約1 μm），共に似たような構造をしている。これらの子房は先端部に微小顆粒を含む支持細胞によって互いに仕切られて5～10 μm離れている（図5・7 A，B）。その細胞質には無数の縦に伸びた微小管 microtubules と非常に細長いミトコンドリアが含まれている。微絨毛細胞の微絨毛は直径約0.1 μmで，細胞によっては分岐している（図5・7 B, m）。

3．内耳　Internal ear

発達した耳胞である内耳は，耳骨内にあり，部分的に骨迷路 bone labyrinth（O）に沿って入り組んだ膜性迷路 membranous labyrinth（図5・8，図5・9，M）である。聴覚器官は，外耳・中耳をもたず，内耳 inner ear のみである。内耳は頭蓋骨の耳殻内にあるリンパ液を満たした膜性迷路で，上部に前垂直半規管

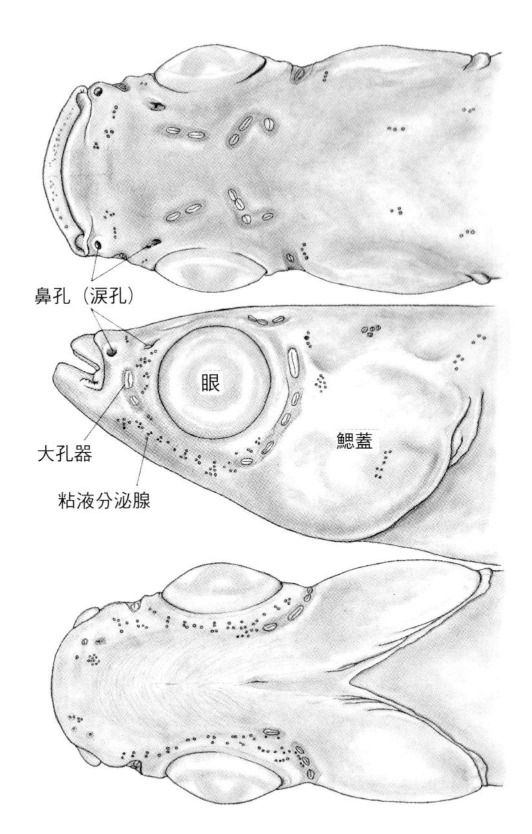

図5・5　メダカ頭部の外表面の大孔器と粘液分泌腺

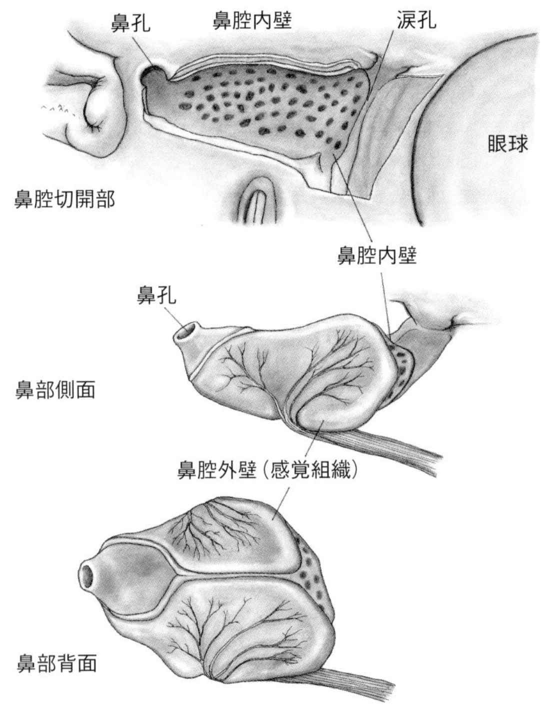

図5・6　メダカの鼻部形態

anterior vertical semi-circular canal と後垂直半規管 posterior vertical semi-circular canalに加え，水平半規管 horizontal semi-circular canal があり，三半規管をなしてい。成魚の内耳には，炭酸石灰の結晶である耳石otolith（平衡石statolith）が3個ある。すなわち，リンパ液で満たされてい小嚢 sacculus（球形嚢）には扁平石sagitta，そこから大きい通嚢腔で前に通じる通嚢 utriculus（utricle，卵形嚢）には礫石 lapillus，その後部にある壺 lagena に星形（状）石 astericus の各耳石が納まっている（図5・8参照）。聴覚組織としての感覚上皮である聴斑 auditory macula（図5・9，S；図5・10）は，その膜迷路の前方，底部，後方の3カ所の小嚢（ut: 瓶，通嚢，壺）の内壁にある。これらは支持組織（sp）1層の有毛感覚細胞からなっており，それぞれに3つの耳石（ot）が接している。それぞれの感覚細胞層（s）には聴神経（n）の束が伸びている（図5・8；図5・9，n）。内耳の後方（延髄側）から前方の各小嚢に向けては血管が伸びている（図5・10）。また聴斑のない数カ所に膨大部稜がみられる。

最前部の通嚢 utriculus（utricle）の耳石（礫石）は重力の感受（平衡感覚）に，小嚢は聴覚，そして最後部の壺内の耳石（星形石）は音の感受（聴覚・平衡感覚）に関与する。視覚情報と聴覚情報が一致しない場合，宇宙酔い（船酔い）現象が起こる。宇宙酔いをしない*ha* 系統の宇宙メダカは，通嚢内に礫石がなく，視覚情報だけに頼って光に背を向けて泳ぐ。耳石情報に頼らないが暗くすると回転遊泳をする。

4．眼　Eye

硬骨魚の眼球の構造については，川本と福田（1969）によって模式的に記載されている。眼球の最外部には，瞬膜や眼瞼もないが，透明な角膜 cornea（co）がある（図5・11，図5・12）。それを裏打ちするように結膜 conjunctiva（c）があり，虹彩の支質 stroma iridis（si）と銀色膜 argentea of iris（ai）の前方に環状靭帯 annular ligament（al）がある。川本と福田によれば，虹彩に連なっている網膜の最外部は，脈絡膜 choroid（cs）を包む薄い強膜軟骨 scleral cartilageである。脈絡膜を含むその内側（銀色膜 argentea of choroid, ac）にはグアニン結晶体を含んでいる。

種々の光環境で生きている脊椎動物は，光受容体としての眼は頭部眼窩 orbit に納められている。眼球は最外側面の角膜とそれに接続する強膜 sclera にくるまれている。

角膜は時計皿に似た形で，眼球の増大と共に直径が

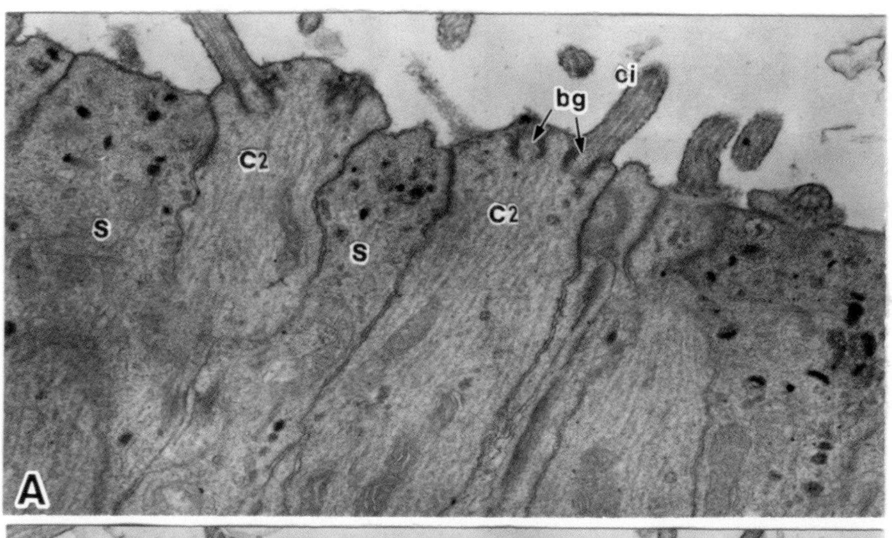

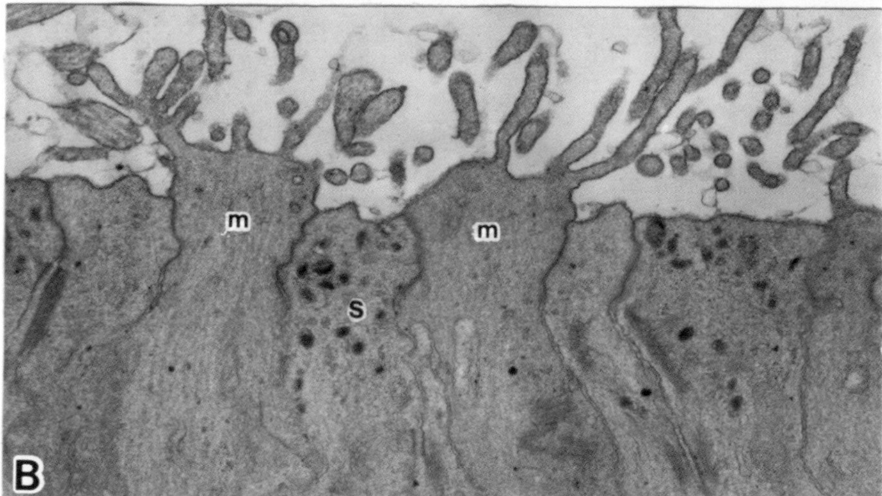

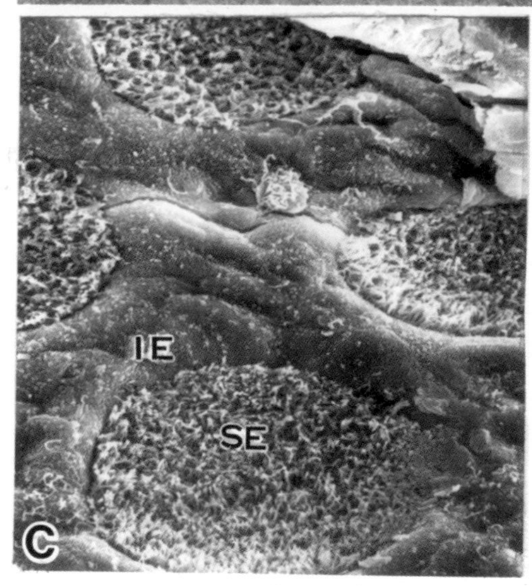

図5･7　メダカ嗅覚器の感覚上皮の電子顕微鏡像

A，B：嗅覚器の感覚上皮の透過型電子顕微鏡像.
bg, 基体；C2, タイプ２繊毛上皮細胞；ci, 繊毛；m, 微小突起細胞；s, 支持細胞（×20,000）.
C：嗅覚器の走査型電子顕微鏡像.
IE, 未分化上皮：SE, 表面には無数の微小突起が見られる感覚上皮（×1,200）.
（Yamamoto and Ueda, 1979；山本雅道博士のご厚意による）

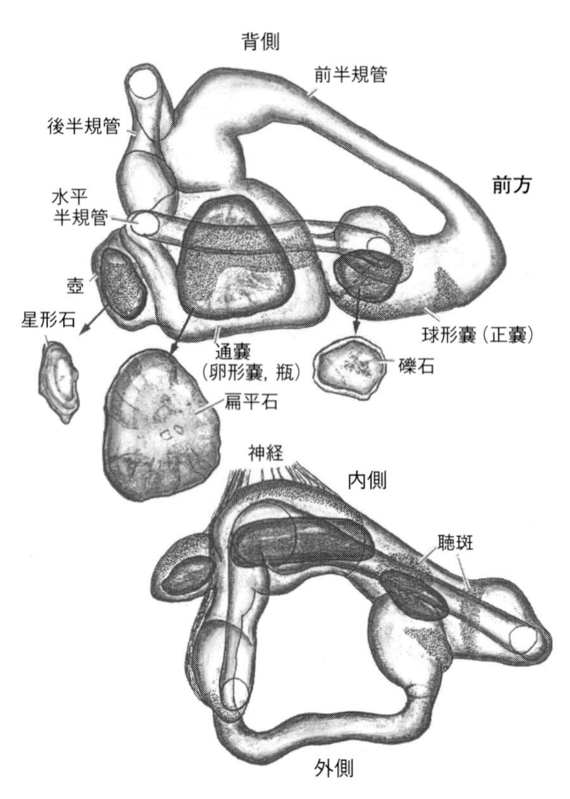

図5･8　メダカの内耳形態

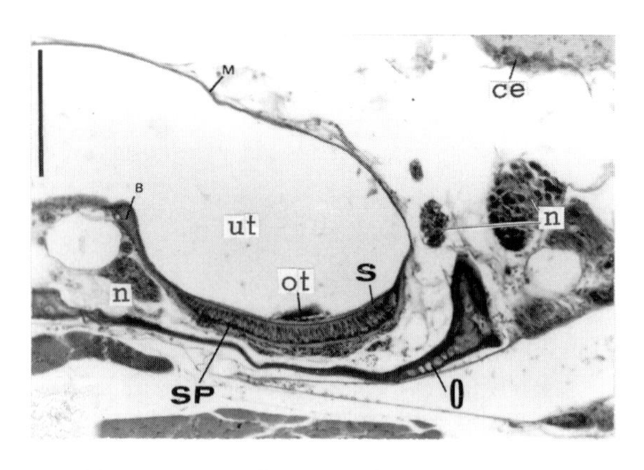

図5･9　メダカの内耳の切片像（説明，本文参照）

大きくなる。組織学的には，角膜の辺縁部 limbus of cornea は強膜に続く（図５･13)。数層の細胞からなる重層扁平上皮である角膜上皮 dermal layer (e) には外表ほど著しく少ない細胞質と扁平な核をもつ細胞が見られる。この上皮と粗雑な角膜内皮 endothelium（角膜固有層 autochthonus layer, i）とを仕切る基底膜様の構造 (b) は強膜性の２～３層 scleral layers をなしている。角膜の内側に虹彩 iris があり，瞳孔 pupil をなしている。

虹彩は1～2層の扁平な細胞からなる虹彩皮質 endothelium camerae anterioris (en) と虹彩色素上皮層 stratum pigmenti iridis (pi)，そして両者の境界にある平滑筋性の薄い層 (m) とからなっている（図５･13A)。網膜虹彩部の細胞は円柱状で大きいが，細胞質内に黒褐色の色素顆粒が充満しているため細胞境界も核もよくわからない。

虹彩の後方にある水晶体 lens（図５･11，図５･14）はガラス様体 corpus vitreum (cv: hyaloid body 眼房）の前方に位置する（図５･11；図５･12)。水晶体の発

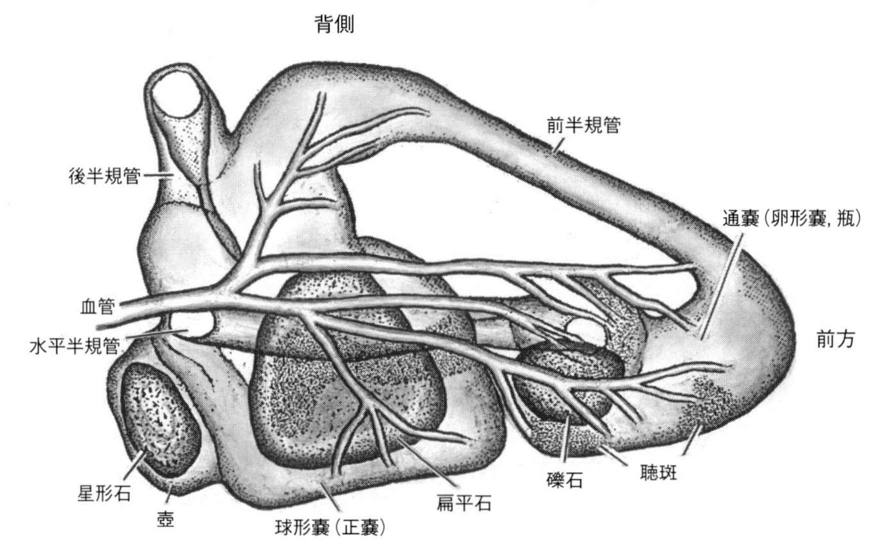

図5･10　メダカ内耳の血管

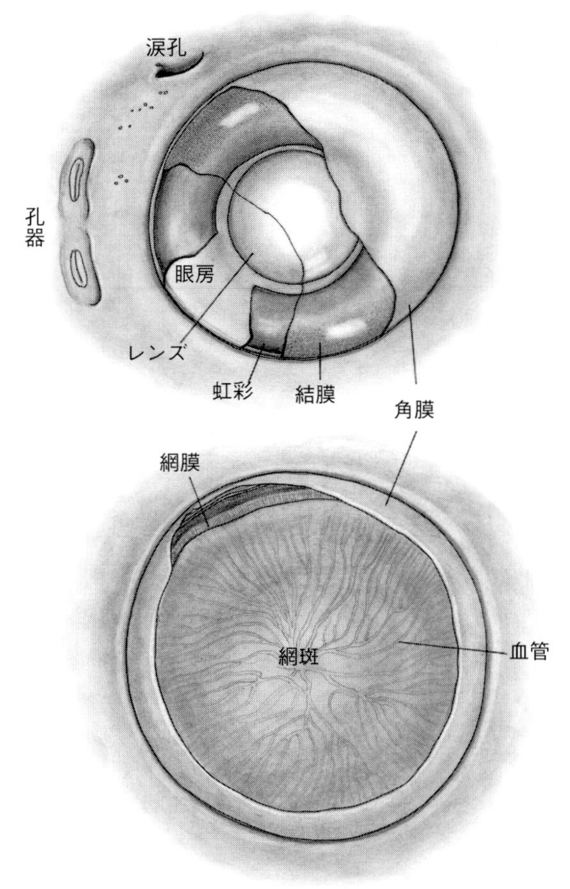

図5・11　メダカの眼の外部形態

生をみると，眼胞の接する外胚葉が肥厚して 水晶体板lens placode をなし，水晶体胞 lens vesicle (capsule lentis, le) になる。水晶体の表面はこの水晶体胞に包まれており，内部には水晶体上皮細胞層 lens epithelium (cortex lentis, le) と水晶体線維 lens fiber (epithelium lentis, lf) の水晶体質 substantia lentis がある。水晶体の内側はガラス様体というコロイド状物質で満たされている。そのガラス様体を包む網膜 retina には光感受性の視部 pars optica retina と色素上皮層 stratum pigmenti retinae がある（図5・12）。網膜視部の視細胞層（桿体・錐体層 io）には，生理的に光感受性の高い錐状体 cone（円錐体，錐体）とその低い桿状体 rod（桿体，棒細胞）という２種類のタイプの光受容体がある。前者は昼間視・色感覚に関与し，後者は薄明視・明暗感覚に関与している。

網膜は，図5・13Bにみるように，種々の層状構造からなっている。眼球の最も内側の内境界膜 inner limiting membrane (in) と毛細血管 blood capillary (bc) の層から外側に向かって，神経繊維層 nerve fiber layer（lamina cribrosa sclerae, nf)，神経細胞層 ganglionic cell layer (gc)，内網状層 inner plexiform layer (ip)，内顆粒層 inner nuclear layer（内神経芽細胞層，in)，外網状層 outer plexiform layer (op)，外顆粒層 outer nuclear layer（外神経芽細胞層，on)，外境界膜 outer limiting membrane (ox)，桿体（核）・錐体（核）層 (cr)，色素上皮層 pigment epithelium (pe)，それに脈絡膜の毛細血管板 choroid capillary membrane (cp) と脈絡血管層 choroid plexus (mb) と複層をなしている。

網膜の最内層に分布している視神経細胞の束が眼球の外側に向けて網膜を貫く個所（視神経乳頭 papilla nervi optici）は，視神経幹 optic tract（図5・12の nf）で，視細胞を欠くため視覚がないので，この部分を盲斑（盲点 blind spot）という。

水晶体には脈絡膜から鎌状突起 falciform process が出て接着している。そして，これが水晶体を動かして焦点を調節するという。また，網膜外側には支持靭帯 suspensory ligament があり，その外側を結膜から連なった膜が被っている。さらに，その周りに脂肪組織 (ft) と動眼筋 (m) が位置している（図5・12c, e)。

5．側線系　Lateral line system

Oryzias 属には，他の硬骨魚のように両体側中央部位にみられる管状器官 canal organs をもつ側線鱗は存在しない。しかし，側線系に属する感覚器として，他の硬骨魚と共通した孔器pit organsが体表全面にみられる（山本，1947; Sato, 1955)。特に頭部には大きな孔器large pit organsが10数個みられる（図5・5）。すなわち，上眼窩supraorbital, 下眼窩 infraorbital, 及び前眼窩 anteorbital の大孔器に区別できる。これらの孔器は，周囲の表皮組織より陥没し，ニホンメダカでは表皮細胞に被われておらず溝状をなしている。山本 (1975) はこれを溝器 groove organ と呼んでいる。やや長い楕円形をした孔器の感覚細胞の外表面には，凝結物様の透明な頂体 cupula が付着している。ニホンメダカ *O. latipes* と同様に，セレベスメダカ *O. celebensis* の頭部にも，裸出した開溝型 naked type の大孔器がみられる。

体表に広く分布している小さい孔器 small pit organs は，副行（側枝）collateral の列の４対の表皮感覚器 superficial sense organs として，頂体を残して４～５個の表皮細胞に被われ，表皮組織の表面に僅かに突出している。これらの孔器には基底膜を貫いて太い神経の

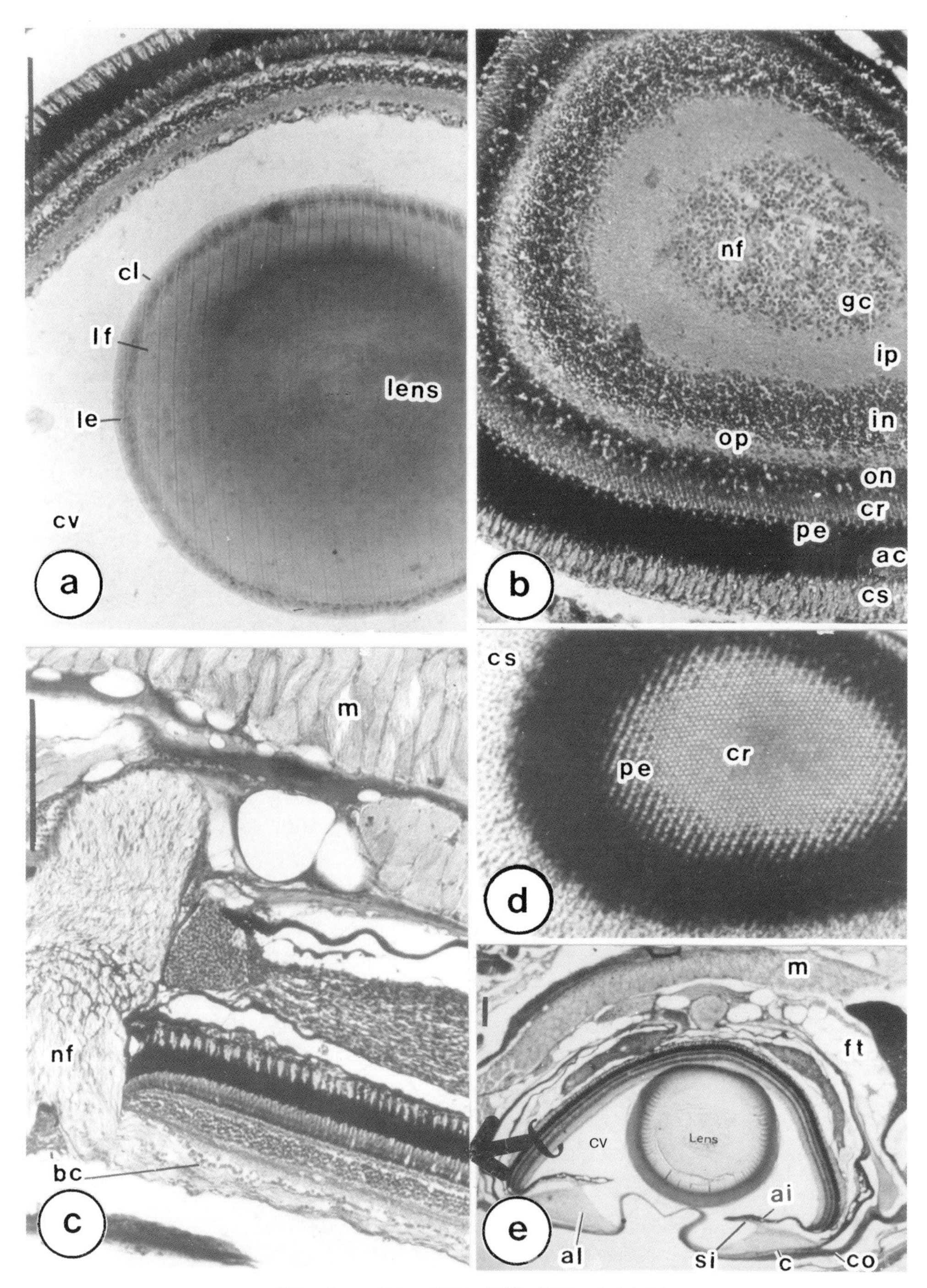

図5・12　メダカの眼球の組織（説明，本文参照）

束が入り込んでいる。

インドメダカ *O. melastigma* やジャワメダカ *O. javanicus* には，頭部の大孔器が表皮組織に包まれ，管状（通洞）構造 tunnel-like canals をなしているものがある。この管状型の大孔器は，孵化直後では小孔器の形態と区別がつかないが，体長の増加につれ裸出（開溝）型の大孔器の形態に変化し，最終的に表皮下に深く没して管状をなすに至る。これらの管状大孔器の分布は，眼窩の前後，及び下部周囲に限られている（Iwamatsu *et al.*, 1984a）。

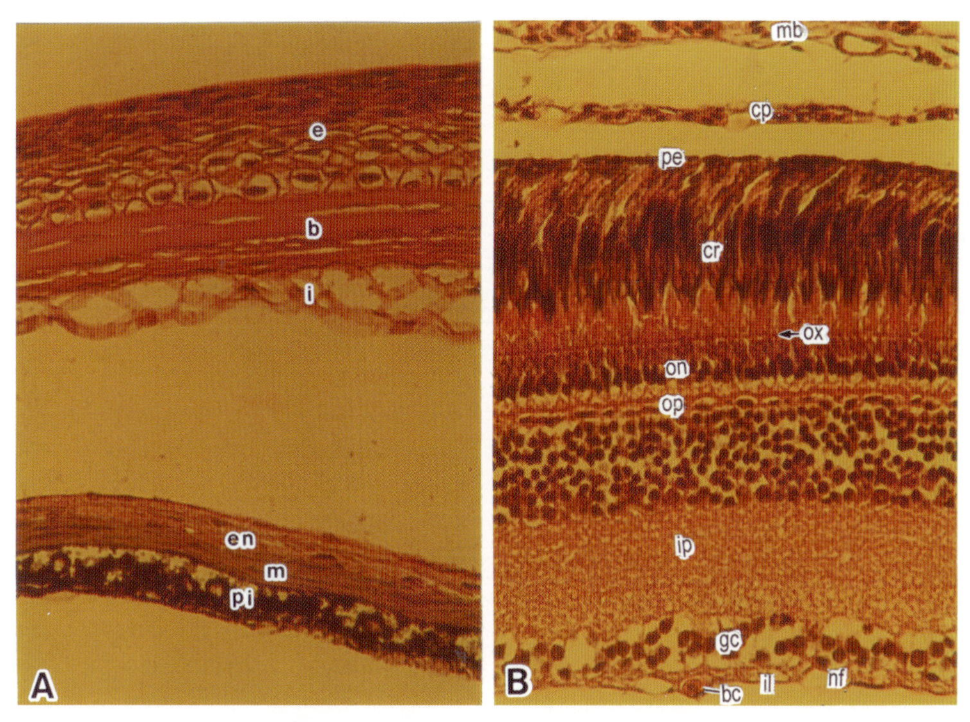

図5・13　メダカの角膜，虹彩と網膜の組織像
A：角膜（上）と虹彩（下），B：網膜（記号説明は本文参照）

眼球の後辺縁にある大孔器の形態はメダカ種によって異なっており，開溝型と管状の通洞型の２つのタイプの大孔器が存在する。インドメダカ稚魚の成長期の大孔器の形態をみると開溝型であるが，成魚では通洞型である。注目すべきは，他のメダカ種でも成長初期では大孔器は開溝型であるが，その後分化・発達につれてそれぞれの型になることである。このことから，大孔器において，開溝型が原始タイプのように思われる。

そこで，そのことを検討するために，大孔器が開溝型のセレベスメダカと通洞型のインドメダカの種間交雑したところ，その雑種は通洞型であった。しかし，大孔器が開溝型のニホンメダカと通洞型のインドメダカの種間雑種は開溝型であった（図５・４）。現時点では，種間交雑実験はどの型が遺伝的に優性か否かは不明である。

以上のように，メダカは種によって側線系感覚器官としての孔器の発達に違いがみられるが，一般に他の魚類に比べてその発達は悪い。これは，側線器 lateral-line organs が発達している魚類には孔器が発達しているという佐藤（1955）の考えからすれば，メダカは孔器の発達の悪い魚群に属することになろう。

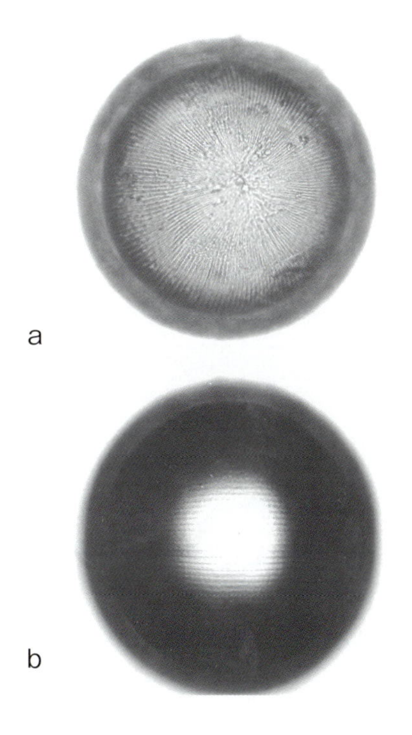

図5・14　メダカのレンズ（水晶体）
a：表面，b：透過像.

Ⅱ．内臓系　Viscera system

体腔は，黒色素胞層と虹色素胞層をもつ体腔壁によって形成され，甲状腺，心臓や腎臓とは横隔膜で仕切られて腹腔をなしている。電子顕微鏡で観察すると，体腔壁の内側の黒色素層は薄く，外側の虹色素胞とは境界部分にコラーゲン繊維が存在して仕切られている。電子顕微鏡像（図４・18：Hirose and Matsumoto, 1993）にみられるように，ヒメダカの体腔壁に存在する虹色素胞は野生型メダカのものと同じく無数の棒状の反射小板をもち，黒色素胞のメラノソームはメラニン前駆体と思われる種々の大きさや形状を示すメラニン顆粒を含んでいる。また，黒色素胞にはしばしば不定形の反射小板が混在するものもある。

腹面の正中線に沿って開腹すると，胴部の大部分を占める内臓の存在する腹腔 cavitas abdominale（abdorimnal cavity）が確認できる。

腹腔内で目立つのは，消化管及び肝臓である。肝臓の右側後方にある暗緑色，または黄緑色の小球が胆嚢である。そして，消化管の前部背面に暗赤色の脾臓があり，それと接し，後方に脂肪組織が延びている。その脂肪組織の背方に接して生殖巣 gonad がある。生殖巣の中央（正中線）には，体腔の背壁に連なる膜があり，生殖巣はその膜によって懸垂している。体腔背面は腹膜で，その背面の腹膜を破ると鰾 air bladder がみえる。鰾の前方背面に腎臓がある（図５・15）。

体腔は背面から全面に腹膜があるが，咽頭から食道に移るところは腹膜部分を貫通している。内臓の前面は腹膜と囲心腔隔膜によって心臓やキュービエ管側とに仕切られている。

１．心臓　Heart

心臓は，甲状腺（ty）の後方下部で，囲心腔隔膜の前方の囲心腔pericardial cavityにあり，一心房一心室である（図５・16）。

食道の入り口を挟む左右のキュービエ管（cv），静脈洞 sinus venosus から入った血液は心房 atrium（au），そして心房後部球，心室 ventricle（vn）から動脈球 bulbus arteriosus（ga）を経由して，入鰓血管 afferent branchial vessel に押し出され各鰓弓に入る（参照図５・53）。心臓の外表面を被う外膜（囲心嚢pericardium, pe）は単層の扁平上皮で漿膜状である。心室内側の心筋層は心臓壁に薄い筋繊維層をもち，心室腔はさまざまの方向に心筋繊維が走っており，不定形で著しく狭い。これに比べて，心房の内部には交走する筋繊維が多少あるだけで，腔内は広く，壁の筋肉層は非常に薄い。動脈球は，最外層が一細胞層からなり，その内側はヘマトキシリンで青く染まる５～６層に重層した繊維からなっている。また，心内膜は内膜上皮からなっており，心臓には血液の逆流を防ぐ単一の心房・心室弁三尖弁 valvula tricuspidalis（ab），心室・動脈球弁半月弁 valvula semilunaris（vb）がある（図５・17c）。内皮の表面には食細胞 phagocytic cells が存在する（Nakamura and Shimozawa, 1984）。

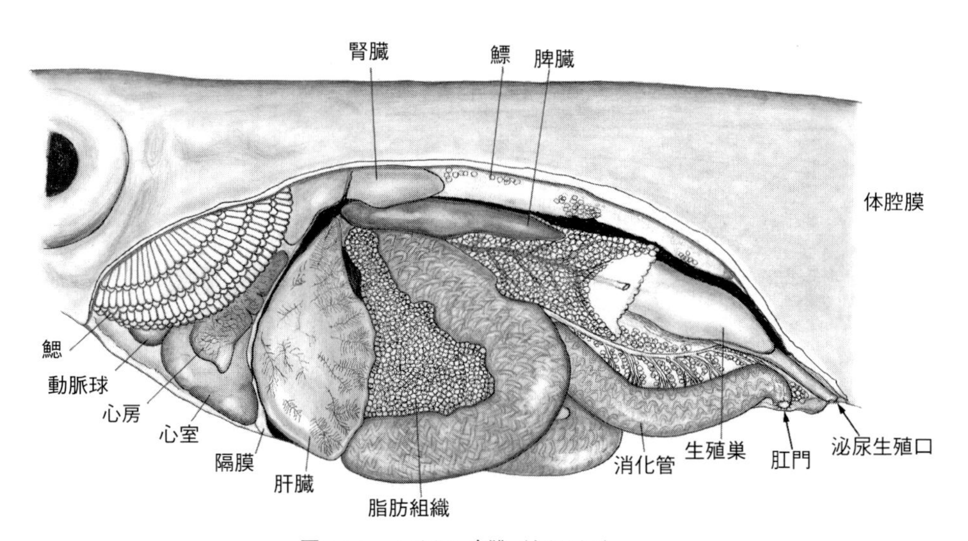

図5・15　メダカの内臓（左側面図）

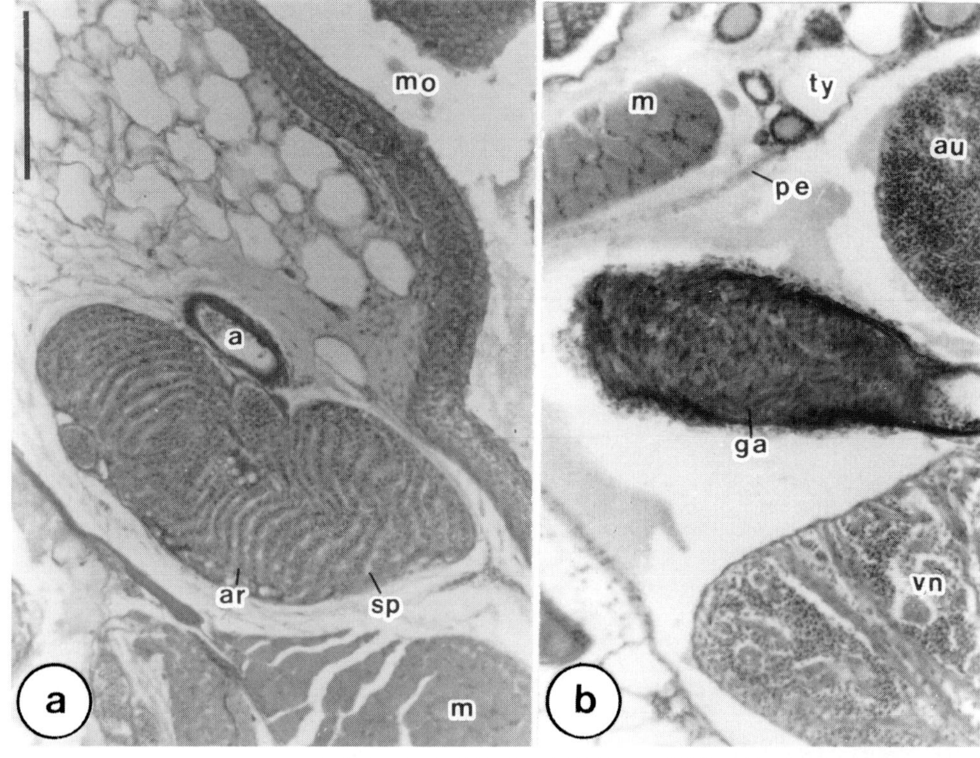

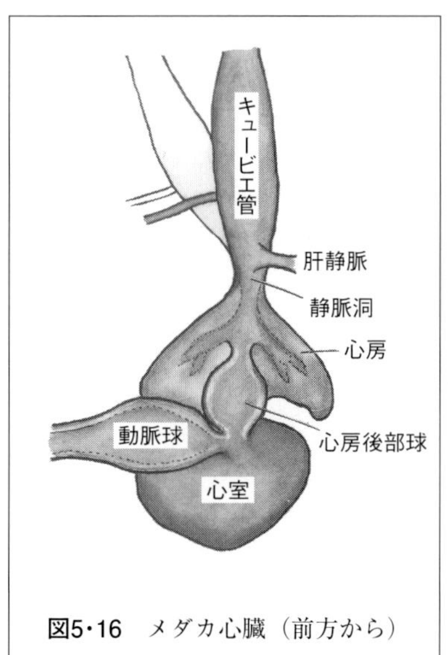

図5・16　メダカ心臓（前方から）

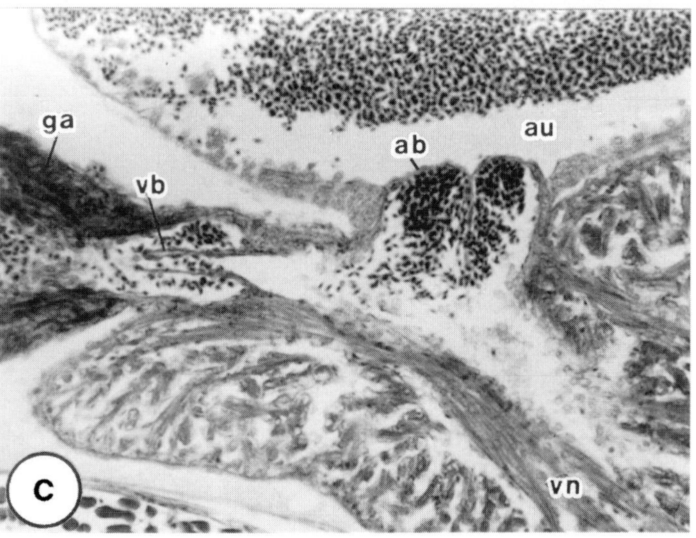

図5・17　メダカの心臓部と偽鰓（説明，本文参照）

2．消化器官　Alimentary organs

下顎が前方に突出し，水平に長く開口した口をなす上下の顎には，それぞれジグザグの２列に並ぶ小歯がみられる（図５・18）。メダカの顎歯（t）はエナメル質 enamel（E），象牙質 dentine（D）と歯乳頭 dental papilla（dp）からなり（竹内，1967c），外側を囲む角質層 stratum corneum（scr）に続く胚芽細胞層 stratum germinativum（sg）はごく一部で，象牙質に付着している。歯根部（ca）は結合組織に包まれ，歯骨 dentary に連結している（図５・19）。前上顎骨 premaxilla は，円錐歯の象牙質と接着骨 attachment bone の柄部 pedicel との間に無機化していないコラーゲン環をもっ

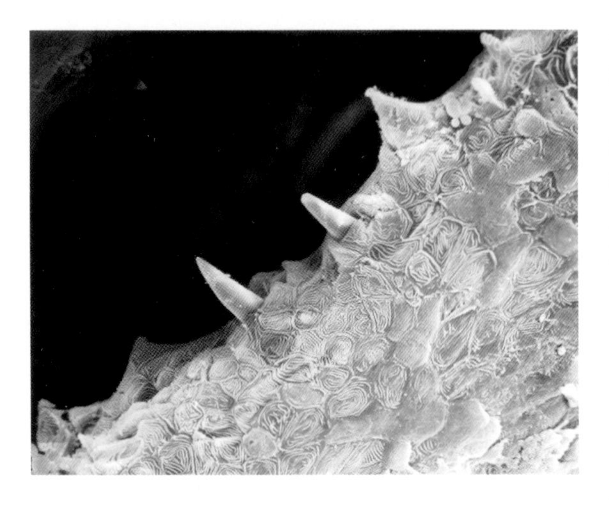

図5・18　タイメダカの下顎
(説明，本文参照：×1,200)

ている(参照，図4・6，図4・7)。雄の前方の歯も接着骨との繊維状の接続部をもつ。

口を開いて口腔 cavum oris (mouth cavity, oral cavity, buccal cavity) 内を外からみると，基舌骨からなる舌 lingua (tongue) が目立つ。舌 (T) には，筋肉はなく，上顎壁と同様に味蕾taste budがみられる (図5・19b)。扁平な細胞からなる表皮には，粘液分泌細胞が多数みられるし，味蕾が点在している。その表皮層の深部に円柱状細胞層が基底膜に接してみられる。さらに，その内側に繊維状細胞層がある。口に近い下顎中央部における表皮最外の角皮層 statum corneum (sg) の内側の上皮深部 (胚芽層 stratum germinativum (scr)) には基底膜及び膠原繊維層 subepidermal collagenous lamella (scl) と接して側線管感覚器 canal sense organ 様の構造 (cso) がみられる (図5・19b, c)。胚芽層は基

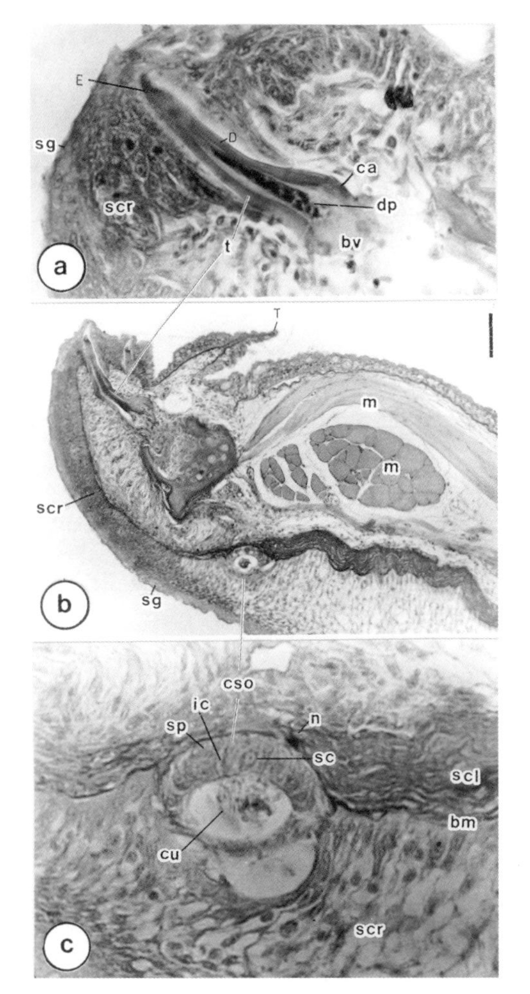

図5・19　メダカの下顎部の切片像
(説明，本文参照：右上の縦線，100μm)

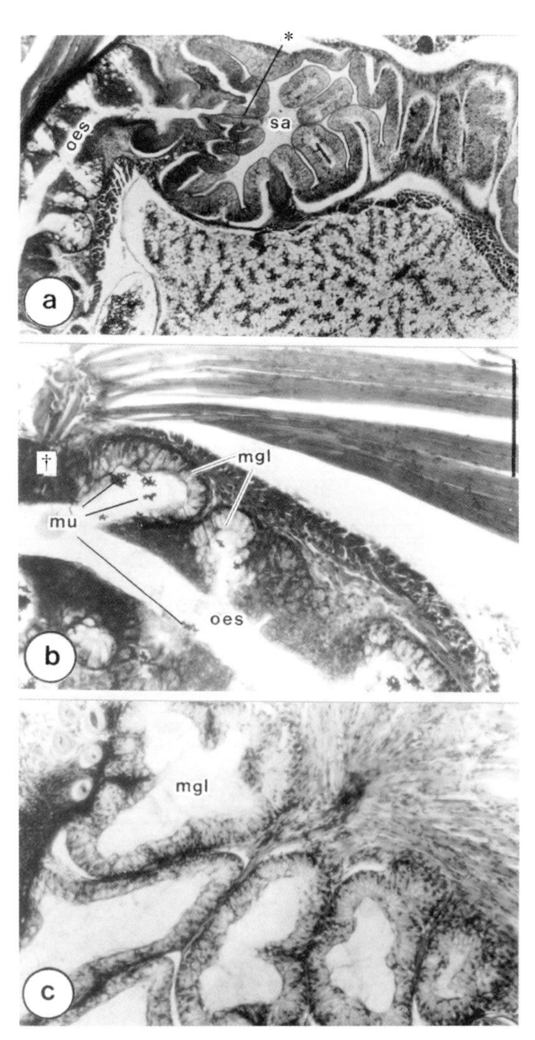

図5・20　メダカの食道部の切片像 (説明，本文参照)

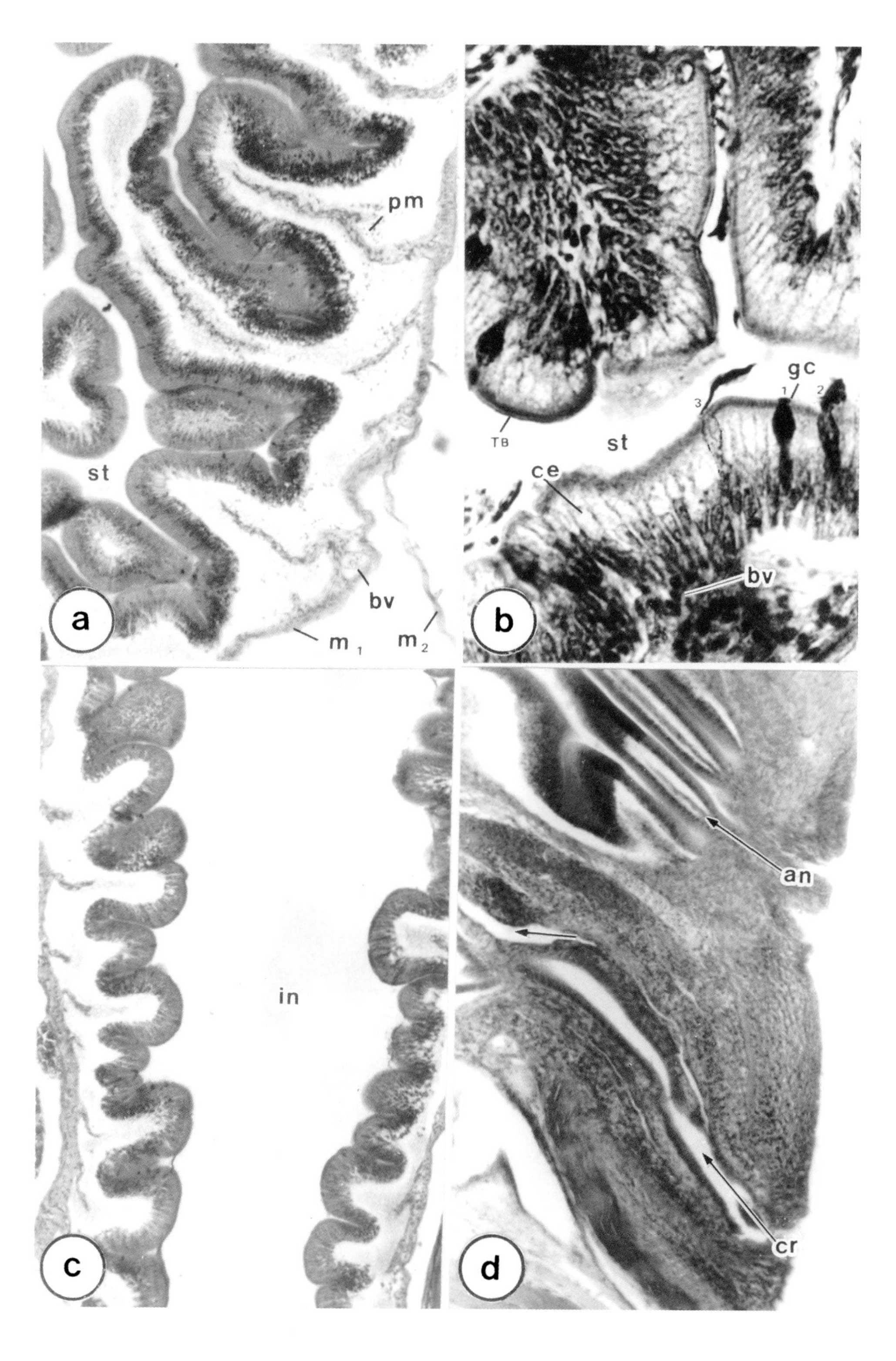

図5・21　雄メダカの消化管の切片像（説明，本文参照）

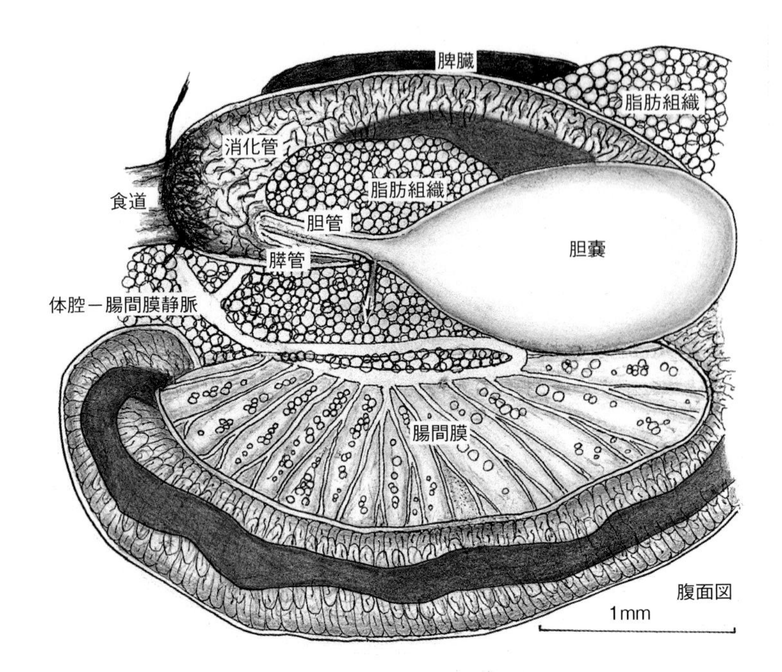

図5・22　メダカ成魚の消化管前域（矢印：膵臓へ）と腸間膜

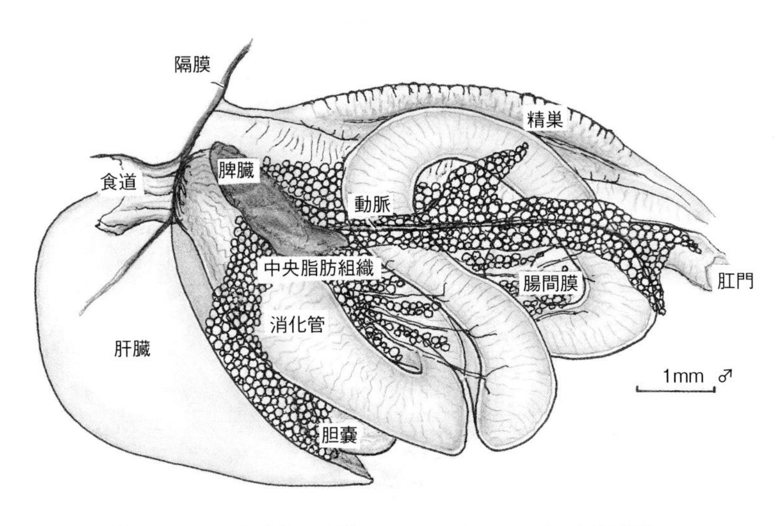

図5・23　メダカ成魚の内臓　medaka 32mm TL♂（左側面図）

骨 pharyngeal bones 及び上咽鰓骨 suprapharyngobranchialsがあり，これらには顎歯に似た形態をもつ多数の棘歯がみられる。粘液腺構造（mgl）は，これらの左右の骨の間を通り，咽頭 pharynx 後から食道 oesophagus（oes）に著しく発達している（図５・20b, c）。したがって，咽頭に続く短い食道と腸に相当する消化管 alimentary canal（canalis alimentarius）の最前部は粘液分泌組織の有無によって識別は容易である。メダカは無胃魚 stomachless fish（第７章Ⅵ－１参照）であるが，いわゆる胃に相当する消化管前部は膨大している。

食道は，短く，咽頭（oes）の咽頭骨の後端（咽頭牽引筋，m）についている部分（図５・20b, †印）から始まり，消化管前端膨大部（sa）へ移行する部分（図５・20a, ＊印）が突出して終わっている。食道は最外壁が２層の筋肉繊維（m）によってできており，内壁が外壁側に核をもつ柱状の腺性上皮細胞からなっている。食道内壁には多くの粘液分泌腺（mgl）が開口しており，食道腔にその粘液物質（mu）を分泌している（図５・20b）。

消化管において，胃腸の判別は形態的には難しい。消化管は長さが体長27mmのもので約40mmであり，肝臓の後方で蛇行して，泌尿生殖口の前に開口している肛門に至る。消化管前部は太く，その上皮には特有な内部褶の模様が透けて見える。その消化管部の内面には，著しく突出した乳頭状突起（褶壁）があり，その粘膜（上皮）固有層 propria mucosa（pm）が発達している。横断切片（図５・21b）でみると，１層の円柱状の上皮細胞 columnar epithelium（ce）からなる粘膜の表面には線条縁striated border（TB）がある。粘膜を裏打ちする構造は，粘膜固有層の他に，粘膜筋板，粘膜下組織筋層と漿膜とからなっている。固有層の内側には毛細血管の他に

底膜を境に内接する結合組織と筋層が続いている。この感覚器官は底部が細胞間隙 intercellular space（ic）のある支持細胞（sp）と神経（n）に接する感覚細胞（sc）からなり，管腔側に頂体（cu）を持っている。

口腔の奥に向かって進むと，腹壁には鰓があり，食べた餌を口腔内に残し，水をこし出すための17~19個ずつ２列をなした鰓耙（鰓篩軟骨）が４対の鰓弓（弧）についている。第４鰓弓の後に接して１対ずつの咽頭

粘膜筋板（内輪走筋 circular muscle, m_1; 外縦走筋 longitudinal muscle, m_2; 漿膜 serosa）から伸びた筋繊維もみられる。この筋板内に無髄繊維軸索の神経繊維が存在する（高畑，1981）。消化管の内壁をなす高い円柱上皮細胞の間には分泌物を含む杯細胞 goblet cell が多く認められる。それらの細胞内にみられる核は乳頭状突起の中央側にある。杯細胞（$gc_{1,2,3}$）は消化管腔（st）側に好酸性顆粒 acidophilous granules（ヘマトキシリンで青く染まる）が充満しており，しばしばそれが分泌されている像をみかける（図5・21b）。やや細くなっている消化管の後部には，粘膜層に杯細胞が多く散在しているが，乳頭状突起がやや低くなっており，消化管腔（in）が広くなっている。直腸と思われるところになると，乳頭状突起がさらに低くなり，上皮細胞は縦に著しく細長い状態である。肛門（an）は，腹鰭の後方で，臀鰭の前方にあり，泌尿生殖口（cr）の前に開口している（図5・21d）。

魚類の消化管を調べた初期の報告書（Suehiro, 1942）には，メダカの胃について“*Stomach U-shape (although there is no clear distinction between the stomach and the intestine, the stomach is a rather thick, U-shape tube while the intestine is a tube trifle narrower than the former), wall thin, no blind sac. ...*” p.70, l. 9-12）とあるが，この輸胆管と膵管の接着部位についてはまったく触れられていない。また，メダカは紡錘形または梨子状の胃 ventriculus（stomach, Magen）を有すると指摘した岡本（1918a,b）はこのことには触れているものの，その時点ではまだ胃が存在しないことまでは言及していない。岡本（1918a）は，メダカの胃は最も原始的な形のものであり，前腸部の一部は紡錘状に膨大して噴門部・幽門部を区別できること，および胃壁が他の部分に比べて分厚いことについて述べている。

さらに岡本（1918b）には，メダカの胃は食道より少し拡張し，左側に位置して体腔の中央部でS字状に湾曲しており，右側中腸部に移行すること，その胃に一致すべき部分は中腸部と何等区別すべき点はないことについても述べられている。しかし，その時点までの研究において，輸胆管 bile duct と膵管 pancreatic duct の消化管への接着・開口部に関する観察・記述はなされていない。

メダカにおける消化管は，咽頭歯 pharyngeal tooth（岩松，1993）をもつ咽頭から壁が比較的厚く粘液分泌腺の存在で特徴的な短い食道から横隔膜を貫いて体腔内に入っている。体腔の隔膜 diaphragm を貫いて食道に続くメラニン色素の多い消化管の最前端膨大部から0.4～0.8mm（20～28mm TL）の右側の位置には，大きい胆嚢 gall bladder（10～18mm TLでは直径約0.4mm，長さ約0.8mm）からの輸胆管（10～19mm TLでは管径約0.1mm）と膵臓 pancreas からの膵管が接着し開口している（図5・22）。すなわち，食道に接続するはずの胃が欠失していて，ヒトの十二指腸 duodenum に当たるその消化管前部に胆汁液・膵液が入る。

背部体腔膜の正中から懸垂している膜は生殖巣だけではなく，さらに消化管にも連結している。また食道から隔膜を貫通している消化管の背側には，鰾前部の組織からの太い血管が接着し，消化管前部から中央脂肪組織を包む腸間膜はすべての消化管を牽引している（図5・22，図5・23）。そしてその腸間膜には消化管へ向う中央脂肪組織から伸びた血管網があり，それらの間に脂肪組織がついている。脾臓の背部後方にある生殖巣は，その前端が背側寄りの体腔膜（隔膜）に着い

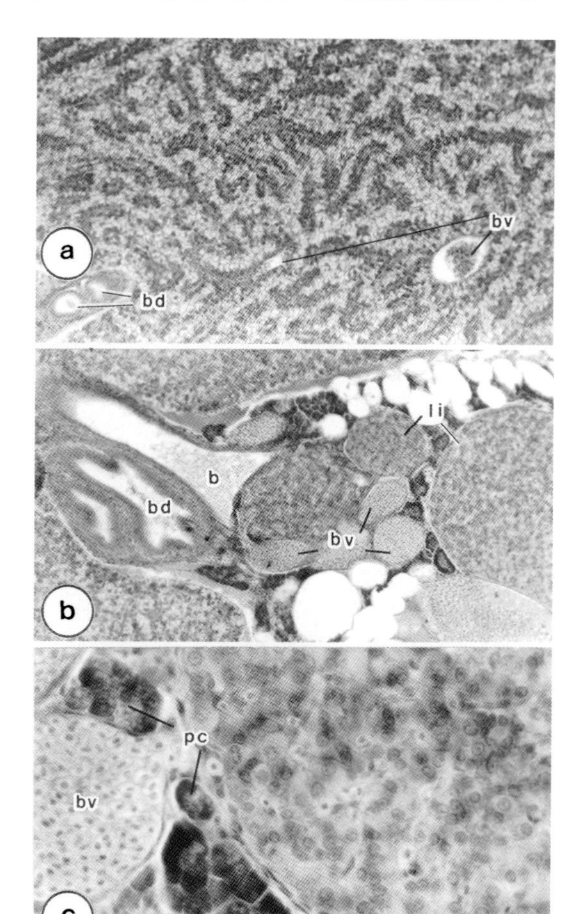

図5・24　メダカの肝臓（説明，本文参照）
a：肝臓（血管bvと輸胆管bdを示す）b：胆嚢（b）と膵臓ランゲルハンス島（li），pc：膵臓．

ている。最長の脂肪組織は脾臓 spleen (Lien) から体腔内を後方に伸びる動脈 aorta lienalis を中心に帯状をなすもので，哺乳類の大網膜 greater amentum (amentum majus) に相当する。

発生過程を形態学的に観察した池田 (1958a) は，メダカにおける前腸に続く胃に似た膨大部に触れ，その該当部は総胆管の開口位置からしても中腸に属し，かつ胃腺の発生は見られず粘膜上皮には杯細胞が存在し，組織学的にも鱒の腸に相当する形態を示すことから胃ではなく，中腸に属するものと述べている。そして成魚においては，総胆管と膵管が相接して前・中腸境界部の腸管右腹壁に開口していることも観察している (池田，1958b)。また，胆嚢や膵臓の消化管への繋がりについては記述されていないが，最近メダカ消化管の発生を遺伝子発現の面から研究されており，発生過程で胃が生じないことについて確認した報告もある (Kobayashi *et al.*, 2006)。その他，解剖学的所見はないがコイ科の魚類やヨウジウオ (江上，1981)，ダツ，ベラ，ブダイの仲間 (能勢ら，1989) などと共にメダカには胃がないとの記述の例がある。また，消化管の起始部には腸膨大部 intestinal bulb があることは前述した通りであるが，これが胃でない証拠としては，その部分の消化管粘膜に胃腺 gastric gland が存在せず

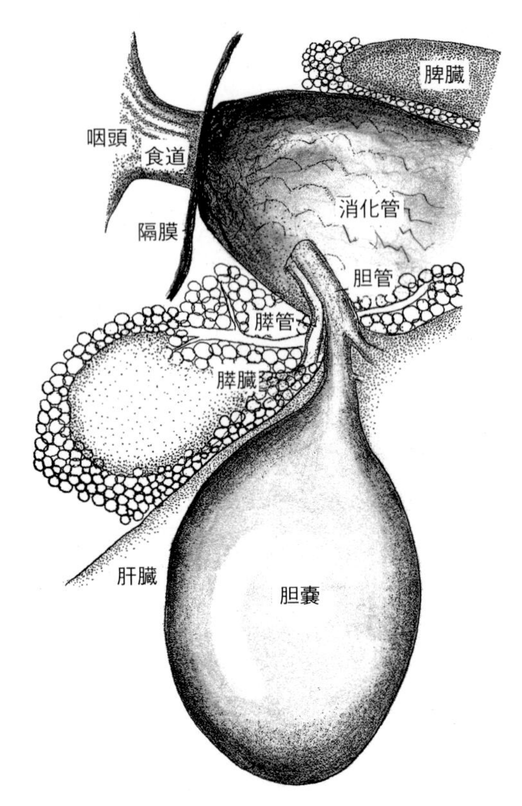

図5・25　メダカの消化管前域 (腹面図)

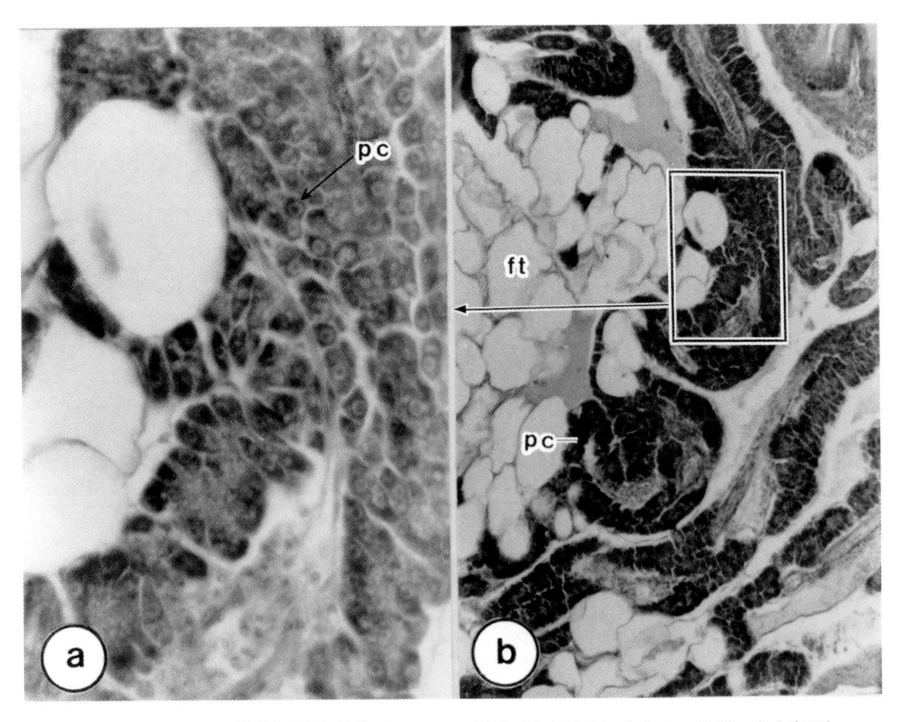

図5・26　メダカの膵臓と脂肪組織 (aはbの一部(枠内)を拡大したもの：説明，本文参照)

（池田，1958a, 1959），胃酸やペプシンも検出されていない（江上，1981）ことは明らかである。最近，消化管内にトリプシノーゲンの活性に関与する２種類（1,036と1,043のアミノ酸残基をもつ）のエンテロペプチダーゼ enteropeptidase の c DNA が同定されている。筆者は，隔膜を貫いてすぐの消化管前端部に輸胆管と膵管が連結・開口していることを確認した。これらを総合すると，竹内（1991）が指摘しているように，メダカはコイ科，ドジョウ科，サンマ科，トビウオ科，トウゴロウイワシ科，ベラ科，ブダイ科，ハゼ類などと同様に，胃が欠如しており，食道が十二指腸に直結している無胃魚として位置づけることができる（Iwamatsu, 2012）。

３．肝臓 Hepar（Liver）と膵臓 Pancreas

腹部前端に位置している肝臓（Ebitani, 1961a, b, 1962）は１葉で，繁殖期の雌では淡紅褐色を帯びている。肝細胞は毛細血管を取り囲んで配列しており，複雑に分枝した複合管状をなし，それらの核は血管（bv）の側にある。肝臓（図５・24，図５・25）の中心部分に輸胆細管（bd）があり，それは外に向かうにつれ太くなり，胆嚢（b）に開口している。さらに，輸胆管（bd）は消化管に連結している（図５・24）。

膵臓の外分泌組織（腺房細胞 acinar cell; pc）は，ヘマトキシリンで濃染される胞状腺で，肝臓の胆嚢の基部近くから腸間にまで広がる不定形の組織である。胞状腺は，血管を取り囲み，脂肪組織（ft）に接し合って体腔内にかなり広く分布している（図５・26）。その細胞の腺腔側にはエオシンで均一に好染される大きな顆粒が詰まっている。これらの顆粒は不活性状態の酵素を含むチモーゲン顆粒といわれている。酸性色素であまり染まらない細胞質をもつ細胞塊であるランゲルハンス島 island of Langerhans（li）は，球状あるいは楕円体状で，胆嚢近くの血管の多く分布する部分にみられる（図５・24b, c）。

４．呼吸器官　Respiratory organs

鰓branchiaは，心臓から送られてきた血液中のCO_2除去とO_2の供給の役割を果たす重要な器官である。鰓の基部の鰓耙gill rakerの表面には粘液細胞が１層に配列している。鰓は，被蓋細胞 pavement cell で被われた約30数個の鰓薄板 gill lamella（二次鰓弁）が積み重なってできている鰓弁 gill filament が集まったものである。

また，各鰓皮副射骨と基鰓骨の後面の間にしっかりした鰓弓前牽筋がある。各鰓薄板に分布している毛細血管は，入鰓動脈（a）から入っており，出鰓動脈（b）に通じている（図５・27，図５・28）。第１鰓弓 gill archにはやや長い鰓弁とそうでないものとが交互に配列しており，体長27mmのメダカでは鰓弓の中央部でそれぞれの長さが約1.3 mmと1.0mmである。鰓弁は鰓弓の中央部において長く，しかも長い鰓弁の平均鰓薄板（長さ約220 μm，幅約50 μ m）の表面積は短い鰓弁のものより大きい。鰓薄板の間隔（*d'*，図５・28）のバラツキはどの鰓弓の鰓弁でも大きくない。

梅澤と渡辺（1973）は，鰓の全表面積を測定するに際して，鰓弁の長さと数，各鰓薄板の表面積，鰓薄板の間隔の基本的測定を行った。４個の鰓弓の長い鰓弁（Le）と短い鰓弁（Ls）のそれぞれの鰓薄板数は$2Le/d'$，$2Ls/d'$で表される。鰓薄板の全面積は，薄板の高さをb，薄板の長さをlとすると，$2/3bl$の２倍になる。したがって，短い鰓弁の薄板表面積＝（$2Ls/d'$）$4/3bl$，長い鰓弁の薄板表面積＝（$2Le/d'$）$4/3bl$ で求められる。実測すると，鰓弁の長さと鰓薄板の表面積とは共に鰓弓によって幾分異なる。第１及び第２鰓弓における値は，第３及び第４鰓弓における値より大きいこと，体重の増加に伴って鰓薄板の全表面が増加することがわかっている。例えば，体表面積は体重179mgの個体

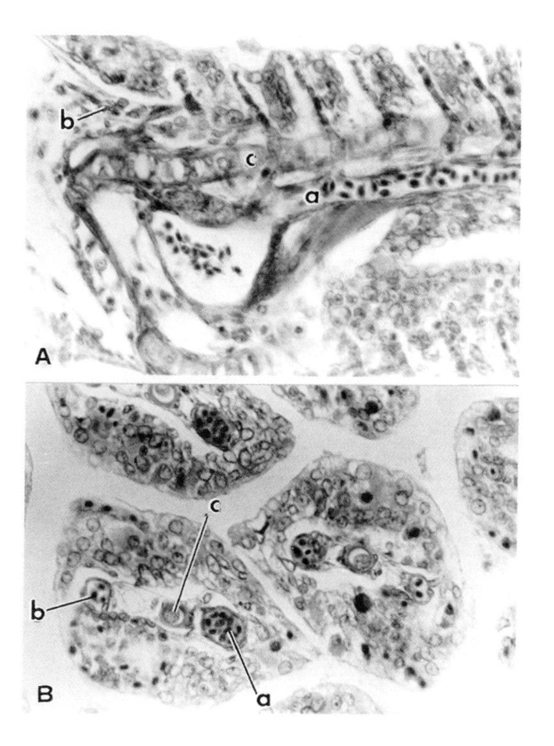

図5・27　メダカの鰓の切片像
A：縦断面，B：横断面，a，入鰓動脈；b，出鰓動脈；c，鰓弁軟骨，d，毛細血管

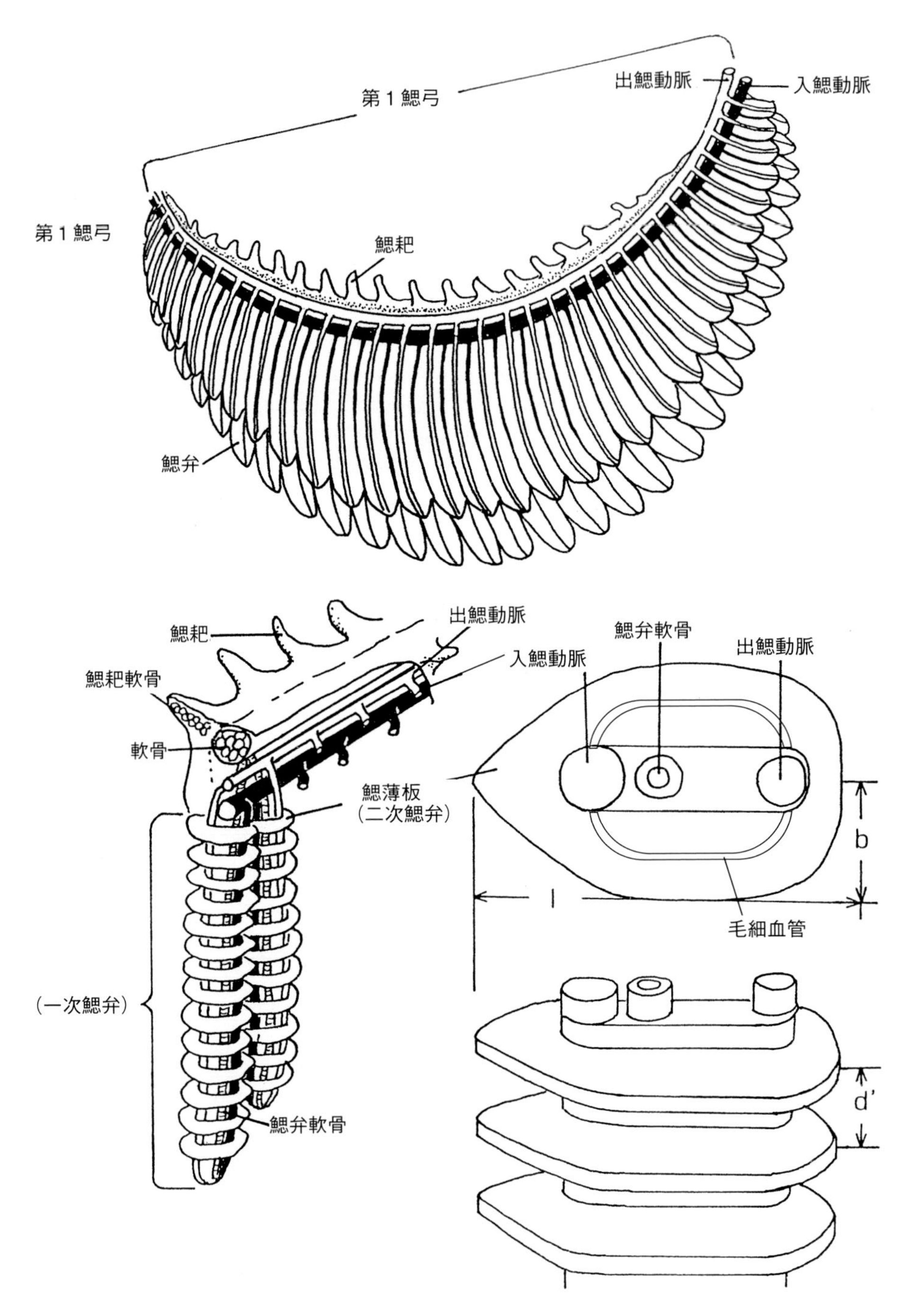

図5・28　メダカの鰓の形態

では236mm² (1,318mm²/体重g) で，体重100mgでは170mm² (1,700mm²/体重g) である。平均をとってみると，体表面積は約1,400mm²/体重gである。メダカにおける鰓弁１mm²当たりの鰓薄板数は動きが活発な魚に比べて大きく，43.5であった。体重が140mgでは，すべての鰓弁の長さが約250μmで，鰓薄板表面積は１匹当たり0.0084mm²である。

体表以外に，ガスの出入りに関係するものに，鰾 air bladder と偽鰓 pseudobranchia（図５・17a，図５・68）があげられる。偽鰓は，両眼後部の口腔（mo）上

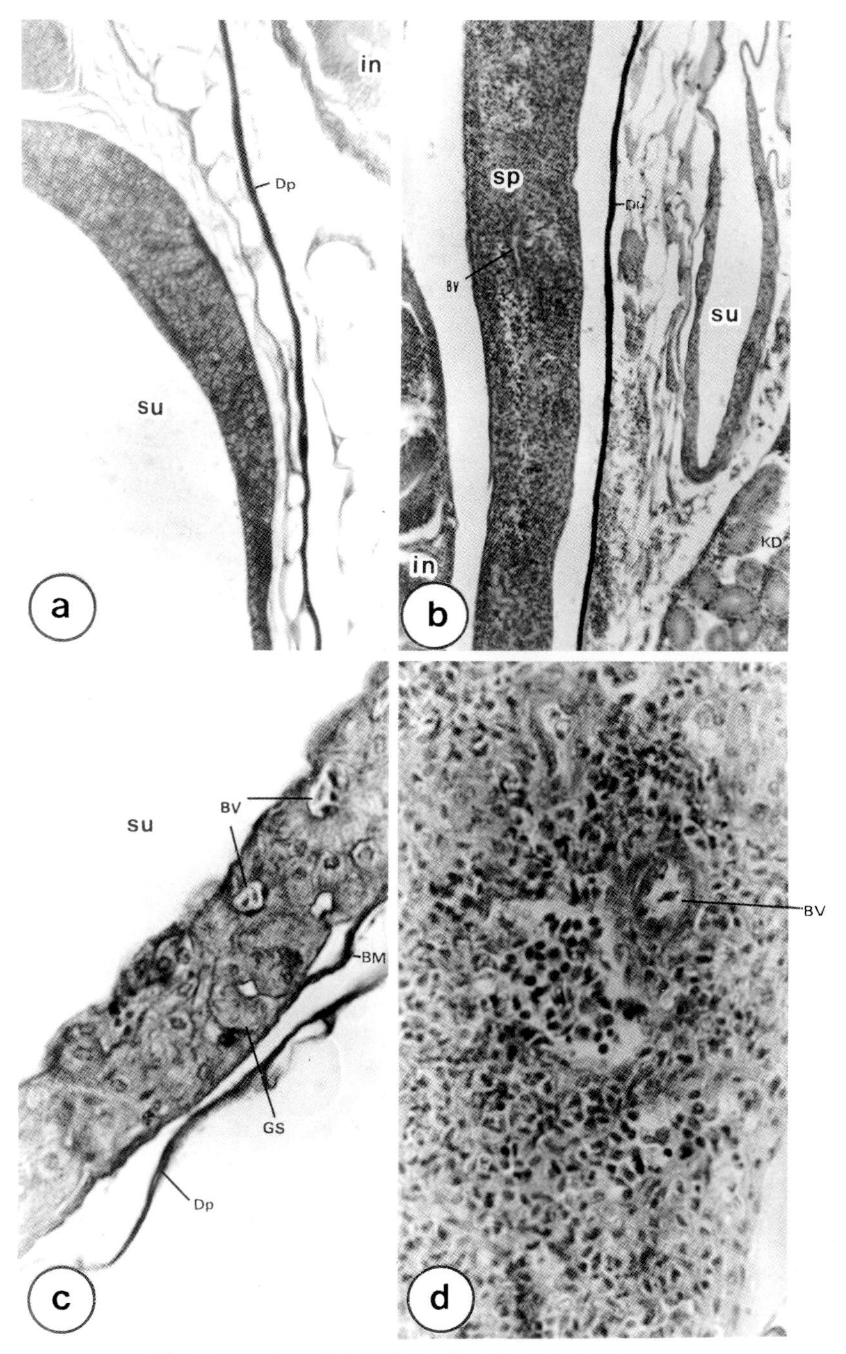

図5・29　メダカの鰾と脾臓の組織（説明，本文参照）

顎深部の結合組織内に，房状の特殊な好酸性細胞(sp)が層状に並列した構造体である。これには，太い動脈(a)が入っており，特殊な細胞が毛細血管(ar)を挟んで配列している。硬骨魚類の偽鰓は，多量の炭酸水解酵素を含み，ガス代謝に必要な反応$H_2CO_3 \rightarrow H_2O + CO_2$を促進するガス腺と考えられ，偽鰓腺とも呼ばれる。

鰾は，消化管から離れて独立した気道 pneumatic duct のない無管鰾（または閉鰾）physoclistous air bladder で，数層の薄膜に包まれ，内壁は扁平な上皮である。消化管背面のグアニンの沈着した横隔膜 diaphragm (Dp) に仕切られた背部体腔の結合組織内にあり，その前部背側に向けて数層の細胞でなる薄い組織（ガス

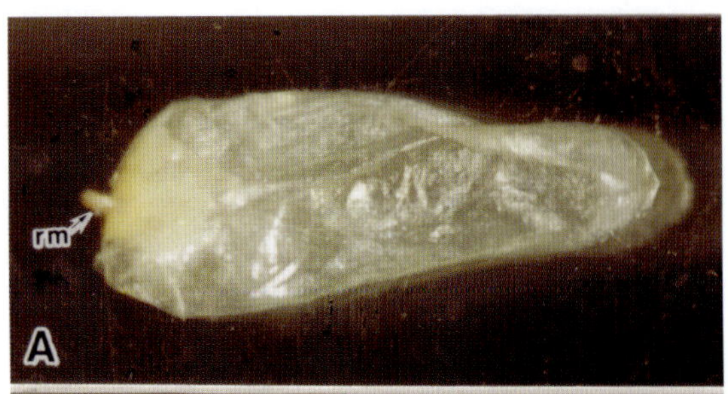

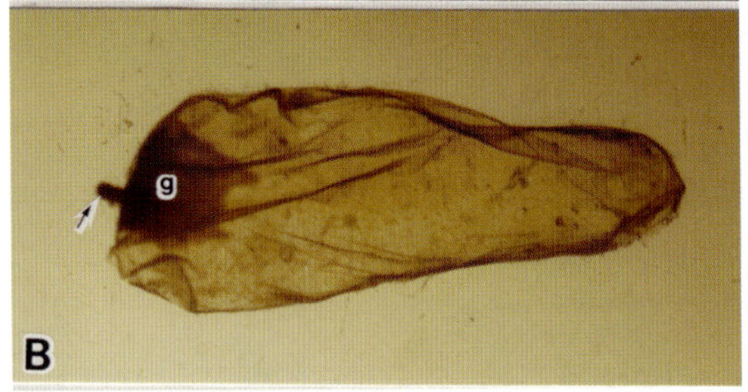

図5・30　メダカの成魚の鰾
A：反射光の撮影，B：透過光撮影

腺 gas gland: g, GS）がある（図５・29a~c）。鰾自体は長楕円体をなした透明で単一の薄膜嚢（su）である。反射光では銀白色に見える（図５・30）。その最外部は結合組織と結びついている漿膜（BM）にとり囲まれている。最前部背側の壁は，褶襞が深く折れ込んだ上皮体（GS）が発達し，厚くなっている。これには，毛細血管（BV）が著しく入り込んでおり，脈管層 vascular bedがみられる。また，最前端には毛細血管を含む球状の組織（図５・31，奇網 rete mirabile, rm 矢印）があり，単一の長楕円体のガス薄膜嚢がある（図５・30）。ガス腺から生じたガスは細胞間の微小な間隙（空胞＊）をなしてガス嚢（SU）内に入る（矢印：図５・31）。ガス腺では，動脈血から鰾内へガスを放出する。しかし，放出の仕組みやガス成分は不明のままである。

５．脾臓　Spleen

消化管・肝臓の左側背部にある暗赤色で，細長い外観をしている。すなわち，血球形成に関係のある脾臓（sp）は消化管（in）背面，横隔膜（Dp）腹面部にあって，その外表面は平滑筋繊維の僅かに混ざった結合組織からなる被膜で被われている（図５・29b）。内臓動脈から伸びた入脾動脈（BV）は太く，中心部に入るにつれて大きくなる。脾臓内部には，縦横に走る筋繊維間にエオシンで赤く染まっている血球と，ヘマトキシリンで濃染される核をもつ細胞が埋まっている（図５・29d）。

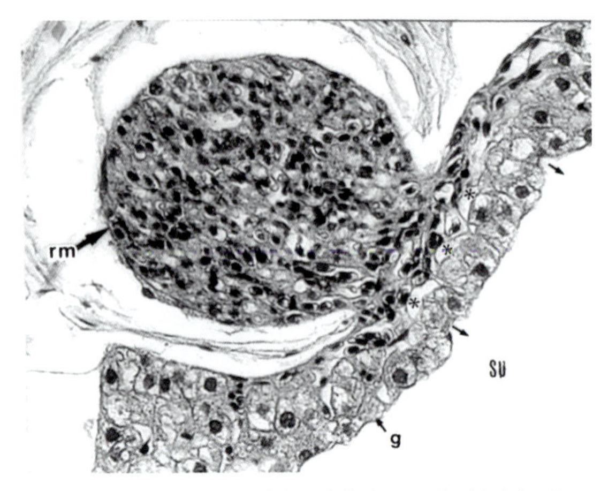

図5・31　メダカの鰾前部の奇網とガス腺（本文参照）

６．内分泌器官　Endocrine organs

いくつかの器官については，それらのある場所を図５・32に示している。

膵臓のランゲルハンス島は前述の通り，胆嚢に隣接している球状の組織である。

甲状腺 thyroid（ty）は，鰓（g）の後方，心臓（v）の上部前方で，咽頭骨下の心外膜上部に位置している（図５・33a）。それは，大きさがさまざまであるが，ほぼ球形をした濾胞が多数集まってできており，その濾胞を取り巻く少しの疎性膠原繊維結合組織 loose collagenous connective tissue（ct）には多数の毛細血管（bv）が分布している。濾胞を形成している濾胞上皮は１層の柱状腺上皮細胞 glandular cuboidal epithelium（gc）で，腔内には上皮からのエオシン好染の分泌物（膠質 colloid, f）が含まれている（図５・33b）。さらに，筋肉繊維（m）がこれを囲んでいる。濾胞上皮の細胞の高さは，年周期的な変化を示し，産卵期に最も著しくなる（西川，1975）。甲状腺のこうした変化は，視床下部・脳下垂体系に影響を及ぼす日照時間や水温が関係しているらしい。

スタニウス小体 Stannius corpuscles（sn）は膀胱背部の輸尿管（ud）の後部（腹腔 peritoneal cavity, pc の後端）の脂肪組織内に位置している（図５・32，図５・34b）。それは，管状の分泌細胞の集まりをなし，ホルモン stanniocalcin を産生して，カルシウムや他のイオンの代謝の制御に関わりをもっていると考えられている。それを構成する細胞（s）は主に大きい分泌顆粒（トルイジン青で青紫色に濃染する）を含んでいる。これらの細胞間に疎性結合組織（A）がみられる（図５・34a）。

胸腺 thymus は，鰓の後部背側の体表近くにあり（図５・35），終生退化しない。

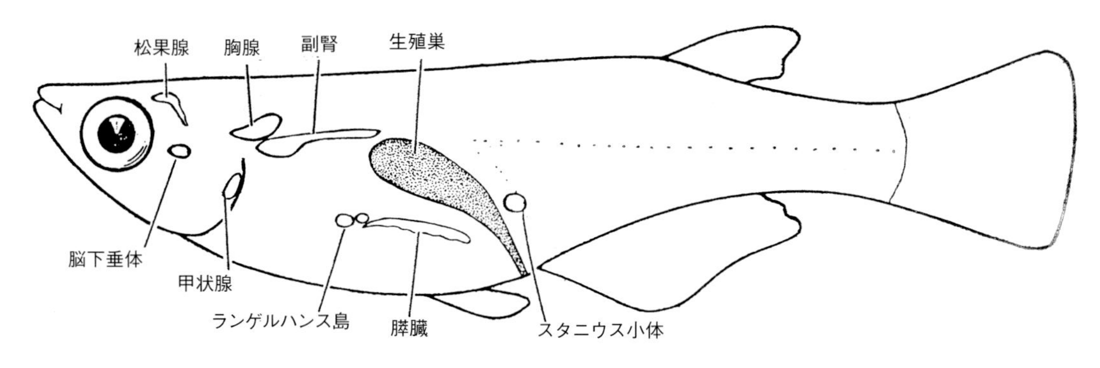

図5・32　メダカの内分泌器官の位置

胸腺は移植拒否の免疫応答に関係があるようである（Kikuchi and Imaizumi, 1983）。しかし，胸腺を摘出しても，移植片に対する免疫応答が起こることから，その役割については不明のようである（菊池，1985）。脊髄における尾部神経分泌系 caudal neurosecretory system として**尾部下垂体** urophysis が知られており，それが浸透圧や鰾内ガス圧に関係しているといわれている（Enami, 1956; Enami *et al.*, 1956）。また，眼球や松果腺を摘出すると，胸腺が退化するので，視床下部－下垂体系などの仲介する光リズムと胸腺リンパ球放出との関係が示唆されている（Honma and Tamura, 1984）。

この他，性ホルモンを合成・分泌する生殖巣，コルチコステロイドを合成・分泌する副腎皮質，ペプチド（タンパク質）ホルモンを合成・分泌する脳下垂体，メラトニンを合成・分泌する松果腺については別のところで述べる。

7．泌尿器官　Urinary organs

開腹して，背側の体腔壁をなす横隔膜を除けば，赤褐色の腎臓kidneyを鰾の前方にみることができる（図

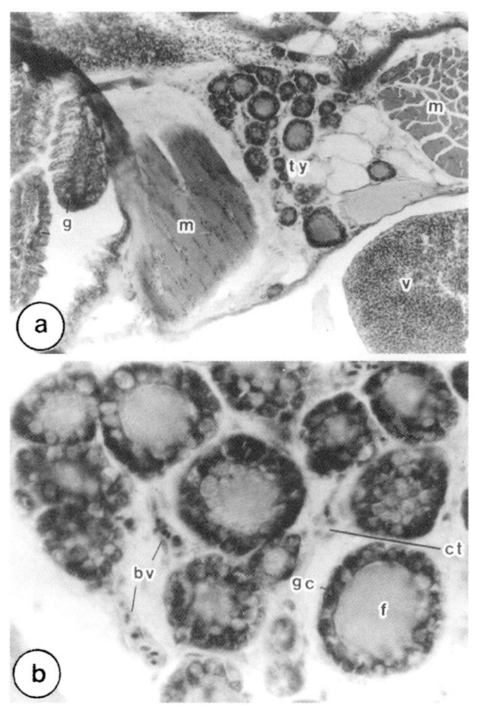

図5・33　メダカの甲状腺（説明，本文参照）
b は a の甲状腺の拡大.

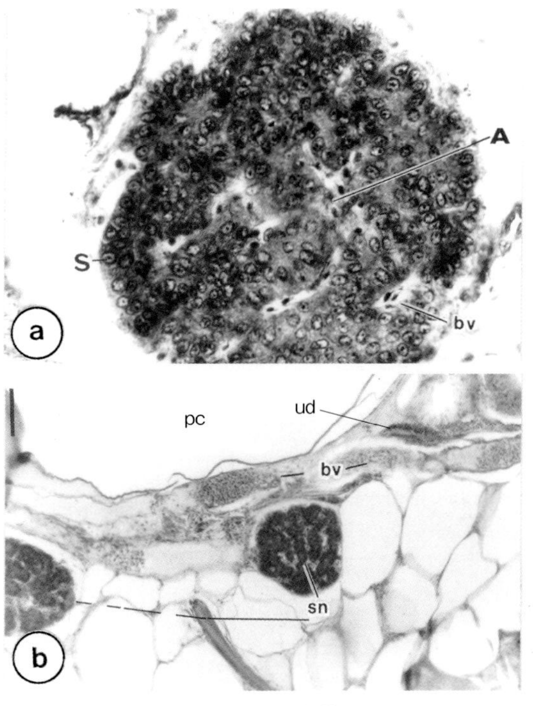

図5・34　メダカのスタニウス小体（説明，本文参照）
a は b スタニウス小体（sn）の拡大.

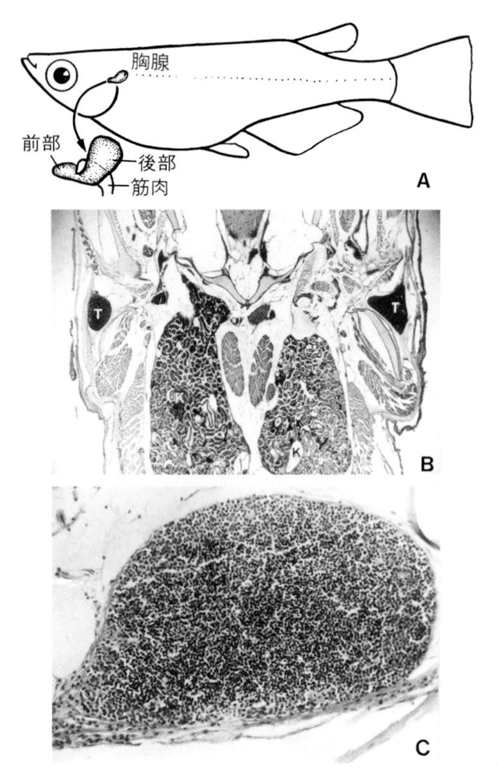

図5・35　メダカの胸腺の形態
A：立体図，B：水平切片にみる胸腺(T)と腎臓(k)，C：胸腺。

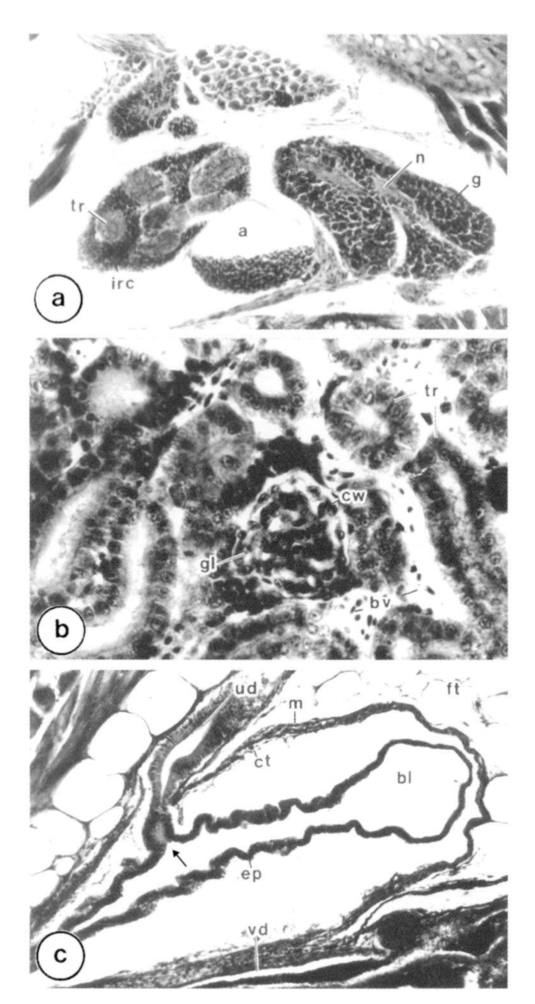

図5・36　メダカの泌尿器官の組織（説明，本文参照）

５・15)。その主要部は動脈（図５・36aのa）の両側左右ほぼ相称のヘラ状の頭腎（hk，図５・36a，図５・37）を形成し，食道背方の脊椎骨の両側の腹面に位置している（Ogawa, 1961, 1962）。

腎臓は体腔の背部前方にあり，腎臓頭部 head kidney（頭腎）と体腎 body kidney（腎小体）とからなっている。発生過程を見ると，頭腎は前腎から生じ，腎小体は中腎からできる。頭腎部は前方が離れたT字の葉状に左右に張り出した形状をしており，体腎が後方に延びている。尾静脈の主流は腎臓には分枝せず，直接右側の後主静脈 posterior cardinal vein となり，静脈洞 sinus venosus に戻る。体腎は発生学的にみて，中腎 mesonephros に当たり，腎臓頭部は糸球体 glomerulus（gl）と細尿管 uriniferous tubule（tr）の退化を伴った造血リンパ組織 hemopoietic lymphoid tissue である。腎臓頭部（頭腎）が前腎 pronephros と考える報告もある（竹下，1918）。広塩性のメダカの腎臓にはリンパ組織からなる頭腎といわれる部分がないという報告もある（Oguri, 1961）。腎臓の構造は皮質部分に平均61~62 μmの直径のボーマン氏嚢 capsule of Bowman（cw）の単層上皮細胞に取り囲まれた糸球体（毛細血管の塊；平均52~58 μmの直径：図５・36b）と，その頚部 neck segment（直径18 μm，長さ25 μm），第１部（直径29 μm）と第２部（直径35~46 μm）とからなる近位 proximal segment と直径32~38 μmの遠位 distal convoluted segment 細尿管，及び集合管からなっている。近位細尿管は大部分が第２近位細尿管である。第２近位細尿管は高い円柱形の細胞からなり，これらの細胞はフロキシン phroxine とか鉄ヘマトキシリンでよく染まる微小顆粒（ブアン固定ではみられない）をたくさん含んでいる。第１近位細尿管は刷子縁 brush border をもつ低い円柱形の細胞からなり，これらの細胞はフロキシン陽性の直径１~５ μm の円い顆粒をもつ。これらの顆粒は鉄ヘマトキシリンでよく染まるが，ブアン固定のサンプルでは観察できない。この第２近位細尿管と直結した遠位細尿管は刷子縁のない弱塩基性細胞からなる。遠位細尿管に連な

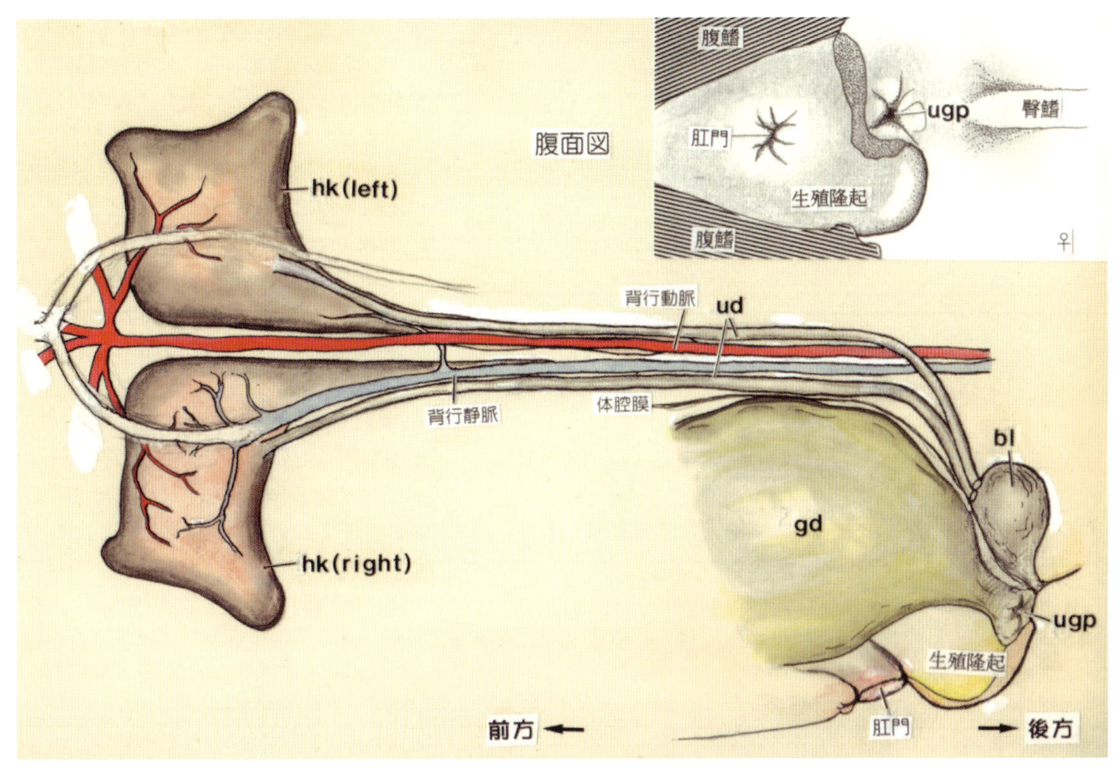

図5・37　メダカの排泄器官の外部形態（腹側）（説明，本文参照）

る最初の集合管は高い円柱形の細胞からなり，それらの細胞の細胞質は弱塩基性である。

副腎は，明確な形態を示さないが，頭腎の前端部域に好酸性の間腎細胞 interrenal cell（irc）（直径 4 ~4.5 μm）とこれらよりやや大きい弱塩基性のクロム親和性細胞 chromaffin cellとからなる（図 5・36a）。好酸性の副腎細胞（g）とこれらよりやや大きい弱塩基性のクロム親和性細胞とからなる副腎は，1 ~ 3 細胞層として主静脈の内皮に接している（Ogawa, 1960; Oguri, 1961）。これらの副腎細胞とクロム親和性細胞は腎臓の左側より右側に多く含まれている。クロム親和性細胞はツェンカー・ホルマリン固定によってクロマフィン反応に陽性となる。

細尿管は，ヘマトキシリンで淡染される円筒形の単層上皮からなり，毛細血管に取り巻かれつつ，太い輸尿管 ureter（ud）に変わって，脊椎腹壁を後方に向かって大動脈（a）と静脈（v）に並走する（図 5・38）。腹腔の後壁を下降する輸尿管は膀胱 urinary bladder（bl）に開口している（図 5・36cの矢印）。膀胱基部の構造をみると，管の外側に核をもつ厚い上皮細胞層（ep）とその外側に粘膜状結合組織（ct）があり，輪走筋が取り巻き，最外層に縦走筋がある。上皮細胞には比較的大きい球状の細胞が散在している。膀胱から出ている尿道は，短く，途中で生殖巣（gd）からの輸精管（vd）と合体して，肛門（an）の後方の泌尿生殖口（ugp）に至る（図 5・37）。

8．生殖器官　Genital organs

a. 精巣 Testis

精巣は左右の合体した形態をもち，体軸に沿って細長い。それは背側の体腔壁をなす隔膜（図 5・39c, Dp）とは背面中央に合体の痕跡を示す黒色の薄膜でくっついている。精巣の表面を単層扁平上皮の漿膜 tunica serosa（ts）が被っており，その内側には密着した白膜によって仕切られた精子嚢 spermiocyte（sm）が密に詰まっている（図 5・39a）。精子嚢間には間質細胞 interstitial cell がみられる。精巣の背側と前部腹側の表層には精原細胞 spermatogonia（sg）の詰まった精子嚢が多い。一般に，精巣の最外層の精子嚢には精原細胞が詰まっており，内側に向かうにつれ，同調した分裂中の精母細胞 spermatocyte（sc）を含むものや，その減数分裂 meiosisによって生じた小さい精細胞 spermatid（st）が含まれる精子嚢が配列している。1 精子嚢内の生殖細胞の成熟状態は，ほぼ同じである（図 5・39b）。

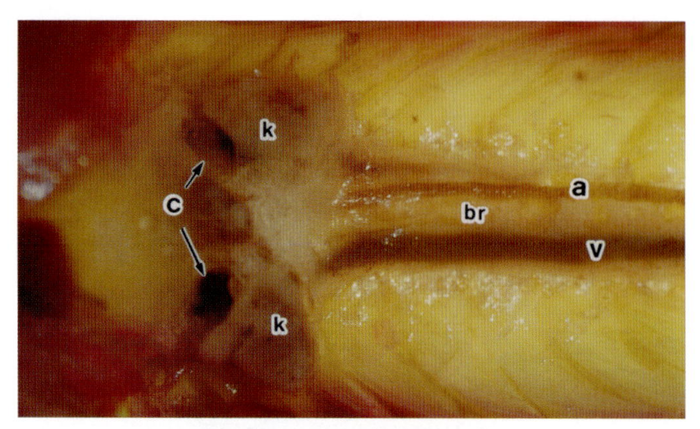

図5･38　メダカの腎臓域の血管
a：背行動脈，br：脊椎，c：静脈洞，k：頭腎，v：背行静脈

そして，精子が成熟すると，精子嚢が細精管側で開口して細精管に通じる。精巣の中央部にあるこの細精管には精細胞が変態してできた精子 spermatozoa（sp）で詰まっており，その壁には筋繊維がみられる。細精管は輸精管（vd）となって泌尿生殖口に至っている。その管の壁には外側を漿膜に包まれた縦走筋が走っており，最内側には白膜が裏打ちしている。この管は外部に開口する途中で膀胱の縦走筋と相接し，尿道とは泌尿生殖口の少し前で合一している。

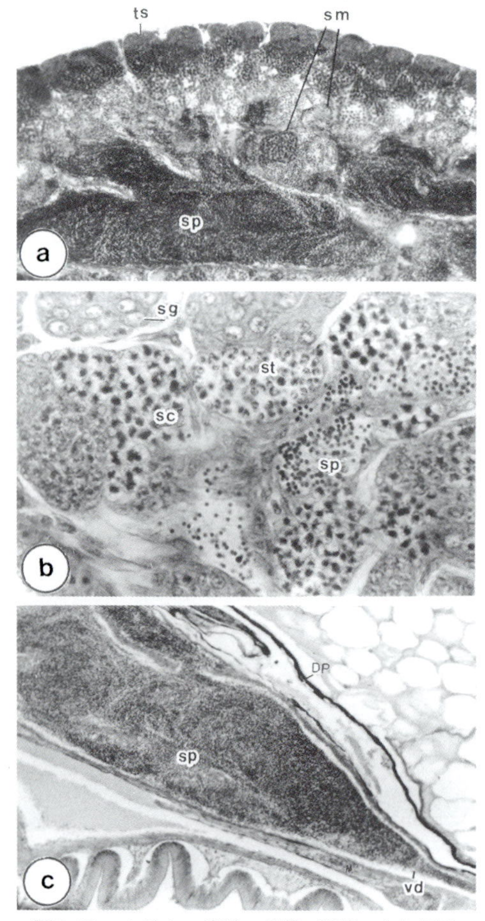

図5･39　メダカの精巣の組織（説明，本文参照）

b. 卵巣 Ovary

生殖期の卵巣（ov）は，不相称の左右卵巣が合体してできており，胴部腔所の腸管の背面にある。背面の卵巣腔 ovarian cavity（ovarian lumen, l）が卵巣嚢 ovarian sac（os）に包まれた背腹にやや扁平で，腹面がやや凹んだ球状体である。これは後方で短い輸卵管 oviduct（ovi）（図５・40）に続いている。卵巣腔をなす卵巣嚢は背面が発達しており，その厚いところでは卵巣腔壁は，血管の多い繊維組織からなる最外層，筋肉性の中間層と繊毛細胞からなる最内層の３層からなる。輸卵管部には繊毛細胞層はない。卵巣（ov）の表面を被う漿膜は単層の薄い上皮である。その内側には卵母細胞を包んでいる濾胞上皮（細胞層）follicular epithelium が接している。すなわち，種々の発達段階にある卵母細胞 oocyte は卵巣上皮近くに分布している（中村ら，未発表）。漿膜内を走る毛細血管は卵巣内に向かって伸び，濾胞細胞層の間に入っている。

若魚（全長17～18 mm）の卵巣をみると，卵巣上皮に包まれたさまざまの大きさの卵母細胞，血管，神経，そして腹底部に結合組織があり，その背面には被さるようにドーム状の卵巣腔とその壁がある。体腔内で，卵巣は体腔膜と腸間膜に付着して定位をとっている。卵巣は，正中線に沿って卵巣間（懸）膜 mesovarium（mo）で背部体腔壁（pe）から懸垂されている（図５・41A）。一方卵巣腹面の上皮には，正中線に沿って背側

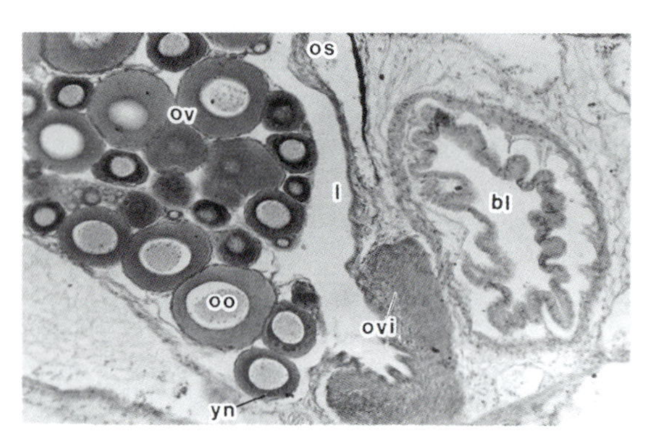

図5･40　メダカの卵巣と輸卵管（説明，本文参照）

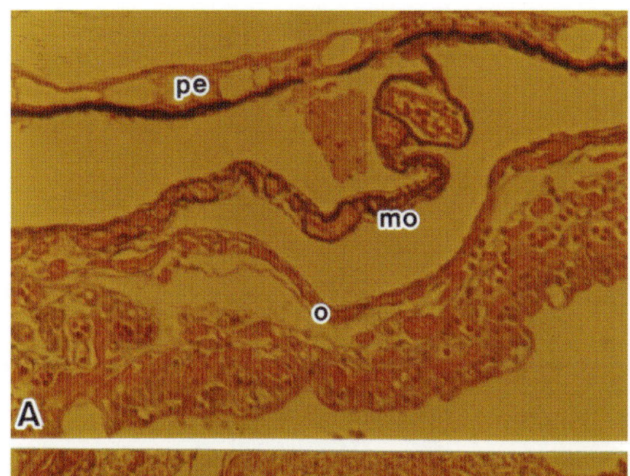

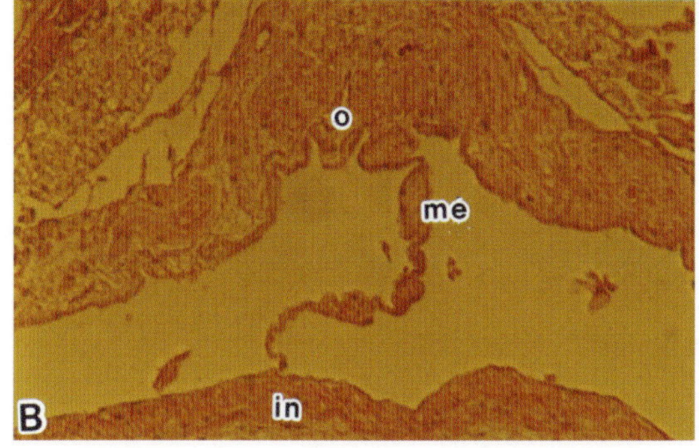

図5・41　メダカの卵巣を支える背腹面の膜構造
A：卵巣背面部，B：卵巣腹面部．
in：消化管，me：背側腸間（懸）膜，mo：卵巣間膜，
o：卵巣，pe：体腔膜（岩松・中村，未発表）．

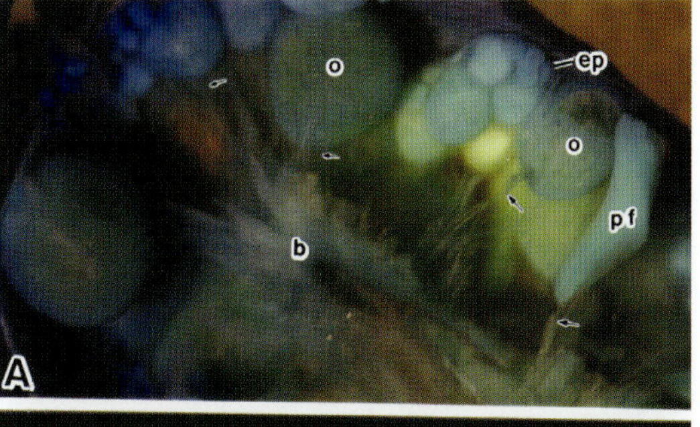

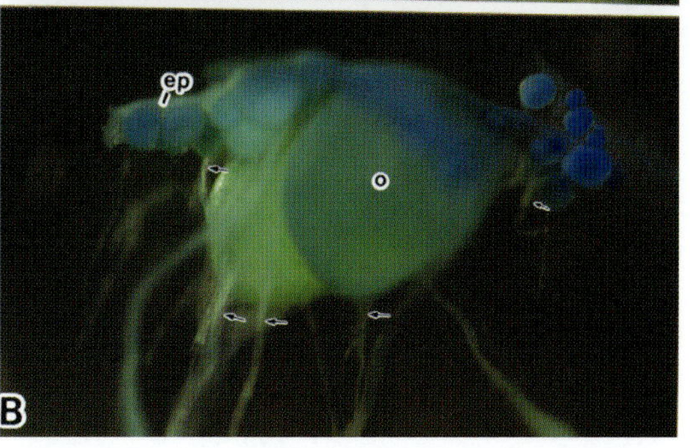

図5・42　メダカの卵巣内の卵母細胞とその繊維状構造
A，切開した卵巣の状態．B，濾胞につく繊維状コード．
b：卵巣腹底部の結合組織，ep：卵巣上皮，o：卵母細胞，
pf：排卵後濾胞，矢印：繊維状コードのひも状構造（st）．

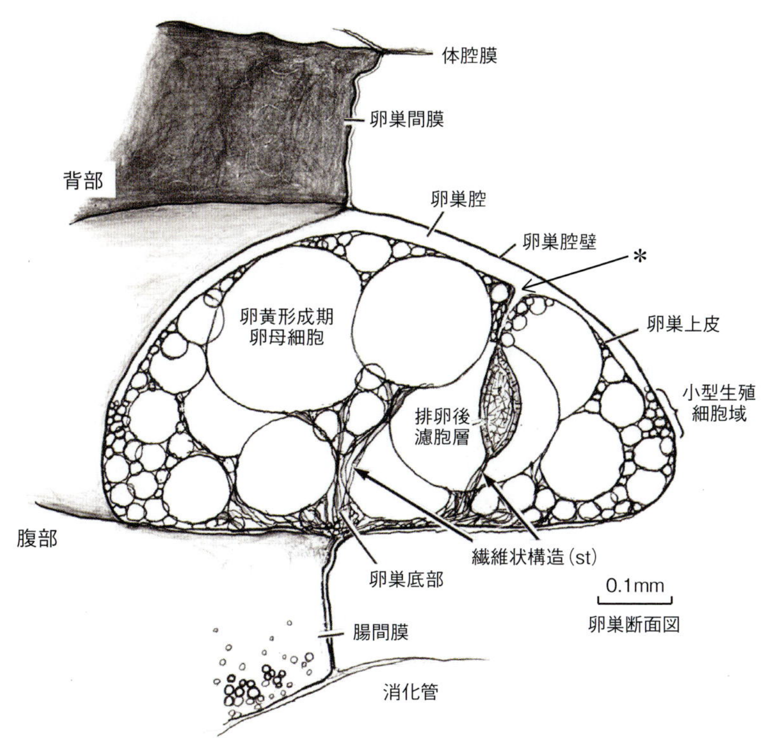

図5・43　メダカの卵巣の断面図（＊排卵後濾胞に引き込まれた窪み）

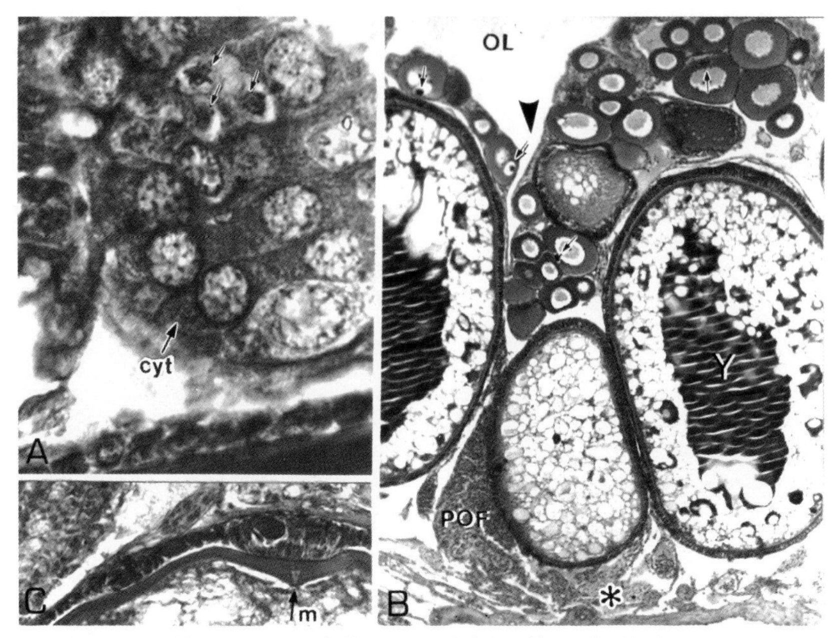

図5･44　メダカ卵巣における発達中の種々の卵母細胞
A：生殖細胞巣（cyt）内に分裂中（矢印）の生殖細胞と卵原細胞がみられる．
B：繁殖期の雌の卵巣で，卵巣表面に見られる深い窪み（矢尻）は排卵して排卵後濾胞（POF）が腹面に付着している繊維状組織（濾胞柄）で卵巣腹側底部（＊）の結合組織に引き込まれて生じる．OL：卵巣腔，Y：卵黄塊，小矢印：卵黄核．
C：卵黄形成期の卵母細胞における動物極の肥厚した卵膜にみられる卵門（m）．
（Iwamatsu *et al.*, 1988）

腸間（懸）膜 dorsal mesentery（me）が着いていて消化管（in）背面に着いている（図5･41B）。このように，卵巣は背側の体腔膜が垂れ下がり，腹側の消化管と連結して体腔内での位置が定まっている。卵巣内の直径約30 μmより大きい種々の卵母細胞はそれらを取り巻く濾胞上皮に結合する繊維状コード fibrous stalk-like structure（st），いわゆる濾胞柄 follicular stalk によって卵巣腹底部の結合組織 abdominal ovarian rete に連結している（図5･42）。卵巣内で卵母細胞（o）の濾胞外層を取り巻く繊維状構造（小矢印）が種々の大きさの卵母細胞や排卵後濾胞（pf）を卵巣底部（b）に結びつけている。排卵後濾胞層（図5･42，図5･43）は繊維状コードによって卵巣腹部側に引き込まれ，そこで退化する。卵巣腹底部の結合組織叢 connective tissue rete に入っている血管は体腔膜に沿って前方のキュービエ管にまで伸びている。卵巣後端では卵巣腔壁が短い輸卵管と連結している。

生殖細胞にはさまざまな成長段階のものがあり，卵巣周縁部に近いところに多く分布する最も小さいものは卵原細胞 oogonia（oo）である。分裂・成長と共に細胞質はヘマトキシリンで淡染されるようになり，仁 nucleolus が核の周縁部に移動する。そのころの卵母細胞には，無数の泡状構造の塊である卵黄核 yolk nucleus（yn; Balbiani's body）が明確になる（図5･44）。さらに成長が進むと，これの消失（粗面小胞体の形成）と平行して胞状小体 vesicle（卵黄小胞；yolk vesicle）がみられるようになる。卵母細胞の細胞質内にこの胞状体の容積が増加し，その数が増えるにつれて卵母細胞は大きくなり，卵巣が大きくなる。やがて，これらの胞状体の間に卵黄小片ができ始め，卵黄塊の成長と共に際立って卵母細胞は大きくなる。膀胱（bl）に近い輸卵管（ovi）は短く，その上皮細胞層の外側の結合組織に挟まれた厚い輸走の平滑筋繊維層が発達している（図5･40）。

遺伝的に雌のメダカに男性ホルモンあるいは雄のメダカに女性ホルモンを，性分化の一時期だけとか，成体に投与した場合などの種々の条件下で，しばしば雄性生殖細胞（精原細胞sg，精子 sp）と雌性生殖細胞（卵母細胞）を生じた卵精巣 ovotestis とか，逆の精卵巣testis-ovumがみつけられる（Egami, 1955a, b, c, d, e, f, 1956a, b, c, 1957; Okada, 1943, 1949, 1964）。

9．脳脊髄　Celebrospinals

脳brain は無色透明の柔膜 pia mater（pm）に包ま

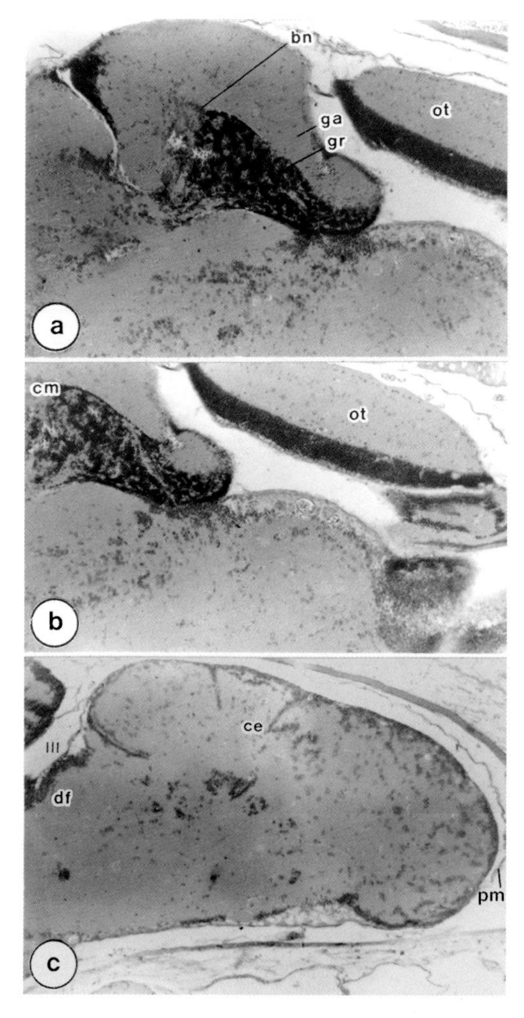

図5･45　メダカの脳の形態（説明，本文参照）

れている。脳の最前端にある大脳（終脳，ce）の皮質は薄く，その後端部分の間脳蓋（df）付近にある腔所が第３脳室（Ⅲ）である（図５･45c）。大脳の後方の膨らみが中脳部で，その下部前端に視神経が入り込んでいる。視神経の大部分は束になって交叉している。その交叉についてみると，右視神経束が背側になっている個体（32）が左視神経束がそうなっている個体（27）よりやや多い傾向がある。脳下垂体はその視神経の入り込んでいる視床下部の腹面下に位置している。

大脳両半球の前端には楕円状の嗅葉（図５･46，図５･47）がある。大脳のすぐ後に接して大きな楕円体の中脳蓋 tectum mesencephali（図５･46c，図５･47：視蓋 optic tectum）（ot）の膨出部がある。組織（図５･45：図５･47）をみると，この視葉の腹面には顆粒層（神経細胞層）stratum granulosum（gr）がある。視葉の後方に，ほぼ菱形の小脳 cerebellum（cm）があって，その後端は高く突出している。小脳皮質は外側から順に分子層 stratum moleculare（bn），神経細胞層（ga）及び顆粒層（gr）からなっている（図５･45a）。

脊髄 spinal cord（sc）は柔膜に包まれ，延髄の後方から尾部へ向けて脊椎 vertebra（vt）の背部の結合組織（ct）と接して椎孔を走る。背行血管（bl）は脊椎骨の腹部の血管孔を体軸に沿って走る（図５･48c）。脊髄の中心を縦に走る脊髄中心管 canalis centralis（cc）の周りに灰白質の中間質中心部 substantial intermedia centralis（sic）がある。その中心管の背壁には膠様質の長い小細胞があり，腹壁には球状核をもつ細胞がほぼ１層に配列している中間質中心部を取り囲む背核・腹核には大小の顆粒細胞と巨大神経細胞がみられる。正中背中隔 septum dorsal medium の背索 funiculus dorsalis 皮質部分には小さい顆粒細胞（sgc）とその間にやや大きい顆粒細胞（lgc）が散在している（図５･48）。脊髄内には毛細血管（bv）がたくさん入り込んでいる。背索の背面は，特殊な繊維組織が被われている。白質の背索（fd），側索 funiculus lateralis，腹索 funiculus ventralis（fv）は神経繊維からなっている。

メダカを用いた発生学，神経解剖学，神経生理学，及び行動学的研究のための基本となる野生（HNI）近交系統メダカの脳アトラスが石川ら（1999）によって作成されている（図５･47－1～22）。このアトラスにおける神経核や神経繊維の描写や命名法には，フランスの Anken and Bourrat（1998）のものとは多少一致しない点がある。残念なことに，このアトラスには Anken and Bourrat（1998）に記載されている脳縦断切片の記載がなされていない。

固定された脳は，厚い（40 μm）切片にしてクレシル・バイオレットcresyl violetで染めるニッスルNissl法（図５･47－1～22のA），及びやや厚い（15 μm）切片にして染色するボディアン・大塚 Bodian-Otsuka法（図５･47－1～22のB）で観察されている。種々の硬骨魚における脳の構造を定点の照合・比較しながら同定し，構造識別するためには神経のトレーサーとしてカーボシアニン色素（1,1'-dioctadecyl-3,3,3',3'-tetramethyl iodocarbocyanine perchlorate: DiI）を用いてホドロジー的な実験がなされている。

10．視床下部　Hypothalamus

視床下部の神経分泌細胞は，脂肪体（周縁体 perikaryon）が著しく弱いモノアミンオキシダーゼ（MAO）活性を示すに過ぎない。MAO-陽性繊維は神

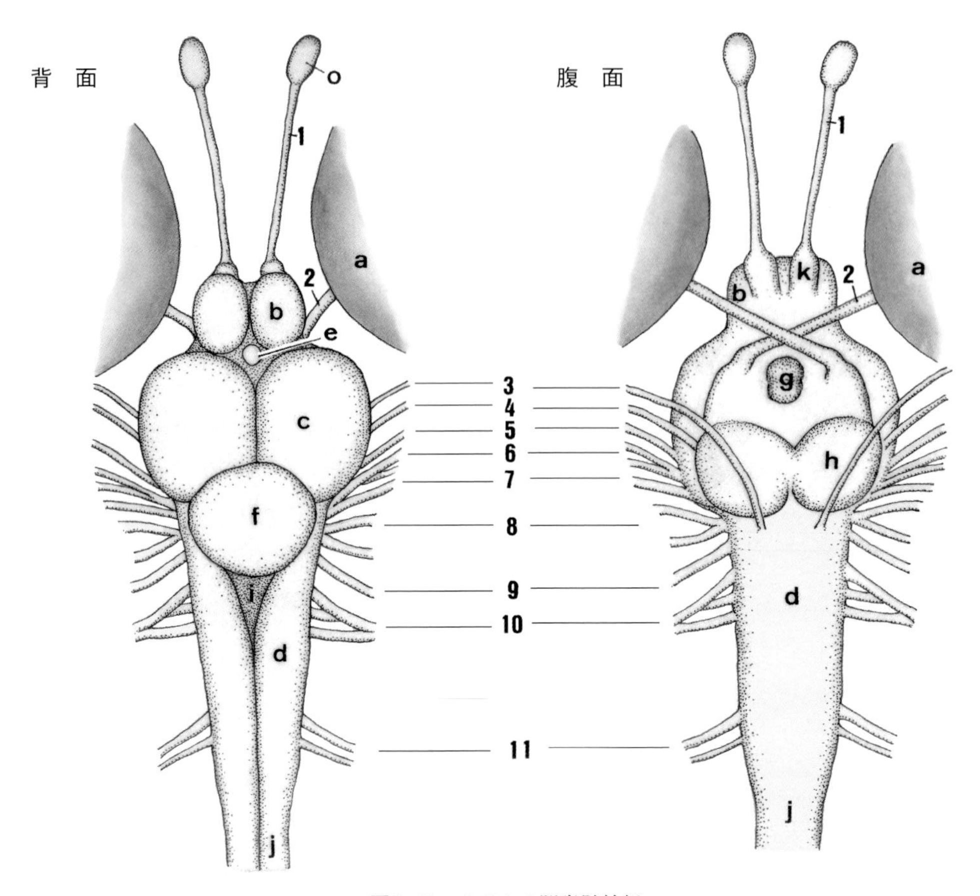

図5・46　メダカの脳脊髄神経
a：眼球，b：大脳，c：中脳蓋（視葉），d：延髄，e：松果腺，f：小脳，g：脳下垂体，h：漏斗，i：菱形窩，j：脊髄，k：嗅葉，o：嗅球，
1. 嗅葉突起，2. 視神経，3. 動眼神経，4. 滑車神経，5. 外転神経，6. 三叉神経，7. 顔面神経，8. 聴神経，9. 舌咽神経，10. 迷走神経，11. 第１脊髄神経

経分泌細胞に接している（図５・49)。灰白隆起外側核 nucleus lateralis tuberis（NLT）には，MAOに弱くしか反応しない細胞と強く反応する細胞（黒）の２型（矢印）がある。神経交叉上部の視索前核 nucleus preopticus（NPO）とNLTとにはMAO陽性の神経細胞が入り込んでおり，働いている。脳下垂体の前部にはNLTから伸びたMAO-陽性の２つの神経繊維の束が第３脳室（ⅢV）の各側面に沿って前葉の主葉 pars distalis（ANH）内に下行している。さらに無数のMAO-陽性の繊維が視索後域 postoptic area（PNH）から後方に伸び，後葉と前葉の中間葉 pars intermedia（PI）との間に分布している毛細血管叢に密に存在する（Urano, 1971)。

11. 松果腺　Pineal gland

メダカの生殖系の活動にも他の脊椎動物と同様に，光が関係しており（Robinson and Rugh, 1943; Egami, 1954b; Yoshioka, 1962, 1963, 1966），それにはメラトニンを分泌する松果腺（体）（PG）が関わり合っていることが知られている（Urasaki, 1972a, b, 1973, 1974)。メダカの松果腺は，皮膚（sk），鱗（sl）の下の頭蓋をなす額骨（skl）の腹面にあって，松果腺胞 pineal vesicle（PV）と松果腺茎（柄）pineal stalk（PS）とからなっている（図５・46，図５・50a, b)。

松果腺胞は，柔膜 pia mater（pm）に包まれて大脳 telencephalon（ol）の正中線に沿った後方上部にあって，扁平な卵円盤状（幅350 μm，厚さ35~40 μm，長さ250~300 μm; Takahashi and Kasuga, 1971）である。それは間脳蓋 diencephalic roof（df）の背部後面の手綱交連 commissure habenular（ch）と交連下器官 subcommissural organ（so）に直径30~45 μmの松果腺茎で連なっている。間脳蓋背面の凹みは第３脳室（Ⅲ）

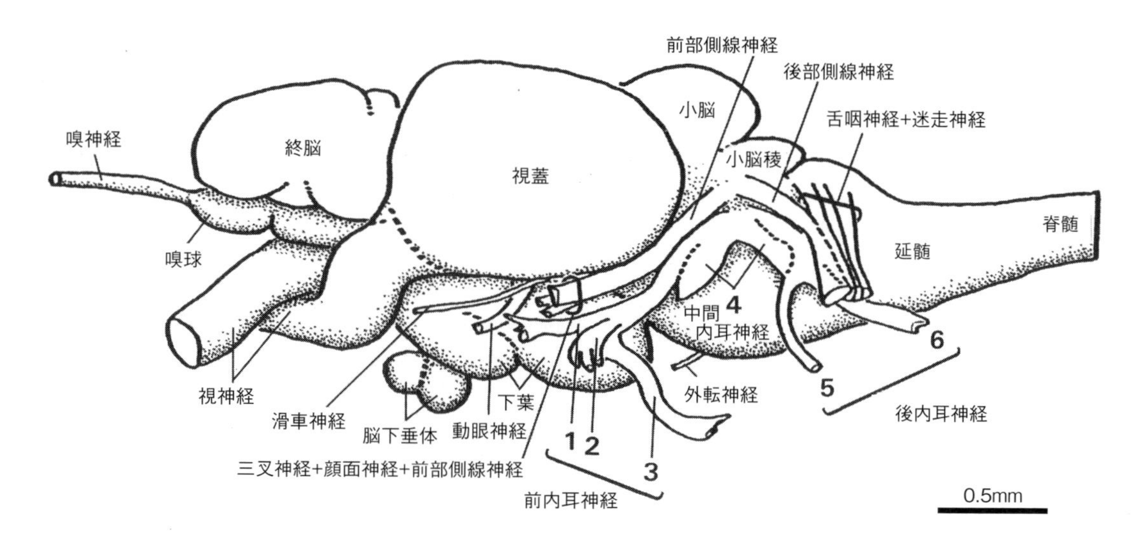

図5・47　メダカの脳脊髄神経側面（Ishikawa *et al*., 1999）

表５・１　脳脊髄神経の組織図５・47－１～22中の略号説明

略号	構造用語	略号	構造用語
a	Mauthner axon マウスナー軸索	DO	descending octavus nucleus 下行性内耳核
AON	anterior octavus nucleus 前内耳核	Dp	area dorsalis telencephali pars posterior 終脳背側野後部
AP	area postrema 最後野	E	epiphysis (pineal organ) 松果腺(体)
APT	area pretectalis 視蓋前野	EC	efferent cells of octavus nerve 内耳神経の遠心性細胞
BO	bulbus olfactorius 嗅球	EG	eminentia granularis 顆粒隆起（丘）
ca	commissura anterior 前交連	EW	nucleus Edinger-Westphal エディンガー・ウェストファール核
CAN	caudal nucleus 尾部核	fan	fibrae ansulatae アンスラータ繊維
cans	commissura ansulata アンスラタ交連	fe	fissura endorhinalis エンドルフィン裂
cc	canalis centralis 中心管	fd	funiculus dorsalis 脊索
cce	commissura cerebelli 小脳交連	fi	funiculus lateralis 側索
CD	cornu dorsale 背角	flm	fasciculus longitudinalis medialis 内側縦束
CE	corpus cerebelli 小脳体	fr	fasciculus retroflexus 反転束
cgs	commissure of nucleus gustatorius secundarius 第２味覚核交連	fv	funiculus ventralis 腹索
ch	commissura horizontalis 水平交連	G	granule population 顆粒核（集団）
cho	chiasma opticum 視神経交叉	GA	corpus glomerulosum pars anterior 前部糸球体部
CM	corpus mamillare 乳頭体	GR	corpus glomerulosum pars rotunda
cmi	commissura minor 小交連	H	hypophysis 脳下垂体
cp	commissura posterior 後交連	HB	habenula 手綱
CR	crista cerebellaris 小脳稜	IM	nucleus intermedius 中間核
ct	commissura transversa 横交連	LC	locus coeruleus 青斑核
CV	cornu ventrale 腹角	lfb	lateral forebrain bundle 外側前脳束 (fasciculus lateralis telencephali)
Dc	area dorsalis telencephali pars centralis 終脳背側野中心部	LI	lobus inferior 下葉
Dd	area dorsalis telencephali pars dorsalis 終脳背側野後部	ll	lemniscus lateralis 外側毛帯
dDI	dorsal region of DI終脳背側野外側部の背部位	M	cellular Mauthneri (Mauththner cell) マウスナー細胞
dDm	dorsal region of Dm終脳背側野内側部の束 (fasciculus medialis telencephali)	MCN	magnocellular octavus nucleus マグノ細胞性内耳神経核
DI	area dorsalis telencephalis pars lateralis 終脳背側野外側部	MED	medulla oblongata 延髄
DLT	nucleus dorsolateralis thalami 視床背外側核	mfb	medial forebrain bundle 内側前脳背部位
Dm	area dorsalis telencephali pars medialis 終脳背側野内側部	MN	nucleus medialis 内側核
DM	nucleus dorsomedialis thalami 視床背内側核		

nALL　nervus lineae lateralis anterior 前外側線神経
NAT　nucleus anterior tuberis 前隆起核
NC　nucleus corticalis 皮質核
NCC　nucleus commissuralis Cajal カジャル交連核
NCLI　nucleus centralis of inferior lobe 下葉の中心核
NDLI　nucleus diffusus lobi inferioris 下葉分散核
NDTL　nucleus diffuses tori lateralis 外側隆起分散核
NE　nucleus entopeduncularis 内脚核
NF　nucleus funiculi 索核
NFl　nucleus funiculi lateralis 後索外側核
NFLM　nucleus of fasciculus longitudinalis medialis 内側縦束核
NFm　nucleus funiculi medialis 後索内側核
NGS　nucleus gustatorius secundarius 第2味覚核
NI　nucleus isthmi 峡核
NIP　nucleus interpeduncularis 脚間核
NLT　nucleus lateral tuberis 外側隆起核
NLV　nucleus lateralis valvulae 弁外側核
NP　nucleus pretectalis 視蓋前核
NPAC　nucleus paracommissuralis 傍交連核
NPC　nucleus of posterior commissure 後交連核
nPLL　nervus lineae lateralis posterior 後部外側線神経
NPPv　nucleus posterioris periventricularis 脳室周囲後核
NPT　nucleus posterior thalami 視床後核
NR　nucleus ruber 赤核
NRL　nucleus recessus lateralis 外側再会核
NRP　nucleus recessus posterioris 後側再会核
NRPH　nucleus Raphes ラーフェの核
NTA　nucleus tangentialis 接線核
NTMT　nucleus tractus mesencephalicus nervi trigemini 三叉神経中脳路核
NVT　nucleus ventralis tuberis 隆起腹側核
nI　nervus olfactorius 嗅神経
nII　nervus opticus 視神経
nIII　nervus oculomotorius 動眼神経
NIII　nucleus nervi oculomotorii 動眼神経核
nIV　nervus trochlearis 滑車神経
NIV　nucleus nervi trochlearis 滑車神経核
nV　nervus trigeminus 三叉神経
NVm　nucleus motorius nervi trigemini 三叉神経運動核
nVI　nervus abducens 外転神経
nVII　nervus facialis 顔面神経
nVIII　nervus octavus 内耳神経
nIX　nervus glossopharyngeus 舌咽神経
NIXm　nucleus motorius nervi glossopharyngei 舌咽神経運動核
nX　nervus vagus 迷走神経
NXm　nucleus motorius nervi vagi 迷走神経運動核
OI　oliva inferior 下オリーブ
PGc　nucleus preglomerulosus pars medialis commissuralis 糸球体核交連内側部
PGm　nucleus preglomerulosus pars medialis 糸球体核内側部
PO　nucleus preopticus 視索前核
POm　nucleus preopticus pars magno-cellularis 視索前核マグノ細胞部
PON　posterior octavus nucleus 後部内耳神経核
Pop　nucleus preopticus pars parvocellularis 小細胞性部視索前核
PS　nucleus pretectalis superficialis 浅前視蓋核
pTGN　preglomerular tertiary gustatory nucleus 糸球体第3味覚核
RF　reticular formation 網様体
RFm　medial reticular zone 内側網膜帯
rl　recessus lateralis 外側陥凹
rv　radix ventralis 前根
SC　spinal cord 脊髄
slt　sulcus limitans telencephali 終脳境界溝
SO　secondary octaval population (medial auditory nucleus of medulla) 第二内耳神経核（集団）
sy　sulcus ypsiloniformis イプシロン形溝
TE　telencephalon 終脳
tela　ep tela ependymalis 上衣組織
tgs　tractus gustatorius secundarius 二次味覚路
tgt　tractus gustatorius tertius 三次味覚路
TL　torus longitudinalis 縦隆起
tmc　tractus mesencephalocerebellaris 後脳・小脳路
TO　tectum opticus 視蓋
tol　tractus olfactorius lateralis 外側嗅索
tom　tractus olfactorius medialis 内側嗅索
tro　tractus opticus 視索
trod　tractus opticus dorsomedialis 背内側視索
trot　tractus rotundus ロトンダ路
trov　tractus opticus ventrolateralis 背外側視索
TS　torus semicircularis 半円隆起
ttb　tractus tectobulbaris 視蓋延髄路
ttbc　tractus tectobulbaris cruciatus 首側視蓋延髄路
ttbr　tractus tectobulbaris rectus 直筋視蓋延髄路
tV　radix descendens nervi trigemini 三叉神経下行根
tvs　tractus vestibulospinalis 前庭脊髄路
VC　valvula cerebelli 小脳弁
Vd　area ventralis telencephali pars dorsalis 終脳腹側野背側部
vDl　ventral region of Dl DIの腹側部位
vDm　ventral region of Dm Dmの腹側部位
vec　ventriculus communis 共同脳室
ved　ventriculus diencephali 間脳脳室
vem　ventriculus mesencephali 中脳脳室
ver　ventriculus rhombencephali 菱脳脳室
Vi　area ventralis telencephali pars intermedia 終脳腹側野中間部
Vl　area ventralis telencephali pars lateralis 終脳腹側野外側部
VM　nucleus ventromedialis thalami 視床腹内側核
Vp　area ventralis telencephali pars posterior 終脳腹側野
Vs　area ventralis telencephali pars supracommissuralis終脳腹側野上交連部
Vv　area ventralis telencephali pars ventralis 終脳腹側野腹側部
VIIL　lobus facialis 顔面神経葉
XL　lobus vagi 迷走神経葉

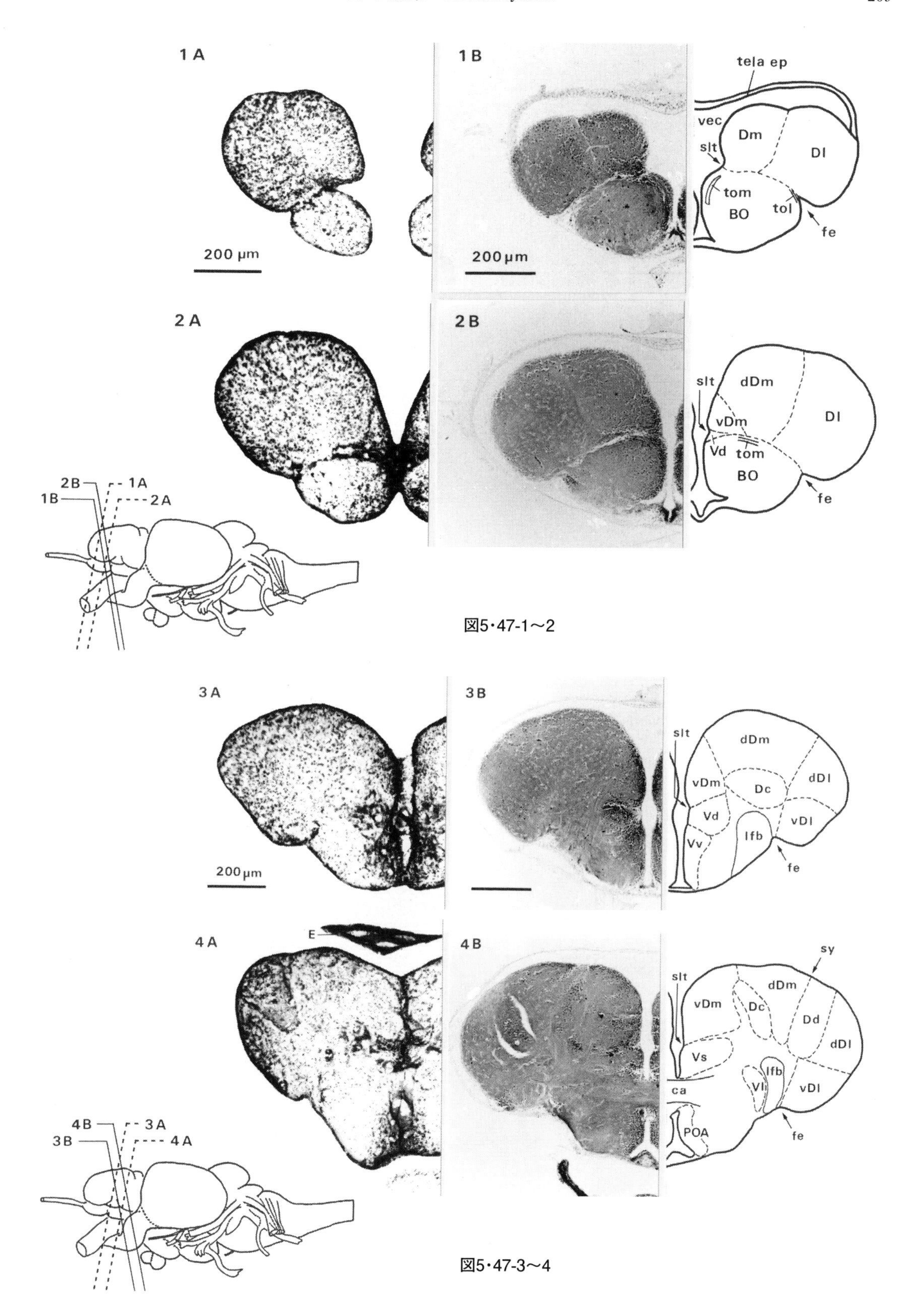

図5･47-1～2

図5･47-3～4

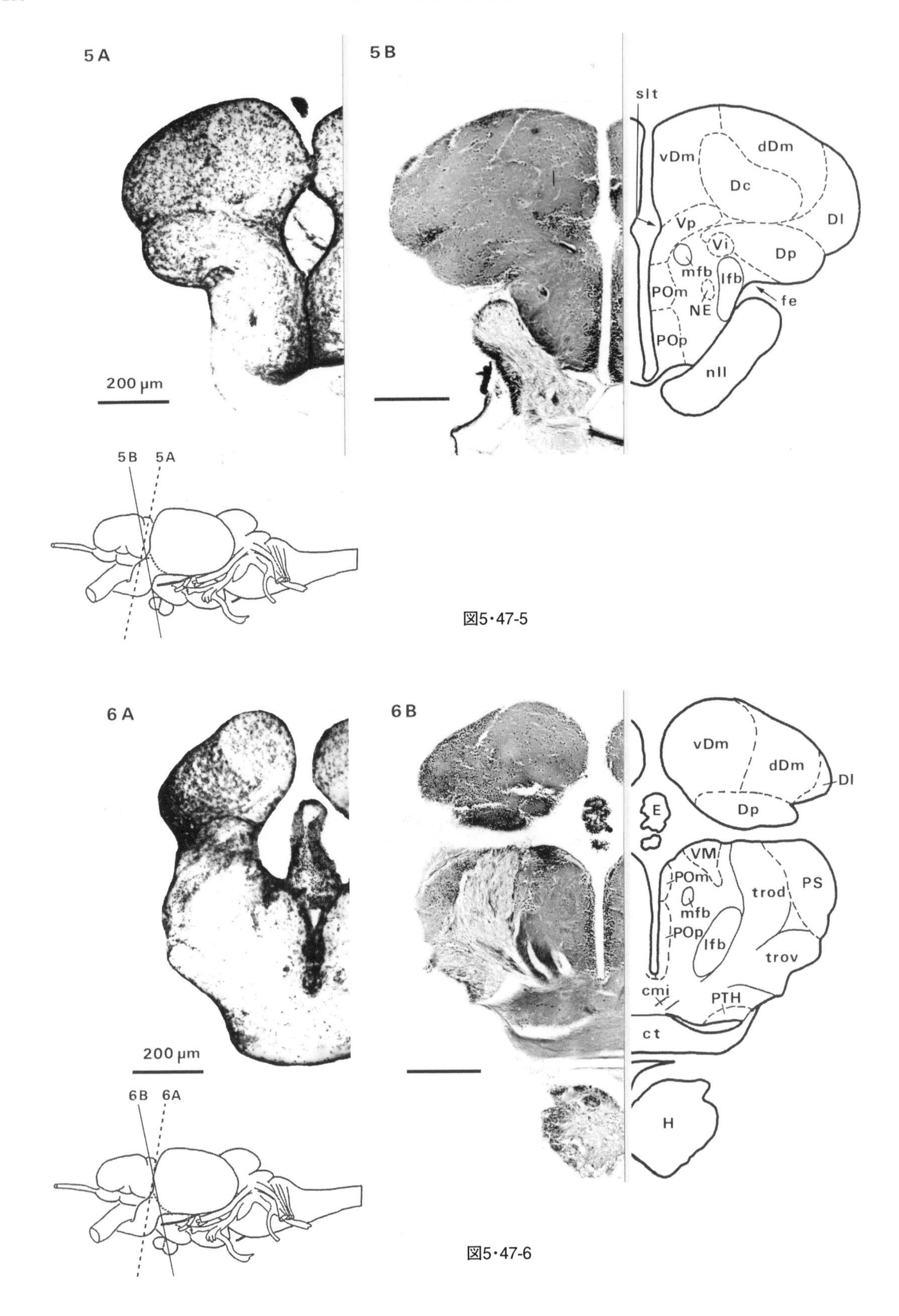
5A
5B
200 µm
slt
vDm
dDm
Dc
Dl
Vp
Vi
Dp
mfb
lfb
POm
NE
fe
POp
nII
5B 5A
6A
6B
200 µm
vDm
dDm
Dl
E
Dp
VM
POm
trod
PS
mfb
POp
lfb
trov
cmi
PTH
ct
H
6B 6A

図5･47-5

図5･47-6

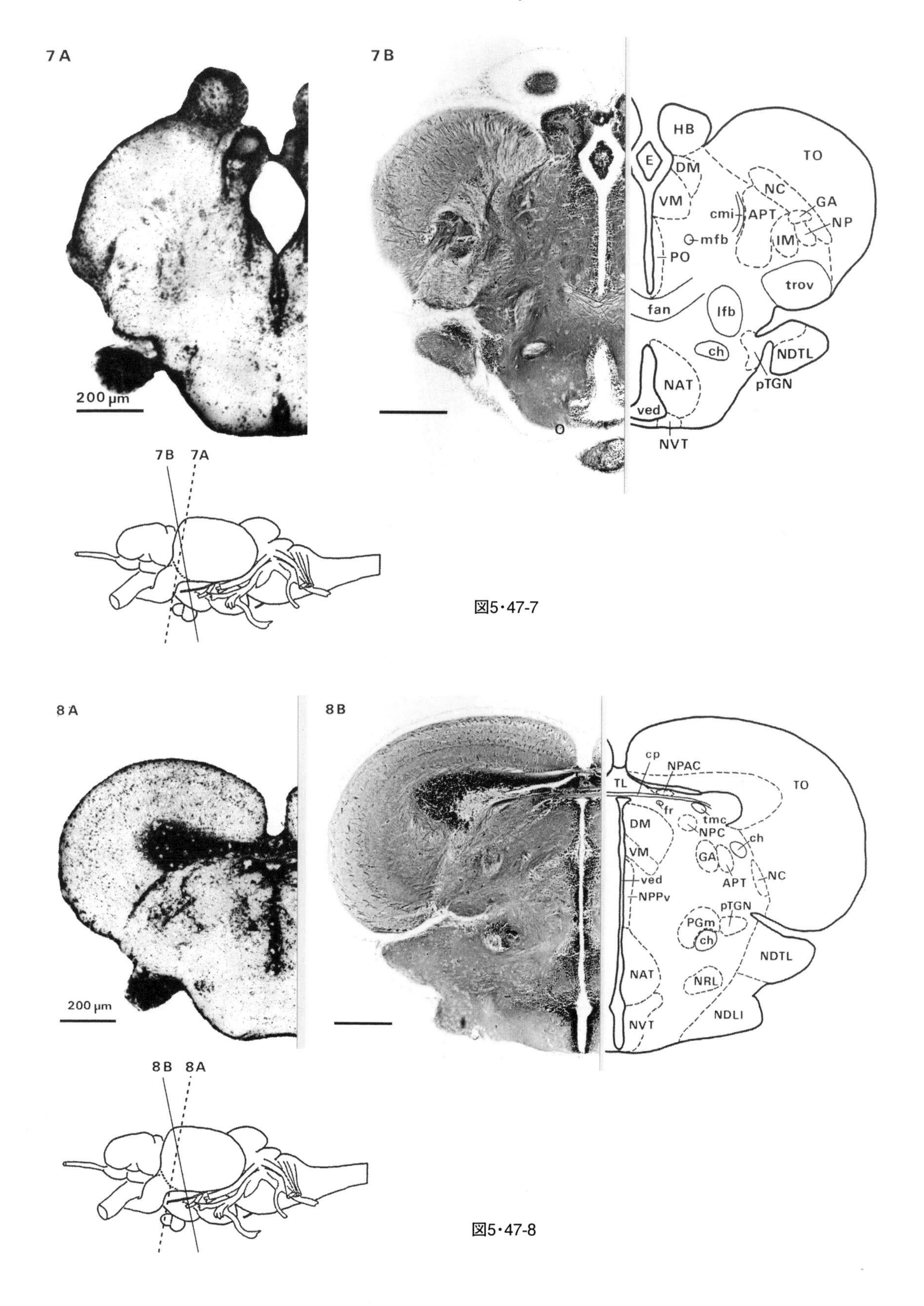
7A
7B
HB
TO
E
DM
NC
VM
GA
cmi
APT
NP
mfb
IM
PO
trov
fan
lfb
ch
NDTL
NAT
pTGN
ved
NVT
200 μm
7B 7A
8A
8B
cp
NPAC
TL
TO
fr
tmc
DM
NPC
ch
VM
GA
APT
NC
ved
NPPv
pTGN
PGm
ch
NDTL
NAT
NRL
NDLI
NVT
200 μm
8B 8A

図5・47-7

図5・47-8

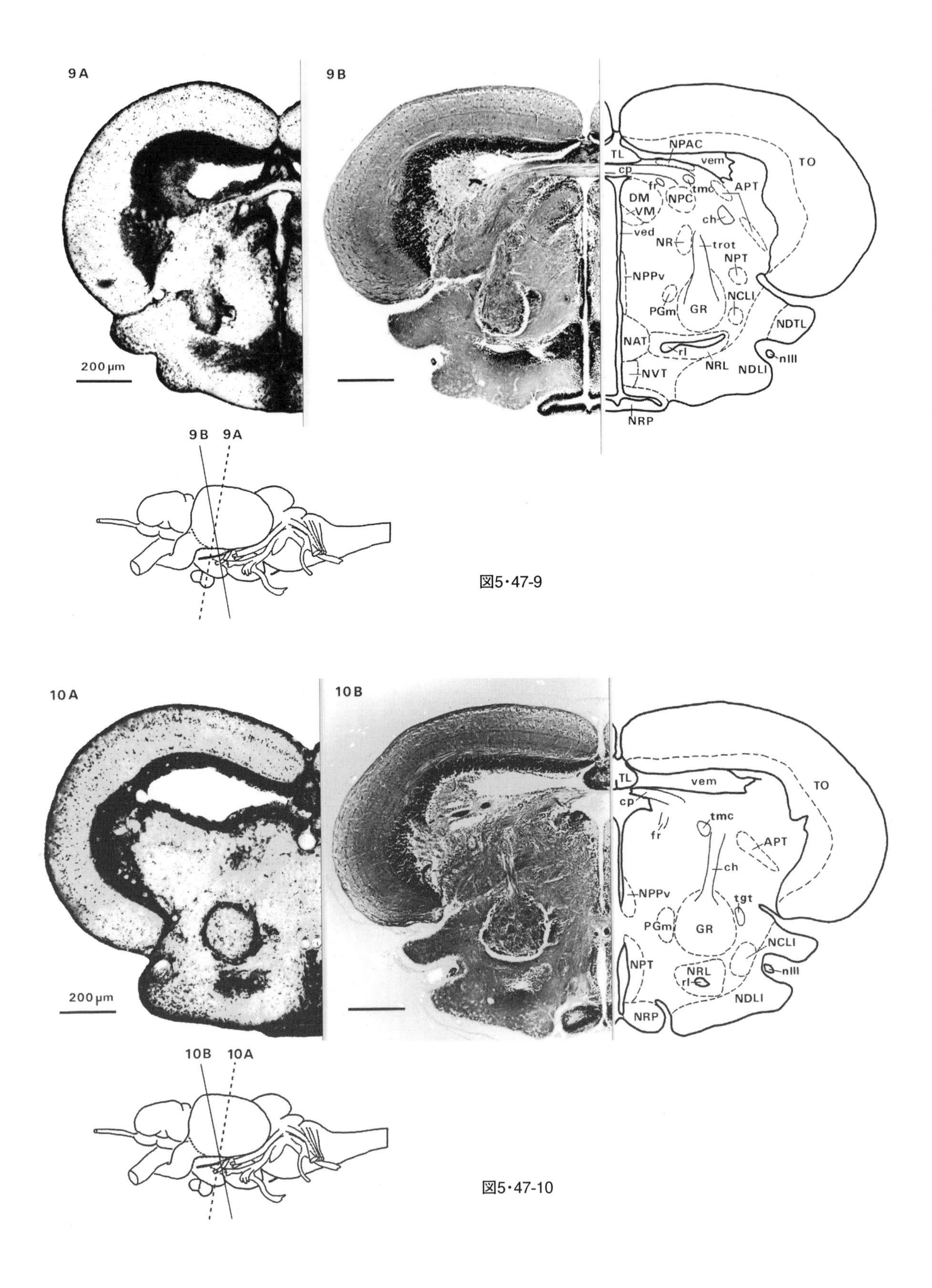

図5・47-9

図5・47-10

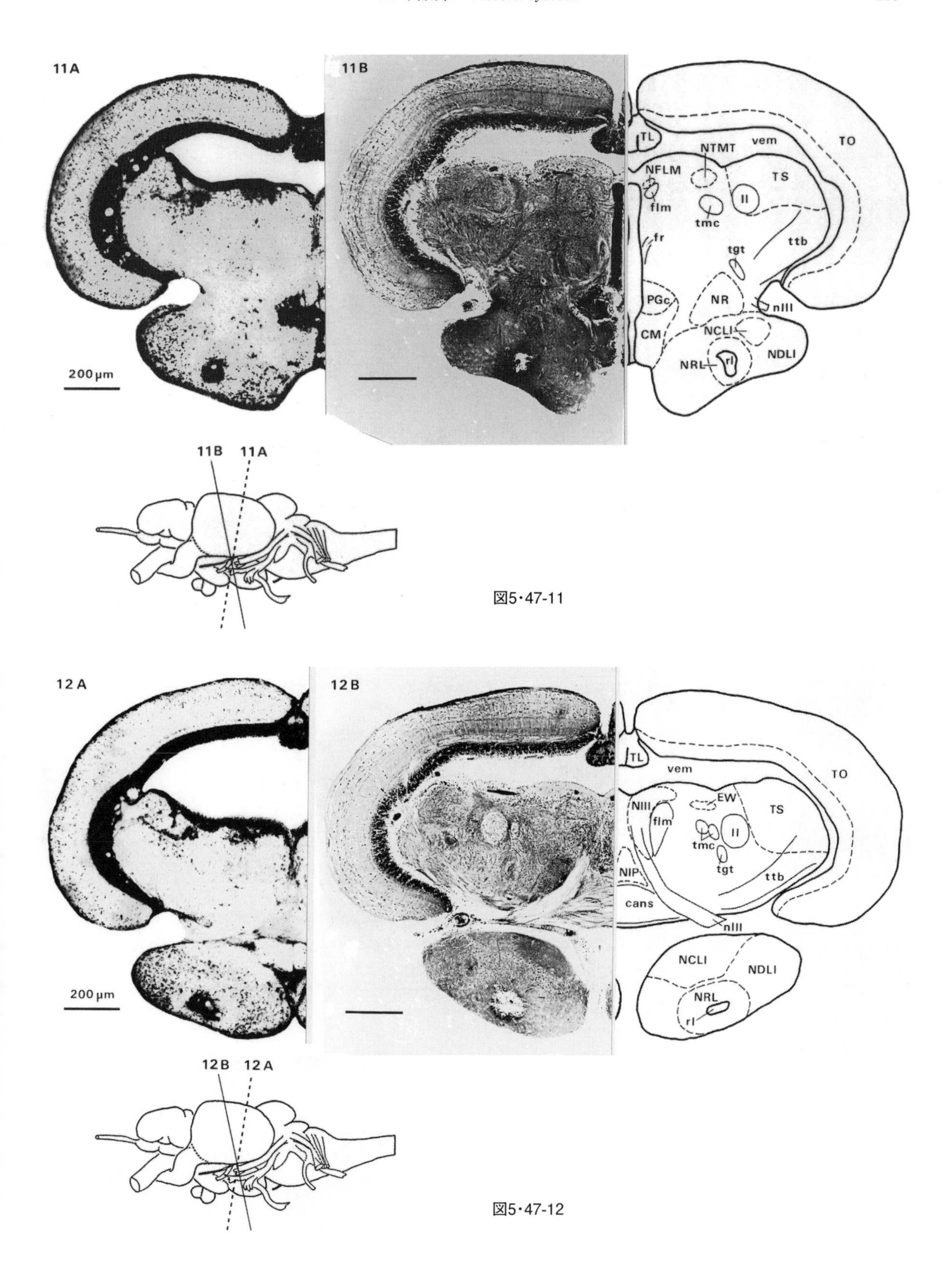

図5・47-11

図5・47-12

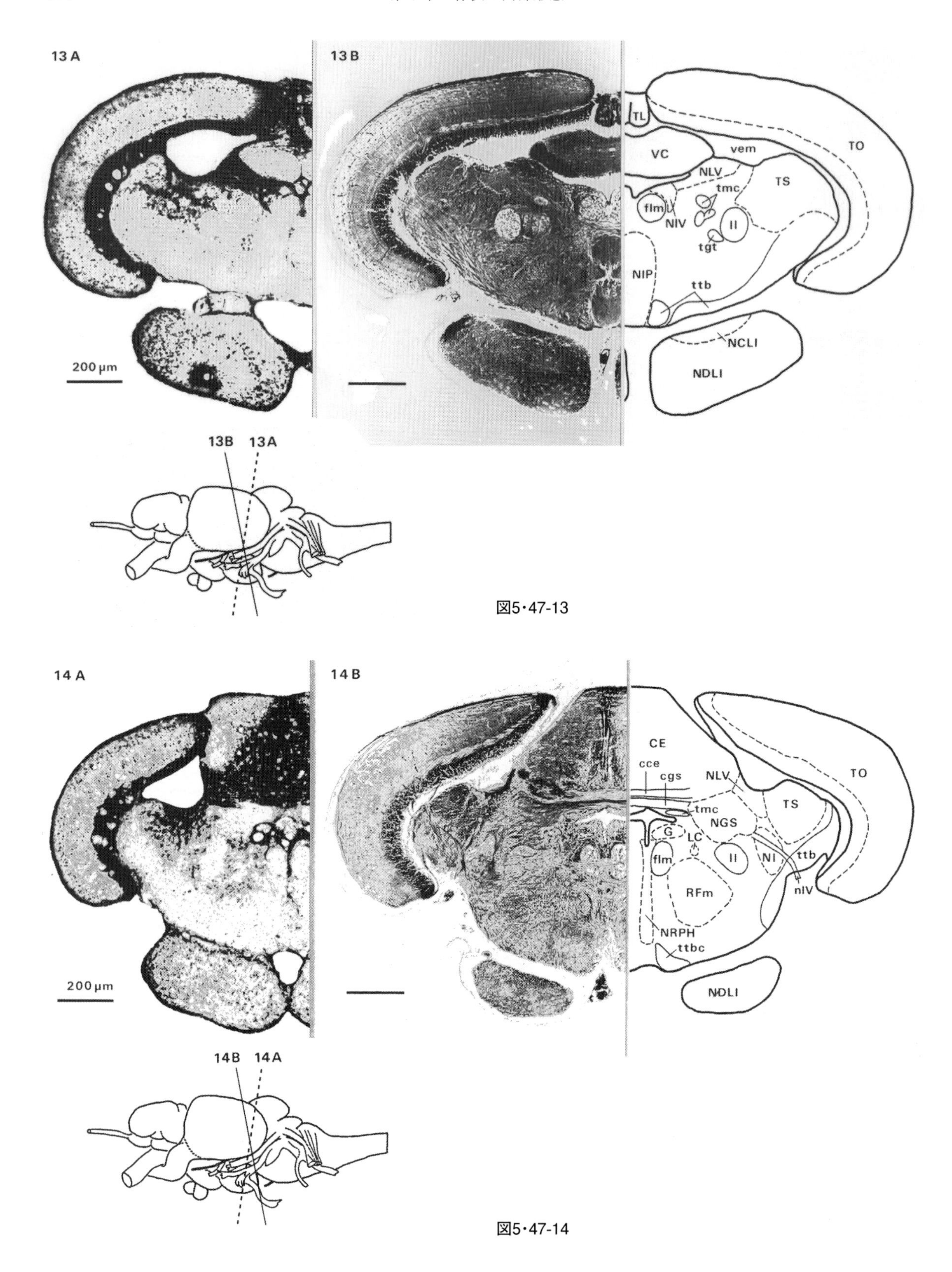

図5・47-13

図5・47-14

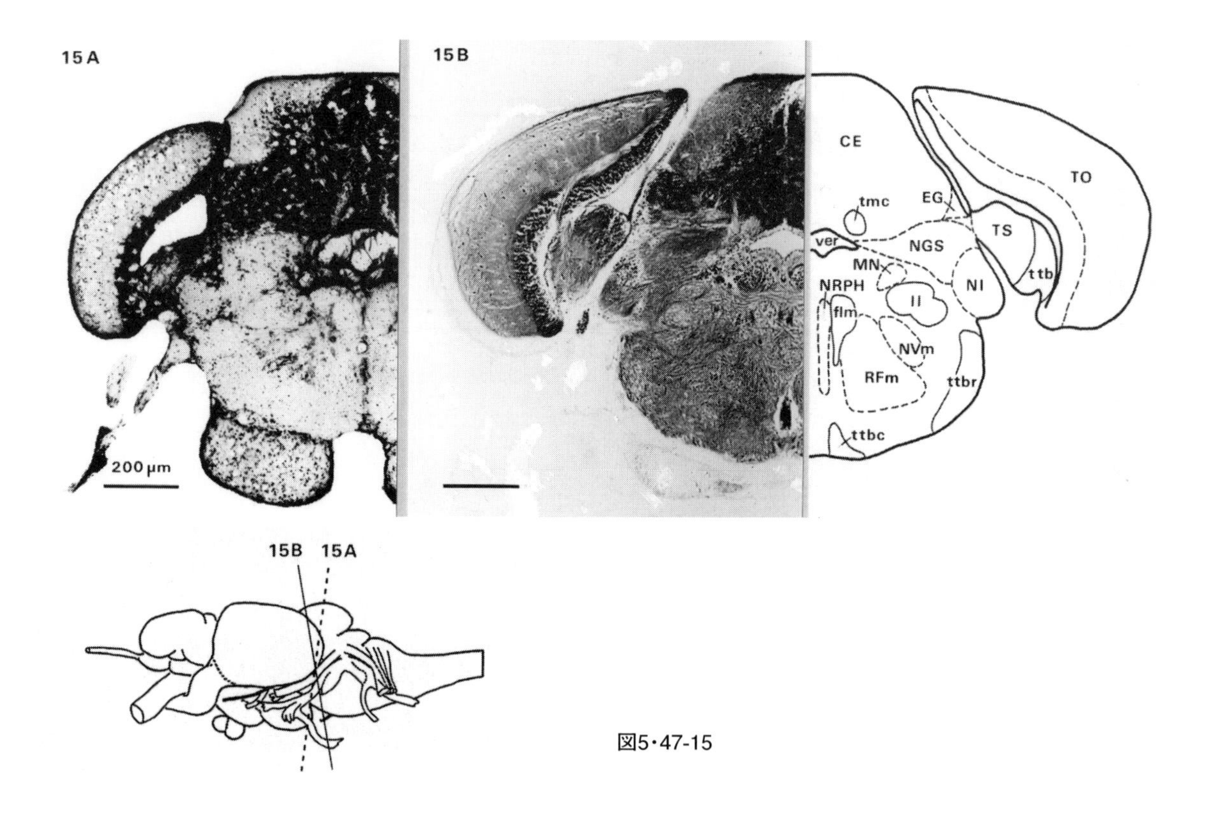

図5･47-15

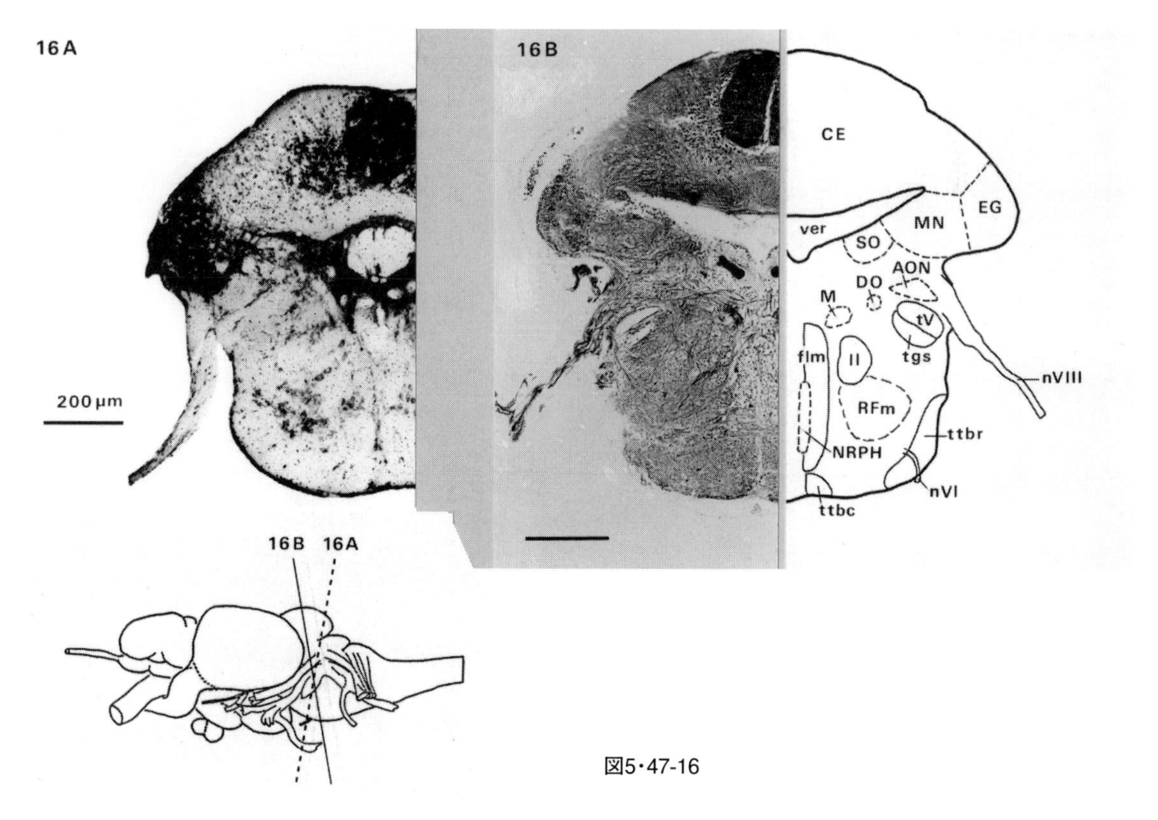

図5･47-16

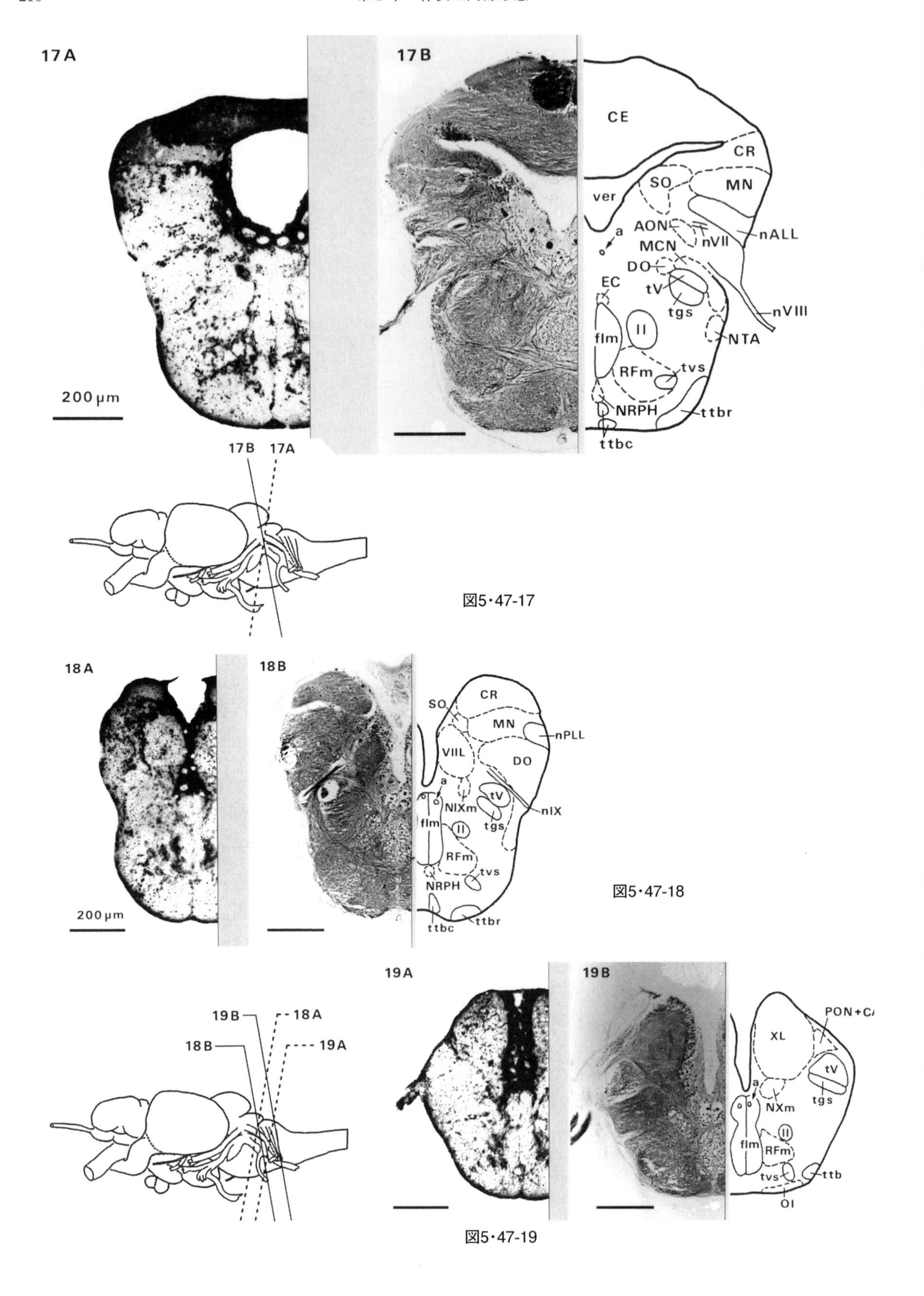

図5・47-17

図5・47-18

図5・47-19

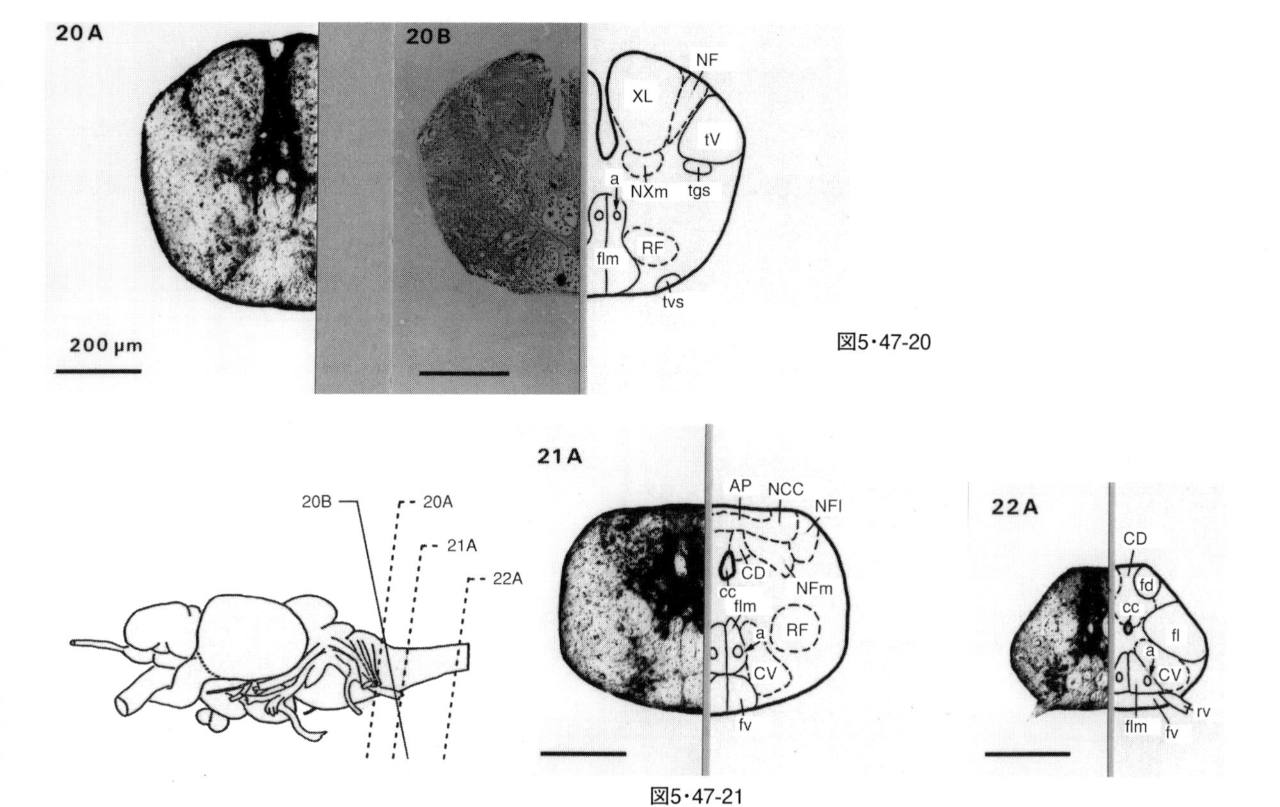

図5・47-20

図5・47-21

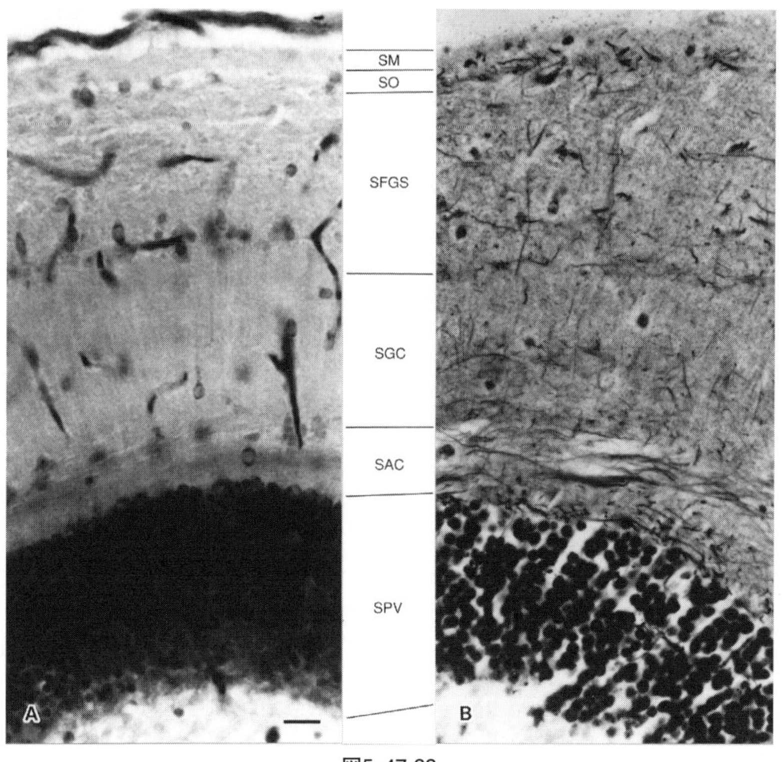

図5・47-22

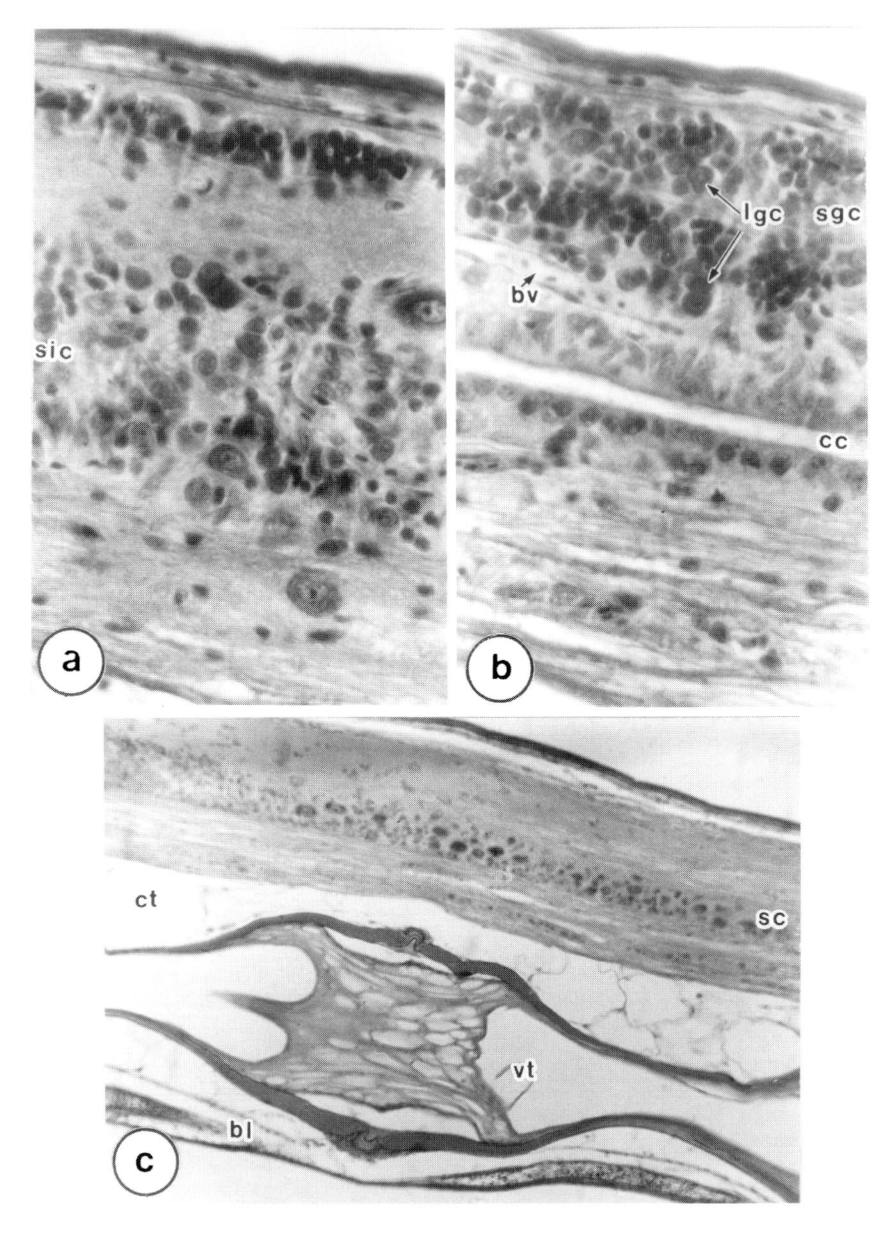

図5・48　メダカの脊髄と脊椎骨（説明，本文参照）

で，そこに脈絡叢 choroid plexus（cp）がある。松果腺胞は不定形の狭い腔部 pineal lumen（PL）をもっているが，松果腺茎はそれをもっていない（Omura and Oguri, 1969; Takahashi and Kasuga, 1971）。松果腺胞・松果腺茎は共に大きく丸い核をもつ細胞と小さい桿状の濃染核をもつ細胞とからできている。前者はラメラ構造の外片部と繊毛部で連結した内片部とをもつ感覚細胞 sensory cellで，その外片部は松果腺胞の腔部壁側に多く，松果腺茎の中央部にも僅かながらみられる。後者は，支持細胞 supporting cellで高電子密度の細胞質をもつものである。

副松果腺は発生初期に蓋板 roof plate にみられるが，それと関連した蓋板は stage 28とstage 29の発生段階の間に手綱 habenula に取り込まれてしまう。すなわち，そのような副松果腺は視床上部 epithalamus が大半の胚では左側手綱内に「副松果腺ドメイン」と呼ばれる小さい後内側部になり，左側非相称になる。そのため，手綱は左側が大きくなり，複雑になる。こうして，副

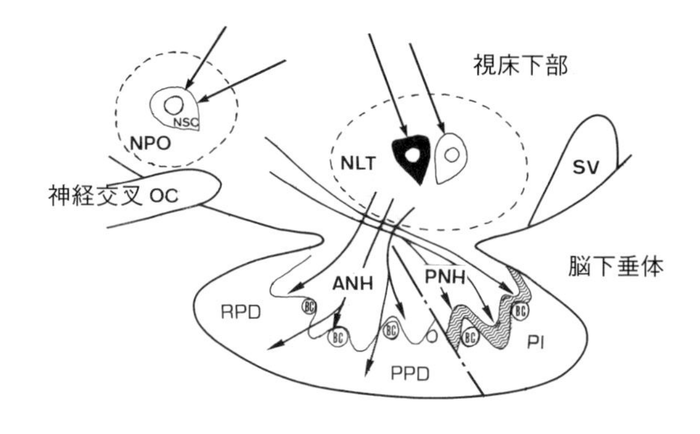

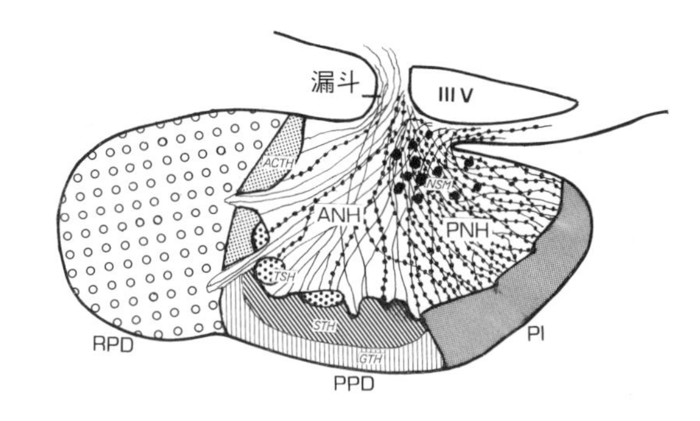

図5･49　視床下部－脳下垂体部位のモノアミン・オキシダ－ゼ（MAO）神経組織の分布

視床下部には，灰白隆起外側核NLTと視索前核NPOがある．NLTには，MAOに弱くしか反応しない細胞（白色）と強く反応する細胞（黒色）がある．その部分から，神経性脳下垂体の前域（ANH）と後域（PNH）に神経繊維が入り込んでおり，血管叢（BC，上図）に達している（Urano, 1971）．

松果腺はメダカ成魚にはみられない（Ishikawa *et al.*, 2014）。なお，この副松果腺の分化機構及び機能について詳細は不明である。

12. 脳下垂体　Pituitary gland（Hypophysis）

前述のように，メダカの生殖活動は光の条件によって支配されていることはよく知られている。脳下垂体-生殖巣系が存在し，その系が光の影響を受けている。生殖活動は脳下垂体ホルモンであるゴナドトロピン gonadotropin によって支配されている。脳下垂体の形態については本間（1958）によって報告されており，そのゴナドトロピンが脳下垂体のどの部位から分泌されるかについては，数人の研究者によって組織化学的に調べられている（Aoki and Uemura, 1970; Kasuga and Takahashi, 1970, 1971）。脳下垂体は，中央よりやや前のところでくびれをもつ楕円体状の小体で漏斗 infundibulum（図５･49；図５･50の INF）をなす脳下垂体茎 hypophyseal stalk（hs）によって間脳に連なっている（図５･50c）。形態的には，腺性脳下垂体 adenohypophysis（RPD: 主葉吻部 rostral pars dislalis, PPD: 主葉基部 proximal pars distalis, PI: 中間葉 pars intermedia）と神経性脳下垂体 neurohypophysis に分けられる（Aoki and Uemura, 1970）。春日と高橋（1970）は腺性脳下垂体 adenohypophysis を前葉 pro-，中葉（meso-），後葉（meta-）に区分している（図５･50cのpr, mes, met）。神経性脳下垂体には漏斗の入り込んでいるところに大きい神経分泌物質 Herring bodies（直径1,400－1,800ÅのタイプA_1分泌顆粒の塊り）がみられる。すなわち，漏斗陥凹 infundibular recess の後壁を通ってゴモリー陽性神経分泌顆粒 neurosecretory material が詰まっている軸索（タイプA_1）が入り込んでおり，アルデヒドフクシン

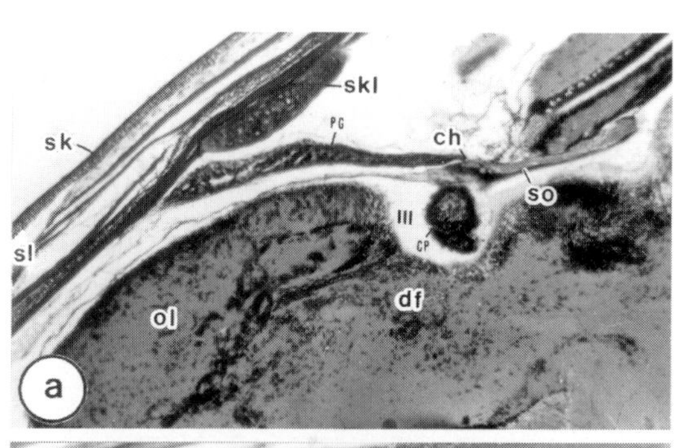

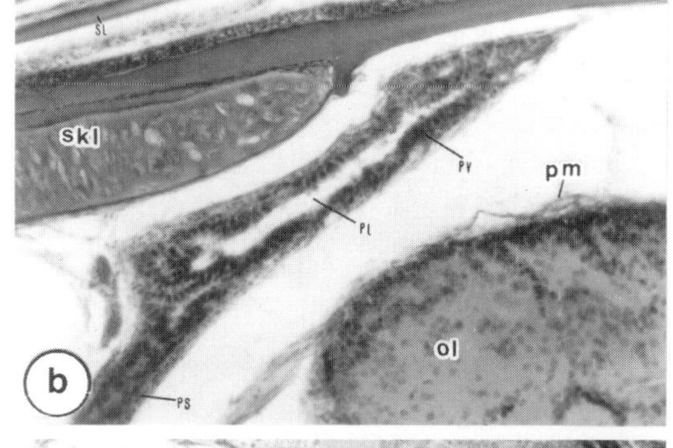

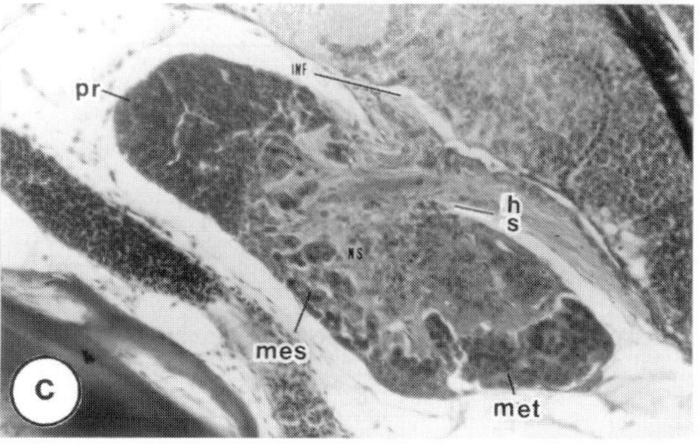

図5･50　メダカの松果腺と脳下垂体（説明，本文参照）

aldehyde fuchsine（AF）染色陽性であるその分泌顆粒は，漏斗に視索前野の神経分泌細胞 preoptic neurosecretory cell から放出される。

このタイプA_1軸索の他に２つの神経分泌軸索起（タイプA_2，タイプB）が認められる（Kasuga and Takahashi, 1970）。タイプA_2の軸索は約1,200Åの分泌顆粒をもつ。タイプBの軸索は最も小さい顆粒（850～1,150Å）を含んでいる。これらの軸索のうち，タイプAのものがより多く分布しており，タイプA_1とタイプBのものとはシナプス様式で接している．特にタイプB軸索は脳下垂体前葉の腺細胞（プロラクチン分泌細胞は白丸，ACTH分泌細胞，TSH分泌細胞，STH分泌細胞，GTH分泌細胞：図５・49下），及び中葉の好酸性細胞，好塩基性細胞とシナプス様に接し合っている。

また，主葉吻部においては，タイプB軸索だけが腺細胞とシナプス様に接している。主葉基部（pro-）には，タイプA_2軸索とタイプB 軸索が入り込んでおり，STH細胞に接合している。中葉（meso-）を神経支配しているタイプA_1軸索は腺細胞とシナプス接合をなしている。これらのことから，春日と高橋（1970）は，主葉基部と中葉の細胞が二重の神経支配を受けているものと考えている。

腺性脳下垂体の組織構成は，細胞化学的特性の違いによって８種類が識別されている。

a. 主葉吻部

プロラクチン分泌細胞：　フロキシン phloxine とエリスロシン erythrosin に染まる好酸性の細胞（約５μm）で，酸性バイオレット acid violet で染まり方の違う２つのタイプがある．一方は核質が濃い紫に，大きい仁が赤紫色に染まるものである。この細胞は，メダカの淡水への適応に関係しており，海水に適応させたメダカを淡水に移すと，プロラクチン分泌細胞の分泌活性が著しく高まる（長浜，1980）。すなわち，淡水移行後１～３時間に分泌顆粒の分泌がみられ，それに伴って分泌顆粒が急減する。これと同時に，ゴルジ体，粗面小胞体が発達し，数日後プロラクチン分泌細胞には再び分泌顆粒が増加し，淡水に適応した状態になる（図５・51）。

ACTH分泌細胞：　プロラクチン分泌細胞に比べると、やや小さく（約3μm），好酸性で，卵形の核をもつ。これらの細胞は神経性脳下垂体前域ANHとプロラクチン分泌細胞RPDとの間にある（図５・49）。

b. 主葉基部

GTH分泌細胞:　僅かな細胞質にみられる顆粒は多糖類が塩基性フクシンで赤く染まる過ヨウ素酸シッフ periodic acid Schiff（PAS）反応に陽性で，AFで染まる。マロリーとグレバランド－ウォルフェの染色方法ではクロムミョウバン・ヘマトキシリンとアニリンブルーで染まる。紡錘形で，大きさは３～４μmであって，主葉基部の腹面に近いところにある．時には中葉腹面域にもみられる。

TSH分泌細胞:　小形で，角ばった多角形で，主葉基部の背部の，神経性脳下垂体の近くにあり，いくつかの塊をなして神経性脳下垂体に入り込んでいる。細胞質は好塩基性で，AF，クロムミョウバン・ヘマトキシリンでよく染まり，PAS反応でGTH分泌細胞よりも強い陽性を示す。またマロリーとグレバランド－ウォルフェの染色方法ではアニリンブルーで均一に染まる。

STH分泌細胞:　主葉基部を最も多く占めており，球形，もしくは多角形で，TSH分泌細胞より僅かに大

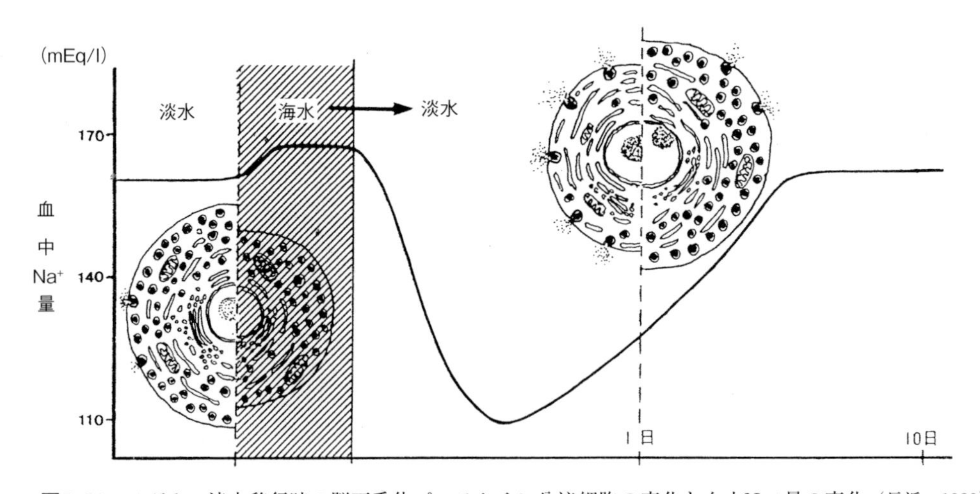

図5・51　メダカの淡水移行時の脳下垂体プロラクチン分泌細胞の変化と血中Na^+量の変化（長浜，1980）

きい。細胞質が多く，好酸性でエオシン，フロキシンで染まり，マロリー染色方法ではアリザリンレッドと酸性フクシンで染まるが，ゴモリー染色方法のAFで染めたのちのオレンジG染色にはあまり染まらない。グレバランドーウォルフェの染色方法では細胞質と核のほとんどがエリスロシンで染まる。

色素嫌性細胞：球形の核をもち，細胞質が少なく，染まりはSTH分泌細胞と同じか，やや悪い。プロラクチン分泌細胞，GTH分泌細胞，TSH分泌細胞，STH分泌細胞の中に散らばって分布する。

c. 中葉

好酸性細胞：円柱形，あるいは紡錘形で，比較的細胞質が多い。鉛ヘマトキシリンにはよく染まるが，PAS反応には陰性である。

d. 神経性脳下垂体

前方の束はゴモリー染色方法で染まらないが，後方の束はよく染まる。染色されない束と少し染まる束は主葉吻部と主葉基部に入り込んでおり，指状の神経突起は中葉部に深く入り込んでいる。アニリンブルーでよく染まる膠原繊維がたくさんあり，グリア細胞や毛細血管が多くみられる。神経分泌物質 Herring bodies はPAS反応，クロムミョウバン・ヘマトキシリン，AFでよく染まり，マロリー染色方法でオレンジ色，あるいは赤色に染まり，酸性バイオレットでコバルトブルーに染まる。

Ⅲ. 循環系　Circulatory system

心房・心室から圧し出された血液は，動脈球，そして入鰓動脈・出鰓動脈へと流れ込み，前方の頭部動脈，後方の背（行）大動脈と腹方の内臓動脈に入る（図5・52）。

背大動脈は尾部に移行すると，尾動脈と呼ばれ，筋肉や鰭に血液を流す。内臓動脈は分枝して消化管，肝臓，脾臓，膵臓，鰾，生殖巣，脂肪組織などに血液を送る。筋肉や鰭から尾静脈に入って還ってくる血液は，大静脈を流れ，腎門静脈に移る。この腎門静脈や肝静脈は，隔膜を貫き囲心腔内のキュービエ管に別々に連結し，血液を心房に戻す。

1. 動脈　Aorta

a）腹大動脈（大動脈幹）Aorta ventralis

心室の前にある動脈球に連なり，鰓の腹側の中央に向かう血管である。左右の各入鰓動脈に入る（図5・53）。

b）背大動脈　Arteria dorsalis

後頭部までに，左右の各出鰓動脈は合流して太い血管である背大動脈となる（図5・52，図5・53）。さらに脊椎骨の腹側に沿って各体節（筋節）に向けて左右交互に支流（体節動脈 arteria segmentalis）を出しながら後方に向かって進む尾動脈となる（図5・52，図5・54）。

c）体節動脈　A. segmentalis

背大動脈の一部は体壁及び神経棘突起に沿って背方に向かう背側体節動脈となり，もう一部は腹側肋骨の後に沿って体壁の内面を腹方に向かって伸びる腹側体節動脈となる。

d）内臓動脈　A. coeliaca

擬鎖骨下動脈の前で背大動脈の右下側から出て下方に進み，斜め後方に向かって囲心腹腔隔膜を貫いて腹腔に入る動脈である。消化管の最前部（食道）の背面を通り，消化管・膵臓・脾臓・生殖巣・鰾及び脂肪組

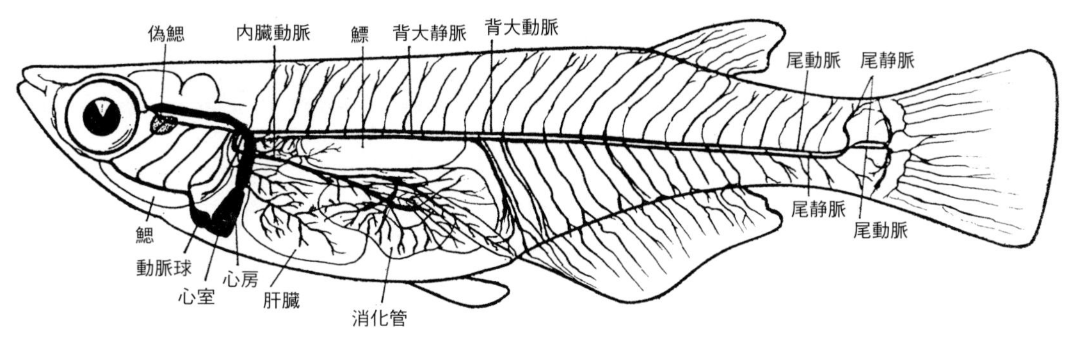

図5・52　メダカの血管系

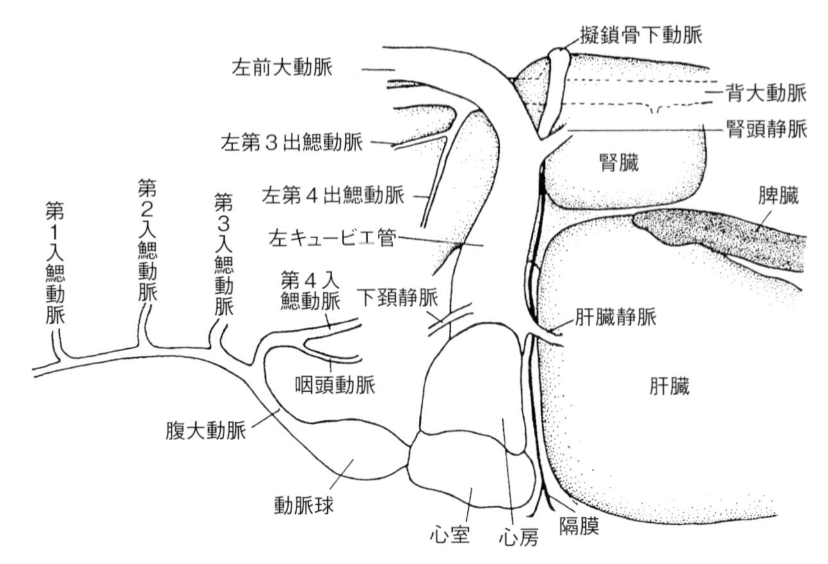

図5･53　メダカの心臓付近の血管（左側面図）

織に入る動脈に分枝する（図５･55）。

e）腎頭動脈　A. capitis renalis

第１脊椎骨付近の体節動脈から分かれて腎臓頭部に入る動脈である。

f）背鰭動脈　A. pinnae dorsalis

第18~第23の背側体節動脈は背鰭に入って背鰭動脈となる。

g）尾動脈　A. caudalis

上下の下尾骨間を通り，尾鰭に入ってすぐ尾鰭の上下部分に分かれ，各鰭条に沿って鰭末端に向かい，尾静脈に移る。

h）擬鎖骨下動脈　A. subclavicularis

背大動脈から分かれて，腎頭の前縁に沿って烏口骨の後部に達すると，後方に曲がり，肝臓に入る動脈と咽頭後部の甲状腺側に向かう動脈とに分かれる（図５･56）。

i）頚動脈 A. carotis

第１出鰓動脈が第１鰓弓を出て内側に向かう動脈のうち，前耳骨の腹面に沿って前方に向かう動脈である。

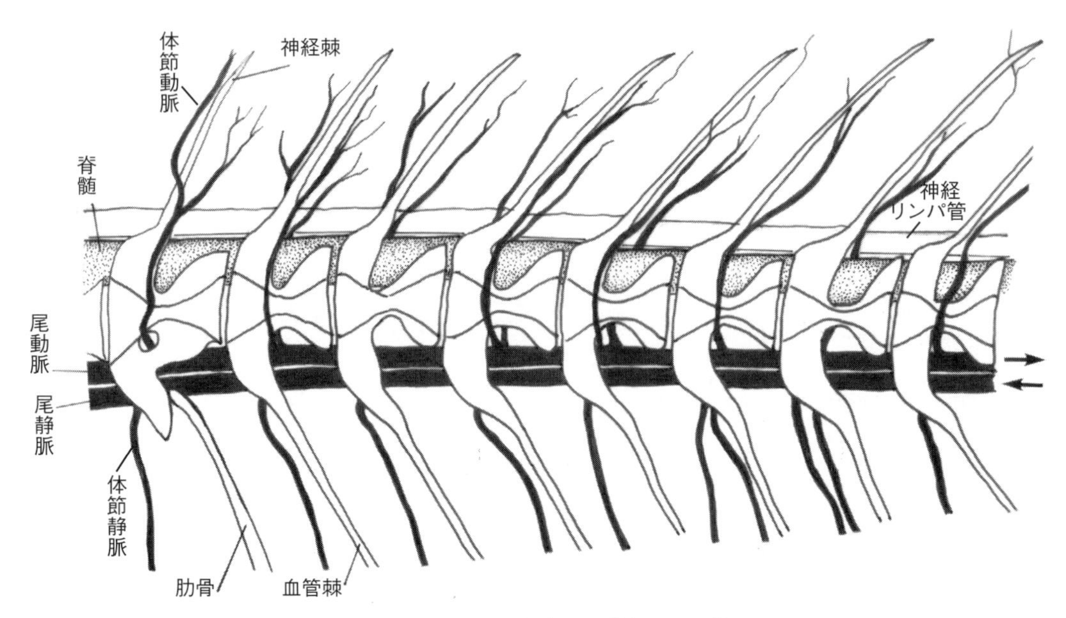

図5･54　メダカの尾部の血管とリンパ管

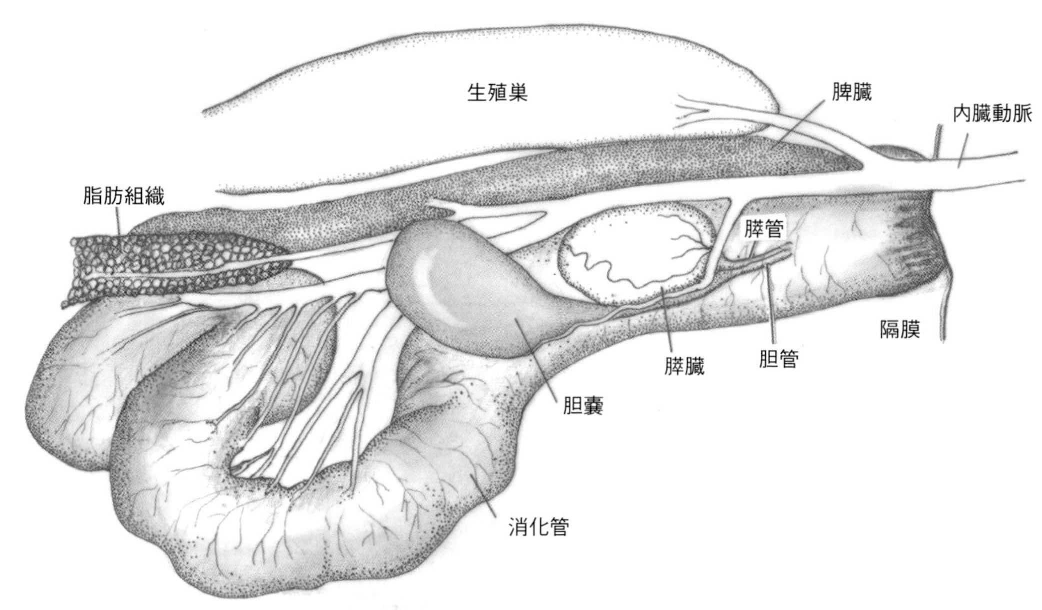

図5･55　メダカの内臓の血管

j）**入鰓動脈 A. branchialis afferens**

心室から圧し出された血液は，動脈球を通り前進して大動脈幹に入る。大動脈幹は分枝して第４入鰓動脈及び咽頭動脈になり，さらに前方に第３，第２，第１入鰓動脈に分かれ，各鰓弓に入る（図５･53）。それより前方に進んだ血管は内側に向かい，一部は偽鰓動脈A. pseudobranchialis として偽鰓に入り，眼動脈A. ophthalmicaとなり眼球に入る（図５･56）。

k）**出鰓動脈 A. branchialis efferens**

各鰓弓の毛細血管から上行する血管は，前端部から後方に向かって，第１，第２，第３及び第４出鰓動脈，そして咽頭動脈として合流して背大動脈になる。背大動脈に向かう血管の外背側には，眼静脈・偽鰓静脈を合流させる太い前大静脈がある。

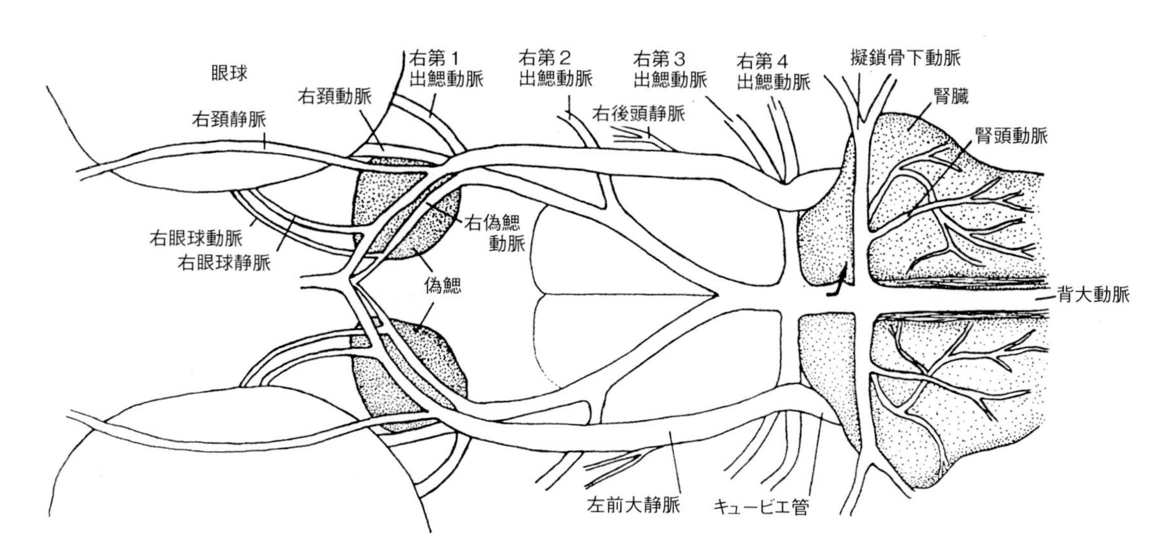

図5･56　メダカの頭部背側の血管

２．静脈　Vena

a）後大静脈 V. cava posterior

背大動脈と並列してその腹側を尾部から尾静脈V. caudalis として前方に走り，胴部に移った主脈は，背大動脈の右側に並列して腎臓に入る。

内臓諸器官に入った静脈のうち，上部のものは腎臓から腎頭静脈V. capitis renalis として出る。また，下部のものは肝臓から肝静脈V. hepaticaとして出て，共に体腔隔膜を貫通してキュービエ管 ductus Cuvieri に入る。

b）前大静脈 V. cava anterior

眼静脈として眼球から，そして偽鰓静脈として偽鰓から出た静脈は合流して，頭部外縁の背部を後方に走る。そして，頭部背側部に至り，そこから体腔隔膜前面に沿って腹側に下りてキュービエ管をなす。

c）尾静脈 V. caudalis

上下の下尾骨の間を通って，それら末端に達した尾動脈が上方に折り返して尾静脈になる（図５・52，図５・54）。それは，下尾骨の基部で尾動脈と交差して，尾動脈の腹側をそれと平行して前方に向かう。その交差点では，尾鰭の基部に伸びる尾鰭椎前第２椎体の神経棘の先端部から戻る静脈と合流する。

３．脳の血管

大脳の背面には細い血管が分布しているが腹面には前後に伸びる太い血管がみられる。また，中脳・小脳の背面には太い血管が分布している。延髄にも両側から入り込む太い血管がある（図５・57）。

４．血液　Blood

血液中の血球には有核の赤血球以外に表５・２に示すように，血小板 thrombocyte とリンパ球 lymphocyte，好中球 neutrophil 及び単球 monocyte の白血球が知られている（図５・58; Nakamura and Shimozawa, 1984）。そのうち卵形から紡錘形をしている血小板は共通して大きな空胞をもっている。リンパ球は高電子密度の核と少量の細胞質をもつ。変形した好中球は種々の形をした低電子密度のクロマチンの多い核と，多くの特殊な顆粒をもつ細胞質を示す。食作用（Nakamura *et al.*, 1992）の活発な単球は好中球と同様に比較的大きく，表面には偽足が多くみられる。核は分散したクロマチンをもち，細胞質には小胞と特殊な顆粒が認められる。

血液量は，生の体重の約29％で，血液の比重は1.04である。つまり，これは体重の約30％が血液量であることを意味している。ちなみに，体内Na量は59.61 μM/kg生重量，総血中Na濃度は171 μM/ℓ血液，総体内水分

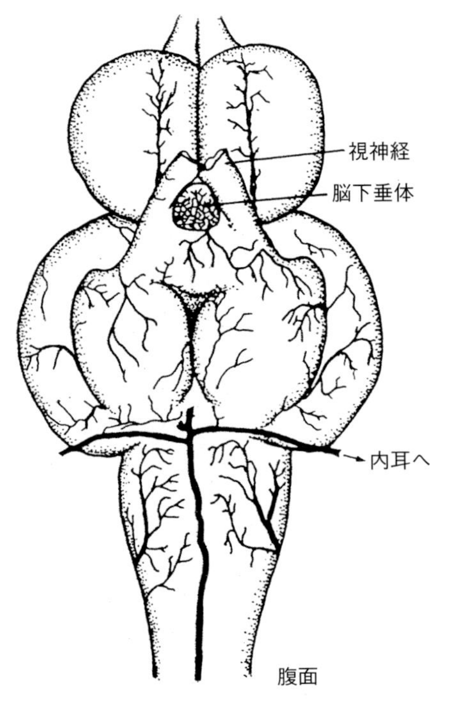

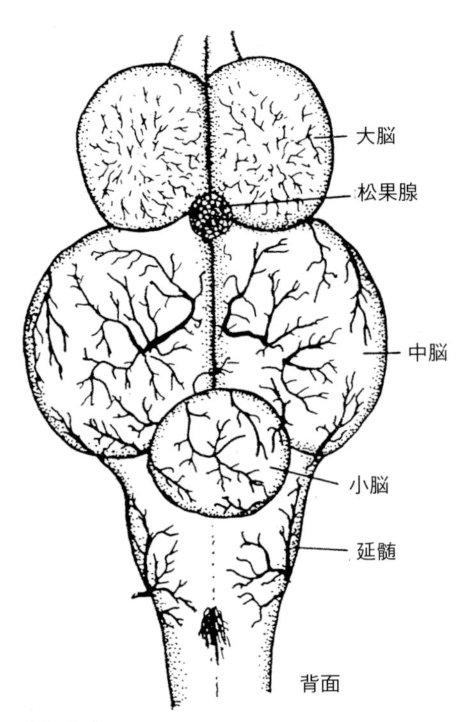

図5・57　メダカの脳の血管分布

表5・2　メダカの白血球と血小板の形状

種類	大きさ（μm）	細胞の形状	細胞質の染色性*	核の形状	核の微細構造	ペルオキシダーゼ（0－トリジン）	食作用 SRBC**
血小板	7－10	紡錘形，球形で微小管が多い	殆ど難染，明灰色	卵形	凝縮クロマチン	－	－
リンパ球	6－9	球形	青色	球形	滑面凝縮クロマチン	－	－
好中球	7－20	球形，特殊顆粒多い	ピンク色を帯びた灰色	球形，卵形，不定形	拡散クロマチン網状構造	＋	＋
単球	8－23	球形，卵形，液胞と顆粒多い	青色，液胞化	球形，不定形，液胞による変形	拡散クロマチン網状構造	－	＋＋

*メイ・グリュンワルド・ギムザ染色，　**炭素粒子（Nakamura and Shimozawa, 1984）

量は生重量の74.0％である。

放射性ナトリウム^{24}Naを用いて海棲メダカと淡水メダカのNa流出量をトレースした門と百々（1971）によると，海水に棲む海棲メダカは111.6μM Na/ℓ血液/時間で，淡水メダカは131.5μM Na/ℓ血液/時間である。また，総血中Na濃度は海棲メダカにおいて193±7.7mMで，淡水メダカにおいて171±5.8mMである。このように，海棲メダカは血中Na濃度が高く，淡水メダカよりNa流出率が低い。この差異を生じる原因として，ホルモンによる制御系が考えられる。

通常，血液の単位容量100mlに含まれている全O_2量（ml）を酸素含量 oxygen content（ml/100 ml）というが，血漿中に溶け込んでいるO_2は酸素含量の５％以下で，その酸素分圧と組織中の酸素分圧の差によって組

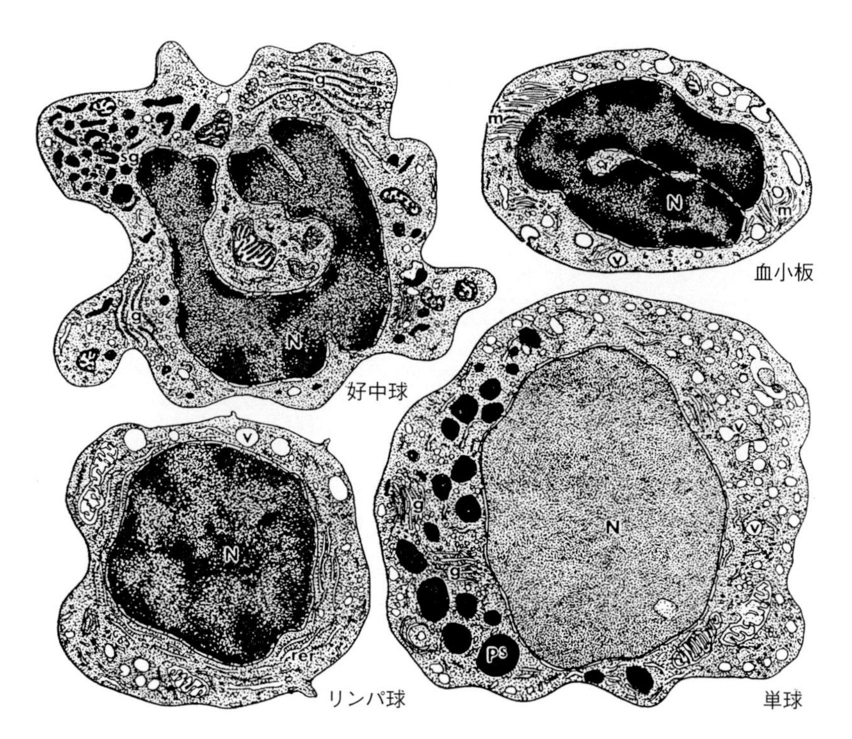

図5・58　メダカの白血球

g：ゴルジ装置，m：微小管，N：核，ps：貪食顆粒，rer：粗面小胞体，sg：分泌顆粒，v：小胞

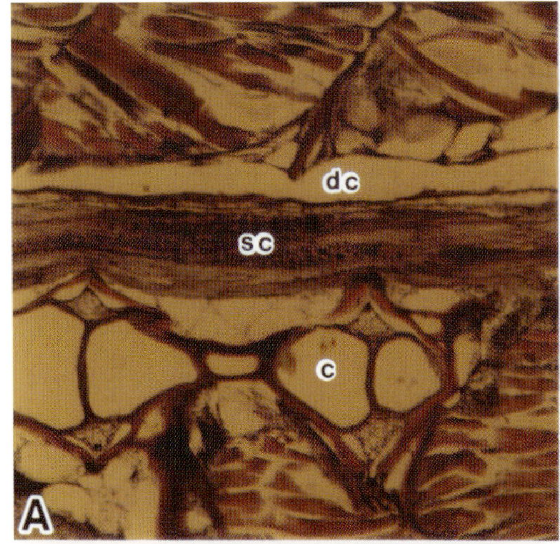

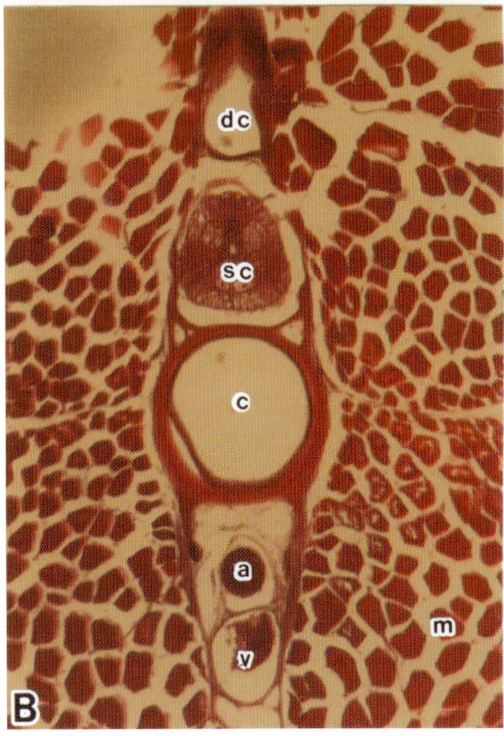

図5･59　メダカ尾部組織の切片
A，縦断面；B，横断面．
a，大動脈；c，椎体；dc，神経リンパ管；m，筋肉；
sc，脊髄；v，大静脈．

織中に拡散する（難波，2010）。うきぶくろのガス腺でのガス供給や組織へのO_2供給には，血球のヘモグロビンO_2親和性（O_2結合によるヘモグロビンのアロステリック効果 allosteric effect）は，血中のCO_2分圧の上昇，pHの低下や温度上昇の影響を受けて低下するボア効果 Bohr effect，またその逆のホールデイン効果 Haldane effect，あるいはルート効果 Root effect などの現象が関与している（難波，2010）。

５．神経リンパ管

多くの真骨魚類二次循環系とも呼ばれるリンパ管系にみられるように，メダカでは神経弓側の脊椎管 vertebral canal（椎孔 spinal foramen）背部を縦走する太い神経リンパ管 neural lymph vessel（図５･59のdc）がある。それは椎孔の神経弓先端側に靱帯によって仕切られた部分として認められる。しかし，リンパ球は少ない。その靭帯は軟骨様の物質でできており，通常の骨格標本作成時にはあまり残らず，椎孔背部に湾状になった部分（椎孔背行管：岩松，2008）としてしかみられない。ブアン固定によるパラフィン切片で靱帯隔膜は認められる（図５･59A･B，図５･60）。

メダカ種やゼノポエキルス種など多くのダツ目の魚類において，脊椎骨第１椎体 first centrum（環椎atlas）に椎孔の背側に狭い湾状部をなす椎孔背行管（岩松，2008, Iwamatsu *et al*., 2009），すなわち神経リンパ管がみられる。

第１～第８脊椎骨において，背部に伸びた神経弓 neural arches の合一した上部に神経棘 neural spine は左右両側に扁平である。神経弓のなす椎孔（神経孔）は，脊髄の通る椎孔主部 main neural canal とその背部を薄いコラーゲン様隔膜（靭帯）で仕切られた小孔（岩松，2009における図２，図３のDC：椎孔の背行管 small dorsal canal）である。この背行管は神経リンパ管であって，タンパク質をNaOHで溶解させた骨格標本では隔膜が消失していて，神経リンパ管のくびれ状の形態しか認められない。しかし，NaOHで十分処理されていない骨格標本では確認できる（図５･61）。切片標本での神経リンパ管の観察によれば，孵化後のまだ卵黄を少しもつ成長段階（stage 40）の稚魚において，脊椎骨は十分に発達・骨化しておらず，椎孔（神経孔）をなす左右の神経弓は背部上端で完全には融合していない。基後頭骨は認められるが，上後頭骨 supraoccipital 及び外後頭骨はまだ認められない。その頭部から出ている脊髄は各脊椎骨の椎孔内を尾部に向けて走行している。第１～第６脊椎骨の背部には，脊髄の通る椎孔主部と薄膜で仕切られた背部に間隙（背腹幅30 μm）が認められる。この間隙は椎孔主部と筋節との間にあり，将来の神経リンパ管の位置である。

若魚（stage 43）になると，脊椎骨はほぼ完成しており，椎孔を形づくっている左右神経弓は背部で融合

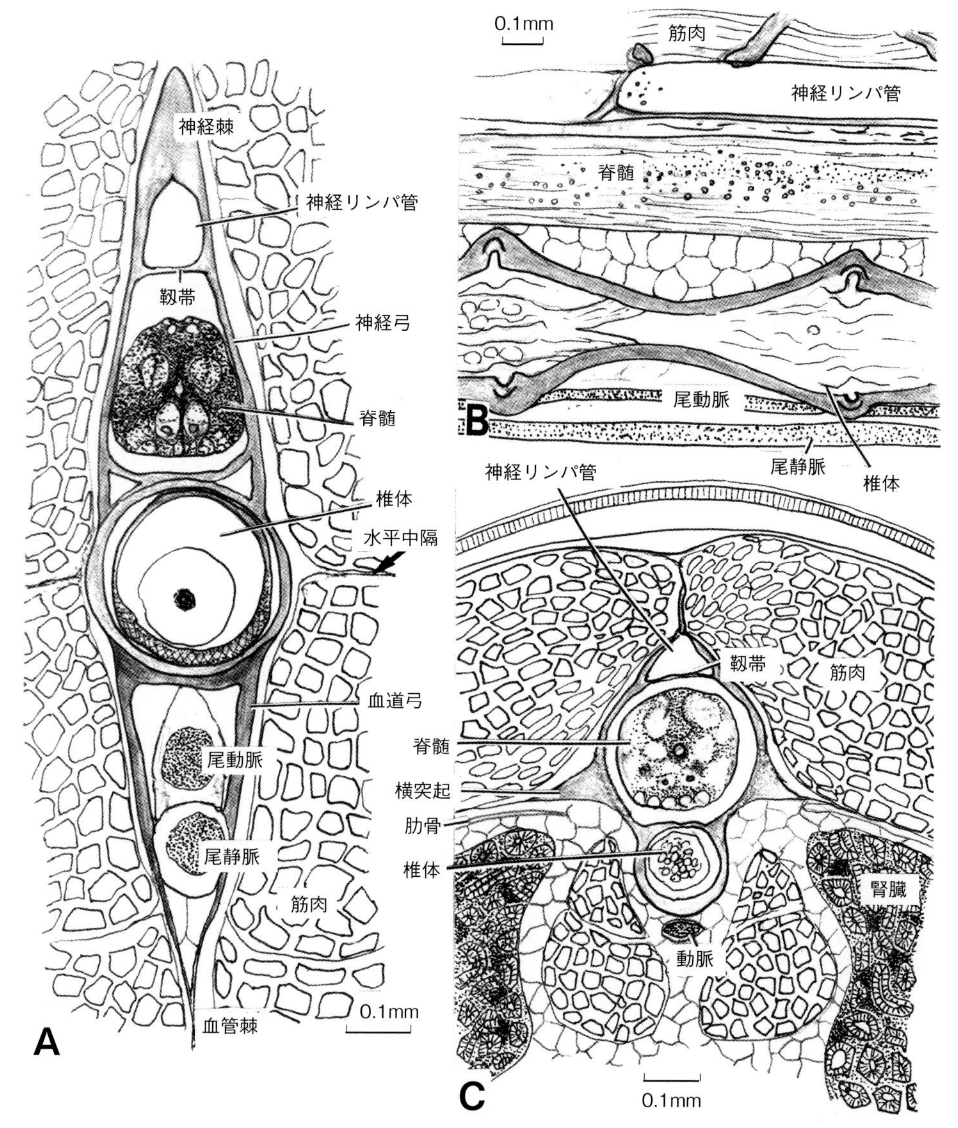

図5･60　若いメダカのからだの横断面と縦断面の模式図
尾部の横断面(A)と胴部の縦断面(B)と横断面(C)の神経リンパ管：120 μm（岩松，2008)．

して神経棘をなして伸びている。その椎孔内には，脊髄（s）の納まっている椎孔主部と椎孔背部を薄膜で仕切ってできている神経リンパ管（管径約45 μm）とが認められる。成魚になると，神経リンパ管の背側に接している筋肉組織内に大きい脂肪粒が多くみられるが，神経リンパ管内にはこのような脂肪球はみられない。切片によっては，脂肪小粒，血球もしくはリンパ球様の遊離細胞が少数散在するのがみられる（図5･62）。

若魚の尾部において，椎孔の横断面は背腹方向に長く，その神経リンパ管も背腹方向に長い（図5･60A）。胴部の椎孔は横断面が円く，神経リンパ管が背腹狭くなっている図5･60C)。胴部における神経リンパ管の内径は約120 μmである。

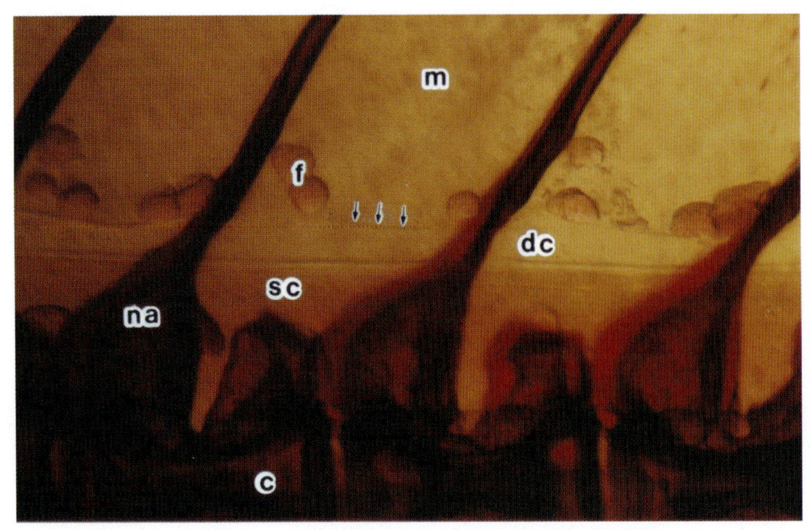

図5･61　メダカ骨格標本の尾部神経リンパ管

c, 椎体；dc, 神経リンパ管；f, 脂肪球；m, 筋肉；na, 神経弓；sc, 脊髄；小矢印，神経リンパ管背面.

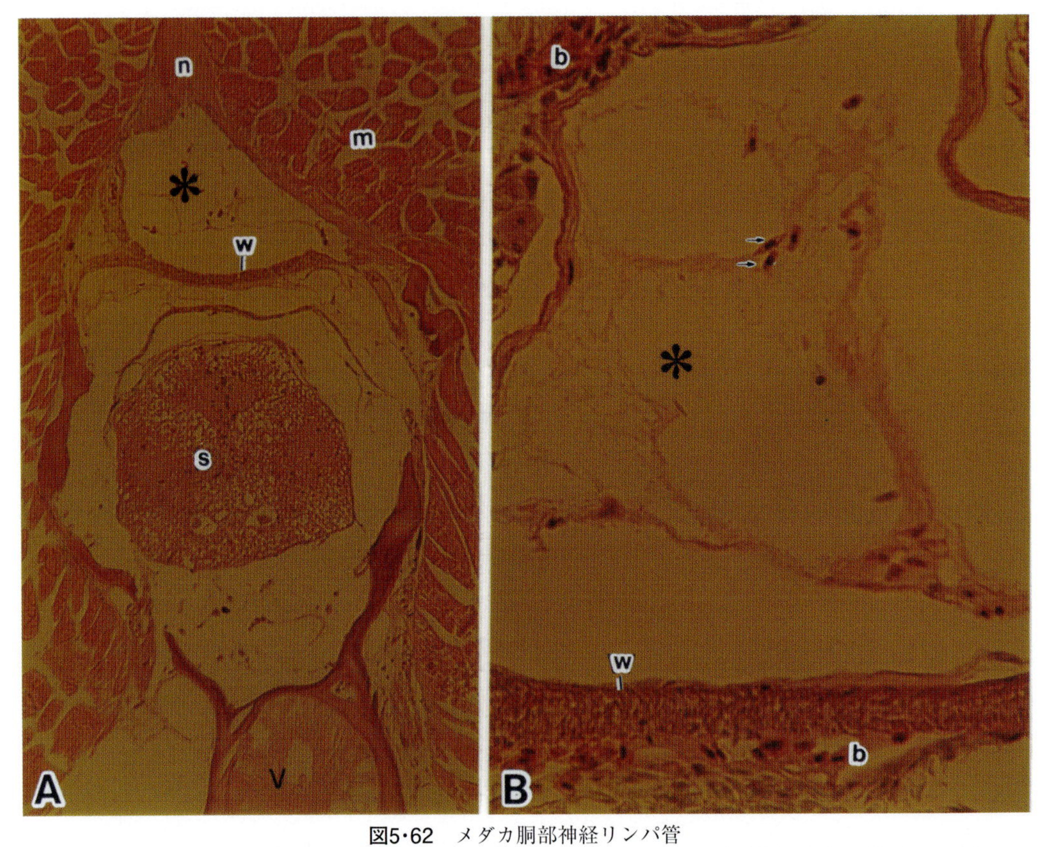

図5･62　メダカ胴部神経リンパ管

b：血管，m：筋肉，n：神経棘，s：脊髄，w：隔壁（靱帯），小矢印：リンパ球，星印（＊）：神経リンパ管，B：Aの神経リンパ管（星印部）を拡大したもの.

Ⅳ．筋肉系　Muscle system

メダカも他の脊椎動物と同様に，内骨格と協働してからだの動き（随意運動）に関与する横紋筋と内臓などの運動（不随意運動）を起こす平滑筋が存在するが，それらの筋肉は運動に寄与するばかりではなく，取り巻く太い血管とその内部に入り込んでいる毛細血管，そしてそれらと同様に分布するリンパ管や神経を保持するためにも極めて重要である。

1．胴部の筋肉

a）体側筋　Musculus lateralis

頭部から尾部にかけて体の両側面を縦走する筋肉で，体を左右に屈曲させる。体側筋を背腹に区分して，背側筋M. latero-dorsalis と腹側筋 M. latero-ventralis に分けられる。側面からみると，背腹両側筋はその先端が各脊椎骨及び上肋骨 epipleural に接着しているため，約30の「く」の字形の筋層（30筋節）をなしている（図5・63）。体側にみられる正中線が水平中隔 horizontal septum で，背側筋と腹側筋とが分けられている。体の横断面からみると，体側筋は脊椎骨を包むほぼ同心円の2層をなしている（図5・64）。筋節 myomere は神経棘や血管棘を含む縦の垂直隔膜 vertical septum によって左右に分けられ，椎体から両外側に向けて横に伸びる水平中隔によって背腹に分けられている。筋節間にある体側血管 segmental vessel（bv）は水平と垂直の一層の細胞からなる筋隔 myoseptum（tm）の交叉点にみられる（図5・65）。

b）龍骨筋　M. carinatus

体の横断面でみると，背側筋の背側と腹側筋の腹側とには不完全ではあるが，同心円層をなす筋肉が認められる。これらの筋肉をそれぞれ背側龍骨筋M. carinatus dorsalis，腹側龍骨筋M. carinatus ventralisと呼ぶ。

2．頭部の筋肉（図5・66〜図5・69）

a）咬筋　M. masseter

眼球の腹側前部にある方骨及び前鰓蓋骨から前方に向けて伸び，上顎骨についている筋肉である。これは上顎骨を背後方に動かして口を開く。

b）背鰓蓋挙筋　M. levator operculi dorsalis

蝶耳骨の外面に接し，腹後方の前鰓蓋骨の背部に付いている三角形の筋肉である。

c）腹鰓蓋挙筋　M. levator operculi ventralis

背鰓蓋挙筋の腹側にあって，蝶耳骨の側方の突起の先端に接し，腹後方にある下顎骨の上半分の外面と，一部は前鰓蓋骨の背端に付いている。この筋肉は下顎骨を動かして，鰓蓋骨を引き上げる。すなわち，背鰓蓋挙筋と協同して鰓蓋裂を開く。

d）内翼状筋　M. pterygoideus internus

後翼状骨，方骨，下顎骨の内側に位置し，基蝶形骨が下顎骨と関節する部分の背後方から，第1鰓弓の上鰓骨の背面を通じ，斜めに前腹方に向かって，下顎骨の内面と口腔粘膜の外面とに沿って，その末端が角舌骨の後端に付いている薄い帯状の筋肉である。

e）外翼状筋　M. pterygoideus externus

前鰓蓋骨の背端より中央部に至る前外面より起こり，後翼状骨，前翼状骨，方骨の外面を被いながら眼球の腹側を前方に向かい，下顎の冠状突起より関節骨の外面に達する筋肉である。

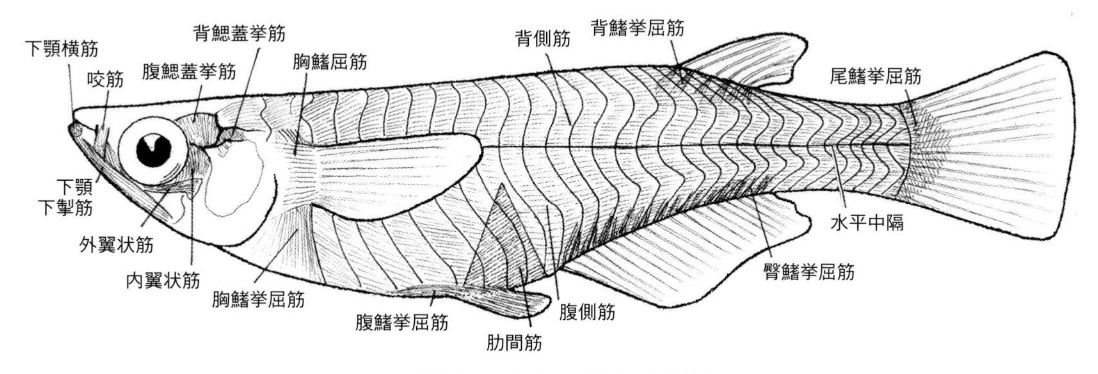

図5・63　メダカの筋肉の外側面

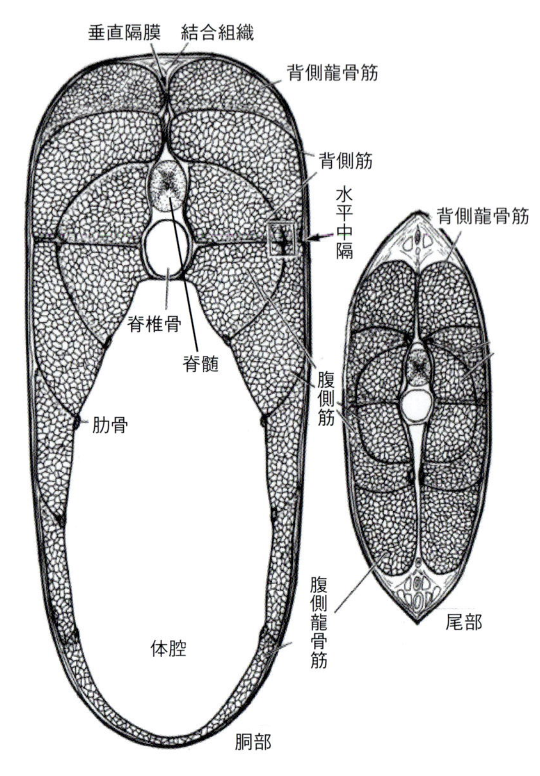

図5・64　メダカの横断面にみる筋肉層

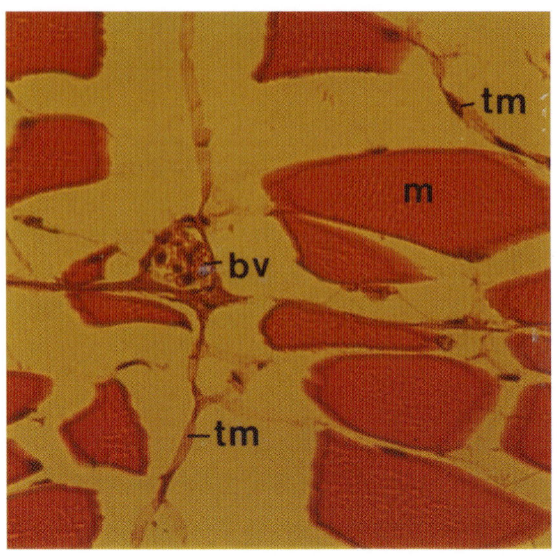

図5･65　メダカの筋隔と体側血管
bv：体側血管，m：筋節，tm：筋隔（図5・64の枠）

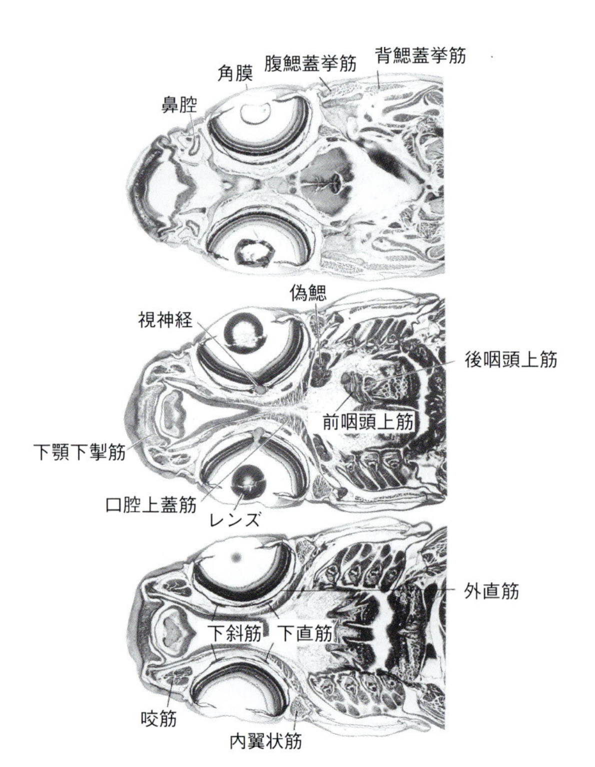

図5･66　メダカ頭部背側の水平切片像

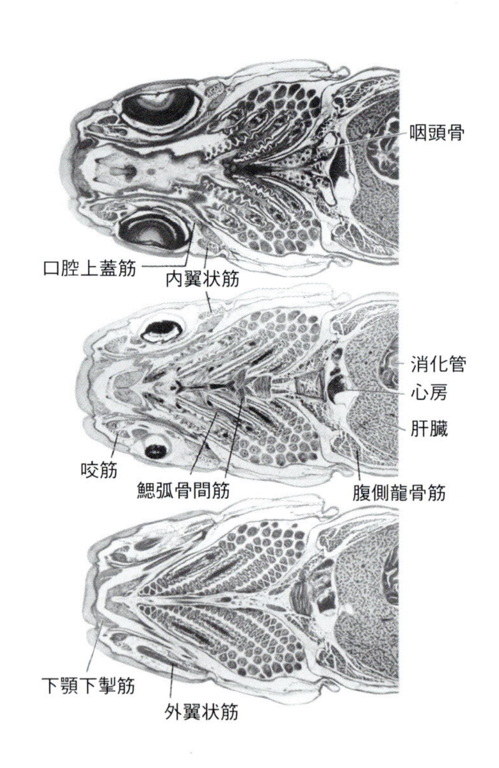

図5･67　メダカ頭部腹側の水平切片像

f）下顎横筋　M. mandibulae transversus

左右の下顎（歯骨）の間にある横走筋である

g）第５鰓弓下掣筋　M. depressor arci branchialis quinti

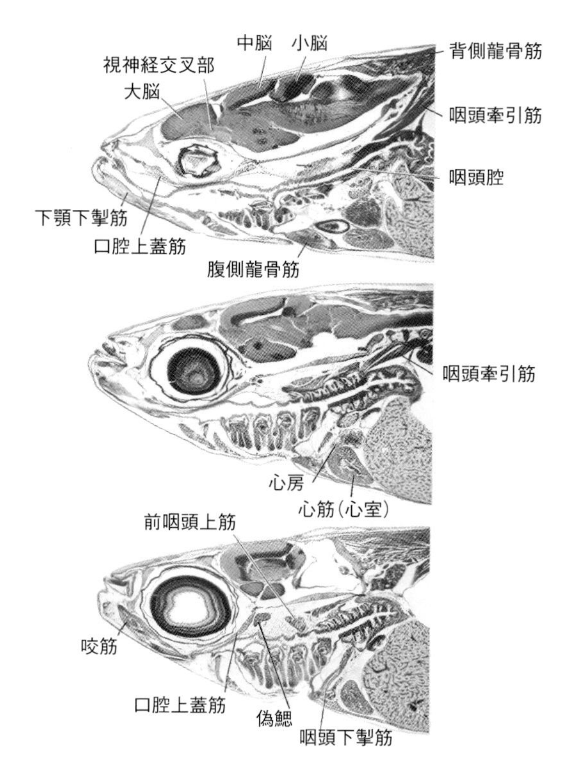

図5･68　メダカ頭部中央近くの縦断切片像

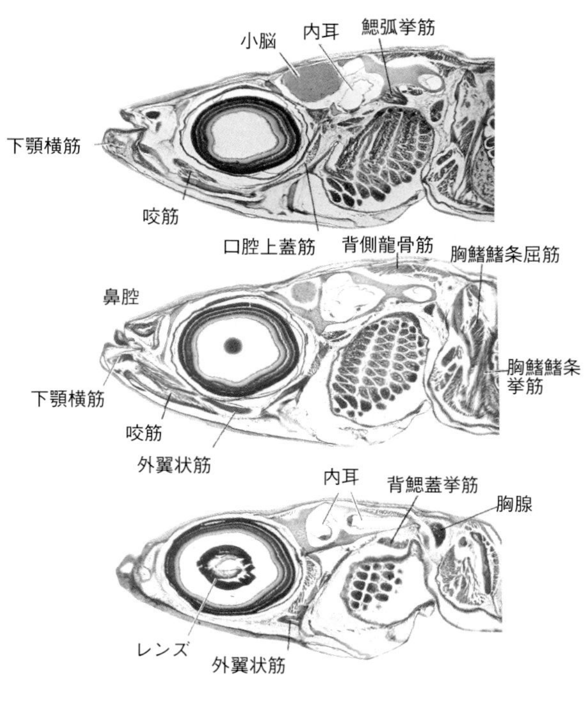

図5･69　メダカの頭側部の縦断切片像

第５鰓弓の中央部より腹方の後面を被う厚い長三角形の１対の筋肉である。

h）鰓弓骨間筋　M. inter arci branchialis

各５対の左右の下鰓骨（１～５）の間を腹側基部で結ぶ筋肉である。

i）鰓蓋下掣筋　M. depressor operculi

蝶耳骨の側面に接し，腹後方の鰓蓋骨の背前部の隅に付いている筋肉である。

j）鰓条骨間筋　M. inter radii branchiostegi

左右の鰓条骨及び左右の角舌骨にわたり，基舌骨の腹面を被っている筋肉である。左右に開いた鰓蓋及び鰓条骨を内側へ引き寄せ，開いた鰓蓋を閉じる。

k）下顎下掣筋　M. depressor mandibulae

下顎の腹面の外側にあって，２個の鰓条骨の前端と角舌骨の側面に接し，角舌骨の基部と舌内骨の外側から腹面を被い，歯骨の前端の後縁に付く。この筋肉の収縮によって下顎が腹側に引かれる結果，口が大きく開く。

l）鰓弓（弧）挙筋　M. levator arci branchialis

前耳骨の腹面から上鰓骨に向かって扇状に広がっている筋肉である。

m）咽頭上筋　M. pharyngealis superior

上鰓骨の前半背部に付いている筋肉である。左右の上鰓骨の中央から背前方に出る前咽頭上筋と，左右両方の上咽頭骨背側から後方に向かう後咽頭上筋とがある。

n）咽頭牽引筋　M. retractor pharyngaelis

上咽頭骨の後端に付き，後方に伸びて第１～２脊椎骨腹面に至っている。飲み込み動作に関わる筋肉である。

o）咽頭下掣筋　M. depressor pharygealis

咽頭骨の前端に付き，腹前方に伸びて胸壁の腹面部に達している筋肉である。

p）肋間筋　M. costalis

肋骨間にみられる短い筋肉は，腹側筋の内側にあって，体腔膜の外面と接している。筋肉繊維は腹側筋と交錯した方向に走っている。

q）尾舌骨筋　M. urohyalis

尾舌骨後部の薄膜状骨部分から伸びて擬鎖骨の前面に付いている筋肉束をなしている（図５･70）。

３．眼球の筋肉（図５･71）

a）上斜筋　Musculus obliquus superior

口蓋骨の内背側の隅に始まり，斜め後方に伸びて眼球の背面の前部に付いている筋肉である。

b）下斜筋　M. obliquus inferior

上斜筋と背腹において相対し，同様に口蓋骨背部の内側の隅から伸び，眼球の前腹面に付いている筋肉である。

c）**上直筋**　M. rectus superior

視神経交叉の少し後の部分（副蝶形骨の中央部にみられる関節状部分）から伸び，眼球の背面中央に付いている筋肉である。

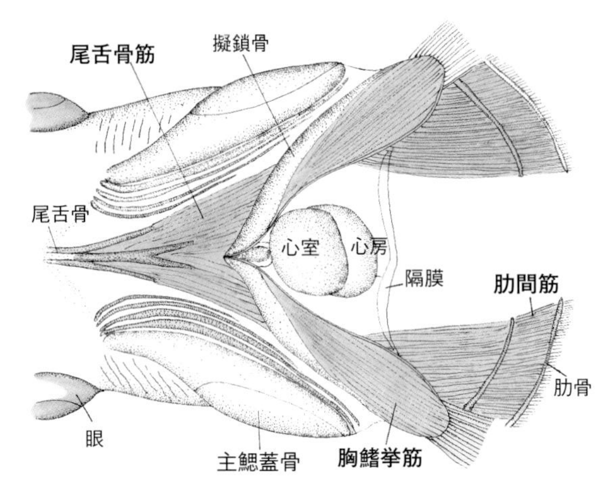

図5・70　メダカの頭部腹面の筋肉

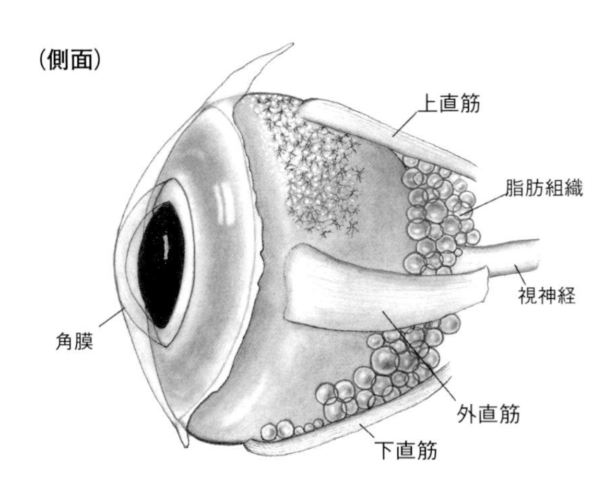

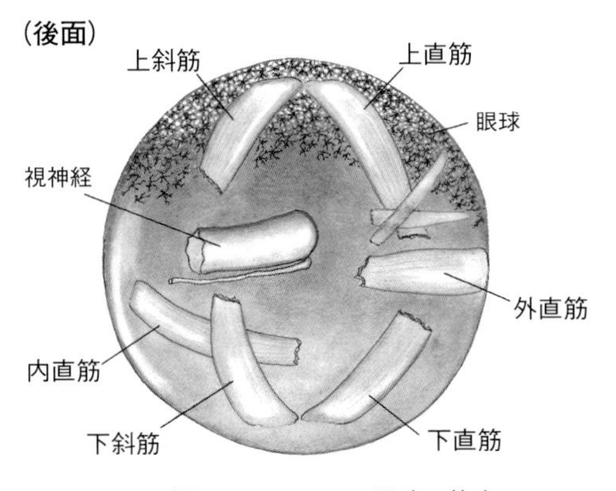

図5・71　メダカの眼球の筋肉

d）**下直筋**　M. rectus inferior

上直筋と同じで，副蝶形骨の中央部の関節状部分の背面から伸びて，眼球の腹面の中央に付いている筋肉である。

e）**外直筋**　M. rectus externus

上直筋と接した部分から前方に向けて伸び，眼球の後面の中央に付いている筋肉である。

f）**内直筋**　M. rectus internus

副蝶形骨の中央部から出て，前方に伸びて眼球の前面の中央に付いている筋肉である。

4．鰭の筋肉

a）**胸鰭挙筋**　M. levator pinnae pectoralis

擬鎖骨の腹側後面及び烏口骨の腹後面を被って三角形をなし，胸鰭軟条の基部に付く筋肉である（図5・70）。その前方の内側の一部は腹側龍骨筋に被われている。

b）**胸鰭屈筋**　M. flexor pinnae pectoralis

擬鎖骨のほぼ中央部の後面から出て，後方に伸び，胸鰭軟条の基部に付いている。

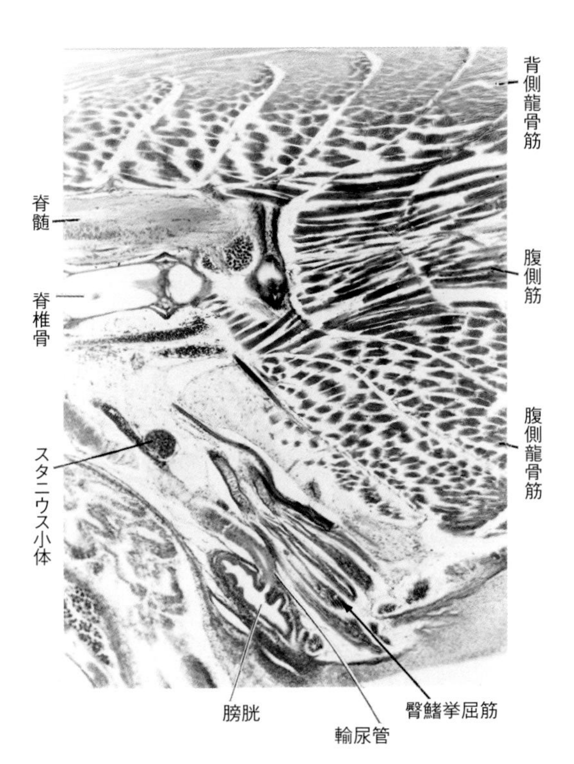

図5・72　メダカの胴部後端の筋肉

c）腹鰭挙筋　M. levator pinnae abdominalis

基鰭骨無名骨basipterygiumsの腹面から，腹鰭軟条の基部に付いている三角形の筋肉である。

d）臀鰭軟条挙筋　M. levator radiorum pinnae analis

中央が突き出した臀鰭鰭骨（第1~18）の前側からそれに関筋する軟条の基部の前縁に付いている小さくて細長い筋肉である。

e）臀鰭軟条屈筋　M.flexor radiorum pinnae analis

臀鰭軟条と臀鰭鰭骨の縦の突起の後縁に付いている小さくて細長い筋肉である（図5・72）。

f）背鰭軟条挙筋　M. levator vel erector radiorum pinnae dorsalis

背鰭の各鰭骨（棘間骨）の左右両側の腹端から出て，軟条の基部腹端の前縁に付く筋肉である。

g）背鰭軟条屈筋　M. flexor vel depressor radiorum pinnae dorsalis

背鰭の条鰭骨（棘間骨）の左右両側の腹端から出て，軟条の腹端後縁に付く筋肉である。

h）尾鰭屈筋　M. flexor pinnae caudalis

体側筋の後端に位置し，最後の脊椎骨（神経棘・血管棘を含む）から出て尾鰭軟条の基部に付く。

i）尾鰭軟条屈筋　M. flexor radiorum pinnae caudalis

尾鰭軟条基部側の鱗の被う部分にみられる各軟条間に斜めにわたる短い筋肉である。中央から背腹側では傾斜方向が反対になっている。

j）内尾鰭屈筋　M. flexor pinnae caudalis internus

最後の脊椎骨及び下尾骨の中央線から出て尾鰭の背腹末端の角をなす軟条基部に付く筋肉と最も深い位置にあって下尾骨の両面から出て，各尾鰭軟条の基部に付く筋肉である。

V．骨格系　Skeleton system（図5・73）

他の大型の脊椎動物と違って，からだの小さい魚であるメダカの先祖の骨は，化石として残っておらず，からだの進化的変遷を知ることができない。しかし，脊椎動物であるメダカの骨も同じ中胚葉性の筋肉と共に，循環系や神経系，そして内臓諸器官を護る役割と運動のための役割を果たしている。

1．頭骨　Head-bone, Cranium（図5・74～図5・77）

頭蓋骨 skull bone と臓骨 visceral skeleton からなる頭骨は長さが6 mmに満たない。頭蓋骨はそれ程幅広くなく，その背面は扁平であって，比較的小さい顎のために前方がやや先細りで適度に扁平である。さらに，前方にあまり伸びていない顎，すなわち眼窩前域は短い。しかし眼窩 orbits は比較的大きく，頭蓋骨の特徴ある曲面をもって滑らかであるし，前篩骨部域は長方形のへこみを呈している。臓骨は主に頭蓋骨の後方の下部に位置し，これに顎弓 mandibular arch・舌弓 hyoid arch・鰓弓 branchial arch が属している。その臓骨弓は腹面を前方に先細りで伸びている。

a）頭蓋骨　Skull bone

頭蓋骨は，前鋤骨 prevomer がないので，前方が薄い篩骨 ethmoid で終わっている。篩骨は骨化した背面の上篩骨 supraethmoid と腹面の中篩骨 mesethmoid の合わさった形をなし，これら円鱗様の骨の周りの骨化していない後端には，上後頭骨 supraoccipital があり，上耳骨 epiotics が表面に後方へ向けて突き出した1対の上耳骨突起がある。上耳骨の頂端はそれ程突き出していない。頭蓋骨は後側部の角は窪んでおり，この部分を形成している鱗状の翼耳骨 pterotic（1対）は隣接している上後頭骨や前頭骨frontalより低い所にある。この両部域の傾斜している部分に頭頂骨 parietals がないために露出したままの翼耳骨と前頭骨の間の小さい軟骨部がある。傾斜した部分にある軟骨域は背面からはまったくみえないが，頭蓋骨を少し傾けるとみえる。

頭蓋骨の腹面には眼窩によって大きな穴を生じており，両眼の間に副蝶形骨（旁蝶形骨）parasphenoidsがある（図5・74）。中腹部分を占めている副蝶形骨は，背面にある中篩骨に出合う前方域において上方に向かっている。基（底）後頭骨と前耳骨の両腹面は両側へと傾斜しており，正中線の狭い副蝶形骨によって腹側の底部竜骨を形成している。頭蓋骨の後端には，基後頭骨 basioccipital の関節のある凹面の低い位置に大後頭孔 foramen magnum があり，その両側には外後頭骨 exoccipital の関節丘がある（図5・75）。この大きい孔をなす両外後頭骨の後端には，突き出た関節部があり，基後頭骨の後端の関節部と共に，第1脊椎骨と接着している（図5・77）。頭蓋骨の後側部の角は，背側が扁平で，翼耳骨の中央部分に深い窪みがある。眼窩蝶形骨 orbitosphenoid と基蝶形骨（底蝶形骨）basisphenoidはなく，篩骨（図5・76）の側部及び後部は軟骨状のままである。篩骨の側部に鼻骨 nasals，後

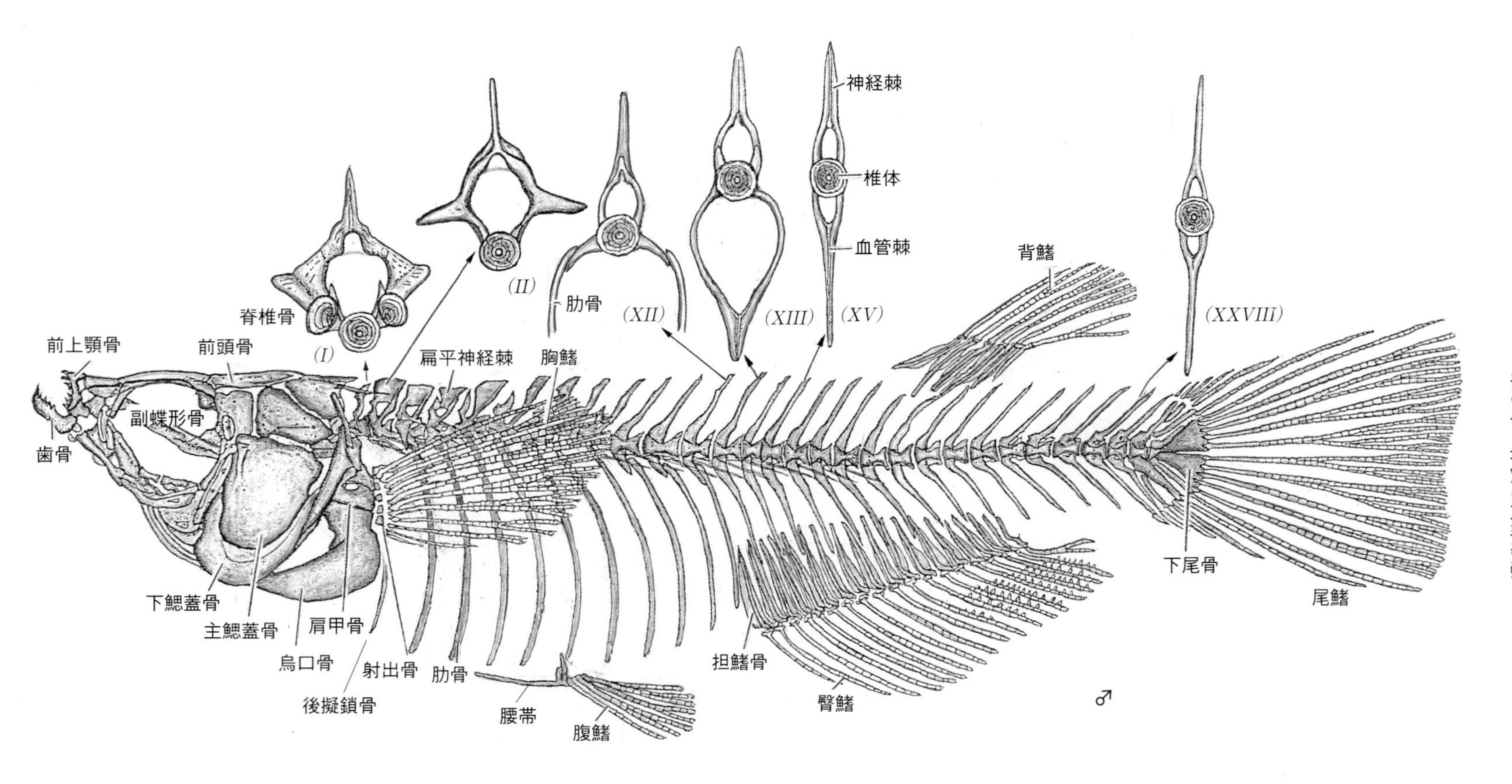

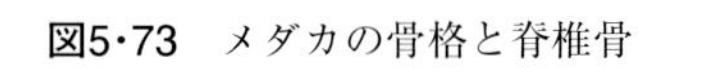
図5·73　メダカの骨格と脊椎骨

上後頭骨
外後頭骨
関節面
基後頭骨
主鰓蓋骨
下鰓蓋骨
上耳骨
翼耳骨
蝶耳骨
前頭骨
翼蝶形骨
副蝶形骨
皮蝶耳骨
舌顎骨
鰓条骨
眼窩
側篩骨
接続骨
前鰓蓋骨
鼻骨
下舌骨
内翼状骨
涙骨
方骨
角骨
前上顎骨
主上顎骨
後関節骨
歯骨

図5·74（側面）

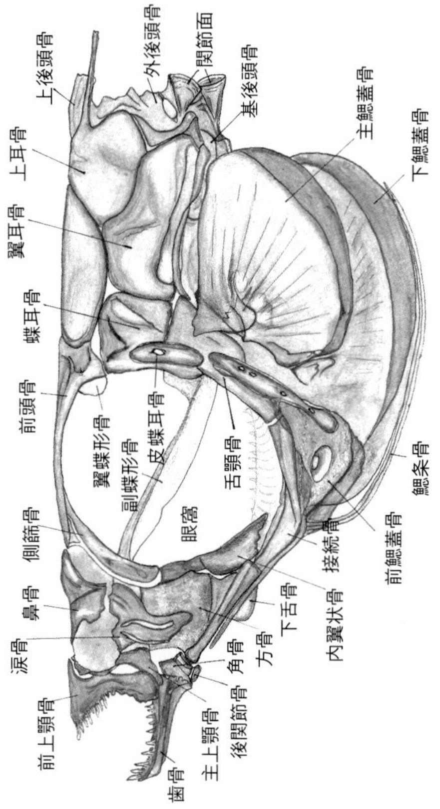

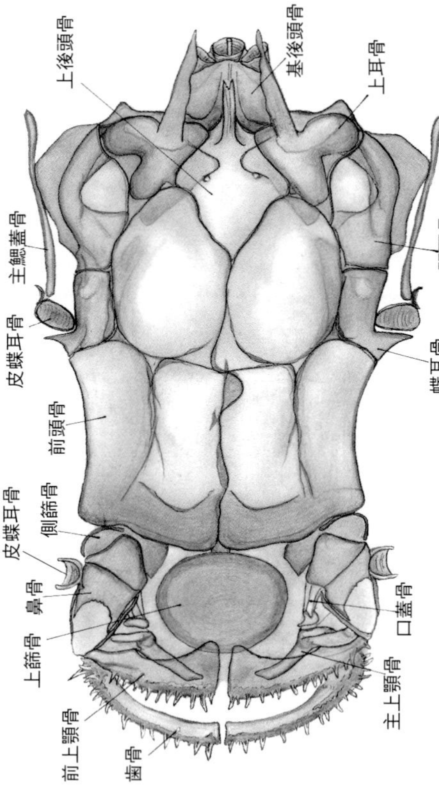

上後頭骨
基後頭骨
上耳骨
主鰓蓋骨
翼耳骨
皮蝶耳骨
蝶耳骨
前頭骨
皮蝶耳骨
側篩骨
鼻骨
口蓋骨
上篩骨
主上顎骨
前上顎骨
歯骨

図5·76（背面）

皮蝶耳骨
翼耳骨
外後頭骨
脊椎骨関節面
上後頭骨
副蝶形骨
基後頭骨
上耳骨
大後頭孔
蝶耳骨

図5·75（後面）

第1
脊椎骨
基後頭骨
外後頭骨
下鰓蓋骨
翼耳骨
前耳骨
主鰓蓋骨
蝶耳骨
翼蝶形骨
副蝶形骨
内翼状骨
間鰓蓋骨
中篩骨
方骨
後関節骨
角骨
主上顎骨
口蓋骨
前上顎骨
歯骨

図5·77（腹面）

図5·74～77　メダカの頭骨

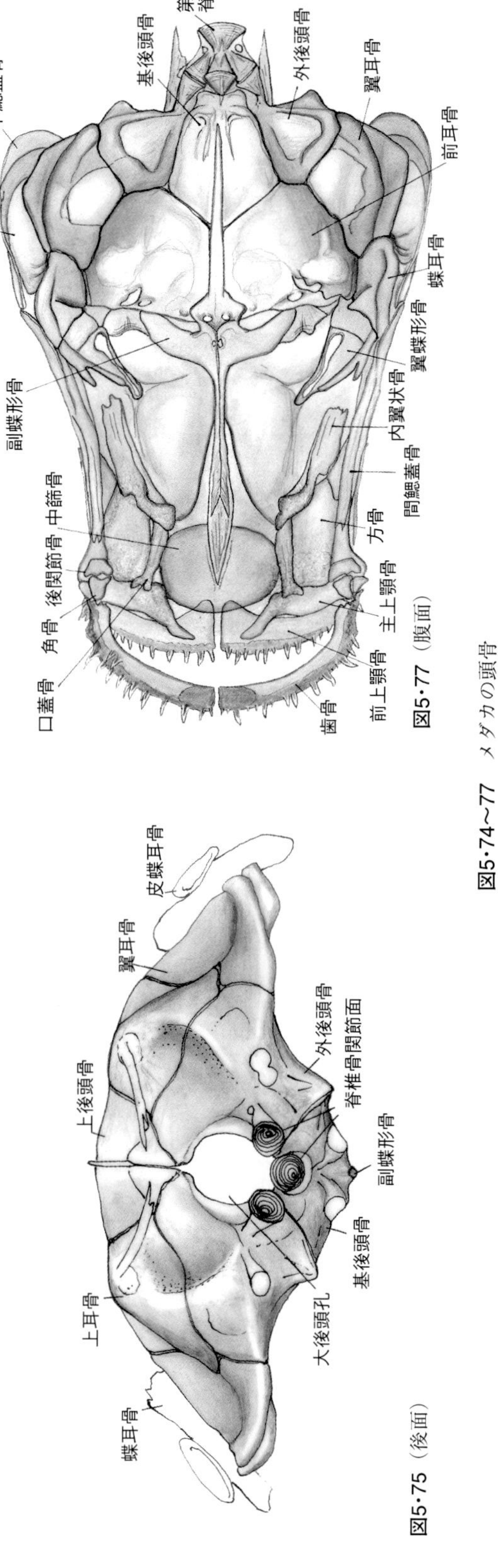

側部に側篩骨 lateral ethmoids，後方には前頭骨がある。副蝶形骨と接続している後方の末端部では，特に軟骨が幅広く，背部両端がより後方に伸びている。前方には，両前上顎骨 premaxilla の後突起の端がある。その腹面は副蝶形骨の前端の当たる部分に浅い溝をもつ。

側篩骨の後方の横断部は，その前側部の角にある嗅管域の上方と背面で接着している。嗅神経は篩骨軟骨の前側部の角を通って，嗅神経孔を抜けている。口蓋骨 palatine と上顎骨は側篩骨の縁と接していない。また，1対の鼻骨（図5･74，図5･76）は鱗状の円形である。それらは，比較的厚く，腹面が凹状で輪郭が幾分豆形をしている。ちなみに，鼻腔は涙骨，鼻骨，それに眼窩の前縁をなす側篩骨とでできている。

眼窩側頭骨orbito-temporal ―― 眼窩側頭部には広い割に小さい骨がたくさんある。

前頭骨は，形と位置から判断して頭頂骨と癒合して大きくなったものかもしれない。前頭骨の腹面には，上眼窩，眼窩間，蝶耳骨の3部分を分けているような三射状の隆起がある。前頭骨の上眼窩部は広くて，眼を保護するかのように後部位腹側では先が下がっている。背面からみると上記の3つの部分に対応して盛り上がった湾曲がみられる。前頭骨の正中面の縁は正中線で重なり合っており，上後頭骨の末端は互いに押し込み合っている。翼蝶形骨 alisphenoid bone は比較的大きいが，副蝶形骨が幅狭いため，頭蓋骨の腹面は骨に被われていない部分が多い。

副蝶形骨は基後頭骨の基部近くから中篩骨の中央部まで伸びており，細長い（図5･77）。その僅かに曲がっている中央部分が幅広い橋をなしており，その橋の部分は，両前耳骨 prootics の前方辺縁の前に位置している。その橋の前部の骨は前方に向かうにつれて徐々に幅広くなっていて，先が丸味を帯びている。背部側板の基部には眼筋の動眼神経を通す1対の小さい孔がある。橋部の後方部分の副蝶形骨は左右両側の前耳骨の合わさる正中線の小さい隙間を被うように後方に走っており，基後頭骨にしっかりとくっついている。副蝶形骨の後端の基後頭骨及びその前端の中篩骨の面には，その接着を強めている浅い溝がある。

翼蝶形骨は，その末端部が幅広く厚い。そして，その形はほとんど長方形である。その末端部は軟骨の束が正中線に沿って前方に伸び，篩骨の末端軟骨に出合う。眼窩を取りまく骨に皮蝶耳骨 dermosphenotic と涙骨 lacrimal がある。涙骨は眼窩前部の位置を占めており，その末端部に湾曲した板状骨が付着して管状をなしている。皮蝶耳骨は蝶耳骨 sphenotic bone の突起の後面に付着している。

耳骨部域は通常4つの硬骨，すなわち前耳骨 prootic，上耳骨 epiotic，翼耳骨 pterotic及び蝶耳骨からなっているが，後耳骨 opisthoticが欠けているのが特徴的である。基蝶形骨 basisphenoid はない。上耳骨は後耳骨と癒合したものかもしれない。これらの4つの耳骨は聴覚器官を保護するのが主な役割であるかのように不規則な形状を呈している。耳殻 otic capsule は完全な骨格ではない。背側では，1つの薄い軟骨膜が骨化しないままである。それは，上後頭骨の側部末端から翼蝶形骨の基部に，両側では蝶耳骨，翼耳骨，さらに後方では上耳骨に伸びている。その軟骨は，後部の小口域だけを残して前頭骨によって部分的に被われている。また，耳骨は骨間軟骨の薄層のついた内外薄膜をもっている。その薄膜は骨化し，半円管のトンネル様の骨通路をなすように巻き上がっている。その通路の大きい部分には，最も大きい扁平石 sagitta をはじめ，礫石 lapillus，星形石 asteriscus の3種類の耳石 otolithsが入っている（図5・8，図5･10）。

前耳骨は，前側において耳殻の底床をなしており，また，膨大部と通嚢（卵形嚢）utriculus の底床に窪みをもっているが，これらの構造以外に前の縁には垂直板が発達している。前耳骨の前方腹側の角は，顔面神経と三叉神経の分岐の孔がたくさんある。

上耳骨は，頭蓋骨の後部背面を占めており，外面上に細長い突起をもっている。その突起は，薄い両側がつぶれた膜状で，上後頭骨の突起の2倍の長さがある。しかも，それは中央線に向かって後方に伸びた1対の突起で，繊維組織によって脊椎の背棘状突起 neural spines と結び付いている。

翼耳骨 pterotic は，その外縁に沿って単一な曲がりのある翼をもっており，その腹面には舌顎骨 hyomandibular bones のための関節面をもっていない。その骨は水平な半円導管であり，側半規管の通路のためのトンネルになっている。

蝶耳骨は，その耳殻の前方両側角に押しやられており，聴覚器官の僅かな部分を保護している。その前方の半円導管のごく一部はトンネルをなしていない穴の中に収まっている。

後頭骨部 ―― 上耳骨を除く後頭骨部域には，上後頭骨，基後頭骨，外後頭骨及び外後頭骨の骨状突起がある。外後頭骨はやや正中部分を向いた窪んだ関節骨面をもっている。

上後頭骨は，後方に伸びた細く，短い突起をもって

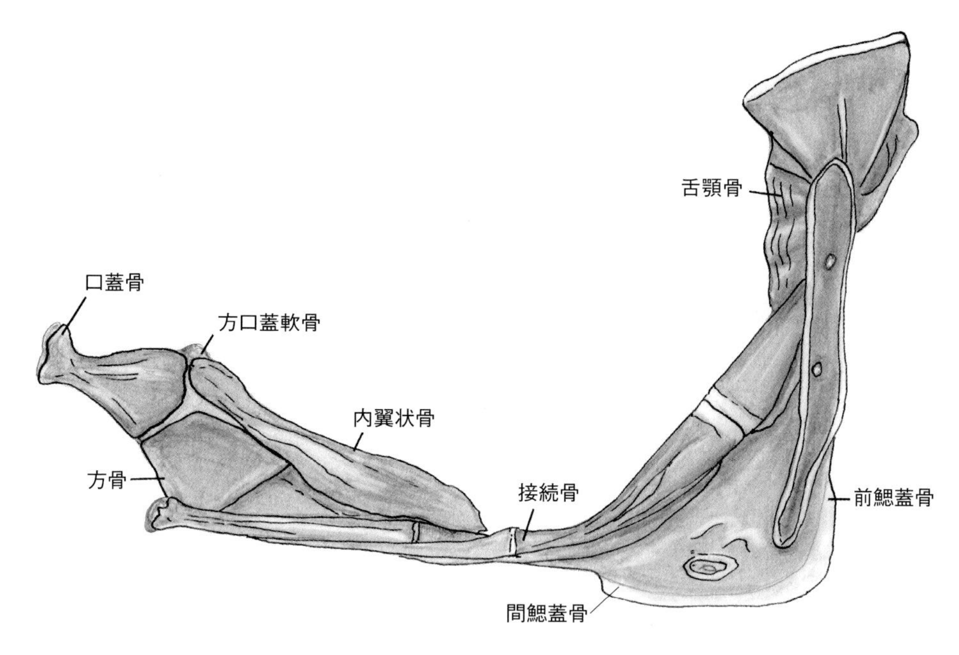

図5・78　メダカの眼窩辺縁骨

いるが，その突起は頭蓋骨の後方辺縁以上には伸びていない。そして，この骨の側部は前方両側の蝶耳骨に向かって延長し，頭頂骨がないために，ある程度それを補っている。

基後頭骨は，その後方に軟骨の窪みである小さい円錘形の椎体 centrum（第１脊椎関節部）をもつ。この骨の外側表面はやや湾曲しており，正中線には副蝶形骨の後端が当たっており，溝が入っている。この骨の内側から外後頭骨の内側に走っている内板があるが，それらは狭い。

１対の外後頭骨は，前後の方向に中央部分と側部をもっている。そして，その中央部は背側の縁に大後頭孔（図５・75）をもち，第１脊椎骨と接している外後頭骨の２つの関節面は，形がやや卵形である。これらは，大後頭孔の一方側においてやや正中線に向いていて第１脊椎骨の関節面と出合っている。この骨に下咽頭の迷走神経と後頭骨の脊髄神経のための孔が開いている。

b）臓骨　Visceral skeleton

頭部の前端を形成している上顎の前上顎骨と下顎の歯骨には，小さい円錘状の歯がある。前上顎骨と共に上顎を支える主上顎骨の上顎中央に向かう先端は，前上顎骨の腹面に接着している（図５・76－77）。主上顎骨の折れ曲がっている間接部と前端で接する口蓋骨は細長くなっている典型的な*Poecillia* 型である。懸垂骨 suspensorium は，著しく前方に配置されており，方骨 quadrates は眼窩の前方の縁をなす内翼状骨 endopterygoid を越えて，口蓋骨 palatine に向かって伸びている（図５・78）。方骨の前部に接する外翼状骨 ectopterygoid がない。

眼窩の後部の縁をなす下顎軟骨 mandibular cartilage は，長く，中央部がねじれている。この骨の後方肥厚の縁には鰓蓋operculumがある。下顎軟骨神経の通路のための孔は，その中央部分にあるが，幾分その骨の湾曲側にある。

接続骨（結合骨）symplectic bone は下顎軟骨の下端に付着している細い骨である。それは，長さが下顎軟骨の約２倍で，眼窩の腹部辺縁の境界をなしており，中央部分で上方に曲がっている。この骨は，後方が僅かに幅広く，方骨の中央部分に達してのち，徐々に先細りになっている。この骨の上方には後翼状骨 metapterygoid がみられない。

方骨は，接続骨のように著しく伸長しており，その後方に向かった狭い部分は棒状である。その前方部分は幅広く上方に伸びているが，その背側辺縁は関節頭部となっている。内翼状骨は，扁平で細長く，その上方辺縁が僅かに窪んでいる。この骨の後端には後翼状骨がなく，背部から方骨背部に軽くくっついており，その前方辺縁部は口蓋骨の後方辺縁とは単に触れているだけである。

口蓋骨は，軟骨によって方角の前方背側辺縁に付着

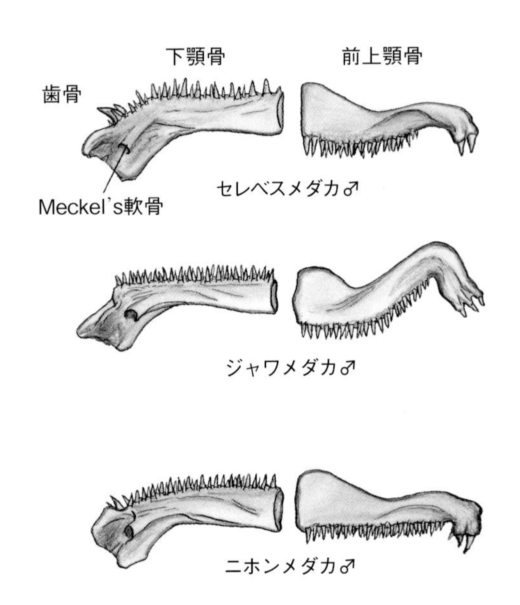

図5・79　メダカの顎骨

しており，前方の背側方向に沿って伸びた後上顎骨との関節のための窪みをもつ厚い関節頭部に終わっている。そして，側篩骨や鼻骨とは接していない。しかし，それは中篩骨の両側辺縁の軟骨の小さい円形の刻み目をもつ接合部によって篩骨部域と連結している。

下顎の間節骨である角骨は前方が比較的小さく，ほぼ三角形である。この骨は関節骨の内側が後関節骨と大きさがほとんど同じである。歯骨は正中線に向かって単一の横断棒を形成しており，それはほぼ2列の円錐歯をもっている（図5・79）。その歯列の外列はやや大きく，幾分内側に向かって曲がっている。内列は鋭く尖っていない。多くのメダカ種において，雄は顎の角にある歯骨の前面に，太い特別な歯を3～7本もっている。それらは，前方，かつ下向きに曲がっている。そのような歯を3本もっているものは形が同じでよく発達しているが，もっと多くもっているものでは最上部の歯が最も小さく，他のものは下部になるにつれて大きくなる。Meckel氏軟骨は関節の前の短い部分には骨化がみられないが，その末端部で外表面に僅かな骨化がみられる。

上顎は，前上顎骨 premaxillaと（主）上顎骨maxillaとでできている。前上顎骨は形が厚く短いが，その中央背側部分の顎の横断部分と顎の両側の下降している部分（図5・75，図5・76）からなっている。また，その正中接合部分の後方への三角形の上向突起ascending processは小さい。

鰓蓋を構成する骨 opercular bones には，前鰓蓋骨 preopercles，間鰓蓋骨 interopercles，主鰓蓋骨 opercles（opercular），及び下鰓蓋骨 subopercles がある。下鰓蓋骨は主鰓蓋骨の下方にあり，主鰓蓋骨の腹側縁とその骨の背側の刻みの部分にしっかりくっつき，しかも後部と後方腹部が互いに重なっているため，その2つの骨が1つのようにみえる。間鰓蓋骨は後方3分の1が幅広く，残りの部分が幅狭く長くなっており，やや尖っている。そして，それは方口蓋軟骨弓の腹側を走っている。前鰓蓋骨は大孔器の収まる垂直の溝の部分をもつが，水平部分は腹側に枝分かれした溝をもっている。それは背側の端で下顎骨とくっついている。前鰓蓋骨の水平腕部は，長くなっておらず，接続骨の3分の2のところまで伸びている。

尾舌骨（1個）urohyal（図5・80）は鰓弓 gill arch の中央の基鰓骨（3個）basibranchialsの下に平行して付いており，鰓条骨と一緒になって鰓弓を被っている。尾舌骨に，間舌骨 interhyal はなく，基舌骨との間の軟骨が接している（図5・81）。二股に分かれている尾舌骨の前端は1対の第1下鰓骨の間の下方にある。

上舌骨（1対）epihyals と角舌骨（1対）ceratohyals はその基部がほとんど軟骨で，下位下舌骨（1対）lower hypohyals はあるが小さい。基舌骨 basihyal の前部は比較的幅広い。その狭くなっている後方部分は骨化しており，幅広い前部は軟骨のままである。

鰓条骨は5対あり，後の2つがやや幅広く，扁平で，より曲がっている（図5・81）。それらは上舌骨と角舌

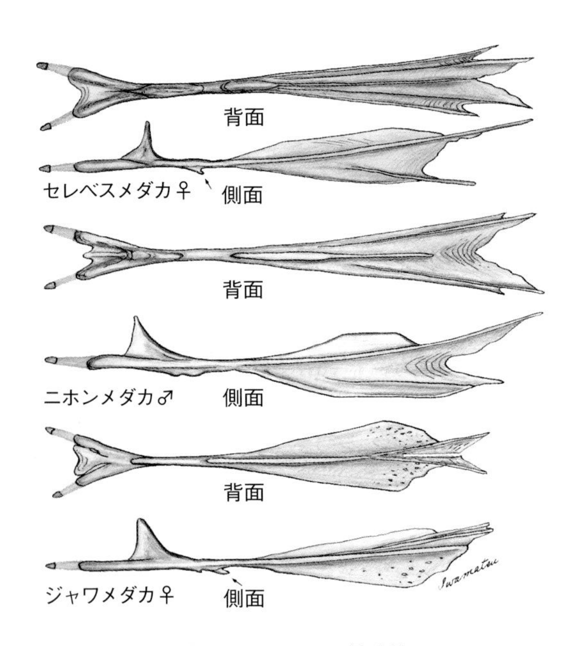

図5・80　メダカの尾舌骨

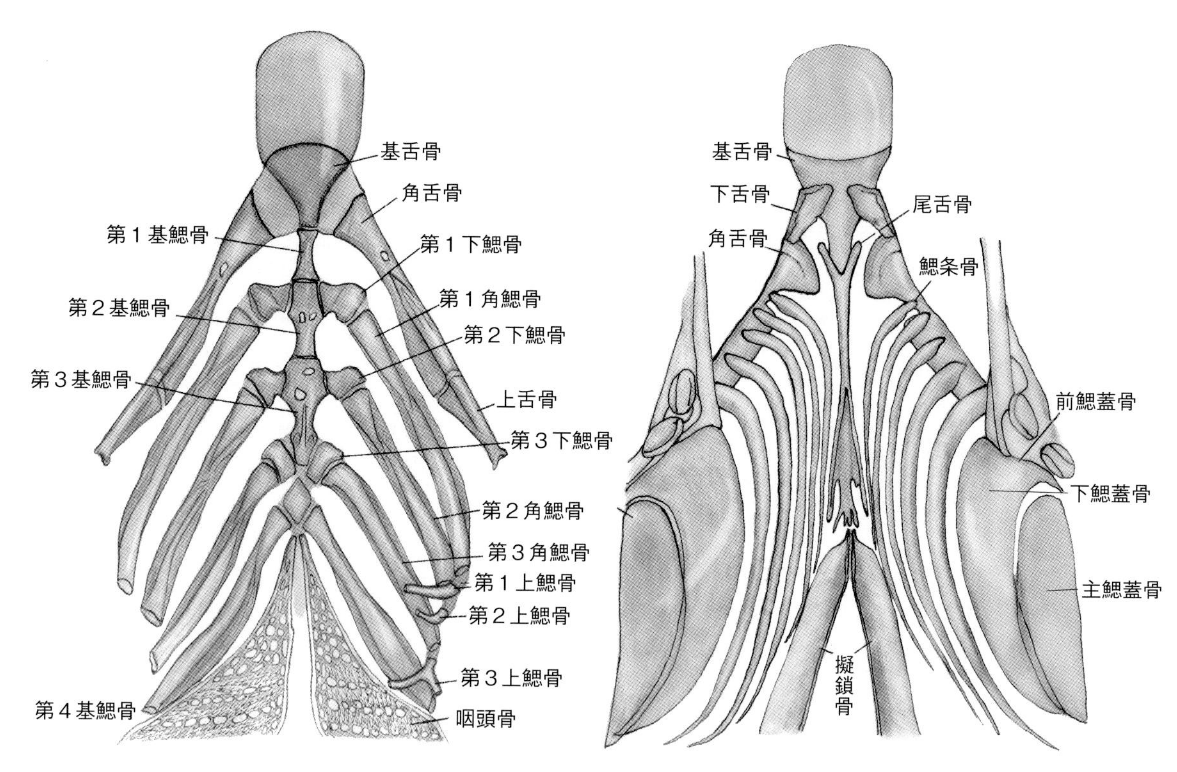

図5･81　メダカの鰓付近の骨格

骨の外面に接着している。鰓の骨格には，その底床部をなしている下鰓骨（３対）hypobranchials，基鰓骨，及び角鰓骨（４対）ceratobranchials からなり，これらに付随した鰓弁をもつ４対の機能的鰓弓がある。第１鰓弓の最後の鰓耙は，目立って厚く，しかも大きくなっており，未発達な第１上鰓骨 epibranchials をなしている。第２の上鰓骨は曲がった小骨になっているし，第３のそれは枝分かれしている。第４の上鰓骨は著しく発達しており，鰓弓に近接した部分が棒状である。その基部は曲がっており，薄板で，かつ扁平で上咽鰓骨 suprapharyngobranchials の背面にくっついている。第５鰓弓は歯をもつ下位の咽頭骨 pharyngeal になっている（図５･82）。

その咽頭骨は腹面（のど）に突き出している鋭利な歯が２列に並んだものである。その骨の底床は海綿網状構造をなしている。下咽頭骨は上位の咽鰓骨と咽頭を挟んで腹側にあり，左右１対の三角形をなした海綿網状構造で，６列の小歯がついている。これらも第５番目の上鰓骨に由来するらしい。鰓耙 gill raker（図４･２，図５･28）は４対の鰓弓の各角鰓骨の外列からなっている。また，それらは末端が尖っていて，内面に小さい歯をもっていない。鰓弓の中央側にあるもの

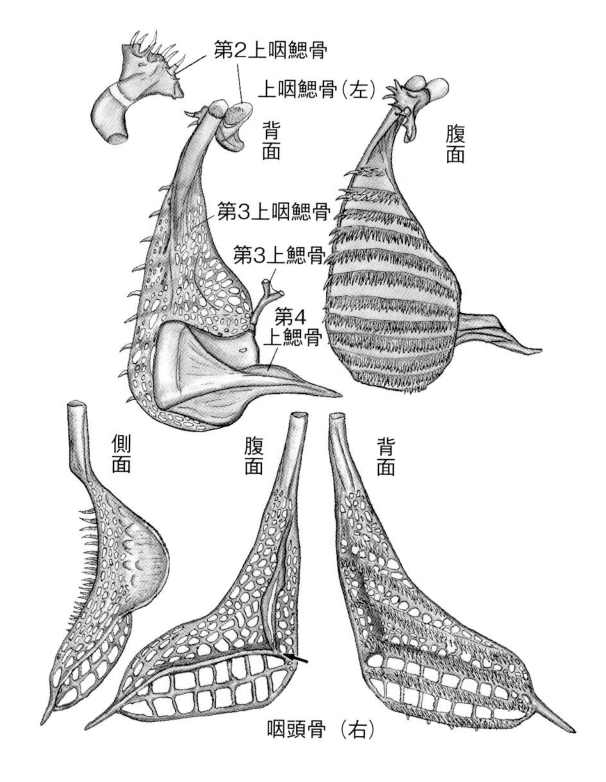

図5･82　セレベスメダカの咽頭骨

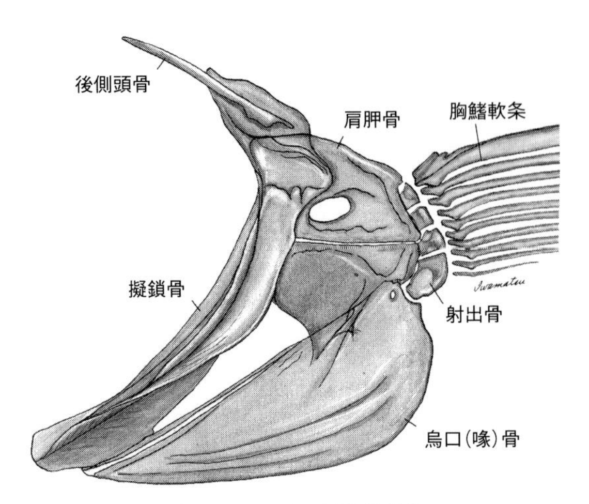

図5･83　メダカ肩帯部骨格

は最も長く，それぞれの末端で短くなっている。

鰓弓の腹側にある中央の尾舌骨（図５･80，図５･81）は，特別の形をしており，角舌骨の末端に接近しているその前方部分が分岐し，後方部分が広がっている。すなわち，背面頂点をもつ薄い板状骨で，後方に伸びた部分が短い突起で終わっている。前方の分岐した基部の背面には，骨の長軸に垂直に向かって突出した部分がある。概して，尾舌骨は雌において，前部腹面に小突起をもっている。

後側頭骨 post-temporal（図５･83）は比較的小さく，骨性の幅狭い添木のようで，擬鎖骨 cleithrum と上耳骨にしっかりくっついている。この後側頭骨の付いている擬鎖骨部分は，おそらく擬鎖骨に癒着した上擬鎖骨 supracleithrum に相当するらしく，上擬鎖骨がない。

肩帯 pectoral girdle（shoulder girdle）をなしている骨には，上耳骨に接着する最上部の後側頭骨，その下部に接する弓状の擬鎖骨，その外側に位置する肩甲骨 scapula と烏口骨 coracoid，そしてそれらの胸鰭接着部には４個の射出骨 actinostと後擬鎖骨 postcleithrum がみられる。メダカの肩帯には上擬鎖骨と中烏口骨 mesocoracoid はない（藪本・上野，1984）。こうした肩帯は，胸鰭の動きを支えるだけではなく，左右の肩帯がなす枠の中に囲心腔と腹腔前部を収容し，それらを保護するもので，鰓蓋運動によっても安定した前部体形を支持している。

２．鰭の軟条

鰭の軟条，すなわち鰭条 fin rays は節をもち，臀鰭（雄）以外は通常その先端部分が分岐している。尾鰭の背腹両端に未発達で，節をもたない鰭条はあるが，棘（条）spine をもたない。肩甲骨の後部の射出骨（鰭輻骨 pterygiphores）に付く胸鰭の軟条と下尾骨に付く尾鰭軟条を除いて，扁平な翼部をもつ棘が鰭条の基部から伸びている。鰭軟条 soft fin ray の付け根から神経棘および血管棘の間に伸びている骨は近坦鰭骨 proximal pterygiophore と呼び，それらと鰭の基部の間にある骨片を遠坦鰭骨 distal pterygiophore という。

背鰭 dorsal fin：　ニホンメダカでは平均６（６～５）本の鰭条からなっており，雄の方が節数が多く長い。特に，最後の鰭条が他のものとやや離れているため，膜鰭に裂け目を生じている（Oka，1931）。第１鰭軟条の近担鰭骨は各鰭条の基部から，図５･84にみるように，多くのものでは第18～19脊椎骨の神経棘間に伸びている。

臀鰭 anal fin：　ニホンメダカでは，鰭条が平均19（17~20）本である。先端は最後の鰭条を除いて，雄では分岐していないが，雌では分岐している。鰭条節数が雄の方が多く，後部の鰭条の節間に乳頭状小突起 papillar process がみられる。第１鰭軟条の近担鰭骨

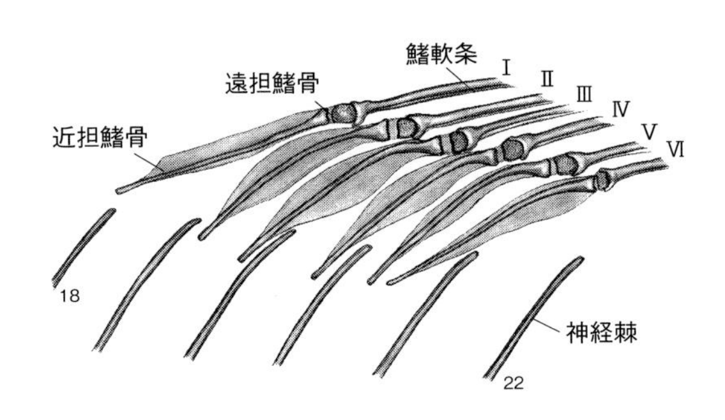

図5･84　メダカの背鰭の鰭骨

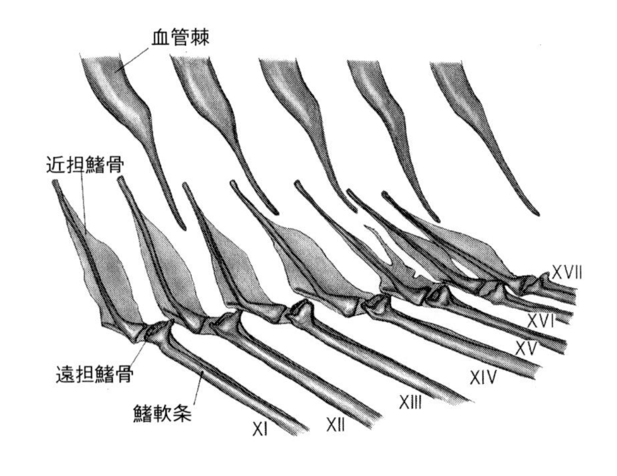

図5･85　メダカの臀鰭の鰭骨

は第12〜13脊椎骨の肋骨と血管棘の間に伸びている（図５･85）。

尾鰭 caudal fin：　幾分下部が短い鰭条を平均21（節をもたない小さいものを含めた18~22）本をもつ台形に近い形態を示す。鰭条の基部は射出骨をもたない。

胸鰭 pectoral fin：　平均10（９~11）本の鰭条をもち，体側の中位（やや低い）に付いている。

腹鰭 ventral (pelvic) fin　：　平均６（５~７）本の鰭条をもち，雌の方が長い。

腰帯は，腹鰭の動きに関与しているが，筋肉を支持するだけではなく，肋骨と共に体腔を保っている。

３．脊椎骨　Vertebra

脊椎骨数は，メダカ種のうち，セレベスメダカが最も多く，ニホンメダカでは30（29~32）である。椎体の両側に血管棘の変形した横突起（傍突起）parapophysis（図５･86，図５･87）に，上肋骨 epipleurals (intermuscular bones）と肋骨 ribs が接している。肋骨は第３脊椎骨から第12脊椎骨まで付いている。脊椎骨 vertebra の椎体（骨）の長さは，先端部の第１〜第２椎体と第27以後の４椎体において短くなっている（図５･88）。上肋骨は，筋肉内に伸びており，第１椎骨からみられ，椎骨が尾部に向かうにつれ細くなっている。

成魚（体長35mm）の第１脊椎骨の椎体は，胴部の他のものと同じく，脊椎骨の両体側から水平に伸びた翼状の横突起関節 diapophysis (transverse process) をもつ。その側突起には，肋骨は付いていないが，細い上肋骨（藪本・上野，1984）が付いている。その関節突起の位置は第２脊椎骨と共に後に続くものよりやや上部にあるが，胴部最後の第12脊椎骨では血道孔をなす血管棘に近い腹側に位置する。第13脊椎骨の側突起は血管弓として下に伸び，合一して短い血管棘をなしている。

第１脊椎骨を頭骨側からみると，頭骨の１つの基後頭骨 basioccipital と主関節面で接合する第１椎体のやや背部両側には，２つの外後頭骨 exoccipital と接合する２つの副関節突起（丘）dorso-lateral condyles (DLC) が認められる。外後頭骨と接合する両関節は主関節面の中心から左右背部に開いた約140°の方向を向いている。第１椎体の主関節の前面はやや腹（下）側を向いており，頭骨底部を占める基後頭骨の主関節突起に対面している（図５･87）。

基後頭骨の１つと外後頭骨の２つの突起と関節をもつ第１椎骨には，前脊椎関節突起 prezygapophysis が欠けている。この突起と癒合した背側棘状（上棘）突起（神経棘 neural spines）は扁平で，第２椎骨以後の椎骨にそれをもつものがあり，その扁平神経棘をもつ椎骨数がニホンメダカでは，平均8.7である（表１・６）。

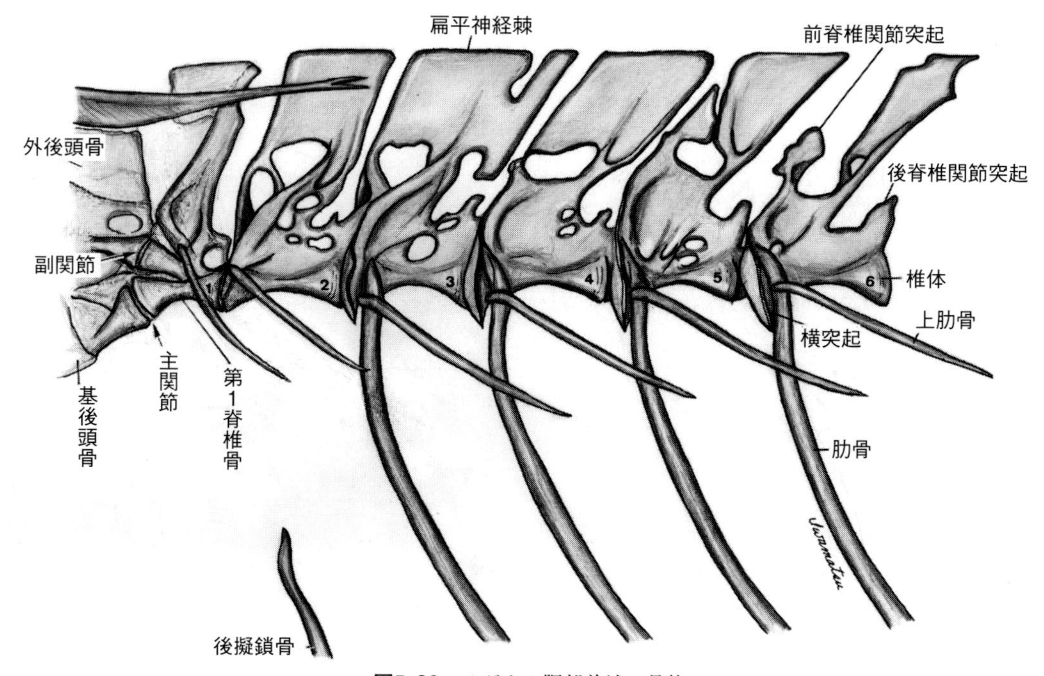

図5･86　メダカの胴部前域の骨格

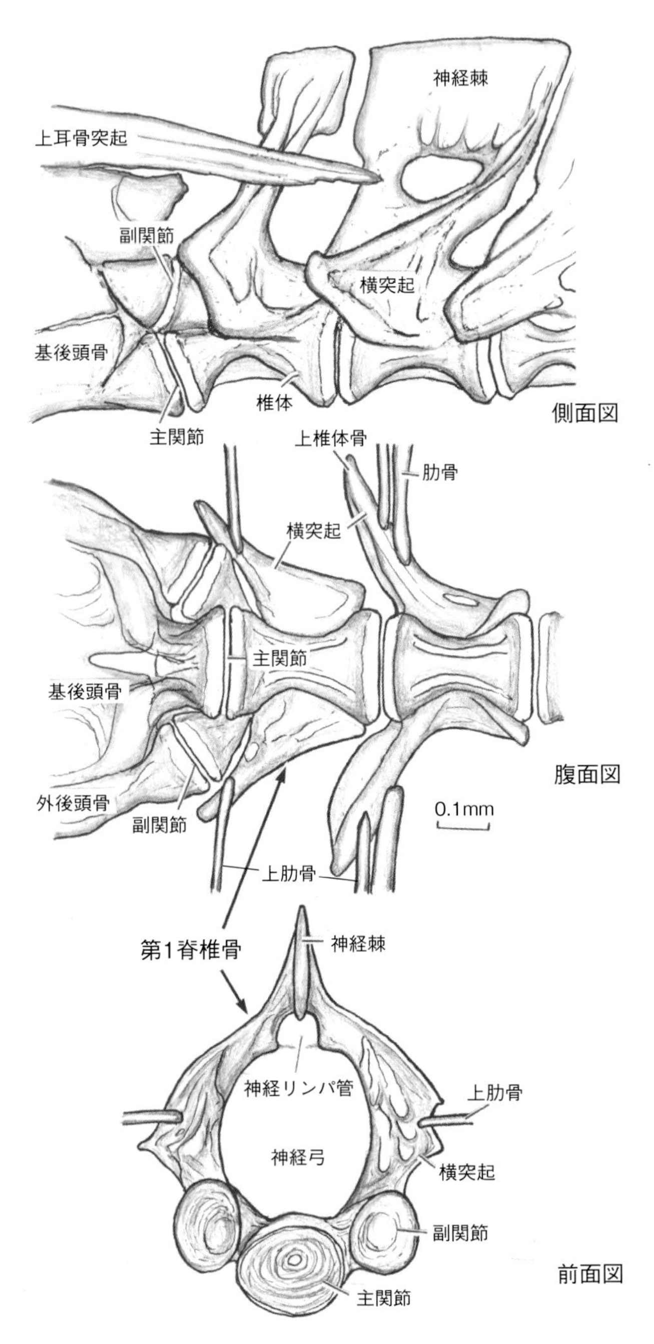

図5･87　メダカの頭骨と椎骨の関節（30 mmTL）

内臓の収まっている胴部では，横突起につく肋骨ribs（9~10対）をもつ第3～第12腹椎（骨）abdorminal vertebra，及び肋骨をもたない大きい血道弓門haemal archをなす第13（図5･73）が体腔の後端を形成している。その後部の肋骨をもたない脊椎骨は，尾椎骨caudal vertebraeで，16~17個である。肋骨がつく横突起（図5･86，図5･87）は血管棘（腹側棘状突起）haemal spinesと同じ起源をもつ骨であるらしく，胴部の後端部の椎骨についている血管棘には，しばしば痕跡的な小骨（肋骨）の付いているのがみつかる。横突起の位置は後部になるにつれて側部から腹側に移る。

この体腔をなす腹椎骨abdominal vertebraeの数はジャワメダカには少なく，11~13である。肋骨は，第2椎骨では横突起と離れており，セレベスメダカにおいて最も多い。セレベスメダカやジャワメダカにおいて，第12と第13椎骨の肋骨は，しばしば退化して存在しないか，あるいは痕跡的な棒状小骨として認められる。上椎体epicentralsと上神経骨epineuralsは認められない（藪本・上野，1984）。

4．尾部骨格　Caudal skeleton

脊椎骨は，最後から前方の2～3個のものには形態的に変化の著しい血管棘と神経棘をもつ。特に，尾鰭軟条のつく部分は，血管棘の変化したものと考えられる2つの下尾骨hypurals，2つの上尾骨epurals（第1上尾骨，第2上尾骨）及び準下尾骨parahypuralからなる（図5･89）。

藪本・上野（1984）によれば，下部の下尾骨は第1と第2の下尾骨の癒合したもので，上部のものは第3，第4，第5の下尾骨が癒合したものである。また，最後の脊椎骨の椎体（尾鰭椎前第1尾椎骨の後）は，準下尾骨に尾神経骨uroneuralsと第2上尾骨とが癒合したものである。尾鰭椎前第1尾椎骨preural centrumにおいて，血管棘も太く，傍に補尾骨extra caudal ossicle（藪本・上野，1984）と第1上尾骨がある。

5．腰帯Pelvic girdle

腹鰭の軟条を支えている筋肉が付く腰帯は，腹部中央に1対あり，棒状骨stickの前端が第2～第3肋骨の両先端間から第4～第5肋骨の両先端間に位置している。左右両腰帯間に出ている突起はやや幅広く入り組んだ形態をしている（図5･90）。それぞれの腰帯は両体側に向けて長い単一の翼状突起をもつ。

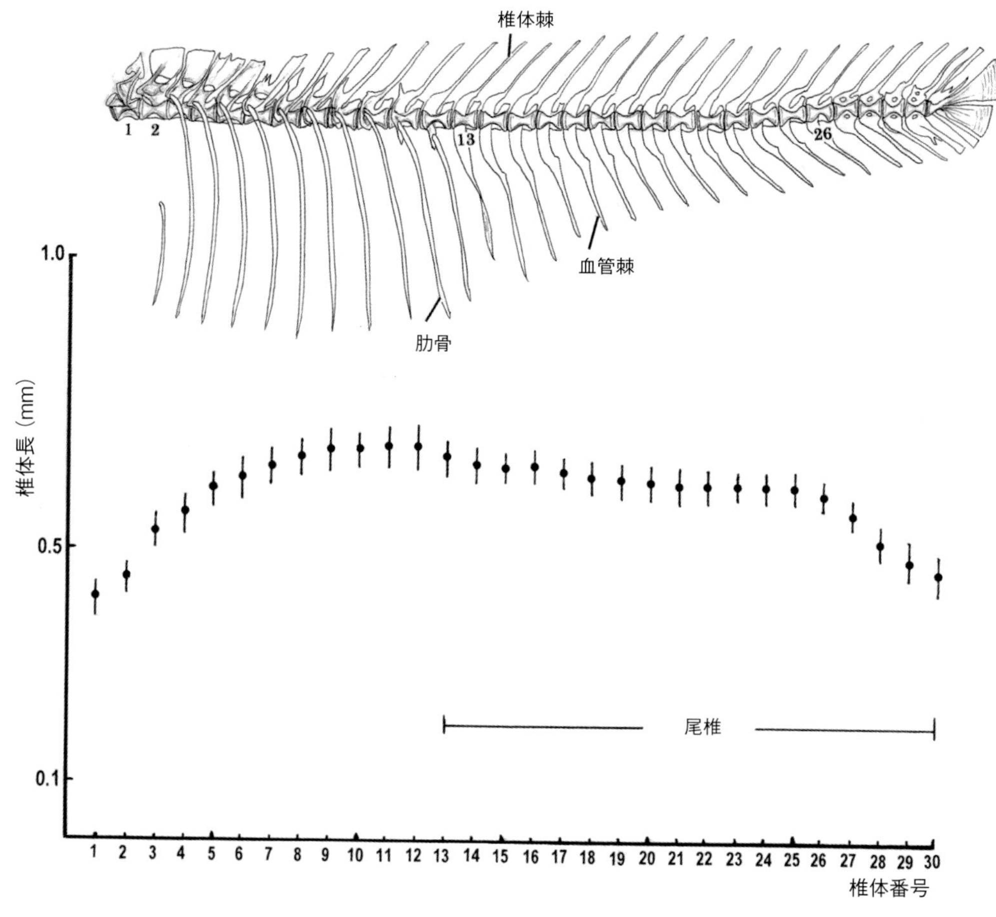

図5･88　メダカの頭骨と推骨の関節
（30 mmTL）

6．鱗　Scale

メダカの鱗は，ほぼ円形，ないしは卵形で，基部（前部）basal area に溝条 groove がなく，表皮に接している頂部（後部）apical area に色素胞が分布している（環走の円鱗 circular cycloid scale; 小林，1958: 図4･3）。鱗の大きさは魚体の大きさ，体表部域，及び性によって異なる。体長が増加するにつれ，鱗も大きくなるが，尾柄の鱗は体側及び背面の中央部のそれらに比べて成長が遅い。

体側中央鱗は，大きくなるにつれて，一般に鱗長 scale length に比べて鱗幅 scale breadth が大きくなり，ほぼ円形から卵形を呈するに至る。鱗の周縁は不規則で，ほとんど凹凸のないものから顕著なものまでさまざまである。また，鱗の基部の左右が大きく湾入しているものもある。背面の鱗には，その先端の頂部上に黒色素胞が豊富で，そのままではしばしば隆起線 circulus（circuli）が観察し難いことがある。その色素胞の分布は体側から腹面に移行するにつれ減少する。腹面の鱗は色素胞を欠き透明である。個体によっては，尾柄の鱗には時折畸形や小形のものがみられる。

鱗の隆起線の数は，鱗の前後，鱗の大きさと同様に魚の大きさや体部域によって異なるが，成長するにつれて増加する（後述）。

電子顕微鏡でみると，鱗の最外層は0.2〜0.3 μmの一層の琺瑯質で，その中心部には鱗の基板となる骨質がある。この骨質の長さは8 μm，その厚さは4 μmで，骨質の内部は一様に電子透過密度の高い石灰質と膠質からなる物質で占められている（竹内・真鍋，1977）。

隆起線は明確で，多くのものでは鱗の全周をめぐり，それぞれ23 μm前後の間隔幅をもっている。この間隔幅は，成長速度に関係があるらしく，餌の量によって影響を受ける。隆起線は鱗が成長するにつれ，しだいに

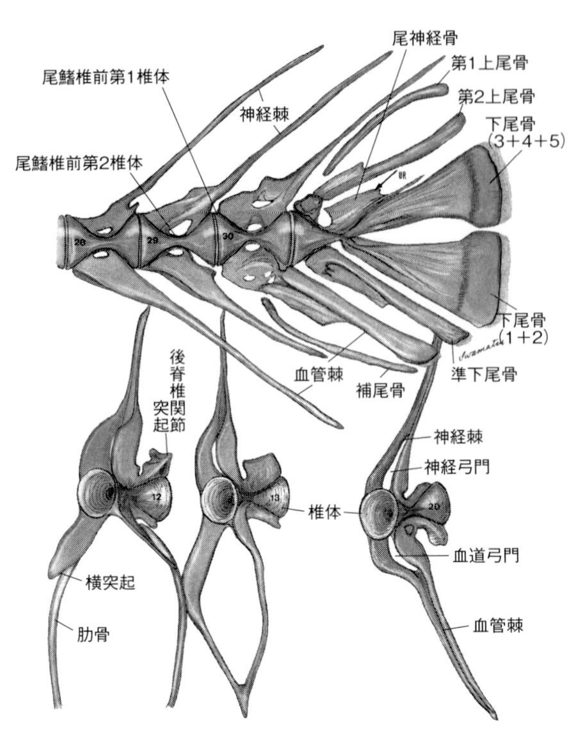

図5･89　メダカの胴部脊椎骨と尾部の骨格

不連続なもの，頂部の両側 lateral area（上側部 upper lateral area，下側部lower lateral area），または側縁 lateral margin で終わっているものが生じてくる。したがって，大きな鱗の中央部 focus は鱗そのものの中央部から頂縁 apical margin 側に偏在している。メダカの近縁と考えられているタップミンノー top-mimnow（カダヤシ *Gambusia affinis*）やグッピー guppy（*Lebistes reticulata*）の鱗には溝条（放射線，radii）があるが，メダカの鱗はこれをまったく欠いている。

鱗は，孵化して間もない幼魚においてはみられないが，体長約７mm以上で初めて生じる。それらは発達初期でほぼ円形をしている。体側中央鱗は鱗長・鱗幅共に体長10mmまで著しい増加を示す。それはその後，直線的に大きくなる。尾柄側鱗はその鱗幅が体長25mmまで鱗長とともに直線的に増加する。しかも，体長25mm前後より大きくなると，鱗幅が鱗長より大きくなり，形が卵円形を示す（図４・３）。発生初期では，隆起線は凹凸の少ない円形をしているが，体長が増加するとともに，基縁 basal margin に凹凸が多くなり，左右に湾入するものがみられるようになる。

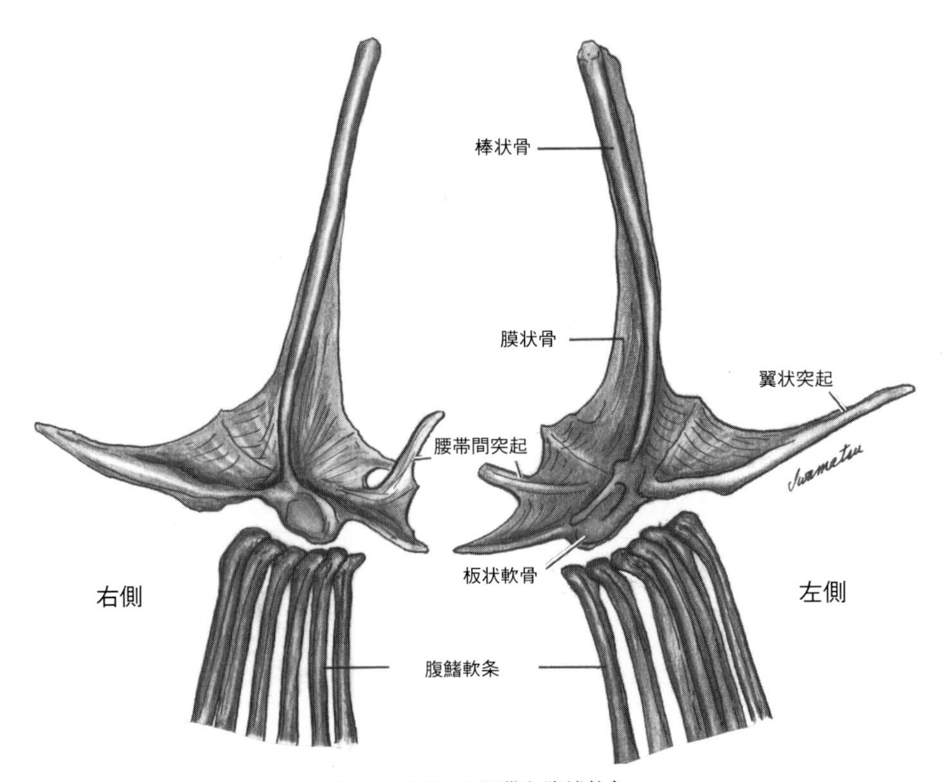

図5･90　メダカの腰帯と腹鰭軟条

Ⅵ．メダカの内臓逆位

脊椎動物における器官は，体軸（前後軸，背腹軸，左右軸）に対して一定の位置関係をもって機能している。外部形態はほぼ左右相称であるが，膀胱などごく限られたものを除いて，多くの内部形態は体軸に対して非相称である。魚類において，各器官のからだにおける基本的な位置は，卵黄球上における形態形成によってほぼ決定される。したがって，メダカのような透明卵では胚発生の各段階が確認しやすく，形成される器官の相称性を生きたまま観察しやすい。この形態の形成は，発生学の中心的研究課題で，これまで厖大な情報が存在する。一般に，胚体における内臓の位置は，成長期に入って幾分変わるが，成魚になっても，胚の逆位の左右非相称はなお認められる。図５・91のように，胚から稚魚までを観察すると，逆位では心臓は心室がからだの右側で，心房がやや左寄りにある。体腔内の肝臓は左側が後方に大きく，消化管前部は右側に位置して胆嚢がその左側に付いている。なぜか，これらの内臓の位置は胚期におけるものとは逆になっているようである（図５・91）。消化管も左寄りから肛門に開口している。

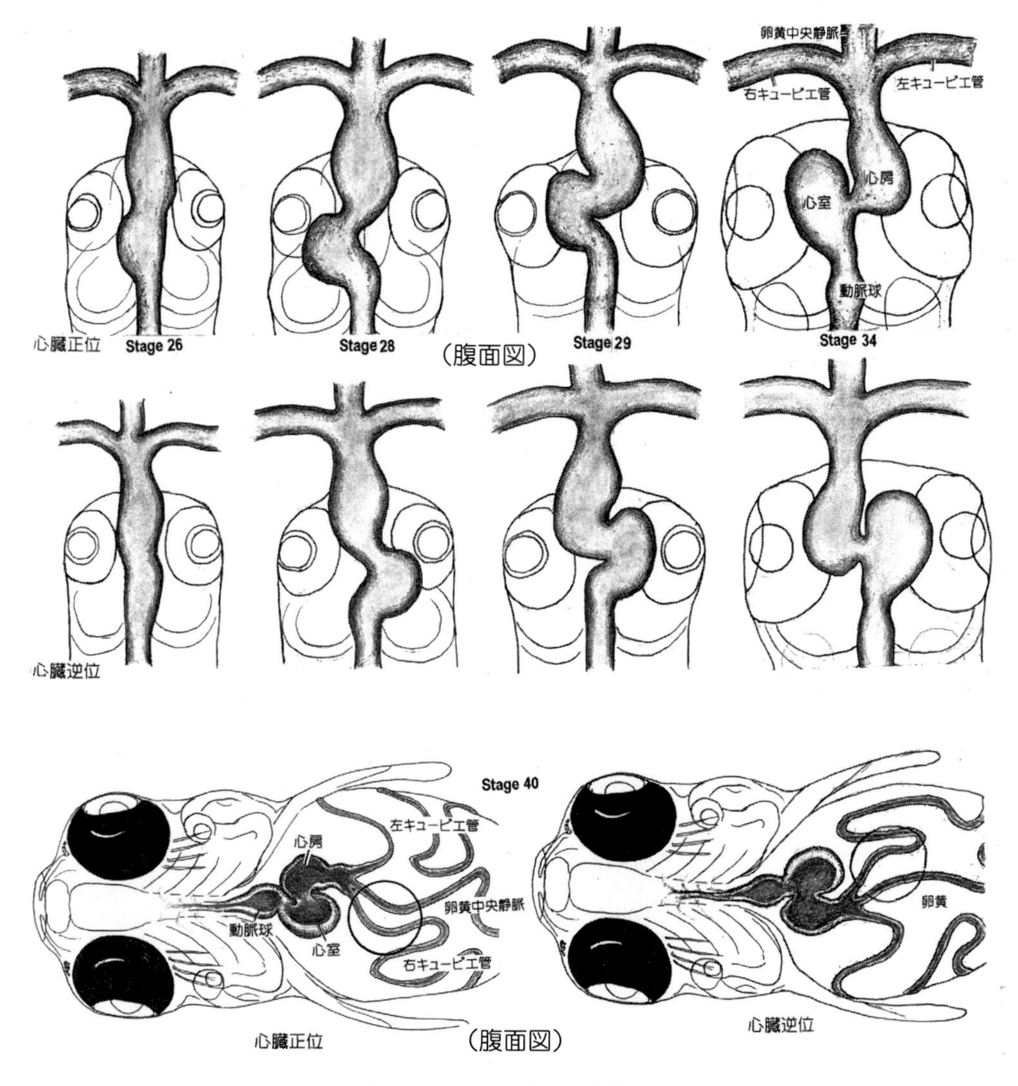

図5・91　メダカ心臓の発達模式図

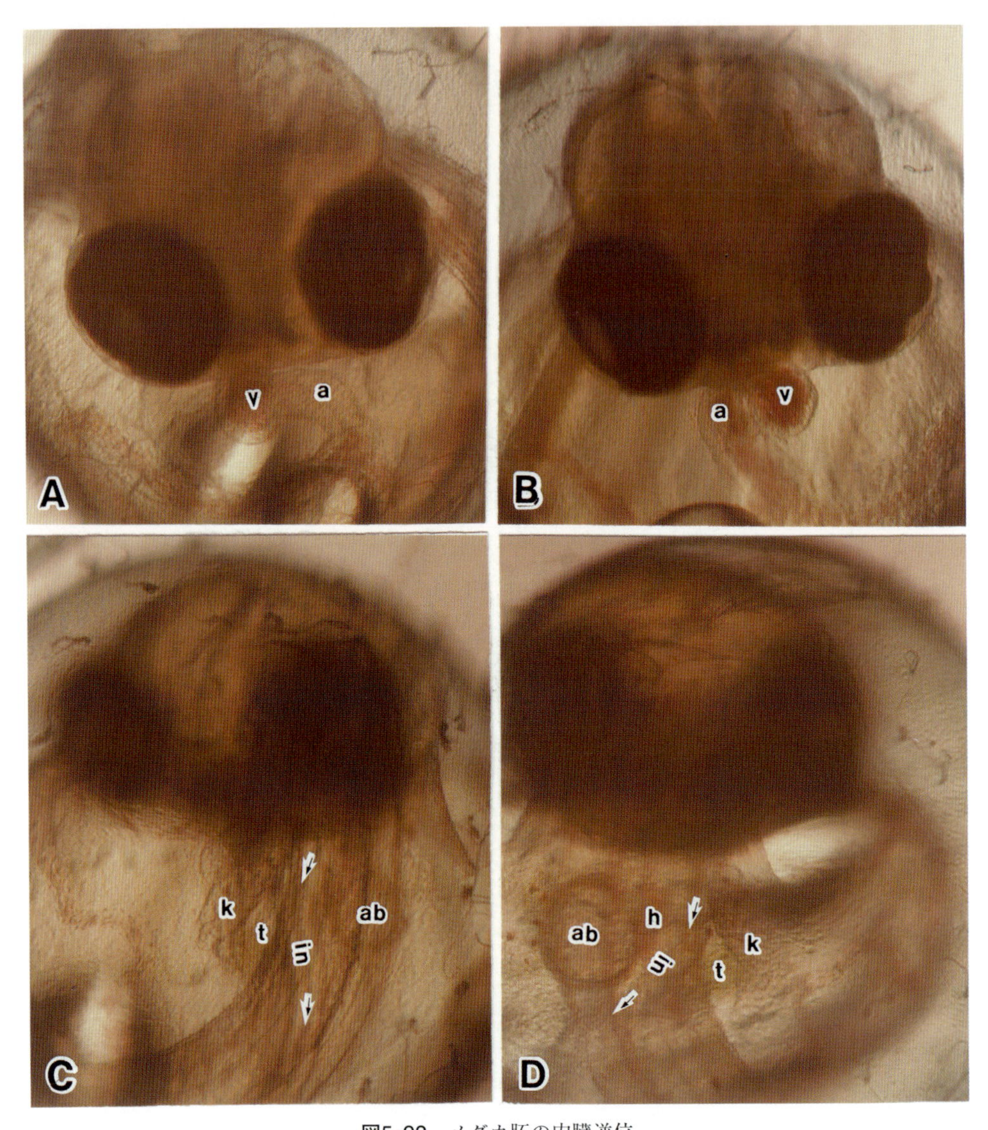

図5･92　メダカ胚の内臓逆位
A，C：内臓正位，B，D：内臓逆位，
a：心房，ab：鰾，h：脾臓，in（矢印）：消化管，k：肝臓，t：胆嚢，v：心室（×72）．

近年メダカでは，機能に支障をきたさない尾部の背腹変異が外部器官である鰭にみられる（*Da*, double anal fin: Tomita, 1997; Ishikawa *et al*., 2002）ように，背腹軸決定に関心が寄せられている。また，左右軸に対する内部器官（内臓 viscus）の位置の異常も知られている（Kamura *et al*., 2011）。

全内臓が左右逆位にある個体と心臓だけとか，鰾，肝臓，胆嚢だけが左右逆位にある部分的内臓逆位の個体がある。これらの部分的内臓逆位が形成されるメカニズムは不明であるが，その解明は正常な内臓や血管，リンパ管，神経の体内での位置関係とその形態の確立を理解する上に重要である。いずれの内臓逆位の個体においても機能にはほとんど支障がないから，外部から容易に見極めにくいので，ヒトでは内臓疾患にかかった場合は，誤診を受けてしまう可能性がある。

メダカでは，胚における形態的な左右非相称は心臓，鰾や消化管系の発達段階における位置関係によって初めて認められる（図5･92）。発生初期（stage 27）に形成される心臓は拍動開始後，心房と心室が分化するにつれて左右非相称が認められるようになる（図5･91，図5･92）。すなわち，野生型においては心房がからだの左に位置し，右側にある心室に向かって血液を圧し

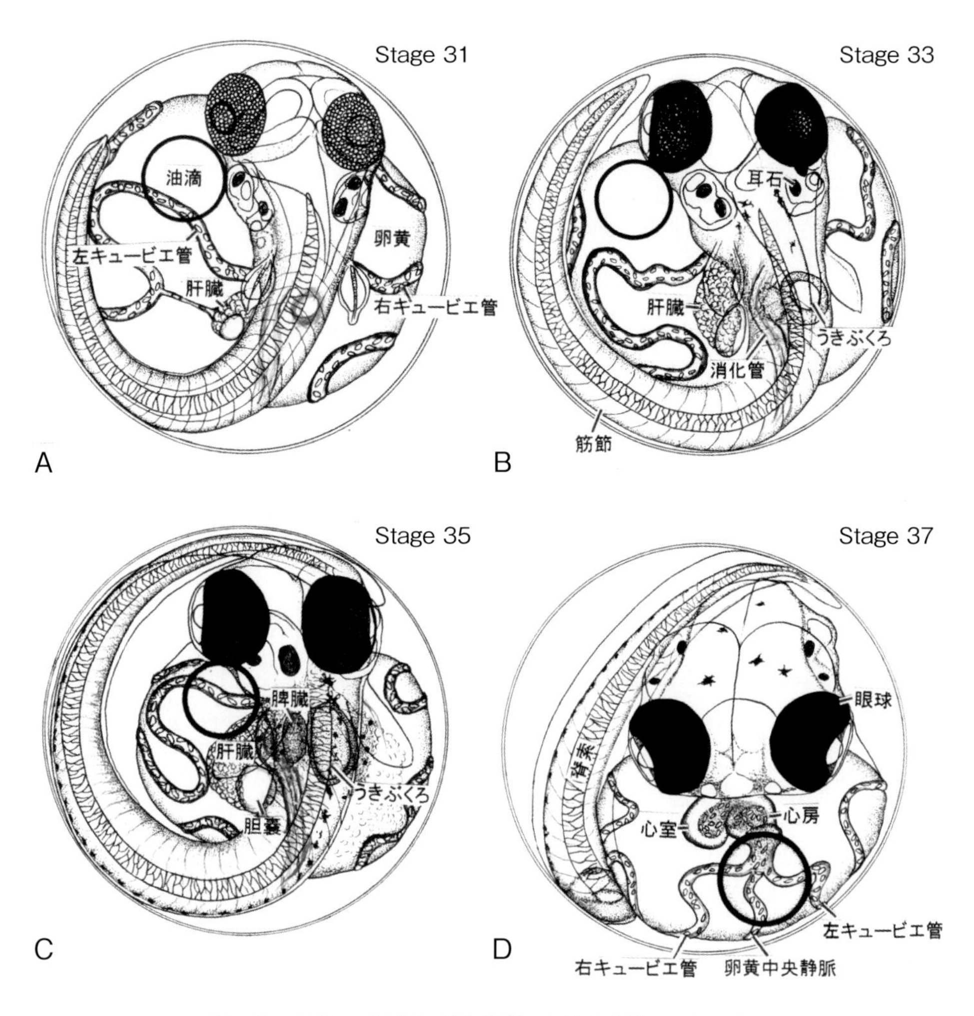

図5・93　正常メダカ胚の発生過程における内臓のスケッチ

出し，心室は伸縮してその血液を動脈球に圧し出す。そして，血液は鰓動脈を経て全身に向かって送り出される。孵化して卵黄球が縮小すると，心臓は腹側に折り返されて，図5・91のようにみえる。その心臓の機能発現に続いて，からだ（脊柱）の右寄りに鰾が生じ，それを回避するように消化管がその左側を回旋して後方に伸びている。そして，体軸の左側に肝臓と胆嚢が認められるようになる（図5・93）。野生メダカにみられるこれらの位置が正位である。これと違って，稀に心臓には右側にある心房から左側にある心室に向けて拍動する心臓逆位がみられる（図5・92B，D）。また，心臓逆位の胚において，他の臓器の鰾，肝臓，胆嚢，消化管，脾臓などの位置も心臓と同じ逆位のものと，心臓だけが逆位であって他の臓器が正位のものがある。心臓が野生型の正位で，他の内臓が逆位であるメダカも稀にいる。ちなみに，孵化直後の内臓をみても，内臓逆位のものは胚のものと同じである（図5・94，図5・95）。

筆者はメダカを用いてこの左右軸における内臓の位置の逆転，すなわち内臓逆位 situs inversus viscerum (visceral inversion）のメダカをみつけて数年前（2008）から育種によって系統確立を試みているが，まだ遺伝的純化には至っていない。これらの内臓逆位のメダカ同士を交配しても，内臓正位のものが多く，内臓逆位と心臓のみ逆位の両タイプの逆位が生じる（表5・3）。逆に，心臓のみが逆位のもの同士を交配しても，その両タイプが生じるため（表5・4），逆位のタイプを決定するメカニズムは不明である。集団交配 mass mating であるが，代を重ねても全内臓逆位，あるいは心臓のみ逆位を生じる子孫の出現頻度は，もとのd-rR系

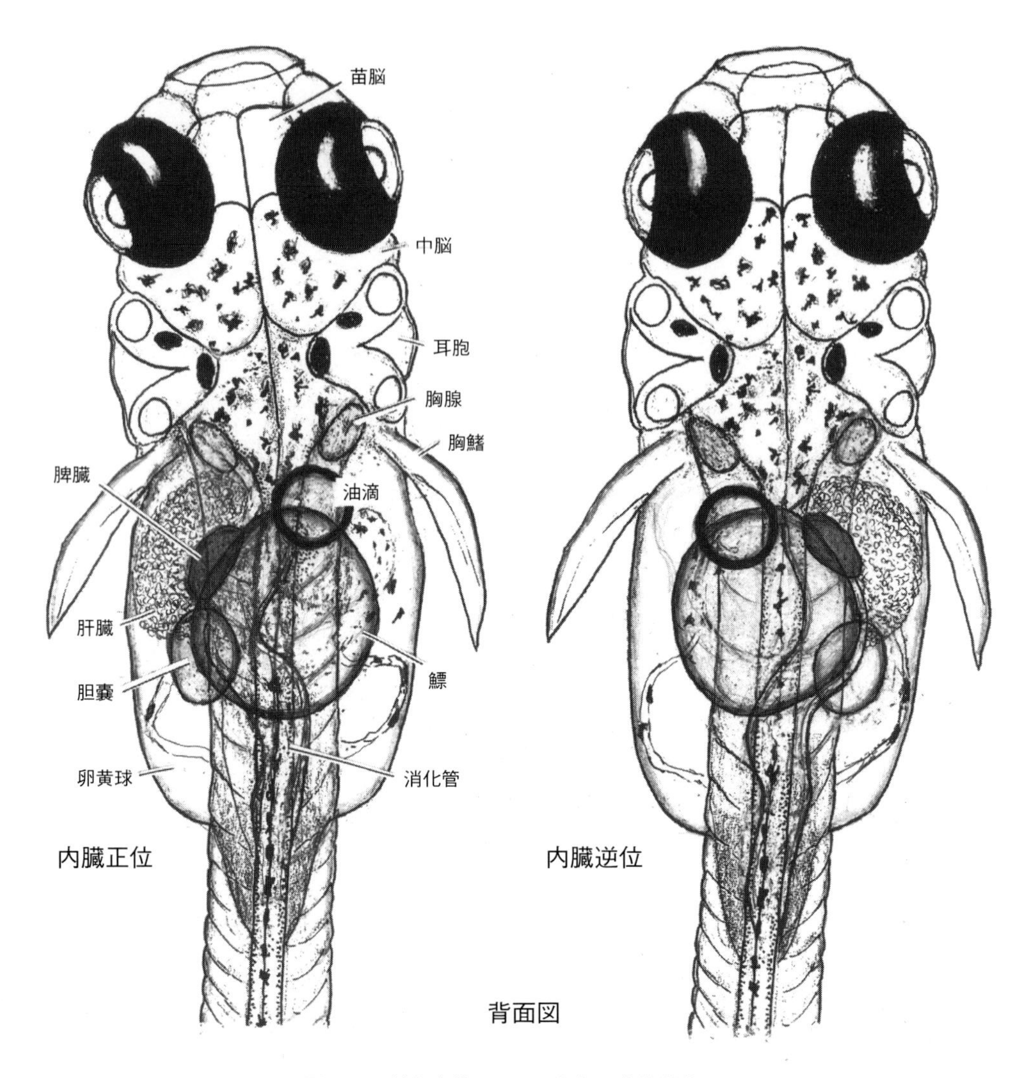

図5・94　孵化直後のメダカ稚魚の内臓逆位

統の逆位出現頻度の0.4%より高いままである（表５・４）。したがって，これらの逆位の遺伝様式は単純なメンデル式遺伝様式を取らないにしても，以下にみるような複数の遺伝子に支配されていることを示唆している。

Hojoら（Hojo *et al.*, 2007）によれば，メダカ *charon* は stage 18で，クッペル胞 Kupffer's vesicle（KV）の背部上皮に初めて転写し，発生が進むにつれて発現が増加する。胚によってはstage 21（６体節期）にまでに右側に *charon* の強い発現がみられるが，胚の多くはまだ左右相称の発現を示す。右側高発現のパターンが stage 21（６体節期）と stage 22（９体節期）の間でみられるようになり，stage 22（９体節期）ではすべての胚で*charon* が右側に強く発現する。この発現パターンはKV が消失するstage 23（14体節期）まで続く。また，Bajoghliら（Bajoghli *et al.*, 2007）においても，メダカ遺伝子 *lefty*（*OlLefty*）の発現は中期嚢胚の胚盾 embryonic shield と胚盤葉辺縁部にみられ，後期嚢胚において全胚軸中胚葉を覆う。そして，stage 19（２体節期）になると，その発現部は脊索前中胚葉 prechoral mesoderm と胚吻部のポルスター polster に限られてくる。stage 20（４体節期）には脊索後部で発現する。stage 21（６体節期）において，初めて非相称の lefty発現が左側板中胚葉 lateral plate mesoderm（LPM）と間脳の左側背部に認められる。この発現は stage 23（12体節期）まで続く。この観察は，嚢胚期に

表5･3 メダカの内臓逆位系統の育種

世代	年月	総数	正位（%）	心臓逆位（%）	内臓逆位（%）	内臓のみ逆位（%）	逆位率（%）
0	Aug. - Nov. 2012	3,524	99.6	0.4	0	0	0.4
3	Aug.- Dec. 2012	1,713	92.5	7.3	1.0	0	8.3
4	Feb. - Mar. 2013	698	79.2	16.3	4.4	0	20.7
5	Mar. - Jul. 2013	801	86.8	10.7	2.5	0	13.2
6	Feb. - Mar. 2014	253	90.5	9.1	0.4	0	9.5
7	Jun. 2014	251	88.0	8.8	3.2	0	12.0
8	Aug. - Oct. 2014	733	93.3	5.2	1.5	0	6.7
9	Feb. - Mar. 2015	547	93.2	3.2	3.3	1.7	8.2
10	Oct. 2015	717	83.8	8.9	7.3	0.1	16.2
11	May 2016						

表5･4 メダカの心臓のみ逆位系統の育種

世代	年月	総数	正位（%）	心臓逆位（%）	内臓逆位（%）	逆位率（%）
2	Jug. - Aug. 2013	249	80.3	7.6	12.0	19.6
3	Oct. - Dec. 2013	2,593	92.8	4.5	2.7	7.2
4	Mar. 2014	176	83.5	13.6	2.8	16.4
6	Jun. 2014	907	82.5	7.7	9.7	17.4

胚盾の近くに位置していた背部先駆細胞 dorsal forerunner cells が尾部深部に移動することによってKVを形成して，非相称のLRパターン形成に関与するというモデルを支持している。同様なKVにおける非相称発現は遅い発生段階であるが *nodal-related 2*（medaka cyclops）にもみられている（Soroldoni *et al.*, 2007）。こうした発生期における遺伝子 *charon*の発現がKV，特にKV内の流れ（KV flow）に調節されていると考えており，その流れを機械的，あるいは遺伝的に阻害する実験もなされている。多くの器官のパターンや成長を調節する Groucho タンパク質の活性を処理しておいて心臓の左右性表現型を観察している。このタンパク質は体節形成の後期において遺伝子 *nodal* と *lefty* の非相称活性を調節するという（Bajoghli *et al.*, 2007）。

最近では遺伝子レベルでの研究が進み，左右突然変異体 left-right mutant（*abc*）生じる *pkd 111* 遺伝子のノックアウトマウスが high-throughput screening で同定されている（Vogel *et al.*, 2010）。*Abc*メダカ変異体に似て，器官の左右性 laterality の欠損 defects を示すことがわかった。しかし，*Pkd 11* の発現と機能についてはフィールドら（Field *et al.*, 2011）の研究によるまで知られないままであった。ヒトの *Pkd1* または *Pkd2* 突然変異の場合，常染色体の優性多嚢胞腎臓病 dominant polycytic kidney disease（ADPKD）を生じる：これらのタンパク質は腎上皮 renal epithelium の主な繊毛に存在する（Yuasa *et al.*, 2002）。PKD2は機能的にはイオン伝導チャンネル ion-conducting channel を形成することで知られていが，PKD1の方はその大きい細胞外ドメインをもっており，腎管における液流によって誘起される一次繊毛 primary cilium の曲がりを感受する機能があると考えられている（Nauli *et al.*, 2003）。腎嚢胞 renal cyst の形成に加えて，*Pkd2* ノックアウトマウスは左右型欠損 left-right patterning defects（Pennekamp *et al.*, 2002）を示す。この左右型欠損は，ゼブラフィッシュの*pkd2* モルファント morphants と突然変異体にもみられる（Bisgrove *et al.*, 2005; Schottenfeld *et al.*, 2007）。*pkd2* はマウスのノードnodeにある単繊毛 monocilia にあり，左側に向けてのカルシウム信号を介しているといわれている（McGrath *et al.*, 2003）。武田ら（Hojo *et al.*, 2007）は

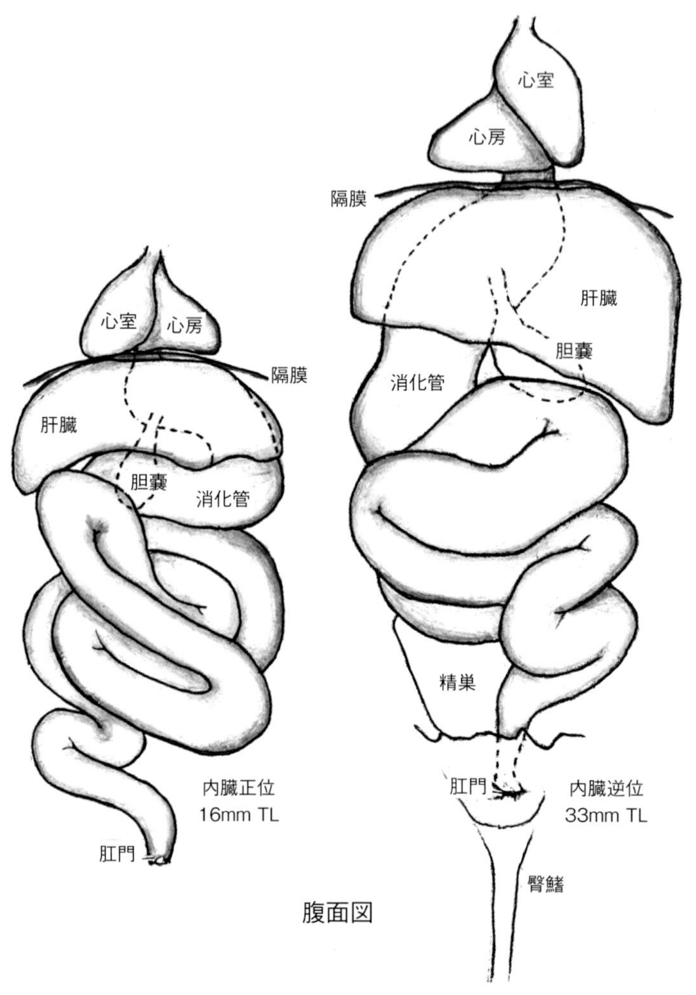

図5・95　成長したメダカの内臓の非相称

メダカ*pkd2*がKV単繊毛にあり，左右のパターン形成に関わっていることを示しており，Pkdl1l-Pkd2 複合体が KV において KIF3 のようなモーター分子がある可動繊毛におけるノード流 *nodal* flow のセンサーとして機能しているという。しかし，*pkd1* はメダカKVにほとんど検出されない。

最も重要な発見は，メダカKVにある全単繊毛が動いているという点である。技術的理由で，不動繊毛の存在を完全に否定しきれないにしても，この発見はメダカKVの全繊毛が一方向性のノード流 unidirectional flow を生じる回転していることを示している。

メダカ胚における中胚葉の誘導，胚軸確立，神経系パターニングや左性の発達に関わっている3つのノード関連遺伝子，すなわち *ndr1* (*squint*)，*ndr2* (*cyclops*)，*spaw* (*southpaw*) の発現についても分析されている (Soroldoni *et al.*, 2007)。それによると，*ndr1* と *ndr2* は嚢胚期（stage 14－16）に発現されるが，*ndr2* と *spaw* の発現は体節期には非相称になる。側板中胚葉 lateral plate mesoderm（LPM）右側における *spaw* の発現はタンパク質 Cerberus /DANファミリーの１つである *charon* タンパク質によって抑制されている（Hojo *et al.*, 2007）。stage 19（２体節期）に初めて発現する *spaw* は stage 19－20（２～４体節期）の左側LPMに最初の非相称マーカーとして発現し，もう一方の *ndr2* は脳とLPMにおいて非相称発現を呈す。これに対して，*lefty*（TGF β-関連遺伝子）は尾芽と脊索にだけ発現する。stage 20－22（４～９体節期）の間に*lefty* と*spaw* の発現は脊索とLPMの後部から前方に向けて次第に伸びる（Takahashi *et al.*, 2007）。しかし，アベコベ（*abc*）突然変異メダカにおいて，それらの遺伝子及び *charon* の発現場所はデタラメである。したがって，*abc* 遺伝子は非相称遺伝子の発現を上流で調節しているようである（Kamura *et al.*, 2011）。stage 22（９体節期）になって，*lefty* は間脳背部と心臓原基左側にみられ，stage 23（12体節期）には，*ndr2* の発現がLPMと管状心臓内にみられる。一般に，*nodal* の転写の位置はゼブラフィシュに報告されているものに似ているが，*ndr2* だけはKVの後縁副軸中胚葉にそれまでみられない左右の非相称を示す。

コーデイン *chordin* 遺伝子に突然変異をもたらした突然変異メダカの研究において，コーデイン依存組織（軸中胚葉 axial mesoderm やKV）が左右軸の確立に重要であることを示している。KVは左右パターン形成に必要で，左方向への液流をもち，もし破壊されると左右性がデタラメになることが知られている（Hojo *et al.*, 2007）。コーデインの傍にUT006があり，UT006ホモの胚にコーデインを注入すると，UT006型が回復することから，コーデインはUT006突然変異遺伝子に対応するものと考えられている（Takashima *et al.*, 2007）。このUT006と名付けられた突然変異は体軸の腹側化，軸骨 axial bones の奇形，卵黄球上の血管の過剰分岐，内部器官の左右性欠損 laterality defects など種々さまざまな表現型を示す。

コーデインの突然変異によってもたらされた腹側化突然変異メダカは，体軸，軸骨の奇形部分 malformation，卵黄上の血管の過剰分岐 over-bifurcation，内部器官の偏側性 laterality の欠損などを示す。また，培養温度に依存した表現型の変異性を示す。また，Takashimaら（2007）は，特に左右軸の確立に関わる脊索やKVのようなコーデイン依存組織の役割を分析している。その結果によると，stage 21の野生胚において，*spaw*（*nodal*-遺伝子）はKV近くの両側に発現され，側板中胚葉（LPM）の左側を後部から前部へと発現していく。しかし，脊索やKVのような左右軸確定に関するコーデイン依存組織のないコーデイン *chordin*^{UT006} 突然変異メダカでは，両側の *spaw* 発現はLPM全体に観察されるが，軸中胚葉とKVがまったくできないので，その部分での *spaw* の発現は見られない。こうして，これまで機能が不明であったメダカのKVは左右パターンには肝要な器官であることがわかり，それを破壊すると左右軸がデタラメになるという（Hojo *et al.*, 2007）。

以上，からだの内部器官における左右のパターン形成に，器官形成に先立って左右非相称に発現する遺伝子活動の関与が示されている。しかし，それらの遺伝子活動と各器官の原基形成や部分的内臓逆位形成との関係などは，今後に残された課題である。

文献

青木一子，1971．食塩水飼育メダカのプロラクチン様ホルモン分泌細胞．動物学雑誌，80: 61-64.

――――― and H. Uemura, 1970. Cell types in the pituitary of the medaka, *Oryzias latipes*. Endocrinol. Japon, 17: 45-55.

Bisgrove, B. W., B.S. Snarr, A. Esrazian and H.J. Yost, 2005. Polaris and Polycystin-2 in dorsal forerunner cells and Kupffer's vesicle are required for specification of the zebrafish left-right axis. Dev. Biol., 287: 274-288.

Ebitani, Y. 1961a. On the relation between the fish liver and temperature condition. Ⅰ. Electron microscopy of the liver cells of *Oryzias latipes* at the suitable temperature (15 and 30°C). Arch. Histol. Japan, 21: 491-509.

―――――, 1961b. On the relation between the fish liver and temperature condition. Ⅱ. Electron microscopy of the liver cells of *Oryzias latipes* at high temperature (34°C). Arch. Histol. Japan, 21: 521-533.

―――――, 1962. On the relation between the fish liver and temperature condition. Ⅲ. Electron microscopy of the liver cells of *Oryzias latipes* at low temperature (10°C). Arch. Histol. Japan, 22: 101-113.

江上信雄，1953a. メダカの臀鰭軟条の変異に関する研究．Ⅰ．日本各地産野生メダカの軟条数の変異．魚類学雑誌，3: 33-35.

―――――, 1953b. メダカの臀鰭軟条の変異に関する研究．Ⅱ．鰭条数についての交雑実験．魚類学雑誌，3: 171-178.

―――――, 1954a. メダカ成魚における精巣卵形成機構．動物学雑誌，63: 156-157.

―――――, 1954b. Effect of artificial photoperiodicity on time of oviposition in the fish *Oryzias latipes*. Annot. Zool. Japon, 27: 57-62.

―――――, 1955a. メダカの精巣卵形成におよぼす高温または低温処理の影響．遺伝学雑誌, 30:164.

―――――, 1955b. Production of testis-ova in the males of *Oryzias latipes*. Jap. J. Zool., 11: 353-365.

―――――, 1955c. Production of testis-ova in the males of *Oryzias latipes*. Ⅱ. Effect on testis-ovum production of nonestrogenic steroids given singly of simultaneously with estradiol. Jap. J. Zool., 11: 367-371.

―――――, 1955d. Production of testis-ova in adult males of *Oryzias latipes*. Ⅲ. Testis-ovum production in starved males. J. Fac. Sci., Tokyo Univ., Sec. Ⅳ, 7: 421-428.

―――――, 1955e. Production of testis-ova in adult males of *Oryzias latipes*. Ⅳ. Effect of X-ray irradiation on testis-ovum production. J. Fac. Sci., Tokyo Univ., Sec. Ⅳ, 7: 429-441.

―――――, 1955f. Production of testis-ova in adult males of *Oryzias latipes*. Ⅴ. Note on testis-ovum production in transplanted testes. Annot. Zool. Japon., 28: 206-209.

―――――, 1956a. Production of testis-ova in adult males of *Oryzias latipes*. Ⅵ. Effect on testis-ovum production of exposure to high temperature.

Annot. Zool. Japon., 29: 11-18.

————, 1956b. メダカ生殖腺活動の年周期と精巣卵形成率との関係. 動物学雑誌, 65: 176.

————, 1956c. Notes on sexual difference in size of teeth of the fish, *Oryzias latipes*. Jap. J. Zool., 12: 65-69.

————, 1957. Production of testis-ova in adult males of *Oryzias latipes*. Ⅶ. Effect of administration in males receiving estrone pellet. J. Fac. Sci., Hokkaido Univ., Ⅵ, 13: 369-372.

————, 1981.「実験動物としての魚類 — 基礎実験法と毒性試験」, 568pp., ソフトサイエンス社（東京）.

———— and S. Ishii, 1956. Sexual differences in the shape of some bones in the fish, *Oryzias latipes*. Jour. Fac. Sci., Univ. Tokyo, Sec. Ⅳ, 9: 263-278.

————・吉野道仁, 1958. メダカの臀鰭軟条数の変異に関する研究. Ⅲ. 地理的変異.（資料の追加）. 魚類学雑誌, 7: 83-88.

———— and M. Nambu, 1961. Factors initiating mating behavior and oviposition in the fish *Oryzias latipes*. J. Fac. Sci., Univ. Tokyo, Sec. Ⅳ, 9: 263-278.

Ekanayake, S. and B. K. Hall, 1987. The development of the vertebral of the Japanese medaka, *Oryzias latipes* (Teleostei: Cyprinidontidae). J. Morphol., 193 : 253-261.

Enami, M., 1956. Neurohypophysis-like organization near the caudal extremity of the spinal cord several estuarine species of teleosts. Proc. Jap. Acad., 32: 197-200.

———— and K. Imai, 1955. Caudal neurosecretory system in several fresh water teleosts. Endocrinol. Japon., 2: 105-116.

————, S. Miyashita and K. Imai, 1956. Studies in neurosecretory system of teleosts. Endocrinol. Japon., 3: 280-290.

Esaki, S, 1925. Über die funktionelle Structur der Leverzellen. I. Die Veranderungen der Leverzellen der Fishes *Oryzias latipes* bei Guter Ernährung, im Hungerzustand und bei verschiedenartiger Futterung. (Abstr.) Folia Anat. Japon., 3: 138-139.

Furutani-Seiki, M., and J. Wittbrodt, 2004. Medaka and zebrafish, an evolutionary twin study. Mech. Dev., 121: 629-637.

福井時次郎・小川良徳, 1957. 石川県地方産野生メダカの臀鰭条数の変異. 動物学雑誌, 66: 151.

Ghoneum, M. M, N. Egami and K. Ijiri, 1979. A note on gamma-ray effects on the thymus in the adult fish of *Oryzias latipes*. J. Fac. Sci., Univ. Tokyo, Sec. Ⅳ, 13: 299-304.

————, ———— and ————, 1986. Effect of corticosteroids on thc thymus of the fish *Oryzias latipes*. Develop. Comp. Immunol., 10: 35-44.

————, K. Ijiri and N. Egami, 1982. Effects of gamma-rays on morhology of the thymus of the adult fish of *Oryzias latipes*. J. Radiat. Res., 23: 253-259.

————, ————, M. S. Hamed, O. M. Gabr and N. Egami, 1983. Effects of Gamma-rays on the taste buds of embryos and adults of the fish *Oryzias latipes*. J. Radiat., 24: 278-283.

Hamada, H., 2008. Breakthroughs and future changes in left-right patterning. Develop. Growth Differ., 50 (Suppl. 1): 571-578.

Henson-Apollonio, V. and V. Johnson, 1994. Quantitation of lectin binding by cells harvested from the spleen and anterior kidney of the Japanese medaka (*Oryzias latipes*). Ann. N. Y. Acad. Sci., 712: 338-341.

平木教男・岩松鷹司, 1979. メダカ卵の発生過程の組織学的観察. 愛知教育大学研究報告, 28: 71-77.

Hirose, E. and J. Matsumoto, 1993. Deficiency of the gene B impairs differentiation of melanohores in the medaka fish, *Oryzias latipes* : Fine structure studies. Pigment Cell Res., 6: 45-51.

Hojo, M., S. Takashima, D. Kobayashi, A. Sumeragi, A. Shimada, T. Tsukahara, H. Yokoi, T. Narita, T. Jindo, T. Kage, T. Kitagawa, T. Kimura, K. Sekimizu, A. Miyake, D. Setiamarga, R. Murakami, S. Tsuda, S. Ooki, K. Kakihara, K. Naruse and H. Takeda, 2007. Right-elevated expression of *charon* is regulated by fluid flow in medaka Kupffer's vesicle. Develop. Growth Differ. 49: 395-405.

Honma, Y., 1958. A revision of the pituitary gland found in some Japanese teleost. J. Fac. Sci., Niigata Univ., Ser. Ⅱ, 22: 189.

———— and E. Tamura, 1984. Histological chanes in the lymphoid system of fish with respect to age, seasonal and endocrine changes. Dev. Comp. Immunol., Supple. 3.

Hyodo-Taguchi, Y. and N. Egami, 1976. Effect of X-irradiation on spermatogonia at the fish, *Oryzias latipes*. Radiat. Res., 67, 324-331.

Ichimura, K., E. Bubenshchikova, R. Powell, Y. Fukuyo, T. Nakamura, *et al*., 2012. A comparative analysis of glomerulus development in the pronephros of medaka and zebrafish. PLoS ONE, 7: e45286.

池田　章，1958a. 硬骨魚類（メダカ）に於ける消化管系の発生学的研究．第１報　腸管の正常発生．広島大学医学部解剖学第一講座業績集，(2)：71-89.

———，1958b. 硬骨魚類（メダカ）に於ける消化管系の発生学的研究．第２報　腸管附属腺の発生．広島大学医学部解剖学第一講座業績集，(3)：1-9.

———, 1959. Embryological and histochemical studies on the development of the digestive system in a teleost fish, *Oryzias latipes*. Hiroshima J. Med. Sci., 8: 71-89.

稲葉傳三郎・野村　稔，1950. ヒメダカの鱗に就いて．生物研究，2: 23-27.

Ishikawa, Y., M. Yoshimoto and H. Ito, 1999. A brain atlas of a wild-type inbred strain of the medaka, *Oryzias latipes*. Fish Biol. J. Medaka, 10: 1-26.

———, K. Inohaya, N. Yamamoto, K. Maruyama, M. Yoshimoto, M. Iigo, T. Oishi, A. Kudo and H. Ito, 2014. The parapineal is incorporated into the habenula during ontogenesis in the medaka fish. Brain Behav. Evol., 85: 257-270.

———, M. Yoshimoto and H. Ito, 1999. A brain atlas of a wild-type inbred strain of the medaka, *Oryzias latipes*. Fish Biol. J. Medaka, 10: 1-26.

岩松鷹司，1974. 生物教材としてのメダカ *Oryzias latipes*. Ⅰ．分類学的位置と一般形態．愛知教育大学研究報告，23: 73-91.

———, 1977. 生物教材としてのメダカ．Ⅳ．組織学的観察．愛知教育大学研究報告，26: 85-113.

———，1985. メダカの解剖．生物教材，26 (3)：156-163.

———, 1986. Comparative study of morphology of *Oryzias* species. 愛知教育大学研究報告, 35: 99-109.

———，1993.「メダカ学」，324pp., サイエンテイスト社（東京）.

———，2006.「新メダカ学全書」，473pp., 大学教育出版（岡山）.

———, 2008. メダカの椎孔背行管について. Animate, No.7: 54-58.

———，2011. メダカの消化管系について．Animate, No.9, 49-54.

———・平田賢治，1980. メダカ *Oryzias* 3 種の形態の比較研究．愛知教育大学研究報告，29: 103-120.

———, H. Nakamura, K. Ozato and Y. Wakamatsu, 2003, Normal development of See-Through medaka. Zool. Sci., 20: 607-615.

———, T. Ohta and O. P. Saxena, 1984a. Morphological observations of the large pit organ in four species of freshwater teleost, *Oryzias*. Medaka, 2: 7-14.

———, H. Uwa, A, Inden and K. Hirata, 1984b. Experiments on interspecific hybridization between *Oryzias latipes* and *Oryzias celebensis*. Zool. Sci., 1: 653-663.

———, T. Watanabe, R. Hori, T. J. Lam and O. P. Saxena, 1986. Experiments of interspecific hybridization between *Oryzias melastigma* and *Oryzias javanicus*. Zool. Sci., 3: 287-293.

定塚謙二，1969. メダカの鰓における塩細胞．動物学雑誌，78: 16.

Kado, Y. and K. Momo, 1971. Sodium efflux in the medaka (*Oryzias latipes*) adapted to salt water. J. Sci. Hiroshima Univ., Ser. B, Div. 1, 23: 215-228.

Kamura, K., D. Kobayashi, Y. Uehara, S. Koshida, N. Iijima, A. Kudo, T. Yokoyama and H. Takada, 2011. Pkd1l1 complexes with Pkd2 on motile cilia and functions to establish the left-righy axis. Development, 138: 1121-1129.

Kantman, A. G. and R. J. Beyers, 1972. Relationships of weight, length and body composition in the medaka, *Oryzias latipes*. Amer. Midland Nat., 88: 239-244.

Kasuga, S. and H. Takahashi, 1970. Some observations on neurosecretory innervation in the pituitary gland of the medaka, *Oryzias latipes*. Bull. Fac. Fish., Hokkaido Univ., 20: 79-89.

——— and ———, 1971. The preoptichypophysial neurosecretory system of the medaka, *Oryzias latipes*, and its changes in relation to the annual reproductive cycle under natural condition. Bull. Fac. Fish., Hokkaido Univ., 21: 259-268.

Kasuya, Y., 1991. Endotheli-like immunoreactivity in the nervous system of invertebrates and fish. J. Cardiovasc. Pharmacol., 17: S463-S466.

川本信之・福田芳生，1969. 魚類組織図説（硬骨魚類編）.

石崎書店.

河本典子, 1973. 性ホルモン投与によるメダカ生殖巣の性分化の転換過程の形態学的観察. 動物学雑誌, 82: 29－35.

菊池慎一, 1985. メダカの移植片拒絶反応. 遺伝, 39: 25-27.

——— and N. Egami, 1983. Effects of γ-irradiation on the rejection of transplanted scale melanophores in the teleost, *Oryzias latipes*. Dev. Comp. Immunol., 7: 51-58.

——— and A. Imaizumi, 1983. A note on morphological changes in the thymus after rejection in the fish, *Oryzias latipes*. Zool. Mag., 92: 428-430.

教野順子, 1978. メダカ成体における肝部分切除後の変化について（予報）. 動物学雑誌, 87: 486.

———・嶋昭紘・江上信雄, 1977. オートラジオグラフィーによるメダカ肝腫瘍形成過程の観察. 動物学雑誌, 86: 491.

小屋佐久次・西川一義, 1975. メダカ甲状腺に関する研究. 動物学雑誌, 84: 405.

Kobayashi, D., T. Jindo, K. Naruse and H. Takeda, 2006. Development of the endoderm and gut in medaka, *Oryzias latipes*. Develop. Growth Differ., 48: 283-295.

小林久雄, 1936a. メダカの鱗. 植物及び動物, Ⅳ (3): 626-628.

———, 1936b. サケ科及びアユとメダカの鱗の形態類似. 科学, Ⅵ(3): 136.

———, 1958. 魚類の鱗の比較形態と検索. 愛知学芸大学研究報告, 7:1-104.

——— and T. Hayashi, 1958. Preliminary studies on scale arrangement of Japanese fishes. Bull. Japan. Soc. Sci. Fish., 24: 416-421.

Kudo, A., 2008. Vertebral bone formation in Medaka. 41st Ann. Meet. Jap. Soc Develop. Biol., Program Abstr. Book, p.77.

Kulkarni, C. V., 1948. The osteology of Indian cyprinodonts. Part I. − Comparative study of the head skeleton of *Aprocheilus*, *Oryzias*, and *Horaichthys*. Proc. Natl. Inst. Sci. India, 14(2): 65-119.

Lemanski, L. F., 1975. Fine structure of the heart in the Japanese medaka, *Oryzias latipes*. J. Ultrastruct. Res., 53: 37-65.

Langille, R. M. and B. K. Hall, 1987. Development of the head skeleton of the Japanese medaka *Oryzias latipes* (Teleostei). J. Morphol., 193: 135-158.

Lindsey, C. C., 1965. The effect of alternating temperature on vertebral count in the medaka (*Oryzias latipes*). Can. J. Zool., 43: 99-104.

Loosli, F., R.W. Koster, M. Carl, R. Kuhnlein, T. Henrich, M. Mucke, A. Krone and J. Wittbrodt, 2000. A genetic screen for mutations affecting embryonic development in medaka fish (*Oryzias latipes*). Mech. Dev., 97: 133-139.

Martindale, M. Q., S. Meier and A. G., Jacobson, 1987. Mesodermal metamerism in the teleost, *Oryzias latipes* (the medaka). J. Morph., 193: 241-252.

松原喜代松, 1963. 動物系統分類学. 9巻（上・中）, 魚類（1, 2）, pp. 531, 中山書店（東京）.

Minamitani, S, 1953a. Cytological and cytochemical changes of liver cells of an osseous fish caused by the alteration of water temperature. I. On alkaline and acid phosphatase. Folia Anat. Japonica, 25: 19-21.

———, 1953b. Cytological and cytochemical changes of liver cells of an osseous fish caused by the alteration of water temperature. Ⅱ. On polysaccharide and protein. Folia Anat. Japonica, 25: 23-25.

Miyayama, Y. and T. Fujimoto, 1977. Fine morphological study of neural tube formatsion in the teleost, *Oryzias latips*. Okajimas Fol. Anat. Jap., 54: 97-120.

Murata, K., T. Yamashita and S. Kawashima, 1991. Changes in arginine vasotocin content in the pituitary of the medaka (*Oryzias latipes*) during osmotic stress. Gen. Comp. Endocrinol., 83: 327-336.

Nagahama, Y., 1973. Histo-physiological studies on the pituitary gland of some fishes, with special reference to the classification of hormone-producing cells in the adenohypophysis. Mem. Fac. Fish., Hokkaido Univ., 21: 1-63.

——— and K. Yamamoto, 1971. Cytological changes in the prolactin cells of medaka, *Oryzias latipes*, along with the change of environmental salinity. Bull Jap. Soc. Sci. Fish., 37: 691-698.

Nakamura, H. and A. Shimozawa, 1984. Light and electron microscopic studies on the leucocytes of the medaka. Medaka, 2: 15-21.

——— and ———, 1994. Phagocytotic cells in the fish heart. Arch. Histol. Cytol., 57: 415-425.

———, ——— and S. Kikuchi, 1993. Melano-macrophage centre-like structure in the heart of the medaka, *Oryzias latipes*. Ann. Anat., 175: 59-63.

———, E. Furuta and A. Shimozawa, 1992. *In vivo* response to administered carbon particles in the teleost, *Oryzias latipes*. Dokkyo J. Med. Sci., 19: 11-18.

難波憲二，2010. 呼吸・循環．魚類生理学の基礎（会田勝美編），pp.46-66. 恒星社厚生閣．

西川一義，1975. メダカ（*Oryzias latipes*）の甲状腺の組織的活性の年周変化について．北大・水産学部研究彙報，26: 23-30.

Noro, S., N. Yamamoto, Y. Ishikawa, H. Ito and K. Ijiri, 2007. Studies on the morphology of the inner ear and semicircular canal endorgan projections of *ha*, a medaka behavior mutant. Fish Biol. J. Medaka, 11: 31-41.

能勢幸雄・羽生　功・岩井　保・清水　誠，1989.「魚の事典」，pp.522, 東京堂出版（東京）.

小川瑞穂，1953.　淡水魚の腎臓の外部形態．動物学雑誌，62: 84.

———, 1961. Comparative study of the external shape of the teleostean kidney with relation to phylogeny. Sci. Rep. Tokyo Kyoiku Daigaku, Sec. B., 61-88.

———, 1962. Comparative study on the internal structure of the teleostean kidney. Sci. Rep. Saitama Univ., Ser. B, 4: 107-129.

Ogawa, N. M., 1971. Effect of temperature on the number of vertebrae with special reference to temperature-effective period in the medaka (*Oryzias latipes*). Annot. Zool. Japon., 44: 125-132.

小川良徳，1955. 能登地方産メダカの臀鰭軟条数の変異(予報)．採集と飼育, 17: 274-277.

———, 1958. 但島地方産メダカの臀鰭軟条数の変異．採集と飼育，20: 48-51.

———・福井時次郎，1957. 石川県地方産野生メダカの臀鰭軟条数の変異．日本海区水産研究年報, 2: 81-84.

Ogiwara, K. and T. Takahashi 2007. Specificity of the medaka enteropeptidase serine protease and its usefulness as a biotechnological tool for fusion-protein cleavage. PNAS, 104: 7021-7026.

Oguri, M. 1961. Histomorphology on the kidney and adrenal gland of medaka, *Oryzias latipes*. Bull. Japan. Soc. Sci. Fish., 27: 1058-1062.

Ohyama, A., Y. Hyodo-Taguchi, M. Sakaizumi and K. Yamagami, 1986. Lactate dehydrogenase isozymes of the inbred and outbred individuals of the medaka, *Oryzias latipes*. Zool. Sci., 3: 773-784.

Oka, T. B., 1931. On the process on the fin rays on the male of *Oryzias latipes* and other sex characters of this fish. Jour. Fac. Sci., Tokyo Univ., Sec. Ⅳ, 2: 209-218.

岡田　要，1943. 精巣卵の形成．動物学雑誌，55: 361-362.

———, 1949. 魚における精巣卵に関する実験的研究．実験形態学誌，5: 149-151.

———, 1964. A further note on testis-ova in the teleost, *Oryzias latipes*. Proc. Jap. Acad., 40: 753-756.

岡本規矩男，1918a. 魚類胃形態学補遺．其一 肉眼的研究（承前）．京都医学会雑誌，15 (2)：198-243.

———，1918b. 魚類胃形態学補遺．其一 肉眼的研究（承前）．京都医学会雑誌，15 (3)：294-328.

Omura, Y. and M. Oguri, 1969. Histological studies on the pineal organ of 15 species of teleosts. Bull. Japan. Soc. Sci. Fish., 35: 991-1000.

Oota, Y., 1963. Electron microscopic studies on the region of the hypothalamus contiguous to the hypophysis and the neurohypophysis of the fish, *Oryzias latipes*. J. Fac. Sci., Tokyo Univ., Sec. Ⅳ, 10: 143-154.

Ortego, L. S., 1994. Detection of proliferating cell nuclear antigen in tissues of three small fish species. Biotech. Histochem., 69: 317-323.

Parenti, L.R., 1987. Phylogenetic aspects of tooth and jaw structure of the medaka, *Oryzias latipes*, and other beloniform fishes. J. Zool., Lond., 211: 561-572.

Robinson, E. J. and R. Rugh, 1943. The reproductive processes of the fish *Oryzias latipes*. Biol. Bull., 84: 115-125.

Sasayama, Y., N. Suzuki and W. Magtoon, 1995. The location and morphology of the ultimobranchial gland in medaka, *Oryzias latipes*. Fish Biol. J. Medaka, 7: 43-46.

佐藤光雄，1952. メダカの側線器の発生．科学, 22: 544-545.

———, 1959. Studies on the pit organs of fishes. I. Histological structure of the large pit organs. Jap. J. Zool., 1: 443-452.

———, 1962. Studies on the pit organs of fishes.

V. The structure and polysaccharide histochemistry of the cupula of the pit organ. Annot. Zool. Japon., 35: 80-88.

Shima, A. and N. Egami, 1978. Absence of systematic polyploidization of hepatocyte nuclei during the aging process of the male medaka, *Oryzias latipes*. Exp. Gerontol., 13: 51-55.

Soroldoni, D., B. Bajoghli, N. Aghaallaei and T. Czerny, 2007. Dynamic expression pattern of nodal-related genes during left-right development in medaka. Gene Expr. Patterns, 7: 93-101.

Suehiro, Y., 1942. A study on the digestive system and feeding habits of fish. Jap. J. Zool., 10(1): 1-303.

高木俊蔵・西田隆雄，1954. メダカ肝細胞のゴルジ体の染色性と形態．動物学雑誌，63: 113.

Takahashi, H. and S. Kasuga, 1971. Fine Structure of the pineal organ of the medaka, *Oryzias latipes*. Bull. Fac. Fish., Hokkaido Univ., 22: 1-10.

高畑悟郎，1980. メダカ腸壁内で観察された神経分泌様顆粒の微細構造について．動物学雑誌，89: 586.

────，1981. メダカ消化管にみられた内分泌細胞の微細構造．魚類学雑誌，27: 333-338.

────，1990. Substance P-immunoreactive endocrine cells and nerve fibers in the intestines of the medaka *Oryzias latipes*. Jap. J. Ichthyol., 37: 76-79.

Takashima, S., A. Shimada, D. Kobayashi, H. Yokoi, T. Narita, T. Jindo, T. Kaga, T. Kitagawa, T. Kimura, K. Sekimizu, A. Miyake, D.H.E. Setiamarga, R. Murakami, S. Tsuda, S. Ooki, K. Kihara, M. Hojo, K. Naruse, H. Mitani, A. Shima, Y. Ishikawa, K. Araki, Y. Saga and H. Takeda, 2007. Phenotypic analysis of a novel *chordin* mutant in medaka. Dev. Dyn., 236: 2298-2310.

竹下政之助，1918. 前腎を有する魚の一新例(承前)．動物学雑誌，30: 80-83.

竹内邦輔，1966. メダカの顎歯数の性差．動物学雑誌，75: 236-238.

────，1967a. メダカの鱗上結合繊維束．動物学雑誌，76: 255-258.

────，1967b. Large tooth formation in female medaka *Oryzias latipes*, given methyl testosterone. J. dent. Res., 46: 750.

────，1967c. メダカの顎歯の正常発生．愛知学院大学歯学会誌，5: 81-83.

────，1968. Inhibition of large distal tooth formation in male medaka, *Oryzias latipes*, by estradiol. Experientia, 24: 1061-1062.

────，1987. Classification of late embryonic stages of medaka, *Oryzias latipes*. Jap. J. Ichthyol., 34: 47-52.

Takeuchi, Y. K. and I. K. Takeuchi, 1979. A row of desmosomes in the epithelium cells of the teleost, *Oryzias latipes*. 動物学雑誌, 88: 193-195.

竹内哲郎・真鍋恵美，1977. メダカ，*Oryzias latipes*のLeucophoreに関する微細構造の研究．I．成魚皮フのLeucophoreの微細構造について．就実論叢，77: 121-132.

竹内俊郎，1991. 消化と栄養．［魚類生理学（板沢靖男・羽生 功共編）］．pp.67-101，恒星社厚生閣（東京）．

Tamiya, G., Y. Wakamatsu and K. Ozato, 1997. An embryological study of ventralization of dorsal structures in the tail of medaka (*Oryzias latipes*) Da mutants. Develop. Growth Differ., 39: 531-538.

田中茂穂，1922. 鱗祭洞剳記．動物学雑誌，34: 480-482.

────，1932.. 原色日本魚類図鑑．大地書院（東京），p. 46.

立石新吉・山下秀夫，1965. メダカ*Oryzias latipes* (T. et S.)の塩水適応に対する組織生理学的研究．動物学雑誌，65: 194-197.

Tsukuda, T., 1952a. On the mitochondria, ribonucleic acid, phosphatase and polysaccharide of liver cells of a fish (*Oryzias latipes*) during starvation. I. On the mitochondria and ribonucleic acid. Folia Anat. Japonica, 24: 96-102.

────，1952b. On the mitochondria, ribonucleic acid, phosphatase and polysaccharide of liver cells of a fish (*Oryzias latipes*) during starvation. II. On acid phosphatase. Folia Anat. Japonica, 24: 103-106.

────，1952c. On the mitochondria, ribonucleic acid, phosphatase and polysaccharide of liver cells of a fish (*Oryzias latipes*) during starvation. III. On polysaccharide. Folia Anat. Japonica, 24: 291-293.

Tsuyuki, S. and H. Uwa, 1988. Meiotic analysis of chromosomal polymorphism in *Oryzias minutillus* from Thailand. Zool. Sci., 5: 1224.

Ueda, H., 1983. Immunocytochemical identification of thyrotropin (TSH)-producing cells in pituitary glands of several species of teleosts with antiserum to human TSH beta subunit. Cell Tissue Res., 231: 199-204.

内田ハチ，1951. 秋田市付近及び名古屋市にて採集せるメダカ（*Oryzias latipes*）に於ける第二次性徴について. 秋田大学紀要，(1951)：1-10.

Umezawa, S. and H. Watanabe, 1973. On the repiration of the killifish *Oryzias latipes*. J. Exp. Biol., 58: 305-326.

Urano, A., 1971. Monoamine oxidase in the hypothalamohypophysial region of the teleost, *Anguilla japonica* and *Oryzias latipes*. Z. Zellforsch. Mikroskop. Anat., 114: 83-94.

Urasaki, H., 1972a. Effect of pinealectomy on gonadal development in the Japanese killifish (medaka), *Oryzias latipes*. Annot. Zool. Japon., 45: 10-15.

———, 1972b. Role of the pineal gland in gonadal development in the fish, *Oryzias latipes*. Annot. Zool. Japon., 45: 152-158.

———, 1973. Effect of pinealectomy and photoperiod on oviposition and gonadal development in the fish, *Oryzias latipes*. J. Exp. Zool., 185: 241-245.

———, 1974. The function of the pineal gland in the reproduction of the medaka, *Oryzias latipes*. Bull. Lib. Arts. & Sci. Course, Sch. Med. Nihon Univ., 2: 11-17.

宇和　紘，1984. メダカの細胞遺伝. 遺伝，38: 24-30.

Wakamatsu, Y., S. Pristyazhnyuk, M. Kinoshita, M. Tanaka and K. Ozato, 2001. The see-through medaka: A fish model that is transparent throughout life. Proc. Natl. Acad. Sci. USA, 98: 10046-10050.

Vogel, P., R. Read, G.M. Hansen, L.C. Freay, B.P. Zambrowicz and A.T. Sands, 2010. Situs inversus in Dpcd/Poll $^{-/-}$,Nme7 $^{-/-}$, and Pkd1l1 $^{-/-}$ mice. Vet. Pathol., 47: 120-131.

藪本美孝・上野輝彌，1984. メダカ *Oryzias latipes* の骨学的研究. Bull. Kitakyushu Mus. Nat. Hist., No. 5: 143-161.

Yamada, M., 1978. Ultrastructural and cytochemical studies on the matrix vesicle calcification in the teeth of the killifish, *Oryzias latipes*. Arch. Histol. Jpn., 41: 309-323.

山田寿郎，1966. 硬骨魚数種の表皮扁平上皮細胞に見られる指紋様構造. 動物学雑誌，75: 140-144.

Yamamoto, M. and N. Egami, 1974. Fine stucture of the surface of the anal fin and the processes on its fin-rays of male *Oryzias latipes*. Copeia, 1974: 262-265.

——— and K. Ueda. 1979. Comparative morphology of fish olfactory epithelium. Ⅷ. Atheriniformes. 動物学雑誌，88: 155-164.

山本時男，1947. メダカの側線系とその機能. 動物学雑誌，57: 13.

———, 1975. Medaka (Killifish): Biology and Strains. Keigaku Publ. Co., Tokyo, pp. 365.

Yoshioka, H., 1962. On the effects of environmental factors upon the reproduction of fishes. Ⅰ. The deffects of day-length on the reproduction of the Japanese killifish, *Oryzias latipes*. Bull. Fac. Fish., Hokkaido Univ., 13: 123-136.

———, 1963. On the effects of environmental factors upom the reproduction of fishes., Ⅱ. Effects of short and long day-lengths on *Oryzias latipes* during spawning season. Bull. Fac. Fish., Hokkaido Univ., 14: 137-151.

———, 1966. On the effects of environmental factors upon the reproduction of fishes. Ⅲ. The occurrence and regulation of refractory period in the photoperiodic response of medaka, *Oryzias latipes*. J. Hokkaido Univ., Educat., Ser. 2B, 17: 23-33.

Yuasa, T., B. Venugopal, S. Weremowicz, C.C. Morton, L. Guo and J. Zhou, 2002. The sequence, expression, and chromosomal localization of a novel polycystic kidney disease 1-like gene, PKD1L1, in human. Genomics, 79: 376-386.

第6章　生　殖

REPRODUCTION

I．生殖活動

メダカはからだが小さく弱いが，卓越した生殖戦略 reproductive strategyをもつが故に，厳しい自然の中で我々よりも長く生き延びている。メダカの生殖寿命は，からだの寿命 life spanとほぼ同じで，老化しても産卵し続ける。

生殖活動を支配する外部環境条件のうち，主な要因は，他の魚類と同様，一般に光，水温,及び栄養である。生殖巣の発達には，生体の内外部の両環境からの情報を伝達する神経系と内分泌系が関与している。特に，卵巣の発達はそれらの要因以外に卵の成分を合成する肝臓のような組織の関与を必要とする。これまで，生殖に関与する神経系として視床下部や松果腺 pineal gland，そして内分泌系として脳下垂体 pituitary gland，生殖巣 gonad や副腎皮質 adrenocortex などが知られている。例えば，卵形成 oogenesis 過程において，卵黄形成前の小さい卵母細胞 oocyte が発達するのに女性ホルモンが影響する。すなわち，小さい卵母細胞の発達（第一次成長期，図６・１）には，直に生殖巣を発達させるホルモンのゴナドトロピン gonadotropin (GTH) が働いていないらしい（Iwamatsu, 1973b; 高野・春日, 1973; 岩松・赤澤, 1987）。その後に続く卵黄形成期での濾胞細胞のステロイドホルモンの合成には脳下垂体から分泌されるゴナドトロピンが働く（第二次成長期）。逆に，性ホルモンが脳下垂体でのホルモン合成活動に影響を及ぼすことも知られている（春日, 1973a）。また，卵母細胞に卵黄の形成が起こるために

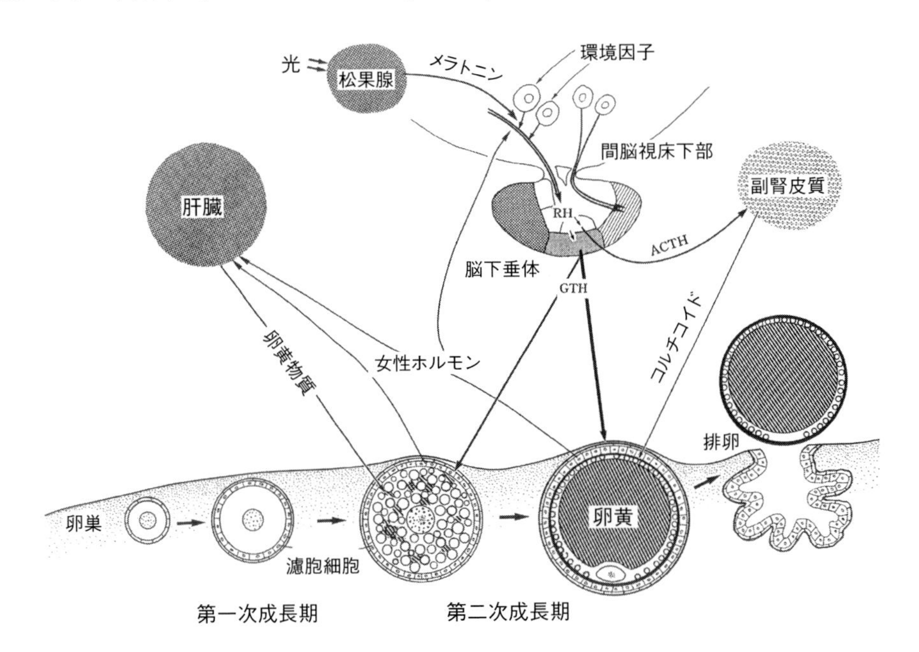

図6・1　メダカの生殖活動とホルモンの関係

は，濾胞細胞から分泌されるエストラジオールの刺激を受けた肝臓細胞によって合成・分泌された血中の卵黄物質（ビテロゲニン，フォスビチン）や卵膜成分（コリオゲニン）（Hamazaki *et. al.*, 1984）が卵母細胞内に取り込まれる必要がある。それにもゴナドトロピンが関与している。また，このゴナドトロピンの分泌に松果腺が関わっていると考えられている（図６・１）。

年周期生殖を示す淡水魚は光の年周期リズムに反応するが，光の日周期リズムに対する明確な反応は示さない。そうした淡水魚の多くは日照時間の増加と水温の上昇がみられる初夏から秋にかけて卵母細胞の成熟が起きて産卵する。メダカも同様な野外での生息環境下では産卵期は同じであるが，光の日周期リズムに対応した産卵周期を示す。メダカは，鶏と同様に光刺激で生殖腺刺激ホルモンが脳下垂体から分泌され，卵母細胞が夜中に成熟するからである。

江上（1956）はメダカを自然光の当たる屋内で直径24 cmのガラス水槽に入れて飼育し，その生殖巣重の年周期変化（東京）を調べて，図６・２にみるような結果を得ている。すなわち，４月に入って生殖巣が発達して産卵を開始する。そして，５月から７月にかけて精巣と卵巣の重量が増加する。日照時間が13時間を切る９月中旬になると，水温は24℃近くであるが，生殖巣の重量が減少して産卵もみられなくなる。

1．光

生殖活動に対する光の効果は，一定以上の光刺激の強さ及びその長さを必要とする。メダカは，春から夏にかけて繁殖する，いわゆる長日型の魚である。メダカの産卵の日周期性は，光のそれによって支配されており，人為的に光周期を変えることによって産卵周期を変えられることが実験的に確かめられている（Robinson and Rugh, 1943; Egami, 1954b）。その後，高野ら（1974）もそのことを追認している。

照明が11.5時間以内では脳下垂体の活動が低下するらしく，産卵を維持するためには13時間以上の照明が必要である（Yoshioka, 1962）。秋になって，日照時間が13時間から11時間に減少し，水温も18~21℃になると，20日間以上たたないと産卵しなくなる。これは産卵維持に必要な１日の照明時間の長さの臨界時間が12~13時間であるためと考えられる。照明時間がこれより短いと，摂食の活動は起こるが，ゴナドトロピン不足で卵母細胞の成長・成熟がゆっくりになり，産卵は20日間以上経って起きるか，起きなくなる。再び，13時間より長い照明下に移すと，10~17日以内に産卵するようになる。すなわち，11.5時間以下の日照条件におくと，ゴナドトロピンを要求する卵形成の段階が停止することから，光効果は少なくともゴナドトロピン分泌の段階（第二次成長期，図６・１）にあるらしい。光刺激の強さについてはよく調べられていないが，５lux以下では生殖巣の発達に効果が認められないのに，10 lux以上になると効果が認められると報告されている（吉岡，1974）。しかも，卵巣重の増加は，10~50 luxの範囲内で照度依存であり，光の強さは150ルックス（水面から20cm程度からの20W蛍光灯照明）以上なら十分で，それ以上の強い光を当てても光の効果は

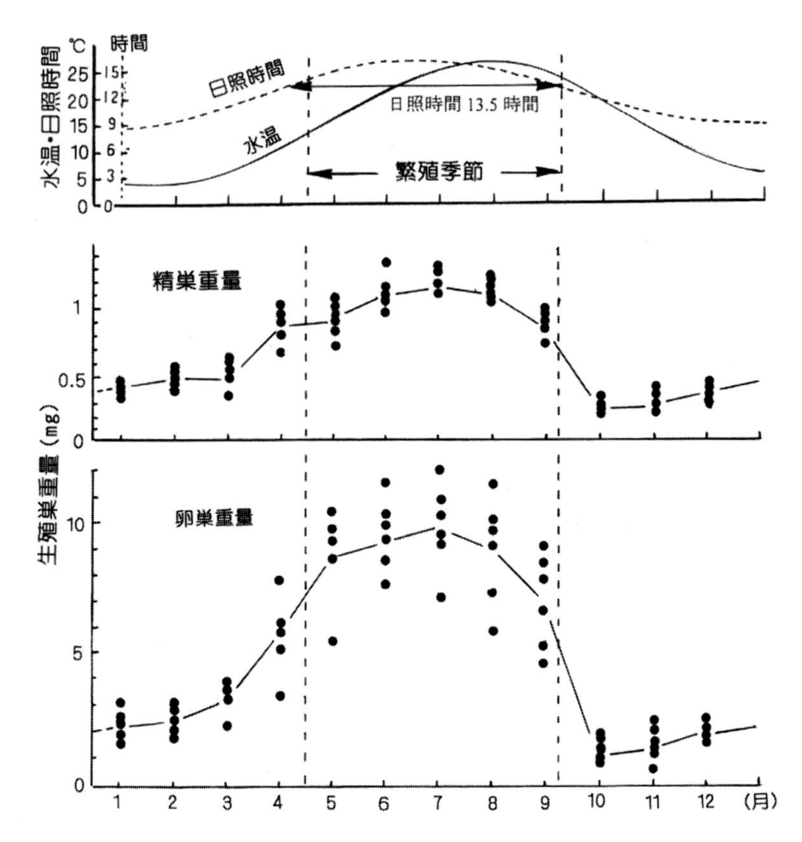

図6・2　季節とメダカ生殖腺重量の変化（Egami, 1956の改図）

変わらない。むしろ，照明の時間が重要である。1日のうち，このような光の強さで13.5時間以上照明すればよい。少なくとも，11～12時間では不足で，産卵はみられなくなる。それは，自然における繁殖シーズンでの日照時間に対応している（図6・2）。脳下垂体からのゴナドトロピン（生殖腺刺激ホルモン）分泌には13.5時間の日照時間が必要である。いくら水が適温（25～26℃）で，餌を十分与えても光が当たる時間が短いと，ゴナドトロピンが脳下垂体から分泌されず，肝臓ばかりが発達して肥大するばかりで卵が発達しないので産卵しない。図6・2にみるように，自然では水温が比較的高くて適温であるのに秋になると，日照時間不足で産卵しない。14時間照明の周期において，少なくとも150lux以上であれば一年中産卵を維持することができる。また，交尾行動と産卵を誘起するのに必要な光の強さ critical light intensity の限界は1~10luxにある（Yoshioka and Shimogawara, 1976）。

実際，冬のように短い日照時間と低温下で飼育していたメダカを，14時間照明の光周期・適温（26~28℃）の条件下に移し，十分な餌を与えて飼育すると，まず最初の3~4日に肝臓が発達する（図6・3）。すなわち，肝臓指数（肝臓重の体重比＝肝臓重/体重×100）hematosomatic index（HIS）が大きくなる。肥大した肝臓で合成された卵黄タンパク質（ビテロゲニン）がおそらく濾胞細胞を通して卵母細胞に取り込まれて卵母細胞が大きくなる。そのため，卵巣が大きくなり，生殖腺体指数（生殖巣重の体重比＝生殖巣重/体重×100）gonadosomatic index（GSI）が大きくなる。

生殖腺（巣）重の体重に対する重量比 GSI が生殖巣の発達・成熟度を表すのに用いられるが，その GSI は成魚を冬期の野外から繁殖条件下に移して卵母細胞が徐々に発達し，10日目からは急増する。その後，3－4日で卵母細胞は成熟・排卵して産卵がみられる。

このように，非繁殖条件から繁殖条件に移した場合は約2週間で産卵を開始する（図6・3）が，夏の繁殖条件で産卵しなくなった雌を実験室の繁殖条件に移した場合はなぜか3週間以上しないと産卵がみられない。中には，肝臓ばかり発達してなかなか産卵しない雌もいる。産卵期が終わったばかりの雌ドジョウを低温処理（春化処理，冬眠）して再び産卵させられるように（岩松，未発表），まず産卵しなくなった雌を数日前から餌を与えないで飼育し，氷を飼育水に少しずつ入れて1日ほどかけてゆっくり水温を5～10℃まで下げる。そして同温の暗室（冷蔵庫）内で約1カ月放置（低温処理）した後，徐々に温度を上げて繁殖条件に移せば，産卵する場合がある。

吉岡（1974）は，光刺激としての波長の違いが成熟に効果があるか否かに関心をもち，調べている。彼によると，波長500nm以下の光線には効果がないのに，波長580~670nmの可視光線に効果が認められるという。

光は脳下垂体に直接作用し，その活動に影響を及ぼしているのではなく，松果腺（図5・46，図5・50）から分泌されるメラトニン（N－アセチル－5－メトキシトリプタミン）というホルモンを通して間接的に影響を及

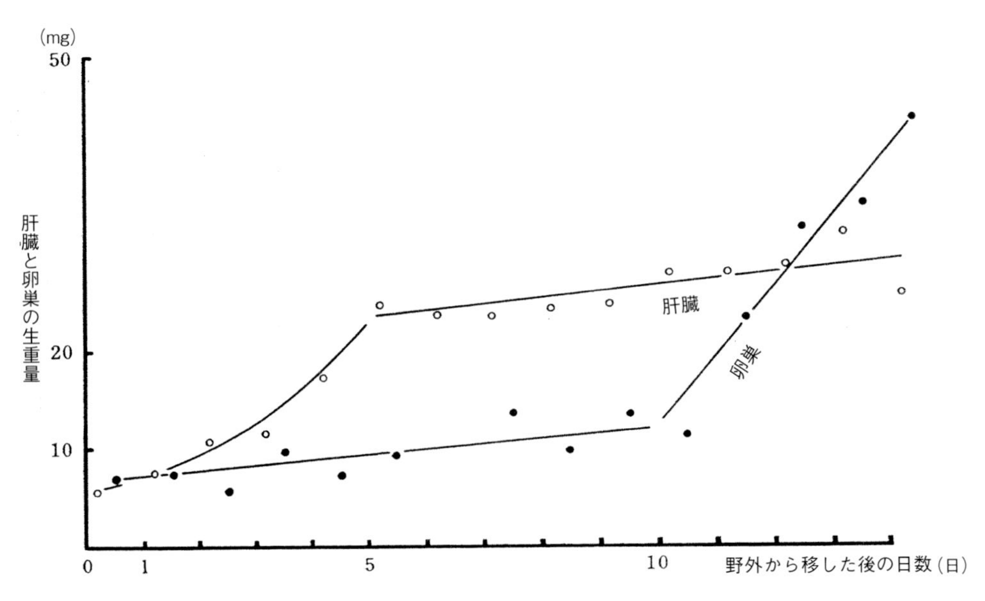

図6・3　冬期に野外から繁殖条件に移したメダカの肝臓と卵巣の重量の変化（Iwamatsu, 1973）

ぼしている（Urasaki, 1972a, b）。メダカにおいて，メラトニンは日照時間が長いと，分泌される量が減少してゴナドトロピンの分泌量を抑制しないため，生殖巣がは発達する。一方，日照時間が短いと，松果腺からメラトニンが多く分泌されてゴナドトロピンの分泌量が減少して生殖巣の発達が低下するらしい。しかし，メダカにおいて，このことを明確に示す定量的研究はない。光周期に依存した卵成熟・排卵の日周リズムを示すメダカにおいて，その生殖リズムとトリプトファンからメラトニンの合成・分泌リズムとの関係を明らかにしたいものである。

浦崎（1972a, b）は，松果腺の光受容体としての機能をメダカにおいて初めて報告した。さらに，正常，もしくは盲目のメダカにおいて，連続光がGSIの増加を生じることを示した。また，盲目のメダカも，繁殖期に自然光下で産卵するという報告がある（江上, 1959a）。これらの結果は，視覚以外の器官 extravisuals organ(s)（視覚外光受容器，松果腺）が生殖細胞の発達に関与していることを示唆している。盲目で，松果腺を摘出したメダカを連続暗期，あるいは短明期の下で飼育すると，平均GSIに著しい増加が起こる。これに対して，盲目で同一条件下で飼育された松果腺をもつメダカには，その増加はみられない。これらのことから，連続暗期，あるいは短明期の下に置かれたメダカでは，眼以外の光感受器官としての松果腺は背面の頭蓋近くにあって（図5・50），直接光刺激を受けるため，生殖巣の発達に対して抑制的に働くことが考えられる。さらに，浦崎（1972a, b）は，連続光下では正常のメダカの平均 GSI が松果腺摘出メダカにおける GSI より大きいが，連続暗期，もしくは短明期の下では松果腺摘出メダカの平均GSIが正常メダカのものよりも大きいことを示した。これらのことは，松果腺（おそらく，メラトニン）の生殖巣に対する影響が光条件によって変わることを示唆している。すなわち，連続光下では松果腺は生殖巣の発達を促進するが，連続暗期，あるいは短明期ではそれぞれ抑制的に働くというのである（Urasaki, 1974）。

臨界の日照時間に移る間近の8～9月には，戸外から照明14時間，水温26~28℃の飼育条件下に移した場合，産卵しなくなるメダカが多くなる。特に，水温が高い戸外から水温の低いその条件下に移すと，この現象が顕著である。この現象は，卵巣が光に反応しない不応期 refractory periodと呼ばれる時期であって，松果腺の活動に関係しているらしい。

2．温度

生殖活動に対する水温の効果は13℃以上（Yoshioka, 1962）で認められるが，8℃以下（Egami, 1959c），ないしは10℃以下（Yoshioka, 1970）になると認められなくなる。このことから，10~13℃が産卵限界温度と考えられるが，長日効果がみられる場合の限界水温は約10℃という（Yoshioka, 1970）。卵巣の発達は温度依存で，10~16℃の範囲において調べると，水温が高いほどその重量が増加する。メダカにも，哺乳類に似た「視床下部－脳下垂体前葉－生殖巣」系が存在すると考えられており（Chan, 1977），この水温の効果は，その系の種々の段階で考えられる。毎日産卵していた雌から

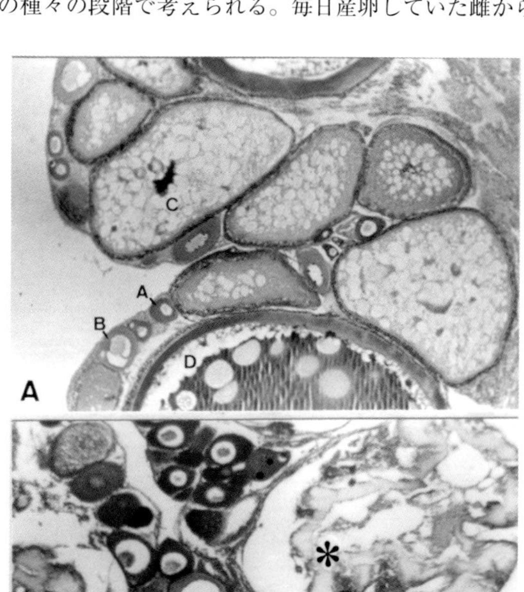

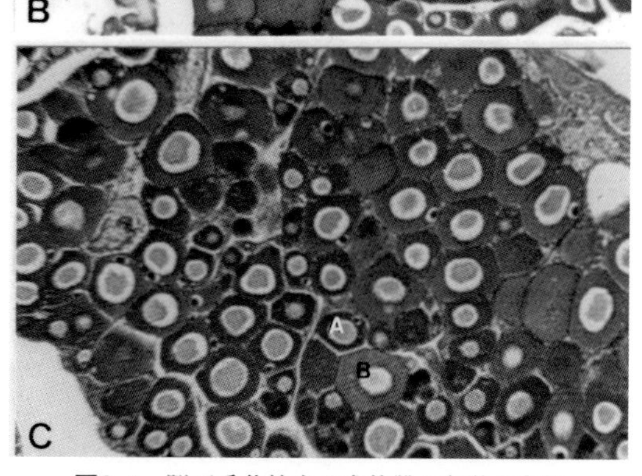

図6・4　脳下垂体摘出の成熟雌の卵巣の変化
A，脳下垂体摘出時の卵巣；B，脳下垂体摘出1週間後の卵巣（＊印は退化している卵母の細胞）；C，脳下垂体摘出3週間後の卵巣．（岩松・赤沢，1987）

脳下垂体を摘出すると，1週間後の卵巣組織内にはそれまで存在していた卵黄小胞の出現・多層期（直径151-300 μ m）や卵黄形成期（直径301～700 μm）の卵母細胞はことごとく退化している（図6・4 Bのアステリスク＊：岩松・赤沢，1987）。さらに摘出後3週間の卵巣には，河本（1969）の結果と同様に，染色糸・仁期および初期周仁期（直径12～100 μm）から後期周仁期（直径101～150 μm）の小さい卵母細胞しか見られなくなる。すなわち，そうした大きいものでもせいぜい卵黄核をもつ発達段階までの若い卵母細胞しかなくなるが，それらはゴナドトロピンの制御下にはないようである。ゴナドトロピンを出している脳下垂体の摘出手術による卵巣の変化を調べた実験の結果（河本，1972; 岩松・赤澤，1987）と同様に，10℃近くの温度の非繁殖期の冬では，ゴナドトロピンはほとんど働いていないらしく（Egami，1954），卵黄形成が起きないため，卵形成はみられない。視床下部からの脳下垂体ホルモン放出ホルモン，脳下垂体からのゴナドトロピン gonadotropin（gonadotropic hormone, GTH），ACTH, TSH, そして卵巣濾胞や副腎からのステロイドホルモンの合成・分泌及び作用の各段階における温度依存性が考えられる。13℃に達しないような低温下では，卵巣の成長に脳下垂体ホルモンはほとんど効果を示さない（Egami, 1954）。体外での卵母細胞の成熟段階をみても，温度が40℃以下であれば成熟可能で，4 ~37℃の間では温度の上昇につれて卵の成熟に要する時間が短縮される（Iwamatsu and Fujieda, 1977）。この観点から推定すると，ホルモンは低温下でも作用でき，水温20℃での産卵は2～3日の成熟ごとに起こることになる。

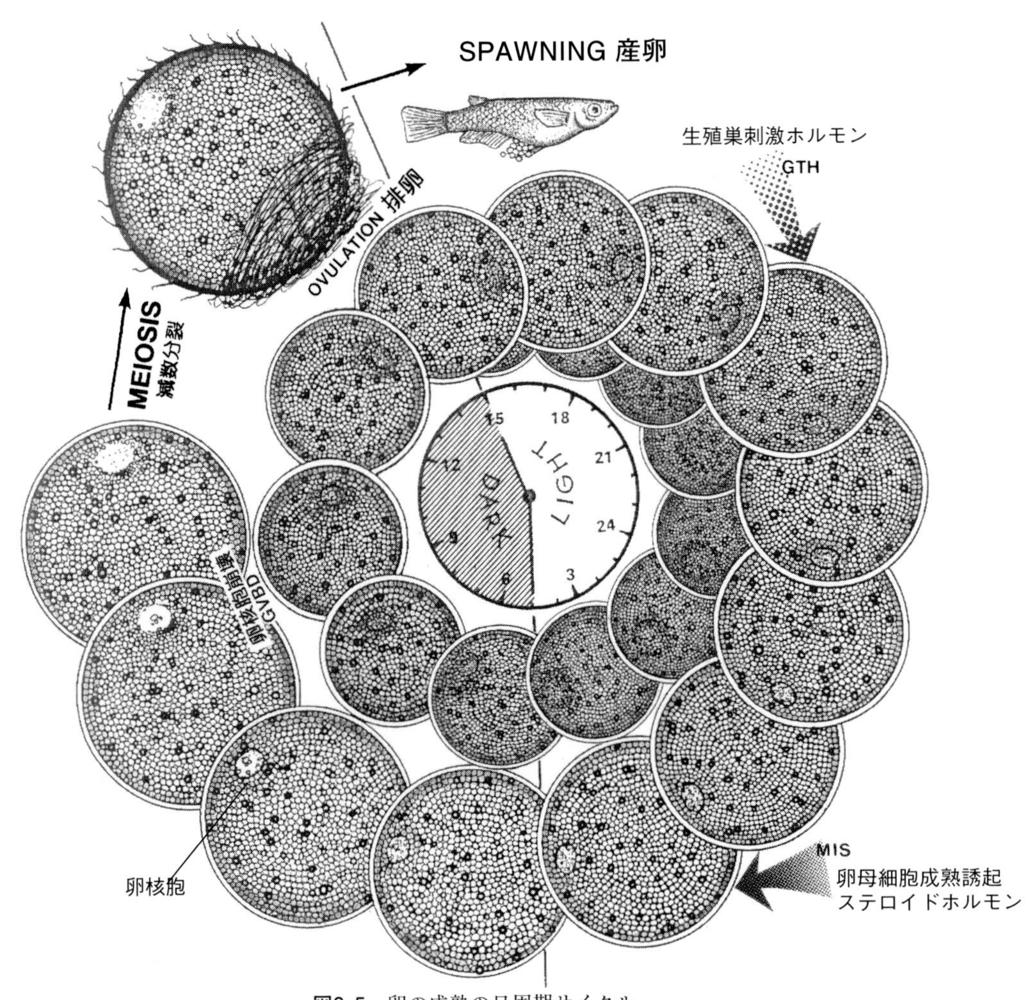

図6・5　卵の成熟の日周期サイクル
明14hr・暗10hr の日周期サイクル（点灯午後3時～消灯午前5時）.

３．光周期性

メダカは４月から９月までの繁殖期には毎早朝産卵するが，人工的な長日周期でも産卵がみられる（Yoshioka, 1962）。すなわち，産卵活動は，それに関わり合う要因としての光の支配下にあることを示す。人工照明下での産卵活動については，江上（1954b）によって報告されている。

光は，水温を上げ，脳内の松果腺を経由して脳下垂体からゴナドトロピンを分泌させる刺激をするばかりでなく，ゴナドトロピンの分泌を開始させるスイッチの役割をする。光が当たると，それが松果腺から出されていたメラトニン melatonin 分泌の停止のスイッチになり，メラトニンによって分泌が抑制されていたゴナドトロピン（生殖巣刺激ホルモン，GTH）が脳下垂体前葉から分泌され始める（図６・５）。その刺激を受けた卵母細胞の周りの濾胞細胞からエストラジオール estradiol が合成・分泌される。そのエストラジオールによって肝臓から卵黄タンパク質ビテロゲニンが合成され，濾胞細胞の助けで卵母細胞内に取り込まれる。光が当たっている間（明期），ゴナドトロピンが分泌され続け，卵母細胞内には十分な卵黄が形成される。光が当たらなくなる暗期（消灯）に入ると，それがメラトニン分泌開始のスイッチになり，脳下垂体からゴナドトロピンの分泌が抑制される。そのため，血中のゴナドトロピンが減少して約７時間後には卵母細胞を包んでいる濾胞細胞層が成熟して，エストラジオールの合成が止まり，卵母細胞の成熟を引き起こすステロイドホルモン（プロゲステロン progesterone 系の成熟誘起ホルモン maturation inducing steroid hormone, MIS）を出すため，卵母細胞はその刺激で成熟促進因子 maturation promoting factor（MPF）を合成して成熟し始める。それから約７時間後には，卵母細胞は卵核胞崩壊 GVBD（減数分裂開始）を示し，６時間程して核が第二減数分裂中期に入った状態で停止して卵巣から卵巣腔に排卵される。その直後から雄の交尾刺激によって産卵が始まる。これが，光刺激のスイッチによって開始する日周的排卵サイクルである。したがって，光刺激のスイッチを入れる時刻をずらせば，排卵サイクルの開始時刻がずれて，排卵，産卵する時刻がずれてしまう。実験暗室で，自然条件とは逆の昼間暗黒，や夜間点燈の光周期にすれば排卵時刻がやがて逆転して夕刻に産卵するようになる。図６・５はメダカを実験暗室で午後３時に点灯し，午前５時に消灯する人工光周期下で飼育した場合である。照明に依存したホルモンの分泌と卵母細胞の成熟がサーカデイアンリズム circadian rhythm（概日リズム）でみられる。光の刺激（点灯）の時刻を午後３時に人為的にずらすと，卵母細胞が成熟して排卵する時刻が午後２時になり，交尾による産卵もその後１時間以内に起こる。

交尾には雄は視覚（眼）が重要であるが，雌は視覚を失っても正常に交尾できて産卵する。雄は目でみて性的興奮しないと，交尾できない。それに対して，雌は交尾時に雄による皮膚の接触刺激で興奮して産卵するようである。交尾時に雄に接する雌尾部の皮膚を損傷すると，雄の臀鰭軟条の乳頭状小突起による性的刺激を受けられなくなるため産卵できなくなる。雌を抱く雄の臀鰭と背鰭を切除すると，雌の産卵が低下する（参照：図９・８，Egami and Nambu, 1961）。人工照明下では，産卵時刻は明暗周期によって変わる。産卵活動と関連あると思われる行動を調べた上田と大石（1982）は，産卵リズムが明暗サイクルにのっており，連続光下でも光周期性，いわゆる概日リズムがみられることを報告している。

また，眼球や松果腺を摘出すると，胸腺が退化するので，視床下部－下垂体系などの仲介する光リズムと胸腺リンパ球放出との関係が示唆されている（Honma and Tamura, 1984）。

メダカの卵母細胞の成熟と排卵は，光の刺激によって放出されるゴナドトロピンの刺激に応じて，日周期リズムをもって起こる（Iwamatsu, 1978）。メダカは卵生魚であり，胎生魚と違って毎日排卵・産卵して体外で受精・発生する。ところが，卵巣腔に精子を注入して体内受精させると，毎日排卵して72時間後も体内受精が繰り返される。体内で受精して，卵膜が硬くなって産卵できず卵巣腔に発生している卵をもっているが，毎日排卵することがわかった（岩松，2002；Iwamatsu and Kobayashi, 2005）。光による周期の支配下での排卵・産卵がなされているが，胎生・卵胎生動物と違って胎仔・妊娠の情報による排卵調節機構が働いていないようである。産卵は，排卵した卵が卵巣腔にあれば，雄の交尾行動・刺激によって引き起こされる。しかし，雄の行動が活発でないか，あるいは雌にとって相性の悪い雄しかいない場合は産卵が著しく遅れ，その産卵時刻から次の排卵までの時間が極端に短くなること（石岡ら，1978）がある。

Ⅱ．性の決定と分化

生殖巣は，発生の早い時期の胚体において，体細胞からなる原基に別の部域で分化した後移動してきた始原生殖細胞 primordial germ cells(PGCs) が入り込んだのち，卵巣と精巣への分化が進む。蒲生 (1961b) によれば，始原生殖細胞は，初期嚢 (原腸) 胚 (図6・6) の内胚葉系中胚葉 mesendoderm に初めて認められるが，まれに外胚葉にもみられるという。この始原生殖細胞の分化の決定や維持には母性因子の関与が考えられている。

始原生殖細胞は筋節形成期には，アメーバ運動によって周縁の内胚葉に集まり，尾部の伸長期には体壁葉 somatopleura に沿って生殖原基の予定域の背側隔膜 dorsal mesentery に移動する。この移動には，*cxcr4* 遺伝子が関与している (黒川ら，2006)。始原生殖細胞はその予定域に移るまで分裂せず，数が増えないという。また，それらが周縁核と関係があるともいっている。

生殖細胞の発達過程については，蒲生 (1961a, b)，都築ら (1966)，佐藤と江上 (1972)，濱口 (1979, 1980) による報告がある。その発達の様子は濱口 (1990b) によって要約されている。生殖細胞が光学顕微鏡で初めて確認できるのは，松井 (1949) の発生段階表からすれば，stage 20の胚においてである。その

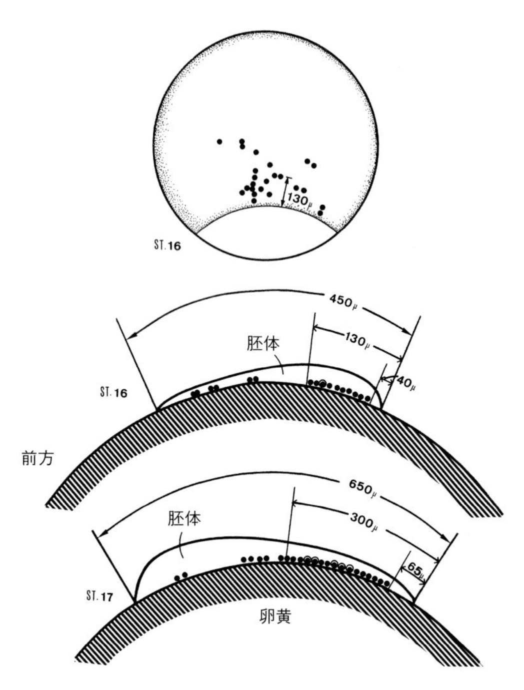

図6･6　メダカ胚の始原生殖細胞の分布
(Gamo, 1961bから改変)

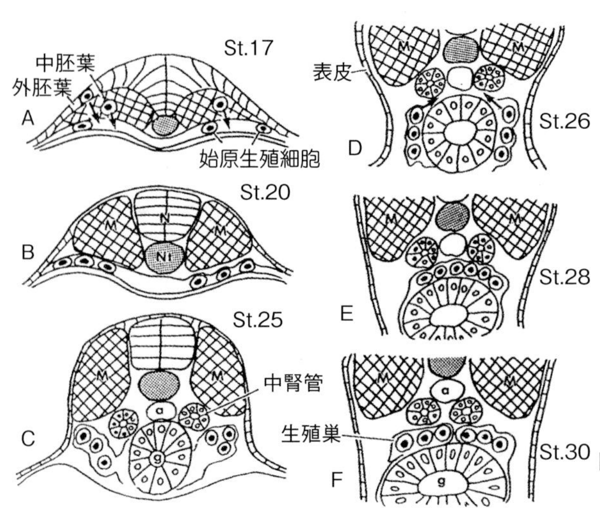

図6･7　始原生殖細胞の生殖巣に定着する過程
(濱口, 1990bより改図)

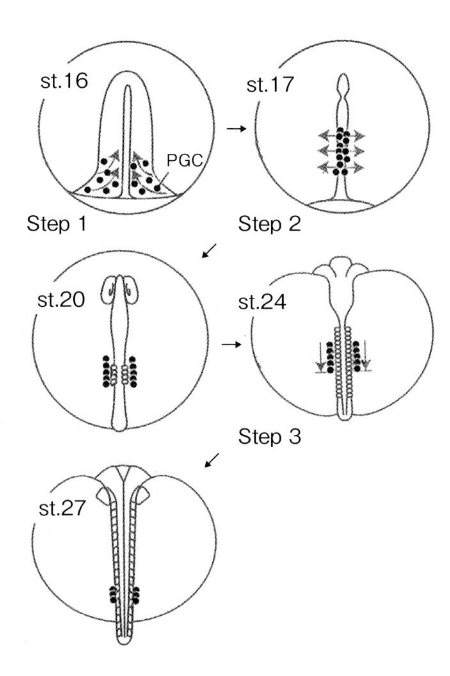

図6･8　初期メダカ胚にみられる始原生殖細胞移動の3段階
嚢胚後期 (stage 16) から stage 27までの始原生殖細胞 (PGCs) の分布を示している．PGCsと体節の数や形は正確に表現しておらず，卵内の矢印はPGCsの移動段階 (Step 1-3) における移動方向を示す (Sasado *et al.*, 2004 より改図)．

後，第１増殖期（stage 23），始原生殖細胞の生殖巣原基（消化管 g の背面と腎管の間）への移動期（stage 23~30）が続く（図６・７）。メダカの精巣及び卵巣から得られたcDNAのPCR法によってショウジョウバエの*vasa*遺伝子のホモログ*olvas*（*Oryzias latipes*）が得られている。この*olvas* は卵巣・精巣の生殖細胞の細胞質に特異的に検出され，初期発生において嚢胚期に認められなくなるが，*olvas* の特異的発現は胚盾後部に位置している生殖細胞にのみ認められるので，始原生殖細胞（PGC）の動態を調べるのが可能である（Shinomiya *et al.*, 2000）。また，*GFP* 遺伝子，メダカ*vasa*遺伝子（*olvas*）の3'域とプロモーター域からなるDNAを卵に注入してトランスジェニックメダカをつくり，GFP蛍光を発するPGCの移動を追跡している（Tanaka *et al.*, 2001）。

EGFP-*nanos* 3' UTRによって同定できる始原生殖細胞は初期嚢期（stage 13）の動物極側胚盤葉の比較的深部（内胚葉内）に出現するようである（Gamo, 1961; Hamaguchi, 1982a）。*sox9b* が始原生殖細胞の出現後の生殖細胞分化に関わり，初期卵巣分化に必要である（Shinomiya *et al.*, 2008）が，どの細胞からどのように分化するかはわかっていない。PGCの分化の兆しは，まず分裂活動にみられ，次いで減数分裂開始に認められる（Hamaguchi, 1992）。このPGCはナノス *nanos* の発現を示し，生殖巣の辺縁部に移動するが，この過程にはキモカイン・リセプターCXCR4の機能が必要である。ナノス-3' の非翻訳部位にくっつけたグリーン蛍光タンパク質 green fluorescent protein（GFP）で生殖系を目印して移動を低速度撮影で追跡できる（Kurokawa *et al.*, 2006）。後期嚢胚期になると，PGCはその動きの様式と方向を変えて体細胞と一緒に正中線に移動する。移動開始前に，PGCは性決定遺伝子とは異なるY染色体上にある遺伝子 *sdgc1* によって細胞の性格が異なっている（Nishimura *et al.*, 2014）。PGCは両体側に整列したのち，遺伝子 *olvas* の発現が認められ，側板中胚葉 lateral plate mesoderm の後端に向けて活発に移動する。この生殖巣形成領域への移動はMGCoAR (hydroxymethylglutaryl coenzyme A reductase) とCXCR4, SDR-1a (stromal cell-derived factor 1a) /CXXR4 (C-X-C chemokine receptor type 4) シグナルの活動に依存している。そこに移動したPGCは生殖巣体細胞と一緒になって生殖巣原基を形成する。

また，性分化における生殖巣体細胞の機能についても，桑実胚に細胞移植を行って雌（XX）と雄（XY）の体細胞をもつキメラメダカを作成して調べられている。その結果によれば，XX/XYキメラ稚魚の発達している生殖巣を組織学的にみると，移植されたXY体細胞が生殖巣の初期の性分化に影響を及ぼしてXX生殖細胞の性転換を起こす（Shinomiya *et al.*, 2002）。すなわち，*DMY*（Y－特異的DMドメイン遺伝子）は，XY生殖巣の体細胞に発現して，精巣の発達に必須である（Matsuda *et al.*, 2002, 2003）。この遺伝子がXX雌メダカを雄に発生させる（Matsuda *et al.*, 2007）が，*DMY*の発現が一定のレベル以上ないと精巣の初期の発達が十分に起きないし，その発現が弱いと雌になる（Otake *et al.*, 2006）。

Sasadoら（2004）およびKurokawaら（2006）によると，図６・８にみられるように，PGCsは stage 16（Step 1）では胚盾後部３分の１に分散しているが，胚軸に向かって集まるようになる。stage 17（Step 2）から stage 20の間に神経索や体節中胚葉から出て胚軸両側に沿って配列する。stage 24（Step 3）になると，体側線両側に配列していたPGCsは，後方に移動を開始して，さらに胴部腹側域（予定肛門より前方の消化管背面）の左右両側にクラスター（予定生殖巣）を形成する。

PGCsの発生に影響する突然変異を多量にスクリーニングして，メダカの*vasa*ホモログ（*olvas*）に対するRNAの*in situ*ハイブリダイゼーションによって stage 27胚でPGCsの数と異常分布をスクリーニングしている（Sasado *et al.*, 2004）。同定された19突然変異のうち，11はPGCの分布異常を引き起こすもので，形態の異常も伴っており，４表現型にクラス分けがなされている。クラス１，PGCsが正中線の両側に分散する。クラス２，クラス１よりも胚体の内側に分散する。クラス３，卵黄球上の体側に分散している。クラス４，正中部一カ所に固まっている。また，孵化後８日で*olvas*で生殖細胞の異常を調べて16突然変異が報告されている（Morinaga *et al.*, 2004）。*yangi*（*yan*）と *kazura*（*kaz*）の両突然変異は後部体側線（PLL）神経に特異的な欠失を生じる。この両突然変異胚において，PGCの分布が影響を受ける。*sdf1* または*cxcr4* には連関していない*yan* と，*cxcr4* に連関している*kaz* の両遺伝子はPLL原始細胞とPGCの移動に必要である（Yasuoka *et al.*, 2004）。

発生段階 stage 26になると，生殖細胞は数が約32個（Satoh and Egami, 1972）で，予定腸間膜域の消化管と中腎管の間に向かって移動するようになる（図６・７）。それらは他の細胞に比べて極めて大型で球形に近く，細胞質の染色性（ヘマトキシリン）は低いが，明瞭な仁をもつ大きい球形の核をもっている（図６・９）。

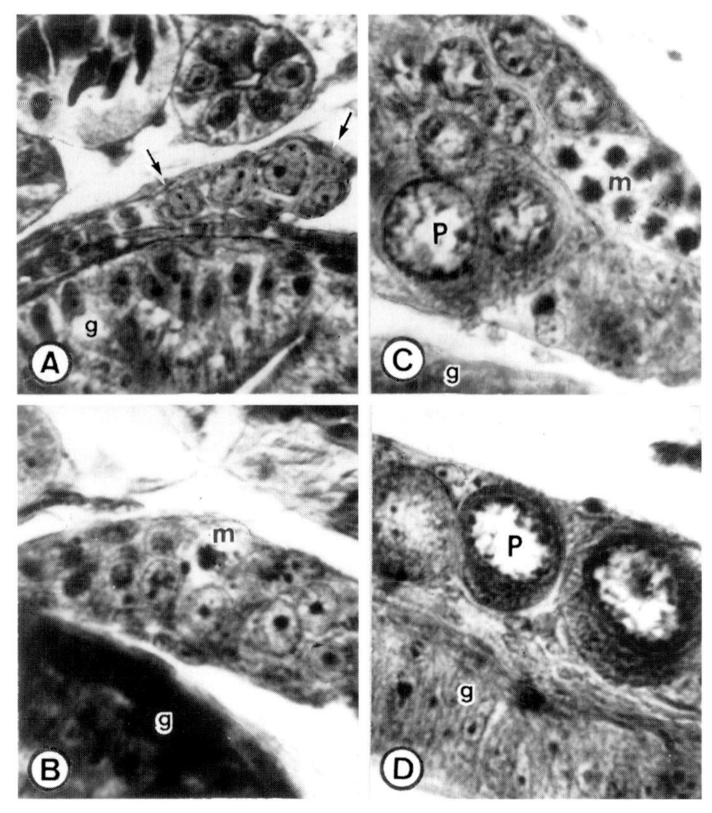

図6･9　メダカ稚魚の生殖巣
A：孵化直後(矢印, 生殖巣), B：孵化後4日目, C：8日目, D：10日目, g：消化管, m：分裂像, P：パキテン期の卵母細胞.

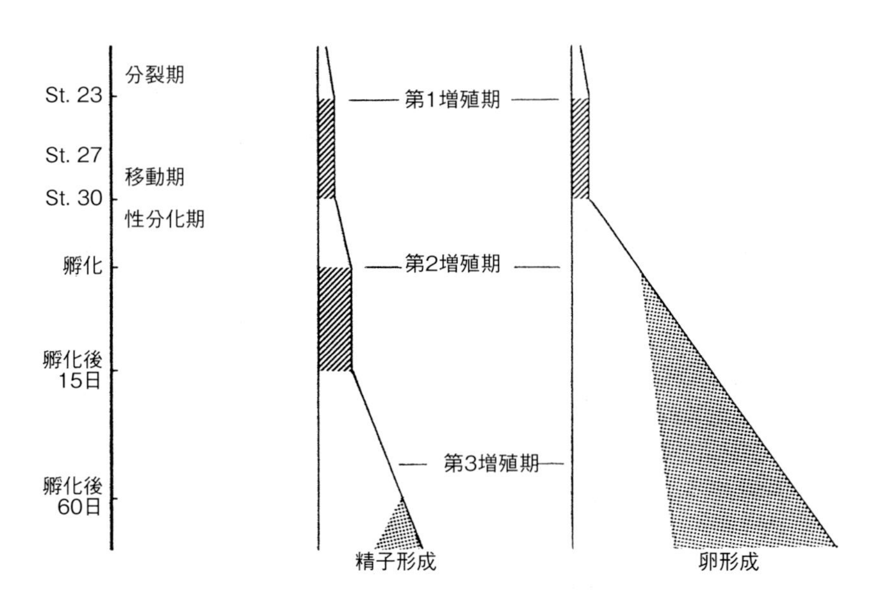

図6･10　メダカ胚の発生過程中の生殖細胞の増殖様式 (Hamaguchi, 1980)

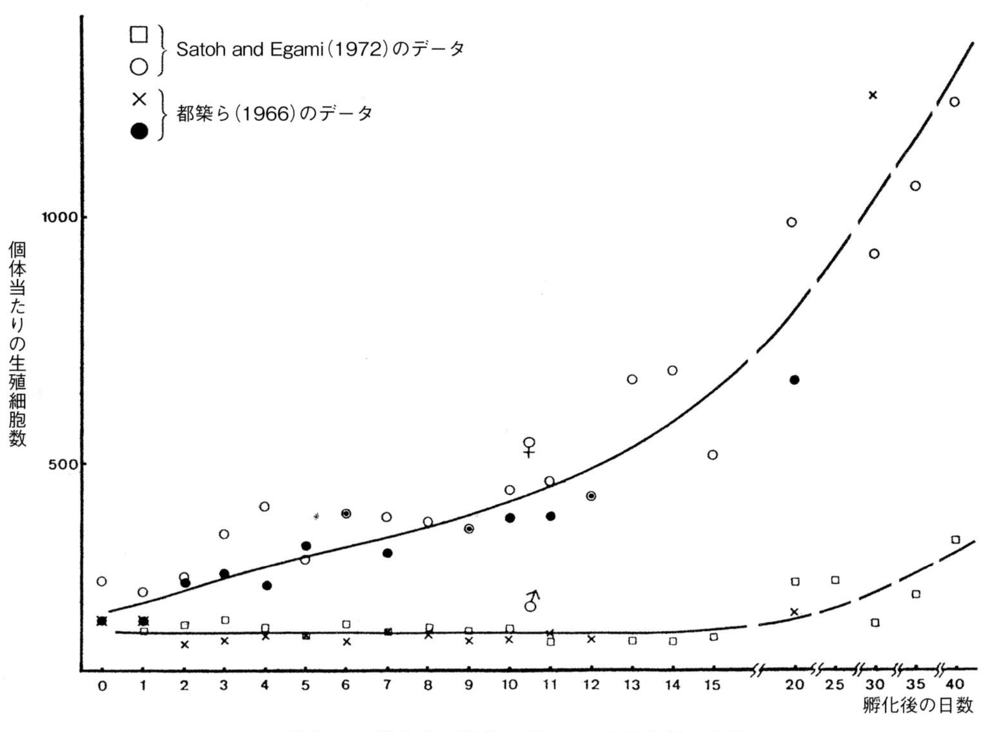

図6・11　孵化後の雌雄メダカの生殖細胞数の変化

このときの生殖巣原基は左右に分かれていない。眼のメラニンの増加と胸鰭原基の形成が認められる発生段階 stage 27において，生殖細胞は数が約37個（都築ら，1966），または約46個（Satoh and Egami, 1972）で，消化管の背面の生殖巣原基に集まる。発生段階 stage 28~32までの胚の生殖細胞には分裂像はあまりみられず，その細胞数の目立った変化はみられない。孵化前１~３日の胚の半数近くに１~３回の細胞分裂がみられ，孵化前日には生殖細胞数が50~150個に達する（図６・10）。

孵化後は生殖細胞の数と分裂の状態から稚魚を２群に分けることができる（佐藤，1971）。すなわち，雌になると思われる個体では生殖細胞は，江上らが報告しているように，孵化時，あるいは孵化後２日目（Quirk and Hamilton, 1973）には，雄のそれの約２倍に達する。４日目で300個前後，10日目では500個前後になり（図６・11），これらの細胞の中には，減数分裂の前期に入っているものもある。白石らによると，孵化後10日の雌の生殖巣において*transformer-2*（*tra-2*）ホモログmRNAの発現が卵母細胞に強く認められる。

一方，雄になると思われる個体には，生殖細胞数も孵化後10日目まで100個前後とほぼ一定で，細胞分裂も認められない（図６・11）。

１．卵巣の形成

孵化以後の卵巣の形成について，吉岡・島谷(1976)を参考にして記述する。孵化６日以後体長が5.0~5.5mmになって，生殖巣（左葉0.2~0.3mm，右葉0.1~0.2mm）の中に染色仁期（直径11~17μm，核径９~10μm）及び周辺仁期の卵母細胞が現れ，卵巣への分化が起こる。すなわち，卵黄が完全に吸収される体長5.5mm（孵化後８日）になるまでに雌が決定される（図６・９）。体長が７~９mmになると，その卵巣（長径0.9mm，短径0.4mm）はその中央部で鰾の下方で黒い色素をもった腹腔膜から卵巣間懸膜によって懸垂しており，左右２葉の卵巣が融合し，長径1.0~1.5mmになる。周辺仁期の卵母細胞（直径47μm，核径27μm）が増加し，卵巣の大部分を占めている。体長13 mmでは，卵巣壁が１~２層の細胞層を示し，卵巣背部全域にわたって形成される。発生の進んだ卵巣（長さ1.2~1.3mm）では，卵巣腔が輸卵管に連なっている。その卵巣は融合が完全で，約1.2mmの長さになり，前端は鰾の中央部にまで達している。卵母細胞（直径77μm，核径50μm）には卵黄核が認められ，卵原細胞は卵巣の周辺部に多くみられる。

卵巣上皮近くや大きい卵母細胞の濾胞，あるいは排卵後濾胞（繊維構造，矢尻で卵巣腹側に引き込まれる）に接している卵原細胞は，数個のクラスター状態のシストを示している。

体長が16~18mmになると，卵巣（長さ2~3mm）は腹腔膜の背側，腸管と鰾との間に位置し，周辺仁期の濾胞細胞間にも付着毛をもつ卵母細胞（直径130μm，核径70μm）がその中央近くを占めている。卵巣腔も増大し，輸卵管は0.3mm以上に長くなり，その内壁は厚い多層構造を示している。さらに，成長した個体（体長20~23mm）になると，卵巣（直径約4mm，短径約2mm）内には卵原細胞，種々の発達段階の卵母細胞が現れる。卵巣腔壁は成体のもの（M. Yamamoto, 1963）と同じく外層の腹腔膜，中間層の白膜，最内層の内表皮からなっている。輸卵管は腸管と輸尿管の間にあって，体長21mmの個体では開通していないが，体長23mmのものでは泌尿生殖隆起 urogenital protuberance（UGP）の後部に開口している。

卵母細胞の第一次減数分裂前期の様子をみると，卵母細胞の核の中にヘマトキシリン好染の染色糸が出現し，染色糸の塊が核の中心部に集まってレプトテン期に入る。孵化後1~2日に，卵母細胞は染色糸が核内の仁の反対側に片寄って塊をなすザイゴテン期に移り（卵形成の開始），孵化後4日目ごろには染色糸が仁を核内の周辺部に残したまま核全体に広がりを示すパキテン期に進む（図6・9）。孵化後10日目になると，ヘマトキシリン好染の細胞質をもつ卵母細胞（150~400個）は，その核内に周辺仁とランプブラシ染色体がみられるディプロテン期を示す。この核の状態は卵黄形成が進むにつれ顕著になる。この第一減数分裂前期の核の状態は卵黄形成の終わるまでの卵母細胞成長期の間進行しないまま続く。これが第一減数分裂中止1st meiotic arrest（MI 中止）である。卵母細胞の数は孵化後20日目には900個にまで著しく増加する（図6・11）。

発生初期に左右1対として存在していた卵巣は孵化後50日目頃から融合し始め，左右腹基管の隔壁が孵化後70日目には，完全に消失して1個の嚢状型の卵巣になる（細川，1975）。

金森（Kanamori, 2000）は雌に特異的なcDNA断片をクローニングして，卵形成初期に発現する卵膜タンパク質，卵母細胞特異的なRNA結合タンパク質，そして基本的ヘリックス・ループ・ヘリックスモチーフをもつ転写因子などを含む15の遺伝子を同定している。今後，こうした遺伝子の発現と卵形成との関係を分析することによって，卵巣の発達を分子レベルで解明が進められるであろう。ちなみに，*Sry*-関連可動性グループhigh-mobility group（HMG）ボックスを含む転写因子であるヒト*Sox9* 遺伝子は，突然変異によって骨の欠損や雄から雌への転換を生じるもので，精巣や軟骨形成chondrogenesis組織に発現がみられる。メダカ*Sox9* の発現は，雌成魚卵巣と脳に強くみられ，頭部軟骨と胸鰭の内骨格にみられる。すなわち，軟骨における*Sox9* の機能は他の脊椎動物とは同じであるが，生殖巣におけるその機能は卵母細胞にみられ，まったく異なる（Yokoi *et al.*, 2002）。

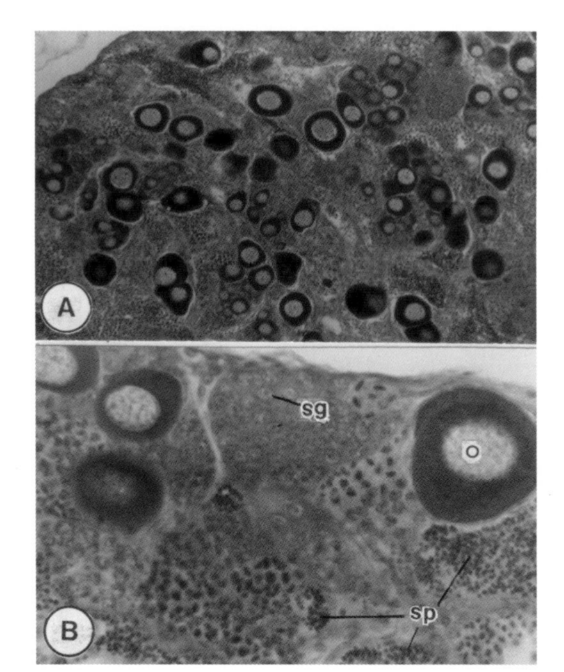

図6・12　メダカの精巣卵
精原細胞（sg），精子（sp）の間に未発達の卵母細胞（o）が散在する．A：×100，B：×200.

2．精巣の形成

精巣の分化は，体長5.5mm（孵化後12日目）の個体で初めて認められる（吉岡・島谷，1976）。体長6mm（孵化後18日目）の個体の精巣は，腹腔膜細胞原基の薄膜と腹腔膜細胞で包まれ，左葉（184~200μm）と右葉（104μm）の2葉が合体して1つになり，その中央にその痕跡を示す黒い色素をもった腹腔膜（Okada, 1964）から精巣懸膜によって懸垂している。この右葉より長い左葉の前端は右葉の前端より前に出て鰾の後方に位置している。精原細胞（直径10~14μm）は核内に塩基性色素で濃染する仁を1つもち，まだ包嚢 cyst を形成しておらず，精巣に一様に分布している。体長が7~10mmになると，精巣は短径がほとんど伸びないで，長径が0.3~0.6mmに伸びて細長くなる。前端は鰓の後部に，後端が膀胱の前端に位置している。横断面をみると，中央部でくびれた左右２葉からなる精巣の黒色素をもった腹腔膜部分から細精管が精巣の辺縁部に放射状に伸びている。各細精管の末端（辺縁）部に精原細胞を含む包嚢がみられる。体長が11mmになると，精巣内に精巣腔と思われる隙間がそこから始まり，精巣下部を通って膀胱近くに達する輸精管が現れる。その隙間は２葉の精巣の融合部分にある結締組織内の精巣懸膜の近くに生じる。この時期の精巣は長さが0.6~0.7mmで，その内部には数が増えた包嚢の中に精原細胞の活発な分裂増殖が見られる。この分裂増殖は低濃度の（0.01～1 nM）のエチニル・エストラジオールによって刺激を受けるが，高濃度（100～1000 nM）では逆に抑制される（Song and Gutzeit, 2003）。

体長が14~18mmになると，精巣はその前端が鰓の中央部にあり，その後端は膀胱の前端に達する。体長18mmの個体の精巣は約1.1×0.2mmの大きさになる。精巣内に形成された精子の蓄積が認められるのは，変態がほぼ終了した全長14～15mmになってからである。体長が20~23mmになると，精巣は増大し，精巣内の包嚢には種々の発達段階の精母細胞や精細胞がみられる。精巣の周縁の包嚢には精原細胞，精巣腔に近い部域の包嚢には減数分裂の過程にある精母細胞と精細胞がみられる。また，精巣の前方部には，より発達した精母細胞及び精細胞，その後方になるにつれ精原細胞がそれぞれの包嚢に存在する。精巣腔及び輸精管には精子ができている。孵化後1.5ヵ月で体長が23mm以上になると，精巣は長さ3.5mm，幅1.3mm以上になる。輸精管も直径が0.8mm以上になり，輸尿管の末端近くでそれに開口している。

孵化直後の始原生殖細胞には，分裂像がほとんどみられず，それらの総数は平均100個前後で決して多くはない。このとき，統計的にみて一方側（右側：蒲生，1961a; 左側：吉岡・島谷，1976）がもう一方側の２倍の長さになっているが，性分化の兆しはまだ認められない。雄の生殖巣において，孵化直後から孵化11~15日目にかけて精原細胞は分裂をほとんど示さず，数にして60~80個である（都築ら，1966; Satoh and Egami, 1972）。それ以後，生殖細胞数は徐々に増加し，孵化後20日目（平均体長7.5mm）では150~200個に達する。全長が9.5mm以下の雄では生殖巣はまだ分化を開始していないという（Onitake, 1972）。約２ヵ月（約22℃）後には，精巣の形態や大きさも成体のものに近くなる。

以上のように，雌雄生殖巣はともに胚体期に増殖するが，孵化直後から雌の生殖巣では細胞分裂が続き細胞数が増加するのに対して，雄の生殖巣では生殖細胞の分裂がみられず，生殖細胞数は増加しない（図６・10）。生殖巣の卵巣への分化は体長約５mmである（山本，1957a, b）のに対し，精巣への分化は体長約5.5mmであって（孵化後約12日：吉岡・島谷，1976），雌性への分化に比べて雄性への分化が遅れる。精巣にTGF β スーパーファミリーに属するミュラー管抑制物質（MIS）のホモログ（1864bp）が存在し，精巣分化に関与しているともいわれている（吉永ら）。

また，生殖巣腔の分化も背面から卵巣を被うように形成される雌（体長10mm）の方が，精巣内にみられる雄（体長11~13mm）より早く起こる。一方，生殖管についてみると，雌における卵巣の背部後端から伸びて泌尿生殖隆起の後部に開口する輸卵管に対し，雄における生殖管は輸尿管と消化管との間を下降し，輸尿管の開口近くでそれに開通している。

３．生殖管とその周辺の形成

生殖巣内の卵巣腔や生殖巣外の輸卵管と輸精管といった生殖管の発生（発達）過程も調べられている（Suzuki and Shibata, 2004）。それによれば，雄雌とも生殖巣外の生殖管は前部と後部の２つの構造単位を含んでいる。特に生殖口唇 genital pore lip（GPL）という輸卵管の後端部の発達が重要で，この部分は泌尿生殖隆起（UGP）の表層の陥入と空洞形成から生じ，輸卵管口の壁を形成している。輸卵管の前部は卵巣後端部で卵巣腔からつながっている。GPL皮層の発達は，エストロゲン依存のUGPの発達に応答している。尿道

図6・13　d-rR 系統メダカ
雌メダカ（上）が白色で，雄メダカ（下）が緋色である．

間充織 urethral mesenchyme の腹部域が厚くなってUGP髄質が生じ，その後この部域がGPL皮質もしくは輸精管の後部に形成される。その腹部域は生殖外管extra-genital ductの形成にも重要な役割を果たしているようである。

生殖管を含む生殖巣の発生は多くの研究者によって調べられ（Onitake, 1972; Nakamura, 1978: Hamaguchi, 1982; Kanamori *et al.*, 1985），生殖外管の形成に関しては部分的な研究（Onitake，1972；Nakamura，1978）がある。詳細なものに，上記の鈴木・柴田（2004）の報告がある。

4．性分化に及ぼすステロイドの影響

孵化の前後から，雌では卵原細胞の有糸分裂がみられ，第1次減数分裂前期の過程もみられ始める。雄の生殖巣では，孵化後12日まではほとんど精原細胞の有糸分裂はみられない。前述のように，分裂によって精原細胞数が増加するのは孵化後約20日以降で，それらが精母細胞へと分化するのは孵化後30日ごろからである。

メダカの性分化の転換の研究は，メチルジヒドロテストステロンやオバホルモン（エチニール・エストラジオール）の水溶液中で孵化後2週間以内のメダカ稚魚を飼うと，精巣の一部が卵巣（間性）になったり，雄が雌に転換することを知った岡田（1949）に始まるといえよう。孵化直後の雄を50~100μgエストロン/ℓの水で飼育すると，雌への性転換がみられる。しかし，孵化して間もなく，その転換能がみられなくなる。例えば，孵化後2週間から1カ月の間の雄幼魚は，この

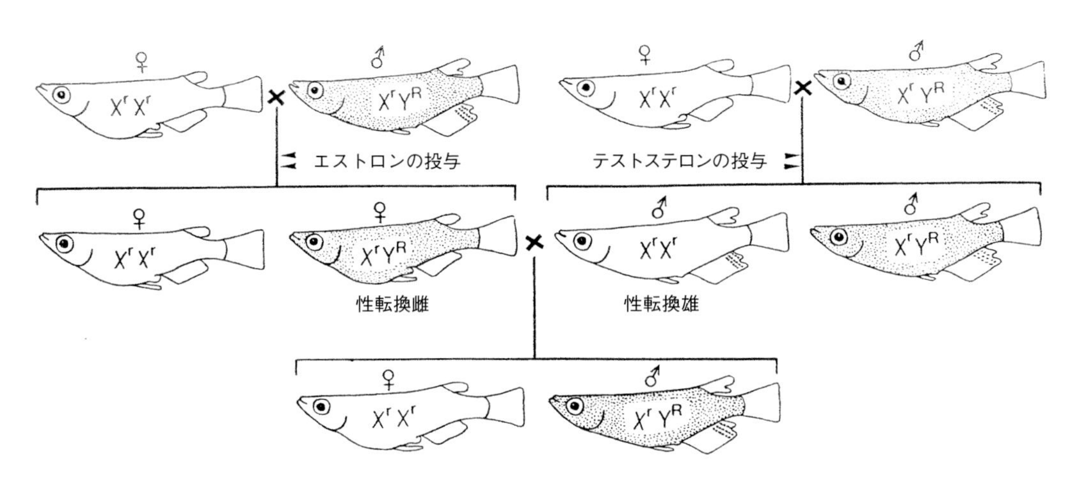

図6・14　d-rR系メダカを用いた性転換実験
矢尻：稚魚にホルモンを投与する。

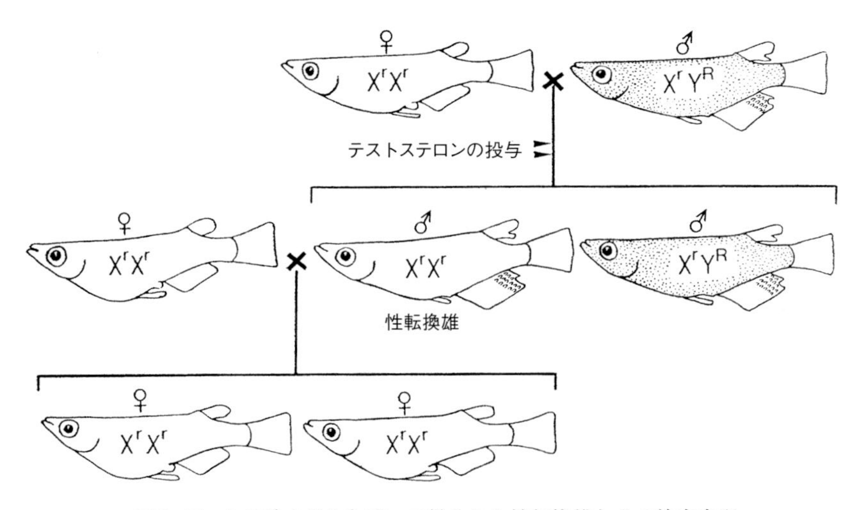

図6・15　d-rR系メダカを用いて得られた性転換雄とその検定交配

表6・1　メダカに対する50％性分化転換に要する天然及び合成のホルモン（Gynogenin, Androgenin）の力価　(Yamamoto, 1969)

ホルモン	ED_{50} （μg/g餌）	研究者
男性ホルモン		
19-Nor-ethynyltestosterone	1.0	山本・菱田・竹内（未発表）
Fluoxymesterone (halotesin)	1.2	山本・菱田（未発表）
17-Ethynyltestosterone (pregneninolone, ethisterone)	3.4	山本・宇和（未発表）
Methylandrostenediol	7.8	山本・鬼武（未発表）
Methyltestosterone	15.0	山本（1958）
11-Ketoestosterone	110.0	菱田・河本（1970）
Androstenedione	500.0	山本（1968）
Testosterone propionate	560	山本・竹内・高井（1968）
Androsterone	580	山本・竹内・高井（1968）
Dehydroepiandrosterone	>3, 200	山本・及川（未発表）
女性ホルモン		
Hexastrol	0.4	山本・岩松（未発表）
Euvestin*	0.8	山本・菱田・竹内（未発表）
Ethynylestradiol	1.7	山本・野間・都築（未発表）
Estradiol-17β	5.8	山本・松田（1963）
Stilbestrol	7.5	山本・松田（1963）
Estrone	20.0	山本（1959）
Estriol	130.0	山本（1965）

*P・P'-dicarboethoxy-oxy-trans-α, β-diethyl-stilbene

ようなホルモン水溶液で飼育されると，不完全な性転換しか起こさず，精巣卵（図6・12：Okada, 1943a, b, 1952a, b, 1964; Egami, 1955a-f, 1956a, b, 1957a）をもつ間性魚intersexual fish になるものが多くなる。

雄成魚でもエストラジオール-17βを160μg/ℓ含む水で6日間飼育すると，ザイゴテン期の精巣卵が出現し，12日間でパキテン期やディプロテン期の精巣卵が出現する（Shibata and Hamaguchi, 1988）。その精巣卵をみると，精巣のシスト構造は精巣卵を取り巻いている。すべての精巣卵は互いに細胞間橋 intercellular bridge で連結していて，同調して発達している。各シストの精巣卵数にはバラツキがあり，16～20，もしくは26～30のものが最も多くみられた。1つのシスト内にあるザイゴテン期の精巣卵の数は，それらがシスト内で4～5回のクローナルな分裂後に減数分裂へ移行することを意味する。精原細胞は形態的にはA型とB型とに分類できるが，A型はセルトリ細胞によって隔てられた幹細胞で，B型は減数分裂に入る前のシスト内で9～10回分裂するらしい。正常な精子形成時にB型の精原細胞が減数分裂に移行する以前に9～10回分裂していることから判断して，精巣卵は精子形成の初期の段階でB型の精原細胞から分化すると考えられている（Shibata and Hamaguchi, 1988）。この結果は，少なくとも雄性生殖細胞がB型精母細胞の発達初期において卵母細胞になり得る性的両能性 sexual bipotentiality をもっていることを示唆している。

一方，會田（1921）によって，体色を緋色にする遺伝子R がY染色体にあり，その対立遺伝子r がX染色体にあることが報告されていた。その知識をもとに，山本時男先生は1945年に弥富から購入したヒメダカの中から選んだ白メダカr♀（X^rX^r）と緋メダカR♂（X^RY^R）を交配してヘテロ緋メダカR♂（X^rY^R）を得た。これをr♀（X^rX^r）と戻し交配を10世代以上繰り返して，99％以上の信頼度でシロ（r）が雌（X^rX^r），緋（R）が雄（X^rY^R）であるd-rR 系統を作出した。この系統を用いて性転換の実験を行えば，シロ（X^rX^r）の雄，緋（X^rY^R）の雌が生じた場合，それらは性転換した個体と判定できる。こうした6年にわたる研究材料の準備のもとに，1951年に初めてこの体色マーカーをもつd-rR 系統メダカ（図6・13）を用いて，孵化直後から種々のエストロゲンを経口投与することによって遺伝的雄（緋メダカ，X^rY^R）が卵を産む機能的雌（X^rY^R）に性転換することを見事に証明した（図6・14）。この雄から雌への性分化の転換とは逆に遺伝的雌（シロメダカ，X^rX^r）を精子の作れる機能的雄（X^rX^r）に性転換させることにも成功した（Yamamoto, 1958a, b, c）。この性分化の変更は表現

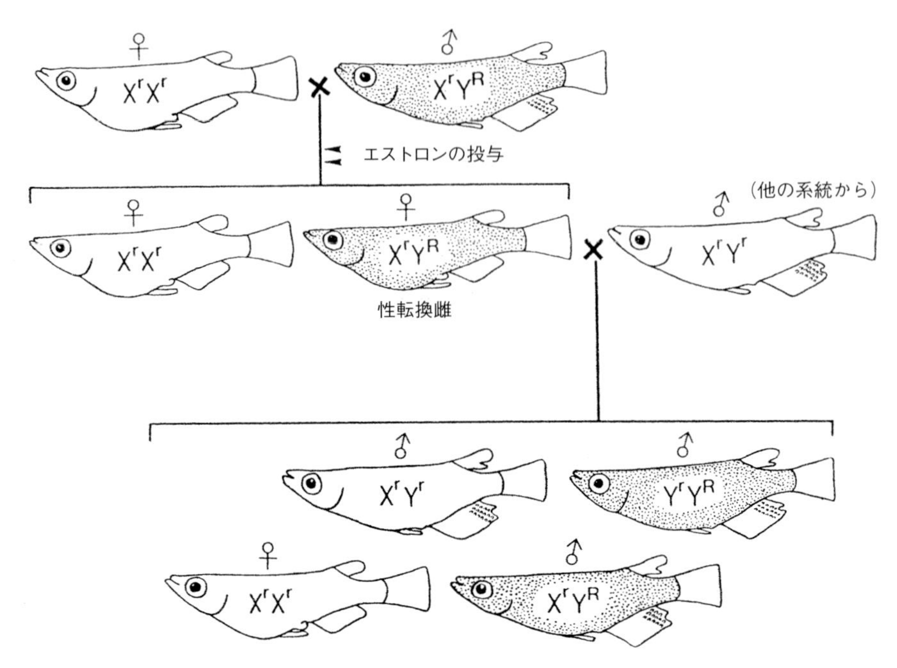

図6･16　d-rR系メダカを用いて超雄YYをつくる交配

形質の転換であって，遺伝子自体の変化によるものではないことは，転換した雌雄の交配によって生じるものが親と同じように，シロメダカが雌で，ヒメダカが雄である（図6･14）ことからも明らかである。

また，このことは，転換した雄を正常な雌と交配すれば，雌ばかりのメダカが生まれ（Yamamoto, 1958），逆に転換した雌を正常な雄と交配させると雌:雄が1：3の比で生まれる結果からわかる。X^rX^rの雄を作るのは簡単である（図6･15）が，YYの雄を作るのは少々面倒である（図6･16）。雌X^rX^rシロメダカ，雄X^rY^Rヒメダカのd-*rR* 系を親にして得た孵化直後の稚魚に50μgエストロン/g餌を毎日与え，体長が12~18mmに達したときに正常な粉餌に切り換えて生育させると，性分化の転換が起きて緋色の雌メダカX^rY^Rが生じる。この雌のヒメダカX^rY^Rと正常雄ヒメダカX^rY^Rを交配すると，理論的にはY^RY^RとX^rY^Rの雄ヒメダカ，そしてX^rX^rが生じるはずであるが，Y^RY^Rはまれにしか生育できない（Yamamoto, 1955b）。すなわち，Y^R染色体には生育に関する主な遺伝子が後退あるいは欠失した不活性部域inert section（－）があり，$Y^{R,-}$で表される（図6･17）。

一方，X^r染色体には生育能に関する活性部域 viability section（＋）があり，$X^{r,+}$で表される（Yamamoto, 1964a）。そこで，性転換した雌のヒメダカ（$X^{r,+}Y^{R,-}$）と雄シロメダカ$X^{r,+}Y^{r,+}$と交配すると，遺伝子型の異なる雄のヒメダカ（$X^{r,+}Y^{R,-}$, $Y^{R,-}Y^{r,+}$）が得られる。これらの雄のうち，正常な雌X^rX^rとの交配によって雄（X^rY^R, X^rY^r）ばかりが生じるものが，遺伝子型Y^RY^rの

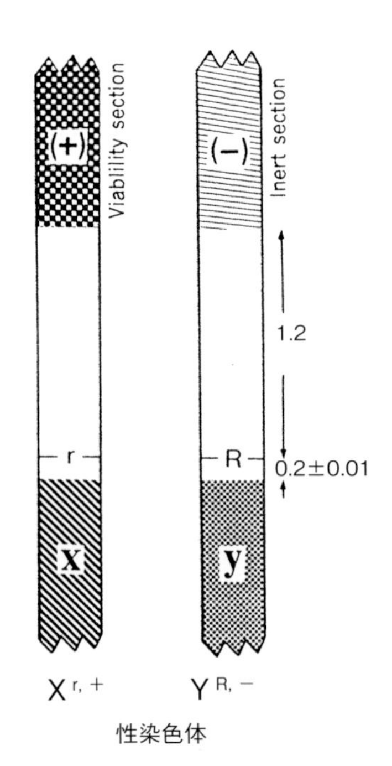

図6･17　メダカの性染色体の遺伝子の位置関係
（Yamamoto, 1964a, b）

雄であることがわかる（図6・16）。上記のY^RY^Rの中にまれに生育できるものがあるが，それは遺伝子の組み換え crossing-overs（C）によってその活性部域（＋）がY^R染色体に取り込まれた$Y^{R-}Y^{R+}$であると考えられている。

山本先生は，その後数多くの研究協力者と共に他の天然及び合成ステロイドホルモンを用いて，同様な性分化 sex differentiation の転換に成功した（表6・1，Yamamoto, 1969）。この表に示すホルモン力価はED_{50}（50％effective dosage; 魚の50％性分化を転換させるホルモン量）で表されている。

この表にみられるように，天然の性ホルモンよりも合成のものの方が力価が高い。これは，経口投与した場合，合成ホルモンに比べて天然ホルモンが消化管で吸収前後に分解されたり，吸収後に肝臓で速やかに代謝されるためと思われる。このことを示唆するように，胚の卵黄球内に直に注入した場合，エストロンは0.02 μg，スチルベストロールは0.01 μgの微量で性分化を転換させるのに十分である（Hishida, 1965）。前述のエストラジオールで受精卵を処理して性転換を起こさせる場合，外液には0.01 μg/ml以上が含まれていればよい（Iwamatsu, 1999; Iwamatsu *et al.*, 2005）。ちなみに，雌の生殖巣及び輸卵管の発達は，エストロンの投与によって促進させられる（Onitake, 1972）。

山本によるホルモンの経口投与の方法で，性分化の転換を起こし得る臨界時期は雄と雌では異なっている。すなわち，雄を雌に転換させるには体長が10mmになったものでも，エストロゲンの経口投与によって転換が可能であるが，雌の雄への転換は体長が10mmより大きくなるとアンドロゲンを投与しても，転換はもはや起こらない。体長10mm以上では男性ホルモンを女性ホルモンへと代謝するのが活発になるため，雌の雄への転換がほとんど起きないことは，雌の雄への性転換を起こさせる男性ホルモンの力価が雌の雄へ性転換させる女性ホルモン力価より低いことと関係している。また，生殖巣の分化はその前端から起こるらしく，遺伝的雄にエストロゲンを投与した場合，未分化生殖細胞が存在する生殖巣後端部が部分的に卵巣に転換する（図6・18）。これらの実験結果は，上記の形態的研究から判断して，雄の生殖巣の分化が雌のそれに比べてずっと後の時期に起こることとも関係しているようである。成魚においても，雄にエストロゲン（エストリオール，スチルベストロール）を投与し続けると精巣内に卵母細胞（精巣卵）が生じる（Okada, 1954; Egami, 1954a; 小川，1959）。しかし，“性の未分化種”のグッピーにみられるように精巣が完全に卵巣に転換することはない。

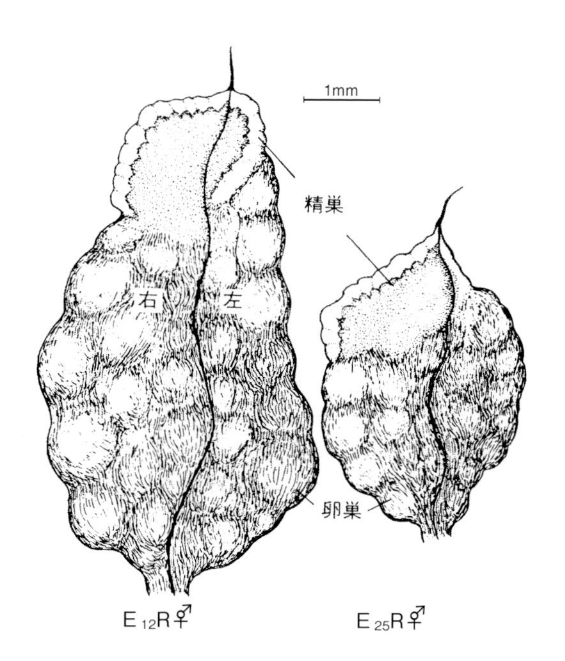

図6・18　エストロン投与雄メダカの間性型生殖巣
（腹面，Yamamoto, 1959a）

雌の分化生殖巣は合成男性ホルモン（メチルテストステロン）を投与することによって，遺伝的雄の生殖巣と同じ組織学的形成過程を経て機能的な精巣に分化・発達する。そうした男性ホルモン処理を受けた遺伝的雌メダカにおいて，卵母細胞の間に精子形成を部分的に起こしている生殖巣がしばしばみられる。すなわち，卵巣に部分的に精巣要素が存在するモザイク生殖巣（卵精巣ovotestis, 岩松ら，2004）である。

5．胚の性ホルモン処理による性転換

以上の性ホルモンによる性転換法は（図3・4）メダカを孵化から性成熟までの2～3カ月という長期間性ホルモンで処理する技法である。この技法では，性ホルモン処理があまりにも長いため，性ホルモンが生殖巣の性分化過程のどの段階にどのように作用して性分化を転換させているのか，そのメカニズムを解明するのは非常に難しい。そこで，性の決定や分化の過程の極限られた段階と時間にだけ性ホルモンを作用させて性転換が誘起できれば，性決定・分化の過程に及ぼす性ホルモンの作用点を調べるのが可能になると考えた。まず試みとして，受精卵（胚）の発生過程のどの段階に女性ホルモンで処理すれば雄を雌に転換させる効果があるかを追跡処理chase treatmentを開始した。その結果，胚発生のどの段階でも女性ホルモンが十分

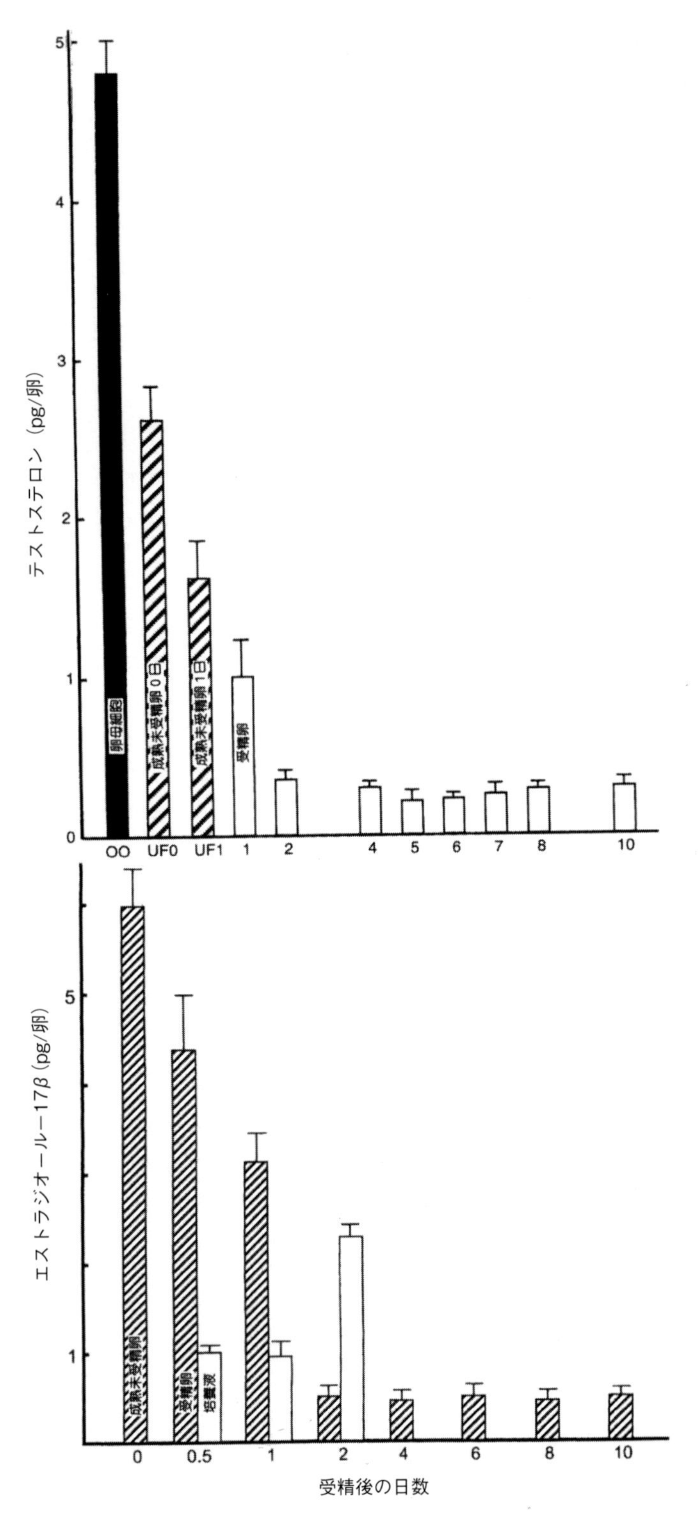

図6・19 受精前後のメダカ卵母細胞内と卵内のテストステロンとエストラジオール-17βの最的変化
(Iwamatsu *et al.*, 2005, 2006)

な濃度であれば，遺伝的雄を機能的雌に転換できることを発見した（Iwamatsu, 1999）。次いで，できるだけ作用時間を限定した実験を行って，女性ホルモン，あるいは男性ホルモンの処理を24時間に短くしても性転換の誘起効果があることがわかった（Iwamatsu *et al.*, 2005）。

性ホルモンによる性転換実験に先立ち，排卵直後の成熟卵に内在するエスラジオール−17β（E_2）濃度を調べたところ，6 pg/卵であった。それは，濾胞内卵母細胞（23pg/卵母細胞）及び卵巣腔液（23pg/ml）より低い。培養24時間後には約4pg/卵に減少し，さらに受精後2日にはE_2は外液に分散してテストステロン（Iwamatsu *et al.*, 2006）と同様に減少して最低レベル（約0.5pg/卵）になることを確かめた（図6・19）。また，雌雄がわかるQurt系統の卵を用いて調べても，受精後5日及び10日のそれぞれの卵でもE_2濃度は約0.5pg/卵で雌雄差はないことも確認した。10ng/ml以上のE_2を含む外液中に24時間浸されると，卵内のE2濃度は5倍近く増加し，遺伝的雄（X^rY^R）は機能的雌になる（10ng/ml E_2-24時間処理で78%性転換）。

我々の研究（Iwamatsu *et al.*, 2005）が示すように，雌の体内では，卵は性転換を誘起できない濃度（1ng/ml）よりさらに低い濃度（25pg/ml）のE_2にしか曝されていないが，10ng/ml以上のE_2を含む外液中では，E_2に対する生物濃縮が起きて，雄性決定遺伝子に影響を及ぼして性転換をもたらすことがわかった。E_2を高濃度（1 μg/ml）に含む外液では，発生初期（stage 4 - stage 8）のどの段階の胚でも24時間処理で100%の性転換を示し，このE_2処理X^rY^Rグループは孵化直後すでに生殖巣内の生殖細胞数が正常雌グループのものと同じであった（Kobayashi and Iwamatsu, 2005）。この観察は，生殖巣の性分化期より遥かに前の発生後期において，すでに雄性決定遺伝子DMYの働きが修飾されていることを示している。

また，排卵直前の卵巣内の卵母細胞は

約５pgのテストステロンを含んでおり，成熟して排卵すると内在するテストステロンは約３pgに減少する。この濃度のテストステロンでは遺伝的雌X^rX^rの性分化には全く影響を及ぼさない。卵黄形成をほぼ完了した直径850～950 μmのGV期の卵母細胞はプロゲステロンや男性ホルモンを含む培養液中で成熟することがわかっている（Iwamatsu, 1978）。そこで，その大きさのGV期の卵母細胞を卵巣から取り出して，女性ホルモンに代謝されない non-aromatizable メチルジヒドロテストステロンmethyldihydrotestosterone（MDHT）を１ng/ml含む培養液中で10時間かけて成熟させた。その成熟卵をよく洗ってホルモンのまったくない液中で受精させると，その受精卵は外液に男性ホルモンを含まなくても性転換して機能的なX^rX^r雄になることがわかった（Iwamatsu *et al.*, 2006）。正常成熟卵のように排卵して，卵内の男性ホルモンが外液中に拡散して２日間以内に最低レベルになるとすれば，MDHTは受精前の短時間に性の決定・分化に関与している。

正常な性分化の過程に性ホルモンが性決定遺伝子に関係なく，生殖巣の分化に関わり合うなら，発生の終了する孵化時にすでに生殖細胞数に雌雄差が認められるのであるから，その分化が始まる前の胚体に性ホルモンの合成・分泌がなければならない。しかし，性ホルモンの代謝能はあるが，発生中の性ホルモン量は微量のままである。したがって，正常な性分化過程には性ホルモンは関与していないように思われる。性ホルモンが発生過程においてどのように性分化の過程に関与して性をコントロールできるのかを調べる我々の研究は，正常な性分化のカスケード，メカニズムを解明する一手法である。

従来の教義では女性ホルモンと男性ホルモンなどのステロイドは，それぞれのレセプターに結合して作用する。女性ホルモンと男性ホルモンは，それぞれ性分化に対して互いに干渉することなく作用する筈である。そのことを分析するために，初期発生胚に両性ホルモンを同時に作用させた場合，互いの性転換率はどうなるかを調べる実験を行った。その実験結果，両性ホルモンは互いに拮抗的に競合してそれぞれの性転換誘起作用が低下することがわかった（Kobayashi *et al.*, 2012）。このことから，性分化の過程に性ホルモンはおそらく，ホルモン・リセプターを経由して作用するのではなく（Kawahara *et al.*, 2003），性決定・分化に関わり合う共通因子があり，それと協働していることが考えられた。すなわち，両性ホルモンは同時に存在すると，その仮想の性決定共通因子を互いに競合するためそれぞれの作用が低下するのであろう。まだ，性ホルモンが胚のすべての細胞に作用するのか（胚の段階で性ホルモンと結合する因子がすべての細胞にあるのか），性ホルモンに感受し，影響される細胞は限定されているのか，など多くの疑問がある。

受精卵を1ng/ml以上の濃度のテストステロンで10日間処理すると，性転換する（Iwamatsu *et al.*, 2006）。受精後２～10日間の培養で，それより高濃度の10 ng/ml以上のテストステロンやメチルテストステロンを含む液中で培養すると，卵内のE_2が0.8～1.0pg/卵に増加し，雄が雌に転換するものもみられる。このE_2濃度での性転換は，1ng/mlのE_2で24時間処理された卵には性転換が起きないという結果とは合い入れない。

また，このように体外からの男性ホルモンが体内で女性ホルモンに変換されるとすれば，胚にはそのためのステロイド合成酵素（活性アロマターゼ）が存在する筈であること，そして例えテストステロンがE_2に変換したとしても，両ホルモンは互いに拮抗的に競合すること（Kobayashi *et al.*, 2011）もなく変換した微量のE_2の作用は性転換を引き起こすことが考えられる。しかし，処理時間が24時間ではなく，約1ng E_2を卵内に10日間保持されれば性転換できる可能性はある。これらの点はミステリーのままで，それらを理解には，なお新たな実験的検討が必要である。

6. 性分化の機構

卵巣・精巣の両要素をもつ雌雄同体 hermaphroditism には，初め雄性として精子を形成し，後に卵巣が発達して卵形成を行う雄性先熟 protandry の魚がある。精子形成を行って放精後その精巣が退化して，卵巣が発達して雌になる雄性先熟型雌雄同体魚やその逆の雌性先熟 protogyny の性分化を示すものもある。しかし，雌雄異体 dioecy（dioecism）の多くの魚類は最初に生殖巣原基が形成され，それが雌性あるいは雄性の生殖巣に分化する。性分化が自然の外部環境やそれに関係がある体内の因子や条件によって影響を受けるもの（性の未分化型）と受けないもの（性の分化型）がある。分化型でも，魚類や両生類のように性分化前に人工的に投与された性ホルモンの作用に，または爬虫類のように性ホルモンや温度に影響を受けて性分化が変化するものがある。近年，メダカにおいても，性転換に感受性が高いときに温度処理すると，温度依存性決定 temperature dependent sex determination が遺伝的性決定を無効にすることが報告されている（Sato *et al.*, 2005; Hattori *et al.*, 2007; Selim *et al.*, 2009）。こ

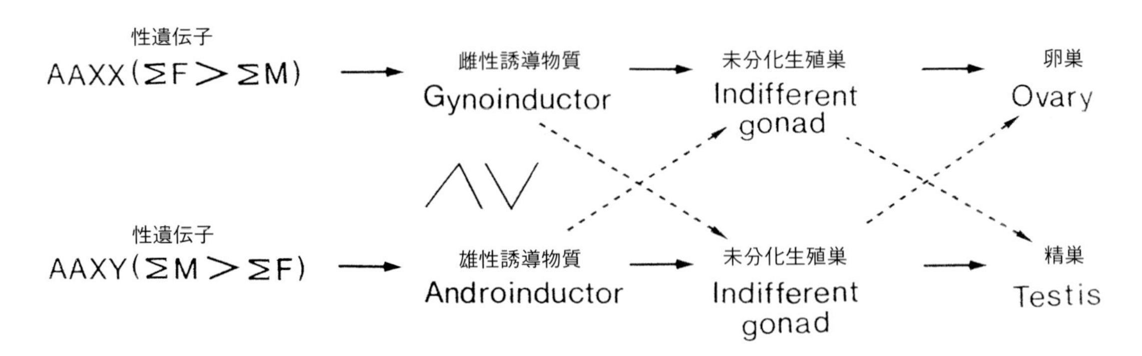

図6・20 正常な性分化及び性誘導(決定)物質による性分化と性転換(破線)を示す仮説 (Yamamoto, 1962c, 1969)

の場合，高温（32℃）が生殖細胞の増殖と卵母細胞の発達を抑制，そして生殖巣に性転換をもたらすことが示唆されている（Selim *et al.*, 2009）。しかし，不思議なことに水温が32℃以上になる水域に棲む野生メダカ集団にXX雄の出現頻度は決して高くない（Shinomiya *et al.*, 2004）。恒温動物では，一般に温度の影響を受けにくく，哺乳類のような胎生動物では性ホルモンの影響を受けにくい性分化の制御体制が発達している。こうした外的要因によって影響を受ける内在の性決定因子の多くは，当然他の器官形成の場合と同様に発生過程に発現する遺伝子である。

自然条件で飼育する限りでは，エストロンの投与実験（図6・18）にみられるような同調的雌雄同体 synchronous hermaphroditism は発見できない（Yamamoto, 1969）。したがって，メダカはいったん性分化が起こると，死ぬまで性の偶発的転換が起きない雌雄異体の“性の分化種”である。

會田（1936）はメダカ *Aplocheilus*（*Oryzias*）*latipes* において，性決定遺伝子（F, M）が複数の性決定遺伝子 multiple sex genes で，X及びYの性染色体と常染色体（AA）にあるとした。常染色体の性決定遺伝子は性染色体のもの（F, Mの刺激因子）に刺激されて活性化する。そして，常染色体にある雌を決定する遺伝子が活性化するためには雄を決定する遺伝子よりも多くの刺激を必要とする。さらに，彼はX染色体とY染色体とでは刺激能（刺激因子の力価）が量的に異なっており，Xの刺激能がYのそれより高い（X＞Y）という仮説を立てている。したがって，性染色体遺伝子の総刺激量（ΣF，またはΣM）が一定の閾値以上になれば，常染色体の雌決定遺伝子が活性化されるが，その刺激量がその閾値より少ないと雄決定遺伝子が活性化される。この仮説によれば，例外的に発見されるXX雄やXY雌の出現を説明できる。山本（1958a-c）は性ホルモンを用いた一連の性分化の転換の実験から，この仮説をとり入れ，これらの遺伝子はその支配を受けている性分化の誘導する特定の因子 sex inducers を通して性を決定していると考えた。そして，性ホルモンがその性誘導因子（雌性誘導物質 gynoinducer，または gynotermone；雄性誘導物質 androinductor，または androtermone）となり得ると考え，性決定遺伝子をF（雌性因子）とM（雄性因子）として，その仮説を模式的に表している（図6・20，Yamamoto, 1962c, 1969）。

性の決定は主に雄性遺伝子の総量（ΣM）と雌性遺伝子の総量（ΣF）に依存している（図6・20中の実線矢印は正常な性分化過程を示し，破線矢印は人為的性分化の転換を示している）。例えば，テストステロンは雄誘導因子として，直接未分化の生殖細胞を雄性生殖細胞に分化させるように，あるいは未分化の生殖細胞が雌の生殖細胞に分化しないように働く。性ホルモンの合成経路のステロイドであるプレグネノロン，プロゲステロン，17α-ヒドロキシプロゲステロンや副腎皮質ホルモンの一種のステロイドDOCA，及びコルチゾン・アセテートには性分化に対する誘導作用がないことから，性ホルモンが性誘導物質 termones である可能性を考えた（Yamamoto, 1969, 1975）。しかし，鬼武（1972），佐藤と江上（1972）及び濱口（1979）によれば，メダカ胚及び幼魚の生殖細胞の分化は，生殖巣におけるステロイドホルモンの合成開始に先立って起きる。すなわち，ステロイドホルモン産生細胞が認められるのは孵化後25日より後である（Satoh, 1974）。この結果は，性分化のいわゆる“ステロイドホルモン説”に疑問をもたらすものである。自然条件下で性ホルモンが，性分化の起きる時期に誘導に必要なだけの量で存在するのかとか，他に性分化を誘導する因子がないのか，性分化誘導物質がどのように生殖細胞の分化を誘導するかについてはまだ明らかではない。

雌の分化生殖巣は合成男性ホルモン（メチルテストステロン）を投与することによって，遺伝的雄の生殖巣と同じ組織学的形成過程を経て機能的な精巣に分化・発達する。そうした男性ホルモン処理を受けた遺伝的雌メダカにおいて，卵母細胞の間に精子形成を部分的に起こしている生殖巣がしばしばみられる（図６・12）。すなわち，卵巣に部分的に精巣要素が存在するモザイク生殖巣（卵精巣 ovotestis, 岩松ら，2004）である。

７．性の決定・分化と遺伝子

雌雄異体魚 gonochoristic fish であるメダカは，性的成熟 sexual maturation が起こると，死ぬまで性が変わることはない。そのため，雌雄同体から雌雄異体への進化的観点から雌雄異体の脊椎動物における性の決定，及び性の分化（生殖巣及び生殖器官の形成と性徴の発現）の研究に適した魚である。メダカを用いて，これらの現象に関わりのある諸遺伝子をマークして，それらの機能を実験的に解析することがなされている。

メダカは，哺乳類のように遺伝的にXX-XY型であり，雄性を決定する遺伝子座位が形態的に識別できない性染色体（Y染色体）上にある（Matsuda *et al.*, 1998）。したがって，XYは雄になり，雄決定遺伝子がないXXは雌になる。ところが，前述のように性ホルモンなどの処理で遺伝的雄を機能的な雌に，あるいはその逆にも転換させることができる（Yamamoto, 1953, 1958）。すなわち，XY雌，XX雄，YY雌，YY雄などを得ることができる。XY性転換雌をXY正常雄と交配して機能的なYY雄を得ることができるし，YY雄を女性ホルモンで処理して性転換させYY雌を得ることができる。XXにおいて，機能的な雄性生殖巣を形成するということは，その形成に関与する遺伝子がY染色体上にないことを意味している。これらは，男性ホルモンで機能的な雄を得ることができることと一致して，進化の過程でY染色体は雄性化へのカスケードをスイッチさせる遺伝子をもつようになったが，精子形成などに必要な基本遺伝子を失っていると考えられている（Schartl, 2004）。メダカにおける性転換実験の発想は，受精時に遺伝的に性が決定された未分化の生殖巣が分化する時に，性ホルモンが作用すると考えた。分化前に性ホルモンを作用させると，生殖巣の分化が影響を受けるというものである。この性転換実験の成功は，おそらく自然の性分化においても性ホルモンが性誘導因子 sex inducer（Yamamoto, 1969）として関与しているのであろうという考えを導いた。女性ホルモンはXX, XY両個体の*dmrt1* に作用して卵巣分化を制御しているという（Matsuda *et al.*, 2003）。

XX-XY染色体系における遺伝的性決定は，染色体上の一座位が未分化の生殖巣を精巣にすることによって具現化される。多くの哺乳類では主要雄性決定遺伝子 sex-determining regionY（*Sry*）が同定されているように，メダカ *Oryzias latipes* でも同様な機能をもつ遺伝子*dmrt1bY*（*DMY*: Matsuda *et al.*, 2002; Nanda *et al.*, 2002）が同定されている。Y性染色体上に存在するその遺伝子の名称*DMY*（DM domain gene on Y chromosome）は，アミノ酸配列がショウジョウバエと線虫の性決定カスケードに含まれる分子Doublesex及びMab-3が共通してもつDNA結合モチーフ（DMドメイン）を含むことに由来している（Matsuda *et al.*, 2002, 四宮ら，2003）。哺乳類のY性染色体は200万年ほど前に生じたと考えられているが，それに対してメダカのY染色体は性染色体に分化してまだ非常に若いようである（Nanda *et al.*, 2002; Kondo *et al.*, 2003）。メダカ属を比較してみると，ニホンメダカ *O. latipes* とハイナンメダカ *O. curvinotus* はY性染色体上に*dmrt1bY* をもっているが，他の近縁種のものでは性と連関していない疑似遺伝子をもっているに過ぎない。フィリッピンメダカ *O. luzonensis* の性染色体は，*O. latipes* の常染色体（LG12）に対応し，性決定遺伝子も*DMY* とは異なるようである（Tanaka *et al.*, 2003）。

これまで，ニホンメダカ *O. latipes* とハイナンメダカ *O. curvinotus* において，雄性決定遺伝子 *DMY*/*dmrt1bY* は受精後７日目（stage 36）に発現することがわかっている（Matsuda, 2002; Mtsuda *et al.*, 2002, 2003; Nanda *et al.*, 2002; Scholtz *et al.*, 2003; Schartl, 2004）が，性転換させられる濃度の女性ホルモンを作用させても性転換-XY生殖巣において*DMY*の発現はかわらない。すなわち，女性ホルモンは*DMY*の発現後の雄性分化へのカスケードを変えて雌性生殖巣を誘起するようである。

常染色体の*DMRT1*遺伝子の重複（Nanda *et al.*, 2002; Kondo *et al.*, 2006）による*DMY*の出現は，ニホンメダカとハイナンメダカ *Oryzias curvinotus* の共通先祖の*DMRT1* に今から1,000万年前までに起きたとされている（Takehana *et al.*, 2007）。したがって，ハイナンメダカもY性染色体に*DMY*をもっている（Matsuda *et al.*, 2003）。500万年前までにハイナンメダカからフィリッピンメダカに分岐した系統に*DMY* に代わって新たな性決定遺伝子が生じたと考えられている

(Takahana *et al.*, 2007)。*Gsdf* は性決定カスケードにおいて*DMY* の下流にあって，フィリッピンメダカでは，*DMY* 非依存 *Gsdf* 対立遺伝子の出現が新規な性決定遺伝子の出現をもたらしたと考えられている(Myosho *et al.*, 2012)。

性決定遺伝子DMYをもつニホンメダカ（Hd-rR）雌とハイナンメダカ雄との種間交雑すると，すべてのXXとXYの雑種に性転換が起こる（Kato *et al.*, 2011)。HNI 系統のニホンメダカを用いた場合，XY-雑種の23%が雄になり，すべてのXXと残りのXYは雌になる。しかし，近交系HO4Cのニホンメダカを雌とした雑種では，XY性転換は起きない。しかもHd-rR x HO4CのF_1雌を用いると，XY雑種の性比は１：１になる。XY雑種オスは第17常染色体（17 LG）の *Hybrid maleless*（*Hml* 遺伝子）座位にHO4C対立遺伝子をもっている。PCR分析でHd-rR－フィリッピンメダカの稚魚XYでは*DMY* ^{curvinotus}の発現が減少していることがわかった。これらの結果から，*Hml* 座位にあるHd-rR対立遺伝子が*DMY* ^{curvinotus} の機能を妨げてXY性転換を引き起こしていることが示唆された。

ゲノムの重複が進化の重要な一原動力になっており，その重複した遺伝子群の多様化で，より新しい発現パターンを獲得できると一般に考えられている。メダカにおいても，遺伝子群の重複後，重複遺伝子の組み換えとか，退化による種の多様化現象が示唆されてきた。常染色体の*dmrt* 遺伝子はいくつかの転写因子から成っている。*dmrt1* の重複コピーは*dmrt1bY*（*dmy*）で，*dmrt2* は初期体節，*dmrt3* は介在ニューロン，そして*dmrt4* は発生中の嗅覚系にそれぞれ発現する（Winkler *et al.*, 2004)。Kondoら（2004）によれば，*dmrt1b* はもともと常染色体の遺伝子*dmrt1a* が重複して生じたもので，DMドメインファミリー由来の転写因子をコードしているものである（脊椎動物の性決定・分化カスケードにおける下流因子である)。ミトコンドリアの分子１％が変化するのに100万年を要するとすれば，*O. latipes* が *O. curvinotus*, *O. luzonensis* とは400万年前に，そしてメコンメダカ *O. mekongnensis* とは1,000万年前に分かれたことになる。性非特異的発現を示す*dmrt* 遺伝子（Winkler *et al.*, 2004）のうち，*dmrt1a* を含む常染色体の末端部分（LG9）に重複が起きて，その部域が他の常染色体やY性染色体に組み込まれる事態（Nanda *et al.*, 2002；Schartl, 2004）も，これに対応する時間的流れで起きたはずである（Kondo *et al.*, 2004)。Y性染色体の特異領域は，僅か約260 kbpで，*dmrt1bY* と名付けられ，常染色体上の*dmrt1* 遺伝子の重複を含んでいる。

常染色体の遺伝子*dmrt1a* は胚発生や幼生期には発現されない（Winkler *et al.*, 2004）のに対して，*dmrt1bY* の mRNA はセルトリ細胞Sertoli cellにのみ観察される（Nanda *et al.*, 2002)。XY胚がエストロゲン処理によって雌化されても，*dmrt1bY* は発現されるし，性転換雌の卵巣でも転写されている（Nanda *et al.*, 2002)。このことは，精巣形成前に発現する*dmrt1bY* が上流の性決定の機能をもっており，雄性決定遺伝子は卵巣の発達や機能をも発揮することを示している（Schartl, 2004)。しかし，*dmrt1bY* がどのように未分化生殖巣原基を精巣になるように決定するかは不明である。Shiraishiら（2004）によれば，RNA結合タンパク質はショウジョウバエの性決定における重要な調節因子であるが，メダカではそれを支配している遺伝子*Transformer-2*（*Tra-2*）があり，それには２つのホモログ（*Tra2a*, *Tra2b*）がある。*Tra2* mRNAs は性分化の開始前において雌雄両生殖細胞において発現がみられるという。また，発生初期に性ホルモンの影響を受けて性決定が変更するという我々の性転換実験（Iwamatsu, 1999; Iwamatsu *et al.*, 2005）の結果は，性

図6･21　メダカの系統と性染色体・性決定遺伝子の関連図（Takehara *et al.*, 2008；Kikuchi and Hamaguchi, 2013）
下向矢印：*Dmy* の起源，上向矢印：*Dmy* の *Gsdf* への置換．

ホルモンに対して高い感受性をもつ性決定因子がXX，XYの雌雄両個体に存在することを示唆している。性分化の機構を明らかにするのに先立って，性決定のカスケードを解明することが重要な課題でもある。

8．性の決定と染色体

性染色体は類似した形をしており，図6・21（Myosho *et al*., 2012; Takehana *et al*., 2012）にみられるように，*Dmy*（LG1, Y）をもつニホンメダカとハイナンメダカ以外に，タイメダカ（LG8），インド（ダンセナ）メダカ（LG10），ジャワメダカ（ジャカルタ）（LG5），ジャワメダカ（マレーシア）（LG16），メコンメダカ（LG2），タイメダカ（LG8）においてそれぞれ異なった性染色体が報告されている（Takehana *et al*., 2007a,b, 2008; Nagai *et al*., 2008）。フィリッピンメダカでは，主要性決定遺伝子として *Dmy* の代わりに性染色体（LG12）上に生殖巣の体細胞由来成長因子gonadal soma derived growth factor（*GsdfY*）をもっていて，それは性決定カスケードにおいて*Dmy* の下流にある（Myosho *et al*., 2012）。したがって，*Dmy* がなくてもGsdf が高度に発現することによって雄を誘導する。このメダカ種においても，ニホンメダカに似て*Gsdf* の下流にある*Sox9a2, Dmrt1, Foxl2* などの遺伝子の発現パターンがみられる（Nakamura *et al*., 2009）。この因子はニホンメダカにおいても性決定時にDmyによって特異的に発現される（Shibata *et al*., 2010）。

メダカの性染色体はニホンメダカ，ハイナンメダカ，フィリッピンメダカ，インドメダカの4種において同形タイプ homomorphic である（Kondo *et al*., 2004; Matsuda *et al*., 2007; Takehana *et al*., 2007a,b, 2008）。一方，ジャワ島とマレーシア半島のジャワメダカは起源が異なる異型タイプ heteromorphic に性染色体をもつZZ/ZW型である（Takehana *et al*., 2007, 2008）。ジャワ島のジャワメダカのW性染色体はZ性染色体より大型で，腕部の末端部 telomeric region 近くに2つのヘテロクロマチンの塊り（核小体形成部位 nucleolus origanizer regions: NORs）がある（Takehana *et al*., 2007）。マレーシア半島のジャワメダカでは，W性染色体は端部型染色体の動原体部 centromeric region に位置しており，Z性染色体にはない（Takehana *et al*., 2008）。この両性染色体における相違は，これらの種の細胞遺伝学的に別のものへと進化しているある段階にあることを示唆している（Takehana *et al*., 2012）。

山本時男（1961）は，ニホンメダカの性染色体に関する遺伝子組み換え頻度を調べて，正常雄（XY）と性転換雌（XY）の間では性決定因子 sex-determining factor と r 遺伝子の組み換え頻度が違うことを見いだした。そのことを南日本集団から確立されたHO5系統（Hyodo-Taguchi and Sakaizumi, 1993）における別の伴性遺伝の*SL1*（PHO5・5-related sequences）座と*SL2*（PHO5・110-related sequences）座を用いて，さらに詳細に調べたMatsudaら（Matsuda *et al*., 1999）によれば，雄の性染色体の遺伝子地図 gene map は，性染色体型が同型配偶子（XX,YY），あるいは異型配偶子（XY）の雄であろうと関係なく，短い地図距離 map distance を示す。このことは異型配偶子の雄における組み換え制限が異型配偶子の性染色体によるのではなく，雄性に起因していることを示している。また，XX雌とXY雄における伴性遺伝子座の組み換え率の違いに関して，確率は5%レベルであって，有意差がない：ただし，P値は有意性の境界（P=0.0596）近くであった。Y性染色体の長腕に連鎖しているDMドメイン遺伝子DMYは野生メダカXX（*DMY*-negative）とXY（*DMY*-affirmative）の約1%に性転換個体（XX雄, YX雌）が見られる（Shinomiya *et al*., 2004）。異常になったY性染色体はX性染色体と同様な機能をもつ（Otake *et al*., 2008）。XY雌はY性染色体におけるDMYに突然変異が起きているもので，産卵できる（Otake *et al*., 2006）。*DMY*－トランスジェニックメダカで調べると，第23（23 LG）あるいは第5（5LG）の連鎖群は性染色体としての機能を発揮するという（Otake *et al*., 2010）。

9．分化した生殖巣の保持

生殖巣形成後，生殖細胞は分裂増殖を始めるが，その中に第1次卵原細胞 1st oogonium と減数分裂 meiosis に移行する第2次卵原細胞が混じっている（濱口，1990）。精原細胞 spermatogonium に関しても，セルトリ細胞によって細胞間の接触をもてない状態のA型精原細胞とセルトリ細胞 Sertoli cell のなす袋の中でクローナルは分裂を繰り返すB型精原細胞の存在が知られている（Michibata, 1975）。これまで，このように雌雄の生殖巣に2つのタイプの生殖細胞の存在が認められていた。B型精原細胞は，分裂の際に，娘細胞は完全にくびれ切れず細胞間橋 intercellular bridge で連結し，セルトリ細胞で包まれたシスト内で同調分裂して精子形成 spermatogenesis へと進行する。このB型精原細胞は，精巣の組織構築が完成した孵化後約50～60日後に，ほぼ10回分裂して減数分裂に入り精母細胞 spermatocyte になると考えられている（濱口，1990）。そうした精母細胞は2回分裂して精細胞 spermatids

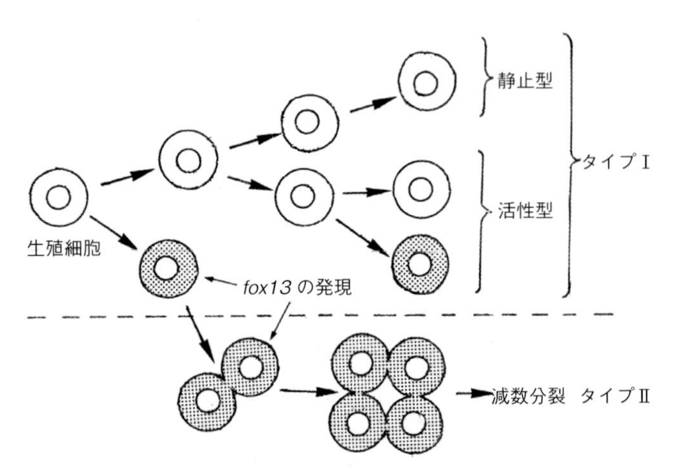

図6・22 メダカ生殖細胞のタイプⅠとタイプⅡの分裂とFOXL3タンパク質の模式図
(Nishimura *et al.*, 2015)

になり，変態して精子になる。精細胞は精子変態 spermiogenesis 時に細胞質をちぎり捨てるが，その細胞質残骸 cytoplasmic (droplet) residue はセルトリ細胞の食作用によって処理される。

最近，生殖巣において，*foxl3* は生殖細胞に発現され，体細胞には発現されない遺伝子であって，精子・卵への分化決定の運命に関わっていることが西村ら (Tanaka, 2013; Nishimura *et al.*, 2015) によって報告されている。成魚XXにおいても，*foxl3*が破壊されると，組織学的に拡大した生殖上皮に機能的精子を生じる。魚類の生殖巣に発現される*foxl3* は，卵巣の発達とその維持に必要な先祖の*foxl2* の重複コピーであり，その産物である*foxl3*/FOXL3 タンパク質は生殖巣の性分化の時期 stage 35 のXX-, XY-胚のいずれの生殖細胞においても検出できる。そして，これ以後の発達段階において，XX-生殖巣の生殖細胞は２つのタイプ (type I, type II) に分別される。タイプⅠは幹タイプの自己増殖で終生生殖細胞を保持するグループで，支持細胞によって取り囲まれた２個の分離型の娘細胞に分裂する。このタイプⅠの生殖細胞 (始原生殖細胞・卵原細胞) が雌成魚の卵巣内においても，いわゆる“nest” (Yamamoto, 1962)，あるいは“生殖細胞のゆりかご germinal cradle” (Nakamura and Tanaka, 2009; Nakamura *et al.*, 2010) と呼ばれるところに存在していて，終生生殖細胞を保持・供給し続けている。タイプⅠには，活発に体細胞分裂する活性 active 型の細胞と分裂しない静止 quiescent 型の生殖細胞がある：XX-とXY-生殖巣において，分裂-活性型生殖細胞の部分集合に*foxl3*/FPOXL3 (*foxl3* の転写とFOXL3タンパク質) 発 (網掛け) がみられるが，静止型生殖細胞にはそれがみられない (図6・22)。そして，XX-生殖巣では，そのシグナルはタイプⅡ生殖細胞に検出され続けるが，減数分裂が行われている生殖細胞や卵母細胞にはみられない。もう一方のタイプⅡはシスト内で細胞間橋をもちながら同調分裂して，卵形成過程に移る生殖細胞である。このタイプⅡは減数分裂と卵形成へとつながる生殖細胞形成型の分裂を行う。また，XYの生殖巣において，タイプⅠからタイプⅡへの変換は孵化後１カ月間抑制されている。*foxl3/FOXL3* はXX-生殖巣の発達中に検出されるが，XY-生殖巣のすべての生殖細胞には孵化後10日まで消えてしまう。XY-生殖巣では，この消失によって精子形成の抑制が解除されて精子が形成される。このように，*foxl3* による精子形成の抑制が生殖細胞における雌の運命決定に重要である (Nishimura *et al.*, 2015)。また，XY-生殖巣では，生殖細胞がタイプⅠからタイプⅡへ移行するのが孵化後１カ月まで抑制される。

田中らはPGCの生殖巣予定域への移動を阻止して，生殖細胞欠失生殖巣 germ-cell deficient gonad をもつメダカ系統を作成している。このメダカは雌から雄への二次的性転換を示す。生殖細胞欠失生殖巣を分析し，生殖細胞そのものが性の分化や生殖巣形成に多様な影響を及ぼしていること示している。雌特有の細胞系列の分化が生殖巣発達の初期に弱められるが，雌雄両生殖細胞欠失生殖細胞では雄特有の遺伝子を発現する細胞が発達する。そうした生殖巣は野生型生殖巣における卵巣濾胞と精管の両方に似たものをもつ管状構造をしている。生殖細胞が存在しないと，生殖巣内の体細胞は雄の形態的特徴をもつものに発達するように仕向けられる (Kurokawa *et al.*, 2007)。

メダカ生殖巣原基は生殖巣体細胞に*DMY/dmrt1bY* が発現し始める受精後４日 (stage 33) までに形成される (Nakamura *et al.*, 2006)。受精後８日目の*nanos 2*遺伝子を発現し，*sox9b* 発現細胞 (精巣のセルトリー細胞，卵巣の顆粒膜細胞) に囲まれる (Nakamura *etal.*, 2008)。生殖巣原基は*sox9b*と*fyz-f1*を発現し，孵化の時までに形態的には雌雄の見分けがつかないが，雌の生殖巣の生殖細胞数は急増する (Nakamura *et al.*, 2007; Suzuki *et al.*, 2004; Nakamura *et al.*, 2006)。しかし，雄においてはそれがみられない (Nakamura *et al.*, 2007; Satoh and Egami, 1972; Kobayashi *et al.*, 2004;

Saito *et al.*, 2007; Kanamori *et al.*, 1985)。孵化後10日までに，性依存遺伝子の*DMRT1*と*sox9b*は雄の生殖巣での体細胞において，そして*foxl2*とシトクロームP450アロマターゼ等が雌の生殖巣の体細胞において明白に発現するようになる（Kurokawa *et al.*, 2007)。

最近，*sox9* によって発現が誘導される*AMH*（anti-Mullarian hormone; Amh）が生殖細胞を取り囲む支持細胞の働きで，生殖細胞の数が制御されていることが示されている（Nakamura *et al.*, 2012)。もしAMHシグナルが働いていないと，生殖幹細胞から配偶子へと分化する生殖細胞が多量につくられ，しかも雌へと転換するという。それはAMHシグナルがなくなっている変異メダカ「*hotei*布袋」にみられる。いわば，AMHシグナルは，分裂を開始している幹細胞型生殖細胞であるⅠ型の分裂を抑制していることを示している。

10. 生殖巣の左右非相称

雄に生じた間性生殖巣 hermaphroditic gonad において，前部は精巣に分化し，女性ホルモン投与によって後部は，主に卵巣に分化する。この卵巣成分に分化する傾向は左側半分の後端においてより強い。この理由は，(1) 稚魚において，生殖巣の分化にその前・後部域の勾配があること（Yamamoto, 1953a, b)，(2) 生殖巣原基が左右非相称であることにあると考えられる（Yamamoto, 1959a)。すなわち，生殖巣の最前端部の細胞はより早く分化する。また，稚魚や成魚の生殖巣は単一であるが，孵化したばかりの稚魚における未分化の生殖巣は左右２つの部分からなっている。蒲生（1961a）は，左右両側よりなる胚（stage 31）の生殖巣において，右側が前端に突き出しており，孵化期（stage 34）には生殖巣の右側が左側の約２倍も長くなることを観察している。成長するとともに生殖巣は左右非相称性が減少するが，一般に右側半分がやや前方に長い。

遺伝的雄の生殖巣はその後部（特に，左側半分）において前部より分化が遅れる。前部が雄性生殖細胞に分化した後，一定の期間の後に分化する。したがって，生殖巣後部（特に，左側半分）の生殖細胞が未分化のままのため女性ホルモン投与に敏感に反応し，卵母細胞に分化し得る（Yamamoto, 1957a)。雄性-間性，及び雌性-間性から考えて，未分化生殖巣の前部（特に，右側半分）が性の表現型に見合った生殖巣に分化するが，後部（特に，左側半分）の未分化の生殖巣は，投与された異性ホルモンの影響を受けて性転換する傾向がある（図６・14, Yamamoto, 1959a)。

Ⅲ．卵巣の発達

卵巣内には，種々の大きさの濾胞が紐状の繊維状構造 fibrous stalk-like structure（st：図６・23, 濾胞柄，図５・42）で卵巣腹面の結合組織に連なっている（繊維状構造，図５・43)。卵巣腹面底部（腹面卵巣網 abdominal rete ovarii）には繊維状の平滑筋とそれに連結している排卵後の退化濾胞（図６・24：排卵後濾胞 post-

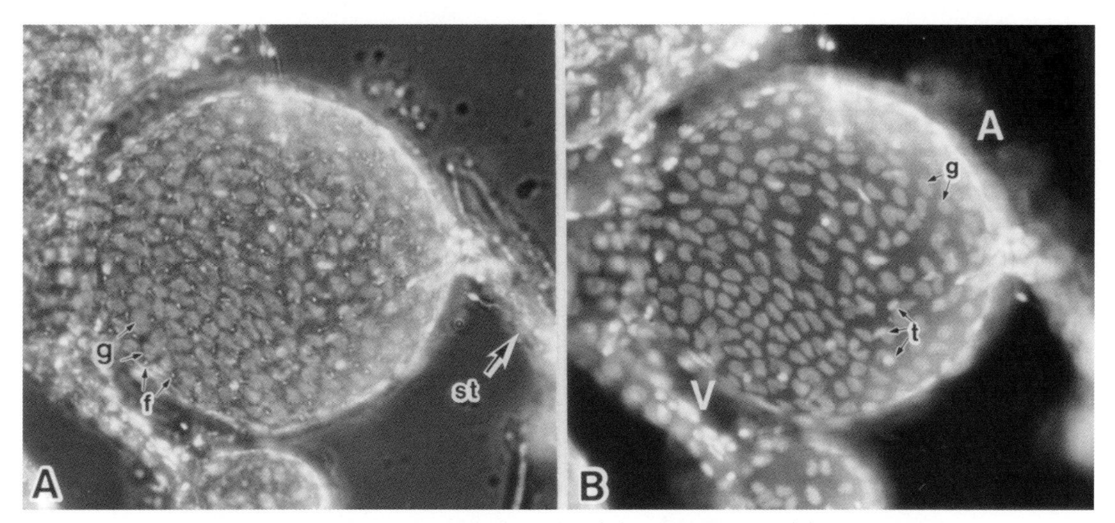

図6･23　メダカ濾胞における付着毛・付着糸（A）と顆粒膜細胞核（B）の位置的関係
付着毛・付着糸（f）の位置は顆粒膜細胞（g）の間にみられる．A：動物極，st：繊維状構造体，t：莢膜細胞，V：植物極，×420
（Iwamatsu and Nakashima, 1996）

ovulatory follicle, $PO_{1\text{-}2}$）が多く認められる。多くの小さい濾胞は排卵前の大きい卵母細胞の植物極側の濾胞外面（卵巣上皮側）に付着している。したがって，その卵母細胞の排卵によって，卵巣内に残された排卵後濾胞が卵巣腹底部に移行するにつれて，それに付いていた小さい濾胞も卵巣内部へ引き込まれて移行する。こうして，排卵後の濾胞と共に卵巣内部に引き込まれたもの（図6・24）を除いて，小さい濾胞は一般に卵巣表層部に位置する。

排卵後濾胞は，排卵24時間以後卵巣腹底部で，顆粒膜細胞 granulosa cell や莢膜細胞 theca cell の分散や基底膜の崩壊につれてしだいに退化する。排卵後約9時間までは，顆粒膜細胞でも排卵前と同様に3β-HSD活性が認められる（Kagawa and Takano, 1979）。小管状のクリステを有するミトコンドリアの他にリボソームの付着の少ない小胞体が多く，油球の出現などステロイド産生細胞の特徴を示す（図6・25）。卵巣が大きくなるのは，主として，濾胞細胞の発達と卵母細胞内に卵黄が急速に増加するためである。

1．濾胞細胞の発達

濾胞細胞層は，濾胞の外表の毛細血管の分布する莢膜細胞層（T）とその内側にあって顆粒膜細胞層（G）を区分する基底膜（B）がある（図6・25A，図6・26）。これらの各層は卵母細胞の成長と共に，変化（発達）する。渡邊ら（1998）はヒトの繊維芽成長因子 fibroblast growth factor（FGF）2-特異モノクローナル抗体で FGF の分布を調べ，卵黄形成前の卵母細胞では細胞質にあった GFG が卵黄形成期に入ると，細胞質にはみられなくなり卵母細胞の周りに検出されるようになることをみた。この結果は，FGF が濾胞細胞を通して卵母細胞の発達の開始に重要な役割をなしていることを示唆している。

直径60~90 μmの小さい濾胞には，莢膜細胞も顆粒膜細胞も共に比較的扁平で，微小突起はあまりみられない。直径が100~150 μmになると，それらの細胞の数がやや急増して高さが増加する（Iwamatsu and Nakashima, 1996）。顆粒膜細胞間にはデスモゾームが著しく発達している。直径200~250 μmの濾胞では顆粒膜細胞（G）が立方体状になるが，基底膜（B）で仕切

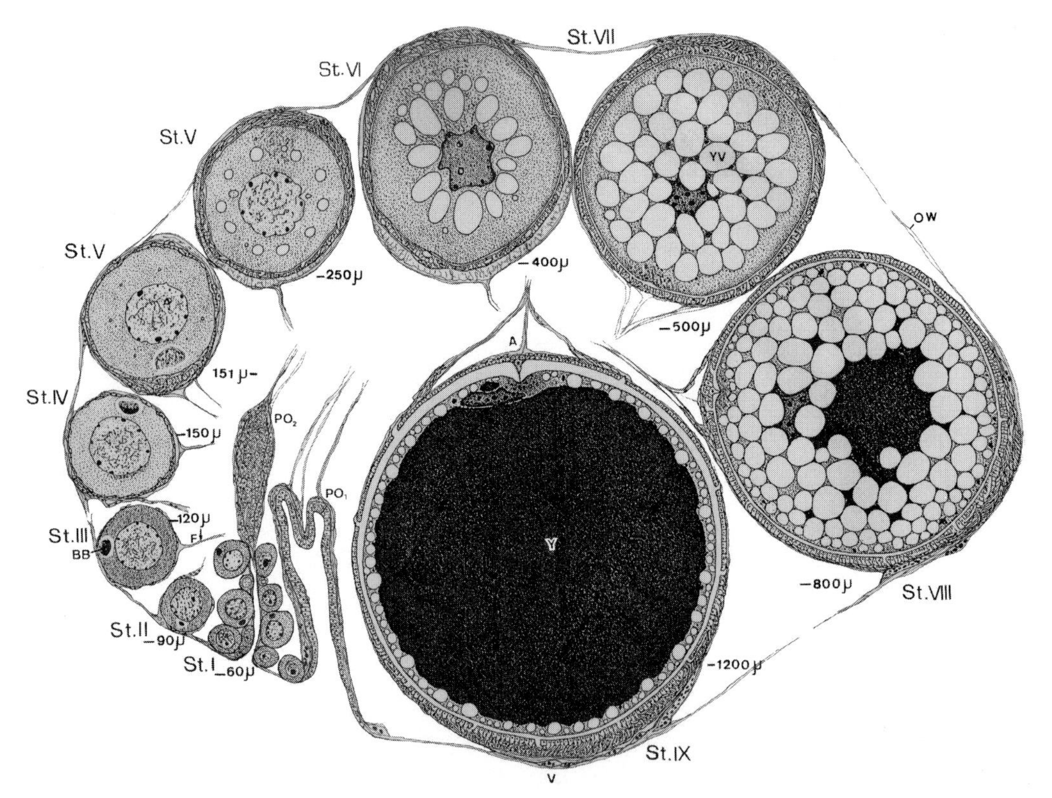

図6・24 メダカの卵形成過程における卵母細胞の発達段階（Iwamatsu *et al.*, 1988）
A：動物極，BB：卵黄核，OW：卵巣壁，$PO_{1\sim2}$：排卵後濾胞，st：濾胞柄，V：植物極，Y：卵黄，YV：卵黄小胞．

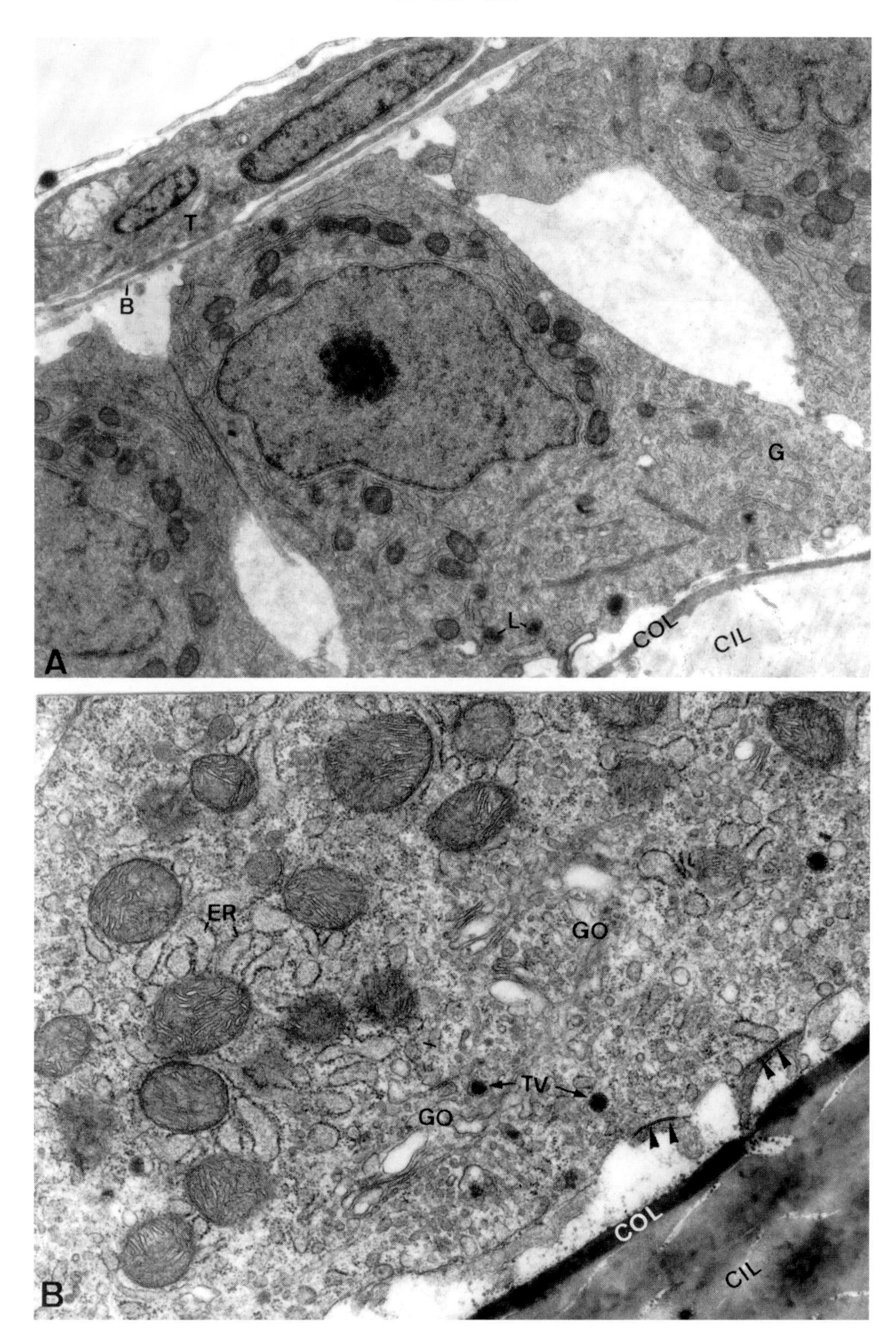

図6･25　成熟中の卵母細胞の周りの濾胞細胞

A：莢膜細胞（T），基底膜（B）と顆粒膜細胞（G），卵膜外層（COL），卵膜内層（CIL），粗面小胞体（ER），ゴルジ体（GO），リボソーム（L），分泌小胞（TV）．B：顆粒膜細胞の卵膜側の拡大．
矢尻：卵母細胞からの細胞突起との密着結合（説明，本文参照：Iwamatsu and Ohta, 1989）．

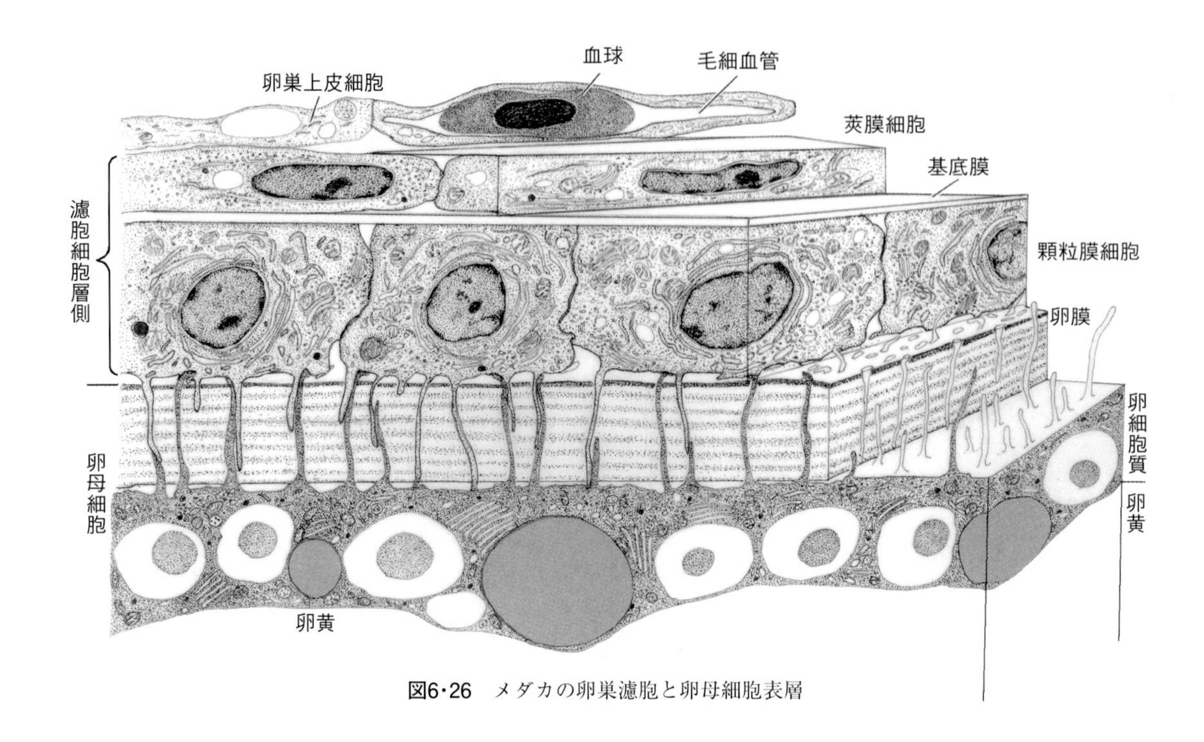

図6･26 メダカの卵巣濾胞と卵母細胞表層

られた莢膜細胞（T）は扁平のままである。成長期における顆粒膜細胞の核は，細胞の中央か卵膜側に位置している。

濾胞の直径がこれ以上大きくなると，顆粒膜細胞にはミトコンドリア，リボソームをもつ小胞体やゴルジ体などの細胞小器官が発達しており，後述のようにステロイドホルモンの合成が盛んになる（参照図6･38）。特に，卵母細胞の成熟期の直前から，顆粒膜細胞では核が卵母細胞（卵膜；最外層COL，内層CIL）と反対（外）側に移行し（図6･25A），分泌顆粒（TV）や膨らんだ小胞体（ER），ゴルジ体（GO）が分泌小胞の形成を盛んに行っている（図6･25B）。このとき，顆粒膜細胞は卵母細胞の細胞突起とも密着結合 tight junction を示す。

2．卵母細胞の形成と発達

動物において，卵（卵子）という細胞だけが発生して個体になれる。どうして体細胞が個体に発生できないで，卵だけなのか。卵は発生を開始して間もなく万能 pluripotent な胚幹細胞 embryonic stem cell（ES細胞）を生じ，体細胞 somatic cell と生殖に関する始原生殖細胞に分化する。体細胞は，発生して個体にはなれない。もはや個体発生能はなく，万能ではない。始原生殖細胞はさらに分化・発達して卵と精子になるが，卵しか個体発生できない。その卵とは，どんな細胞なのか。どうして個体へと発生が可能なのか。1961年の学生時代に「西遊記に出てくる孫悟空のように毛を抜いて吹き飛ばせば，自分の分身ができる。しかし，私たちはなぜそれができないのか」と筆者は考えた。

雌性の生殖細胞（卵）は，雄性の生殖細胞（精子）と同様に，大まかに増殖期，成長期，成熟期の順序で各期を経て形成される。増殖期は卵原細胞が体細胞分裂を行って増殖する時期を指す。それ以後の卵母細胞の発達（成長・成熟）の過程を一般に卵形成といっている。

図5･43のように，卵巣上皮（oe）近くや大きい卵母細胞の濾胞，あるいは排卵後濾胞（繊維構造，矢尻で卵巣腹側に引き込まれる）に接している卵原細胞は，数個のクラスター状態のシスト（gn）を示している。

繁殖期のメダカの卵巣には卵形成のすべての段階の卵母細胞が含まれている。これらの発達段階にある卵母細胞は，形態学的，生理学的な観点から大まかに6期，10段階に分けられる（表6･2，図6･24，図6･27）。

卵母細胞の発達に伴って濾胞内タンパク質に明瞭な変動がみられる。また，卵黄形成が始まる卵母細胞（直径250 μm）を包む濾胞細胞には，初めてエストラジオール-17 β の産生能力が認められる（図6･38）。濾胞細胞で産生されたエストラジオール-17 β は肝臓細胞に

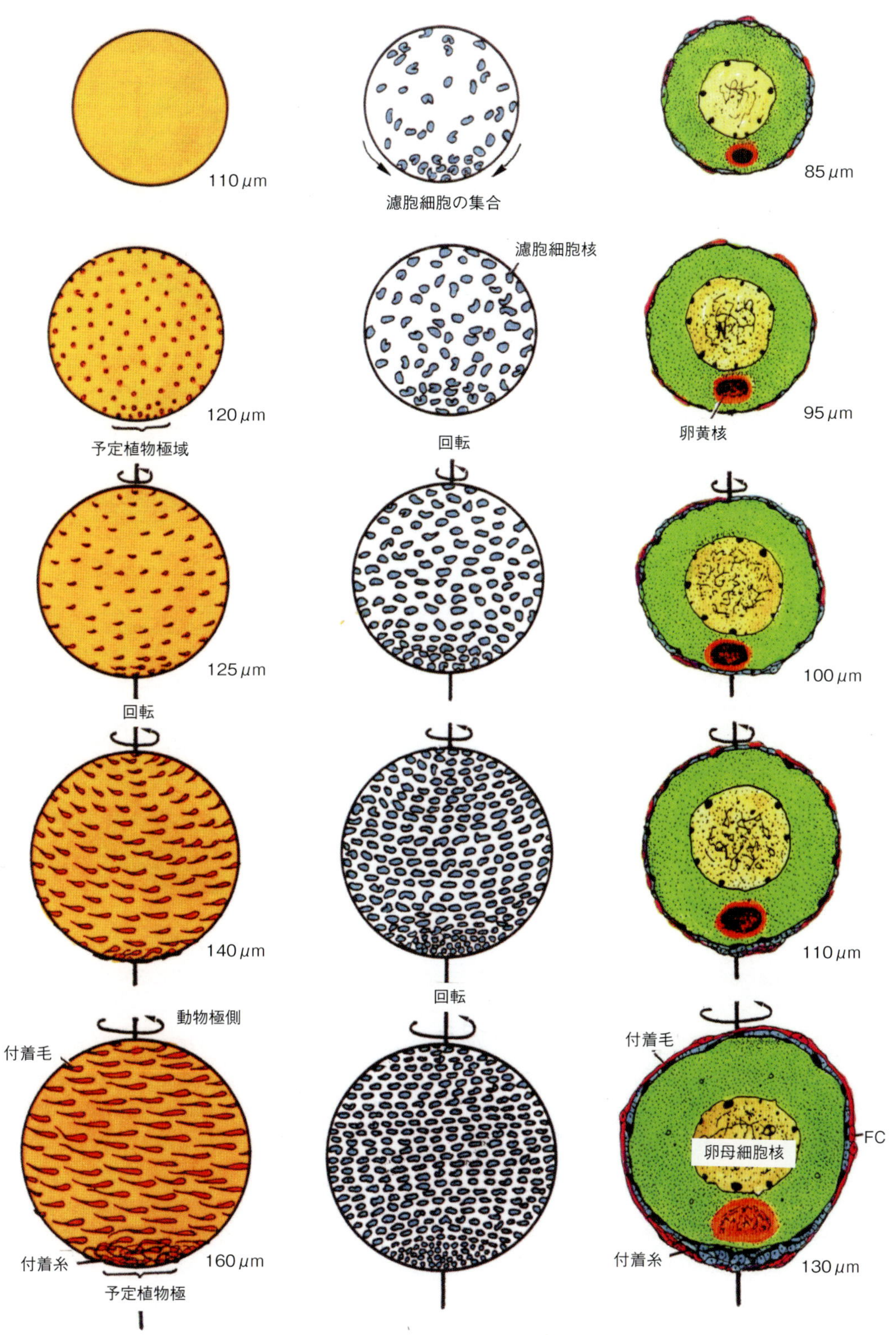

図6・27　メダカ卵母細胞の成長と回転

卵母細胞は卵核と卵黄核とを結ぶ卵軸を中心に回転しており，その様子は，卵膜上（卵母細胞表面）の付着毛・付着糸及び濾胞細胞核の形態でもわかる．卵黄核の位置が植物極予定域になる（Iwamatsu and Nakashima, 1996）.

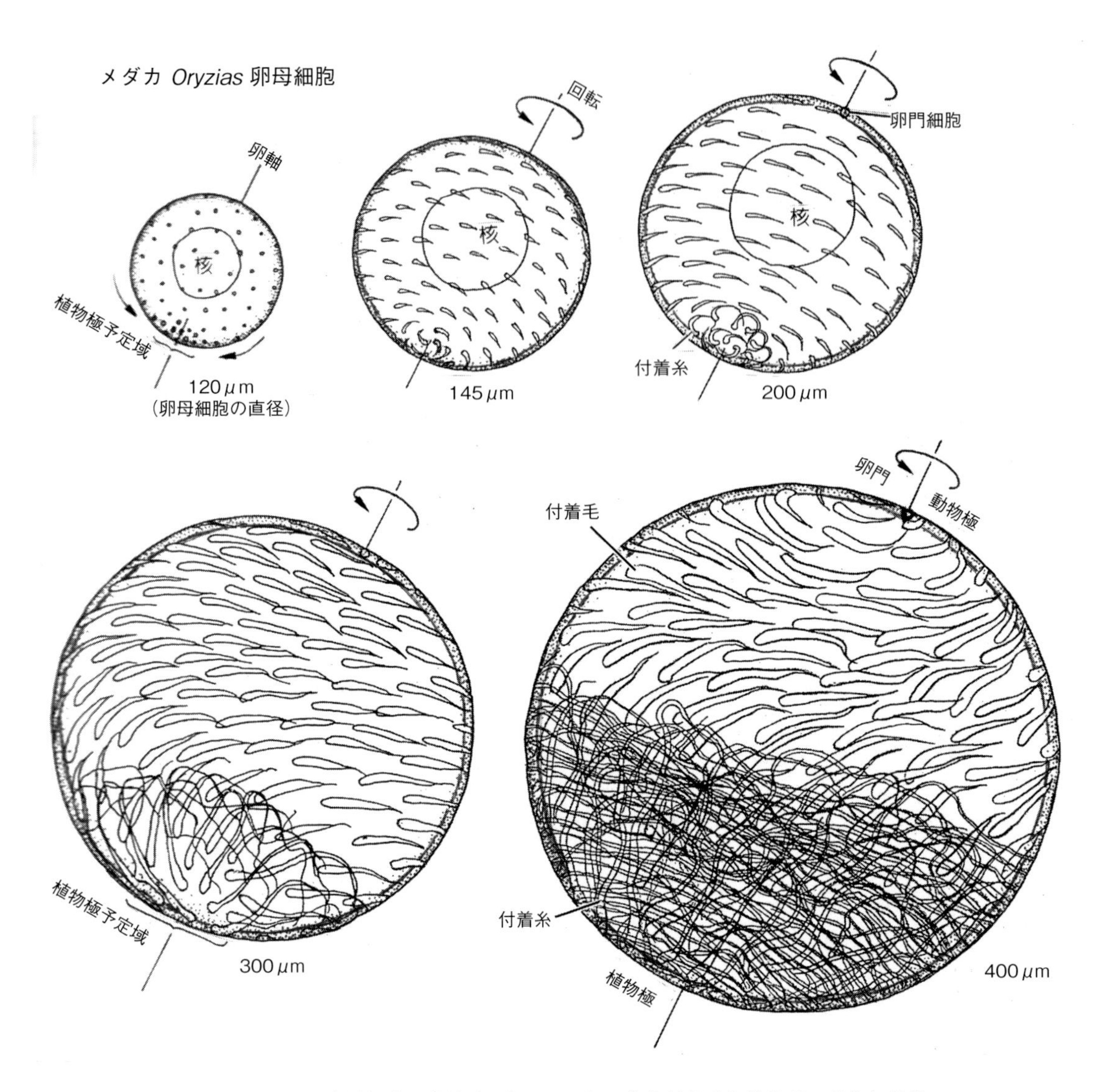

図6・28　メダカ卵母細胞の成長時に起こる回転に伴う付着系と付着毛の変化と卵軸
(Iwamatsu, 1992)

作用し，卵黄タンパク質（vitellogenin，phosvitin）を作らせて血中に放出させる。また，卵膜の内層（図6・25のCIL）は2つの糖タンパク質サブユニット（ZI-1,2とZI-3）でできており，これらの前駆タンパク質であるコリオゲニンH（Chg H）とコリオゲニンL（Chg L）が女性ホルモンであるエストラジオール-17βの刺激を受けた肝臓で合成される。これらは，C末端部のArg-Lys-X-Argで切断され，Chg HがZI-1,2サブユニットに，Chg L が ZI-3 サブユニットになる（杉山，1998; Sugiyama *et al*., 1999）。エストラジオール処理を受けた雄の肝臓内でのChg HとChg Lの遺伝子の発現，そしてエストロゲン・リセプター量とその遺伝子発現についても調べられている（Murata *et al*., 1997）。これらのタンパク質が卵母細胞に取り込まれて卵黄や卵膜が形成されると考えられている。これらの一連の反応を起こさせるのに脳下垂体前葉から分泌されるゴナドトロピンgonadotropin（GTH）が関与している。

卵原細胞，あるいは小さい卵母細胞は，細胞質内にヌアージをランダムに数個もち，中心に卵核をもつ球形で，その核を通る無限の放射面をもつ。しかし，直径30μmの大きさ以上に成長すると，卵母細胞は細胞質内の一ヶ所に卵黄核が生じることによって卵核と卵黄核を結ぶ卵軸egg axis（動植物軸animal-vegetal axis）をもつようになる（図6・27）。その前後軸の形成

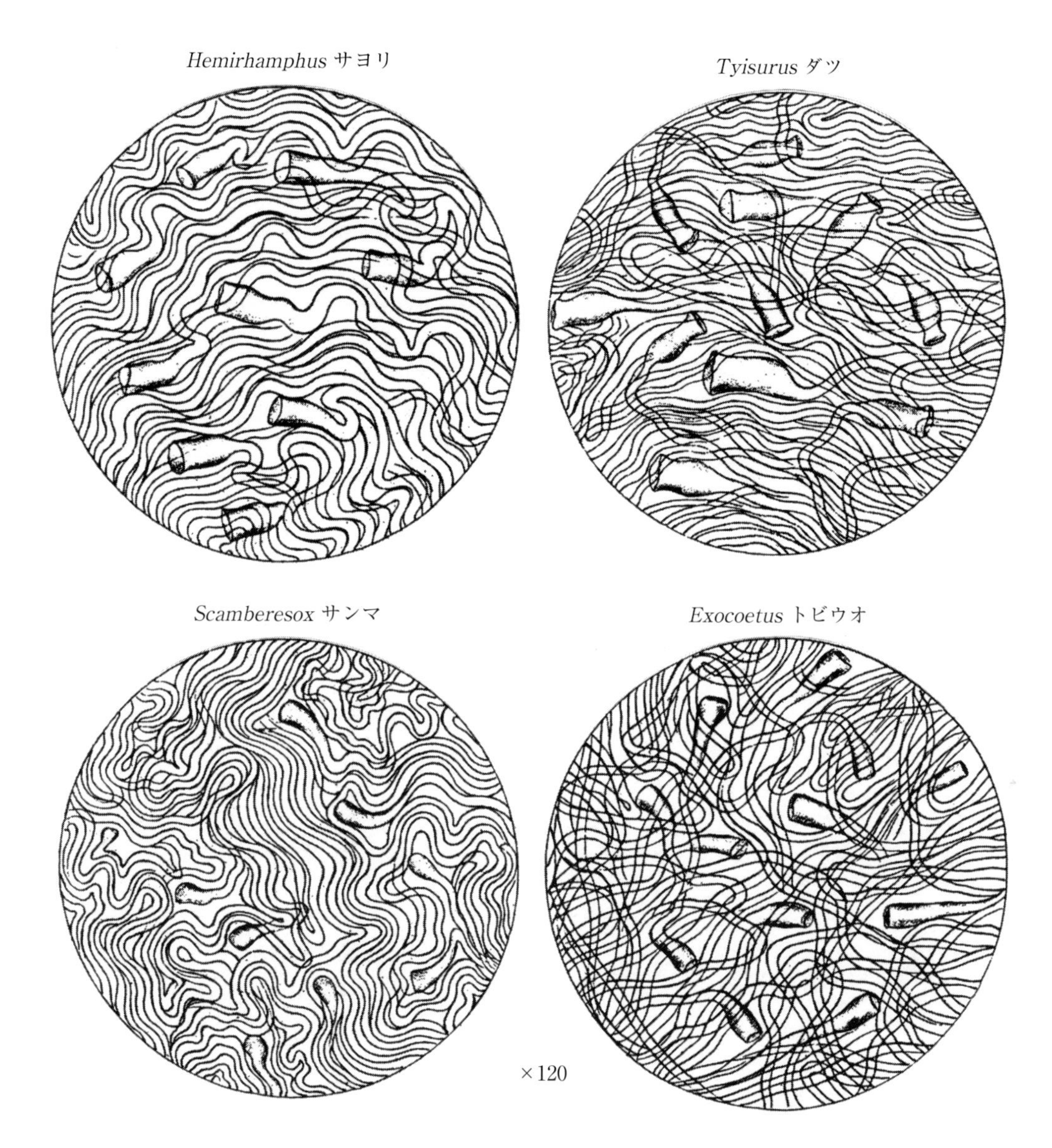

図6・29　メダカの属するダツ目の仲間の卵母細胞の形態
（Haeckel, 1855）

によって無限の放射相称が破壊される。すなわち，卵母細胞は卵黄核の形成によってこの軸を通る放射面をもつ放射相称体になる。こうした卵母細胞を取り巻く濾胞層の顆粒膜細胞の一部は，卵黄核の何かに魅せられ引き寄せられるかのように，その存在する卵母細胞表面部域（予定植物極域）に集合する。したがって，球形の卵母細胞に内外とも卵軸が確立される。すなわち，その軸を回転軸として一定の角度をもって同形部分が放射面を生じる型になる。しかも，その軸を中心にして左，あるいは右へと一定の方向に回転をし始める。その回転は顆粒膜細胞の核の形と卵膜上の付着毛・付着糸の形でもよくわかる。回転軸の卵黄核の反対側（予定動物極）にある1個の顆粒膜細胞が卵門を形成する卵門細胞に分化する（図6・28）。こうして成長している小さい卵母細胞の形はほぼ球形である。卵黄形成もほぼ完了して排卵前日になると，卵は赤道部域（水平軸）の直径（平均約990μm）が動植物軸の方（平均約970μm）より大きい形になる。そして，成熟卵は卵巣からの排卵時や狭い泌尿生殖口からの放（産）卵時には著しく変形しながら排出される。こうして放

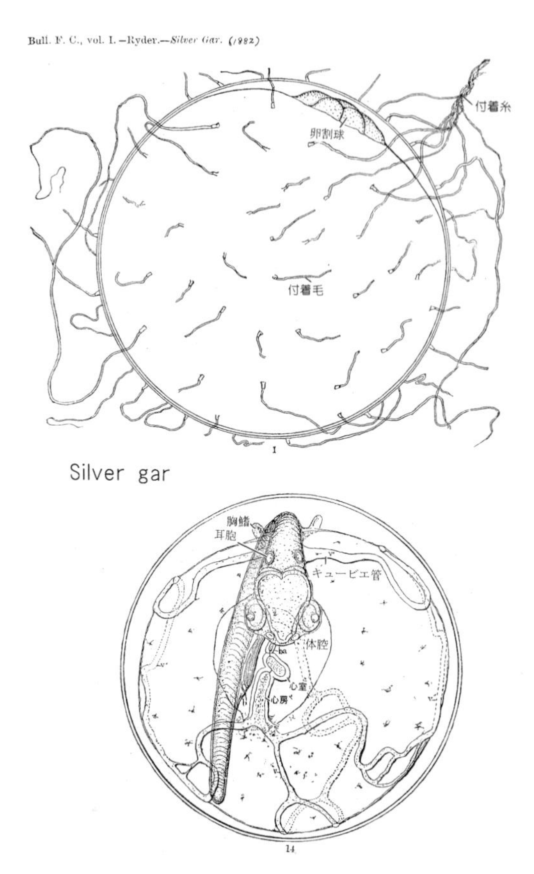

図6･30　ダツのガーフィッシュの卵発性
(Ryder, 1882)

卵された成熟未受精卵（水平軸直径約1,220 μm，卵軸直径約1,280 μm）は，いわゆる卵形をしていない。それは真ん丸の形にみえるが，植物半球がやや扁平な偏球状体 oblate spheroid（山本，1943）である。

卵形成時に構築される卵の構造の進化的意義は，動物の種族保持のための生殖に関するものであって十分に注目に値する。発生を開始した卵の卵黄球表面の血流の形状（血管の分布）やパターンに関しても発生開始前の卵には予想すらできないものであるが，種の示す特有のものである。とりわけ，興味を引くものに卵母細胞の卵膜上を取り巻く付着糸や付着毛がある。それらをもつ浮遊卵は，浮遊する海藻や水面近くに浮く細かいものに産み付けられると付着糸で取り付き，干満による潮の流れで洗われても付着したまま首尾よく発生にとって有利である。進化の過程でどのように浮遊卵がそれらを獲得したのかについては心引かれる。

いち早く卵母細胞の表面の付着糸・付着毛を観察したのが「胚発生原則（反復説）」で著名な発生学者ヘッケル Haeckel（Haeckel, 1855）である。彼は付着糸がダツ *Belone,* ニシサンマ *Scomberesox,* サヨリ *Hemirhamphus,* トビウオ *Exocoetus* の卵母細胞にあることを観察スケッチしている（図6･29）。これらの魚類すべては，現在の分類学上メダカと同じくダツ目に属するもので，卵に共通した形質をもつ。その後，リダー Ryder（1882）はダツのシルバーガー（*Belone lon-*

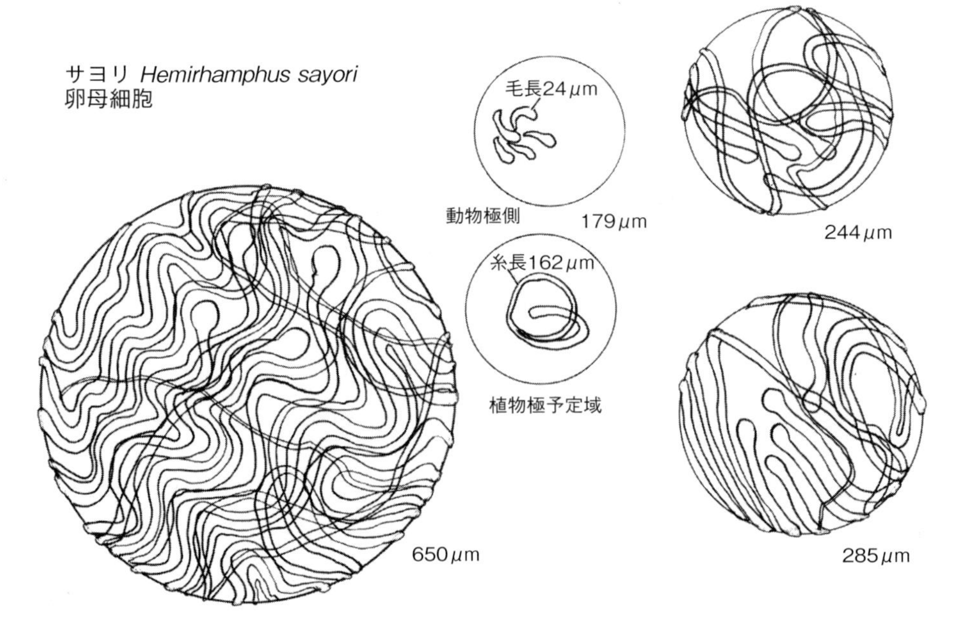

図6･31　種々の発達段階のサヨリ卵母細胞
(Haeckel, 1855)

girostris）の発生を見ており，初期胚において血流がメダカと同様にキュービエ管と中央卵黄静脈であるが，後期になると卵黄球上の血管に分枝が多く生じることを観察している（図6・30）。

メダカ *Oryzias latipes* の stage Ⅱの濾胞（直径約65 μm）には，莢膜細胞と顆粒膜細胞の間には基底膜があり，それによって顆粒膜細胞はもはや卵母細胞の周りに封じ込められ状態にある。やがて直径120 μmの濾胞に成長すると，一部の顆粒膜細胞が基底膜の内側を動いて卵母細胞表面の一部域に集合するのがみられ，付着糸が密に生じて植物極予定域を示すようになる。同様な卵膜上の付着毛・付着糸の形態はメダカと同じダツ科 Belonidae のサヨリ *Hemirhamphus sajori* の卵母細胞にもみられる（図6・31）。その後，卵母細胞はさらに成長して Stage Ⅴ（直径150 μm）以上の大きさになると，卵母細胞の植物極予定域の反対側である動物極に卵門細胞が顆粒膜細胞から分化する。そして，付着毛と付着糸は共に同じ方向に伸長し，特に付着糸が著しく伸びて植物極の卵膜表面を取り巻く。付着毛と付着糸が一方向に倒れて伸びている状態は卵母細胞が一方向に回転していることを想定させる。そこで，体外に取り出して実験的に観察したところ，卵母細胞は植物極予定域と卵核とを結ぶ卵軸を中心にして回転していることが判明した（Iwamatsu, 1994）。こうした卵母細胞の形態はメダカと同じ仲間のダツ *Belone* やサヨリの成熟卵にもみられ，ヘッケル（Haeckel, 1855）もいち早くスケッチしている（図6・32）。回転が遅いためか，サヨリの卵母細胞の付着毛は蛇行して巻いている。しかし，ヘッケルはダツの卵母細胞が回転していることには触れていない。

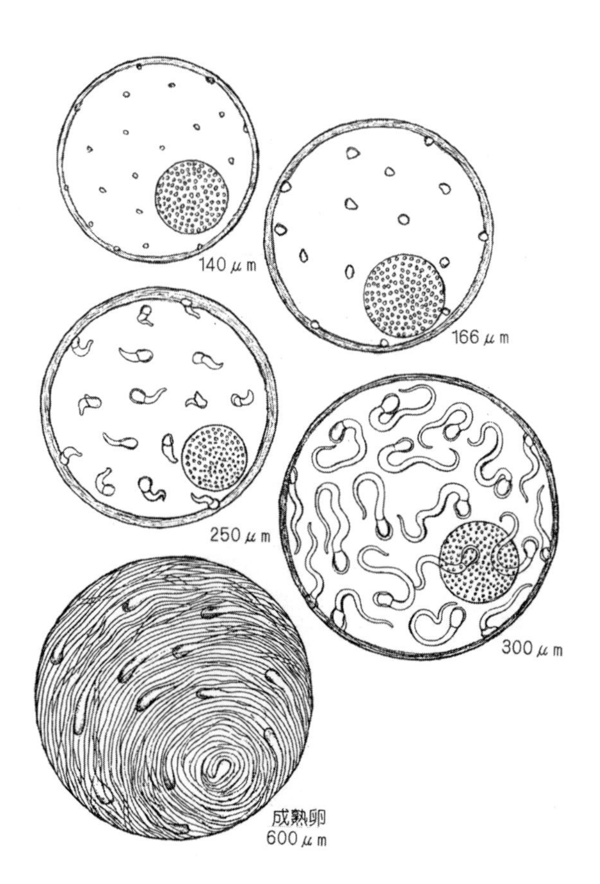

図6・32 種々の発達段階のダツ卵母細胞
（Haeckel, 1855）

前卵黄形成初期 Early previtellogenic phase ：

大きさが直径12~14 μmで静止期の卵原細胞は，1個ないしは数個の仁と核質に一様に分布する染色糸をもつ球形の核（直径8.5 μm），及びそれを取り囲む狭い細胞質からなっている。その細胞質には，数少ないミトコンドリア，ヌアージ nuage（フランス語で雲の意味，生殖高電子物体 germinal dense body），小胞体が認められる。卵黄形成前の最も若い卵母細胞は，細胞質にFGFを含み（Watanabe *et al.*, 1998），前卵黄形成期 previtellogenic phase にまとめられる。

染色糸接合期 Chromatin-nucleolar stage（Stage Ⅰ）

成魚の卵巣には，この時期の卵母細胞は大きさが約20~60 μm（直径）で，主として卵巣上皮に接して数個が集まって存在する。透明な細胞質はヘマトキシリン好染で，核の大きさは15 μm前後で大小の球状の仁が数個みられる。細胞が直径約30 μmのものになると，核に接近した細胞質に卵黄核が認められる。電子顕微鏡による観察では，細胞質に僅かな微小突起と小数の小胞体やミトコンドリアが分布しているのが認められる。卵膜のない卵母細胞の周りを著しく扁平な濾胞細胞が取り囲んでいる。

周辺仁期 Peri-nucleolar stage（Stage Ⅱ）

透明な細胞質と核が共に著しく増大し，細胞の大きさは約61~90 μmまでになる（図6・33）。ヘマトキシリンでやや好染する細胞質には，特に濃染する卵黄核（約12 μm）が細胞表面と核の中間にある。卵母細胞も濾胞細胞（顆粒膜細胞と莢膜細胞）も細胞質には貧弱な小胞体，ミトコンドリア，及び紐状の卵黄核成分しかみられない。薄くしか染まらない核内には，数を増した球状の仁が核膜部に移動し，ランプブラシ染色体が核質に一様に分布する。扁平な濾胞細胞の数はまだあまり多くない。卵母細胞の表面の限られた付着毛の出現部分に微小突起の塊がみられる（Iwamatsu *et al.*,

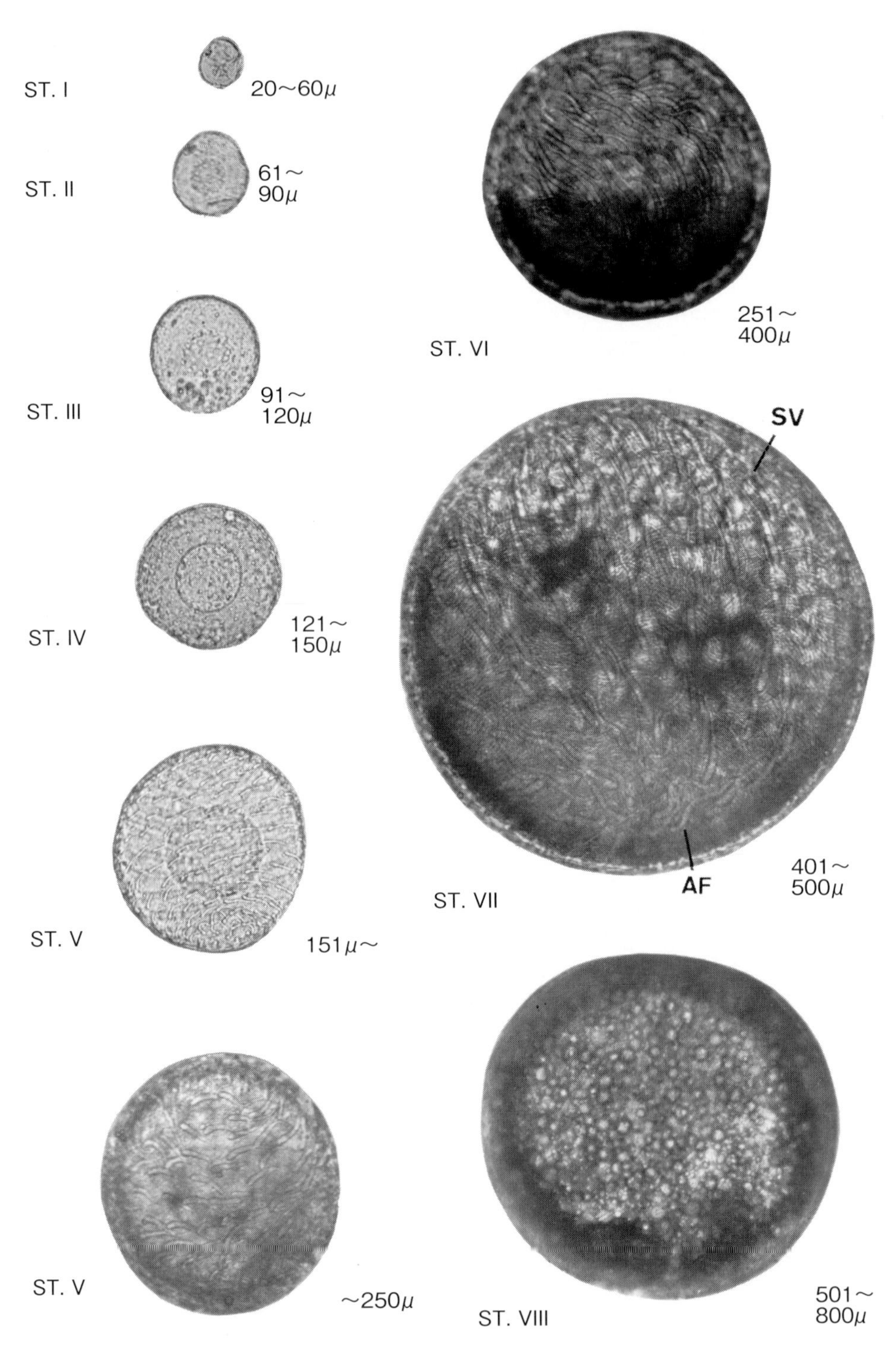

図6･33　種々の発達段階のメダカ卵母細胞
AF：付着糸，SV：付着毛.

プロゲスチン受容体（nPR）の制御下にあるプロスタグランジンE_2（PGE_2）受容体EP4ｂは，排卵予定時刻７時間前ごろからその遺伝子が発現（mRNA合成）されるようになり，受容体タンパク質として顆粒膜細胞の細胞膜上に配置される。EP4b受容体が濾胞細胞において常時合成されているリガンドのPGE_2を受容できるようになるのは排卵が間近に迫った排卵予定時刻１～０時間前である。このPGE_2の排卵には細胞骨格タンパク質アクチンフィラメントの再構築にあると考えている。

しかし，どうして（1）排卵期までに，決まって卵母細胞の植物極側が卵巣上皮に位置するようになるか，（2）卵母細胞が第二減数分裂中期の中止に入ってのちに排卵するか，すなわち，第二減数分裂中期中止と排卵がどうして同調しているのか，また（3）上記のラミニン・コラーゲンの分解機構に関しての疑問であるが，卵巣上皮に接した卵母細胞の植物極部の濾胞細胞層においてそれらの分解がどうして他の部位に先行して起こるのか，といった時間と空間に関する重要な課題が残されたままである。

ちなみに，生殖戦略として海産無脊椎動物のカキ，ホッキガイ，イガイやヒトデでは第一減数分裂前期もしくは中期までに排卵・放卵が起きるが，卵は精子が侵入しても減数分裂を完了するまでは雄性前核形成が起きないため受精しない仕組みを卵細胞質にもっている。ところが，メダカのような魚類から哺乳類までの脊椎動物卵では，卵細胞質の成熟が第一減数分裂中期にはすでに起きていて，そのとき人為的に排卵（濾胞層除去）によって精子が侵入すると，即応して受精反応が起きて雄性前核を形成して受精する。すなわち，続く第二減数分裂を省略して発生を開始する（Iwamatsu, 1997, 2011, 2017）。これでは，新生個体の2n核相を保つことができない。したがって，脊椎動物では第二減数分裂中期まで精子の侵入を起こさせないように排卵しない仕組みを濾胞細胞にもっている。言い換えれば，脊椎動物では受精によって減数分裂を完了して生じる半数性の卵核と侵入した半数性の精子核の合体によって２倍性の接合核を生じるように，第二減数分裂中期まで排卵が起きない。この仕組みは，すべての脊椎動物に共通して種の保存のために極めて重要であるが，進化の途上，先祖がこの仕組みをいつ，いかに獲得し保持してきたかはまだ不明のままである。

４．卵軸と排卵

卵黄核と卵膜の付着糸（植物極側）の位置との間には密接な関係がある。卵母細胞の細胞質に１つの卵黄核が生じると，その周りの卵膜上の付着糸の出現によって，卵母細胞に極性（卵黄核と卵核を結ぶ卵軸）の第一次的発現がみられる。卵黄核のある卵母細胞部分のまわりに濾胞細胞が集まってくる。卵母細胞のこの部域が植物極予定域になる（図６・27，図６・28）。次いで，卵黄ができる前に，卵門細胞が付着糸のある植物極予定域と反対側（動物極側）の卵膜表面の濾胞細胞から生じる。この付着糸の位置とは卵門細胞を結ぶ線が卵軸になる。紐状濾胞柄 follicular stalk で卵巣底部にくっついている小さいさまざまな発達段階の卵母細胞の卵軸は卵巣上皮に対してデタラメの方向をとっている（図６・51）。卵母細胞の成長と共に大きくなる卵黄核は，分散消失して卵黄小胞（表層胞）が出現する。卵黄核のあった位置に生じた付着糸のある植物極側から卵黄塊が発達するにつれて，卵母細胞は急速に大きくなる。成熟の数日前になると，卵門細胞のある動物極側は，卵巣底部（腹側）に向く（図６・51）。その結果，必ずその植物側が卵巣表面（上皮）に接するようになり，卵母細胞は成熟後その側から卵巣腔内に排卵する。すなわち，排卵の様子を図６・51に示すように，卵母細胞は，成熟完了後植物極側の接している直径250~450 μm 域の卵巣上皮部分が破裂することによって，成熟卵母細胞は植物極側から変形しながら濾胞上皮を卵巣内に脱ぎ残す結果となる。

体外培養において，排卵しないものは濾胞層と卵膜とが互いに著しく離れた状態にあるので，先のきっちり合ったピンセットで卵膜を傷つけないように長い付着糸の巻きついている植物半球側の濾胞層をむしり破って，その部分から動物極側へと脱がしていく。こうして得た成熟未受精卵は，体内で成熟・排卵したものと同じように，媒精によって正常に発生する。

一定の光周期下で，雌メダカは毎日産卵を繰り返しているが，これは前述のように光の刺激を受けた間脳視床下部からの情報が，脳下垂体前葉のGTH分泌細胞によって提供されるためと考えられる。その細胞から放出されるGTHが血液によって卵巣濾胞（顆粒膜）細胞にまで運ばれ，それらの細胞を直接刺激する。その刺激を受けた濾胞細胞からほぼ８時間を経てMISが分泌され，卵母細胞に働く（図６・46）。その後，約７時間でGVBD（減数分裂開始）がみられ，その5.5~６時間後に排卵が起こる。こうしたホルモンの支配下で，24時間の産卵サイクルが続いている（図６・５）。

成熟卵母細胞の排卵後，卵巣内に残された排卵後濾胞は，紐状の濾胞柄（図５・42）で卵巣腹面底部の結合組織に付着しており，３~６時間で排卵開口部が閉じる。排卵後15時間ごろまでに卵巣底面部に近づき，排卵21時間後には排卵濾胞は濾胞柄によって卵巣上皮から，卵巣腹側底面部近くに落ち着く。この排卵後濾胞の卵巣底面部への移行過程に，卵巣上皮に接していた小さい濾胞（直径200 μm以下）も卵巣内部に引き込まれることになる。

V．成熟卵の産卵と形態

雌1匹の卵巣内に存在する卵母細胞を顕微鏡下で1つひとつ数えると，その数は雌によって異なり，約3,000～5,000個である（Iwamatsu, 1978）。生殖条件がよく，脳下垂体から十分なゴナドトロピン（GTH）を出し続ければ，それらの卵母細胞はすべて成熟して，その数だけ産卵されることになる。卵巣から狭い卵巣腔内に放出された後で，卵（1回の排卵数20~40個程度）は互いに卵膜上にある付着糸attaching filaments（表1・7）でからみ合う。そして，卵巣，卵巣膜や体腔壁の収縮によって短い輸卵管を経て，卵は泌尿生殖口から体外に押し出される。これが産卵である。このとき，卵は変形しながら泌尿生殖口から押し出された結果，付着糸が輸卵管内に残ることになる。したがって，卵はしばらく泌尿生殖口から長い付着糸でぶら下がった形をとっている。この付着糸は，伸縮性があり，卵膜の最外層の構造と同様に電子透過性が低い。付着系は強靭で1本だけでも個々卵をぶら下げることができる。卵の植物極以外の卵膜全表面に分布する付着毛short villi（non-attaching filaments：図6・52）と同様に，卵膜の最外層から伸びており，その最外層と付着糸は孵化時には孵化酵素の作用を受けない。そして，それらは植物極から叢状に伸びて，卵母細胞の回転で植物半球全体に右向き，または左向きで巻き付いて被っている（図5・28，図6・51，図6・52）。

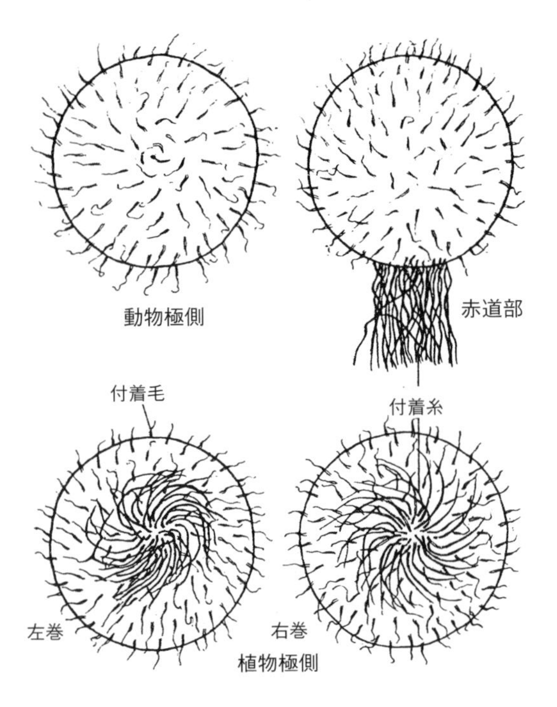

図6・52　メダカの卵膜上の付着糸と付着毛

卵母細胞の成長と回転：

卵形成の過程において，メダカ卵母細胞は卵巣内で卵核（胞）と卵黄核とを結ぶ軸を中心に40～48μm/hrの速度で，ゆっくり回転しながら成長している（Iwamatsu, 1992, 1994）。そのことは，成熟卵の卵膜表面から一定方向に伸びている付着毛・付着糸の傾きによって形態的に容易に認められる（図6・27，図6・28）。したがって，回転はそれらがまだ卵膜上に生えていない非常に小さい卵母細胞においてはわからない。

メダカは分類学上サヨリ，ダツ，サンマ，トビウオなどと同じダツ目に属し，卵の卵膜上に付着糸・付着毛が見られる（図6・29：Haeckel, 1855）。しかも，ダツ *Belone* やサヨリでもメダカと同じように，卵母細胞が一定の大きさになると，それらの付着糸・付着毛が卵母細胞表面を一方向に巻いている（図6・32）。

成長の間，付着毛（図6・34）と付着糸の形態や，卵母細胞表面と濾胞細胞の顆粒膜細胞の内側から卵膜内に細胞突起が挿入していることから推察して，卵母細胞の回転は卵膜内に細胞突起を差し込んだままの顆粒膜細胞が基底膜内面を這うように動くことによって起きているようである。これらの卵母細胞の回転は動物極と植物極を結ぶ卵軸と一致していて（図6・28），胚体ができる体軸の方向を決定しており，発生上重要である。しかも，卵軸が決まってから後で，排卵が起きるとき植物極域が卵巣の上皮（表面）側に位置するようになることから，基底膜の内面で起こる回転とは異なった動きで，卵母細胞の位置を変えるようである。しかし，それが基底膜外面に接する莢膜細胞の動きで起こると考えられるが，まだ証明されていない。

付着毛・付着糸の形成：

直径が100μm以下の小さい濾胞では，まだ卵膜も付着毛・付着糸もまったくみられない（Iwamatsu *et al.*, 1988; Iwamatsu and Nakashima, 1996）。これらの卵母

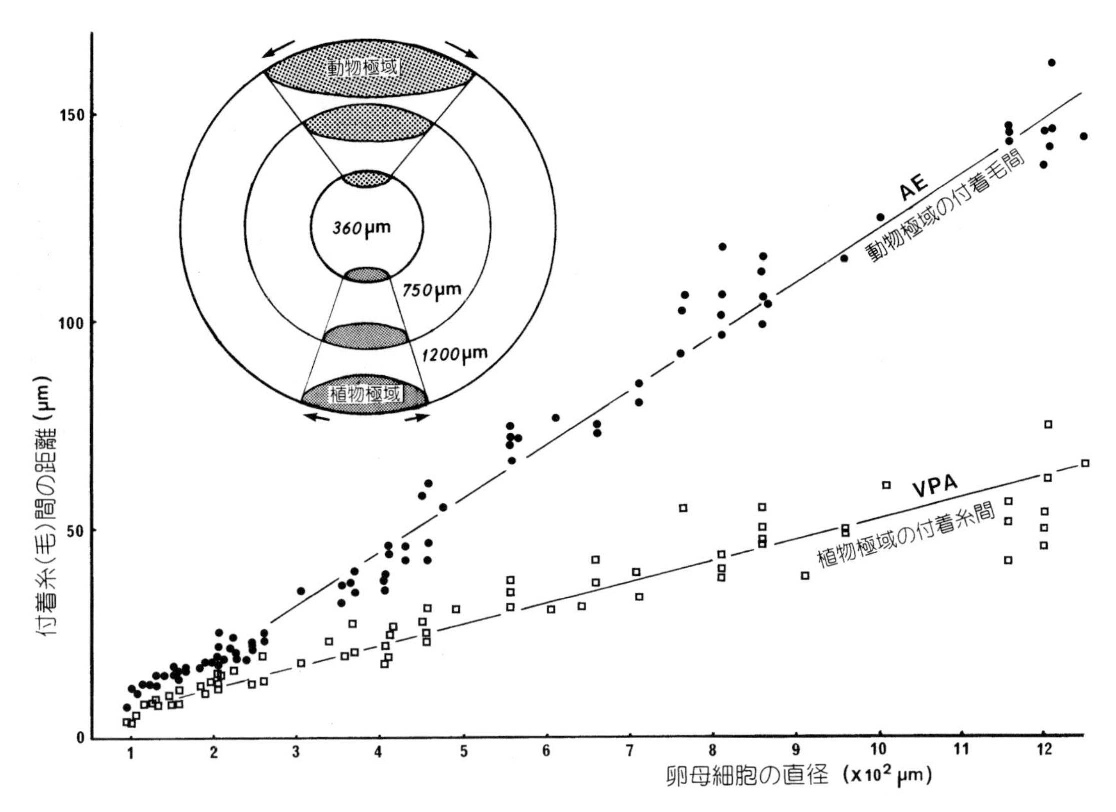

図6・53　メダカの卵母細胞の成長に伴う付着系（毛）間の距離の変化

(Iawamatsu, 1992)

細胞は，細胞周縁部にアクチン繊維を密にもつ濾胞細胞に包まれており，それらが多角形の編み目模様を呈する（影山，1997）。卵母細胞を被う濾胞細胞の分布は，それらの核の分布と形状をみてもわかるように植物極予定域に蜜になっている（Iwamatsu and Nakashima, 1996; 影山，1997）。濾胞の直径が80μm（Stage Ⅱ）になると，濾胞細胞の多角形の頂点にアクチン繊維の密集した小点（直径0.7μm：影山，1997）が認められ，さらに直径90μmになるとその小点が大きな丸い斑点（直径３μm）になる。これらの小点・斑点は電子顕微鏡で見ると，微小突起の密集部分を示す（Iwamatsu and Nakashima, 1996）。その後，濾胞の直径が110μm（Stage Ⅲ）になると，その斑点は内部からアクチン繊維が消失して環状班に変わる（影山，1997）。このときには，付着毛・付着糸の原基であるイボ状構造が形成され始める（Iwamatsu *et al.*, 1988）。これらの構造は，多角形をなした３個の濾胞細胞の接点にできるが，その位置は成長に伴う卵母細胞の回転によって変わる。したがって，付着糸の位置は３個の濾胞細胞の接触点ではなくなる。付着毛・付着糸の分布状態と数が，濾胞細胞に包まれた直径100～110μmの卵母細胞において決まるようである（影山，1997）。卵母細胞の急速な成長とともに濾胞細胞（顆粒膜細胞）数も著しく増加するが，付着毛・付着糸の数は変わらず卵母細胞の成長によって卵膜がのびて，それらの卵膜に分布する間隔が広くなるだけである（図６・53：Iwamatsu, 1992）。卵母細胞が大きくなるにつれて，隣の付着糸（毛）との間隔が広くなるが，植物極域（VPA）に比べて他の領域の方がより広くなる。すなわち，卵膜の拡張の仕方が卵の部域によって異なる。濾胞の顆粒膜細胞によって供給される卵膜最外層成分が付着糸の形成に使われる植物極域（VPA）の卵膜はその拡張が少ない。しかし，他の卵膜領域（APA）では，その成分が卵膜最外層の形成・拡張するのに使われて付着毛は短いままになると考えられる。

直径約100μmの大きさの時に出現する付着糸の数はメダカ種によって異なっており，ニホンメダカ*Oryzias latipes* では30本前後で，長さは排卵時には約16~20mmであるが，排卵24時間前では約８~11mmである。それらは右巻きか，左巻きかに巻いている。巻き

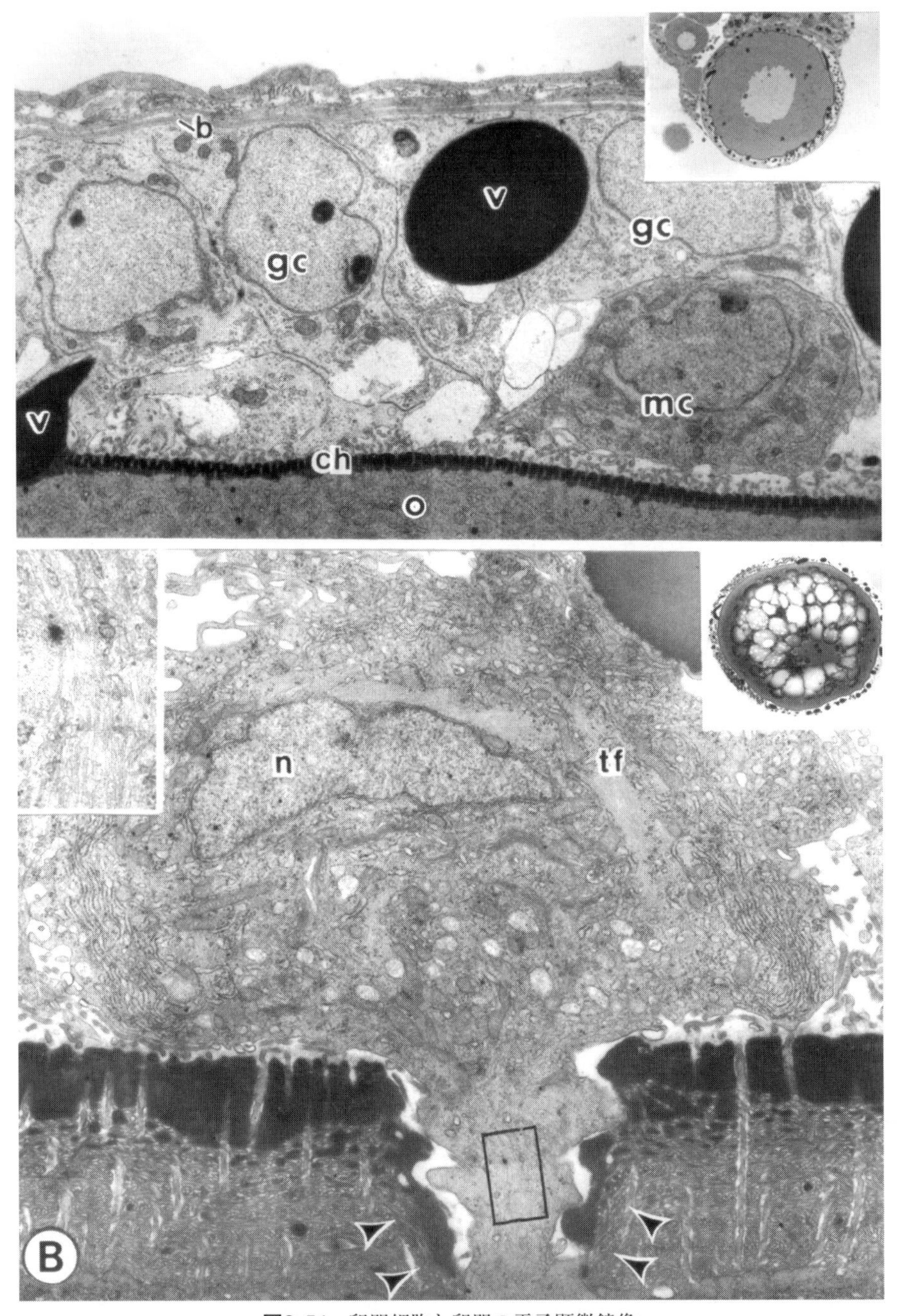

図6・54 卵門細胞と卵門の電子顕微鏡像

A：直径約150 μmの卵母細胞（stage V）の濾胞顆粒膜細胞（gc）と卵門細胞（mc）．b 基底膜，ch 卵膜，o 卵母細胞，v 付着毛．（×4,700：右上挿入 ×140）

B：直径約310 μmの卵母細胞（stage VI）の卵門細胞．枠内左上挿入は卵門細胞突起内の微小管（×51,500）．矢尻は卵膜内層の卵表側への歪みを指す．n 核，tf トノフィラメント．（×23,400；右上挿入 ×75）（Nakashima and Iwamatsu, 1989）

方は遺伝的に支配されていないらしい（Iwamatsu, 1992）。617個の卵について調べてみると，やや左巻きが多い（右巻き：左巻き＝275：342）。付着毛は排卵前24時間の卵母細胞では約150~200 μmであるが，排卵したものでは150~300 μmであり，その数は*O. latipes*では約190本である（表1・7）。この短い付着毛も，その先端が付着糸の巻きと同じ方向に，右向き，あるいは左向きに動物極へなびくように傾いている。その先端

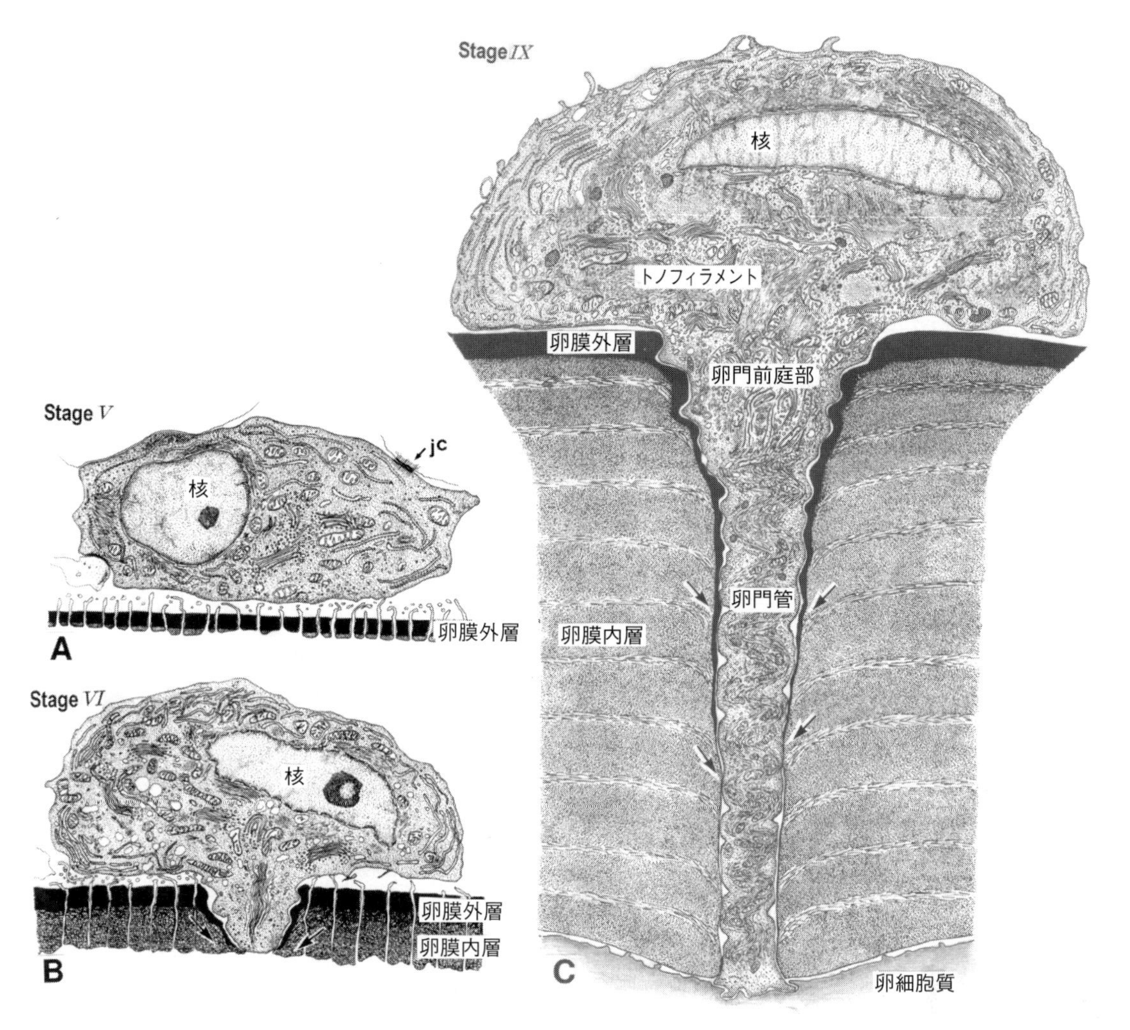

図6・55　卵門細胞の発達と卵門のでき方を示す模式図

矢印：卵門細胞突起が押し込むことによって生じた卵膜内層の引きつれ．jc，細胞接合部．（岩松，1997）

が互いに触れ合う部分（卵膜のやや厚くなった動物極部）には卵門 micropyle という精子の侵入口である卵膜の小孔がある。したがって，この卵門を探すためには，植物極の付着糸の位置と付着毛のなびいている方向を辿っていくとよい。メダカ卵では，通常卵門は1つであるが，まれに雌によっては2つもつ卵（図6・57）を排卵する。

卵膜と卵門の形成：

雌の生殖細胞である卵原細胞は分裂増殖によって卵母細胞になる。そして，相同染色体が複糸期になると，それぞれの卵母細胞は一層の体細胞に包まれ濾胞を形成する。それらの体細胞はやがて顆粒膜細胞に分化し，その顆粒膜細胞層の外側を基底膜と莢膜細胞層が取り巻く（図6・26）。このとき，卵母細胞の周りにはまだ卵膜はできていない。卵母細胞の直径が約110μmに達すると，濾胞の顆粒膜細胞が互いに接し合っている境に付着毛・付着糸の原基であるイボ状の構造を生じる。したがって，顆粒膜細胞が密に集まっている部分ではそのイボ状構造が基密に生じ，それが付着糸に発達する。そして，顆粒膜細胞からの分泌物が高電子密度の卵膜最外層 zona radiata externa（ZE）を形成し始める。一方，顆粒膜細胞は女性ホルモン（17β-estradiol）を合成分泌して肝臓を刺激し，その肝臓から（Hamazaki *et al.*, 1984）卵黄前駆タンパク質ビテロゲニン vitellogenin や卵膜前駆タンパク質コリオゲニン choriogenin（chg.）が合成される（Murata *et al.*, 1991, 1993, 1994; Sugiyama *et al.*, 1998）。それらの前駆物質は血流で卵巣にまで運ばれて卵母細胞の構築に使われる。コリオゲニンは卵母細胞内で修飾されて，卵膜内層 zona radiata interna (ZI) をつくるのに使われる。コリオゲニンは産卵している雌メダカの肝臓cDNAライブラリーからクローンされ，コリオゲニンL（chg.L: Murata *et al.*, 1995），コリオゲニンH（chg.H: Murata *et al.*, 1997），コリオゲニンHマイナー（chg.m: Sugiyama *et al.*, 1998）と命名されている。コリオゲニンのH（ZI-1,2; 76 kDa），および（ZI-3; 49 kDa）はC-末端部分が切断され，顆粒として細胞質を運ばれて卵膜最外層（顆粒膜細胞由来）の内側に付加・重層され，卵膜内層を成す。こうして，卵膜は最外層が顆粒膜細胞由来の成分であり，内層が卵母細胞由来の成分でできた上がる。そのため，孵化時に卵膜を分解する孵化酵素は卵自体がつくった卵膜内層しか分解できないので，付着毛・付着糸が付いた卵膜最外層は溶かされないままである。胚は自力によってその薄い最外層を破って卵膜外に泳ぎだす。これが孵化現象である。

卵膜内層（ZI, CIL）の形成が始まる前の卵形成段階の卵黄形成期V（stage V）の直径約150μmの卵母細胞において，卵母細胞の付着糸がある植物極予定域の反対側（動物極）の卵膜表面にある顆粒膜細胞の１つがメチレンブルーやアズールⅡに好染の卵門細胞に分化する（Nakashima and Iwamatsu, 1989；図6・54）。その分化後間もない卵門細胞はまだ接する顆粒膜細胞とは細胞接合（図6・55，jc）をもつが，他の顆粒膜細胞と違ってトノフィラメントが著しく発達していること，および上記の色素に対する好染性が特徴である。この卵門細胞は，卵母細胞の卵膜最外層（COL）が厚くなるにつれて，細胞質内にトノフィラメントが束をなしてますます発達する。卵膜内層が形成され始める卵母細胞（直径180〜250μm）において卵膜最外層はすでに厚く形成されており，卵門細胞は動物極の卵膜表面にあって卵膜に向けて無数の微小突起を出しているが，まだ卵膜に挿入する太い細胞突起はみられない。卵母細胞が stage VI の直径310μm以上の大きさに成長すると，扁平な核と細胞質に顕著なトノフィラメントをもつキノコ形の卵門細胞はトノフィラメント，そしてマイクロフィラメント，微小管 microtubules などの細胞骨格成分を多量に含む太い細胞突起（長さ4.5μm）が生じて，それを卵膜の最外層と形成されつつある内膜に押し込むようになる。その卵門細胞の細胞突起が卵膜最外層を卵母細胞に向けて押し込むため，卵膜を貫通した卵門管（内径約2.1μm）の内壁は卵膜最外層でできている。その微小管などの細胞骨格の束をもつ細胞突起が卵膜外層に押し込むことによって，その卵膜最外層に接着した周りの卵膜内層までが卵表に向けて引きつってしまうことになる（図6・54，矢尻の歪み）。こうしてでき上がった卵門では，卵門細胞の細胞突起の太い付け根の卵門管部分が卵門前庭部分をなしている。しかも，太い細胞突起の容積分だけ卵門管の周りの卵膜内層が厚くなり，卵門部分の卵膜は卵表層を押して突出した状態になる。その結果，卵母細胞の成長に伴って卵表層に生じる大きい細胞質成分（表層胞や油滴など）はその卵門管の突出した卵表層部分には存在しない。

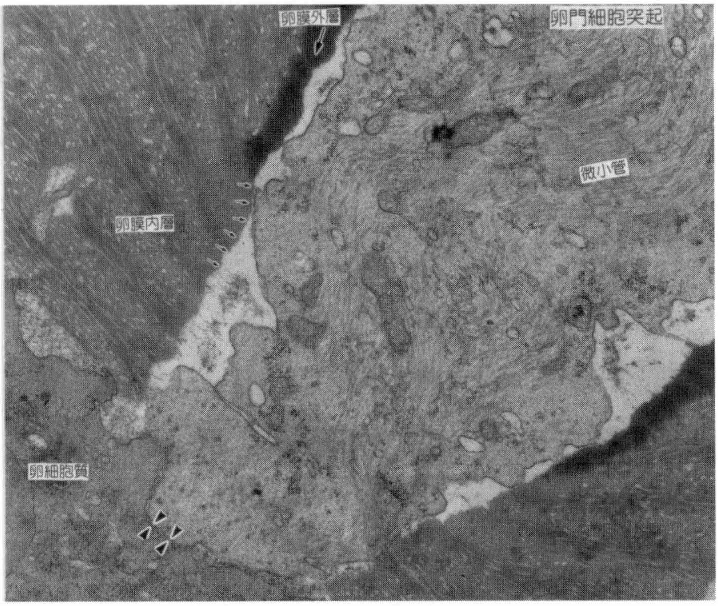

以上，卵門細胞によって卵膜に卵門が形成される過程を模式的に描いたのが図6・55である。まず発達過程の卵黄形成期 stage V の卵母細胞では，すでに最外層ができている卵膜上（動物極）に顆粒膜細胞の一つから卵門細胞が分化している（図6・55A），そして卵母細胞がゆっくり回転しながら stage VI に成長すると，扁平な核をもつ卵門細胞の細胞質にトノフィラメントと微小管の発

図6・56　卵門細胞の突起と卵表層

矢尻は卵門細胞と卵表の接点を示し，卵門管の外側に近い内壁は卵門細胞突起によって押し込まれた卵膜外層（矢印）でできている．小矢印：卵膜内層のみが卵門管の壁になっている部分．（Nakashima and Iwamatsu, 1989）

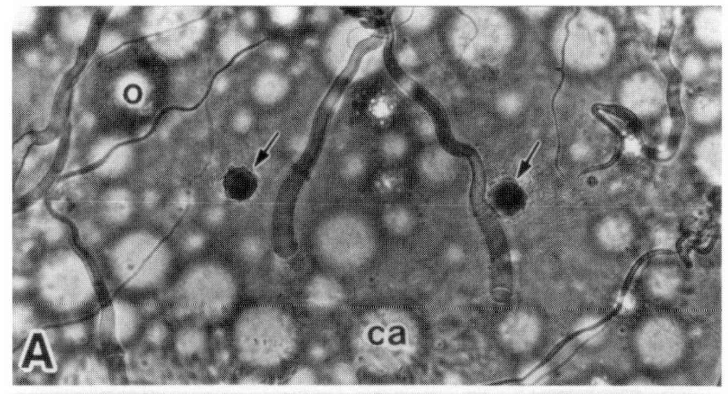

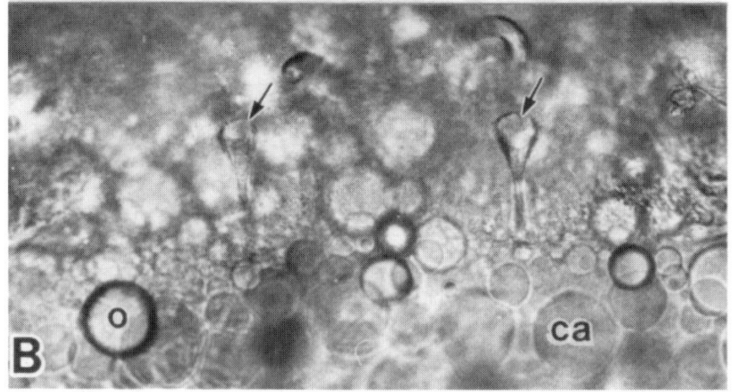

図6･57　卵門を２つもつメダカ卵の動物極付近
A：卵表面像，B：卵側面像．ca 表層胞，o 油滴，矢印は卵門．（×220）（岩松，1999）

達した太い細胞突起も捩れながら，卵母細胞に向けて卵膜に押し込んでいる。形成中の卵膜を貫通する細胞突起によって，卵膜最外層とそれに内接する卵膜内層も卵表に向けて引きつれることになる（図６･55B，矢印；図６･56）。その後，卵母細胞が十分な成長を遂げると，卵門細胞は回転している卵母細胞と共には回転していないらしく，卵門管内に差し込んでいる太い細胞突起だけに“捩じれ”がみられる（図６･56）。

ちなみに，この捩れが卵門・卵門管にみられる内壁のラセン構造をなす結果になる。卵膜内層が重層されるに伴って，押し込む卵門細胞の細胞突起は卵門管壁の周りの卵膜内層に構造の歪み（図６･55C；矢印）が生じ続ける。順次卵膜に新たな内層が重層されて，卵門管が長くなるにつれて，卵門管に押し込まれる卵膜最外層が不足してくるため，新たにできる卵門管内壁には卵膜最外層のない部分が生じることになる。したがって，卵膜最外層内壁のない卵門管の長さは完成した卵門管の全長のほぼ１/３を占める。この卵門管部分だけが，受精による卵膜の薄層化によって内壁の卵膜内層

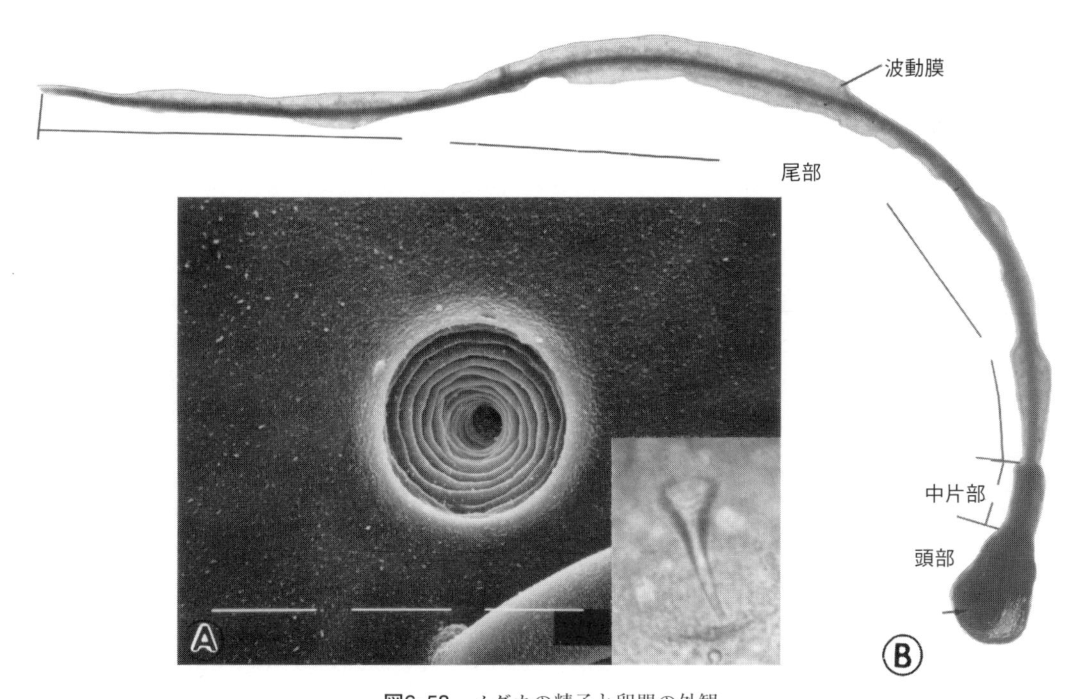

図6･58　メダカの精子と卵門の外観
A：卵門（鬼武一夫博士撮影）×2,000（Inset×800，岩松撮影），B：精子（本多陽子氏撮影）×4,800.

同士が融合して閉塞する。

ところで，卵黄核と卵核を結ぶ線が軸（卵軸）になって回転する卵母細胞において，卵黄核の位置（極）の反対極にある顆粒膜細胞が卵門細胞に分化する。そして，その卵門細胞が卵母細胞と細胞間相互作用によって卵門を形成する。不思議なのは，①卵門細胞の分化がすでに卵膜最外層のできている卵母細胞の発達段階 stage V で起こるが，どうしてその時期なのか。②卵黄核の位置の反対極にある1個の顆粒膜細胞が卵門細胞に分化するが，どうしてその位置なのか。また，③沢山ある顆粒膜細胞のうち1個だけが卵門細胞に分化するが，どうして1個なのか。さらには，④卵門細胞に太い細胞突起が形成されるのは，どうして卵母細胞の発達段階 stage VI であるのか。⑤その形成は卵門細胞が要求する物質が stage VI 以後にしか卵母細胞から出されるようにならないためなのか，あるいはその物質に感受するリセプターが卵母細胞に生じるのが stage VI 以後であるためなのか。それとも，⑥卵門細胞に太い細胞突起をつくる細胞骨格成分が生じるのが stage VI 以後のためなのか。今なお，これらの疑問を含めて多くの問題は解かれていないままである。稀ではあるが，図6・57のように，卵門を2つもつ卵を1腹で十数個産む雌がみられる。この例では，当然動物極の卵膜部分に2個の卵門細胞が分化・形成されて，結果的に卵門が2個形成されたのであろう。

成熟した卵門細胞では，細胞骨格のトノフィラメントや微小管などが退化・消失して，その細胞突起が卵膜から退縮する（Nakashima and Iwamatsu, 1994）。その結果，その細胞突起が抜けてなくなった卵膜には小孔が生じる。これが排卵した成熟卵に見られる卵門である。排卵前の未成熟な卵母細胞と濾胞顆粒膜細胞とは卵膜内に互いの細胞突起を刺し込んで接触・連絡を取り合っているが，卵母細胞が成熟するとともにそれぞれの細胞突起が卵膜から退縮して，卵膜内には小管孔（c）もみられなくなる。

その形はロート状をしており（図6・57，図6・58），卵膜の内膜へ向かう卵門管micropylar canalの内壁はラセン状のしわをもち，その先端は卵原形質膜に接している。

排卵して間もない未受精卵をみると，上記の付着毛・付着糸をもつ卵膜には不規則な形の模様がある。卵を側面からみると，卵膜と卵表との間にはほとんど隙間（囲卵腔 perivitelline space）がない。卵原形質の中央には卵容積の大部分を占める透明な卵黄（緑藻を多く食べている雌の卵では黄色が濃い）をもち，表層部分には種々の細胞小器官がみられる。とりわけ，繊細な輪郭をもつ比較的大きい（2~40μm）胞状の表層胞 cortical alveolus が，動物極（卵核胞の崩壊した跡）部と卵門下を除いて，卵表全面に一様に分布していることが未受精卵の形態的特徴である。表層胞を高倍率（400~600倍）の光学顕微鏡や電子顕微鏡で観察すると，内部に球状成分 spherical body が認められる。山本（1962d）によれば，表層胞の周りの細胞質に受精時に消失するa-顆粒と名付けた顆粒があるという。その顆粒はRNAに富んでいるといわれている（Aketa, 1962）。

Ⅵ．精巣の発達

1．精原細胞の分化

非繁殖期のメダカ精巣には精原細胞の分裂，及び精母細胞の減数分裂がほとんどみられず，精子形成は停止した状態にある（道端ら，1974）。繁殖期の雄は，毎朝雌と交尾し，その都度成熟した精子の大部分を射精する。そのため，この時期の雄の精巣内には精子形成のあらゆる段階の細胞がみられ，毎日精子ができている。精子形成の動態について，江上（1976）が詳しく記述している。それによれば，精巣の周縁部には精原細胞spermatogonia（Ⅰa，一種の生殖幹細胞）をもつ細精管包嚢testicular（seminiferous）cystが占めている。これらの細胞はヘマトキシリンでよく染まる大きい核をもつ。濱口（1990b）によれば，細胞質内の生殖細胞特有の生殖質germinal dense body（nuage）の形態から，雄性生殖細胞である前精原細胞は始原生殖細胞と区別できるという。1つの包嚢内の細胞はすべて同調して分裂し，同調しない分裂はみられない。分裂後も，次の発達段階の細胞質の貧弱な精原細胞ⅡとⅠb に分化する精原細胞Ⅰaは一部で，残りのものが精原細胞Ⅰa として分化しないままとどまる。同様に精巣の周縁部に分布を示す他の細精管包嚢には，大きくて仁を含む核をもつ精原細胞Ⅰbが約500個入っている。この包嚢の内側にはより大型の精原細胞Ⅱを含む包嚢の層がある。精原細胞のうちでも，ⅠbとⅡの分裂（第一，第二減数分裂）が活発で，各包嚢内での分裂は同調している。江上と田口（1967）によれば，^{3}H–チミジンを注射し，25℃でのその取り込みを調べてみると，ごく少数の精原細胞に取り込まれるという。しか

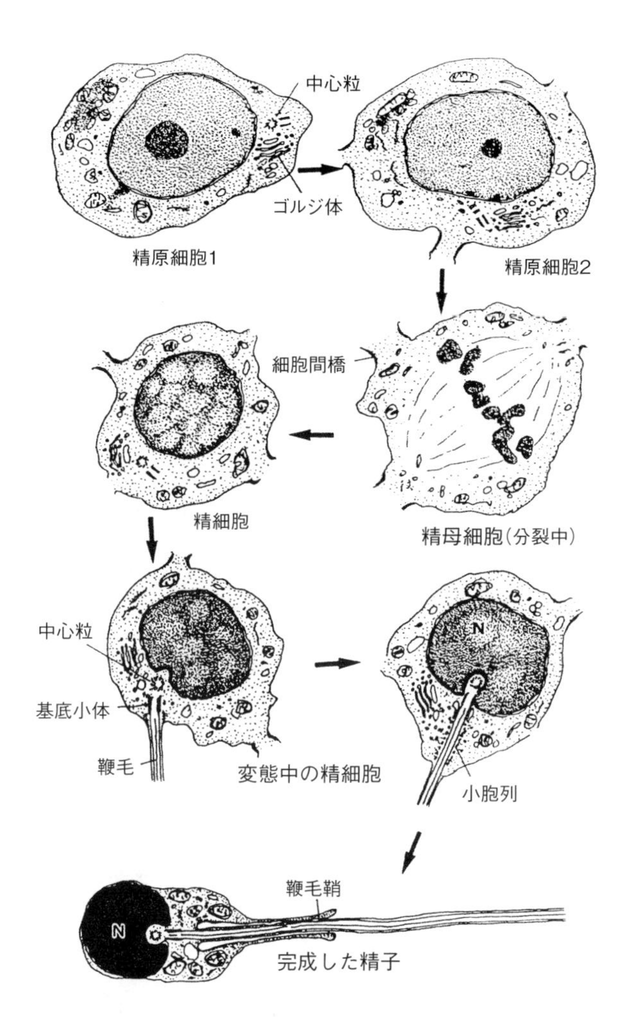

図6･59　メダカの精子形成過程の模式図

も，標識指数から推定して³H−チミジンを取り込んだ細胞が１時間でプレレプトテンpreleptotene 期まで，２時間でレプトテンleptotene 期に，そして９時間でパキテンpachytene 期に進行することを示している。冬のような非繁殖期には精原細胞Ⅰa，Ⅰb，Ⅱはそれぞれ分裂しないG_0期になるが，水温を上げると，直ちに精原細胞Ⅱがほぼ10回（2^{10}）分裂して700~1100個（濱口･柴田，1987）の精母細胞への分化を開始し，減数分裂が進む。精原細胞Ⅱの総数が一時的に減少すると，その不足によって精原細胞Ⅰbからへの分化が促進される。その結果，精原細胞Ⅰbが不足すると，G_0期で停止していたそのⅠbの細胞分裂（周期）が始動する。しかし，G_0→G_1→S→G_2→Mと進行するため，分裂増殖が遅れる。さらに，精原細胞Ⅰbの減少は精原細胞Ⅰaの分裂を刺激するようになる。このように，温度の上昇は，卵形成と同様に，精原細胞の即応で開始する精子の形成にも極めて重要である。

２．精子の形成

雄メダカは全長が14mmに成長すると，精巣内に成熟した精子をもつ。

メダカ成魚において，精巣周辺部にある細精管内の精原細胞は，周年存在し，１個の明瞭な球形の仁（核小体）をもつ大型の核がある。生殖時期の４月に入ると，精子放出が起こり，５月中旬には精原細胞の分裂に加えて，成長期を経た細胞の成熟分裂もみられる（西川，1956）。７月下旬及び８月に入ると，中心部の細精管内に精子を満たした状態はみられないが，細精管壁の肥厚が観察できる。生殖時期の精巣には精原細胞の分裂はみられず，成熟分裂だけがみられる。この時期の細精管に成熟精子がみられないのは，放精活動が活発であるためである。９月下旬から10月には精細胞spermatidsがみられるようになり，11月から２月頃までには完成された精子は放精活動がないため細精管内にたまってくる。この精子形成の年周期的変化には個体差がある。ちなみに，雄メダカに³H-チミジンを注射して時間を追って固定して精巣を調べた江上と田口（1967）によれば，精子形成を時間的にみると，精原細胞~前レプトテン期の精母細胞 spermatocyte から精細胞に移るまでの精母細胞期に少なくとも５日間を費やし，精細胞から精子に変態するには約１週間かかっていると考えられる。

渡辺ら（Watanabe *et al.*, 1995）によれば，雄にHCGを注射すると，5-bromo-2'-deoxyuridine（BrdU）の取り込みが１日以内で起こる。このBrdU-ラベルした第１精母細胞は１日で第２精母細胞になり，３日で精細胞になる。さらに，精細胞が３～４日で精子鞭毛の伸長が見られ始め，５日で動き始める（Watanabe *et al.*, 2002）。体外での精子形成をみた佐々木らによると，精子形成過程はセルトリ細胞と精細胞の相互作用，及び精細胞の自立的な制御機構によって進行する。アポトーシス誘導の細胞内信号伝達系として働くカスパーゼが，精子核凝縮の開始と細胞質小葉の形成に関与すると考えられている：①第１精母細胞の培養３日目に精細胞への分化（この時期に核凝縮が開始している），②ミトコンドリアの局在，③鞭毛形成開始。精細胞になって２日間で，鞭毛は形成完了して精子のものと同じになる。

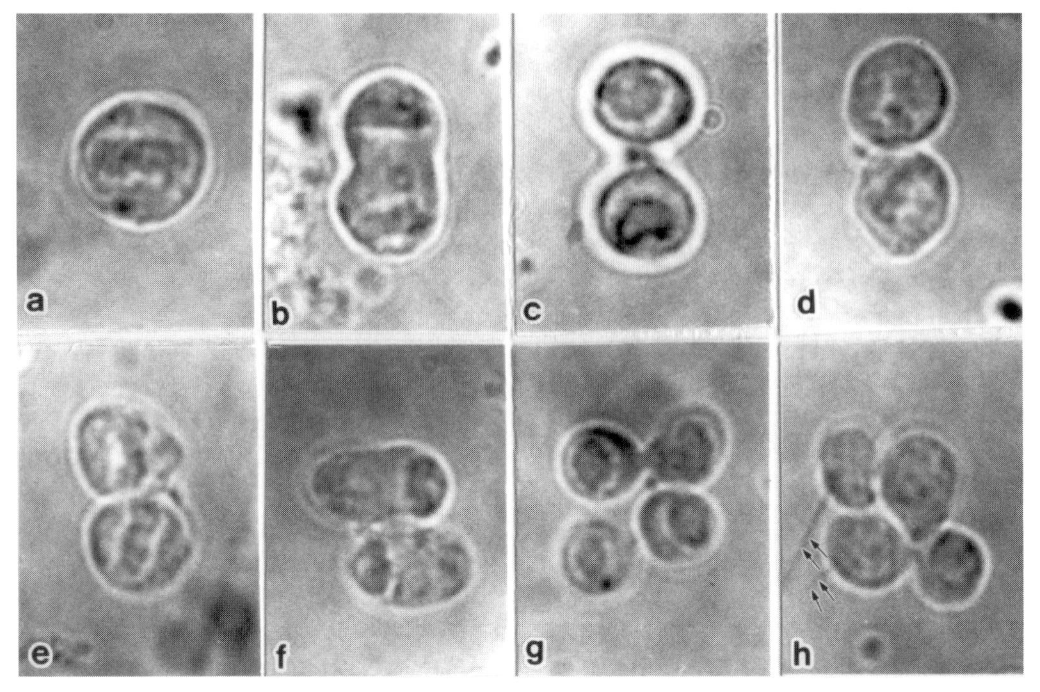

図6･60 培養による一次精母細胞の鞭毛をもつ精細胞への分化

a. 第一減数分裂中期の一次精母細胞，b. 第一減数分裂像，c. 第一減数分裂終期像，d. 第二減数分裂間期像，e. 第二減数分裂中期像，f. 第二減数分裂像，g. 第二減数分裂終期の4精細胞，h. 鞭毛をもつ精細胞への分化（矢印，鞭毛）．(Saiki *et al.*, 1997：鬼武一夫博士の提供)

メダカにおいて，精子形成 spermatogenesis 及び精子変態 spermiogenesis の経過は，厚さ約0.3μmの1層の包嚢境界壁 lobule boundary 細胞によって仕切られた細精管包嚢内で進行する。前述のように，包嚢壁をなしているこれらの細胞は，発達中の精細胞が捨てる細胞質残部を摂取する。そのため，それらはグレシクら（1973）のいう包嚢上皮細胞で，哺乳類のセルトリ Sertoli 細胞に相当するとみなされている。それらの体細胞（セルトリ細胞）の周りには繊維芽成長因子（FGF）が分布しており，精子形成の開始・進行に重要であろうと考えられている（Watanabe and Onitake, 1995）。包嚢内において，その生殖細胞は接したもの同士の細胞間橋 cytoplasmic bridge（図6･59）の存在によって，減数分裂や精子変態が同調して発達する。精原細胞Ⅱにも細胞間橋があり，1つの包嚢内にあるすべての生殖細胞は単一シンシチウムをなし，その細胞質残余体が捨て去られる精子変態完了時まで，個々の細胞としては存在しない（Grier, 1976; Sakai, 1976）。

メダカの精巣において，表層域にある生殖細胞は，前述のように，少なくとも2種類ある精原細胞である。1組の中心粒とそれぞれに関連した付随体とからなる中心粒複合体の存在が，この精原細胞に共通した細胞

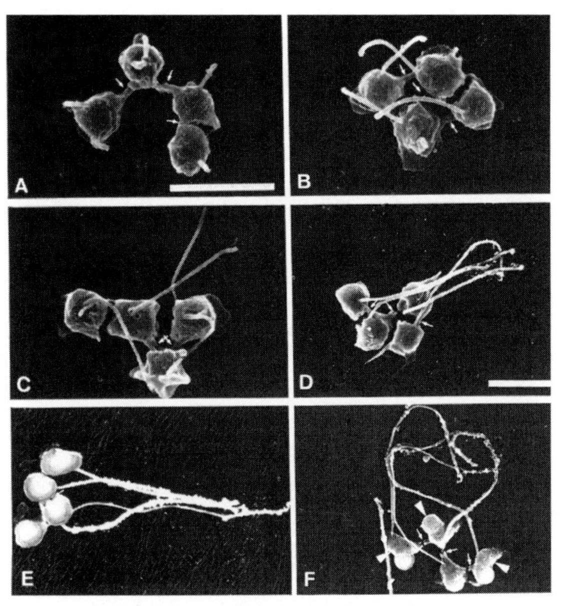

図6･61 培養による鞭毛を生じ始めの精細胞から精子までの精子形成過程の走査電子顕微鏡像

A. 短い鞭毛を形成し始めた精細胞，B-E. 鞭毛の伸長過程，F. 放出される細胞質残余体（矢尻）
小矢印；細胞間橋を示す．
(Saiki *et al.*, 1997：鬼武一夫博士の提供)

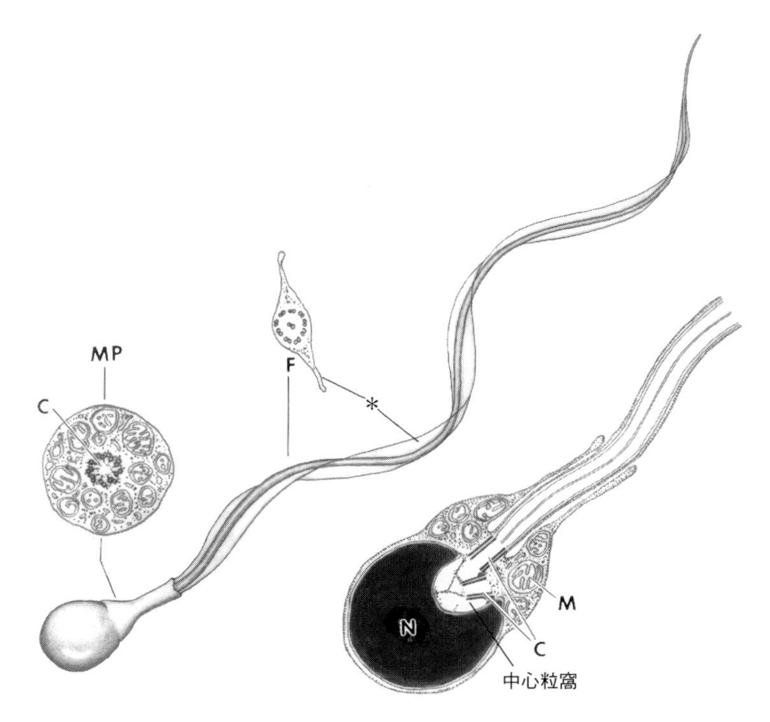

図6・62　メダカの精子の形態

頭部に丸い核(N)をもち，中片部(MP)にはミトコンドリア(M)と中心粒(C)をもつ．
鞭毛(F)には波動膜(＊)がある．

学的特徴である。精原細胞を含む包嚢の分布する内側の包嚢には，初期パキテン期の精母細胞，そしてその最も内側にある包嚢には，伸長しつつある鞭毛と球状の核をもつ精細胞が含まれている。

精母細胞を体細胞のない条件下で培養すると，減数分裂を進めて48時間以内に球状の精細胞に分化する（図6・60：Saiki *et al.*, 1997)。一次精母細胞が第一減数分裂中期から第一減数分裂終期にまでは，約60分間で進行する。そして，約192分間経つと，第二減数分裂間期像を示す。さらに第二減数分裂中期から終期に至るまでは約55分間である。また，第一および第二減数分裂中期では染色体数 n が24であることも確認されている。精細胞において，単一の鞭毛が生じ，細胞質残余体 cytoplasmic residual（細胞質小滴 cytoplasmic droplet）が放出される。電子顕微鏡像（図6・61）にみられるように，その後鞭毛が生じ始めた精細胞は精子に変態する。丸い精には，プロタミンmRNAの発現が認められる。このことは，形態的変化と同様に遺伝子発現が細胞培養中に精子形成の進展に調節されていることを示唆している。さらに，培養10日目の生殖細胞で媒精された卵は正常胚を生じて孵化するまでに発生することがわかった。すなわち，体外培養によって精母細胞が受精能をもつ精子にまで分化・発達させられるのである。

減数分裂終了直後の初期の精細胞 early spermatid は，伸長中の鞭毛 axoneme に隣接したゴルジ体を1対の中心粒の傍らにもっている（図6・62)。このときの細胞には，中心粒間に薄膜構造がみられるが，この構造は変化の途中のもので，基部中心粒を完全に取り囲む核の窪みである中心粒窩 centriole fossa を生じる。成熟した精子では，1本の微小管が基部中心粒から中心粒窩を裏打ちする核膜に向かって伸びている。鞭毛は，周りに電子密度の高い付属物をもつ中心粒から伸びており，その鞭毛の周りには直径40~100nmの小顆粒が配列している。

減数分裂時の不完全な細胞分裂のためか，この段階の精細胞は細胞間橋によって連結しており，シンシチウムを呈している。鞭毛の伸長と共に，細胞膜が再形成され，単核精細胞になる。この時期に細胞膜から突き出している鞭毛の部分はすでに細胞膜に包まれているが，細胞質内にある小胞に囲まれた鞭毛はまだ細胞膜には包まれていない。これよりやや発達した精細胞は，その小胞が互いに融合した二重の円筒膜を作る。ゴルジ体が関与して形成されると考えられている鞭毛膜（酒井，1973)

は，細胞質に向かってもぐり込むことによって，精子頭部の後方に伸びる波動膜 undulating membrane（図6・61）を形成している。

後期の単核精細胞は互いに細胞間橋で連結している。この時期の精細胞のゴルジ体は，まだ細胞の後方にみられ，精子変態の最後の段階には，精細胞の後部の細胞質が減少し，鞭毛鞘を形成する。このとき，核の著しい凝縮が起こり，後端に窪みをもつ球状核が形成される。減数分裂後，精細胞の分化中では，核は直径が7~10μmであるが，鞭毛の伸長期に2.5~4μmになり，成熟した精子では，1.5~2μmである。先体をもたない成熟した精子の核は球状で，核質には不規則に散在している凝縮クロマチンを含んでいる。

清水ら（Simizu *et al.*, 2000）は，高アルギニン塩基性タンパク質プロタミンのない精子を調べることによって，精子核の生理的凝縮にはプロタミンが関係していないことを示した。すなわち，転写阻害剤（アクチノマイシンD）の存在下でも，精母細胞は減数分裂後凝縮核と長い鞭毛をもつ精子になる。この精子にはプロタミンが存在しないことから，核（クロマチン）凝縮にはプロタミンが関与していないことがわかった。しかし，凝縮クロマチンの保存にはプロタミンが必要であるらしく，プロタミンをもたない精子頭部は淡水中では速やか（10分以内）に膨張して崩壊する。これらの結果は，メダカ精子におけるプロタミンの生理的役割が，射精後の精子を，受精が起こるまで低浸透圧から保護することにあること示唆している。

精子は全長約27μmで，頭部・中片部・尾部からなっている。頭部は直径約2μmの球形に近く，先体acrosomeをもたない。中片部は著しく短く，ミトコンドリアをもつ。尾部鞭毛には波動膜をもっている（図6・62）。

3．生殖細胞以外の細胞

グレシク（1973）によれば，細精管の小さい包嚢を作っている上皮 cyst epithelium 細胞は，精細胞が精子に変わり始めるまで，単一の鱗状を示す。この時期まで，この細胞には細胞小器官は少ないが，これ以後細胞が円筒状になるとグリコーゲン顆粒や滑面小胞体を多く含むようになり，食作用がよくみられる。この上皮細胞が，細胞学的・組織学的な面から哺乳類の細精管上皮のセルトリ細胞に相当するものであることは前述した。哺乳類のライディッヒ細胞 Leydig cell と相同細胞であると考えられている間充織細胞は，細精管包嚢と排出管の分岐部の間にある。この間充織細胞にはリボソームをもち，ゆるく重なり合った扁平な小胞体が発達している。通常顆粒をもつステロイド産生細胞は，ミトコンドリアが球状の成分を含み，管状（cristae）成分のある多形態的な棒状である。この細胞は3β-ヒドロキシステロイド・デヒドロゲナーゼHSD活性をもち，スダンブラックB染色とシュルツ染色による細胞化学的には陰性であり，大きさが直径8~10μmで，球状の大きさ約5μmの核（1つの仁）をもつ。

Ⅶ．硬骨魚の卵生と卵胎生・胎生

魚類を含む脊椎動物は種々の生息環境に適応しており，種族存続のために不可欠な生殖にはさまざまな卓越した様式がみられる。硬骨魚にみられる卵生及び卵胎生，胎生といった生殖様式には，概して表6・4に示すような違いがある。

メダカのような変温動物である淡水産の卵生魚では，卵母細胞は光や温度に依存したホルモン分泌リズムによって卵巣内で成熟する。卵巣から卵巣腔に排卵された成熟卵は交尾刺激によって泌尿生殖口を通って体外に放卵されて，雄から放精された精子が卵膜にある卵門を通って卵内に入って体外受精する。一般に，卵生硬骨魚では同様に，卵巣から卵巣腔，もしくは体腔へ

表6・4　硬骨魚の卵生及び卵胎生，胎生の生殖様式の特色

生殖様式	魚種	生殖リズム	卵の発達・成熟	受精	発生過程	孵化の場所
卵生	多くの硬骨魚	外環境依存	胚の影響無	体外	体外・卵黄栄養依存	体外
	サラシノラムメダカ	胚依存	胚の影響有	体外	体外・卵黄栄養依存	体外
卵胎生	カダヤシ科	胚影響	胚の影響有	体内	体内・卵黄栄養依存	体内
胎生	カサゴ類	外環境影響	胚の影響有	体内	体内・主に母胎栄養依存	体内
	ジェニンシア科	胚影響	胚の影響有	体内	体内・主に母胎栄養依存	体内

排卵し，それに続く体外への放卵（産卵）の二段階をもって体外で受精が行われている。そして，受精卵は体外で卵の成分に依存（卵黄栄養依存 lecithotrophy）した発生を行って孵化する。すなわち，卵生魚は外環境である光と温度に依存した卵の形成・成熟と排卵のリズムを示し，体外受精を行う。これが卵生硬骨魚の生殖の特徴である。まれに，海産魚ニジカジカ marine sculpin *Alcichthys alcicornis* のように，卵生に関わらず，交尾によって卵巣腔内に注入された精子は受精能をもったまま数カ月間保持され，卵がそこに排卵されると卵門管内に入る現象，いわゆる体内配偶子会合 inter gamete association（Koya *et al.*, 2002）と呼ばれる体内における卵と精子の接触がみられる。体内で卵門内に精子が入るが，卵巣腔内液のカルシウム不足で受精できず卵が海水に産卵されて初めて受精が成立する卵生魚の生殖様式である。

すでに述べたように，毎日産卵している卵生魚の雌メダカを産卵前に雄と隔離して交尾・産卵させないようにしておき，排卵したばかりの未授精卵を持っている雌の卵巣腔に泌尿生殖口から微小ガラスピペットで精子を注入する。すると，卵は体内受精 *in vivo* fertilization して卵膜が硬くなり，そのため狭い泌尿生殖口から出られなくなり，卵巣腔内に留まって発生を始める。しかし，血管が分岐せず発達の悪い胚は発生が途中で止まる。すなわち，卵生魚も体内で受精することはできるが，体内で正常に胚発生できない。そのような発生異常の胚を体内に孕んでいても，雌メダカは光周期に依存して毎日排卵を続ける（Iwamatsu *et al.*, 2005）。要するに，卵生魚はたと腹に子どもを孕んでいても，それに影響を受けず光周期に依存して卵成熟と排卵を行う生殖様式を示す。ところが，スラベシ島に棲むメダカの中には，産卵して体外受精を行う卵生でありながら，排卵は光周期に関係なく泌尿生殖口からぶら下げている発生中の胚の存在に依存した卵成熟・排卵を示す淡水魚がいる（岩松・佐藤，2004; Iwamatsu *et al.*, 2007, 2008）。それらは，「子守りメダカ」（東山動物園世界のメダカ館）と呼ばれる腹鰭保育（“pelvic brooder”, Kottelat, 1990）を行うサラシノラムメダカ *Xenopoecilus*（*Oryzias*）*sarasinorum* やエバーシメダカ *Oryzias eversi* である。スラベシ島のリンドゥ湖に棲むこれらの淡水魚の雌は，他のメダカ *Oryzias* 種と同様に，雄の交尾刺激によって産卵した卵は卵膜に卵門をもち，そこから精子が卵内に入って受精する。その卵膜上に付いている付着糸の端が卵巣腔および短い輸卵管に残るため，卵を泌尿生殖口からぶら下げている。驚いたことに，サラシノラムメダカでは卵巣腔・輸卵管の部分に残っている付着糸の部分が互いに絡み合って遊離細胞と共に塊り（固い胎盤様複合体）を形作り，輸卵管内壁上皮と癒着する。そのため，付着糸で発生卵を孵化するまで泌尿生殖口からぶら下げたままである。輸卵管上皮に癒着した付着糸の塊りは胎盤のように輸卵管内壁から血管も入り込む（図6・64）。卵が発生している間，雌は泳ぎながら絶えずからだを振動させて卵の存在を神経中枢で確認している。すべての卵が孵化し終わり身軽になると，脳神経情報経由で確認して，輸卵管を塞いでいた胎盤様複合体を退化消失させる。雌は，産卵刺激，及び胎盤様複合体の機械的あるいは化学的（ホルモンのような）情報によって，卵巣内の卵の形成・成熟が抑制的に調節されていて，排卵・産卵することは決してない。これらの魚の生殖は，まるでホルモン分泌の機能をもつ胎盤の存在によって排卵が調節されている胎生動物の生殖のようである。すなわち，卵生でありながら生殖が光などの環境要素に制御されないで，胚の存在に依存する生殖戦略である。受精卵を口腔内で保護し，孵化後も保育する口内保育 mouth brooding で知られている卵生魚（ウミナマズ科 *Galeichthys*：テンジクダイ科 *Apogon*）の生殖も保育による内分泌調節を受ける生殖様式へと進化の途を辿っている。

グッピー guppy（*Poecilia retriculata*）やカダヤシ mosquitofish（*Gambusia affinis*）のような熱帯性淡水魚のカダヤシ科 Poecilidae，アサヒギンポ科 Clinids，ベラ科の一部，ヨツメウオ *Anableps* などは卵胎生魚 ovoviviparous fish である。グッピーにおいては，さまざまな大きさの卵母細胞（濾胞）をみると，濾胞細胞層表面に卵巣腔からの管の末端が凹窩部 sperm pocket をなし，卵母細胞側に内接して多数の精子が受精のために待機している（高野，1977; Kobayashi and Iwamatsu, 2002：図6・63）。しばらく雄と交尾しなくても，その待機精子によって卵母細胞は次々成熟しては受精して発生を始める。すなわち，卵母細胞は成熟しても排卵しないまま，その待機精子によって卵巣濾胞内で受精する。ちなみに，グッピーの卵母細胞の卵膜には精子が通る卵門は認められていない。受精卵はそのまま卵巣内で発生を開始し，胚の卵黄球表面にはメダカ卵とは違って網状に分岐発達した血管が見られ，正常な発生を続ける。すなわち，薄い卵膜を通して酸素や老廃物の供給・処理などに生理的影響を受けながら発生する。発生が完了すると，胚は卵膜を溶かし孵化して稚魚の形で卵巣腔に出て泌尿生殖口から体外に産みださ

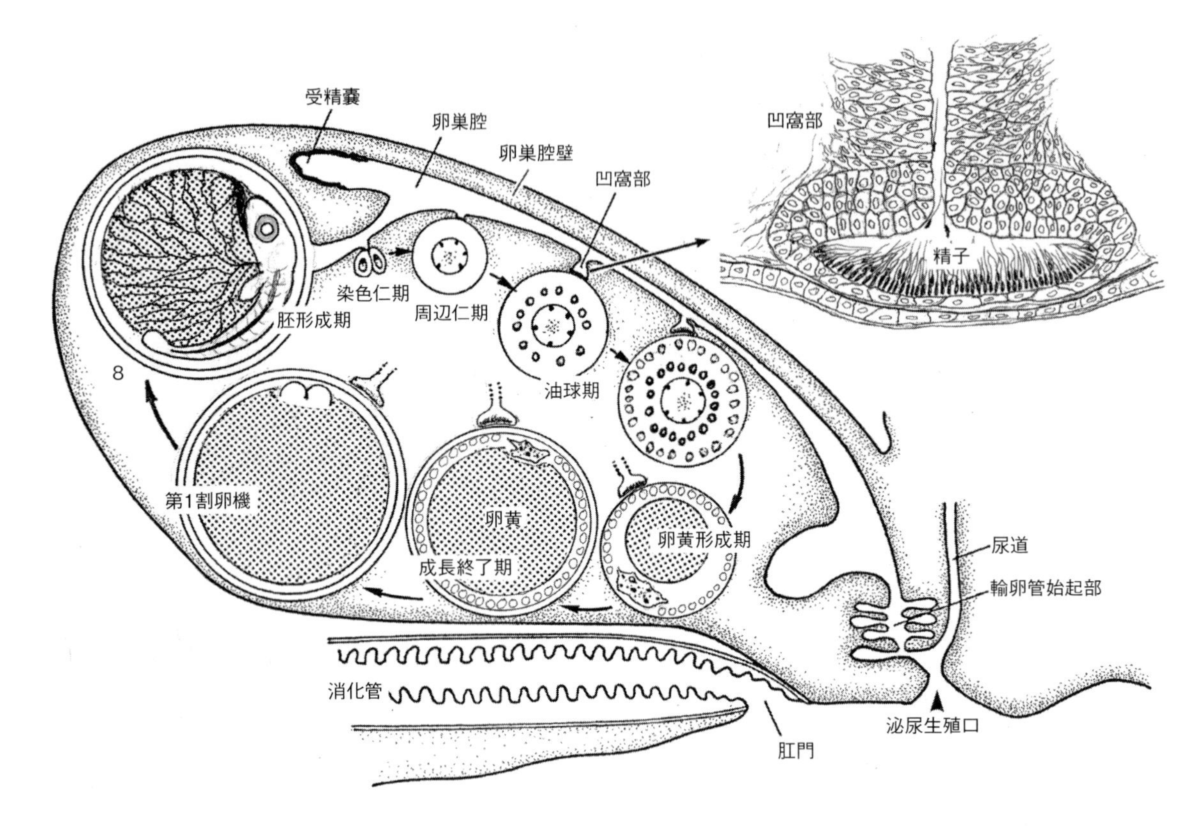

図6・63　グッピーの卵巣横断の模式図
（高野，1977より改図）

れる。高野（1976）に紹介されているように，受精から出産までの産仔サイクルは，カダヤシでは約25日（28±2℃），グッピーでは約27日（24±2℃）であり，そのサイクルの前半では卵母細胞は発達せず前卵黄形成期のままであるが，後半に卵黄形成期に入って急成長する。そして，出産後1～7日に卵母細胞は成熟して卵巣内で凹窩部の待機精子と受精する。このように，グッピーは卵巣内で排卵もせず受精した卵は卵膜をもったまま，主として卵黄成分を栄養源（卵黄栄養依存型）にして母体からの栄養供給をうけないで発生を終えた稚魚を産み出す卵胎生魚である。また同様な卵胎生魚であるカダヤシでは，出産から次の出産までの卵巣周期に伴う卵巣内の卵母細胞の組成を調べた古屋康則博士（私信）によれば，出産後3日後くらいから次の卵群が受精し，その受精胚の発生初期の15日間は次の卵母細胞の卵黄形成は起きないが，それ以降には卵黄形成が認められる。そして胚が産み出される直前（出産後20日目頃）には，次の卵母細胞は卵黄形成が活発になり，出産後急激に成長して出産後3日目には成熟して受精が可能になる。しかも，卵母細胞の成熟はメダカと同様に深夜に起きる。また，野生のカダヤシでは日照時間が長いことが大切である（Lam, 1983）。また，このような変温動物である卵胎生魚では，生殖周期は温度や光のような外部環境の影響を受けるが，体内の胚・胎仔の存在により強く影響を受けている。このような卵胎生魚では，排卵をしないで卵巣内で受精して，そこで主として自前の卵黄を養分として発生して体内で孵化する。ここに注目すべきは，卵胎生魚は卵巣内で発生中の胚の存在によって続く卵母細胞の発達・成熟が抑制的に調節されていることである。

一方，胎生は，今日まで，“胎生は受精から孵化に至る胚発生が体（卵巣・輸卵管）内で起こり，子を出産する現象である”と定義されており，魚類，両生類，爬虫類，哺乳類に認められる。概して，胚・胎仔は酸素や栄養物（母体栄養依存型 matrotrophy）などが胎盤 placenta を通して母体から供給され，浸透圧調節，外分泌，排泄，内分泌や免疫などの問題を生じる。体内に胚を宿している母体は胚に酸素の供給や老廃物の排除の負担を受けるばかりか，胎盤からの内分泌的影響によって娠という生理的な制御を受けている。妊娠している母体側からすると，胎生とは中枢神経系や胎盤からのホルモンの受胎情報によって卵母細胞の成長・成熟が影響を受け，妊娠中は排卵が抑制的フィードバック negative feedback にコントロールされている現象である。動物種によって胎盤の構造・機能が多種多様に異なっており，“胎生の分類は胎盤の分類に対応している”とも言われている（山岸，1995）。

多くの胎生魚類（ジェニンシア科 Jenynsidae，グーデア科 Goodeidae など）では卵巣腔内か，体腔内に排卵してそこで受精が起こる。卵膜には卵門があり，卵はそこで体内受精して，主に母体から養分を補給（母体栄養依存）してもらって発生を終えて体内で孵化する。そして，受精卵より体重がある稚魚の形で出産される。温帯沿岸に棲む胎生カサゴ類 scorpaenids のように，外環境の日照時間と水温の変動リズムに依存して生殖年周期 annual reproductive cycleを示すものもいる（Tekamura *et al.*, 1987）。これらの胎生魚類では，GSIは卵母細胞が発達する10月から翌年４月上旬までと妊娠期の４月～５月に高く，出産 parturition 後の６月～10月の間は低い。当然妊娠期間には，卵成熟や排卵は内分泌的な影響を受ける。特記すべきことは，胎盤をもち母体から栄養の供給を受けながら体内で発生する真胎生 viviparity のように，卵胎生魚や胎生魚でも，卵巣内に胚を孕んでいるときは次の卵母細胞の成熟・排卵のリズムに影響を及ぼす点である。

以上のように，腹鰭保育魚以外の卵生魚では光，温度，水分，栄養などの環境の外要因に依存した生殖様式を採り，卵胎生魚や胎生魚では環境因子の影響を受けるが，受胎という中枢神経系を経由する体内要因に依存した生殖様式を採っている。受胎している卵胎生魚や胎生魚では胚の存在によって卵成熟・排卵が抑制的影響下にあるが，卵生魚では仮に人為的に体内に胚を持たしてもその胚の存在に影響を受けず光や温度に依存した排卵様式をもつ。すなわち，卵生魚は自然環境条件下の繁殖シーズンに多数の子孫を遺す生殖戦略である。外環境から離脱しようとする生殖リズムをもつ卵胎生や胎生の魚類は，たとえ排卵する回数や卵数が減少しようとも，脳・神経系および内分泌系のフィードバックシステム（抑制的調節系）などの進化が伴ってくると，卵生魚にみられるような外環境の支配から脱して，自らの体内リズムで制御する多様な生殖戦略を選んだと考えられる。

文献

Aida, T., 1921. On the inheritance of color in a fresh-water fish, *Aplocheilus latipes* Temmick and Schlegel, with special reference to sex-linked inheritance. Genetics, 6: 554-573.

———, 1936. Sex reversal in *Aplocheilus latipes* and a new explanation of sex differentiation. Genetics, 21: 136-153.

Aketa , K., 1954. The chemical nature and the origin of the cortical alveoli in the egg of the medaka, *Oryzias latipes*. Embryologia, 2: 63-66.

———, 1962. Cytochemical observations on disappearance of ribonucleic acid-rich granules upon fertilization in egg of the medaka (*Oryzias latipes*). Exptl. Cell Res., 28: 254-259.

Alestorm, P., 1992. Fish gonadotropin-releasing hormone gene and molecular approaches for control of sexual maturation: development of a transgenic fish model. Mol. Marine Biol. Biotechnol., 1; 376-379.

Aoki, Y., I. Nagao, D. Saito, Y. Eba, M. Kinjo and M. Tanaka, 2008. Temporal and spatial localization of three germline-specific proteins in medaka. Dev. Dyn.,237: 800-807.

———, Nakamura, Y. Ishikawa and M. Tanaka, 2009. Expression and syntenic analyses of four *nanos* genes in medaka. Zool. Sci., 26: 112-118.

Arai, R., 1964a. Comparison of the effects of androgenic steroids on production of pearl organs in the female japanes bitterling and of papillary processes on anal fin rays in the female medaka. Bull. Nat. Sci. Mus. (Japan), 7: 91-94.

———, 1964b. Difference in reaponsiveness to methyl androstenediol between two branches of abal-fin rays of females of the medaka. Bull. Nat. Sci. Mus., 7: 95-96.

———, 1967. Androgenic effects of 11-ketotestosteerone on some sexual characteristics in the teleost, *Oryzias latipes*. Annot. Zool. Japon., 40: 1-5.

——— and N. Egami, 1961. Occurrence of leucophores on the caudal fin of the fish, *Oryzias latipes*, following administration of androgenic steroids. Annot. Zool. Japon., 34: 185-191.

淡路雅彦，1990.　メダカの生殖年周期の成立．遺伝，44: 52-56.

——— and I. Hanyu, 1987. Annual reproductive cycle of the wild type medaka. 日本水産学会誌, 53(6): 959-965.

——— and ———, 1988. Effects of water temperature and photoperiod on the beginning of spawning season in orange-red type medaka. Zool. Sci., 5: 1059-1064.

——— and ———, 1989. Temperature-photoperiod conditions necessary to begin the spawning season in the wild medaka. 日本水産学会誌55(4): 747.

Baroiller, J.-F., Y. Gigue and A. Fostier, 1999. Endocrine and enviromental aspects of sex differentiation in fish. CMLS, Cell. Mol. Life Sci., 55: 910-931.

Bech, R.1968. Abnormalities in the egg laying of fish. Monatsshr. Ornithol. Vivarienkunde Ausgh. Aquarien Terrarien, 15: 64.

Brunner, B., U. Hornung, Z. Shan, I. Kondo, E. Zend-Ajusch, T. Haaf, H.H. Ropers, A. Shima, M. Schmid, V.M. Kalscheuer and M. Schartl, 2001. Genomic organization and expression of the double sex-related gene cluster in vertebrates and detection of putative regulatory regions for DMRT1. Genomics, 77: 8-17.

Calabrese, E. J., 1993. Ornithine decarboxylase (ODC) activity in the liver of individual medaka (*Oryzias latipes*) of both sexes. Ecotoxicol. Environ. Saf., 25: 19-24.

Chan, K. K., 1976. Presence of a photosensitive daily rhythm in the female medaka, *Oryzias latipes*. Can. J. Zool., 54: 852-856.

———, 1977. Effect of synthetic lutenizing hormone-releasing hormone (LH-RH) on ovarian development in Japanese medaka, *Oryzias latipes*. Can. J. Zool., 55: 155-160.

Crew, F. A. E., 1965. Sex-determination. Methuen & Co., Ltd., London, pp. 188.

Curtis, L. R. and R. J. Beyers, 1978. Inhibition of oviposition in the teleost *Oryzias latipes*, induced by subacute kepone exposure. Comp. Biochem. Physiol., 61C: 15-16.

蝦名幸子, 1981. メダカ卵の卵黄に検出される酸性フォスファターゼ. 動物学雑誌, 90: 436.

江上信雄, 1954a. メダカ成魚における精巣卵形成機構. 動物学雑誌, 63: 156.

———, 1954b. Effect of artificial photoperiodicity on time of oviposition in the fish, *Oryzias latipes*. Annot. Zool. Japon., 27: 57-62.

———, 1954c. Effects of pituitary substance and estrogen on the development of ovaries of adult females of *Oryzias latipes* in sexually inactive seasons. Annot. Zool. Japon., 27: 13-18.

———, 1954d. Effects of hormonic steroids on the formation of male characters in females of the fish, *Oryzias latipes*, kept in water containing testosterone propionate. Annot. Zool. Japon., 27: 122-127.

———, 1954e. Appearance of the male character in the regenerating and transplanted rays of the fish, *Oryzias latipes*, following treatment with methyldihydrotestosterone. Jour. Fac. Sci. Univ. Tokyo, Sec. IV, 7: 271-280.

———, 1954f. Influence of temperature on the appearance of male characters in females of the fish, *Oryzias latipes*, following treatment with methyldihydrotestosterone. Jour. Fac. Sci. Univ. Tokyo, Sec. IV, 7: 281-298.

———, 1954g. Geographical variations in the male characters of the fish, *Oryzias latipes*. Annot. Zool. Japon., 27: 7-12.

———, 1954h. Effects of hormonic steroids on ovarian growth of adult *Oryzias latipes* in sexually inactive seasons. Endocrinol. Japon., 1: 75-79.

———, 1955a. メダカの精巣卵形成におよぼす高温または低温処理の影響. 遺伝学雑誌, 30: 164.

———, 1955b. Production of testis-ova in adult males of *Oryzias latipes*. Ⅰ. Testis. Jap. J. Zool., 11: 353-365.

———, 1955c. Production of testis-ova in adult males of *Oryzias latipes*. Ⅱ. Effect of testis-ovum production of nonestrogenic steroids given singly or simultaneously with estradiol. Jap. J. Zool., 11: 367-371.

———, 1955d. Production of testis-ova in adult males of *Oryzias latipes*. Ⅲ. Testis-ovum production in starved males. J. Fac. Sci., Tokyo Univ., Sec. Ⅳ, 7: 421-428.

———, 1955e. Production of testis-ova in adult males of *Oryzias latipes*. Ⅳ. Effect of X-ray irradiation on testis-ovum production. J. Fac. Sci., Tokyo Univ., Sec. Ⅳ, 7: 429-441.

———, 1955f. Production of testis-ova in adult males of *Oryzias latipes*. V. Note on testis-ovum production in transplanted testes. Annot. Zool. Japon., 28: 206-209.

———, 1955g. Effect of estrogen administration on oviposition of the fish, *Oryzias latipes*. Endocrinol. Japon., 2 : 89-98.

———, 1955h. メダカの研究小史. 遺伝, 9 (7): 20-23.

———, 1955i. Effect of estrogen and androgen on the weight and structure of the liver of the fish, *Oryzias latipes*. Annot. Zool. Japon., 28: 79-85.

———, 1956a. Production of testis-ova in adult males of *Oryzias latipes*. Ⅵ. Effect on testis-ovum production of exposure to high temperature. Annot. Zool. Japon., 29: 11-18.

———, 1956b. Production of testis-ova in adult males of *Oryzias latipes*. Ⅶ. Seasonal changes of frequency of testis-ovum production. Jap. J. Zool., 12: 71-80.

———, 1956c. メダカの生殖活動の年周期と精巣卵形成率との関係. 動物学雑誌, 65: 176.

———, 1956d. Notes on sexual difference in size of teeth of the fish, *Oryzias latipes*. Jap. J. Zool., 12: 65-69.

———, 1957a. Production of testis-ova in adult males of *Oryzias latipes*. Ⅷ. Effect of administration in males receiving estrone pellet. J. Fac. Sci., Hokkaido Univ., Ⅵ, 13: 369-372.

———, 1957b. Inhibitory effect of thiourea on the development of male characteristics in females of the fish, *Oryzias latipes*, kept in water containing testosterone propionate. Annot. Zool. Japon., 30: 26-30.

———, 1959a. メダカの産卵に及ぼす眼球除去の影響 (予報). 動物学雑誌, 68: 379-385.

———, 1959b. Preliminary note on the induction of the spawning reflex and oviposition in *Oryzias latipes* by the administration of neurohypophyseal substances. Annot. Zool. Japon., 32: 13-17.

———, 1959c. Record of the number of eggs obtained from a single pair of *Oryzias latipes*. kept in laboratory equarium. J. Fac. Sci., Tokyo Univ., IV, 8: 521-538.

———, 1959d. Effect of exposure to low temperature on the time of oviposition and the growth of the oocytes in the fish, *Oryzias latipes*, in laboratory aquarium. J. Fac. Sci., Tokyo Univ., Ⅳ, 8: 539-548.

———, 1959e. Note on sexual difference in the shape of the body in the fish, *Oryzias latipes*. Annot. Zool. Japon., 32: 59-64.

———, 1961. Different types of hormonal control of secondary sexual characters of teleost fishes. Tenth Pacific Sci. Congr. Honolulu. p.168.

———, 1962. 麻酔剤, 神経遮断剤によるメダカ卵巣の発育促進. 動物学雑誌, 71: 13.

———, 1975. Secondary sexual characters of *Oryzias latipes*. In "Medaka(killifish), Biology and Strains". pp. 109-125.

———, 1981. Response to continuous gamma-irradiation of germ cells in embryos and fry of the fish, *Oryzias latipes*. Int. J. Radiat. Biol. Relat. Stud. Phys. Chem. Med., 40: 563-568.

——— and R. Arai, 1964. Male reproductive organs of teleostei and their reactins to androgens, with note on androgens in cyclostmata and teleostei. Proc. Nat. Congr. Endocr., 146-152.

——— and A. Hama, 1975. Dose-rate effect on the hatchability of irradiated embryos of the fish, *Oryzias latipes*. Int. J. Rad. Biol., 28: 273-278.

———・———, 1976. メダカの繁殖に対する低線量率γ線照射の影響. 動物学雑誌, 85: 474.

———・———, 1977. メダカ始原生殖細胞に対する低線量率γ線照射の影響. 動物学雑誌, 86: 485.

———・———, 1978. メダカ始原生殖細胞とその増殖に対する低線量率γ線照射の影響(続報). 動物学雑誌, 87: 490.

——— and Y. Hyodo-Taguchi, 1967. An autoradiographic examination of rate of spermatogenesis at different temperatures in the fish, *Oryzias latipes*. Exptl. Cell. Res., 47: 665-667.

———・———, 1968. メダカの精子形成速度に及ぼす水温の影響(予報). 実験形態学, 21: 500.

———・———・都築英子, 1966. メダカ胚の生殖細胞の増殖に対するステロイドホルモンとX線照射の影響. 動物学雑誌, 75: 330-331.

——— and S. Ishii, 1956. Sexual differences in the shape of some bone in the fish, *Oryzias latipes*. Jour. Fac. Sci. Univ. Tokyo, Sec. IV, 7: 563-571.

——— and ———, 1961. Hypophyseal factors controlling ovarian activities in several freshwater fishes. Abst. Sym, Papeers, Tenth Pacific Sci. Congr. Honolulu. p. 156.

———, T. Ohshima and Y.H. Nakanishi, 1965. Inhibitory effect of X-irradiation on the development of male characteristics in females of the teleost, *Oryzias latipes*, kept in water containing methyltestosterone. Jap. J. Zool., 14: 31-43.

———・田口泰子・佐藤慶子, 1967. メダカの精巣に対する性ホルモン物質の作用のオートラジオグラフによる検討. 動物学雑誌, 76: 426.

———, 1976. 変温脊椎動物の細胞周期. 現代動物学の課題6, 「細胞周期」(日本動物学会編). 東京大学出版会, pp.153-169.

Fineman, R.M., 1968. Characteristics of unfertilized egg with a Y, and sex chromosome. Anat. Rec., 160: 349 (Abstract).

———, J. Hamilton, G. Chase and D. Boiling, 1974. Length, weight and secondary sex character development in male and female phenotypes in three sex chromosomal genotypes (XX,XY,YY) in the killifish, *Oryzias latipes*. J. Exp. Zool., 189: 227-233.

———, ——— and W. Siler, 1974. Duration of life and mortality rates in male and female phenotypes in three sex chromosomal genotypes (XX, XY, YY) in the killifish, *Oryzias latipes*. J. Exp. Zool., 188: 35-39.

Fujimori C., K. Ogiwara, A. Hagiwara, Rajapakse, A. Kimura and T. Takahashi, 2011. Expression of cyclooxygenase-2 and prostaglandin receptor EP4b mRNA in the ovary in the medaka fish, *Oryzias latipes*: possible involvement in ovulation. Mol. Cell Endocrinol., 362: 67-77.

———, K. Ogiwara, A. Hagiwara, Rajapakse and T. Takahashi, 2012. New evidence for the involvement prostaglandin receptor EP4b in ovulation of the medaka, *Oryzias latipes*. Mol. Cell Endocrinol., 362: 76-84.

Fujinami, N. and T. Kageyama, 1975. Circus movement in dissociated embryonic cells of a teleost, *Oryzias latipes*. J. Cell. Sci., 19: 169-182.

Finemanm R., J. Hamilton and G. Chase, 1975. Reproductive performance of male and female phenotypes in three sex chromosomal genotypes (XX, XY, YY) in the killifish, *Oryzias latipes*. J. Exp. Zool., 192: 349-354.

Fukata, S., N. Sakai, S. Adachi and Y. Nagahama, 1994. Steroidogenesis in the ovarian follicle of medaka (*Oryzias latipes*, a daily spawner) during oocyte maturation. Develop. Growth & Differ., 36: 81-88.

———, S., M. Tanaka, M. Matsuyama, D. Kobayashi and Y. Nagahama, 1996. Isolation, characterization, and expression of cDNAs encoding the medaka (*Oryzias latipes*) ovarian follicle cytochrome P-450 aromatase. Molec. Reprod. Develop., 45: 285-290.

蒲生英男, 1958. メダカの性巣原基の形成. 動物学雑誌, 67: 41.

———, 1959. メダカの性巣原基の形成(続報). 動物学雑誌, 68: 134.

———, 1961a. メダカの胚の性巣原基の左右不相称. 魚類学雑誌, 8: 83-85.

———, 1961b. On the origin of germ cells and formation of gonad primordia in the medaka, *Oryzias latipes*. Jap. J. Zool., 13: 101-115.

Gresik, E. W., 1973. Fine structural evidence for the presence of nerve terminal in the testis of the teleost, *Oryzias latipes*. Gen. Comp. Endocrinol., 21: 210-213.

———, 1975. Homologs of Leydig and Sertoli cells in the testis of the teleost *Oryzias latipes*. *In* " Electron microscopic concepts of secretion" (M. Hess, ed.). John wiley, N. Y.

———, G. B. Quirk and G. B. Hamilton, 1973. A fine structural and histochemical study of the Leydig cell in the testis of the teleost, *Oryzias latipes* (Cyprinodontiformes). Gen. Comp. Endocrinol., 20: 86-99.

———, ——— and ———, 1973. Fine structure of the Sertoli cell of the testis of the teleost *Oryzias latipes*. Gen. Comp. Endocrinol., 21: 341-352.

Grier, H. J., 1976. Sperm development in the teleost *Oryzias latipes*. Cell Tiss. Res., 168: 419-431.

———, 1981. Cellular organization of the testis and spermatogenesis in fishes. Amer. Zool., 21: 345-357.

———, J. R. Linton, J. F. Leatherland and V. L. Vlaming, 1980. Structual evidence for two different testicular types in teleost fishes. Am. J. Anat., 159: 331-345.

G.-Toth, L., M. Szabo and D. J. Webb, 1995. Adaptation of the tetrazolium reduction test for the measurement of the electron transport system (ETS) activity during embryonic development of medaka. J. Fish Biol., 46: 835-844.

Haeckel, E., 1855. Ueber die Eier der *Scamberesoces*. Archiv fur Anatomie, Physiologie und wissenschaftishe Medicin. 1885, No. 4, 23-31.

Hagiwara, A., K. Ogiwara and T. Tkahashi, 2016. Expression of membrane progestin receptors (mPRs) in granulosa cells of medaka preovulatory follicles. Zool. Sci., 33: 98-105.

Hamaguchi, S., 1976a. Change in the radiation response of oogonia in the embryos and fry of the fish *Oryzias latipes*. Int. J. Radiat. Biol., 28: 565-570.

———, 1976b. メダカ稚魚の雄性生殖細胞のX線に対する反応の変化. 動物学雑誌, 85: 485.

———, 1978. The inhibitory effects of cyproterone acetate on the male secondary sex characters of the medaka, *Oryzias latipes*. Annot. Zool. Japon., 51: 65-69.

———, 1978. メダカの発生過程における生殖細胞のmigrationおよび分裂. 動物学雑誌, 87: 359.

———, 1979. The effect of methyltestosterone and cyproterone acetate on the proliferation of germ cells in the male fry of the medaka, *Oryzias latipes*. J. Fac. Sci., Tokyo Univ., Sec. Ⅳ, 14: 265-272.

———, 1980a. メダカ稚魚の生殖細胞中の「生殖質」の形態変化. 動物学雑誌, 89: 379.

———, 1980b. Differential radioactivity of germ cells according to their developmental stages in the teleost, *Oryzias latipes*. *In* "Radiation effects on aquatic organisms" (N. Egami, ed.). pp.119-128.

———, 1982a. A light- and electron-microscopic study on the migration of primordial germ cells in the teleost. *Oryzias latipes*. Cell Tissue Res., 227: 139-151.

———, 1982b. メダカの精子形成過程にある生殖細胞の「生殖質」について. 動物学会誌, 90: 453.

———, 1982c. セレベスメダカ（*Oryzias celebensis*）の生殖巣発生過程での左右非対称. 動物学雑誌, 91: 341.

———, 1983. Asymmetrical development of the gonads in the embryos and fry of the fish, *Oryzias celebensis*. Develop. Growth & Differ., 25: 553-561.

———, 1985. Changes in the morphology of the germinal dense bodies in primordial germ cells of the teleost, *Oryzias latipes*. Cell Tissue Res., 240: 669-673.

———, 1987. The structure of the germinal dense bodies (nuages) during differentiation of the male germ line of teleost, *Oryzias latipes*. Cell Tissue Res., 248: 375-380.

———, 1990a. 生殖細胞の起源と分化.「性腺のバイオメカニズム」アイピーシー, pp. 397-419.

———, 1990b. 生殖細胞の分化. メダカの生物学（江上信雄・山上健次郎・嶋　昭紘編）, 東京大学出版会. pp. 7-27.

———・江上信雄, 1975. メダカ稚魚生殖細胞のX線による細胞死. 動物学雑誌, 84: 487.

——— and ———, 1975. Post-irradiation changes in oocyte populations in the fry of the fish *Oryzias latipes*. Int. J. Radiat. Biol., 28: 279-284.

———・柴田直樹, 1987. 魚類精巣の組織構築と精子形成. 細胞, 19: 427-433.

——— and M. Sakaizumi, 1992. Sexually differentiated mechanisms of sterility in interspecific-hybrids between *Oryzias latipes* and *O. curvinotus*. J. Exp. Zool., 263: 323-329.

浜崎辰夫・井内一郎・山上健次郎, 1982. メダカ卵膜抗血清に対する成体組織の反応性. 動物学雑誌, 91: 363.

———, ——— and ———, 1984. Chorion glycoprotein-like immunoreactivity in some tissues of adult female medaka. Zool. Sci., 1: 148-150.

———, ——— and ———, 1985. A spawning female-specific substance reactive to anti-chorion (egg envelope) glycoprotein antibody in the teleost, *Oryzias latipes*. J. Exp. Zool., 235: 269-279.

———, ——— and ———, 1987a. Production of a "spawning female-specific substance" in hepatic cells and its accumulation in the ascites of the estrogen-treated adult fish, *Oryzias latipes*. J. Exp. Zool., 242: 325-332.

———, ——— and ———, 1987b. Purification and identification of vitellogenin and its immunohistochemical detection in growing oocytes of the teleost, *Oryzias latipes*. J. Exp. Zool., 242: 333-341.

———, ——— and ———, 1987c. Isolation and partial characterization of a "spawning female-specific substance" in the teleost, *Oryzias latipes*. J. Exp. Zool., 242: 343-349.

———・———・———, 1990. 卵母細胞の成長. メダカの生物学（江上信雄・山上健次郎・嶋 昭紘 編），東京大学出版会，pp. 28-43.

———, Y. Nagahama, I. Iuchi and K. Yamagami, 1989. A glycoprotein from the liver constitutes the inner layer of the egg envelope (zona pellucida interna) of the fish, *Oryzias latipes*. Dev. Biol., 133: 101-110.

———, Y. Toyazaki, A. Shinomiya and M. Sakaizumi, 2004. The XX-XY sex-determination system in *Oryzias luzonensis* and *O. mekongnensis* revealed by the sex ratio of the progeny of sex-reversed fish. Zool. Sci., 21: 1015-1018.

Hamilton, J.B., R.O. Walter, R.M. Daniel and G.E. Mestler, 1969. Competition for mating between ordinary and supermate Japanese medaka fish. Anim. Behsv., 17: 168-176.

Haruta, K., T. Yamashita and S. Kawashima, 1991. Changes in arginine vasotocin content in the pituitary of the medaka (*Oryzias latipes*) during osmotic stress. Gen. Comp. Endocrinol., 83: 327-336.

Herpin, A., M.C. Adolfi, B. Nicol, M. Hinzmann, C. Schmidt, et al., 2013. Divergent expression regulation of gonad development genes in medaka shows incomplete conservation of the down-stream regulatory network of vertebrate sex determination. Mol. Biol. Evol., 30: 228-2346.

———, I. Braasch, M. Kraeussling, C. Schmidt, E.C. Thoma, S. Nakamura, M. Tanaka and M. Schartl, 2010. Transcriptional rewiring of the sex determining *dmrt1* gene duplicate by transposable elements. PLoS Gernet., 6: e1000844.

———, P. Fischer, D. Liedtke, N. Kluever, C. Neuner et al., 2008. Sequential SDF1a and b-induced mobility guides medaka PGC migration. Dev. Biol., 320: 319-327.

———, S. Rohr, D. Rieder, N. Kluever, E. Raz and M. Schartl, 2007. Spacification of primordial germ cells in medaka (*Oryzias*). BMC Dev. Biol., 7: 3.

——— and M. Schartl, 2009. Molecular mechanisms of sex determination and evolution of the Y-chromosome: insights from the medakafish (*Oryzias latipes*). Mol. Cell Endocrinol., 306: 51-58.

Hirose, K., 1971. Biological study on ovulation *in vitro* of fish. I. Effects of pituitary and chorionic gonadotropins on ovulation *in vitro* of the medaka, *Oryzias latipes*. Bull. Jap. Soc. Sci. Fish., 37: 585-591.

———, 1972a. The ultrastructure of the ovarian follicle of medaka, *Oryzias latipes*. Z. Zellforsch., 123: 316-329.

———, 1972b. Biological study on ovulation *in vitro* of fish. Ⅳ. Induction of *in vitro* ovulation in *Oryzias latipes* oocyte using steroid. Bull. Jap. Soc. Sci. Fish., 38: 457-461.

———, 1972c. Effectiveness of duration of exposure to hydrocortisone and HCG on ovulation *in vitro* in *Oryzias latipes*. Bull. Jap. Soc. Sci. Fish., 38: 869.

———, 1973a. Biological study on ovulation *in vitro* of fish. Ⅵ. Effect of metopirone (SU-4885) on salmon gonadotropin- and cortisol-induced *in vivo* ovulation in *Oryzias latipes*. Bull. Jap. Soc. Sci. Fish., 39: 765-769.

———, 1973b. 魚類の排卵の分泌支配. 東海水研報, 74: 67-81.

———, 1976. Endocrine control of ovulation in medaka (*Oryzias latipes*) and ayu (*Plecoglossus altivelis*). J. Fish Res. Board Can., 33: 989-994.

——— and E. M. Donaldson, 1972. Biological study on ovulation *in vitro* of fish. Ⅲ. The induction of *in vitro* ovulation of *Oryzias latipes* oocytes using salmon pituitary gonadotropin. Bull. Jap. Soc. Sci. Fish., 38: 97-100.

Hirayama, M., H. Mitani and S. Watanabe 2006. Temperature-dependent growth rates and gene expression patterns of various medaka *Oryzias latipes* cell lines derivated from different populations. J. Com. Physiol. B, 176: 311-320.

Hishida, T., 1962. Accumulation of testosterone-4-C^{14} propionate in larval gonad of the medaka, *Oryzias latipes*. Embryologia, 7: 56-67.

———, 1964. Reversal of sex-differentiation in genetic males of the medaka (*Oryzias latipes*) by injecting estrone-16-C^{14} and diethylstilbestrol (monoethyl-1-C^{14}) into the egg. Embryologia, 8: 234-246.

———, 1965. Accumulation of estrone-16-C^{14} and diethylstilbestrol-(monoethyl-1-C^{14}) in larval gonads of the medaka, *Oryzias latipes*, and determination of the minimum dosage of estrogen for sex reversal. Gen. Comp. Emdocrinol., 5: 137-144.

———, 1967. 女性ホルモンの性腺分布. 動物学雑誌,

76: 451.
————, 1968. 性分化. ホルモンと臨床, 16: 34-45.
————, 1969a. 生殖腺のhydroxysteroid dehydrogenase. 動物学雑誌, 78: 25.
————, 1969b. ホルモンの投与時期とメダカの性分化の転換. 動物学雑誌, 78: 384.
————, 1970. 性分化の転換実験. 臨床科学, 6: 665-678.
————, 1975. Quantitative and temporal aspects for reversal of sex differentiation in the genetic female (XX) medaka (*Oryzias latipes*) by androgen. J. Predent. Fac., Gifu Coll. Dent., 1: 81-101.
———— and N. Kawamoto, 1970. Androgenic and male-inducing effects of 11-ketotestosterone on a teleost, the madaka (*Oryzias latipes*). J. Exp. Zool., 173: 279-284.
———— and H. Kobayashi, 1985. Reversal of sex differentiation in the genetic male (XY) medaka (*Oryzias latipes*) by estradiol-17β, with special reference to the critical stage. J. Sch. Lib. Arts, Asahi Univ., 11: 95-111.
———— and ————, 1990. Reversal of sex differentiation in the medaka, *Oryzias latipes*. J. Sch. Lib. Arts, Asahi Univ., 16: 49-86.
Hogan, J. C. Jr., 1973. The fate and fine structure of primordial germ cells in *Oryzias latipes*. (Abstract.) J. Cell Biol., 59: 146.
————, 1978. An ultrastructural analysis of "cytoplasmic markers" in germ cells of *Oryzias latipes*. J. Ultrastruct. Res., 62: 237-250.
Honma, Y., 1958. A revision of the pituitary gland found in some Japanese teleost. J. Fac. Sci., Niigata Univ., Ser. II. 2: 189.
Hori, R., V. Phang and T. J. Lam, 1991. Immunolabelling of vitellogenin of the fish egg for electron microscopy. 大垣女子短期大学研究紀要, 32: 41-47.
Horiguchi, M., C. Fujimori, K. Ogiwara, A. Moriyama and T. Takahashi 2008. Collagen type-1 α1 chain mRNA is expressd in the follicle cells of the medaka ovary. Zool. Sci., 25: 937-945.
Hosokawa, K., 1973. Formation of the ovarian wall in young of the medaka. Jap. J. Ichthyol., 20: 185-188.
————, 1975. メダカ卵巣腔壁形成にともなう左右原基間の隔壁の消失. 動物学雑誌, 84: 335.
————・南部　実, 1966. メダカの卵巣運動について. 動物学雑誌, 75: 318-319.
Houdebine L. M. and D. Chourrout, 1991. Transgenesis in fish. Experientia., 47: 891-897.
Hyodo-Taguchi, Y., 1977. Effects of fast neutrons on spermatogenesis of the fish, *Oryzias latipes*. Radiat. Res., 70: 345-354.
———— and N. Egami, 1976. Cell population change in initiation of spermatogenesis following exposure to high temperature during sexually inactive seasons in the teleost, *Oryzias latipes*. Annot. Zool. Japon., 49: 96-104.
————・都築英子・江上信雄, 1965. メダカの始原生殖細胞の増殖と減数分裂の開始について. 実験形態学誌, 20: 98.
井上忠明, 1974. ヒメダカの産卵と密度効果. 遺伝, 28 (2): 17-22.
石岡圭子・松本恵子・吉岡　寛, 1978. メダカの産卵日周期にともなう卵発達の日周期性と排卵時間. 生物教材, 13: 42-58.
Ishijima, S., Y. Hamaguchi and T. Iwamatsu, 1993. Sperm behavior in the micropyle of the medaka egg. Zool. Sci., 10: 179-182.
Ito, S. 1959. On the spawning time of the teleostean fishes. Japanese I Ecol. 9: 3.
Iwai, T., A. Yoshii, T. Yokota, C. Sakai, H. Hori, A. Kanamori and M. Yamashita, 2006. Structural components of the synaptonemal complex, SYCP3, in the medaka fish *Oryzias latipes*. Exp. Cell Res., 312: 2528-2537.
岩松鷹司, 1973a. メダカ卵母細胞の培養液の改良. 魚類学雑誌, 20: 218-224.
————, 1973b. On changes of ovary, liver and pituitary gland of the sexually inactive medaka (*Oryzias latipes*) under the reproductive condition. Bull. Aichi Univ. Educ., 22 (Nat. Sci.): 73-88.
————, 1974. Studies on oocyte maturation of the medaka, *Oryzias latipes*. II. Effects of several steroids and calcium ions and the role of follicle cells on *in vitro* maturation. Annot. Zool. Japon., 47: 30-42.
————, 1975. 生物教材としてのメダカ. II. 卵母細胞の成熟および受精. 愛知教育大学研究報告, 24: 113-144.
————, 1976. メダカの卵母細胞の成熟に対する酵素の影響. 動物学雑誌, 85: 223-228.

———, 1978a. Studies on oocyte maturation of the medaka, *Oryzias latipes*. V. On the structure of steroids that induce maturation *in vitro*. J. Exp. Zool., 204: 401-408.

———, 1978b. Studies on oocyte maturation of the medaka, *Oryzias latipes*. VI. Relationship between the circadian cycle of oocyte maturation and activity of the pituitary gland. J. Exp. Zool., 206: 355-364.

———, 1978c. Studies on oocyte maturation of the medaka, *Oryzias latipes*. VII. Effect of pinealectomy and melatonin on oocyte maturation. Annot. Zool. Japon., 51: 198-203.

———, 1980. Studies on oocyte maturation of the medaka, *Oryzias latipes*. VIII. Role of follicular constituents in gonadotropin- and steroid-induced maturation of oocytes *in vitro*. J. Exp. Zool., 211: 231-239.

———, 1981. Inhibitory effect of sera from various animals on *in vitro* maturation of the oocyte. Annot. Zool. Japon., 54: 157-163.

———, 1983. Evidence for the presence of a low molecular weight factor in sera from various animals that induces *in vitro* maturation of fish oocytes. Develop. Growth & Differ., 25: 211-216.

———, 1988. 雄メダカの鼻・眼部背面の白色素胞及びその発達に及ぼす性ホルモンの影響. 愛知教育大学研究報告, 37: 45-52.

———, 1992. Morphology of filaments on the chorion of oocytes and eggs in the medaka. Zool. Sci., 9: 589-599.

———, 1997. Abbreviation of the second meiotic division by precocious fertilization in fish oocytes. J. Exp. Zool., 277: 450-459.

———, 1999. Convenient method for sex reversal in a freshwater teleost, the medaka. J. Exp. Zool., 283: 210-214.

———, 1999. 2つの卵門をもつメダカの卵. Animate, No.1, 17-18.

———, 2011. Chromosome formation during fertilization in eggs of the teleost *Oryzias latipes*. *In*: Cell Cycle Synchronization (G. Banfalvi, ed.). 2nd Ed., pp.121-147. Springer Science & Business Media.

———, 2017. Chromosome formation during fertilization in eggs of the teleost *Oryzias latipes*. *In*: Cell Cycle Synchronization (G. Banfalvi, ed.). 2nd Ed., pp.121-147. Springer Science & Business Media.

———, 2001. メダカの交尾行動中の放卵放精. Animate, No.2, 37-40.

———・赤澤 豊, 1987. メダカにおける卵巣の発達に及ぼす脳下垂体摘出と性ステロイド投与の影響. 愛知教育大学研究報告, 36: 63-71.

——— and R. Fujieda, 1977. Studies on oocyte maturation of the medaka, *Oryzias latipes*. IV. Effect of temperature on progesterone- and gonadotropin-induced maturation. Annot. Zool. Japon., 50: 212-219.

———, T. Haraguchi and H. Nagano, 2010. Cytoplasmic location of DNA polymerase I oocytes of the teleost fish, *Oryzias latipes*. Bull. Aichi Univ. Educat., 59: 43-50.

———・服部宏之・小島 久・梶浦弘子・野口さゆり・坪崎 潔・志村貴子, 1992. メダカ卵母細胞の体外成熟を誘起する低分子量の血清分画におけるアミノ酸について. 愛知教育大学研究報告, 41: 73-83.

———, H. Kobayashi, S. Hamaguchi, R. Sagegami and T. Shuo, 2005. Estradiol-17β content in developing eggs and induced sex reversal of the medaka (*Oryzias latipes*). J. Exp. Zool., 303A: 161-167.

———, ———, S. Hagino and B.-L. Lin, 2012. Sex reversal induced by a brief exposure of fertilized eggs to hexestrol propionate in *Oryzias latipes*. Jpn. J. Environ. Toxicol., 15(2): 1-13.

———, ———, R. Sagegami and T. Shuo, 2006. Testosterone content in developing eggs and sex reversal of the medaka (*Oryzias latipes*). Gen. Comp. Endocrinol., 145: 67-74.

———, ——— Y. Shibata, M. Ishihara and Y. Kobatashi, 2011. Effects of co-administration of estrogen and androgen on induction of sex reversal in the medaka *Oryzias latipes*. Zool. Sci., 28: 355-359.

———, ———, ———, M. Sato, N. Tsuji and K. Takakura, 2007. Reproductive activity of females of an oviparous fish *Xenopoecilus sarasinorum*. Zool. Sci., 24: 1122-1127.

———, ———, ——— and M. Yamashita, 2008. Reproductive role of attaching filaments on the egg envelope in *Xenopoecilus sarasinorum* (Adrianichthyidae, Teleostei). J. Morph., 69(6): 745-750

———, ——— and M. Yamashita, 2005. Sex reversal of the medaka *in vitro* exposed to sex steroids during oocyte maturation. Develop. Growth Differ., 48: 59-64.

———, T. Mori and R. Hori, 1994. Experimental hybridization among *Oryzias* species. I. *O. celebensis, O. javanicus, O. latipes, O. luzonensis* and *O. melastigma*. Bull. Aichi Univ. Educat., 43: 103-112.

——— and S. Nakashima, 1996. Dynamic growth of oocytes of the medaka, *Oryzias latipes*. I. A relationship between establishment of the animal-vegetal axis of the oocyte and its surrounding granulosa cells. Zool. Sci., 13: 873-882.

———, ———, K. Onitake, A. Matsuhisa and Y. Nagahama, 1994. Regional differences in granulosa cells of preovulatory medaka follicles. Zool. Sci., 11: 77-82.

——— and T. Ohta, 1981. On a relationship between oocyte and follicle cells around the time of ovulation in the medaka, *Oryzias latipes*. Annot. Zool. Japon., 54: 17-29.

——— and ———, 1989. Effects of forskolin on fine structures of medaka follicles. Develop. Growth & Differ., 31: 45-53.

———, ———, E. Oshima and N. Sakai, 1988. Oogenesis in the medaka *Oryzias latipes*. − Stages of oocyte development. Zool. Sci., 5: 353-373.

———・大島恵美子, 1982. メダカ卵母細胞および受精卵の体外での減数分裂. 愛知教育大学研究報告, 31: 151-165.

———・———・酒井則良, 1990. 培養したメダカ卵巣濾胞の形態とステロイド合成. 愛知教育大学研究報告, 39: 69-78.

———・鬼武一夫, 1981. メダカ濾胞細胞におけるステロイドホルモン合成の免疫学的研究. 動物学雑誌, 90: 601.

——— and ———, 1983. On the effects of cyanoketone on gonadotropin- and steroid-induced *in vitro* maturation of *Oryzias* oocytes. Gen. Comp. Endocrinol., 52: 418-425.

——— and Y. Shibata, 2008. Effects of inhibitors on forskolin- and testosterone-induced steroid production by preovulatory medaka follicles. Bull. Aichi Univ. Educat., 57: 73-79.

———, S. Y. Takahashi, N. Sakai, Y. Nagahama and K. Onitake, 1987. Induction and inhibition of *in vitro* oocyte maturation and production of steroids in fish follicles by forskolin. J. Exp. Zool., 241: 101-111.

———, ———, ——— and K. Asai, 1987. Inductive and inhibitory actions of a low molecular weight serum factor on *in vitro* maturation of oocytes of the medaka. Biomed. Res., 8: 313-322.

——— and K. Takama, 1980. Inhibitory effect of rabbit serum factor on *in vitro* oocyte maturation of the teleost fish *Oryzias latipes*. Develop. Growth & Differ., 22: 229-235.

———, Y. Toya, H. Oouchi, T. Aoyama, J. Yoneima, T. Kondo, K. Imai, H. Hattori, S. Ikegami and M. Onda, 1992. Characterization of a low molecular weight factor in chicken serum with oocyte maturation-inducing activity. Biomed. Res., 13: 429-437.

———, ———, N. Sakai, Y. Terada, R. Nagata and Y. Nagahama, 1993. Effect of 5-hydroxy-tryptamine on steroidogenesis and oocyte maturation in pre-ovulatory follicles of the medaka *Oryzias latipes*. Develop. Growth & Differ., 35: 625-630.

Iwasaki, Y. 1973. Histochemical detection of $\triangle^5$-3β-hydroxysteroid dehydrogenase in the ovary of the medaka, *Oryzias latipes*. during annual reproductive cycle. Bull. Fac. Fish. Hokkaido Univ., 23: 177-184.

岩田明子・宇和紘, 1979. 培養系におけるメダカの骨性小突起の保持と生長. 動物学雑誌, 83: 367.

——— and H. Uwa, 1981. Maintenace and growth of the horny processes of the medaka *Oryzias latipes, in vitro*. Develop. Growth & Differ., 23: 245-248.

Job, T. J. 1940. On the breeding and development of Indian "mosquito-fish" of the genera *Aplocheilus* and *Oryzias*. Rec. Indian Mus., 42: 51.

Kagawa, H. And K. Takano, 1979. Ultrastructure and histochemistry of granulosa cells of pre- and post-ovulatory follicles in the ovary of the medaka, *Oryzias*. Bull. Fac. Fish. Hokkaido Univ., 30: 191-204.

金森 章, 1987. 硬骨魚の卵成熟. 細胞, 19: 14-18.

———, 2000. Systemic indentification of genes expressed during early oogenesis in medaka. Mol. Reprod. Develop., 55: 31-36.

———, Y. Nagahama and N. Egami, 1985.

Development of the tissue architecture in the gonads of the medaka *Oryzias latipes*. Zool. Sci., 2: 695-706.

Karigo, T., S. Kanda, A. Takahashi, H. Abe, K. Okubo, et al., 2012. Time-o-day-dependent changes I GnRH1 neuronalactivitiess and gonadotropin mRNA expression in a daily spawning fish, Medaka. Endocrinology, 153 (7) : 3394-3404.

Kasahara, M., K. Naruse, S. Sasaki, Y. Nakatani, W. Qu, *et al.*, 2007. The medaka draft genome and insightsinto vertebrate genome evolution. Nature, 447: 714-719.

————, Y. Takehana, T. Fukuda, K. Naruse, M. Sakaizumi and S. Hamaguchi, 2011. An autosomal locus controls sex reversal in interspecific XY hybrids of the medaka fishes. Heredity, 523-529.

————, ————, M. Sakaizumi and S. hamaguchi, 2010. A sex-determining region on the Y chromosome controls sex reversal ratio in interspecific hybrids between *Oryzias curvinotus* females and *Oryzias latipes* males. Heredity, 104: 13-23.

春日清一, 1973a. 性ステロイド投与によるメダカの脳下垂体生殖腺刺激ホルモン産生細胞の変化. 動物学雑誌, 82: 263.

————, 1973b. メダカの卵巣における生殖原細胞の異常増殖と, その一部による精子形成. 動物学雑誌, 82: 127-132.

————, 1973c. メダカの脳下垂体摘除とその精子形成に及ぼす影響. 日本水産学会年報, p. 244.

————, 1974. メダカ脳下垂体の第Ⅲ脳室内自家移植. 動物学雑誌, 83: 408.

————, 1975. メダカのプロラクチン産生細胞の周年変化. 動物学雑誌, 84: 413.

————, 1976. メダカの移植脳下垂体GTH細胞に対する合成LRHの影響. 動物学雑誌, 85: 450.

————・岩崎良教・高野和則, 1972. メダカの卵巣成熟に与える光および水温の影響. 動物学雑誌, 81: 336.

————, and H. Takahashi, 1970. Some observations on neuro-secretory innervation in the pituitary gland of the medaka, *Oryzias latipes*. Bull. Fac. Fish. Hokkaido Univ., 21:79-89.

————, and ————, 1971. The preoptic-hypophysial neuro-secretory system of the medaka, *Oryzias latipes*, and its changes in relation to the annual reproductive cycle under natural conditions. Bull. Fac. Fish., Hokkaido Univ., 21: 259-268.

Kato, Y. K. Ogiwara, C. Fujimori, A. Kimura and T. Takahashi, 2010. Expression and localization of collagen type IV a1 chain in the medaka ovary. Cell Tissue Res., 340: 595-605.

Kawahara, T., H. Okada and I. Yamashita, 2000. Cloning and expression of genomic and complementary DNAs encoding as estrogen receptor in the medaka fish, *Oryzias latipes*. Zool. Sci., 17: 643-649.

———— and I. Yamashita, 2000. Estrogen-independent ovary formation in the medaka fish, *Oryzias latipes*. Zool. Sci., 17: 65-68.

川尻 稔, 1949. ヒメダカの蕃殖率に及ぼす群居密度の影響. 日本水産学会, 15: 166-172.

Kawamoto, N. Y. and J. Konishi, 1952. The correlation between wave length and radiant energy affecting phototaxis. Rep. Fac. Fish., Prefectral Univ. Mie, 1: 197-208.

河本典子, 1967. メダカの第2次性徴におよぼすステロイドホルモンの影響. 動物学雑誌, 76: 396.

————, 1969a. メダカの第二次性徴におよぼす男性ホルモンの影響. 動物学雑誌, 78: 31.

————, 1969b. Effects of androstendione, 19-norethynyltestosterone, progesterone, and 17α-hydroxyprogesterone upon the manifestation of secondary sex characters on the medaka, *Oryzias latipes*. Develop. Growth Differ., 11: 89-103.

————, 1969c. メダカの neuter の脳下垂体の移植精巣維持の能力について. 動物学雑誌, 78: 385-386.

————, 1969d. メダカの脳下垂体除去法とその生殖巣の変化. 発生生物誌, 23. 発生生物学会第2回全国大会講演要旨, 77-78.

————, 1970a. エストロゲン投与によるメダカの生殖巣の性分化の転換過程の形態的観察. 動物学雑誌, 79: 346-347.

————, 1970b. Methyltestosterone投与によるメダカ生殖巣の性分化の転換及び退化過程の形態的観察. 発生生物学誌, 24: 48-49.

————, 1972. メダカの未分化生殖巣における生殖細胞の微細構造について. 日本発生生物学会大会, 2.

————, 1973a. 性ホルモン投与によるメダカ生殖巣の性分化の転換過程の形態学的観察. 動物学雑誌, 82: 29-35.

————, 1973b. メダカの第二次性徴発現における各種男性ホルモンの力価. 動物学雑誌, 82: 36-41.

Kawahara, T., S. Omura, S. Sakai and I. Yamashita, 2003. No effects of estrogen receptor overexpression on gonadal sex differentiation and reversal in medaka fish. Zool. Sci., 20: 43-47.

Kikuchi, K. and S. Hamaguchi, 2013. Novel sex-determining genes in fish and sex chromosome evolution. Dev. Dyn., 242: 339-353.

Kimura, A., M. Shinohara, R. Ohkura and T. Takahashi, 2001. Expression and localization of transcripts of MT5-MMP and its related MMP in the ovary of the medaka fish *Oryzias latipes*. Biochim. Biophy. Acta, 1518: 115-123.

————, M. Shinya and K. Naruse, 2012. Genetic analysis of vertebral regionalization and number in medaka (*Oryzias latipes*) inbred lines. G3(Bethesda), 2: 1317-1323.

桐田敦子・江上信雄, 1981. メダカ成魚の生殖細胞に対する放射線作用の線量率効果. II. 雄成魚照射における線量率効果. 動物学雑誌, 90: 647.

小林　弘, 1966. メダカ精子の冷凍保存・予報. 動物学雑誌, 75: 319.

Kobayashi, H., 1990. On hermaphroditic gonads of androgen-induced intersexes of the genetic female medaka, *Oryzias latipes*. J. Sch. Lib. Arts, Asahi univ., 16: 95-104.

————, 1996. メダカの性転換に及ぼすエストロゲンとアンドロゲンの同時投与による効果. 朝日大学一般教育紀要, 22: 135-143.

———— and T. Hishida, 1985. Morphological observation on reversal processes of sex-differentiation in the genetic female gonad of the medaka, *Oryzias latipes*, by androgen. Medaka, 3: 25-37.

————・————, 1989. 卵膜除去したメダカ胚に対するメチルテストステロンの影響　—特に生殖細胞数の変化に関して—. 朝日大学教養部研究報告, 15: 113-121.

———— and ————, 1992. Electron-microscopic observation of an ectopic PGC-like cell in the teleost *Oryzias latipes*. Zool. Sci., 9: 1087-1092.

———— and T. Iwamatsu, 2000. Development and fine structure of the yolk nucleus of previtellogenic oocytes in the medaka *Oryzias latipes*. Develop. Growth Differ., 42: 623-631.

———— , ———— Y. Shibata, M. Ishihara and Y. Kobatashi, 2011. Effects of co-administration of estrogen and androgen on induction of sex reversal in the medaka *Oryzias latipes*. Zool. Sci., 28: 355-359.

Kobayashi, T., M. Matsuda, H. Kajiura-Kobayashi, A. Suzuki, N. Saito, M. Nakamoto, N. Shibata and Y. Nagahama, 2004. Two MD domain genes, DMY and DMRT1, involved in testicular differentiation and development in the medaka, *Oryzias latipes*. Dev. Dyn., 231: 518-526.

Kondo, M., U. Hornung, I. Nanda, S. Imai, T. Sasaki, A. Shimizu, S. Asakawa, H. Hori, M. Schmid, N. Shimizu and M. Schartl, 2006. Genomic organization of the sex-determining and adjacent regions of the sex chromosomes of medaka. Genome Res., 16: 815-826.

———— and ————, 2005. Sex reversal in the medaka *Oryzias latipes* by brief exposure of early embryos to estradiol-17β. Zool. Sci., 22: 1163-1167.

———— , E. Nagao, E. Mitani and A. Shima, 2001. Differences in recombination frequencies during female and male meioses of the sex chromosomes of the medaka, *Oryzias latipes*. Genetic Res., 78: 23-30.

————, I. Nanda, U. Hornung, S. Asakawa, N. Shimizu, H. Mitani, M. Schmid, A. Shima and M. Schartl, 2003. Absence of the candidate of male sex-determining gene *dmrt1b(Y)* of medaka from other fish species. Curr. Biol., 13: 416-420.

————, ————, ————, M. Schmid and M. Schartl, 2004. Evolutionary origin of the medaka Y chromosome. Curr. Biol., 14: 1644-1669.

Konno, K. and N. Egami, 1966. Notes on effects of X-irradiation on the fertility of the male of *Oryzias latipes* (Teleostei, Cyprinodontidae). Annot. Zool. Japon., 39: 63-70.

Koya, Y., H. Munehara and K. Takano, 2002. Sperm storage and motility in the ovary of the marine sculpin *Alcichthys alcicornis* (Teleostei: Scorpaeniformes), with internal gamete association. J. Exp. Zool., 292: 145-155.

久保伊津男, 1935. メダカの産卵習性及其の初期発生. 養殖会誌, 5: 13-22.

Kurokawa, H., Y. Aoki, S. Nakamura, Y. Ebe, D. Kobayashi and M. Tanaka, 2006. Time-lapse analysis reveals different modes of primordial germ cell migration in the medaka *Oryzias latipes*. Develop. Growth Differ., 48: 209-221.

———, D. Saito, S. Nakamura, Y. Katoh-Fukui, K. Ohta, T. Baba, K. Morohashi and M. Tanaka, 2007. Germ cells are essential for sexual dimorphism in the medaka gonad. Proc. Natl. Acad. Sci. USA, 104: 16958-16963.

Langille, R. M. and B. K. Hall, 1987. Development of the head skeleton of the Japanese medaka, *Oryzias latipes* (Teleostei). J. Morph., 193: 135-158.

——— and ———, 1988. Role of the neural crest in development of the cartilaginous cranial and visceral skeleton of the medaka, *Oryzias latipes* (Teleostei). Anat. Embryol., 177: 297-305.

増田 晃，1952. メダカの第二次性徴に関する研究 I. 第二次性徴消長と塩分濃度の関係. 高知大学学術研究報告，1: 1-15.

———, 1953. メダカの第二次性徴に関する研究 II. 第二次性徴出現と塩分濃度の関係，高知大学学術研究報告，3: 49-56.

Masuyama, H., M. Yamada, Y. KameiT. Fujiowara-Ishikawa, T. Todo, Y. Nagahama and M. Matsuda, 2012. *Dmrt1* mutation causesa male-to-female sex reversal after the sex determination by *Dmy* in the meadaka. Chromosome Res., 20: 163-176.

Matsuda, M., 2005. Sex determination in the teleost medaka, *Oryzias latipes*. Annu. Rev. Genet., 39: 293-307.

———, N. kawato, S. Asakawa, N. Shimizu, Y. Nagahama et al., 2001, Constraction of a BAC library derived from the inbred Hd-rR strain of the teleost fish, *Oryzias latipes*. Genes Genet. Syst., 76: 61-63.

———, T. Kusama, T. Oshiro, Y. Kurihara, S. Hamaguchi and M. Sakaizumi, 1997. Isolation of a sex chromosome-specific DNA sequence in the medaka, *Oryzias latipes*. Genes Genet. Syst., 72: 263-268.

———, C. Matsuda, S. Hamaguchi and M. Sakaizumi, 1998. Identification of the sex chromosomes of the medaka, *Oryzias latipes*, by fluorescence *in situ* hybridization. Cytogenet. Cell Genet., 82: 257-262.

———, Y. Nagahama, T. Kobayashi, C. Matsuda, S. Hamaguchi and M. Sakaizumi, 2003. The sex determining gene of medaka: a Y-specific DM domain gene (*DMY*) is required for male development. Fish Physiol. Biol., 28: 135-139.

———, ———, A. Shinomiya, T. Sato, C. Matsuda, T. Kobayashi, C.E. Morrey, N. Shibata, S. Asakawa, N. Shimizu, H. Hori, S. Hamaguchi and M. Sakaizumi, 2002. DMY is a Y-specific DM-domain gene required for male development in the medaka fish. Nature, 417: 559-563.

———, T. Sato, Y. Toyazaki, Y. Nagahama, S. Hamaguchi and M. Sakaizumi, 2003. *Oryzias curvinotus* has DMY, a gene that is required for male development in the medaka, *O. latipes*. Zool. Sci., 20: 159-161.

———, A. Shinomiya, M. Kinoshita, A. Suzuki, T. Kobayashi, B. Paul-Prasanth, E.L. Lau, S. Hamaguchi, M. Sakaizumi and Y. Nagahama, 2007. *DMY* gene induces male development in genetically female (XX) medaka fish. Proc. Natl. Acad. Sci. USA, 104: 3865-3870.

———, S. Sotoyama, S. Hamaguchi and M. Sakaizumi, 1999. Male-specific recombination frequency in the sex chromosomes of the medaka, *Oryzias latipes*. Genet. Res., 73: 225-231.

———, T. Yamagishi, M. Sakaizumi and S.R. Jeon, 1997a. Mitochondrial DNA variation in the Korean wild polulation of medaka, *Oryzias latipes*. Korean J. Limnol, 30: 119-128.

———, H. Yonekawa, S. Hamaguchi and M. Sakaizumi, 1997b. Geographic variation and diversity in the mitochondrial DNA of the medaka, *Oryzias latipes*, as determined by restriction endonuclease analysis. Zool. Sci., 14: 517-526.

Matsui, H., K. Ogiwara, R. Ohkura and T. Takahashi 2000. Expression o gelatinases Aand B in the ovary of the medaka fish *Oryzias latipes*. Eur. J. Biochem., 267: 4658-4667.

松井喜三，1949. メダカの発生過程. 実験形態学誌，5: 33-42.

Matsumoto, M., I. Goto and K. Onitake, 1991. Fertiliy of sperm from cultured primary spermatocytes and testis fragments in the medaka, *Oryzias latipes*. Zool. Sci., 8: 1064.

Masuyama, H., M. Yamada, Y. Kamei, T. Fujiowara-Ishikawa, T. Todo, Y. Nagahama and M. Matsuda, 2012. *Dmrt1* mutation causes a male-to-female sex reversal after the sex determination by *Dmy* in the medaka. Chromosome Res., 20: 163-176.

Matsuzawa, T. and J. Hamilton, 1973. Polymorphism in lactate dehydrogenase of skeletal muscle associated with YY sex chromosomes in medaka (*Oryzias latipes*). Proc. Soc. Exp. Biol. Med., 142: 232-236.

道端 斉, 1975a. 〔^{3}H〕TdR標識によるメダカ精原細胞増殖におよぼす脳下垂体除去の影響の観察. 動物学雑誌, 84: 414.

———, 1975b. Cell population of primary spermatogonia activated by warm temperatures in the teleost, *Oryzias latipes* during winter months. J. Fac, Sci., Univ. Tokyo, Ⅳ, 13: 299-309.

———, 1976. The role of spermatogonia in the recovery process from temporary sterility induced by gamma-ray irradiation in the teleost *Oryzias latipes*. J. Radiat. Res., 17: 142-153.

———・江上信雄, 1976. メダカ精巣の精原細胞集団におよぼすγ線の急照射ならびに緩照射の影響. 動物学雑誌, 85: 486.

———・田口泰子・江上信雄, 1974. 非繁殖期におけるメダカ精子形成の活性化と精原細胞の細胞動態. 動物学雑誌, 83: 469.

Miyake, T. and B. K. Hall, 1994. Development of *in vitro* organ culture techniques for differentiation and growth of cartilages and bones from teleost fish and comparisons with *in vivo* skeletal development. J. Exp. Zool., 268: 22-43.

Monroy, A., M. Ishida and E. Nakano 1961. The patteron of transfer of the yolk material to the embryo during the development of the teleostean fish, *Oryzias latipes*. Embryologia, 6: 151-158.

———, ——— and ———, 1968. Uptake and incorporation of labeled amino acids in fish oocytes. Acta Embryol. Morphol. Exp., 10: 109-116.

Morinaga, C., D. Saito, S. Nakamura, T. Sasaki, S, asakawa, N. Shimizu, H. Mitani, M. Furutani-Seiki, M. Tanaka and H. Kondoh, 2007. The hotei mutation of medaka in the anti-Mullerian hormone receptor causes the dysregulation of germ cell and sexual development, Proc. Natl. Acad. Sci. USA, 104: 9691-9696.

———, T. Tomonaga, K. Sasado, H. Suwa, K. Niwa, A. Yasuoka, T. Henrich, T. Watanabe, T. Deguchi, H. Yoda, Y. Hirose, N. Iwanami, S. Kunimatsu, Y. Okamoto, T. Yamanaka, A. Shinomiya, M. Tanaka, H. Kondoh and M. Furutani-Seiki, 2004. Mutations affecting gonadal development in medaka, *Oryzias latipes*. Mech. Develop., 121: 829-839.

Murakami, M., I. Iuchi and K. Yamagami, 1991. Partial characterization and subunit analysis of major phosphoproteins of egg yolk in the fish, *Oryzias latipes*. Comp. Biochem. Physiol., 100B: 587-593.

Murata, K., T. S. Hamazaki, I. Iuchi and K. Yamagami, 1991. Spawning female-specific egg envelope glycoprotein-like substances in *Oryzias latipes*. Develop. Growth & Differ., 33: 553-562.

———, I. Iuchi and K. Yamagami, 1991. Synchronous production of the low-and high-molecular-weight precursors of the egg envelope subunits, in response to estrogen administration in the teleost fish *Oryzias latipes*. Gen. Comp. Endocrinol., 95: 232-239.

———, ———, and ———, 1993. Isolation of H-SF substances, the high-molecular-weight precursors of egg envelope proteins, from the ascites accumulatedin the oestrogen-treated fish, *Oryzias latipes*. Zygote, 1: 315-324.

———, T. Sasaki, S. Yasumasu, I. Iuchi, J. Enami, I. Yasumasu and K. Yamagami, 1995. Cloning of cDNAs for the precursor protein of a low-moleculr-weight subunit of the inner layer of the egg envelope (chorion) of the fish, *Oryzias latipes*. Dev. Biol., 167: 9-17.

Myosho, T., H. Otake, H. Masuyama, M. Matsuda, Y. Kuroki, A. Fujiyama, K. Naruse, S. Hamaguchi and M. Sakaizumi, 2012. Tracing the emergence of a novel sex-determining gene in medaka, *Oryzias luzonensis*. Genetics, 191: 163-170.

Nagahama, Y. 1973. Histo-physiological studies on the pituitary gland of some fishes, with special reference to the classification of hormone-producing cells in the adenohypophysis. Men. Fac. Fish. Hokkaido Univ., 21: 1-63.

———, Y., A. Matsuhisa, T. Iwamatsu, N. Sakai and S. Fukada, 1991. A mechanism for the action of pregnant mare serum gonadotropin on aromatase activity in the ovarian follicle of the medaka, *Oryzias latipes*. J. Exp. Zool., 259: 53-58.

———, and K. Yamamoto 1971. Cytological changes in the prolaction cells of medaka, *Oryzias latipes*, along with the change of environmental salinity

Bull Japanese Soc. Sci. Fish., 37: 691-698.

Nagai, T., Y. Takehana, S. Hamaguchi and M. Sakaizumi, 2008. Identification of the sex-determining locus in the Thai medaka, *Oryzias minitllius*. Cytogenet. Genome Res., 121: 137-142.

永田義夫，1934. メダカに於ける生殖腺剔出実験．動物学雑誌，48: 293-294.

———，1936. メダカに於ける第一次及び第二次性徴の関係Ⅱ. 卵巣を除去せるメダカに精巣の移植実験. 動物学雑誌, 48: 103-108.

Nakamoto, M., M. Matsuda, D.S. Wang, Y. Nagahama and N. Shibata, 2006. Molecular cloning and analysis of gonadal expression of *Foxl2* in the medaka, *Oryzias latipes*. Biochem. Biophys. Res. Commun., 344: 353-361.

———, S. Muramatsu, S. Yoshida, M. Matsuda, Y. Nagahama and N. Shibata, 2009. Gonadal sex differentiation and expression of *sox9a2*, *dmrt1*, and *foxl2* in *Oryzias luzonensis*. Genesis, 47: 289-299.

Nakamura, S., Y. Aoki, D. Saito, Y. Kuroki, A. Fujiyama, K. Naruse and M. Tanaka, 2008. *Sox9b/sox9a2*-EGFP transgenic medaka reveals the morphological reorganization of the gonads and a common precursor of both the female and male supporting cells. Mol. Reprod. Dev., 75: 472-476.

———, D. Kobayashi, Y. Aoki, H. Yokoi, Y. Ebe, J. Wittbrodt and M. Tanaka, 2006. Identification aand lineage tracing of two populations of somatic gonadal precursors in medaka embryos. Dev. Biol., 295: 678-688.

———, K. Kobayashi, T. Nishimura, S. Higashijima and M. Tanaka, 2010. Identification of germline stem cells in the ovary of teleost medaka. Science, 328: 1561-1563.

———・———・———・田中 実, 2010. 細胞工学, 29: 664-669.

———, H. Kurokawa, S. Asakawa, N. Shimizu and M. Tanaka, 2009. Two distinct types of theca cells in the medaka gonad: germ cell-dependent maintenance of *cyp19a1*-expressing theca cells. Dev. Dyn., 238: 2652-2657.

———, I. Watakabe, T. Nishimura, A., J.-Y. Picard, A. Toyoda, Y. Taniguchi, N. di Clemente and M. Tanaka, 2012. Hyperproliferation of mitotically active germ cells dues to defective anti-Mullerian hormone signaling mediates sex reversal in medaka. Development, 139: 2283-2287.

———, ———, ———, A. Toyoda, Y. Taniguchi and M. Tanaka, 2012. Analysis of medaka *sox9* orthologue reveals a conserved role in germ cell maintenance. PLoS ONE, 7(1): 1-12.

Nakano, E. 1953. Respiration during maturation and at fertilization of fish eggs. Embryologia, 2: 21-51.

——— and M. Ishida-Yamamoto, 1968. Uptake and incorporation of labeled amino acids in fish oocytes. Acta Embryol. Morphol. Exp., 10: 109-116.

Nakashima, S. and T. Iwamatsu, 1989. Ultrastructural changes in micropylar cells and formation of the micropyle during oogenesis in the medaka *Oryzias latipes*. J. Morph., 202: 1-11.

——— and ———, 1994. Ultrastructural changes in micropylar and granulosa cells during in vitro oocyte maturation in the medaka, *Oryzias latipes*. J. Exp. Zool., 270: 547-556.

———, 1936. メダカに於ける第一次及び第二次性徴の関係Ⅱ. 卵巣を除去せるメダカに精巣の移植実験. 動物学雑誌, 48: 103-108.

南部 実・細川和子, 1962. メダカの産卵刺激：接触時間について．動物学雑誌, 71: 404.

———・———, 1964. メダカ産卵の時間的経過と要因．動物学雑誌, 73: 17-20.

——— and ———, 1971. Note on the induction of oviposition by injection of acetylcholine, serotonin or histamine in the fish, *Oryzias latipes*. Annot. Zool. Japon., 44: 15-18.

Nanda, I., U. Hornung, M. Kondo, M. Schmidt and M. Schartl, 2003. Common spontaneous sex-reversed XX males of the medaka *Oryzias latipes*. Genetics, 163: 245-251.

———, M. Kondo, U. Hornung, S. Asakawa, C. Winkler, A. Shimizu *et al.*, 2002. A duplicated copy of *DMRT1* in the sex-determining region of the Y chromosome of the medaka, *Oryzias latipes*. Proc. Natl. Acad. Sci. USA, 99: 11778-11783.

Ngamniyom, A., W. Magtoon, Y. Nagahama and Y. Sasayama, 2007. A study of the sex ratio and fin morphometry of the Thai medaka, *Oryzias minutillus*, inhabiting suburbs of Bangkok, Thailand. Fish Biol. J. Medaka, 11: 17-21.

———, ———, ——— and ———, 2009.

Expression levals of hormone receptors and bone morphogenic protein in fins of medaka. Zool. Sci., 26: 74-79.

丹羽はじめ, 1955. メダカの婚姻色に対する去勢とメチルテストステロン投与の効果. 魚類学雑誌, 4: 293-294.

————, 1957. メダカの第二次性徴発現に対する男性ホルモンと女性ホルモンとの拮抗作用. 動物学雑誌, 66: 74.

————, 1959. Inhibitory effect of male hormone on growth and regeneration of the pelvic fin in the medaka, *Oryzias latipes*. Embryologia, 4: 249-358.

————, 1965a, Inhibition by estradiol of methyltestosterone-induced nuptial coloration in the medaka (*Oryzias latipes*). Embryologia, 8: 299-307.

————, 1965b, Effects of castration and administration of methyltestosterone on the nuptial coloration of the medaka (*Oryzias latipes*). Embryologia, 8: 289-298.

西川昇平, 1956. メダカの精巣における生殖細胞の季節的変化. 動物学雑誌, 65: 203-206.

Nishimura, T., A. Herpin, T. Kimura, I. Hara, T. Kawasaki, S. Nakamura, Y. Yamamoto, T. L. Saito, J. Yoshimura, S. Morishita, T. Tsukahara, S. Kobayashi, K. Naruse, S. Shigenobu, N. Sakai, M. Schartl and M. Tanaka, 2014. Analysis of a novel gene, *Sdgc*, reveals sex chromosome-dependent differences of medaka germ cells prior to gonad formation. Development, 141: 3363-3369.

————, T. Sato, Y. Yamamoto, I. Watakabe, Y. Ohkawa, M. Suyama, S. Kobayashi and M. Tanaka, 2015. *foxl3* is a germ cell-intrinsic factor involved in sperm-egg fate decision in medaka. Science, 349: 328-331.

———— and M. Tanaka, 2014. Gonadal development in fish. Sex Dev., 8: 252-261.

小川嘉一郎, 1957. エストロン処理メダカ成体雄魚の精巣卵に関する二三の考察.(Ⅱ)エストロン処理による精巣卵の形成過程について. 動物学雑誌, 66: 73.

————, 1959. エストロン処理メダカ (*Oryzias latipes*) 成体雄魚の精巣卵に関する二・三の考察. Ⅰ. 精巣卵 (Testis-ova) 形成過程. 動物学雑誌, 68: 159-165.

荻原克益・高橋孝行, 2007. 排卵酵素—排卵研究の歴史とメダカ排卵酵素の同定. 化学と生物, 45: 655-658.

————, T. Ikeda and T. Takahashi, 2010. A new in vitro ovulation model for medaka based on whole ovary culture. Zool. Sci., 27: 762-767.

————, H. Matsu, A. Kinura and T. Takahashi, 2002. Molecular cloning and partiial charaterization of medaka fish stromelysin-3 and its restricted expression in the oocytes of small growing follicles of the ovary. Mol. Reprod. Develop., 61: 21-31.

————, K. Minagawa, N. Takano, T. Kageyama and T. Takahashi, 2012. Apparent involvement of plasmin in early-stage follicle rupture during ovulation in medaka. Biol. Reprod., 86(4): 113.

————, C. Fujimori, S. Rajapakse and T. Takahashi, 2013. Characterization of luteinizing hormone and luteinizing hormone receptor and their indispensable role in the ovulatory process of the medaka. PloS One, 8: e54482.

————, M. Shinohara and T. Takahashi, 2004. Expression of proprotein convertase 2-mRNA in the ovarian follicles of the medaka, *Oryzias latipes*. Gene, 337: 79-89.

————, M. Shinohara and T. Takahashi, 2004. Structure and expression of furin mRNA in the ovary of the medaka, *Oryzias latipes*. J. Exp. Zool., 301A: 449-459.

———— and T. Takahashi 2007. Specificity of the medaka enteropeptidase serine protease and its usefulness as a biotechnological tool for fusion-protein cleavage. PNAS, 104: 7021-7026.

————, N. Takano, M. shinohara, M. Murakami and T. Takahashi, 2005. Geratinase A and membrane-type matrix metallopproteinases 1 and 2 are responsible fro follicle rupture during ovulation in the medaka. PNAS, 102: 8442-8447.

Oka, T. B., 1931a. On the accidental hermaphroditism in *Oryzias latipes*. J. Fac. Sci., Imp. Univ. Tokyo, Sec.Ⅳ, 2: 219-224.

————, 1931b. On the processes on the fin rays of the male of *Oryzias latipes* and other sex characters of this fish. J. Fac. Sci. Imp. Univ. Tokyo, Sec. IV, 2: 209-217.

————, 1931c. Effect of the triple allelomorphic genes in *Oryzias latipes*. J. Fac. Sci. Imp. Univ. Tokyo, Sec. IV, 2: 171-178.

————, 1938a. 雄メダカの鰭のグアノ細胞, 第二次性徴. 動物学雑誌, 50: 170-174.

————, 1938b. Differentiation of the embryonic tissues of the fish, *Oryzias latipes*, planted on the chorio-allantois of chick. Annot. Zool. Japon., 17: 636.

———, 1939. メダカの第二次性徴の再生速度の変化. 動物学雑誌, 51: 83.

岡田 要, 1943a. 精巣卵の形成. 動物学雑誌, 55: 361.

———, 1943b. Production of tesis-ova in *Oryzias latipes* by estrongenic substances. Proc. Japan Acad., 19: 501-504.

———, 1949. 魚における精巣卵に関する実験的研究. 実験形態学誌, 5: 149-151.

———, 1952a. メダカにおける性の完全転換. 遺伝の総合研究, 3: 139-141.

———, 1952b. メダカにおける性の完全転換. 遺伝の総合研究, 3: 143-145.

———, 1964. A further note on testis-ova in the teleost, *Oryzias latipes*. Proc. Jap. Acad., 40: 753-756.

——— and H. Yamashita, 1944. Expertimental investigation of the manifestation of secondary sexual characters in fish, using the medaka, *Oryzias latipes* (Temminck and Schlegel) as material. J. Fac. Sci., Tokyo Univ., Ⅳ, 6: 383-437.

Okamoto H. and J. Y. Kuwada, 1991a. Outgrowth by fin motor axons in wildtype and a finless mutant of the Japanese medaka fish. Dev. Biol., 146: 49-61.

——— and ———, 1991b. Alteration of pectoral fin nerves following ablation of fin buds and by ectopic fin buds in the Japanese medaka fish. Dev. Biol., 146: 62-71.

Okubo, K., M. Amano, Y Yoshiura, H. Suetake and K. Aida, 2000. A novel form of gonadotropin-releasing hormone in the medaka, *Oryzias latipes*. Biochem. Biophys. Res. Commun., 276: 298-303.

———, H. Mitani, K. Naruse, M. Kondo, A. Shima, M. Tanaka, S. Asakawa, N. Shimizu, Y. Yoshiura and K. Aida, 2002. Structural characterization of *GnRH* loci in the medaka genome. Gene, 293: 181-189.

———, S. Nagata, R. Ko, H. Kataoka,Y. Yoshiura, H. Mitani, M. Kondo, K. Naruse, A. Shima and K. Aida, 2001. Identification and characterization of two distinct GnRH receptor subtypes in a teleost, the medaka *Oryzias latipes*. Endocrinology, 142: 4729-4739.

Onitake, K., 1972. Morphological studies of normal sex-differentiation and induced sex-reversal process of gonads in the medaka, *Oryzias latipes*. Annot. Zool. Japon., 45: 159-169.

——— and T. Iwamatsu, 1986. Immunocytochemical demonstration of steroid hormones in the granulosa cells of the medaka, *Oryzias latipes*. J. Exp. Zool., 239: 97-103.

———, A. Katogi and A. Saiki, 1990. In vitro spermatogenesis and flagellar growth from spermatocytes in the medaka, *Oryzias latipes*. Zool. Sci., 7: 1086.

Oota, Y., 1963. Electron microscopic studies on the region of the hypothalamus contiguous to the hypophysis and the neurohypophysis of the fish. *Oryzias latipes*. J. Fac. Sci., Tokyo Univ., Ⅳ, 10: 143-154.

Otake, H., Y. Hayashi, S. Hamaguchi and M. Sakaizumi, 2008. The Y chromosome that lost the male-determining function behaves as an X chromosome ion the medaka fish, *Oryzias latipes*. Genetics, 179: 2157-2162.

———, H. Masuyama, Y. Mashima, A. Shinomiya, T. Myosho, Y. Nagahama, M. Matsuda, S. Hamaguchi and M. Sakaizumi, 2010. Heritable articial sex chromosomes in the medaka, *Oryzias latipes*. Heredity, 105: 247-256.

———, A. Shinomiya, A. Kawaguchi, S. Hamaguchi and M. Sakaizumi, 2008. The medaka sex-determining gene *DMY* acquired a novel temporal expression pattern after duplication of *DMRT1*. Genesis, 46: 719-723.

———, ———, M. Matsuda, S. Hamaguchi and M. Sakaizumi, 2006. Wild-derived XY sex-reversal mutant in the medaka, *Oryzias latipes*. Genetics, 173: 2083-2090.

Pechan, P., S. S. Wachtel and R. Reinboth, 1979. H-Y antigen in the teleost. Differentiation, 14: 189-192.

Pendergrass, P. B., 1974. Electron and light microscope study of the mechanism of oocyte extrusion during ovulation in the fish *Oryzias latipes*. Ph. D. Thesis. Washington State Univ., 1-66.

Powell, J. F., S. L. Krueckl, P. M. Colling and N. M. Sherwood, 1996. Molecular forms of GnRH in three model fishes rockfish, medaka and zebrafish. J. Endocrinol., 150: 17-23.

Quirk, J. Q. and J. B. Hamilton, 1973. Number of germ cells in known male and known female genotypes of vertebrate embryos (*Oryzias latipes*). Science, 180: 963-964.

——— and P. Schroeder, 1976. The ultrastructure of the thecal cell of the teleost, *Oryzias latipes*, during ovulation *in vitro*. J. Reprod. Fert., 47: 229-233.

Rajapakse, S., K. Ogiwara and T. Takahashi, 2014. Characterization and expression of typsinogen and trypsin in medaka testis. Zool. Sci., 31: 840-848.

Reinboth. R., 1983. The peculierities of gonad transformation in teleosts. *In* "Mechanisms of Gonadal Differentiation in Vertebrates" (U. Muller and W. W. Franke, eds.), Springer-Verlag, Berlin, pp. 82-86.

Robinson, E. and R. Rugh, 1943. The reproductive process of the fish, *Oryzias latipes*. Biol. Bull. Mar. Biol. Lab., Woods Hole, 84: 115-125.

Ryder, J.A., 1882. Development of the silver gar (Belone longirostreis), with observations on ther genesis of the blood in embryo fishes, and a comparison of fish ova with those of other vertebrates. Bull. U.S. Fish Comm., 1: 283-301.

Saiki, A. and K. Onitake, 1990. *In vitro* spermatogenesis in *Oryzias latipes*. Develop. Growth Differ., 32: 431.

———, M. Tamura, M. Matsumoto, J. Katowgi, A. Watanabe and K. Onitake, 1997. Establishment of *in vitro* spermatogenesis from spermatocytes in the medaka, *Oryzias latipes*. Develop. Growth Differ., 39: 337-344.

Saito, D., C. Morinaga, Y. Aoki S. Nakamura, H. Mitani, Furutani-Seiki H. Kondoh and M. Tanaka, 2007. Proliferation of germ cells during gonadal sex differentiation in medaka: insights from germ cell-depleted mutant *zenzai*. Dev. Biol., 310: 280-290.

——— and M. Tanaka, 2009. Comparative aspects of gonadal sex differentiation inmedaka: a conserved role of developing oocytes in sexual canalization. Sex Dev., 3: 99-107.

Sakai, N., T. Iwamatsu, K. Yamauchi and Y. Nagahama, 1987. Development of the steroidogenic capacity of medaka (*Oryzias latipes*) ovarian follicles during vitellogenesis and oocyte maturation. Gen. Comp. Endocrinol., 66: 333-342.

———, ———, ———, N. Suzuki and Y. Nagahama, 1988. Influence of follicular development on steroid production of the medaka (*Oryzias latipes*) ovarian follicle in response to exogenous substances. Gen. Com. Endocrinol., 71: 516-523.

酒井　淑, 1973. メダカの精子形成. 動物学雑誌, 82: 363.

———, 1976. Spermiogenesis of the teleost, *Oryzias latipes*, with special reference to the formation of flagellar membrane. Develop. Growth & Differ., 18: 1-13.

Sakaizumi, M. and N. Egami, 1980. Effect of methyl mercuric chloride and gamma irradiation on the fertility of male in the fish, *Oryzias latipes*. Fac. Sci., Tokyo Univ., Sec. Ⅳ, 14: 385-390.

————, Y. Shimizu and S. Hamaguchi, 1992. Electrophoretic studies of meiotic segregation in inter- and intraspecific hybrids among East Asian species of the genus Oryzias (Pisces: Oryziatidae). J. Exp. Zool., 246: 85-92.

Sasado, T., C. Morinaga, K. Niwa, A. Shinomiya, A. Yasuoka, H. Suwa, Y. Hirose, H. Yoda, T. Henrich, T. Deguchi, N. Iwanami, T. Watanabe, S. Kunimatsu, M. Osakada, Y. Okamoto, Y. Kota, T. Yamanaka, M. Tanaka, H. Kondoh and M. Furutani-Seiki, 2004. Mutations affecting early distribution of primordial germ cells in medaka (*Oryzias latipes*) embryo. Mech. Develop., 121: 817-828.

佐藤矩行, 1971. メダカの正常発生に伴う生殖細胞の数量的変化. 動物学雑誌, 80: 420.

———, 1972a. メダカの性分化に関する電顕的観察. 動物学雑誌, 81: 284-285.

———, 1972b. メダカ成体の眼房中に移植された幼魚の生殖腺について. 日本発生生物学会大会, 1.

———, 1973. Sex differentiation of the gonad transplantated into the anterior chamber of the adult eye in the teleost, *Oryzias latipes*. J. Embryol. exp. Morph., 30: 345-358.

———, 1974. An ultrastructual study of sex differentiation in the teleost *Oryzias latipes*. J. Embryol. exp. Morph., 32: 195-215.

——— and N. Egami, 1972. Sex differentiation of germ cells in the teleost, *Oryzias latipes*, during normal embryonic development. J. Embryol. exp. Morph., 28: 385-395.

——— and ———, 1973. Preliminary report on sex

differentiation in germ cells of normal and transplanted gonads in the fish, *Oryzias latipes*. *In* "Genetics and Mutagenesis of fish", Springer Verlag, Berlin, pp. 29-32.

Sato, T., T. Endo, K. Yamahira, S. Hamaguchi and M. Sakaizumi, 2005. Induction of female-to-male sex reversal by high temperature treatment in medaka, *Oryzias latipes*. Zool. Sci., 22: 985-988.

———, A. Suzuki, N. Shibata, M. Sakaizumi and S. Hamaguchi, 2008. The novel mutant scl of the medaka fish, *Oryzias latipes*, shows no secondary sex characters. Zool. Sci., 25: 299-306.

———, A. Suzuki, N. Shibata, M. Sakaizumi and S. Hamaguchi, 2008. *Scl*, a novel of the medaka, *Oryzias latipes*, with no secondary sex characters. Zool. Sci., 25: 299-306.

———, S. Yokomizo, M. Matsuda, S. Hamaguchi and M. Sakaizumi, 2001. Gene-centromere mapping of medaka sex chromosomes using triploid hybrids between *Oryzias latipes* and *O. luzonensis*. Genetics, 111: 71-75.

Sato, T., T. Endo, K. Yamahira, S. Hamaguchi and M. Sakaizumi, 2005. Induction of female-to-male sex reversal by high temperature treatment in medaka, *Oryzias latipes*. Zool. Sci., 22: 985-988.

———, A. Suzuki, N. Shibata, M. Sakaizumi and S. Hamaguchi, 2008. The novel mutant *scl* of the medaka fish, *Oryzias latipes*, shows no secondary sex characters. Zool. Sci., 25: 299-306.

———, A. Suzuki, N. Shibata, M. Sakaizumi and S. Hamaguchi, 2008. *Scl*, a novel of the medaka, *Oryzias latipes*, with no secondary sex characters. Zool. Sci., 25: 299-306.

———, S. Yokomizo, M. Matsuda, S. Hamaguchi and M. Sakaizumi, 2001. Gene-centromere mapping of medaka sex chromosomes using triploid hybrids between *Oryzias latipes* and *O. luzonensis*. Genetics, 111: 71-75.

Saxena, O. P., T. Iwamatsu and E. Oshima, 1992. Studies on the growing oocytes of *Oryzias melastigma* (McClelland). Ad. Bios., 11: 83-94.

Schartl, M., 2004. A comparative view on sex determination in medaka. Mech. Develop. 121: 639-645.

Schemer, R., I. Eibschitz and B. Cavari, 2000. Isolation and characterization of medaka ribosomal protein S3a (*fte-1*) cDNA and gene. Gene, 250: 209-217.

Schroeder, P. C. and P. B. Pendergrass, 1976. The inhibition of *in vitro* ovulation from follicles of the teleost *Oryzias latipes* by cytochalasin B. J. Reprod. Fert., 48: 327-330.

Selim, K.M., A. Shinomiya, H. Otake, S. Hamaguchi and M. Sakaizumi, 2009. Effects of high temperature on sex differentiation and germ cell population in medaka, *Oryzias latipes*. Aquaculture, 289: 340-349.

Shibata, N. and S. Hamaguchi, 1986. Electron microscopic study of the blood-testis barrier in the teleost, *Oryzias latipes*. Zool. Sci., 3: 331-338.

——— and ———, 1988. Evidence for the sexual bipotentiality of spermatogonia in the fish, *Oryzias latipes*. J. Exp. Zool., 245: 71-77.

Shibata, Y. and T, Iwamatsu, 1996. Evidence for involvement of the exudate released from the egg cortex in the change in chorion proteins at the time of egg activation in *Oryzias latipes*. Zool. Sci., 13: 271-275.

———, B. Paul-Prasanth, A. Suzuki, T. Usami, M. Nakamoto and Y. Nagahama, 2010. Expression of gonadal soma derived factor (GSDF) is spatially and temporally correlated with early testicular differentiation in medadala. Gene Expr. Patterns, 10: 283-289.

Shimada, A., A. Shima, K. Nojima, Y. Seino and R.B. Setlow, 2003. Germ cell mutagenesis in medaka fish after exposures to high-energy cosmic ray nuclei: A human model. Proc. Natl. Acad. Sci. USA, 102: 6063-6067.

——— and H. Takeda, 2008. Production of a maternal-zygotic medaka mutant using hybrid sterility. Develop. Growth Differ., 50: 421-426.

Shimada Y., 1985a. Effects of heat, release from hypoxia, cadmium and arsenite on radiation sensitivity of primordial germ cells in the fish *Oryzias latipes*. J. Radiat. Res., 26: 411-417.

———, 1985b. Influence of thermal conditioning on the heat-induced radioresistance in primordial germ cells of the fish *Oryzias latipes*. Int. J. Radiat. Biol. Relat. Stud. Phys. Chem. Med., 48: 423-430.

———, 1985c. Effect of heat on radiosensitivity at different developmental stages of embryos of the fish *Oryzias latipes*. Int. J. Radiat. Biol. Relat. Stud. Phys. Chem. Med., 48: 505-512.

———・江上信雄，1981. メダカ胚の始原生殖細胞と原始濾胞細胞の電子顕微鏡による観察．動物学雑誌，90: 453.

——— and ———, 1984. The unique responses of the primordial germ cells in the fish *Oryzias latipes* to gamma-rays. Int. J. Radiat. Biol. Relat. Stud. Phys. Chem. Med., 45: 227-235.

Shimizu, Y., N. Shibata, M. Sakaizumi and M. Yamashita, 2000. Production of diploid eggs through premeiotic endomitosis in the hybrid medaka between *Oryzias latipes* and *O. curvinotus*. Zool. Sci., 17: 951-958.

———, ——— and M. Yamashita, 1997. Spermatogenesis without preceding meiosis in the hybrid medaka *Oryzias latipes* and *O. curvinotus*. J. Exp. Zool., 279: 12-112.

四宮 愛・濱口 哲・酒泉 満，2003. メダカの性決定遺伝子と生殖巣の性分化．脊椎動物の新しい性決定遺伝子*DMY*. 細胞工学, 22: 1090-1096.

———, ——— and ———, 2010. Inherited XX sex reversal originated from a wild medaka population. Heredity, 105: 443-448.

———, ——— and N. Shibata, 2001. Sexual differentiation of germ cell deficient gonads in the medaka, *Oryzias latipes*. J. Exp. Zool., 290: 402-410.

———, M. Kato, M. Yanezawa, M. Sakaizumi and S. Hamaguchi, 2006. Interspecific hybridization *Oryzias latipes* and *Oryzias curvinotus* causes XY sex reversal. J. Exp. Zool., 305A: 890-896.

———, M. Matsuda, S. Hamaguchi and M. Sakaizumi, 1998. Indetification of genetic sex of the medaka by PCR. Fish Biol. J. Medaka, 10: 31-32.

———, H. Otake, S. Hamaguchi and M. Sakaizumi, 2010. Inherited XX sex reversal originating from wild medaka populations. Heredity, 105: 443-448.

———, ———, M. Sakaizumi and S. Hamaguchi, 2008. A sex-determining on a medaka autosome: characterization of the XX sex-reversal mutant. 41th Ann. Meet. Jap. Soc. Develop. Biol. (Tokushima), p.248.

———, ———, K. Togashi, S. Hamaguchi and M. Sakaizumi, 2004. Field survey of sex-reversals in the medaka, *Oryzias latipes*: Genotypic sexing of wild populations. Zool. Sci., 613-619.

———, N. Shibata, M. Sakaizumi and S. Hamaguchi, 2002. Sex reversal of genetc females (XX) induced by the transplantation of XY somatic cells in the medaka, *Oryzias latipes*. Int. J. Dev. Biol., 46: 711-717.

———, N. Tanaka, T. Kobayashi, Y. Nagahama and S. Hamaguchi, 2000. The vasa-like gene, *olvas*, identifies the migration path of primodial germ cells during embryonic body formation stage in the medaka, *Oryzias latipes*. Develop. Growth Differ., 42: 317-326.

———, M. Tanaka, T. Kobayashi, Y. Nagahama and S. Hamaguchi, 2000. The *vasa*-like gene, *olvas*, identifies the migration path of primodial gerem cells during embryonic body formation stage in the medaka, *Oryzias latipes*. Develop. Growth Differ., 42: 317-326.

Shiraishi, E., H. Imazato, T. Yamamoto, H. Yokoi, S. Abe and T. Kitano, 2004. Identification of two teleost homologs of the *Drosophila* sex determination factor, *transformer-2* in medaka (*Oryzias latipes*). Mech. Dev., 121: 991-996.

———, N. Yoshinaga, T. Miura, H. Yokoi, Y. Wakamatsu, S. Abe and T. Kitano, 2008. Mullerian inhibiting substance is required for germ cell proliferation during early gonadal differentiation in medaka (*Oryzias latipes*). Endocrinology, 149(4): 1813-1819.

Solberg, A. N. 1938. The susceptibility of berm cells of *Oryzias latipes* to X-radiation and recovery after treatment. J. Exp. Zool., 78: 417-439.

———, 1942. Controlling the spawning of the medaka, *Oryzias* (*Aplocheilus*) *latipes* Aquarium, 11: 135-138.

Song, M. and H.O. Gutzeit, 2003. Primary culture of medaka (*Oryzias latipes*) testis: a test system for the analysis of cell proliferation and differentiation. Cell Tissue Res., 313: 107-115.

Srivastara, P. N. 1966. Effect of ionizing radiation on the ovaries of Japanese medaka, *Oryzias latipes*. Acta. Anat., 63: 434-444.

杉山 仁, 1998. メダカ卵卵膜の分子構築に関する基礎的研究．Sophia Life Sci. Bull., 17: 55-68.

———, K. Murata, I. Iuchi, K. Nomura and K.

Yamagami, 1999. Formation of mature egg envelope subunit proteins from their precursors (choriogenins) in the fish, *Oryzias latipes*: Loss of partial C-terminal sequences of the choriogenins. J. Biochem., 125: 469-475.

———, ———, ——— and K. Yamagami, 1996. Evaluation of solubilizing methods of the egg envelope of the fish, *Oryzias latipes*, and partial determination of amino acid sequence of its subunit protein, ZI-3. Comp. Biochem. Physiol., 114B: 27-33.

———, S. Yasumasu, K. Murata, I. Iuchi and K. Yamagami, 1998. The third egg envelope subunit in fish; cDNA cloning and analysis, and the gene expression. Develop. Growth Differ., 40: 35-45.

Suzuki, A., M. Nakamoto, Y. Kato and N. Shibata, 2005. Effects of estradiol-17beta on germ cell proliferation and *DMY* expression during early sexual differentiation of the medaka, *Oryzias latipes*. Zool. Sci., 22: 791-796.

————. and N. Shibata, 2004. Developmental process of genital ducts in the medaka, *Oryzias latipes*. Zool. Sci., 21: 397-406.

———, M. Tanaka and N. Shibata, 2004. Expression of aromatase mRNA and effects of aromatase inhibitor during ovarian devekopment in the medaka, *Oryzias latipes*. J. Exp. Zool., 301: 266-273.

鈴木はじめ, 1954. メダカの輸精管に及ぼすエストロンの作用. 動物学雑誌, 63: 156.

Tagawa, M. and T. Hirano, 1991. Effects of thyroid hormone deficiency in eggs on early development of the medaka, *Oryzias latipes*. J. Exp. Zool., 257: 360-366.

Taguchi, T., K. Kitajima, S. Inoue, Y. Inoue, J.-M. Yang, H. Schachter and I. Brockhausen, 1997. Activity of UDP-GlcNAc: GlcNAc β1→6 (GlcNAc β1→2) Man α 1→R [GlcNAc to Man] β 1→4*N*-acetylglucosaminyltransferase VI (GnT VI) from the ovaries of *Oryzias latipes* (medaka fish). Biochem. Biophys. Res. Commun., 230: 533-536.

田口泰子・江上信雄, 1970. メダカの生殖腺形成に対する^{90}Sr-β線の影響. 動物学雑誌, 79: 185-187.

Takahashi, S. Y., T. Iwamatsu and K. Onitake, 1991. Phosphorylation of follicle proteins from the teleost, *Oryzias latipes*, in the action of gonadotropin and forskolin. Biomed. Res., 12: 231-239.

Takahashi, H. and Y. Iwasaki, 1973. Histochemical demonstration of Δ^5-3β-hydroxy steroid dehydrogenase activity in the testis of the medaka, *Oryzias latipes*. Endocrinol. Japon., 20: 529-533.

——— and S. Kasuga, 1971. Fine structure of the pineal organ of the medaka, *Oryzias latipes*. Bull. Fac. Fish., Hokkaido Univ., 22: 1-10.

高橋孝行・荻原克益, 2005. 生殖医学に役立つメダカの排卵研究. バイオサイエンスとインダストリー, 63(12): 767-772.

———, Fujimori, C., A. Hagiwara and K. Ogiwara, 2013. Recent advances in the understanding of teleost medaka ovulation: the role of proteases and prostaglandins. Zool. Sci., 30: 239-247.

高野和則, 1976. 胎生メダカの生殖. 昭和51年度文部省科学研究費による特定研究「人間の生存に関わる自然環境に関する基礎的研究」研究報告収録. pp. 212-222.

———, 1977. 胎生メダカの生殖. 環境と人類の生存（佐々・山本共編）. 第4巻, pp. 212-222, 東京大学出版会.

———・春日清一, 1969. メダカの生殖周期. 日本水産学会春期大会講演要旨. p.53.

———・———, 1970. 人工光周期下でのメダカの生殖周期. 日本水産学会年会要旨. p.23.

———・———, 1973. メダカの卵巣に及ぼす性ステロイド投与の影響. 動物学雑誌, 82: 263.

———・———, 1974. メダカの生殖日周期に及ぼす脳下垂体摘除の影響. 日本水産学会秋期大会要旨, p.327.

———・———・佐藤 茂, 1974. 人工光周期下におけるメダカの生殖周期. 北大水産彙報, 24: 91-99.

Takehana, Y., S. Hamaguchi and M. Sakaizumi, 2008. Different origins of ZZ/ZW sex chromosomes in closely related medaka fishes, *Oryzias javanicus* and *O. hubbsi*. Chromosome Res., 16: 801-811.

———, K. Naruse, S. Hamaguchi and M. Sakaizumi, 2007. Evolution of ZZ/ZW and XX/XY sex-determination systems in the closely related medaka species, *Oryzias hubbsi* and *O. dancena*. Chromosoma, 116: 463-470.

Takemura, A., K. Takano and H. Takahashi, 1987. Reproductive cycle of a viviparous fish, the white-edged rockfish, *Sabastes taczanowskii*. Bull. Fac. Fish. Hokkaido Univ., 38(2): 111-125.

竹内邦輔，1967.　d-rRメダカ胚の遺伝的性の判定法．動物学雑誌，76: 397.

————，1966. メダカの顎歯数の性差．動物学雑誌，75: 236-238.

————，1967a. メダカの顎歯の二次性徴と雄性ホルモンの影響．実験形態学会（第３回全国大会），21: 499.

————，1967c. Large tooth formation in female medaka, *Oryzias latipes*, given methyltestosteron. J. Dent. Res., 46: 750.

————，1968. Inhibition of large distal tooth formation in male medaka, *Oryzias latipes*, by estradiol. Experientia, 24: 1061-1062.

————，1969a. エストラジオールによる雄メダカ端歯形成の抑制．動物学雑誌，78: 31.

————，1969b. メダカ端歯の自然形成速度とホルモンによる形成速度の比較．発生生物学誌，23: 79（講演要旨）.

Tamaki, B., R, Arai, H. Tajima and K. Suzuki 1972. Comparative aspects of steroidogenesis in testicular tissue of vertebrates. Excerpta Medica International Congress Series, No. 219: 976-982.

Taneda, Y., S. Konno, S. Makino, M. Morioka, K. Fukuda, Y. Imai, A. Kudo and A. Kawakami, 2010. Epigenic control cardiomyocyte production in response to a stress during the medaka heart development. Dev. Biol.,340: 30-40.

————, Y. Takehana, K. Naruse, S. Hamaguchi and M. Sakaizumi, 2007. Evidence for different origins of sex chromosomes in closely related *Oryzias* fishes: Substitution of the master sex-determining gene. Genetics, 177: 2075-2081.

Tanaka, M., 2013. Vertebrate female germline-the acquisition of femaleness. WIREs Dev. Biol., 2013, doi: 10.1002/wdev.131.

————, 2013. 性決定分化と性転換の制御機構. 細胞工学, 32(2): 172-177.

————, 2014. 性が変わる能力. 特集「愛と性の科学. 科学, 84：764-768.

————，M. Kinoshita, D. Kobayashi and Y. Nagahama, 2001. Establishmentr of medaka (*Orazias latipes*) transgenic lines with the expression of green fluorescent protein fluorescence exclusively in germ cells: a useful model to monitor germ cells in a live vertebrate. Proc. Natl. Acad. Sci. USA, 98: 2544-2549.

————, D. Saito, C. Morinaga, and H. Korokawa, 2008. Cross talk between germ cells and gonadal somatic cells is critical for sex differentiation of the gonads in the teleost fish, (*Oryzias latipes*). Develop. Growth Differ., 50: 273-278.

寺尾　新・田中友三,（1928）メダカの産卵におよぼす群居密度の影響．水産講習所報告, 24: 52-53.

Tesoriero, J. V., 1977a. Formation of the chorion (zona pellucida) in the teleost, *Oryzias latipes*. I. Morphology of early oogenesis. J. Ultrastruct. Res., 59: 282-291.

————, 1977b. Formation of the chorion (zona pellucida) in the teleost, *Oryzias latipes*. Ⅱ. Polysaccharide cytochemistry of early oogenesis. J. Histochem. Cytochem., 25: 1376-1380.

————, 1978. Formation of the chorion (zona pellucida) in the teleost, *Oryzias latipes*. Ⅲ. Autoradiography of [^{3}H] proline incorporation. J. Ultrastruct. Res., 64: 315-326.

Tsukahara, J., 1971. Ultrastructural study on the attaching filaments and villi of the oocyte of *Oryzias latipes* during oogenesis. Develop. Growth & Differ., 13: 173-180.

恒吉正己，1959a. Endocrinological studies on the manifestation of secondary sexual characters in killifish (*Oryzias latipes* T.& S.) from kagoshima. 鹿児島大学教育学部研究紀要．11: 35-47.

————, 1959b. メダカによる Androgens の微量測定法についての研究．第１報．Testosterone の測定．ホルモンと臨床，7: 21-24.

————, 1960a. 雄メダカによるテストステロンの測定に関する研究．動物学雑誌，69(1・2): 33.

————, 1960b. On the development of male characteristics in females of the fish, *Oryzias latipes*, kept in water containing methyl testosterone and ethinyl-testosterone. 鹿児島大学教育学部研究紀要，12: 53-60.

————, 1967. メダカの二次性徴に及ぼす諸種ステロイドホルモンの混合効果．動物・植物・生態学会九州支部合同大会，p.13.

津坂　昭, 1963. メダカの燐蛋白分解酵素(PPP-ase). 動物学雑誌, 72: 328.

————, 1967. Activity changes of phosphoprotein phosphatase, acid and alkaline phosphomonoesterases and proteinase during oogenesis and embryogenesis in the teleostean fish, *Oryzias latipes*. Acta Embryol. Morph. Exp., 10: 44-53.

———, 1970. Studies on the phosphomonoesterase in the liver of the medaka, *Oryzias latipes*. Japanese J. Zool., 16: 69-87.

——— and E. Nakano, 1965. The metabolic pattern during oogenesis in the fish, *Oryzias latipes*. Acta Embryol. Morph. Exp., 8: 1-11.

都築英子・江上信雄・兵藤泰子, 1966. メダカの正常発生過程における生殖細胞の増殖と性分化. 魚類学雑誌, 13: 176-182.

Turner, C. D., 1964. Special mechanisms in anormalies of sex differentiation. Am. J. Obstet. Gynecol., 90: 1208-1226.

上田 道・大石 正, 1979. メダカの産卵におけるサーカディアンリズム. 動物学雑誌, 88: 652.

——— and ———, 1982. Circadian oviposition rhythm and locomotor activity in the medaka, *Oryzias latipes*. J. Interdiscipl. Cycle Res., 13: 97-104.

内田ハチ, 1951. 秋田市付近及び名古屋市にて採集するメダカ（*Oryzias latipes*）に於ける第二次性徴について. 秋田大学紀要, 1951：1-10.

浦崎 寛, 1969a. メダカの稚魚期におけるMSH分泌の問題. 動物学雑誌, 78: 413.

———, 1969b. メダカ松果体と光周性について. 動物学雑誌, 78: 30.

———, 1971. メダカの松果腺の生殖腺制御機能について. 動物学雑誌, 80: 460.

———, 1971. Monoamine oxidase in the hypothalamo-hypophysial region of the teleosts, *Anguilla japonica* and *Oryzias latipes*. Z. Zellforsch. Mikrosk. Anat., 114: 83-94.

———, 1972a. Effect of pinealectomy on gonadal development in the Japanese killifish (medaka), *Oryzias latipes*. Annot. Zool. Japon., 45: 10-15.

———, 1972b. Role of the pineal gland in gonadal development in the fish, *Oryzias latipes*. Annot. Zool. Japon., 45: 152-158.

———, 1972c. メダカの生殖腺における光周性とメラトニンの作用の比較. 動物学雑誌, 81: 336.

———, 1972d. Effects of restricted photoperiod and melatonin administration on gonadal weight in the Japanese killifish. J. Endocrinol., 55: 619-620.

———, 1973a. メダカ松果腺のアセチルコリンエステレース. 動物学雑誌, 82: 264.

———, 1973b. Effect of pinealectomy and photoperiod on oviposition and gonadal development in the fish, *Oryzias latipes*. J. Exp. Zool., 185 : 241-245.

———, 1974. The function of the pineal gland in the production of the medaka, *Oryzias latipes*. Bull. Lib. Arts. & Sci. Med, Nihon Univ., 2: 11-17.

———, 1976. The role of pineal and eyes in the photoperiodic effect on the gonad of the medaka, *Oryzias latipes*. Chronobiologia, 3: 228-234.

Utida, S., S. Hatai, T. Hirano and F. I. Kamemoto, 1971. Effect of prolactin on survival and plasma sodium levels in hypophysectomized medaka *Oryzias latipes*. Gen. Comp. Endocrinol., 16: 566-573.

Uwa, H., 1968. Hormonal inhibitions of ethisterone-induced anal-fin process formation in adult females of the medaka, *Oryzias latipes*. Embryologia, 10: 173-180.

———, 1969. 雄性ホルモンで誘導されるメダカの突起形成細胞の分化過程. 動物学雑誌, 78: 31.

———, 1969. メダカの小突起形成過程における ^{3}H-プロリン, ^{3}H-オキシプロリンのとりこみ, 動物学雑誌, 78: 386.

———, 1969. Changes in RNA-, DNA- and protein synthetic activity during the formation of anal fin processes in ethisterone-treated females of *Oryzias latipes*. Develop. Growth & Differ., 11: 77-87.

———, 1971. The synthesis of collagen during the development of anal fin process in ethisterone-induced females of *Oryzias latipes*. Develop. Growth & Differ., 11: 119-124.

———, 1974. Ultrastructural study on the scleroblast of *Oryzias latipes* during ethisterone-induced anal-fin process formation. Develop. Growth & Differ., 16: 41-53.

———, 1975. 雌メダカのシリビレ条前端部の小突起形成能. 動物学雑誌, 84: 161-165.

———・栗林瑠美, 1971. 老成雌メダカの小突起形成能. 動物学雑誌, 84: 170-171.

———・永田哲士, 1975. メダカの小突起発現過程における突起形成細胞の動態. 動物学雑誌, 84: 408.

——— and ———, 1976. Cell popuration kinetics of the scleroblast during ethisterone-induced anal-fin process formation in adult females of the medaka *Oryzias latipes*. Develop. Growth & Differ., 18: 279-288.

Volff, J.N., M. Kondo and M. Schartl, 2003. Medaka *dmY/dmrt1Y* is not the universal primary sex-determining gene in fish. Trends Genet., 19: 196-199.

Wakamatsu, Y. and K. Ozato, 1994. Establishment of a pluripotent cell line derived from a medaka (*Oryzias latipes*) blastula embryo. Mol. Marine biol. Biotechnol., 3: 185-191.

Watanabe, A., G. Endo, A. Kashiwadate, K. Ohkawa and K. Onitake, 2000. Estradiol-17β stimulates proliferation of type A spermatogonia independently of the inhibition of spermatogenesis in the medaka fish. J. Reprod. Develop., 46: 69-70.

———, E. Kobayashi, T. Ogawa and K. Onitake, 1998. Fibroblast growth factor may regulate the initiation of oocyte growth in the developing ovary of the medaka, *Oryzias latipes*. Zool. Sci., 15: 531-536.

——— and K. Onitake, 1995. Changes in the distribution of fibroblast growth factor in the teleostean testis during spermatogenesis. J. Exp. Zool., 272: 475-483.

———, T. Sasaki, E. Takayama-Watanabe and K. Onitake, 2001. Autonomous differentiation of primary spermatocytes into fertilizable sperm in the teleost, *Oryzias latipes*. 9th Intern. Symp. Sperm., Cape Town, South Africa, Oct. 6-12.

Webb, D. J., 1991. Membrane conductance changes during oocyte matuaration in the teleost *Oryzias latipes*. Proc. 4ht Intern. Symp. Reprod. Physiol. Fish (Eds. A. P. Scott, J. P. Sumpter, D. E. Kime and M. S. Rolfe), pp. 309-311.

Winkler, C., U. Hornung, M. Kondo, C. Neuner, J. Duschl, A. Shima and M. Schartl, 2004. Developmentally regulated and non-sexspecific expression of autosomal *dmrt* genes in embryos of the medaka fish (*Oryzias latipes*). Mech., Develop., 121: 997-1005.

Winn, R.N., A.J. Majeske, C.H. Jagoe, T.C. Glenn, M.H. Smith, et. Al., 2008. Transgenic lambda medaka as a new model for germ cell mutagenesis. Environ. Mol. Mutagen., 49: 173-184.

Xiong, F. D. Liu, H. P. Elsholtz and C. L. Hew, 1994. The chinook salmon gonadotropin IIβ subunit gene contains a strong minimal promoter with a proximal negative element. Molec. Endocr., 94: 771-781.

山岸　宏, 1995. 比較生殖学. pp. 231, 東海大学出版.

山川　泰, 1959a. メダカの卵子発生に関する細胞学的研究. 第一報. 卵子発生に就いての細胞学的研究. 実験生物学報, 9: 46-56.

———, 1959b. メダカの卵子発生に関する細胞学的研究. 第二報. 卵子発生に就いての細胞化学的研究. 実験生物学報, 9: 57-66.

Yamamoto, K. 1931. On the physiology of the peritoneal melanophores of the fish. Mem. Coll. Sci. Kyoto Imp. Univ., B, 7: 189-203.

———, 1937. The time required for the hatching of the eggs of the Japanese killifish, *Oryzias latipes* (T. & S.) and the Dutch-lion-head goldfish, *Carassius auratus* (L.). Bull. Japanese Soc. Sci. Fish., 6: 105-109.

———, 1962. Origin of the yearly crop of eggs in the medaka. Annot. Zool. Japon., 35: 156-161.

———, 1963. Cyclical changes in the wall of the ovarian lumen in the medaka, *Oryzias latipes*. Annot. Zool. Japon., 36: 179-186.

——— and H. Yoshioka, 1964. Rhythm of development in the oocyte of the medaka *Oryzias latipes*. Bull. Fac. Fish., Hokkaido Univ., 15: 5-19.

山本雅子・大石　正, 1979. メダカの生殖腺に影響を及ぼす環境要因について. 動物学雑誌, 88: 581.

山本雅道, 1963. Electron microscopy of fish development. II. Oocyte-follicle cell relationship and formation of chorion in *Oryzias latipes*. J. Fac. Sci., Tokyo Univ., IV, 10: 123-128.

———, 1964a. Electron microscopy of fish development. III. Changes in the ultrastructure of the nucleus and cytoplasm of the oocyte during its development in *Oryzias latipes*. J. Fac. Sci., Tokyo Univ., IV, 10: 335-346.

———, 1964b. Electron microscopic studies on the oogenesis and early development of the teleost, *Oryzias latipes*. Bull. Mar. Biol. Stat. Asamushi, 12: 211.

———, 1972. An electron microscopic study of radiation damage in the oocytes of *Oryzias latipes*. J. Fac. Sci., Tokyo Univ., Sec. IV, 12: 405-416.

———, and N. Egami 1974a. Sexual differences and age changes in the fine structure of hepatocytes in the medaka, *Oryzias latipes*. J. Fac. Sci., Univ. Tokyo IV, 13: 199-210.

———, and N. Egami 1974b. Effects of X-irradiation on the fine structure of the hepatocytes and the pituitary gonadotropic cells of the laying medaka, *Oryzias latipes*. J. Fac. Sci., Univ. Tokyo IV, 13: 211-218.

———, and N. Egami 1974c. Fine structure of surface of the anal fin and the processes on its fin-rays of male *Oryzias latipes*. Copeia, 1974: 262-265.

山本 正, 1955. メダカの卵子形成, 特にその細胞化学的研究. 魚類学雑誌, 4: 170-181.

山本時男, 1951. 遺伝子型雄のメダカに於ける人工的性の転換. 遺伝学雑誌, 26: 245.

———, 1952. 人工的に性を転換させたメダカのF_1について. 遺伝学雑誌, 27: 218.

———, 1953a. 人為的性転換メダカの子孫, 特にYY雄について. 遺伝学雑誌, 28: 191.

———, 1953b. Artificially induced sex-reversal in genotypic males of the medaka (*Oryzias latipes*). J. Exp. Zool., 123: 571-594.

———, 1954a. 遺伝子型雄のメダカ (*Oryzias latipes*) における機能的性の転換. 実験形態学, 8: 59-65.

———, 1954b. 遺伝子型雄のメダカの機能的性転換の続報, 特に二世代に亘る性転換. 遺伝学雑誌, 29: 181.

———, 1954c. 遺伝子型雄 (XY) のメダカの一世代と二世代に亘る人為的な性転換魚の子孫. 遺伝学雑誌, 30: 192.

———, 1955. Progeny of artificially induced sex-reversals of male genotype (XY) in the medaka (*Oryzias latipes*) with special reference to YY-male. Genetics, 40: 406-419.

———, 1956. 遺伝子型メス(XX)のメダカの機能的性転換の続報, 特に性転換魚の子孫. 動物学雑誌, 65: 176.

———, 1957a. Estrone-induced intersex of genetic male in the medaka, *Oryzias latipes*. J. Fac. Sci., Hokkaido Univ., Ser. VI, Zool., 13: 440-444 (Prof. T. Uchida Jubilee Volume).

———, 1957b. メダカの性分化の人為的転換. 遺伝学雑誌, 32: 333-346.

———, 1958a. Artificial induction of functional sex-reversal in genotypic females of the medaka (*Oryzias latipes*). J. Exp. Zool., 137: 227-264.

———, 1958b. Progenies of induced sex-reversal females mated with sex-reversal males in the medaka, *Oryzias latipes*. Proc. Xth Intern. Cong. Genetics (Canada), 2: 325.

———, 1958c. メダカの性分化の人為的転換. 遺伝, 12(8): 18-26.

———, 1958d. メダカの性分化の転換に要するメチル・テストステロンの閾値及適量準位. 動物学雑誌, 67: 27.

———, 1959a. The effects of estrone dosage level upon the percentage of sex-reversals in genetic male (XY) of the medaka (*Oryzias latipes*). J. Exp. Zool., 141: 133-153.

———, 1959b. A further study on induction of functional sex-reversal in genotypic males of the medaka (*Oryzias latipes*) and progenies of sex-reversals. Genetics, 44: 739-757.

———, 1959c. 遺伝的オスのメダカの性分化転換におけるエストロンの用量水準と転換率. 動物学雑誌, 68: 58.

———, 1960a. メダカの遺伝的オス(XY)の性転換の子孫, 特にY^RY^rオスの生存能力. 動物学雑誌, 69: 33.

———, 1960b. メダカのYY雄の性分化の人為的転換. 遺伝学雑誌, 35: 295.

———, 1961. メダカの性分化に及ぼす二・三のステロイドの作用, 特にエストラジオールによる性転換. 動物学雑誌, 70: 33.

———, 1961. Progenies of sex-reversal females mated with sex-reversal males in the medaka, *Oryzias latipes*. J. Exp. Zool., 146: 163-179.

———, 1962a. メダカのYY接合子の生存能力の問題. 動物学雑誌, 71: 349.

———, 1962b. メダカの人為的性転換の恒常性. 動物学雑誌, 71: 12-13.

———, 1962c. Hormonic factors affecting gonadal sex differentiation in fish. Gen. Comp. Endocrinol., Suppl., 1: 341-345.

———, 1962d. Mechanism of breakdown of cortical alveoli during fertilization in the medaka, *Oryzias latipes*. Embryologia, 7: 228-251.

———, 1963a. エストリオール誘導によるメダカのXYメスとその子孫. 動物学雑誌, 72: 346.

———, 1963b. Induction of reversal in sex differentiation of YY zygotes in the medaka, *Oryzias latipes*. Genetics, 48: 293-306.

———, 1963c. The first stage in retrogressive evolution of the Y chromosome, as illustrated in the fish, *Oryzias latipes*. Intern. Congr. Zool. (Washington D.C.), 2: 205.

———, 1964a. The problem of viability of YY zygotes in the medaka, *Oryzias latipes*. Genetics, 50: 45-58.

———, 1964b. Linkage map of sex chromosomes in the medaka, *Oryzias latipes*. Genetics, 50: 59-64.

———, 1965. Estriol-induced XY females of the medaka (*Oryzias latipes*) and their progenies. Gen. Comp. Endocrinol., 5: 527-533.

———, 1966. 性誘導物質はステロイドか. 化学と生物, 4: 642-646.

———, 1967. Estrone-induced white YY females and mass production of white YY males in the medaka, *Oryzias latipes*. Genetics, 55: 329-336.

———, 1968a. Permanency of hormone-induced reversal of sex-differentiation in the medaka, *Oryzias latipes*. Annot. Zool. Japon., 41: 172-179.

———, 1968b. Effects of 17α-hydroxyprogesterone and androstenedione upon sex differentiation in the medaka, *Oryzias latipes*. Gen. Comp. Endocrinol., 10: 8-13.

———, 1969. Sex differentiation. *In* "Fish Physiology" (W. S. Hoar and D. J. Randall, eds.). Academic Press Inc., 3: 117-175.

———, 1975. Medaka (killifish). Biology and Strains. Keigaku Publ. Co., Tokyo.

——— and N. Matsuda, 1963. Effects of estradiol, stilbestrol some alkyl-carbonyl androstanes upon sex differentiation in the medaka *Oryzias latipes*. Gen. Comp. Endocrinol., 3: 101-110.

———・鬼武一夫, 1969. メチル・アンドロステンジオール（MAS）によるXXメダカの性分化転換と尻びれ条の減少. 動物学雑誌, 78: 31-32.

——— and ———, 1975. A preliminary note on methylandrostenediol-induced XX males and reduction of anal fin-rays in the medaka *Oryzias latipes*. Proc. Jap. Acad., 51: 136-139.

——— and H. Suzuki, 1955. The manifestation of the urinogenital papillae of the medaka (*Oryzias latipes*) by sex-hormones. Embryologia, 2: 133-144.

———, K. Takeuchi and M. Takai, 1968. Male-inducing action of androsterone and testosterone propionate upon XX zygotes in the medaka, *Oryzias latipes*. Embryologia, 10: 142-151.

山内晧平, 1974. メダカ卵母細胞における胚胞崩壊に及ぼす影響. 北海道大学水産学部紀要, 24: 145-149.

———・香川浩彦, 1978. メダカ卵母細胞の成熟：生体外維持により生起する成熟の遅延現象. 動物学雑誌, 87: 416.

———・———・足立伸次・長浜嘉孝, 1980. メダカの卵発達に伴う卵濾胞のステロイドホルモン量の変化. 動物学雑誌, 89: 509.

———・山本喜一郎, 1971. 生体外で維持されたメダカの卵の胚胞崩壊に対する濾胞細胞層の効果. 動物学雑誌, 81: 283-284.

——— and ———, 1973. *In vitro* maturation of the oocytes in the medaka, *Oryzias latipes*. Annot. Zool. Japon., 46: 144-153.

Yokoi, H., T. Kobayashi, M. Tanaka, Y. Nagahama, Y. Wakamatsu, H. Takeda *et al.*, 2002. *Sox9* in a teleost fish, medaka (*Oryzias latipes*): evidence for diversified function of *sox9* in gonad differentiation. Mol. Reprod. Dv., 63: 5-16.

Yoshikawa, H. and M. Oguri, 1979. Gonadal sex differentiation in the medaka *Oryzias latipes*. Bull. Jap. Soc. Fish., 45: 1115-1121.

Yoshimura, N., H. Etoh, N. Egami, K. Asami and T. Yamada 1969. Note on the effects on β-rays from ^{90}Sr-^{90}Y on spermatogenesis in the teleost, *Oryzias latipes*. Annot. Zool. Japon., 42: 75-79.

Yoshioka, H., 1962. On the effects of environmental factors upon the reproduction of fishes. Ⅰ. The effects of day-length on the reproduction of the Japanese killifish, *Oryzias latipes*. Bull. Fac. Fish. Hokkaido Univ., 13: 123-136.

———, 1963. On the effects of environmental factors upon the reproduction of fishes. Ⅱ. Effects of short and long day-length on *Oryzias latipes* during spawning season. Bull. Fac. Fish., Hokkaido Univ., 14: 137-151.

———, 1966. On the effects of environmental factors upon the reproduction of fishes. Ⅲ. The occurrence and regulation of refractory period in the photoperiodic response of medaka, *Oryzias latipes*. Bull. Fac. Fish., Hokkaido Univ., 17: 23-33.

———, 1970. On the effects of environmental

factors upon the reproduction of fishes. Ⅳ. Effects of long photoperiod on the development of ovaries of adult medaka, *Oryzias latipes*, at low temperatures. Bull. Fac. Fish., Hokkaido Univ., 21: 14-20.

———, 1971. On the effects of environmental factors upon the reproduction of fishes. Ⅴ. The significance of combinations of light and dark periods in photoperiodic response of the ovaries of medaka, *Oryzias latipes*, in out-of-breeding seasons. 生物教材, 8: 76-82.

———, 1974. 環境と成熟・産卵. 淡水魚, 昭和49年度日本水産学会大会. シンポジウム講演発表.

———・島谷征一, 1976. メダカ（*Oryzias latipes*）の生殖巣形成に関する研究. 生物教材, 11: 5-18.

——— and T. Shimogawara, 1976. Correlation between the induction of oviposition and light intensity in the medaka, *Oryzias latipes*. 北海道教育大学紀要, Sec. Ⅱ., B, 26: 63-66.

Zhang, J., 2004. Evolution of *DMY*, newly emergent male sex-determination gene of medaka fish. Genetics, 166: 1887-1895.

第7章　発　生

DEVELOPMENT

個体の発生は，形態形成のために準備された卵という細胞がその設計図ゲノムに従って自立できる構造体に構築される過程である。人が造る構造物は，まず素材が製造・準備されて，それをもって時間的，かつ空間的な制約なしに設計図に従って構築される。一方，生物においてからだの構造物は，それができる場所が決まるとその場所で構築カスケードの限られた時間の流れに従って素材が調節的に造られながら，遺伝的設計図通りに構築される。

動物のからだを理解するために，卵の動植物軸 animal-vegetal axis に当たる前後軸 anteroposterior axis（あるいは頭尾軸 cephalocaudal axis），背側から腹（卵黄球）側への背腹軸 dorsoventral axis，そして背腹軸に対して直角方向の左右軸 bilateral axis が想定されている。これらのからだの軸は受精卵において卵割面 cleavage plane の決定から時間の経過とともに空間的に秩序正しく決まっていく。動物の組織や器官は，からだの軸に沿って互いに調整し合い位置づけされつつ形成される。卵黄が等質透明で，卵内の胚形成過程を生きたまま観察できるメダカ卵は，年中随時得られることもあって，個体発生のメカニズムを研究する発生学 developmental biology，胚発生学 embryology の材料に適している。発生が進行しているメダカ卵の油滴は植物極側の表層細胞質内にあり，胚体が卵の動植物軸に沿って細長く形成され，背腹軸，左右軸が容易に認識できる。こうした軸性 axiality の本質は動態と考えられるが，不明のままである。

I．受　精

1．卵と精子の受精能力（寿命）

繁殖期（夏期）では，多くの雌は午前2～4時に産卵する。雌は，排卵後間もなく雄の交尾刺激で産卵 oviposition（放卵 spawning）を開始するが，そのとき卵は雄から放精 spawning される精子によって受精される。すなわち，メダカは，卵生 oviparity で，体外受精 *in vitro* fertilization を行う。交尾行動は雌雄の接触開始から産卵までは18.5±0.72秒間である（南部・細川，1964）。雌は，排卵した卵を卵巣腔にもっていても交尾行動中の雄の刺激がないと産卵できない。したがって，排卵以前に雄と離しておくと，雌は産卵予定時刻から多くの場合12時間以内では放卵しない。そのため，排卵後，少なくとも約12時間ごろまでは，受精が可能な卵を卵巣腔から得ることができる。しかし，1日以上，雌を雄と離したままにしておくと，卵は卵巣腔内で過熟卵 overriped egg になり受精率や発生率の低下をきたすか，自然放卵がみられる。自然放卵して泌尿生殖口にぶら下がっている未受精卵は，精子がかけられても，受精・発生を示さない。すなわち，未受精卵は淡水中では短時間で受精能 fertilizability がなくなり，受精できなくなる。

山本（1958b）によって指摘されたように，魚卵の生理学的研究の遅れは，成熟卵が水中において短時間で受精できなくなる点にあった。山本（1943，1944）によれば，未受精卵を水道水中に放置した場合，それらの受精率 fertilization rate（受精能力 fertility）が短時間で落ちる。水に入れて30秒後は72％，1分後は56％，2分後は29％，4分後は6％で，6分後は0％である。このように淡水中で未受精卵の寿命が短いのは淡水と卵巣腔内液とにおける浸透圧 osmotic pressure の差に起因すると考えられた。その考えで，山本（1941b）は成熟未受精卵の浸透圧を測定し，その浸透圧と等張の塩類溶液 isotonic saline に入れておくと，長時間それらの受精能力を保持できることを発見した。そのために考案した等張液はM/7.5NaCl（100）+M/7.5KCl（2.0）+M/11$CaCl_2$（2.1）に少量の

$NaHCO_3$を添加してpHを7.3に調整した液であり，生理的平衡液として用いられた。この塩類溶液中では，成熟卵の受精率が1時間後でも100%，3時間で94%，6時間でも77%であることを確認し（山本，1941h），その溶液中で受精させる等調（張）法 isotonic method を確立した。この方法は，これまでメダカの卵ばかりでなく，多くの魚卵の受精生理の研究の発展に大いに貢献してきたのである。すなわち，この液では卵の受精能力を保持できるだけでなく，卵の受精反応過程を追って実験的に観察できる。石田（1948a）は，未受精卵を尿素液や蒸留水に5分間入れておくと受精しなくなること，及びそれらに$CaCl_2$，NaCl，KClの微量を溶かすと受精能力が保たれることを確認した。この塩類によって受精能力を保持できるのは塩類が尿素などの非電解性を妨げ，卵門の卵膜部分を膨潤させないことにあると考えた。一方，等張塩類溶液において，数時間も受精能力が保持されるのは，その溶液中で卵門が正常に保たれるばかりでなく，卵自体が生理的に正常に保たれるためと考えた（山本，1958b）。ちなみに，排卵された卵は比較的高いpH（pH8.5: Iwamatsu, 1984b）の卵巣腔内液にあって，過熟になるまでは卵膜硬化の進行が抑えられている。

精子の寿命も卵と同様に淡水（池の水）中では比較的短い。精巣から泳ぎ出した精子は3～5分間までは未受精卵を100%付活・発生させることができるが，その後急激に動きが低下して卵を付活させる能力を失う。ところが，等張に近い塩類溶液に游ぎ出させた精子は12時間（26℃）でも，卵を80%発生させることができる。時間が経つと，容器の底に沈んで静かにしているものが多くなる。ガラス針などで液を混ぜると，その刺激で動き出すものがあり，受精能力をもっている。このように塩類溶液は，卵ばかりでなく精子の受精能力の保持にも適している。このような等調法の開発以前の人工媒精には，サケ，マスのように腹部からしぼり出した卵に，液でうすめない精液 dry sperm をまぶして数分後に水中に入れて受精させる乾導法 dry sperm method が早くから用いられていた。

2．卵母細胞の核と細胞質の成熟とその受精能

単一の細胞である卵細胞がなぜ独立した個体になる

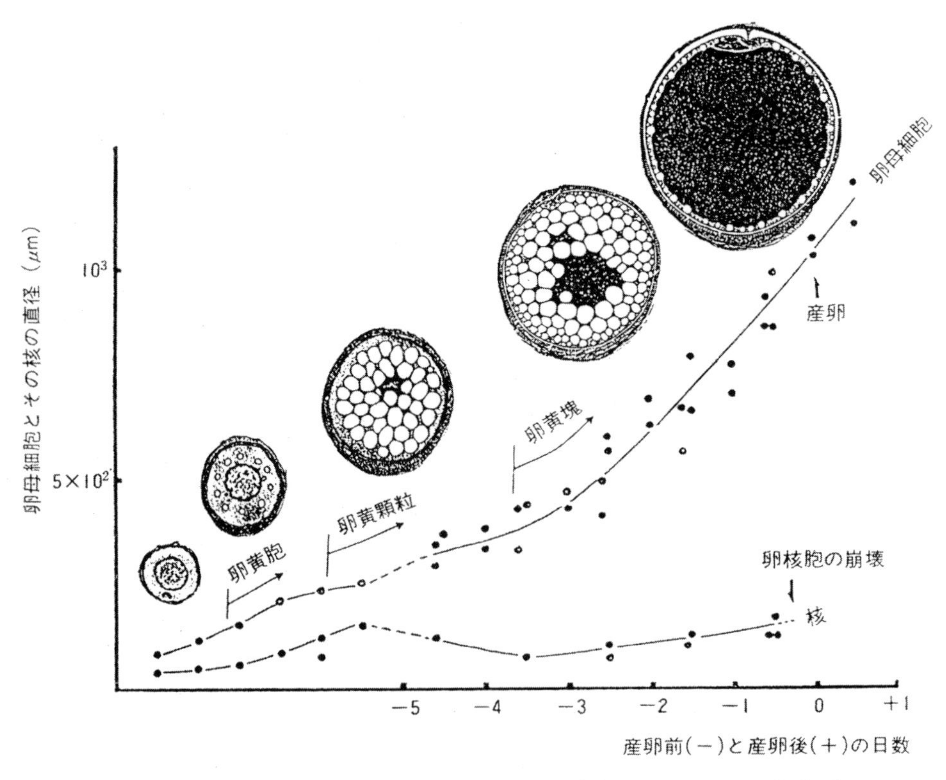

図7・1 メダカの卵母細胞と核の大きさの変化（Iwamatsu, 1973より改図）
産卵3日前ぐらいから，卵黄形成と共に卵母細胞は急成長する．

ことができるのか。それは，卵母細胞の段階で自らの合成と濾胞細胞からの供給によって，個体に発生するのに必要な成分・構造を卵細胞内に備えられるからである。第１卵割期の細胞表面にみられる胚発生特異抗原 stage-specific embryonic antigen-1（SSEA-1）は濾胞の顆粒膜細胞でつくられて卵母細胞の時に供給されたものである（Sasado *et al.*, 1999）。卵母細胞の容積の急増は排卵の約３日前から活発になる卵黄形成に始まる（図７・1）。

ランプブラシ染色体 lampbrush chromosome をもつ核の大きさは，卵黄胞の形成開始後しばらく増加しないが，その後卵核胞 germinal vesicle（卵核胞）の崩壊（減数分裂の開始）まで徐々に増加する。

卵生であるメダカにおいて，卵巣内で卵はどの程度発達すれば，受精・発生に必要な成分・構造を備えるようになり，発生開始が可能になるのであろうか。排卵の約５時間（26℃）前に再開した減数分裂の種々の段階の卵母細胞を卵巣から取り出し，濾胞細胞層を除去した後，精子をかけて卵母細胞の表層変化（付活）を調べると，卵核胞の崩壊前の若い卵母細胞は精子の刺激に反応できず，発生を開始しない（Iwamatsu, 1965d; Iwamatsu *et al.*, 1976）。卵核胞の崩壊後約１時間の卵母細胞は第一減数分裂前期の染色体の凝縮がみられるが，その中には表層変化を示すものがある。少なくとも濾胞細胞層に包まれた卵母細胞は，卵核胞の崩壊約３時間後の第一減数分裂の中期前に，すでに精子に対する反応性をもち，発生を開始できるようになっている。しかし，まだその反応力は弱く，ガラス針などで強い刺激を加えなければ，完全に表層反応を示さないものもある。

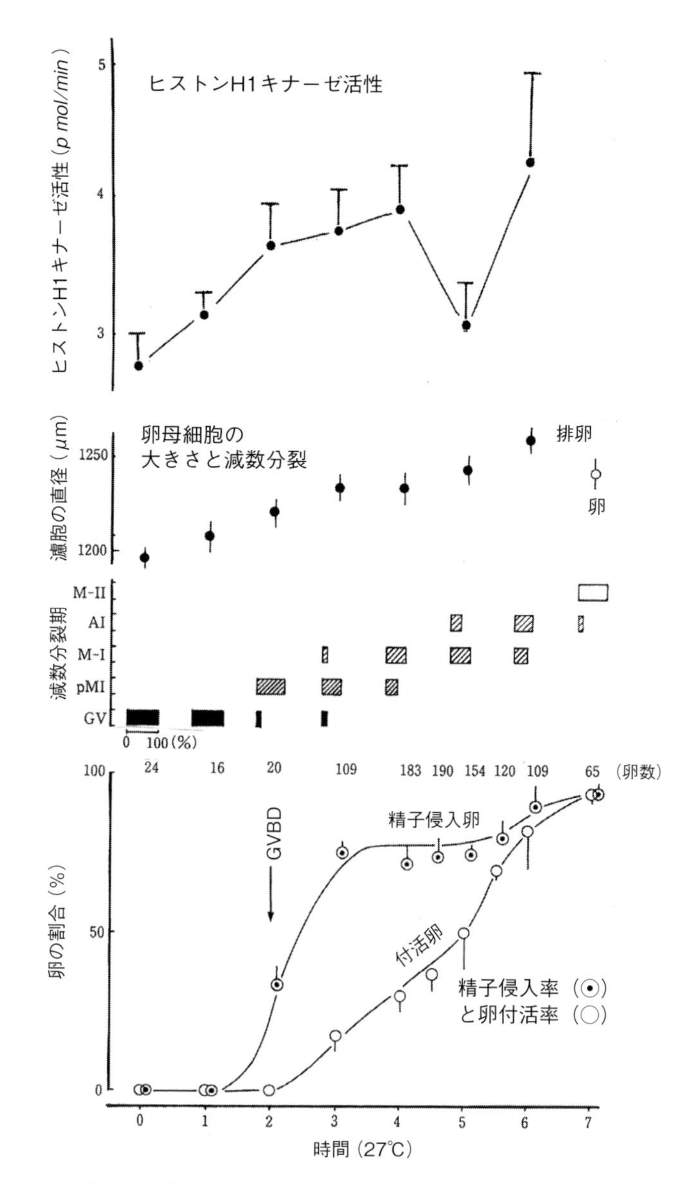

図7・2　成熟中のメダカ卵母細胞のヒストンH1キナーゼと受精能（岩松，2004）.

卵核胞崩壊 germinal vesicle breakdown（GVBD, 減数分裂再開）後，受精能の獲得を成熟の時間を追ってピンセットで卵門細胞を含む濾胞細胞層を除去し，媒精して調べた結果が図７・２である。卵母細胞への精子侵入は卵核胞崩壊の前（第一減数分裂前期: GV期）から見られるが, GVBD後に多くみられるようになる。そして，精子侵入による表層変化，すなわち付活する卵母細胞の割合（図７・２，下）は第一減数分裂の中期（META I 期：M-I）から後期（ANA I 期：AI）にかけて多くなる。卵母細胞は成熟促進因子 oocyte maturation promating factor（MPF，ヒストンH1キナーゼ）活性が上昇するとともに，精子の刺激に反応する能力も徐々に増加する。精子侵入によって付活すると，卵母細胞内の遊離カルシウムの増加がみられ，ヒストンH1キナーゼの活性が低下する。GVBD を起こして間もない未成熟や麻酔の状態で，精子が侵入しても受精反応を示せなかった未不活卵母細胞（図７・２）において，侵入した精子核は約20分間ののち卵核と同調して分裂中期の染色体像を示すようになる（Iwamatsu

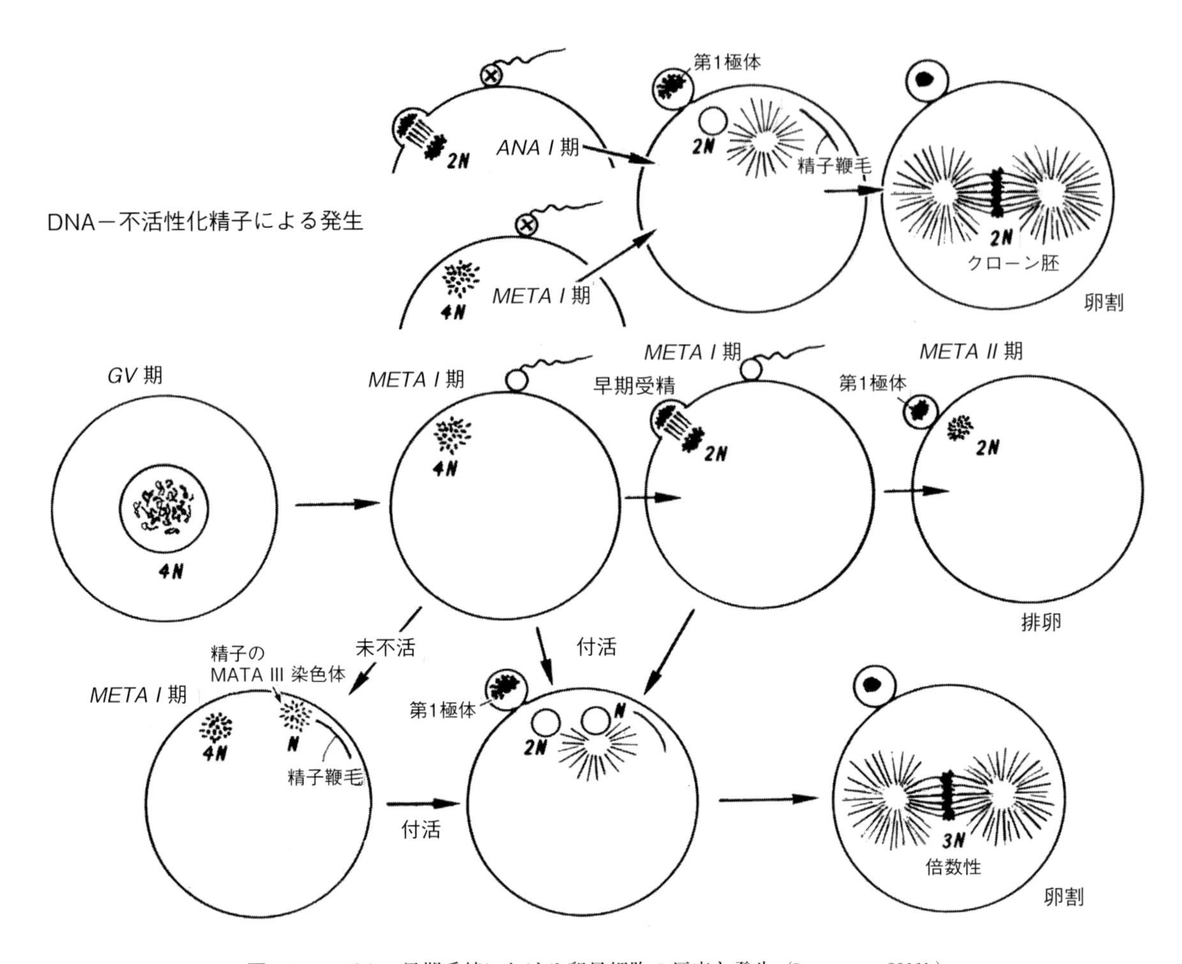

図7・3　メダカの早期受精における卵母細胞の反応と発生（Iwamatsu, 2011b）

et al., 1999)。このとき，精子の中心小体はなぜか星状体を形成していない。こうした状態の卵母細胞を人為的に付活させると，ヒストン H1 キナーゼ活性が低下して卵核と精子核は分裂後期に移行するが，染色体も減数しているらしく核は半分ぐらいに小さくなる。この現象をさらに生化学的に詳細に分析すれば，染色体形成と星状体形成の機構を解明する手がかりがつかめそうである。

第一減数分裂完了前に精子侵入によって完全付活が起きると，第一減数分裂（META-I～ANA-I, 図７・３）を完了して第一極体の放出後雌雄両前核が生じ，合体して発生を開始する。すなわち，卵母細胞は第二減数分裂を省略し，早期受精 precocious fertilzation を行って倍数性の胚を形成して発生する（Iwamatsu, 1965, 1997）：図７・３）。もし，予め精子を紫外線で処理してそのDNAを破壊しておいて，その精子で第一減数分裂の中期から後期にある卵母細胞を刺激すると，精子核が関与しないまま発生を開始して２倍性のクローン胚 clone embryo を生じることになる。

卵核胞の崩壊の時期より早い時期に，人工的にガラス針で卵核胞を壊してその成分を細胞質に拡散させても，精子に対する卵表層の崩壊反応力の獲得が早められることはない（Iwamatsu, 1965b）。このことは，卵核胞の崩壊と時を同じくして，卵母細胞の表層細胞質には精子に対する反応性に関わり合う形態や因子が生じることを示唆している。たとえ，ホルモンによる成熟誘起刺激を受けた卵母細胞は細胞質から卵黄球内に卵核胞を除去しても成熟して，その卵母細胞にも精子に対する反応性，及び前核の形成能力が認められる（図７・４：Iwamatsu, 1971; Iwamatsu and Ohta, 1980a）。メダカの卵核胞崩壊直前の卵母細胞の細胞質にはDNAポリメラーゼ α があり（Iwamatsu *et al.*, 2010),

卵核胞を除去した卵母細胞でも前核形成が起こるのはDNA合成が可能であることを示唆している。しかし，このような卵母細胞には染色体形成能力がないので，精子侵入によって発生を開始しても，第1卵割の分裂装置には正常な染色体ができないので，生じる卵割球は無核のままである（Iwamatsu, 1966 2011b）。そのため，桑実胚期 morula stage の終わりで発生が止まる。

3．卵母細胞の受精能獲得とタンパク質合成

卵母細胞が精子やガラス針の刺激に応じて表層胞の崩壊や表層の収縮を含む反応ができるようになるためには，卵表層の形態的変化ばかりではなく，それに関わり合う呼吸系（Nakano, 1969）を含む代謝反応系も揃わなければならない。十分成長した卵母細胞ではホルモン刺激後，2～3時間以内にタンパク質の合成が引き起こされる。このとき，合成されるタンパク質の中に，当然卵の付活時に関与するもの，あるいはそれを生じるものもあると考えられる。

卵母細胞の受精能獲得時に，それまで認められなかったタンパク質が出現する（図7・5）。また，成熟開始直前に細胞質から遠心処理で卵核胞が除かれて排卵した卵母細胞において，タンパク質の二次元電気泳動パターンを調べると，正常に成熟した卵に類似したタンパク質の分布パターンがみられる。受精能獲得時に生じるタンパク質は卵核胞の崩壊と時を同じくして合成されるか，構造の修飾を受けることによって生じるものらしい。ちなみに，成熟卵にはセリン，アスパラギン酸，スレオニン，グルタミン酸，システイン，イソロイシン，ロイシン，フェニールアラニン，リジン，アルギニン，メチオニンの遊離アミノ酸が多く存在する。

4．精子の動きと卵表の反応

淡水中，あるいは著しく低張の塩類溶液 hypotonic saline 中でしか動かないような数種の魚類の精子と違って，メダカの精子は汽水域でも泳ぎ受精できる（伊東・佐々木，1954）ように，海水の1/3に近い濃度の等張塩類溶液においても，正常に運動して受精できる。精子は，形成された後細精管包嚢 seminiferous tube cyst 及び輸精管 spermatic duct 内にあるときは動かないのに，淡水あるいは等張塩類溶液に接すると，活発に泳ぎ出す。切り出した精巣を塩類溶液に入れると，その律動性収縮運動 rhythmical movement（岩松・太田，1968）に伴って精子が吹き出し，渦巻くように溶液中に泳ぎ出す。ガラス容器内の塩類溶液中では，前述のように一定時間後に容器の底面に接して動かなくなるが，ガラス針などで刺激すると，再び活発に動く。その動きの開始機構については，まだよくわかっていない。

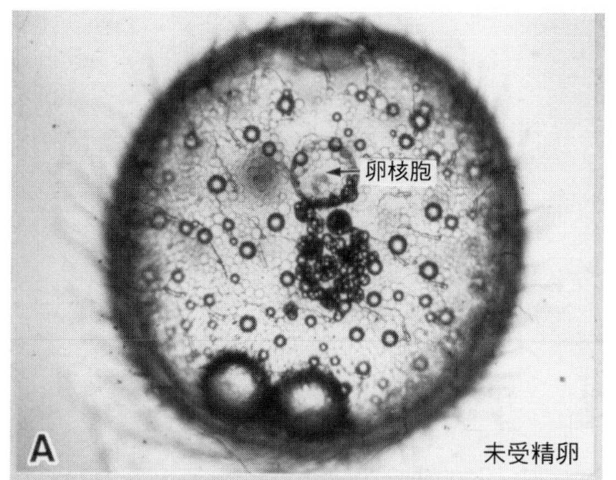

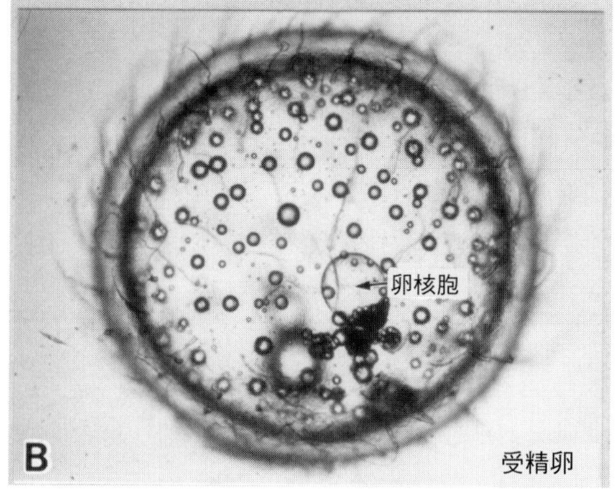

図7・4　卵核胞を卵黄球内にもつメダカの成熟卵と受精反応
A：卵核胞をもつ成熟未受精卵
B：卵核胞をもつ精子侵入による付活卵（×54）

精子懸濁液 sperm suspension が卵のまわりに注がれると，卵門に入る精子の動きは比較的速く感じる。しかし，タナゴ（Suzuki, 1961）のように，卵門に精子が集まる現象はみられない。最近，卵膜表面に精子と親和性の高い卵膜糖タンパク質があって，精子を卵膜表面に引き留めていることが知られている（Iwamatsu *et al.*, 1997）。また，精子懸濁液の濃度が高ければ高いほど，当然ながら精子が媒精の瞬間から卵門に入るまでの時間が短くなる（図7・6：Iwamatsu *et al.*, 1991）が，卵膜表面を游いでいて，卵門の外側の窪みに落ち込むほとんどの精子は，卵門管内に入っていき，卵表（原形質膜）に接する機会を得る。

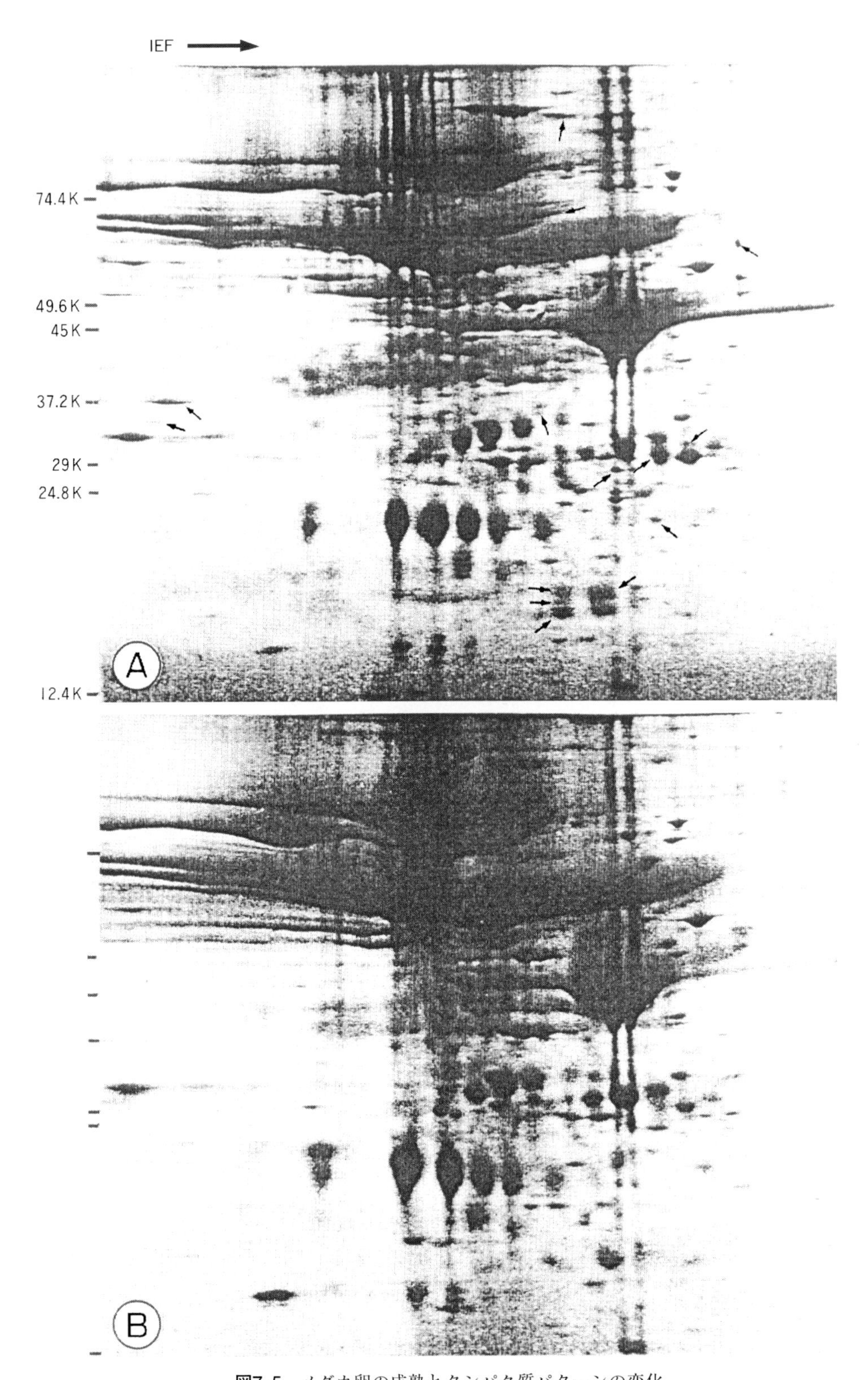

図7･5　メダカ卵の成熟とタンパク質パターンの変化
卵核胞崩壊後６時間の成熟卵（A）は卵核胞崩壊前３時間の未成熟卵母細胞（B）との間にいくつかの違ったタンパク質のスポット（矢印）が認められる．（Iwamatsu *et al*., 1992）

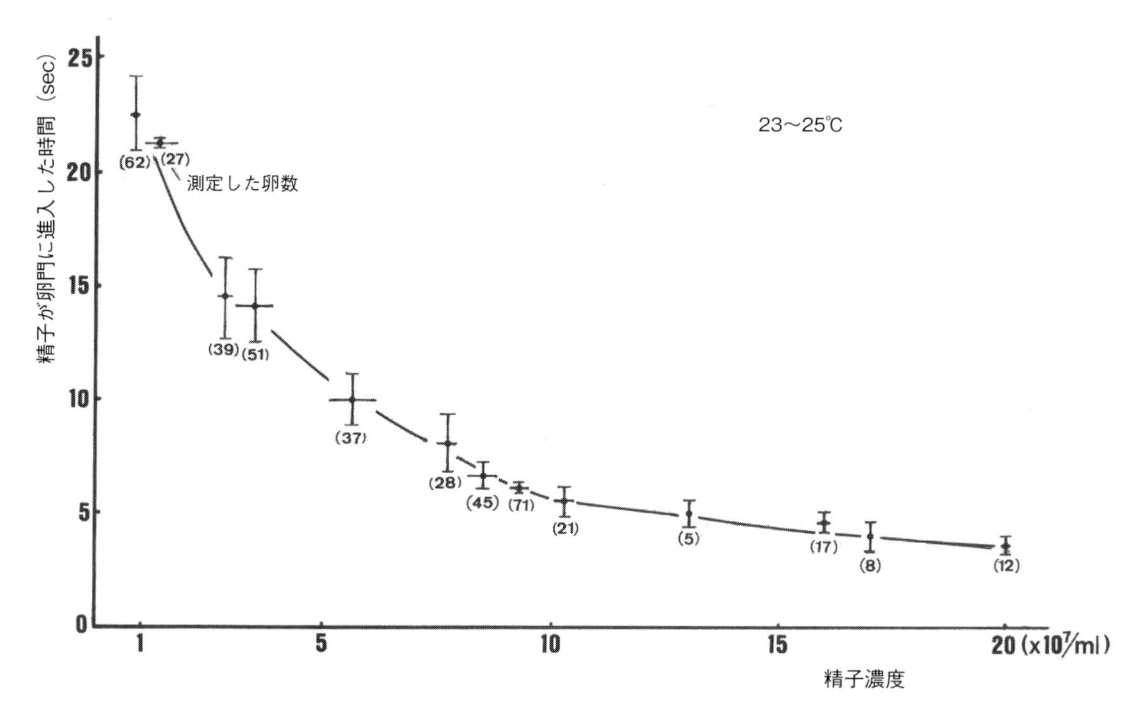

図7･6　メダカにおける媒精時の精子濃度と卵門内に入るまでの時間

受精時の卵門域における精子の動きと卵門の形態の変化をビデオカメラで観察すると，精子が卵表に接して５分までに卵表から１/３の卵門管 micropylar canal の卵膜内層のみでできている部分の内壁が癒合・閉鎖して卵門前庭部 micropylar vestibule も浅くなる様子がわかる。卵門管の内径（3.19±0.84 μm）とほとんど同じ大きさ（直径3.71±0.60 μm）の頭をもつ多くの精子（88%）は，振動数８Hzの右巻き回転をしながら卵門管内に入るが，その回転方向は卵門管内壁の皺の左巻きラセン構造には対応していない。毎秒平均3.77回の回転で泳ぐ精子の鞭毛の最大横振りmaximum transverse displacement（最大横方向変位，振幅 amplitude の倍）の大きさは5.14±1.73μmで，狭い卵門管の内径よりやや大きい程度である（Ishijima *et al.*, 1993）。そのため，卵門管内に入った精子は鞭毛が内壁にぶつかりながら速度を落として進むことになる。

先体反応を起こして先体酵素で卵膜を溶かすことによって卵表に到達する哺乳類精子と違って，卵門を通って卵表に達するメダカ精子は精子受精能 sperm capacitation 獲得という現象はないので，鞭毛の振幅が大きくなる超活性化現象 hyperactivation を示すことはない。したがって，メダカ精子の鞭毛運動の振幅は比較的小さく，狭い卵門管を通過するのに適している。メダカの精子鞭毛は平均振幅が2.5±１μm，波長 wave length は５〜７μmで運動し，遊泳速度が増してもその振幅は増加しない。遊泳速度は卵膜表面では平均77 ±２μm/sec（Iwamatsu *et al.*, 1993）で，卵門近くでは74.0±14.6μm/secの速度で泳いでいるが，自由に泳いでいる速度（74.9±31.3μm/sec）とほぼ同じである（Ishijima *et al.*, 1993）。そして，卵門管の入り口である卵門前庭部で44±５（38〜90）μm/secの速度で遊泳しているが，卵門管内に入ると28±２（18〜38）μm /secとその進行速度が著しく遅くなる（図７・７）。

未受精卵の卵門上を遊泳する精子の動きを観察すると，その動きは当然のことながら個体によってさまざまである（図７・８）。計測した166±17秒の間に，29.5%の精子が卵門管内に進入し，22.4%が管内に進入することなく過ぎ去ったが，残りの半数近くの精子は卵門上を通過することはなかった（Iwamtatsu *et al.*, 1993）。卵門管内に入る精子は卵門管内に進入するのに卵門前庭部の壁にぶつかってから方向を変えるもの（a, b, d）もあれば，直接卵門管内に入る軌道 c もある。それらの精子はaの軌跡を描くものが最も多く，次いでb, dの軌跡を示すものが多かった。卵門前庭の

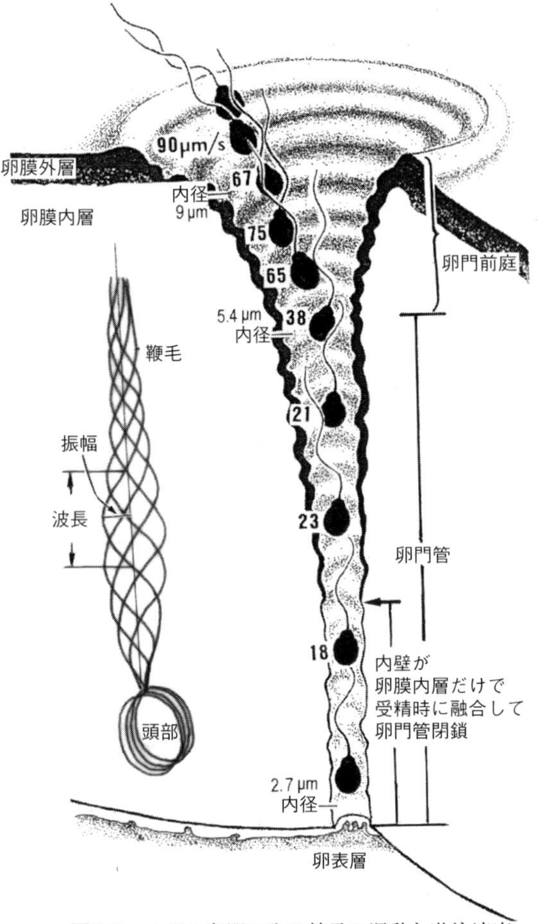

図7・7 メダカ卵門に入る精子の運動と遊泳速度

壁に激突する精子も含めて，卵門管内に進入しなかったものはやや少ない傾向を示した。この結果は，卵膜や卵門の表面に精子を引き付ける物質の存在は認められている（Iwamatsu *et al.*, 1997）が，卵門管内に強く引き込む因子の存在を示唆するものではない。

未受精卵の付着糸がついている卵膜部分の反対極部分の卵膜を小さく切り出し，スライドガラス上に少量の塩類溶液と共に置いて，カバーガラスをかけて精子懸濁液を注いで側面からみていると，窪みのある卵門の外側から精子が次々と入っては内側から抜け出るのが観察できる。しかし，やや出っ張っている卵膜の内側から卵門管に入る精子はまったくみられない（図7・9）。

卵門管を通って卵表に接した多くの精子は平均約4秒間，回転運動を続けている。もし，その最初の精子が次々入ってくる精子によって卵表に向かって押されると，運動停止が早まる。精子は卵門を通って卵表に達しても動いているが，その運動停止が早いと表層胞の崩壊開始も早くなる（図7・10）。卵門への侵入後平均約4秒して起こる精子の運動停止は，おそらく卵原形質膜の精子リセプターと精子原形質膜との結合に続いて起こる細胞間膜融合によるもので，卵の膜電位の脱分極化と同調している。精子運動停止後平均約5秒して認められる表層胞の崩壊開始，すなわち卵原形質膜の内側からの表層胞膜との膜融合は，卵の膜電位の過分極化の始まり（図7・11の矢印c）と一致している。

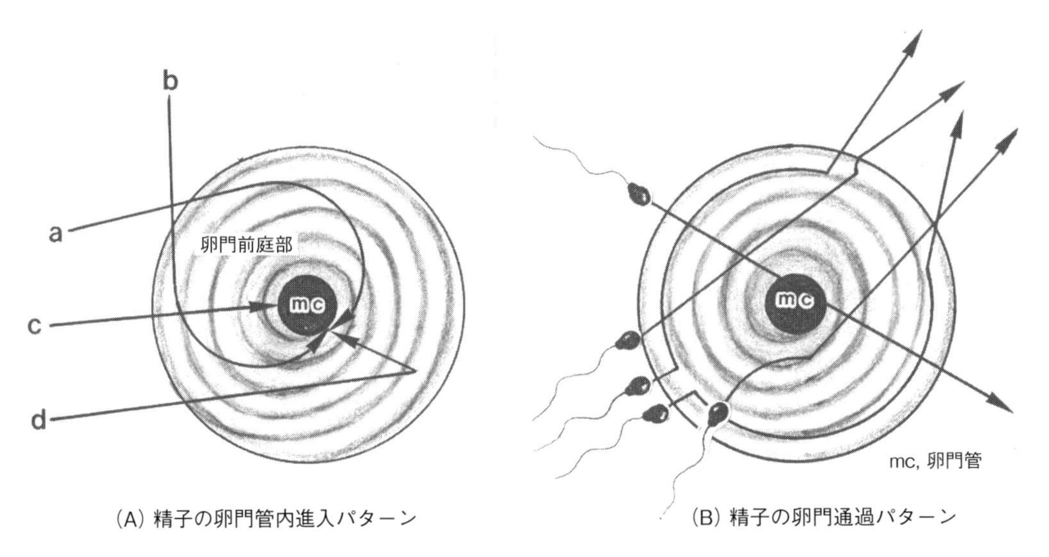

（A）精子の卵門管内進入パターン　（B）精子の卵門通過パターン

図7・8 卵門表面からみたメダカ精子の動き
mc：卵門管（Iwamatsu et al., 1993）

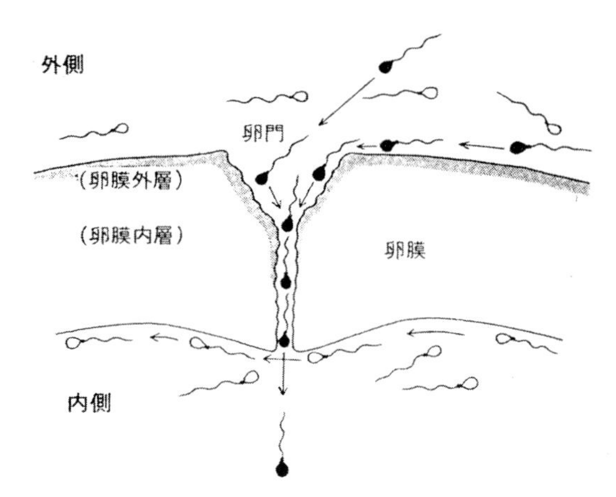

図7・9　切り出した卵膜の卵門に対する精子の反応
卵門内壁は卵膜外層（影を付けた部分）と内層とからなっている。精子は内側から入らない。

5．表層胞の崩壊

表層胞 cortical alveolus は卵形成の卵黄形成初期に卵黄小胞 yolk vesicle として現れる。そして，未受精卵の表層全域にあって，卵原形質膜（細胞膜）に内接して存在する（図７・12）。未受精卵が精子の刺激で表層胞の内容物を表層から囲卵腔 perivitelline space へと外分泌する。これが表層胞の崩壊である。表層胞の内容物であるコロイド成分と球状成分 spherical body (s) は，表層胞膜と細胞膜が融合して大きく開口することによって囲卵腔に放出されるが，内容物の放出につれて，表層胞の内壁に微小突起 microvilli（小矢印）が開口近くから奥に向かって形成されていく（図７・13）。

表層胞の崩壊は，表層胞成分（内容物）の開口外分泌 exocytosis であり，卵細胞膜への表層胞膜の添加，すなわち表層胞膜の内面（内壁）が細胞膜の外面になる。この表層胞膜の添加による卵細胞膜の増加“ダブつき”は卵の表面張力の減少をもたらして，一時であるが重力方向に卵自体のやや潰れがみられる（図７・14：媒精後約１分）。表層胞の崩壊とともに微小突起が細胞膜の表面に生じて，その膜の“ダブつき”が突起に吸収されるので，卵表面の張力は回復することになる。こうして，表層胞の崩壊は卵細胞膜の透過性などを含めて卵表層に著しい改変をもたらし，卵細胞内外の活動が活発化する。卵がこうした表層に変化を生じることを卵付活 egg activation と呼ぶ所以である。

6．人工授精とそれに伴う卵の反応

受精における外液のカルシウムの必要性は，次の実験（山本，1944a）によって示された。Ca^{2+}を含まない塩類溶液あるいはM/11蓚酸ソーダやM/15クエン酸でよく洗った未受精卵を入れて媒精すると受精が起こらない。この受精反応の起こらなかった卵をCa^{2+}が

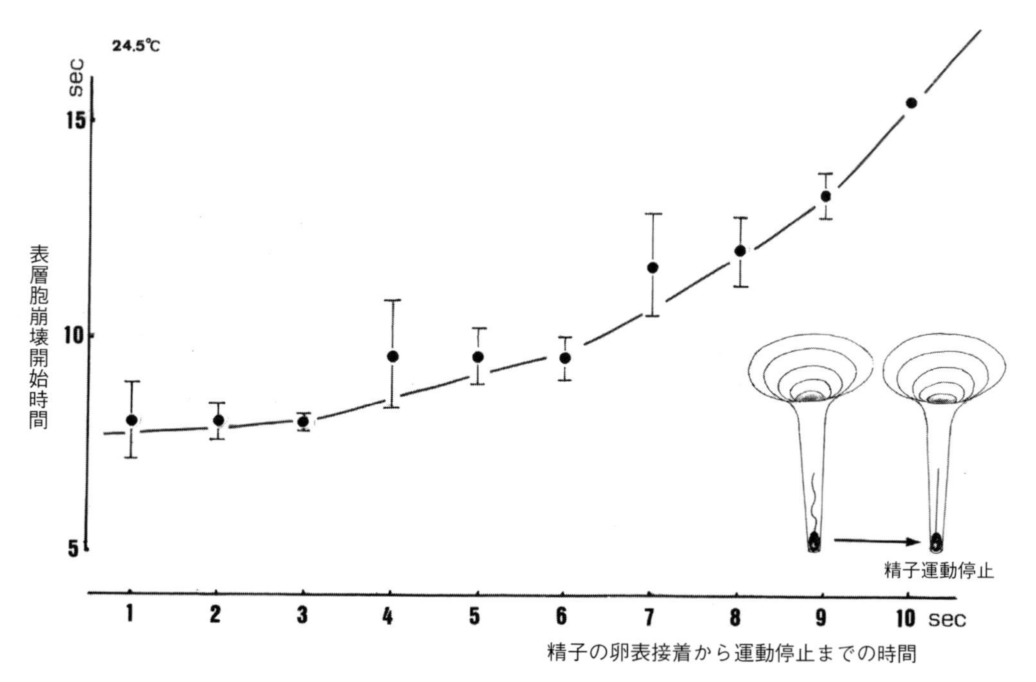

図7・10　メダカ精子の卵表での運動停止と表層胞崩壊開始の時間
(Iwamatsu *et al.*, 1991)

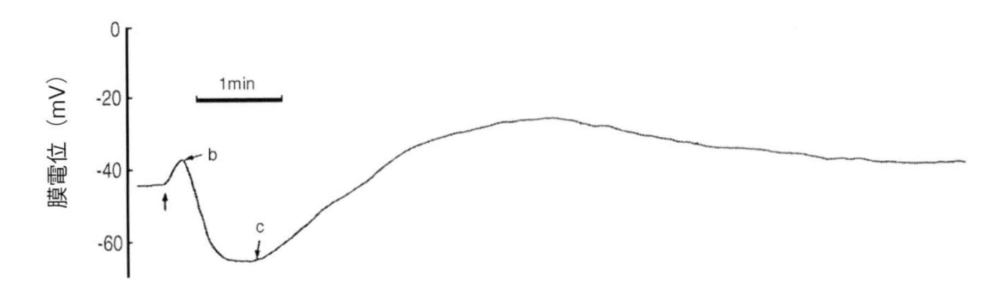

図7・11　メダカ卵における受精に伴う膜電位の変化（Nuccitelli, 1980a）
10％山本塩類溶液中で，精子が卵門に入って１～５秒後に膜の脱分極化（矢印ｂ），続いて過分極（矢印c）が起こる。

含まれている塩類溶液に戻して媒精すると受精が起こる。この実験結果から，メダカの卵の受精にはCa^{2+}が必要で，微量（0.1mM）でも外液にCa^{2+}が存在すれば受精が可能である（山本，1958b）。しかもCa^{2+}の代わりにMg^{2+}やBa^{2+}などの重金属塩（Iwamatsu *et al.*, 1985）を用いても受精が可能である。

精子の刺激に伴う卵表層の反応を光学顕微鏡で観察するのには，カバーガラスがかかる程度の間隔をおいて約１mmの厚さのガラスを接着剤で予め貼りつけたスライドガラスに未受精卵を数滴の塩類溶液と共に滴下する。これにカバーガラスをかけて，顕微鏡のステージに載せて20～50倍の倍率で観察する（図３・12）。カバーガラスをずらして卵を転がし，カバーガラスで塞がないように卵門をやや傾けて精子が入りやすいようにする。倍率を400倍に上げて卵門に焦点を合わせたのち，カバーガラスの下から細いスポイトで精子懸濁液を注ぎ込む。この観察で，精子の卵門に入る様子がよく確かめられる（図７・15）。精子が卵門直下の卵表に達してから表層胞崩壊までの時間は，温度依存で，精子侵入点から遠く離れた位置にある表層胞ほど崩壊開始までの時間が遅い（図７・16）。また，精子侵入点から表層胞の崩壊波が伝わっていく速度は，温度依存であるが，動物極の表層のどこでも一定である。

精子表面に存在する糖鎖を調べるために，精子を種々のレクチン溶液に泳がせ，精子間の凝集を調べると，小麦胚凝集素 wheat germ agglutinin（WGA）とコンカナバリン A concanavalin A（Con A）の所在で

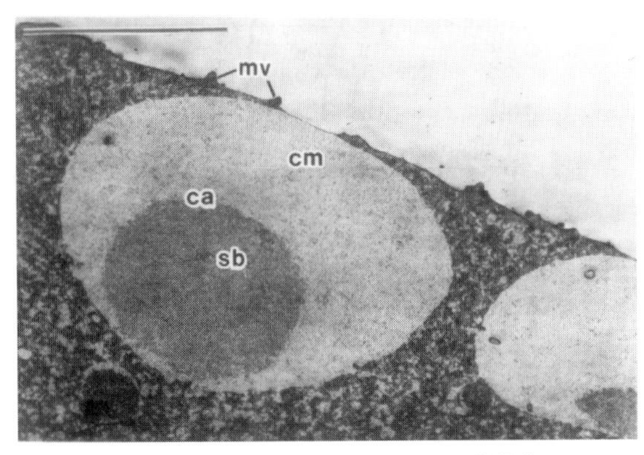

図7・12　メダカの卵表層の電子顕微鏡像
ca：表層胞，cm：表層胞のコロイド成分，mv：微小突起，sb：表層胞の球状成分．（岩松，2004）

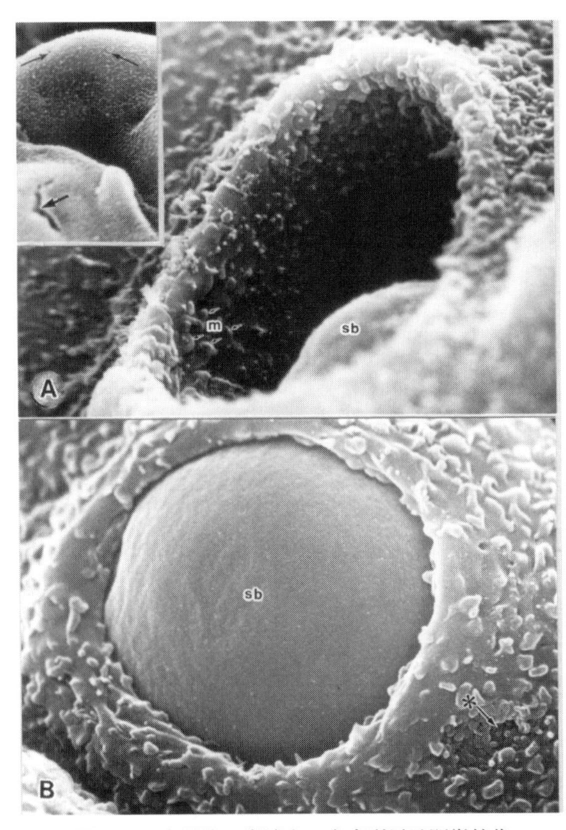

図7・13　表層胞の崩壊中の走査型電子顕微鏡像
A：開口した分泌中の表層胞（挿入図は崩壊開始前後）
B：開口部に放出開始時の球状成分（sb）．＊印：分泌後の表層部，m：微小突起．（Iwamatsu and Keino, 1978）

図7・14　裸卵の受精に伴う張力の変化
未受精卵（0）を媒精して25分間，卵の側面から撮影したもの（25℃）．

精子間の凝集が認められる。これは，おそらくメダカ精子表面に特定の糖が存在することを示唆している。正常卵では，これらのレクチンの存在下では受精率が著しく低下する。しかし，受精率を著しく低下させる濃度のWGAの存在下で裸卵を媒精すると，互いに凝集した精子が卵に取り込まれる。この受精率の低下は，１つには精子同士が凝集塊を作るために，狭い卵門を通過して卵表に達することができないことと，もう１つは精子表面に存在する糖類が，精子と卵とが融合するのに不可欠でないこととを示唆しているようである。

精子接着後，卵門の接している動物極の卵表層を注意深くみつめていると，最初に小さい表層胞の崩壊（卵膜と卵表の間隙への分泌）が認められる。この崩壊に続いて，周りの大きな表層胞の崩壊が連鎖反応的に起こり，それが波状に卵の反対側（植物極）に伝播される（図７・17）。これが可視的表層変化（Yamamoto, 1939d, 1943a, 1944a）であり，表層胞の消失と囲卵腔（約0.3 $\mu\ell$）の形成である。山本（1944b）は表層胞が植物半球に部分的にしか存在しない遠心卵を用い，精子の刺激が表層胞のない動物半球には何ら変化をもたら

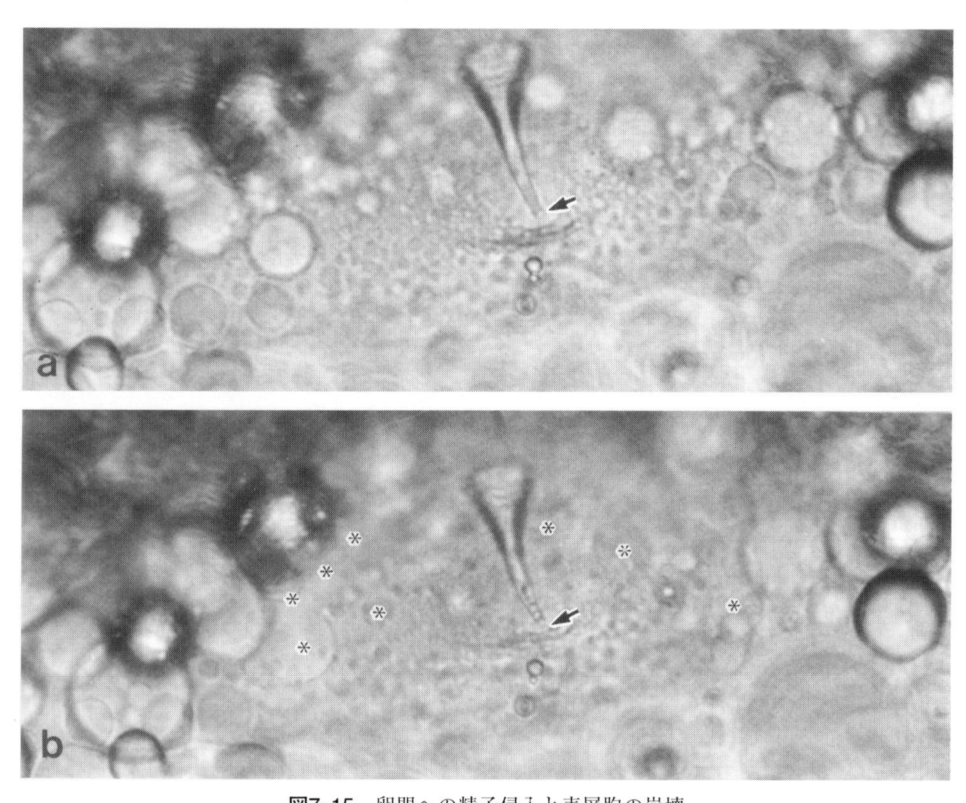

図7・15　卵門への精子侵入と表層胞の崩壊
a：１個の精子（矢印）侵入直後，b：精子侵入後15秒。卵門の周りの小さい表層胞の崩壊（*）を示す。卵門管には５個の精子の列が認められる．

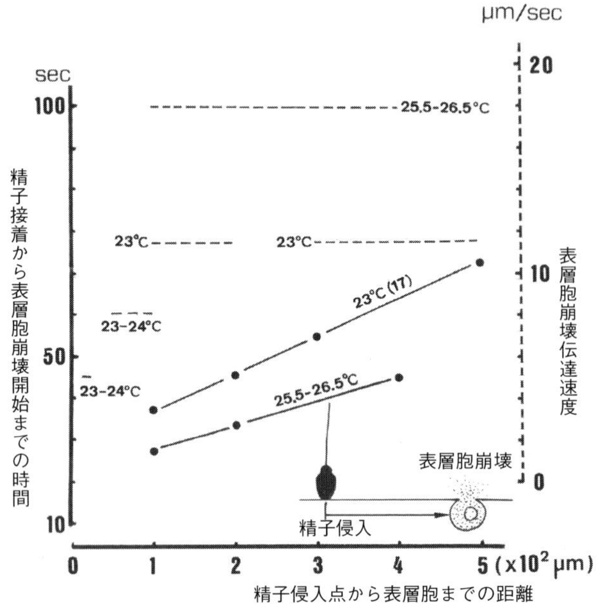

図7・16　メダカ卵における精子侵入点からさまざまな距離における表層胞の崩壊開始時間と崩壊伝播速度.
(Iwamatsu and Keino, 1978)

さないのに，突然植物半球側の表層胞が崩壊するのをみた。この観察から，表層胞の崩壊に先立って不可視的な変化が精子の刺激点の動物極から植物極へと伝播されていくものと考え，その変化を“受精波”fertilization wave（図7・18，FW）と呼んだ。これはギルキーら（1978）及び吉本ら（1986）によって，この不可視の受精液が細胞内Ca^{2+}の増加波であることが示された（図7・19）。

受精波は受精時の卵において精子の刺激点で生じ，そこから卵の反対側に伝播する。その後を追って表層胞の崩壊波が伝わっていく。山本（1958b）によれば，卵によっては表層の受精反応が起きても不完全で，植物極付近で多くの表層胞が崩壊しないで残る場合があるという。このことから，山本は受精波の強さが動物極から植物極へ向けて伝播されるにつれて漸減していき，その受精波が植物極付近で消失してしまうため植物極付近の表層胞の崩壊が起きないという結果を示していると結論づけ，受精波の減衰説を提唱した。この考えは表層胞の崩壊速度を調べて得た結果（Yamamoto, 1956）をもとに結論づけたものである。しかし，この受精波の１つと考えられる細胞内Ca^{2+}の増加波は，植物極を除けば，卵表層を伝播中に速度の減衰はみられない（Yoshimoto *et al.*, 1986）。そのため，もう一度表層胞の崩壊速度を調べ直したのが図7・20である。細胞内Ca^{2+}の増加波と同様に，表層胞の崩壊波はそのスタート点から遠隔部へと移行するにつれて速度が低下するようなことはみられない。確かに，表層胞の崩壊は動物半球で速く，植物半球で遅いために，赤道部を刺激すると，必ず植物半球側で終わる。植物半球で表層胞の崩壊が遅いのは，Ca^{2+}やIP_3の注入実験データ（図7・21）から判断すると，細胞内Ca^{2+}の増加から表層胞の崩壊が起こるまでに長い時間を要することによる。

7．人工付活

1953年に使われていた卵の賦活という用語が付活に変更された（山本，1953）。一般に表層変化（表層胞の崩壊）が起こることを卵の付活といい，表層変化が起こった卵を付活卵といっている。メダカの未受精卵において，付活は精子によるばか

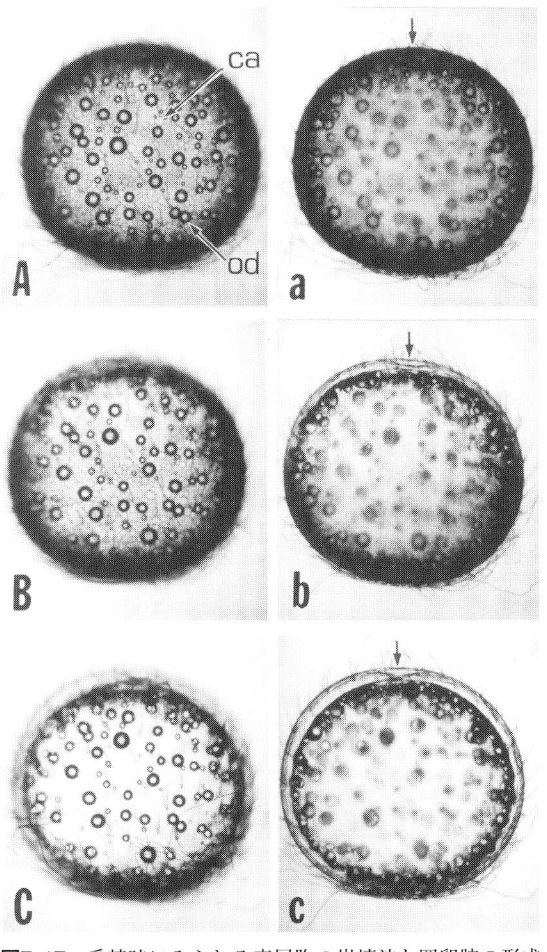

図7・17　受精時にみられる表層胞の崩壊波と囲卵腔の形成
ca 表層胞，od 油滴，A－C：表面，a－c：赤道面，矢印：卵門.

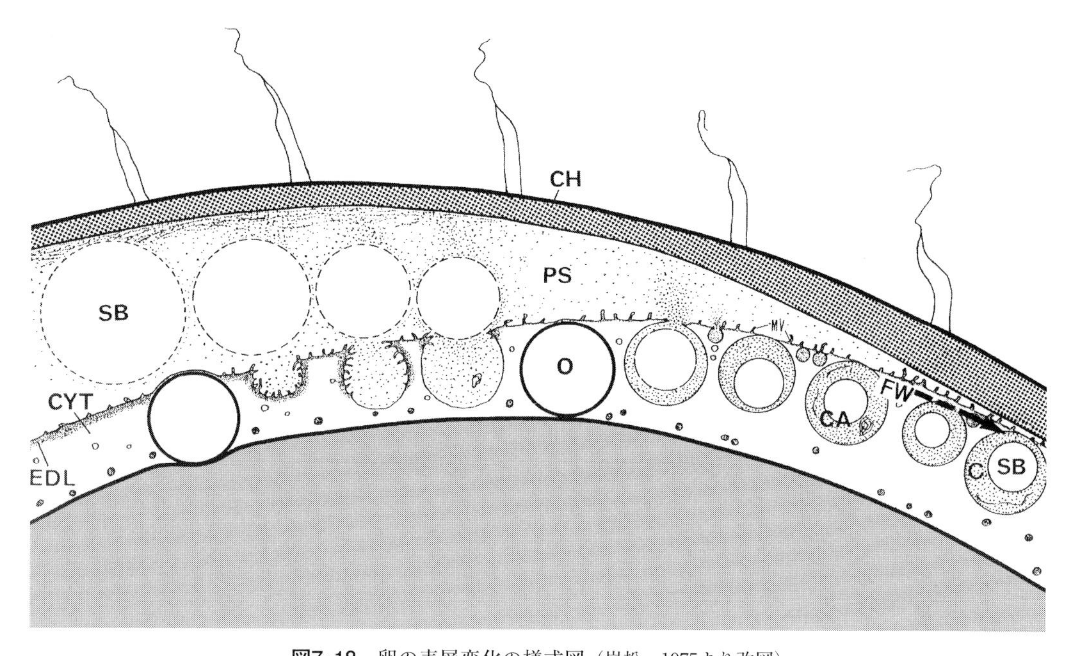

図7・18　卵の表層変化の様式図（岩松，1975より改図）
精子などの刺激によって細胞内遊離Ca^{2+}の増加のような不可視的変化の波（受精波，ＦＷ）が表層胞（ＣＡ）の開口分泌の波に先行して伝播される．

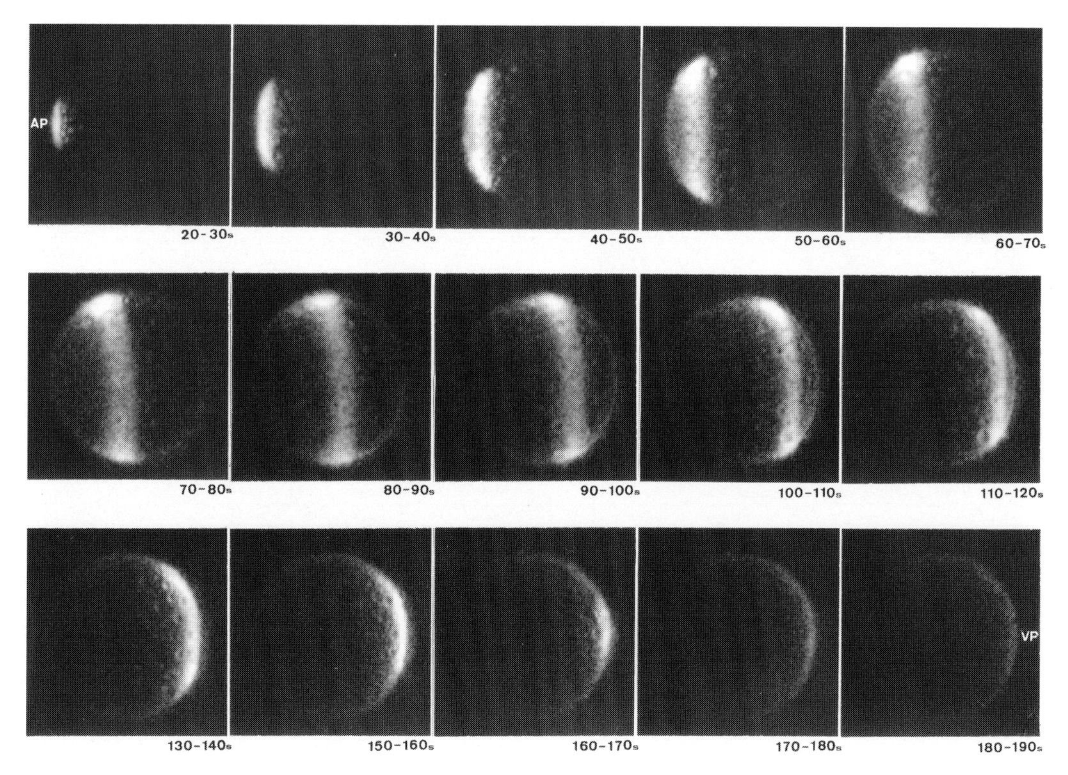

図7・19　受精に伴う細胞内遊離カルシウムイオンの増加波を示すエクオリン発光（岩松，未発表）
エクオリンをあらかじめ注入しておいた卵を媒精すると，精子侵入点である動物極（AP）からCa^{2+}の放出が起こり，植物極（VP）へ発光波が伝播されるのを示す（左上から右下へ各写真は媒精後20秒間して10秒毎に撮ったもの）．

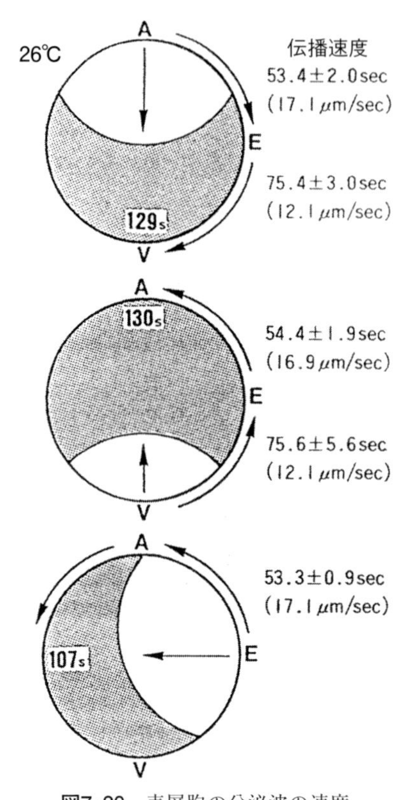

図7・20　表層胞の分泌波の速度
動物半球での表層胞の崩壊(分泌)波は植物半球でのそれより速く伝わる。どこを刺激しても，その崩壊波の伝播する速度は変わらない．A：動物極，E：赤道部，V：植物極．

りでなく，化学薬品，熱，刺傷，光力学的並びに超音波的効果などによって引き起こされる。

a）灼熱刺傷法——灼熱した木綿針を卵表の任意の部位に刺す方法である（山田，1954b）。

b）圧出法——排卵した卵を卵巣腔にもつ雌の腹部を指先で圧迫して，卵を泌尿生殖口から押し出す方法である（山田，1954b）。

c）超音波法——1000V（inlet-voltage）で２～３秒間卵を刺激する方法である（高島・藤井，1952）。

d）電気刺激法——リンゲル液中で卵に電極を挿入し，1V程度以上の電流を内外に流す方法である（山本，1949；岩田ら，1959）。

e）合成洗剤——0.01%Aerosol OT（８分間，23～29℃），0.05%Nekal BXフタリンスルフォン酸塩（４～16分間，28～29℃），0.5%Monogen（８～16分間，23～29℃），0.05%Labolan（0.5～２分間，25～28℃）などに浸す方法である（Yamamoto, 1944a, 1947）。

f）リポイト溶液——卵を針金枠に張った絹の布の上に置いて余分のリンゲル液を濾紙で除き，クロロフォルム（12.5秒間），エーテル（15秒間），ベンゼン（15秒間），トルエン（30秒間），イソアミルアルコール（30秒間）のようなリポイド溶剤を入れた小さいペトリー皿の上に置いて，蒸気に曝す方法である（Yamamoto, 1951a）。

g）脂肪酸——ウニ卵の付活剤として知られている酪酸や吉草酸ではメダカ卵は付活しない（山本，1953）。

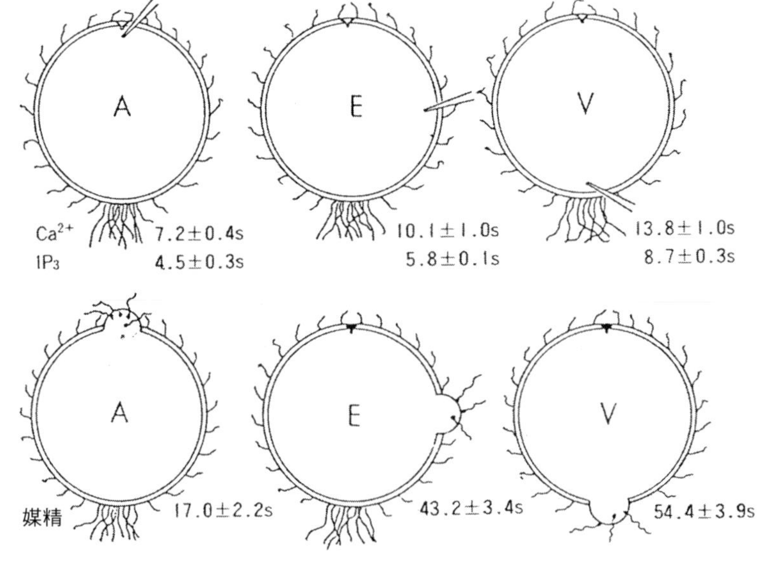

図7・21　未受精卵の異なった表層部における反応性の違い
0.5mM$CaCl_2$あるいはイノシトール1, 4, 5-3リン酸(IP_3)を表層細胞質に注入すると，動物極(A)，赤道部(E)，植物極(V)の順の速度で表層胞の崩壊開始がみられる(上列)．また，卵膜をハサミで切除した未受精卵を媒精して，表層胞の崩壊開始をみた場合も，その反応開始に要する時間は同様の順で短い(下列)．

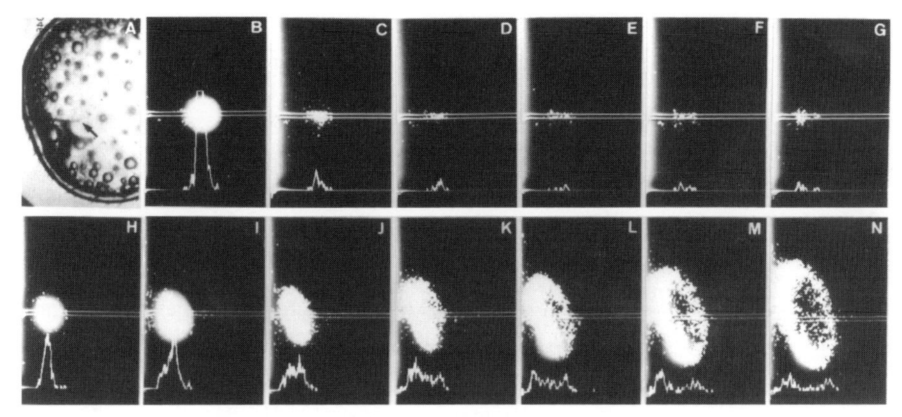

図7・22　カルシウムイオンの注入による細胞内遊離カルシウムイオンの放出誘起（Iwamatsu *et al*., 1988a）
予めエクオリンを注入しておいた卵に0.5mMCa^{2+}注入刺激で開始する遊離Ca^{2+}の放出は，注入Ca^{2+}が再吸収されたのち起こる．像中の２本線間の発光量を振幅で表すと，注入量（B）の振幅レベルは放出開始時（G－H）のそれより高いことを示す．各写真（B－N）はCa^{2+}注入後４秒ごとに撮ったものである．

媒精したり，刺傷刺激を施した卵をN/100酪酸－リンゲルに入れると，表層胞の崩壊波が途中で抑制される。これと同様なことが，N/50蟻酸，N/50酢酸，N/50プロピオン酸，及びN/100吉草酸においても認められる。ところが，N/50蟻酸，あるいはN/50酢酸を含むリンゲル液に浸して，正常リンゲル液に戻すと，未受精卵は付活する。酪酸や吉草酸については，このような付活誘起効果はまったく認められない。山本（1953）はこれらの結果を蟻酸や酢酸の刺激によって受精波が誘起されるが，それ以後の表層胞の崩壊がこれらと他の脂肪酸によって抑制されると説明している。この抑制はおそらく低pHによる（Iwamatsu, 1984b）。

h）酸化剤——（a）１％過マンガン酸カリウム溶液の８倍稀釈液に10秒間，また（b）過酸化水素の２倍稀釈液に20秒間浸す方法である（山田，1954a）。

８．卵の付活機構

前述のように，ステロイドホルモンの刺激によって，第一減数分裂の抑制が解除され，間もなく精子や刺傷の刺激による付活反応が可能になる。すなわち，このとき精子侵入が起こると，精子核 sperm nucleus（n）の第一減数分裂を終えていない卵核 egg nucleus（2n）との合体で倍数性 ploidy（3n）の接合子核 zygonucleus が生じて，異常個体に発生する。こうした現象が起きないように，このとき精子侵入が起こると，精子核（n）の第一減数分裂を終えていない卵核（2n）との合

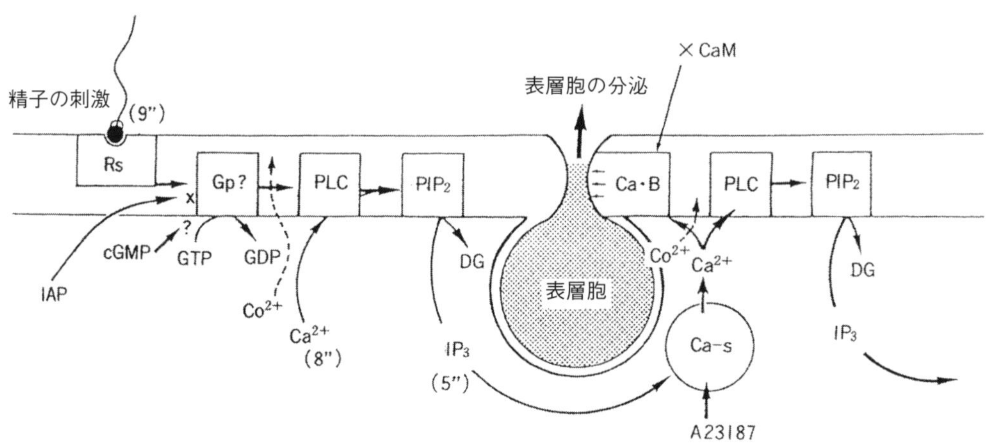

図7・23　精子刺激による表層胞の崩壊の機構を示す様式図（Iwamatsu, 1989bより改図）
Co^{2+}は精子刺激による表層胞（CA）の崩壊を阻止する（破線）．それはCa^{2+}やIP_3の放出前の過程で，遊離Ca^{2+}の表層胞の崩壊に関わり合う成分（Ca・B，おそらくCa－結合タンパク質）への移行（再吸収）を阻害する．
CaM：カルモジュリン，IAP：百日ぜき毒（説明，本文参照）．

体で倍数性（3n）の接合核が生じて，異常個体に発生する。こうした現象が起きないように，卵母細胞は付活能をもっているのにかかわらず，第二減数分裂の中期に入るまで付活する機会が濾胞細胞層の存在（排卵が起きないこと）によって与えられないまま過ごす。すなわち，卵は排卵によって卵門が開口して初めて精子によって第二減数分裂中期で付活する機会が与えられる。これは，脊椎動物に共通した受精様式である。

a）細胞内遊離Ca^{2+}の一過性の増加波

Ca^{2+}によって失活する細胞静止因子 cytostatic factor（CSF）が精子の刺激で急増する細胞内遊離Ca^{2+}によってその作用を失うと，それによって中期で抑制されていた第二減数分裂が再開し，第二極体を放出して完了する。精子刺激によって細胞内遊離Ca^{2+}の増加がリッジウェイら（1977）によって初めて証明され，その後ギルキーら（1978），及び吉本ら（1986）によって確認されている。細胞内遊離Ca^{2+}の増加が表層胞崩壊に先立って起こることは山本（1956）によってより早く示唆されていた。しかし，技術面で不十分なこの実験では，卵黄球からの漏出するCa^{2+}を伴ってい

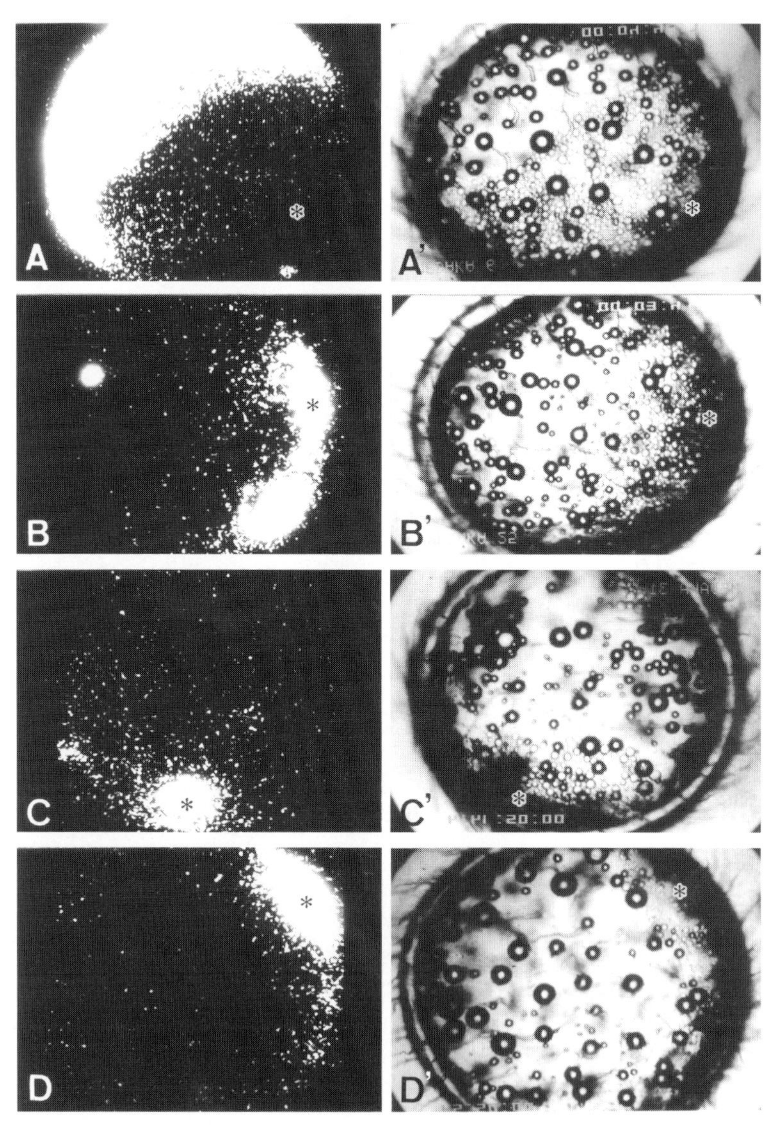

図7・24 細胞内遊離Ca^{2+}の再吸収と表層胞の崩壊に及ぼす注入した種々の薬品の影響
EGTAを注入した卵（A，A′）において，注入点（＊）のまわりにEGTAの拡がった部域では遊離カルシウムの増加（A）も，表層胞の崩壊（A′）も起こらない．また，cAMP（B，B′），ATP（C，C′）やルテニウム・レッド（D，D′）の注入部（＊）では，遊離Ca^{2+}の増加が起こるが，再吸収されないし，表層胞の崩壊も起きない．

る可能性が強い。未受精卵の限界膜をもつ卵黄球の周縁の表層細胞質に遊離カルシウムと結合すると発光するオワンクラゲのタンパク質エクオリン aequorin を予め注入しておくと，精子侵入点から多量の遊離Ca^{2+}が表層細胞質に流出するため，著しく強い発光を呈するとともに，必ず表層胞の崩壊を伴う。図７・19に示すように，表層細胞質に遊離エクオリンをあらかじめ注入しておいた未受精卵は，精子の刺激を受けると，Ca^{2+}の増加波はその刺激点である動物極から，まわりの表層細胞質に拡がっていき，その卵の反対側の植物極に達して終わる。表層細胞内に増加する遊離Ca^{2+}が急速に再吸収されるため，細胞内遊離Ca^{2+}の増加波は帯状に伝播される。ギルキー（1981）によれば，遊離Ca^{2+}の細胞質内濃度は付活前で0.1 μM，もしくはそれより低く，Ca^{2+}増加波が示すその濃度は約30 μMで，約300倍も増加するという。

表層細胞質内の遊離Ca^{2+}の増加は，外液にCa^{2+}を含まない場合でも，Ca^{2+}の注入によってひき起こされる。すなわち，遊離Ca^{2+}の増加をもたらす供給源は，外液ではなく，細胞内貯蔵部である。しかも，その貯蔵部はミトコンドリア mitochondria ではなく，おそらく小胞体 endoplasmic reticulum か，もしくは類似した小胞構造であることがわかっている。しかし，細胞質のCa貯蔵部から遊離Ca^{2+}がどのように放出されるかについては，現在不明のままである。ギルキー（1981）はその放出様式がカルシウム誘起－カルシウム放出であると考えた。それは精子，もしくは付活因子が閾値レベルの遊離Ca^{2+}の局部的増加をもたらし，その急増したCa^{2+}がさらに細胞質内Ca貯蔵部から放出させるというものである。言い換えれば，放出されたCa^{2+}がまわりに拡散していき，その達したCa貯蔵部に直に働きかけて，遊離Ca^{2+}を放出させるという。しかも，細胞内pHを上げてCa^{2+}放出をひき起こすCa^{2+}の閾値濃度 threshold concentration を下げ，その少ないCa^{2+}がCa^{2+}放出をひき起こすように先立って拡散していき，Ca^{2+}の増加波が伝播されると結論している。しかし，細胞質において，pHの上昇は表層胞の崩壊に伴って起こることから，当然Ca^{2+}の増加よりも後になり，Ca^{2+}の閾値を下げる要因にはならない。

筆者らはあらかじめエクオリンを注入しておいた未受精卵の表層細胞質にCa^{2+}を直接注入し，局部的に遊離Ca^{2+}の増加をひき起こし，エクオリンの発光で確認する実験を試みた（Iwamatsu *et al.*, 1988）。その結果，注入されたCa^{2+}は即時エクオリンの発光をひき起こすが，局部的に遊離Ca^{2+}の増加をひき起こす閾値を起こす濃度であるのにかかわらず，速やかに細胞質内に吸収されて消失する（図７・22B-F）。

したがって，その注入部の周りのCa貯蔵部から遊

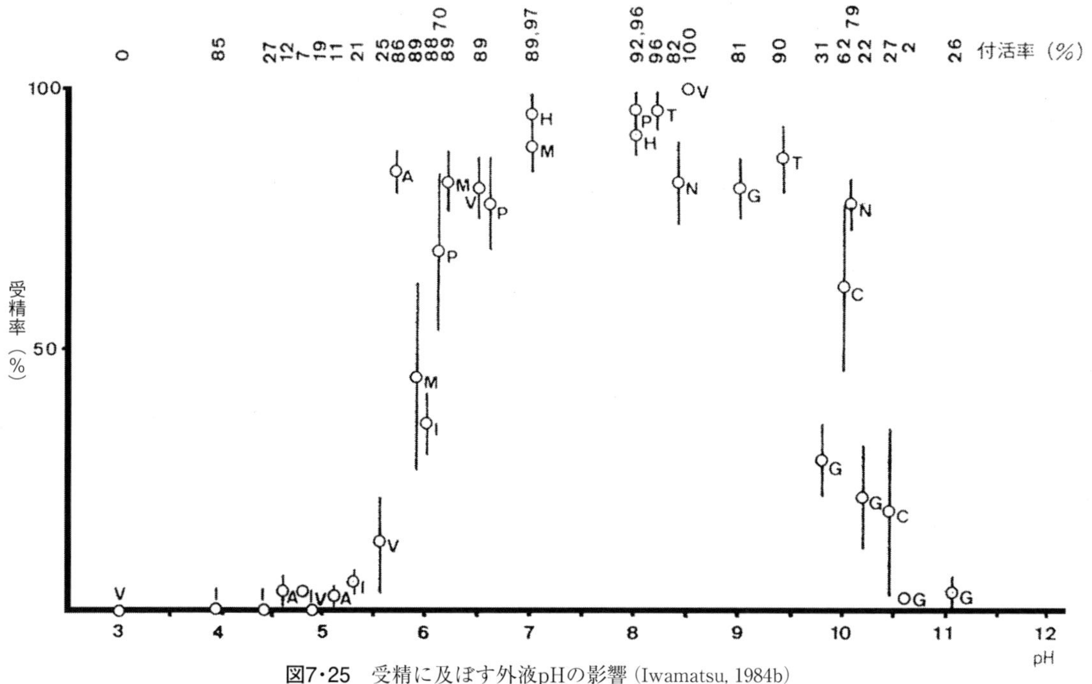

図7・25　受精に及ぼす外液pHの影響（Iwamatsu, 1984b）
未受精卵を各pH緩衝液中で媒精し，10分後に正常塩類溶液に移し，卵割を確認した．

離Ca^{2+}の増加をひき起こすのは認められない。最終的に，Ca^{2+}の注入は表層細胞質に遊離Ca^{2+}の急増をひき起こすが，卵の深い細胞質部に注入しても，Ca^{2+}の放出は必ず注入部の原形質膜近くで始まる。もし増加したCa^{2+}がまわりの貯蔵部に作用し，遊離Ca^{2+}の放出をひき起こすのに一定の時間を要するとすれば，発光帯はいったん消えては新たな発光帯が生じるという断続的な発光波として伝播されることになるはずである。実際は連続した発光波として，9〜15 μm/secという速さで伝播される。そこで，注入されたCa^{2+}はまわりのCa結合成分に吸収されるが，一部はCa^{2+}によって活性化される膜，もしくは膜近くの成分に作用し，それによって生じる成分がCa貯蔵部に働きかけて遊離Ca^{2+}を放出させるという膜依存のCa^{2+}放出説（図7・23）を考えた。

種々の物質を卵内に注入してCa^{2+}の放出を調べたところ，この仮説を支持するように，膜の代謝成分の一つであるイノシトール1,4,5-3リン酸 inositol 1,4,5-trisphosphate（IP_3）の注入によって付活がひき起こされ（Nuccitelli, 1987: Iwamatsu, 1989b），その注入と同時にCa^{2+}の放出がみられた（Iwamatsu *et al.*, 1988b）。また，cAMPやATPがCa^{2+}放出をひき起こさないのに，サイクリック グアノシン-1-リン酸 cyclic guanosine 5'-monophosphate（cGMP）注入はIP_3より遅いがCa^{2+}放出を起こした。この説では，精子がその原形質膜のレセプター（Rs）を刺激すると，G-タンパク質（Gp）を経て，フォスフォリパーゼC phospholipase C（PLC）が活性化され，イノシトール・ジフォスフォリピド（PIP_2）が分解される。これによって生じるIP_3によって細胞質Ca貯蔵部からCa^{2+}が放出される。

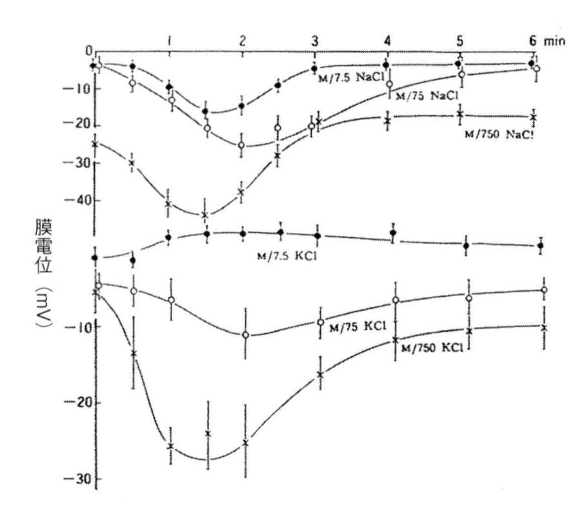

図7・26 メダカ卵の受精時に示す膜電位の変化に及ぼす外液中のイオンの影響（Ito, 1963bより改図）

b）表層胞の崩壊波

図7・22にみられるように，細胞内遊離Ca^{2+}の増加波は，そのCa^{2+}の増加の先端部と後端部に約5〜15秒の時間的なズレをもって伝播する。この時間的ズレはCa^{2+}の放出から再吸収による消失に要する時間であると考えられる。もし，そうであるとすれば，そのように短時間で何か（おそらく，卵表層の機能タンパク質）に再吸収されるのかが問題になる。再吸収された後の卵に，再びCa^{2+}を注入しても，もはや遊離Ca^{2+}の増加は認められないことから，局部的に増加したCa^{2+}が二度と遊離しないものに再吸収されると考えられる。この遊離Ca^{2+}の増加に続く急速なその減少に伴って表層胞の崩壊が起こる。表層胞の崩壊は遊離Ca^{2+}の増加に伴って起こるので，そのCa^{2+}の増加が表層胞の崩壊の直接の原因のように考えられる。しかし，Mn^{2+}, Mg^{2+}やCo^{2+}をあらかじめ卵の表層細胞質に注入しておいて，精子の刺激を与えると，Ca^{2+}の増加波は伝わるが，表層胞の崩壊は起きない（Iwamatsu and Ito, 1986）。これは卵細胞質内に増加したCa^{2+}の再吸収がMn^{2+}などによって阻害されるためらしく，ATP，cAMPやルテニウム・レッドなどの注入によっても同様なことが認められる（図7・24）。

その増加を妨げなくてもその再吸収を妨げると，表層胞の崩壊が阻害されるのである。これは表層胞の崩壊が細胞内遊離Ca^{2+}の増加だけで起こるのではなく，表層胞の崩壊に関与するものにその遊離Ca^{2+}が結合（回収）されることによって起こることを示唆している。

9．受精とpH

卵と精子との合体の基本は，細胞間の膜融合 intercellular membrane fusion と細胞内の膜融合 intracelluer membrane fusion の現象である。細胞間の膜融合には，①細胞認識，②膜内成分の流動，③キャップやクラスターの形成，④融合タンパク質による膜融合の段階が知られており，数種の動物卵において，この段階の確認がなされている。また，細胞内の膜融合にはpHが影響することも知られており，精子と卵との融合は他の細胞間のそれと同様にアルカリ側で効果的に起こる。したがって，受精率はアルカリ側の塩類溶液で高い（図7・25）。

膜融合にCa^{2+}の関与が要求されることから，受精時のアルカリ性がCa^{2+}の作用を効果的にすると考えられる。

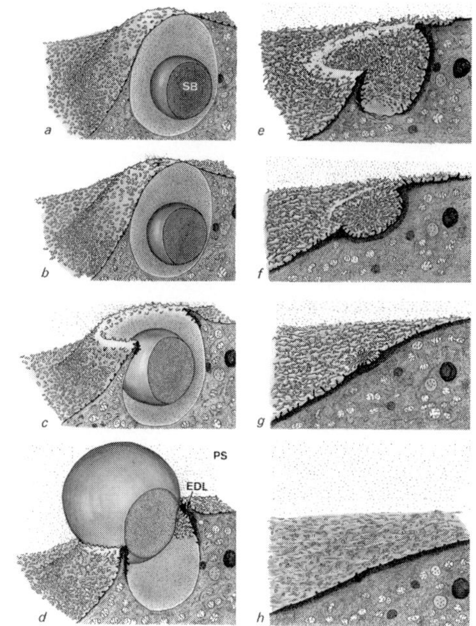

図7･27　メダカ卵における表層胞の崩壊（分泌）の過程
表層胞が開口分泌を開始すると，開口部から内壁に微小突起と電子密度の高い層（黒色）が生じる．SB：球状成分．

この細胞間の膜融合がpHの影響を受けると同様に，表層胞膜の細胞内側からの原形質膜との膜融合もpHの違いに影響を受け，アルカリ側で効果的に起こる。メダカ卵の細胞内pHは，受精（付活）開始前では弱酸性（pH6.5～6.8）で，付活後のそれが中性，ないしはややアルカリ性（pH7.0～7.3）になる（Iwamatsu, 1984b）。この原因は，メダカ卵では明らかにされていないが，H^+/Na^+チャンネルが活発になり，H^+の卵外への流出が起こることによると考えられている。

種々のpH緩衝液を卵の表層細胞質に注入し，表層胞の崩壊とpHの関係を調べたところ，注入によって十分量のCa^{2+}の増加をもたらしても，pHが4.5以下であれば，表層胞の崩壊は起きない。pHを上げれば，Ca^{2+}濃度が低くても表層胞の崩壊が可能になる

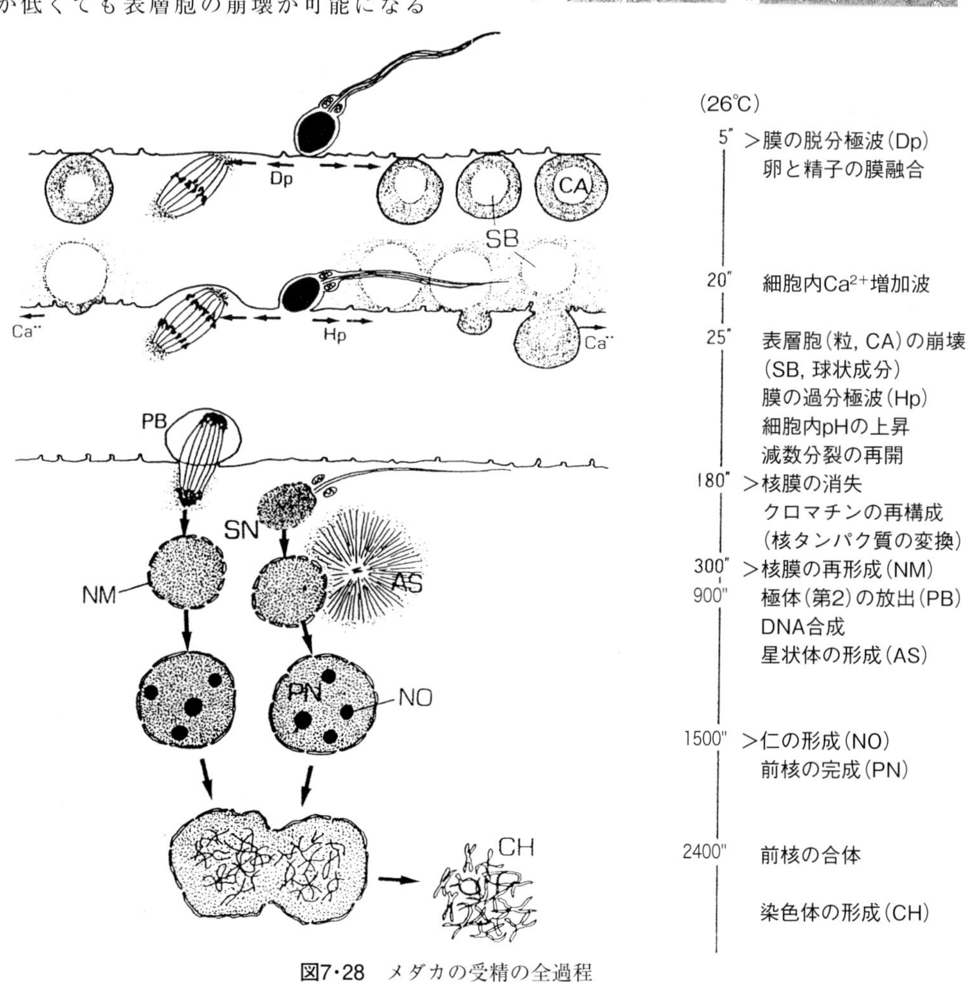

図7･28　メダカの受精の全過程

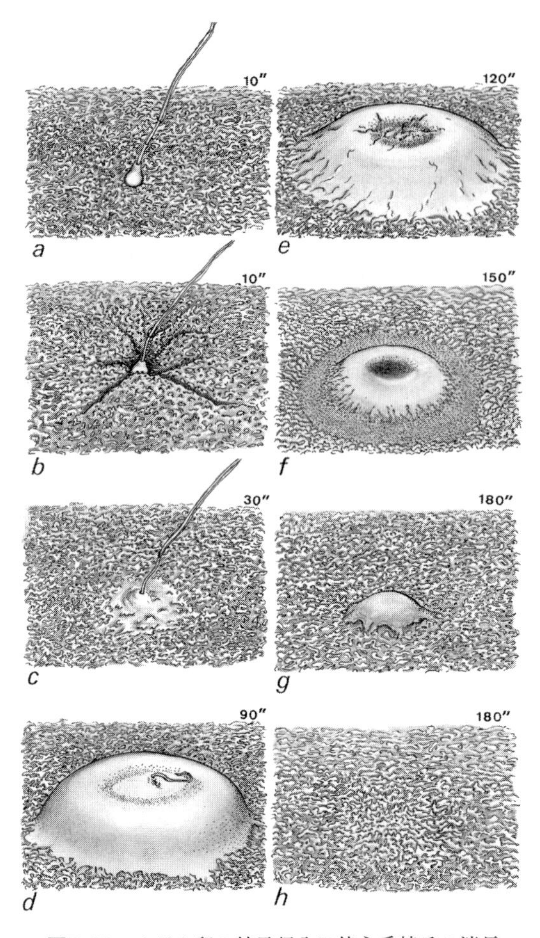

図7･29　メダカ卵の精子侵入に伴う受精丘の消長
右肩の数字は媒精後の秒数を示す（Iwamatsu and Ohta, 1981）.

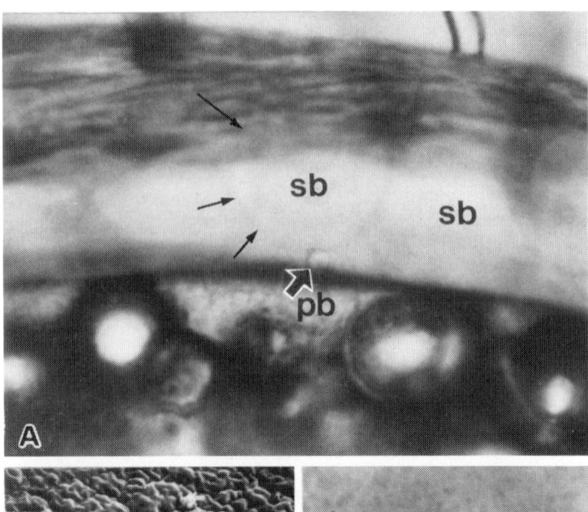

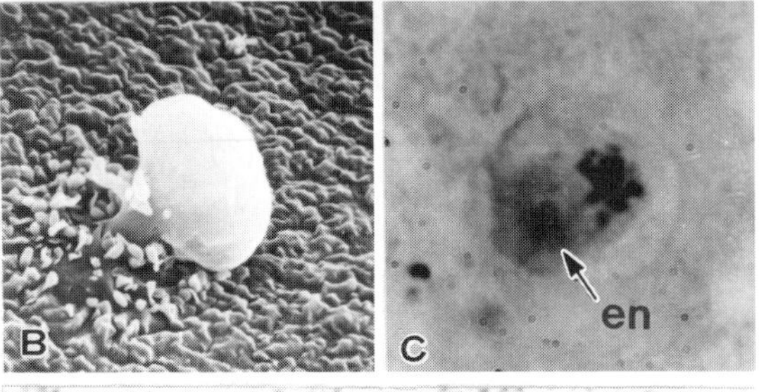

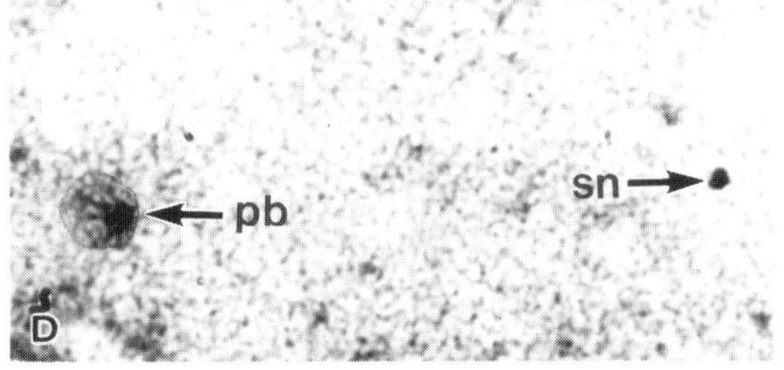

図7･30　メダカ卵の極体
A：付活後10分の第２極体（pb, 矢印）と囲卵腔内の透明な球状成分（sb），B：走査型電顕像，C：フォイルゲン染色像（en, 卵核），D：第２極体（pb）と精子核（sn）

（Gilkey, 1983）。例えば，Ca^{2+}増加波をひき起こすCa^{2+}濃度の閾値はpH7.0で1.7～5.1μM，pH7.5で0.1～1.7μMである。細胞質内のH^+が10倍増加すると，Ca^{2+}増加波をひき起こすのには細胞内Ca^{2+}を10倍ひき上げなければならない。また外液のpHを同様に低くしても，表層胞の崩壊は起きない。外液のpHを4.5にしても，細胞内にCa^{2+}を含むpH５以上の緩衝液を注入すると，表層胞の崩壊は注入部で起こるが，その崩壊波は起きない（Iwamatsu, 1984b）。このように表層胞の崩壊は細胞内pHが少なくとも５以上であれば，Ca^{2+}濃度との逆相関でひき起こされる。

上記のように，細胞内遊離Ca^{2+}とpHの上昇をひき起こしても，精子と卵の原形質膜の融合はみられない。すなわち，細胞内のH^+と遊離Ca^{2+}は細胞外の細胞間の膜融合に無効である。しかし，細胞外の低いpH4.5は細胞内の膜融合に影響を及ぼすらしく，表層胞の崩壊波の伝播を阻止する。これは，その崩壊波がpHに影響を受ける原形質膜の反応性に依存しているらしいことを示している。

10. 受精と膜電位の変化

メダカの原形質膜（細胞膜）の膜電位 membrene potential を測定する試みは鎌田（1936a, b）によって受精卵で早くからなされ，外液に影響されることが示されている。また，受精前後の膜電位の変化については，前野ら（1956）と堀（1958）によって試みられた。しかし，卵における電極の挿入部位に問題があり，伊東（Ito and Maeno, 1960; Ito, 1962, 1963b）によって，初めて受精や付活の時に原形質膜の電位が変化することが示されるに至った。

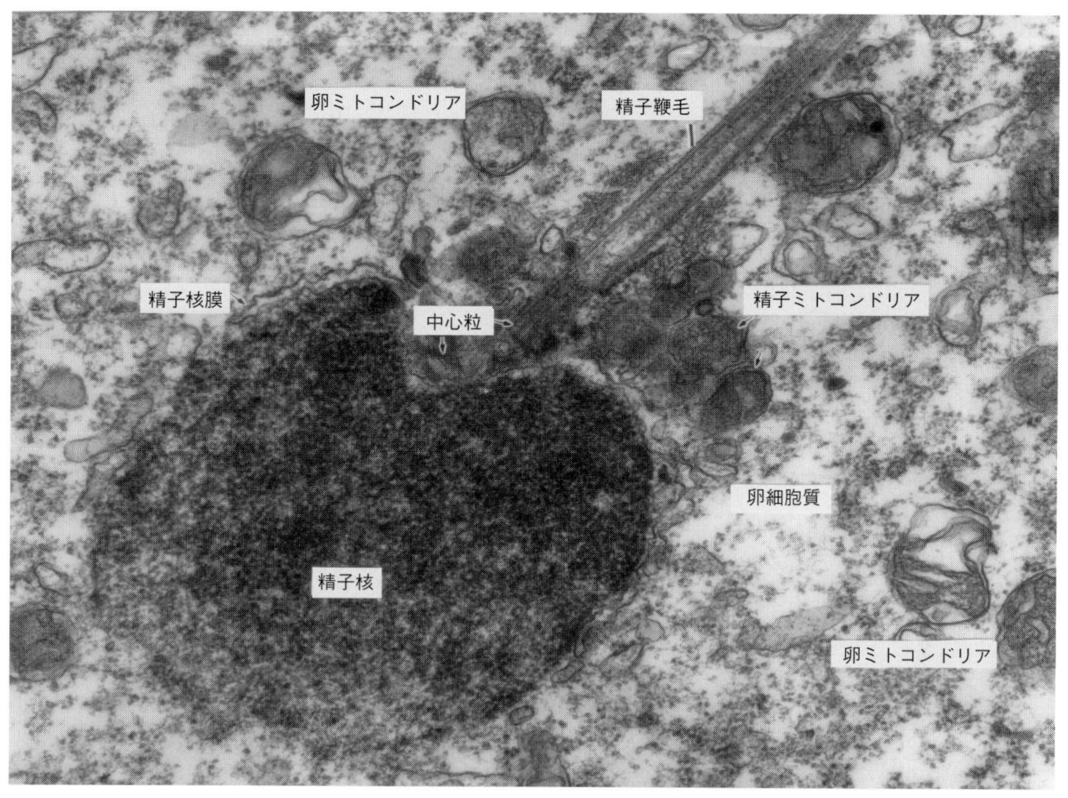

図7･31　メダカ卵内に侵入後約３分間後の精子頭部

通常，未受精卵の静止膜電位 resting membrane potential は，等張液では約－10mVで，受精するとゆっくりマイナス側（－20～30mV）に電位が移行する。この電位の変化を“付活電位activation potential”(Ito and Maeno, 1963) と呼んだ。最近になって，ヌッシテリ (1980a) は10%の山本塩類溶液 (20° ～22℃) で精子刺激後５±２秒 (Nuccitelli, 1977) で，４±３mVの脱分極性電位 depolarizing potential 化が20±10秒間起きて，その後31±12mVの過分極化が155±18秒間続くことを観察している (図７･11)。膜の脱分極化が卵門に精子が入って１～５秒後に起こるという観察結果は，卵門に入った精子の運動が停止するまでの時間が約４秒であること (Iwamatsu *et al*., 1991) によく一致する。このことは，最初にみられる電気的変化 (膜の脱分極化) は膜の融合ではなく，原形質膜の精子による衝撃であることを示唆する。精子が，おそらくCa^{2+}とNa^{+}の卵からの流出に関係しているであろう (Nuccitelli, 1980a)。膜の脱分極化がどのようにひき起こされるかについてはこれからの問題である。

表層胞の崩壊の開始に伴って，膜の過分極化が起こる。これは約４分間続き，表層胞の崩壊の完了後徐々にもとの静止膜電位よりやや高いレベルに定着する (Ito, 1962; Nuccitelli, 1980a; Iwamatsu and Ito, 1986)。受精のときにみられるこの膜電位の変化は，電気刺激やCa^{2+}の注入時に生じる“付活電位”に相当するものである。Ito (1963b) によれば，外液の一価陽イオン (K^{+}, Na^{+}) の濃度が増加すると，その付活電位の変化幅が減少する (図７･26)。

この電位変化にCa^{2+}は影響しないが，付活中とりわけK^{+}に対する透過性が，麻酔卵と同様に膜抵抗が小さくなるために，一時的に増加する。過分極化の要素がK^{+}の一時的な透過性の増加に伴う流出であるというヌッシテリの結論 (1980a) はこの伊東 (1963b) の結果と一致する。それでは，K^{+}に対する膜の透過性が高くなるのはなぜか。これに対してヌッシテリ (1980a) は次の２つの可能性をあげている。１つは遊離Ca^{2+}の増加によってK^{+}チャンネル K^{+}-channel が開くこと，もう１つはK^{+}チャンネルが表層胞膜から加わることである。前者に関しては，精子侵入後細胞内遊離Ca^{2+}が一時的に急増し，その増加波が卵表層を卵の反対側の植物極に向かって伝わることに基づいている。この細胞内遊離Ca^{2+}の約２分間の増加が最

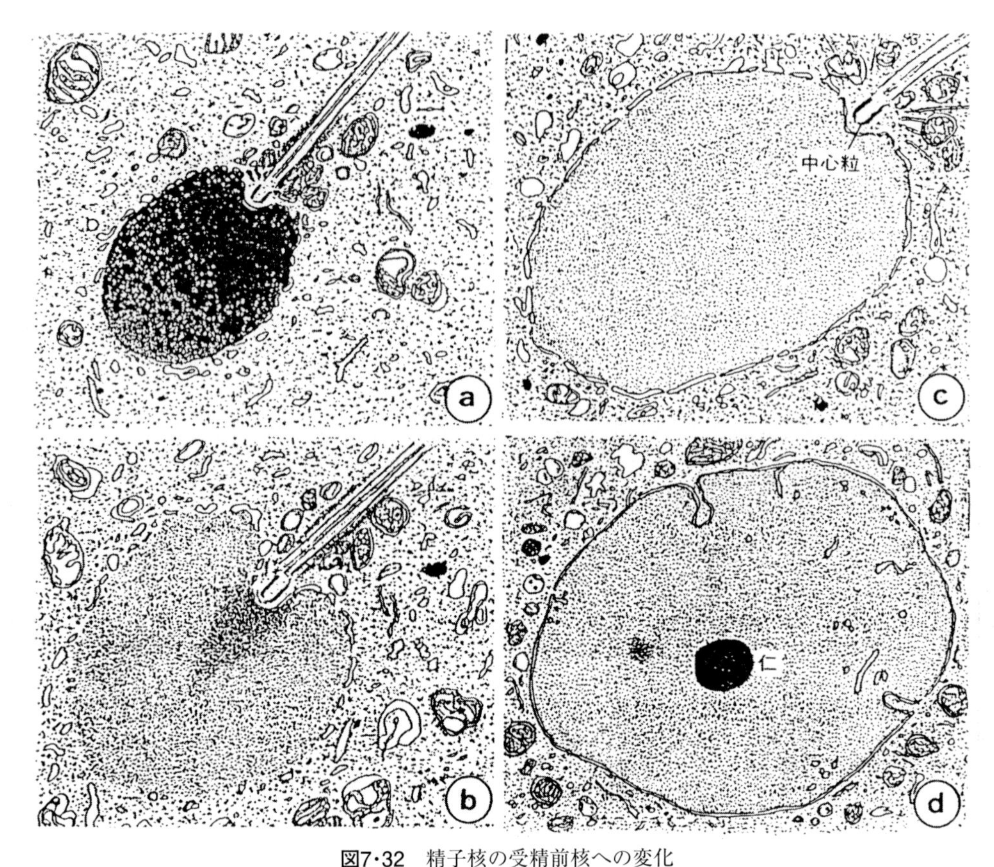

図7・32　精子核の受精前核への変化
原形質膜を脱いで卵細胞質に侵入した精子核は３分以内に核膜を失ってクロマチンの拡散（膨潤）を始める（a, b）．侵入５分後（c）には核膜形成，25分後（d）には仁形成がみられる．

初の脱分極化の後の２分間K⁺の透過性の増加が続くものと考えられる。しかし，遠心卵を用いての実験（Kiyohara and Ito, 1968）において，表層胞のないところでは過分極化は生じないが，表層胞が集積されたところで，それらの崩壊が起こるのに伴って過分極化が生じることが示された。この観察結果から判断すると，表層胞膜の原形質膜への融合・付加によってK^+の透過性が増加するといえるらしい。細胞内のCa^{2+}増加によってK^+チャンネルが開くのは，その増加によってひき起こされる表層胞の開口分泌に伴って表層胞膜のK^+チャンネルが原形質膜に加わることによると考えられている。しかし，まだ表層胞膜にK^+チャンネルが多く存在するという証拠はなく，精子の刺激後活発になる膜の流動性が既存のK^+チャンネルを開かせる可能性も残されている。

K^+の透過性の減少は表層胞の崩壊が終わると共に認められる。それには，当然増加とは逆の可能性であるK^+チャンネルの除去と閉鎖の２つが考えられる。現在，それらを十分に論じるデータは報告されていないが，前者に関する観察結果がある。前述（**5．表層胞の崩壊**）したように，表層胞の崩壊に伴って起こるその膜の原形質膜への付加は当然原形質膜に一時的にしろ，“ダブつき”をもたらすはずである。表層胞の崩壊時の観察（Iwamatsu and Ohta, 1976）によれば表層胞の崩壊（分泌）跡に微小突起の形成（図７・13）とその表層細胞質への取り込みによる電子密度の高い層の形成が起こる（図７・27）。

おそらく，膜成分の表層細胞質への移行が膜の“ダブつき”をなくする結果になる。このような膜成分の表層への取り込みは，それに伴ってK^+チャンネルの減少をもたらすという考えを否定するものではない。

11．受精前核の形成と融合

受精現象は卵と精子が接着することに始まり，互いの原形質膜同士の融合，それに伴う卵細胞の発生開始のための付活，そして精子核との合体といった連続した変化の全過程を指している（図７・28）。この過程中，精子は卵との膜融合によってその原形質膜を卵の原形

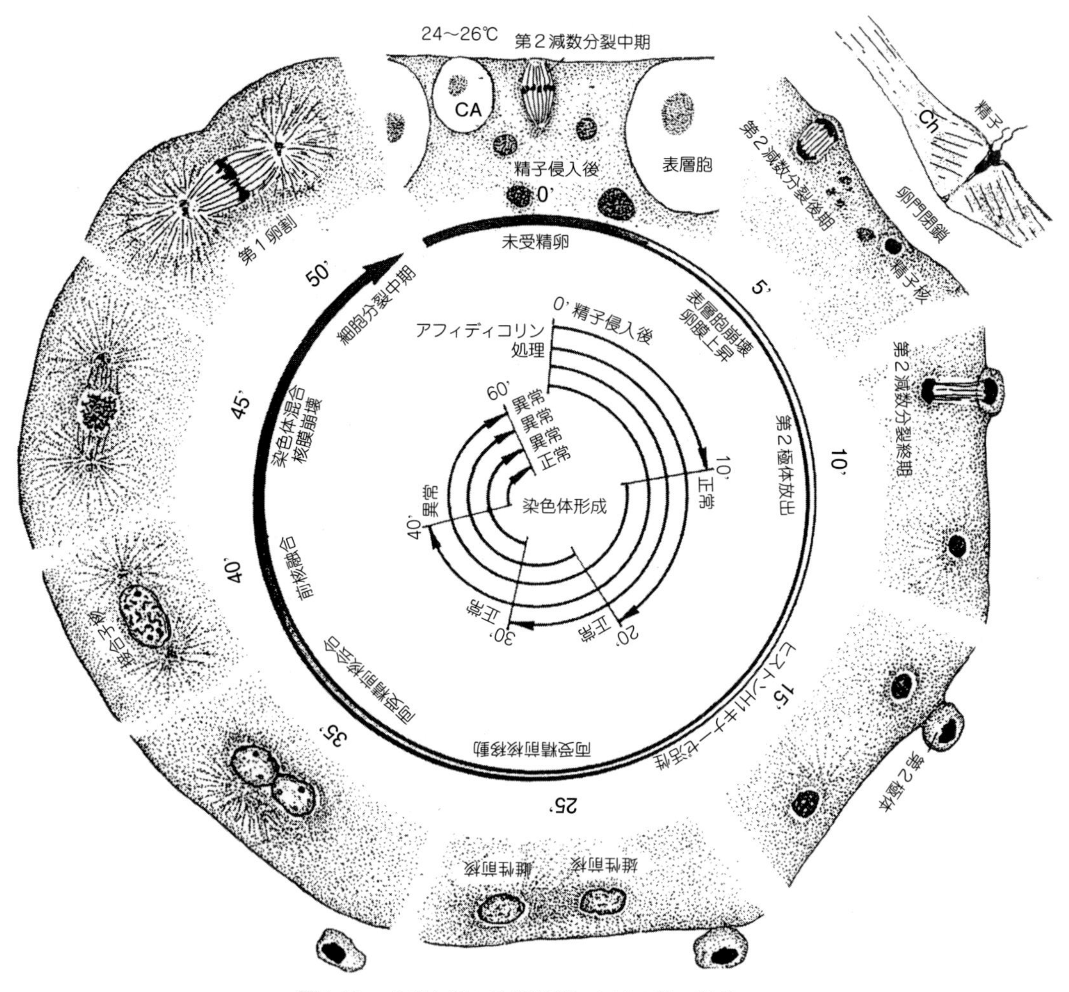

図7･33　メダカ卵の受精過程における核の挙動
(Iwamatsu, 2011)

質膜に加え，卵細胞質内に精子の成分が入る。それ以後，精子の核は卵内では基底小体 basal body（中心粒 centriole），僅かなミトコンドリアや鞭毛 flagellum 成分と共に卵の細胞成分であるかのように活動を開始する。

人工授精によって，精子が卵門を通過して卵表に達するまでの時間は極端に短く，1〜3秒間である。媒精5秒以内では，先体をもたないメダカ精子は原形質膜で微小突起の多い卵の原形質膜と接着しているが，それらはまだ互いに融合を起こしていない。卵表は，精子と接着すると，すばやく膜融合，場合によっては顕著なひだを生じることによって，それを捕らえる。そして，精子接着後30秒以内に卵表は精子と膜融合を起こし，その頭部を完全に取り込む。このとき，表層胞の崩壊を開始するが，精子侵入点の卵表はそれと同調して微小突起のない水膨れ状の受精丘 fertilization cone（精子侵入開始後に生じるので，"取り込みの丘 incorporation cone" の表現がよい）が形成される。この消失は，表層変化の完了と同調している（図7･29）。媒精1分後には，精子は尾部を含む全体が細胞質表層に入ってしまう。このとき，精子と卵の両原形質膜が部分的に融合を起こす。表層変化が完了し，受精丘の消失した媒精3分後には，精子はすでに核膜崩壊が頭部先端から始まり，続いてクロマチン chromatin の拡散が起こっている。その精子の侵入刺激によって，卵は第二減数分裂を再開する。この分裂は精子侵入後8分（26℃）-10分（25℃）で完了する。これによって第2極体の放出（図7･30）と共に雌性前核ができる。

ミトコンドリアは独自のゲノム genome を保有し，細胞内で分裂増殖する。そのゲノム（mtDNA）は細胞質を通して母性遺伝する。そのためか，受精のときに精子のもつ父系ミトコンドリアは卵内に入らないと誤解されている。それは間違いである。電子顕微鏡写真（図７·31）にみられるように，卵門下の卵表と接した精子頭部の細胞膜が卵の細胞膜と融合することによって，精子細胞内の核，基底小体（中心粒），ミトコンドリア，鞭毛などすべての成分は卵細胞質内に入る。少数で小さい精子ミトコンドリアは，卵細胞質にある厖大な数の大きいミトコンドリアのほんの一部になるに過ぎない。したがって，受精卵のミトコンドリアはほぼ母性のものである。そのことから，発生過程に精子ミトコンドリアが分解され消失することを証明していないのに，ミトコンドリアは母系遺伝であるといっている。卵内に侵入して約３分後に，精子核はその孔のない核膜が頭部先端域で崩壊し始め，雄性（受精）前核 male pronucleus がクロマチンの膨潤と新たな核膜の形成によって生じる。その前核の核膜は精子崩壊時に生じた小胞と卵細胞質の小胞とによって生じる。また，一対の精子基底小体は，星状体 aster を形成して卵割に関与する。

膜を失った精子の核はクロマチンの拡散につれてフォイルゲン染色反応に陰性になり，周りの細胞質の成分を押しのけながら大きくなる。押し拡がるクロマチンと細胞質との境界部分にさまざまな形の小胞が互いに融合し合って新たな核膜をなす（図７·32）。侵入後20分までに，雄性前核の核膜が完成し，十分に大きくなった核内には仁がみられるようになる。

メダカ卵において，蛍光標識ブロモデオキシウリジン 5-bromo-2'-deoxyuridine（BrdU）の十分量を受精後の時間を追って卵細胞質に注入しておいて，受精前核の形成と合体が観察されている（Iwamatsuら，2002）。その観察結果，DNA合成が媒精（精子侵入）後15〜30分間に形成された雌性前核 female pronucleus と雄性前核で同調して起きていることがわかった。この時間は第２極体の放出から雌性前核が雄性前核に向かって移動する期間である。前核におけるDNA合成 synthesis は，精子侵入によって卵表層全体に伝播されるシグナル，すなわち細胞内のCa^{2+}濃度とpHの上昇によって開始する。これらのシグナルがMPF（ヒストンH1キナーゼ）の失活とDNA合成開始とを同調させ，減数分裂から細胞分裂に移行させる重要な役割を果たしている。DNA合成を伴わない減数分裂とは違って，受精卵における細胞分裂は新たなDNA複製後，両前核の合体までの短い間であるが，娘染色体の形成が起こる。したがって，再びMPFが活性化する精子侵入後30〜40分の間にはDNA合成と染色体形

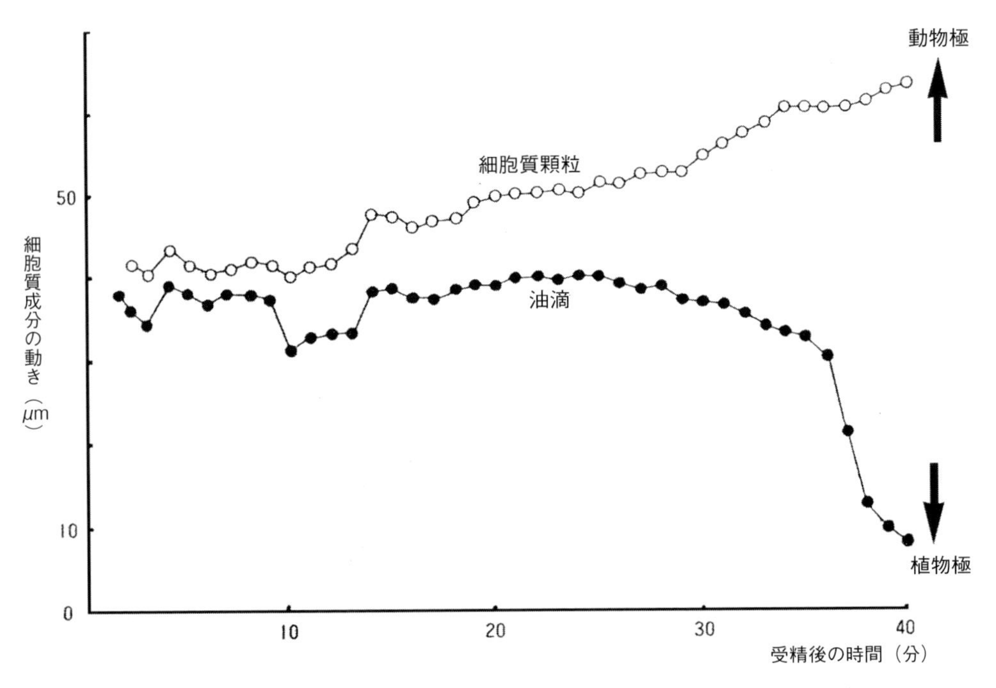

図7·34　受精時にみられる卵の細胞質成分の二極分化（Iwamatsu, 1973a）
赤道部に近い動物半球にある細胞質顆粒は，受精後約10数分以後徐々に動物極に向かって移行するのがみられ，約25分までは移動しなかった油滴は35分過ぎになると，急速に融合しながら移動する．

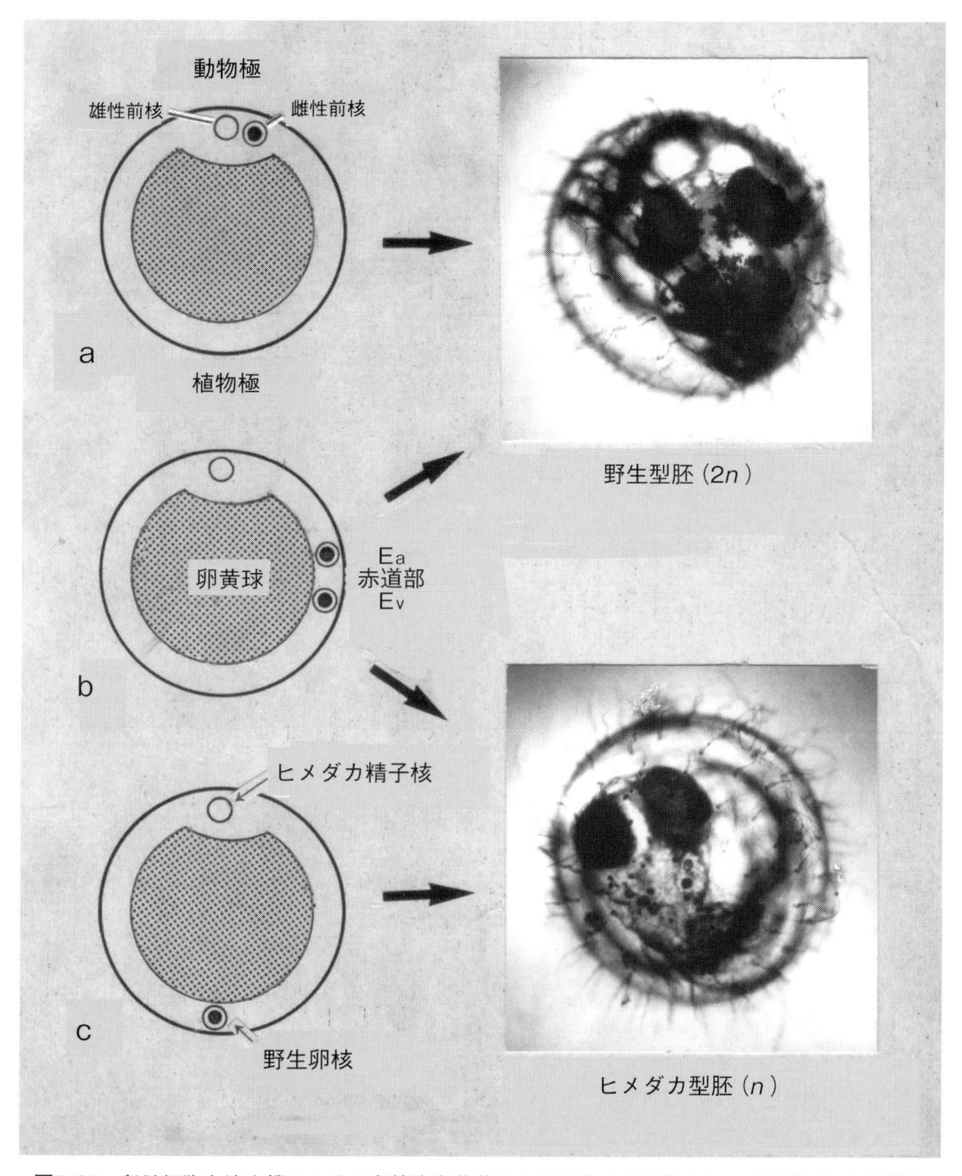

図7・35　卵母細胞を遠心機にかけて卵核胞を移動させた野生メダカ卵のヒメダカ精子による発生

成が起こるらしく，その間染色体の形成に関与するトポイソメラーゼ topoisomerase I, IIなどの阻害剤やDNAポリメラーゼ DNA polymerase 阻害剤アフィディコリン aphydicolin を受精卵に作用させると，正常な娘染色体は形成されない。受精から第１卵割までの過程の全貌を示したのが図７・33（Iwamatsu, 2011）である。精子侵入による細胞内のカルシウム増加でMPF（ヒストンH1キナーゼ）が失活し，第二減数分裂が中期から後期に移る。精子侵入５分後には卵膜の薄膜化と上昇によって卵門管が閉じ，約８分後には第２極体が放出される。その後，特に雌性前核が雄性前核へ向けて移動を開始し，精子侵入から約35分の間に両前核が会合・接着する。そして，精子侵入後約40分して両前核の核膜融合で接合子核が生じ，精子侵入後約50分で第１卵割中期像を示す。

受精卵において，細胞骨格 cytoskeleton（マイクロフィラメントmicrofilament，中間フィラメントintermediate filament，微小管 microtubule など）の網状構造は表層変化による細胞質成分の再編成，第２極体放出及び星状体の発達に伴う前核移動といった動的な反応を引き起こす。メダカでは，卵表層細胞質が動物極，そして油滴が植物極へとそれぞれ流動する二極分

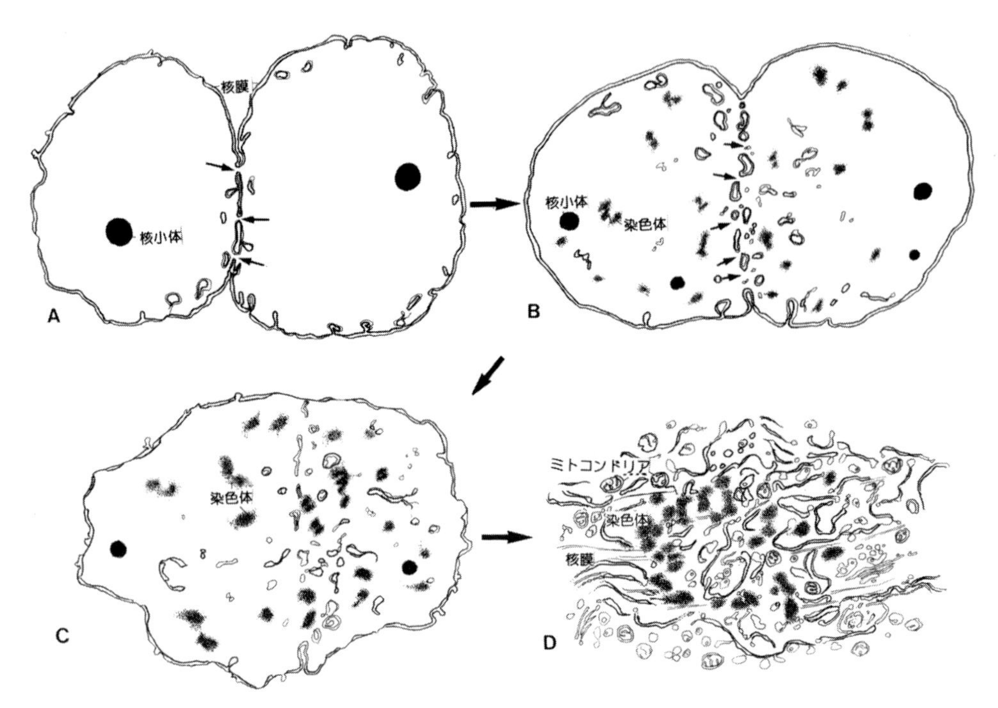

図7･36　メダカ受精卵における雌雄両前核の合体による接合子核形成の模式図
(Iwamatsu and Kobayashi, 2002)

化 bipolar differentiation (卵細胞質分極化) が具現化する (図7･34)。第2極体放出後生じた雌性前核は精子侵入後約20分して発達しながら原形質流動 protoplasmic streaming に乗って雄性前核に向かって移動を開始する。このときの原形質流動の主な原動力はマイクロフィラメントと微小管を含む細胞骨格の繊維状成分によるものであって，動物極に胚盤を形成しながら，その中心部に雌雄両前核を会合させる。精子侵入からその会合に要する時間は，メダカ卵では約35分間である。もし，実験的に卵母細胞の成長段階で遠心して卵核胞を植物半球に移動させておいて成熟させると，精子侵入による卵付活後そこで極体を放出して生じた卵の雌性前核は卵門から侵入した精子核から生じた雄性前核と会合できず，胚は受精できないまま半数 (1倍) 体 haploid で発生する (図7･35, Iwamatsu and Mori, 1968)。卵核は少なくとも動物半球内にあれば精子核との合体が可能であるが，植物半球側に移されるともはや合体できなくなる。そればかりか，場合によっては卵核が発生に関与できなくなる場合もある。両前核が合体しないで発生が進む場合，1つの卵に胚体が2つできることが多い (Iwamatsu and Mori, 1968)。人為的に卵の全表面から多数の精子を入れても，それらが卵細胞質の中央部に集まることから，両前核が卵の原形質盤の中央に向かうのは細胞質内の流れの存在によると考えられる。

メダカ卵では，雌雄の両受精前核は会合後約5分して互いに密着する。その密着面は多少入り組んでいるがほぼ平坦で，それぞれの核は半球状をなしている。やがて両前核は核膜が部分的に融合を始めて，全体としてほぼ楕円体状をした接合子核 zygonucleus になる。核膜の融合が進んで生じた接合子核の核質内には核小体 nucleolus (仁) と凝縮したクロマチンがランダムにみられる。続いて起こる核膜崩壊の開始に先立って，核全体が萎縮し始める。核膜崩壊直前には染色体が形成されるが，核小体はなおみられる。核膜が崩壊すると，核小体は消失してフォイルゲン (染色) 反応に陽性の染色体が核の中央に凝集する。このように，メダカ卵では受精の最終段階において接着した雌雄両前核は核膜の融合し，核合体 karyogamy によって1つの接合子核を生じる (図7･36, Iwamatsu and Kobayashi, 2002)。こうした受精前核の合体様式が魚類一般の様式であるか否かは，他の魚類での報告がない現時点では不明である。雌雄両前核が融合・合体して接合子核を生じるウニ卵でも，雌性前核と膜融合を示す雄性前核の核膜には精子核の膜成分と卵細胞の膜成分とがモザイク状に散在する点では，メダカの雄性前核の核膜と共通している。これに対して，哺乳類卵においては雌雄両前核の膜融合による接合子核を生じない。それは，雄性前核の核膜はその形成時に精子由来の核膜成分が付加されていないので，雄性前核が雌性前核と同様に卵細胞質由来の膜成分だけからできていることに関係している可能性がある。

第1卵割の核分裂後期の像は，精子侵入から50～60分間ののちにみられる。分裂後期まで娘染色体糸 chromatids はコヘシン cohesin と呼ばれる多ユニット複合タンパク質に結合している。メダカのSMCLα，SMCβ，SMC3およびRad21を含むコヘシン・サブユニットのうち，SMCβだけが染色体胞部に沿って存

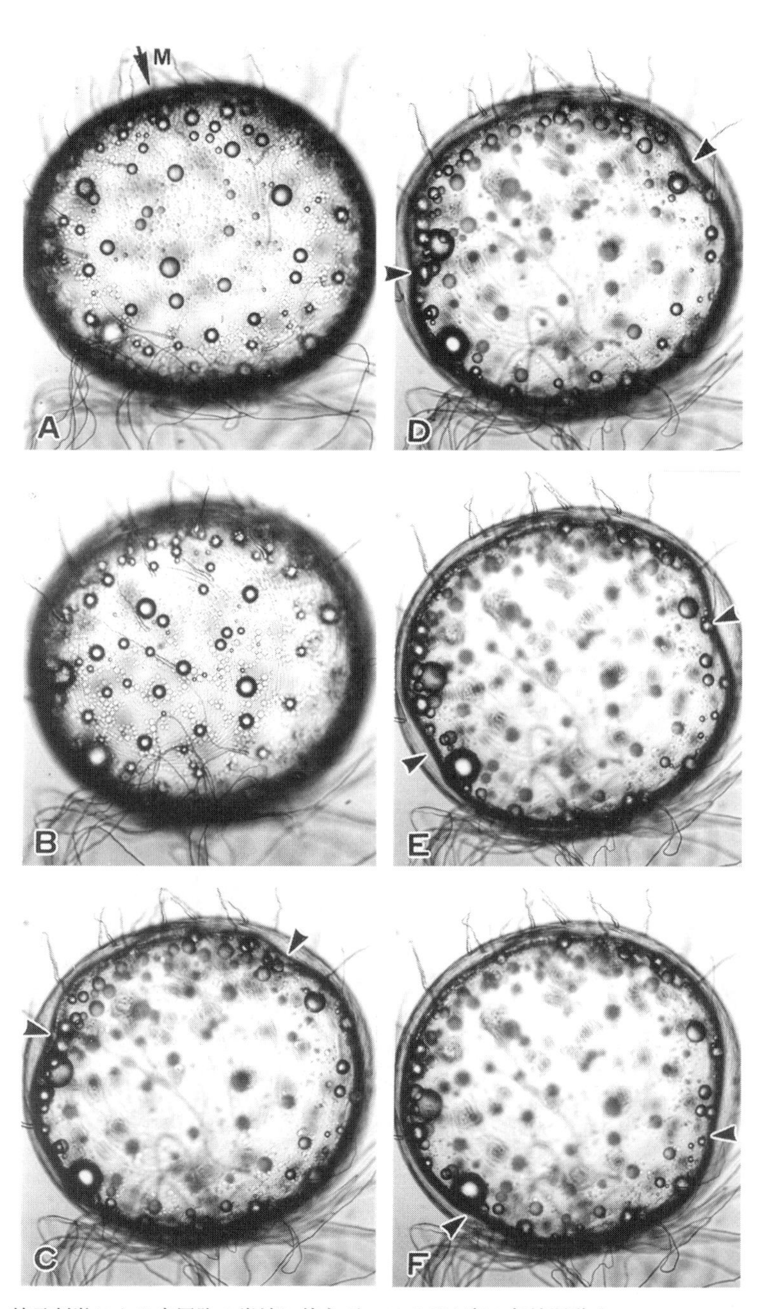

図7・37　精子刺激による表層胞の崩壊に伴うジャワメダカ卵の収縮運動（Iwamatsu and Hirata, 1984）
媒精直後の卵（**A**）の示す精子侵入点（M）から表層胞の消失（**B**）と，それに伴う卵表層の収縮（矢尻，**C–F**）が植物極側へ伝播される．×50

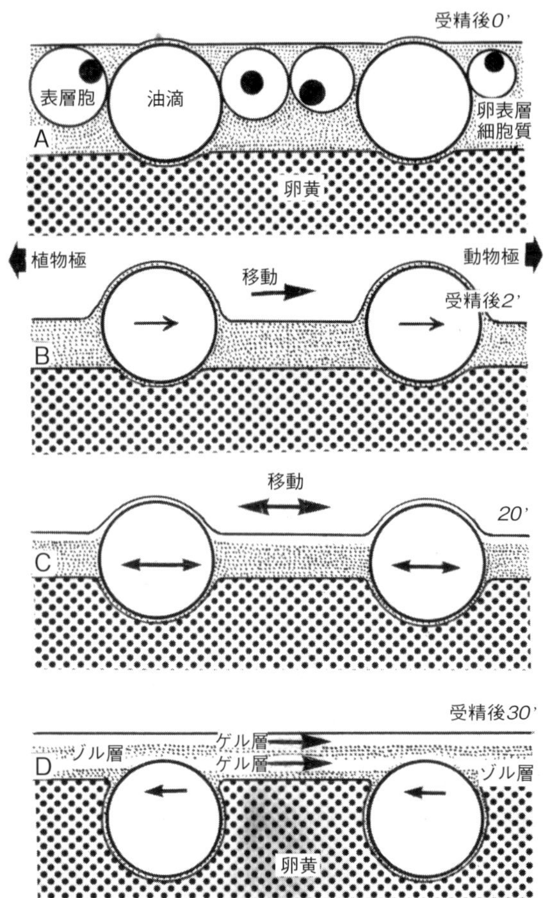

図7·38　メダカ卵における受精後の油滴の動きの模式図（Iwamatsu, 1973）

在し，分裂中期にまで染色体に認められる（Wai *et al.*, 2004）。

12. 卵の付活に伴う収縮運動と細胞成分の二極分化

卵の発生開始の兆しは，動物極に原形質盤ができることである。この表層細胞質の動物極への集積は油滴の植物極への集合を伴うが，これを卵細胞質の二極分化 bipolar differentiation（ooplasmic segregation）と呼んでいる。この活動は，精子による刺激後表層胞の崩壊に続いて動物極へ向かう表層細胞質の収縮運動に始まる（図7·37）。

付活に伴う卵表層細胞質の収縮運動は卵母細胞の成熟につれてみられるようになる（Iwamatsu, 1967）。卵表層の収縮（Iwamatsu and Hirata, 1984）は，精子侵入点から表層胞の崩壊の後を追従するかのように，それに伴う細胞質内pHの上昇にやや遅れて波状に伝播されて植物極側で終わる（図7·37）。卵の付活に伴って，細胞質はその中にある油滴（図7·38）の動きから精子の接着

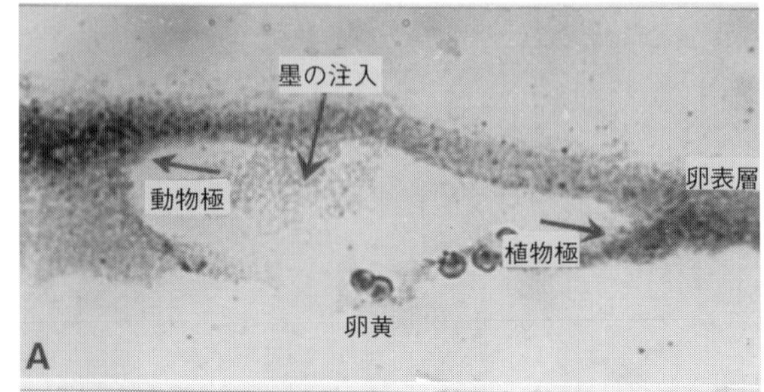

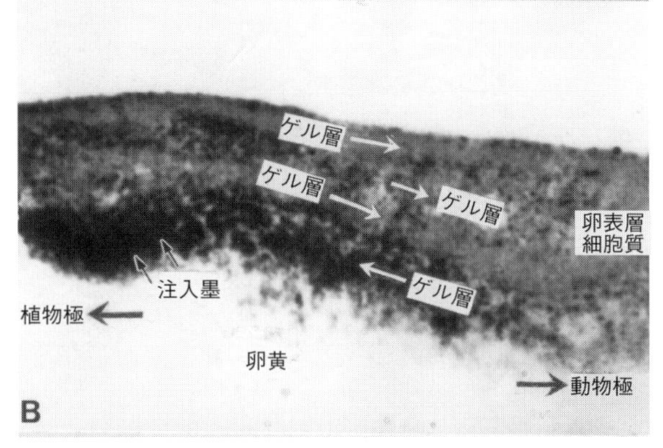

図7·40　メダカの卵表層に注入した墨の動き（Iwamatsu, 1973）

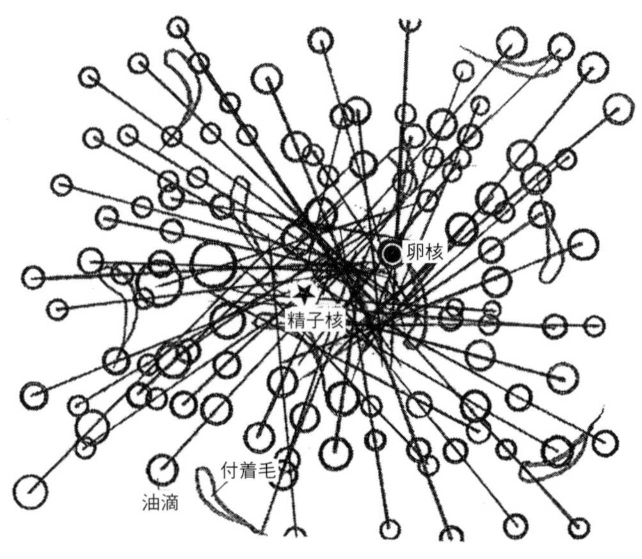

図7·39　メダカ卵動物極域における付活に伴う油滴移動の方向（Iwamatsu, 1998）

点である卵門の直下ではなく，そこから少しズレた点に向かって移動（約5 μm/分）を開始する（図7・39）。

これに対して油滴は付活後1～4分間一時的に動物極に向かって移行し，約10数分までは細胞質の律動性の運動と同調した行動をとる（図7・38）。そして35分近くの後急速に植物極側に互いに融合しながら移動し始める（Sakai, 1965）。この時，動物極に細胞質がレンズ状に集積されているのが観察される。

未受精卵の表層細胞質にMg^{2+}やATPなどを注入した場合には，表層胞の崩壊はみられないが，注入点に向かって表層の収縮が認められる。この結果は，表層の収縮が表層胞膜の原形質膜への付加と直接関係ないらしいことを示している。ちなみに，これらを注入した卵では細胞内遊離Ca^{2+}の急増はみられない。また，アセトン処理の未受精卵を媒精しても，細胞内遊離Ca^{2+}の増加も，目立った表層胞の崩壊波も起きない。この場合も，表層の収縮が起こる。しかも，アセトン処理するだけでも，表層の動物極への収縮がみられる。これらの事実と表層に伝播されるCa^{2+}の増加波の帯が通り過ぎた直後に収縮が起こることを考え合わせると，精子刺激によって収縮波は増加した遊離Ca^{2+}が再吸収に伴って著しく減少するか，もしくは無くなることと合致する。

卵は付活すると，このように油滴は植物極側に移動するが，多くの細胞質は動物極側に移動集積して原形質盤を形成する。これが前述した卵原形質の二極分化である。

卵膜をとり除いた裸の未受精卵を細いガラス管に押し込んだり，くびれをつくったりして形を変えてから付活させても，卵細胞質の二極分化が卵軸（動物極と植物極とを結ぶ軸）以外の方向に起きることはない（Sakai, 1961a, b, 1964a）。また，卵のどこを刺激して

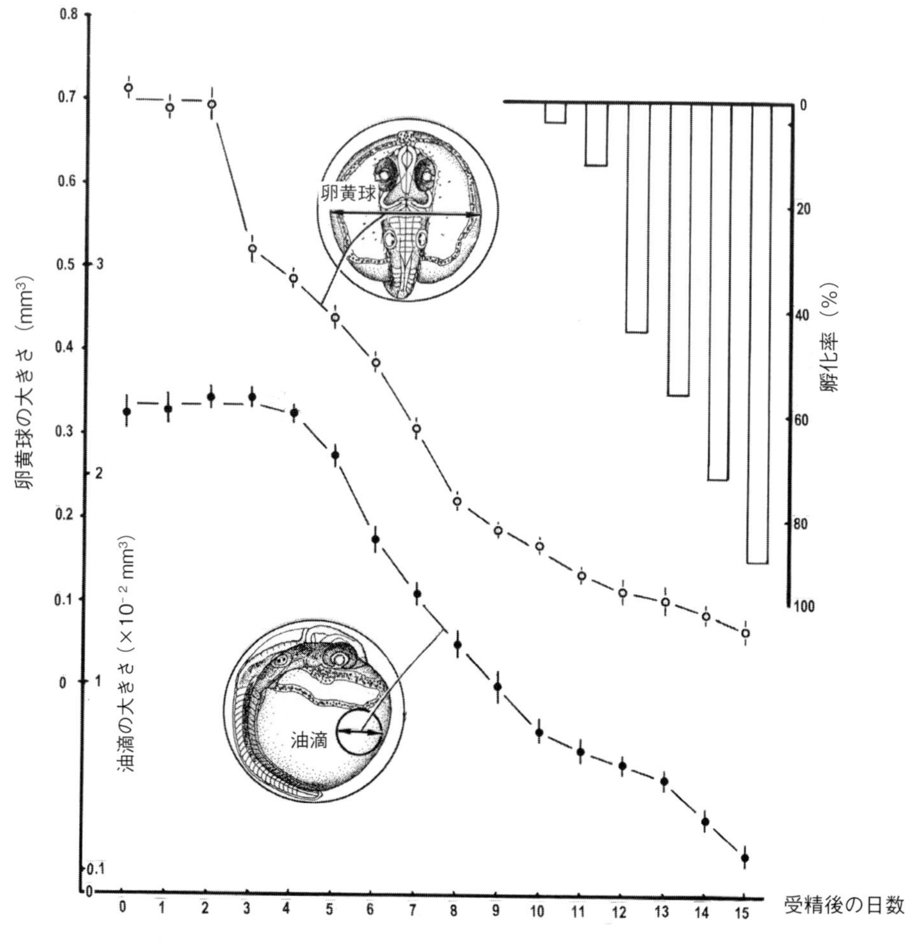

図7・41　メダカ胚の発生に伴う卵黄球と油滴の大きさの変化
（Iwamatsu et al., 2008）

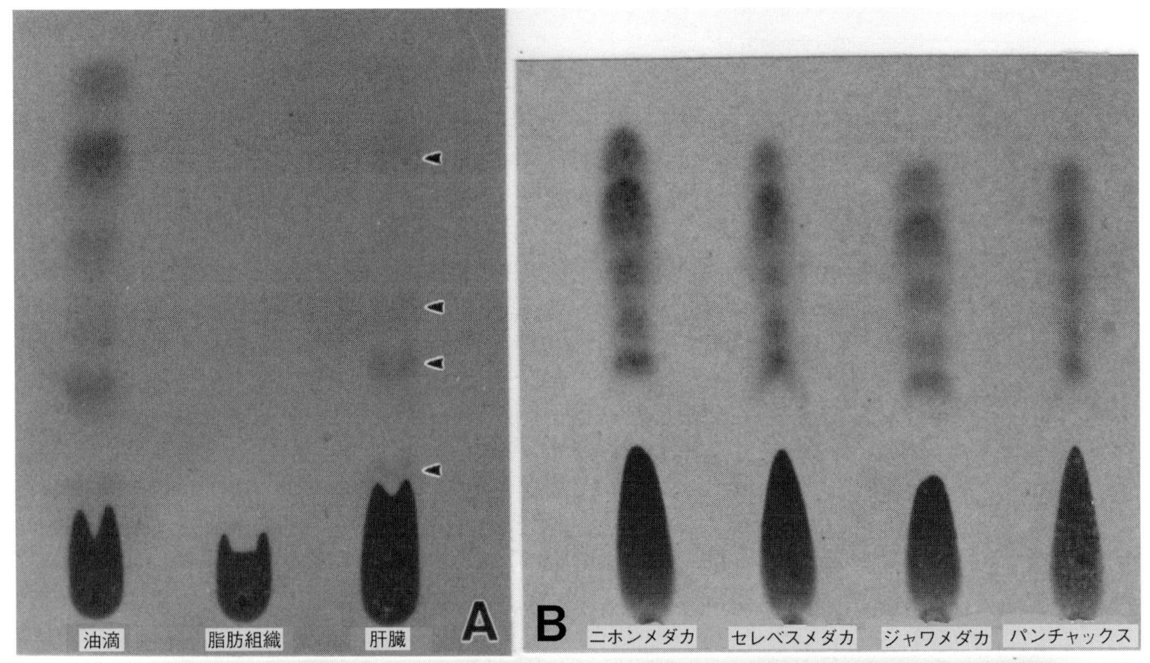

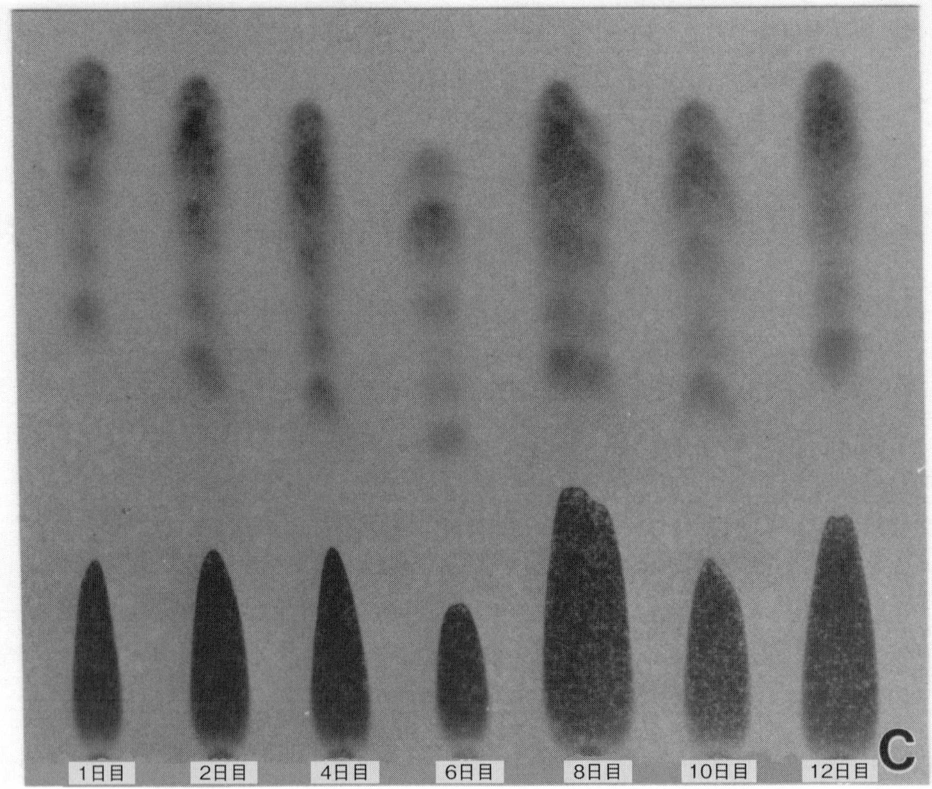

図7·42　薄層クロマトグラフィーで分離したメダカとパンチャックスの油滴成分
A：油滴，脂肪組織，肝臓，B：メダカとパンチャックスの卵の油滴成分．
C：発生中のメダカ胚の油滴成分．（Iwamatsu *et el.*, 2008）

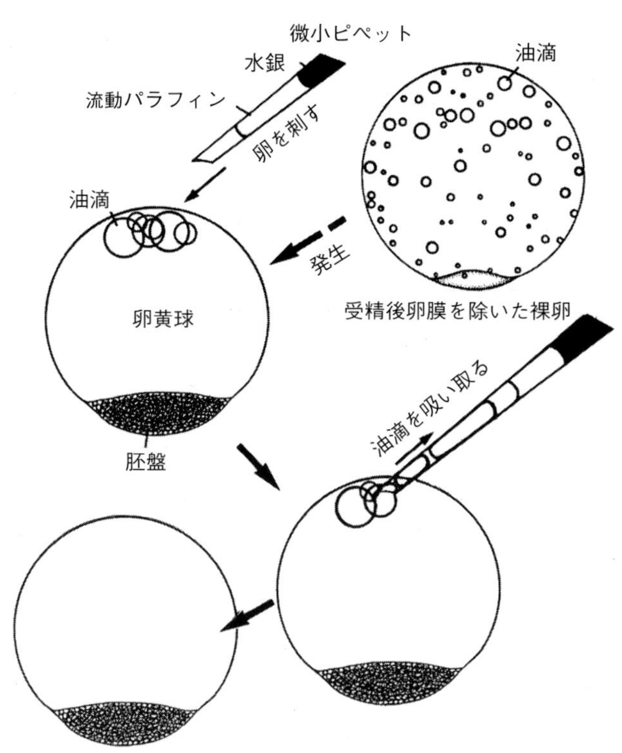

図7・43　卵膜を除いたメダカ胚の油滴の除去方法
(Iwamatsu *et al.*, 2008)

付活させてもその分極化の起こる方向は狂わない。アメリカの研究者らは，このメダカ卵原形質の二極分化がどのように起こるかについて検討している（Abraham *et al.*, 1993; Hart and Fluck, 1995）。

メダカ卵の油滴は，ボラ卵にみられる卵黄球内に遊離散在している油滴（球）と違って，卵表層の細胞質内に存在し，受精して卵付活すると表層胞の分泌・消失で表層細胞質が薄層化して油滴は卵表に突出する。表層に突出した状態の油滴は，一時的に表層細胞質と共に動物極側に動くが，やがて表層細胞質の収縮によって細胞質深層部に押し込まれて卵黄側の向けて突出するようになる（図７・38）。表層細胞質はそれ自体の収縮運動によって動物極側へと流動し，一方細胞層の深部にある油滴はその運動で卵の植物極側に押されるように集まって互いに融合して１つになる。そのため，軽い油滴は卵の植物極を上方にする。

卵は付活すると，このように油滴は植物極側に移動するが，多くの細胞質は動物極側に移動集積して原形質盤を形成する。これが卵原形質の二極分化である。この現象を実験的に確認するために，卵付活直後に微小ピペットで卵表層内に墨を注入し細胞質内での動きを観察した。すると，卵表層の表面に近い細胞質部分の墨は動物極側に流れ，深部細胞質の墨は植物極側に流れるのがみられた（図７・40）。このことから，付活直後の表層部の細胞質は収縮運動によって動物極に向かって流れ，細胞質内にある油滴はその収縮運動によって深部細胞質内に押しやられて，深部細胞質と共に植物極側に流れると考えられる。

収縮運動を示している卵を切片にして油滴に注目して観察すると，油滴は付活後には卵表に突出しており，約20分後には卵黄球側に突出している。さらに時間が経って，30分後になると油滴は表層細胞質から卵黄球側に著しく押し出された状態になっている。これは，時間的にみて，卵表層のゲル化に伴う張力の増加を示す裸卵の形状の変化（図７・14）にも関連しているらしい。

別の観察において，付活に続いて動物極側から植物極へ向けて波状に収縮が起こることが確かめられている（Iwamatsu, 1973a）。これらの観察は，動物極から植物極に向けて表層部の一時的なゲル化に伴う収縮が起こっている可能性を示唆している。それは，前述の炭の微粒子を卵細胞質内に注入する実験で，卵の赤道面の表面に近いゲル化した部分に注入された墨は動物極側に移動し，深部（卵黄球側）に近い部分に注入された墨は植物極側に移動する（図７・40）ことからも考え得る。さらに，未受精卵を遠心して表層胞を細胞質中に深く埋めたり，アセトンで表層胞の崩壊を止めておくと，時間の経過と共に表層細胞質の表層部にある表層胞は動物極側へと移動する。

以上の観察結果から推理すると，卵表層細胞質の収縮性成分は動物極周辺にもともと多く分布しており，付活によってその成分は動物極から植物極へとゲル化（おそらく，微小管重合）と収縮をリズミカルに繰り返し，動物極部域へ移行すると考えられる。そして，おそらくは表層部のゲル化に伴って表面から深部に押しやられた油滴は，動物極から植物極に向けてリズミカルに起こる収縮によって動物半球から締め出され，植物極側に移動する結果になるのであろう。

メダカ卵は受精すると，卵黄球の表面を被う卵表層細胞質内の表層胞が分泌・消失して，一時的に表層の動物極に向けて収縮運動がみられる。その収縮運動が一定方向にねじれて起こることは油滴の動きで認められる（図７・39）。ただ，その収縮の焦点は，精子侵入点でもなく，卵核の位置でもない。

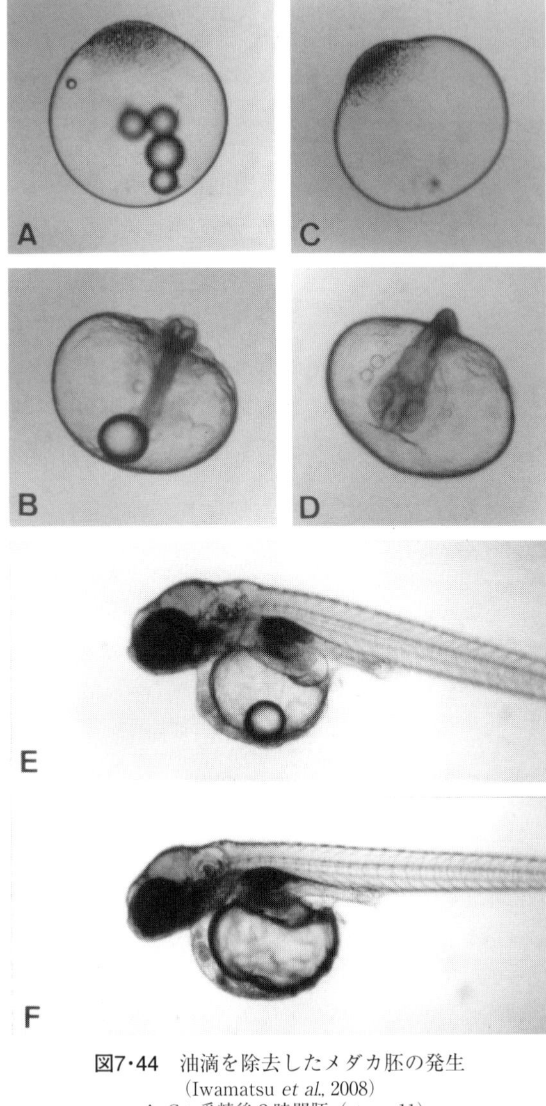

図7・44 油滴を除去したメダカ胚の発生
(Iwamatsu *et al.*, 2008)
A, C：受精後8時間胚（stage 11）
B, D：受精後1日17時間胚（stage 23）
E, F：受精後8日胚（stage 38）
(26℃)（C, D, F：油滴除去）

受精して胚に血流が開始する2日目までは，卵黄球の大きさに変化は認められない。血流の開始と共に卵黄球が小さくなっていく（図7・41）。その間，卵黄成分に変化が起こって粘性が高くなるらしく，卵膜内の胚を回転させて油滴の上部への動きをみると，卵黄が小さくなるにつれてその動きがゆっくりになる。マイクロピペットで卵黄球内に注入した油滴の動きを見ても，胚発生が進むにつれて粘性が高くなり，その動きが遅くなる。一方，油滴の大きさの変化は，卵黄球の大きさの変化開始より開始が遅く，受精後4日目あたりから減少が目立つ。そして，油滴は孵化後卵黄成分と油滴は消耗するが，それらの成分が胚体形成にどのように活用されるのわかっていない。

ちなみに，卵内の油滴は，概して淡水魚にはみられなく，ほとんどの漂泳性 pelagic の海産魚の卵にに共通してみられる。この点から，卵に油滴をもつメダカは海産の浮遊卵を産む魚類に起源をもつと推察される。油滴は一般に海水の表層を浮遊する浮性卵 pelagic egg にみられ，それらの役割が浮力の補助にあるともいわれている。発生が進んで1つに融合した油滴を植物極の細胞質にもつメダカ胚において，油滴が上面に動くと胚体は下面に位置することになる。しかし，メダカ卵では卵黄の比重が大きく，海水に投入されても浮かない。したがって，メダカ卵の油滴には，卵を浮かす役割をもたないようである。

油滴除去卵の発生：

油滴は卵の植物極に向かって移動する過程に互いに融合・合体する。受精して2日目になると，ほとんどの受精卵ではすべての油滴は植物極の表層細胞質内で互いに融合し合って数が少なくなる。卵が血流を開始すると，日を追って1つになった油滴は小さくなる。油滴の化学的成分は不明であるが，薄層クロマトグラフィーで調べると，5種類の成分が認められる(図7・42A,B)。発生している間，油滴の成分にははっきりした変化は認められない（図7・42C：Iwamatsu *et al.*, 2008)。メダカ胚の発生に油滴が必要か否かを確かめるために，受精後あらかじめ卵膜を除いておいた初期胚（stage 11）から油滴をマイクロマニュピレーターに取り付けた微小ピッペトで機械的に吸い取って（図7・43）発生させたところ，その裸の胚は実験対照区の裸胚と同様に正常に発生することが確かめられた（図7・44）。それらの胚は孵化予定日に泳ぎだした。この実験結果はメダカ胚において油滴が胚発生に不可欠ではないことを示唆している（Iwamatsu *et al.*, 2008）が，成魚になるまでは観察していない。なお，卵発生時における油滴の役割の重要性について現時点では不明である。

13. 卵の付活に伴う卵膜の変化

排卵後間もない未受精卵では，卵膜と卵表との間にはほとんど間隙がない。精子や化学的あるいは機械的刺激で卵に表層変化が起こると，その卵には卵膜と卵表との間に囲卵腔と呼ばれる間隙が生じる。未受精卵の卵膜はこの表層変化によって薄く強靱で硬くなる。山本（1936, 1939）によれば，卵膜にはこの変化が起こっても，水ばかりか，塩類，糖類や色素類に対する透

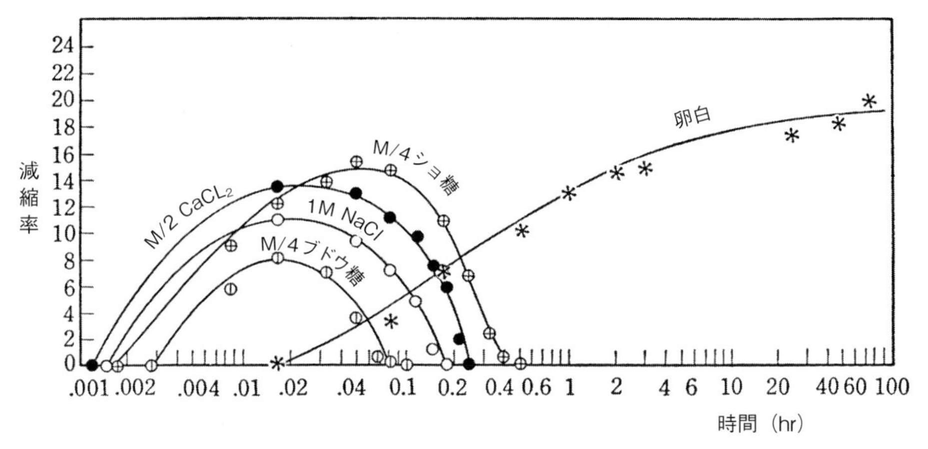

図7・45　種々の晶質溶液及び卵白中におけるメダカ卵（胞胚期）の卵膜の減縮の時間的経過
減縮率は減縮した表面積の全表面に対する百分率で，時間は対数で示す（山本，1939b）.

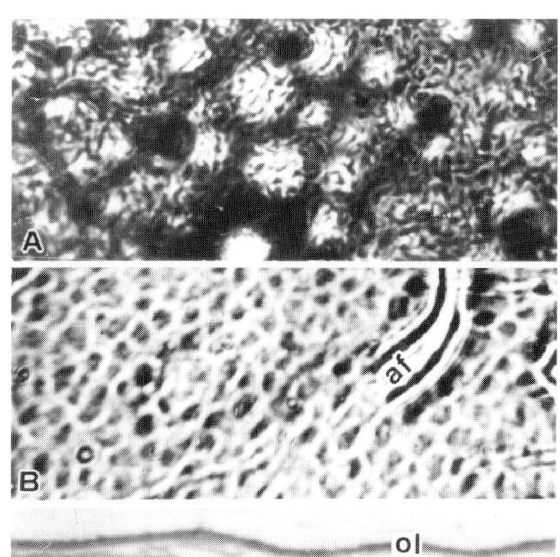

図7・46　メダカの卵膜の構造（Iwamatsu, 1969）
A：未受精卵の卵膜の外観，B：受精卵の卵膜の外観，
C：未受精卵の卵膜の断面．af：付着糸，il：内層 ol：外層．

過性は認められる（図7・45）。しかし，卵白アルブミンや卵表層から分泌されるコロイドなど高分子物質は透過できない。したがって，卵付活時に卵表から分泌された不透過性成分によって浸透圧が高まり，囲卵腔の膨圧（卵膜の張力）が保たれている。アミロイドのような物質に対する卵膜の透過性は，塩類の陽イオン濃度が可逆的に干渉することが知られている（Cameron and Hunter, 1984）。これは，卵膜がM/100緩衝塩類溶液，または水では陰性に荷電している（Ymamoto, 1936c）ことに関係しているかもしれない。未受精卵

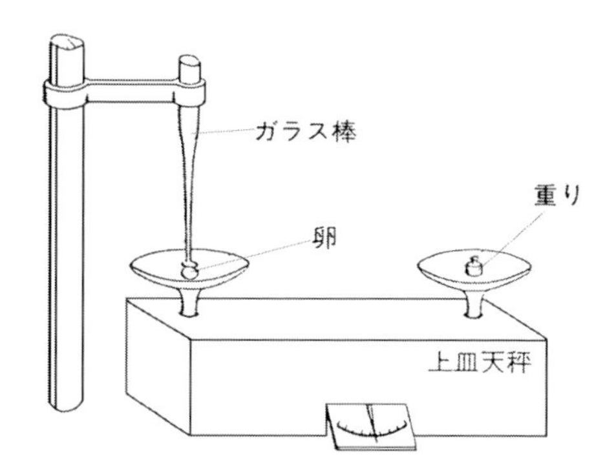

図7・47　受精に伴う卵膜の強靱化の測定装置（Iwamatsu, 1969）
卵を受精後時間を追って上皿天秤の一方の皿に置き，もう一方の皿に重り（小さい鉛玉）を一定速度で入れていき，卵が潰れたところで，重りの重量を測る．

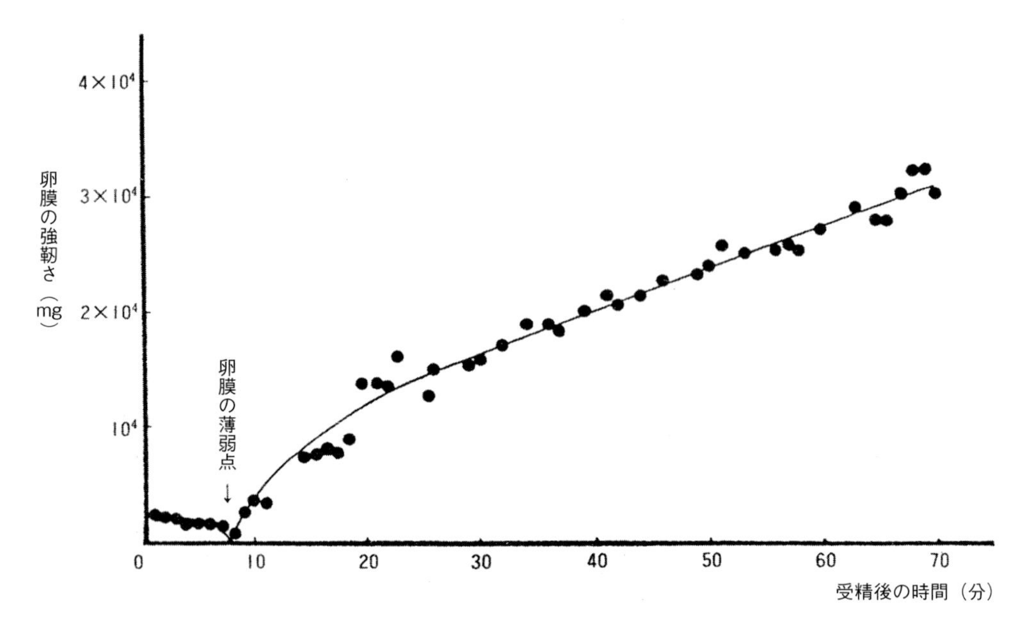

図7･48　受精に伴う卵膜の強靱さの変化（Iwamatsu, 1969）
受精後時間（分）を追って，図7･47の装置で測定した結果である．

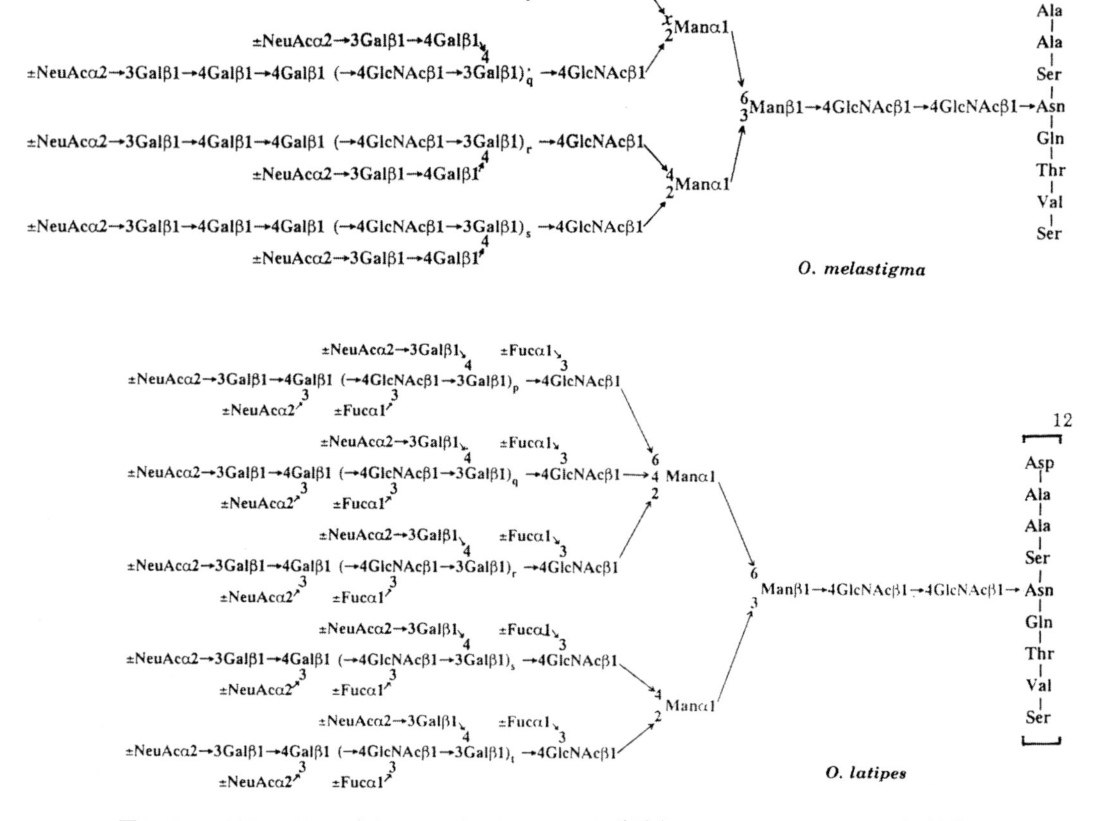

図7･49　メダカのH－ハイオソフォリン hyosophorin分子（Taguchi *et al*., 1993, 1994 より改図）

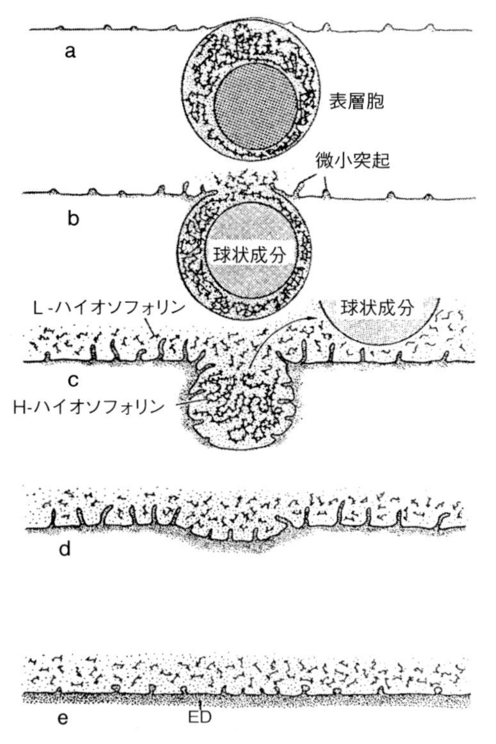

図7･50　表層胞の分泌に伴うその糖タンパク質の低分子化と微小突起の変化（説明，本文参照）．

の卵膜をみると，前述のように，付着糸の伸びている植物極部域を除いた表面（卵膜最外層）に付着毛が生えており，透過光では濾胞細胞の突起を押し込んでいた跡と思われる不規則な皺溝構造が認められる。付活時の表層胞の崩壊と共に，その構造は動物極から植物極へと消失して網目状多角構造に変わる（図7･46）。

卵膜は孵化酵素に溶かされない最外層 outermost layer（ol）とそれに溶かされる数層の内層 inner layer（il：哺乳類の卵膜内層ZP3に似ている）とからなっているが，その内層の厚さも表層胞の崩壊と時を同じくして減少していく。その変化が植物極で完了するころには動物極側の卵膜には新たな多角構造が現れる。この変化は蒸留水に入れても起きるし，短時間以内であれば可逆的で，塩類溶液に浸すと再び皺溝構造が現れる。

卵膜におけるもう1つの変化は硬化 chorion hardening（あるいは強靱化）現象である。未受精卵は卵膜が柔らかくて微小ガラス針でも容易に刺すことができる。しかし，受精してしばらくすると，卵膜はもはや細いガラス針では刺せないほど硬化し，もっと時間が経つと指で揉んでも潰れないほど硬く，かつ強靱になる。これが受精に伴う卵膜反応である。未受精卵の卵膜にグルタチオン，システインなどの還元剤やアルカ

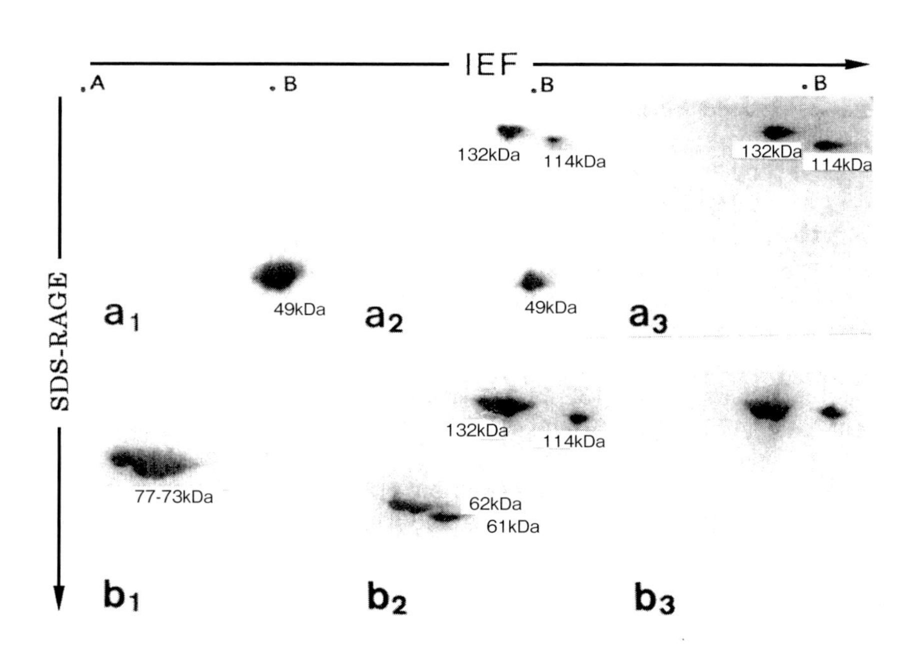

図7･51　卵膜タンパク質の受精に伴う変化

未受精卵の卵膜内層は分子量約49kDaと77-73kDaの糖タンパク質からできている．それぞれに特異的な抗体で二次元電気泳動上のタンパク質をブロッティングして染めると，未受精卵の49kDa（a_1）と77-73kDa（b_1）は受精後30分して，a_2, b_2; に変化し，60分後（a_3, b_3）には132kDa 114kDaの大きいタンパク質に重合し，やがて重合して水に溶けない複合タンパク質になる．タンパク質の等電点（IEF）の位置はA点（6.4）とB点（4.9）で示してある（Iwamatsu *et al.*, 1995）．

リ（pH10<）溶液を作用させると，膨潤して電子顕微鏡でみられるような7～8層が光学顕微鏡でも観察されるが，受精後硬化がいったん起こると，この膨潤はもはや起きなくなる。

卵膜の強靱さを上皿天秤を利用した装置（図7・47）で測ると，卵膜の厚さが初めて薄くなったところで最も減少する（卵膜の薄弱点，図7・48, Iwamatsu, 1969）ことがわかる。

その後，卵膜の強靱化は指数関数的に進む。卵膜におけるこのような変化が何によってひき起こされるかについて，中埜（1956）は未受精卵の卵膜にアラビアゴムやトラガントゴムのような多糖類やアルブミン，あるいはゼラチンを働かせて，その内膜の収縮と硬化をひき起こすことができるという実験結果を得た。そして，このことから，受精に伴って卵膜に硬化が起こるのは表層胞から囲卵腔に放出されるコロイド成分中の多糖類（Aketa, 1954a, b; T.S. Yamamoto, 1955）であろうと考えた。これを裏づけるように間もなくして，大塚（1958）は囲卵腔液に表層胞成分にみられる数種の単糖を構造成分とする多糖類を検出している。

また，未受精卵（表層胞）内に分子量7,000～10,000Daのシアロ糖ペプチドAsp-Ala-Ala-Ser-Asn*-Gln-Thr-Val-Ser（*アスパラギンにFuc・Man・Gal・GlcNAc・NeuAc・GlcNAの側鎖をもつ；図7・49）が反復した分子量5,000～100,000の高分岐型のシアロ糖タンパク質が存在することが確かめられており，それが表層胞の崩壊時に糖タンパク質分解酵素（Seko *et al*, 1991）によって低分子化するようである（図7・50; Kitajima *et al*., 1989）。田口ら（1997）は，メダカ卵巣の粗抽出液中にpH 7.0, 25mM Mn^{2+}で最大活性を示すGnTVI（UDP-GlcNAc:GlcNAcβ1→（GlcNAcβ→2）Manα1-R［GlcNAc-Man］β1→4*N*-acetylglucosaminyl transferase）の存在を報告している。彼らによれば，6種類のGlcNAc-トランスフェラーゼ（GnT 1-VI）が複合N-グリカンのコアにGlcNAc残基を分岐させるのに関与しているという。表層胞（CA）の膜が原形質膜と融合して大きく開口し，その成分（球状成分SBとコロイド成分）が囲卵腔に分泌される。微小突起（MV）が一時伸長するとともに高電子密度の新しい層が原形質膜の内側に生じる(図7・50；c-e)。表層胞成分の球状成分は分泌時に急に膨潤し，コロイド成分中の高分子の糖タンパク質ハイオソフォリン（H－ハイオソフォリン）が低分子量のもの（L－ハイオソフォリン）へと分解される。表層内のコロイド成分である高分子ハイオソフォリン（表層胞hyosophorin）はポリシアグリコプロテイナーゼpolysiaglycoproteinaseとペプチド：N－グルコシダーゼpeptide:N-glucosidase（ペプチド：N－グリカナーゼPNGase, 瀬古 玲博士論文, 1992）によって分解され，L－ハイオソフォリン（Asp-Ala-Ala-Ser-Asn (CHO)-Gln-Thr-Val-Ser）に低分子化する。この分子はメダカ胚の発生過程中に囲卵腔内に存続する。しかし，これらの糖，あるいは糖タンパク質が卵膜変化をひき起こしていることは確かめられていない。

一方，大塚（1960）は卵膜硬化に及ぼす重金属塩や酸化剤・還元剤の影響を調べている。未受精卵を酸化剤（過マンガン酸，重クロム酸，過ヨード酸，ヨード，フェリシアン化物）に浸すと卵膜は硬化し，還元剤（硫酸塩，亜硫酸塩，シアン化物，フェロシアン化物）で硬化が抑制される。しかも，この硬化は，$HgCl_2$, PCMB，クロロアセトフェノン，ヨード酢酸によっても抑制されるし，SH基を含むチオグリコール酸で阻害され，不飽和脂肪酸（オレイン酸など；Ohtsuka, 1957）でひき起こされることなどから，卵膜の硬化は卵膜内のSH基の酸化（S–S結合）反応に関係しており，この反応を受精時に卵から遊離してくる不飽和脂肪酸がひき起こすためであろうと考えている。この硬化に及ぼす温度とpHの影響をみると，硬化は酸性側で最も促進され，40℃以上になると抑制される（Iwamatsu, 1969）。最近，酸性条件で，付活と共に卵膜タンパク質の重合が観察されている（Iuchi *et al*., 1991）。これらのデータは，卵膜の硬化が酵素の関与によることを裏付けるものである。現在，卵膜の硬化には糖タンパク質が直接働くのではなく，受精によって卵表から分泌される酵素（アルベオリン alveolin：Shibata *et al*., 2000）と卵膜に内在する酵素トランスグルタミナーゼ（至適pH 5～6: Iuchi *et al*., 1991）による後期の重合反応の二段構えで進行し，卵膜の糖タンパク質分子が再構成（分解・重合）されて，卵膜硬化が引き起こされることがわかっている（Masuda *et al*., 1991; Iwamatsu *et al*., 1995）（図7・51）。こうした卵膜タンパク質の分解・重合による再構成が起こる過程は，受精による表層崩壊で約10分後に認められる卵膜の薄弱点（図7・48）をもたらすと推察される。

また，分泌される表層胞成分による卵膜の糖タンパク質（ZI1-2, 49kDa と ZI3, 77-73kDa）の変化（図7・51）によって，卵膜硬化に先立って卵膜の収縮（薄層化）に伴う卵門閉鎖と卵膜表面の精子誘導（ガイダンス）卵膜物質も活性を失って，精子を卵膜表面に引き付けなくなる。それらの表層変化と卵膜変化を併せて

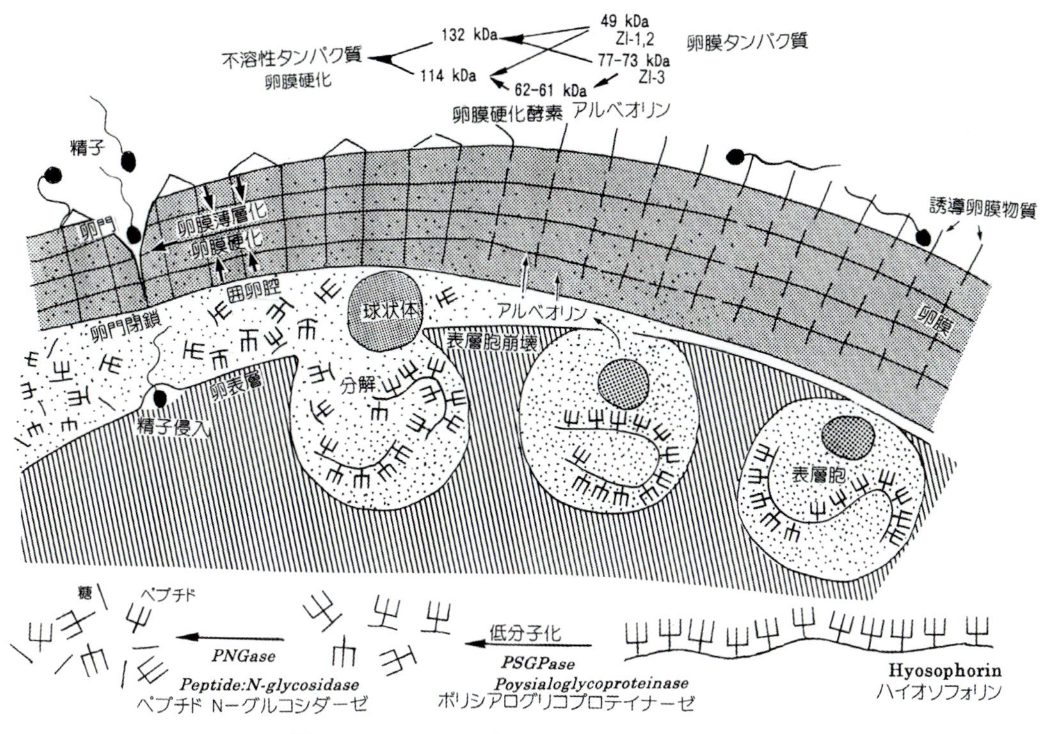

図7･52　メダカ卵の受精時にみられる分子的変化
（岩松，2004）

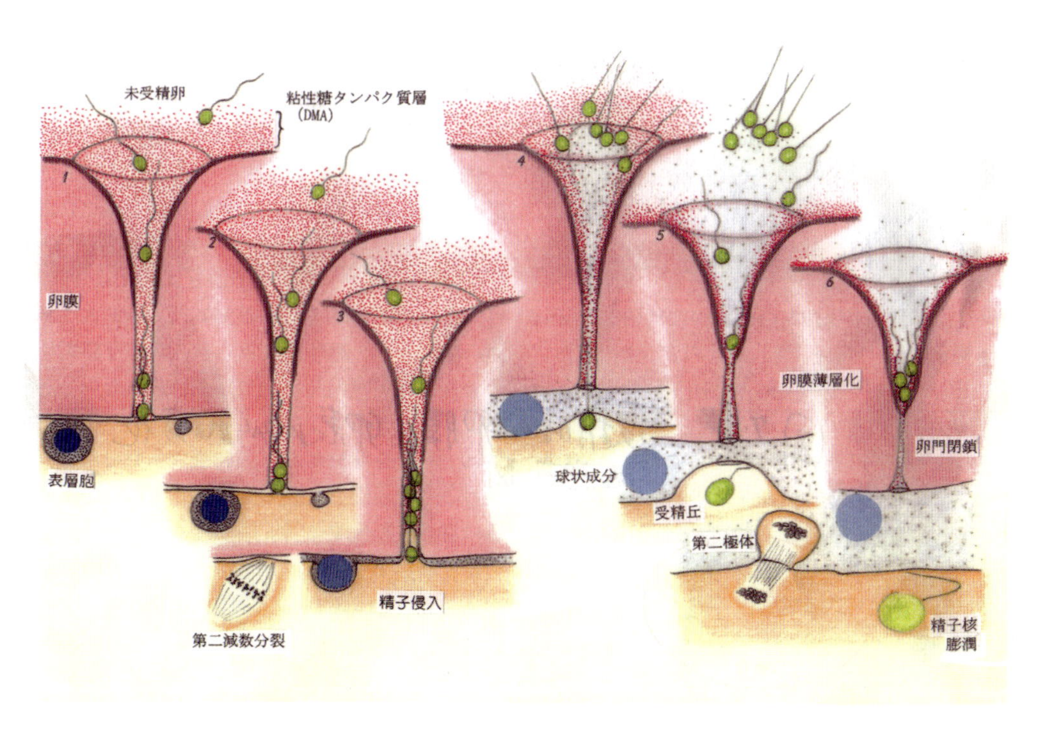

図7･53　受精時の卵膜と卵表にみられる変化の模式図

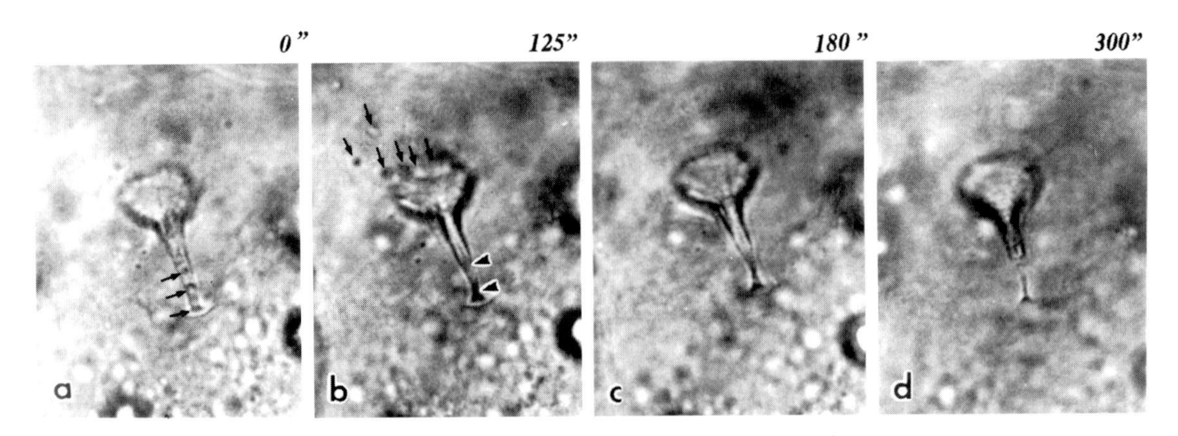

図7・54　精子侵入と卵門の変化（Iwamatsu *et al.*, 1993）
卵門に入った精子(a，矢印)のうち，余分の精子は卵表層の変化と共に卵門から追い出され(b，矢印)卵膜内層だけからできている卵門の内側から1/3部分(矢尻の間)が卵膜の縮みに伴って，精子侵入３～５分間後に内膜の融合で完全に塞がる(c-d)．

表したのが図７・52である。ちなみに，未受精卵の卵膜内層の糖タンパク質（ZI1-2, ZI3）に対する抗体を用いて未受精卵を染色すると，卵膜外表にもその粘性糖タンパク質層 diluted mucous area（DMA：図７・53）が認められる（Iwamatsu *et al.*, 1997）。卵膜をトリプシンで処理すると，精子に対する親和性の高いその層が消失して卵門内への精子進入が著しく減少する。その層はゆっくりであるが，受精して30～60分後消失して精子の卵門への進入を減少させる。

14.　卵の多精拒否

メダカにおいても，他の硬骨魚におけると同様に，精子が先体（酵素）をもたないし，卵は厚くてしっかりした構造の卵膜をもっている。その卵膜には１個の卵門という小孔があって，振幅の小さい回転運動をする鞭毛をもつ精子はそこを通って卵表に直に接することが可能である（図７・7）。前述のように，卵門は，その外口側の卵門細胞本体のあった広い卵門前庭部分（直径約21μm，深さ約14μm）と，内（卵表）側に向かって伸びている卵門管部分（長さ約38μm，外側管径約３μm）とからなっており，ロート状をなしている。卵門に入った精子はその狭管に一列に並ぶことになり（図７・15b，図７・53-3，図７・54a），卵表には当然最初に入った精子しか接着できない。ただし，例外として過熟卵のように表層胞の部分的崩壊などの原因で，卵が囲卵腔を多少生じている場合，卵門内側の口が囲卵腔に通じているため，囲卵腔（卵表）に侵入した数個の精子が観察される。正常な未受精卵では，第１精子の刺激で囲卵腔に放出された表層胞のコロイド成分が吸水して囲卵腔内圧が高まるに伴って，卵門の狭管部に入った２番目以降の精子は，その卵門管からの囲卵腔液の吹き出しによって，第１精子の刺激後約１分までに卵門外に追い出される（図７・53-4）。次いで，卵門が卵膜内層（図７・7の卵膜の内側から約1/3のa部分及び図７・54参照）の収縮・融合によって，精子刺激後５分以内に閉じてしまう。

上記のように，メダカ卵は受精時に通常１個の精子としか接着融合できない単精受精卵 monospermic egg である。しかし，多数精子の侵入拒否を卵門に依存しているメダカ卵には，卵表自身に精子を急速に受け入れないような反応（多精拒否反応 polyspermy block）はみられない（Aketa, 1966）。しばしば，卵門を２つもつ卵をみかける（図６・55）が，それらの卵（14個）を媒精して発生させると，すべてが付活したが，卵割を開始しなかったものが約７％，異常発生あるいは途中で発生停止したものが29％もみられた（岩松，1975）。これをみてもわかるように，２匹の精子が侵入したと思われるものが36％近くもある。メダカにおいては，他の動物卵でみられるような膜電位の変化による速い多精拒否反応は卵表に起きないことが実験的に調べられている（Nuccitelli, 1980b）。これらの結果は，卵膜を除去すれば，卵表は多数の精子を受け入れることを示唆している。事実多数の精子が動物半球側に偏って侵入する（図７・55, Iwamatsu *et al.*, 1992）。

孵化酵素 hatching enzyme（石田，1944a, b, 1948b），あるいはそれ以外の市販のタンパク質分解酵素（Sakai, 1961a; Smithberg, 1966）の助けで卵膜を溶かすか，または図３・9のようにハサミとピンセットで卵膜を直接除去した裸未受精卵（Iwamatsu, 1983）を２～３×10^4精子/mm^{3}で媒精すると，多くの精子の

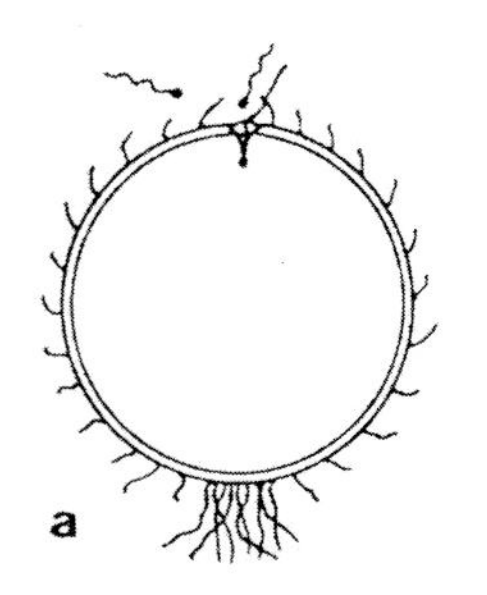

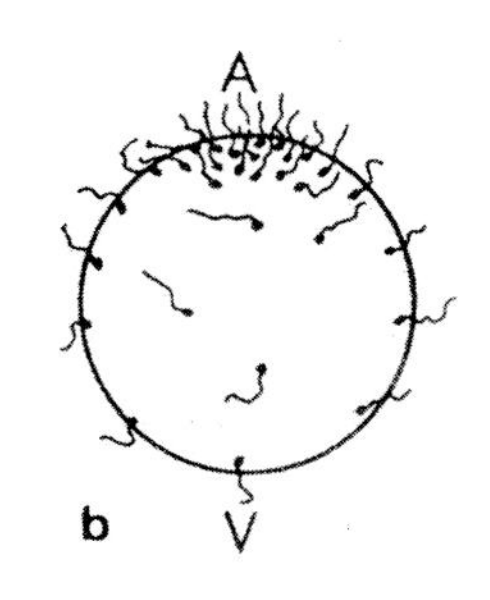

図7・55　裸卵への精子侵入
正常卵(a)には通常１個の精子が，一方裸卵(b)には精子濃度に応じて精子が動物半球に多く侵入する．
A：動物極，V：植物極

侵入を招いて発生が異常になる。しかし，媒精する精子懸濁液を著しく稀釈すると，裸卵は単精受精 monospermy で正常に発生できるものも生じる。裸卵において，精子侵入（精子結合リセプター）部位を調べると，動物半球に侵入する精子が多い。

酒井（1961a）は，裸卵をあらかじめ媒精か，あるいはガラス針によって付活させておいて，時間を追って新たに媒精する方法で，付活後何分間で第２精子の侵入（再受精）を許すかを調べた。それによれば，媒精後20分までは少なくとも精子の侵入を許すが，60分間以上経つと精子は卵内にほとんど入れないという。

一方，純系のヒメダカ卵において，ガラス針で付活させた後，時間を追って囲卵腔に卵門から微小ピペットで多数の野生メダカの精子（500～1,000個）を入れて卵割率を調べた。その結果，２時間後の付活卵の囲卵腔内に精子を注入した場合，かなりの卵で卵割がみられ，野生型胚に発生するのが認められた。一方，ガラス針を棘して付活させただけの卵では卵割を開始するものはほとんどない。このことから，少なくとも２時間後にも付活卵の卵表には精子受容部があり，精子が侵入できることを意味している。この結果は，裸卵における結果とは多少異なるが，メダカ卵での卵表の多精拒否反応が著しく遅れるのか，不完全であることを示している。

15. 卵の付活に伴う代謝の変動

受精に伴う卵の物質代謝の変化を中埜（1969）に基づいて記述する。

まず，酸素消費 oxygen consumption についてみると，それは受精直後には急激な増加を示さないが，卵成分の動・植物極への二極分化が起きた後に徐々に増加してくる（図７・56）。

発生の開始時には呼吸商R.Q.は0.75で低いが，発生が進むと共に増加し，24時間後の胚体形成が起き始めるころ最大（0.92）に達する。酸素消費量の変化は卵をすりつぶして調べても同じ結果を示す。しかし，一般に呼吸基質を加えると酸素消費が刺激されるのであるが，この発生に伴う変化はその基質添加に影響されない。これらのことから，発生が進むと共に呼吸酵素 respiratory enzyme の合成が進み，また基質も増加すると考えられている。卵内のコエンザイムとの関係についても調べられているが（Hishida and Nakano,

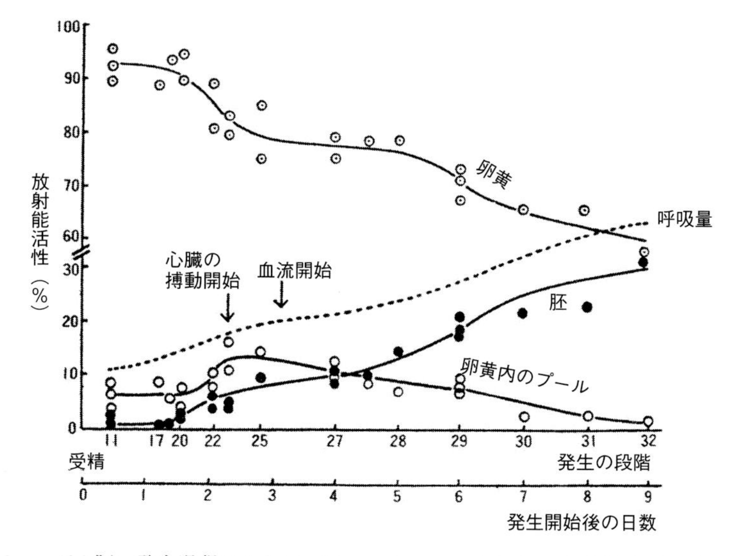

図7・56　メダカ胚の発生過程にみられる^{35}S－メチオニンの卵および胚体内における分布の変化
（Monroy *et al.*, 1961）

1954)，DPN（ジフォスフォピリジンヌクレオチド）は全発生過程を通じて，その濃度が20 μg/100個とほぼ一定である。したがって，DPNは呼吸上昇には強い影響を与えないらしいと考えられている。フラビンヌクレオチドについては，その量が受精後に増加することが知られている。これまでのところ，呼吸量は受精後発生と共に徐々に増加するが，その原因は呼吸酵素やある助酵素の増加と基質の増加にあるといわれている。

卵内のグリコーゲン量について受精後24時間を追って調べてみると，それは急激にではなく，少しずつ減少する（Hishida and Nakano, 1954；安藤，1957）。グリコーゲンの分解と一致して，*p*-クロロマーキュリベンゾエートやヨードアセトアマイドによって阻害される無気的な解糖 glycolysis が徐々に活発になる。菱田と中埜（1954）によれば，フォスフォサイアミンは未受精卵にはないが，受精後サイアミンが減少する傍らフォスフォサイアミンが著しく増加する。このように，発生初期のメダカ卵ではフォスフォサイアミンが合成されることと，グリコーゲン分解の増加とが一致していることは注目に値する。糖代謝，特にペントースリン酸回路 pentose phosphate cycle におけるグルコース-6-リン酸脱水素酵素の活性は，未受精卵において非常に低く，受精によっても上がることはない（Nakano and Whitely, 1965）。

リン酸代謝をみても，酸可溶性や核酸由来のリン酸量が増加を示すように，発生開始と共に活発になる（Ohi and Nakano, 1954）。また，大井（1959）によれば，酸性フォスファターゼは受精後24時間後の間に著しく増加する。要するに，受精によってR. Q. 値の上昇，グリコーゲン量の減少や解糖の活性化が起こることからわかるように，受精の刺激が炭水化物の酸化を刺激したり，リン酸代謝の活性を徐々に上昇させるらしい。しかし，これらの代謝変化が受精卵の形態変化とどう結びついているのか，あるいはカルシウムの増加を伴う細胞質の付活とは生化学的には何を指しているのか今のところほとんどわからない。

メダカにおいて，発生時における乳酸脱水素酵素 lactate dehydrogenase（LDH）の変化については数人の研究者が研究している（Nakano and Whiteley, 1965; Philipp and Whitt, 1977; Ohyama *et al.*, 1986; Sasaki *et al.*, 1989）。乳酸酸化反応とピルビン酸還元にかかわるLDHは性質の異なる５つのアイソザイム isozymes（４つのサブユニットA, Bからなる）をもち，細胞分化の制御機構を解明するのに重視される多型酵素である。佐々木ら（Sasaki *et al.*, 1989）は，サブユニットA（36.0 kDa）とサブユニットB（36.5 kDa）とからなる筋$LDHA_4$と$LDHB_4$のアイソザイムを調べて，ピルビン酸還元には約pH 6.5，乳酸酸化にはpH 10.0が最適であることを報じている。ピルビン酸還元及び乳酸酸化において，LDH-B_4のKm常数はLDH-A_4より小さいし，熱安定性がある。

II. 孵　化

受精過程に強靱かつ硬化した卵膜によって外環境から保護されて自ら泳げるまでに発生をなし遂げた胚は，その卵膜を破って外液に脱出する。このことを孵化 hatching という。孵化時には，卵膜が１つは酵素で化学的に溶かされ，もう１つは胚自身の力で機械的に破られる。孵化酵素によって卵膜の内層は溶解されるが，最外層（おそらくは濾胞細胞由来）は溶かされず，胚の運動によって機械的に破裂される。よくみると，孵化した後の抜け殻は薄い卵膜の最外層で，その表面には孵化酵素で溶かされない付着毛と付着糸が付いている。卵膜の破裂するほとんどが赤道部分（約81.3%，このうち動物極寄りが2.2%，植物極寄りが3.1%）で，残りの13.8%が動物極側，4.9%が植物極側である。卵膜の部分によって最外層の破裂しやすさに違いがあるようである。この孵化の開始に至るまでには，卵膜を溶かす酵素を分泌する細胞（孵化酵素腺細胞）の分化と成熟，孵化酵素の分泌の過程がある。孵化に関しては，優れた総説が山上（1988）によって著されている。

1．孵化酵素腺細胞の分化・成熟

孵化の間近な胚の咽頭内壁には，卵膜を溶かす酵素（孵化酵素）を分泌する細胞群があり，これを孵化酵素腺 hatching enzyme gland と呼んでいる（石田，1944a）。孵化酵素腺は，嚢胚形成開始時に内巻きになる胚盤葉下層 hypoblast の前端部 polster（stage 18; Iwamatsu, 1994）から分化する（Inohaya *et al.*, 1999）。それは心拍開始前（体節10～12まで）の胚の脳腹面にあって，粗面小胞体の豊富な，しかも仁が大きく電子密度の高い核をもつ細胞の集まりとして，内胚葉性細胞 endodermal cell から分化してくる（山本$_{雅}$，1962）。眼球に色素沈着がみられ始め，体節が15になるまでの胚には，その分化した細胞の細胞質に孵化酵素顆粒が現れる（Yamamoto, 1963a）。メダカの孵化酵素腺の発生については石田（1943c, 1944a）によって詳しく報告されている（図７･57）。

それによれば，その発生の概略は次の通りである。眼球にメラニンの沈着のまだみられない受精後２～３日目（25℃）の胚体において，腹部の内胚葉性の細胞の中に体腔に面して，細胞質がエオシンで染まる細胞がみられるようになる。これらの細胞は，眼球表面にメラニンの沈着開始時の受精後３～４日目の胚において，脳の下方の鰓形成予定域にエオシン染色顆粒（銀白色に光る多くの小粒）をもつ巨大な細胞（直径14μm以下）として認められる。それらは，胚体に前腸が形成され，その形成が前方に進行するにつれ，粒状構造をもつものも前方に移行する。しかし，口が完成する頃までは酵素活性は認められない。受精後４～５日目になると，内胚葉性細胞の中に巨大な細胞が群をつくる。そして，受精後６日目になると，口腔 buccal cavity と咽頭腔 pharyngeal cavity が形成され，その内部全壁がその細胞で被われるようになる(図７･58)。

眼球の色素沈着期以後の受精後10日目の胚には，孵化酵素腺細胞は大きさを増し，顆粒も充実してくることを山本ら（1979）も観察している。孵化直前（受精後10日目）には，腺細胞 glandular cell の核は消失して，全細胞から細胞成分が分泌される。

孵化酵素腺細胞を電子顕微鏡レベルでみると，ゴルジ体の周りに未分化型の顆粒と考えられる他の顆粒よりも電子高密度 electron dense の低いものがあり，孵化前日までみられる。孵化期に近い胚には，電子密度の均一な顆粒（Type 1）と不均一な顆粒（Type 2）とがある。この不均一な成分をもつ顆粒において，電子密度の高い部分は，しばしば顆粒の周辺部にあって三日月型をしている。さらに電子密度が細胞質と同様に低い粒状成分をもつ顆粒（Type 3）がみられる。この顆粒は粒状成分の周りに電子密度の高い殻をもっている。このType 3の顆粒をもつ細胞は発生後期の胚にみられ，細胞膜に小さい穴を生じ，その顆粒の分泌を示す（図７･59）。

孵化酵素腺細胞は，１層の上皮細胞によって被われ，３個の上皮細胞が各腺細胞の中央先端で互いに接している。腺細胞にはよく発達したゴルジ体，たくさんのチモーゲン顆粒（図７･59の中のZ：直径約１～３μm）と小空胞状の粗面小胞体がみられる。上面部分でのチモーゲン顆粒は大きく，ゴルジ体の近くには電子密度の比較的低い未熟なものもみられる。腺細胞は成熟とともに核内に仁がはっきりしなくなり，チモーゲン顆粒が電子密度の低下を示す。十分成熟したこれらの腺細胞では小胞体のシスターネ cisterna がバラバラになり，ゴルジ体が目立たなくなる。自然の酵素分泌過程では上面が膨らんで丸味を帯び，上皮細胞が腺細胞の中央上面の接合部分がほころびるように互いに離れる。こうして腺細胞の上端中央部が口腔に露出して破壊されると，電子密度の低いチモーゲン物質（不活性型のプロ酵素）が分泌される（Yamamoto *et al.*, 1979）。孵化酵素腺細胞の無傷の分離は，吉崎ら（1980）によって報告されている。

胚は，これらの腺細胞からの酵素の外分泌に先立って呼吸（鰓蓋）運動を開始する。このことは，呼吸運動が腺細胞からの酵素分泌に関係している可能性を示唆しており，それを支持するいくつかの観察がある。例えば，0.03％クロレトンや0.25M KClで鰓蓋運動 opercular movement を止めると，孵化しない（石田，1943c）。また，孵化に近い胚を小さいビーカーに沢山入れたまま放置しておくと，それらの大部分が１～２

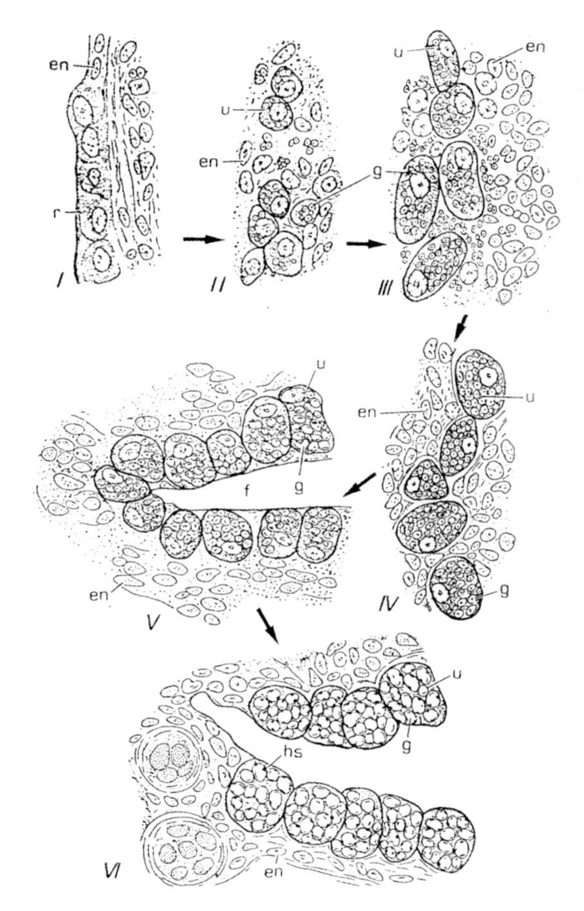

図7･57　孵化酵素腺の分化と発達（石田，1944aより改図）
en：上皮細胞の核，f：前消化管，g：顆粒，hs：ヘマトキシリン好染物質，m：口腔，r：原腺細胞，u：孵化酵素腺細胞．

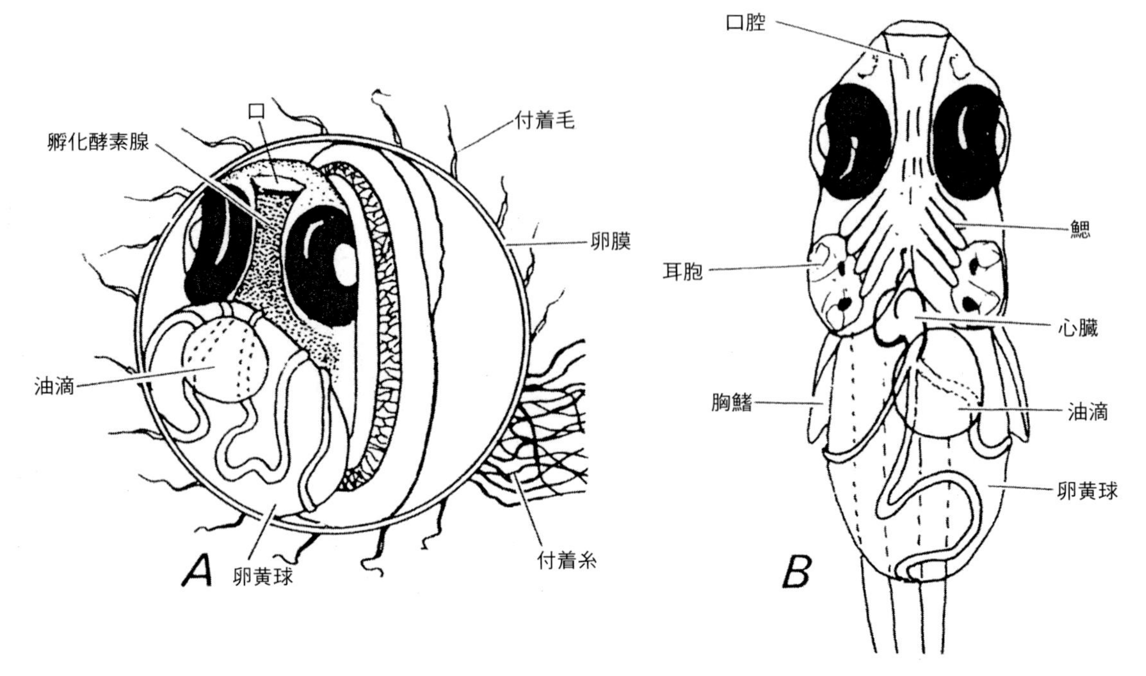

図7・58　孵化前後のメダカの口部と孵化酵素腺（石田, 1944aより改図）

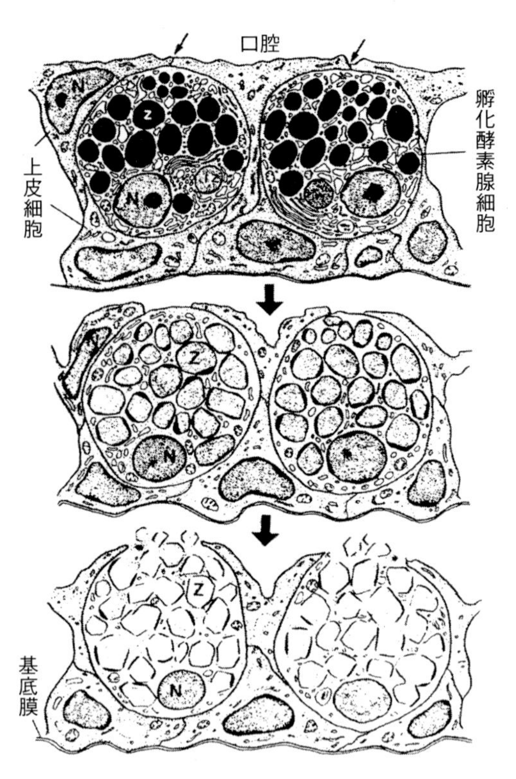

図7・59　メダカの孵化酵素腺細胞の酵素分泌時にみられる微細構造の変化
（Yamamoto *et al.*, 1979より改図）

時間で孵化する（Yamagami, 1970）し，0.001M KCNで呼吸を阻害すると，鰓蓋運動が活発になり，孵化が促進される（Ishida, 1944c; 井内ら，1978）。この呼吸と孵化の関係は，石田（1945）によって取り上げられており，次のような関係が示されている。

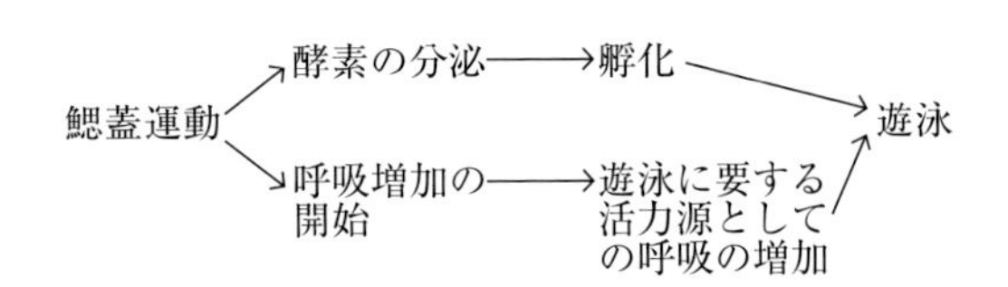

メダカ卵において，呼吸量は発生と共に徐々に増加するが，特に血液循環の開始と共に増加が目立ち，さらに孵化の1時間程前になると急増する。この孵化直前の呼吸の増加は鰓蓋運動の開始によるという。呼吸と関係のあるこれらの孵化現象は直接神経支配を受けているのではないらしい（Iuchi and Yamagami, 1976a）。

一方，ガラス毛細管で孵化の間近い胚の口腔内に水流を起こしても腺細胞から酵素が分泌されるという実験（石田，1943c）がある。これは，自然の孵化時に活発化する呼吸（鰓蓋）運動による口腔内の液の交換，もしくは水流刺激でもって腺細胞から酵素の全分泌腺 holocrine gland 的な分泌（開口外分泌 exocytosis）がひき起こされることを推理させる。

２．孵化酵素顆粒の分泌

呼吸運動との関係：　孵化直前に鰓蓋運動が起こり，孵化酵素腺の崩壊が起こる。0.25M KClで，この鰓蓋運動が抑制されると，孵化酵素腺の崩壊は起こらない。胚全体の動きを起こさせないが，鰓蓋運動を起こさせるベロナール・ソーダ（0.1～0.2%）で処理しても，孵化酵素腺の崩壊が起こる。さらに胚の咽頭内に水流を起こさせても，同様なことがみられる。孵化酵素腺の崩壊が鰓蓋運動によって起こる水流と関係があるようであるが，確かなことはわからない。孵化直前に多数の胚を小さいビーカーに積み重ねて入れると，孵化が著しく促されるということは，当然O_2欠乏と孵化酵素腺の崩壊との関係を示唆している。

温度との関係：　水温の上昇は，胚の酸素消費量の増加をひき起こすし，運動も活発になり，孵化酵素腺の崩壊を促進する。しかも，それは分泌された孵化酵素の活性を高めることにもなり，卵膜の溶解を促して孵化が早まる結果を招く。

光との関係：　胚を12時間の明期と12時間の暗期の光周期（12/12D）下で発生させた場合，明期で起こる孵化の頻度が暗期で起こるその頻度より高いことを示した研究（Schoots *et al.*, 1983b）の結果は，孵化が決して胚の発生速度に関係するのではなく（Yamagami and Hamazaki, 1985），光に関係しているらしいことを示唆している。光を与えないで発生させると，このリズムで孵化がみられる。このことから，おそらく眼（あるいは松果腺）に入った光の刺激が中枢神経系を通して孵化酵素の分泌を制御していると考えられている。

上記のように，(1) 孵化酵素腺細胞に水流のような因子が直接作用して孵化酵素の分泌をひき起こす可能性と，(2) 光のような刺激が中枢神経系を通して，孵化酵素を分泌させる可能性がある。このことについて，井内ら（1985）は刺激剤として電気刺激（AC）や青酸カリを，阻害剤としてテトロドトキシンとMS-222（3.8×10^{-4}M）とを選び，これらの阻害剤が中枢神経を経て作用するものと考えて，孵化酵素の分泌を調べた。その結果，電気刺激は，これらの神経系を介して作用する阻害剤で処理しておいた胚では孵化酵素の分泌をひき起こすが，一方KCNの処理にはその効果がないことをみている。KCNは，低濃度では低酸素状態 hypoxia を起こし，胚の呼吸活動を促進する。これは間接的に神経系を経て作用しているらしい。すなわち，呼吸活動を刺激するものはおそらく鰓蓋運動のような間接的な作用によって孵化酵素腺細胞を崩壊して孵化酵素の分泌をひき起こしている。

電気刺激による誘起：　受精後30℃で振とう培養すると，６日目に孵化する。受精後５日目のメダカ胚でも，電気刺激（AC100V，５秒間）した場合，孵化酵素を分泌して，早期の孵化がみられる（Yamamoto *et al.*, 1979）。すなわち，胚は孵化期に入る直前には電気刺激によって孵化する能力をすでにもっていることを示している。このときの孵化酵素腺細胞のほとんどのものは刺激から５分で分泌を示す。孵化酵素腺細胞は互いに接し合っており，咽頭腔の内壁の六角形の上皮細胞に被われている。隣接する３つの上皮細胞の接点の中央が孵化酵素腺細胞の開口面になっている。電気刺激の場合，30秒以内にそれらの上皮細胞の接合がゆるむことによって，孵化酵素腺細胞はその分泌面の表面が露出し，膨潤して分泌につながる。電気刺激による孵化酵素腺細胞の変化には２つの型がみられる。１つは両型に共通したもので，もう１つはそれぞれ特有なものである。その共通した変化は腺細胞の膨潤，上皮細胞間の接合部の分離，及び分泌に先立つ分泌物の電子密度の減少である。また，正常な分泌では分泌顆粒の合体はみられないのに対して，電気刺激による分泌では，高電子密度をもつ分泌顆粒の多くが潰れて大きな分泌物の塊をなし，その電子密度も減少する。

３．孵化酵素の活性

孵化は，前述のように，その前段階では孵化酵素による卵膜の溶解がみられる。卵膜溶解 choriolysis は孵化酵素のタンパク質分解 proteolysis（peptidolysis）活性によるともいえる。したがって，その活性を調べるのに孵化酵素の基質としてカゼイン，あるいはその派生物質（Yamagami, 1972a-c, 1973）や数種の合成ペプチド（Yamagami, 1973; Yamagami *et al.*, 1985）が使われている。しかし，孵化酵素の特異活性を調べるためには，他の魚における研究のように，^{14}C-ラベル卵膜を用いるのがよい。

孵化酵素腺細胞から酵素顆粒を分離するためには，受精後３～５日目の胚を0.3M蔗糖液でホモジェナイズして，1000 gで10分間遠沈すると，高い酵素活性のある沈殿分画が得られる（Iuchi and Yamagami, 1980）。孵化酵素腺細胞の抽出成分の卵膜分解活性は，至適温度35℃で（石田，1944a, b; Yamagami, 1970），寒天ゲル電気泳動では分離する２つの成分として認められる（小川・大井，1968; Ohi and Ogawa, 1970a）。その後，山上（1972c, 1973, 1975）によっても，２つの酵素Ⅰ，Ⅱがあることが報告されている。これらのものは，電気泳動的に異なるもので，一つは高い活性をもつもの（PⅡ）で，もう一つは低い活性をもつもの（PⅠ）である。この酵素の至適pHは7.8～8.0で，高濃度のNa^+，K^+，Ca^{2+}及びMg^{2+}で阻害され，これらの低濃度によってやや活性化される。この低分子量をもつ酵素は，純化・精製の段階で高分子量をもつ酵素から生じるものらしい（Yamagami, 1975）。この両酵素は阻害剤に対する感受性から基本的には同一酵素であると考えられている。さらに，CM-セルロースカラムで0.3M NaClで溶出されるPⅡ酵素の分画をPⅡ－0.3と呼んだ。この分画（分子量約8,000, Yamagami, 1972a）はSDS-PAGEで単一成分ではない（Iuchi *et al.*, 1982）。一方，0.3M蔗糖で分離された顆粒の可溶成分には高い卵膜溶解活性が認められた（Iuchi *et al.*, 1982）。これはSDS-PAGEでは単一のバンドを示し，分子量21,000であった。また，最近PⅠとPⅡの両酵素にはそれぞれ2型のプロテアーゼがあることがわかった。1つは卵膜溶解の高活性をもつプロテアーゼ（high choriolytic enzyme, HCE），そしてもう1つはその低活性をもつプロテアーゼ low choriolytic enzyme（LCE）である（Yasumasu *et al.*, 1988）。

4．孵化酵素によって溶解した卵膜成分

硬化した卵膜は，スミスベルグ（1966）によれば，プロナーゼで溶けるが，トリプシン，キモトリプシン，ペプシンとかパパインによって溶解しにくい。卵膜は主として12種類のアミノ酸からなり，孵化酵素やペプシンではその最外層に対して同心円的に配列する内層のみが溶かされる（小川・大井，1968）。孵化酵素による卵膜の溶解産物は高分子量成分である（Yamagami and Iuchi, 1975; Iuchi and Yamagami, 1976b）。卵膜内層は，2つの主な糖タンパク質分画（大井，1976）を生じる孵化酵素によって分解して得られる分画F_1（7S）と分画F_2（4.5S）の6種類の成分（C_1～C_6, 7×10^4–21.4×10^4の分子量）の7種類の高分子量タンパク質をもっている（Iuchi and Yamagami, 1976b）。デニュース（1975）は分子量8万から20万の7種のタンパク質を報告している。卵膜が溶解された後でも，遊離アミノ酸 free amino acid が少ないこと（Yamagami, 1970）から，卵膜のタンパク質は孵化酵素によって遊離アミノ酸にまでバラバラに分解されるというより，高分子の水溶性糖タンパク質に分解され，溶け去ると考えられている（山上，1980）。

なお最近，ソーン（Sohn, 1996）は，メダカ胚の孵化が光周期にのっており，その孵化リズムが日周期性の基準を満たしていることを報告している。孵化は日周期の明・温相中に起こり，明・暗サイクルにのっている。25℃と30℃の条件下では，孵化リズムは概日リズム（25±4時間）circadian rhythm である。

5．孵化と甲状腺ホルモン

卵に含まれている甲状腺ホルモン thyroid hormone の生物学的意義について調べるために，チオウレア thiourea で母親を処理することによって卵から甲状腺ホルモンを除去する試みを行った。0.03%チオウレアを含む水で毎日産卵している雌を飼育すると，血中チロキシン thyroxine の濃度が1日以内に処理開始前（約8 ng/ml T4, 約5 ng/ml T3）の1/5に減少することが判った。7日間チオウレア水中で飼育した雌の卵では，受精直後（T4 ng/ml, T3 ng/ml）の1/4以下に減少する。母体および卵のそのホルモン濃度を減少させるチオウレアの効果濃度は約0.003%である。通常，発生過程において，卵の甲状腺ホルモンは最初の4日間は初めの濃度を保っているが，その後孵化まで徐々に減少し続ける。孵化率，孵化までの時間，および飢餓時の生存率を正常卵と正常卵の1/10以下のチロキシンしか含まない卵と比較しても差は認められなかった。孵化には，卵に含まれる甲状腺ホルモンの90%以上は初期発生に必ずしも要求されない（Tagawa and Hirano, 1991）。ちなみに，胚体に甲状腺濾胞が初めて出現するのは，受精後6～9日である（Egawa *et al.*, 1980）。

Ⅲ．正常発生過程

メダカの初期発生の観察は早くからなされており，報告されているものも数多い（雨宮，1928; Kamito, 1928; Amemiya and Murayama, 1931; 松井，1934, 1940b, 1949; 久保，1935; 白井，1937; 山本(孝)，1937; Rugh, 1948）。

メダカの成熟未受精卵も受精卵も真の球形でなく，偏球状体 oblate spheroid であって動物極と植物極を通る上下軸（卵軸）は水平（赤道部を通る）軸よりも少し短い（山本，1940）。成熟卵（38個）を実際計測してみると雌によって異なるが，卵軸（動植物極間）径1166.1±5.0μmは水平軸径1256.1±5.0μmに比べて有意差をもって小さい。この偏球状の卵形は，おそらく

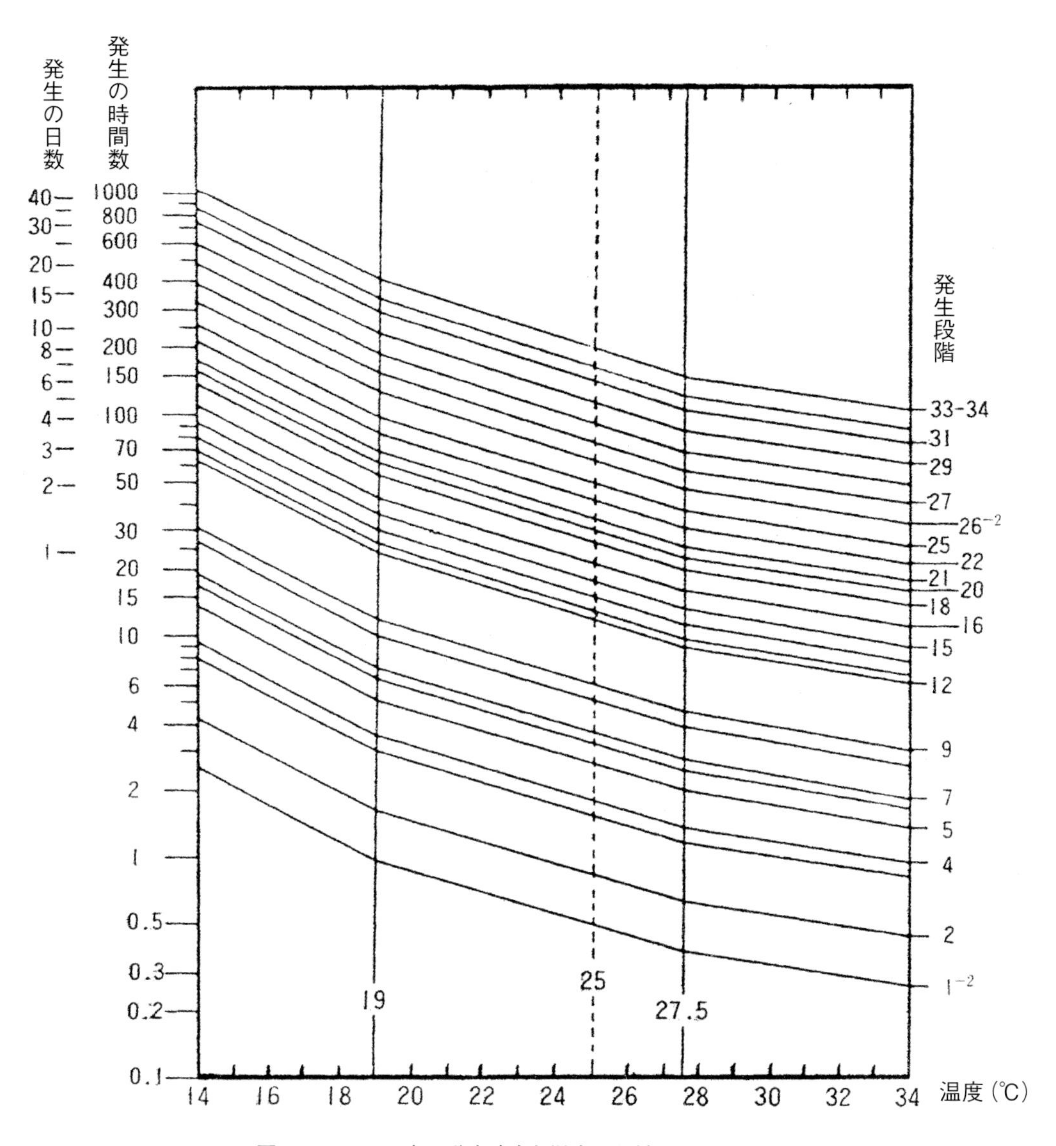

図7･60　メダカ卵の発生速度と温度の関係（Yamamoto, 1975）

植物極側の卵膜（卵膜最外層成分が付着糸形成に使われ）の薄いことに関係している。山本によれば，受精すると，卵はしだいに球形に近くなる傾向があり，その容積が約７%減少するが，卵膜が包む容積は約13%増加するという。

胚発生の時間的経過は，親の発生中，及び成育中の温度条件によって，多少変動することが知られている（佃・片山，1957）。このことを考慮に入れると，特定の温度条件で発生･成育した親から得た卵しか正確な発生の時間的経過の研究に適さないことになる。もちろん，親の多少の差異はともかく，胚の発生速度は温度に依存している（図７･60; Yamamoto, 1975）。

このことから，胚の発生の正確な速度を調べるためには，胚の培養温度も一定に保つことが望まれる。さらに，温度をいくら一定に調整しても，排泄物が多く，溶存酸素が少ないなど水質が悪いと発生速度を著しく乱してしまうことも見逃してはならない。

１．発生速度と温度

発生は40℃までは温度が上昇するにつれて，速く進行する。その範囲内での温度（t）と孵化までの日数（T）との関係は直線関数的ではなく指数関数的であり，胚の発生速度$V=kt$で表される。$V=1/T$とすると，$Tt=1/k$となり，受精から孵化までの時間と温度の積が一定となる。

発生速度と温度の関係を*vant Hoff*のQ_{10}の法則（10℃の温度上昇ごとに反応速度が2～3倍になる）でみると，t℃のとき，特定の発生段階に要する時間をT_t，それより10℃高い（t+10）℃のときに要する時間を$T_{t+10°}$とすれば，

$$Q_{10}=\frac{V_{t+10°}}{V_t}=\frac{T_t}{T_{t+10°}}$$　　で表される。

（V_t，$V_{t+10°}$はそれぞれt°及びt+10°における頻度）

実際に各温度における各発生段階に要する時間を調べると，Q_{10}の値は，低温のとき大きく，高温のとき小さくなり，2～7になる（白井，1937）。このように，Q_{10}の値は一定ではないので，アレニウス *Arrhenius* の式が適用される。その式は化学反応速度と温度に関するもので，

V_1：　絶対温度T_1に対する速度
V_2：　絶対温度T_2に対する速度
μ：　恒数

で表される。この式の恒数μは温度恒数で，

$$\mu=4.61\left(\frac{\log V_1-\log V_2}{\frac{1}{T_1}-\frac{1}{T_2}}\right)$$

で求められる。発生速度のμの値は20,000～24,000が多いが，やはり温度が高くなるほど，小さくなる。例えば，3体節期に達するまでの発生速度のμは，14～19℃では29,100，19～27.5℃では20,300，27.5～30℃では9,800である（白井，1937）。この白井（1937）の他に，メダカ卵の発生速度と温度の関係については，松井（1940b）の研究がある。詳しくは山本（1943c）に解説されている。

一般に，教材として用いるメダカはそれぞれ異なった条件下で発生成育したものであるし，その卵も一定の水温で培養することが困難な場合が少なくない。そのためか否かは不明であるが，これまで培養温度を記述していないもの，あるいは一定にしないで発生中の胚の段階的変化をみている報告がしばしばみられる。これらの報告は，水質に十分注意して適温の範囲内で培養すれば，水温の変動を気にしなくても正常な発生過程の観察が可能であることを意味している。少々の水温の変動が避けられない胚発生の観察実習において，発生速度を気にしないでも発生段階がわかるような胚の形態的目安 morphological features（landmarks）があれば都合がよい。したがって，発生過程を区分し，発生の段階を示す基準をつくることは，発生過程を研究する上で重要な仕事の一つである。

それは，松井（22～24℃，1949）によって初めて試みられ，その後蒲生・寺島（24～26℃，1963）によって改訂の必要が示唆された。アメリカ合衆国でも，カーチェンとウェスト（Kirchen and West, 1976）が，筆者（1976a）と同様に，割球数，胚盤の形，胚盤の卵黄球を覆う程度，中枢の発達，体節数，視覚器官・聴覚器官の発達，心臓の発達，血液循環，身体の動き，鰓の発達，口と内臓の発達を観察して，発生段階を36段階に分けている。しかし，これらの観察は不十分な点が多く，発生段階を36段階に分ける根拠がない。筆者はさらに観察を行い，量的に表現できる割球数，胚盤の卵黄球を覆う程度，体節，体長などに重きを置いて，次のような胚の発生段階（1～39期）と発育段階（40～44・45期）に区分を試みた（図7・61: Iwamatsu, 1994a）。ここでの記載は，26℃での発生の時間的経過についてであり，人工授精 artificial insemination をもって発生開始としている。

2．ヒメダカの発生段階

a）発生段階図（図7・61）中の略号

ab：　鰾（air bladder）
af：　付着糸（attaching filament）
ag：　動脈球（artery globe）
bc：　体腔（body cavity）
bd：　胚盤（blastodisc）
bi：　血島（blood island）
bm：　卵割球（blastomere）
bv：　血管（blood vessel）
ca：　表層胞（cortical alveolus）
cat：　尾部動脈（caudal artery）
cd：　キュービエ管（Cuvierian duct）
cf：　尾鰭（caudal fin）
ch：　卵膜（chorion）
cn：　角膜（cornea）

cv：　尾部静脈（caudal vein）
da：　背行大動脈（dorsal aorta）
di：　消化管（digestive tract）
dl：　原口背唇（dorsal lip of blastopore）
ea：　耳胞（ear vesicle）
em：　胚体（embryonic body）
ev：　耳胞原基（ear vesicle rudiment）
ey：　眼胞（eye vesicle）
fb：　前脳（forebrain）
g：　鰓（gill）
gb：　胆嚢（gall bladder）
gp：　グアノフォア（guanophore）
h：　心臓原基（heart rudiment）
ha：　心房（artrium of heart）
hb：　後脳（hind brain）
heg：　孵化酵素腺細胞（hatching enzyme gland cell）
hv：　心室（ventricle of heart）
kv：　クッペル胞（Kupffer' s vesicle）
l：　レンズ（lens）
la：　左前部基本静脈（left anterior caudinal vein）
ld：　左背行大静脈（left dorsal vena cava）
lj：　下顎（lower jaw）
lv：　肝臓（liver）
mb：　中脳（mid brain）
mc：　周縁細胞（marginal cell）
mf：　膜鰭（membranous fin）
mp：　卵門（micropyle）
mv：　中央卵黄静脈（median yolk vein）
no：　脊索（notocord）
od：　油滴（oil droplet）
ot：　耳石（otolith）
op：　鼻の窪み（olfactory pit）
pa：　原形質の集積（protoplasm accumulation）
pb：　原脳（protobrain）
pc：　吻状細胞塊（peak-like mass of cells, Polster）
pf：　胸鰭（pectoral fin）
pi：　松果腺（pineal gland）
pr：　前腎（pronephros）
ps：　囲卵腔（perivitelline space）
sc：　脊髄（spiral cord）
sm：　体節（somite）
sp：　脾臓（spleen）
uj：　上顎（upper jaw）
v：　付着毛（non-attaching filament）
vc：　中央卵黄尾静脈（vitello-caudal vein）
vl：　肝臓静脈（vein of liver）
y：　卵黄球（yolk mass）
（矢印arrow：血流方向direction of blood circulation）

b）発生段階図（図7・61）

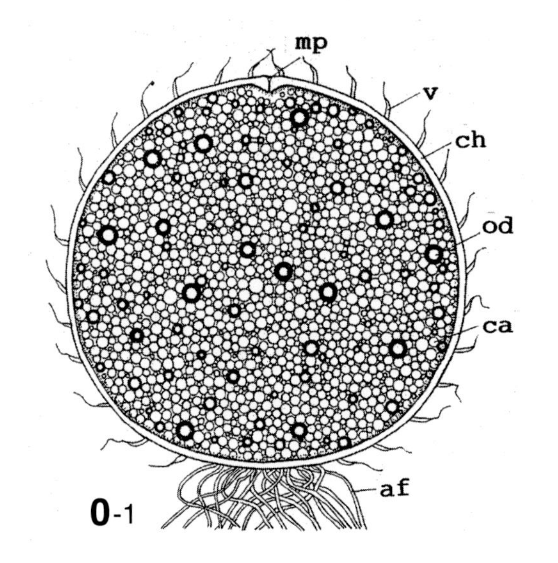

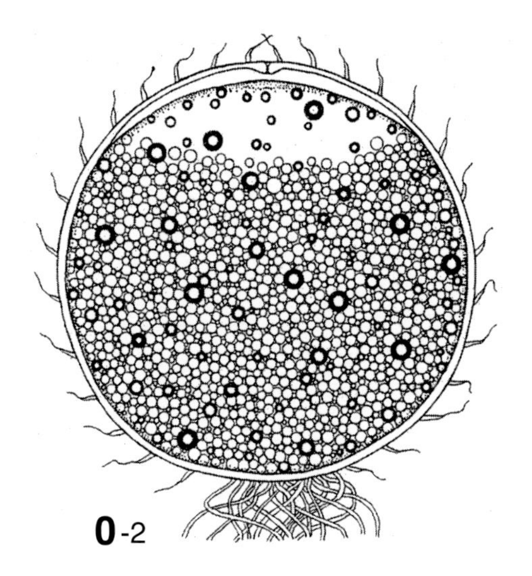

0期　未受精卵と表層変化中の卵

卵門からの精子侵入に伴って表層胞の消失と囲卵腔の形成がみられる（発生段階図0－1~3）．

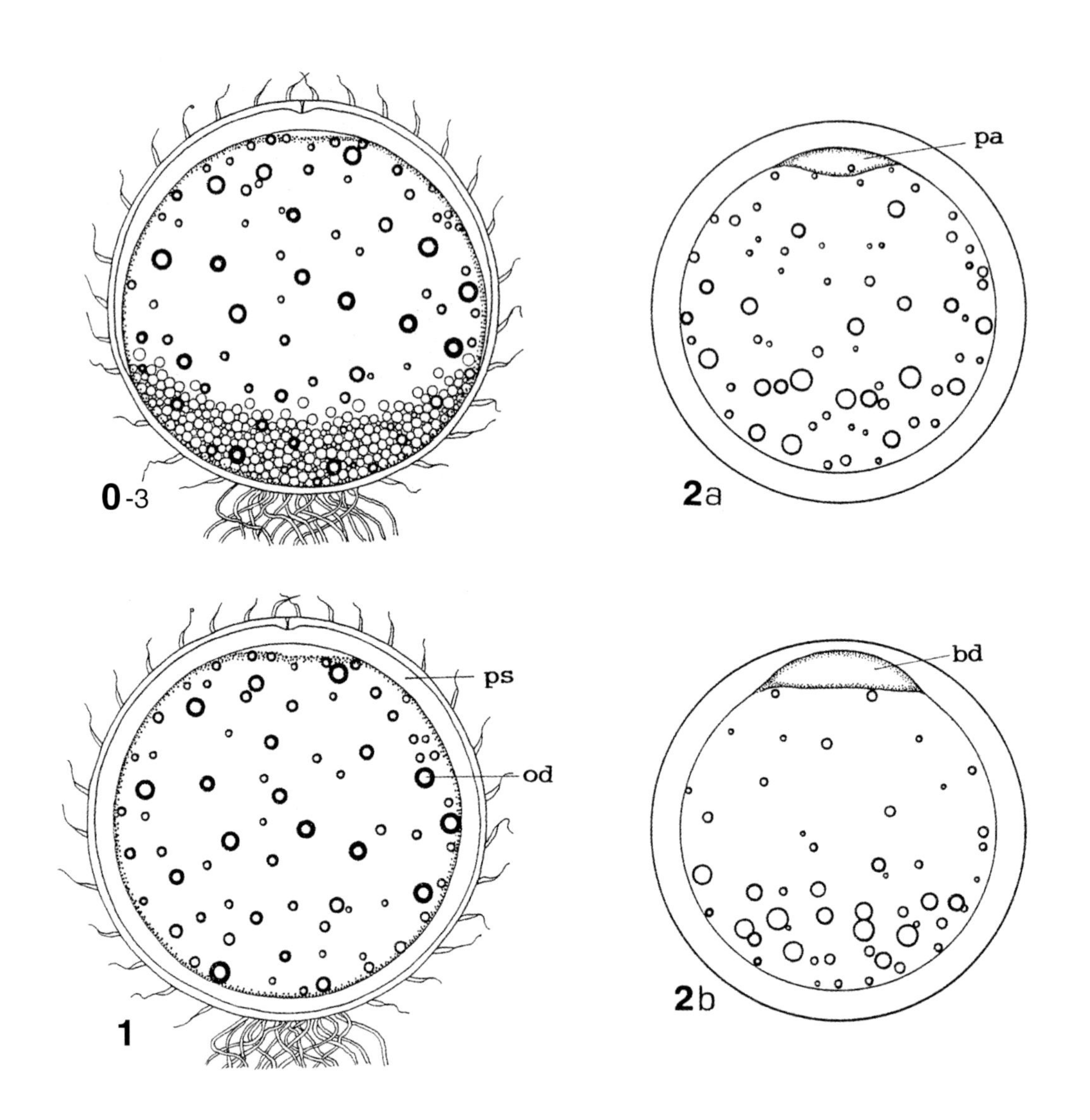

１期　付活卵（約３分）

表層変化の完了後，広い囲卵腔が明瞭となり，油滴の植物極側への移動を開始するまでである（発生段階図１）．

２期　原形質盤形成期（ａ：30分，ｂ：60分）

ａ．油滴の大部分が互いに融合しながら植物極半球側に移動し，動物極域に原形質盤の盛り上がり（blastodisc）が生じる（発生段階図2a）．

ｂ．卵割直前に２細胞（卵割球）の形成予定位置の両背面にエクボ状の小さい窪みがみられる．油滴の大部分は動物極から卵黄球の3/4の位置に移動している（発生段階図2b）．

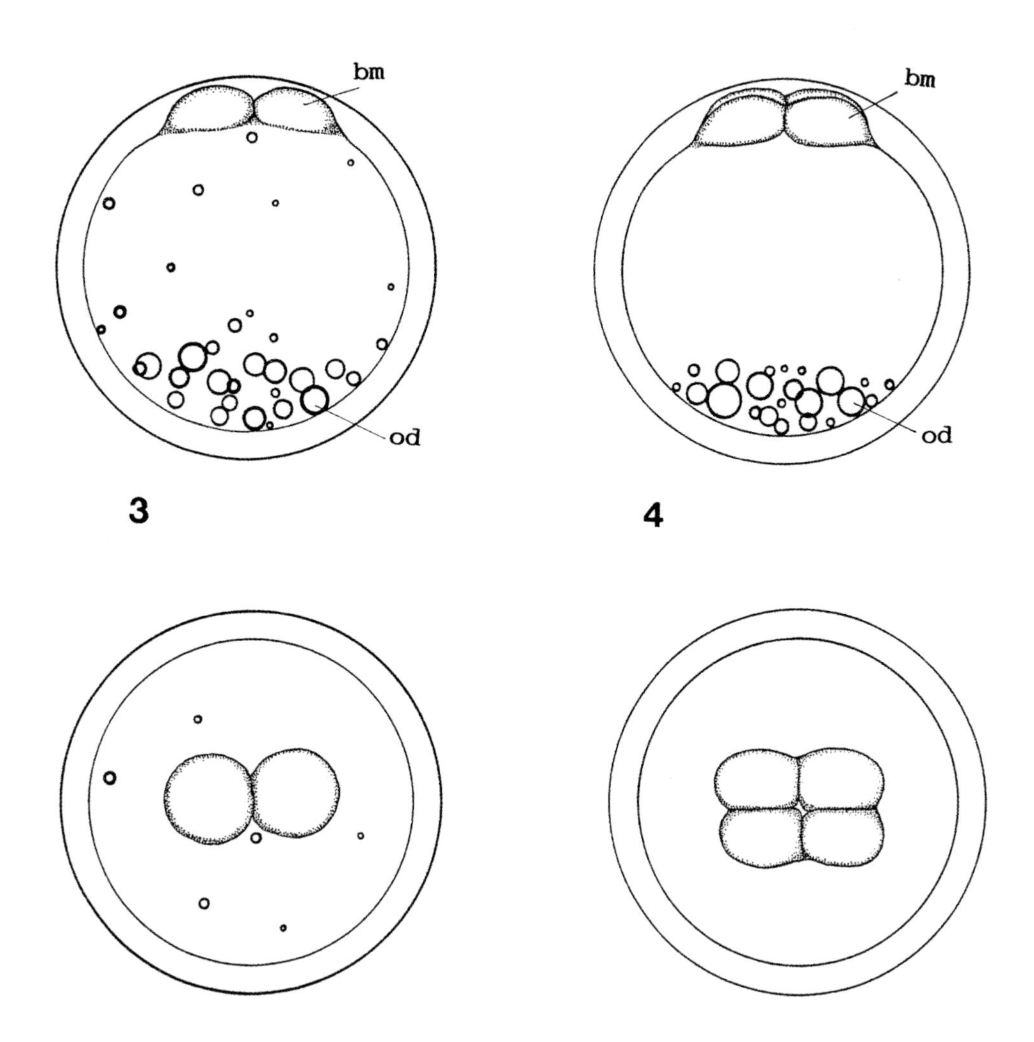

３期　２細胞期（１時間５分）

第１卵割溝が卵門と極体を結ぶ軸に沿って生じる．原形質盤が二分した直後の卵割球は盛り上がり，次の卵割の前にやや扁平になる（発生段階図３）．

４期　４細胞期（１時間45分）

第１卵割溝に対して直角に第２卵割溝が入り，２つの卵割球はそれぞれ二分されて４細胞となる．油滴は植物極側にほぼ集合している（発生段階図４）．

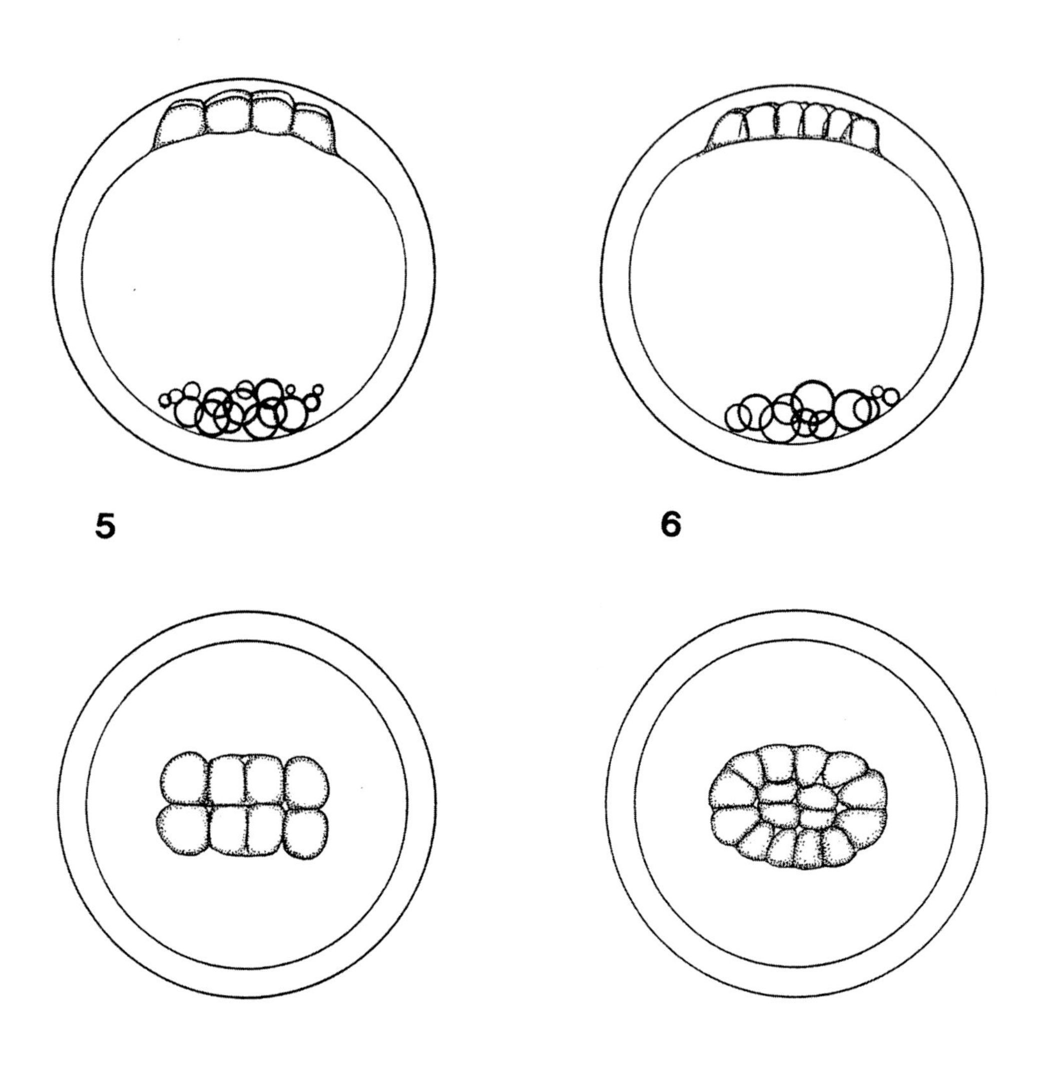

５期　８細胞期（２時間20分）

第１卵割溝の両側にそれと平行して第３卵割溝が生じ，４卵割球はそれぞれ２分され，８細胞になる（発生段階図５）．

６期　16細胞期（２時間55分）

やや第２卵割溝よりの両側にそれと平行して第４卵割溝が入り，幾分不等の16卵割球を生じる（発生段階図６）．

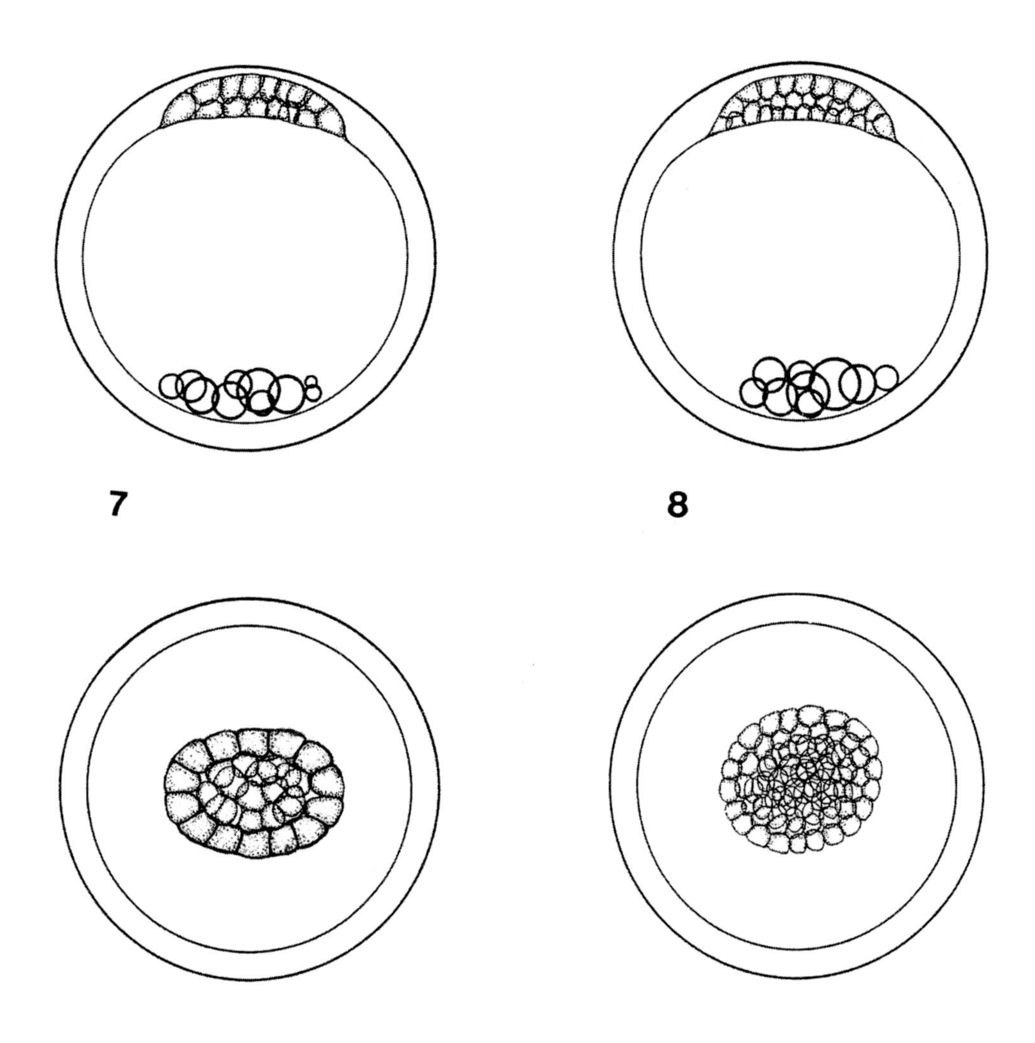

７期　32細胞期（３時間30分）

中央部の卵割球に水平分裂，周縁部のそれに傾斜分裂がみられる．側面から胚盤の中央部細胞（直径約150μm）を観察すると，２層にみえる（発生段階図７）。周縁細胞の数は14である．

８期　初期桑実胚期（５時間０分）

周縁部の卵割球に縦分裂が多くみられ，中央部の卵割球に水平分裂がみられる．細胞数の確認が難しく，側面から胚盤の中央部細胞（直径50μm前後）を観察すると，３層にみえる（発生段階図８）．

周縁核が１列にみえる胚盤は中央部で３～４細胞層（直径30～35μm）がみられるころ，細胞塊がバラバラになりやすくなる（Yokoya, 1966）．

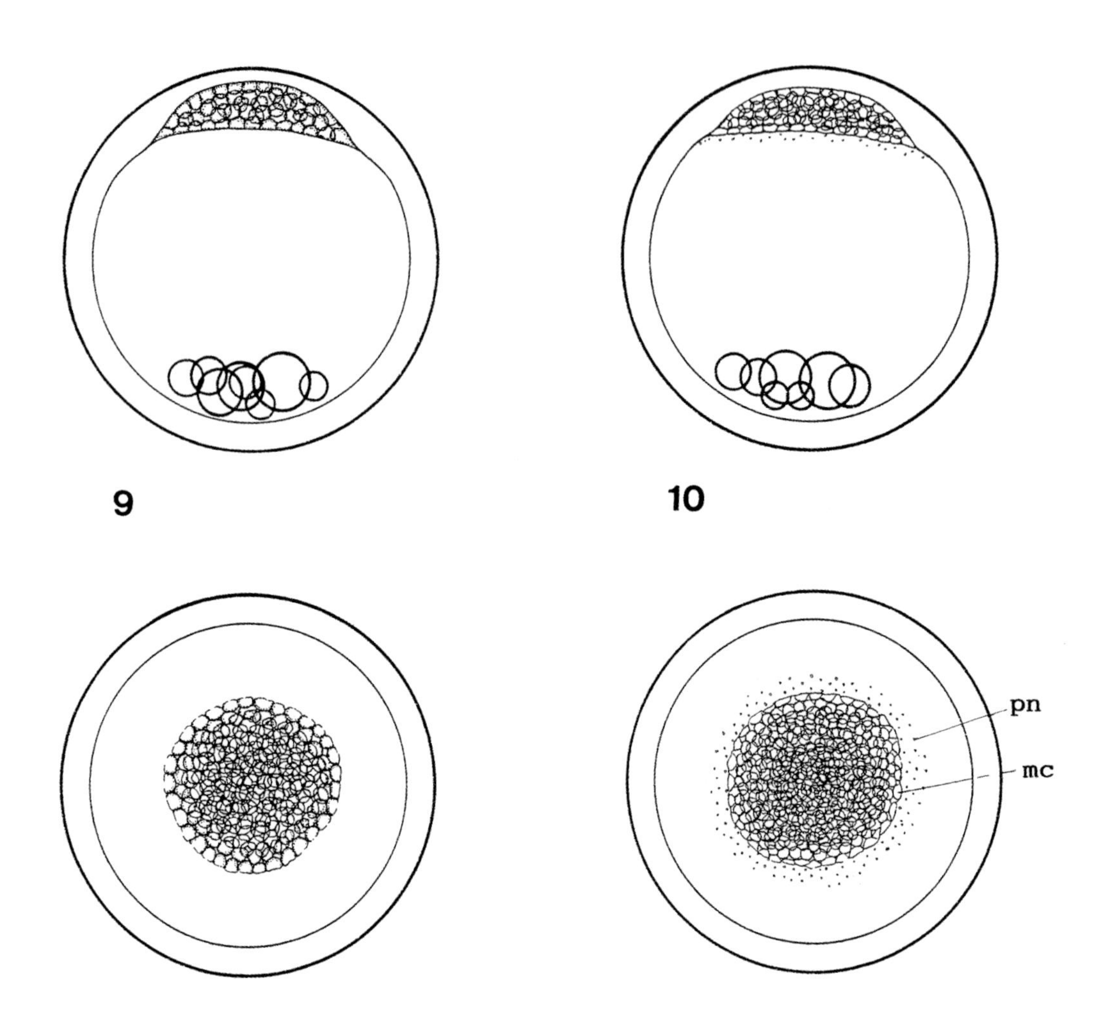

9期　後期桑実胚期（6時間0分）

胚盤中央部でほぼ4～5細胞層をなし，中央部細胞の直径は25～35μmである（発生段階図9）.

10期　初期胞胚期（6時間30分）

胚盤の周縁細胞の外側に2～3列の周縁核がみられる．胚盤を側面から観察すると，中央部分の細胞（直径20～30μm）はほぼ5層にみえる（発生段階図10）.

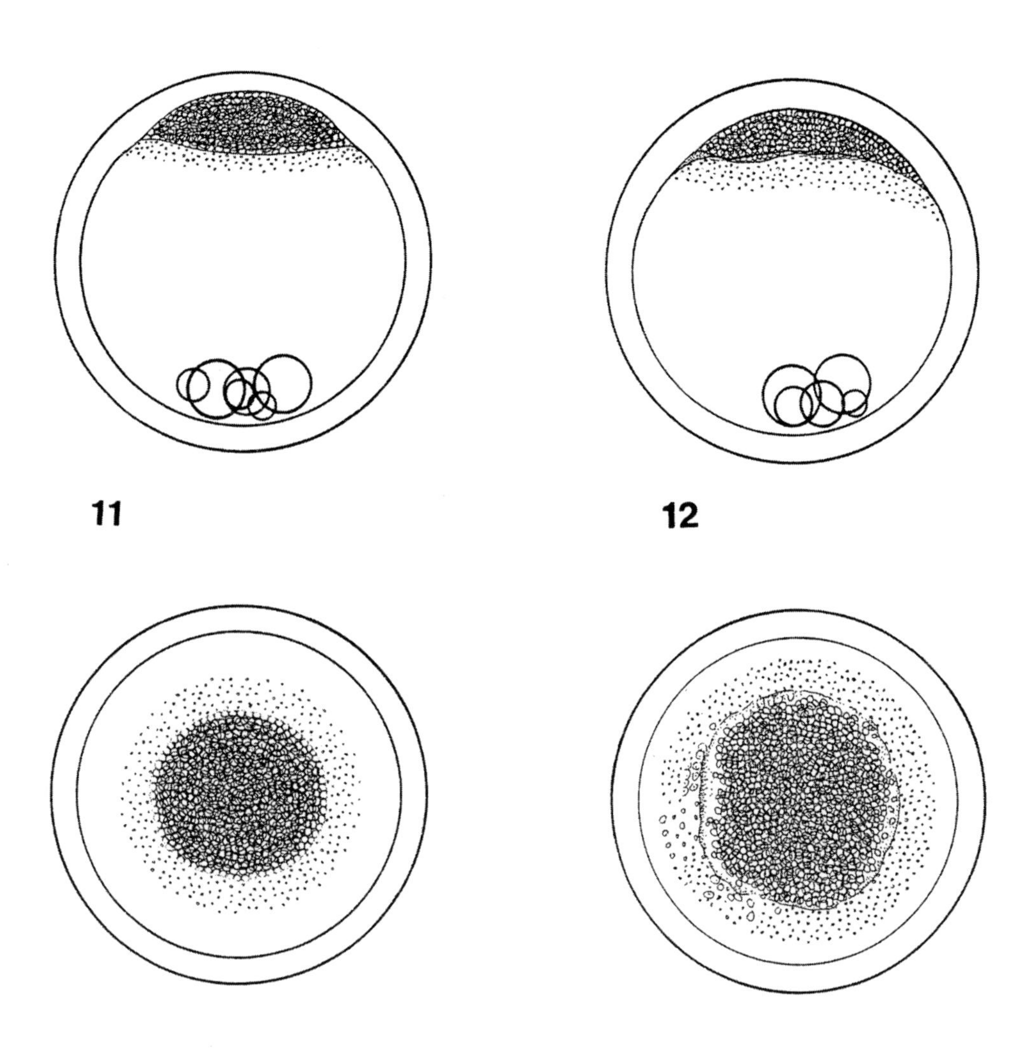

11期　後期胞胚期（8時間15分）

胚盤は卵黄球側にやや突出し，その中央部分の細胞は直径20μm前後である．周縁核が5～6列みられる（発生段階図11）．

12期　前初期嚢（原腸）胚期（10時間20分）

胚盤は卵黄球への突出がほとんどみられなくなり，中央部分の細胞の直径は20μm前後である．胚盤の一方の細胞層がやや厚くなる（発生段階図12）．

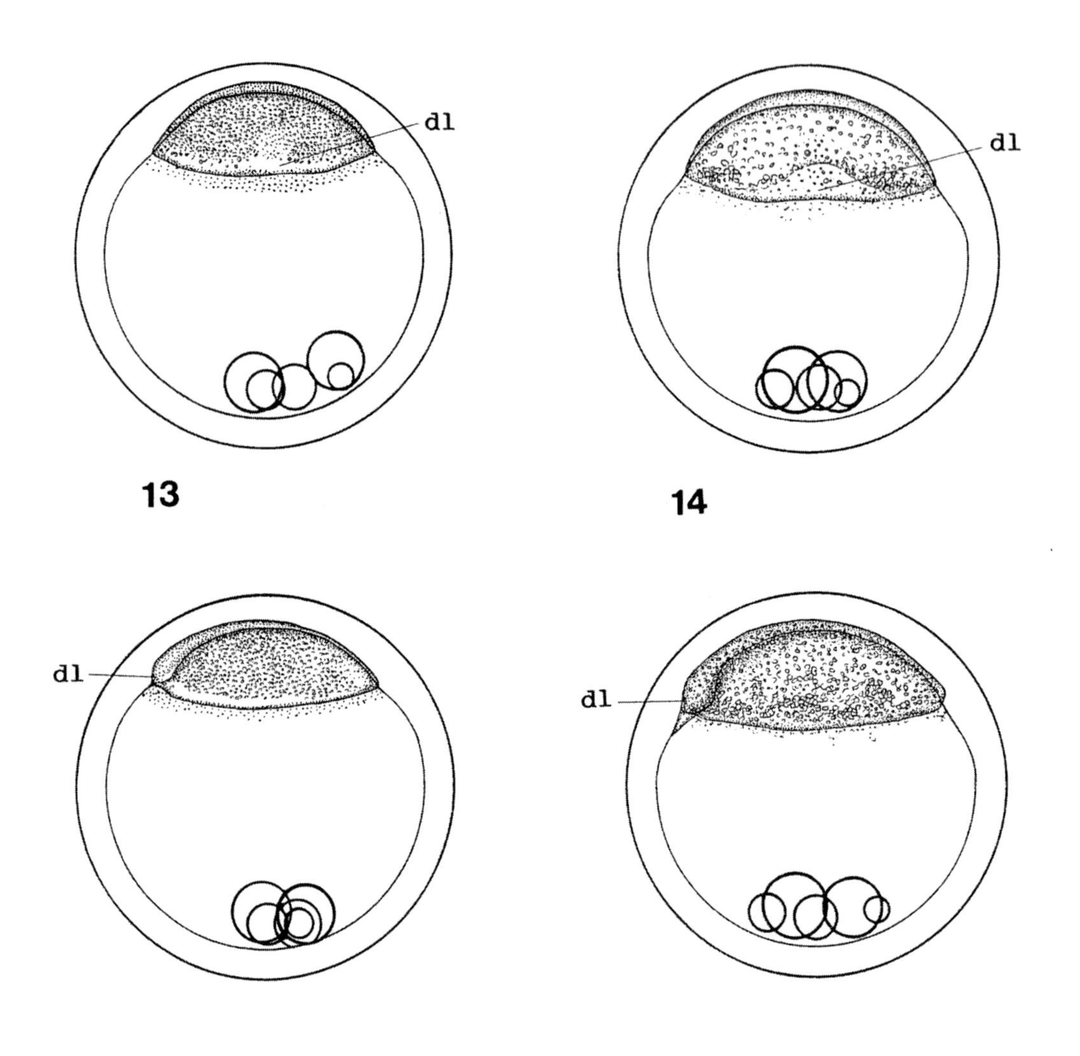

13期 初期嚢胚期（13時間0分）

胚盤の周縁部はやや拡がり，卵黄球のほぼ1/4を覆う．その一部に卵黄球面とほぼ直線的な境界(周縁堤)を示す．胚盤肥厚部が胚盤中央部へ進展している。その中央部の細胞の直径は15〜20μmである(発生段階図13)．

14期 前中期嚢胚期（15時間0分）

胚盤葉は卵黄球表面のほぼ1/3を覆う．このころから，律動性収縮運動がみられ始める(発生段階図14)．

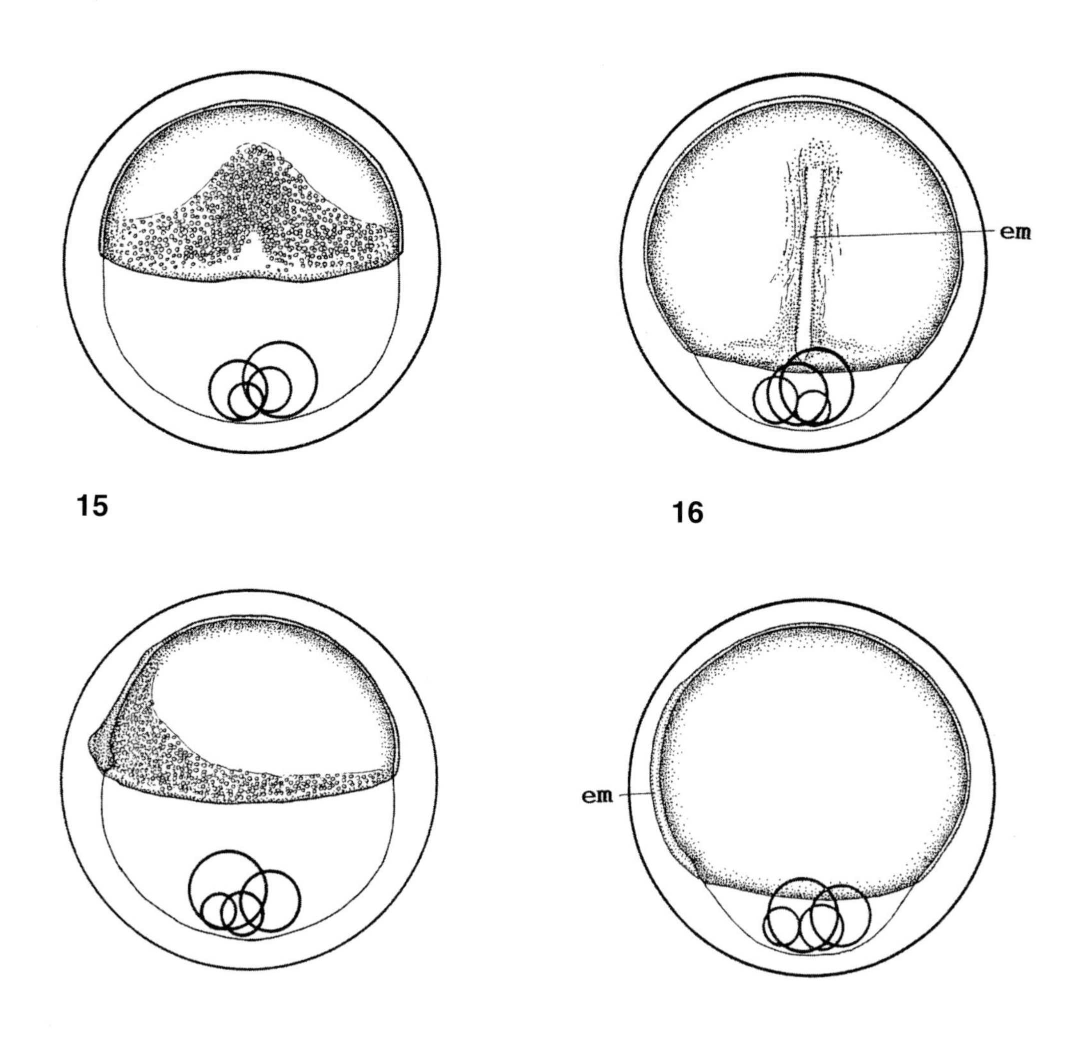

15期　中期嚢胚期（17時間30分）

胚盤葉の被覆は卵黄球のほぼ1/2まで進み，胚質と周縁堤が明確になる．周縁核はほとんどみえない(発生段階図15)．

16期　後期嚢胚期（21時間0分）

胚盤葉の被覆は卵黄球のほぼ3/4まで進み，胚質に皺が多くなり，棒状の神経板が認められる．それは，側面からみれば確認しやすい．周縁核は，胚盤葉の被っていない卵黄球面にはもはや認められない(発生段階図16)．

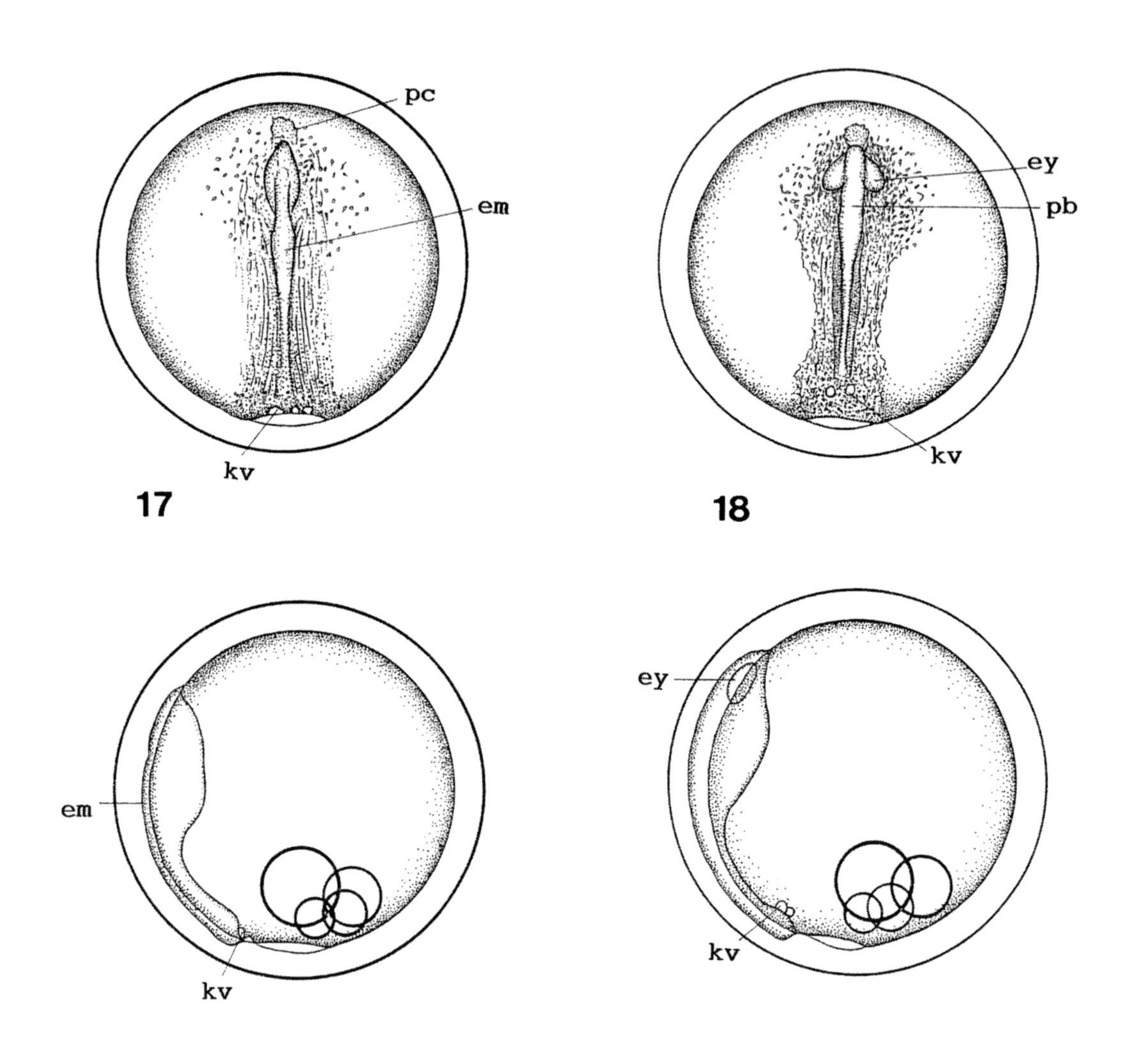

17期　胚体頭部形成期（1日1時間）

胚盤葉による卵黄球被覆は，植物極部域にまで達している．胚体の胴部は卵黄球側にくさび状に深く肥厚し，動物極に向いた部分に頭部が認められる．頭端前方に吻状に伸びた細胞塊 polster が認められる。クッペル胞は胚体後端近く(内胚葉と周縁細胞の間：池田, 1958a, b)に小さい球状，あるいは歪んだ楕円体状の液胞として出現する(発生段階図17)．

18期　眼胞形成期（1日2時間）

扁平な吻状の細胞塊 polster が頭部前方にまだみられ，眼胞の前端はやや尖っている．クッペル胞は発達しているが，胚体後部に体節がまだ認められない．胚盤葉の被覆はまだ完了しておらず，卵黄球表面を大きい卵黄栓として残している(発生段階図18)．

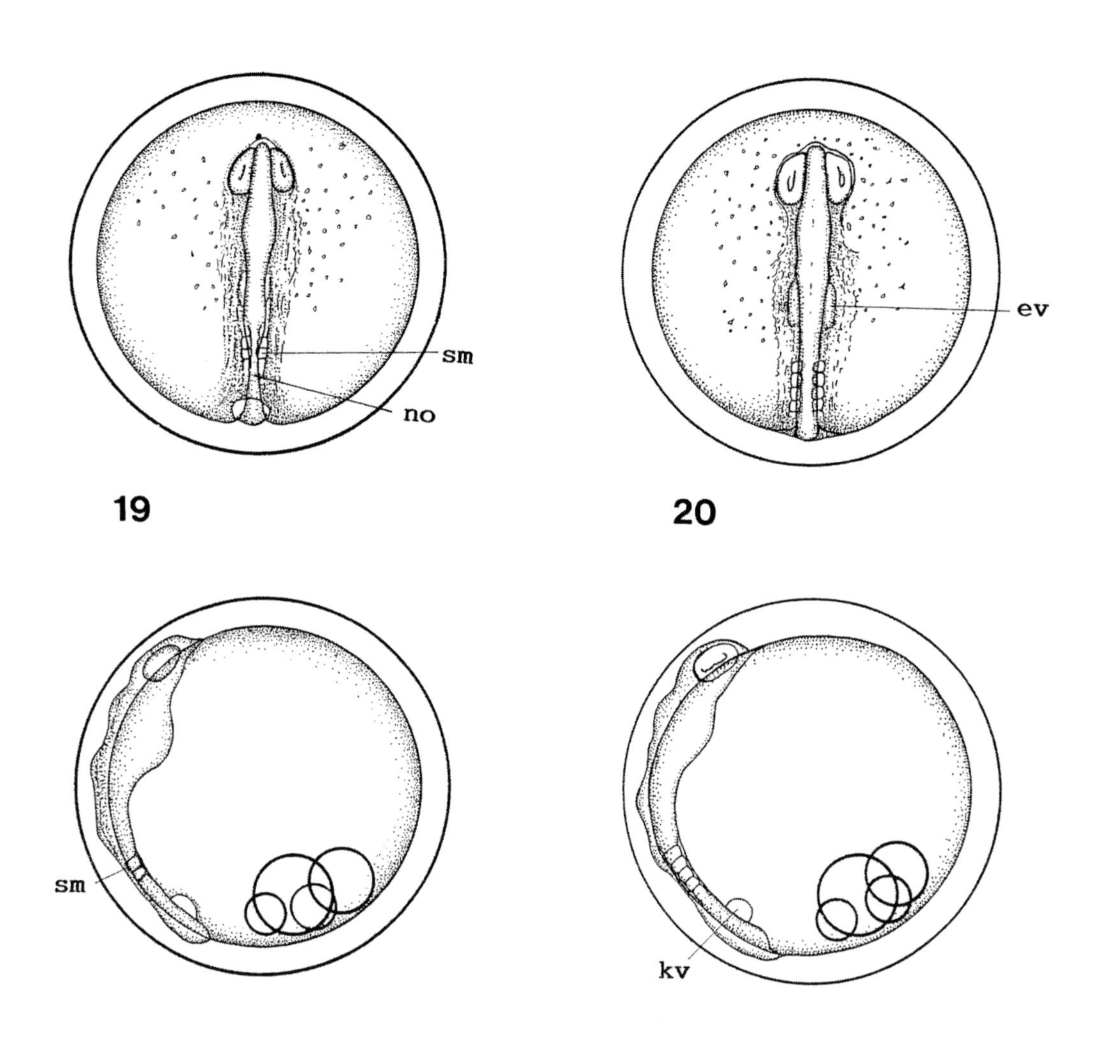

19期　２体節期（１日３時間30分）
頭端にまだ吻状細胞塊（polster）があり，背面から観察すると，後部域に窪みを生じた眼胞後方の胚体部に２カ所の膨らみがみられる．尾部神経管の両側に２対の体（筋）節が生じる．胚盤葉による卵黄球表面の被覆は完了する（発生段階図19）．

20期　４体節期（脳・耳胞分化開始期）（１日７時間30分）
眼胞の窪みは深い溝状になって，レンズ形成が始まり，前脳胞及び耳胞の原基が認められる（発生段階図20）．

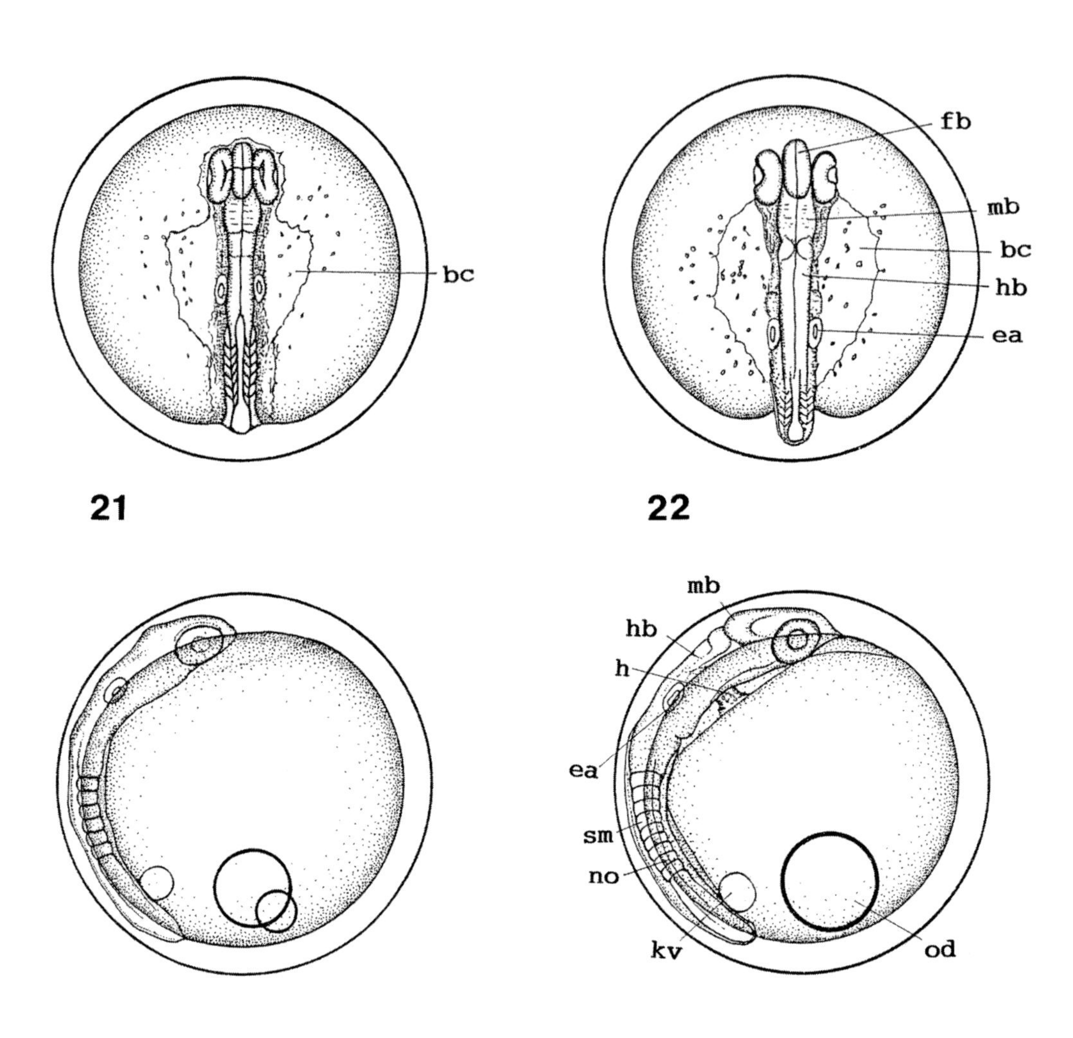

21期 6体節期(脳・耳胞形成期)(1日10時間)

頭部において，前(端)·中·後脳の形成が起き，神経中央溝が生じる．上皮が落ち込んで窪み，耳胞の形成が始まる．扁平な体腔が中脳両側から耳胞の後までみられる(発生段階図21)．

22期 9体節期(心臓原基の出現期)(1日14時間)

後脳腹側部前域に心臓原基の細胞塊が現れ，中脳腹面に孵化酵素腺(細胞)の原基(山本雅，1963a)が現れる．耳胞に内腔がより明確になり，その後方からレンズの生じた眼胞後端にかけて体側に沿った体腔が拡がっている．後脳前端が盛り上がる．野生メダカにおいては，このころから卵黄球面にメラノフォア(黒色素胞)が現れる(発生段階図22)．

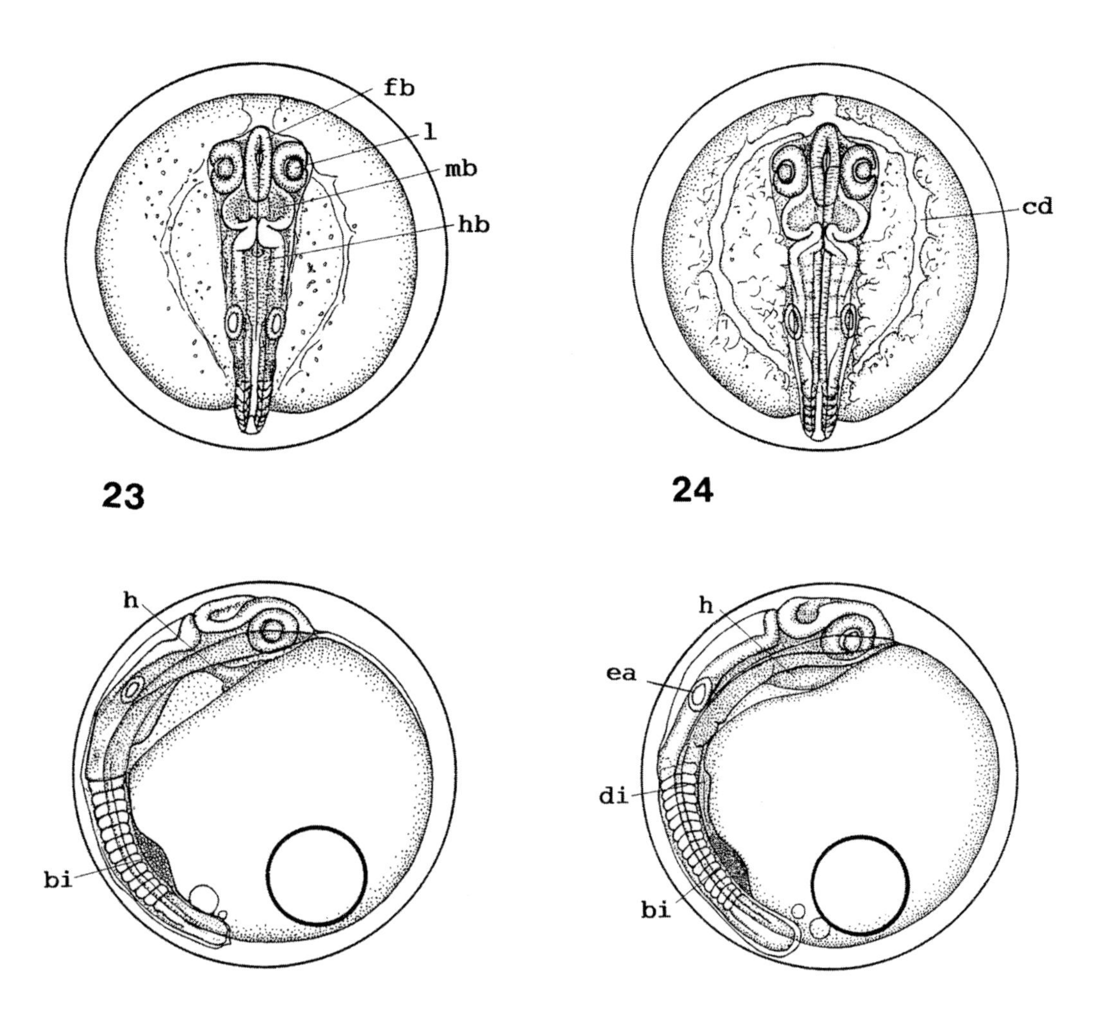

23期　12体節期（管状心臓形成期）（1日17時間）

細長い管状の心臓の先端は眼胞の後部に届く．脳の分化が進み，前･中･後脳に内腔が認められる．体腔の周縁に沿ってキュービエ管（血管）の形成が始まり，その前部は11体節時にできた球形のレンズをもつ眼の半ばにまで達している．胚体後部腹面に血島（第6～第11体節）の膨らみが認められ，クッペル胞が縮小している．前部体節（第3～第5）にかすかに傾斜がみられる（発生段階図23）．

24期　16体節期（心拍開始期）（1日20時間）

心臓は頭端にまで伸びて，眼下から後方へとゆっくりした拍動（33～46/分）を行う．キュービエ管は断片的にできている．卵黄球から離れた尾端をもつ胚体は卵黄球上の1/2をとりまき，クッペル胞はその後腹面から分散･消失が起きつつある．レンズが完成しており，前部に大きい細胞が認められる脊索の前端は耳胞のすぐ後に位置している．体（筋）節の傾斜配列が明確になり，その腹側に消化管がみられ，発達中の血島はその消化管後部の腹側にみられる（発生段階図24）．

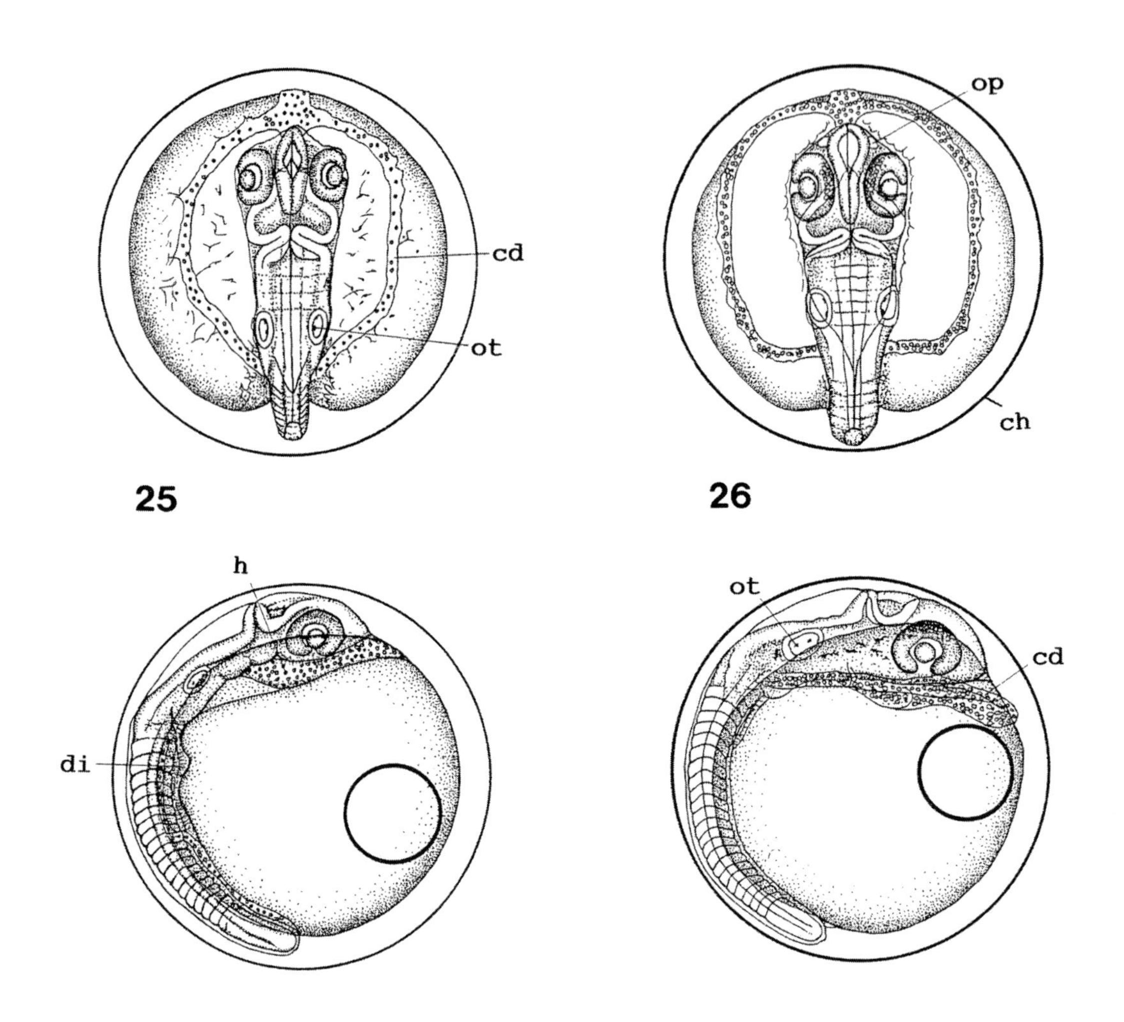

25期　18－19体節期（血流開始期）（２日２時間）

心臓は眼球腹側の心房とその後方の右側に膨縮する心房・心室形成予定部がくびれる拍動（約70～80/分）を示す．脊索の腹側を走る背行大動脈内液は血島（第７～第15体節）腹側に入り，血球を押し出しながら，後方の中央卵黄静脈に連なる．背行大動脈は血球の少なくなった血島部分で腹側に垂れて，中央卵黄静脈に入っている．血液が心臓から動脈の位置へ送り出るところでは，まだ血液の逆流がみられる（発生段階図25）．

胚体は卵黄球の約７/12をとりまいている．第３～第10体節に「く」の字形の傾斜が認められる．前腎原基が消化管の両側に認められ，耳石が粒子状に出現する．脊索に大きい液胞が認められる．クッペル胞はみられない．

26期　22体節期（グアノフォア発達・脊索液胞化開始期）（２日６時間）

血液は心室から圧し出されて後脳前端部を上行する．血球は球状である．尾静脈は，やや傾斜配列を示す第１～第14体節でみられる．19体節期で認められ始めた肝臓原基はまだ充分発達していない．20体節期の中脳腹側に出現した赤褐色にみえるグアノフォアが発達している．また，同時期に分化し始めた眼球の脈絡膜は僅かに黒ずみ始める．脊索の液胞化が前方で始まる（発生段階図26）．

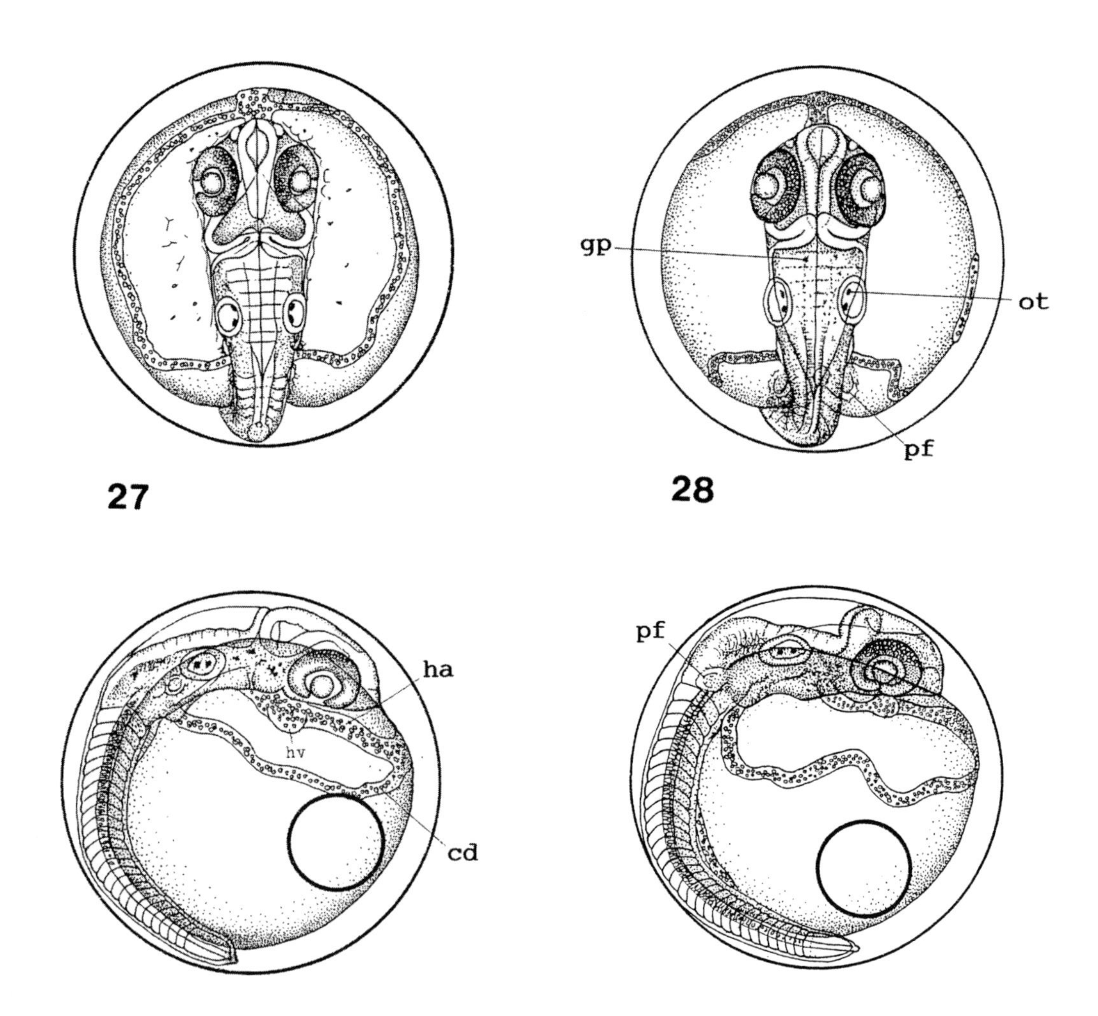

27期　24体節期（胸鰭原基の出現期）（２日10時間）

脊索が届いた尾端が尖る．卵黄球の赤道部よりに伸びたキュービエ管への流出血管の前方（耳胞の後）に１つの膨らみとその後方の胸鰭原基の膨らみが認められる．肝臓原基の膨出部は第１～第３筋節間のやや左寄りの腹側にみられる．消化管に左側下方への曲がり（第１～第３体節）がみられる．尾静脈は第10～第16体節間にみられ，尾部（消化管のない後部）は６体節である（発生段階図27）．

28期　30体節期（眼球黒化開始期）（２日16時間）

眼球の脈絡膜部にメラニン顆粒の沈着が進み，眼球背面が淡く黒ずんでみえる．眼球前周縁に沿った血流がみられる．耳胞内壁に接したままの２つの耳石はまだ完全な丸みを示さないが，後のものが大きい．肝臓原基の隆起は第３～第４体節の左側よりに明確になる．後脳背面に，体軸に対し垂直方向に皺がみえ始める．このころ，膵臓原基が肝臓原基のやや前方右側の腹面に膨出(部分)として認められ，中央卵黄静脈（４カ所），キュービエ管（３カ所）が僅かな蛇行をみせる．血球（直径約8.7μm）が少し扁平化している(発生段階図28)．

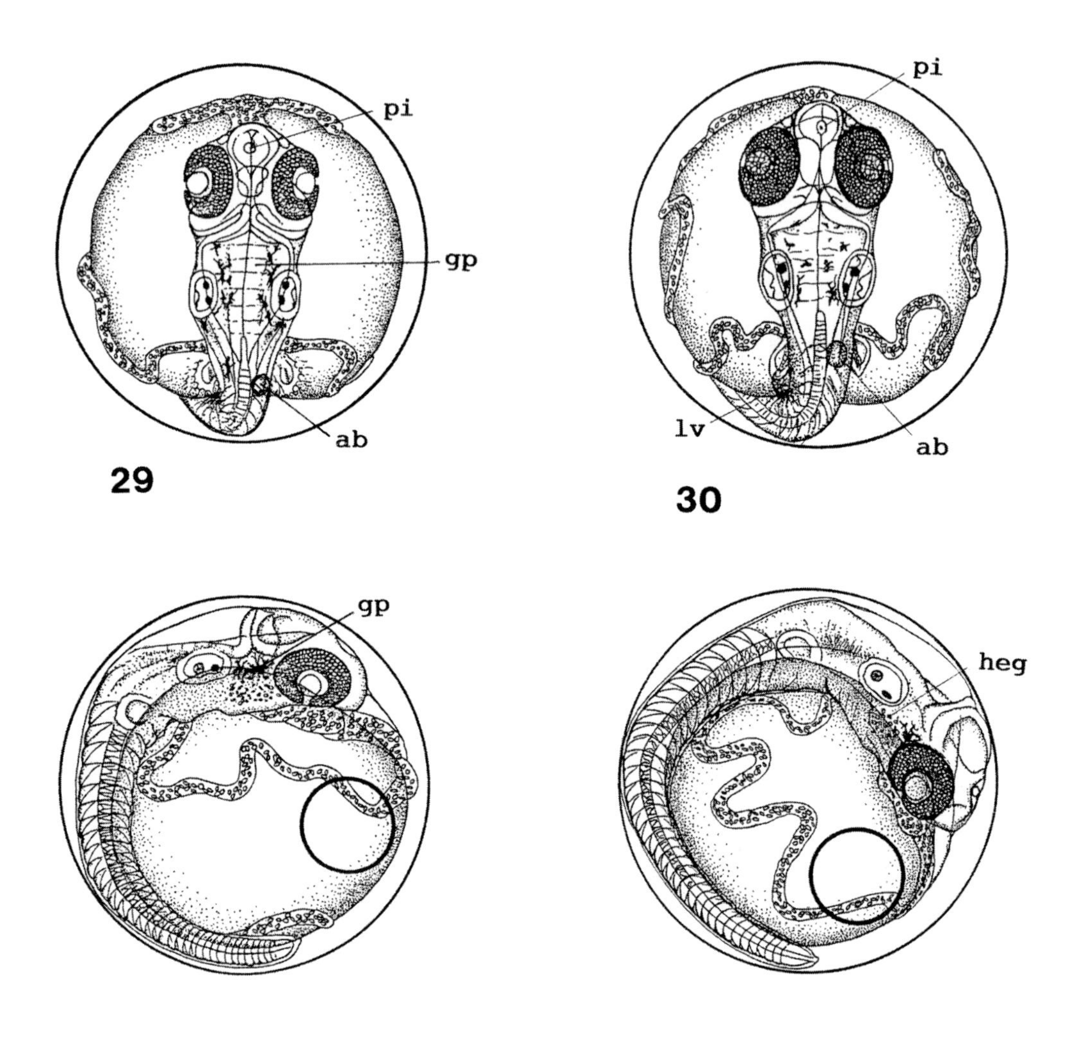

29期 34体節期(内耳分化開始期)(3日2時間)

胚体は卵黄球の3/4をとりまく．第3脳室背面に扁平で丸い松果腺原基(?)が認められる．心臓には静脈洞，心房，心室，動脈球の分化が起きる．耳胞外側の内壁に1つの突出と内側前部に1つの突出がみられる．全体にメラニン顆粒が分布している眼球後方の鰓形成部位に，顆粒をもつ内胚葉性の大きい孵化酵素腺細胞の1群が認められる(石田，1943)．耳胞の後腹部の膨らみが顕著で，第3体節の腹側にも膨らみがみられる．胸鰭が明らかで，19体節をもつ尾部にも膜鰭がみられる．グアノフォアが胴部背面にも分布し始める．脊索はその前端が左右キュービエ管の合一点に位置し，その達した尾端に尖りが認められる(発生段階図29)．

30期 35体節期(体節血流開始期)(3日10時間)

胚体は卵黄球の5/6をとりまく．肝臓に入った血管は，そこを出てキュービエ管に続いており(肝門脈)，胴部体節に血流がみられ始める．尾部は21体節からなり，尾静脈は第9～第26体節間にみられる．耳胞外側内壁に2つの突出が明確になる．眼球の全面が黒化しているが，特にその背面が黒い．後脳背面に左右2対の血流がみられる．口腔前部がより明瞭になる(発生段階図30)．

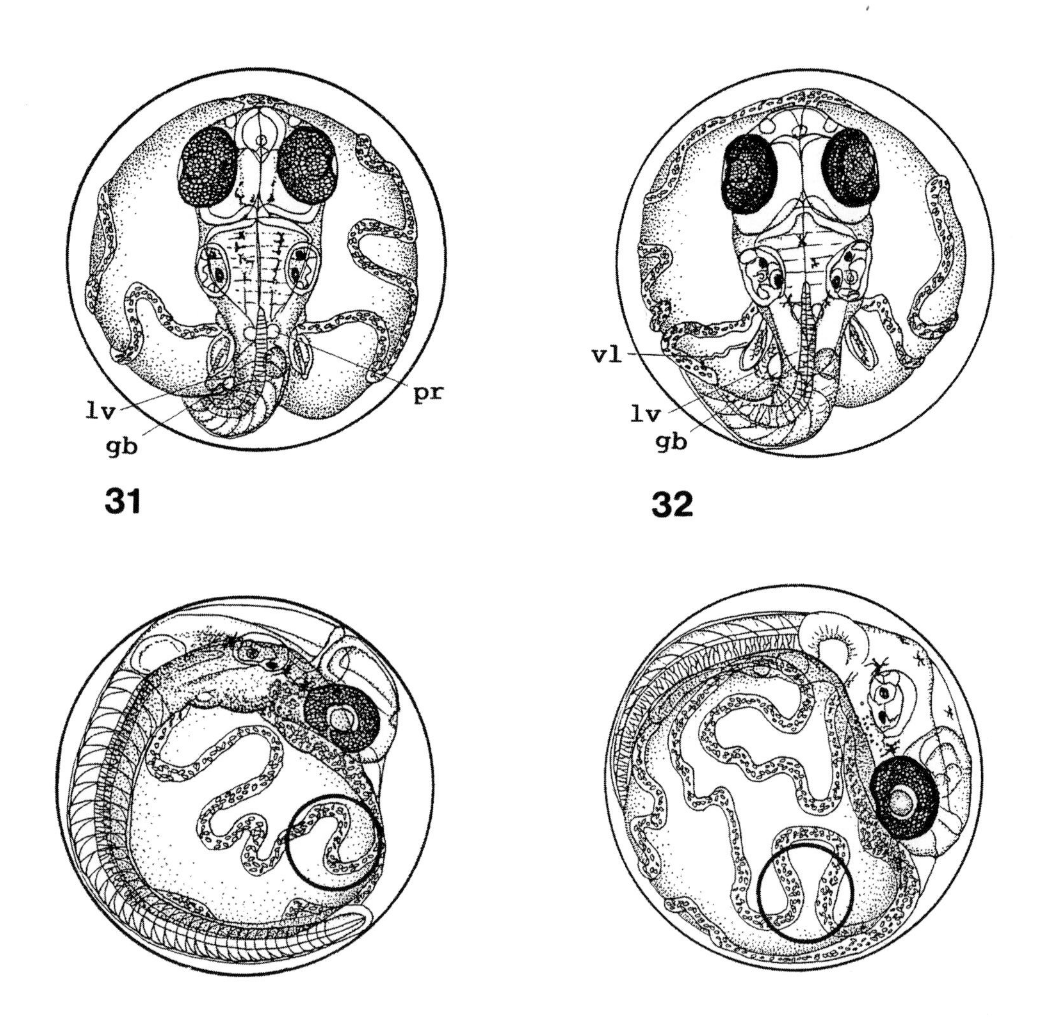

31期　鰓血管完成期（３日23時間）

巨大な孵化酵素腺細胞は眼球の中間位置まで後方から移動しており，鰓弓に血流がある．眼球全体にメラニン顆粒沈着が網状にみえる．第１体節前後に腎頭が明るくみえ，耳包内壁に内耳としての４つの膜状突出部が認められる．肝臓後部に胆嚢がみえる．尾部には．第21体節があり，腹側に幅広い膜鰭がみられる．眼の角膜，口腔前部が完成する（発生段階図31）．

32期　体節完成期（前腎小体・鰾形成期）（４日５時間）

鰾が第３体節に透明な胞状体として認められ，第１体節の脊椎の両側に小さく明るい腎頭(前腎小体)が明確になる．尾部では，血流のない尾端の体節が不明瞭になり，全体節は30を数えることができる．約２時間後には，尾部後端にねじれた血流がみられるようになる．耳胞に管状（半規管）膜室の形成がみられる（発生段階図32）．

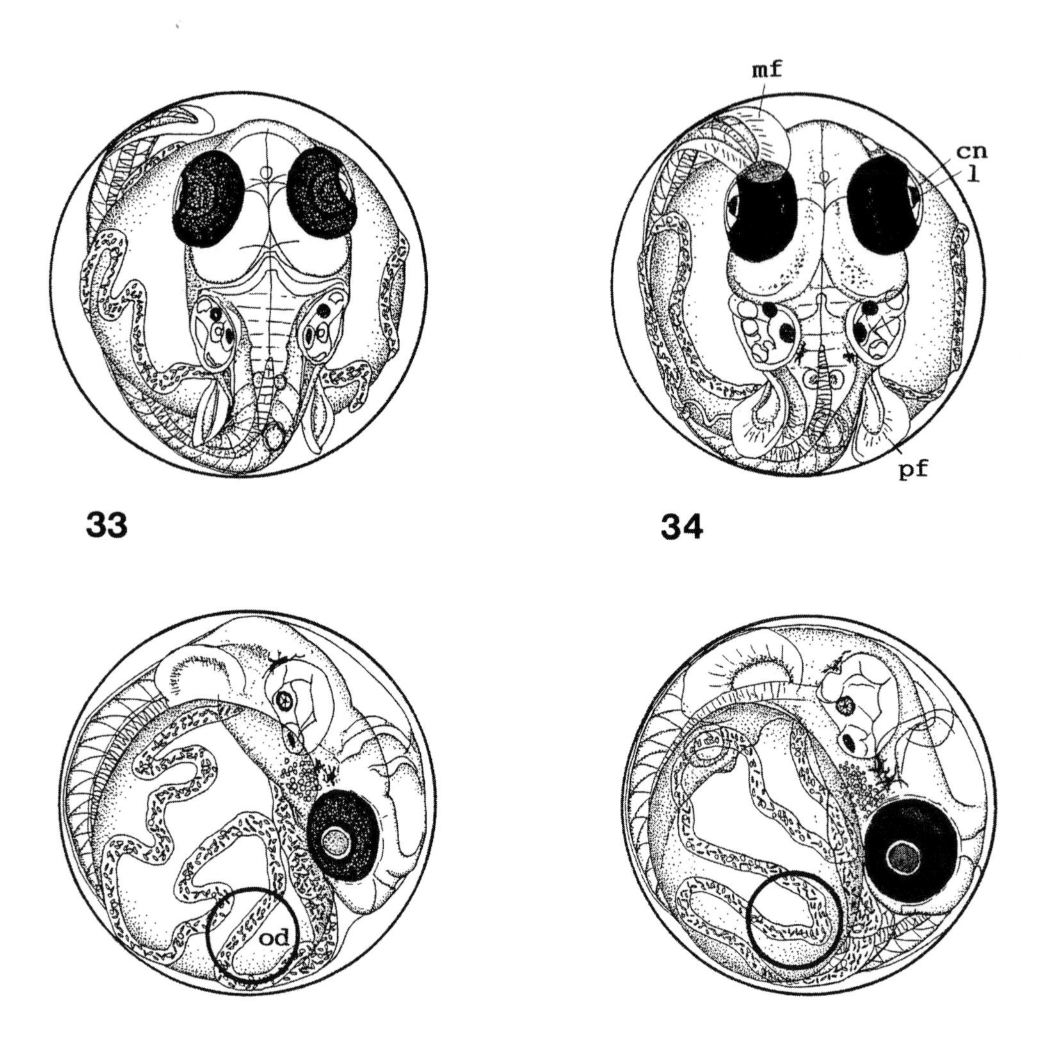

33期　脊索液胞化完了期（4日10時間）

尾端が眼に届くには，まだ眼球間の距離がある．前脳の背面には松果腺が明らかになり，それに前接した血流がみられる．脊索の液胞化がほぼ完了する。胸鰭は第4体節まで届き，背･尾･臀･胸鰭の膜鰭がみえる．眼球はまだ真っ黒になっておらず，背面からレンズが確認できる(発生段階図33)．

34期　胸鰭血流開始期（5日1時間）

尾端は眼に届き，胸鰭には血流がみられる．眼球は背面からレンズが確認しにくいほど黒い(発生段階図34)．

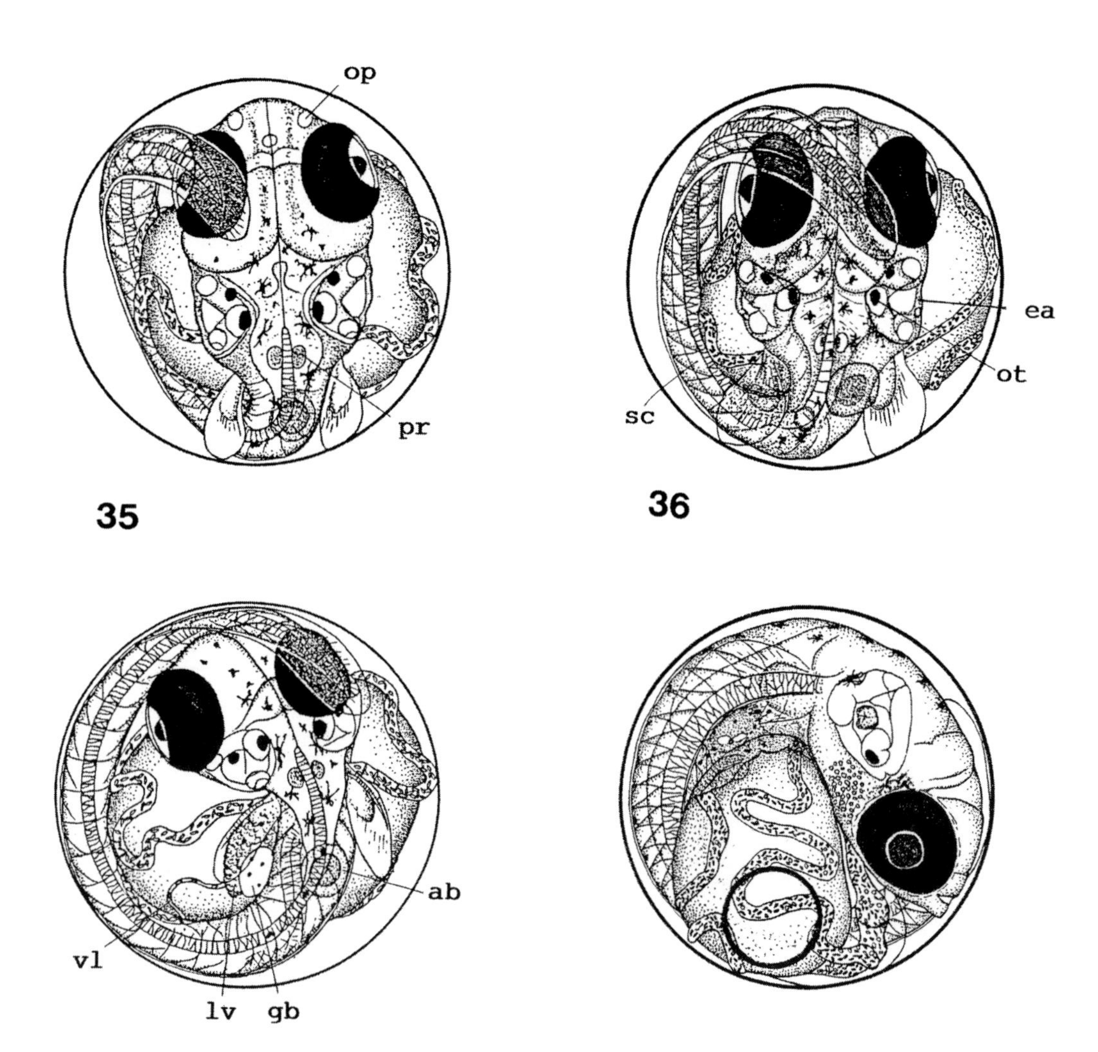

35期　内臓血管形成期（５日12時間）

尾端は眼球の後にまで伸び，グアノフォアが尾部の先端近くまで分布する．血流が頭部（脳・眼球など）をはじめ，体表，スタニウス小体，輸尿管（膀胱），消化管をめぐり，キュービエ管に注がれている．脊髄神経は明瞭な管状をなす．頭部において，口腔は体外に開き，上額部の表皮に孔器が数個みられる（発生段階図35）．

36期　心臓発達期（６日０時間）

尾端は耳胞近くに達する．第１～第４体節の体腔膜背面にグアノフォアが分布している．心臓では，房室間の湾曲がさらにその度を増し，心房・心室は側面からは互いに重なり合ってみえる（発生段階図36）．

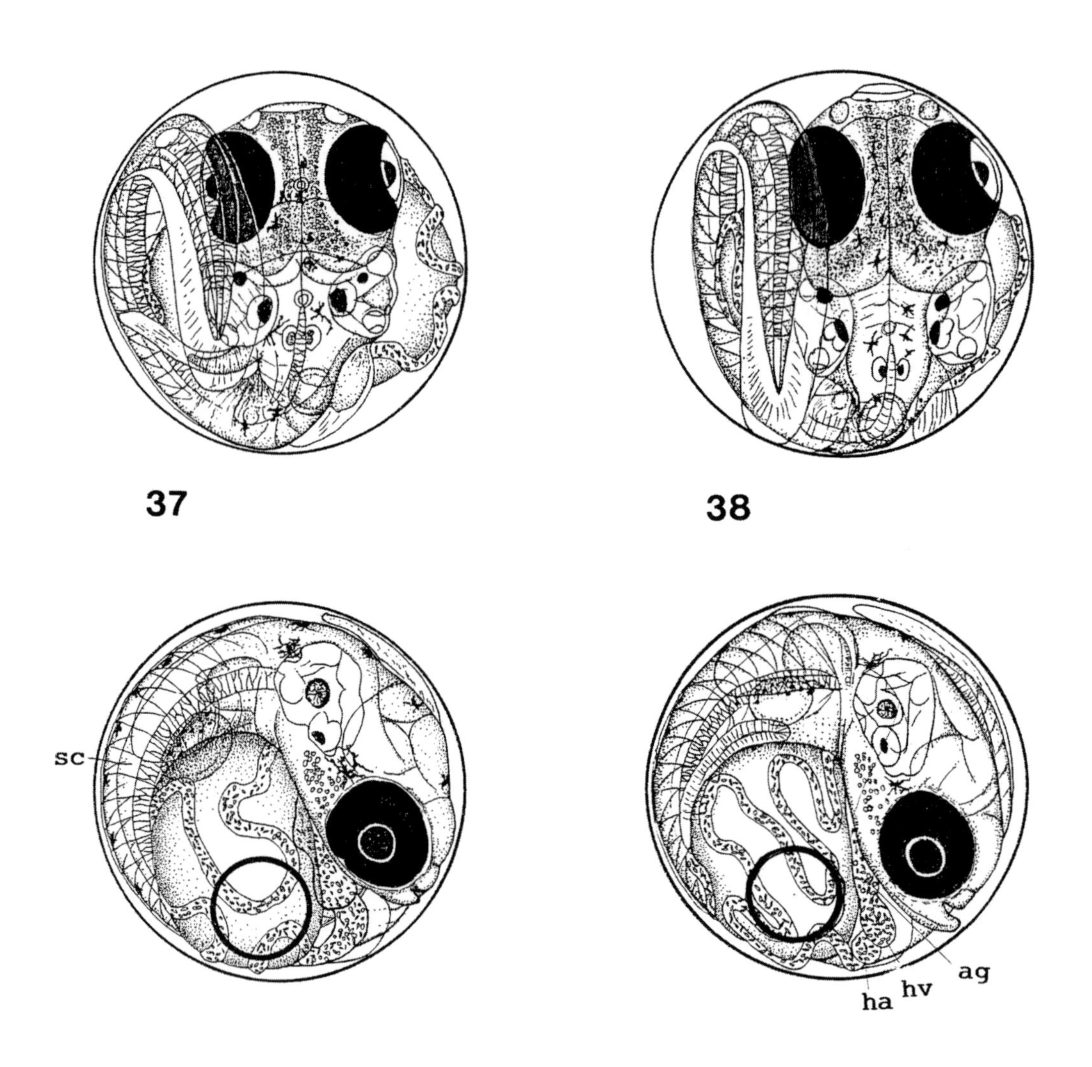

37期　囲心腔形成期（7日0時間）

尾端は耳胞の半分を被う．咽頭歯が両耳胞の後部間で鰓の後部に観察される．心臓の周りに透明な心嚢(囲心腔)が明確になる．消化管は，ゆっくりした運動を示し，その内腔が狭くなっている(全長約3.1mm)(発生段階図37)．

38期　脾臓発達期(尾部膜鰭分化開始期)(8日0時間)

尾端は耳胞の後にまで伸び，尾部膜鰭に鰭軟条構造が僅かにみえる．第3～第4体節の鰾の左側下，消化管背側に，脾臓が淡い赤色を帯びた小球として認められる．消化管は第3～第4体節の右体節側にある鰾の左側を迂廻するように，第1～第4体節間で湾曲している．大きく発達した胆嚢は淡い黄～緑色である．眼が口の動きを伴って左右同時に活発に動く(全長約3.6mm)(発生段階図38)．

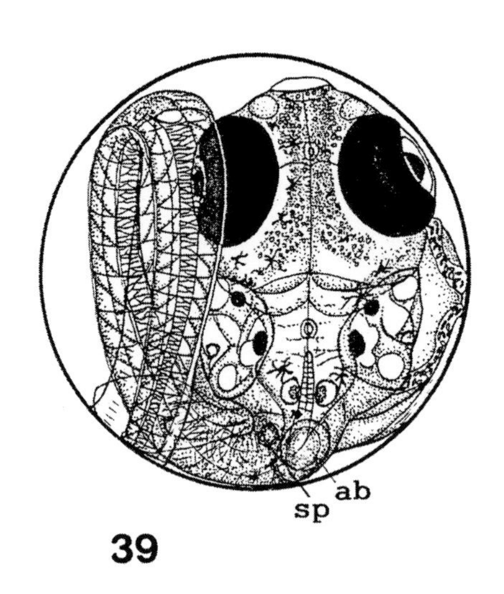

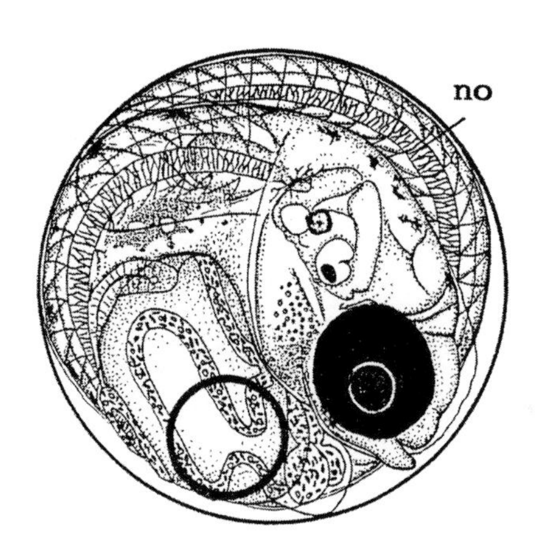

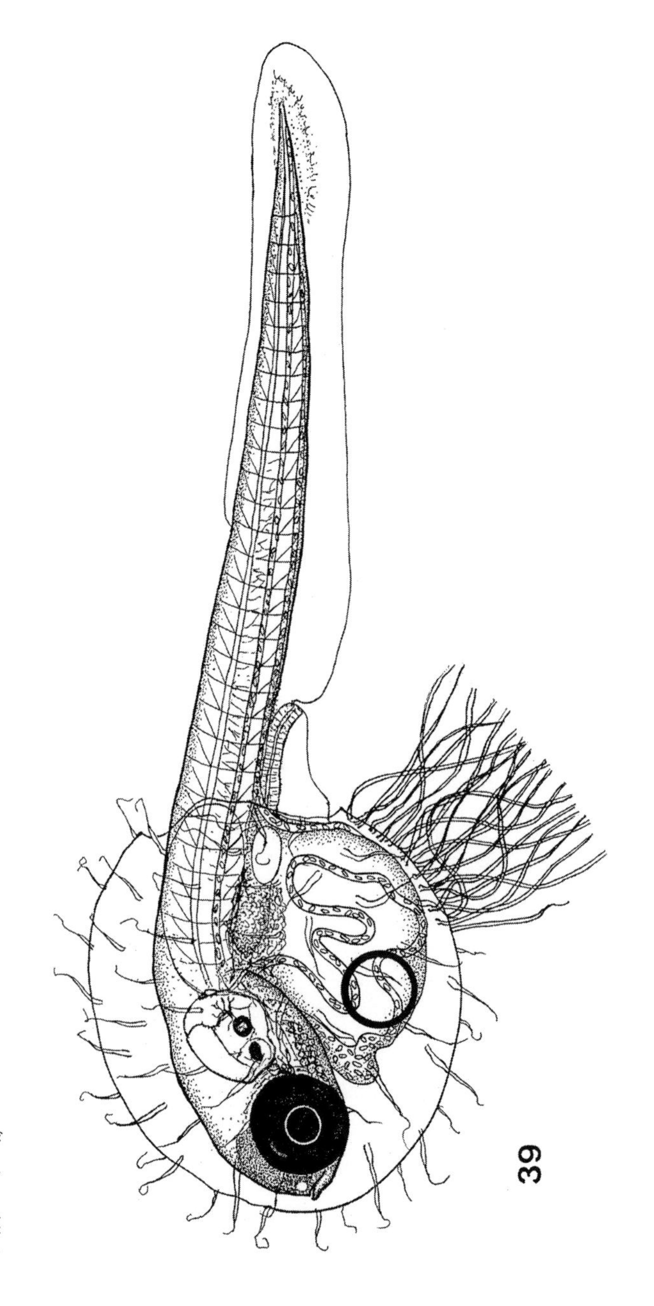

39期　孵化期（9日0時間）

尾端は胸鰭基部の少し後，ないしは鰾の後部にまで伸びている（全長3.8～4.2mm）．孵化すると，鰾の内壁が著しく拡張する（発生段階図39）．

口腔内壁に分布する孵化酵素腺細胞は消失している．胚は孵化酵素で卵膜の内層を溶かし，体を動かして最外層を破り，尾部から脱出する（図39，右）．

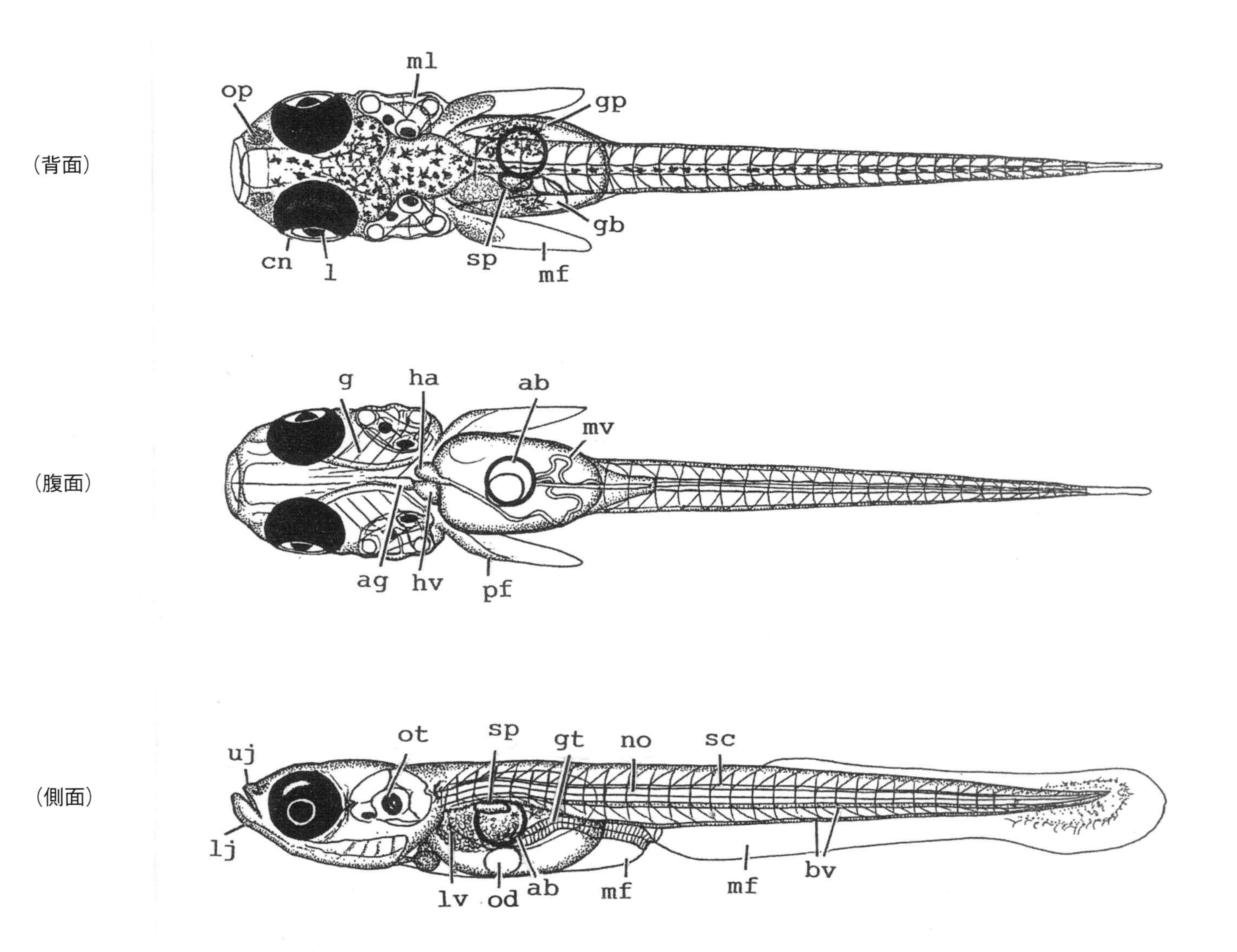

40期　第1幼魚期
孵化直後から，尾鰭の軟条が出現する（全長約7.0mm）までの幼魚（発生段階図40）.

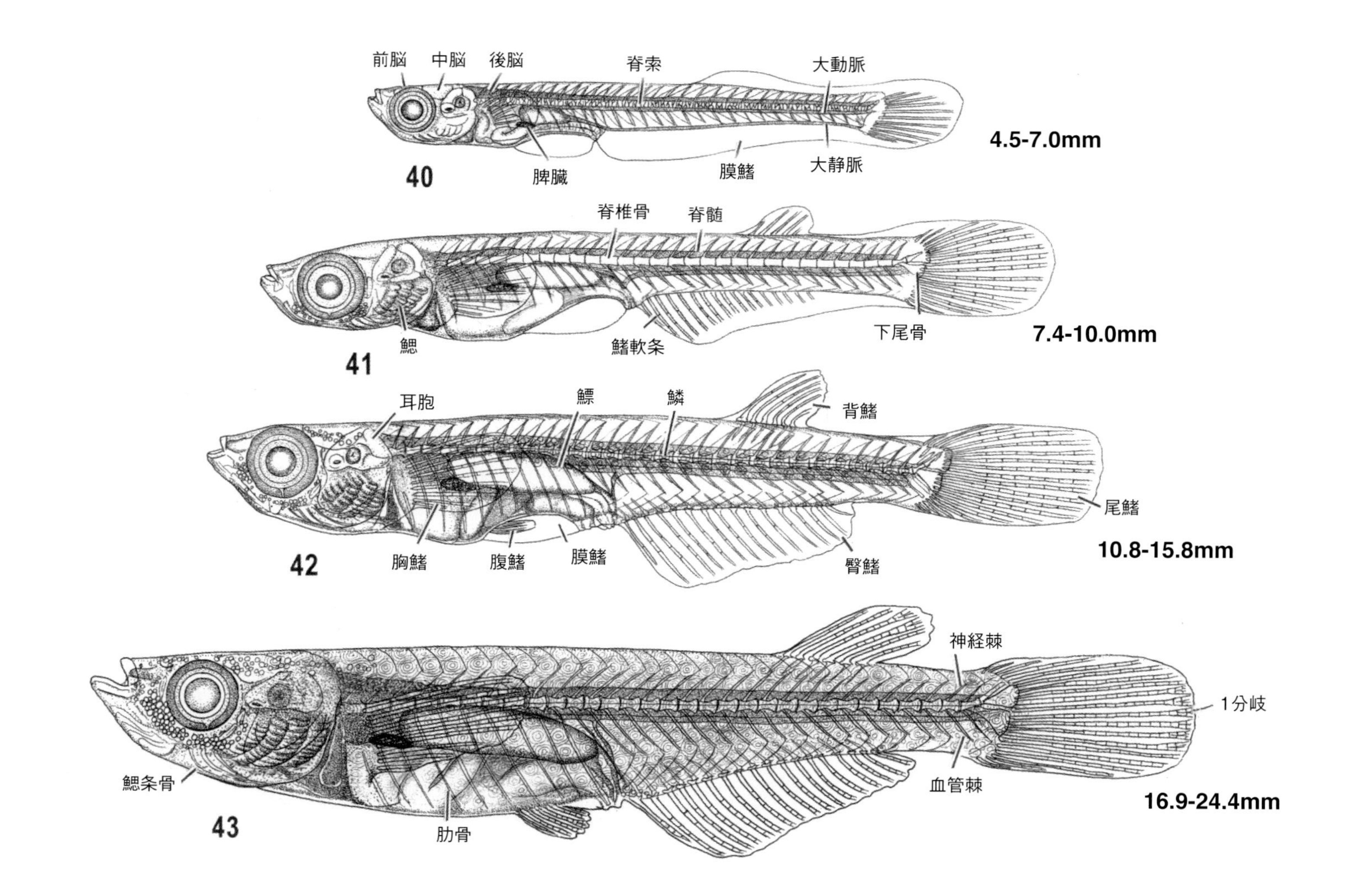

41期　第２幼魚期

臀鰭･背鰭の軟条が出現する（全長約10.0mm）までの幼魚（発生段階図41）．鱗は認められない（変態開始期）．

42期　第３幼魚期

腹鰭の軟条と鱗が出現する（全長約15.8mm）までの幼魚（発生段階図42）．

43期　第１若魚期

第二次性徴が認められ始める前（全長約24.4mm）までの若魚（発生段階図43）．

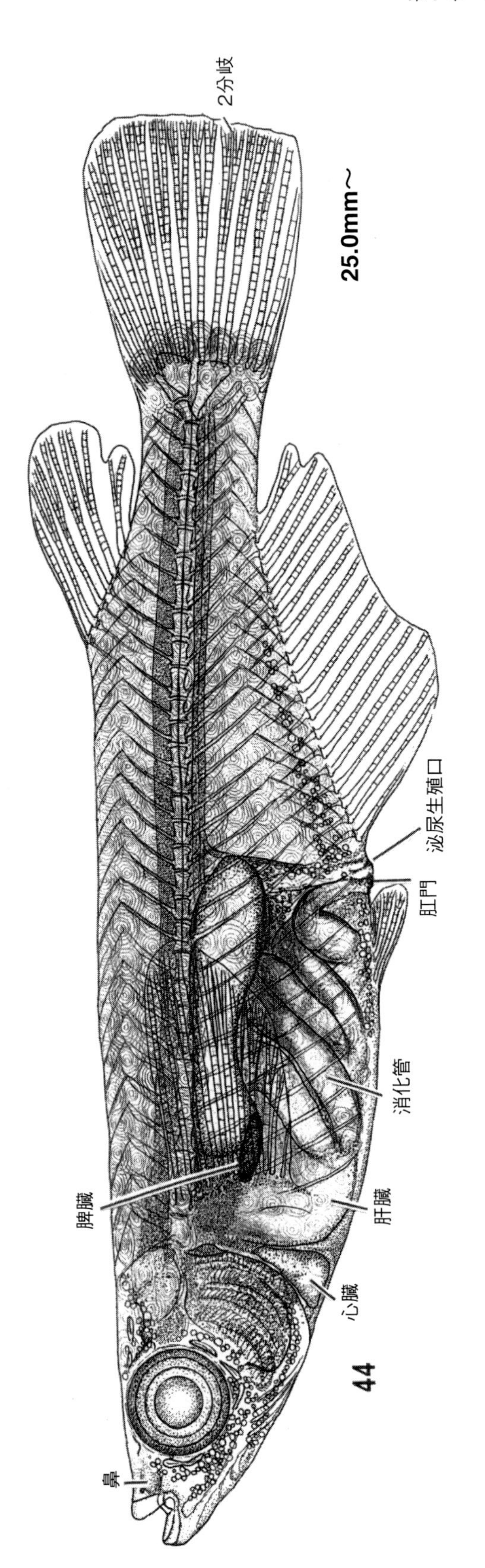

44期　第2若魚期
尾鰭の軟条先端部に第2分岐がみられ，産卵を開始する（全長約25.0mm～）成魚（発生段階図44）.

3．野生メダカの発生段階

野生メダカの発生過程（Iwamatsu, 2011）において，5体節（筋節）期（stage 20）になると，胚体の前域周辺の卵黄球表面に無色の黒色素胞（細胞）が70～80個見られるようになる。そして，ヒメダカの胚と違って1日半（26℃）近く経って6体節（stage 21）になると，それらの細胞の中にメラニンをもつ黒ずんだ細胞が認められる。こうして，黒色素胞（メラノフォア melanophore）はstage 21～27（7～24体節）胚の卵黄球表面に急増する（図7・62）。黒色素胞は体腔や胚体の前脳域にはほとんどみられない。卵黄球上の黒化した黒色素胞の数は stage 26まで増加し，その後 stage 29に向けて減少が続く（図7・63）。stage 29後，卵黄球表面の黒色素胞数は孵化期（stage 40）まで約70を変動する。12体節をもつstage 23の胚体には約50の黒色素胞がみられるが，stage 29後計測できないほど著しく増加する。それと同時に，卵黄球表面の黒色素胞は減少する。このことは，黒色素胞のいくらかは胚体の表面に移動していることを示している。

また，発生が進んで，血液循環が始まると黒色素胞は血管の伸長と共に血管壁に接着するものが僅かに増加する。stage 30以後の発生段階において，ほとんどの黒色素胞が血管壁に張り付くようになり，卵黄球表面の黒色素胞が減少する（図7・63）。以上のように，黒色素胞は発生と共に増加するが，胚体と血管壁に位置するようになる。こうした黒色素胞の存在を除けば，野生メダカはヒメダカとは胚発生の機構に関してまったく同じである。しかし，黒色素胞が内臓形成などの様子を観察するのに邪魔になる点から野生メダカ卵は教材には向かない（岩松，2014）。しかも，後述のように，野生メダカが減少している現状からも野外採集をして教材に用いるのは適切ではない。

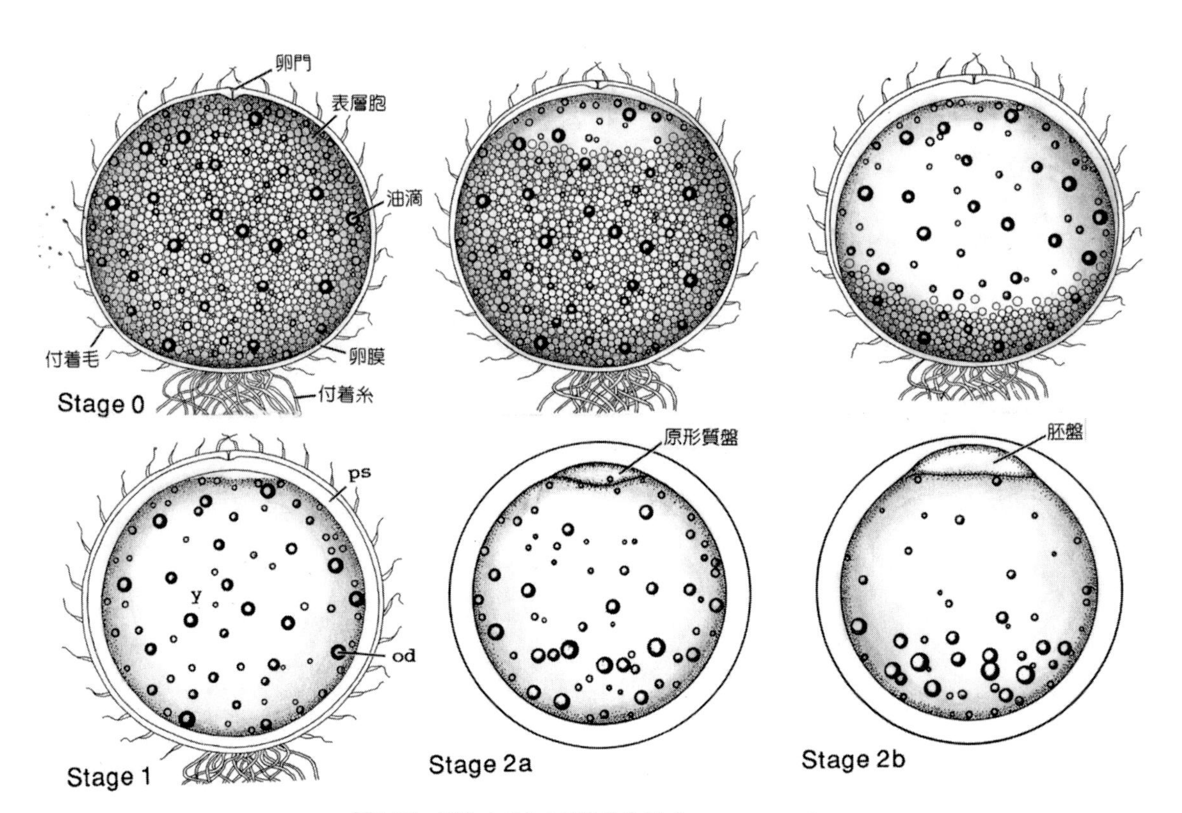

図7･62　野生メダカの正常発生図（Iwamatsu, 2011）

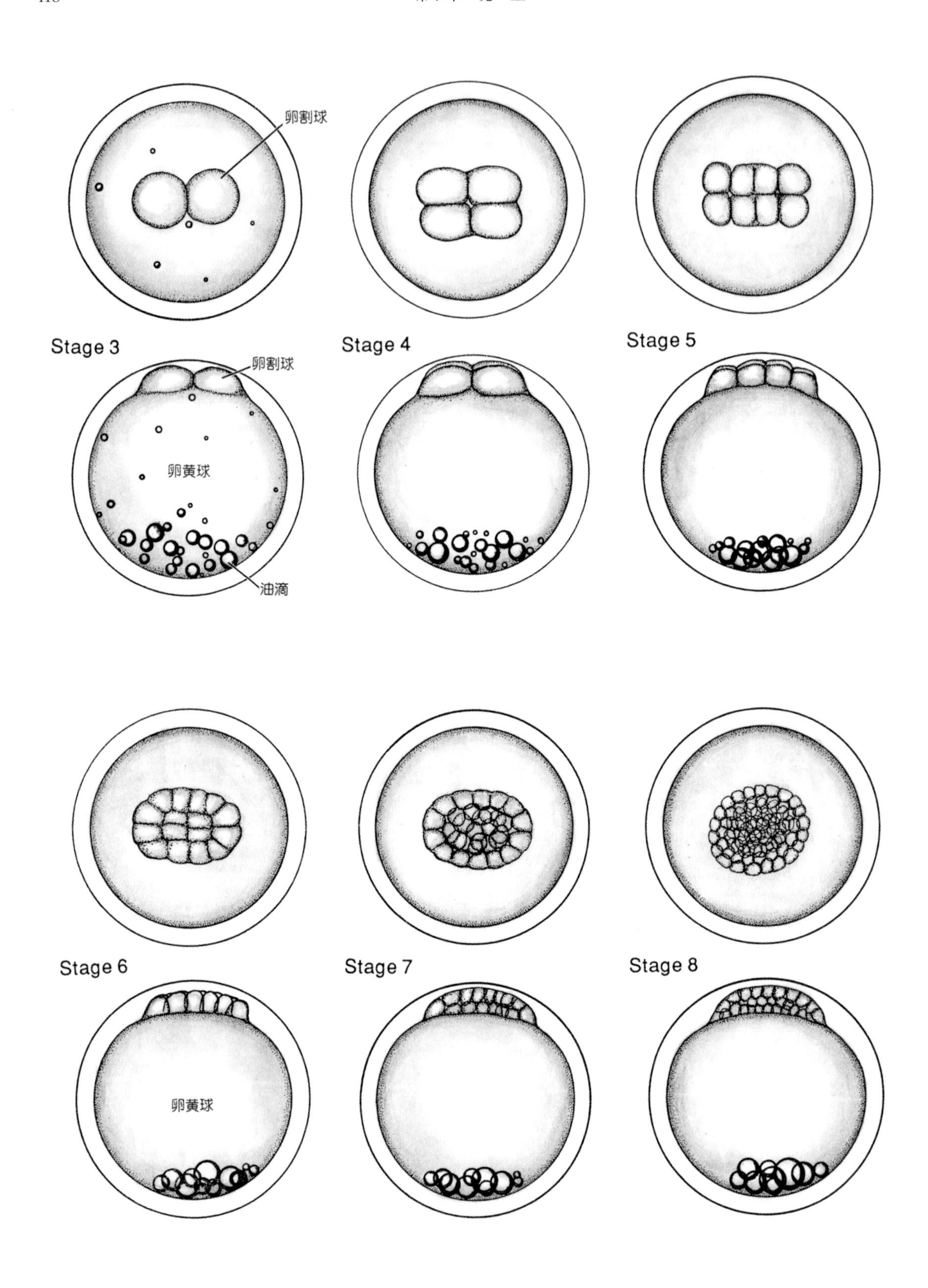
卵割球
Stage 3
卵割球
卵黄球
油滴
Stage 4
Stage 5
Stage 6
卵黄球
Stage 7
Stage 8

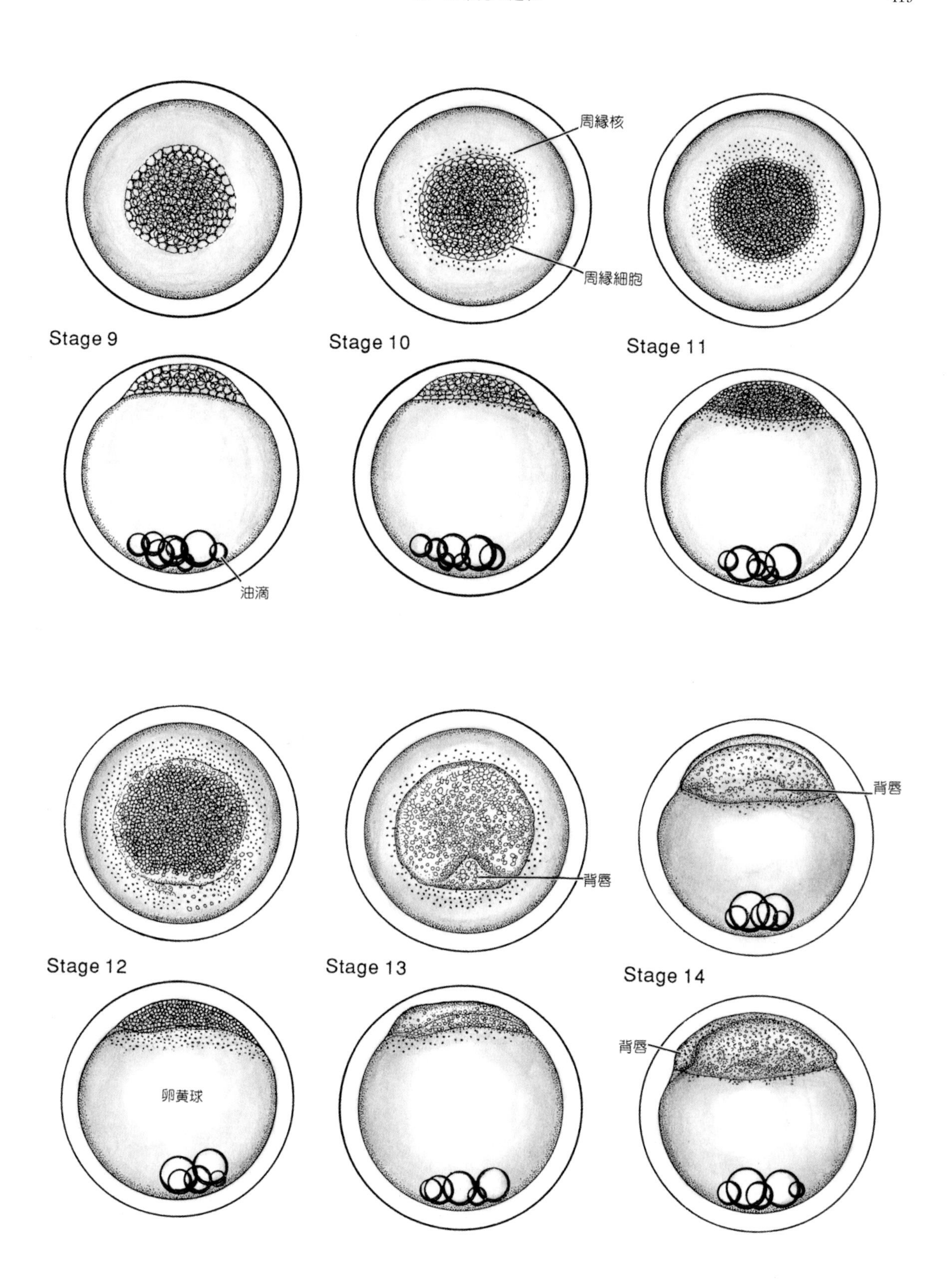
周縁核
周縁細胞
Stage 9
Stage 10
Stage 11
油滴
背唇
背唇
Stage 12
Stage 13
Stage 14
卵黄球
背唇

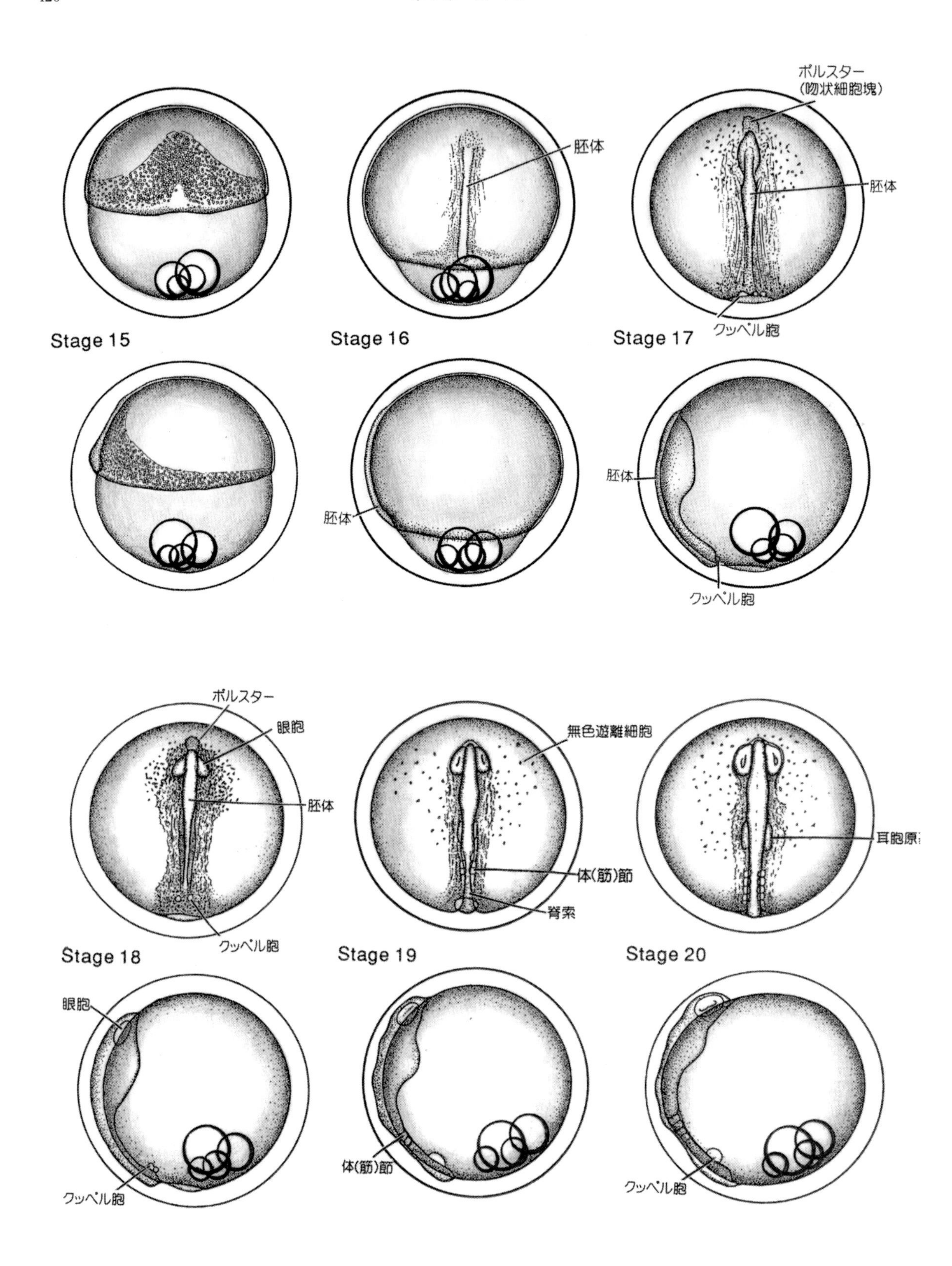
ポルスター
(吻状細胞塊)
胚体
胚体
Stage 15
Stage 16
Stage 17
クッペル胞
胚体
胚体
クッペル胞
ポルスター
眼胞
胚体
無色遊離細胞
耳胞原
体(筋)節
脊索
クッペル胞
Stage 18
Stage 19
Stage 20
眼胞
クッペル胞
体(筋)節
クッペル胞

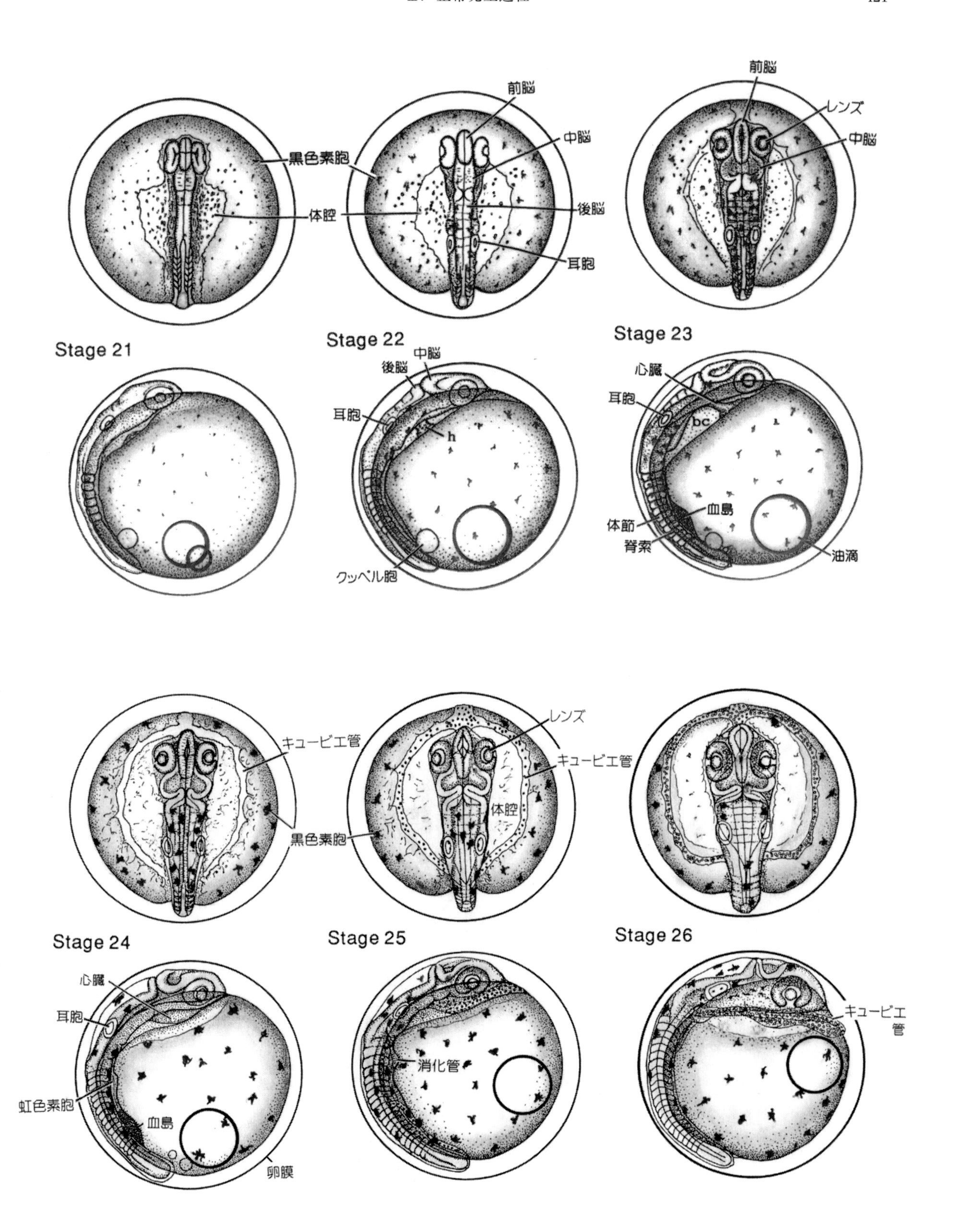
前脳
レンズ
中脳
黒色素胞
体腔
後脳
耳胞
Stage 21
Stage 22
Stage 23
中脳
後脳
心臓
耳胞
h
bc
血島
体節
背索
油滴
クッペル胞
キュービエ管
レンズ
キュービエ管
体腔
黒色素胞
Stage 24
Stage 25
Stage 26
心臓
耳胞
消化管
虹色素胞
血島
卵膜
キュービエ管

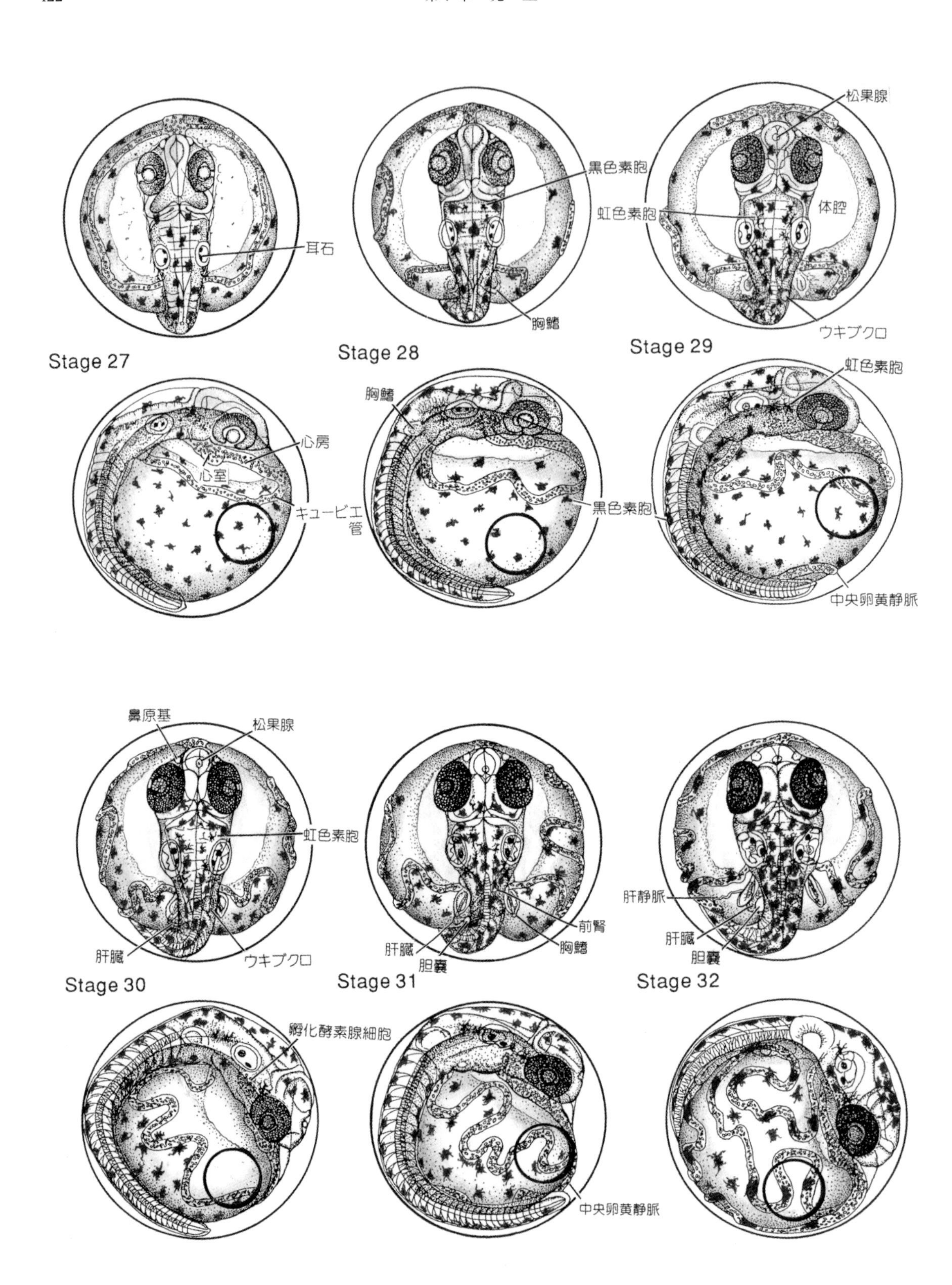

耳石
Stage 27
心房
心室
キュービエ管
黒色素胞
虹色素胞
胸鰭
Stage 28
胸鰭
黒色素胞
松果腺
体腔
ウキブクロ
Stage 29
虹色素胞
中央卵黄静脈
鼻原基
松果腺
虹色素胞
肝臓
ウキブクロ
Stage 30
孵化酵素腺細胞
前腎
肝臓
胆嚢
胸鰭
Stage 31
中央卵黄静脈
肝静脈
肝臓
胆嚢
Stage 32

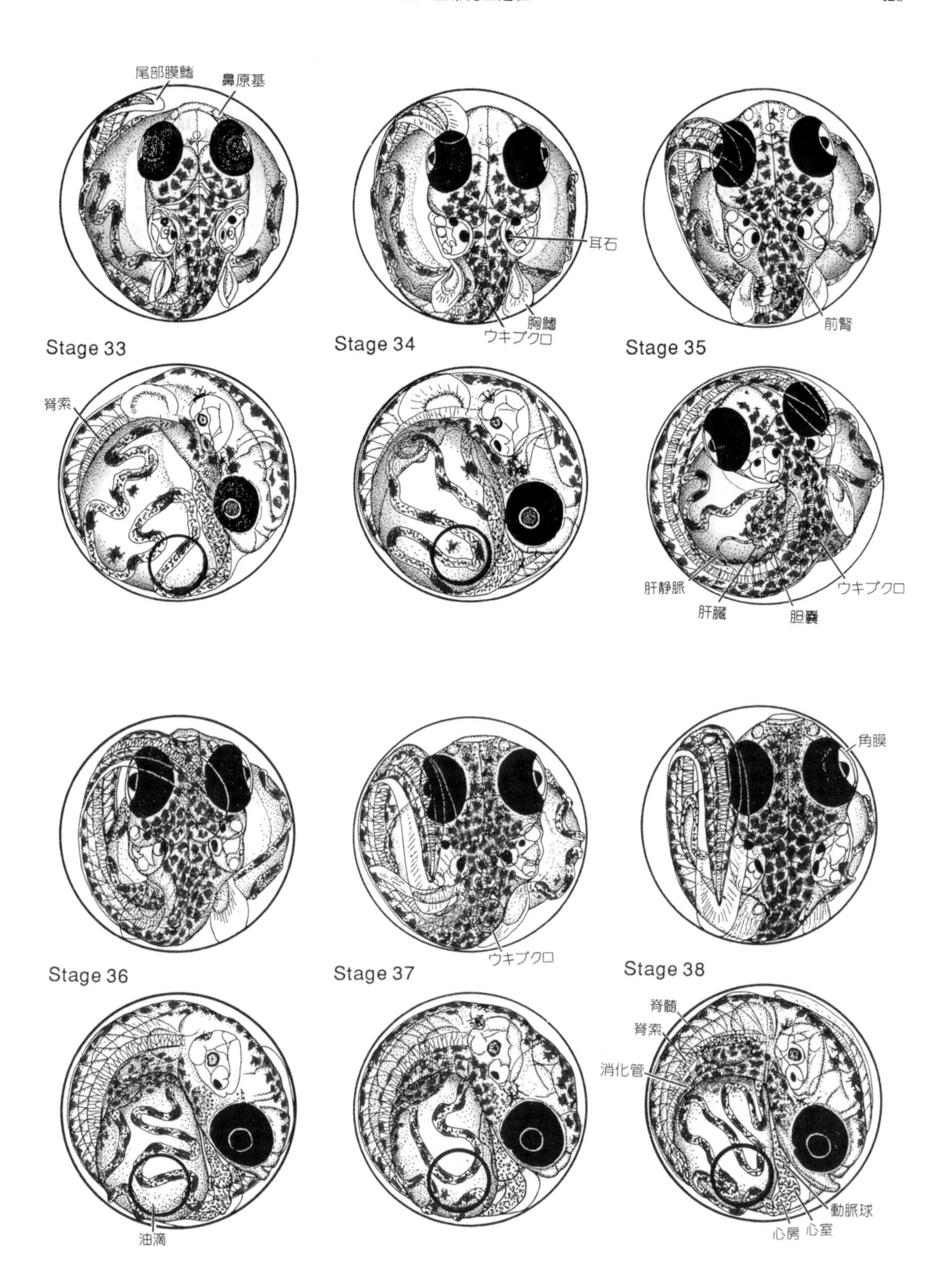
尾部膜鰭
鼻原基
耳石
胸鰭
ウキブクロ
前腎
Stage 33
Stage 34
Stage 35
脊索
肝静脈
肝臓
胆嚢
ウキブクロ
角膜
ウキブクロ
Stage 36
Stage 37
Stage 38
脊髄
脊索
消化管
油滴
動脈球
心房
心室

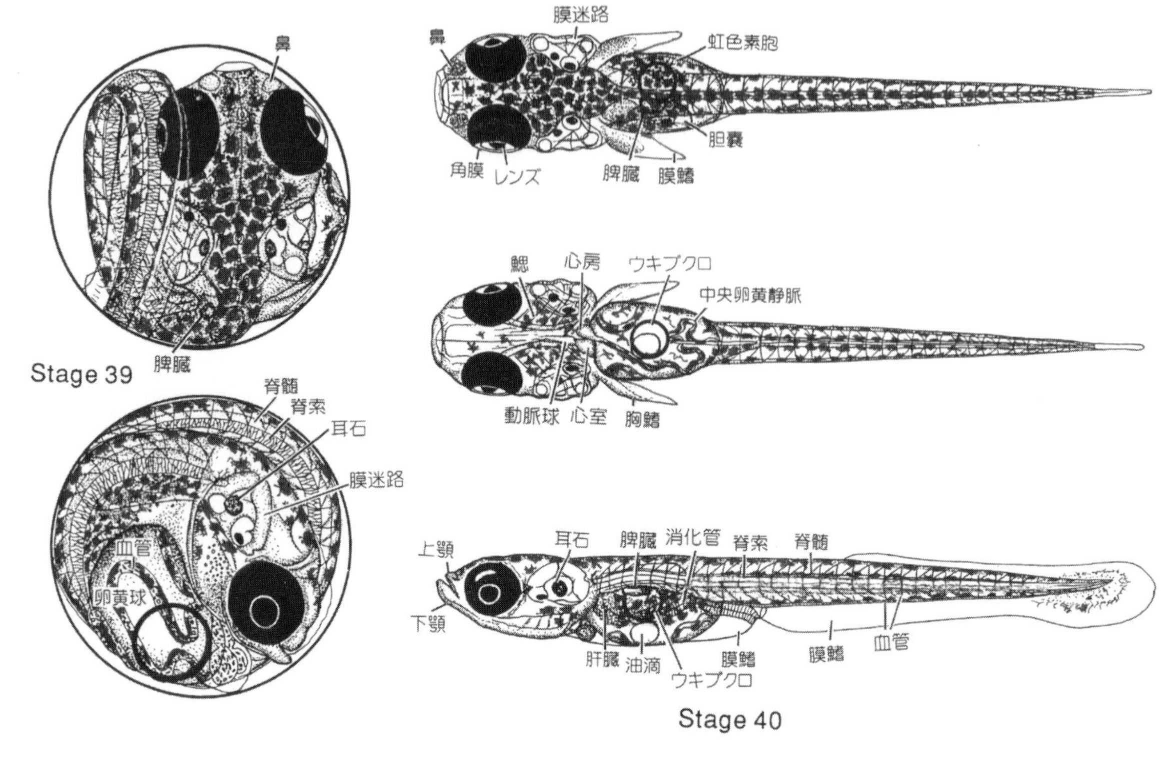

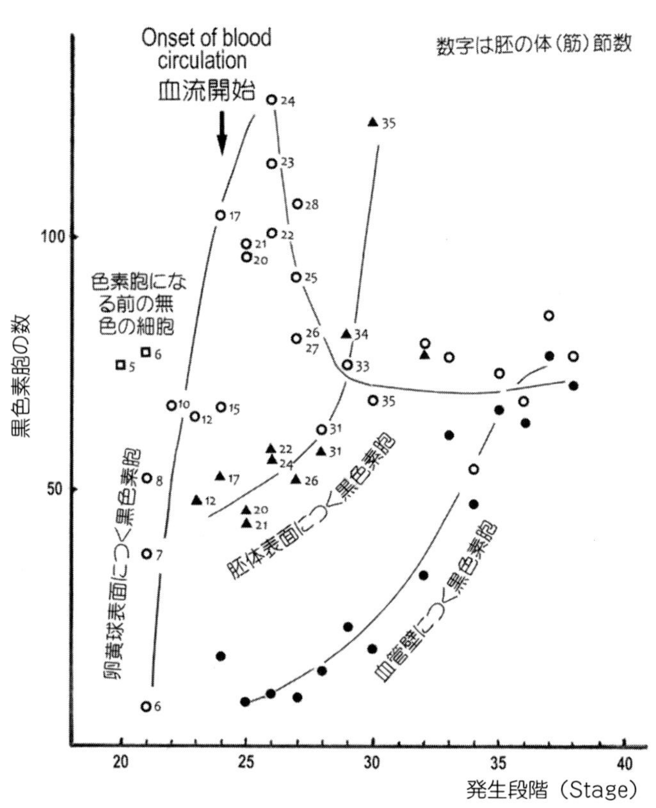

図7･63　野生メダカ胚の発生中の黒色素胞数の変化 (Iwamatsu, 2011)

Ⅳ. 成長と器官の形成および発達

生物は，地球上に誕生して以来，殖え続けて種族を保持してきた。その殖え方，すなわち生殖様式は生存場所や食物網の状況などの環境によって多様である。親が食物連鎖のたとえ上位にあっても，幼生から成体へと成長する途上に天敵の犠牲になることがしばしばある。その意味でも，種族を保持するために外敵から子を護ることも，産むことと同じく生殖上重要な活動である。孵化後，幼魚は自らからだを保持し，外敵から護るための“からだつくり”をなさねばならない。それが成長であり，幼魚が成魚の構造と機能を獲得する変態 metamorphosis の過程である。そのからだ全体を構築する成長過程では，遺伝子の順序だった発現カスケードによって個々の組織・器官が秩序正しく細胞死（アポトーシスapoptosis）による退化及び分化と発達を伴う。

孵化直後の稚魚は，全長（TL）が卵の直径の約４倍である。その後全長は，指数関数的に増加するが，死ぬまでに孵化直後の９～10倍に達する。野生メダカを孵化直後からガラス水槽（７号アングル，上面濾過装置付き）を用いて，一定条件（26℃，明期14時間）下で，餌として粉餌（エビ粉：こうせん＝１：１）を１日数回与えて飼育すると，孵化後産卵を開始するまで，体はほぼ直線的に大きくなる（図７･64）。メダカでは成長速度の変換期は，産卵開始期とほぼ一致している。

また，体長25mm以上の第二次性徴が明瞭になった個体では，孵化後の日数が同じものの間で大きさを比較すると，雄の方が雌より大きいものが多いようであるが，少なくとも１年間は雌雄ともに成長し続ける。久保・櫻井（1951）によれば，横須賀市久里濱にある東京水産大学構内の野生メダカは，体長21～22mmの雄，体長24～25mmの雌の１歳魚群と体長24～26mmの雄，体長27～29mmの雌の２歳魚群が混ざって生息していて，１歳魚群・２歳魚群いずれも雌の方が大きい雌大型魚に属するであろうと報告している。

この大学構内での調査は各個体の大きさが時間を追ってなされていないため不明であるが，棲息環境が雄の成長・生存に適さない可能性がある。野外でのメダカの成長を示しているか否かは，同一個体の追跡調査

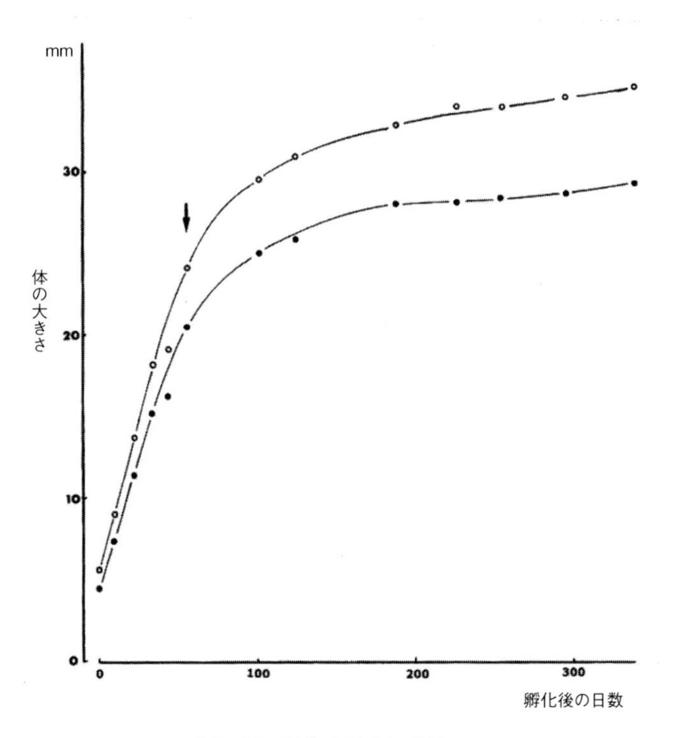

図7･64　野生メダカの成長

体長（黒丸）が20mmほどになる孵化後50～60日目に産卵を開始する（矢印）．白丸：全長..

が野外では極めて難しい（小林，1999）が，そうした追跡調査の結果から結論を出す必要がある。ここで言う1歳魚・2歳魚の根拠も大きさの推定からであろうし，採集した個体の鰭 fin，鱗 scale や耳石 otolith で年齢を推定・調査すべきである。

成長を表す目安として全長（もしくは体長）・体重を測定する。それらの年齢ごとの測定値をグラフに表したものが成長曲線である。体の大きさは，メダカの種や系統の遺伝的な因子によって決まるが，その他餌，水域の広さ，水温，光やストレスなどの外的要因に影響を受けて多少成長係数（k）が変わる。一般に体長でみると，はじめの増加は緩やかであるが，やがて急激に増加し，再び緩やかな増加がみられるS字型曲線を示す。

$\mathrm{Log}_e\, b/A\text{-}b = k\,(t_o\text{-}t_l)$

（A：成長する量の最大値，b：成長する量（体長）

t_o：時間，t_l：最大生長量に達する時間）

孵化後成長の速いメダカでは，性的成熟まで急速に成長して，その後緩やかに成長し続けるため，明確なS字型曲線を示さない（図7･64）。年齢につれて筋力や代謝活動など体力が減衰するため，食餌（栄養摂取）ができず，成長が止まる。それればかりか，環境である寒暑や病原菌に対する抵抗力の低下など，さまざまな外的の攻撃のために死ぬ（寿命）。

胚の発生段階で，成体にみられるほとんどの組織や器官が基本的に形成される。例えば，内臓の心臓，脾臓，肝臓，胆嚢，消化管などの基本的な位置と形が決まる。それらは，胚体内で徐々に大きくなりながら形作られるが，孵化後も体の成長と共に発達し，生涯変化し続ける。孵化後時間と共に変化するからだの部分の新たな形成（完成）をもとに，成長を発達段階 developmental stage 40, 41, 42, 43, 44（45）に区別して認識されている。

＜成長段階＞（図7･61の stage 40～ stage 44は透明シースルーメダカを用いている: Iwamatsu *et al.* 2003）

Stage 40（全長4.5～7.0mm：前変態期）

野生型稚魚は，孵化すると，間もなく鰾にガスが生じる。尾鰭（4～5），胸鰭（4～5），臀鰭（6～7）の軟条，および尾鰭（4）と胸鰭（2～3）の軟条に節が出現する。この他，脊椎骨の神経棘が出現し，卵黄の消耗と共に油滴が消失する。

Stage 41（全長7.4～10.0mm：変態開始期）

大動脈と大静脈が脊椎骨腹側を並走する。膜鰭の消失につれて，臀鰭，尾鰭，背鰭の形成と胸鰭軟条（9）の形成が見られる。臀鰭（1～6），背鰭（3～4）の軟条節，上顎の歯，腹鰭などの出現と耳胞の壺 lagena 内に星形（状）石 asteriscus と体側列の鱗（1～2隆起線）の形成がみられる。脊椎骨の椎体の形成もみられる。

Stage 42（全長10.8～15.8mm：鰭軟条形成期）

背鰭（5～6），尾鰭（20），臀鰭（17～18），腹鰭（5～6）の軟条形成（各鰭の軟条数の確立），消化管の伸長2回旋期。尾部の動脈と静脈が並走する。

Stage 43（全長16.0～24.4mm：性的二型形成期）

尾鰭，腹鰭，背鰭，臀鰭，胸鰭の全鰭軟条の第1枝（岐）期，雌に泌尿生殖隆起の発達，雄の臀鰭における軟条上の乳頭状突起形成。

Stage 44（45）（全長25.0mm～）

尾鰭の軟条先端部に第2分枝（岐）がみられ，胴部体側鱗の隆起線は平均10（25mm）から15（30mm）を数える。

体長は1年間で雄が21～22mm，雌が24～26mmに成長し，2年間で雄が24～26mm，雌が27～29mmになるという（久保・桜井，1951）。最も大きい個体は，雄では体長31mm，体重0.60g，そして雌では体長34mm，体重0.91gと計測されている。しかし，2001年に，山形県西村山郡西川町の沼で捕獲されたメダカ（採集者：佐藤 政則）は，全長53mm，体長45mmの雌であった（図7･65）。その後，2003年1月20日に死ぬまで成長を続けて全長58mm，体長50mmに達していた。成魚において，一般に体長・体重とも雌の方が雄よりも大きく，性比はほぼ1である。

成長過程における体のでき方や変化を観察することによって，成魚の体を異なった視点から理解することができる。孵化して泳ぎだしたメダカは，そのからだがただ単に大きくなって成魚になるのではない。成長期には，幼魚組織の退化し，それに代わる成魚の組織・器官が形成・発達する変態が起きる。すなわち，メダカでは，孵化後稚魚 fry は変態開始前の幼魚 lar-

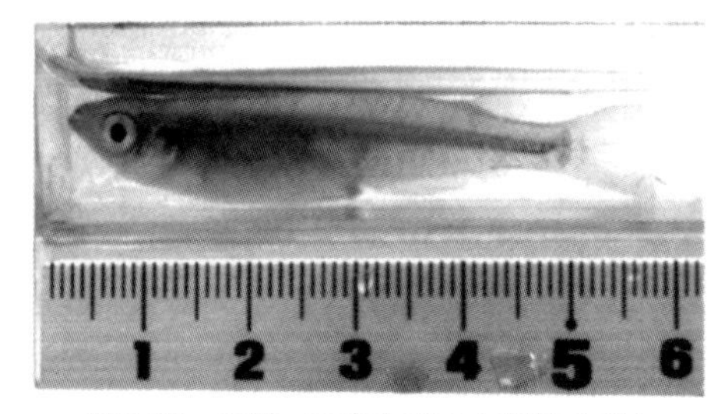

図7･65 山形・天童市産の大型雌メダカ（佐藤政則氏撮影）

val fish（仔魚）から全長14～15mmの若魚 juvenile fish (young fish）までの変態期 metamorphic period を経て全長約16 mmの若魚 adult fish になる。変態をほぼ終えた成長段階 stage 43の若魚は，stage 44までに内分泌系などの生理学的機能の獲得と共に，さらに骨格，筋肉，消化管や生殖巣の発達，鰭先端の分岐，鱗の隆起線の増加，第二次性徴など成魚の諸形態をもつ。

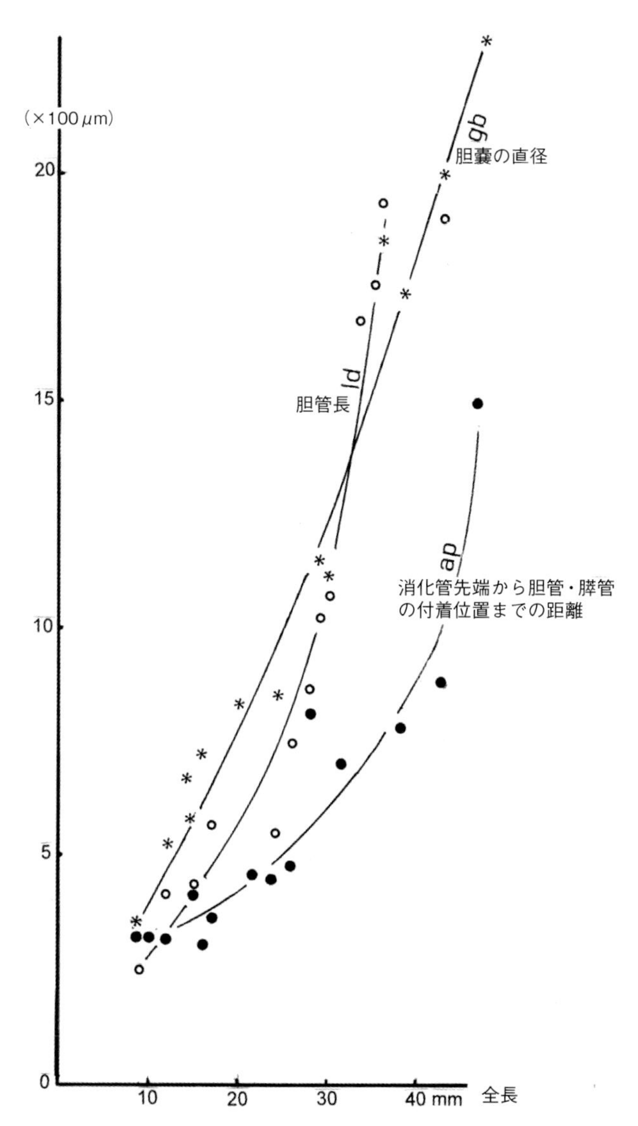

図7･66　成長に伴うメダカの胆嚢と輸胆管の付着および長さの変化（Iwamatsu, 2012）

1．消化管の発達

孵化時の基本的な消化管は胚型（Ikeda, 1959）のままで，鰾の左側を廻って肛門に達している（Iwamatsu, 2012）。咽頭から体腔膜の最前端部を貫通している極端に短い食道（全長10～20mmで長さ210～300 μm，管径4 mm；全長25～35mmの成魚で長さ500～700 μm，管径0.7～0.8mm）に直接続く消化管の前部は，メラニンの沈着で表面が黒く煤けてみえる。

食道に続く消化管は起始部が膨大しており，胃のような外観を示す。しかも，ヒトを含む哺乳類の胃のようにその左背側に脾臓が接している（図5･23）。消化管先端から脾臓前端までの距離は，全長18mm未満の個体では0.28mm，全長20～29mmでは平均0.38mm，それ以上全長38ｍｍまでの個体では平均約0.54mmとなり，成長と共にやや変化する。ちなみに，消化管前部のやや左背面に接している脾臓の長さは，全長20～28mmのメダカでは平均約1.8mmである。そうした消化管の前端近く（全長10～25mmで，前端から約300～800 μm）でやや右寄りのところに胆嚢と膵臓の輸管が付着・開口している。個体によっては，それらが消化管前端に開口しているものもある。しかし，多くの個体では，食道から腹腔 abdominal cavity に入って間もない位置である。胆嚢および輸胆管の直径は成長とともに増大する（図7･66）。したがって，食道に続く消化管の前部は胃ではなく，ヒトの十二指腸に相当する。いわば，メダカは無胃魚である。

メダカの消化管前部は太く，その直径が全長に比例して大きくなる（図7･67）。変態前の全長8～12mmのメダカでは，その管径は平均約0.5mmで，変態が終わって性的に成熟している全長20～25mmの個体では変態前の個体のものの倍近い1.0～1.2mmの太さとなる。また，消化管のこの太い前部は，鰾を回避するように最初は左側に曲り，体腔の腹壁に沿って右側に曲折し，中部域から管径が細い後部域では続いて背側を左側に廻り肛門につながっている。そして後方に蛇行するに連れてやや細くなり，末端部付近の管径は全長20～25mmのメダカでは太い前部での半分ぐらい（0.6～0.7mm）の太さとなる。

消化管の形状は個体によって著しく異なっている（図7･68）。全長約15ｍｍの幼魚では，消化管は腸間膜内の血管に連結している太い内臓血管より伸長が速

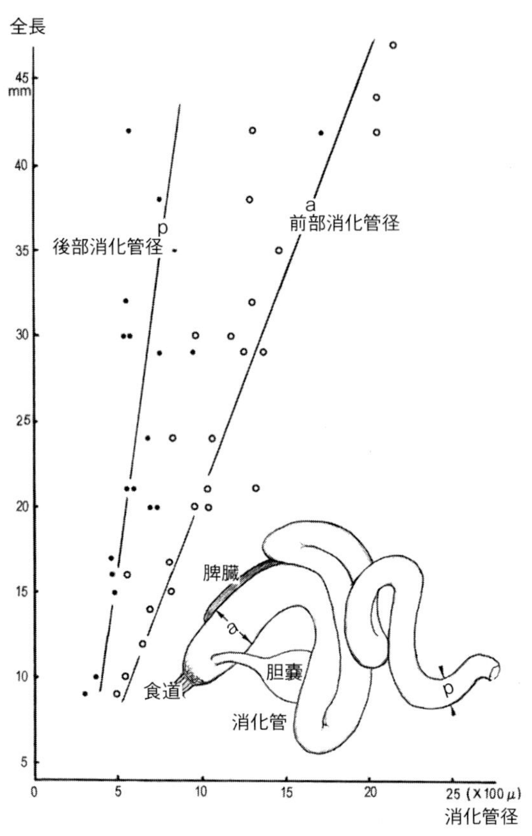

図7・67　メダカ消化管径の成長に伴う変化
(Iwamatsu, 2012)

いので，体腔内で折れ曲がり蛇行する。腸間膜には，肝門静脈に伸びている細い血管が目立つ。消化管は成長につれて伸び，発達する腸間膜によって引きつれて著しく回旋・蛇行するようになる。こうして，体腔内の消化管，肝門静脈，腸間膜血管，脂肪組織などの発達によって，大きくなる肝臓，胆嚢，脾臓，鰾などの形や位置が胚型から成魚型に変わる。これは，変態以前の幼（仔）魚 larval fish の発達段階でみられる消化管の形状パターンであり（Iwamatsu *et al*., 2003），その位置と形状は中央脂肪組織 central adipose tissue（図5・23）から伸びる腸間膜 mesentery によって引っぱられ，限定される。

無胃魚には植食性や雑食性のものが多い。図7・68が示すように，雑食性の無胃魚であるメダカの消化管の長さ（消化管長/体長の比 relative length of gut: RLG）は，幼魚期では全長より短いが成長と共に伸びる。消化管は変態期には，全長より短く，全長が20mm以上になってしだいに全長より長いものが多くなる（図7・68：Iwamatsu, 2012）。食性に変化は認められないが，性的に成熟すると消化管長は全長よりおおむね長くなる。この傾向には雌雄の差を認め難く，関与すると考えられる成長ホルモンや性ホルモンとの関係については現時点では不明である。

2．鰭とその付属骨格の変化

胚発生の時期に胸鰭は形成されるが，尾・臀・背・腹部では全くの膜状の鰭原基しか認められない。孵化してから鰾にガスが生じて，鱗をはじめ臀鰭・背鰭・腹鰭・尾鰭が形成される（発生段階図41期，42期）。

背鰭において，鰭軟条が現れ始めるのは体長が6.5～7.0mmの大きさになってからであり，軟条節が生じるのは7.0～7.5mmになってからである。また，臀鰭において，鰭軟条が現れるのは体長が約5.5mmになってからであり，6.2mm以上において軟条に節が初めてみられる。臀鰭の軟条乳頭状小突起は体長約19mm以上で現れ，臀鰭後端から前の7～8本（最後端の軟条を除く）の軟条にみられる。臀鰭の雄型への分化は体長が20～24mmに達してからである（Okada and Yamashita, 1944; 久保・桜井, 1951; Egami, 1959）。同様なことが臀鰭の最後端から前の第3番目の血管棘（腹突起）間 interhemal spine 幅の最大値にもみられている（Egami and Ishii, 1956）。背鰭及び尾鰭の軟条節間数については，体長18mm及び22mm以上で，雌雄に明確な差（雄>雌）が認められる。

魚にとって自由生活のための運動器官である鰭は，遊泳移動，生殖，捕食，逃避，闘争，威嚇などの行動に不可欠である。そのため，魚種によってその形態や機能は著しく多様化している。遺伝的な支配下にあるそれらの発生・発達の機構を解明することは，種の分化，そして進化・系統を把握する情報を得る上に重要である。また，からだの構築過程に起こる退化と形成の仕方は種の辿ってきた道のりを推理するのに役立つ。メダカにおいて，多くの硬骨魚類と同様に，発生途上最初に形成され始めるのは対鰭 paired fins の胸鰭である。他のすべての鰭は孵化後に形成され始める。しかし，その付属的な骨格が生じるのは，すべて孵化後のいわゆる変態期においてである。メダカの鰭の形態は変態期に幼魚型から若魚型に変換する。

a．鰭の形成

鰭の中でも，胸鰭の膜鰭 membraneous fin（血管をもつ鰭膜と異なる膜状の鰭）は最も早く発生段階の stage 27に生じる。次いで，腹部と尾部の膜鰭が生じる。背側の膜鰭の起点（前端）は第18～第19椎骨の神経棘間であり，尾部先端の膜鰭に初めて鰭軟条の原基

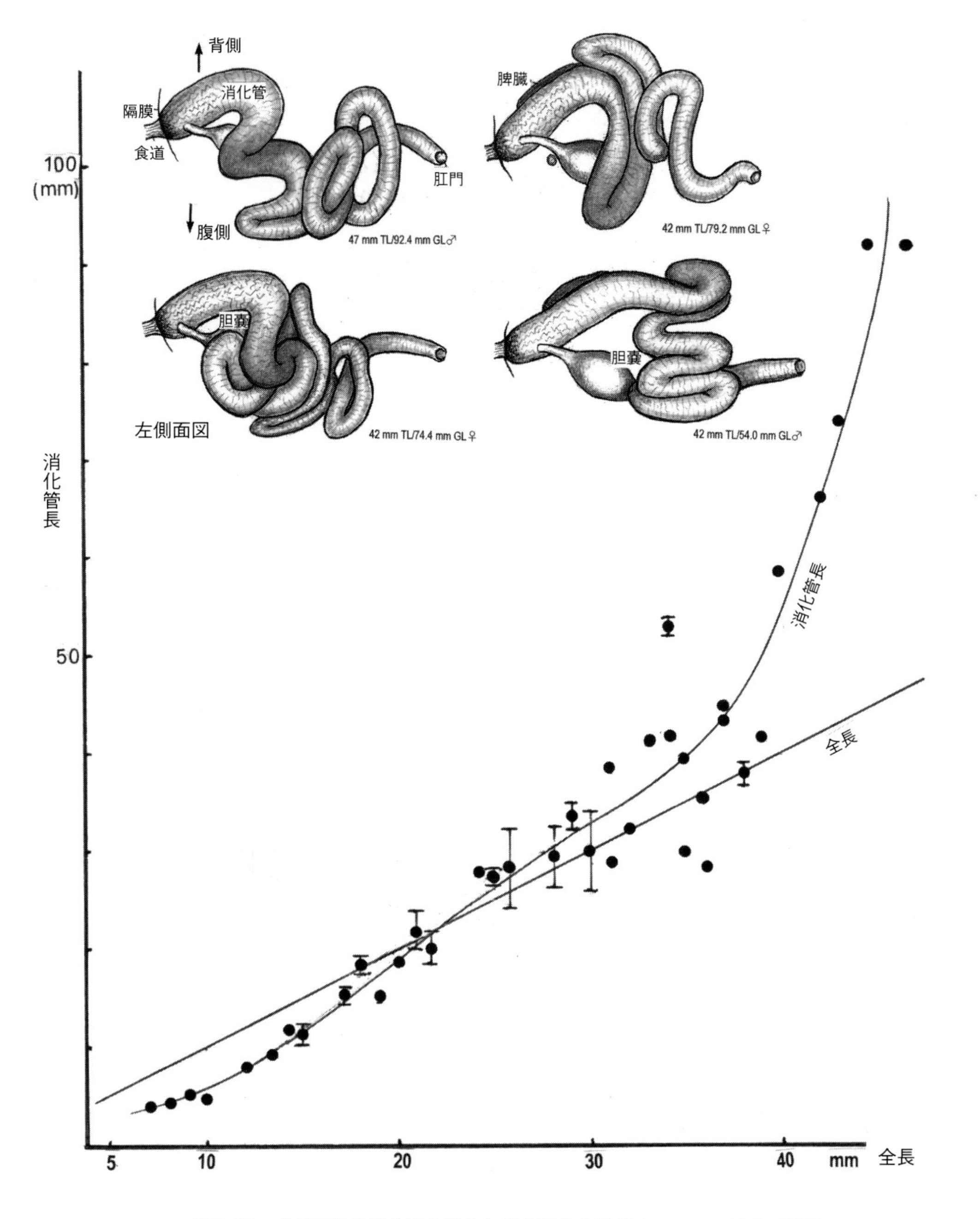

図7･68　成長に伴う消化管の変化と成魚にみる形状（Iwamatsu, 2012の改図）

が現れる。

Fujita (1992) によれば，全長が4.7mmの幼魚において軟骨性の下尾骨原基が生じる。上下の下尾骨には，尾鰭軟条を支える筋肉がついている。孵化して数日目の全長約５mm（体長4.2～4.5mm）に成長した幼魚において，その原基から分節をもつ軟条 soft fin rays が形成される。軟条数は体長約22mm以上になると，雄の方が雌より多くなる（図７･69）。１本の軟条は並列する２本の半分の小骨（半鰭軟条）が合わさってできている。胸鰭では，軟条が現れるのは全長が６～6.5mmになってからである。尾鰭と同様に不対鰭 unpaired fins の背鰭と臀鰭の軟条は尾部の尾端と背

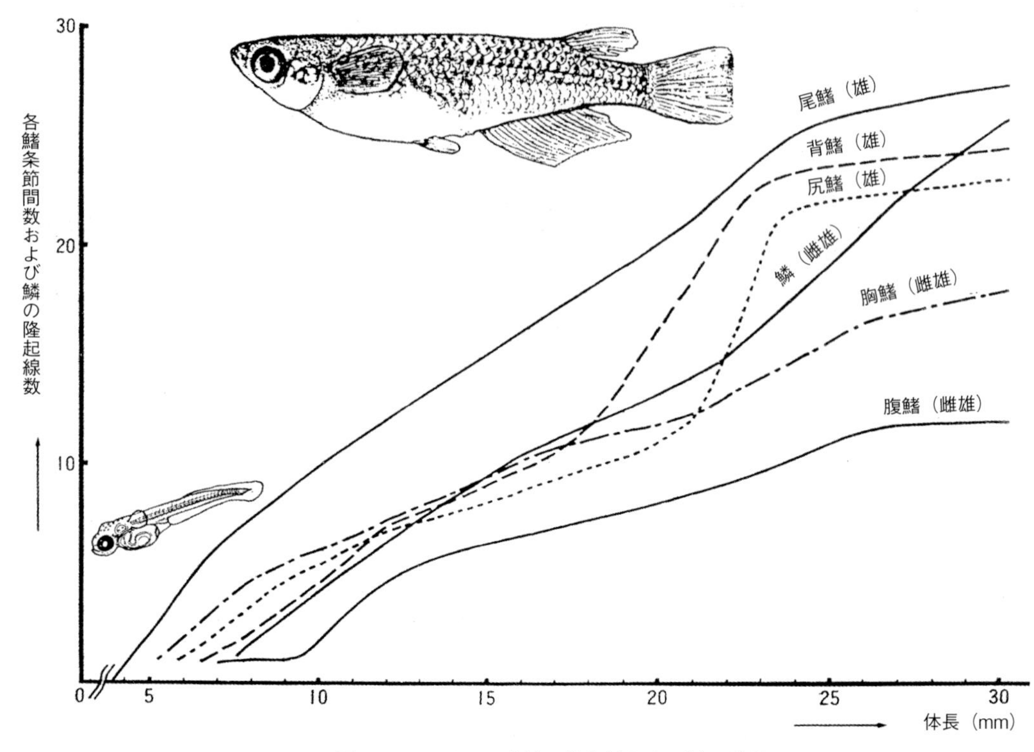

図7･69　メダカの成長に伴う鰭および鱗の発達

腹の単一膜鰭から生じる。すなわち，全長が約９mmになると，それらの鰭は尾柄部（第23～24椎骨の神経棘と血管棘の間）の背腹膜鰭が退化（退縮）regression消失し始めて生じる（図７･70）。しかし，対鰭の腹鰭は，同じ単一腹部膜鰭からは決して生じない。

不対鰭の形成開始に先立って，全長８mm半ばの個体に腹部膜鰭の両側に腹鰭原基の膨らみが現れる。すなわち，不対鰭が形成し始めるのと時を同じくして，全長約９mmの腹部鰭膜の際立った退縮が始まるのに先立って，その膜鰭の両側壁に角にような盛り上がりが生じる（図７･71，stage 41）。その後膜鰭の退縮が加速されて，角状の腹鰭原基が伸びる。全長12～12.5mm（体長約10mm）の個体に鰭軟条がみられるようになる。そして，全長が約13mmになるまでに，鰭軟条数は成魚と同じ６本になる。この鰭にも軟条節数に雌雄差があるが，認められるのがやや遅い（21mm前後）。この鰭が雄において，短いのは精巣からの男性ホルモンの抑制による（Suzuki-Niwa, 1959）。

鰭の軟条数が成魚と同じになる全長は，尾鰭が最も早くて約12mmで，背鰭と臀鰭ではそれぞれ18mmと18.5mmである。軟条に分節がみられ，その先端に分岐が見られるのは全長16～24.4mmにおいてである。Iwamatsuら（2003）によれば，通常成魚の軟条数は尾鰭では21，背鰭では６，臀鰭では18～20である。全長5.3mmで認められ始める尾鰭軟条の分節数はからだが大きくなるにつれて，直線的に増加する。軟条先端の分岐が完了するのは，胸鰭では17.4～17.8mm，尾鰭では16.0～16.2mm，臀鰭では21～24mm，背鰭では18.0～18.3 mm，腹鰭では17.4～17.8mmの全長に達してからである。以上のように，体長は約10mm（全長12～12.5mm）ですべての鰭に軟条があり，それぞれの軟条に節がみられる。これらの鰭条節数は，特に雄において体長の増加とほぼ比例的に増加していく。一般に，稚魚の時期に餌を十分与えないと，各鰭に影響を及ぼして図７･69の曲線から外れてしまう。概して，鰭の軟条節数は雄の方が多いが，個体の変動が著しい。

b．不対鰭の支持骨格の形成

不対鰭軟条の骨化は鰭付属骨格の形成開始に先んじて始まる。まだ軟条分節がみられない初期の鰭では，丸味を帯びた遠担鰭骨 distal pterygiophore（鰭趾骨）が合わさった２つの半鰭軟条の基部間に位置している（図７･72，図７･73）。臀鰭および背鰭において，それ

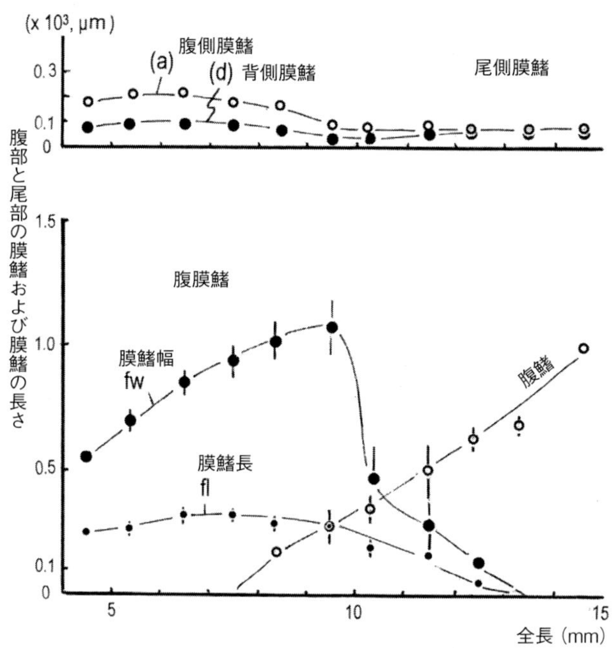

図7・70　メダカの変態過程における腹部および尾部の膜鰭の退縮と腹鰭形成（Iwamatsu, 2013）

ぞれの近担鰭骨 proximal pterygiophores は神経棘および血管棘の間に入り込んでいる。ほとんどの個体において，背鰭の最前端の近担鰭骨は第18と第19の椎骨の神経棘間にあり，最後端のものは第21と第22椎骨の神経棘間にある。

臀鰭と背鰭にみる近担鰭骨は曲がった三角関節をなす棒状骨stickとその周りの扁平な膜状骨 membranous blade とからなっている（図７・72，図７・73）。これらの鰭において，軟条に次いで生じるのは棒状骨で，その周りに扁平な膜状骨の軟骨ができる（全長13.5～14.0mm）。臀鰭の棒状骨は全長10mmで約20μmの長さであるが，その後全長の増加につれて直線的に伸びる（図７・73）。臀鰭の軟条基部にある遠担鰭骨は基部の接着部から骨化する。成魚の臀鰭では，最初の短い棘の次の軟条を支えている第1近担鰭骨は，第11～第13椎骨の横突起から延びる両肋骨の間にある。第２番目の担鰭骨の先端は第13～第14椎骨の両血管棘間に割り込

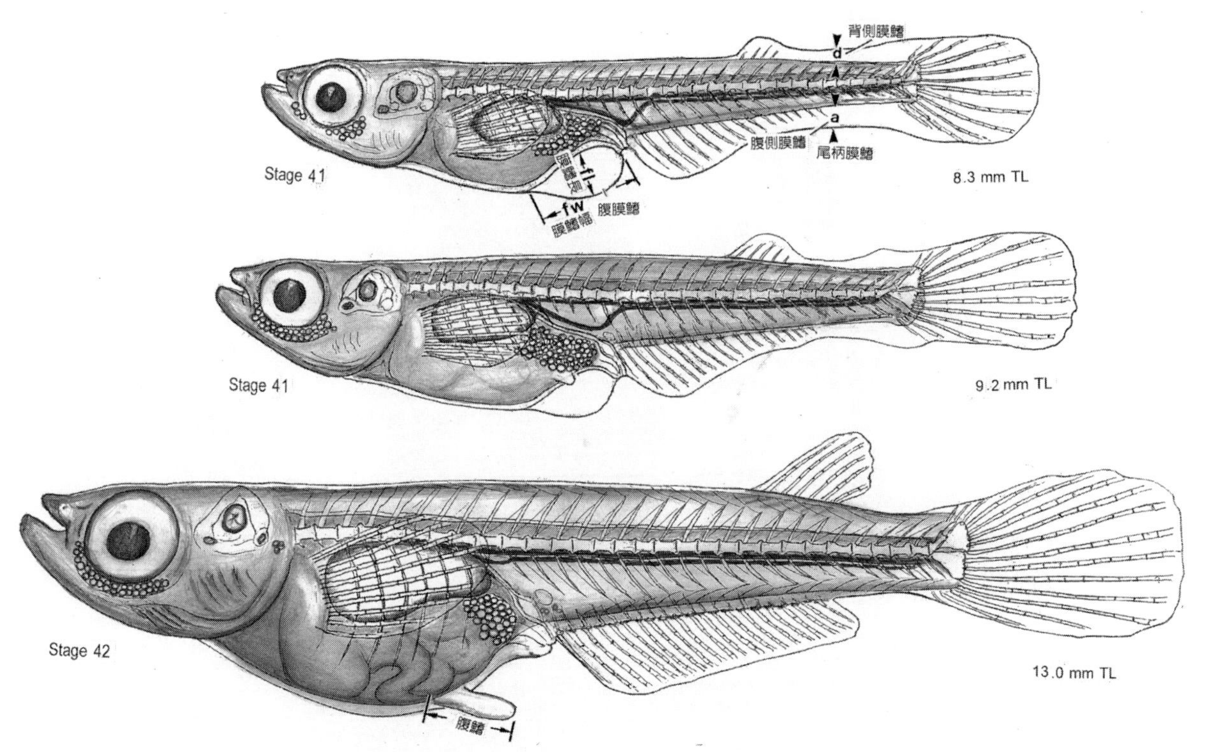

図7・71　メダカの変態過程における腹鰭形成および腹部・尾部の膜鰭の変化の模式図（Iwamatsu, 2013）

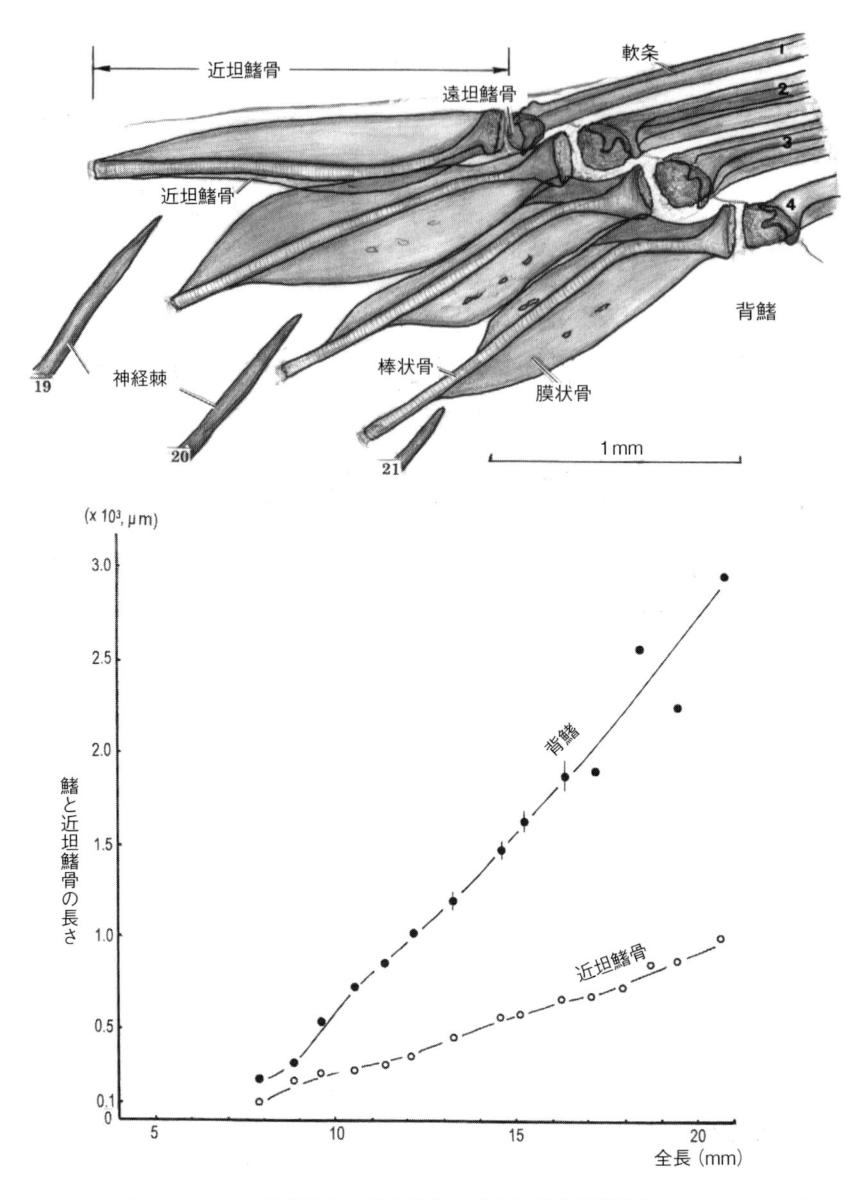

図7·72　メダカ背鰭とその近坦鰭骨の成長に伴う形態変化（Iwamatsu, 2013）

んでいる入っている。最後の近担鰭骨の先端は第21～第23椎骨の両血管棘の間にある。

全長約8mmにおける背鰭の棒状骨は軟骨性であって，まだ扁平な膜状骨がみられない。全長約10mではその長さは250 μmで，全長14.8mmになって初めてその膜状骨がみえる。近担鰭骨の長さは背鰭と同様に，全長に比例して増加する（図7·72）。

c．対鰭の支持骨格の発達

成魚では，対鰭である胸鰭と腹鰭はそれぞれの付属骨，すなわち，肩帯 shoulder girdle と腰帯 pelvic girdle で支えられている。これらの鰭の軟条の基部には遠担鰭骨がない。肩帯は胸鰭の動きに関与するだけではなく，左右の肩帯がなす枠内に囲心腔と腹腔前部を収容し，それらを保護するもので，鰓蓋が運動しても安定した前部体形を保っている。一方，腰帯は腹鰭を動かす筋肉を支持するだけでなく，肋骨と共に体腔を保っている。

胸鰭の肩帯の形成：　成魚では，胸鰭を取り巻く肩帯

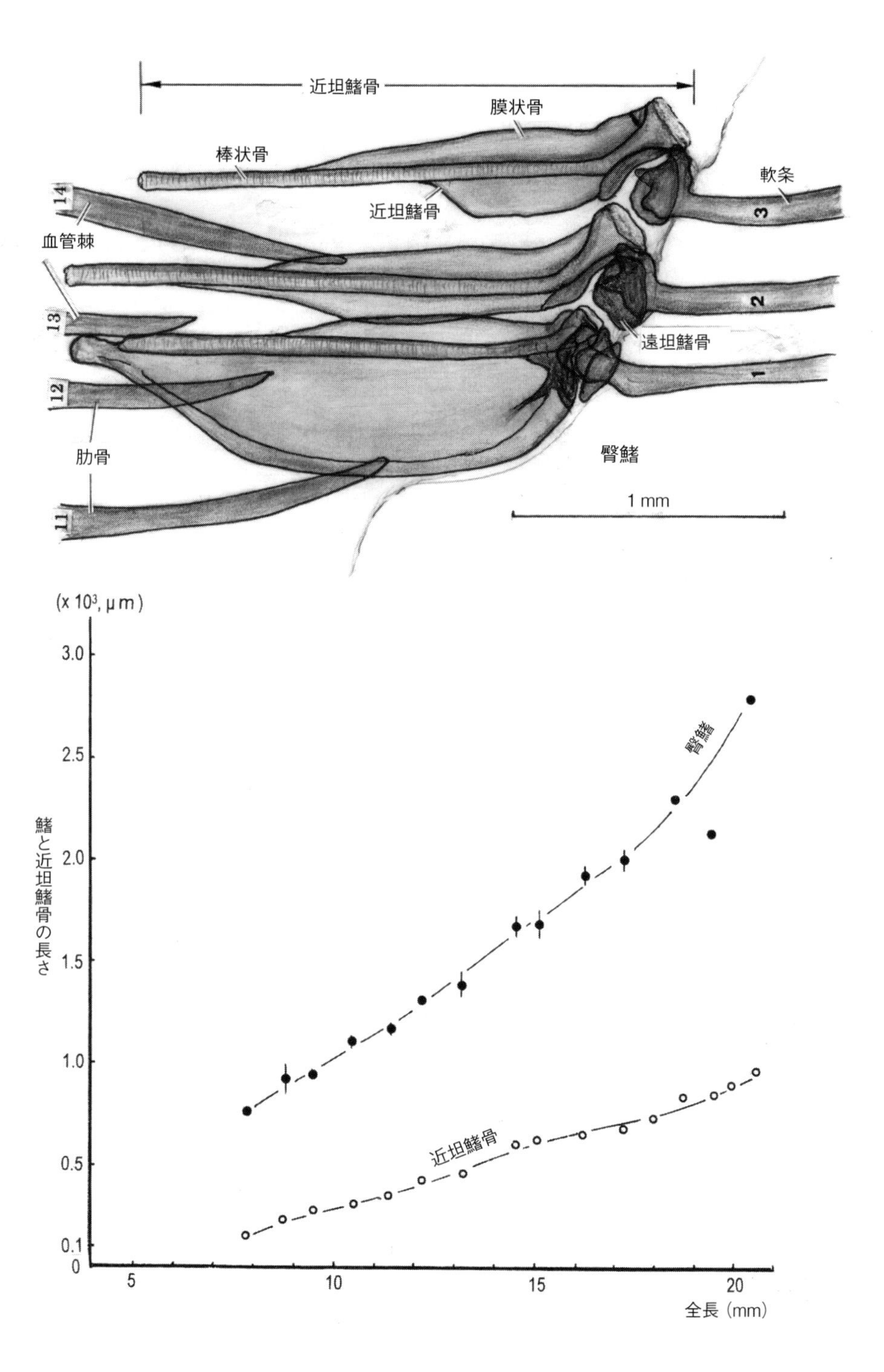

図7・73　メダカ臀鰭とその近担鰭骨の成長に伴う変化（Iwamatsu, 2013）

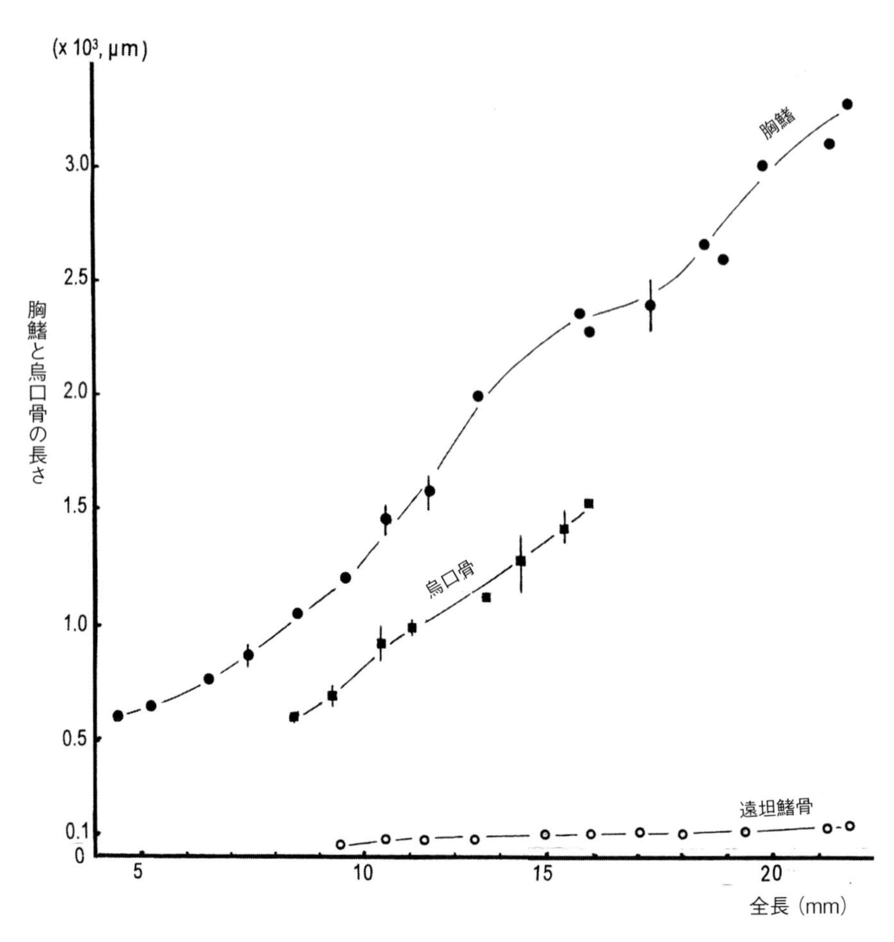

図7･74　メダカ胸鰭と烏口骨の成長に伴う変化 (Iwamatsu, 2013)

は上擬鎖骨 supracleithrum，擬鎖骨 cleithrum，後擬鎖骨 postcleithrum，肩甲骨 scapula，烏口骨 coracoidと４つの鰭輻骨 radial pterygiophores である（図７･75)。胸鰭を取り巻くこれらの骨は互いに筋肉と軟骨で結びついている。藪本・上野（1983）にも記載されているように，肋骨と同時に現れる後擬鎖骨は他の周りの骨や軟骨とは接していない。三角様の肩甲骨の背側部は擬鎖骨と重なっていて，その腹側部は結合組織によって烏口骨と結びついている。全長７mmになって初めて認められる烏口骨は，棒状骨，関節板，そして膜様の扁平な膜状骨からなっているが，それらはたぶん臀鰭と背鰭における近担鰭骨に相当する。烏口骨において，軟骨性の関節板をもつ棒状突起骨は胸鰭の伸長と共に肩甲骨に近いところから発達し始める。烏口骨は胸鰭と全長にほぼ比例的に伸長する（図７･74)。全長6.7mm（stage 41）では，膜鰭にはまだ節のない軟条があり，擬鎖骨が小さい弓形の軟骨として認められる（図７･75)。鰭輻骨が現れる全長7.2mmになる前で，より進んだstage 41では，初期の軟骨性の烏口骨（長さにして0.4mm）が棒状骨と広い関節板からなっている。肩甲骨の穴が擬鎖骨と接している部分の近くに生じる。そして，全長9.5mmで，軟骨性の鰭輻骨が肩甲骨の軟骨の後縁に単一の四角ばった桿状体として初めて見える。この段階で，膜状骨が棒状骨の腹面に接して形成される（図７･75)。肩甲骨ができ上がる全長12.7mmでは，第２鰭輻骨軟骨が骨化して，全長15～18mmになって第３，第４のものが骨化する。第１および第２鰭輻骨は肩甲骨と結合組織で一体化していて，第３および第4鰭輻骨は烏口骨の関節板と接している。

腹鰭の腰帯：　成魚では，腹鰭のための軟骨性の内骨格が腰帯である。この腰帯は多くの個体において第３～第５肋骨（第６～第７椎骨）間にあって，必ずしも左右相称ではない。腰帯は棒状骨，板状軟骨(関節板)，膜状骨，そして翼状突起（骨）rod-like process からなっている（図５·90）。腹鰭の遠位鰭担骨の伸長速度は臀鰭と背鰭のものと一致する。棒状骨の周りの膜状骨は両体側に伸びている翼状突起と接している。腰帯基部の板状軟骨は鰭担骨がないまま６本の鰭軟条と直接くっついている。

腰帯と鰭の骨化は，まず軟条，棒状骨，関節板，翼状突起，そして最後に膜様扁平片へと順次進行する（図７·76）。腰帯の形成開始前に腹鰭軟条が出現する。全長約10mmで，腹部膜鰭の両側に伸びている腹鰭内にほんの少し骨化した軟条が認められる。腰帯の骨化が始まるのは，さらに軟条形成が進み，全長が12.5 mmほどになると，棒状骨と関節板においてである。腹部膜鰭が完全に消失する前に，尾柄部域の膜鰭の微妙な退縮開始と一致して，棒状骨が頭尾軸に沿って伸長し始める。腰帯は15mm近くから伸長がやや低速する（図７·77）。全長約15mmには，軟条側の関節板の骨化とともにその両体側に向けて小さな一対の翼状突起が現れる。また，膜状骨も関節板近くの棒状骨の周りに認められる。腹鰭の軟条数はが６本になっている個体では，棒状骨と関節板，そしてその周りの膜様扁平片へと骨化が進むにつれて，翼状突起が伸長する。

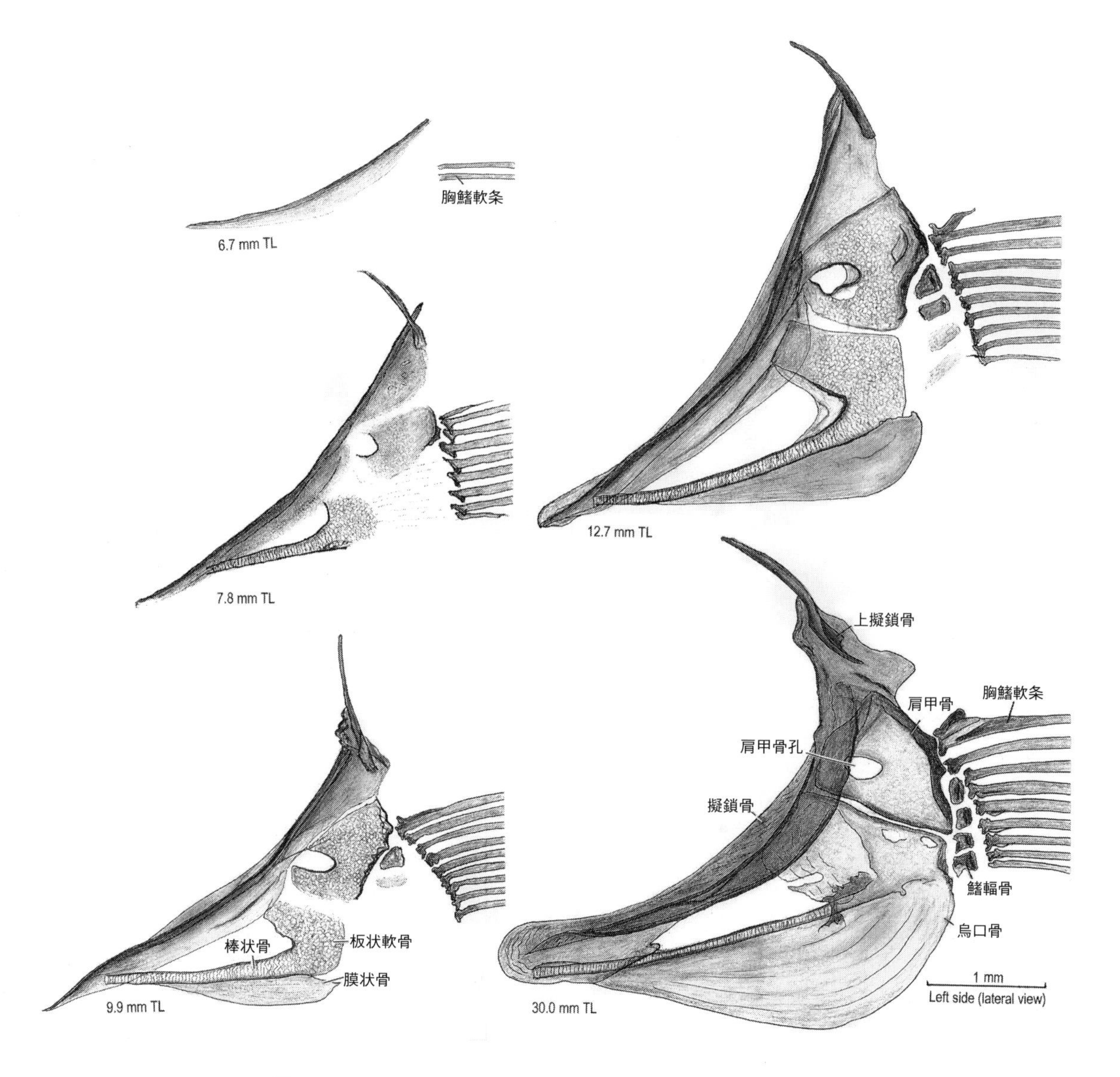

図7·75　メダカ胸鰭と肩帯の成長に伴う形態変化（Iwamatsu, 2013）

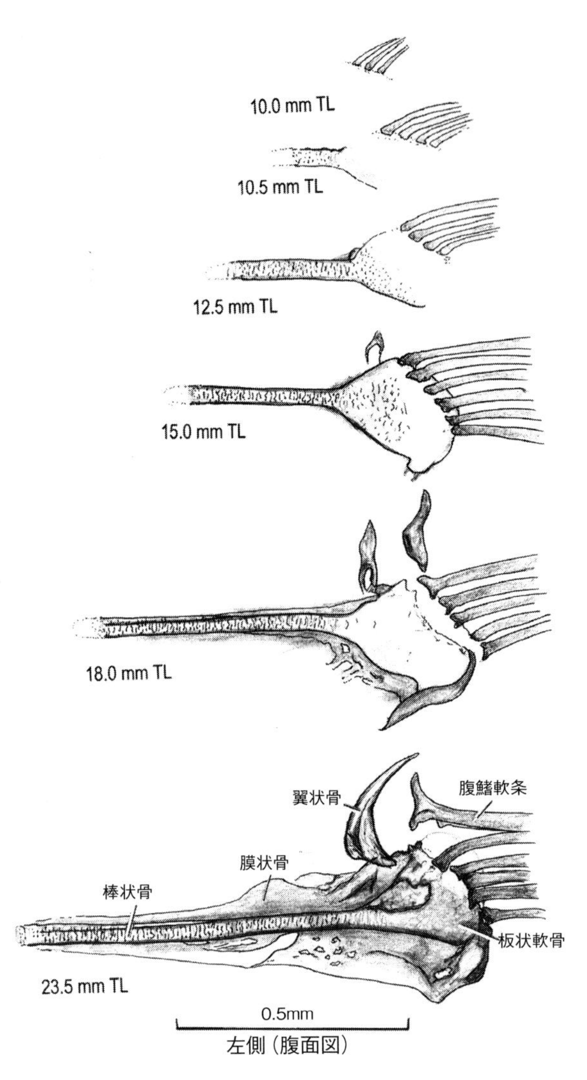

図7・76 メダカの成長に伴う腹鰭と腰帯の形態的変化 (Iwamatsu, 2013)

以上，鰭とその付属骨格 appentages の形成過程に関する観察 (Iwamatsu, 2013) から，鰭の主要付属骨格である背鰭と臀鰭の担鰭骨，腹鰭の腰帯，胸鰭の烏口骨，そして尾鰭の下尾骨はすべて共通した要素として棒状骨とその周りの扁平薄板の膜状骨（関節骨）で形成されていること，および個体発生において鰭軟条がそれらの付属骨格に先んじて形成が始まることは進化過程におけるそれらの出現と退化消失の順序の観点から極めて興味深い。個体発生における鰭とその付属骨格の正常な形成過程と変異体にみられる退化・欠失の過程の両観察によって，組織・器官の形成順序はその退化順序でもあることがわかる。おそらく，系統発生においても，組織・器官の出現順序は退化順序と同じであると考えられる。

面白いことに，鰭芽の頂端皺 apical fold (AF) を繰り返し切り捨てると，鰭の過剰な伸長がみられる。これは鰭の発達を編成する頂端部 apical fold region (AFR) の信号が内骨格の間充組織部分を伸長させていることを示唆している。鰭の発達を編成するAFRはAFを伸長させる。皮（膚）骨 dermal bone（鱗状鰭条 lepidotrichia）を含む鰭軟条はAFに形成される。

最近の研究によれば，*hoxb8* の発現が四肢の前後軸 anteroposterior axis を確定するのに関わりをもつ分子Sonic hedgehog (*shh*) の遺伝子の発現に関与するという。すなわち，*hoxb8* は肢芽 limb bud における極性化域 zone of polarizing activity (ZPA) でのレチノイン酸 retinoic acid (RA) シグナルを経由して *shh* を発現させることによってZPA形成に決定的な機能をもっている。この点からも，対鰭の発生における *hoxb8* の役割の解明が期待されている。

メダカでは，すべての鰭の組織が奇形になる *hoxb8* の突然変異 *unextended fin* (*ufi*) が確認されている。この *ufi* の膜鰭において，非標準的なWnt/Ca^{2+}経路を経て信号を出す細胞移動調節因子 *wnt5a* の発現は *hoxb8a* の下流で調節されている。たとえば，*hoxb8a* mRNAsを過剰発現させると，*wnt5a* の発現が2倍以上になる。*ufi* 突然変異体では，上皮および中胚葉細胞の移動に欠陥があるが，その欠陥は鰭の *wnt5a* の発現が悪いためであって，*wnt5a* タンパク質を注入すると改善される。また，増殖細胞や骨化細胞の数が増加することもわかった。これらのことから，メダカ *hoxb8a* のタンパク質が細胞移動や骨芽細胞の調節を通して鰭付属骨格の生長に働いていることが示唆されている (Sakaguchi *et al.*, 2006)。

3．鱗の形成

他の硬骨魚におけると同じように，成魚の体表は鱗で被われているが，成長の初期 (stage 40) には鱗はない。メダカにおいて，鱗が形成されるのは幼魚から若魚になる変態期においてで，からだの大きさとか年齢に密接に関係している (Kobayashi, 1936; 稲葉・野村, 1950)。したがって，鱗の大きさと隆起線数が魚類の成長過程を量的に研究するのに使われている。

メダカの鱗は円形，もしくは楕円形をした円鱗で，最初に全長約9 mmの両体側中線 mid-bilateral lines（水平中隔 horizontal septum）上に現れる（図7・78）。鱗の最初の出現と形成は飼育（生息）環境の条件によっ

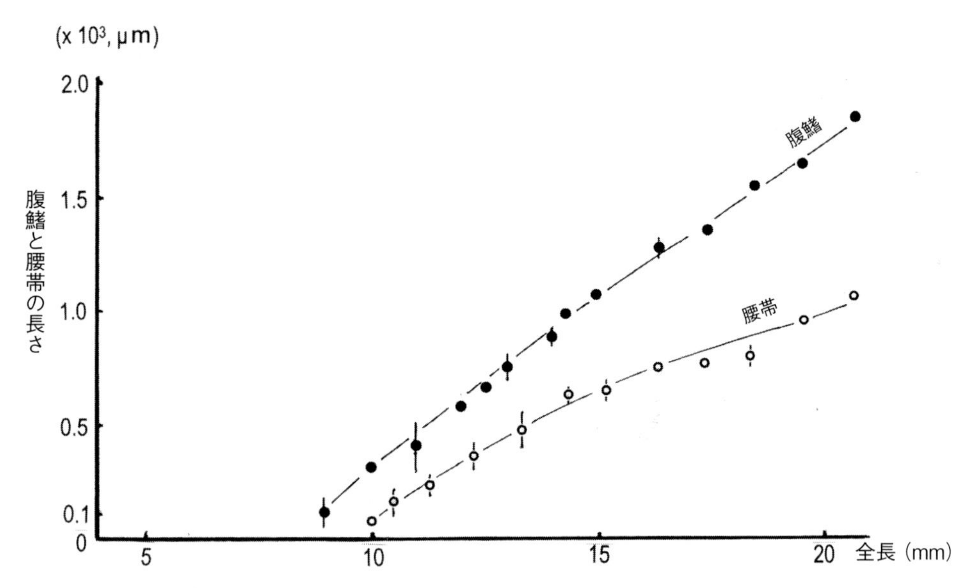

図7・77　成長に伴うメダカの腹鰭と腰帯の長さの変化成長期に鱗をもつ個体の出現（Iwamatsu, 2013）

て個体間に著しい違いがある。特に，鱗の分化と発達はチロキシンによって影響を受ける（Tomita, 1961）。

鱗の発達：

全長８mm以下の幼魚には鱗はまだない。初めて鱗がみられるのは全長が8.1～8.9mmになってからで，尾柄部の膜鰭が目立って退縮する時とほぼ同調している。その時みられる鱗は，胴の後部から尾部の水平中隔上で，背腹の直径が幾分大きい単なる円形盤状（直径112～126 μm）のものである。隆起線 ridges (circuli) を１～６もつ鱗がみられる幼魚は全長が９mmで70.6%，10mmで83.3%，11mmでは100%と成長とともに増加する（図７・70）。

これまでの研究によれば，最初に認められる単一隆起線をもつ鱗の直径は50～80 μm（Tomita, 1961），あるいは90～132 μm（稲葉・野村, 1950）である。第14～第15椎骨の表面に現れる最初の鱗の大きさは前後直径が88.0 ± 2.7 μm（n＝11）で，それぞれの鱗間の距離（図７・80，全長9.2mmの c）は97.0 ± 7.4 μm（n＝6）である。鱗の大きさは全長の増加とほぼ比例して増加するが，中心隆起線central circuli (scale foci) の直径（87.8 ± 1.1 μm，範囲56～112 μm）には変化はみられない（図７・81）。したがって，第14～第15椎骨上の鱗の直径でメダカの成長を判定できそうである。幼魚は全長が9.0～9.7mmになると，２つの隆起線をもつ鱗（図７・80）の直径も143.5 ± 5.4 μm（n＝8）と大きくなり，水平中隔に沿った互いの間隔は39.6 ± 3.6 μm（n＝6）と狭くなる。この大きさの幼魚では，３隆起線をもつものが約20%を占める（図７・82）。３以下の隆起線をもつ鱗は互いに重ならない。成長につれて２つの隆起線をもつ鱗は水平中隔に沿って増加し，全長が約10mmの幼魚には第９から第26の椎骨間に10～15個を数える。全長11mmの約85%の幼魚は３以上の隆起線をもち，全長12mmにおける最も発達した鱗をみると，約95%のものが４以上の隆起線をもつ（図７・82）。さらに，全長13mmの個体のうち，５以上の隆起線をもつ最も発達した鱗をもつ幼魚が約85%，全長14mmになると，約85%のものが6以上の隆起線をもつ。

４を超える隆起線をもつ鱗において，鱗の前後および背腹の部分が互いに重なり合っている。すなわち，鱗の前部が２つの隆起線のところまで前接鱗の後縁（野生メダカでは黒色素胞が分布している部分）の下（真皮側；図７・80の陰影の基部側部分）に潜り込んでいる（図５・２）。鱗の前部と後部の隆起線数が同じものでは，その後部幅の方が前部幅より大きい。そして，その図にみるように，４を超える隆起線をもつ鱗では，真皮 dermis 側に潜り込んでいる前部（基部）basal area における隆起線数が表皮に接している後部（表皮側；頂部）apical areaより多くなる。また，全長が12mmになると，基部側の隆起線の間隔は頂部側のものより狭くなるが，全長が12mmを超えて鱗の前部と後部の隆起線数が前部で後部より多くなると，図７・80に示す鱗前部幅はその逆になり鱗後部幅より広くなる（図７・83）。

第14～第15椎骨の中央域の鱗において，隆起線数は

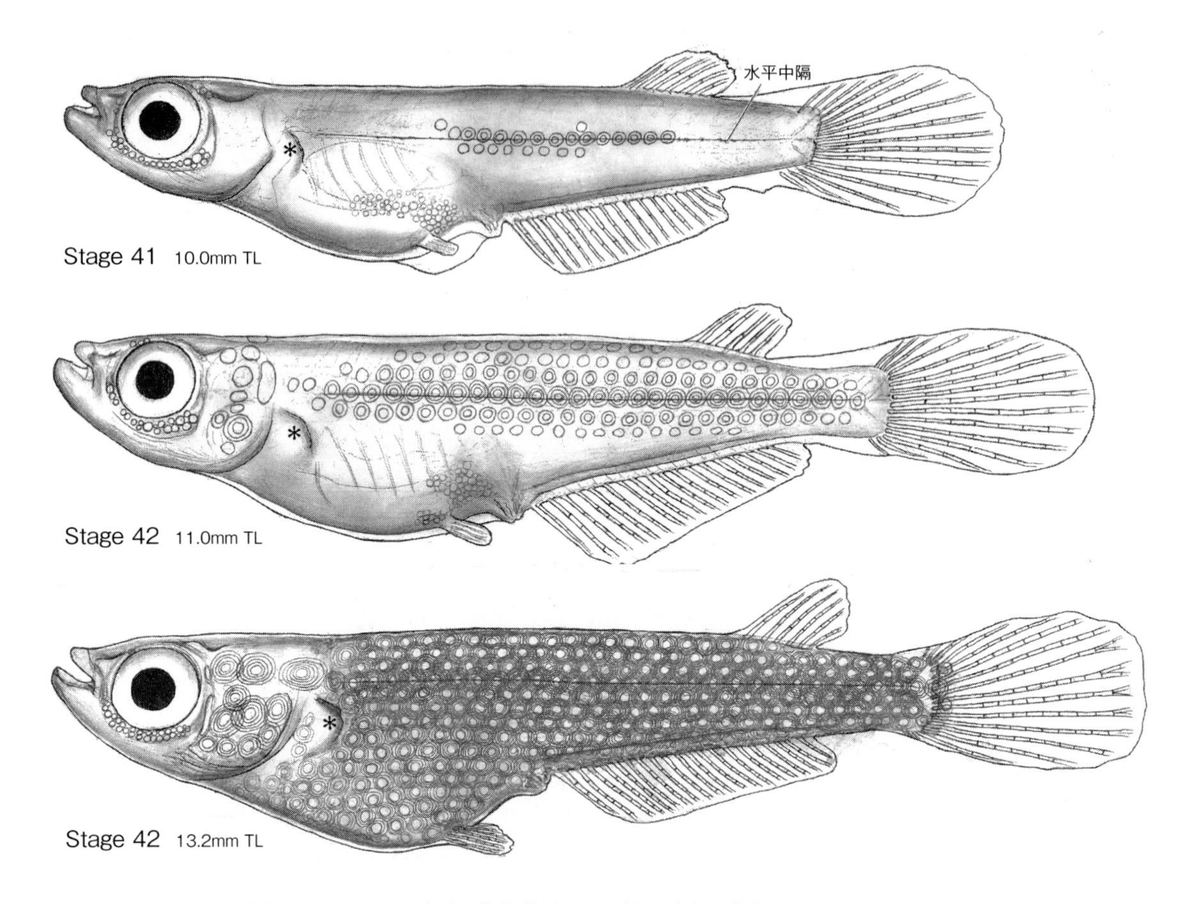

図7・78　メダカの成長に伴う体側にみる鱗の分布の変化（Iwamatsu, 2014）

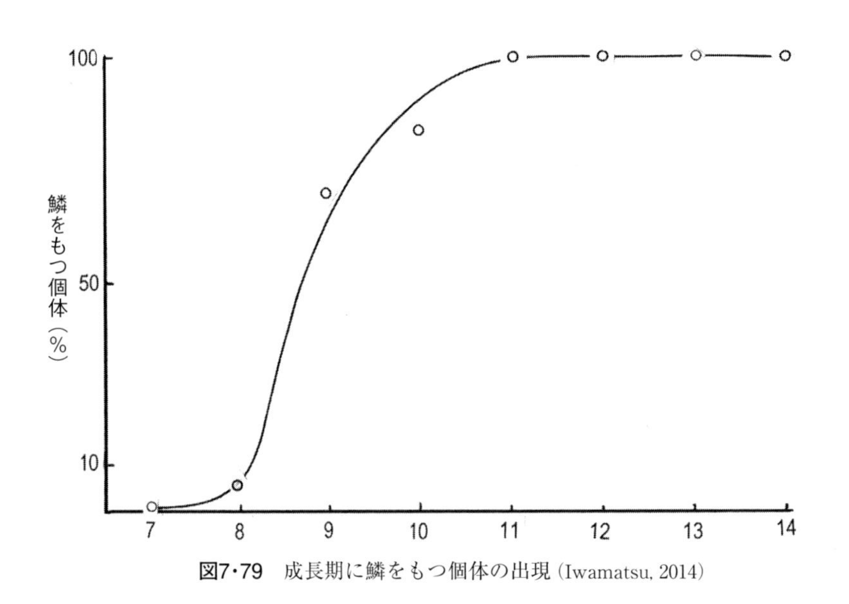

図7・79　成長期に鱗をもつ個体の出現（Iwamatsu, 2014）

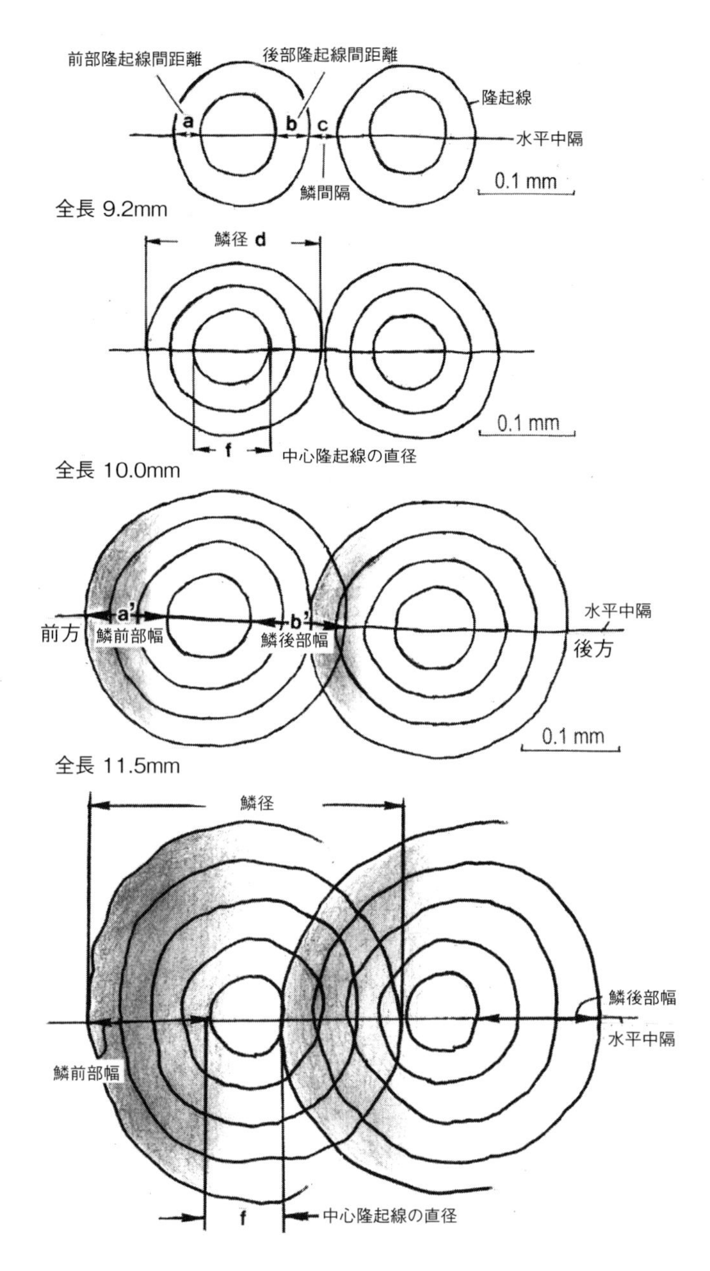

図7･80　メダカの鱗の体表から見た形態の成長に伴う変化
（Iwamatsu，2014の改図）

成長とともに増加するが，それは個体間に著しい違いが見られる（図7･82）。個体間のバラつきについては確かなことはわからない。したがって，鱗の直径で年齢やからだの成長速度を決定できそうであるが，隆起線数をもってメダカの年齢を決定することは難しい。

鱗の配列形成：

骨化した鱗が初めて両体側の水平中隔上に認められるのは，腹鰭形成の開始より先である。最初に，単一，もしくは2つの隆起線をもつ鱗が水平中隔上に一線に並ぶ。そして，成長が進むにつれて水平中隔の背腹両側に広がり，続いて頭尾方向に広がる。

全長が9 mmほどになると，初めて現れる鱗は水平中隔に沿って胴部後域から尾部前域に一列に配列 squamation する。このからだの大きさでは，約27％の個体が水平中隔上に一列の体側鱗をもち，さらに水平中隔の背腹両側に一列ずつ加わった3鱗列をもつ約45％の個体がある。中には，約20％が5鱗列，約9％が6鱗列をもつものがある（図7･84）。全長10mm以上の幼魚の中には，すでに成魚と同じ体側鱗（29～30）をもつものもある。全長約11mmでは約83％が5鱗列以上をもっているが，全長13mmでは約85％が7～10の鱗列をもっており，個体によって鱗列数が著しく異なっている。この大きさになって，頭部域や尾鰭基部が鱗に被われる（図7･78，図7･85）。全長14mm以上に成長すると，成魚と同じ11の体側鱗列を示すようになる。全長16mmまでに体表全域が鱗に被われる。

全長約10mmの幼魚では，鰓蓋の上方に鱗があるが，上後頭骨にはまだない。全長が約11mmになって鱗で被われる部域 squamous area は頭頂骨，前頭骨と下尾骨の表面にまで広がる（図7･78）。このとき鰓蓋の表面に1～4隆起線をもつ3～7個の鱗がみられる。全長約12mmの幼魚には，変形した鱗が後頭骨の頭蓋後部にみられる。鰓蓋中央部の表面に5隆起線をもつ大きい鱗が現れるのは，全長約13mmになってからであって，全長14mmには6～8隆起線をもつ8個の鱗がみられる。そして，全長約15.5mmになると，鰓蓋表面の鱗は成魚と同じ12～13に増加する。鱗の配列過程の最後に形成される鱗は前頭骨上の小さい鱗である。

こうして，メダカ鱗の配列パターンは全長約9 mm近い大きさになって，個体によって著しいバラつきがあるが，体側の水平中隔の表面に始まり，全長約15 mmで頭部と胴部背面に広がって終わる。現在鱗の分化・増殖に関するエクトデイスプラシン-A ectodys-

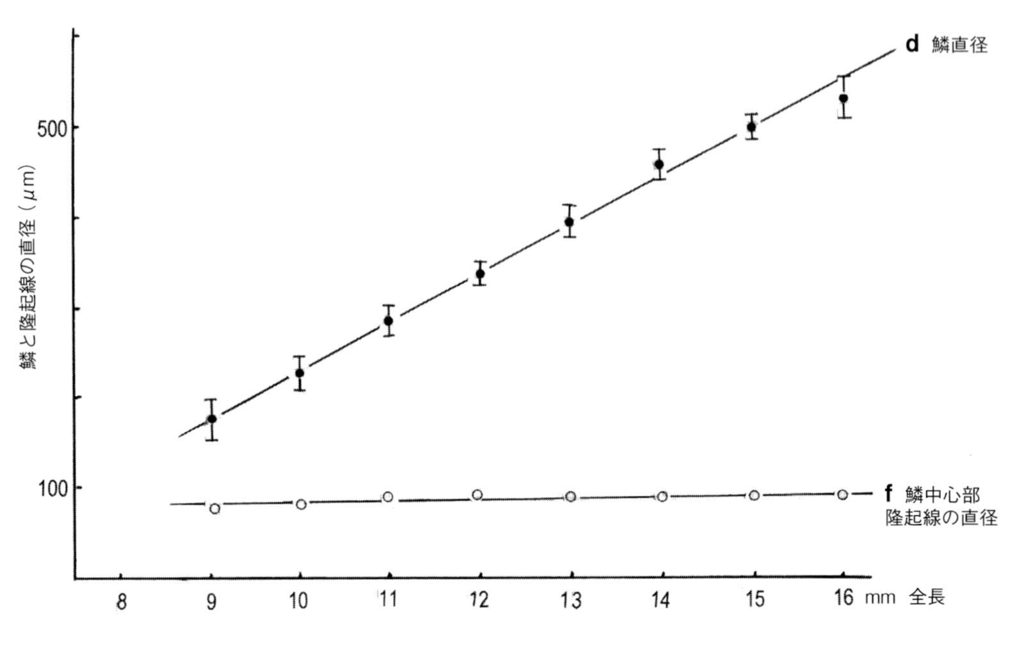

図7･81 メダカの成長に伴う鱗の大きさの変化
（第14－第15椎骨上の鱗：Iwamatsu，2014）

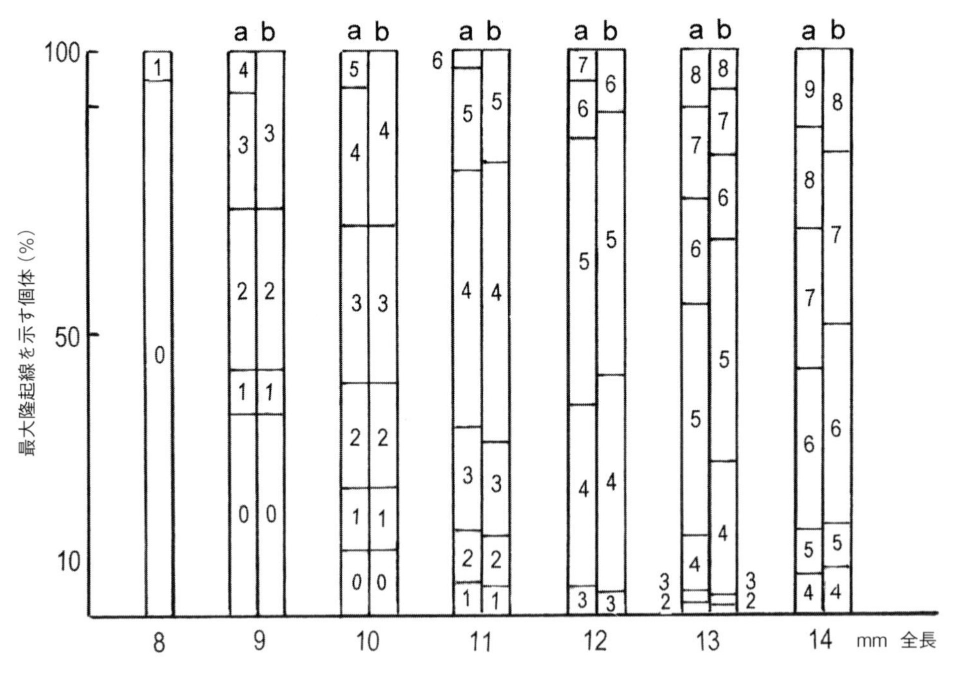

図7･82 メダカの成長に伴う最大隆起線数の増加
a：鱗の前部隆起線数，b：鱗の後部隆起線数（Iwamatsu，2014）

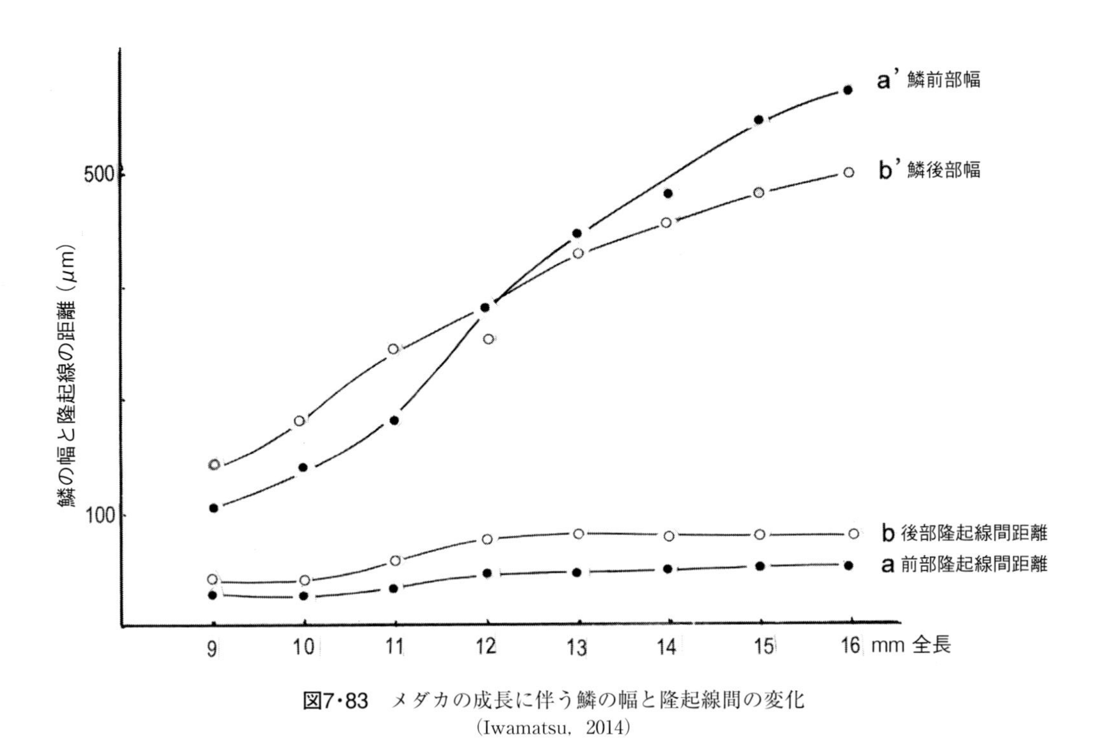

図7･83　メダカの成長に伴う鱗の幅と隆起線間の変化
（Iwamatsu, 2014）

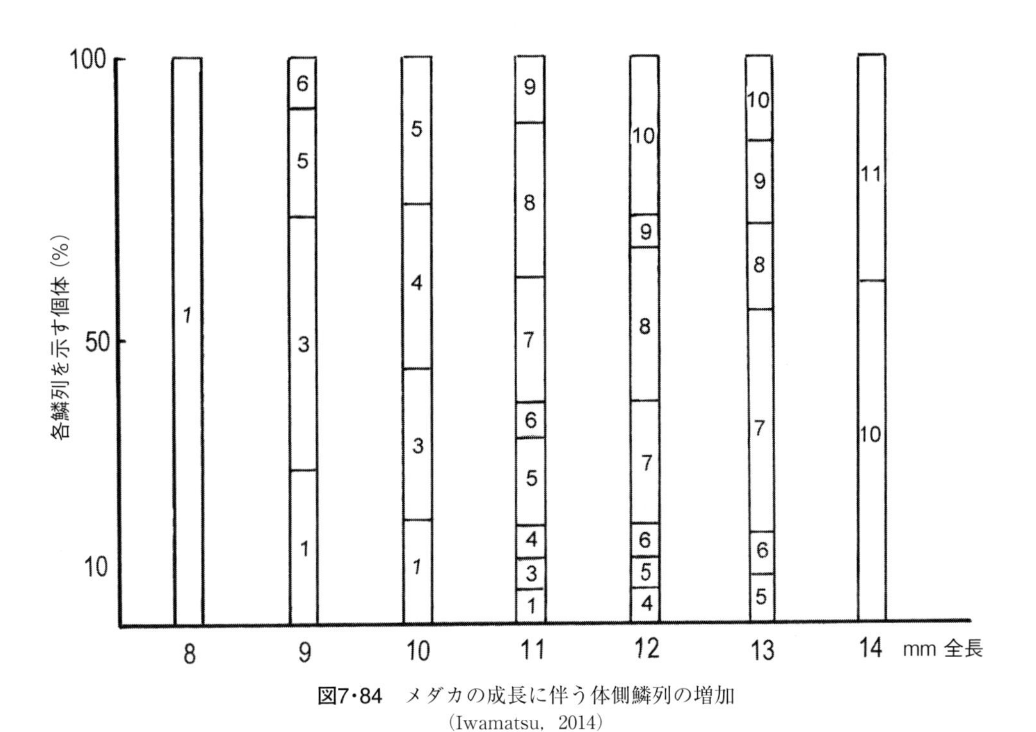

図7･84　メダカの成長に伴う体側鱗列の増加
（Iwamatsu, 2014）

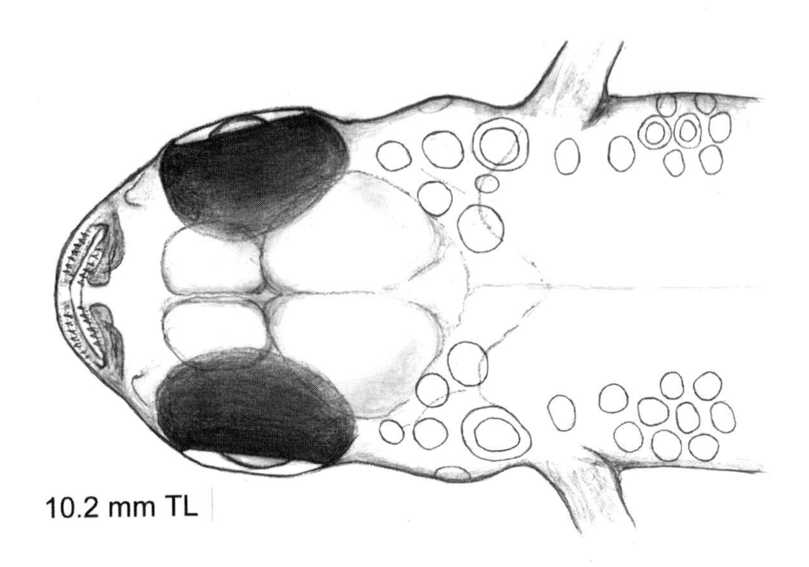

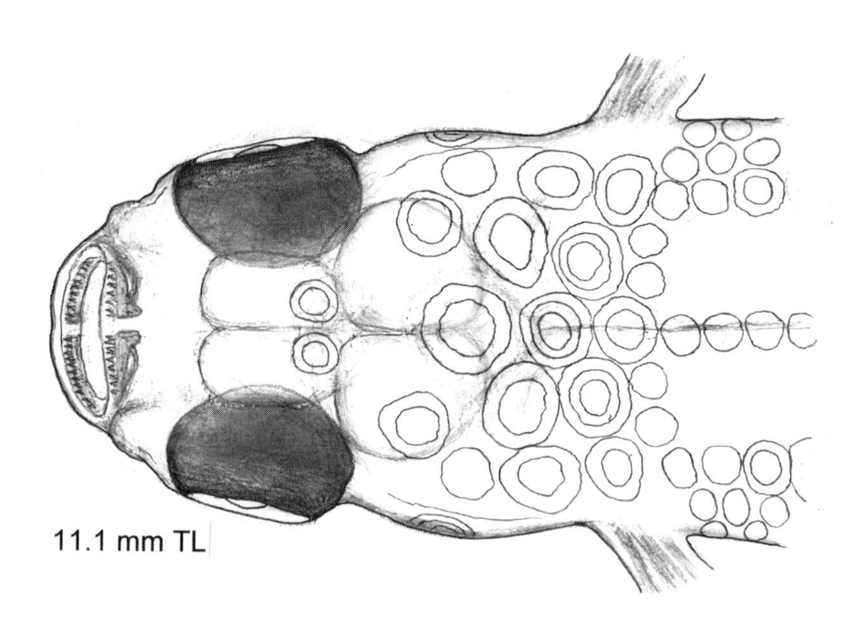

図7・85 メダカの成長に伴う頭部域鱗の分布の変化
（Iwamatsu，2014）

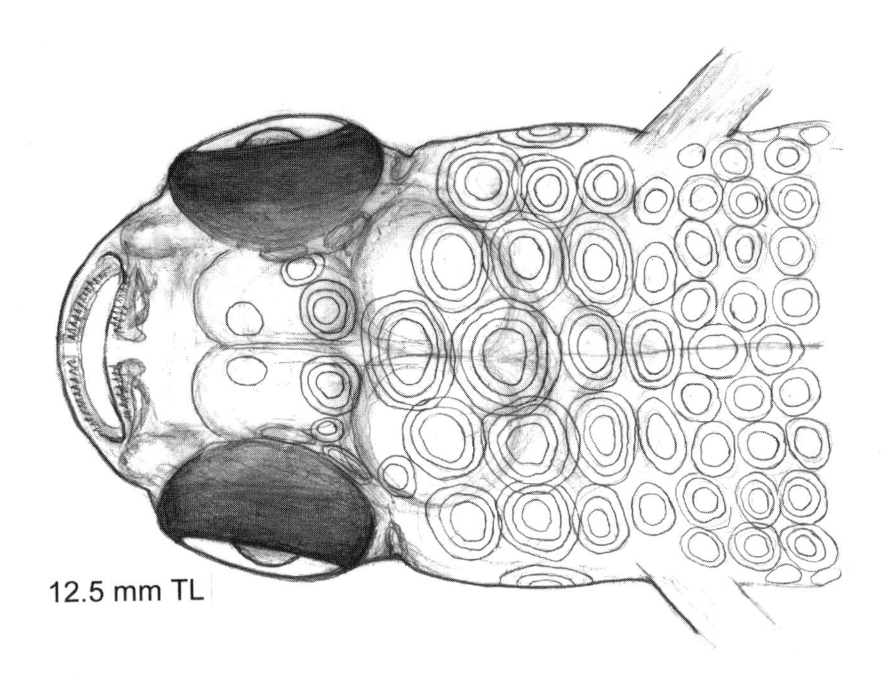

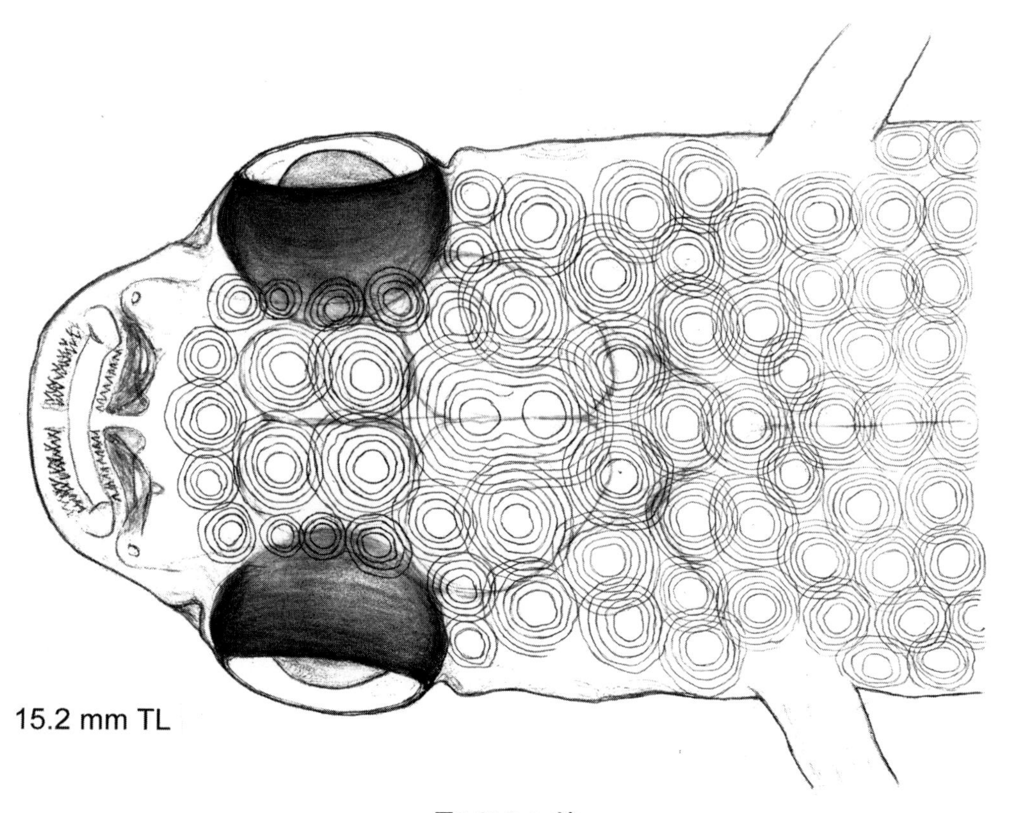

図7･85のつづき

plasin-Aリセプター（EDAR）をコードしている遺伝子rs-3 がリンケージグループ21（LG 21）にあることが知られている（Kondo *et al.*, 2001）。しかし，鱗の分化や形成・発達が個体によって著しい違いがあること，そして最初の出現位置や続く形成順序についてもまだ情報がない。

以上，鱗のでき方に関する観察（Iwamatsu, 2014）を要約すると，(1) 最初に認められる鱗は体表から見ると円形であり隆起線が同心円状に増加すること，(2) 体の中央の体側部に出現すること，そして (3) 隆起線数が4以上になると鱗はからだの前後軸に沿って前部が真皮層に深く潜り込み，前後で重なってみえるようになること，(4) 鱗の直径はからだが大きさに比例して大きくなるが，全長が同じでも個体によって鱗の隆起線の増加は著しく異なることがわかった。

その他，黄色素胞 xanthophore は，孵化直後から現れはじめ，成長に伴ってその分布状態が多少変わる（Takeuchi, 1960）。肛門は孵化後，2日頃開通する（池田，1958a）。

4．肝臓と血球の形成

系統的突然変異スクリーニングで多次分析を行って，発生の初期（stage 27）の体軸左側に形成され始める肝臓の発生（発生段階図7・61参照）に影響を及ぼす突然変異がさまざまな観点から報告されている（Watanabe *et al.*, 2004）。グループ1は不完全な肝臓形成を示すもので，消化管上皮のパターニングとか，その成長調節に関与する4遺伝子の突然変異からなる。グループ2は肝臓の側性 laterality に影響する3遺伝子の突然変異からなるもの：この変異グループの *kendama* では，心臓と肝臓の側性が連結しておらず，でたらめである。グループ3は胆嚢の胆汁色素に関するもので，ヘモグロビン・ビリルビン代謝の欠損を示し，胆汁色素を変える3遺伝子突然変異からなる。グループ4突然変異は胆嚢における脂肪代謝に関するもの，フォスフォリパーゼA2基質pED6の蛍光代謝物質の蓄積の減少でわかる。これらの突然変異によって脂質代謝とか，その代謝産物の輸送が影響を受ける。グループ5突然変異は，内胚葉，内胚葉性棒細胞と肝臓芽の形成に影響する6遺伝子にみられるものである。成魚にみられる卵膜タンパク質コリオゲニンchoriogenin（chg-H, chg-L）の合成能は胚をE_2処理によってコリオゲニン遺伝子の発現が認められている（Ueno *et al.*, 2004）。それは分化して間もない stage 34の胚ですでに獲得されているようである。

発生段階の23期にみられるように，丸い血球はクッペル胞近くの血島 blood island に生じる（stage 23），そして血球の形は stage 28で扁平に変化し始める。これらの血球が stage 38胚に発達する脾臓で形成される血球と同じか否かは，現在不明である。LG12マーカー*olgcl* の傍にある突然変異体*who* において血球数は最初正常であるが，稚魚になるにつれて減少する（Sakamoto *et al.*, 2004）。この研究はヘム合成経路における第2酵素δ-アミノレブリニン酸デヒドラターゼ（ALAD）の遺伝子*alad* であり，その遺伝子のミスセンスによって*who* の低色素貧血hypochromic anemia表現型が生じることを示唆している。こうした血球の減少は血球形成に欠損がある突然変異*beni fuji* と血球形態に異常を生じる*lady finger* と*ryogyoku* にもみられる（Tanaka *et al.*, 2004）。

5．血流の変化

血管が初めて認められるのは，発生段階の stage 23の胚においてである。stage 25には尾部静脈がみられ，背行動脈が胚体の下索 hypochorda の腹側に発達する（Iwamatsu, 1994）。詳細については，Fujita（2006）にみることができる。成長期における血流の変化は以下の通りである（Iwamatsu, 2012）。

孵化直後では，尾部主動脈は脊索 notochordの腹側の血管（道）弓 hemal arch 内を走行し，尾部腹縁部を帰還走行する主静脈とは著しく離れている（図7・71，図7・86，図7・87）。その腹側静脈は胴部の第6～7椎骨の背行動脈に近づいて，鰾の背側に沿って胴部最前端に向けて背行動脈に並行して走る（図7・87）。全長5mmまでに，小さい血流が各血管棘に沿って背行動脈から腹行静脈に導かれるように，とくに第12～第13椎骨のところで大きい血流に合流する。血管弓内を流れる背行動脈と並行して走る背行静脈が初めてみられるのは全長5.3mmの幼魚で，第20～21椎骨間である。全長5.8mmの幼魚では，背行動脈の腹側を隣接して走る背行静脈がみられる部域は第13～第16椎骨第間，第18～第20椎骨間，第21～第23椎骨間と広がる。全長6mmでは，背行静脈が第12～17椎骨間，第8～第20椎骨間，あるいは第21～23椎骨間に断片的に観察される（図7・87）。そして，全長が6.6～7mmの個体において，背行静脈は尾部の第13～第26椎骨間の血管弓内を背行動脈と並走する。この静脈が変化する短期間に腹行静脈は貧弱になる。このように，全長5.3～7mmの成長期に，太い動脈と静脈は成魚と同様に並走するようになる。この時期の尾部血管棘の先端はす

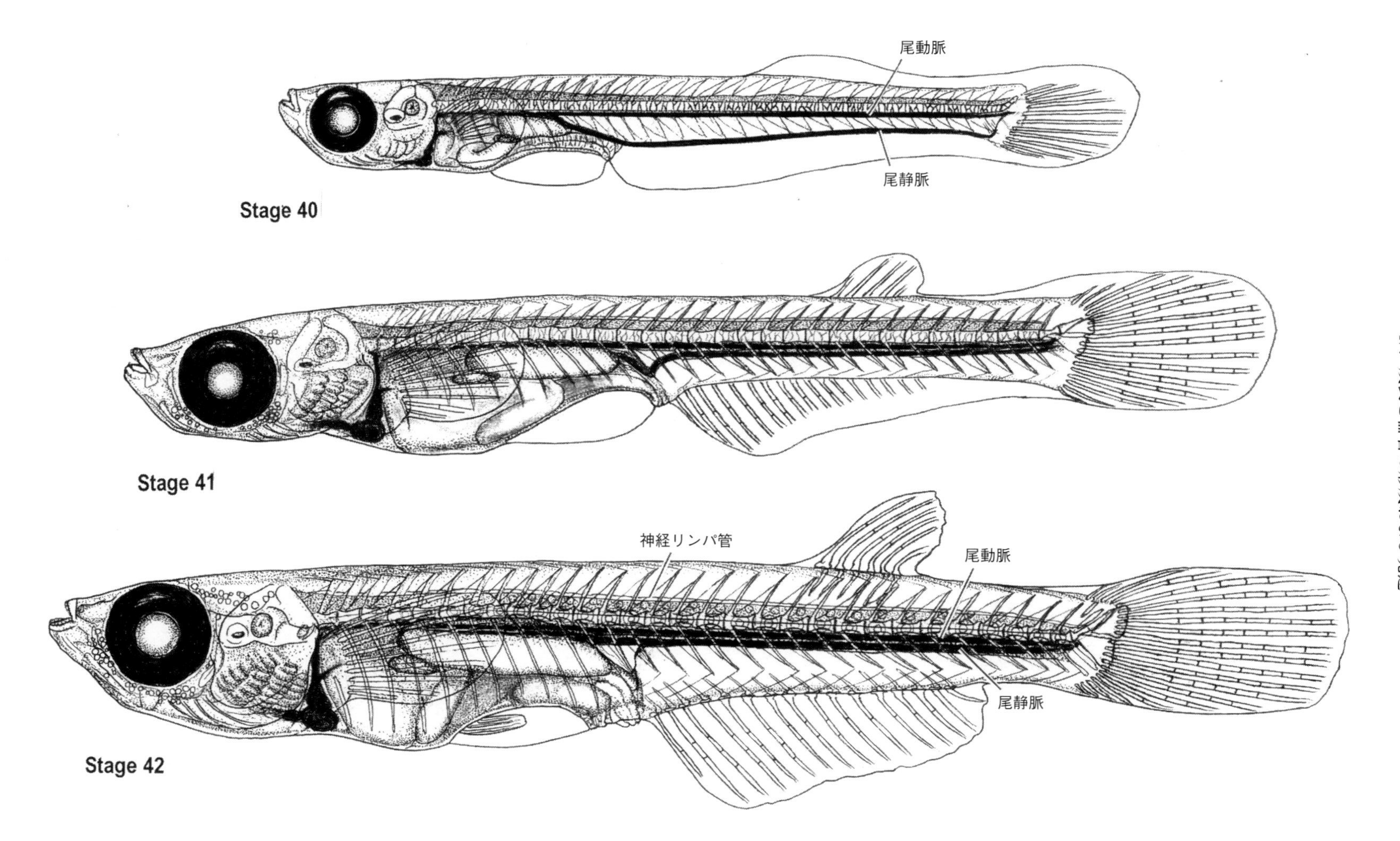

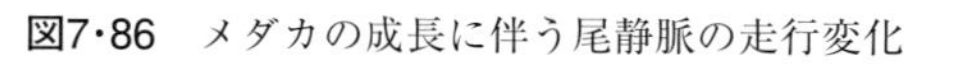
図7·86　メダカの成長に伴う尾静脈の走行変化

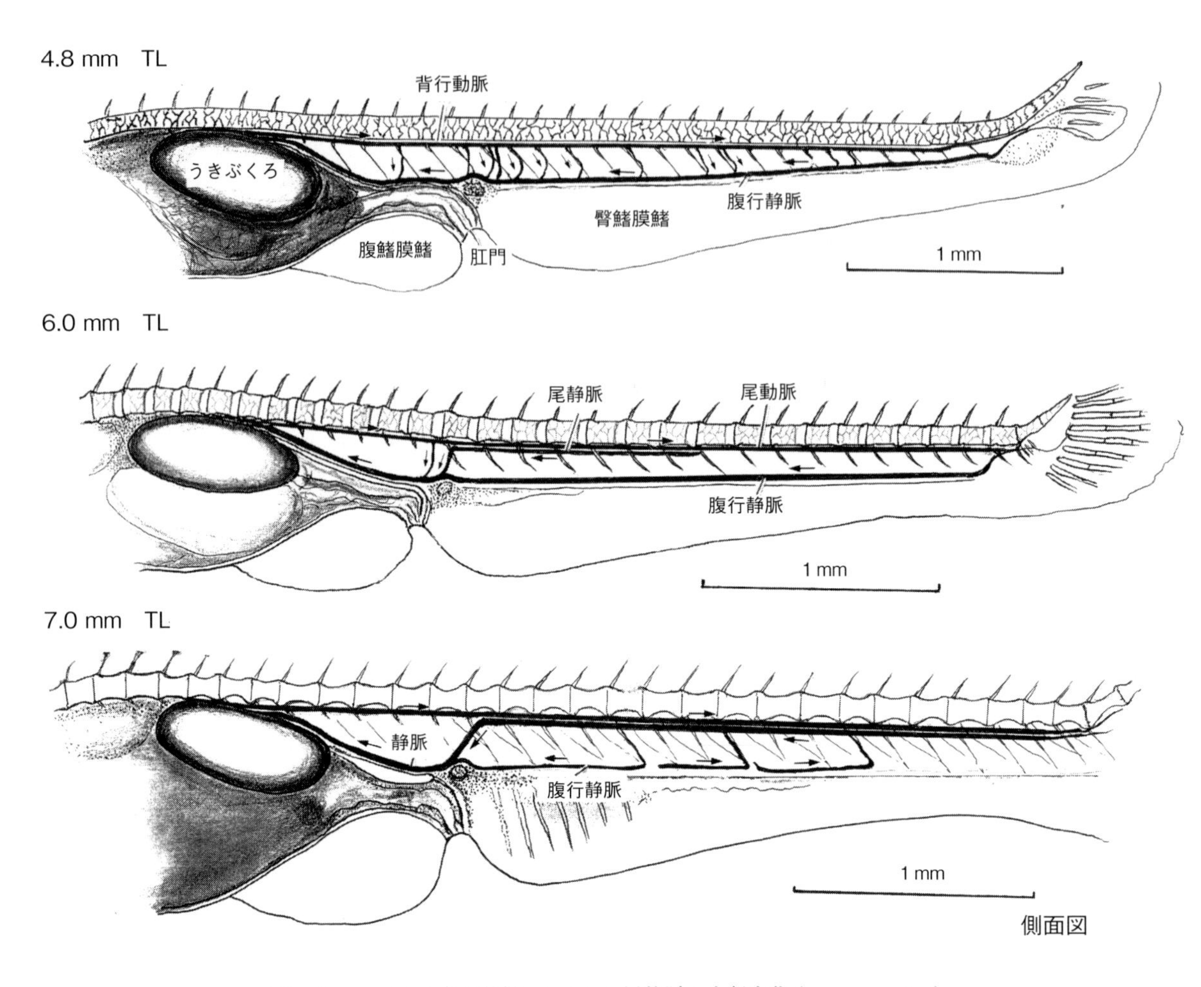

図7・87　メダカの成長過程にみられる尾静脈の走行変化（Iwamatsu, 2012）

でに接着して閉じており，腹行静脈は長いままで血管弓内に入って背行動脈と並走できない。したがって，静脈は，動脈と並走するためには，血管弓内に新たに形成されることになる。そのメカニズムはまったく解明されていない。

また，全長が約7mmに達して，第13椎骨から始まる尾部静脈が動脈と並走するようになっても，胴部の後域の第8～第13椎骨間において静脈はまだ約160 μm近くの区間だけ動脈と離れたままである（図7・88）。やがて，この部分の静脈も成長につれて徐々に動脈に並走するようになる。どうして，この部域において静脈が動脈と並走するのが遅れるのかについては原因不明である。この胴部の椎骨の横突起には肋骨がついていて，先端は開いたままである。したがって，静脈は分断されないまま徐々に動脈に近づくことができる。腹側に垂れていた静脈は，その余剰の血管が蛇行を示さないまま，徐々に長い血管が短くなって動脈に接する。全長約14mmになると，ほとんどの幼魚ではこの部域も動脈と静脈が並走するようになる（図7・88）。しかし，変態時に尾部の筋肉や脊索などに組織学的異常（腫瘍など）が生じると，その部域における幼魚型の尾部静脈が退化せず異常のままで，その部域では尾部大動脈と並列する大静脈はみられない（図7・89）。この現象は尾部大静脈の退化と位置の変更，そして血管形成などのメカニズムの解明の糸口になるであろう。その解明には，今後の研究を待たざるを得ない。

6．甲状腺と脳下垂体の発生

脳下垂体の甲状腺刺激ホルモン分泌細胞の出現と，甲状腺濾胞の機能活性の関係を解明するという観点から，甲状腺の発生と甲状腺ホルモン合成の開始期とが調べられている（Egawa *et al.*, 1986）。約24℃で3日

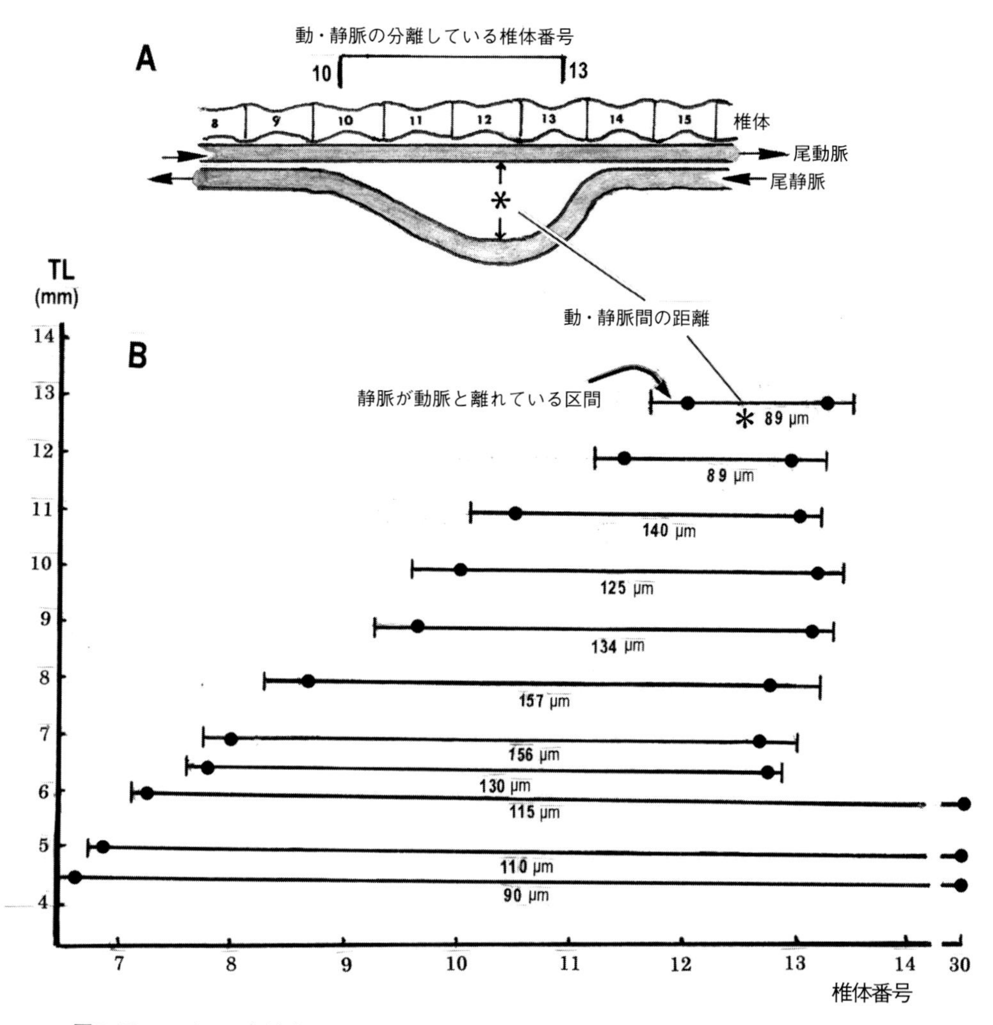

図7・88　メダカの成長時にみられる胴部後端域の静脈の動脈との並走化現象（Iwamatsu, 2012）

目胚（stage 26）にはまだ脳下垂体は認められない。６日目胚（stage 29）にはそれが認められるが，この時期ではまだ細胞型は区別できない。ゴモリー型アルデヒドフクシン染色に陽性の顆粒をもつTSH細胞（孵化後１日目）及びGTH細胞（孵化後３日目）が認められるようになるのは孵化後においてである。甲状腺濾胞の数はメダカの体長に対して指数関数的に増加する。^{125}Iの甲状腺への取り込みは８日目胚（stage 31）に増加し始め，濾胞の認められる９日目より後の10日目胚で最高レベルに達する（Egawa *et al.*, 1980）。

甲状腺発生の初期マーカーである転写因子*nkx2.1*の発現パターンと分化マーカーであるチロキシンに対する抗体での染色による両標識を用いて，甲状腺の発生と変異体スクリーニングの研究がなされている（関水ら）。また，甲状腺の器官形成を遺伝子レベルで分析するために，多量の突然変異を引き起こして，発生中甲状腺にみられる組み換え活性遺伝子1（*rag1*）発現を調べている。甲状腺における*rag1* 発現を著しく減少する13遺伝子を明らかにしている。甲状腺の発生は咽頭弓pharyngeal archesに依存しているから，これらの突然変異は咽頭弓の欠損による３つのクラスに分類されている：（1）リンパ球発達と甲状腺上皮細胞成熟のような欠損で，甲状腺の形態は目立たないレベルのもの *gyokuro (gkr), matcha (mtc), genmaicha (gnm), houjicha (hjc),*（2）咽頭弓に異常があるもの，（3）咽頭弓の発達が極めて悪く細くなるもの。*rag1*は発生中のリンパ球に特異的に発現し，抗原特異的リセプター遺伝子の組み換えに関わっているから，メダ

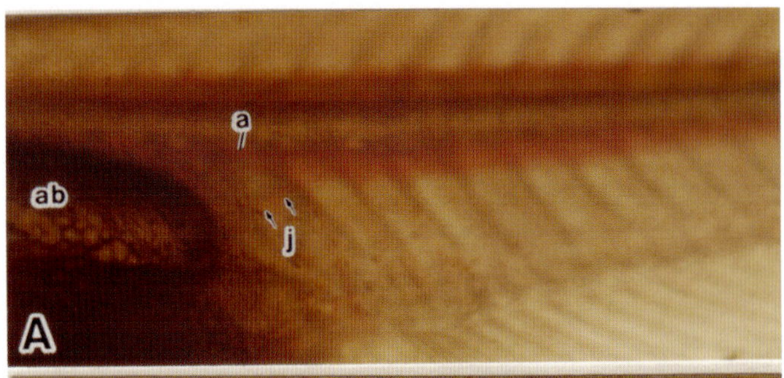

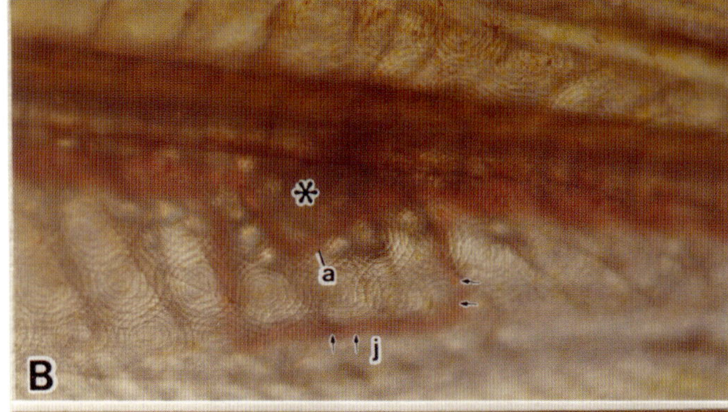

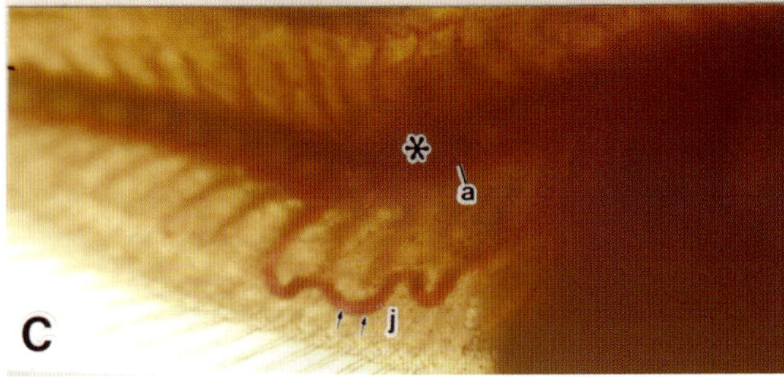

図7·89 幼魚にみられる尾動脈と尾静脈の走行異常
A：正常（全長約13mm），ab：ウキブクロ，B：尾部筋肉腫瘍部（*）の動脈（a）と稚魚の状態のままの走行静脈（j，小矢印），C：脊椎骨腫瘍（*）の動脈（a）と並走しない蛇行静脈（j）

カ成魚の逆転写cDNAのPCRによる*rag1* 遺伝子の638bp断片を増幅して用いている。この*rag1*-陽性部はメダカの甲状腺原基に対応し，Ghoneum *et al.*（1981）や Ghoneum and Egami（1982）と一致して，受精後84時間（松井の stage 30）で認められるようになる。

7．成体尾部の運動神経の発達過程

尾部における筋肉と神経の機能的関係は，生じるまでの発生過程をみると，つぎの4ステップ（図7·90）を経て確立していることが確かめられた（Ishikawa and Iwamatsu, 1993）。まず，神経幹である腹部最尾神経 ventral caudalmost nerve（VCN）は尾部脊髄から発した運動神経の伸長によって形成される（神経幹形成ステップ trunk formation step）。途中，短く枝分かれした神経突起がVCNコースから遊走するステップ wandering step が，中胚葉性細胞の中間幅筋 middle interradial muscle（MIR筋）管がその神経突起のそばに分化し，互いに連結する（connection step 連結ステップ）。最終段階には，運動神経の分布が成体のものに編成される（修飾ステップ modification step）。

8．脊椎骨とその関連骨格の形成

一般に高等脊椎動物において，骨形成の発生には神経冠細胞 neural crest cell が頭部顔面骨 craniofacial bone，体節の硬節区分 sclerotome compartment が中軸骨格 axial skeleton，そして側板中胚葉 lateral plate mesoderm が肢部骨格の間充織 limb mesenchyme の形成に関与している。そして，骨形成過程に重要な骨化現象には，軟骨組織が形成された後に骨組織になる軟骨内骨化 endochondral (cancellous bone) ossification と結合組織内に直かに骨組織が形成される結合組織性骨化 intramembranous ossification のタイプが知られている。脊椎骨（椎体）の骨化は体節原型における脊索鞘 notochordal sheath の鉱化で始まり，脊索椎体の鉱化の確立には硬節由来細胞が関係している（Renn *et al.*, 2013）。

メダカでも骨や軟骨の構造と骨芽（造骨）細胞 osteoblast，軟骨細胞 chondrocyte，そして破（溶）骨細胞 osteoclast において発現される骨関連遺伝子について研究がなされており，メダカには軟骨内骨化や骨細胞が存在しないことも知られている（Ekanayake and Hall, 1988; Inohaya *et al.*, 2007）。椎骨の無細胞での発達は，Ekanayaka and Hall（1987）によって顕微鏡のレベルで分析されている。また，骨髄腔 bone marrow cavity もないので，造血幹細胞 hematopoietic stem cell は腎臓組織内にあるという（Kudo, 2011）。

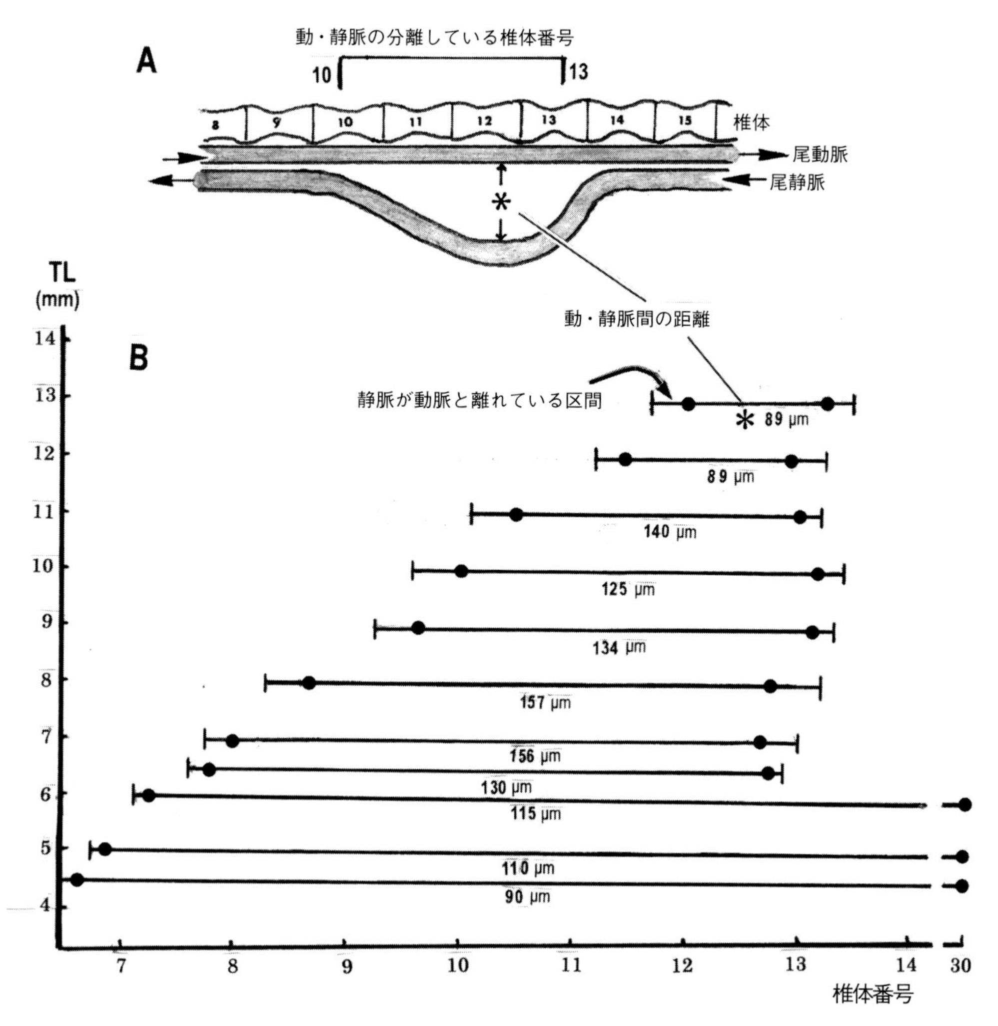

図7·88　メダカの成長時にみられる胴部後端域の静脈の動脈との並走化現象（Iwamatsu, 2012）

目胚（stage 26）にはまだ脳下垂体は認められない。6日目胚（stage 29）にはそれが認められるが，この時期ではまだ細胞型は区別できない。ゴモリー型アルデヒドフクシン染色に陽性の顆粒をもつTSH細胞（孵化後1日目）及びGTH細胞（孵化後3日目）が認められるようになるのは孵化後においてである。甲状腺濾胞の数はメダカの体長に対して指数関数的に増加する。^{125}Iの甲状腺への取り込みは8日目胚（stage 31）に増加し始め，濾胞の認められる9日目より後の10日目胚で最高レベルに達する（Egawa *et al.*, 1980）。

甲状腺発生の初期マーカーである転写因子*nkx2.1*の発現パターンと分化マーカーであるチロキシンに対する抗体での染色による両標識を用いて，甲状腺の発生と変異体スクリーニングの研究がなされている（関水ら）。また，甲状腺の器官形成を遺伝子レベルで分析するために，多量の突然変異を引き起こして，発生中甲状腺にみられる組み換え活性遺伝子1（*rag1*）発現を調べている。甲状腺における*rag1* 発現を著しく減少する13遺伝子を明らかにしている。甲状腺の発生は咽頭弓pharyngeal archesに依存しているから，これらの突然変異は咽頭弓の欠損による3つのクラスに分類されている：（1）リンパ球発達と甲状腺上皮細胞成熟のような欠損で，甲状腺の形態は目立たないレベルのもの *gyokuro (gkr), matcha (mtc), genmaicha (gnm), houjicha (hjc),*（2）咽頭弓に異常があるもの，（3）咽頭弓の発達が極めて悪く細くなるもの。*rag1*は発生中のリンパ球に特異的に発現し，抗原特異的リセプター遺伝子の組み換えに関わっているから，メダ

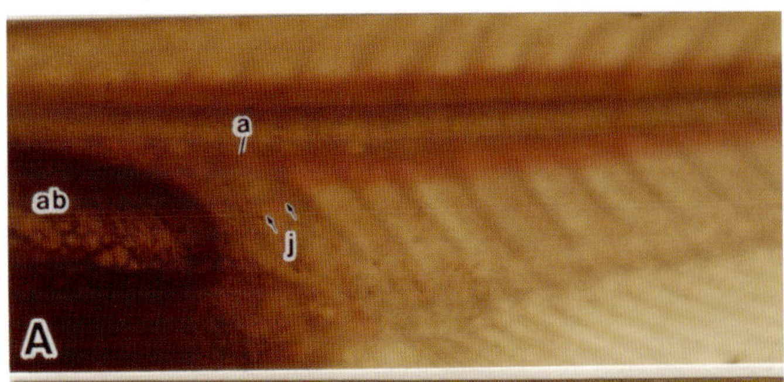

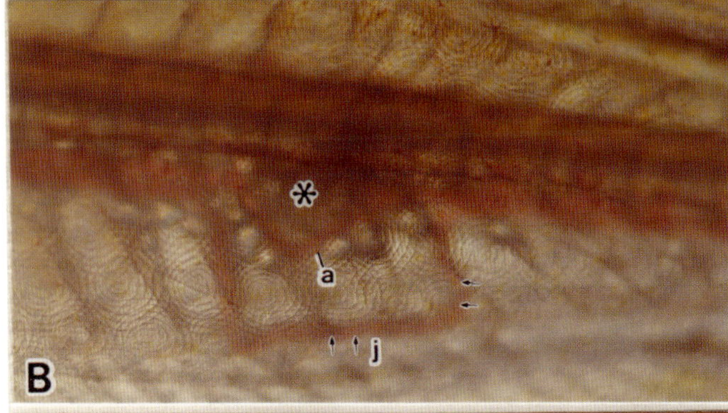

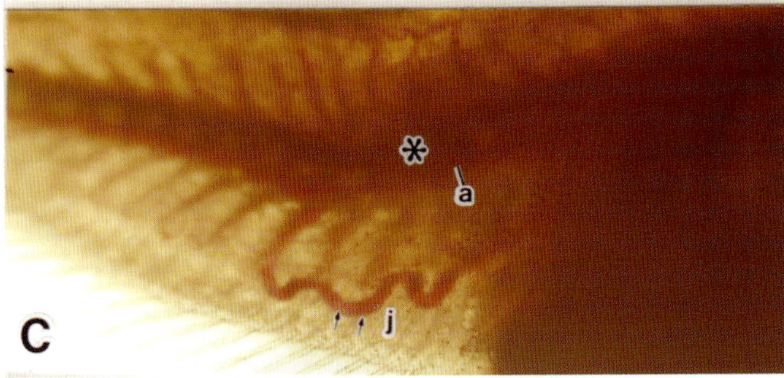

図7･89　幼魚にみられる尾動脈と尾静脈の走行異常
A：正常（全長約13mm），ab：ウキブクロ，B：尾部筋肉腫瘍部（＊）の動脈（a）と稚魚の状態のままの走行静脈（j，小矢印），C：脊椎骨腫瘍（＊）の動脈（a）と並走しない蛇行静脈（j）

カ成魚の逆転写cDNAのPCRによる*rag1* 遺伝子の638bp断片を増幅して用いている。この*rag1*-陽性部はメダカの甲状腺原基に対応し，Ghoneum *et al.* (1981) や Ghoneum and Egami (1982) と一致して，受精後84時間（松井の stage 30）で認められるようになる。

7．成体尾部の運動神経の発達過程

尾部における筋肉と神経の機能的関係は，生じるまでの発生過程をみると，つぎの4ステップ（図7･90）を経て確立していることが確かめられた（Ishikawa and Iwamatsu, 1993）。まず，神経幹である腹部最尾神経 ventral caudalmost nerve（VCN）は尾部脊髄から発した運動神経の伸長によって形成される（神経幹形成ステップ trunk formation step）。途中，短く枝分かれした神経突起がVCNコースから遊走するステップ wandering step が，中胚葉性細胞の中間幅筋 middle interradial muscle（MIR筋）管がその神経突起のそばに分化し，互いに連結する（connection step 連結ステップ）。最終段階には，運動神経の分布が成体のものに編成される（修飾ステップ modification step）。

8．脊椎骨とその関連骨格の形成

一般に高等脊椎動物において，骨形成の発生には神経冠細胞 neural crest cell が頭部顔面骨 craniofacial bone，体節の硬節区分 sclerotome compartment が中軸骨格 axial skeleton，そして側板中胚葉 lateral plate mesoderm が肢部骨格の間充織 limb mesenchyme の形成に関与している。そして，骨形成過程に重要な骨化現象には，軟骨組織が形成された後に骨組織になる軟骨内骨化 endochondral (cancellous bone) ossification と結合組織内に直かに骨組織が形成される結合組織性骨化 intramembranous ossification のタイプが知られている。脊椎骨（椎体）の骨化は体節原型における脊索鞘 notochordal sheath の鉱化で始まり，脊索椎体の鉱化の確立には硬節由来細胞が関係している（Renn *et al.*, 2013）。

メダカでも骨や軟骨の構造と骨芽（造骨）細胞 osteoblast，軟骨細胞 chondrocyte，そして破（溶）骨細胞 osteoclast において発現される骨関連遺伝子について研究がなされており，メダカには軟骨内骨化や骨細胞が存在しないことも知られている（Ekanayake and Hall, 1988; Inohaya *et al.*, 2007）。椎骨の無細胞での発達は，Ekanayaka and Hall (1987) によって顕微鏡のレベルで分析されている。また，骨髄腔 bone marrow cavity もないので，造血幹細胞 hematopoietic stem cell は腎臓組織内にあるという（Kudo, 2011）。

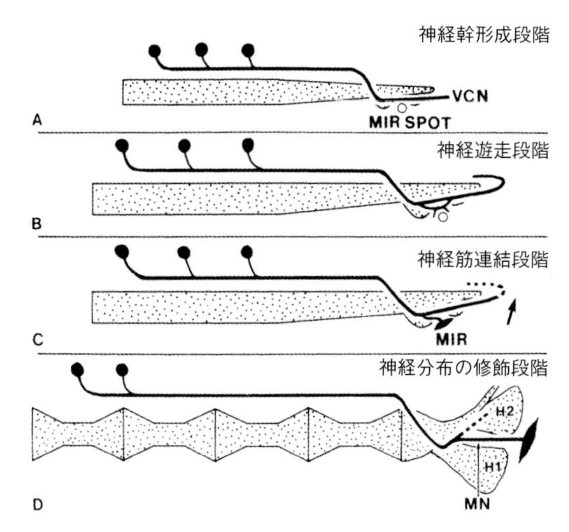

図7･90　尾部の運動神経の発達過程
(Ishikawa and Iwamatsu, 1993)

胚発生期における骨形成：

メダカの胚発生時の硬節 sclerotome の発達は，それに関するマーカー遺伝子 *twist, pax1, pax9, bapx1* を用いた研究によれば，脊椎骨形成の最初の段階において体節（筋節）の腹部中位部に硬節由来の *twist*-EFGP 陽性の細胞が現れる。そして，それらの細胞が脊索の背部を移動し，脊索，神経管，中軸血管の周りの無脊椎部 invertebral region に集まってくる（Yasutake *et al.*, 2004）。*twist*-EFGPトランスジェニックメダカにおいて，EGFP-陽性細胞は硬節に対応する各体節の腹部中央部に最初に現れ，脊索の背面に移動して椎間部 intervertebral region に集中してくる。椎間部は，硬節起源の細胞が骨芽細胞に分化するところである周脊索椎体 perichordal centrum の成長中心として働いている。神経弓の形成を抑制する遺伝子 *twist* をモルフォリノス morpholinos（MO）でノックダウンしてみて，*twist* が硬節由来の造骨細胞の分化過程に役割をもっていることが示された。その後，そのMOノックダウン効果が３日以内にみられ，さらに *pax1* と *pax9* が椎体と神経弓の発達にそれぞれが別々に働くことがわかった（Mise *et al.*, 2008）。その他，脊索鞘 notochordal sheath の崩壊と萎縮 dwarfism を示す *ki173* 突然変異の研究で，*ki173* 遺伝子産物には脊椎骨形成に必要な脊索鞘の形成のための細胞外マトリックスタンパク質を生じる役割があることをみている（Kudo, 2008）。脊椎骨の原基である脊索の胞状化 vacuolation は発生段階（Iwamatsu, 1994, 2004）のstage 26で始まる。胚における脊柱の形成を観察した Inohayaら（Inohaya *et al.*, 2007）によれば，受精後３日目（stage 30）胚では耳石だけがアリザリン・レッドに染まるだけで，４日目胚（stage 35）になると，擬鎖骨，副蝶形骨，鰓蓋骨，それに第１脊椎が染まるようになる。さらに進んだ５日目胚には椎体の骨化が脊索の前方から始まり，椎体の背部から腹部に向けて進行するのがみられる。そして，９日目（stage 39）ではその骨化は脊索の尾部まで進行している。

成長期における骨形成：

脊索には各椎体の連接の目印になる“くびれ”constriction は stage 33ではまだ認められないが，孵化直前のstage 39の胚になると，各椎体（骨）間には互いに隣接するくびれで各椎体が確認できる。このくびれの位置は体（筋）節間の境目に対応している。孵化直後のstage 40の全長4.5mmの幼魚では，図７･91（Iwamatsu, 2012）が示すように第１脊椎骨（環椎 atlas）が基後頭骨と１つの主関節で結ばれていて，外後頭骨との副関節はまだできていない。全長約５mmになると，各椎骨間には透明なくびれの部分が認められる。そして，第１脊椎骨に外後頭骨との背側副関節が認められるのは全長7.8～8.5mmのstage 40においてである。stage 40における脊椎骨を腹側から観察すると，第１～第２椎体の両側には横突起はないが，第３椎体から後ろの椎体にはそれがみられる。そして，第３椎体から第10椎体に至るまで左右に付いている横突起の位置は成長と共に背側から腹側へと移行する（Iwamatsu *et al.*, 2009: 図７･88, Iwamatsu, 2012）。全長5.4mmのとき，左右神経棘の上端はまだ互いに接し合っておらず，全長が10mmに達すると，第１～第８椎骨の神経棘は融合して扁平の板状になる。一般に，30個の脊椎骨をもつ成魚では，第１～第２椎骨の長さは最後から２・３個の椎骨と同様，他のものより短い（岩松, 2006; Iwamatsu *et al.*, 2009：図５･88）。全長5.4mmの幼魚では，横突起が第１～第５椎骨の背部両側にあるが，それより後方の椎骨では次第に両腹側に移行している。こうして，胴部椎骨（第１～第12）をみると，後方になるにつれて横突起の位置が背側から腹側に移っている。胴部後方の第10～第12椎骨において腹側横突起はその先端がくっついていて，尾部脊椎骨にある未発達な血管棘と識別できない。全長約5.4mm（stage 40）の幼魚の血管棘の先端はすべて（第14～第30）が互いに接して血管弓（血管弓門）をなしている。ほとんどの個体において，その尾部の最前部

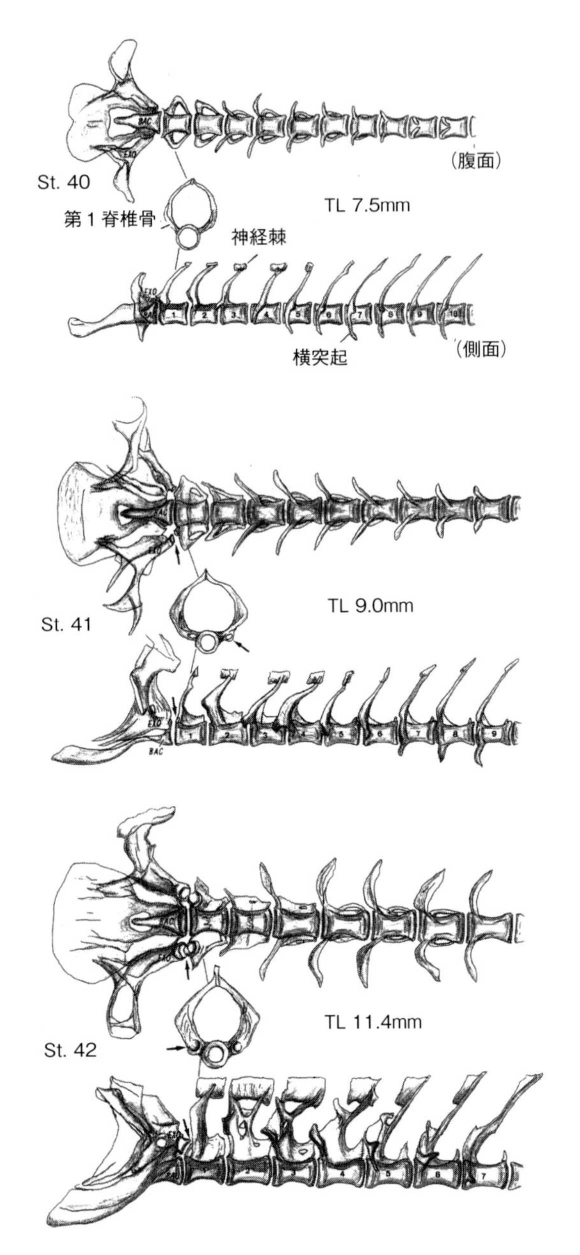

図7･91 脊椎骨と頭骨との関節の形成
第1脊椎骨(1)は全長(TL)約9mm で基後頭骨(BAC)との主関節と外後頭骨(EXO)との間に副関節(矢印)を形作る(岩松，未発表).

である第13椎骨の血管棘は先端が接しておらず，開いたままである(図7･92)。頭蓋骨と脊椎骨の関節は，孵化後全長が約10mmになって，基後頭骨との主関節に加えて，外後頭骨との副関節が生じる(Iwamatsu, 2009)。全長10.4mmの幼魚では，胴部の第2～第9椎骨は肋骨をもち，横突起の先端は開いている。全長12～24mmでは，第2～第11椎骨に肋骨があり，全長15.4mm以上になると，第2～第12椎骨には上肋骨が付いている。

魚の胴部の体節構造は未分節の前原体節期の中胚葉 unsegmented presomatic mesoderm (PSM) から体節形成が繰り返されて生じる。しかし，体軸の前後にどのような順序で体節が生じるかはまだ判明していない。体節形成の突然変異を誘発して，体節や体節の仕切りが全くない突然変異体，部分的にないものが4種類同定されており，さらに体節の形や大きさが異なったり体節融合を示す5突然変異体も発見されている(Elmasri *et al.*, 2004)。これらの突然変異体を2つのグループに分けている：(1) 尾芽形成とPSM前パターニングの欠損，(2) 前後体軸と上皮化 epithelialization の欠損，*her7* と *mesp* のPSM発現に変化を示し，PSM前パターニングは正常である。

メダカの脊椎骨は，胴部の椎体には，肋骨基部関節をなす横突起，背側の神経棘と腹側の血管棘をもち，尾部錐体には肋骨がないので神経棘と血管棘だけである。脊椎の最先端にある第1椎体は，頭骨と3つの関節で接しており，最後端の第29～30椎体は下尾骨・準下尾骨をもつ椎体と1つの関節をもつ。脊椎骨の形成初期(stage 40)には，骨の髄部は海綿状で，骨化(石灰化)の進行とともに椎間板形成が起こる。stage 40における脊椎を腹側から観察すると，第1～第2椎体の両側には横突起はないが，第3椎体から後ろの椎体にはそれが見られる。そして，第3椎体から第10椎体に至るまで左右付いている両横突起は徐々に腹側に移り，互いに接近する。stage 41に近くなると，胴部の筋節間に肋骨が形成され始める。筋節間ごとに，骨髄部が海綿状の脊索には椎間板が形成されて，腹側の筋節間には血管棘，背側の筋節間には神経棘が生じる。すなわち，椎体数は胚において形成される筋節(体節)数を決める遺伝子 somite determinant (*sd*) の支配下にあり，メダカ種によって異なる。

猪早・工藤によれば，軟骨の骨化は遺伝子*twist* を発現する硬節細胞 sclerotome cell が軟骨細胞化しないで，脊索の椎間板予定域周囲に直接膜性骨化が進行する。椎間板領域の形成，硬節細胞，脊索鞘細胞が関与している。stage 41には，骨化した椎体が完成する。

第1椎体と頭骨との関節はメダカの属するダツ目には共通して3カ所ある。すなわち，第1椎体は，基後頭骨との主関節1つと，外後頭骨との副関節2つ，合わせて3つの関節をもつ。脊椎骨と頭骨の形成進行中 stage 40において，まず主関節が形成され，その後

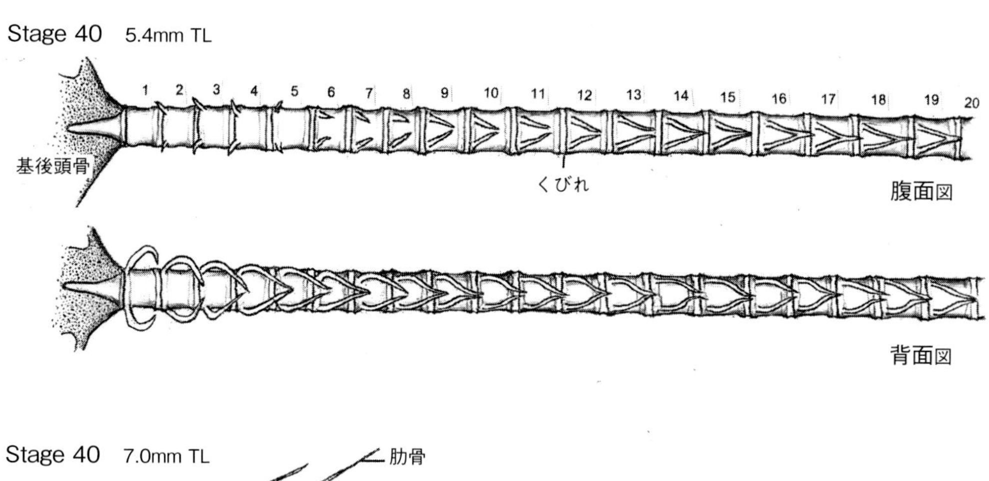

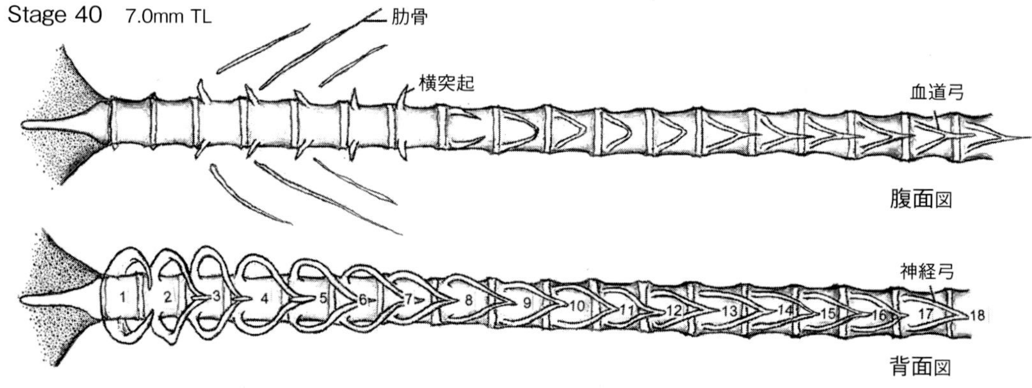

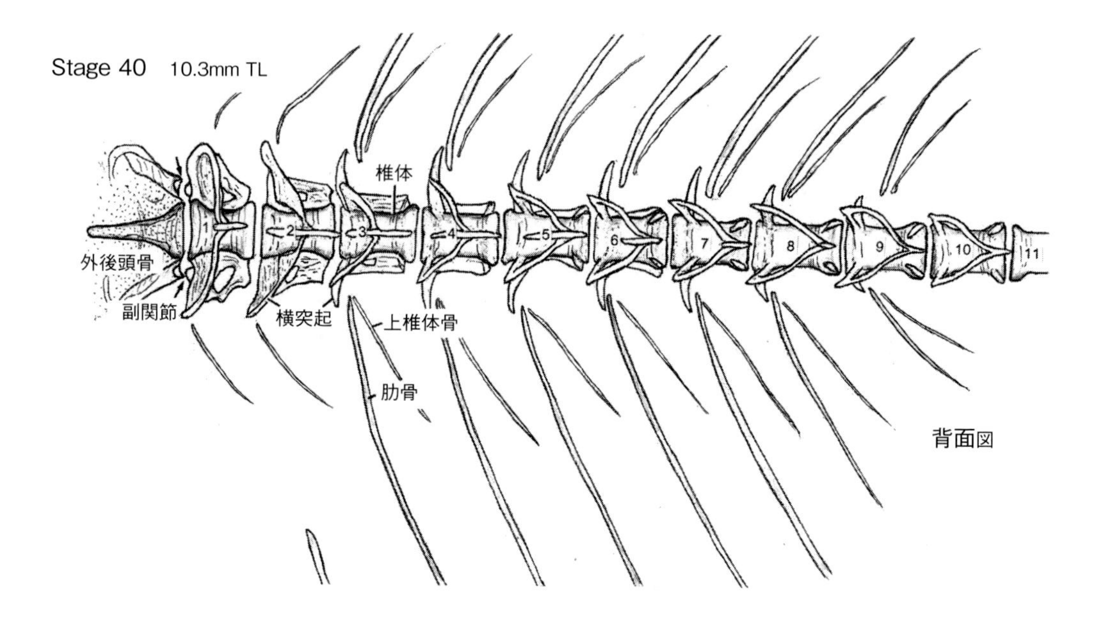

図7･92　成長期におけるメダカの胴部と尾部前域の脊椎骨と肋骨の変化（Iwamatsu, 2012）

stage 41で2つの副関節が形成され始める（図7・91）。この間，第1と第2の椎体には横突起の発達はほとんどみられない。

Hayashidaら（2004）の研究は，ビタミンAの活性派生物であるレチノイン酸retinoic acidとレチノイン酸リセプター/レチノイドXリセプターがアリルヒドロカーボン（aryl hydrocarbon）レセプターのmRNA発現および胚の血管や骨の発生に必要であることを示唆している。

Renn ら（2014）はメダカの *osterix* プロモーターの調節因子は，*osterix* プロモーター域の改造トランスジェニックメダカを用いて調べ，そのプロモーターの活性に重要な機能をもつ短いヌクレオチドの塩基配列の存在をみつけた。哺乳類では *msx2* に直接，あるいは BMP に間接的に誘導される *osterix*（*osx*）は造骨細胞形成に重要な調節因子で，造骨細胞を分化させて，それに関する多数の遺伝子を発現させる。メダカでも同様で，骨形成中に *osx* プロモーターが造骨細胞では著しく活発で，骨の改造にも調節作用があるようである。最近，メダカにおいてもレチノイン酸 retinoic acid が合成されなくなると，造骨細胞数の減少が起きて骨の骨化が低下する。しかも，生体でのデータは，レチノイン酸レベルが初期の造骨細胞の分化を制御するのに必要で，成熟造骨細胞の鉱化活性を促進することを示している。すなわち，レチノイン酸が造骨細胞の分化と成熟に重要な役割を果たしていることがわかった（Renn and Winkler, 2012）。

哺乳類で知られるリン酸化 32kDa 糖タンパク質 SPARC（secreted protein, acid, rich cysteine）はオステオネクチン osteonectin とも呼ばれ，骨のマトリックスの主要非コラーゲンタンパク質である。また，この SPARC は造骨細胞から分泌される。このタンパク質をコードしている遺伝子 *sparc* は初期硬節の発達をみるのに優れたマーカーである。メダカでは，*sparc* は初期骨要素の体節，脊索，底板 floor plate に発現され，その発現はそれらの骨要素における鉱化 mineralization に先だって起こる（Renn *et al.*, 2006）。他にも，タイプXコラーゲンの α（x）鎖（COL10A1）をコードしている遺伝子 *collagen type 10α1*（*coll 10 α1*）の発現も骨化前に認められて初期の造骨細胞の目印になる。*osteocalcin*（*osc*）は鉱化している膜内と軟骨膜 perichondral の骨における成熟造骨細胞に発現される（Renn and Winkler, 2010）。亜鉛－フィンガー転写因子である *osterix/Sp7* は，造骨細胞の分化・成熟・活動に重要な調節因子である。その遺伝子の発現は非骨組織にもみられるが，機能については知られていない。メダカでは，その遺伝子は異なってスプライスされた転写産物である *osx-tv1* と *osx-tv2* として表される。これらの遺伝子はノックアウトされると，それぞれ初期の膜内骨での鉱化がみられなくなるが，軟骨形成は影響を受けない（Renn and Winkler, 2014）。後期に骨化する鰓蓋 operculum や擬鎖骨 cleithrum 化は遅れるがずっと後の発達過程に回復する。主軸をなす骨格では，神経棘や椎体は著しく遅れる。*osterix* のノックダウンでは，造骨細胞の成熟と活動の遅れを生じる。また，*osx*: CFP-NIR（Cyan Fluorescent Protein-nitroreductase）メダカは造骨細胞の機能や種々の発生段階における再生を研究するのに重要な手段として使えることを示している（Willems *et al.*, 2012）。

To ら（2012）によれば，造骨細胞は転写因子 NF-kB リガンドのリセプター活性因子 *Rankl* やオステオプロテゲリン（POG）のような調節因子の生成を通して破骨細胞の形成と活性を制御している。また。破骨細胞の形成・成熟そして活性は *Rank/Rankl* リセプターの相互作用によって刺激され，オステオプロテゲリンのような因子によって下流調節されている（参照，To *et al.*, 2012）。カテプシンK（*ctsk*: mEGFP）プロモーターの支配下での mEGFP を発現する二重トランスジェニック・レポーターを用いて，生体内での造骨および破骨の両細胞を可視化させている。その可視化によって，TRAP（抗酒石酸・酸性フォスファターゼ）陽性細胞における *ctsk*: mEGFP の発現が受精後12日目の稚魚の咽頭歯の換歯とそれらを支えている骨に最初に認められる。これが *ctsk* 遺伝子の最初の機能である。また，椎体において，*ctsk*: mEGFP と内因性の *ctsk* の発現がみられるのは受精3～4週間後である（Nemoto *et al.*, 2007）。受精後9日目（培養温度不明）の稚魚に39℃で2時間のヒートショックを与えると，完全な膜結合 *rankl* アイソフォームが他の2つの可溶性の短いアイソフォームと同様にあちこちで過剰発現する。この遺伝子は人為的発現誘導によって鉱化マトリックスの退化が生じ，骨粗鬆症 osteoporosis 様表現型を示すことから，破骨細胞を形成する *rankl* の機能が示唆されている。

9．頭骨の形成

化石として残りやすい硬骨の発生の研究は脊椎動物の分類及び進化を解明するのに，極めて重要な研究である。とりわけ，最も単純な系を保存し続けて現在に至っている魚類の骨の形成の研究は，より高等な脊椎動物の骨格を理解する上に役立つものと考えられる。

ニホンメダカにおいて，頭蓋の軟骨と骨がどのように生じるかについては，ランギルとホール（1987）によって報告されている（図７・93）。軟骨性の頭骨は stage 29（Iwamatsu's stage 33）から発達し始め，孵化するときの stage 35（Iwamatsu's stage 39）までにほぼ完成する。副蝶形骨と２対の鰓条骨はこの stage 35までにすでに存在し，その後間もなく新たな骨が加わったり皮骨ができてくる。稚魚や幼魚の時期に頭蓋骨の発達や内臓頭蓋の骨化が徐々に起こる。

10. 尾部骨格の形成

成体の尾鰭の骨は，２つの上尾骨 epural，準下尾骨 parhypural（PH），２つの下尾骨・板（第３，４，５下尾骨の融合した上部と第１，２下尾骨の融合した下部），尾鰭椎前第２椎体，補尾骨 extra caudal ossicle，尾鰭椎前第３椎体の間血管棘軟骨，それに上部下尾骨板に４本，下部下尾骨板に５本の９個の分岐をもつ軟条からなっている。これらの形成過程を藤田（図７・94：Fujita，1992）に基づいて記述する。

4.0mm NL（脊索長）では，１つの軟骨性の準下尾骨と２つの上下の下尾骨板が脊索の後部下方にすでに形成されている。すなわち孵化した時から上下２つの下尾骨板が存在する。第１，２の下尾骨（HY-1＋2）からなる下部下尾骨板はこれら３つの中で一番大きい。この下部下尾骨と上部下尾骨の後部からそれぞれ１本ずつ軟骨が伸びている。

4.5mm NL では，脊索上に準下尾骨とごく小さい軟骨性の第２上尾骨（EP2）の前に尾鰭椎前第２椎大の血管棘の軟骨芽が認められる。２つの尾鰭軟条は上下２つの下尾骨板のそれぞれの後端に２本の軟条ができている。

4.8mm NL では，脊索の背側への屈曲はより目立ち，神経弓と血管弓をもつ尾鰭椎前第２椎体（PU3と前方のもの）が形成され，骨化している。尾椎尾前第２椎体（NAPU2）になる神経棘は骨化し始めている。準下尾骨は脊索から離れ，それから単一の尾鰭軟条が伸びている。３つの新たな軟条が上下の下尾骨から伸びている。

5.2mm NL では，骨化した尾鰭椎前第１椎体と第１尾鰭椎（PU＋U1）および尾鰭椎前第２椎体（PU2）が形成され，下部下尾骨板（HY1＋2）がPU1＋U1と融合している。尾鰭の上部下尾葉に４軟条，下部下尾葉に５軟条が付いている。

5.5mm SL（体長）では，第２尾鰭椎（U2）が上部下尾骨板の前方に脊索から形成されている。遊離している小さい軟骨性の第１上尾骨板（EP1）は第２上尾骨の前部に形成されている。準下尾骨の中部域と下尾骨板の基部は骨化が始まっている。PU2からの尾鰭椎の神経弓と血管弓はそれぞれが椎体の背部と腹部の中板部域で融合しており，神経棘と血管棘がみられる。

6.4mm SL では，すべての尾部骨はより大きくなっており，各骨の骨化域が増加している。補尾骨（EO）は尾鰭椎前第２椎体の血管棘の前部に小さい軟骨として認められる。

7.2mm SL では，２つの上尾骨と補尾骨も骨化がはじまっている。PU1+U1の骨化した神経弓はその複合椎体の前方背部にみられ，第２尾鰭椎がより大きくなっている。尾鰭の下部下尾葉に９軟条，上部下尾葉に８軟条がある。

7.9mm SL では，PU1+U1 の骨化した第２神経弓が第１尾鰭椎（U1）の後方に形成され，第２尾鰭椎（U2）は複合椎体（PU1＋U1）に完全に接着している。尾鰭椎前第３椎体（CIHPU3）の間血管棘軟骨が尾鰭椎前第２椎体の血管棘と補尾骨の間に初めて出現する。尾鰭の上部下尾骨板に8軟条，下部下尾骨板に９軟条が付いている。

9.0mm SLでは，尾部のすべての骨はほぼ完全に骨化している。尾鰭の上部下尾葉に９軟条，下部下尾葉には10軟条がある。

10.2mm SL では，第２尾鰭椎の神経弓は椎体の前部域に形成されている。尾部椎体の２つの神経弓（PU1＋U1）は大きくなり，互いに融合している。鰭軟条数は20（上部下尾葉に９，下部下尾葉に11）に達している。

26mm SL の成熟個体では，第２尾鰭椎とPU1＋U1は尾端骨（尾部棒状骨 urostyle，US）に完全に融合して出来ている。PU1＋U1の融合した神経弓と第２尾鰭椎の神経弓も合体して大きい尾神経骨 uroneural を形成している。

多くの進んだ硬骨魚では，尾端骨はそれ自体で直接単一の骨としてごく早くから形成される。しかし，*O. latipes* では，第２尾鰭椎は尾端骨の発達中に認められる。これは尾端骨が少なくとも UP1＋U1 とU2 の２つの融合によって形成されることを示している。尾神経骨（UN1）はPU1＋U1 と２つの神経弓とU2 の神経弓の融合から形成され，尾端骨（US）の背部と融合している。補尾骨（EO）は *Oryzias* 属と *Xenopoecilus* 属の特徴である。したがって，*Adrianichthyidae* 科

の *Adrianichthys* 属と *Horaichthys* 属の魚類でも同じであれば，それは，この科の子孫形質共有（共有派生形質）synapomorphy の1つといえよう（Fujita, 1992）。

富田（1969）に発見された変異メダカ *Da* の略号は double anal fin に由来している。すなわち，この遺伝子 *Da* がホモ（*Da/Da*）になると，臀鰭が背鰭の鏡像の形でみられるメダカになる。この形式に関して，中埜（1987）は，胚の段階でもともと形成されている膜鰭が進化して背鰭，臀鰭ができるが，その退化が *Da/Da* では野生型に比べて背側膜鰭で大きな背鰭ができると考えた。しかし，*Da/Da* 変異メダカの尾部内部形態の形成をみると，松井の発生段階 stage 31～32において，上尾骨 epural の原基が準下尾骨 parhypural の腹部原基，下位下尾骨板および上位下

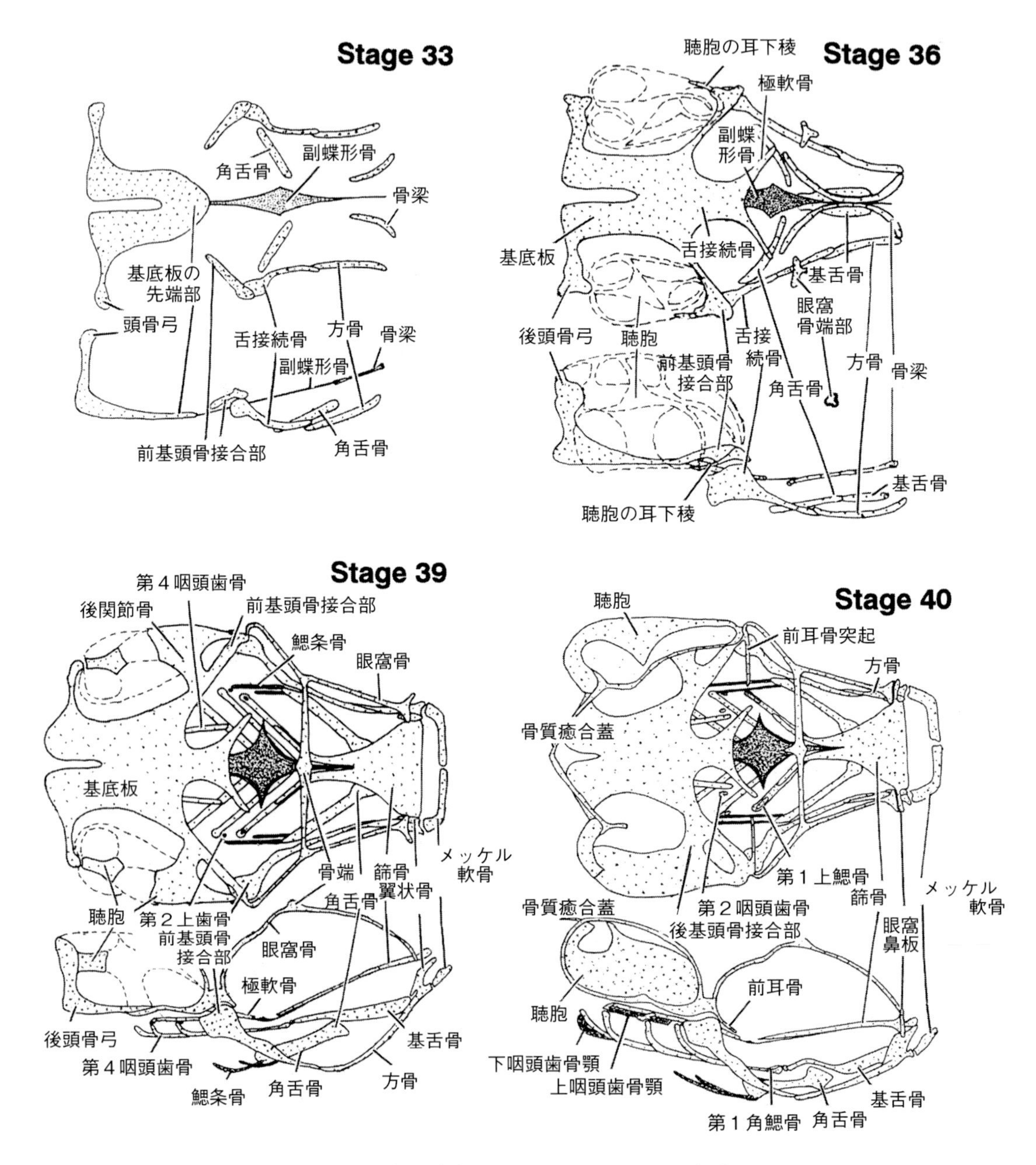

図7･93　頭骨の発達（Langille and Hall, 1987から改図）
各図の上は背面，下は側面を表し，StageはIwamatsu's Stage（1994）に対応させている．

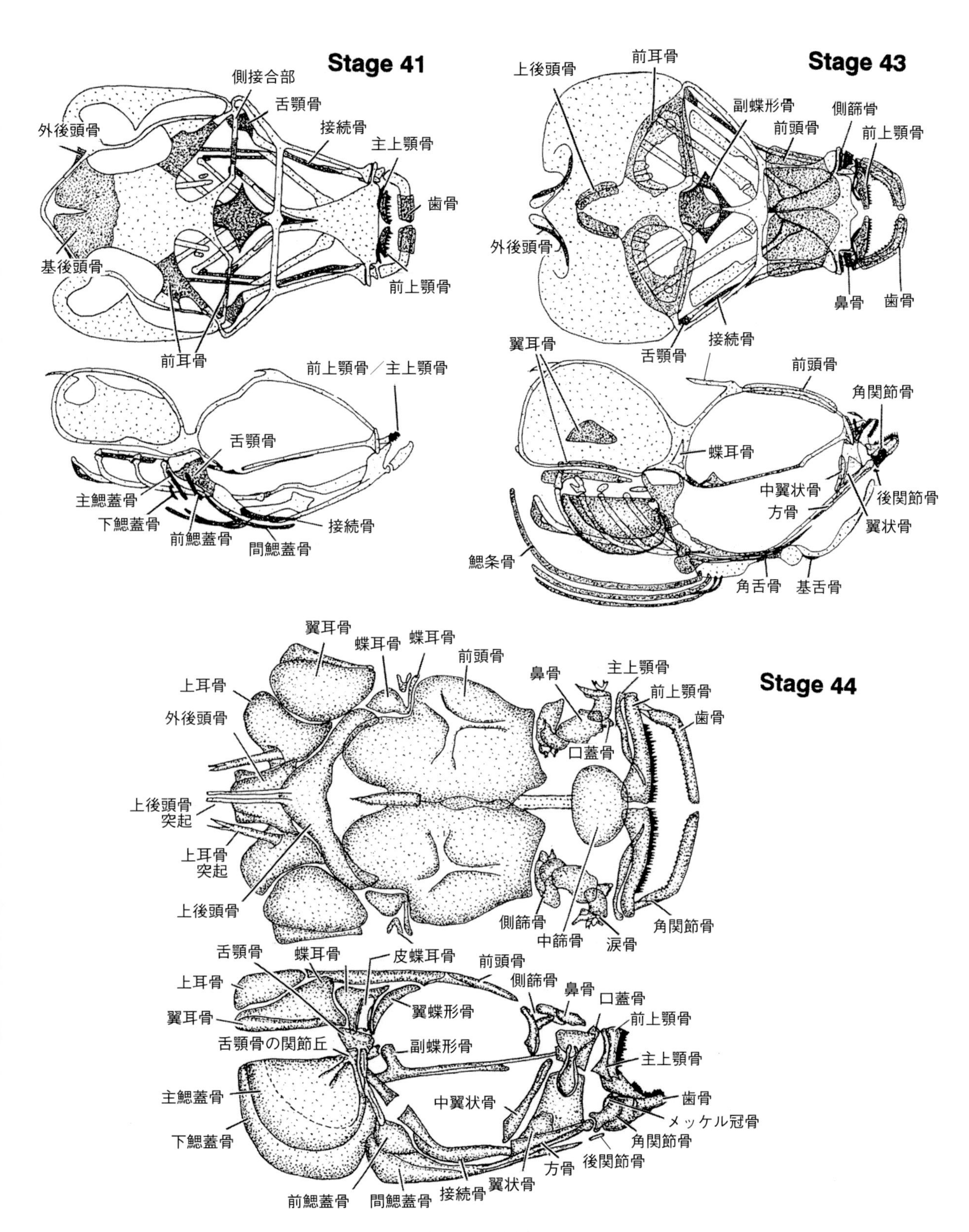
Stage 41
側接合部
舌顎骨
外後頭骨
接続骨
主上顎骨
歯骨
基後頭骨
前上顎骨
前耳骨
前上顎骨／主上顎骨
舌顎骨
主鰓蓋骨
下鰓蓋骨
前鰓蓋骨
間鰓蓋骨
接続骨
Stage 43
前耳骨
上後頭骨
副蝶形骨
側篩骨
前頭骨
前上顎骨
外後頭骨
鼻骨
歯骨
接続骨
舌顎骨
翼耳骨
前頭骨
角関節骨
蝶耳骨
中翼状骨
後関節骨
方骨
翼状骨
鰓条骨
角舌骨
基舌骨
Stage 44
翼耳骨
蝶耳骨
蝶耳骨
前頭骨
鼻骨
主上顎骨
前上顎骨
上耳骨
歯骨
外後頭骨
口蓋骨
上後頭骨
突起
上耳骨
突起
上後頭骨
側篩骨
中篩骨
涙骨
角関節骨
舌顎骨
蝶耳骨
皮蝶耳骨
前頭骨
上耳骨
側篩骨
鼻骨
口蓋骨
翼蝶形骨
翼耳骨
前上顎骨
舌顎骨の関節丘
副蝶形骨
主上顎骨
主鰓蓋骨
中翼状骨
歯骨
メッケル冠骨
下鰓蓋骨
角関節骨
後関節骨
方骨
翼状骨
接続骨
前鰓蓋骨
間鰓蓋骨

（図7･93の続き）

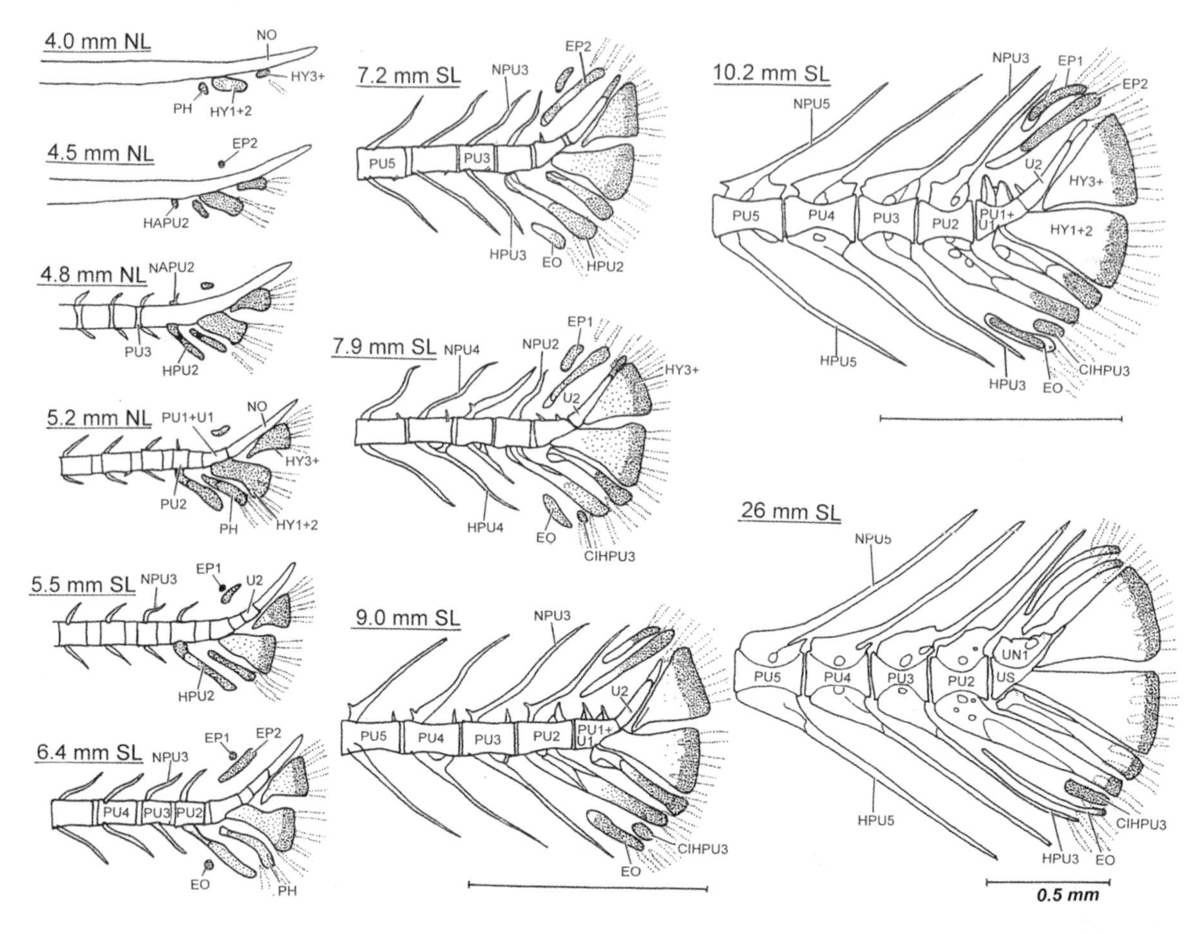

図7･94　尾部骨格の形成

CIHPU3，尾鰭椎前第3椎体の血管棘間軟骨；EO，補尾骨；EP，上尾骨；HY1+2，下尾骨（1+2）；HY3+，下尾骨（3+4+5）；HAPU，尾鰭椎前血管弓門；HPU尾鰭椎前血管棘；NAPU，尾鰭椎前神経弓門；NL，脊索長；NPU，尾鰭椎前神経棘；NO，脊索；PH，準下尾骨；PU，尾鰭椎前尾椎体；SL，体長；U，尾鰭椎体；UN，尾神経骨；US，尾端骨．図中の濃い点は軟骨，そして薄い点は骨化が進んでいる様子を表す（Fujita, 1992）．

尾骨板のそれぞれの背側に生じる（Ishikawa *et al.*, 1990）。孵化後，尾部膜鰭の epichoral 部が成長して，脊索は曲がらないで，後方にまっすぐ伸びる。しかも，背鰭の起点が胚発生の進展と共に前方に伸びてくる点（Tamiya *et al.*, 1997）からも，背部膜鰭の退化が少ないことによって背鰭の鏡像形態を生じるのではなさそうである。

突然変異体 *Da* では，2つの zinc-フィンガータイプの転写因子，*zic1* と*zic4* がある174-kb 部域に突然変異を特定し，*Da* と野生型のこの部位のゲノム構造を比較して機能が検討されている（Ohtsuka *et al.*, 2004）。それによると，*zic1* と*zic4* が胴尾部の背側を同定するのに必要であり，背側体節誘導体と尾部域にそれら両因子の発現がみられないのが*Da* の表現型を生じる原因になっているようである。

11. 脳の形態と形成

脳・神経は，高次元的，かつ統合的に体を形成する段階から働き始め，完成した体を保持し続ける上に重要な役割を果たしている。機能の発達に対応した脳・神経の形態的編成は発生初期から体の成熟に至るまで続く。したがって，こうした脳の形態は発生過程において形成される各器官の発達を反映しながら編成されるのである。

脊椎動物の基本体型をもつ魚は，より単純な型を示す脊椎動物の体型を知るモデルとしてとりあげられ，研究されるようになった。遺伝学的・発生学的研究には多量のデータが集積されている実験動物としてのメダカは，脳の構造と機能を研究するのに適した魚である（石川，2002）。これまで，石川らによってメダカの脳形成に関する22系統の突然変異が得られており，脳形成のメカニズムを解析する上でもメダカを用いるのが有利であることがわかってきた。ちなみに，これらの系統のうち，約半分が脳の細胞群に細胞死をもたらすもので，他のものは神経腔の未形成，特定の神経節の欠失，水頭症，特定の脳胞の形態異常などを起こすものである。

メダカ成魚の脳構造は，すでにAnken and Bourrat（1998）及び石川ら（1999a）によって研究されており，アトラスが完成している。その発生に関しても研究が開始されている（Ishikawa, 1997）。現時点の発生学的研究成果については，石川（2002）によって紹介されているので，それに基づいて，その一部をここに述べる。

脳の形成段階は，発生期に対応して区分が可能で，

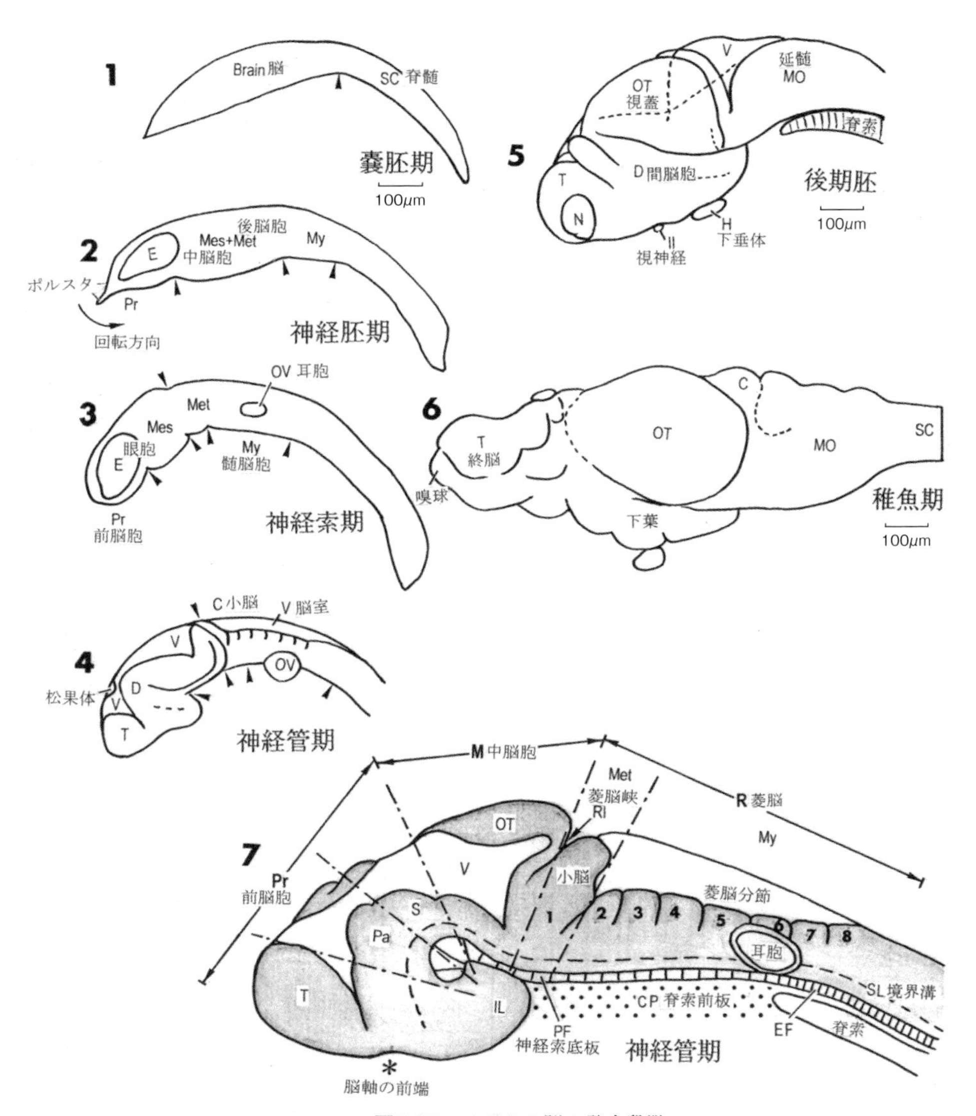

図7･95　メダカの脳の発生段階

Mes＋Metの膨らみは，中脳胞（Mes）と後脳胞（Met）の合体したものである。7は5脳胞期（神経管期）の矢状断模式図。脊索（NC）と脊索前板（CP）の背面に接した神経管の底板（EF, PF）が存在する。C，小脳；D，間脳胞；E，眼胞；H，下垂体；IL，下葉（視床下部）；MO，延髄；My，髄脳胞；N，鼻；OB，嗅球；OT，視蓋（M，中脳胞）；OV，耳胞；P，松果体；Pa，parencephalon（間脳前半部）；Pr，前脳胞；R，菱脳；RI，菱脳峡；S，synencephalon（間脳後半部）；SC，脊髄；SL，神経管における背側の翼板と腹側の基板の境界溝；T，終脳胞；V，脳室；II，視神経；前脳胞（Pr）前方の矢印は脳前端の回転方向を示す．＊印は脳軸の前端．数字は菱脳分節を示す（石川，2002）．

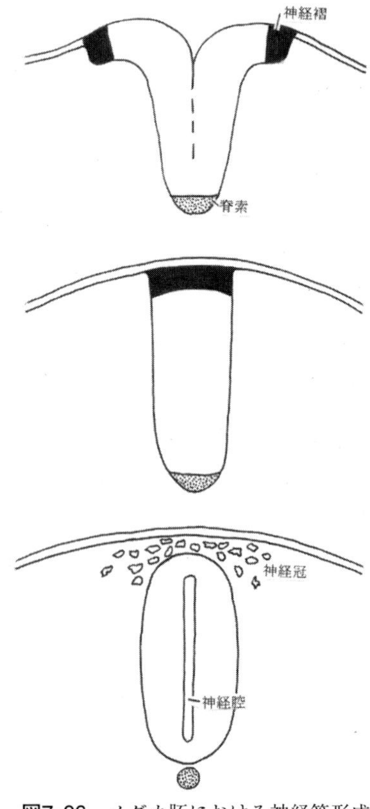

図7･96　メダカ胚における神経管形成
神経板の中央が卵黄内に沈みながら合わさって神経索ができ，その後で神経腔が生じる．(胚の前頭断模式図：石川，2002)

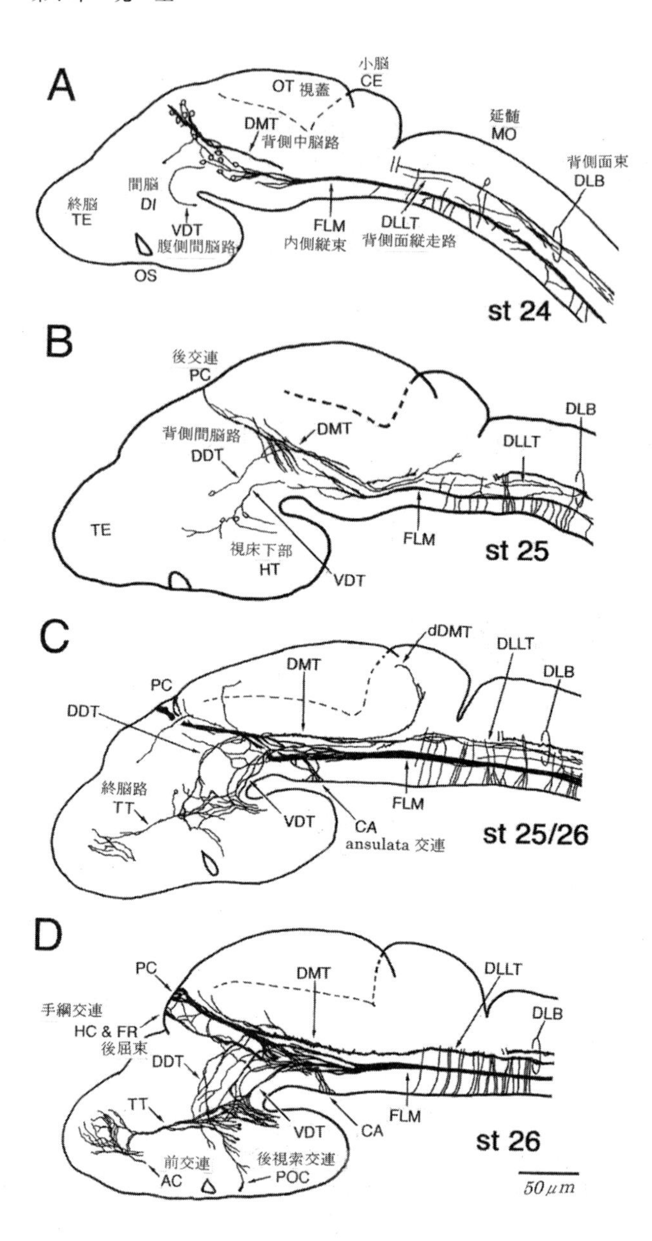

図7･97　胚（stage 24-26）における初期神経路の形成
抗アセチル化チューブリン（AT）免疫染色によるホールマウント胚の左側図，三叉神経とDLB（背外側束）の吻部は他の脳神経繊維路を判りやすくするために描いていない．(Ishikawa *et al.*, 2004)

嚢胚期，神経胚期，神経索期，神経管期，後期胚期（孵化期），そして稚魚期の6期に分けられている（図7･95，Ishikawa, 1997)。石川・伊藤（1998）によれば，メダカの発生過程において胚盾 embryonic shield（Inohaya *et al.*, 1999）の形成される後期嚢胚（stage 16）から初期神経胚（stage 17）までは脳の分化はみられず，眼胞のでき始める後期神経胚から2体節胚（stage 18～19, 図7･95）において，前脳胞 prosencephalon（fore-brain: Pr）と中脳胞 mesencephalon（mid-brain Mes）・後脳胞 metencephalon（Met：菱脳胞 rhombencephalon; hind-brain），そして髄脳胞（My）が認められる3脳胞期になる。さらに耳胞の形成される4～6体節期（stage 20～21）になると，前脳胞，中脳胞，後脳胞，髄脳胞が外観的にも認められる（図7･95)。9体節期（stage 22）以後になると，前脳胞が終脳胞（T）と間脳胞（D）に分化して5脳胞期（神経管期）を迎え，外部からも脳室が認められるようになる（図7･95)。中脳背側部をなす視蓋は，左右相称に大きく膨れ，後脳背側部の小脳とは鋭い切れ込みをなす菱脳峡 rhombencephalic isthmus（RI）によって分かれている。視蓋の胚芽層相当領域 proliferative zones は周縁部にあって，脳表面に平行に移動して新しい神経組織が重層されて

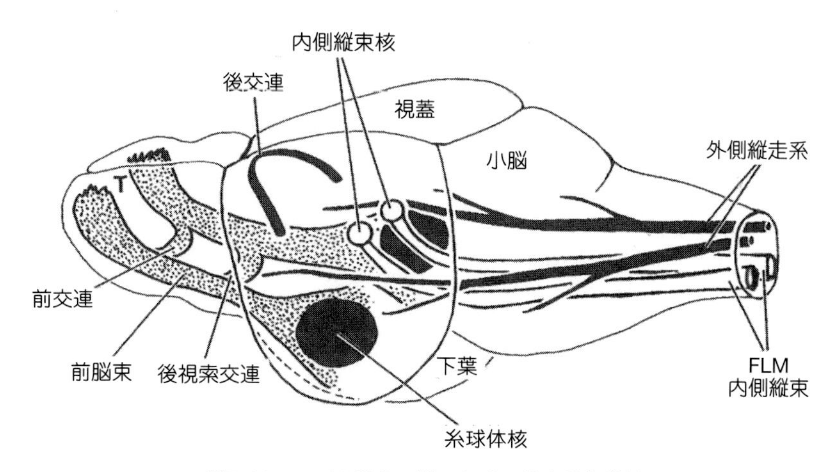

図7・98　メダカ稚魚の脳における基本的伝導路
基本的伝導路は３対の縦走路（内側縦束FLM，前脳束，外側縦走系）と多数の交連路（前交連，後視索交連，後交連など）からなる．（Ishikawa，1997より）

（石川，2002），機能の高次元化が起こるようである。５脳胞の形成は脳・神経系の分節化を伴いつつ進行する。その神経分節 neuromere には，３つの前脳分節 prosomere，１つの中脳分節 mesomere，８つの菱脳分節 rhombomere，そして約30の脊髄分節 myelomere とが観察される（Ishikawa, 1992, 1997）。

魚類での神経管の形成過程は石川（石川，2002）の表現によると，神経板の中央が凹み，まるで開いていた書物を閉じるように左右の神経板が合わさって卵黄側に沈み込むようにみえる（図７・96）。できたばかりの神経管は神経腔がないので，神経索 neural rod と呼ばれる。その後中心部に腔所（神経腔）が生じて，管状の神経管になる。神経路は，図７・97に示すように，stage 24～26で胚の脳において最初の神経繊維 fiber tracts が形成される。最初に出現するニューロンは神経索期 neural rod step の最後の段階に認められる。軸索形成 axogenisis は神経管期の phylotypic 期中続く。２つの縦走繊維系，１つの腹側路と背側もしくは中間路（DDT, DMT, DLLT, DLB），そして吻側の脳 rostral brain の４つの横行神経繊維路 transverse fiber tracts（TT, FR, PC, CA）が受精後54時間の stage 26までの軸索形成の最初の16時間に形成される。４つの横行神経繊維路のうち，２つは交連である。すべての横行神経繊維路は横行脳部域の境界近くに形成される。これらの観察には，細胞体と軸索に細胞表面マーカー（HNK-1）とアセチル化チューブリンの抗体を注入して神経細胞体をラベルする逆行性ラベル retrograde labelling と順行性ラベル anterograde labelling で可視化している。

メダカのような魚は，孵化してすぐ泳がなければならない。そのため，基本的神経路は稚魚にすでにみられる。すなわち，５脳胞期の胚に形成され始める末梢部からの情報伝導路は，基本的には後期胚において完成する（図７・98，石川・伊藤，1998；Ishikawa and Hyodo-Taguchi, 1994; Ishikawa, 1997; Ishikawa *et al.*, 1999c）。最も早く形成される基本的伝導路は内側縦束，前脳束，外側縦走系など３つの長い伝導路である。それらをつなぐ多数の交連路の発達もあり，孵化に近い胚はさまざまな外的刺激に応じて目や胸鰭の動きや体のひねりを示す。なお，成魚において，体重のおよそ２％（石川，2002）を占める脳の形態も系統によって少しずつ異なることを石川ら（Ishikawa *et al.*, 1999）は報告している。

前脳形成の形態面に影響する25遺伝子を示す32突然変異が２グループに分けられている（Kitagawa *et al.*, 2004）。脳が小さくなるクラス１は，さらにサブグループA-Dに分けられている。クラス1A突然変異は*bfl* の発現がないため起こる初期の欠損，クラス1Bは部位的マーカー遺伝子の変状の発現によって生じるパターニング欠損，クラス1Cは後期の欠損，クラス1Dはゼブラフィシュの単眼*pinhead* 突然変異に似た正中線欠損である。クラス2A突然変異体は脳室の発達異常を生じ，クラス2B突然変異体は前交連に，クラス2C突然変異体は独特な前脳形態を生じる。これらの突然変異体は前脳発生の基本的な分子機構を解明する重要な手がかりを提供するものである。

12. 眼の発生

眼の形成に関したSFRPs (secreted frizzled relarted proteins) は，*Wnt* レセプターに構造上関係ある可溶性分子ファミリーである。このファミリーのうちの１つを支配する遺伝子*Sfrp1* は発生全体を通じて強く発現されるが，メダカの*olSfrp1* の発現干渉は動植物軸を短く，かつ幅広くすることによって胚の眼域を減少させる。後部間脳のマーカーの発現は変わらないが，吻端終脳マーカーの発現が膨大化するから，*olSfrp1* は前脳内における眼域の適正な確立には必要であると思われる。また，*olSfrp1* は嚢胚形成中に起こる中胚葉の集中・拡張運動に関わっているらしい (Esteve *et al.*, 2004)。

嚢胚期終り late gastrula stage の前部神経上皮に眼の網膜原基出現域 eye field が決定され，上皮性の眼の原基（原網膜）は神経上皮の前部域に形成される。神経胚形成中，眼胞は前脳の側壁から膨出する。南日本集団メダカから分離された *eyeless* (*el*) 突然変異体は温度感受性突然変異temperature-sensitive mutationを示すが，“Cab” 近交系に保存されている。この *el* と *b* とは密接してLG12に座位しており，遺伝子間は1.3cMである。Winklerら (2000) によれば，温度感受性突然変異メダカ*el* 胚において，18℃の限定温度では眼胞の膨出が起こらず，それに続く網膜原基の分化がみられないし，多くは孵化後間もなく死ぬ。後期嚢胚期に18℃から28℃に移すと，正常に発生するが，神経胚 (stage 17) で28℃に移すと，すべての*el* 胚には眼杯ができない。逆に，嚢胚後期 (stage 16) に先立って28℃から18℃に移すと，*el* 胚には眼杯はまったくみられないが，初期神経胚 (stage 17) 以降18℃に移すと正常な発生がみられない。これらの実験は，眼胞のできる前の後期嚢胚期 (stage 16) と初期神経胚 (stage 17) の間に遺伝子*el* の活性を要求する臨界期 time window があることを示す。

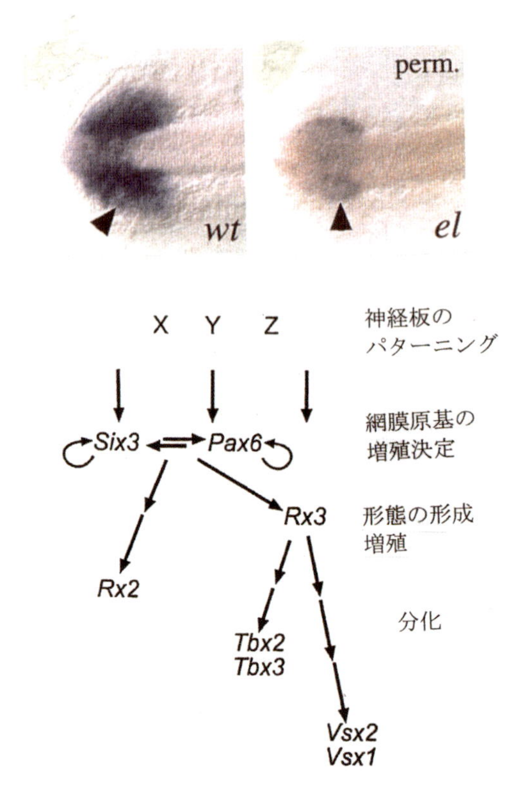

図7･99 *Rx3*の発現と初期網膜発生の基礎をなす遺伝的体系

18℃下ではSt.20の野生型胚 (*wt*) の*Rx3*発現は眼杯と視床下部にみられるが，*el* 突然変異胚にはその発現はみられない．しかし，高い水温では突然変異胚*el* の前眼に野生型胚に比べて弱くしか発現しない．そのため野生型に比べて眼胞（矢尻）は膨大化も少なく，小さい．

前神経外胚葉をパターン化する因子*X, Y, Z* は，網膜原基における*Six3*と*Pax6* の重複発現を導き，網膜の運命を決定している．*Six3*と*Pax6* の交叉調節的相互作用やフィードバック環が網膜の運命を維持している．*Rx3*の活性はこれらに遺伝子調節されているが，上流因子*X, Y, Z* の入力を受けている．*Rx3* の活性は形態形成（眼胞膨大）や器官の大きさ調節（眼胞における増殖）に必要である．*Rx2* の網膜特異的発現は*Rx3* の活性には依存していない．続く網膜の分化段階に関与する遺伝子 (*Tbx2/3,Vsx1/2*) は先行する*Rx3* の活性を必要とする (Loosli et al., 2001より改図)．

一方脊椎動物における*Rx* 遺伝子ファミリーのメンバーは初期眼域に，そして発生中の網膜に発現している（図７･99)。メダカにおいても，網膜特異的ホメオボックス*OlRx3* (*Oryzias latipes-Rx3*) 遺伝子がある (Furutani-Seiki *et al.*, 2004)。後期嚢胚期で前脳に発現し始め，眼杯形成が完成すると発現は一時見られなくなるが，再び網膜の内核層に発現が確認されている (Deschet *et al.*, 1999)。この研究は*OlRx3* が腹側前脳と眼域の特殊化に重要な役割を果たしていることを示唆している。Looslië (Loosli *et. al*, 2001) は，*el* 突然変異によって影響される遺伝子が*Rx* 遺伝子ファミリーの１つであり，眼胞膨出の発達に必要な遺伝子が*Rx3* であることを突き止めた。*el* 突然変異メダカの表現型はその座位の転写発現をもたらすホメオボックス遺伝子*Rx3* にイントロン挿入が起きて生じている。そして，また網膜原基の決定は*Rx3* の機能がなくても正常に起こるのに，それに続く原網膜の形成および分化が起こらないこともわかった。*Rx3* は眼胞の形態形成と細胞増殖の開始と維持に必要であるが，網膜原基形成にはなくてもよいことを示す。Cab/Kagaの戻し交雑分析はLG12 にある*b*-座位に密接して*Rx3* 遺伝子が位置している。すなわち，*Rx3* 遺伝子と*el* 突然変異との遺伝的距離は0.19cM以下で，その突然変異が*Rx3* 遺伝子自体に影響することを示唆している（Loosli *et al.*, 2001）。876bp の*Rx3* のopen reading frame は３つのエクソンに分割され，約2.9kbpのゲノム部位にまたがる。このRX3 タンパク質は292アミノ酸残基で，その特有のオクタペプチドとホメオドメインは100%同一で，C-末端部（OAR）における保存部位はメダカとゼブラフィッシュのRX3タンパク質の間にただ一個のアミノ酸が違っているだけである。

後期嚢胚期の前部神経外胚葉（前脳腹部）に発現する*Rx3* は眼胞形成や眼胞の網膜細胞の増殖に関与しており，その細胞数を制御している。これに対して，*Rx2* は後期神経胚期の膨出した眼胞の専ら網膜の始原細胞に，*Rx3* より数時間遅れてはじめて発現する。しかも，その発現は網膜の外核層（光受容層）と繊毛縁に限られている。続く発生は眼胞を神経性網膜（NR），網膜の色素上皮（RPE）および眼柄を生じる特定部域に分割する。網膜発生において，網膜の運命を示す*Rx2* の発現は*el* 突然変異胚にもみられる。これらの遺伝子には重複機能がないことが示唆されており，*Rx3* の機能が膨出している眼胞に必要であるのに対して，*Rx2* はそれとは独立して発現され，網膜形成の遅い段階に作用していると考えられている。

網膜原基出現域に続いて神経板前部に起こるパターン化は，そこにある２つの保存転写因子（*Six3*: sine oculisホメオボックス3; *Pax6*: paired ボックス遺伝子6）の発現を導く。メダカの*Pax6* と*Six3* とは後期嚢胚期（stage 6）に発現する*Rx3* と重複して発現し，網膜の運命を決める重要な役割をもっている。*Rx3* が存在しない場合でも，もし*Six3* が異所に過剰に発現されると，そこに眼杯，原網膜が形成される（Loosli *et al.*, 1999）。また，*el* 突然変異胚において，*Six3* が過剰に発現すると，劇的に大きな始原網膜が生じる。この*Six3* は網膜原基における細胞増殖を調節して網膜の大きさを調節している（Loosli *et al.*, 1999, 2001）。しかし，*Six3* と*Pax6* の発現は*Rx3* に依存していないようである。*Six3* と*Pax6*（LG19）の発現は*el* 突然変異体の原網膜では影響されないので，*Six3* は発生段階では*Rx3* 発現の上流調節因子として働いているらしい。これら２つの遺伝子は*Rx3* に依存しない調節的フィードバック環で網膜の運命を維持している。

突然変異*el* では，２つの網膜の原基と近位遠位パターン化の特殊化は起こるが，前述のように眼胞の膨出は起こらず，それに続く網膜の原基の分化も観察されない。網膜発生の初期段階では網膜のパターン化と形態形成が連動していないし，眼胞の膨出に先立って*el* 遺伝子が活性化する必要があることを示唆している。*el* 遺伝子の活性が細胞自律様式で眼胞の膨出に要求されるか否かを調べるために，*el* 遺伝子をもつメダカ胚に後期胞胚期のGFPを発現する野生型メダカの細胞30〜50個を移植したところ，GFPを発現する移植細胞によって眼胞が形成されることがわかった。すなわち，この結果は*el* 遺伝子の活性が眼胞の膨出に先立った要求されることを示している。

胚網膜の発達に関して，膜結合グアニル酸シクラーゼの発現との関係が調べられている（Harumi *et al.*, 2003）。*OlGC3* と*OlGC5* のmRNAは網膜桿細胞の近位に発現し，*OlGC4* と*OlGC-R2* のmRNAは外核層と外限界膜の周りにおいて発現する。これら*OlGC3-5* は５日目胚（27℃）の網膜に発現するが，*OlGC4* だけは３〜４日目胚の網膜にもすでに発現している。この時期の胚における発現が認められない*OlGC-R2* は網膜の発達には作用が無いにしても，*OlGC4* には何らかの役割がありそうである。一方，可溶性のグアニル酸シクラーゼユニット*OlGCS-*α_2と*OLGCS-*β_1の発現は，５日目胚で網膜の内核層と神経節細胞層に認められる。Harumiら（2003）はNO自体もしくは可溶性グアニル酸シクラーゼのα_2/β_1ヘテロダイマーと結合したNOが網膜発達の調節因子としての作用を果たしているものと考えている。

13. 卵巣内での卵母細胞の発達と構成の変化

メダカの幼魚から成魚までの成長期間における卵巣の形態的な変化については，吉岡・島谷（1976）の報告があるが，詳細な情報がない。

メダカは孵化前後では，雌の生殖巣が雄のものより生殖細胞を多く含んでいる（Hamaguchi, 1982; Saito *et al.*, 2007）。全長が約６mm（孵化後約10日目）になると，卵巣には直径約10μmの卵原細胞がその周辺部にあり（Satoh, 1974），減数分裂の種々の段階の卵母細胞がある（Kanamori *et al.*, 1985）。我々の観察（Iwamatsu *et al.*, 2015）では，メダカの卵原細胞もしくは小さい卵母細胞（直径18〜36μm）は生殖上皮と卵巣腔壁の境界域とか，卵巣上皮に接する大きい卵母細胞の周辺に数個の塊り cyst をなして存在する（図５・44）。成魚の卵巣では，いわゆる“巣”nests（Yamamoto, 1962）とか，“生殖のゆりかご”germi-

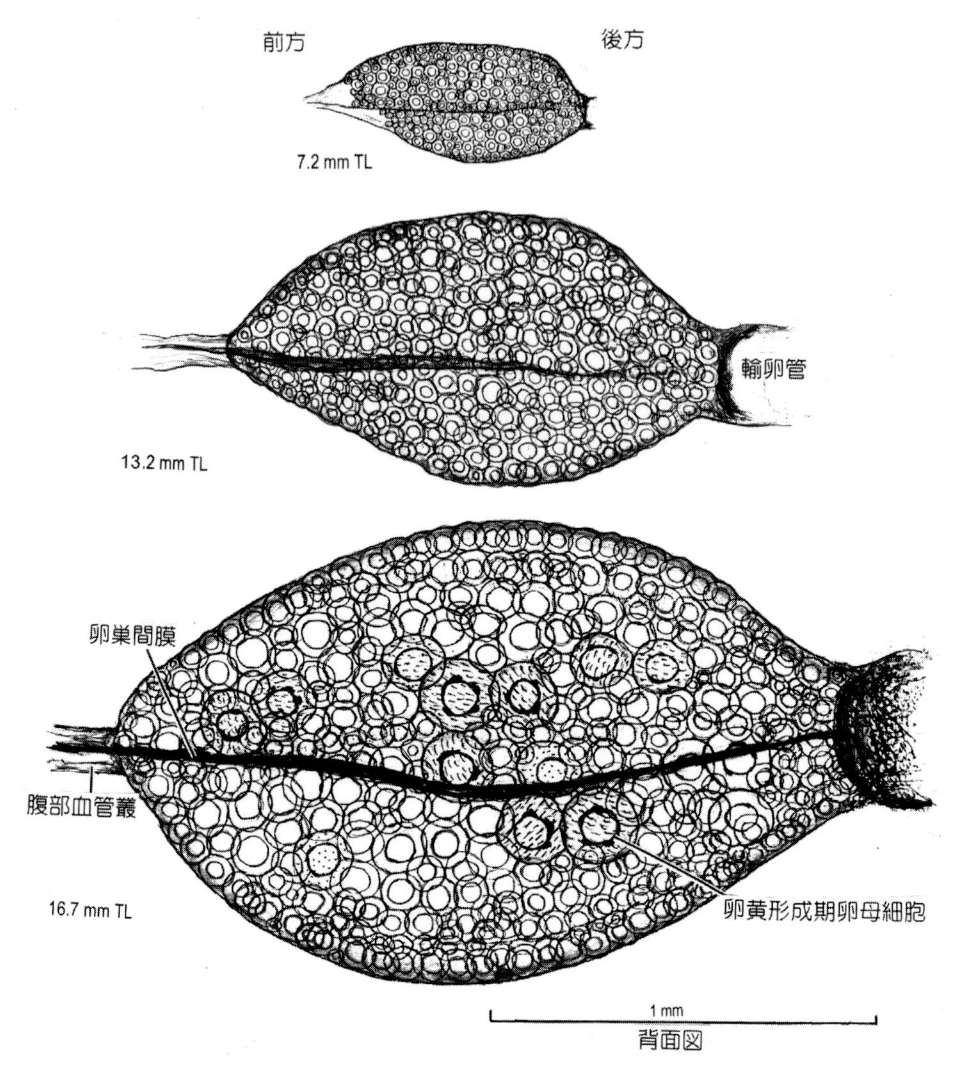

図7・100　成長に伴うメダカの卵巣の形態的変化（Iwamatsu, 2015）

nal cradle（Nakamura *et al.*, 2010, 2011）と呼ばれる生殖細胞の集団域が存在する。こうして，成魚では，卵形成のための供給源としての性的未分化の生殖細胞が生殖巣の発達を支えて続けている（参照，Saito and Tanaka, 2009）。その生殖細胞の増殖・保持には遺伝子 *sox9b* が不可欠である（Nakamura *et al.*, 2012）。

クロマチン－核小体期の小さい卵母細胞はどの幼魚の卵巣にも存在する。直径が30～90 μmの卵母細胞（濾胞）は大きい核と細胞質に卵黄核 Balbiani's body（yolk nucleus）をもっており（Kobayashi and Iwamatsu, 2000），扁平な濾胞細胞に取り囲まれている（Yamamoto, 1963; Iwamatsu *et al.*, 1988）。泌尿生殖隆起 urogenital papillae（urogenital protrubarance）が目立ってくる全長12～13 mmの幼魚において，直径が91～120 μm（stage III）の前卵黄形成卵母細胞が初めて現れる。直径が100 μm（Tsukahara, 1971）に達すると，卵母細胞表面を取り囲む顆粒膜細胞の接し合う間隙に高電子密度のイボ状構造がみられる。全長14 mm以上の幼魚の卵巣には，直径120～150 μm（stage IV～V）の卵母細胞が存在する。stage Vの卵母細胞において，予定植物極域に付着糸，そして動物極には卵門細胞が分化して卵軸が確認できる。これらの卵母細胞を取り囲む濾胞細胞はstage IVからstage Vに成長するにつれて増加する。

a．成長期における卵巣の形態的変化：

変態過程において，初期には背腹の薄い卵巣は小さ

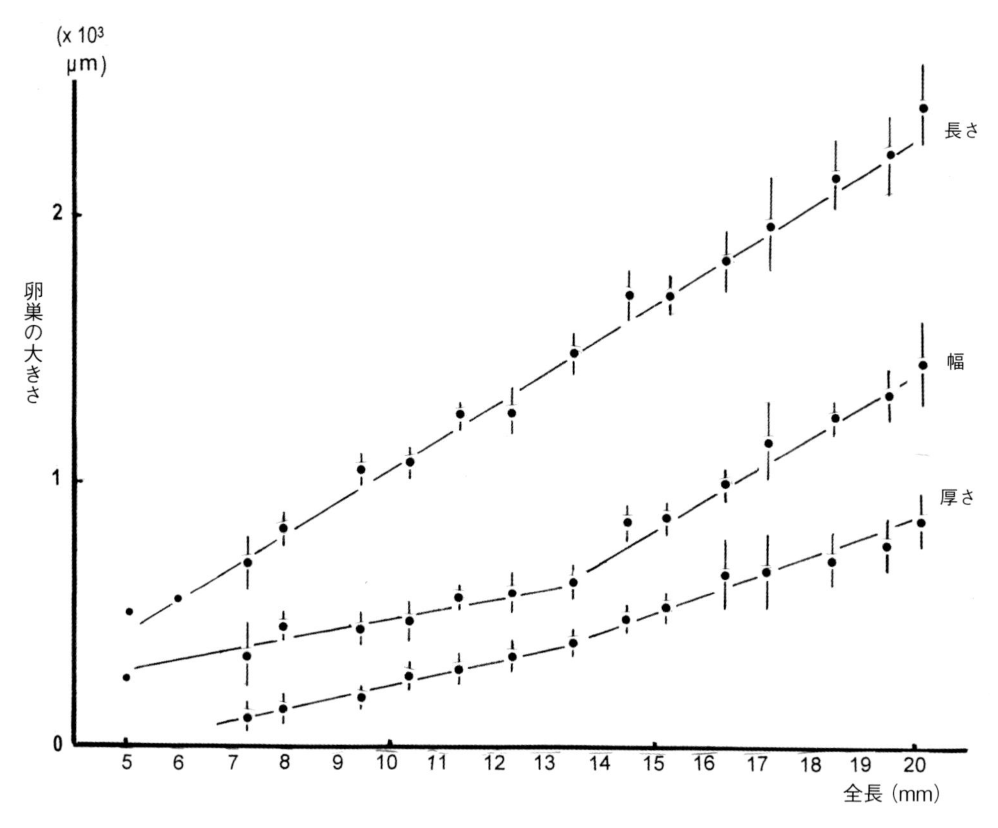

図7・101　成長に伴うメダカの卵巣の大きさの変化（Iwamatsu, 2015）

い卵母細胞が単層をなし，後期に移行するにつれて種々の大きさの卵母細胞が不規則な２～３層をなして卵巣背腹の厚さを増す。

孵化後６～８日経って５～5.5mm（全長？）の大きさになると，卵巣は中腎管の下方にある消化管上に位置し，単層の体腔膜に包まれて体腔の左側にみられる（吉岡・島谷, 1976）。全長6.4mmと7.5mmの幼魚では，卵巣は長さ557.8±31.2 μmと637.1±27.6 μm，幅106.9±23.0 μmと276.4±43.0 μm，そして厚さ37.5±5.0 μmと71.2＋11.0 μmを示す。これらの成長初期の卵巣は消化管の背面に接し，背面中線を卵巣間（懸）膜で背面からみると２葉にみえる（図７・100）。卵巣間膜で仕切られた左右のそれぞれの部分における長さと幅をみると，非相称で右部分の方が左部分より大きい。このことは，ニホンメダカ（Gamo, 1961）だけでなく，セレベスメダカ（Hamaguchi, 1983）の観察とも一致する。このころは，まだ卵巣腔と卵管はできていない。全長が9.5 mmになると，卵巣腔ができ始める（Hosokawa and Nambu, 1971）。卵巣腔の形成は，全長9.5～10.0 mmの幼魚の卵巣において，卵巣前部から始まる（Onitake, 1972; 吉岡・島谷, 1976）。この成長段階では，卵原細胞と同様に小さい卵母細胞は卵巣腔壁の周縁部に存在する。卵黄形成期に入る大きい卵母細胞は卵巣腔に近い卵巣域に分布する。卵巣腔背面の中線に卵巣間膜が付いているが，卵巣腔の幅はからだが大きくなるにつれて増加する。全長10 mmにおける卵巣腔幅は右側の方が大きく325.0±74.9 mmである。全長11mmの卵巣腹面には背側腸間膜による消化管との結びつきも認められる。卵巣の長さと厚さは成長と比例的に増加するが，その幅の方の増加が全長14mm以上になるとやや速くなる（図７・101）。

b．卵巣内の卵母細胞の数と構成の変化：

生殖巣の分化は胚の段階で始まるが，それが明確になるのは孵化後においてである。孵化後間もない幼魚（全長約4.5mm）は卵巣内には卵原細胞（直径15～20 μm: Satoh, 1974, Kobayshi and Hishida, 1992; 直径12～19 μm: Hamaguchi, 1982）しか存在しないが，全長約６mm（孵化後約10日目）ではいくつかの卵原細胞は卵母細胞に分化している（Kawamoto, 1973）。よって，全長が約６mmになると，卵巣内には卵原細胞と

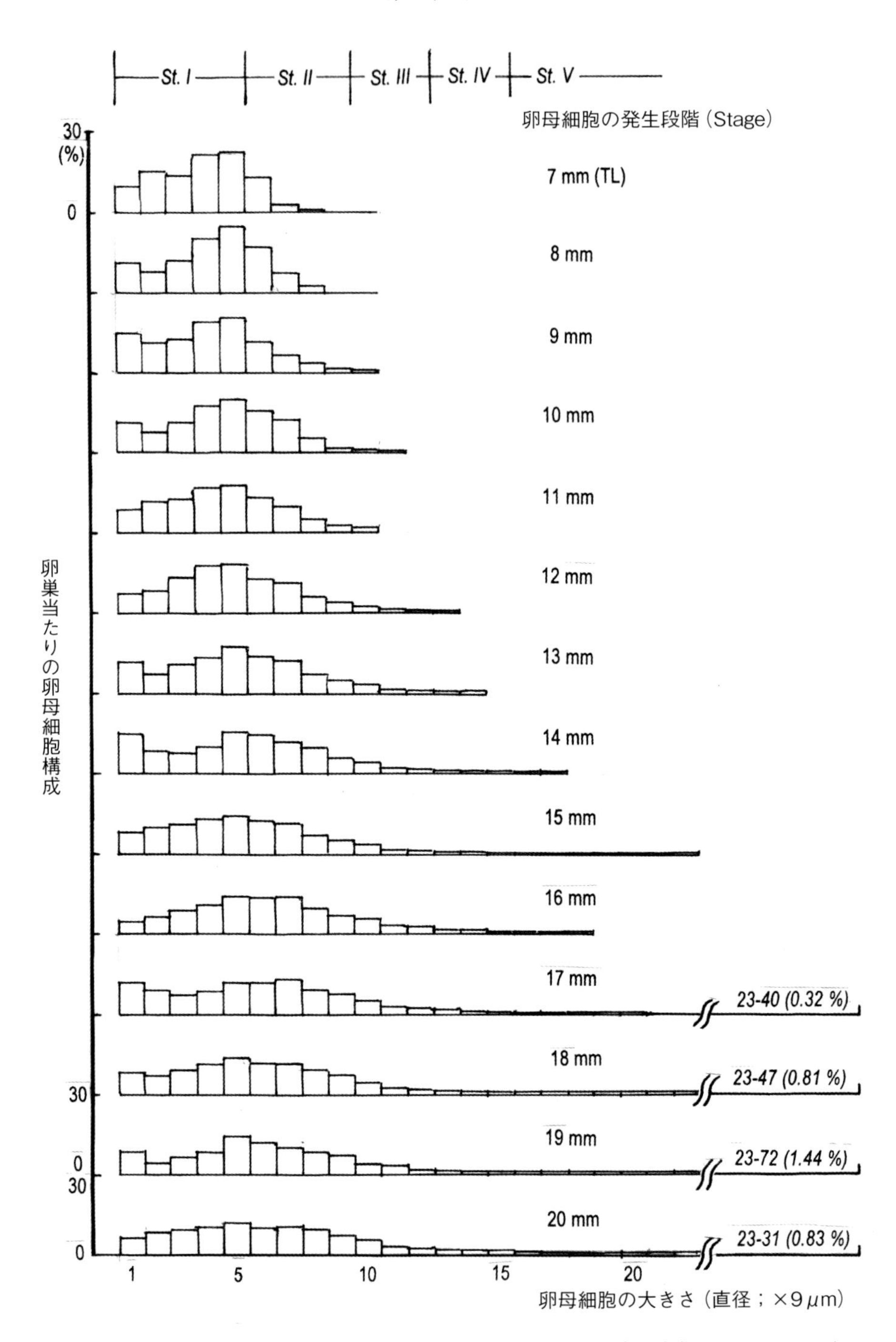

図7･102　成長に伴うメダカの卵巣内における卵母細胞の構成の変化（Iwamatsu, 2015）

減数分裂に入ってザイゴテン期，もしくはパキテン期の小さい卵母細胞（直径約20 μm）が混在するようになる。Kanamori ら（1985）によれば，これらの若い卵母細胞は卵巣中央に位置する体母細胞に取り巻かれる。１個の卵巣内に存在する種々の大きさの卵母細胞が変態中どのような割合で存在するかについて調べたその結果が，図７･102（Iwamatsu, 2015）である。孵化後約20日目（全長７～８ mm）の卵巣には，１層の濾胞細胞に取り巻かれた状態の前卵黄形成期の直径36～45 μmの卵母細胞が最も多く存在する。全長９ mmより小さい幼魚の卵巣にはまだ直径90 μm以下の小さい卵母細胞しか存在しないが，そのstage IIIで停止した卵母細胞パターンは全長11mmの幼魚まで続く。そして，全長12mmになると，直径91～120 μmレベル（stage IV）の卵母細胞が初めて現れる。

全長７mmおよび８mmの幼魚の卵巣（n＝8）を見ると，最大の卵母細胞の直径はそれぞれ49.5±8.1（範囲36～90）μmおよび56.6±9.0（範囲54～90）μmである。各卵巣内の全卵母細胞の約88.6％が63 μ 以下である（図７・102）。成長と共に，最大卵母細胞も大きくなり，全長10mmでは直径が81.0±2.9（範囲72～99）μm，全長12mmで直径101±3.3（範囲81～126）μm，全長13 mmで直径約103.9（範囲81～126）μmになる。卵母細胞の直径が101 μmを超えると，周りを取り巻く顆粒膜細胞は卵細胞質内の卵黄核が存在するところに集まってくる（Iwamatsu and Nakashima, 1989）。全長が14mmに達しない個体の卵巣における最大卵母細胞は直径が110 μm以下のままであるが，それより大きく成長すると，卵黄形成期（stage V）の卵母細胞が現れ，卵母細胞構成は卵黄形成パターンに移る（図７・102）。こうして，全長13～14mmの成長期に卵巣内の卵母細胞構成が前卵黄形成期パターンから卵黄形成パターン

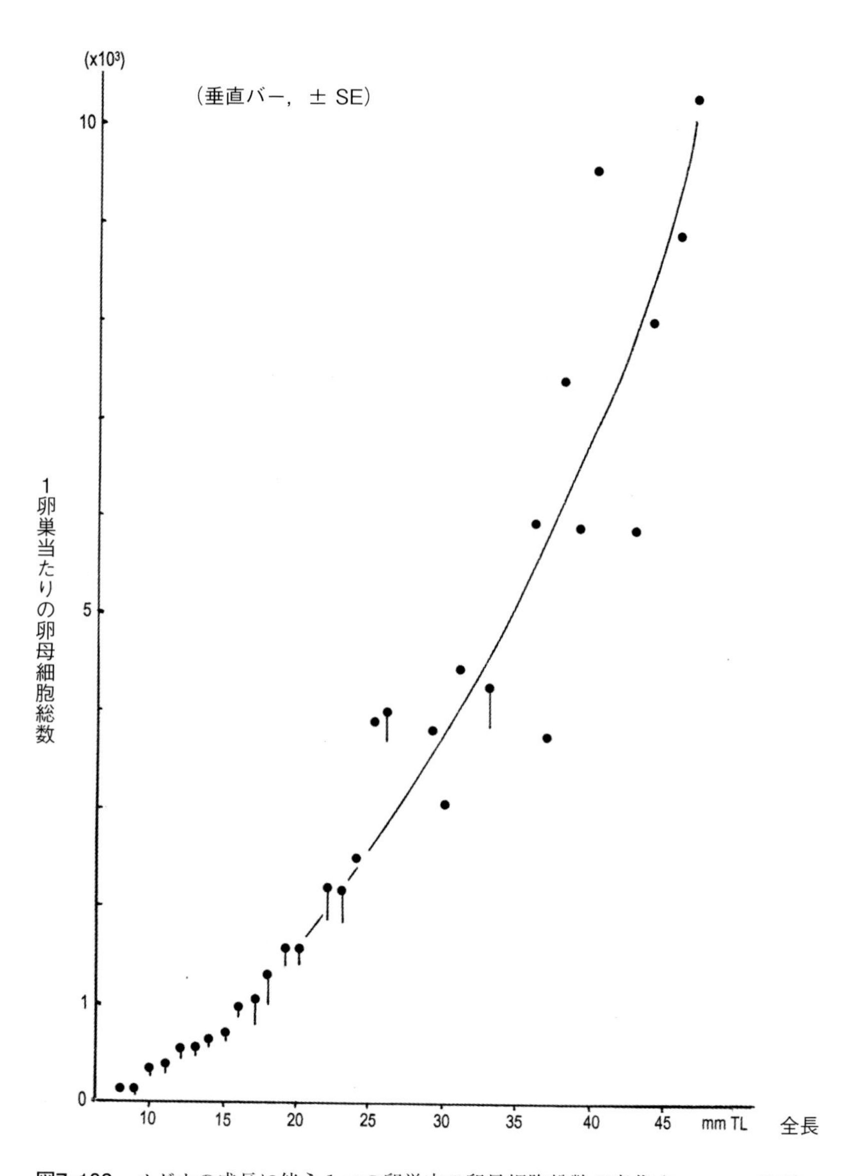

図7･103　メダカの成長に伴う１つの卵巣内の卵母細胞総数の変化（Iwamatsu, 2015）

に変わり始める。

全長が15mmまでに，幼魚は徐々に若魚の特徴をもつようになる。全長6mm以上に成長すると，卵巣中央部にあるstage IVの卵母細胞にも核の周りに油滴を生じ始める。全長17mm以上では，直径約153μm，全長約20mmでは直径350μmを超す大きさの卵黄形成期の卵母細胞をもつ。このように，成長が進むにつれて卵巣内の卵母細胞構成に変化がみられるが，各卵巣内において最も多く占めるのはstage Iの小さい（直径約45μm）卵母細胞グループである。この卵巣内の卵母細胞構成パターンを示す原因は現在不明であるが，おそらくstage Iから次のstageに発達するのが遅いか，直径45μmの大きさになるのが速いかである。この問題を解く卵形成のメカニズムの研究が遅れている。

c. 卵巣当たりの卵母細胞数：

孵化したばかりの全長4.5～5.0mmの幼魚における未分化の生殖巣内の生殖細胞数は，これまでパラフィン切片標本で調べられている。孵化24時間以内で卵巣当たりの生殖細胞の平均数は117.8（Tsuzuki *et al.*, 1966），100（Hamaguchi, 1979），または200以上（Satoh and Egami, 1972）であり，からだの大きさは不明であるが，孵化後13日目で700（Satoh and Egami, 1972），20日目で300（Hamaguchi, 1979），あるいは1000（Satoh and Egami, 1972）とある。筆者はメダカの成長期間の一個の卵巣内のすべての卵母細胞の大きさを調べた（Iwamatsu, 2015）。卵巣を冷5％グルタールアルデヒド塩類溶液で固定して，鋭い解剖針で切開してバラバラにしたすべての卵母細胞の大きさを解剖顕微鏡（Olympus SZX12）下で計測・記録した。そのデータをグラフにしたのが図7・103である。それが示すように，からだが大きくなるにつれて卵母細胞の大きさや数は，著しいバラつきはあるが増加する。全長8mmの幼魚では，卵巣当たり100を超える卵原細胞と卵母細胞が存在する。全長が11mmから15mmになると，卵巣当たりのそれらの数は約500から約1,000へと増加する。その間全長14mmと15mmの卵巣当たりの卵母細胞数の平均値には有意差がある。卵母細胞数は，同じ大きさの個体でも変動が大きいが，成長とともに増加をし続ける。全長約20mmになると，卵巣当たりの卵母細胞数は約2,500を数える。さらに，全長が40mm以上になれば，1個の卵巣内に卵母細胞数は10,000個を超える（図7・103）。雄と同様に雌においても，このように成長と共に生殖細胞数は増加し続ける。老いても，未分化生殖細胞群を生殖巣内が保持し続け生殖寿命は寿命に近い。

以上のように，変態期における卵巣当たりの種々の生殖細胞の数，およびその構成パターンは成熟期のものに移行するが，成熟しても繁殖条件下になければ日周期サイクルを示す卵巣内の動態はみられない。

14. 腎臓の発達

メダカの中腎のネフロンnephron（腎単位）の発達は組織学的に区分できる4つ段階がある。すなわち，一般に縮合 condensed 中胚葉，腎形成体 nephrogenic body，比較的小さいネフロン，そして成熟ネフロンの4段階である。発達中のネフロンは初めの3段階において，*wt1* が発現している。実験的に，腎細管上皮 renal tubular epithelium と糸球体 glomerulus が深刻な損傷を引き起こす準致死量の抗生物質ゲンタマイシンの投与を行ったところ，ゲンタマイシン投与後，その深刻な損傷は本質的な回復を示し，ゲンタマイシン投与後14日には発達しているネフロンの数の増加が認められた。その発達しているネフロンに*wt1*が発現されるのは腎臓形成 nephrogenesis の初期の3段階においてである。メダカはネフロンの新生によって腎臓の再成でき，その腎臓形成をみつけるのには*wt1* の発現がよい目印になる（Watanabe *et al.*, 2009）。

組織学および三次元画像と同様に，遺伝子*wt1* の *in situ* ハイブリダイゼーションによって胚から成魚まで糸球体形成 glomerulogenesis をみることができる。前腎の糸球体は体節形成初期（Iwamatsu, 1994: stage 31）に中間中胚葉 intermediate mesoderm に発達し始め，孵化前にはでき上がり，そして生涯保持される。孵化後5日目以内に中腎糸球体 mesonephric glomerulus が前腎節 pronephric sinus および前腎管 pronephric duct の後内側終末部 caudomedial end に形成され始める。そして，孵化後2か月以内にその糸球体数は各腎臓において200～300に達する。ネフロン成熟中の*wt1* の発現は，中胚葉の凝縮物 condensate やネフロン形成体 nephrogenic body の形成に対するマーカーとして役立つ。成魚において，中胚葉凝縮物の存在と*wt1* 発現の持続性は中腎が新糸球体形成に関与する前駆細胞を保持していることを示唆している（Fedorova *et al.*, 2008）。

15. 歯の発達

メダカ *Oryzias latipes* の歯（顎歯 oral tooth）に関する初期の研究は Egami（1957）と竹内（1966, 1967）がある。顎歯は上顎の前上顎骨と下顎の歯骨に生えている。顎歯の正常発生に関しては竹内（1967）の報告

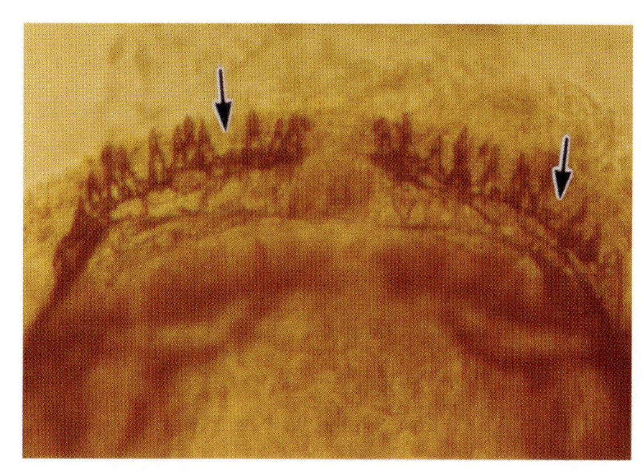

図7・104　メダカの下顎の歯骨に生えている歯
矢印の部分は歯が抜けている．

にみることができる。

メダカの歯は，どれも同じように円錐形（単錘形 haplodont）をした歯が並んでいる同形歯性 homodont を示す（図７・104）。この形態は哺乳類の歯にみられる異形歯性 heterodont（切（門）歯，犬歯，小臼歯，大臼歯などからなる歯の形態）とは異なる。霊長類では，属種によって歯の形や数が異なり，歯の状態を歯式で表すことがなされる。

メダカでは，個体によって歯の数が異なり，一生に幾度となく生え換わる多生（換）歯性 polyphyodont である（図７・104）。哺乳類では種によって数が定まっていて，多くの歯は一生に一度しか歯換 tooth replacement が起きない二生歯性 diphyodont で，中には“親知らず”のようにまったく生え換わらない一生歯性 monophyodont のものがある。顎歯の“生え換わり”，すなわち歯換は歯の恒常性維持によく編制された系の１つである。造骨細胞は歯の付着骨を改造する破骨細胞を制御する役割をもっており，破骨細胞を支えることによって骨の形態を調整する働きがあることを示している。Mantoku ら（2015）によれば，メダカでは，成熟した破骨細胞が歯の吸収部位にあって，造骨細胞は生える部位に集まる。メダカの歯は顎骨に直接結合した状態の骨性癒着 ankylosis によって生えるが，哺乳類の歯は顎骨に歯の納まる穴である歯槽 alveolus が生じて，その内側の歯根膜とセメント質で包まれた歯根 root が接している槽生歯 thecodont である。

孵化したばかりの全長約4.5mmの稚魚には，歯はまだない。孵化後数日経つと下顎に２本の歯がみえるようになる。そして，全長が６～７mmになると，上顎にもみられるようになる。歯は成長と共に大きくなる。その小歯の数は雌雄および上顎・下顎のいずれにおいても，全長約24mmまではほぼ直線的に増加し，それ以後雄では増加が止まってしまうが，雌では順調に増加を続ける。その成長期において，雄の口部両端に大形の大歯が増加し始める。そのために，雄の小歯数の増加が止まる可能性がある。ただし，雌においても全長が30mm以後に現れる（竹内，1966）。

こうした歯の発生過程を調べるためには，目安となる正常な発生段階が明らかになって入れば，都合がよい。そこで，メダカの歯の正常発生の形態を観察して，以下６段階に分けた竹内（1967）の報告書に基づいて図示し，ここに記述する（図７・105）。

Stage 1（蕾状期 bud stage）

口腔の外胚葉上皮が肥厚して歯堤 dental lamina を生じ，その局所的細胞（おそらく象牙芽細胞 odontoblast）の増殖によって歯蕾（歯胚 tooth bud）と呼ばれる球形，もしくは楕円体の膨らみを形成する。

Stage 2（杯状期，帽状期 cap stage）

歯堤から内側に突出した外胚葉歯蕾の深部表面は歯乳頭 dental papilla の陥入によって，エナメル器 enamel organ をつくる。このエナメル器に囲まれた凹部の中には突起をもち角張った象牙芽細胞がエナメル器の側壁に内接して入っている。この段階では，その細胞数は15～30個ほどである。

Stage 3（エナメル質形成開始期）

エナメル器内で象牙質は上部が厚くなっているが，その頂端部にエナメル質形成細胞 ameloblast がみえ，歯冠頂部 apical corona にエナメル質の形成が始まる。歯髄の象牙芽細胞群の外側に象牙質 dentine の形成がみられる発達段階である。象牙芽細胞群の下方の細胞はやや横に長くなって幾層もなして，その一端が象牙質下部に付着している。口腔上皮側に伸びている象牙質部分には，まだエナメル上皮細胞層が取り囲んでいる。作られた象牙質は口腔上皮側ほど厚くなっている。

Stage 4（象牙質形成期 enamerl formation stage）

エナメル器のエナメル上皮 enamel epithelium 側に鋭角に先が尖った円錐状のエナメル質が形成されている。歯乳頭の残余の細胞が歯髄 dental pulp を形成する。象牙質 dentin (e) が形成されている。エナメル器内の深部歯髄に象牙芽細胞が多くみえる。エナメル器の外側細胞層はエナメル上皮と呼ばれる。

Stage 5（歯冠形成期 early stage of dentin formation）

多くの象牙芽細胞は，象牙質の下部に密着しているが，上半分では少し離れている。象牙質の底（歯根 root）部が太くなり，歯冠頂部の中央部が突出してエ

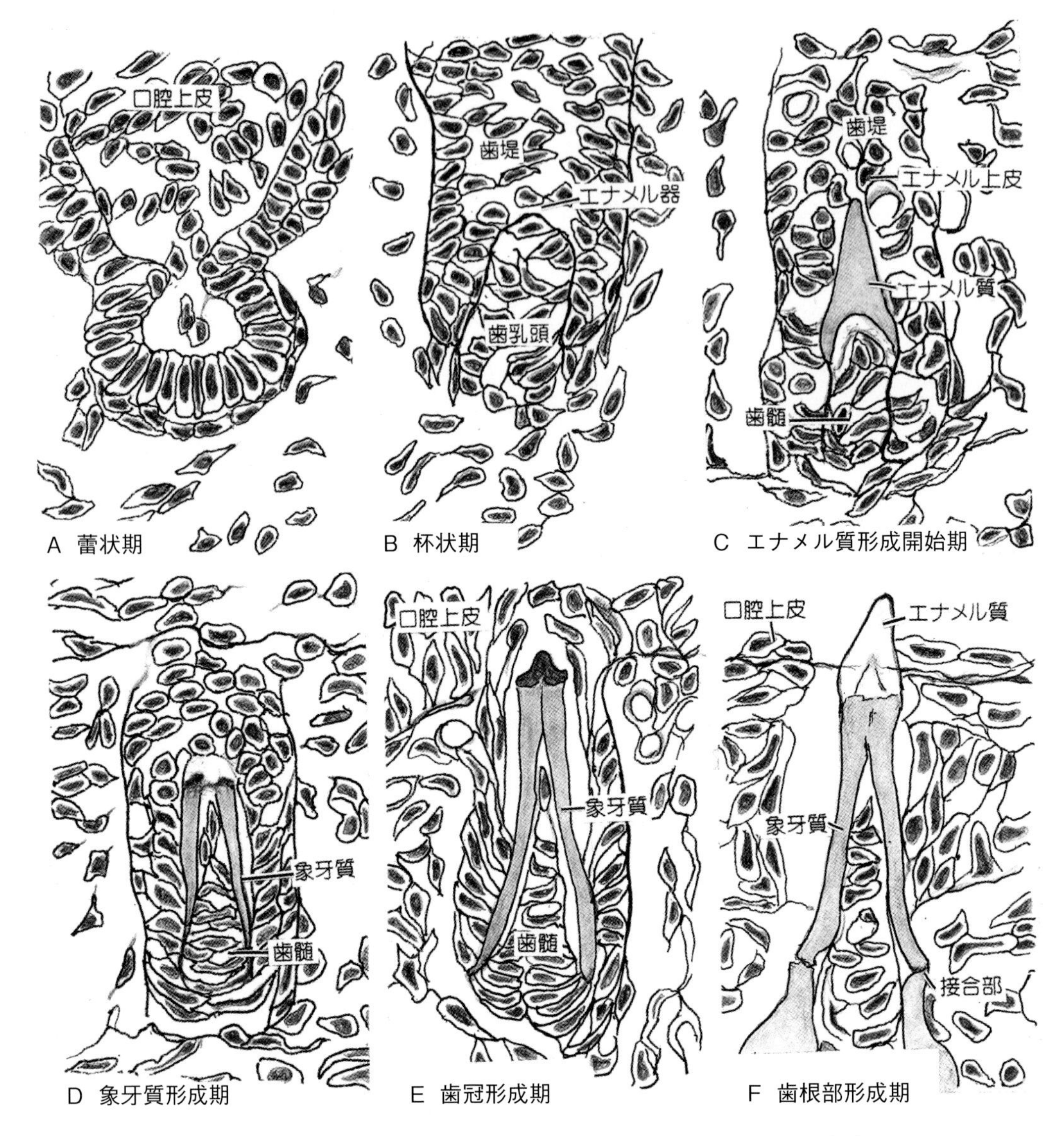

図7・105 メダカの顎歯の正常発生（竹内邦輔，1969の顕微鏡像より模写）

ナメル質の形成が進行している。歯冠 crown（corona）頂部にエナメル質が象牙質の表面に沈着する前である，まだ，象牙質の下端には一端を付着させ横に長い細胞が多くみられるが，接合部 contact area はできていない。

Stage 6（歯根部形成期 crown formation stage）

象牙質上端の歯冠部に先端の尖ったエナメル質が形成され，歯根部は接合部 junction area ができている。口腔の上皮層と真皮層の境に基底膜があり，その歯根部は真皮層にある。歯髄には象牙芽細胞がまばらに散在しており，象牙質はより長くなっている。すでに象牙質の接合部ができ上がっており，歯根 root 部も形成されている。歯冠部は口腔上皮を貫いて萌出しており，歯が完成される段階である。象牙質の下端に付着していた象牙芽細胞群はみられず，歯根部は顎骨に続いている。

これまで，咽頭歯及び鱗の誘導に関する研究は鱗変異メダカ *rs-3* でなされている（Atukorala *et al.*, 2010）。メダカの咽頭歯は，成魚では咽頭歯骨板 pharyngeal bone plate に1000ほどついており，絶えず歯換している。Abduweli ら（2014）は歯形成ユニット tooth-forming unit を同定し，歯換サイクルも調べて

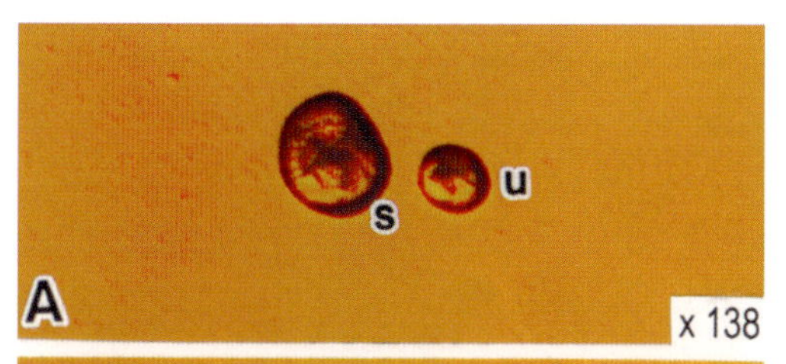

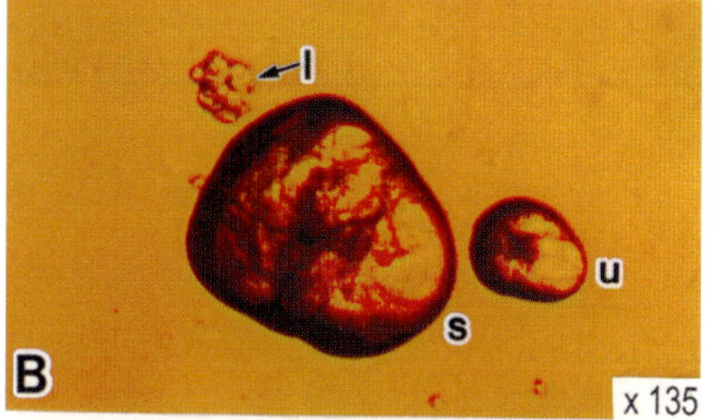

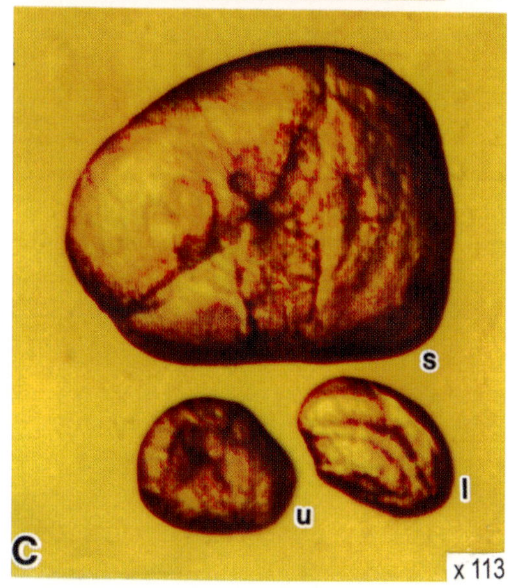

図7･106　変態期におけるメダカ耳石の形成と発達

A：孵化直後の全長4.8mm（s，扁平石；u，礫石）．B：全長7.7mm，星形石が顆粒（5～10 μm）の塊りとして認められる（矢印 l）．C：全長15.0mm．（Iwamatsu, 2017）

おり，咽頭歯の歯列における歯形成幹細胞ニッチ odontogenic stem cell niche の位置づけも試みている。歯はその元基から次々と5回まで生え換わる。その歯換サイクルはほぼ4週間である。多能性のマーカー sox2 を発現する歯形成上皮細胞の一群が歯家族 tooth family をなしており，若いものが後方に配列している。

16. 耳石の形成と発達

硬骨魚類の内耳にはさまざまなタイプがあり，15型に分類されるというが，メダカ型は通嚢腔と小嚢とは大きな開口によって連絡している。三半規管の一端は膨出して瓶 ampulla をなしており，それらの瓶の内腔壁には感覚上皮細胞が並んでいる。感覚上皮のうち，瓶にあるものを聴峰 auditory crista，嚢にあるものを聴斑 auditory macula と呼んでいる。成熟した魚類における内耳の膜迷路 membranous labyrinth には，3種類の固い石灰質の耳石 otoliths がある。すなわち，卵形嚢（通嚢）utriculus にある礫石 lapillus，小嚢（球形嚢）succulus にある扁平石 sagitta（矢），最後部の壺（瓜状体）lagena にある星形（状）石 asteriscus がそれぞれ左右1対ずつある。それらは重力や音の感受に関与している。メダカでは，礫石が重力の感受性に関わっている（Ijiri *et al.*, 2003）。

3種類の耳石のうち，礫石と扁平石は発生初期の18～19体節形成期（stage 25）の胚に形成される（Iwamatsu, 1994, 2004）。したがって，孵化時にはすでにこの2種類の耳石を左右の内耳に1対ずつ備わっている。それらの耳石は各嚢の内壁をなす細胞からの分泌物（おそらくCa- 結合タンパク質）によって形成される。そして，孵化後数日で急速に大きくなり，全長が6 mm以上の個体では体の成長に比例して大きくなる（Iwamatsu, 2017）。それらの急激な発達期の終わりの6 mm半ばになると，星形石が内耳の最後部の壺の中に現れる。壺の中での形成初期の星形石は顆粒，もしくは小球 spherules の塊り conglumate として認められる（図7・106）。そして，この顆粒の塊りはやがて星形石になるが，でき初めから扁平な楕円形をしている。内耳に星形石をもつ幼魚は全長6 mmから9 mmの期間に体の大きさに正比例して増加する（図7･107）。この耳石の形成によって，全長9 mm以上の若魚は3種類の耳石をもつようになる。扁平な耳石の大きさの変化は全長の変化と比例しており（Iwamatsu, 2017），メダカでも小嚢にある大きい扁平石は成長や年齢を推定するのに役立ちそうである。ちなみに，Renn and Winkler (2014) によれば，胚の時の耳石形成には、zinc finger 転写因子 *esterix*（*osx*）が耳石形成に関与しており，その因子は耳胞形成期における耳胞の肥厚 placode に発現され，その遺伝子のノックダウンによって耳石の欠失を招く。

17. その他

今後，比較発生学的観点から形態形成を解明することが期待される。組織・器官の形成に関する比較研究以外にも比較検討すべき事象がたくさんある。例えば，海産魚に一般にみられる卵内の油滴は多くの淡水魚の

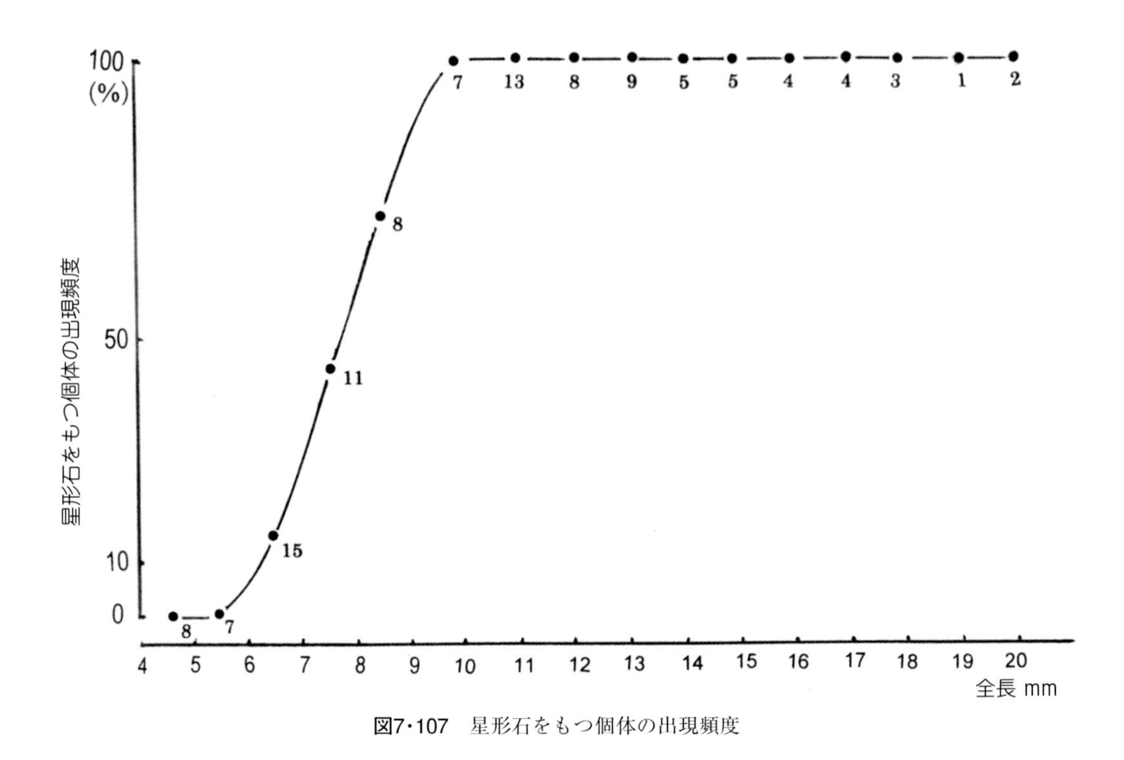

図7・107　星形石をもつ個体の出現頻度

卵にはなく，メダカ卵に存在する。その存在はメダカのルーツを示唆するもので，受精後間もなく油滴を除去する実験はその存在意義を知る上で興味がある。我々の実験では，油滴なしでまったく正常な個体に発生することが判り，浮游するのを助ける以外にその存在意義を見いだせなかった。血管形成に関しても，メダカ卵では3本の血管が卵黄上に伸長蛇行しているのに比べて，胎生魚卵では卵黄上に無数の血管が叢状に分布しているという違いがある。これに対する比較検討は，まだなされていない。我々は卵黄が発生の進行につれて，その粘性が変化することも確かめている。卵黄の存在意義・発生への寄与様式も卵黄をもたない卵の発生との比較も大切である。また，卵生と胎生の生殖システムの違いもまだ解明されていないが，成長時において複数の組織・器官が互いに連携をとりながらそのシステムをいかに形成していくかといった研究は多次元的発生学として今後発展させなければならないものである。

V．発生異常と温度との関係

人工授精によって受精させた卵を，即時種々の温度条件下におくと，約34℃までは温度が上がるにつれて胚体に血管の発達が促されるが異常胚も多くなる。水温5～10℃では，受精後約3～6時間で原形質の動物極へ多少の集積がみられるが，発生はそれ以上進まない。水温15℃においては，受精卵の約半数が原口を閉じないまま6体節胚に進み，さらに孵化直前の状態まで発生するものは僅か約5％で，それらも孵化できない。この水温域では，血管の発達が悪いため閉鎖し，血流が停止するものが多くみられる。水温20～25℃においては，受精卵の発生はほとんど正常であるが，時には図7・108のような双体異常胚が生じる。図7・109に見られるように，第1卵割時に卵割球が互いに著しく離れ，第2卵割以降の卵割球が分離しないままで進行すると，2つの胚盤が形成される。そして，それらは一卵性双体胚に発生する。こうした第1卵割時に割球が分離する卵を一腹の卵塊に約50％も持つ雌がいることから，一卵性双生児を生じる現象は遺伝的支配下にあると考えられ,育種によって系統保存が可能であろう。

水温が30℃になると再び原口を閉じないで6体節胚を生じるものがみられる。水温35℃においては，嚢胚形成途中で死ぬものが多く，発生が進んでも小さい胚体をもつものや心拍を停止するもの及び孵化が著しく遅れるものが多くなる。図7・110のような異常をもつ

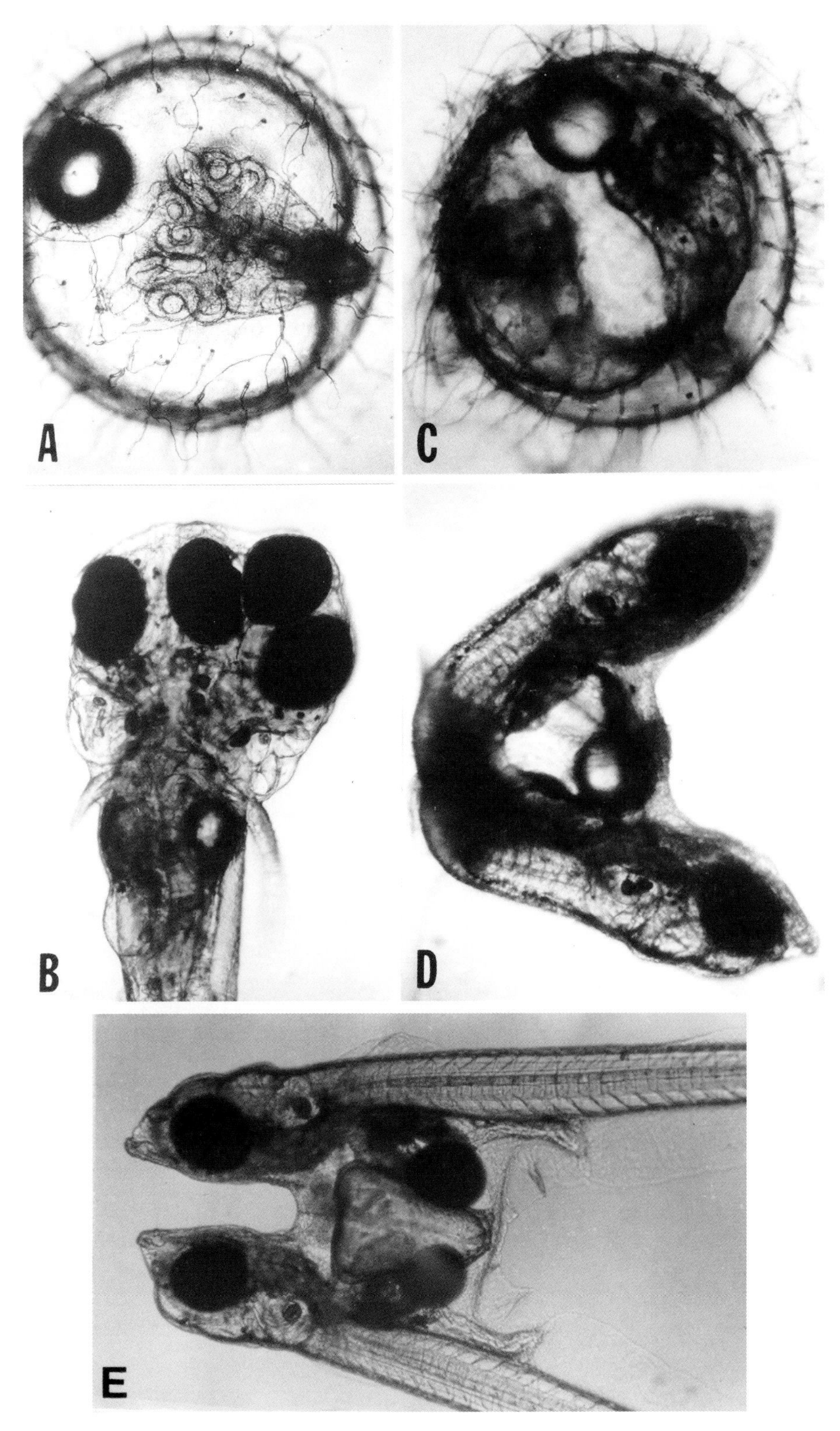

図7･108　双頭メダカ
B：Aから孵化したもの，D：Cから孵化したもの，E：他の卵から．

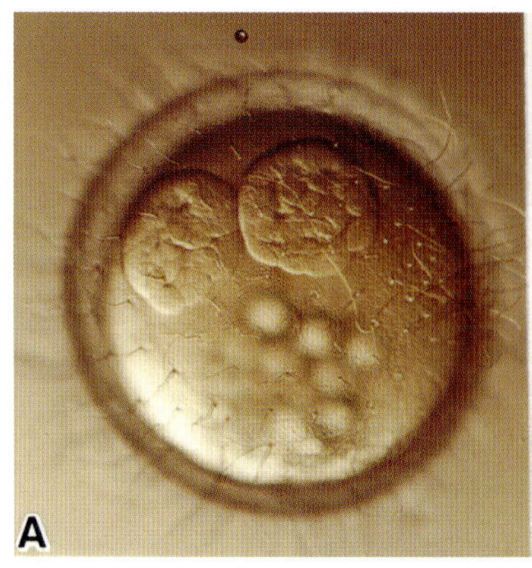

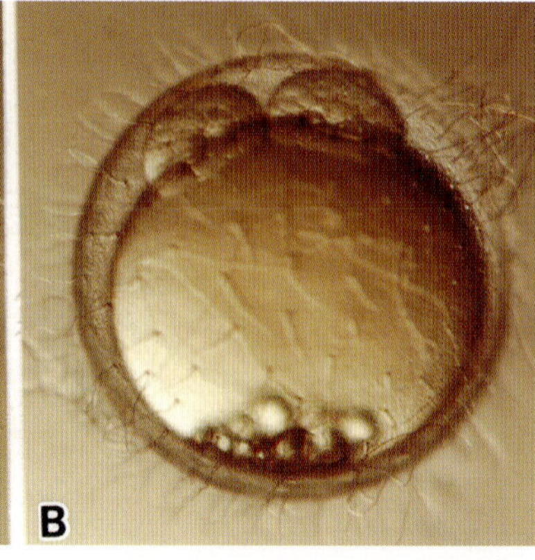

図7･109　第1卵割で分離して発生している桑実胚

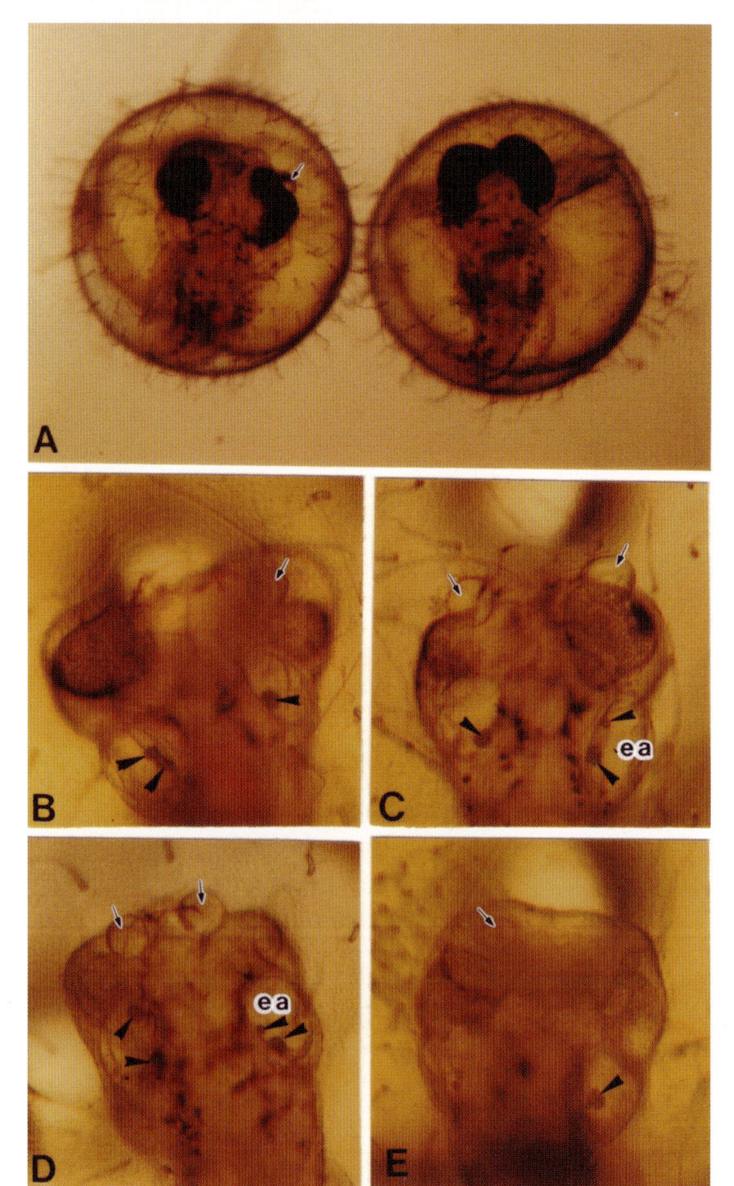

図7･110　眼および耳胞の奇形を示す胚
ea：耳胞，矢印：レンズ，矢尻：耳石.

胚もみられる。また，胚発生途中で脊椎骨の短縮や癒（合）着などの異常が高頻度で生じる。脊椎骨癒合は発生過程のある限られた時期（第1感受期 stage 27～stage 29.5, 第2感受期 stage 31～ stage 32.5; Matsuda-Ogawa, 1965）に起こりやすい。この第1感受期には10^{-2}～2.5×10^{-4}Mアミノアセトニトリル，5×10^{-3}～2.5×10^{-3}Mセミカーボアザイド－HCl, 5×10^{-3}～1.25×10^{-3}Mフェニールチオウレアなどの催奇形薬品 teratogenic agent で胚を処理しても多くの脊椎の異常を生じる（Tomita and Matsuda, 1961）。40℃以上の水温では，ほとんどのものは発生途上細胞崩壊を起こし，発生が進んだものは僅かに15％前後である。しかも，孵化するものはない。

以上，メダカの発生が可能な水温域は，種によって多少差があるが，最低18℃前後から34℃までの間であるらしい（表7・1）。また，水温15℃と35℃とでは多くの胚が死ぬが，その死ぬ時期は，それぞれ器官形成の盛んな時期と循環系の発達までの時期のようである。

表7・1　種々の水温下におけるメダカの発生

メダカ種	15℃	18℃	20℃	26℃	35℃	38℃	41℃
O. celebensis	15% (13/3) 心博なし	56% (20/5) 血流停止	100% (20/5) 正常	100% (20/3) 正常	100% (3/2) 正常	40% (6/3) 血流停止	27.8% (14/3) 血流停止
O. javanicus	0% (9/3)	–	–	100% (4/2)	–	–	–
O. latipes	88.9% (30/6) 貧血流	100% (15/3) 正常	100% (23/5) 正常	100% (20/4) 正常	100% (25/4) 正常	56.8% (14/3) 血流停止	41.7% (15/4) 血流停止
O. luzonensis	80% (5/1) 貧血流	100% (6/2) 正常	100% (10/3) 正常	100% (6/2) 正常	–	0% (4/1)	–
O. melastigma	85% (13/4) 血流なし	100% (24/5) 正常	100% (10/4) 正常	100% (14/4) 正常	100% (42/5) 正常	100% (3/1) 血流停止	0% (29/5) 血流停止

カッコ内の数値は卵数/雌数を示す。

Ⅵ．発生に伴う受精卵の動態

1．卵　割

前述のように，受精時には侵入した精子によって卵付活の刺激，および分裂に必要な中心粒 centriole を含む成分の供給を受けて，卵内には表層反応に続いて起こる第二減数分裂によって１ゲノムgenome（24リンケージグループ，n）をもつ雌性前核ができる。そして，雌性前核は精子核（n）から生じた雄性前核に向かって移動して，会合して遺伝的に新たな2倍性の接合子核（2n）をもつ接合子zygoteを形成する。この現象が受精である。卵内に精子が侵入して表層変化の終了後約１時間（26℃）の受精現象の間，付着糸のある植物極の反対側，すなわち動物極域に表層細胞質の集積である生じた原形質盤 blastodisc（protoplasmic germ disc）ができ上がる（図７・61）。メダカの場合，卵の大部分は中央にある栄養物としての透明な卵黄である。卵黄は表層細胞質との間にリピドの境界膜をもち，表層細胞質がなくても球形を保つ（図７・111）。動物極側に原形質盤ができた後でも，卵黄球はその外側に著しく薄い透明な表層細胞質層に包まれている。植物極側に集合している油滴も卵黄球側に突出しているが，その薄い表層細胞質内にある。

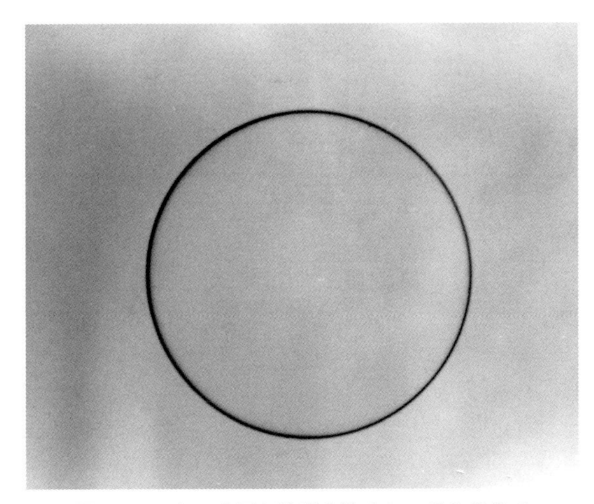

図7・111　卵の表層細胞質を除去して得た卵黄球

精子によって持ち込まれた基底小体 basal body（中心粒）によって精子核の傍に星状体 aster が形成されて細胞分裂，すなわち第１卵割 first cleavageが起こる。この卵割の分裂装置 mitotic apparatus は中心小体（中心粒）の周囲に微小管が形成され，星状体と両分裂極を結ぶ紡錘体 spindle でできている（図７・112）。すなわち，星状体の中心には紡錘体，および放射状に伸びる微小管をつくる核となる中心小体が位置している。両分裂極を結ぶ微小管である動原体糸 kinetochore fiber（紡錘糸）の中央に染色体が着いている。第１卵割は，魚類においては卵門（mc: 精子侵入点）と減数分裂（gvr: 極体放出）の位置とを結ぶ線

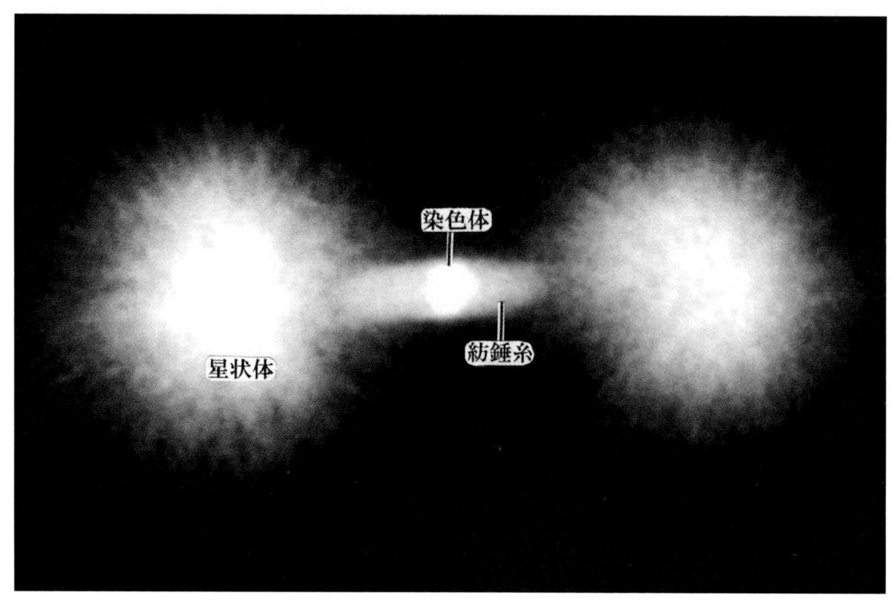

図7・112 受精後40秒にみられるメダカの第1卵割の分裂装置
FITC-チューブリン抗体とヘキストによる二重染色. bar 100 μm.

（軸）とほぼ一致した卵割溝 cleavage furrow（図7・113Bのｆ，卵割面 cleavage plane）によって原形質盤が2つの割球 blastomere（娘細胞 daughter-cell）に分かたれる現象である。いわゆる，盤割 discoidal cleavage である。

卵割は卵という1つの細胞の分裂のことであるが，相次ぐ分裂（細胞周期cell cycle）が30～40分毎と速く，DNA合成は起こるが十分な量のタンパク質合成は起きないため，同調した分裂ごとに生じる割球は成長しないため小型化する。したがって，卵割は分裂ごとに娘細胞が成長する細胞分裂とは異なる。発生図（図7・61）をみてもわかるように，卵割の様式は2（2^1）つの割球を生じる第1卵割溝を縦とすると，4（2^2）割球を生じる第2卵割溝は横（第1卵割溝に直角）に生じる。そして，続いて起こる第3卵割溝は縦に生じて8（2^3）割球を生じ，第4卵割溝が横，すなわち第

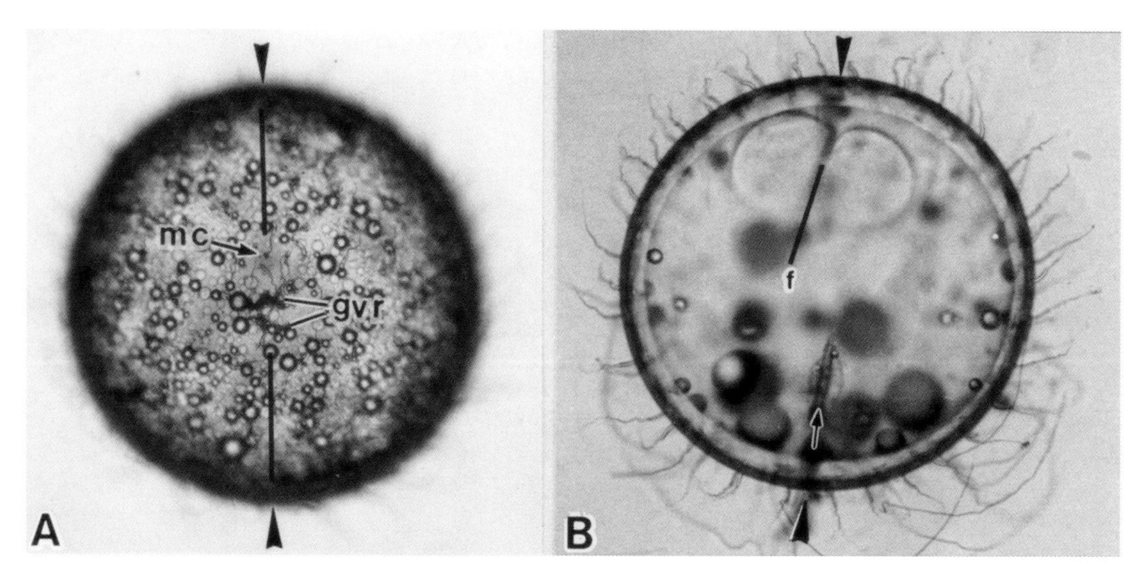

図7・113 卵軸と卵割溝の関係
矢尻：卵軸（Bの矢印は卵軸方向にサボテンの棘）f，卵割溝；gvr，卵核胞の残核；mc，卵門.

３卵割溝に対して直角（第１卵割溝に平行）に生じて割球数は16（2^4）になる。それまで卵表に平行して平板状に生じていた卵割球が第５卵割になると，辺縁部の卵割球は卵表に対して垂直に分裂するが，胚盤の中央部の卵割球では卵表に対して平行に近い方向に分裂が起こる。そのため，胚盤を側面からみると，中央部分ではほぼ２割球層（2^5割球）をなしている。続く卵割からは割球が重なってみえるためこの発生段階では割球数の確認が難しくなり，その桑の実のようにみえる発生段階の卵を桑実胚とよぶ。

一方，未受精卵の表層細胞質にあらかじめエクオリン（カルシウムと結合すると発光するタンパク質）を注入しておいて，受精させて卵割時の細胞内カルシウムの変動を調べてみると，卵割ごとにみられる細胞内カルシウムの増減リズムが第８卵割までは続く（図７・114）。そのリズムがみられなくなる初期胞胚期には，一定の分裂周期を示す周縁細胞の周縁核が現れる（図７・115）。Schantz（1985）によれば，卵割球の膜電位は，初期卵割期にはslow net過分極になるという。

そして，初期胞胚期 stage 10では，胞胚葉 blastoderm（周縁核 periblast nucleiを含む約1000個の細胞）は卵黄球を覆い被せる被包 epiboly 開始前の中期胞胚移行mid-blastula transition（MBT，前形態形成 premorphogenetic movement）期であって，さらに第11回目の同調分裂を行う（参照 Kageyama，1987）。やがて，胞胚中期になると割球は直径が30μm近くまで小さくなり，続く分裂は割球の成長を伴う細胞分裂に切り替わる。すなわち，卵割は終わる。後期胞胚 stage 11に入ると，遺伝子の発現と共に，胚に種特有の高次構造が精密に構築される形態形成 morphogenesis が始まる。それ以後，胚盤は細胞分裂ごと容積を増し，卵黄球の表面をまず周縁核（図７・115）が先行して覆い，そして被包が続く（嚢胚形成 gastrulation）。この発生段階の卵は嚢胚 gastrula と呼ばれる。卵黄球の表面で胚体の形成が始まるメダカ卵では，胚盤のできる動物極の反対極である植物極には油滴が位置している。それらを結ぶ線が卵の動植物極軸である。卵割面の決定，続いて嚢胚に形成される細長い胚体の前後軸（あるいは頭尾軸）がその動植物軸と一致していることが容易に確認できる。そして，卵割から始まる胚体には，胚体に背側から腹（卵黄球）側への背腹軸と背腹軸に対して直角方向の左右軸が時間の経過とともに空間的に秩序正しく決まっていく。その想定される軸性の本質は動態であると考えらるが，不明のままである。

以上のように，卵割はなぜか短時間ごとに起こり，分裂装置の紡錘体の方向に対して直角に次の分裂のための中心粒が分離する。そのため，卵割が平板上に起こる時は縦横の方向の繰り返すことになる。ところが，第５卵割において，なぜか卵表に対して垂直方向に分裂する割球が初めて生じる。これらの疑問に加えて，卵割から細胞分裂に移行する機構についても解明が進んでいない。

卵軸と第1卵割溝との関係：

卵母細胞は成熟の間近かになると，卵表面側に液胞を数個もつ卵核胞（GV）と表層胞（ca）のない円形状

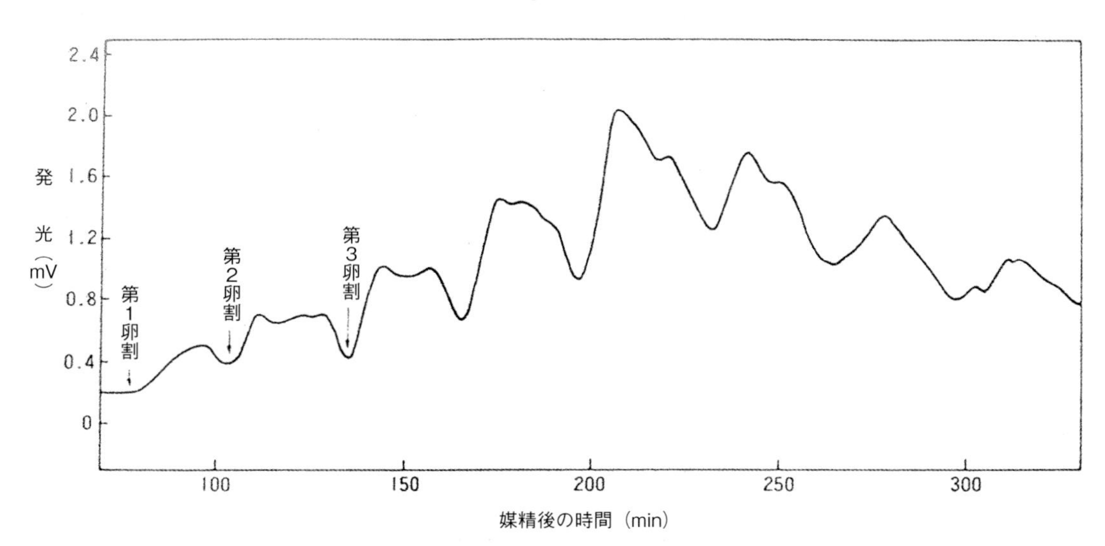

図7・114　メダカ卵の卵割時にみられる細胞内カルシウムの変動（Yoshimoto *et al.*, 1985）
矢印は卵割時を示す．

の卵門細胞域（M）が外観で認められる（図7・116）。その両者の中心を結ぶ線が卵母細胞の卵軸 egg axis（ax）である。排卵した未受精卵においても，卵核胞外膜層の残骸（gvr）と卵門（mc）がみえる。それらを結ぶ線が卵軸である。受精反応（表層胞の崩壊）開始して卵膜が硬化する前に，その卵軸の目印として卵軸の両端（図7・113，図7・117）にあらかじめアルコール殺菌しておいたサボテンの微小とげを刺して発生させる実験を行ったところ，卵軸と第1卵割溝（卵割面）とが一致することがわかった（図7・118）。

卵母細胞の回転と胚軸：

メダカ卵の卵軸は，卵母細胞の発達段階で回転をしており，付着毛・付着糸が倒れた向きで回転方向が判る（図6・28，図6・52）。図7・119に示すように，左巻き回転で成熟して卵は受精によって動く油滴の動きが右回旋を示すものが多く（約77%），右巻き回転で成熟した卵（右巻き回転卵）は逆に油滴の動きが左回旋を示すものが多い（約80%）。また，第2極体を放出してできた雌性前核が卵門直下の卵細胞質内にある雄性前核に向かう移動の仕方も，卵母細胞時の回転に影響を受けるらしい。左巻き回転卵では，雌性前核が極体（p）－卵門（s）を結ぶ軸に対して0°～約23°の角度で右側を移動して雄性前核と会合する受精卵は62.6%であった。それに対して，右巻き回転卵では雌性前核がその軸に対して0°～約31°の角度で左側を移動して雄性前核と会合する受精卵は65.4%であった。また，続く第1卵割における卵割面についても卵母細胞の時期の回転が影響しているようである。極体－卵門軸に対して左側に0°～36.2°の角度で卵割面をもつ右巻き回転卵は73.1%で，右側に0°～34.1°の角度で卵割面をもつ左巻き回転卵は71.2%であった。これらの観察結果は，卵形成時の卵母細胞の動きが発生時の卵の動きに影響していることを示唆している（Iwamatsu, 1998）。

人為的卵割誘導：

卵は受精時に侵入精子が持ち込んだ鞭毛の基底小体によって分裂装置が形成されて，卵割が開始する。したがって，精子核が無くても，精子鞭毛さえあれば卵細胞質内に注入すれば分裂装置ができて，卵核と関係

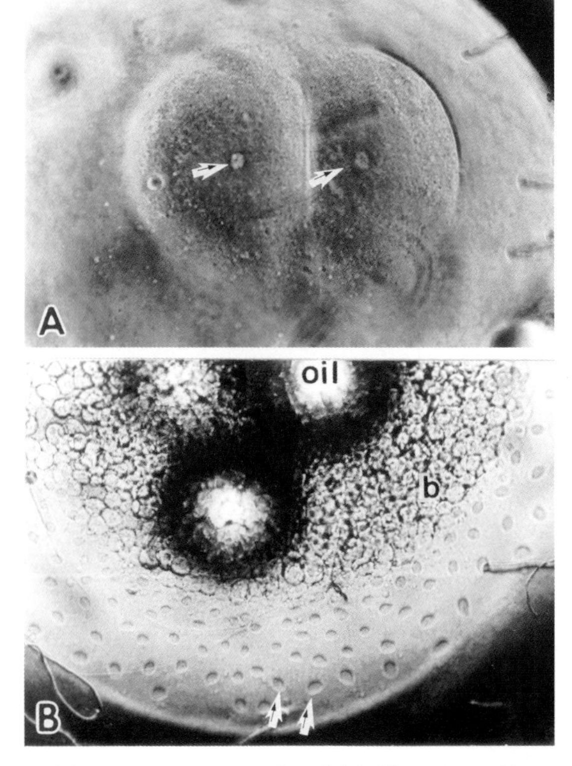

図7・115　ジャワメダカ卵の発生初期にみられる核
A:2細胞期の核(矢印)，B:初期胞胚期の周縁核(矢印) ×100.

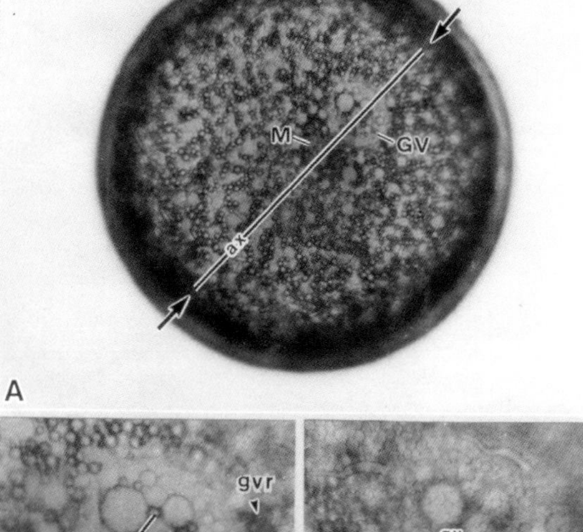

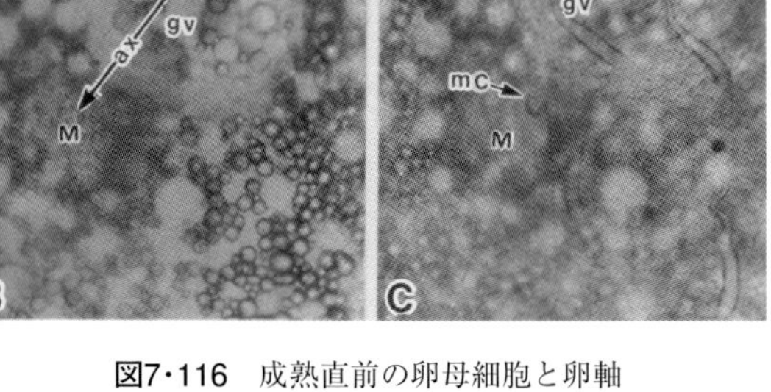

図7・116　成熟直前の卵母細胞と卵軸
ax，卵軸；GV（gv），卵核胞；gvr，卵核胞外膜の残骸；M，卵門；mc，卵門前庭（岩松，1993）.

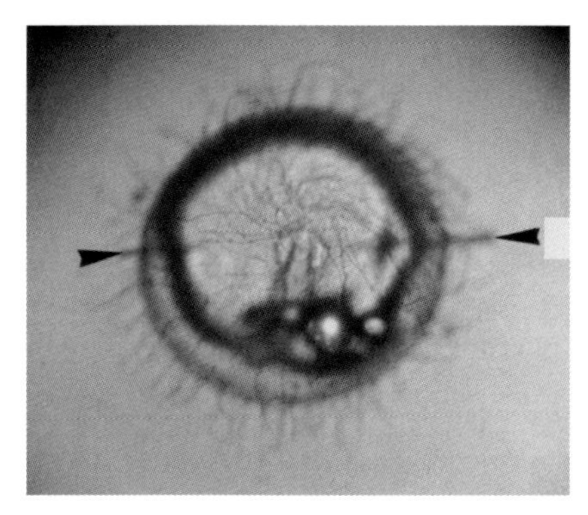

図7・117　メダカの卵門と卵核胞残骸を結ぶ線に沿って受精直後に刺したサボテンの棘と胚体（岩松，1993）

なく卵割が起こるはずである。そこで，ウニの精子から鞭毛微小管を分離して，それをメダカ卵にマイクロインジェクションしたところ，注入微小管が中心となって放射状に微小管が発達して星状体 aster を形成し，卵割が誘導されることがわかった（Iwamatsu and Ohta, 1974）。さらに，体外で再重合させた鞭毛微小管だけを未受精卵に注入することによる卵割の誘導に成功した（Iwamatsu *et al.*, 1976）。しかも，これらの卵割では割球が無核のままで分裂を繰り返して桑実胚になる。こうした無核割球の分裂例は，受精して間もないメダカ卵をDNAポリメラーゼやDNAトポイソメラーゼの阻害剤で処理して染色体形成を阻止することによってみられる（Iwamatsu *et al.*, 2002；Iwamatsu, 2011）。また，卵核胞除去後に成熟した卵でも，媒精によって染色体形成が起きないまま卵割して無核割球の桑実胚を生じる。このように，無核のまま卵割する場合，紡錘糸 spindle ができないで割球が生じる。

2．中期胞胚移行

胞胚期前の卵割は，G_1期とG_2期がないままDNA複製のS期と分裂のM期の細胞分裂サイクルで起こり，転写はみられない。胞胚中期に入ると，細胞分裂終期のG_1期が細胞によっては長くなり，細胞分裂の同調性が崩れる。これは中期胞胚移行 midblastula transition（MBT）と呼び，遺伝子の転写や移動運動が細胞によっては活発になる。33個のEST（expressed sequence tag）マーカーと2つの遺伝子（*elE-4C*, *hsc70*）を用いて調べたAizawaら（2003）によれば，初期胞胚期（stage 10）前にはESTマーカーの発現はみられないが，後期胞胚期（stage 11）に入ると12個

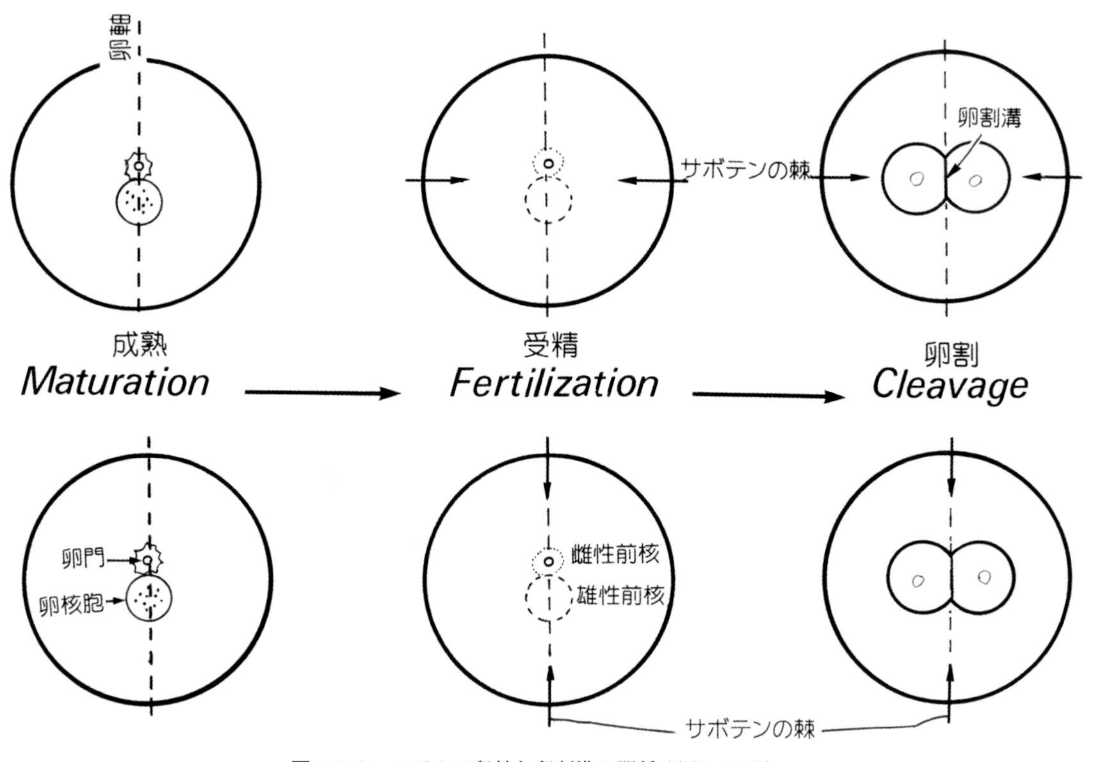

図7・118　メダカの卵軸と卵割溝の関係（岩松，1993）
矢印：サボテンの棘を刺した位置．

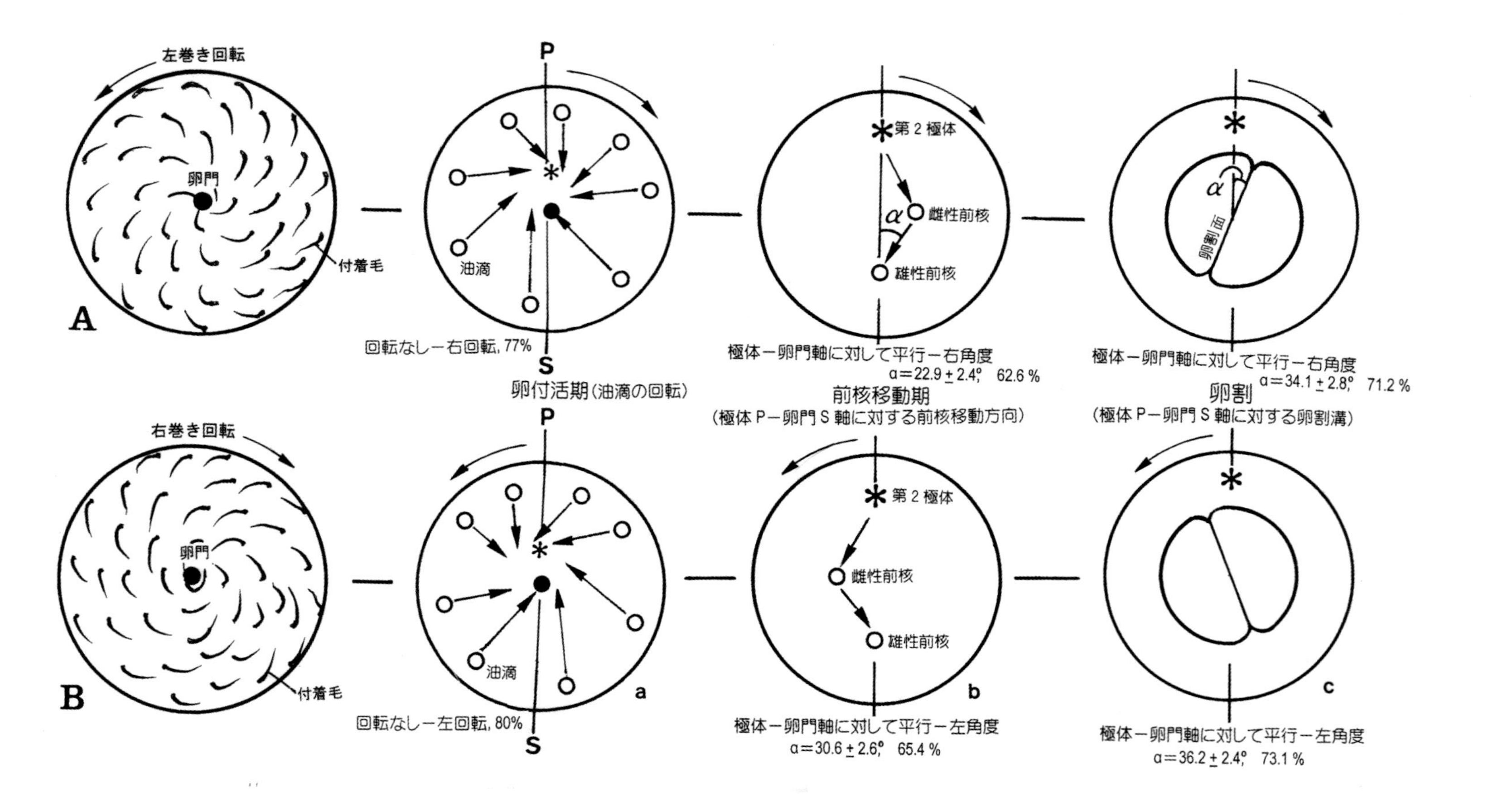

図7·119　卵母細胞の回転方向と受精に伴う油滴および雌性前核の移動方向，卵割面の関係
（Iwamatsu, 1998の改図）

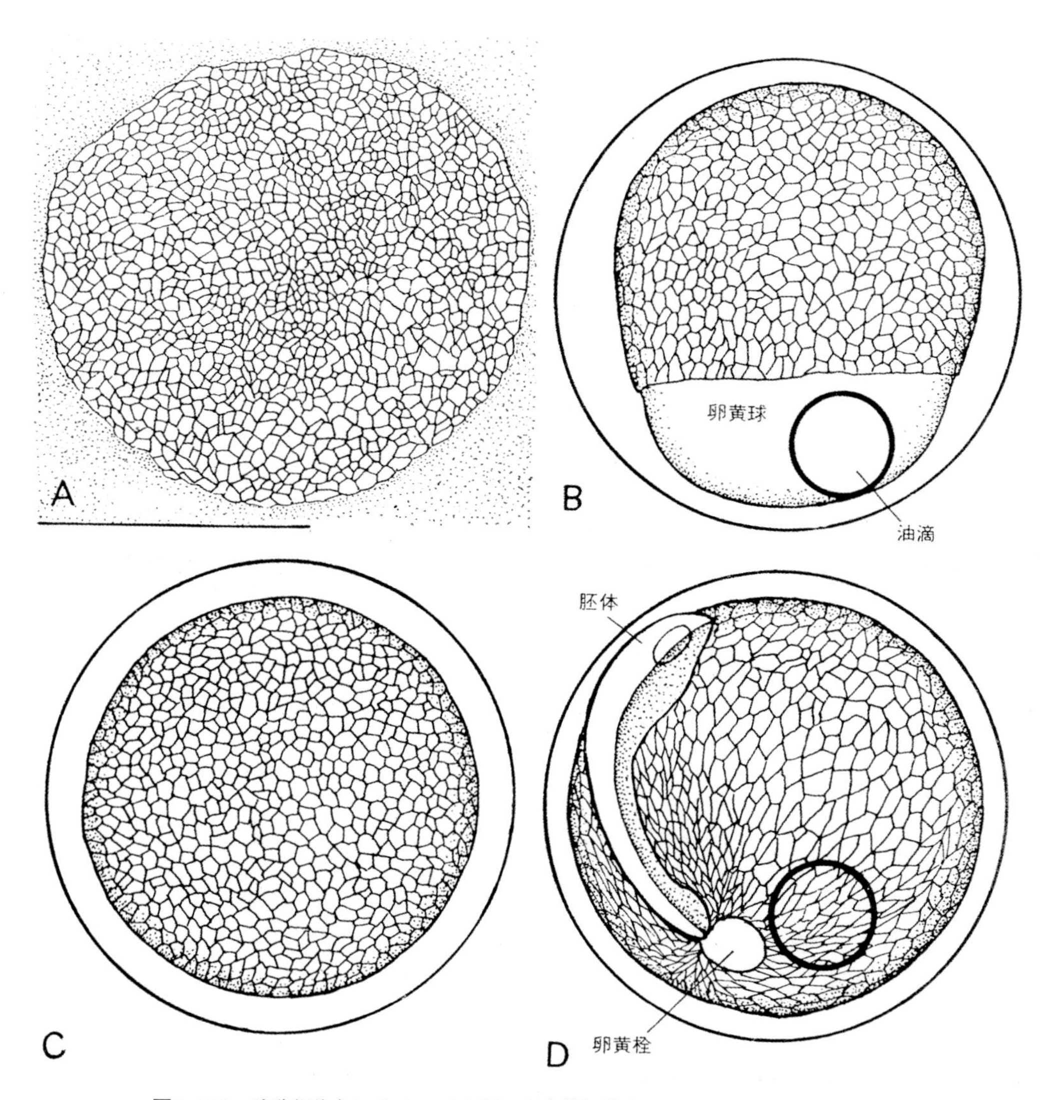

図7･120　硝酸銀染色によるメダカ胚の上皮様細胞（Kageyama, 1980 b より描写）
A：嚢胚初期，B：嚢胚中期の動物半球，C：嚢胚中期赤道側，D：眼胞形成期.

の遺伝子で発現が認められるようになる。これらの結果から，メダカではMBTは stage 11で始まるといえよう。

瀬古ら（Seko *et al.*, 1999）は，発生初期胚において，２つの異なるペプチド：N-グルカナーゼ（PNGase）が発現することを発見している。１つは最適pHが酸性のPNGase Mで，もう１つが中性PNGase Mである。中性PNGase Mは４～８細胞期（stage 4-5）から初期嚢（原腸）胚期まで発現される。これに対して，酸性PNGase MはL-ハイオソフォリンに由来する遊離脱*N*-グリコシル化ノナペプチドによって抑制される。この酵素は受精後嚢胚期までは発現されないが，嚢胚期以降の発生段階に発現される。しかも卵黄由来の遊離*N*-グルカンの異常な蓄積を招くらしい（Iwasaki *et al.*, 1992）。これらのことから，２つの異なったPNGase活性が発生段階に依存して発現されること，および中性PNGase M活性の発現がL-ハイオソフォリンの脱*N*-グリコシル化と同時に起こることが判明した。このように，中性PNGase Mが発生段階にL-ハイオソフォリンの脱*N*-グリコシル化を招くといえよう。また，コレステロールとスフィンゴ糖脂質に富む細胞膜マクロドメインは，初期胚に存在し，Lex糖鎖（Gal β 1-4（Fuc α 1-3）GlcNAc β 1-）をもち，それによって互いに接着し合っていることが報告されている。

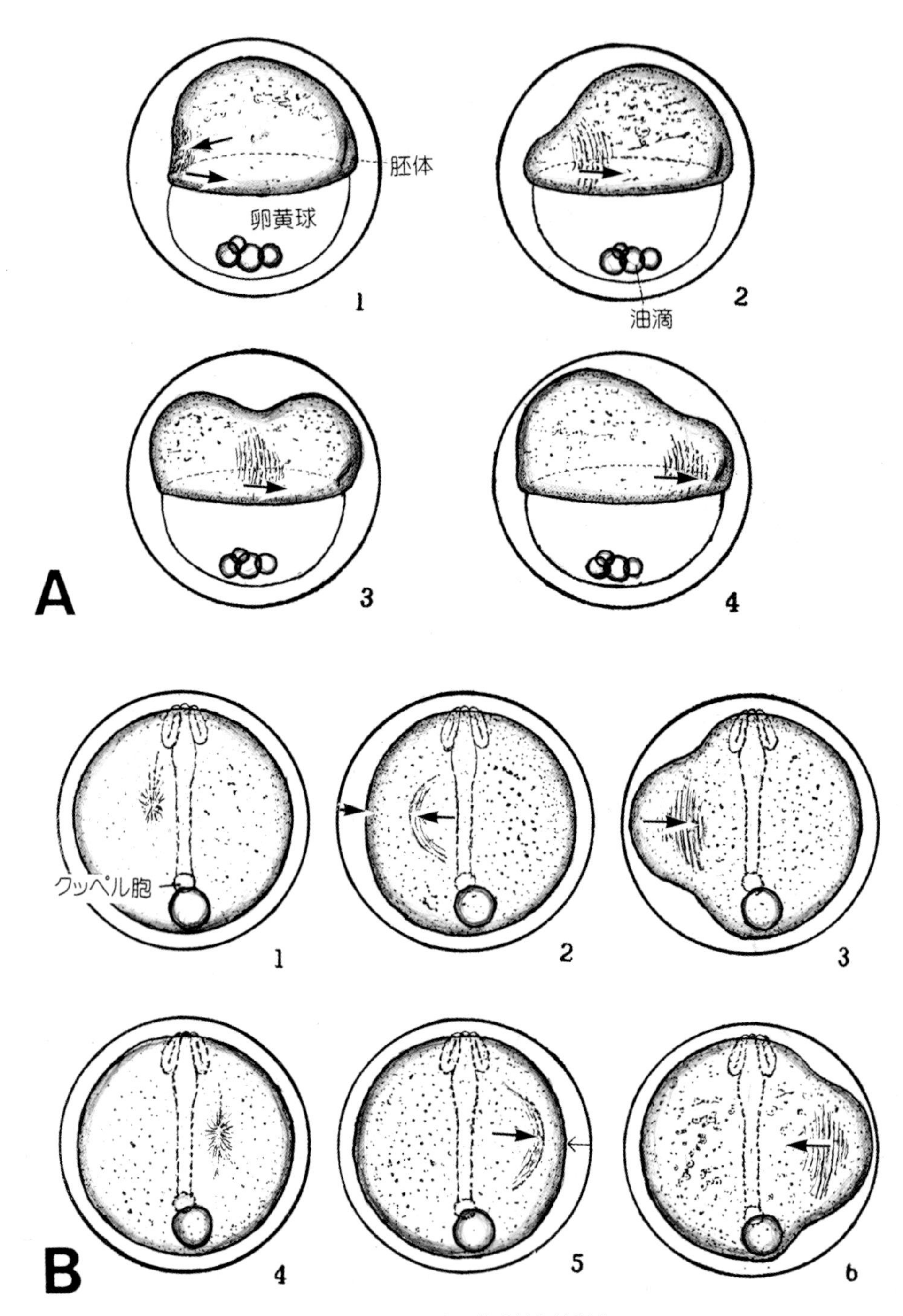

図7・121　メダカ卵の律動性収縮運動
A：胚盤葉が卵黄球を1/2被覆した胚．B：胚体形成初期の胚．（山本，1931a）

胚をコレステロール統合試薬であるメチル-β-シクロデキストリンで処理すると，細胞膜マクロドメインが崩壊するため，発生が阻害される。ところが，処理胚を洗った後コレステロールを添加すると，可逆的に正常に発生するという。以上，細胞膜マクロドメインの発生における重要性が示唆されている（足立ら）。

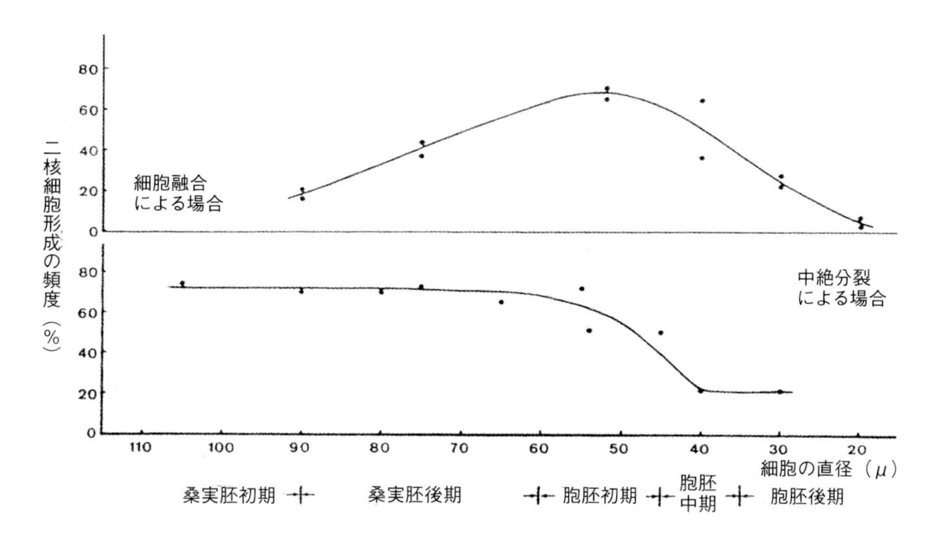

図7・122　メダカの初期胚にみられる２核細胞形成能の変化（水上，1977a）

３．被いかぶせ運動と律動性収縮運動

非同調卵割を起こし始める胞胚中期（約211-細胞期, Kageyama, 1987）において，細胞間橋を生じた深部細胞は偽足を出して細胞間を移動し始める。この細胞間橋は胞胚中期から嚢胚初期までにほぼ50 μmの長さに達する（Kageyama, 1988a）。そして嚢胚期（松井の stage 18〜22）中にみられなくなる。このような細胞間橋は不完全な細胞分裂によって生じ，偽足を出して移動することによって伸びるものであるらしい。

比較的深部の細胞は，胞胚中期で18分間，嚢胚初期で24分間をかけて分裂する（Kageyama, 1986）。

嚢胚初期において，胚盤葉が周縁核の分布している細胞質（卵黄多核細胞質層，図７・115B）をほぼ覆う頃（卵黄球の表面の1/3を被覆），胚の一部域で始まった収縮が胚の表面に窪みと皺を生じつつ，隣接する部域に波状に伝わっていく運動がみられる。胚の最外層をなす上皮様（胚盤葉）細胞は，被いかぶせ運動 epibolyの間，分裂しないで扁平に伸びる（図７・120）（Kageyama, 1980b）。影山（1989）によれば，その収縮波には方向性があり，胚盤葉が卵黄球の半分を覆うまでの時期には胚体（胚楯）の反対側から胚体の方向へ，そしてそれ以後の発生段階では胚体側面で始まり，卵の赤道部を一周りするように進む。

山本（1943）によれば，19世紀にすでに多くの研究者によって数種の魚類の発生初期の胚において，心臓の拍動や胚体の筋肉運動とはまったく異なる律動性の収縮運動 rhythmical movement がみられることが報告されている。メダカの卵においては，この運動が雨宮育作博士によって1928年に最初に報告され，その後独立に山本時男先生は詳しく観察して，学位論文（1931a）としてまとめている。受精後胞胚期頃までは収縮運動はみられないが，胚体の形成前の覆い被せ epiboly が卵黄球の約１/３被覆した頃（受精後約12〜13時間，25〜27℃）に胚盤葉 blastoderm にみられる（山本，1931a：参照，山本 1941）。胚盤葉に被覆されていない卵黄球域にはみられない。この運動は胚の最外細胞層の活動によることが知られている（Baker *et al.*, 1987）。

胚盤が卵黄球を約１/２被覆した胚における収縮運動の様子を示したのが図７・121（A）である。この時期の胚では，ある場所に生じた収縮波は胚盤葉に円を描くように進行する。その方向は，胚楯に対して右旋のときもあり，左旋のときもあるが，いずれの場合でも同じ方向に約１時間数（29）回継続して起こって後，反対方向に約50分間数（22）回起こる，といった具合である。さらに発生が進んだ胚体形成後（受精後24時間，25〜27℃）の胚の運動様式は図７・121（B）に示されているが，１回の周期に要する時間は温度によって異なるが，約１分40秒である。また，この収縮運動のために，胚が全体として収縮波と同一方向に回転する傾向がある。

卵黄球を覆った胚盤葉にみられる律動性収縮運動の意義は，まだ明確にされていないが，山本（1943）によれば，卵黄が多い種類の卵にその運動が顕著で，発生（胚体形成）に使われる卵黄を攪拌することに役立っていると考えられている。しかし，収縮運動が胚体形成の進行とともに，眼球にメラニンが沈着し，心拍による血液循環が開始する4日目胚（松井の stage 29；影山，1975）まで継続するが，卵黄球がまだ大きい発生段階である胚には起きなくなるので，この考えには疑問が残る。

発生の期間中，胚は一層の上皮被覆層 enveloping layer（EVL）で包まれている。この被覆層下に薄い星状細胞層があり，収縮運動に反応する（Cope *et al.*, 1990）。その収縮運動は外液のカルシウムに依存しており（Fluck *et al.*, 1984），無機カルシウム拮抗剤によって抑制され（Fluck *et al.*, 1984; Sguigna *et al.*, 1988），カルシウム・イオノフォアA23187によって刺激される（Fluck *et al.*, 1984）。その後，収縮波は星状細胞層内の細胞間Ca^{2+}波と細胞内Ca^{2+}振動が先導して起こることが判った（Fluck *et al.*, 1991; Simon and Cooper, 1995）。それに加えて，細胞間のギャップ・ジャンクションを直接閉じたり（Cope *et al.*, 1990），Ca^{2+}波を減少させるpH*i*低下（Fluck *et al.*, 1983）をもたらしても収縮波は抑えられることを確かめている。また，Rembold and Wittbrodt（2004）は，ギャップ結合 gap junction の脱共役剤 *n*-heptanol の連続処理によって，22体節期（stage 26）まで起こる律動性収縮運動を12体節期（stage 23）まで発生に干渉しないで減衰させている。

4．被いかぶせ運動中の分離細胞にみる細胞融合

桑実胚から胞胚までの分離細胞において，融合が細胞間の接着後にみられるが，これには時間の限定がある。細胞分離後，急に現れる表層皺は即座に消える。融合する細胞のすべては融合部位で巻き込んだ多くの細胞皺をもっており，この細胞融合には，細胞皺が必要らしい（水上・佐藤，1978）。この細胞膜融合には（1）接着，（2）誘導（膜からCa^{2+}の置換），（3）融合（安定した膜内リンケージ），（4）安定化（新たに融合した膜の正常条件に回復）の段階がある。

細胞融合の様式には，（1）2細胞が接着面で融合し，接着後3～4分でくびれをもつコマ状になり，続いて球形になり，1つの2核細胞を生じる第1型，（2）2細胞の接着後，仮足の出現と共に，2細胞の周囲を回転して1つの2核細胞を生じる第2型とがある（水上，1977a, b）。このような2核細胞は，細胞分裂の途中，細胞にくびれができ始めてから，細胞質の分裂が止まり，逆戻りして生じる場合がある（中絶分裂 abortive mitosis; 水上1977a）。分離した細胞において，この中絶分裂のみられる頻度と細胞融合の頻度とが発生の時期（細胞または卵割球の大きさ）によって異なる（図7・122，水上，1977a）。

Ⅶ．種間雑種

前述のように，メダカは限られた東洋区の淡水，あるいは汽水域に分布しており，報告されている種は地理的に隔離されて分化してきたと考えられる。これらの現存種において，交雑がもはや不可能な程度に隔たりがあるか否かについて詳しくは調べられていない。数種間の交雑において，交尾行動，受精及びそれに続く発生がみられるが，中にはパートナーに好みがあって受精卵が得られない場合がある。交尾に関して，江上と南部（1961）によって実験的に示されたように，雄の臀鰭の形態が雌の産卵刺激には重要であることを考慮すると，その形態（図1・1）を含む第二次性徴（表4・1）の種間の違いが当然交尾刺激にも影響するであろう。このこととは関係なく，発生過程における形質発現が種の隔たりの大きさによってどの程度異なるかをみるためには，人工授精によって調べる必要があり，数種間で調べられている（表7・2）。

ニホンメダカ*O. latipes*の卵は，他の種のメダカ精子による受精後，桑実胚までは正常に発生できる。しかし，受精率の最も悪いジャワメダカ*O. javanicus*との雑種は，生じる胚体がすべて異常なものである。

そのことを詳しく調べた我々は，ニホンメダカ♀とジャワメダカ*O. javanicus*（Jakarta）♂の種間交雑において，受精卵の接合核形成が正常に起こることが電子顕微鏡で初めて観察した（Iwamatsu *et al.*, 2003）。この種間雑種卵の観察によって，卵割の遅れだけでなく，卵割ごとに核分裂にも異常が起こることもわかった。各卵割にみられる核の異常な分離（図7・123）は，染色体の不完全な形成による糸状，あるいは断片的なクロマチンに関連しており，電子顕微鏡でも染色体の異常が認められる。

ニホンメダカとジャワメダカの雑種が得られないのは，ニホンメダカ卵に侵入したジャワメダカ精子の核の挙動は全く正常であるから，ニホンメダカ卵に存在するDNA合成，あるいは染色体形成に関与する酵素がジャワメダカ精子DNAに不適合で，DNA複製，とか染色体の形成が正常に起きないことに原因がある可

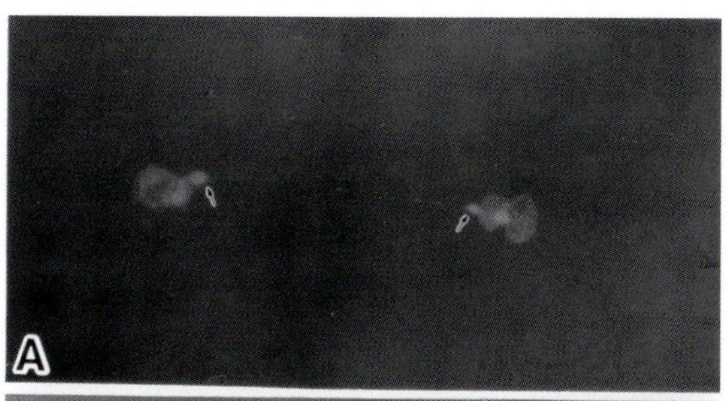

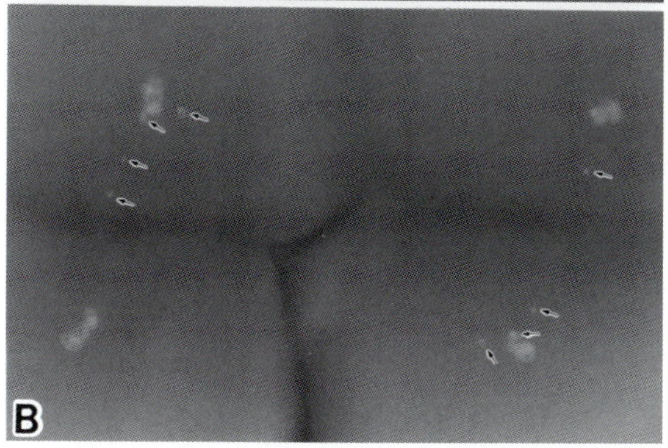

図7・123　ニホンメダカ卵とジャワメダカ精子の受精卵の卵割時にみられる染色体の異常分離
矢印：染色体の異常分離.

O. latipes luzonensis
ニホンメダカ・フィリッピンメダカの雑種

O. melastiqma celebensis
インドメダカ・セレベスメダカの雑種

図7・125　インドメダカとの雑種の外観

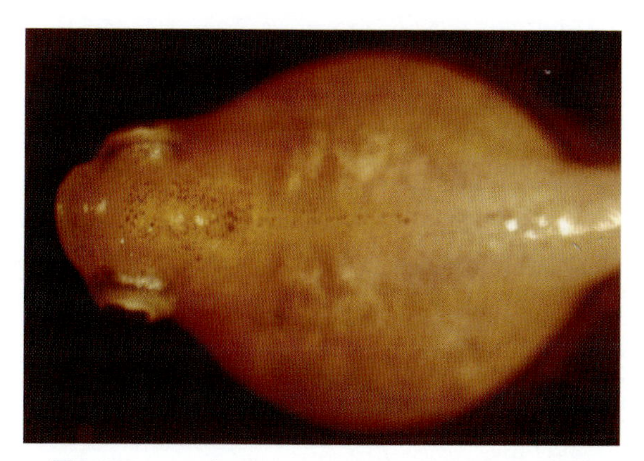

図7・124　ペクトラリスメダカ・ニホンメダカの雑種
Oryzias pectoralis latipes（×9）

能性がある。こうした染色体の不完全な形成に伴う染色体の不分離現象 non-disjunction（図7・123）が種間雑種にみられる染色体の異数体形成をもたらすことも考えられる。また，種間雑種個体において，染色体の異数性が生じなくても，染色体の不完全形成による染色体の断片的喪失，多量の遺伝子が喪失することが起こり得るので，孵化時に正常であっても成長（変態）時に起こる奇形（図7・124）は頻繁にみられる。

ニホンメダカとセレベスメダカ *O. celebensis*，またはインドメダカ *O. melastigma* との雑種において，胚体の形成率は低いが，比較的正常に発生するものがみられる。これらの場合，一般に桑実胚までは，高い発生率を示すが，その後の胚体形成率が低下する。これらの胚のうち，稚魚にまで発生するものもある。最も大きいセレベスの卵は，他種の精子によって発生を開始するが，稚魚は得られていない。これに対して，比較的小さいインドメダカの卵は他種の精子との受精によって，稚魚及び成魚にまで発生するものがある（図7・125）。また，地理的にメダカの棲息域の中心近くに分布するジャカルタのジャワメダカの卵は，小さいためかもしれないが，セレベスメダカ以外の他種の精子によっては正常な発生を示さない。

これらの結果からだけでは，種の隔たりを分析するのは難しい。

1．種間雑種の形態と生殖能力

ニホンメダカとセレベスメダカの雑種である *O. latipes celebensis* は，両親のゲノムを1つずつもつ核型を示す（図7・126）。この雑種は体長に対する尾鰭長，腹鰭軟条節数がニホンメダカに近いが，一方体側鱗数，背鰭の鰭条数とその分岐点がセレベスメダカに近い。他のものは両親の中間の値を示す（表7・3）。

雑種の雌は外観的にニホンメダカによく似ており，雄は両親の中間型である。しかし，雑種の雄はセレベス

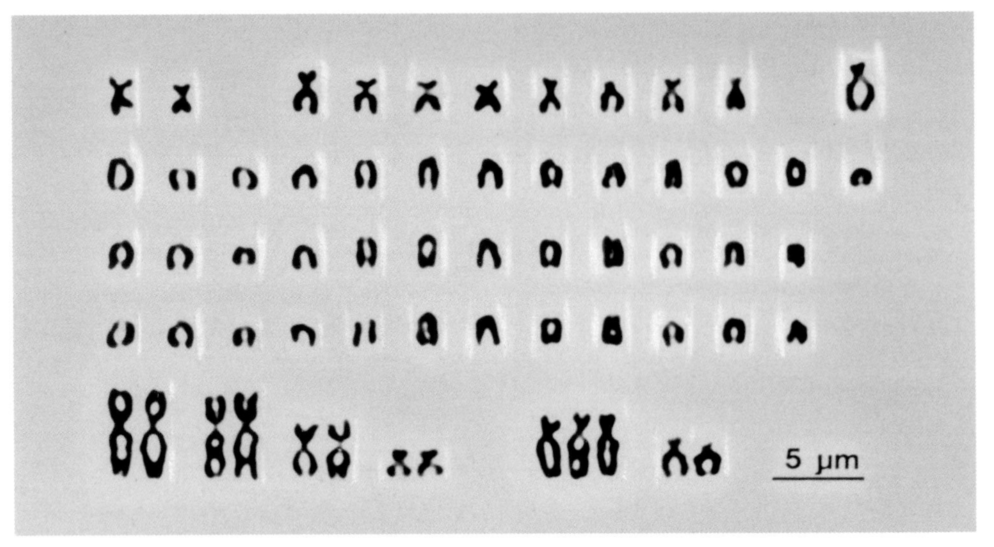

図7・126　雑種*O. latipes*・*celebensis*卵とセレベスメダカ精子で発生した胚の染色体(岩松・宇和，未発表)

メダカと同様に臀鰭の軟条に乳頭状小突起がみられず，メチルテストステロンの投与によって，第二次性徴の多くが顕著になるはずであるが，その投与によっても乳頭状の小突起は発現されない(Iwamatsu *et al.*, 1984)。臀鰭軟条に乳頭状小突起をもつニホンメダカとそれをもたないインドメダカやエバーシメダカ *O. eversi* の間の雑種でも，その突起の発現はみられない。この突起の形成に関わり合う遺伝子は，閉溝型の大孔器（表7・4）と同様に，劣性形質らしい。

眼球の後辺縁にある大孔器の形態はメダカ種によって異なっており，開溝型と管状の通洞型の２つのタイプの大孔器が存在する。インドメダカ稚魚の成長期の大孔器の形態をみると開溝型であるが，成魚では通洞型である。注目すべきは，他のメダカ種でも成長初期では大孔器は開溝型であるが，その後分化・発達につれてそれぞれの型になることである。このことから，大孔器において，開溝型が原始タイプのように思われる。そこで，そのことを検討するために，大孔器が開溝型のセレベスメダカと通洞型のインドメダカの種間交雑したところ，その雑種は通洞型であった。しかし，

表7・2　メダカの種間雑種の発生

交配の組み合わせ	使用卵数(雌)	付活卵(%)	桑実胚(%)	総計	胚体形成卵（%）	
					正常	異常
O. celebensis × *O. celebensis*	75(5)	97.2	97.2	69.5	52.8	16.7
O. latipes × *O. latipes*	168(5)	91.2	91.2	91.2	87.7	12.3
O. melastigma × *O. melastigma*	82(5)	96.5	96.5	96.5	94.2	2.0
O. latipes × *O. celebensis*	970(21)	94.6	94.6	76.2*	62.6	13.5
O. latipes × *O. javanicus***	114(4)	79.8	79.8	77.8	0	77.8
O. latipes × *O. melastigma*	682(28)	97.3	95.7	84.2	66.0	18.2
O. celebensis × *O. javanicus***	49(2)	61.2	59.2	57.1	57.1	0
O. celebensis × *O. javanicus*	27(1)	100	100	81.5	0	81.5
O. celebensis × *O. latipes*	53(5)	79.2	66.7	56.0	46.0	10.0
O. celebensis × *O. melastigma*	19(1)	100	47.4	36.8	36.8	0
O. melastigma × *O. celebensis*	194(13)	93.5	93.5	92.5*	91.8	0.8
O. melastigma × *O. javanicus*	136(6)	97.1	97.1	84.0*	0.7	83.3
O. javanicus × *O. latipes*	49(3)	90.0	90.0	83.7	0	83.7
O. javanicus × *O. melastigma*	57(3)	100	100	29.8	0	29.8
O. javanicus × *O. celebensis*	69(3)	75.2	75.2	64.5*	44.0	20.5
O. melastigma × *O. latipes*	160(12)	81.3	74.2	72.1*	71.4	0
O. luznensis × *O. latipes****	23(2)	100	100	100	90.0	10.0

*稚魚が得られたもの。　**シンガポールで採集されたもの。　***自然交尾によるもの。

表7・3　雑種メダカの形態

種名	*O. melastigma-latipes*	*O. latipes-melastigma*	*O. latipes-celebensis*	*O. melastigma -celebensis*	*O. javanicus -celebensis*	*O. luzonensis -latipes*
個体数	5	3	8	15	2	12
全長（mm）	27.4 ± 2.5			34.4 ± 1.0	—	33.7 ± 0.8
体長（mm）	22.8 ± 2.1			27.9 ± 1.0	—	27.4 ± 0.7
頭長	25.1			22.1	—	24.0
尾長	67.0			67.8	—	6.50
体高	20.0			28.4	—	22.0
臀鰭基部長	31.3			32.4	—	27.0
背鰭基部長	8.1			9.2	—	8.7
脊椎骨数	28.2 ± 0.5(27-30)	29.7 ± 0.5(29-31)	30.5 ± 0.3(29-32)	28.5 ± 0.3(28-29)	28.5(28-29)	28.5 ± 0.2(28-29)
肋骨をもつ脊椎骨数	10.2 ± 0.3(9-11)	10.3 ± 0.3(10-11)	11.8 ± 0.3(11-13)	10.0 ± (10)	10	9.8 ± 0.1(9-10)
鰭趾骨数	4.0 ± 0(4)	2.7 ± 0.3(2-3)	3.0 ± 0.4(1-4)	3.8 ± 0.1(3-4)	4	4.0 ± 0(4)
幅広い神経棘数	6.4 ± 1.2(6-8)	7.0 ± 0.5(6-8)	8.1 ± 0.5(7-9)	7.5 ± 0.1(7-8)	6.5	6.0 ± 0(6)
鰓耙数	14.0 ± 3.3(11-18)	—	13.1 ± 0.7(11-18)	12.2 ± 0.3(11-14)	10(9-11)	16.2 ± 0.3(15-17)
鰓弁数	32.5 ± 1.3(31-43)	—	43.1 ± 1.5(39-51)	43.0 ± 0.5(42-46)	25.5(23-28)	38.6 ± 0.7(36-43)
鰓条骨数	5.0 ± 0.4(4-6)	—	5.5 ± 0.2(5-6)	5.3 ± 0.2(5-6)	5.5(5-6)	5.7 ± 0.1(5-6)
胸鰭軟条数	10.0 ± 0.5(9-11)	10.0 ± 0(10)	10.2 ± 0.1(9-11)	10.7 ± 0.3(8-12)	11	10.8 ± 0.1(10-11)
背鰭軟条数	6.0 ± 0(6)	6.0 ± 0.5(5-7)	7.8 ± 0.1(7-9)	7.3 ± 0.1(6-8)	7.5(7-8)	6.1 ± 0.1(6-7)
尾鰭軟条数	20.0 ± 0.4(19-20)	18.3 ± 0.7(17-20)	22.5 ± 0.1(21-25)	19.2 ± 0.1(18-20)	21	21.8 ± 0(21-23)
臀鰭軟条数	19.5 ± 0.4(18-20)	19.0 ± 0.5(18-20)	21.4 ± 0.2(20-23)	21.2 ± 0.3(20-22)	19	17.0 ± 0.2(16-18)
腹鰭軟条数	5.8 ± 0.2(5-6)	6.0 ± 0(6)	6.3 ± 0.1(6-8)	6.1 ± 0(6-7)	6.5(6-7)	6.1 ± 0.1(6-7)

全長以外の長さはすべて体長の百分率で表している。

大孔器が開溝型のニホンメダカと通洞型のインドメダカの種間雑種は開溝型であった（図５・４）。現時点では，種間交雑実験はどの型が遺伝的に優性か否かは不明である。

この雑種以外に調べられた雑種*O. melastigma*・*latipes, O. latipes*・*melastigma, O. melastigma*・*celebensis, O. javanicus*・*celebensis, O. latipes*・*celebensis, O. luzonensis*・*latipes*の骨格（表７・３）を両親のものと比較すると，脊椎骨と背鰭軟条数は多い親のそれに似ており，鰓弁と鰓弓の数は両親の中間型かもしくは多い親のそれに似る傾向がある。一方，鰓耙と胸鰭軟条の数は両親の中間型か，少ない親のそれにやや近いし，肋骨をもつ脊椎骨数（胴部脊椎骨数），及び幅広い神経棘の数は少ない親のそれに似る傾向がある。尾鰭軟条数は*O. latipes*・*celebensis, O. javanicus*・*celebensis*では，多くなっているが，他の雑種では少なくなる。また，鰭趾骨は*O. latipes*・*melastigma*と*O. latipes*・*celebensis* では少なくなる。*O. latipes*・*melastigma*において，孵化後すべての個体で脊椎骨が背腹に著しく折れ曲がるのがみられる。とくに，インドメダカ卵とジャワメダカ精子の雑種において，それが顕著である（図７・127）。

26～28℃の温度条件で発生・発育した*O. latipes*・*celebensis* には，交尾行動を示す雄がみられるが，産卵できる雌はみられない。約30℃で発生・発育した雑種の中に産卵する雌が約10％の割合で得られている。これらの雌は同雑種の雄との間に受精卵を生じないが，セレベスメダカと戻し交雑した場合，ニホンメダカの卵の大きさに近い179個（約72％）の受精卵を産卵するのが観察された（表７・５）。しかし，孵化期にまで発生した胚はない。雑種雄は，ニホンメダカの雌の産卵を誘発できるが，精子を含む精巣をもたず，受精卵を産卵させる能力がない。これらの核型は$3n$ の異質倍数体 allopolyploid（図７・126）で，雑種が減数分裂なしの$2n$ 卵を産卵するものと推定される（Iwamatsu *et al.*, 1984）。

また，*O. latipes* と *O. curvinotus* との雑種においても，雄が不妊で，雌が２倍性卵を生じるという性特異的

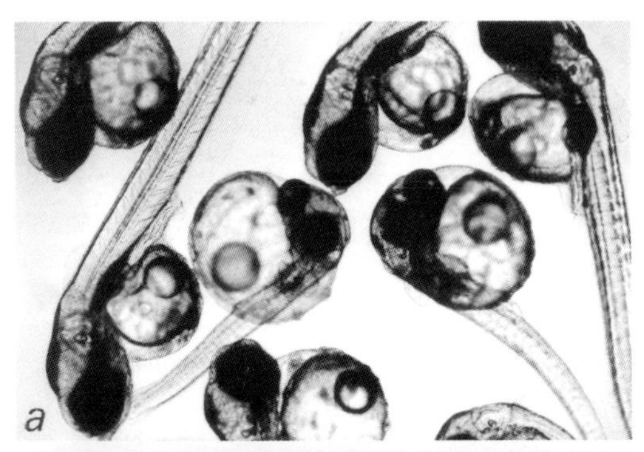

図7・127　インドメダカとジャワメダカの雑種
(a)孵化直後(×32)(b)成魚(×1.9)(Iwamatsu *et al.*, 1986).

異常が見られる(Hamaguchi and Sakaizumi, 1992; Sakaizumi *et al.*, 1992, 1993；Shimizu *et al.*, 1997)。この２倍性卵は，卵黄形成期の卵母細胞時に二価性48本の染色体をもつ。すなわち，減数分裂前に細胞分裂を行わない核内有系分裂 endomitosis で染色体が倍加(8C)する。この卵母細胞は正常に減数分裂を進めて２倍性(2C)の卵を生じる(Shimizu *et al.*, 2000)。一方，この雑種において，ザイゴテン期の精母細胞は完全なシナプトネマ複合体をもっていない(Hamaguchi and Sakaizumi, 1992)。精巣構造は父方に似ており，その精巣シストには精原細胞から精母細胞まで存在するが，第一減数分裂が異常にかかわらず，精子変態は進行する。このことは，減数分裂と精子変態とは無関係であることを示唆している(Shimizu *et al.*, 1997)。

種間雑種の多くの場合，初期卵割時に分裂異常になって正常な胚ができなかったり，成魚になってもその生殖細胞の減数分裂が異常になったりして，正常な配偶子が形成さない。そうした種間雑種の中でも，成魚になって不妊になる場合，雑種胚の段階で特殊な遺伝子をもつ胚の生殖細胞への分化能のある細胞を移植することによって，不妊雑種 sterile hybrid に生殖細胞をつくらせることも可能である(Shimada and Takeda, 2008)。

表7・4　臀鰭と大孔器の型

種　名	大孔器	生息地	臀　鰭 (小突起, 最後の軟条)[1]	尾鰭
タイメダカ *O. minutillus*	閉溝(？)	汽水(？)	交接脚型（−，単条型）	円形状
ジャワメダカ *O. javanicus S*[2]	閉溝	汽水	交接脚型（+，分岐型）	円形状（？）
インドメダカ *O. melastigma*	閉溝	汽水(？)	交接脚型（−，分岐型）	円形状（？）
メコンメダカ *O. mekongensis*	開溝	淡水	非交接脚型（±，分岐型）	円形状
フィリッピンメダカ *O. luzonensis*	開溝	淡水	非交接脚型（+，単条型）	台形状
セレベスメダカ *O. celebensis*	開溝	淡水	交接脚型（−，分岐型）	台形状
ニホンメダカ *O. latipes*	開溝	淡水	非交接脚型（+，分岐型）	台形状
O. melastigma・latipes	開溝	淡水	非交接脚型（−，？）	–
O. latipes・celebensis	開溝	淡水	非交接脚型（−，？）	–
O. melastigma・celebensis	閉溝	淡水	交接脚型（−，？）	円形状
O. luzonensis・latipes	開溝	淡水	非交接脚型（+，分岐型）	台形状

[1]雄，[2]シンガポール採集。

表7･5　雑種 *O. latipes*・*celebensis* 卵のセレベスメダカ精子による発生

月日	産卵数（雌）	付活卵数（%）	嚢胚総数（%）	正常嚢胚（%）	胚体形成総数(%)	正常胚体形成数（%）
Aug. 31,1981	10(1)	8(80.0)	3(30.0)	0	2(20.0)	0
Sept. 1	28(2)	18(64.3)	9(32.1)	0	2(7.1)	0
Sept. 4	17(1)	13(76.5)	8(47.1)	4(41.2)	6(35.3)	0
Sept. 4	13(1)	8(61.5)	7(53.8)	4(30.8)	6(46.2)	0
Sept. 7	36(2)	22(61.1)	22(61.1)	1(2.8)	1(2.8)*	0
Sept. 8	21(1)	19(90.5)	19(90.5)	3(14.3)	14(66.7)	1(4.8)**
Sept. 8	14(1)	8(57.1)	7(50.0)	0	3(21.4)	0
Sept. 15	8(1)	5(62.5)	−	−	−	−
Sept. 21	29(2)	25(86.2)	25(86.2)	0	18(62.1)	0
Sept. 22	13(1)	12(92.3)	12(92.3)	9(69.2)	−	−
Sept. 23	25(2)	25(100)	21(84.1)	0	10(40.0)	0
Sept. 25	11(1)	1(9.1)	1(9.1)	0	1(9.1)	0
Sept. 25	17(1)	15(88.2)	11(64.7)	0	11(64.7)	0
Aug. 31- Sept. 25	242(2)	179 (71.5±6.3)	145 (58.4±7.4)	21 (31.7±6.6)	74 (34.1±6.5)	0.1 (0.4)

卵の大きさ：卵膜1170±μm，卵表100±12μm.
*血流を示す．　**血流なし．

2．種間雑種にみる温度耐性

O. latipes・*celebensis* の温度耐性についてみると，1時間毎に2℃ずつ上昇・下降させる方法によって調べた場合，高温になるにつれて動きが活発になるのは34℃，体のバランスを崩すのが40℃で，ともにセレベスメダカに似ている。しかし，麻痺状態になる温度はセレベスメダカが約42℃，ニホンメダカが約40℃で，雑種ではその中間の約41℃である。

一方，雑種*O. latipes*・*celebensis* はセレベスメダカと同様に，水温が下がるにつれて動きが活発になり，バランスを失い始める。麻痺状態に入る温度がニホンメダカでは約7℃で最も低く，セレベスメダカでは約11℃であるのに対して，雑種ではその中間の10℃である。

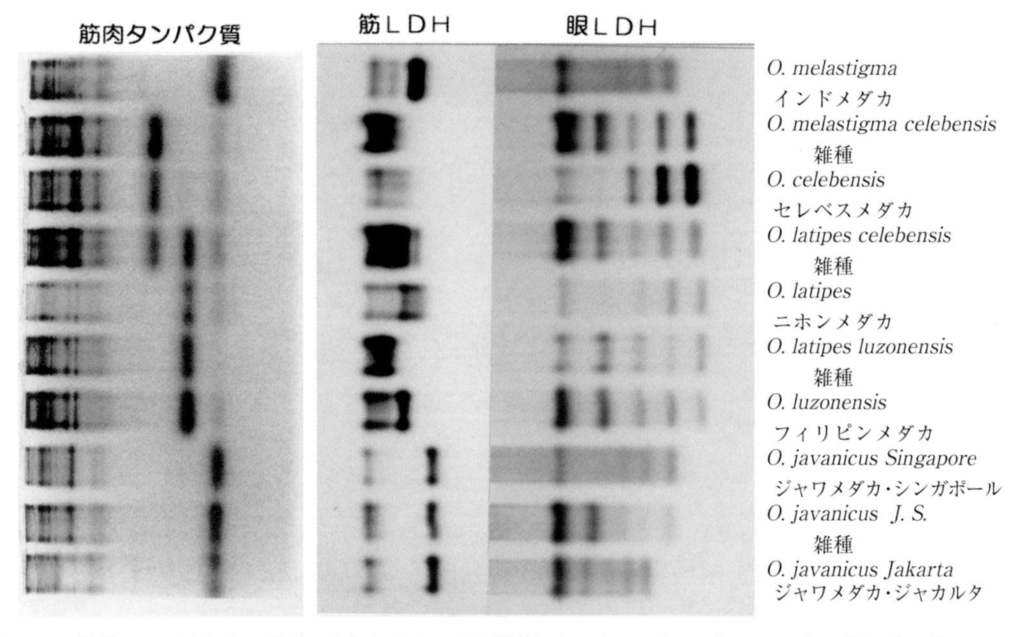

図7･128　数種のメダカとその雑種にみられるタンパク質（筋パルブアルブミンとLDHアイソザイム）の違い
（Iwamatsu *et al.*, 1994）

さらに，水温を1日に約2℃ずつ降下，もしくは上昇させる方法によって，温度耐性を調べると，図10・6（参照）のような結果となる。ジャワメダカ，セレベスメダカの低温に対する耐性が最も弱く，インドメダカ，フィリピンメダカ，ニホンメダカの順に強くなる。どの種間雑種も低温に対しては耐性の弱い親の形質を示す。高温に対しては著しい種間差は認められない。

3．種間雑種のタンパク質

酒泉（1985a, b, 1990）はインドメダカ，ジャワメダカ，セレベスメダカ，ニホンメダカ，及びフィリピンメダカの5種類についてアロ酵素と筋パルブアルブミンparvalubumin（MP2, MP3, MP4）を調べ，それらのメダカ種を3グループ（ジャワメダカ，インドメダカ；ニホンメダカ，フィリピンメダカ；セレベスメダカ）に分けている。我々の得た雑種での結果は，セレベスメダカのパルブアルブミンがニホンメダカのものにMP2を加えたパターンであり，MP2が優性的に発現されていることを示している。一方，セレベスメダカのMP3は，インドメダカとの雑種には発現されていない。眼LDHについてみると，フィリピンメダカはニホンメダカとセレベスメダカとの雑種型を示す。

種間雑種のタンパク質の電気泳動パターンは，多くの場合，両親の中間パターンである（図7・128）。この他の形質は卵の大きさなどいくつかを除いて，両親の中間，もしくはどちらかの親に類似している。

Masaokaら（2010）は，浜口ら（Hamaguchi and Sakaizumi, 1992; Sakaizumi *et al.*, 1992, 1993）が報告しているように，ハイナンメダカとニホンメダカの交雑を行い，生殖不能の雑種を得ている。そのF_1が産卵した卵は前減数分裂 premeiotic endomitosis によって生じた倍数体である。そして，2012年には，アロマターゼ，カルモジュリン，カスパーゼ-6などの核DNA遺伝子部域およびミトコンドリアDNA遺伝子部域（16s rRNA遺伝子）をPCR-PFLP分析して，ハイナンメダカとニホンメダカの2倍性および異質3倍性allotriploid の雑種であることを同定している。

Ⅷ．シースルー（透明）メダカとその発生

皮膚に黒い色素のないヒメダカでも，体腔壁にはメラニンを含む黒色素胞や虹色素胞があり，体の外からは内臓はみえない。若松ら（Wakamatsu *et al.*, 2001）は，交配によって4座位の劣性対立遺伝子を組み合わせて全身にほとんどの色素胞をもたない体の中が透けてみえる透明メダカ see-through medaka（ST-II）を作成した。図7・129は，雌透明メダカST-IIIである。鰓蓋に光を反射して金属光沢に光る虹色素胞や白色素胞をもたないため，その内部の鰓が赤く透けてみえる。鰓の後方下部には暗赤色の心臓もみえ，心拍数も数えられる。体腔前部には大きい肝臓が薄赤く，その背部に腎臓や脾臓が暗赤色に，さらにその後方に白くみえる脂肪組織と卵巣もみえる。脂肪組織がしばしば内臓の観察の邪魔になるが，筋肉を通して，卵巣の背部に鰾，その背側体軸に沿って太い血管，脊椎骨や脊髄の位置もよくわかる。したがって，生きたまま体を詳しく観察することができるので，成長段階を確定するのに役立つ（Iwamatsu *et al.*, 2003）。このように，生体のままで体内の組織・器官がみえるので，それらにみられる異常と遺伝子の発現との関係を調べるのにも活用できる（若松ら，2002）。例えば，GFP-*vasa* 遺伝子を導入したトランスジェニックメダカを作成して，生

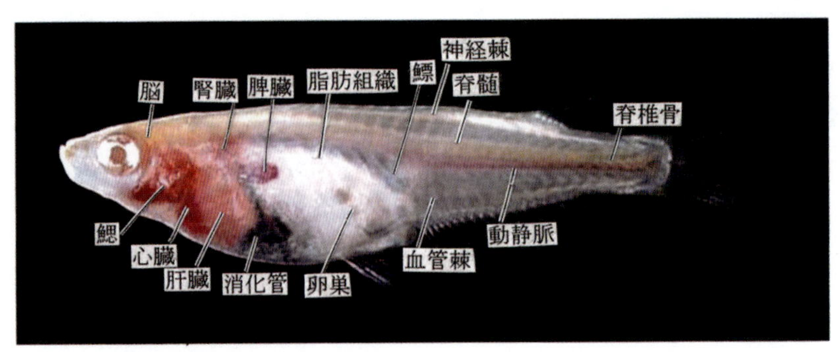

図7・129　シースルーメダカ（若松佑子博士のご好意による）

きたまま特定の組織細胞（例えば生殖細胞）を蛍光タンパク質（GFP）の遺伝子でラベルすれば，その発現によって目的の組織の形態や動態を調べることができる。このように，シースルーメダカにトランスジェニック技術を施せば，生きながらにして成長過程における器官形成や遺伝子の活動を解明することができる。

Ⅸ．卵黄球と発生能力

小卵の発生：

小林（1997）によると，体長14～15mmの雌は産卵数が少なく，産んだ受精卵の直径（卵膜1109±38μm，卵黄球953±37μm）も小さい。しかも，こうした小型卵は発生の遅滞（90%）や停止（33%）するものが多く，孵化率が低い（58%）。小型卵がどのように生じるか，どうして発生が異常になるかについては十分に解明されていない。ちなみに，産卵されるとき，この小形卵と同じか，小さい直径であるインドメダカ，タイメダカやジャワメダカの卵（表7・1）は正常に発生する。

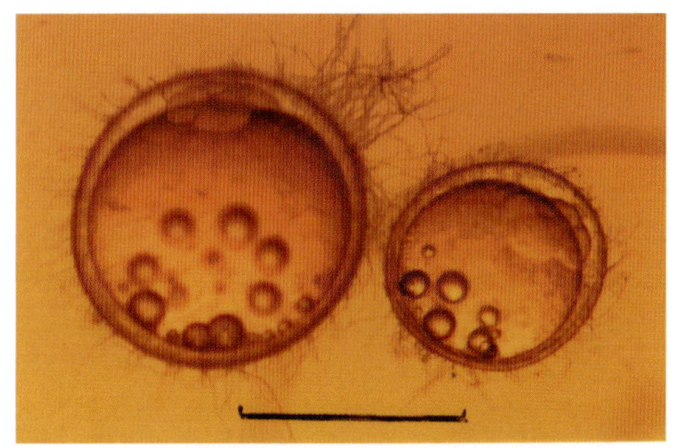

図7・130　正常の大きさの卵と一緒に産卵された小形のメダカ卵（bar, 1mm）

通常産卵後3～6カ月間で全長20～25mmになると成熟した若魚は産卵するが，4月に孵化して僅か2カ月で全長15mm前後で成熟して小卵を産卵する個体がしばしばみられる。ときに，2カ月で正常な大きさに成熟した雌の中にも，図7・130のような小卵を正常卵に混じって産む個体もいる。これらの小型卵の発生は，油滴の移動や合体融合が遅れ，正常卵型に比べて発生の遅れや停止が多くみられ，孵化率は約58%であった。しかも，孵化した稚魚には体長が正常型卵からのものより短小で，かつ尾の伸びが悪くて正常に泳ぐことができない異常なものがあった。こうした小型卵の発生異常の原因は不明であるが，卵黄球の大きさに関係があると考えられる。卵黄球が小さいと，発生に伴う油滴の大きさの減少速度はなぜか卵黄球の大きい胚におけるものに比べて遅い。卵黄球表面の血管の発達に関

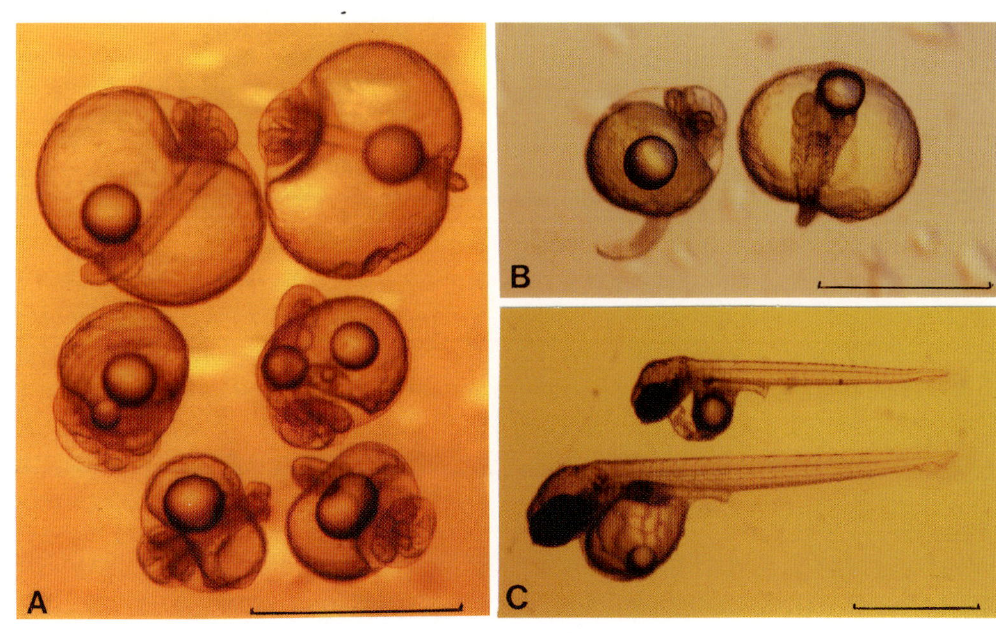

図7・131　卵黄の大きさの異なる卵の発生
A：stage 28，B：stage 29，C：stage 39（bar, 1mm）．

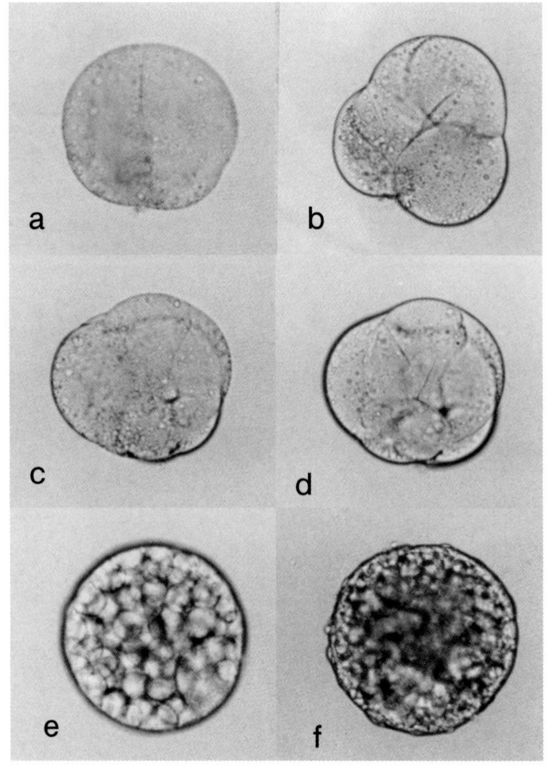

図7･132　第１卵割期のメダカ卵から分離した割球の発生（×125）

ハサミで卵黄球から分離した割球（a：受精後約１時間20分）は，塩類溶液中で卵割を続け（b：受精後２時間10分），桑実胚（e：受精後約７時間），さらに胞胚（f：受精後約12時間）にまで発生する．

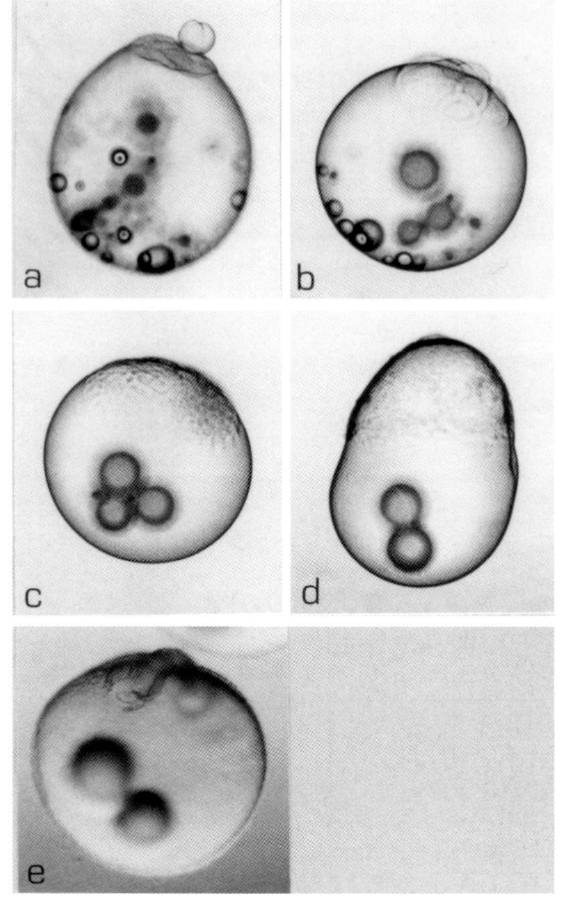

図7･133　第４細胞期における卵黄球上の１割球の発生（a～d，×38；e，×47）

４割球のうち，３割球を微小ピペットで吸い取る（a）と，異常ながら卵割が進む（b～c）。１日後，細胞は分裂を繰り返し，卵黄球で胚体の形成が認められる(e)．（岩松，1984）

係している可能性があるが，現在まったく不明である。そこで，実験的に受精直後卵膜を除去して，マイクロピペットで卵黄を吸い取って卵黄球を小さくして発生させたところ，体節形成初期までは明確な発生異常は確認しにくいが，それ以降からだの伸長がやや遅れて全長に差が認められるようになる（図７･131）。例えば，同時に発生を開始して３日目の心拍し始めた胚の大きさを見ると，正常卵より卵黄球がやや小さい直径約918μmの裸卵では胚体長が約560μm，卵黄球直径720μmの裸卵では胚体長が約449μmであった。すなわち，卵黄球の大きさが発生する胚の大きさに影響を及ぼすようである。しかし，その原因追及のための詳しい研究はまだなされていない。

卵割球の発生能力：

メダカ卵は，他の硬骨魚卵と同様に大きい卵黄塊をもち，受精によって卵表層の細胞質が動物極に集積して卵割する原形質盤を生じる。実験に際して，受精すると卵膜が強靭化するので卵割球を操作するのが難しくなる。したがって，その操作に先立って精子が侵入して卵付活が起きて卵膜が硬くなる前に，ハサミで卵膜を切除して裸卵を準備しておく（図３･13）。また，雑菌の害を防御するために抗生物質ペニシリンG　50μg/ml・硫酸ストレプトマイシン60μg/mlの混合，あるいはゲンタマイシン６μg/mlを操作・培養用の塩類溶液（あるいは６％ポリエチレングリコール・塩類溶液）に添加して，その溶液をミリポアフィルター（ポアサイズ45μm）で除菌する。この実験には，容器，器具類は予めすべてオートクレーブで滅菌して用いる。裸受精卵は12～24時間ごとに新しい培養液に移し替えるとよい。卵割球分離の操作は媒精して約1時間して原形質盤をハサミで卵黄球と切り離して，あるいは卵割で生じた卵割球を微小ガラスピペットで吸い取る（岩松，1984）。

こうして，卵黄球と切り離した卵割球（図7・132）は傷口が修復されると，異常ながら卵割を進めて，哺乳類胚のように割球が胚細胞緊密化 embryonic cell compaction（図7・132c-d）を示しながら，少なくとも胞胚にまで発生する。しかし，その胚は胚体を形成するに至らないで発生は止まった。この結果は，胚が卵黄球上に存在することが重要であることを示唆する。すなわち，魚類胚の胚体形成には「卵の極性」（胚の左右相称性，背腹軸・頭尾軸）の形成に必要な発生の場（空間）が不可欠であることを思わせる。

また，一般に第1卵割時に両割球の分離が原因で1卵生双生児が生じることが知られている。この現象は，第1卵割によって分離したそれぞれの割球に独自に1個体に発生する潜在的能力 developmental potentiality があることを示している（図7・108）。そこで，実験的に第1卵割の完了後間もなく，2つのうち1つの割球を微小ピペットで吸い取って発生させると，やや小さい桑実胚を生じた。同様ないくつかの卵でも小さいが，形態的にほぼ正常な胚体ができた。このように，半分の割球しか持たない卵は，半分を全体へと調整して完全体を形成している。では，そうした調整能力は1/4胚にもあるか否かを確かめた。第2卵割完了後間もなく，4割球のうち1つを残して3つを吸い取ったところ，その1/4胚は傷口が修復されると，異常ながら卵割を進めて少なくとも図7・133にみるように，卵黄球全体に胚盤葉の被いかぶせ epiboly（被覆）が起きないで小さい胚体が形成された。すなわち，1/4胚が部分を調整して全体としての胚体を形成する能力があると言えそうである。さらに第3卵割で生じた8－細胞（卵割球）の1割球で発生を調べた。しかし，その小さい1/8胚では，胚体の形成に失敗した。メダカ卵では，1/4胚までしか発生の潜在的能力はなさそうである。

文献

Abduweli, D., O. Baba, M.J. Tabata, K. Higuchi, H. Mitani and Y. Takano, 2014. Tooth replacement and putative ondontogenic styem cell niches in pharyngeal dentition of medaka (*Oryzias latipes*). Microscopy, 63 (2): 141-153.

Abraham, V. C., S. Gupta and R. A. Fluck, 1993. Ooplasmic segregation in the medaka (*Oryzias latipes*) egg. Biol. Bull., 184: 115-124.

Aghaallaei, N., B. Bajoghli and T. Czerny, 2007. Distinct roles of Fgf8, Foxi1, Dlx3b and Pax8/2 during otic vesicle induction and maintenance in medaka. Dev. Biol., 307: 408-420.

Aizawa, K., A. Shimada, K. Naruse, H. Mitani and A. Shima, 2003. The medaka midblastula as revealed by the expression of the paternal genome. Gene Expr. Pat., 3: 43-47.

————, M.E. Halpern, T. Kornberg, M. Leptin, D. Solter and C. Stern, 2004. Special Issue MEDAKA. Mech. Dev., 121(7-8): 593-1008.

Aketa, K., 1954a. The chemical nature and the origin of the cortical alveoli in the egg of the medaka, *Oryzias latipes*. Embryologia, 2: 63-66.

————, 1954b. メダカ卵表層の起源と化学的性質に関する組織化学的研究．動物学雑誌，63: 163.

————, 1957. メダカ胚のゲル表層に就て．動物学雑誌，66: 84.

————, 1958. メダカ未受精卵の表層顆粒に関する組織化学的二，三の知見．動物学雑誌，67: 30.

————, 1960. メダカの卵母細胞から摘出した卵核胞．動物学雑誌，69: 18-19.

————, 1962. Cytochemical observations on disappearance of ribonucleic acid-rich granules upon fertilization in the medaka (*Oryzias latipes*). Exp. Cell Res., 28: 254-259.

————, 1965. メダカ卵の単精機構．動物学雑誌，74: 338.

————, 1966. A study of the block mechanism against polyspermy in medaka, *Oryzias latipes*. Annot. Zool. Japon., 39: 149-155.

Akiyama, A., 1970. Acute toxicity of two organic mercury compounds to the teleost, *Oryzias latipes*, in different stages of development. Bull. Japan. Soc. Fish., 36: 563-570.

Alunni, A., M. Blin, K. Deschet, F. Bourrat, P. Vernier and S. Rétaux, 2004. Cloning and developmental expression patterns of *Dlx2*, *Lhx7* and *Lhx9* in the medaka fish (*Oryzias latipes*). Mech, Develop., 121: 977-983.

雨宮育作，1928．教授用材料としての目高の卵．東洋学芸雑誌，44: 571.

———— and S. Maruyama, 1931. Some marks on the existence of developing embryos in the body of an oviparous cyprinodont, *Oryzias latipes* (Temmink *et* Schlegel). Proc. Imp. Acad., Tokyo, 7: 176-178.

安藤 滋, 1956. メダカ卵の成熟過程における糖と蛋白の蓄積について. 動物学雑誌, 65: 90.

————, 1957. 魚卵中の glycogenの存在状態について. 動物学雑誌, 66: 61.

————, 1959. 魚卵の成熟過程における核酸の消長. 動物学雑誌, 68: 42.

Ando, S. and Y. Wakamatsu, 1995. Production of chimeric medaka (*Oryzias latipes*). Fish Biol. J. Medaka, 7: 65-68.

Anken, A. and F. Bourrat, 1998. Brain atlas of the medakafish, *Oryzias latipes*. INRA, Paris.

青木一子, 1978. メダカの胚および稚魚に対するカドミウムの効果. 動物学雑誌, 87: 91-97.

Atukorala, A.D.S., K. Inohaya, O. Baba, M.J. Tabata, Ra.R.R. Ratnayake, D. Abduweli, S. Kasugai, H. Mitani and Y. Takano, 2010. Scale and tooth phenotypes in medaka with a mutated ectodysplasin-A receptor: implication for the evolutionary origin of oral and pharyngeal teeth. Arch. Hist. Cytol., 73: 139-148.

Bajoghli, B., N. Aghaalaei, D. Soroldoni and T. Czerny, 2007. The roles of Groucho/The in left-right asymmetry and Kupffer's vesicle organogenesis. Devel. Biol., 30: 347-361.

————, M. Ramialison, N. Aghaalaei, T. Czmy and J. Wittbrodt, 2009. Identification of starmaker-like in medaka as putative target gene of Pax2 in the otic vesicle. Dev. Dyn., 238: 2860-2866.

Barber, B., M.J.B. da Cruz, J. DeLcon, R. A. Fluck, M. P. Hasenfeld and L. A. Unis, 1987. Pacemaker region in a rhythmically contracting embryonic epithelium, the enveloping layer of *Oryzias latipes*, a teleost. J. Exp. Zool., 242: 35-42.

Breder, C. M., 1943. Oxidation reduction pattern in development of a teleost. Physiol. Zool., 16: 297-312.

Briggs, J. C., 1958. The effect of trypan blue upon the early development of the medaka, *Oryzias latipes* (Temminck and Schlegel). Anat. Rec., 130: 276. (Abstract)

Bubenshchikova, E., E. Kaftanovskaya, M. Hattori, M. Kinoshita, T. Adachi, H. Hashimoto, K. Ozato and Y. Wakamatsu, 2008. Nuclear transplants from adult somatic cells generated by a novel method using diploidized eggs as recipients in medaka fish (*Oryzias latipes*). Cloning Stem Cells, 10(4): 443-452.

————, ————, N. Motosugi, T. Fujimoto, K. Arai, M. Kinoshita, H. Hashimoto, K. Ozato and Y. Wakamatsu, 2007. Diploidized eggs reprogram adult somatic cell nuclei to pluripotency in nuclear transfer in medaka fish (*Oryzias latipes*). Develop. Growth Differ., 49(9): 699-709.

———— , B. Ju, I. Prityazhnyuk, K. Niwa, E. Kaftanovskaya, M. Kinoshita, K. Ozato and Y. Wakamatsu, 2005. Generation of fertile and diploid fish, medaka (*Oryzias latipes*), from nuclear transplantation of blastula and four somite-stage embryonic cells into nonenucleated unfertilized eggs. Cloning Stem Cells, 7(4): 255-264.

Cameron, I. L. and K. E. Hunter, 1984. Regulation of the permeability of the medaka fish embryo chorion by exogeneous sodium and calcium ions. J. Exp. Zool., 231: 447-454.

Candal, E., V. Thermes, J.-S. Joly and F. Bourrat, 2004. Medaka as a model system for the characterization of cell cycle regulators: a functional analysis of *OlGadd45γ* during early embryogenesis. Mech. Develop., 121: 945-958.

Chen, C.-M. and K.R. Cooper, 1999. Developmental toxicity and EROD induction in the Japanese medaka (*Oryzias latipes*) treated with doxin congeners. Bull. Environ. Res., 63: 423-429.

Chong, S.S.C. and J.R. Vielkind, 1989. Expression and fate of CAT receptor gene microinjected into fertilized medaka (*Oryzias latipes*) eggs in the from of plasmid DNA, recombinant phase particles and its DNA. Theor. Appl., Genet. 78: 369-380.

Collette, B.B., G.E. McGowen, N.V. Parin and S. Mito, 1984. Beloniformes: Development and Relationsships. *In*: Untogeny and Systematics of fishes. Special publication Number 1 (eds. The American Society of Ichthyologists and Herpetologists), Allen Press Inc. Lawrence, KS, USA, pp.335-354.

Cope, J., R. Fluck, L. R. Nicklas and S. Sincock, 1988. Stellate layer and rhythmically contraction of the blastoderm of the medaka (*Oryzias latipes*), a teleost. Cell Motil. Cytoskel., 10: 342. (Abstract)

————, ————, ————, L. A. Plumhoff and S. Sincock, 1990. The stellate layer and rhythmic contractions of the *Oryzias latipes* embryo. J. Exp. Zool., 254: 270-275.

Debiais-Thibaud *et al.*, 2007. Development of oral and pharyngeal teeth in the medaka (*Oryzias katipes*): comparison of morphology and expression of eve 1 gene. J. Exp. Zool., 308 (6): 693-708.

———, I. Germon, P. Laurenti, D. Casane and V. Borday-Birraux, 2008. Low divergence in Dlx gene expression between dentitions of the medaka (*Oryzias latipes*) versus high level of expression shuffing in osteichthyans. Evol. Dev. 10: 464-476.

Dial, N. A., 1978. Methylmercury: some effects on embryogenesis in the Japanese medaka, *Oryzias latipes*. Teratology, 17: 83-91.

Denucé, J. M., 1975. Chemical changes in the chorionic membrane of teleost embryos caused by hatching enzyme. Arch. Int. Physiol. Biochim., 83: 179-180.

Deschet, K., F. Bourrat, F. Bourrat, D. Chourrout and J.-S. Joly, 1998. Expression domains of the medaka (*Oryzias latipes*) *Ol-Gsh 1* gene are reminiscent of those of clustered orphan homeobox genes. Dev. Genes Evol., 208: 235-244.

———, F. Bourrat, F. Ristoratore, D. Chourrout and J.-S. Joly, 1999. Expression of the medaka (*Oryzias latipes*) *Ol-Rx3* paired-like gene in two diencephalic derivatives, the eye and the hypothalamus. Mech. Develop., 83: 179-182.

堂面茂夫，1960. 硬骨魚類（メダカ）に於ける腎の発生学的研究．広大医，解剖第一講座業績集，9: 37-67.

江上信雄，1954a. メダカ成魚における精巣卵形成機構．動物学雑誌，63: 156.

———, 1954b. Effect of artificial photoperiodicity on time of oviposition in the fish *Oryzias latipes*. Annot. Zool. Japon., 27: 57-62.

———，1955a. メダカの精巣卵形成におよぼす高温または低温処理の影響．遺伝学雑誌，30: 164.

———, 1955b. Production of testis-ova in the males of *Oryzias latipes*. Jap. J. Zool., 11: 353-365.

———, 1955c. Production of testis-ova in adult males of *Oryzias latipes*. Ⅱ. Effect on testis-ovum production of nonestrogenic steroids given singly or simultaneously with estradiol. Jap. J. Zool., 11: 367-371.

———, 1955d. Production of testis-ova in adult males of *Oryzias latipes*. Ⅲ. Testis-ovum production in starved males. J. Fac. Sci., Tokyo Univ., Ser. Ⅳ, 7: 421-428.

———, 1955e. Production of testis-ova in adult males of *Oryzias latipes*. Ⅳ. Effect of X-ray irradiation on testis-ovum production. J. Fac. Sci., Tokyo Univ., Ser. Ⅳ, 7: 429-441.

———, 1955f. Production of testis-ova in adult males of *Oryzias latipes*. Ⅴ. Note on testis-ovum production in transplanted testis. Annot. Zool. Japon., 28: 206-209.

———, 1956a. Production of testis-ova in adult males of *Oryzias latipes*. Ⅵ. Effect on testis-ovum production in transplanted testis. Annot. Zool. Japon., 29: 11-18.

———, 1956b. Production of testis-ova in adult males of *Oryzias latipes*. Ⅶ. Seasonal changes of frequency of testis-ovum production. Jap. J. Zool., 12: 71-79.

———，1956c. メダカ生殖腺活動の年周期と精巣卵形成率との関係．動物学雑誌，65: 176.

———, 1957. Production of testis-ova in adult males of *Oryzias latipes*. Ⅷ. Effect of administration in males receiving estrone pellet. J. Fac. Sci., Tokyo Univ., Ser. Ⅳ, 13: 369-372.

———，1959a. メダカの産卵に及ぼす眼球除去の影響（予報）．動物学雑誌，68: 379.

———, 1959b. Preliminary note on the induction of the spawning reflex and oviposition in *Oryzias latipes* by the administration of neurohypophyseal substances. Annot. Zool. Japon., 32: 13-17.

———，1962. 麻酔剤，神経遮断剤によるメダカ卵巣の発育促進．動物学雑誌，71: 13.

———, 1975. Dose-rate effects on the hatchability of irradiated embryos of the fish, *Oryzias latipes*. Int. J. Radiat. Biol. Relat. Stud. Phys. Chem. Med., 28: 273-278.

———，1976. 変温脊椎動物の細胞周期．現代動物学の課題 6，「細胞周期」（日本動物学会編），東京大学出版会，pp. 153-169.

———・浜　明美，1975. Dose-rate effect on the hatchability of irradiated embryos of the fish, *Oryzias latipes*. J. Rad. Biol., 28: 273-278.

———・———，1976. メダカの繁殖に対する低線量率γ線照射の影響．動物学雑誌，85: 485.

———・———，1977. メダカ始原生殖細胞に対する低線量率γ線照射の影響．動物学雑誌，86: 474.

————・————, 1978. メダカの始原生殖細胞とその増殖に対する低線量率γ線照射の影響(続報)．動物学雑誌，87: 490.

———— and Y. Hyodo-Taguchi, 1967. An autoradiographic examination of rate on spermatogenesis at different temperatures in the fish, *Oryzias latipes*. Exptl. Cell. Res., 47: 665-667.

————・————・都築英子，1966. メダカ胚の生殖細胞の増殖に対するステロイドホルモンとX線照射の影響．動物学雑誌，75: 330.

———— and K. Ijiri, 1979. Effects of irradiation on germ cells and embryonic development in teleosts. Int. Rev. Cytol., 59: 195-248.

———— and S. Ishii, 1956. Sexual differences in the shape of some bones in the fish, *Oryzias latipes*. J. Fac. Sci., Tokyo Univ., Ⅳ, 7: 563-571.

———— and M. Nambu, 1961. Factors initiating mating behavior and oviposition in the fish, *Oryzias latipes*. J. Fac. Sci., Tokyo Univ., Ⅳ, 9: 263-278.

Egawa, K., K. Aoki and Y. Yamamoto, 1980. Development of the pituitary and thyroid gland in the medaka, *Oryzias latipes*. 動物学雑誌，89: 104-110.

Ekanayake, S. and B.K. Hall, 1987. The development of acellularity of the vertebral bone of the Japanese medaka, *Oryzias latipes* (Teleostei; Cyprinidontidae). J. Morphol., 193: 253-261.

———— and ————, 1988a. Ultrastructure of the osteogenesis of acellular vertebral bone in the Japanese medaka, *Oryzias latipes* (Teleostei; Cyprinidontidae). Amer. J. Anat., 182: 241-249.

———— and ————, 1988. Development of the notochord in the Japanese medaka, *Oryzias latipes* (Teleostei; Cyprinidontidae), with special reference to desmosomal connections and functional integration with adjacent tissues. Can. Zool., 69: 1171-1177.

———— and ————, S., 1988b. Ultrastructure of the osteogenesis of acellular vertebral bone in the Japanese medaka, *Oryzias latipes* (Teleostei, Cyprinidontidae). Am. J. Anat., 182: 241-249.

Elmasri, H., D. Liedtke, G. Lücking. J.-N. Volff, M. Gessler and C. Winkler, 2004. *her7* and *hey1*, but not *lunatic fringe* show dynamic expression during somitogenesis in medaka (*Oryzias latipes*). Gene Expr. Patt., 4: 553-559.

————, C. Winkler, D. Liedtke, T. Sasado, C. Morinaga, H. Suwa, K. Niwa, T. Henrich, Y. Hirose, A. Yasuoka, H. Yoda, T. Watanabe, T. Deguchi, N. Iwanami, S. Kunimatsu, M. Osakada, F. Loosli, R.Quiring, M. Carl, C. Grabher, S. Winkler, F.D. Bene, J. Wittbrodt, K. Abe, Y. Takahama, K. Takahashi, T. Takada, H. Nishina, H. Kondoh and M. Furutani-Seiki, 2004. Mutations affecting somite formation in the medaka (*Oryzias latipes*). Mech. Develop., 121: 659-671.

Esteve, P., J. Lopez-Rios and P. Bovolenta, 2004. SFRP1 is required for the proper establishment of the eye field in the medaka fish. Mech. Develop., 121: 687-701.

Etoh, H., 1983. Effects of tritiated water on germ cells in medaka embryos. Radiat. Res., 93: 332-339.

Fedorova, S., R. Miyamoto, T. Harada, S. Isogai, H. Hashimotyo, K. Ozato and Y. Wakamatsu, 2008. Renal Glomerulogenesis in medaka fish, *Oryzias latipes*. Develop. Dyn., 237(9): 2342-2352.

Fenderson, B. A, 1992. A ceramide analogue (PDMP) inhibits glycolipid synthesis in fish embryos. Exp. Cell Res., 198: 362-366.

Fineman, R. M., 1969. Delay in fertilization after spawning by killifish, *Oryzias latipes*. Anat. Rec., 163: 186. (Abstr.)

————, J. Hamilton, C. Chase and D. Bolling, 1974. Length, weight and secondary sex character development in male and female phenotypes in three sex chromosomal genotypes (XX, XY, YY) in the killifish, *Oryzias latipes*. J. Exp. Zool., 189: 227-234.

Fluck, R. A., 1978. Acetylcholine and acetylcholinase activity in early embryos of the medaka, *Oryzias latipes*, a teleost. Develop. Growth & Differ., 20: 17-25.

————, 1982. Localization of acetylcholinesterase activity in young embryos of the medaka *Oryzias latipes*, a teleost. Comp. Biochem. Physiol., 72C: 59-64.

————, J. Deleon and M. Hasenfeld, 1984. Pacemaker of rhythmic contraction of the enveloping layer of the medaka, *Oryzias latipes*, a teleost. J. Gen. Physiol., 84: 39a. (Abstr.)

————, R. Gunning, J. Pellegrino, T. Barron and D.

Panitch, 1983. Rhythmic contraction of the blastoderm of the medaka *Oryzias latipes*, a teleost. J. Exp. Zool., 226: 245-253.

——— and L. F. Jaffe, 1988. Electrical currents associated with rhythmic contractions of the blastoderm of the medaka, *Oryzias latipes*. Comp. Biochem. Physiol., 89A: 603-613.

———, C. E. Kilian, K. Miller, J. M. Dalpe and T. M. Shih, 1984. Contraction of an embryonic epithelium, the enveloping layer of the medaka (*Oryzias latipes*), a teleost. J. Exp. Zool., 229: 127-142.

———, K.L. Krok, B.A. Bast, S.E. Michaud and C.E.Kim, 1998. Gravity influences the position of the dorsoventral axis in medaka fish embryos (*Oryzias latipes*). Develop Growth Differ., 40: 509-518.

———, A. L. Miller and L. F. Jaffe, 1991. Slow calcium waves accompany cytokinesis in medaka fish eggs. J. Cell Biol., 115: 1259-1265.

———, ——— and ———, 1992. High calcium zones at the poles of developing medaka eggs. Biol. Bull., 183: 70-77.

———, C. Sguigna and B. Barber, 1985. Calcium ion requirement of an embryonic epithelium, the enveloping layer of the *Oryzias latipes* blastoderm. J. Gen. Physiol., 86: 27a-28a. (Abstr.)

——— and T.-M. Smith, 1982. Acetylcholine in embryos of *Oryzias latipes*, a teleost: Gas chromatographic-mass spectrometeric assay. Comp. Biochem. Physiol., 70C: 129-130.

藤波　昇, 1974. メダカ初期胚解離細胞の周転運動：化学物質の影響について．動物学雑誌, 83: 376.

———, 1975. メダカ初期胚解離細胞におけるMeiosisの誘導．動物学雑誌, 84: 334.

———, 1976. Studies on the mechanism of circus movement in dissociated cells of a teleost, *Oryzias latipes*. J. Cell Sci., 22: 133-147.

——— and T. Kageyama, 1975. Circus movement in dissociated embryonic cells of a teleost, *Oryzias latipes*. J. Cell Sci., 19: 169-182.

Fujita, K., 1992. Caudal skeleton ontgeny in the adrianichthyid fish, *Oryzias latipes*. Jap. J. Ichthyol., 39: 107-109.

Fukada, S., N. Sakai, S. Adachi and Y. Nagahama. 1994. Steroidogenesis in the ovarian follicle of medaka (*Oryzias latipes*, a daily spawner) during oocyte maturation. Dev. Growth Differ., 36: 81-88.

———, M. Tanaka, M. Iwai, M. Nakajima and Y. Nagahama, 1995. The *Sox* gene family and its expression during embryogenesis in the teleost fish, *Oryzias latipes*. Develop. Growth & Differ., 37: 379-385.

———, ———, M. Matsuyama, D. Kobayashi and Y. Nagahama, 1996. Isolation, characterization, and expression of cDNAs encoding the medaka (*Oryzias latipes*) ovarian follicle cytochrome P-450 aromatase. Mol. Reprod. Dev., 45: 285-290.

Fukuda, S., M. Tanaka, M. Iwaya, M. Nakajima and Y. Nagahama, 1995. The *sox* gene family and its expression during embryogenesis in the teleost fish (*Oryzias latipes*). Dev. Growth Differ., 37: 379-385.

Funayama, T., H. Mitani and A. Shima, 1996. Overexpression of medaka (*Oryzias latipes*) photolyase gene in medaka cultured cells and early embryos. Photochem. Photobiol., 63: 633-638.

Furutani-Seiki, M., T. Sasado, C. Morinaga, H. Suwa, K. Niwa, H. Yoda, T. Deguchi, Y. Hirose, A. Yasuoka, . T. Hendrich, T. Watanabe, N. Iwanami, D. Kitagawa, K. Saito, S. Asaka, M. Osakada, S. Kunimatsu, A. Momoi, H. Elmasri, C. Winkler,. M. Ramialison, F. Loosli, R. Quiring, M. Carl, C. Grabher, S. Winkler, F. Del Bene, A. Shinomia, Y. Kota, T. Yananaka, Y. Okamoto, K. Takahashi, T. Todo, K. Abe, Y. Takahama, M. Tanaka, H. Mitani, T. Katada, H. Nishina, N. Nakajima, J. Wittbrodt, H. Kondoh, 2004. A systematic genome-wide screen for mutations affecting organogenesis in medaka, *Oryzias latipes*. Mech. Dev., 121; 647-658.

——— and J. Wittbrodt, 2004. Medaka and zebrafish, an evolutionary twin study. Mech. Dev., 121: 629-637.

Gabel, C. A., E. M. Eddy and B. M. Shapiro, 1979. Regional differentiation of the sperm surface as studied with ^{125}I-diiodofluorescein isothiocyanate, an impermeant reagent that allows isolation of the labeled components. J. Cell Biol., 82: 742-754.

蒲生英男, 1957. メダカの初期発生に見られる特別な細胞について．動物学雑誌, 66: 41.

———, 1958. メダカの性巣原基の形成．動物学雑誌, 68: 134.

———, 1961a. メダカ胚の性巣原基の左右不相称. 魚類学雑誌, 8: 83-85.

———, 1961b. メダカ胚の切片の作り方. 魚類学雑誌, 8: 81-82.

———, 1961c. On later addition of periblast nuclei in embryo of the medaka, *Oryzias latipes*. Bull. Jap. Soc. Sci. Fish., 27: 232-235.

———, 1961d. On the polyinvagination in embryo of a teleost, the medaka *Oryzias latipes*. Bull. Jap. Soc. Sci. Fish., 27: 236-237.

———, 1961e. On nutrient transmission through periblast into embryo of a teleost, the medaka, *Oryzias latipes*. Bull. Aichi Univ. Educ.(Nat. Sci.), 10: 73-82.

———, 1961f. Further report on nutrient transmission through periblast in the medaka, *Oryzias latipes*. Bull. Jap. Soc. Sci. Fish., 27: 893-896.

———, 1961g. On the origin of germ cells and formation of gonad primordia in the medaka, *Oryzias latipes*. Jap. J. Zool., 13: 101-115.

——— and F. Araki, 1961. An *in vivo* observation of mitotic multiplication of periblast nuclei in embryo of the medaka, *Oryzias latipes*. Bull. Jap. Soc. Sci. Fish., 27: 897-902.

———・三宅重幸, 1966. メダカ卵の周縁核の有糸分裂の温度係数, 動物学雑誌. 75: 335.

———・森下佳彦, 1962. メダカ胚の初期の周縁核の行動. 動物学雑誌, 71: 411-412.

———・鈴木和夫, 1960. メダカの性巣原基の形成(続報). 動物学雑誌, 69: 19-20.

———・寺島郁子, 1963. メダカ*Oryzias latipes*の正常初期発生段階. 魚類学雑誌, 10: 31-38.

Ghoneum, M. M. H., N. Egami and K. Ijiri, 1986 Effects of acute γ-irradiation on the development of the thymus in embryos and fry of *Oryzias latipes*. Int. J. Radiat. Biol., 39: 339-344.

Gilkey, J. C., 1981. Mechanisms of fertilization in fishes. Amer. Zool., 21: 359-375.

———, 1983. Role of calcium and pH in activation of eggs of the medaka fish, *Oryzias latipes*. J. Cell Biol., 97: 667-678.

———, L. F. Jaffe, E. B. Ridgway and G. T. Reynolds, 1978. A free calcium wave transverses the activating egg of the medaka, *Oryzias latipes*. J. Cell Biol., 76: 448-466.

Goodrich, H. B., 1933. One step in the development of hereditary pigmentation in the fish *Oryzias latipes*. Biol. Bull., 65: 249-252.

———, 1935. The development of hereditary color patterns in fish. Amer. Nat., 69: 267-277.

———, G. A. Hill and M. S. Arrick, 1941. The chemical identification of gene controlled pigments in *Plathypoecilus* and *Xiphophorus* and comparisons with other tropical fish. Genetics, 26: 573-586.

Gresik, E. W., 1973. Fine structural evidence for the presence of nerve terminals in the testis of the teleost, *Oryzias latipes*. Gen. Comp. Endocrinol., 21: 210-213.

———, 1975. Homologs of Leydig and Sertoli cells in the testis of the teleost *Oryzias latipes*. *In* "Electron microscopic concepts of secretion" (M. Hess ed.). John Wiley, N. Y.

———, G. B. Quirk and G. B. Hamilton, 1973. A fine structural and histochemical study of the Leydig cell in the testis of the teleost, *Oryzias latipes* (Cyprinodontiformes). Gen. Comp. Endocrinol., 20: 86-99.

———, ——— and ———, 1973. Fine structure of the Sertoli cell of the testis of the teleost *Oryzias latipes*. Gen. Comp. Endocrinol., 21: 341-352.

Grier, H. J., 1976. Sperm development in the teleost *Oryzias latipes*. Cell Tiss. Res., 168: 419-431.

———, J. R. Linton, J. F. Leatherland and V. L. de Vlaming, 1980. Structural evidence for two different testicular types in teleost fishes. Am. J. Anat., 159: 331-345.

———, 1984. Testis structure and formation of spermatophores in althrinomorph teleost *Horaichthys setnai*. Copeia, 1984: 833-839.

Hamaguchi, S., 1975. Post-irradiation changes in oocyte populations in the fry of the fish *Oryzias latipes*. Int. J. Radiat. Biol. Relat. Stud. Phys. Chem. Med., 28: 279-284.

———, 1976. メダカ稚魚の雄性生殖細胞のX線に対する反応の変化. 動物学雑誌, 85: 485.

———, 1978. メダカの発生過程における生殖細胞のmigrationおよび分裂. 動物学雑誌, 87: 359.

———, 1979a. メダカ稚魚の生殖細胞中の「生殖質」の形態変化. 動物学雑誌, 88: 379.

———, 1979b. The effect of methyltestosterone and cyproterone acetate on the proliferation of germ cells in the male fry of the medaka, *Oryzias latipes*. J. Fac. Sci., Tokyo Univ., Ser. Ⅳ, 14; 265-272.

———, 1982. A light- and electron-microscopic study on the migration of primordial germ cells in the male fry of the medaka, *Oryzias latipes*. Cell Tissue Res., 227: 139-151.

———, 1983. Asymmetrical development of the gonads in the embryos and fry of the fish, *Oryzias celebensis*. Develop. Growth & Differ., 25: 553-561.

———, 1985. Changes in the morphology of the germinal dense bodies in primordial germ cells of the teleost, *Oryzias latipes*. Cell Tissue Res., 240: 669-673.

———, 1987. The structure of the germinal dense bodies (nuages) during differentiation of the male germ line of teleost, *Oryzias latipes*. Cell Tissue Res., 248: 375-380.

———, 1990. 生殖細胞の起源と分化. 「性腺のバイオメカニズム」アイピーシー, pp. 397-419.

———, 1993. Alterations in the morphology of nuages in spermatogonia of the fish, *Oryzias latipes*, treated with puromycin or actinomycin D. Reprod. Nutr. Dev., 33: 137-141.

——— and N. Egami, 1975. Post-irradiation changes in oocyte populations in the fry of the fish *Oryzias latipes*. Int. J. Radiat. Biol., 28: 279-284.

———・———, 1975. メダカ稚魚生殖細胞のX線による細胞死. 動物学雑誌, 84: 487.

——— and M. Sakaizumi, 1989. A morphological study on the fertility of interspecific hybrids between *Oryzias latipes* and *Oryzias curvinotus*. Zool. Sci., 6: 1112.

——— and ———, 1992. Sexually differentiated mechanisms of sterility in interspecific hybrids between *Oryzias latipes* and *O. curvinotus*. J. Exp. Zool., 263: 323-329.

——— and ———, 1995. "Embryo engineering" of small laboratory fishes — The Eighth Medaka Symposium. Fish Biol. J. Medaka, 7: 69-70.

———・柴田直樹, 1987. 魚類精巣の組織構築と精子形成. 細胞, 19: 427-433.

Hamazaki, T., I. Iuchi, and K. Yamagami, 1984. Chorion glycoprotein-like immunoreactivity in some tissues of adult female medaka. Zool. Sci., 1: 148-150.

———, ——— and ———, 1985. A spawning female-specific substance reactive to anti-chorion (egg envelope) glycoprotein antibody in the teleost, *Oryzias latipes*. J. Exp. Zool., 235: 269-279.

———, ——— and ———, 1987a. Production of a "spawning female-specific substance" in hepatic cells and its accumulation in the ascites of the estrogen-treated adult fish, *Oryzias latipes*. J. Exp. Zool., 242: 325-332.

———, ——— and ———, 1987b. Isolation and partial characterization of a "spawning female-specific substance" in the teleost, *Oryzias latipes*. J. Exp. Zool., 242: 343-349.

———, Y. Nagahama, I. Iuchi and K. Yamagami, 1989. A glycoprotein from the liver constitutes the inner layer of the egg envelope (zona pellucida interna) of the fish, *Oryzias latipes*. Develop. Biol., 133: 101-110.

Hamm, J.T., B.W. Wilson and D.E. Hinton, 1998. Organophosphate-induced acetylcholinesterase inhibition and embryonic retinal cell necrosis *in vivo* in the teleost (*Oryzias latipes*). Neuro. Toxicol., 19: 853-870.

Hara, A., K. Takano and H. Hirai, 1983. Immunochemical identification of female-specific serum protein, vitellogenin, in the medaka, *Oryzias latipes* (teleost). Comp. Biochem. Physiol. (A), 76: 135-141.

Hardman, R.C., S.W. Kullman and E. Hinton, 2007. Application of in vivo methodologies to investigation of biological structure, function and xenobiotic response in see-through medaka (*Oryzias latipes*). Fish Biol. J. MEDAKA, 11: 43-65.

Hart, N. H. and R. A. Fluck, 1995. Cytoskeleton in teleost eggs and early embryos: Contributions to cytoarchitecture and motile events. *In* "Current Topics in Developmental Biology" Vol. 31, pp. 343-381, Academic Press.

———, R. Pietri and M. Donovan, 1984. The structure of the chorion and associated surface filaments in *Oryzias*. — Evidence for the presence of extracellular tubules. J. Exp. Zool., 230: 273-296.

Harumi, T., T. Watanabe, T. Yamamoto, Y. Tanabe

and N. Suzuki, 2003. Expression of membrane-bound and soluble guanylyl cyclase mRNAs in embryonic and adult retina of the medaka fish *Oryzias latipes*. Zool. Sci., 20: 133-140.

Hayashida, Y., T. Kawamura, R. Hori-e and I. Yamashita, 2004. Retionic acid and its receptors are required for expression of aryl hydrocarbon receptor mRNA and embryonic development of blood vessel and bone in the medaka fish, *Oryzias latipes*. Zool. Sci., 21: 541-551.

Haeckel, E., 1855. Ueber die Eier der *Scamberesoces*. Archiv fur Anatomie, Physiologie und wissenschaftishe Medicin. 1885, No. 4, 23-31.

Hibiya, K., T. Katsumoto, T. Kondo, I. Kitabayashi and A. Kudo, 2009. Brpf1, a subunit of the MOZ histone acetyl transferase complex, maintains expression of anterior and posterior Hox genes for proper patterning of craniofacial and caudal skeletons. Dev. Biol., 329: 176-190.

平木教男・岩松鷹司，1979. メダカ卵の発生過程の組織学的観察．愛知教育大学研究報告，28: 71-77.

Hiramoto, Y., Y. Yoshimoto and T. Iwamatsu, 1989. Increase in intracellular calcium ions upon fetilization in animal eggs. Acta Histochem. Cytochem., 22: 153-156.

Hirayama, M., H. Mitani and S. Watanabe (2006) Temperature-dependent growth rates and gene expression patterns of various medaka *Oryzias latipes* cell lines derivated from different populations. J. Com. Physiol. B, 176: 311-320.

Hirose, K., 1971. Biological study on ovulation *in vitro* of fish. I. Effects of pituitary and chorionic gonadotropins on ovulation *in vitro* of the medaka, *Oryzias latipes*. Bull. Jap. Soc. Sci. Fish., 37: 585-591.

———, 1972a. The ultrastructure of the ovarian follicle of medaka *Oryzias iatipes*. Z. Zellforsch., 123: 316-329.

———, 1972b. Biological study on ovulation *in vitro* of fish. Ⅳ. Induction of *in vitro* ovulation in *Oryzias latipes* oocyte using steroids. Bull. Jap. Soc. Sci. Fish., 38: 457-461.

———, 1973a. Biological study on ovulation *in vitro* of fish. Ⅵ. Effect of metopirone (SU-4855) on salmon gonadotropin and cortisol-induced *in vivo* ovulation in *Oryzias latipes*. Bull. Jap. Soc. Sci. Fish., 39: 765-769.

———, 1973b. 魚類の排卵の分泌支配．東海水研報告，74: 67-81.

———, 1976. Endocrine control of ovulation in medaka (*Oryzias latipes*) and ayu (*Plecoglossus altivelis*). J. Fish Res. Board Can., 33: 989-994.

———, 1980. A bioassay for teleost gonadotropin using the germinal vesicle breakdown (GVBD) of *Oryzias latipes* oocytes *in vitro*. Gen. Comp. Endocrinol., 41: 108-114.

——— and E. M. Donaldson, 1972. Biological study on ovulation *in vitro* of fish. Ⅲ. The induction of *in vitro* ovulation of *Oryzias latipes* oocytes using salmon pituitary gonadotropin. Bull. Jap. Soc. Sci. Fish., 38: 97-100.

菱田富雄，1953. メダカ卵と物質代謝（其の一）．動物学雑誌，62: 115.

——— and E. Nakano, 1954. Respiratory metabolism during fish development. Embryologia, 2: 67-79.

檜山 義夫，1940. 一定期間の飼養による鮭型鱗の成長について．水産学会報，8(2): 105-115.

Hogan, J. C. Jr., 1978. An ultrastructural analysis of "Cytoplasmic markers" in germ cells of *Oryzias latipes*. J. Ultrastruct. Res., 62: 237-250.

Hojo, M., S. Takashima, D. Kobayashi, A. Sumeragi, A. Shimada, T. Tsukahara, H. Yokoi, T. Narita, T. Jindo, T. Kage, T. Kitagawa, T. Kimura, K. Sekimizu, A. Miyake, D. Setiamarga, R. Murakami, S. Tsuda, S. Ooki, K. Kakihara, K. Naruse and H. Takeda, 2007. Right-elevated expression of charon is regulated by fluid flow in medaka Kupffer's vesicle. Develop. Growth Differ., 49: 395-405.

Hong, Y., C. Winkler and M. Schartl, 1996. Pluripotency and differentiation of embryonic stem cell lines from the medakafish (*Oryzias latipes*). Mech. Dev., 60: 33-44.

———, S. Chen, J. Gui and M. Schartl, 2004. Retention of the developmental pluripotency in medaka embryonic stem cells after stable gene transfer and long-term drug selection for gene targeting in fish. Transgenic Res., 13: 41-50.

———, J. Gui, S. Chen, J. Deng and M. Schartl, 2003. Embryonic stem cells in fish. Acta Zool. Sinica, 49:

281-294.
———, ——— and ———, 1998a. Production of medakafish chimera from a stable embryonic stem cell line. Proc. Natl. Acad. Sci. USA, 95: 3579-3684.
———, ——— and ———, 1998b. Efficiency of cell culture derivation from blastula embryos and chimera formation in the medaka (*Oryzias latipes*) depends on donor genotype and passage number. Dv. Genes Evol., 208: 595-602.
———, ———, ———, J. Deng and M. Schartl, 2003. Embryonic stem cells in fish. Acta Zool. Sinica, 49: 281-294.
———. and M. Schartl, 1996. Establishment and growth responses of early medakafish (*Oryzias latipes*) embryonic cells in feeder layer-free cultures. Mo. Mar. Biol. Biotechnol., 5: 93-104.
———, C. Winkler, T. Liu, G. Chai and M. Schartl, 2004. Activation of the mouse Oct4 promoter in medaka embryonic stem cells and its use for ablation of spontaneous differentiation. Mech. Develop., 121: 933-943.
———, ——— and M. Schartl, 1996. Pluripotency and differentiation of embryonic stem cell lines from the medakafish (*Oryzias latipes*). Mech. Develop., 60: 33-44.
堀 寛, 1998. 前門のゼブラ，後門のフグ，そしてメダカはどこにゆく－モデル魚類のホームページ紹介－. 43: 148-1487.
Hori, R., 1952a. Oxidation reduction potentials in early development in amino acids of embryos of *Oryzias latipes*. J. Rad. Res., 14: 62.
———, 1952b. メダカの初期発生に於ける酸化還元の勾配について．動物学雑誌，61: 59.
———, 1956. メダカの未受精卵内への薬物の注射と表層変化(予報)．動物学雑誌，65: 84.
———, 1957. メダカの未受精卵の膜電位と付活に伴う電位変動．動物学雑誌，66: 87.
———, 1958. On the membrane potential of the unfertilized egg of the medaka, *Oryzias latipes* and changes accompanying activation. Embryologia, 4: 79-91.
———, 1959. Ca^{45}のメダカ未受精卵内への吸収．動物学雑誌，68: 44.
———, 1960. メダカ未受精卵の微小ガラス針刺傷による付活．動物学雑誌，69: 5.
———, 1963. 動物卵の受精反応と塩類構成の変化．実験形態学雑誌，17: 79-85.
———, 1973. On the relationship between water soluble protein and calcium in the egg of *Oryzias latipes*. Protoplasma, 78: 285-290.
———, 1974. On the content of sodium and potassium of the unfertilized egg of the medaka, *Oryzias latipes* and its changes accompanying fertilization. Protoplasma, 80: 149-153.
———, 1974. メダカ卵のミトコンドリア分画中のマンガンについて．動物学雑誌，83: 342.
———, 1975. メダカ卵の受精と痕跡元素の消長について．動物学雑誌，84: 334.
——— and T. Iwamatsu, 1996. Experiments on interspecific hybridization among *Oryzias melastigma*, *Oryzias javanicus* and *Oryzias latipes*. Bull. Ogaki Women's College, 37: 1-6.
———・岩崎信一，1973. メダカ卵の受精前後におけるマンガンの含有量の変化．動物学雑誌，82: 238.
———・T.J. Lam, 1982. ジャワメダカ *Oryzias javanicus* の生卵習性について．動物学会誌，91: 353.
——— and K. Sato, 1973. The incorporation of Ca^{45} into the egg of the medaka. Experientia, 29: 144-145.
———・嘉門一茂，1970. メダカ卵の表層胞崩壊と放射線の影響．動物学雑誌，79: 341.
———・吉田ちゑ子，1972. 動物卵内のマグネシウム含有量と受精による変化．動物学雑誌，81: 277.
細川和子，1973. メダカの稚魚における卵巣腔壁の形成．魚類学雑誌，20: 185-188.
———, 1975. メダカ卵巣腔壁形成にともなう左右原基間の隔壁の消失．動物学雑誌，84: 335.
———・南部 実，1966. メダカの卵巣運動について．動物学雑誌，75: 318.
Hyodo, M., S. Makino, Y. Awaji, Y. Sakurada, T. Ohkubo, M. Murata, K. Fukuda and M. Tsuda, 2008. Activin A induces differentiation of the medaka embryonic cells into cardiomyocytes *in vitro*. 41th Ann. Meet. Jap. Soc. Develop. Biol.(Tokushima), p.211.
兵藤(田口)泰子，1980. メダカの近交系の作出．動物学雑誌，89: 283-301.
———・江上信雄，1962. メダカ卵孵化率に対するX線照射の影響．動物学雑誌，71: 337-338.

————・江藤久美・江上信雄, 1962. X線照射をうけたメダカ卵, 胚, 稚魚および成魚の生存期間について. 動物学雑誌, 71: 413.

————, ———— and ————, 1973. RBE of fast neutrons for inhibition of hatchability in fish embryos irradiated at different developmental stages. Radiat. Res., 53: 385-391.

Ichimura, k., E. Bubenshchikova, R. Powell, Y. Fukuyo, T. Nakamura, et al., 2012. A comparative analysis of glomerulus development in the pronephros of medaka and zebrafish. PLos ONE, 7: e45286.

Ijiri, K., 1977. Gamma-ray irradiation on primodial germ cells in fish *Oryzias latipes*: Quantitative assessment of changes in nuclear site. J. Radiat. Res., 18: 293-301.

————, 1980a. Gamma-ray irradiation of the sperm of the fish *Oryzias latipes* and induction of gynogenesis. J. Radiat. Res., 21: 263-270.

————, 1980b. Effects of UV on the development of fish and amphibian embryos. *In* "Radiation effects on aquaria organisms" (N. Egami, ed.), pp. 223-236, Japan Sci. Soc. Press, Tokyo/Univ. Park Press, Baltimore.

————, 1980c. Ultraviolet irradiation of the gametes and embryos of the fish *Oryzias latipes*. Effects on their development and the photoreactivation phenomenon. J. Fac. Sci., Univ. Tokyo, Sec. Ⅳ, 14: 351-360.

————, 1983. Chromosomal studies on radiation induced gynogenesis and diploid gynogenesis in the fish *Oryzias latipes*. J. Radiat. Res., 24: 184-195.

————, 1987. A method for producing clones of the medaka, *Oryzias latipes* (Teleostei, Oryziatidae). Proc. V Congr. Eur. Ichthyol., Stockholm. pp.277-284 (1985).

————, 1988. Developmental biology of fish onboard a small space *platorm* (SFU). Proc. Sixteen Intern. Symp. Space Technol. Sci., pp. 2361-2366, Sapporo.

————, 1989. メダカにおけるクローンの作出. 水産育種, 14: 1-10.

————, 1994. A preliminary report on IML-2 medaka experiment: Mating behavior of the fish medaka and development of their eggs in space. Biol. Sci. Space, 8: 231-233.

————, 1995. Fish mating experiment in space − What it aimed at and how it was prepared. Biol. Sci. Space, 9: 3-16.

————, 1997. Development of space-fertilized eggs and formation of primodial germ cells in the embryos of medaka fish. Adv. Space Res., (in press)

————, 1997. 子どもの夢と生物学－宇宙メダカと子どもたち－. 遺伝, 51: 14-18.

————・江上信雄, 1978. メダカ精子および卵の紫外線照射とその発生への影響. 動物学雑誌, 87: 347.

———— and ————, 1979. Effects of irradiation on germ cells and embryonic development in teleosts. Intern. Rev. Cytol., 59: 195-248.

———— and ————, 1980. Hertwig effect caused by UV-irradiation of sperm of *Oryzias latipes* (teleost) and its photoreactivation. Mutat. Res., 69: 241-248.

Ikeda, Y., 1934. Permeability of the egg membrane of *Oryzias latipes*. J. Fac. Sci., Tokyo Univ., Ⅳ, 3: 499-504.

————, 1937a. Effect of sodium and potassium salts on the rate of development in *Oryzias latipes*. J. Fac. Sci., Tokyo Univ., Ⅳ, 4: 307-312.

————, 1937b. Potassium accumulation in the eggs of *Oryzias latipes*. J. Fac. Sci., Tokyo Univ., Ⅳ, 4: 313-328.

池田 章, 1958a. 硬骨魚類(メダカ)に於ける消化管系の発生学的研究. 第1報 腸管の正常発生. 広大医, 解剖学第1講座業績集, 1: 71-89.

————, 1958b. 硬骨魚類(メダカ)に於ける消化管の発生学的研究. 第2報 腸管付属腺の発生. 広大医, 解剖学第1講座業績集, 3: 1-9.

————, 1959. Embryological and histological studies on the development of the digestive system in teleost fish, *Oryzias latipes*. J. Med. Sci., 8: 71-89.

稲葉傳三郎・野村稔, 1950. ヒメダカの鱗について, 生研, 2: 23-27.

猪早敬二, 1997. 魚類孵化腺細胞の分化と孵化酵素遺伝子の発現の研究. Sophia Life Sci. Bull., 16; 113-126.

————, S. Yasumasu, M. Ishimaru, A. Ohyama, I. Iuchi and K. Yamagami, 1995. Temporal and spatial patterns of gene expression for the hatching enzyme in the teleost embryo, *Oryzias latipes*.

Dev. Biol., 171: 374-385.

——— and A. Kudo, 2000. Temporal and spatial patterns of cbfal expression during embryonic development in the teleost, *Oryzias latipes*. Dev. Genes Evol., 210: 570-574.

———, Y. Takano and A. Kudo, 2007. The teleost intervertebral region acts as a growth centr of the centrum: in vivo visualization of osteoblasts and their progenitors in transgenic fish. Dev. Dyn., 236: 3031-3046.

————, ———— and ————, 2010. Production of Wnt4b by floor plate cells is essential for the segmental patterning of the vertebral column in medaka. Development, 137: 1807-1813.

————, S. Yasumasu, A. Kazuo, K. Naruse, K. Yamazaki, I. Yasumasu, I. Iuchi and K. Yamagami, 1997. Species-dependent migration of fish hatching gland cells that express astacin-like proteases. Develop. Growth Differ., 39: 191-197.

————, ————, ————, I. Iuchi and K. Yamagami, 1999. Analysis of the origin and development of hatching gland cells by transplantation of the embryonic shield in the fish, *Oryzias latipes*. Develop. Growth Differ., 41: 557-566.

Inoue, K., 1995. Transformation of fish cells and embryos. Methods Mol. Biol., 48: 245-251.

————・尾里建二郎，1990. メダカへの遺伝子の導入．メダカの生物学（江上信雄・山上健次郎・嶋 昭紘編）．東京大学出版会，pp. 296-307.

————, ————, H. Kondoh, T. Iwamatsu, Y. Wakamatsu and T. S. Okada, 1989. Stage-dependent expression of the chicken δ-crystallin gene in transgenic fish embryos. Cell Differ. Develop., 27: 57-68.

———, K., Y. Takano and A. Kudo, 2007. The teleost intervertebral region acts as a growth centr of the centrum: in vivo visualization of osteoblasts and their progenitors in transgenic fish. Dev. Dyn., 236: 3031-3046.

————, ———— and ————, 2010. Production of Wnt4b by floor plate cells is essential for the segmental patterning of the vertebral column in medaka. Development, 137: 1807-1813.

————, S. Yamashita, J. Hata, S. Kabeno, S. Asada, E. Nagahisa and T. Fujita, 1990. Electroporation as a new technique for producing transgenic fish. Cell Differ. Dev., 29: 123-128.

石田寿老，1943a. メダカの孵化酵素．動物学雑誌，55: 55.

————, 1943b. 若干淡水魚孵化酵素の性状．動物学雑誌，55: 364-365.

————, 1943c. メダカの孵化酵素腺の組織及び発生．動物学雑誌，55: 172.

————, 1944a. Hatching enzyme in the fresh-water fish, *Oryzias latipes*. Annot. Zool. Japon., 22: 137-154.

————, 1944b. Further studies on the hatching enzyme of the fresh-water fish, *Oryzias latipes*. Annot. Zool. Japon., 22: 155-164.

————, 1944c. メダカ孵化酵素と呼吸との関係．動物学雑誌，56: 2.

————, 1947a. メダカ胚の鰓蓋運動発現の機構．動物学雑誌，57: 14.

————, 1947b. メダカ胚の心臓搏動及び呼吸に及ぼす青酸の影響．動物学雑誌，57: 44-46.

————, 1948a. 微量の塩類によるメダカ未受精卵の受精能力の保持とその機構．動物学雑誌，58: 66.

————, 1948b. 動物の孵化．河出書房.

————, 1950. 孵化酵素．北隆館.

————, 1951a. メダカの胚の発生とATP．動物学雑誌，60: 17-18.

————, 1951. Effects of 2,4-dinitrophenol on oxygen consumption during early development of the teleost, *Oryzias latipes*. Annot. Zool. Japon., 24: 181-186.

————, 1958. 発生の生化学．"発生生理の研究"（団 勝磨・山田常雄共著）．培風館（東京），pp. 137-186.

————, 1971. 孵化酵素．"初期発生における細胞"（日本発生生物学会編），岩波書店.

————, 1980. 孵化．現代生物学大系 11b, 発生・分化B（江上・岡田・安増編），中山書店.

————, 1985. Hatching enzyme: Past, present and future. Zool. Sci., 2: 1-10.

———— and S. Taguchi, 1957. Effect of 2,4-dinitrophenol and sodium azide on lactic acid production during early development of the teleost, *Oryzias latipes*. Annot. Zool. Japon., 30: 1-7.

————・————・丸山工作，1954. メダカ胚孵化時のATP及びATPアーゼ．動物学雑誌，63: 168.

————, ———— and ————, 1959. ATP content

and ATPase activity in developing embryos of the teleost, *Oryzias latipes*. Annot. Zool. Japon., 32: 1-6.

———, K. Yamagami and K. Moriwaki, 1958. Effects of 2, 4-dinitrophenol and sodium azide on the oxygen consumption and the content of energy-rich phosphates during embryonic development of the fish, *Oryzias latipes*. Sci. Rep. Coll. General Educ., Tokyo Univ., 8: 201-211.

———・———・安増郁夫，1979. 孵化酵素．“発生の生化学”(中埜・毛利・丸山編)，裳華房.

——— and I. Yasumasu, 1957. Changes in protein specifity determined by protective enzyme test during embryonic development of the sea urchin and fresh-water fish. J. Fac. Sci., Tokyo Univ., 4, 8: 95-107.

石原勝敏，1956a. メダカ胚のアンモニア生成に対するDNPとNaN_3の影響．動物学雑誌，65: 101.

———, 1956b. Effect of 2,4-dinitrophenol and sodium azide on the ammonia production in the embryos of *Oryzias latipes*. J. Fac. Sci., Tokyo Univ., Ⅳ, 7: 525-534.

石井一宏，1963. メダカにおける脳の形態形成について．動物学雑誌，72: 327.

———, 1967a. Morphogenesis of the brain in medaka, *Oryzias latipes*. Ⅰ. Observation on morphogenesis. Sci. Rep. Tohoku Univ., 33: 79-104.

———, 1967b. Morphogenesis of the brain in medaka, *Oryzias latipes*. Ⅱ. Changing in cell morphology. Sci. Rep., Tokyo Univ., 33: 105-112.

Ishijima, S., Y. Hamaguchi and T. Iwamatsu, 1993. Sperm behavior in the micropyle of the medaka egg. Zool. Sci., 10: 179-182.

Ishikawa, Y., 1990. Development of muscle nerve in the teleost fish, medaka. Neurosci. Res. Suppl., 13: S152-S156.

———, 1990. Development of caudal structures of a morphologenetic mutant (*Da*) in the teleost fish, medaka (*Oryzias latipes*). J. Morph., 205: 219-232.

———, 1992. Innervation of the caudal-fin muscles in the teleost fish, medaka (*Oryzias latipes*). Zool. Sci., 9: 1067-1080.

———, 1996. A recessive lethal mutation, *tb*, that bends the midbrain region of the neural tube in the early embryo of the medaka. Neurosci. Res., 24: 313-317.

———, 1997. Emryonic development of the medaka brain. Fish Biol. J. MEDAKA, 9: 17-31.

———, 2000. Medakafish as a model system for verebrate developmental genetics. BioEssays, 22: 487-495.

———, 2002. メダカの脳の発生－その形態学と遺伝的制御．魚類のニューロサイエンス－魚類神経科学研究の最前線（植松　一眞・岡　良隆・伊藤　博信編）pp.274-289. 恒星社厚生閣.

———, K. Inohaya, N. Yamamoto, K. Maruyama, M. Yoshimoto, M. Iigo, T. Oishi, A. Kudo and H. Ito, 2014. The parapineal is incorporated into the habenula during ontogenesis in the medaka fish. Brain Behav. Evol., 85: 257-270.

———・伊藤　博信，1998. 脳の発生と発達－形態的側面から．脳の科学，20：125-134.

——— and T. Iwamatsu, 1993. Development of a motor nerve in the caudal fin of the medaka (*Oryzias latipes*). Neurosci. Res., 17: 101-116.

———, T. Kage, N. Yamamoto, M. Yoshimoto, T. Yasuda, A. Matsumoto, K. Maruyama and H. Ito, 2004. Axonogenesis in the medaka embryonic brain. J. Comp. Neurol., 476: 240-253.

———, N. Yamamoto, M. Yoshimoto, T. Yasuda, K. Maruyama, T. Kage and H. Ito, 2007. Developmental origin of diencephalic sensory nuclei in teleosts. Brain Behav. Evol., 69: 87-95.

———, T. Yasuda, T. Kage, S. Takashima, M. Yoshimoto, N. Yamamoto, K. Maruyama H. Takeda and H. Ito, 2008. Early development of the cerebellum in teleost fishes: A study based on gene expression patterns and histology in the medaka embryo. Zool. Sci., 25: 407-418.

———, T. Yasuda, K. Maeda, A. Matsumoto and K. Maruyama, 2007. Apoptosis in neural tube during normal development of medaka. Fish Biol. J. MEDAKA, 11: 23-30.

———, M. Yoshimoto and H. Ito, 1999. A brain atlas of a wild-type inbred strain of the medaka, *Oryzias latipes*. Fish Biol. J. Medaka, 10: 1-26.

———, C. Zukeran, S. Kuratani and S. Tanaka, 1986. A staining procedure for nerve fibers in whole mount preparations of the medaka and chick embryos. Acta Histochem. Cytochem., 19: 775-783.

Ito, R., 1955a. Pharmacological studies on the heart activity in the embryos of *Oryzias latipes*. I. Effect of hyaluronidase on the fish eggs. Jap. J. Pharmacol., 51: 608-613.

———, 1955b. Pharmacological studies on the heart activity in the embryos of *Oryzias latipes*. Jap. J. Pharmacol., 51: 614-623.

伊東鎮雄, 1958. メダカ卵の水に対する透過性. 動物学雑誌, 67: 43.

———, 1960a. The osmotic property of the unfertilized egg of fresh water fish, *Oryzias latipes*. Kumamoto J. Sci., Ser. B, Sec. 2, 5: 61-72.

———, 1960b. Micro-determination of cardiac glycosides by means of the embryonic heart of Japanese killifish, *Oryzias latipes*. Ⅰ. Action of hyaluronidase. Jap. Circulation J., 24: 1328-1331.

———, 1961. メダカ卵の電気的特性. 動物学雑誌, 70: 15.

———, 1962. Resting potential and activation potential of the *Oryzias* egg. Ⅱ. Change of membrane potential and resistance during fertilization. Embryologia, 7: 47-55.

———, 1963a. メダカ卵の表層崩壊と付活電位. 動物学雑誌, 72: 333.

———, 1963b. Resting potential and activation potential of the *Oryzias* egg. Ⅲ. The effect of monovalent cations. Embryologia, 7: 344-354.

——— and T. Maeno, 1960. Resting potential and activation potential of the *Oryzias* egg. I. Response to electrical stimulation. Kumamoto J. Sci., Ser. B, Sec. 2, 5: 100-107.

———・佐々木直井, 1954. 淡水及び海のメダカの海水中における受精の差異について. 動物学雑誌, 63: 419.

Iuchi, I., T. Hamazaki and K. Yamagami, 1985. Mode of action of some stimulants of the hatching enzyme secretion in fish embryos. Develop. Growth & Differ., 27: 573-581.

———, C. -R. Ha and K. Masuda, 1995. Chorion hardening in medaka (*Oryzias latipes*) egg. Fish Boil. J. Medaka, 7: 15-20.

——— and K. Yamagami, 1976. Major glycoproteins solubilized from the teleostean egg membrane by action of the hatching enzyme. Biochim. Biophys. Acta, 453: 240-249.

——— and ———, 1980. Hatching enzyme in the secretory granule of hatching gland, isolated from the homogenate of whole embryos of medaka at some developmental stages. Annot. Zool. Japon., 53: 147-155.

———・山本雅道・山上健次郎, 1977. 分泌時におけるメダカ孵化腺細胞の形態変化. 動物学雑誌, 86: 358.

———・———・———, 1980. メダカ孵化腺分泌顆粒の酵素活性. 動物学雑誌, 89: 388.

———, ——— and ———, 1982. Presence of active hatching enzyme in the secretory granule of prehatching medaka embryo. Develop. Growth & Differ., 24: 135-143.

———・———・田口茂敏, 1978. メダカ孵化腺細胞の分泌の促進と遅延. 動物学雑誌, 87: 338.

Iwai, T., 1964. Development of cupulae in free neuromasts of the Japanese medaka, *Oryzias latipes*. Bull. Misaki Mar. Biol. Inst., Tokyo Univ., 5: 31-37.

———, 1967. Structure and development of lateral line in teleost larvae. *In* "Lateral line detectors". New York, Indiana Univ. Press: Bloomington, Indiana and Coondon., Proceedings of a symposium. pp. 27-44.

Iwai, T., J. Lee, A. Yoshii, T. Yokota, K. Mita and M. Yamashita, 2004. Changes in the expression and localization of cohesin subunits during meiosis in a non-mammalian vertebrate, the medaka fish. Gene Expr. Pat., 4: 495-504.

Iwamatsu, T., 1965a. Effect of acetone on the cortical changes at fertilization of the egg of the medaka, *Oryzias latipes*. Embryologia, 9: 1-12.

———, 1965b. A further study on fertilizability of fish oocytes. Annot. Zool. Japon., 38: 190-197.

———, 1965c. 卵核胞物質と侵入した精子の発生関与との関係. 動物学雑誌, 74: 339.

———, 1965d. On fertilizability of pre-ovulation eggs in the medaka, *Oryzias latipes*. Embryologia, 8: 327-336.

———, 1966a. 卵核の位置と受精. 動物学雑誌, 75: 319-320.

———, 1966b. Role of germinal vesicle materials on the acquisition of developmental capacity of the fish oocyte. Embryologia, 9: 205-221.

———, 1967. On acquisition of developmental capacity in oocytes of the medaka, *Oryzias latipes*. Annot. Zool. Japon., 40: 6-19.

―――, 1968. Structural change in the egg surface after fertilization in the fish, *Oryzias latipes*. Annot. Zool. Japon., 41: 148-153.

―――, 1969. Changes of the chorion upon fertilization in the medaka, *Oryzias latipes*. 愛知教育大学研究報告, 18: 43-64.

―――, 1971. Importance of the germinal vesicle material in the sperm nucleus to concern with the development of fish eggs. 愛知教育大学研究報告, 20: 117-126.

―――, 1972. 多数精子による魚卵の発生（予報）. 動物学雑誌, 81: 146-149.

―――, 1973a. On the mechanism of ooplasmic segregation upon fertilization in *Oryzias latipes*. Jap. J. Ichthyol., 20: 73-78.

―――, 1973b. On changes of ovary, liver and pituitary gland of the sexually inactive medak (*Oryzias latipes*) under the reproductive condition. 愛知教育大学研究報告, 22: 73-88.

―――, 1973c. メダカ卵母細胞の培養液の改良. 魚類学雑誌, 20: 218-224.

―――, 1973d. メダカ卵母細胞の体外成熟に及ぼすステロイドの影響と濾胞の役割について. 動物学雑誌, 82: 262.

―――, 1974. Studies on oocyte maturation of the medaka, *Oryzias latipes*. Ⅱ. Effects of several steroids and calcium ions and the role of follicle cells on *in vitro* maturation. Annot. Zool. Japon., 47: 30-42.

―――, 1975. 生物教材としてのメダカ. Ⅱ. 卵母細胞の成熟および受精. 愛知教育大学研究報告, 24: 113-144.

―――, 1976a. 生物教材としてのメダカ. Ⅲ. 発生過程の生体観察. 愛知教育大学研究報告, 25: 67-89.

―――, 1976b. メダカの卵母細胞の成熟に対する酵素の影響. 動物学雑誌, 85: 223-228.

―――, 1977. 魚の卵母細胞成熟を誘起するステロイドの構造について. 動物学雑誌, 86: 354.

―――, 1978a. Studies on oocyte maturation of the medaka, *Oryzias latipes*. Ⅴ. On the structure of steroids that induce maturation *in vitro*. J. Exp. Zool., 204: 401-408.

―――, 1978b. Studies on oocyte maturation of the medaka, *Oryzias latipes*. Ⅵ. Relationship between the circadian cycle of oocyte maturation and activity of the pituitary gland. J. Exp. Zool., 206: 355-363.

―――, 1978c. Studies on oocyte maturation of the medaka, *Oryzias latipes*. Ⅶ. Effects of pinealectomy and melatonin on oocyte maturation. Annot. Zool. Japon., 51: 198-203.

―――, 1979. メダカ卵母細胞の成熟と濾胞細胞の関係. 動物学雑誌, 88: 420.

―――, 1980. Studies on oocyte maturation of the medaka, *Oryzias latipes*. Ⅷ. Role of follicular constituents in gonadotropin- and steroid-induced maturation of oocytes *in vitro*. J. Exp. Zool., 211: 355-364.

―――, 1981a. 異種精子によるメダカ *Oryzias latipes* 卵の発生. 愛知教育大学研究報告, 30: 141-151.

―――, 1981b. Inhibitory effect of sera from various animals on *in vitro* maturation of the oocyte. Annot. Zool. Japon., 54: 157-163.

―――, 1983a. A new technique for dechorionation and observations on the development of the naked egg in *Oryzias latipes*. J. Exp. Zool., 228: 83-89.

―――, 1983b. Evidence for the presence of a low molecular weight factor in sera from various animals that induces *in vitro* maturation of fish oocytes. Develop. Growth & Differ., 25: 211-216.

―――, 1984a. 卵の単一割球の発生. ラボラトリーアニマル, 1: 58-61.

―――, 1984b. Effects of pH on the fertilization response of the medaka egg. Develop. Growth & Differ., 26: 533-544.

―――, 1985. メダカ卵の実験的操作. 遺伝, 39: 42-46.

―――, 1989a. 受精. 脊椎動物の発生（岡田節人編）. 培風館（東京）. pp. 23-44.

―――, 1989b. Exocytosis of cortical alveoli and its initation time in medaka eggs induced by microinjection of vairous agents. Develop. Growth & Differ., 31: 39-44.

―――, 1990. 受精. メダカの生物学（江上信雄・山上健次郎・嶋　昭紘編）, 東京大学出版会, pp.59-75.

―――, 1992a. Morphology of filaments on the chorion of oocytes and eggs in the medaka. Zool. Sci., 9: 589-599.

———, 1992b. Egg activation. Fish Biol. J. Medaka, 4: 1-9.

———, 1993. メダカ卵における第一卵割面と胚軸について. 愛知教育大学研究報告, 42: 79-86.

———, 1994a. Stages of normal development in the medaka *Oryzias latipes*. Zool. Sci., 11: 825-839.

———, 1994b. Medaka oocytes rotate within the ovarian follicles during oogenesis. Develop., Growth & Differ., 36: 177-186.

———, 1996. Abbreviation of the second meiotic division by precocious fertilization in fish oocytes. J. Exp. Zool., 277: 450-459.

———, 1997. 硬骨魚類の受精. 1. 愛知教育大学研究報告, 46: 31-42.

———, 1998. Studies on fertilization in the teleost. I. Dynamic responses of fertilized medaka eggs. Develop. Growth Differ., 40: 475-483.

———, 2000. Fertilization in fishes. *In* "Fertilization in Protozoa and Metazoan Animals" (J.J. Tarin and A. Cano, Eds.). pp.89-145. Springer-Verlag Berlin, Heidelberg.

———, 2002. メダカの人工授精による体内受精. Animate, 3: 47-49.

———, 2004a. 魚類の受精. pp. 195, 培風館.

———, 2004b. Stages of normal development in the medaka *Oryzias latipes*. Mech. Dev., 121: 605-618.

———, 2010. メダカの腹鰭形成. Animate, No.8, 37-41.

———, 2011a. Normal development of the wild medaka, *Oryzias latipes*. Bull. Aichi Univ. Educat., 60: 71-81.

———, 2011b. Chromosome formation during fertilization in eggs of the teleost *Oryzias latipes*. In : Cell Cycle Synchronization (G. Banfalvi, ed.). Springer Science & Business Media, pp. 97-124.

———, 2012. Growth of the medaka, *Oryzias latipes*. I. Blood circulation and vertebral formation. Bull. Aichi Univ., Educat., 61: 55-63.

———, 2013. Growth of the medaka, *Oryzias latipes*. II. Formation of fins and fin appendages. Bull. Aichi Univ. Educat. ,62: 53-60.

———, 2014. Growth of the medaka, *Oryzias latipes*. III. Formation of scales and squqamation. Bull. Aichi Univ. Educat., 63:59-66.

———, 2015. Growth of the medaka, *Oryzias latipes*. IV. Dynamics of oocytes in the ovary during metamorphosis. Bull. Aichi Univ. Educat., 64: 37-46.

———, 2017. Growth of the medaka, *Oryzias latipes*. V. Formation and development of otoliths in the inner ear during metamorphosis. Bull. Aichi Univ. Educat., 65: 51-55.

———, 2017. Chromosome formation during fertilization in eggs of the teleost *Oryzias latipes*. *In*: Cell cycle Synchronization (G. Banfalvi, ed.). Second Edition, pp.121-147. Springer Science & Business Media.

———・赤沢　豊, 1987. メダカにおける卵巣の発達に及ぼす脳下垂体摘出と性ステロイド投与の影響. 愛知教育大学研究報告, 36: 63-71.

——— and R. Fujieda, 1977. Studes on oocyte maturation of the medaka, *Oryzias latipes*. Ⅳ. Effect of temperature on progesterone- and gonadotropin-induced maturation. Annot. Zool. Japon., 50: 212-219.

———, T. Haraguchi and H. Nagano, 2010. Cytoplasmic location of DNA polymerase I oocytes of the teleost fish, *Oryzias latipes*. Bull. Aichi Univ. Educat., 59: 43-50.

———・服部宏之・小島久・梶浦弘子・野口さゆり・坪崎潔・志村貴子, 1992. メダカ卵母細胞の体外成熟を誘起する低分子量の血清分画におけるアミノ酸について. 愛知教育大学研究報告, 41(Nat. Sci.): 73-83.

——— and K. Hirata, 1984. Normal course of development of the Java medaka, *Oryzias javanicus*. 愛知教育大学研究報告, 33: 87-109.

———・福富裕志・鶴田ひろ子, 1980. メダカ卵母細胞の成熟に伴う呼吸変化. 動物学雑誌, 89: 448.

———, S. Ishijima and S. Nakashima, 1993. Movement of spermatozoa and changes in micropyles during fertilization in medaka eggs. J. Exp. Zool., 266: 57-64.

——— and S. Ito, 1986. Effects of microinjected cations on the early event of fertilization in the medaka egg. Develop. Growth & Differ., 28: 303-310.

——— and H. Keino, 1978. Scanning electron microscopic study on the surface change of eggs of the teleost, *Oryzias latipes*, at the time of fertilization. Develop. Growth & Differ., 20: 237-250.

——— , M. Kikuyama and Y. Hiramoto, 1992. Fertilization reaction without changes in intracellular Ca^{2+} in medaka eggs – An experiment with acetone treated eggs. Develop. Growth & Differ., 34: 709-717.

——— and H. Kobayashi, 2002. Electron microscopic observations of karyogamy in the fish egg. Develop. Growth Differ., 44: 357-363.

———, ——— and M. Sato, 2005. *In vivo* fertilization and development of medaka by artificial insemination. Zool. Sci., 22: 119-123.

———, ———, S. Hagino and B.-L. Lin, 2012. Sex reversal induced by a brief exposure of fertilized eggs to hexestrol propionate in *Oryzias latipes*. Jpn. J. Environ. Toxicol., 15(2): 1-13.

———, ———, S. Hamaguchi, R. Sagegami and T. Shuo, 2005. Estradiol-17β content in developing eggs and induced sex reversal of the medaka (*Oryzias latipes*). J. Exp. Zool., 303A: 161-167.

———, ——— and M. Sato, 2005. In vivo fertilization and development of medaka by artificial insemination. Zool. Sci., 22: 119-123.

———, ———, ——— and M. Yamashita, 2008. Reproductive role of attaching filaments on the egg envelope in *Xenopoecilus sarasinorum* (Adrianichthyidae, Teleostei). J. Morph., 69(6): 745-750

———, ———, Y. Shibata, M. Sato, N. Tsuji and K. Takakura, 2007. Reproductive activity of females of an oviparous fish *Xenopoecilus sarasinorum*. Zool. Sci., 24: 1122-1127.

——— and Y. Shibata, 2008. Effects of inhibitors on forskolin- and testosterone-induced steroid production by preovulatory medaka follicles. Bull. Aichi Univ. Educat., 57: 73-79.

———, ———, R. Sagegami and T. Shuo, 2006. Testosterone content in developing eggs and sex reversal of medaka (*Oryzias latipes*). Gen. Comp. Endocrinol., 145: 67-74.

———, ——— and M. Yamashita, 2006. Sex reversal of the medaka *in vitro* exposure to sex steroids during oocyte maturation. Develop. Growth Differ., 48: 59-64.

———, ———, M. Yamashita, Y. Shibata and A. Yusa, 2003. Experimental hybridization among *Oryzias* species. II. Karyogamy and abnormality of chromosome separation in the cleavage of interspecific hybrids between *Oryzias latipes* and *O. javanicus*. Zool. Sci., 20: 1381-1387.

——— and K. Mori, 1968. Site of egg nucleus to fuse with the sperm nucleus in the egg of the medaka, *Oryzias latipes*. Bull. Aichi Univ. Educ., 17 (Nat. Sci.): 55-64.

———, T. Miki-Nomura and T. Ohta, 1976. Cleavage initiation activities of microtubules and *in vitro* reassembled tubulins of sperm flagella. J. Exp. Zool., 195: 97-106.

———, T., T. Muramatsu and H. Kobayashi, 2008. Oil droplets and yolk spheres during development of medaka embryos. Ichthyol. Res., 55: 344-348.

______, H. Nakamura, K. Ozato and Y. Wakamatsu, 2003. Normal growth of the "see-through" medaka. Zool. Sci., 20: 607-615.

——— and S. Nakashima, 1996. Dynamic growth of oocytes of the medaka, *Oryzias latipes*. I. A relationship between establishment of the animal-vegetal axis of the oocyte and its surrounding granulosa cells. Zool. Sci., 13: 873-882.

———・太田忠之，1968. メダカの精巣の律動性収縮運動．実験形態学誌，21: 498.

———・———, 1973. メダカ精巣成分分画の卵割誘導効果について．動物学雑誌，82: 101-106.

———・———, 1974. Cleavage initiating activities of sperm fractions injected into the egg of the medaka, *Oryzias latipes*. J. Exp. Zool., 187: 3-12.

———・———, 1975. メダカの表層胞の崩壊様式とその球状成分について．動物学雑誌，84: 333.

———・———, 1976. Breakdown of the cortical alveoli of medaka eggs at the time of fertilization, with a particular reference to the possible role of spherical bodies in the alveoli. Wilhelm Roux's Arch., 180: 297-309.

———・———, 1978. Electron microscopic observation on sperm penetration and pronuclear formation in the fish egg. J. Exp. Zool., 205: 157-180.

———・———, 1980a. The changes in sperm nuclei after penetrating fish oocytes matured without germinal vesicle material in their cytoplasm. Gamete Res., 3: 121-132.

———・———, 1980b. Initiation of cleavage in

Oryzias latipes eggs injected with centrioles from sea urchin spermatozoa. J. Exp. Zool., 214: 93-99.

————・————, 1981a. Scanning electron microscopic observation on sperm penetration in teleostean fish. J. Exp. Zool., 218: 261-277.

————・————, 1981b. On a relationship between oocyte and follicle cells around the time of ovulation in the medaka, *Oryzias latipes*. Annot Zool. Japon., 54: 17-29.

————, ————, N. Nakayama and H. Shoji, 1976. Studies of oocyte maturation of the medaka, *Oryzias latipes*. Ⅲ. Cytoplasmic and nuclear changes of oocyte during *in vitro* maturation. Annot. Zool. Japon., 49: 28-37.

———— and K. Onitake, 1983. On the effects of cyanoketone on gonadotropin- and steroid-induced *in vitro* maturation of *Oryzias* oocytes. Gen. Comp. Endocrinol., 52: 418-425.

————, ————, K. Matsuyama, M. Satoh and S. Yukawa, 1997. Effect of micropylar morphology and size on rapid sperm entry into the eggs of the medaka. Zool. Sci., 14: 623-628.

————, ———— and S. Nakashima, 1992. Polarity of responsiveness to sperm and artificial stimuli in medaka eggs. J. Exp. Zool., 264: 351-358.

————, ————, E. Oshima and N. Sakai, 1988. Oogenesis in medaka *Oryzias latipes* − Stages of oocyte development. Zool. Sci., 5: 353-373.

————, ————, ———— and T. Sugiura, 1985. Requirement of extracellular calcium ions for the early fertilization events in the medaka eggs. Develop. Growth & Differ., 27: 751-762.

————, ————, Y. Yoshimoto and Y. Hiramoto, 1991. Time sequence of early events in fertilization in the medaka egg. Develop. Growth & Differ., 33: 479-490.

————・大島恵美子, 1982. メダカ卵母細胞および受精卵の体外での減数分裂. 愛知教育大学研究報告, 31: 151-165.

————・————, 1982. 魚卵の受精部位について. 動物学雑誌, 91: 396.

————・————・太田忠之, 1982. 魚卵の受精と陽イオン. 動物学雑誌, 91: 396.

————・————・酒井則良, 1990. 培養したメダカ卵巣濾胞の形態とステロイド合成. 愛知教育大学研究報告, 39 (Nat. Sci.): 69-78.

————・佐藤　政則, 2005. 山形県西村山郡で捕獲された大形メダカ. Animate, 5: 49-51.

————, M. Sato and K. Nakane, 2009. Development of the first vertebra in *Oryzias latipes* and its morphology in Beloniformes and Cyprinodontiformes. Bull. Aichi Univ, Educat., 58: 69-79.

————, Y. Shibata and T. Kanie, 1995a. Changes in chorion proteins induced by the exudate released from the egg cortex at the time of fertilization in the teleost, *Oryzias latipes*. Develop. Growth & Differ., 37: 747-759.

————, ————, O. Hara, M. Yamashita and S. Ikegami, 2002. Studies on fertilization in the teleost. IV. Effects of aphidicolin and camptothecin on chromosome formation in fertilized medaka eggs. Develop. Growth Differ., 44: 293-302.

————, ————, M. Kikuyama and M. Yamashita, 1999. Studies on fertilization in the teleost. III. The relationship between nuclear behavior and the histone H1 kinase activity in anesthetized medaka eggs. Develop. Genet., 25: 137-145.

————, T. Sugiura, K. Sugitani and R. Hori, 1995b. Inorganic contents of the medaka egg before and after cortical reaction. Fish Biol, J. Medaka., 7: 21-24.

————・多田幸雄・西山祐子, 1976. 多数精子による魚卵の発生. 動物学雑誌, 85: 302.

————, ———— and ————, 1982. On sperm nuclei and development in polyspermic eggs of the teleost, *Oryzias latipes*. Annot. Zool. Japon., 55: 91-99.

————, S. Y. Takahashi, N. Sakai and K. Asai, 1987. Inductive and inhibitory actions of a low molecular weight serum factor on *in vitro* maturation of oocytes of the medaka. Biomed. Res., 8: 313-322.

————, ————, M. Oh-ishi, T. Yokochi and H. Maeda, 1992. Changes in electrophoretic patterns of oocyte proteins during oocyte maturation in *Oryzias latipes*. Develop. Growth & Differ., 34: 173-179.

————, ————, ————, Y. Nagahama and K. Onitake, 1987. Induction and inhibition of *in vitro* oocyte maturation and production of steroids in fish follicles by forskolin. J. Exp. Zool., 241: 101-111.

——— and K. Takama, 1980. Inhibitory effect of rabbit serum factor of *in vitro* oocyte maturation of the teleost fish, *Oryzias latipes*. Develop. Growth & Differ., 22: 229-235.

———, H. Uwa, A. Inden and K. Hirata, 1984. Experiments on interspecific hybridization between *Oryzias latipes* and *Oryzias celebensis*. Zool. Sci., 1: 653-663.

———, T. Watanabe, R. Hori, T. J. Lam and O. P. Saxena, 1986. Experiments of interspecific hybridization between *Oryzias melastigma* and *Oryzias javanicus*. Zool. Sci., 3: 287-293.

———, Y. Yoshimoto and Y. Hiramoto, 1988a. Cytoplasmic Ca^{2+} release induced by microinjection of Ca^{2+} and effects of microinjected divalent cations on Ca^{2+} sequestration and exocytosis of cortical alveoli in the medaka egg. Develop. Biol., 125: 451-457.

———, ——— and ———, 1988b. Mechanism of Ca^{2+} release in medaka eggs microinjected with inositol 1,4,5-trisphosphate and Ca^{2+}. Develop. Biol., 129: 191-197.

———, N. Yoshizaki and Y. Shibata, 1997. Changes in the chorion and sperm entry into the micropyle during fertilization in the teleostean fish, *Oryzias latipes*. Develop. Growth Differ., 39: 33-41.

Iwanami, N., Y. Takahama, S. Kunimatsu, J. Li, R. Takei, Y. Ishikura, H. Suwa, K. Niwa, T. Sasado, C. Morinaga, A. Yasuoka, T. Deguchi, Y. Hirose, H. Yoda, T. Henrich, O. Ohara, H. Kondoh and M. Furutani-Seiki, 2004. Mutaions affecting thymus organogenesis in Medaka, *Oryzias latipes*. Mech. Develop., 121: 779-789.

Iwasaki, M., A. Seko, K. Kitajima, Y. Inoue and S. Inoue, 1992. Fish egg glycophosphoproteins have species-specific *N*-linked glycan units previously found in a storage pool of free glycan chains. J. Biol. Chem., 267: 24287-24296.

Iwasaki, Y., 1973. Histochemical detection of Δ^5-3β-hydroxysteroid dehycrogenase in the ovary of medaka, *Oryzias latipes*, during annual reproductive cycle. Bull. Fac. Fish., Hokkaido Univ., 23: 177-184.

岩田清二・栗原　徹・山根英夫, 1959. メダカ卵の直流刺激による極興奮. 動物学雑誌, 68: 78.

Iwata, A., M. Iwata, and E. Nakano, 1985. Distribution of collagen and fibronectin in the scale of the medaka, *Oryzias latipes*. Zool. Sci., 2: 601-604.

———・宇和　紘, 1979. 培養系におけるメダカの骨性小突起の保持と成長. 動物学雑誌, 88: 585.

Jaffe, L. F., 1980. Calcium explosions as triggers of development. Ann. N. Y. Acad. Sci., 339: 86-101.

———, A. L. Miller and R. A. Fluck, 1991. A region of steady high calcium at the vegetal pole of medaka eggs. Biol. Bull., 181: 343-344.

Jacobson, A. G., 1988. Somitomeres: mesodermal segments of vertebrate embryos. Development, 104 suppl. : 209-220.

ジョーンズ, ヘレン・山上健次郎, 1964. Disc 電気泳動法によるメダカ卵タンパク質の分画(予報). 動物学雑誌, 73: 127-129.

Joly, J.-S., F. Bourrat, V. Nguyen and D. Chourrout, 1997. *Ol-Prx 3*, a member of an additional class of homeobox genes, is unimodally expressed in several domains of the developing and adult central nervous system of the medaka (*Oryzias latipes*). Proc. Nat. Acad. Sci. USA, 94: 12987-12992.

Kaftanovskaya, E., N. Motosugi, M. Kinoshita, K. Ozato and Y. Wakamatsu, 2007. Ploidy mosaicism in well-developed nuclear transplants produced by transfer of adult mosaic cell nuclei to nonenucleated eggs of medaka (*Oryzias latipes*). Develop. Growth Differ., 49(9): 691-698.

Kagawa, H. and K. Takano, 1979. Ultrastructure and histochemistry of granulosa cells of pre- and post-ovulatory follicles in the ovary of the medaka, *Oryzias latipes*. Bull. Fac. Fish. Hokkaido Univ., 30: 191-204.

Kage, T., H. Takeda, T. Yasuda, K. Maruyama, N. Yamamoto, M. Yoshimoto, K. Araki, K. Inohaya, H. Okamoto, S. Yasumasu, K. Watanabe, H. Ito and Y. Ishikawa, 2004. Morphogenesis and regionalization of the medaka embryonic brain. J. Comp. Neurol., 476: 219-239.

影山哲男, 1975. メダカ卵の律動的収縮運動の観察と考察. 動物学雑誌, 84: 335.

———, 1977. Motility and locomotion of embryonic cells of the medaka, *Oryzias latipes*, during early development. Develop. Growth & Differ., 19: 103-110.

————, 1978.　メダカ胚の被覆細胞層はおおいかぶせ運動中に細胞の配列がえをする．動物学雑誌，87: 339.

————, 1980a. 胚の律動運動と同調したユニークなbelb（球状仮足）の形成とそれを示す細胞間の接着の発達．動物学雑誌，89: 580.

————, 1980b. Cellular basis of epiboly of the enveloping layer in the embryo of medaka, *Oryzias latipes*. Ⅰ. Cell architecture revealed by silver staining method. Develop. Growth & Differ., 22: 659-668.

————, 1981. メダカの胚表面に位置する扁平上皮（被覆層細胞）の細胞分裂の様式．動物学雑誌，90: 438.

————, 1982.　Celluar basis of epiboly of the enveloping layer in the embryo of medaka, *Oryzias latipes*. Ⅱ. Evidence for cell rearrangement. J. Exp. Zool., 219: 241-256.

————, 1983. The occurence of intercellular bridges in the deep blastomeres of *Oryzias latipes*. Develop. Growth & Differ., 25: 429.

————, 1985. SEM observation of the external yolk syncytical layer in blastpore closure of the medaka, *Oryzias latipes*. Develop. Growth & Differ., 27: 633-638.

————, 1986. Mitotic wave in the yolk syncytial layer of embryos of *Oryzias latipes* originates in the amplification of mitotic desynchrony in early blastomeres. Zool. Sci., 3: 1046.

————, 1987. Mitotic behavior and pseudopodial activity of cells in the embryo of *Oryzias latipes* during blastula and gastrula stages. J. Exp. Zool., 244: 243-252.

————, 1988a. The occurence of elongated intercellular bridges in deep cells of *Oryzias* embryos during blastula and gastrula stages. J. Exp. Zool., 248: 306-314.

————, 1988b. メダカの胚の卵黄多核質層で見られる核分裂の波は，いかに生じるか．Stud. Hum. Nat., 22: 103-117.

————, 1989.　メダカ初期胚の律動的収縮運動と同調した水泡状仮足の形成．Stud. Hum. Nat., 23: 125-135.

————, 1990.　発生初期の形態形成．メダカの生物学（江上信雄・山上健次郎・嶋　昭紘編），東京大学出版会，pp. 76-92.

————, 1993.　エンドサイトーシスは動物の形づくりの駆動力になるか．Stud. Hum. Nat., 27: 25-37.

————, 1994a.　メダカで見つかった逆向き双子胚．Stud. Hum. Nat., 28: 109-115.

————, 1994b.　メダカ胚の卵膜除去法（dechorionation）．Stud. Hum. Nat., 28: 99-108.

————, 1994c.　アフリカツメガエルのオタマジャクシやメダカの飼料としての乾燥粉末酵母製品（エビオス）の利用．Stud. Hum. Nat., 28: 97-98.

————, 1996. Polyploidization of nuclei in the yolk syncytial layer of the embryo of the medaka, *Oryzias latipes*, after the halt of mitosis. Develop. Growth & Differ., 38: 119-127.

————, 1997. パターン形成の細胞機構：メダカ卵膜上に付着毛が規則的な分布をするパターンは卵母細胞をおおう多角形上皮の幾何学的配置に依存する．Stud. Hum. Nat., 31: 33-44.

Kamada, T., 1936a. Membrane potential of the egg of *Oryzias latipes*.　動物学雑誌，48: 152-153.

————, 1936b. Membrane potential of the egg of *Oryzias latipes*. J. Fac. Sci., Tokyo Univ., Ⅳ, 4: 203-213.

Kamito, A., 1928. Early development of the Japanese killifish (*Oryzias latipes*), with notes on its habits. J. Coll. Agric., Tokyo Univ., 10: 21-38.

Kanamori, A., Y. Nagahama and N. Egami, 1985. Development of the tissue architecture in the gonads of the medaka *Oryzias latipes*. Zool. Sci., 2: 695-706.

Kashiwada, S., K. Goka, H. Shiraishi, K. Arizono、K. Ozato, Y. Wakamatsu and D,E. Hinton, 2007. Age-dependent in situ hepatic and gill CYP1A activity in the see-through medaka (*Oryzias latipes*). Comp. Biochem. Physiol. C: Toxicol. Pharmacol., 145: 96-102.

春日清一，1973a.　性ステロイド投与によるメダカの脳下垂体生殖腺刺激ホルモン産生細胞の変化．動物学雑誌，82: 263.

————, 1973b. メダカの卵巣における生殖原細胞の異常増殖と，その一部による精子形成．動物学雑誌，82: 127-132.

————, 1974.　メダカ脳下垂体の第Ⅲ脳室内自家移植．動物学雑誌，83: 408.

————・岩崎良教・高野和則，1972. メダカの卵巣成熟に与える光および水温の影響．動物学雑誌，81: 336.

Katogi, R., Y. Nakatani, T. Shin-I, Y. Kohara, K. Inohaya and A. Kudo, 2004. Large-scale analysis of the genes involved in fin regeneration and blastema formation in the medaka, *Oryzias latipes*. Mech. Develop., 121: 861-872.

川本信之・福田芳生, 1969. 魚類組織図説（硬骨魚類編）. 岩崎書店.

河本典子, 1967. メダカの第2次性徴におよぼすステロイドホルモンの影響. 動物学雑誌, 76: 396.

———, 1973a. 性ホルモン投与によるメダカ生殖巣の性分化の転換過程の形態学的観察. 動物学雑誌, 82: 29-35.

———, 1973b. メダカの第二次性徴発現における各種男性ホルモンの力価. 動物学雑誌, 82: 36-41.

Kawamura, T., S. Sakai, S. Omura, R. Hori-e, T. Kawahara, M. Kinoshita and I. Yamashita, 2002. Estrogen inhibits development of yolk veins and causes blood clotting in transgenic medaka fish over-expressing estrogen receptor. Zool. Sci., 19: 1355-1361.

——— and I. Yamashita, 2002. Aryl hydrocarbon receptor is required for prevention of blood clotting and for the devopment of vasculature and bone in the embryos of medaka fish, *Oryzias latipes*. Zool. Sci., 19: 309-319.

Kelsh, R.N., C. Inoue, A. Momoi, H. Kondoh, M. Furutani-Seiki, K. Ozato and Y. Wakamatsu, 2004. The Tomita collection of medaka pigmentation mutants as a resource for understanding neural crest cell development. Mech. Develop., 121: 841-859.

Kimura, T., T. Jindo, T. Narita, K. Naruse, D. Kobayashi, T. Shin-I, T. Kitagawa, T. Sakaguchi, H. Mitani, A. Shima, Y. Kohara and H. Takeda, 2004. Large scale of ESTs from medaka embryos and its application to medaka developmental genetics. Mech. Dev., 121: 915-932.

Kinoshita, M., S. Kani, K. Ozato and Y. Wakamatsu, 2000. Activity of the medaka fish translation elongation factor 1α-A promoter examined using the *GFP* gene as a reporter. Develop. Growth Differ., 42: 469-478.

——— and K. Ozato, 1995. Cytoplasmic microinjection of DNA into fertilized eggs. Fish Biol. J. Medaka., 7: 59-64.

Kirchen, R. V. and W. R. West, 1976. The Japanese medaka. Its care and development. Carolina Biol. Sup. Co., pp. 36.

Kitagawa, D., T. Watanabe, K. Saito, S. Asaka, T. Sasado, C. Morinaga, H. Suwa, K. Niwa, A. Yasuoka, T. Deguchi, H, Yoda, Y. Hirose, T. Henrich, N. Iwanami, S. Kunimatsu, M. Osakada, C. Winkler, H. Elmasri, J. Wittbrodt, F. Loosli, R. Quiring, M. Carl, C. Grabher, S. Winkler, F. Del Bene, A. Momoi, T. Katada, H. Nishina, H. Kondoh and M. Furutani-Seiki, 2004. Genetic dissection of the formation of the forebrain in Medaka, *Oryzias latipes*. Mech. Develop., 121: 673-685.

Kitajima, K., S. Inoue and Y. Inoue, 1989. Isolation and characterization of a novel type of sialoglycoproteins (hyosophorin) from the eggs of medaka, *Oryzias latipes*: Nonapeptide with a large *N*-linked glycan chain as a tandem repeat unit. Develop. Biol., 132: 544-553.

清原寿一・伊東鎮雄, 1967. メダカの表層胞崩壊潰と付活電位. 動物学雑誌, 76: 394.

——— and ———, 1968. Activation potential observed in the centrifuged egg of Japanese killifish (*Oryzias latipes*). Kumamoto J. Sci., Ser. B, Sec. 2, 9: 23-27.

Kobayashi, D., T. Jindo, K. Naruse and H. Takeda, 2006. Development of the endoderm and gut in medaka, *Oryzias latipes*. Develop. Growth Differ., 48: 283-295.

小林久雄, 1936. メダカの鱗. 植物及動物, 4: 626-628.

小林　弘, 1966. メダカ精子の冷凍保存 予報. 動物学雑誌, 75: 319.

小林啓邦, 1997. メダカにおける小型卵の発生. 朝日大学一般教育紀要, 23: 113-119.

———and T. Hishida, 1992. Electron-microscopic observation of an ectopic PGC-like cell in the teleost *Oryzias latipes*. Zool. Sci., 9: 1087-1092.

——— and T. Iwamatsu, 2000. Development and fine structure of the yolk nucleus of previtellogenic oocytes in the medaka *Oryzias latipes*. Develop. Growth Differ., 42: 623-631.

——— and ———, 2005. Sex reversal in the medaka *Oryzias latipes* by brief exposure of early embryos to estradiol-17β. Zool. Sci., 22: 1163-1167.

———, ——— Y. Shibata, M. Ishihara and Y.

Kobatashi, 2011. Effects of co-administration of estrogen and androgen on induction of sex reversal in the medaka *Oryzias latipes*. Zool. Sci., 28: 355-359.

Kondo, S., Y. Kuwahara, M. Kondo, K. Naruse, H. Mirani, Y. Wakamatsu, K. Ozato, S. Asakawa, N. Shimizu and A. Shima, 2001. The medaka *rs-3* locus required for scale development encodes ectodysplasin-A receptor. Cur. Biol., 11: 1202-1206.

Köster, R., R. Stick, F. Loosli and J. Wittblodt, 1997. Medaka spalt acts as a target gene of hedgehog signaling. Development, 124: 3147-3156.

Konno, K. and N. Egami, 1966. Notes on effects of X-irradiation on the fertility of the male of *Oryzias latipes* (Teleostei, Cyprinodontidae). Annot. Zool. Japon., 39: 63-70.

久保伊津男, 1935. *メダカの産卵習性及其の初期発生*. 養殖会誌, 5: 13-22.

———・桜井 裕, 1951. *メダカの計測*. 魚類学会報, 1-5: 339-346.

Kubota, Y., 1992. Detection of gamma-ray-induced DNA damages in malformed dominant lethal embryos of the Japanese medaka (*Oryzias latipes*) using AP-PCR fingerprinting. Mutat. Res., 283: 263-270.

Kudo, A., 2008. Vertebral bone formation in medaka. 41th Ann. Meet. Jap. Soc. Develop. Biol. (Tokushima), p. 77.

———, 2011. Medaka bone development. *In* Medaka: A model for organogenesis, Human deisease, and evolution (K. Naruse, H. Tanaka and H. Takeda eds.). pp. 81-93. Springer.

Kullman, S.W., J.T. Hamm and D.E. Hinton, 2000. Identification and characterization of a cDNA encoding cytochrome P450 3A from the fresh water teleost medaka (*Oryzias latipes*). Arch. Biochem. Biophys., 380: 29-38.

——— and D.E. Hinton, 2001. Identification, Characterization, and ontogeny of a second cytochrome P450 3A gene from the fresh water teleost medaka (*Oryzias latipes*). Mol. Reprod. Develop., 58:149-158.

栗田 潤, 酒泉 満, 高島史夫, 1992. *メダカ完全異質三倍体の作成*. Nippon Suisan Gakkaishi, 58: 2311-2314.

———, T.Oshiro and M.Sakaizumi, 1993. Production of amphidiploid medaka *Oryzias 2 latipes sinensis-2 curvinotus* by gynogenesis with retention of the second polar body. Nippon Suisan Gakkaishi, 59: 373.

久佐 守, 1960. *メダカの孵化*. 遺伝, 14: 25-28.

——— and I. Morita, 1961. Notes on the birefringence of the egg membrane in eggs of the medaka. Annot. Zool. Japon., 34: 8-10.

Langille, B.M. and B.K. Hall, 1987. Development of the head skeleton of the Japanese medaka, *Oryzias latipes* (Teleostei). J. Morph., 193: 135-158.

——— and ——— 1987. Role of the neural crest in development of the cartilaginous craniel and visceral skeleton of the medaka, *Oryzias latipes* (Teleostei). Annot. Embryol., 177: 297-305.

Lee, C., J.G. Na, K.-C. Lee and K. Park, 2002. Choriogenin mRNA induction in male medaka, *Oryzias latipes* as a biomarker of endocrine disruption. Aquat. Toxicol., 61: 233-241.

Lee, K. S., S. Yasumasu, K. Nomura and I. Iuchi, 1994. HCE a constituent of the hatching enzymes of *Oryzias latipes* embryos, releases unique proline-rich polypeptides from its natural substrate, the hardened chorion. FEBS Lett., 339: 281-284.

Lindsey, C. C. and M. Y. Ali, 1971. An experiment with medaka, *Oryzias latipes* and a critique of the hypothesis that teleost egg size controls vertebral count. J. Fish. Res. Boad Can., 28: 1235-1240.

Long, W. L. and N. A. Speck, 1984. Determination of the plane of bilateral symmetry in the teleost fish, *Oryzias latipes*. J. Exp. Zool., 229: 241-245.

Loosli, F., F. Del Bene, R. Quiring, M. Rembold, J.-R. Martinez-Morales, M. Carl, C. Grabher, C. Iquel, A. Krone, B. Wittbrodt, S. Winkler, T. Sasado, C. Morinaga, H. Suwa, k. Niwa, T. Henrich, T. Deguchi, Y. Hirose, N. Iwanami, S. Kunimatsu, M. Osakada, T. Watanabe, A. Yasuoka, H. Yoda, C. Winkler, H. Elmasri, H. Kondoh, M. Furutani-Seiki and J. Wittbrodt, 2004. Mutations affecting retina development in medaka. Mech. Develop., 121: 703-714.

———, R.W. Köster, M. Carl, A. Krone and J. Wittbrodt, 1998. *Six3*, a medaka homologue of the *Drosophila* homeobox gene *sine oculis* is expressed in the anterior embryonic shield and the developing eye. Mech. Develop., 74: 159-164.

———, ———, M. Carl, R. Kühnlein, T. Henrich, M. Mücke, A. Krone and J. Wittbrodt, 2000. A genetic screen for mutations affecting embryonic development in medaka fish (*Oryzias latipes*). Mech. Develop., 97: 133-139.

———, S. Winkler, C. Burgtorf, E. Wurmbach, W. Ansorge, T. Henrich, C. Grabher, D. Arendt, M. Carl, A. Krone, E. Grzebisz and J. Wittbrodt, 2001. Medaka *eyeless* is the key factor linking retinal determination and eye growth. Development, 128: 4035-4044.

———, ——— and J. Wittbrodt, 1999. *Six3* overexpression initiates the formation of ectopic retina. Genes Dev., 13: 649-654.

前野　巍, 1957. メダカ卵の膜電位の電気生理学的研究. 動物学雑誌, 66: 123.

———, 1958. 卵の付活にともなう電位変動. 動物学雑誌, 67: 16.

———・伊東鎮雄, 1960. メダカ卵の電気的特性. 動物学雑誌, 69: 46.

———・桑原万寿太郎, 1954. メダカ卵の受精時における表層変化に伴う電位変動(続報). 動物学雑誌, 63: 141.

———・森田弘道・桑原万寿太郎, 1954. メダカ卵の表層変化に伴う電位変動. 動物学雑誌, 63: 443.

———, ——— and ———, 1956. Potential measurements on the eggs of Japanese killifish, *Oryzias latipes*. J. Fac. Sci. Kyushu Univ., E. 2: 87-94.

Mantoku, A., M. Chatani, K. Aono, K. Isahaya and A. Kudo, 2015. Otsteoblast and osteoclast behaviors in the turnover of attachment bones during medaka tooth replacement. Dev. Biol., 409 (2): 370-381.

Martindale, M. Q., S. Meier and A. G. Jacobson, 1987. Mesodermal metamerism in the teleost, *Oryzias latipes* (the medaka). J. Morph., 193: 241-252.

Marty, G.D., J.M. Nunez, D.J. Lauren and D.E. Hinton, 1990. Age-dependent changes in toxicity to Japanese medaka (*Oryzias latipes*) embryos. Aquat. Toxicol., 17: 45-62.

Maruyama, K. and J. Ishida, 1955. Effect of 2, 4-dinitrophenol and azide on the latent apyrase activity of the fish embryo. Annot. Zool. Japon., 28: 131-136.

———, Y. Ishikawa, S. Yasumasu and I. Iuchi, 2007. Globin gene enhancer activity of a DNase-I hypersensitive site-40 homolog in medaka, *Oryzias latipes*. Zool. Sci., 24: 997-1004.

———, S. Yasumasu and I. Iuchi, 2004. Evolution of globin genes of the medaka *Oryzias latipes* (Euteleostei; Beloniformes; Oryziinae). Mech. Dev., 121: 753-769.

———, S. Yasumasu, K. Naruse, H. Mitani, A. Shima and I. Iuchi, 2004. Genomic organization and developmental expression of globin genes in the teleost *Oryzias latipes*. Gene, 335: 89-100.

Masaoka, T., H. Okamoto, K. Araki, H. Nagoya, A. Fujiwara and T. Kobayashi, 2012. Identification of the hybrid between *Oryzias latipes* and *Oryzias curevinotus* using nuclear genes and mitochondrial gene region. Marine Genomics, 7: 37-41.

———, ———, ———, ——— and T. Kobayashi, 2010. Species identification of *Oryzias latipes* and *O. curvinotus* using nuclear genes and mitochondrial gene region. DNA Test., 2: 33-48.

Masuda, K., I. Iuchi, M. Iwamori, Y. Nagai and K. Yamagami, 1986. Presence of a substance cross-reacting with cortical alveolar material in "yolk vesicles" of growing oocytes of *Oryzias latipes*. J. Exp. Zool., 238: 261-265.

Masuda, Y., A. Shimada, T. Ishiguro, D. Kobayashi, A. Kanamori and H. Takeda, 2008. Production of maternal-zygotic medaka mutant for aA90/dhc2 defective in left-right asymmetry. 41th Ann. Meet. Jap. Soc. Develop. Biol. (Tokushima), p.211.

碓井益雄, 1962. 動物の発生（図説生物実習体系）. 地球出版.

Matsuda, M., H. Yonekawa, S. Hamaguchi and M. Sakaizumi, 1997. Geographic variation and diversity in the mitochondrial DNA of the medaka, *Oryzias latipes*, as determined by restriction endonuclease analysis. Zool. Sci., 1: 517-526.

Matsuda-Ogawa, N., 1965. A phenogenetic study of the vertebral fused (*f*) in the medaka, *Oryzias latipes*. Embryologia, 9: 13-33.

松井喜三, 1934. メダカの発生過程概要. 博物学会誌, 32: 53.

———, 1940a. Temperature and heart beat in a fish embryo, *Oryzias latipes*. I. The relation of temperature coefficient of heart beat to embryonic

age. Sci. Rep., Tokyo Bunrika Daigaku, B, 5: 39-51.
————, 1940b. 適温範囲内に於けるメダカ胚発育と温度との関係に就いて. 動物学雑誌, 52: 380-384.
————, 1941a. Temperature and heart beat in a fish embryo, *Oryzias latipes*. Ⅱ. The variation of heart beat and temperature coefficient caused by incubation temperature. Sci. Rep., Tokyo Bunrika Daigaku, B, 5: 313-324.
————, 1941b. Temperature and heart beat in a fish embryo, *Oryzias latipes*. Ⅲ. Heart beat of the developing embryo at a constant temperature. Sci. Rep., Tokyo Bunrika Daigaku, B, 5: 325-346.
————, 1941c. メダカ胚発育と心臓搏動数. 動物学雑誌, 53: 139.
————, 1943a. Temperature and heart beat in a fish embryo, *Oryzias latipes*. Ⅳ. The arrest of heart beat by heat. Sci. Rep., Tokyo Bunrika Daigaku, B, 6: 129-138.
————, 1943b. Temperature and heart beat in a fish embryo, *Oryzias latipes*. Ⅴ. Time factor in the action of temperature. Sci. Rep., Tokyo Bunrika Daigaku, B, 6: 139-157.
————, 1943c. メダカ胚心臓搏動に於ける温度恒数と時間要因. 動物学雑誌, 55: 54-55.
————, 1949. メダカの発生過程. 実験形態学, 5: 33-42.
Matsuzaki, T., M. Sakaizumi and A. Shima, 1993. Inter- and intraspecific distribution of an antigenic epitope found in an inbred strain of the medaka, *Oryzias latipes*. J. Exp. Zool., 267: 198-208.
道端 斉, 1975a. [^{3}H]TbR標識によるメダカ精原細胞増殖に及ぼす脳下垂体除去の影響の観察. 動物学雑誌, 84: 414.
————, 1975b. Cell population kinetics of primary spermatogonia activated by warm temperatures in the teleost, *Oryzias latipes* during winter months. J. Fac. Sci., Univ. Tokyo Ⅳ, 13: 299-309.
————・堀 令司, 1978. 環境水中のマンガンのメダカ卵の発生におよぼす影響について. 動物学雑誌, 87: 338.
————・————, 1979. 環境水中のマンガンのメダカ卵内含有量におよぼす影響について. 動物学雑誌, 88: 92-94.
————・江上信雄, 1976. メダカ精巣の精原細胞集団におよぼすγ線の急照射ならびに緩照射の影響. 動物学雑誌, 85: 486.
————・田口泰子・江上信雄, 1974. 非繁殖期におけるメダカ精子形成の活性化と精原細胞の細胞動態. 動物学雑誌, 83: 469.
————・吉田一晴・堀 令司, 1979. メダカ卵におよぼす重金属の影響, 特にカドミウムについて. 動物学雑誌, 88: 611.
Mise, T., M. Iijima, K. Inohaya, A. Kudo and H. Wada, 2008. Function of Pax1 and Pax9 in the sclerotome of medaka fish. Genetics, 46: 185-192.
Miyake, T. and B. K. Hall, 1994. Development of *in vitro* organ culture techniques for differentiation and growth of cartilages and bones from teleost fish and comparisons with *in vivo* skeletal development. J. Exp. Zool., 268: 22-43.
Miyayama, Y. and T. Fujimoto, 1977. Fine morphological study of neural tube formation in the teleost, *Oryzias latipes*. Okajimas Fol. Anat. Japan., 54: 97-120.
水上節郎, 1969. V.T.R.によるメダカ遊離胚細胞の分裂過程の解析. − 特に重複核細胞形成の三様式について. 動物学雑誌, 78: 218.
————, 1971. メダカ遊離胚細胞における重複核の形成について. 動物学雑誌, 80: 132-136.
————, 1972. メダカ卵の胞胚期における割腔形成の機構に関する研究. 動物学雑誌, 81: 286.
————, 1977a. メダカの解離胚細胞における二核細胞の形成とその運命. 遺伝, 31: 67-72.
————, 1977b. メダカの解離胚細胞における細胞の融合について. 動物学雑誌, 86: 308.
————・佐藤矩行, 1979. メダカの解離胚細胞の融合 − 走査型電顕による観察. 動物学雑誌, 88: 465.
水野復一郎・蛯谷米司・赤倉 圭・多田 敏・酒井俊男・原田郁生, 1960. メダカの温度適応の解析. 動物学雑誌, 69: 60.
Monroy, A., M. Ishida and E. Nakano, 1961. The pattern of transfer of the yolk material to the embryo during the development of the teleostean fish, *Oryzias latipes*. Embryologia, 6: 151-158.
Moriyama, A., K. Inohaya, K. Maruyama and A. Kudo, 2010. Bef medaka mutant reveals the essential role of c-myb in both primitive and definitive hematopoiesis. Dev. Biol., 345:133-143.
Murakami, M., I. Iuchi and K. Yamagami, 1990. York phosphoprotein metabolism during early develop-

ment of the fish, *Oryzias latipes*. Develop. Growth & Differ., 32: 619-627.

———, ——— and ———, 1991. Partial characterization and subunit analysis of major phosphoproteins of egg yolk in the fish, *Oryzias latipes*. Comp. Biochem. Physiol., 100B: 587-593.

Murata, K., 1995. The origin and structure of the precursor proteins of the egg envelope of the fish. Sophia Life Sci. Bull., 14: 45-62.

———, T. S. Hamazaki, I. Iuchi and K. Yamagami, 1991. Spawning female-specific egg envelope glycoprotein-like substances in *Oryzias latipes*. Develop. Growth & Differ., 33: 553-562.

———, I. Iuchi and K. Yamagami, 1993. Isolation of H-SF substances, the high-molecular-weight precursors of egg envelope proteins, from the ascites accumulated in the oestrogen-treated fish, *Oryzias latipes*. Zygote, 1: 315-324.

———, ——— and ———, 1994. Synchronous production of the low- and high-molecular-weight precursors of the egg envelope subunits, in response to estrogen administration in the teleost fish *Oryzias latipes*. Gen. Comp. Endocrinol., 95: 232-239.

———, T. Sasaki, S. Yasumasu, I. Iuchi, J. Enami, I. Yasumasu and K. Yamagami, 1995. Cloning of cDNAs for the precursor protein of a low-molecular-weight subunit of the inner layer of the egg envelope (chorion) of the fish *Oryzias latipes*. Dev. Biol., 167: 9-17.

———, H. Sugiyama, S. Yasumasu, I. Iuchi and K. Yamagami, 1995. cDNA cloning of a precursor protein, H-SF, of the egg envelope of medaka, *Oryzias latipes*. Zool. Sci. Suppl., 12: 87.

———, ———, ———, ———, I. Yasumasu and K. Yamagami, 1997. Cloning of cDNA and estrogen-induced hepatic gene expression for choriogenin H, a precursor protein of the fish egg envelope (chorion). Proc. Natl. Acad. Sci. USA, 94(5): 2050-2055.

———, K. Yamamoto, I. Iuchi, I. Yasumasu and K. Yamagami, 1997. Intrahepatic expression of genes encoding choriogenins: precursor proteins of the egg envelope of fish, the medaka, *Oryzias latipes*. Fish Physiol. Biochem., 17: 135-142.

Murayama, T., 1927. Die Entwichelung des hautigen Labrinthes des Knochenfisches (*Oryzias latipes*). Folia Annot. Japonica, 5: 333-360.

Nagahama, Y., A. Matsuhisa, T. Iwamatsu, N. Sakaki and S. Fukada, 1991. A mechanism for the action of pregnant mare serum gonadotropin on aromatase activity in the ovarian follicle of the medaka, *Oryzias latipes*. J. Exp. Zool., 259: 53-58.

中埜栄三，1950. メダカ卵に及ぼすリチウム作用の分析．動物学雑誌，59: 47-48.

———，1954. メダカ卵の受精における卵膜の硬化と表層胞物質．動物学雑誌，63: 420.

———, 1956. Changes in the egg membrane of the fish egg during fertilization. Embryologia., 3: 89-103.

———，1960. 卵細胞のCa代謝．動物学雑誌，69: 21.

———, 1969. Fishes. *In* "Fertilization: Comparative morphology, biochemistry and immunology" (C. Metz and A. Monroy, eds.). Academic Press Inc., 2: 295-324.

——— and M. Hasegawa, 1971. Differentiation of the retina and retinal lactate dehydrogenase isozymes in the teleost, *Oryzias latipes*. Develop. Growth & Differ., 13: 351-357.

——— and ———, 1968. Uptake and incorporation of labeled amino acids in fish oocytes. Acta Embryol. Morphol. exp., 10: 109-116.

———・A. Monroy・津坂 昭，1965. 初期発生における代謝プール．Symposia Cell. Chem., 12: 149-158.

——— and A. H. Whiteley, 1965. Differentiation of multiple molecular forms of four dehydrogenases in the teleost, *Oryzias latipes*, studied by disc electrophoresis. J. Exp. Zool., 159: 167-180.

———・山本定明，1966. アイソザイム．蛋白質・核酸・酵素，11: 1011-1021.

——— and ———, 1972. Amino acid component in the fish egg. Develop. Biol., 28: 528-530.

———・横田幸雄，1971. 網膜型乳酸脱水素酵素 － 発生学的および酵素化学的考察．動物学雑誌，80: 432.

Nakashima, S. and T. Iwamatsu, 1989. Ultrastructural changes in micropylar cells and formation of the micropyle during oogenesis in the medaka *Oryzias latipes*. J. Morphol., 202: 339-349.

Nakatani, Y., A. Kawakami and A. Kudo, 2007.

Cellular and molecular processes of regeneration, with special emphasis on fish fins. Develop. Growth Differ., 49: 145-154.

———, M. Nishidate, M. Fujita, A. Kawakami and A. Kudo, 2008. Migration of mesenchymal cell fated to blastema is necessary for fish fin regulation. Develop. Growth Differ., 50: 71-83.

南部　実・細川和子，1962. メダカの産卵刺激：接触時間について．動物学雑誌，71: 404.

———・———, 1964. メダカ産卵の時間的経過と要因．動物学雑誌，73: 17-20.

成瀬　清，1990. 人為雌性発生とその利用．メダカの生物学（江上信雄・山上健次郎・嶋　昭紘編），東京大学出版会，pp. 281-295.

———, H. Hori, N. Shimizu, Y. Kohara and H. Takeda, 2004. Medaka genomics: a bridge between mutant phenotype and gene function. Mech. Dev., 121: 619-628.

———, K. Ijiri, A. Shima and N. Egami, 1985. The production of cloned fish in the medaka (*Oryzias latipes*). J. Exp. Zool., 236: 335-341.

———, A. Shima, M. Matsuda, M. Sakaizumi, T. Iwamatsu, B. Soeroto and H. Uwa, 1993. Distribution and phylogeny of rice fish and their relatives belonging to the suborder Adrianichthyoidei in Sulawesi, Indonesia. The Fish Biology J. Medaka., 5: 11-15.

———, M. Tanaka, K. Mita, A. Shima J. Postlethwait and H. Mitani, 2004. A medaka gene map: the trace of ancestral vertebrate proto-chromosomes revealed by comparative gene mapping. Genome Res., 14: 820-828.

Nemoto, Y., K. Higuchi, O. Baba, A. Kudo and Y. Takano, 2007. Multinuclear osteoclasts in medaka as evidence of active bone remodeling. Bone(NY), 40: 399-408.

———, M. Chatani, K. Inohaya, Y. Hiraki and A. Kudo, 2008. Expression of marker genes during otolith development in medaka. Gene Expr. Patterns, 8: 92-95.

Neues, F., R. Goerlich, J. Renn, F. Beckmann and M. Epple, 2007. Skeltal deformations in medaka (*Oryzias latipes*) visualized by synchrotron radiation microcomputer tomography (SRμCT). J. Struct. Biol., 160: 236-240.

Nguyên, V., E.M. Candal-Suárez, A. Sharif, J.S. Joly and F. Bourrat, 2001. Expression of *Ol-KIP*, a cyclin-dependent kinase inhibitor, in embryonic and adult medaka (*Oryzias latipes*) central nervous system. Dev. Dyn., 222: 439-449.

———, K. Deschet, T. Henrich, E. Godet, J.S. Joly, *et al.*, 2001. Morphogenesis of the optic tectum in the medaka (*Oryzias latipes*): a morphological and molecular study, with special emphasis on cell proliferation. J. Comp. Neurol., 413: 385-404.

———, J.S. Joy and F. Bourrat, 2001. An *in situ* screen for genes controlling cell proliferation in the optic tectum of the medaka (*Oryzias latipes*). Mech. Develop., 107: 55-67.

Niemarkt, J. E, 1977. Antigenicity of purified chorionase (hatching enzyme) from the teleost *Oryzias latipes*. Arch. Int. Physiol. Biochim., 85: 425-426.

Nishidate, M., Y. Nakatani, A. Kudo and A. Kawakami, 2007. Identification of novel markers expressed during fin regeneration by microarray analysis in medaka fin. Dev. Dyn., 236:2685-2693.

西川昇平，1956. メダカの精巣における生殖細胞の季節的変化．動物学雑誌，65: 203-206.

Niwa, K., T. Ladyhgina, M. Kinoshita, K. Ozato and Y. Wakamatsu, 1999. Transplantation of blastula nuclei to non-enucleated eggs in the medaka, *Oryzias latipes*. Develop. Growth Differ., 41(3): 163-172.

Nuccitelli, R., 1977. A study of the extracellular electrical currents and membrane potential changes generated by the medaka egg during activation. J. Cell Biol., 75: 23a.

———, 1980a. The electrical changes accompanying fertilization and cortical vesicle secretion in the medaka egg. Develop. Biol., 76: 483-498.

———, 1980b. The fertilization potential is not necessary for the block to polyspermy or the activation of development in the medaka egg. Develop. Biol., 76: 499-504.

———, 1987. The wave of activation current in the egg of the medaka fish. Develop. Biol., 122: 522-534.

Oba, Y., M. Yoshikuni, M. Tanaka, M. Mita Y. Nahagama, 1997. Inhibitory guanine-nucleotide-binding-regulatory protein α subunits in medaka

(*Oryzias latipes*) oocytes. cDNA cloning and decreased expression of proteins during oocyte maturation. Eur. J. Biochem., 249:846-853.

小川典子・大井優一, 1967. メダカ受精卵膜に関しての2・3の知見. 動物学雑誌, 76: 428.

————・————, 1968. メダカの卵膜と孵化酵素. 動物学雑誌, 77: 151-156.

————・————, 1969a. メダカの卵膜について. 動物学雑誌, 78: 377.

————・————, 1969b. メダカの孵化酵素の分画. 動物学雑誌, 78: 376-377.

————・————, 1970. メダカの卵膜と孵化酵素. 1. 卵膜の組織化学的研究及び薬品処理による光学的性質の変化について. 動物学雑誌, 79: 355-356.

————・竹内邦輔, 1973. チヂミメダカ(fused)の発生について. 動物学雑誌, 82: 251.

大井優一, 1959. メダカ卵の燐酸代謝. 動物学雑誌, 68: 43-44.

————, 1961a. 魚卵タンパク質の免疫電気泳動的研究. 医学と生物, 60: 155-158.

————, 1961b. 魚卵及び魚血清のタンパクcomponentsについて. 動物学雑誌, 70: 9-10.

————, 1961c. Studies on the phosphate metabolism during the development of *Oryzias latipes*. Jap. J. Zool., 13: 199-219.

————, 1962a. Water-soluble protein in the fish egg and their changes during early development. Embryologia., 7: 208-222.

————, 1962b. Immuno-electrophoretic analysis of water soluble proteins of fish egg. Jap. J. Zool., 13: 383-393.

————, 1962c. 免疫電気泳動によるメダカ卵タンパク質の解析. 動物学雑誌, 71: 384.

————, 1965. フェノール及び抗卵血清中でのメダカ卵の発生卵の発生異常. 動物学雑誌, 74: 342.

————, 1967. メダカのリボ核酸. 動物学雑誌, 76: 427.

————, 1976. メダカ卵の水溶性タンパク質と孵化酵素によって可溶化された卵膜タンパク質の分子量について. 動物学雑誌, 85: 349.

————, 1978. メダカ卵の水溶性タンパク質および孵化酵素で可溶化された卵膜タンパク質の分子量測定. 名古屋大学教養部紀要B(自然科学・心理学), 22: 41-49.

————・伊藤正裕, 1978. メダカ卵膜の複屈折とX線解析. 名古屋大学教養部紀要B(自然科学・心理学), 22: 51-63.

————・中埜栄三, 1954. メダカ卵の物質代謝(其の二). 動物学雑誌, 63: 167.

————・小川典子, 1969. メダカの孵化酵素の分画. 動物学雑誌, 78: 376.

————・————, 1970a. メダカ孵化酵素の電気泳動による分画. 動物学雑誌, 79: 17-18.

————・————, 1970b. メダカの卵膜と孵化酵素. 2. 卵膜の異方性について. 動物学雑誌, 79: 356.

————・————, 1971. メダカの卵膜および孵化酵素. 動物学雑誌, 80: 424-425.

————・————, 1975. メダカの卵膜とウロコを構成するタンパク質の比較. 動物学雑誌, 84: 333.

————・————・山田可水, 1973. メダカの卵膜と孵化酵素. 動物学雑誌, 82: 331.

Ohisa, S., K. Inohaya, Y. Takano and A. Kudo, 2010. Sec24d encoding a component of COPII is essential for vertebra formation, revealed by the analysis of the medaka mutant, *vbi*. Dev. Biol., 342: 85-95.

Ohmuro-Matsuyama, Y., M. Matsuda, T. Kobayashi, T. Ikeuchi and Y. Nagahama, 2004. Expression of *DMY* and *DMRT1* in various tissues of the medaka (*Oryzias latipes*). Zool. Sci., 20: 1395-1398.

Ohta, T. and T. Iwamatsu, 1974. Initiation of cleavage in fish eggs by injection of flagella or microtubules of sea urchin spermatozoa. Develop. Growth & Differ., 16: 67-74.

———— and ————, 1981a. Morphological observations on cleavage of the egg of the medaka, *Oryzias latipes*, following injection with flagellar microtubules of sea urchin spermatozoa. J. Exp. Zool., 218: 293-299.

————・————, 1981b. 精子鞭毛微小管による魚卵の卵割誘導. 遺伝, 35: 42-45.

————, ———— and T. Miki-Noumura, 1980. Inability of brain microtubules to cause cleavage induction in *Oryzias latipes* eggs. 動物学雑誌, 89: 317-320.

大塚英司, 1954a. メダカの受精に対するLiCl及びNaSCNの影響. 動物学雑誌, 63: 159.

————, 1954b. メダカの遠心分離卵の受精と発生について. 動物学雑誌, 63: 420.

————, 1956. メダカの卵膜硬化に対する不飽和脂肪酸の影響. 動物学雑誌, 65: 90.

———, 1957a. メダカ卵の受精の際の表層変化について. 動物学雑誌, 66: 84.

———, 1957b. On the hardening of the chorion in the fish egg after fertilization. I. Role of the cortical substance in chorion hardening of the egg of *Oryzias latipes*. Sieboldia Acta Biologica, 2: 19-29.

———, 1957c. On the hardening of the chorion in the fish egg after fertilization, II. Fine structure in the hardened chorion of the egg of *Oryzias latipes*. Sieboldia Acta Biologica, 2: 31-34.

———, 1958. メダカ卵の囲卵腔液の炭水化物成分とその由来. 動物学雑誌, 67: 96-99.

———, 1959. メダカ卵膜の硬化機構. 動物学雑誌, 68: 43.

———, 1960. On the hardening of the chorion of the fish egg after fertilization. III. The mechanism of chorion hardening in *Oryzias latipes*. Biol. Bull., 118: 120-128.

———, 1961. メダカ卵の受精の際の表層変化. II. 動物学雑誌, 70: 14-15.

———, 1964. メダカ卵の受精と ATPase. 動物学雑誌, 73: 329.

———, 1969. Changes in mitochondrial adenosine triphosphatase activity of fish egg at fertilization. Sieboldia Acta Biologica, 4: 95-98.

Ohyama, A., Y. Hyodo-Taguchi, M. Sakaizumi and K. Yamagami, 1986. Lactate dehydrogenase isozymes of the inbred and outbred individuals of the medaka, *Oryzias latipes*. Zool. Sci., 3: 773-784.

Oka, T. B., 1938. Differentiation of the embryonic tissues of the fish, *Oryzias latipes*, transplanted on the chorio-allantois of chick. Annot. Zool. Japon., 17: 638-645.

———, 1939. 尿漿膜に移植されたメダカの胚組織の分化. 動物学雑誌, 51: 229.

———, 1940. Striation pattern of the epithelium cells of yolk sac membrane and embryonic body of *Oryzias latipes*. Cytologia, 10: 524-528.

———, 1943. Differential formation of melanophores and lipophores, in tissue cultures of the presomite embryonic cells of *Oryzias latipes*, as affected by allelomorphic genes. J. Fac. Sci., Tokyo Univ., IV, 6: 179-193.

Okada, Y. K., 1943a. Regeneration of the tail in fish. Annot. Zool. Japon., 22: 59-68.

———, 1943b. 精巣卵の形成. 動物学雑誌, 55: 361-362.

———, 1949. 魚における精巣卵に関する実験的研究. 実験形態学誌, 5: 149-151.

———, 1964. A further note on testis-ova in the teleost, *Oryzias latipes*. Proc. Jap. Acad., 40: 753-756.

——— and H. Yamashita, 1944. Experimental investigation of the manifestation of secondary sexual characters in fish, using the medaka, *Oryzias latipes* (Temminck and Schlegel) as material. J. Fac. Sci., Tokyo Univ., IV, 6: 383-437.

Okamoto, H. and J. Y. Kuwada, 1991a. Alteration of pectoral fin nerves following ablation of fin buds and by ectopic fin buds in the Japanese medaka fish. Develop. Biol., 146: 62-71.

——— and ———, 1991b. Outgrowth by motor axons in wildtype and a finless mutant of the Japanese medaka fish. Dev. Biol., 146: 49-61.

———, I. Nakayama, H. Nagoya and K. Araki, 2001. Predicted proein structure of medaka *FoxA3* and its expression in Polster. Zool. Sci., 18: 823-832.

Omura. Y. and M. Oguri, 1969. Histological studies on the pineal organ of 15 species of teleosts. Bull Japan. Soc. Fish., 35: 991-1000.

Onitake, K. 1972. Morphological studies of normal sex-differentiation and induced sex-reversal process of gonads in the medaka, *Oryzias latipes*. Annot. Zool. Japon., 45: 159-169.

——— and T. Iwamatsu, 1986. Immunocytochemical demonstration of steroid hormones in the granulosa cells of the medaka, *Oryzias latipes*. J. Exp. Zool., 239: 97-103.

Oota, Y., 1963. Electron microscopic studies on the region of the hypothalamus contiguous to the hypophysis and the neurohypophysis of the fish, *Oryzias latipes*. J. Fac. Sci., Tokyo Univ., IV, 10: 143-154.

Ozato, K., 1995. The staging series of medaka development has been revised. Fish Biol. J. Medaka, 7: 49-51.

———, H. Kondoh, H. Inohara, T. Iwamatsu, Y. Wakamatsu and T. S. Okada, 1986. Production of transgenic fish: Induction and expression of chicken δ-crystalline gene in medaka embryos. Cell Differ., 19: 237-244.

——— and Y. Wakamatsu, 1994. Developmental genetics of medaka. Develop. Growth & Differ., 36: 437-443.

——— and ———, 2002. Developmental genetics of medaka. Develop. Growth Differ., 36: 437-443.

大図英二，1973. 魚類の孵化酵素の活性値の測定．動物学雑誌，82: 331.

Pearson, S. D., 1991. The energetics of embryonic growth and development. I. Oxygen consumption, biomass growth, and heat production. J. Theor. Biol., 152: 223-240.

Pendergrass, P. B., 1974. Electron and light microscope study of the mechanism of oocyte extrusion during ovulation in the fish *Oryzias latipes*. Ph. D. Thesis, Washington State Univ., 1-66.

———, Quirk, J. Q and J. B. Hamilton, 1973. Number of germ cells in known male and known female genotypes of vertebrate embryos (*Oryzias latipes*). Science, 180: 963-964.

——— and P. Schroeder, 1976. The ultrastructure of the thecal cell of the teleost, *Oryzias latipes*, during ovulation *in vitro*. J. Reprod. Fert., 47: 229-233.

Philipp, D. P. and G. S. Whitt, 1977. Patterns of gene expression during teleost embryogenesis: lactate dehydrogenase isozyme ontogeny in the medaka (*Oryzias latipes*). Develop. Biol., 59: 183-197.

Reinboth, R., 1983. The peculierities of gonadotransformation in teleosts. *In* "Mechanisms of Gonadal Differentiation in Vertebrates" (U. Muller and W. W. Franke, eds.), Springer-Verlag, Berlin, pp. 82-86.

Rembold, M. and J. Wittbrodt, 2004. *In vivo* time-lapse imaging in medaka – *n*-heptanol blocks contractile rhythmical movements. Mech. Develop., 121: 965-970.

Renn, J., A. Buttner, T.T. To, S.J.H. Chan and C. Winkler, 2013. A *col*10a1: *nl*GFP transgenic line displays putative osteoblast precursors at the medaka notochordal sheath prior to mineralization. Dev. Biol., 381: 134-143.

———, ———, E.P.S. Chua, F.S. Tay, M. Featherstone and C. Winkler., 2014. Characterization of regulatory elements in the medaka *osterix* promoter required for osteoblast expression. J. Appl. Ichthyol., 30: 652-660.

———, M. Schaedel, J.-N. Volff, R. Goerlich, M. Schartl and C. Winkler, 2006. Dynamic expression of *sparc* precedes formation of skeletal elementsin the medaka (*Oryzias latipes*). Gene, 372: 208-218.

———, D. Seibt, R. Goerlich, M. Schartl and C. Winkler, 2006. Simulated microgravity upregulates gene expression of the skeletal regulator core-binding factor $\alpha 1$/Runx2 in medaka fish larvae *in vivo*. Adv. Space Res., 38: 1025-1031.

——— and ———, 2009. Osterix-mCherry transgenic medaka for *in vivo* imaging of bone formation. Dev. Dyn, 238: 241-248.

——— and ———, 2010. Characterization of *collagen type 10a1* and *osteocalcin* in early and mature osteoblasts during skeleton formation in medaka. J. Appl. Ichyol., 26: 196-201.

——— and C. Winkler, 2012. *Osterix*: nlGFP transgenic medaka identify regulatory roles for retinoic acid signaling during osteoblast differentiation *in vivo*. J. Appl. Ichthyol., 28: 360-363.

———, C. Winkler, M. Schartl, R. Fischer and R. Goerlich, 2006. Zeblafish and medaka as models for bone research including implications regarding space-related issues. Protoplasma, 229: 209-214.

——— and ———, 2014. *Oserix/Sp7* regulates biomineralization of otolith and bone in medaka (*Oryzias latipes*). Mat. Biol., 34: 193-204.

Ridgway, E. B., J. C. Gilkey and L. F. Jaffe, 1977. Free calcium increases explosively in activating medaka eggs. Proc. Natl. Acad. Sci. USA, 74: 623-627.

Robertson, A., 1979. Waves propagated during vertebrate development: observations and comments. J. Embryol. Exp. Morphol., 50: 155-167.

Robinson, E. and R. Rugh, 1943. The reproductive process of the fish, *Oryzias latipes*. Biol. Bull. mar. Biol. Woods Hole, 84: 115-125.

Rugh, R. 1948. Experimental embryology. Burgess, Minneapolis.

Ryder, J.A., 1882. Development of the silver gar (*Belone longirostreis*), with observations on ther genesis of the blood in embryo fishes, and a comparison of fish ova with those of other vertebrates. Bull. U.S. Fish Comm., 1: 283-301.

Sahara, T. and T. Tamaki, 1968. Teratogenicity of radioactive human liver ash in mice and *Oryzias latipes*. Proc. Congenital Abnormalies Res. Ass. Ann. Rep., 8: 37-38.

Sakaguchi, S., Y. Nakatani, N. Takamatsu, H. Hori, A. Kawakami, K. Inohaya and A. Kudo, 2006. Dev. Biol., 293: 426-438.

Sakai, Y. T., 1961a. Method for removal of chorion and fertilization of the naked egg in *Oryzias latipes*. Embryologia, 5: 357-368.

————, 1961b. メダカ裸卵の卵質分極について．動物学雑誌, 70: 5.

————, 1962. メダカ部分付活卵の卵質分極．動物学雑誌, 71: 16.

————, 1964a. Studies on the ooplasmic segregation in the egg of the fish, *Oryzias latipes*. I. Ooplasmic segregation in egg fragments. Embryologia, 8: 129-134.

————, 1964b. Studies on the ooplasmic segregation in the egg of the fish, *Oryzias latipes*. Ⅱ. Ooplasmic segregation of the partially activated egg. Embryologia., 8: 135-145.

————, 1965. Studies on the ooplasmic segregation in the egg of the fish, *Oryzias latipes*. Ⅲ. Analysis of the movement of oil droplets during the process of ooplasmic segregation. Biol. Bull., 129: 189-198.

————, 1973. メダカの精子形成．動物学雑誌, 82: 363.

————, 1976. Spermiogenesis of the teleost, *Oryzias latipes*, with special reference to the formation of flagellar membrane. Develop. Growth & Differ., 18: 1-13.

Sakai, N., T. Iwamatsu, K. Yamauchi and Y. Nagahama, 1987. Development of the steroidogenic capacity of medaka (*Oryzias latipes*) ovarian follicles during vitellogenesis and oocyte maturation. Gen. Comp. Endocrinol., 66: 333-342.

————, ————, ————, N. Suzuki and Y. Nagahama, 1988. Influence of follicular development on steroid production in the medaka (*Oryzias latipes*) ovarian follicle in response to exogenous substances. Gen. Com. Endocrinol., 71: 516-523.

Sakaizumi, M. and N. Egami, 1980. Effects of methyl mercuric chloride and gamma irradiation on the fertility of males in the fish, *Oryzias latipes*. J. Fac. Sci., Univ. Tokyo, Sec. IV, 14: 385-390.

————, Y. Shimizu, and S. Hamaguchi, 1992. Electrophoretic studies of meiotic segregation in inter- and intraspecific hybrids among East Asian species of the genus *Oryzias* (Pisces: Oryziatidae). J. Exp. Zool., 264: 85-92.

————, ————, T. Matsuzaki and S. Hamaguchi, 1993. Unreduced diploid eggs produced by interspecific hybrids between *Oryzias latipes* and *O. curvinotus*. J. Exp. Zool., 266: 312-318.

Sakamoto, D., H. Kudo, K. Inohaya, H. Yokoi, T. Narita, K. Naruse, H. Mitani, A. Shima, Y. Ishikawa, Y. Imai and A. Kudo, 2004. A mutation in the gene for δ-aminolevulinic acid dehydratase (ALAD) causes hypochromic anemia in the medaka *Oryzias latipes*. Mech Dev., 121: 747-752.

Sasado, T., S. Kani, K. Washimi, K. Ozato and Y. Wakamatsu, 1999. Expression of murine embryonic antigens, SSEA-1 and antigenic determinant of EMA-1, in embryos and ovarian follicles of a teleost medaka (*Oryzias latipes*). Develop. Growth Differ., 41: 293-302.

————, C. Morinaga, K. Niwa, A. Shinomiya, A. Yasuoka, H. Suwa, Y. Hirose, H. Yoda, T. Henrich, T. Deguchi, N. Iwanami, T. Watanabe, S. Kunimatsu, M. Osakada, Y. Okamoto, Y. Kota, T. Yamanaka, M. Tanaka, H. Kondoh and M. Furutani-Seiki, 2004. Mutations affecting early distribution of primordial germ cells in medaka (*Oryzias latipes*) embryo. Mech. Develop., 121: 817-828.

佐々木直井・伊東鎮雄, 1962. 海棲メダカの研究. 3. 受精並びに発生に対する塩分濃度の影響．動物学雑誌, 71: 143-147.

佐藤矩行, 1972. メダカの性分化に関する電顕的観察．動物学雑誌, 81: 284.

————, 1973. Sex differentiation of the gonad of fry transplanted into the anterior chamber of the adult eye in the teleost, *Oryzias latipes*. J. Embryol. exp. Morphol., 30: 345-358.

————, 1974. An ultrastructural study of sex differentiation in the teleost *Oryzias latipes*. J. Embryol. exp. Morph., 32: 195-215.

———— and N. Egami, 1972. Sex differentiation of germ cells in the teleost, *Oryzias latipes*, during normal embryonic development. J. Embryol. exp. Morph., 28: 385-395.

Schantz, A. R., 1985. Cytosolic free calcium-ion concentration in cleaving embryonic cells of *Oryzias latipes* measured with calcium-sensitive microelectodes. J. Cell Biol., 100: 947-954.

Schoots, A. F. M., R. C. Meijer and J. M. Denucé, 1983. Dopaminergic regulation of hatching in fish embryos. Develop. Biol., 100: 59-63.

———, R. G. De Bont, G. J. Van Eys and J. M. Denucé, 1982. Evidence for a stimulating effect of prolactin on teleostean hatching enzyme secretion. J. Exp. Zool., 219: 129-132.

———, R. J. Sackers, R. G. De Bont and J. M. Denucé, 1981. Ionophore A23187-induced hatching enzyme secretion in medaka embryos. Arch. Int. Physiol. Biochim., 89: B77.

———, ———, P. S. G. Overkamp and J. M. Denucé, 1983. Hatching in the teleost, *Oryzias latipes*: Limited proteolysis causes egg envelope swelling. J. Exp. Zool., 226: 93-100.

Schreiweis, D. O., 1976. Cardiovascular malformations in *Oryzias latipes* embryos treated with 2, 4, 5-trichlorophenoxyacetic acid (2, 4, 5- T). Teratology, 14: 287-290.

Schroeder, P. C. and P. B. Pendergrass, 1976. The inhibition of *in vitro* ovulation from follicles of the teleost *Oryzias latipes* by cytochalasin B. J. Reprod. Fert., 48: 327-330.

Sekimizu, K., M. Tagawa and H. Takeda, 2007. Defective fin regeneration in medaka fish (*Oyzias latipes*) with hypothyroidism. Zool. Sci., 24: 693-699.

Seko, A., K. Kitajima, S. Inoue and Y. Inoue, 1991. Identification of free glycan chain liberated by de-*N*-glycosylation of the cortical alveolar glycopolyprotein (hyosophorin) during early embryogenesis of the medaka fish, *Oryzias latipes*. Biochem. Biophys. Res. Commun., 180: 1165-1171.

———, ———, ——— and ———, 1991. Peptide: *N*-glycosidase activity found in the early embryos of *Oryzias latipes* (medaka fish). J. Biol. Chem., 266: 22110-22114.

———, ———, T. Iwamatsu, Y. Inoue and S. Inoue, 1999. Identification of two discrete peptide: *N*-glycanases in *Oryzias latipes* during embryogenesis. Glycobiology, 9: 887-895.

Sguigna, C., R. Fluck and R. Barber, 1988. Calcium dependence of rhythmic contractions of the *Oryzias latipes* blastoderm. Comp. Biochem. Physiol., 89: 369-374.

Shi, M. and M. Faustman, 1989. Development and characterization of a morphological scoring system for medaka (*Oryzias latipes*) embryo culture. Aquat. Toxicol., 15: 127-140.

Shibata, N. and Hamaguchi, 1986. Electron microscopic study of the blood-testis barrier in the teleost, *Oryzias latipes*. Zool. Sci., 3: 331-338.

——— and ———, 1988. Evidence for the sexual bipotentiality of spermatogonia in the fish, *Oryzias latipes*. J. Exp. Zool., 245: 71-77.

Shibata Y., 2005. Modification of egg envelope proteins during fertilization in teleost fish. Research Signpost, pp.115-134.

———. and T. Iwamatsu, 1996. Evidence for involvement of the exudate released from the egg cortex in the change in chorion proteins at the time of egg activation in *Oryzias latipes*. Zool. Sci., 13: 271-275.

———, ———, Y. Oba, D. Kobayashi, M. Tanaka, Y. Nagahama, N. Suzuki and M. Yoshikuni, 2000. Identification and cDNA cloning of alveolin, an extracellular metalloproteinase, which induces chorion hardening of medaka (*Oryzias latipes*) eggs upon fertilization. J. Biol. Chem., 275: 8349-8354.

———, ———, N. Suzuki, G. Young, K. Naruse, and Y. Nagahama, 2012. An oocyte-specific astacin family protease, alveoli, is released from cortical granules to trigger egg envelope hardening during fertilization in medaka (*Oryzias latipes*). Dev. Biol., 372: 239-248.

Shigemoto, T. and Y. Okada, 1996. External-anion-dependent anionic current in blastoderm cells of early medaka fish embryos. J. Physiol., 495: 51-63.

白井 健, 1937. メダカ胚体発育に及ぼす温度の影響に就いて. 博物学雑誌, 39: 202-210.

Shima, A. and N. Egami, 1978. Absence of systematic polyploidization of hepatocyte nuclei during the aging process of the male medaka, *Oryzias latipes*. Exp. Gerontol., 13: 51-55.

———, N. Morimura, C. Matsumoto, A. Hiraga, R.Komine, T. Kimura, K. Naruse and S. Fukamachi

, 2013. Effects of body-color mutations on vitality: An attempt to establish easy-to-breed see-through medaka strains by outcrossing. G3, 1577-1585.

——— and H. Takeda, 2008. Production of a maternal-zygotic medaka mutant using hybrid sterility. Develop. Growth Differ., 50: 421-426.

Shimada, A. and H. Takeda, 2008. Production of a maternal-zygotic medaka mutant using hybrid sterility. Develop. Growth Differ., 50: 421-426.

Shimizu, Y., H. Shibata, M. Sakaizumi M. Yamashita, 2000. Production of diploid eggs through premeiotic endomitosis in the hybrid medaka between *Oryzias latipes* and *O. curvinotus*. Zool. Sci., 17: 951-958.

———, K. Mita, M. Tamura, K. Onitake and M. Yamashita. 2000. Requirement of protamine for maintaining nuclear condensation of medaka (*Oryzias latipes*) spermatozoa shed into water but not for promoting nuclear condensation during spermatogenesis. Int. J. Dev. Biol., 44: 195-199.

Shiraishi, E., H. Imazato, T. Yamamoto, H. Yokoi, S. Abe and T. Kitano, 2004. Identification of two teleost homologs of the *Drosophila* sex determination factor, *transformer-2* in medaka (*Oryzias latipes*). Mech. Develop., 121: 991-996.

Smithberg, M., 1962. Teratogenic effects of tolbutamide on the early development of the fish, *Oryzias latipes*. Amer. J. Anat., 111: 205-213.

———, 1966. An enzymatic procedure for dechorionating the fish embryo, *Oryzias latipes*. Anat. Rec., 154: 823-830.

——— and P. K. Dixit, 1964. The uptake of various radioactive compounds during teratogenic treatment in the development fish (*Oryzias latipes*). Anat. Rec., 148: 337.

——— and ———, 1968. Incorporation and utilization of radioglucose in the fish embryos, *Oryzias latipes* during teratogenesis. Tertatology, 1: 359-368.

———, 1983. Immunoreactive prolactin in the pituitary gland of cyprinodont fish at the time of hatching. Cell Tissue Res., 233: 611-618.

Sohn, J. J., 1997. Hatching of the fish, *Oryzias latipes*, the medaka, is under control of a biological clock. Fish Biol. J. Medaka, 8: 37-46.

Soroldoni, D., B. Bajoghli, N. Aghaallaei and T. Czerny, 2007. Dynamic expression pattern of Nadal-related genes during left-right development in medaka. Gene Expr. Patterns, 7: 93-101.

Suga N., 1963. Change of the toughness of the chorion of fish eggs. Embryologia, 8: 63-74.

Sugiyama, H., K. Murata, I. Iuchi and K. Yamagami, 1996. Evaluation of solubilizing methods of the egg envelope of the fish, *Oryzias latipes*, and partial determination of amino acid sequence of its subunit protein, ZI-3. Comp. Biochem. Physiol. B, Biochem. Mol. Biol., 114: 27-33.

Suyama, I., H. Etoh, T. Maruyama, Y. Kato and R. Ichikawa, 1981. Effects of ionizing radiation on the early development of *Oryzias* eggs. J. Radiat. Res., 22: 125-133.

Suzuki, A. and N. Shibata, 2004. Developmental process of genital ducts in the medaka *Oryzias latipes*. Zool. Sci., 21: 397-406.

Suzuki-Niwa, H., 1959. Inhibitory effect of male hormone on growth and regeneration of the pelvic fin in the medaka, *Oryzias latipes*. Embryologia, 4: 349-358.

鈴木　亮，1957. 異種精子によるキンギョ卵の発生（予報）．動物学雑誌，66: 34-37.

———, 1961. Sperm activation and aggregation during fertilization in some fishes. Ⅶ. Separation of sperm stimulating factor and its chemical nature. Jap. J. Zool., 13: 79-100.

鈴木幸子・横屋幸彦，1971. メダカの periblast の運命．発生生物学誌，25: 73-74.

Tagawa, M. and T. Hirano, 1991. Effects of thyroid hormone deficiency in eggs on early development of the medaka, *Oryzias latipes*. J. Exp. Zool., 257: 360-366.

田口茂敏，1957. メダカ胚に於ける乳酸生成に及ぼすDNP, NaN_3及びその混合処理の影響．動物学雑誌，66: 100.

———, 1962. Changes in adenosine nucleotide content during embryonic development of the teleost, *Oryzias latipes*, as determined by an improved ion exchange resin chromatography method. Annot. Zool. Japon., 35: 51-56.

———, 1968. Protective action of 2, 4-dinitrophenol against γ-irradiation in teleost embryos. Annot.

Zool. Japon., 41: 36-41.

Taguchi, T., K. Kitajima, S. Inoue, Y. Inoue, J.M. Yang, H. Schachter and I. Brockhausen, 1997. Activity of UDP-GlcNAc beta 1→6(GlcNAc beta 1→2) Man alpha 1→R[GlcNAc to Man] beta 1→4N-acetylglucosaminyltransferase VI (GnT VI) from the ovaries of *Oryzias latipes* (medaka fish). Biochem. Biophys. Res. Commun., 230: 533-536.

————, A. Seko, K. Kitajima, S. Inoue, T. Iwamatsu, K. H. Khoo, H. R. Morris, A. Dell and Y. Inoue, 1993. Structural studies of a novel type of tetraantennary sialoglycan unit in a carbohydrate-rich glycopeptide isolated from the fertilized eggs of Indian medaka fish, *Oryzias melastigma*. J. Biol. Chem., 268: 2353-2362.

————, ————, ————, Y. Muto, S. Inoue, K. H. Khoo, H. R. Morris, A. Dell and Y. Inoue, 1994. Structural studies of a novel type of pentaantennary large glycan unit in the fertilization-associated carbohydrate-rich glycopeptide isolated from the fertilized eggs of *Oryzias latipes*. J. Biol. Chem., 269: 8762-8771.

————, K. Kitajima, S. Inoue, Y. Inoue, J. M. Yang, H. Schachter and I. Brockhausen, 1997. Activity of UDP-GlcNAc: GlcNAc β1→(GlcNAc β1→2)Man α 1→ R [GlcNac to Man] β 1→ 4N-acetylglucosaminyltransferase 6 (GnT 6) from the ovaries of *Oryzias latipes* (medaka fish). Biochem. Biophys. Res. Commun., 230: 533-536.

田口泰子，1975. メダカの精子形成に対する中性子線照射の影響．動物学雑誌，84: 486.

————, 1979. メダカ卵の遺伝形質*of*について．動物学雑誌，88: 185-187.

————・江上信雄，1970. メダカの生殖腺形成に対する[90]Sr-β線の影響．動物学雑誌，79: 185-187.

田島与久，1983. メダカの尾ひれの再生実験．遺伝，37：66-70.

Takagi, S., T. Sasada, G. Tamiya, K. Ozato, Y. Wakamatsu, A. Takeshita and M. Kimura, 1994. An efficient expression vector for transgenic medaka construction. Mol. Marine Biol. Biotechnol., 3: 192-199.

高橋康之助，1952. 淡水魚類の精子の運動度に対する水素イオン濃度及び鹸度の影響．動物学雑誌，61: 120.

Takahashi, S. Y., T. Iwamatsu, N. Sakai and K. Onitake, 1991. Phosphorylation of follicle proteins from the teleost, *Oryzias latipes*, in the action of gonadotropin and forskolin. Biomed. Res., 12: 231-239.

Takashima, R., S. Yamada and H. Fujii, 1952. On the artificial parthenogensis in Japanese killifish (*Oryzias latipes*) by treatment with supersonics. Bull. Exp. Biol. (Tokushima), 2: 1-8.

Takeshita, S., K. Kaji and A. Kudo, 2000. Identification and characterization of the new osteoclast progenitor with macrophage phenotypes being able to differentiate into mature osteoclasts. J. Bone Miner Res., 15:1477-1488.

竹内邦輔，1956. メダカの産卵に必要な物質．動物学雑誌，65: 180-181.

————, 1960. The behavior of carotenoid and distribution of xanthophores during development of the medaka (*Oryzias latipes*). Embryologia, 5: 170-177.

————, 1962. メダカ胚のカロテノイド輸送能．動物学雑誌，71: 21.

————, 1965. A method of lipid injection into a fish egg. Experientia, 2: 736.

————, 1966. メダカ胚のカロテノイド輸送Ⅱ．動物学雑誌，75: 341.

————, 1967. メダカの顎歯の正常発生．愛知学院大学歯学会誌，5: 81-83.

————, 1968. Specificity of carotenoid transfer in the larval medaka, *Oryzias latipes*. J. Cell Physiol., 72: 43-48.

————, 1969. エストラジオールによる雄メダカの端歯形成の抑制．動物学雑誌，78: 31.

竹内哲郎・真鍋恵美，1977. 電子顕微鏡観察によるメダカのleucophoreの発生経過について．動物学雑誌，86: 321.

Tamiya, G., Y. Wakamatsu and K. Ozato, 1997. An embryological study of ventralization of dorsal structures in the tail of medaka (*Oryzias latipes*) *Da* mutants. Develop. Growth Differ., 39: 531-538.

Tamura, M., H. Yamamoto and K. Onitake, 1994. Cloning of protamine cDNA of the medaka (*Oryzias latipes*) and its expression during spermatogenesis. Develop. Growth & Differ., 36: 419-425.

Tanaka, K., S. Ohisa, N. Orihara, S. Sakaguchi, K. Horie, K. Hibiya, S. Konno, A. Miyake, D.

Setiamarga, H. Takeda, Y. Imai and A. Kudo, 2004. Characterization of mutaions affecting embryonic hematopoiesis in the medaka, *Oryzias latipes*. Mech. Develop., 121: 739-746.

Taneda, Y., S. Konno, S. Makino, M. Morioka, K. Fukuda, Y. Imai, A. Kudo and A. Kawakami, 2010. Epigenic control cardiomyocyte production in response to a stress during the medaka heart development. Dev. Biol.,340: 30-40.

Teh, S.J. and D.E. Hinton, 1993. Detection of enzyme histochemical markers of hepatic preneoplasia in medaka (*Oryzias latipes*). Aquat. Toxicol., 24: 163-182.

寺村　淑, 1960. メダカ裸卵の受精. 動物学雑誌, 69: 5.

Tesoriero, J. V., 1977a. Formation of the chorion (zona pellucida) in the teleost, *Oryzias latipes*. Ⅰ. Morphology of early oogenesis. J. Ultrastruct. Res., 59: 282-291.

―――――, 1977b. Formation of the chorion (zona pellucida) in the teleost, *Oryzias latipes*. Ⅱ. Polysaccharide cytochemistry of early oogenesis. J. Histochem. Cytochem., 25: 1376-1380.

―――――, 1978. Formation of the chorion (zona pellucida) in the teleost, *Oryzias latipes*. Ⅲ. Autoradiography of [^{3}H] proline incorporation. J. Ultrastruct. Res., 64: 315-326.

To, T.T., P.E. Witten, J. Renn, D. Bhattacharya, A. Huysseune and C. Winkler, 2012. *Rankl*-induced osteoclastogenesis leads to loss of mineralization in a medaka osteoporosis model. Development, 139: 141-150.

Tomita, H., 1961. Differentiation and growth of scales in normal and thyroid-fed medaka, *Oryzias latipes*. Annot. Zool. Japon., 34: 80-85.

―――――, 1971. メダカの体色変異種. 動物学雑誌, 80: 450-451.

―――――・菱田富雄, 1954. メダカの胚とメラニン形成. 動物学雑誌, 63: 169.

―――――・―――――, 1957. メダカ卵に於けるメラニン形成について. 動物学雑誌, 66: 97.

――――― and ―――――, 1961. On the phenol oxidase of embryonic and larval stages of the medaka (*Oryzias latipes*). Embryologia, 5: 423-439.

――――― and N. Matsuda, 1961. Deformity of vertebrate induced by lathyrogenic agents and phenylthiourea in the medaka (*Oryzias latipes*). Embryologia, 5: 413-422.

Toyooka, R. and K. Okada, 1954. Studies on the development of the diplestomatid metacercariae found in *Oryzias latipes*. J. Gakugei Tokushima Univ., 4: 55-64.

Trimble, L. M. and R. A. Fluck, 1995. Indicators of the dorsoventral axis in medaka (*Oryzias latipes*) zygotes. Fish Biol. J. Medaka, 7: 37-41.

Tsukahara, J., 1971. Ultrastructural study on the attaching filaments and villi of the oocyte of *Oryzias latipes* during oogenesis. Develop. Growth & Differ., 13: 173-180.

佃　弘子・片山トシ子, 1957. 魚類の温度適応. Ⅰ. 温度耐性, 成長速度および体形に及ぼす飼育温度の影響. 生理生態, 7: 113-122.

―――――・―――――, 1958. 魚類の温度抵抗性, 成長速度および体形に及ぼす飼育温度の影響. 動物学雑誌, 67: 37.

津坂　昭, 1963. メダカの燐蛋白分解酵素(PPP-ase). 動物学雑誌, 72: 328.

―――――, 1967. Activity changes of phosphoprotein phosphatase, acid and alkaline phosphamonoesterases and proteinase during oogenesis and embryogenesis in the teleostean fish, *Oryzias latipes*. Acta Embryol. Morph. exp., 10: 44-53.

――――― and E. Nakano, 1965. The metabolic pattern during oogenesis in the fish, *Oryzias latipes*. Acta Embryol. Morph. exp., 8: 1-11.

都築英子・江上信雄・兵藤泰子, 1966. メダカの正常発生過程における生殖細胞の増殖と性分化. 魚類学雑誌, 13: 176-182.

植松辰美・矢崎幾蔵, 1962. シオミズメダカの産卵と発生. 香川大学学芸学部研究報告, 第Ⅱ部　第115号, 1-6.

Ueno, A.M., 1974. Incorporation of tritium from tritiated water into nucleic acids of *Oryzias latipes* eggs. Radiat. Res., 59: 629-637.

Ueno, T., S. Yasumasu, S. Hayashi and I. Iuchi, 2004. Identification of choriogenin *cis*-regulatory elements and production of estrogen-inducible, liver-specific transgenic medaka. Mech. Develop., 121: 803-815.

上田　道・大石　正, 1979. メダカの産卵におけるサーカディアンリズム．動物学雑誌，88: 652.

浦崎 寛，1969. メダカの稚魚期におけるMSH分泌の問題．動物学雑誌，78: 413.

————, 1971. メダカの松果腺の生殖腺制御機能について．動物学雑誌，80: 460.

————, 1972a. Effect of pinealectomy on gonadal development in the Japanese killifish (medaka), *Oryzias latipes*. Annot. Zool. Japon., 45: 10-15.

————, 1972b. Role of the pineal gland in gonadal development in the fish, *Oryzias latipes*. Annot. Zool. Japon., 45: 152-158.

————, 1973a. メダカ松果腺のアセチルコリンエステレース．動物学雑誌，82: 264.

————, 1973b. Effect of pinealectomy and photoperiod on oviposition and gonadal development in the fish, *Oryzias latipes*. J. Exp. Zool., 185: 241-246.

————, 1974. The function of the pineal gland in the production of the medaka, *Oryzias latipes*. Bull. Lib. Arts. & Sci. Med. Nihon Univ., 2: 11-17.

宇和 紘，1965a. メダカ卵の受精における精子の侵入と卵の付活．動物学雑誌，74: 335.

————, 1965b. Gynogenetic haploid embryos of the medaka (*Oryzias latipes*). Embryologia, 9: 40-48.

————, 1967a. A study on relationship between sperm penetration and egg activation in the medaka, *Oryzias latipes*. J. Fac. Sci., Shinshu Univ., 2: 87-94.

————, 1967b. メダカの小突起形成の場における ^{3}H-チミジンのとりこみ．動物学雑誌，76: 416.

————, 1968. Hormonal inhibitions of ethisterone-induced process formation in adult females of the medaka, *Oryzias latipes*. Embryologia, 10: 173-180.

————, 1969a. Changes in RNA-, DNA- and protein-synthetic activity during the formation of anal-fin processes in ethisterone-treated females of *Oryzias latipes*. Develop. Growth & Differ., 11: 77-87.

————, 1969b. メダカの小突起形成過程における ^{3}H-プロリン，^{3}H-オキシプロリンのとりこみ．動物学雑誌，78: 386.

————, 1971. The synthesis of collagen during the development of anal-fin processes in ethisterone-treated females of *Oryzias latipes*. Develop. Growth & Differ., 13: 119-124.

————, 1972. メダカの突起形成細胞の分化過程の電顕観察．動物学雑誌，81: 285.

————, 1974a. メダカの小突起の発現過程における突起形成細胞の計数．動物学雑誌，83: 367.

————, 1974b. Ultrastructural study on the scleroblast of *Oryzias latipes* during ethisterone-induced anal-fin process formation. Develop. Growth & Differ., 16: 41-53.

————, 1975. 雌メダカのシリビレ条前端部の小突起形成能．動物学雑誌，84: 161-165.

————・栗林瑠美，1971. 老成雌メダカの小突起形成能の保持．動物学雑誌，80: 170-171.

————・永田哲士，1975. メダカの小突起発現過程における突起形成細胞の動態．動物学雑誌，84: 408.

Volff, J.-N., M. Kondo and M. Schartl, 2003. Medaka *dmY/dmrt1Y* is not the universal primar sex-determining gene in the fish. Trends Genet., 19: 196-199.

Wagner, T.U., J. Renn, T. Riemensperger et al., 2003. The teleost fish medaka(*Oryzias latipes*) as genetic model to study gravity dependent bone homeostasis in vivo. Adv. Space Res., 32: 1459-1465.

Wakamatsu, Y., 2008. Novel method for the nuclar transfer of adult somatic cells in medaka fish (*Oryzias latipes*): Use of diploidized eggs as recipients. Develop. Growth Differ., 5: 427-436.

————, B. Ju, I. Pristyazhnyuk, K. Niwa, T. Ladygina, M. Kinoshita, K. Araki and K. Ozato, 2001. Fertili and diploid nuclear transplants derived from embryonic cells of medaka, *Oryzias latipes*. Proc. Natl. Acda. Sci. USA, 98: 1071-1076.

————・丹羽 勝利・可児 修一・尾里 建二郎，2000. メダカの核移植．蛋白質核酸酵素，45: 2962-2966.

————, K. Ozato, H. Hashimoto, M. Kinoshita, M. Sakaguchi, T. Iwamatsu, Y. Hyodo-Taguchi and H. Tomita, 1993. Generation of germ-line chimeras in medaka (*Oryzias latipes*). Molec. Mar. Biol. Biotechnol., 2: 325-332.

————, Y., ———— and T. Sasado, 1994. Establishment of a pluripotent cell line derived from a medaka (*Oryzias latipes*) blastula embryo. Mol. Marine Biol. Biotechnol., 3: 185-191.

————・Sergey Pristyazhnyuk・木下 政人・田中 実・尾里 建二郎，2002. 透明メダカ：生涯バイオイメージングのための新しいモデル動物．細胞工学，21: 76-77.

Watanabe, A., N. Hatakeyama, A. Yasuoka and K. Onitake, 1997. The distribution of fibroblast growth factor and the mRNA for its receptor, MFR1, in the developing testis of the medaka, *Oryzias latipes*. J. Exp. Zool., 279: 177- 184.

________, E. Kobayashi, T. Ogawa and K. Onitake, 1998. Fibroblast growth factor may regulate the initiation of oocyte growth in the developing ovary of the medaka, *Oryzias latipes*. Zool. Sci., 15: 531-536.

Watanabe, N., M. Kato, N. Suzuki, C. Inoue, S. Fedorova, H. Hashimoto, S. Maruyama, S. Matsuo and Y. Wakamatsu, 2009. Kidney regeneration through nephron neogenesis in medaka. Develop. Growth Differ., 51: 135-143.

Watanabe, T., S. Asaka, d. Kitagawa, K. Saito, R. Kurashige, T. Sasado, C. Morinaga, H. Suwa, K. Niwa, T. Henrich, Y. Hirose, A. Yasuoka, H. Yoda, T. Deguchi, N. Iwanami, S. Kunimatsu, M. Osakada, F. Loosli, R. Quiring, M. Carl, C. Grabher, S. Winkler, F. Del Bene, J. Wittbrodt, K. Abe, Y. Takahama, K. Takahashi, T. Ktada, H. Nishina, H. Kondoh and M. Furutani-Seiki, 2004. Mutaions affecting liver develoment and function in medaka, *Oryzias latipes*, screened by multiple criteria. Mech. Develop., 121: 791-802.

Watanabe, T., T. Iwamatsu, T. Ohta, K. Onitake, O. P. Saxena and M. Tadano, 1988. Antigenicity on sperm surface of the rainbow trout *Salmo gairdneri*. Indian J. Exp. Biol., 26: 345-351.

Watermann, A. J., 1939. Effects of 2, 4-dinitrophenol on the early development of the teleost, *Oryzias latipes*. Biol. Bull., 76: 162-170.

————, 1940. Effects of colchicine on the development of the fish embryo, *Oryzias latipes*. Biol. Bull., 78: 29-34.

Webb, T. K. and R. A. Fluck, 1995. Spatiotemporal pattern of microtubules in parthenogenetically activated *Oryzias latipes* (medaka) eggs. Fish Biol. J. Medaka, 7: 25-35.

————, W. J. Kowalski and R. F. Fluck, 1995. Microtubule-based movements during ooplasmic segregation in the medaka fish egg (*Oryzias latipes*). Biol. Bull., 188: 146-156.

Willems, B., A. Buttner, A. Huysseune, J. Renn, P.E. Witten and C. Winkler, 2012. Conditional ablation of osteoblasts in medaka. Dev. Biol., 364: 128-137.

Winkler, C., Y. Hong, J. Wittbrodt and M. Schartl, 1992. Analysis of heterologous and homologous promoters and enhancers *in vitro* and *in vivo* by gene transfer into Japanese medaka (*Oryzias latipes*) and *Xiphophorus*. Mol. Mar. Biol. Biotchnol., 1: 326-337.

______, U. Hornung, M. Kondo, C. Neuner, J. Duschl, A. Shima and M. Schartl, 2004. Developmentally regulated and non-sex-specific expression of autosomal *dmrt* genes in embryos of the medaka fish (*Oryzias latipes*). Mech. Develop., 121: 997-1005.

______, F. Loosli, T. Henrich, Y. Wakamatsu and J. Wittbrodt, 2000. The conditional medaka mutation eyeless uncouples patterning and morphogenesis of the eye. Development, 1911-1919.

————, J.R. and M. Schartl, 1991. Transient expression of foreign DNA during embryonic and larval development of the medaka fish (*Oryzias latipes*). Mol. Gen. Genet., 226: 129-140.

————, J.R.Vielkind and M. Schartl, 1991. Transient expression of foreign DNA during embryonic and larval development of the medaka fish (*Oryzias latipes*). Mol. Gen. Genet., 226: 129-140.

Wittbrodt J. and F. M. Rosa, 1994. Disruption of mesoderm and axis formation in fish by ectopic expression of activin variants: the role of maternal activin. Genes. Dev., 8: 1448-1462.

————, A. Shima and M. Schartl 2002 Medaka－a model organism from the Far East. Nat. Rev. Genet., 3: 53-64.

山田静夫，1954a. 酸化剤によるメダカ卵の人工賦活に就いての実験．実験生物学報，4: 22-26.

————, 1954b. 灼熱刺激法によるメダカ卵の人工賦活に就いて．実験生物学報，4: 27-31.

山田　武，1964. メダカ胚の放射線の作用に対するDNPの保護効果．動物学雑誌，73: 335.

山上健次郎，1957. メダカ初期発生胚の呼吸に対する2, 4-DNP及びNaN_3の作用．動物学雑誌，66: 62.

————, 1960. Phosphorus metabolism in fish eggs. Ⅰ. Changes in the contents of some phosphorus compounds during early development of *Oryzias latipes*. Sci. Pap. Coll. Gen. Educ. Tokyo Univ., 10: 99-108.

————, 1961a. Phosphorus metabolism in fish eggs. Ⅲ. Enzymatic dephosphorylation of endogenous phosphoprotein in *Oryzias* eggs. Sci. Pap. Coll. Gen. Educ. Tokyo Univ., 11: 153-162.

————, 1961b. 魚類卵黄の燐蛋白質の脱燐酸. 動物学雑誌, 70: 8.

————, 1962. メダカ初期発生卵内のホスハターゼ. 動物学雑誌, 71: 20-21.

————, 1963. Phosphorus metabolism in fish eggs. Ⅴ. Acid and alkaline phosphomonoesterases in the whole egg of *Oryzias latipes*. Sci. Pap. Coll. Gen. Educ. Tokyo Univ., 13: 223-229.

————, 1969. メダカ孵化酵素活性の定量化とその二, 三の性質. 動物学雑誌, 78: 376.

————, 1970. A method for rapid and quantitative determination of the hatching enzyme (chorionase) activity of the medaka *Oryzias latipes*. Annot. Zool. Japon., 43: 1-9.

————, 1971. メダカ孵化酵素(コリオナーゼ)の単離. 動物学雑誌, 80: 432.

————, 1972a. Isolation of a choriolytic enzyme (hatching enzyme) of the teleost, *Oryzias latipes*. Develop. Biol., 29: 343-348.

————, 1972b. メダカ孵化酵素の性質について. 動物学雑誌, 81: 284.

————, 1972c. 魚卵の孵化酵素. 化学と生物, 10: 734-735.

————, 1973. Some enzymological properties of a hatching enzyme (chorionase) isolated from the fresh-water teleost, *Oryzias latipes*. Comp. Biochem. Physiol., 46B: 603-616.

————, 1975. Relationship between two kinds of hatching enzymes in the hatching liquid of the medaka, *Oryzias latipes*. J. Exp. Zool., 192: 127-132.

————, 1980. 魚類における孵化酵素の分泌と卵膜溶解. 生物と化学, 18: 264-272.

————, 1981. Mechanisms of hatching in fish: Secretion of hatching enzyme and enzymatic choriolysis. Amer. Zool., 21: 459-471.

————, 1988. Mechanism of hatching in fish. *In* "Fish Physiology", vol. 11A (W. S. Hoar and D. J. Randall, eds.), pp. 447-499. Academic Press, San Diego.

————, 1996. Studies on the hatching enzyme (choriolysin) and its substrate, egg envelope, constructed of the precursors (choriogenins) in *Oryzias latipes*: a sequel to the information in 1991/1992. Zool. Sci., 13: 331-340.

———— and T. Hamazaki, 1985. Influence of light on hatching of medaka embryos. Zool. Sci., 2: 928.

————・井内一郎, 1975. 孵化酵素により可溶化されたメダカ卵膜糖タンパク質の構成要素. 動物学雑誌, 84: 332.

————・山本雅道, 1974. メダカ孵化酵素による卵膜溶解過程. 動物学雑誌, 83: 379.

————, ————, I. Iuchi, and S. Taguchi, 1983. Retardation of maturation- and secretion-associated ultrastructural changes of hatching gland in the medaka embryos incubated in air. Annot. Zool. Japon., 56: 266-274.

山川 泰, 1959a. メダカの卵子発生に関する細胞学的研究. 第一報. 卵子発生に就いての細胞学的研究. 実験生物学報, 9: 46-56.

————, 1959b. メダカの卵子発生に関する細胞学的研究. 第二報. 卵子発生に就いての細胞化学的研究. 実験生物学報, 9: 57-66.

Yamamoto, K., 1962. Origin of the yearly crop of eggs in the medaka. Annot. Zool. Japon., 35: 156-161.

———— and H. Yoshioka, 1964. Rhythm of development in the oocyte of the medaka, *Oryzias latipes*. Bull. Fac. Fish., Hokkaido Univ., 15: 5-19.

山本雅子・大石 正, 1979. メダカの生殖腺に影響を及ぼす環境要因について. 動物学雑誌, 88: 581.

山本雅道, 1962. メダカ孵化酵素腺の電子顕微鏡的観察. 動物学雑誌, 71: 412.

————, 1963a. Electron microscopy of fish development. Ⅰ. Fine structure of the hatching glands of embryos of the teleost, *Oryzias latipes*. J. Fac. Sci., Tokyo Univ., Ⅳ, 10: 115-121.

————, 1963b. Electron microscopy of fish development. Ⅱ. Oocyte-follicle cell relationship and formation of chorion in *Oryzias latipes*. J. Fac. Sci., Tokyo Univ., Ⅳ, 10: 123-128.

————, 1963c. メダカ胚の周縁質の微細構造. 動物学雑誌, 72: 327.

————, 1964a. Electron microscopy of fish development. Ⅲ. Changes in the ultrastructure of the nucleus and cytoplasm of the oocyte during its development in *Oryzias latipes*. J. Fac. Sci., Tokyo Univ., Ⅳ, 10: 335-346.

———, 1964b. Electron microscopy of fish development. Ⅳ. Changes in fine structure of organelles in embryonic cells during early development of *Oryzias latipes*. J. Fac. Sci., Tokyo Univ., Ⅳ, 10: 347-354.

———, 1964c. Electron microscopic studies on the oogenesis and early development of the teleost, *Oryzias latipes*. Bull. Mar. Biol. Stat. Asamushi, 12: 211.

———, 1965a. Intracisternal granules of the endoplasmic reticulum in the periblast of the fish egg. Exptl. Cell Res., 40: 655-657.

———, 1965b. Electron microscopy of fish development. Ⅴ. The fine structure of the periblast in *Oryzias latipes* eggs. J. Fac. Sci., Tokyo Univ. Ⅳ, 10: 483-490.

———, 1965c. Electron microscopy of fish development. Ⅳ. Fine structure of differentiating muscles in *Oryzias latipes* embryos. J. Fac. Sci., Tokyo Univ., Ⅳ, 10: 491-496.

———, I. Iuchi, and K. Yamagami, 1979. Ultrastructural changes of the teleostean hatching gland cell during natural and electrically induced precocious secretion. Develop. Biol., 68: 162-174.

——— and K. Yamagami, 1975. Electron microscopic studies on choriolysis by the hatching enzyme of the teleost, *Oryzias latipes*. Develop. Biol., 43: 313-321.

山本定明・中埜栄三・石田光代, 1962. 魚卵発生過程における代謝プール. Ⅰ. アミノ酸代謝. 動物学雑誌, 71: 20.

山本 正, 1955. メダカの卵子形成, 特にその細胞化学的研究. 魚類学雑誌, 4: 170-181.

山本孝治, 1937. メダカ及金魚の孵化日数と水温との関係. 日本水産学会誌, 6: 105.

Yamamoto, T., 1931a. Studies on the rhythmical movements of the early embryo of *Oryzias latipes*. Ⅱ. Relation between temperature and the frequency of the rhythmical contractions. J. Fac. Sci., Tokyo Univ., Ⅳ, 2: 153-162.

———, 1931b. Temperature constants for the rate of heart beat in *Oryzias latipes*. J. Fac. Sci., Tokyo Univ., Ⅳ, 2: 381-388.

———, 1933a. Studies on the rhythmical movements of the early embryo of *Oryzias latipes*. Ⅲ. Temperature and the amplitude of the contraction waves. J. Fac. Sci., Tokyo Univ., Ⅳ, 3: 105-110.

———, 1933b. Studies on the rhythmical movements of the early embryo of *Oryzias latipes*. Ⅳ. Temperature constants for the velocity of the wave and for the pause. J. Fac. Sci., Tokyo Univ., Ⅳ, 3: 111-117.

———, 1934. Studies on the rhythmical movements in the early embryo of *Oryzias latipes*. Ⅴ. The action of electrolytes and osmotic pressure. J. Fac. Sci., Tokyo Univ., Ⅳ, 3: 287-299.

———, 1936a. Studies on the rhythmical movements of the early embryo of *Oryzias latipes*. Ⅵ. The action of hydrogen ion concentration. J. Fac. Sci., Tokyo Univ., Ⅳ, 4: 221-232.

———, 1936b. Studies on the rhythmical movements of the early embryo of *Oryzias latipes*. Ⅶ. Anaerobic movements and oxidation-reduction potential of the egg limiting the rhythmical movements. J. Fac. Sci., Tokyo Univ., Ⅳ, 4: 233-247.

———, 1936c. Shrinkage and permeability of the chorion of *Oryzias* eggs, with special reference to the reversal of selective permeability. J. Fac. Sci., Tokyo Univ., Ⅳ, 4: 249-261.

———, 1937. 魚卵の生理学的問題. 植物及動物, 5: 371-378.

———, 1938a. On the distribution of temperature constants on *Oryzias latipes*. Proc. Imp. Acad., 14: 393-395.

———, 1938b. Studies on the rhythmical movements of the early embryo of *Oryzias latipes*. Ⅷ. The effect of series of carbonates. J. Fac. Sci., Tokyo Univ., Ⅳ, 5: 37-49.

———, 1939a. 魚卵の生体染色の新方法. 植物及動物, 7: 1097.

———, 1939b. Studies on the rhythmical movements of the early embryo of *Oryzias latipes*. Ⅸ. Potassium poisoning of 'rhythmical movements' and of heart beat in *Oryzias* embryo. J. Fac. Sci., Tokyo Univ., Ⅳ, 5: 211-219.

———, 1939c. Studies on the rhythmical movements of the early embryo of *Oryzias latipes*. Ⅹ. The distribution of temperature constants in *Oryzias*. J. Fac. Sci., Tokyo Univ., Ⅳ, 5: 221-228.

———, 1939d. Changes of the cortical layer of

Oryzias latipes at the time of fertilization. Proc. Imp. Acad., 15: 269-271.

———, 1939e. Mechanism of membrane elevation in the egg of *Oryzias latipes* at the time of fertilization. Proc. Imp. Acad. Tokyo., 15: 272-274.

———, 1939f. 受精によるメダカの卵表層の変化及び卵膜扛挙の機構. 動物学雑誌, 51: 607.

———, 1939g. 魚卵の受精の生理的問題. 科学, 9: 450-453.

———, 1940a. The change in volume of the fish egg at fertilization. Proc. Imp. Acad., 16: 482-485.

———, 1940b. 魚卵の発生速度と温度. 植物及動物, 8: 860-868.

———, 1941a. 魚卵研究余録(Ⅰ, Ⅱ). 植物及動物, 9: 430-432.

———, 1941b. 魚卵の浸透圧と透過性. 植物及動物, 9: 543-549.

———, 1941c. 魚卵の律動性収縮運動(1). 動物学雑誌, 53: 348-357.

———, 1941d. 魚卵の律動性収縮運動(2). 動物学雑誌, 53: 411-418.

———, 1941e. 魚卵の律動性収縮運動(3). 動物学雑誌, 53: 452-457.

———, 1941f. 受精及賦活による魚卵表層の変化(第2報). 動物学雑誌, 53: 543-544.

———, 1941g. The change in volume of the fish egg at fertilization. Proc. Imp. Acad., 16: 482-485.

———, 1941h. Osmotic properties of the egg of fresh-water, *Oryzias latipes*. J. Fac. Sci., Tokyo Univ., Ⅳ, 5: 461-472.

———, 1942a. 魚類の胚に於ける機能及運動の発生(1). 植物及動物, 10: 540-542.

———, 1942b. 魚類の胚に於ける機能及運動の発生(2). 植物及動物, 10: 641-643.

———, 1943a. 受精及賦活による魚卵表層の変化(第3報). 動物学雑誌, 55: 58-59.

———, 1943b. 魚類及円口類の未受精卵に於ける興奮－伝導勾配. 動物学雑誌, 55: 365.

———, 1943c. 魚類の発生生理. 養賢堂(東京).

———, 1944a. Physiological studies on fertilization and activation of fish eggs. Ⅰ. Response of the cortical layer of the egg of *Oryzias latipes* to artificial stimulation. Annot. Zool. Japon., 22: 109-125.

———, 1944b. Physiological studies on fertilization and activation of fish eggs. Ⅱ. The conduction of the "fertilization-wave" in the egg of *Oryzias latipes*. Annot. Zool. Japon., 22: 126-136.

———, 1945. Activation of unfertilized eggs of the fish and the lamprey with synthetic washing agents. Proc. Japan. Acad., 21: 197-203.

———, 1947. 合成洗剤によるメダカ及ヤツメの未受精卵の付活. 動物学雑誌, 57: 1-5.

———, 1949a. 魚卵の受精機構. 実験形態学誌, 5: 124-125.

———, 1949b. 魚卵の受精及賦活に於ける表層胞潰崩の機構. 動物学雑誌, 58: 105.

———, 1949c. Physiological studies on fertilization and activation of fish eggs. Ⅲ. The activation of the unfertilized egg with electric current. Cytologia, 14: 219-225.

———, 1949d. Physiological studies on fertilization and activation of fish eggs. Ⅳ. Fertilization and activation in narcotized eggs. Cytologia., 15: 1-7.

———, 1950. 魚類未受精卵の光力学的賦活. 動物学雑誌, 59: 19-20.

———, 1951a. Action of lipoid solvents on the unfertilized eggs of the medaka (*Oryzias latipes*). Annot. Zool. Japon., 24: 74-82.

———, 1951b. 魚卵の表層変化. 実験形態学誌, 7: 61-64.

———, 1953a. メダカ卵の付活過程に対する脂肪酸の刺激及び抑制作用. 動物学雑誌, 62: 155.

———, 1953b. Artificially induced sex-reversal in genotypic males of the medaka (*Oryzias latipes*). J. Exp. Zool., 123: 571-594.

———, 1954a. メダカ卵の受精, 付活過程における二価の鉄の役割. 動物学雑誌, 63: 161-162.

———, 1954b. Physiological studies on fertilization and activation of fish eggs. Ⅴ. The role of calcium ions in activation of *Oryzias* eggs. Exptl. Cell Res., 6: 56-68.

———, 1956. The physiology of fertilization in the medaka (*Oryzias latipes*). Exptl. Cell Res., 10: 378-393.

———, 1957. Some morphological and physiological aspects of the eggs of teleostean fish. J. Fac. Sci., Hokkaido Univ., Ⅵ, 13: 484-488.

———, 1958a. Artificial induction of functional sex-reversal in genotypic females of the medaka (*Oryzias latipes*). J. Exp. Zool., 137: 227-264.

———, 1958b. 魚類の受精生理（発生生理の研究，団勝磨・山田常雄共編）. pp. 73-135, 培風館（東京）.

———, 1958c. メダカの性分化の転換に要するメチル・テストステロンの閾値及適量準位. 動物学雑誌, 67: 27.

———, 1961. Physiology of fertilization in fish eggs. Intern. Rev. Cytol., 12: 361-405.

———, 1962. Mechanism of breakdown of cortical alveoli during fertilization in the medaka, *Oryzias latipes*. Embryologia., 7: 228-251.

———, 1967. Medaka, *In* "Methods in Developmental Biology" (F. H. Wilt and N. K. Wesells, eds.,) T. Y. Crowell Co. (New York), pp.101-111.

———, 1975. Medaka (killifish), Biology and Strains. Keigaku Publ. Co. (Tokyo).

山内晧平, 1974. メダカ卵母細胞における胚胞崩壊に及ぼす影響. 北海道大学水産学部紀要, 24: 145-149.

———・香川浩彦, 1978. メダカ卵母細胞の成熟：生体外維持により生起する成熟の遅延現象. 動物学雑誌, 87: 416.

———・———・足立伸次・長浜嘉孝, 1980. メダカの卵発達に伴う卵濾胞のステロイドホルモン量の変化. 動物学雑誌, 89: 509.

———・山本喜一郎, 1971. 生体外で維持されたメダカ卵の胚胞崩壊に対する濾胞細胞層の効果. 動物学雑誌, 81: 283-284.

——— and ———, 1973. *In vitro* maturation of the oocytes in the medaka, *Oryzias latipes*. Annot. Zool. Japon., 46: 144-153.

安増茂樹, 1992. メダカ孵化酵素の分子生物学－実験動物としての魚類. 細胞工学, 11: 593-599.

———, K. Inohara, I. Iuchi and K. Yamagami, 1997. The medaka hatching enzyme: Structure, function and gene expression during development. *In* "Recent Advances in Marine Biotechnology" (Eds. M. Fingerman, R. Nagabhushanam and M.- F. Thompson), Vol. 1, Oxford & Publishing CO. PVT. LTD., New Delhi.

———, S., I. Iuchi, and K. Yamagami, 1988. Medaka hatching enzyme consists of two kinds of proteases which act cooperatively. Zool. Sci., 5: 191-195.

———, ——— and ———, 1989a. Purification and partial characterization of high choriolytic enzyme (HCE), a component of the hatching enzyme of the teleost, *Oryzias latipes*. J. Biochem., 105: 204-211.

———, ——— and ———, 1989b. Isolation and some properties of low choriolytic enzyme (LCE), a component of the hatching enzyme of the teleost, *Oryzias latipes*. J. Biochem., 105: 212-218.

———, ———・———, 1990. 孵化. メダカの生物学（江上信雄・山上健次郎・嶋　昭紘編）. 東京大学出版会, pp. 93-108.

———, ——— and ———, 1994. cDNAs and the genes of HCE and LCE, two constituents of the medaka hatching enzyme. Develop. Growth & Differ., 36: 241-250.

———, S. Katow, Y. Umino, I. Iuchi and K. Yamagami, 1989c. A unique proteolytic action of HCE, a constituent protease of a fish hatching enzyme: Tight binding to its natural substrate, egg envelope. Biochem. Biophys. Res. Commun., 162: 58-63.

———, ———, T. S. Hamazaki, I. Iuchi and K. Yamagami, 1992. Two constituent proteases of a teleostean hatching enzyme: Concurrent syntheses and packaging in the same secretory granules in discrete arrangement. Develop. Biol., 149: 349-356.

———, K. Yamada, K. Akasaka, K. Mitsunaga, I. Iuchi, H. Shimada and K. Yamagami, 1992. Isolation of cDNAs for LCE and HCE, two constituent proteases of the hatching enzyme of *Oryzias latipes*, and concurrent expression of their mRNAs during development. Dev. Biol., 153: 250-258.

——— and K. Yamagami, 1997. HCE and LCE, two component proteases of the hatching enzyme of the medaka, *Oryzias latipes*. *In* "The astacins: structure and function of a new protein of a new protein family". (Zwilling, R. & W. Stoecker, eds.), Verlag Dr. Kovac, Hamburg, pp.247-257.

Yasuda, T., K. Aoki, A. Matsumoto, K. Maruyama, Y. Hyodo-taguchi, S. Fushiki and Y. Ishikawa, 2006. Radiation-induced brain cell death can be observed in living medaka embryos. J. Radiat. Res., 47: 295-303.

Yasuoka, A., Y. Aihara, I. Matsumoto and K. Abe, 2004. Phospholipase C-beta 2 as a mammalian taste signaling marker is expressed in the multiple gustatory tissues of medaka fish, *Oryzias latipes*. Mech. Develop., 121: 985-989.

————, A., Y. Hirose, H. Yoda, Y. Aihara, H. Suwa, K. Niwa, T. Sasado, C. Morinaga, T. Deguchi, T. Henrich, N. Iwanami, S. Kunimatsu, K. Abe, H. Kondoh and M. Furutani-Seiki, 2004. Mutations affecting the formation of posterior lateral line system in medaka, *Oryzias latipes*. Mech. Develop., 121: 729-738.

Yasutake, J., K. Inohaya and A. Kudo, 2004. *Twist* functions in vertebral column formation in medaka, *Oryzias latipes*. Mech. Develop., 121: 883-894.

Yoda, H., Y. Hirose, A. Yasuoka, T. Sasado, C. Morinaga, T. Deguchi, T. Henrich, N. Iwanami, T. Watanabe, M. Osakada, S. Kunimatsu, J. Wittbrodt, H. Suwa, K. Niwa, Y. Okamoto, T. Yamanaka, H. Kondoh and M. Furutani-Seiki, 2004. Mutaions affecting retinotectal axonal pathfinding in medaka. Mech. Develop., 121: 715-728.

Yokoi, H. and K. Ozato, 1995. Injection of DNA into the medaka oocyte nucleus. Fish Biol. J. Medaka, 7: 53-57.

————, A. Shimada, M. Carl, S. Takashima, D. Kobayashi, T. Narita, T. Jindo, T. Kimura, T. Kitagawa, T. Kage, A. Saeada, K. Naruse, S. Asakawa, N. Shimizu, H. Mitani, A. Shima, M. Tsutsumi, H. Hori, J. Wittbrodt, Y. Saga, Y. Ishikawa, K. Arai and H. Takeda, 2007. Mutant analyses reveal different functions of *fgfr 1* in medaka and zebrafish despite conserved ligand-receptor relationships. Develop. Biol., 304: 326-337.

横屋幸彦, 1963. メダカ胚割球の分離について. 動物学雑誌, 72: 334-335.

————, 1964. メダカ胚の胚盤周縁部からの発生. 動物学雑誌, 73: 337.

————, 1965. ポドフィリン処理メダカ初期胚の epiboly について. 動物学雑誌, 74: 342.

————, 1966. Cell dissociation and reaggregation in early stage embryo of the teleost, *Oryzias latipes*. Sci. Rep. Tohoku Univ., 32: 229-236.

————, 1967a. A study of the mechanism of epiboly in *Oryzias* egg. Sci. Rep., Tohoku Univ., 33: 233-238.

————, 1967b. メダカ初期胚の電顕像. 動物学雑誌, 76: 404-405.

————, 1970. メダカ初期胚に及ぼすアクチノマイシンの影響. 動物学雑誌, 79: 351.

————, 1971. Quantitative estimation of cell aggregation in short time culture. Fukushima J. Med. Sci., 18: 43-54.

————, 1981. Rodlet cells in the teleosts, *Oryzias latipes* and *Salmo gairdneri*. Fukushima J. Med. Sci., 28: 47-54.

————・鈴木幸子, 1972. メダカ初期胚における periblastの電顕的研究. 動物学雑誌, 81: 285.

吉田一晴・道端 斉, 1980. メダカ卵におよぼすカドミウムの影響, 特に環境水中の硬度との関係について. 動物学雑誌, 89: 386.

Yoshikawa, H. and M. Oguri, 1979. Gonadal sex differentiation in the medaka, *Oryzias latipes*, with special regard to the gradient of the differentiation of testis. Bull. Jap. Sci. Fish., 45: 1115-1121.

Yoshimoto, Y., T. Iwamatsu and Y. Hiramoto, 1985. Cyclic changes in intracellular free calcium levels associated with cleavage cycles in echinoderm and medaka eggs. Biol. Res., 6: 387-394.

————, ————, K. Hirano and Y. Hiramoto, 1986. The wave pattern of free calcium release upon fertilization in medaka and sand dollar eggs. Develop. Growth & Differ., 28: 583-596.

Yoshizaki, N., R. J. Sacker, A. F. M. Schoots and J. M. Denucé, 1980. Isolation of hatching gland cells from the teleost, *Oryzias latipes*, by centrifugation through Percoll. J. Exp. Zool., 213: 427-429.

第8章　遺　伝

GENETICS

多くの情報は，魚類も他の動物と同様に，重複・退化・補足 duplication-degeneration-complementation (DDC) 過程を経由した遺伝子の重複によって，種々の環境に適応しているとの考えを支持している (Shima and Mitani, 2004)。これまで，メダカの遺伝について紹介したものに山本 (1970) と富田 (1978, 1990) の総説がある。近年，遺伝子の分離・同定の技術が進歩し，ジーン・ライブラリーに眼 (網膜)，卵巣 (濾胞)，精巣やトランスポゾンなどの65以上の遺伝子が調べられ，登録されている。ゆくゆくは，その登録数が数万～数十万に達して，メダカの遺伝子登録書としてまとめられるであろう。

Ⅰ．染色体

メダカの染色体は，初期の研究 (第１章文献参照：Katayama, 1937; Ojima and Hitotsumachi, 1969; Arai, 1973; Hama *et al.*, 1976) によって報告されており，その後，宇和 (Uwa and Ojima, 1981; Uwa, 1986) によって詳細に調べられている。特に，メダカ属 *Oryzias* の種の分化を解明する観点から，核型を分析する目的で研究がなされている。その結果は，表1・5にまとめられている (宇和，1984, 1990)。メダカ属の染色体の基本数は$2n=48$で，セレベスメダカだけが$2n=36$である (図8・1)。

銀染 (N－バンド染色) 法によって調べると，rRNAの遺伝子座のある核小体形成部位 (NORS) の二次狭窄・付随体をもつ染色体が一対ある。また，染色体の異質染色質部位や動原体部位を濃染するC－バンド染色法によって，各種の特徴を示すC－バンドマーカー染色体があることもわかっている。

Ⅱ．体色の変異

メダカの体色は，表皮に存在する黒色素胞 melanophores，黄色素胞xanthophores，白色素胞 luecophores，虹色素胞 iridocytes (iridophores) のそれぞれの色素細胞の大きさ，反応性や分布などの差によって異なる。

野生(型)メダカは，周りに樹枝状に伸びた扁平な黒色素胞(メラニンを含む)，赤味を帯びた黄色の黄色素胞(橙色のカロチノイドであるキサントフィルとプテリンを含む)，及び反射光で黄白色にみえる白色素胞 (グアニンでないプリン類の一種とドロソプテリンを含む：波磨，1969)を皮膚にもち，その体色が黒褐色をなしている。白色素胞は腹側面に多く分布し，不透明で光をキラキラ反射する虹色素胞や黄色素胞と合わさって，多彩な金属色を呈する。虹色素胞以外の３種類の色素胞chromatophoresには細胞質内の色素顆粒が拡散・凝集の反応を示し，それらの示す色調・濃淡が変化する。これらの色素胞の発達程度，分布域や存否の違いが遺伝的にも決定されている。すなわち，体色は遺伝的に支配されている。

野生 (wild type, WT) メダカの突然変異によって生じたヒメダカ (*bR*) は古く江戸時代から飼育されている (概説参照；岩松，2002)。この体色は，眼球や体腔壁以外にメラニン顆粒のある黒色素胞が分布していないが，黄色素胞が野生型と同様に分布しているため，緋 (橙) 色である。また，シロメダカ (*br*) と呼ばれる体表に黒色及び黄色の色素胞をもたないメダカ (色素のない黒色素胞と黄色素胞をもつ) があり，この体色は血液の色がある程度透けてみえるため，淡い虹色を帯びた白色である。このシロメダカには，ヒメダカと同様に白子(アルビノ albino)と異なり，眼球や体腔壁に黒色の色素がある。

メダカの体色の遺伝に関して，黒褐色(野生型)が緋

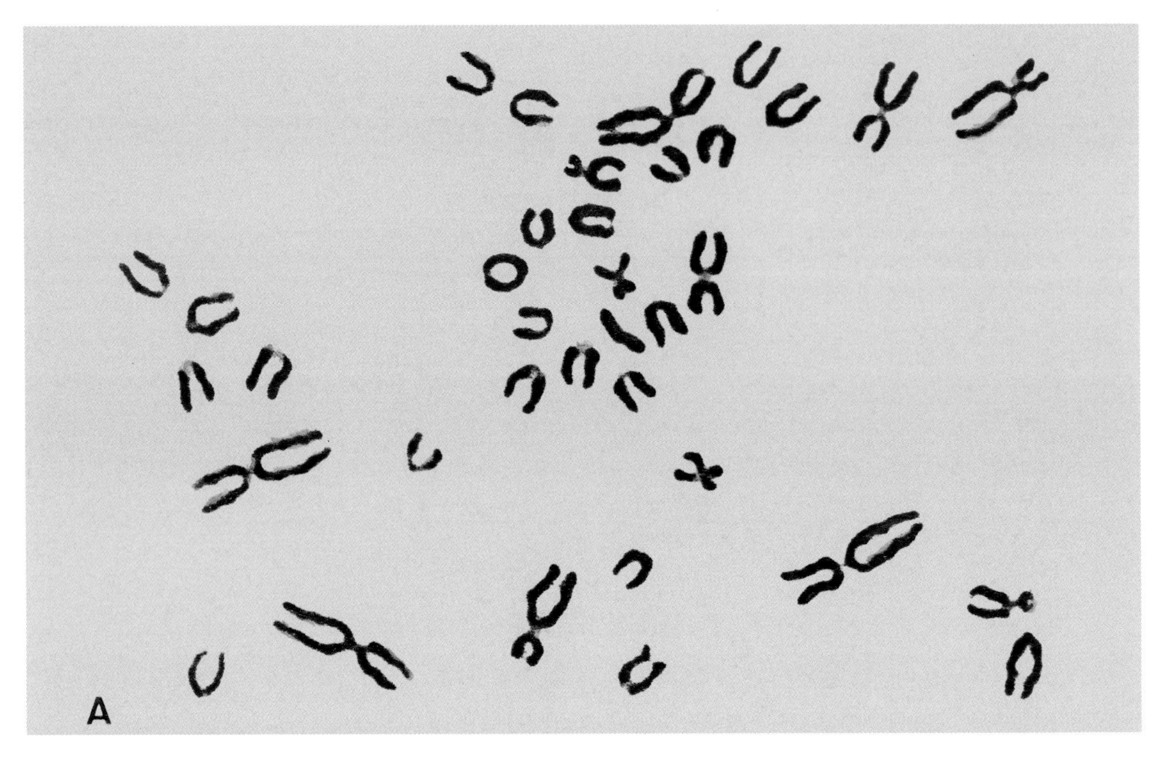

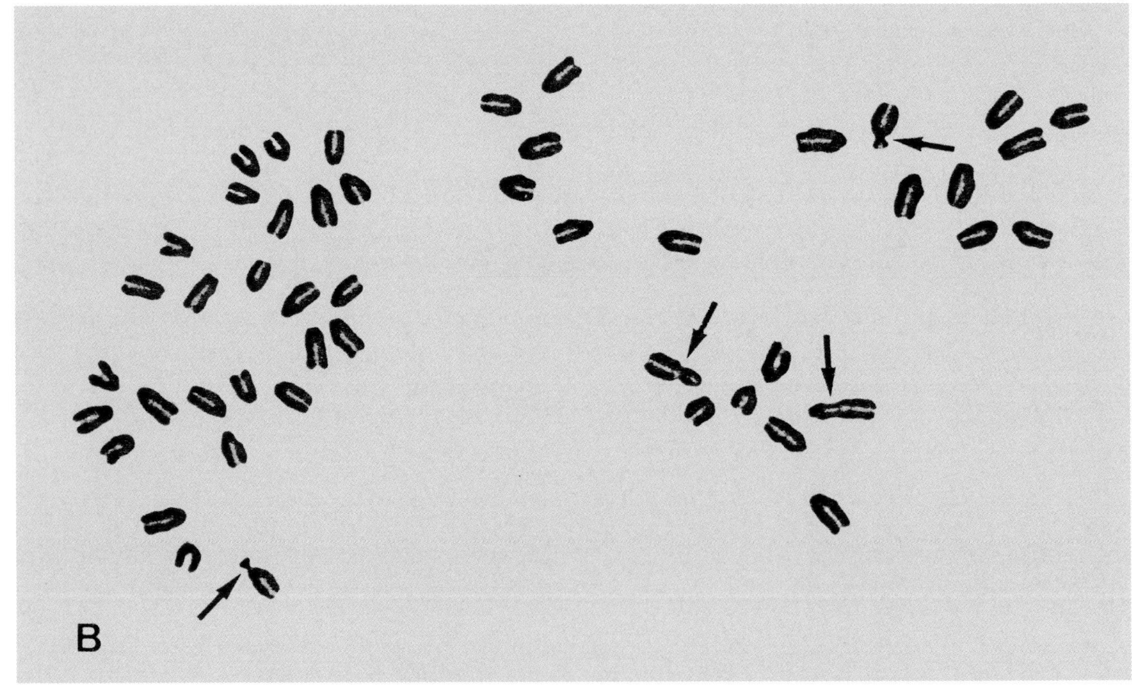

図8・1 ニホンメダカとセレベスメダカの染色体（岩松・宇和，未発表）
A：セレベスメダカ ×6000，B：ニホンメダカ ×2000

(橙)色に対して優性であるため，F_1 はすべての個体が黒褐色となり，F_2 においては黒褐色と緋(橙)色が3：1に分離することが石川(1912)によって初めて報告された。その後，外山(1916)と石原(1916，1917)が

表8・1　メダカの主な体色変異種の表現型と遺伝子型

一般名	体色	表現型	遺伝子型
黒メダカ	黒褐色	BR	*BBRR, BBRr, BB'RR, BB'Rr, BbRR, BbRr*
アオメダカ	青帯色	Br	*BBrr, BB'rr, Bbrr*
ヒメダカ	緋色	bR	*bbRR, bbrR*
ブチメダカ	黒斑緋色	B'R	*B'B'RR, B'B'Rr, B'bRR, B'bRr*
シロメダカ	白色	br	*bbrr*
ブチシロメダカ	黒斑白色	B'r	*B'B'rr, B'brr*
灰メダカ	灰色	BciR	*BBciciRR, BbciciRR, BbciciRr*
クリームメダカ	クリーム帯色	bciR	*bbciciRR, bbciciRr*
ミルキーメダカ	ミルク帯色	bcir	*bbcicirr*

同様に黒褐色が優性で，緋(橙)色が劣性である典型的なメンデルの法則に従うことを確認している(図８)。この他に，緋色が白色に対して優性であること，及び黒褐色の野生メダカとシロメダカの交配において，F_1はすべて黒褐色のものばかりであるが，F_2において褐色：青色：緋色：白色の各メダカが９：３：３：１に分離して現れてくることも確認されている。さらに，會田龍雄(1921, 1922)によって，黒褐色，青色，緋色，白色，黒斑（ブチ）白色メダカの遺伝に関する研究がなされ，体色を支配する因子は純系（ホモ）の場合の遺伝子型は，黒褐色（野生型）*BBRR*，青色*BBrr*，緋色*bbRR*，白色*bbrr*，黒斑（ブチ）緋色*B´B´RR*，黒斑（ブチ）白色*B´B´rr*であることが明らかになった(図８・２，表８・１)。

野生メダカは，メラニンと黄色色素を十分含む色素胞をもつため，体色が黒褐色にみえる。アオ(色)メダカは，上記のように，野生メダカとシロメダカの交配のF_2 に３/16の割合で生じる。これは，メラニンの十分ある黒色素胞をもつが，黄色色素をもつ黄色素胞がほとんどないため，青みを帯びてみえるだけで，青い色素があるためではない。*B, B´* 及び*b* は常染色体にある複対立因子でメラニンの合成を支配し，それらの優劣関係は$B>B'>b$ である。*R* と*r* は性染色体にある対立因子で，黄色色素の合成を支配し，それらの優劣関係は$R>r$ である。富田氏によれば，ヒメダカの中には色の薄いもの(r^d；d＝diluted)があって，*R*と*r*との優劣関係は$R>r^d>r$ である。

市販のヒメダカの中に混じっているシロメダカのうち雌を選び，雄のヒメダカとの交配を行う。そのF_1の中から雌のシロメダカと雄のヒメダカを選んで交配する。さらに，そのF_2 の中から再び雌のシロメダカと雄のヒメダカを選び交配する。このように，代々雌のシロメダカと雄のヒメダカの交配を兄妹で繰り返す（育種 breeding する）と，シロメダカであればすべて

図8・2　黒斑ヒメダカ雌

雌，ヒメダカがすべて雄である系統を得ることができる。この緋色を支配する遺伝子*R*(優性）はY染色体に位置（Y^R）し，白色を支配する遺伝子*r*（劣性）はX染色体 X-chromosome に位置（X^r）すると説明されている。緋色は，いわゆる限性遺伝 sex-limited inheritance（Aida, 1921）する。性分化の転換を利用してY^RY^R の個体を作ると，これらの個体の生存率が低いことから，Y^R には不活性部分としての生存に必要な主因子の退化した伴性無能節（－）があると推定されている(山本，1962a,b)。正常な雄の連関図（図６・17）において，雄性決定部域（y）との*R* の組み換え率は0.2で，*R*と不活性部域の組み換え率は1.2である。ちなみに，正常の♂（X^+Y^-）では，母方からのX染色体上の生存に必要な因子（複数）を含む活力節（＋）によって生存力を保っている（山本，1960, 1962a)。

純系（ホモ）であることが確認されていないメダカの遺伝子型は劣性ホモの純系を用いる検定交配によって確認されなければならない。ヒメダカであれば表現型は*bR* であるが，その遺伝子型にはホモの*bbRR*と

ヘテロの*bbRr* がある。また，黒褐色(野生型)メダカでも表現型は，*BR* であるが，遺伝子型には表8･1にみられるような種類がある。

a ）白子（*i*）

富田(1978)によれば，白子 albino は劣性の白子遺伝子*i*（弥富産)，i^2（安城市)，i^3（鳥取市）によって生じるが，これらの遺伝子は，黒色素胞のみならず黄色素胞の色調をも淡くするし，白色素胞の発達を良くする。これらは，メラニン形成を支配するb-複対立因子（*B, B', b*）とは独立で，単純劣性である。*i* はホモ(*ii*)となると，劣性上位性 recessive epistasis で，チロシナーゼ活性がなく，メラニン形成を抑制するし，*R*やr^d の発現も抑えるため，*ib* ばかりでなく*iB* も白子になる（山本，1967, 1969)。野生メダカとヒメダカの白子(*BiR,biR*) は，淡いオレンジ色で，シロメダカの白子（*bir*) は白い体色の白子である。これに白色素胞（白色色素）を欠失させる*fr* 遺伝子を導入する（*biℓ-fr*）と白色で外見上白色素胞のない白子になる。*i* とi^2 が同一遺伝子か否かは不明であるが，*i*と稚魚のときのみ弱いチロシナーゼ活性を示すi^3 は，それぞれ対立遺伝子が異なり，リンケージ関係にない。例えば，それぞれの白子遺伝子を含む野生メダカ*BiR* とBi^3R とのF_1は全部黒褐色の野生メダカになり，白子は生じない。F_2に生じる野生型:白子の出現比は９：７である。この白子は*i*とi^3 のどちらか一方だけがホモになったものと両方がホモになったものとが含まれているはずである。iに対して優性であるi^b はBi^bR の場合，発生時に眼球の黒色素胞の分化が遅れ，眼球の黒化の開始も野生より１日近く遅れる。

b）色消し因子（*ci*）

ci 遺伝子をもつメダカGray(*BBRRcici*：竹内，1968; *BBRRcici*$+^i+^i$: 山本･及川，1968)は，會田龍雄氏から名古屋（山本時男氏）と岡山（竹内哲郎氏）に分譲され，保持されている。野生型（*BBRR*＋＋）の＋の代わりに*ci* 因子が加わると，黄色素胞内のプテリンとカロチノイドの蓄積が不完全に抑制され，白色素胞の形成が３～４倍も促される(竹内，1968)。これらの系統から褐Brown，青Blue，緋Orange-red，白White，灰Gray(*BciR*)，明るい青Light blue，クリームCream（*bciR*)，及びミルキーMilky(*bcir*)の系統が得られる。

c） 黒色素胞の異常(*b*アレレ，*cm, de, dℓ, dm, fm, mm, sm, Va, vc*)

b の対立遺伝子群は，色素顆粒形成や色素細胞の分化の段階を支配しており，数多く知られている(富田，1990)。*sm* 遺伝子をもつメダカは，白い容器に移しても体色の淡色化に数時間から数日かかる。野生の黒色素胞はM/7.5NaCl，M/7.5KClで凝集するが，この系統のものはKCl,アドレナリン溶液中では拡散状態になり凝集しない。カテコールアミンによる凝集作用はみられず，これはリセプターの*α* 部位の異常によると推定されている(富田，1978)。また，常染色体上にある単純劣性の遺伝子に支配されている(富田，1969)。M/7.5 のNaClやKClでの処理で色素胞の先端が一過性の凝集を示し，メラトニンによって凝集する。*cm* 遺伝子をもつメダカにおいては，麻酔しても野生型よりも数多く分布する黒色素胞は完全な拡散を示さない(黄色素胞や白色素胞の生理的変化には影響を及ぼさない)。したがって，*BcmR* の体色はブロンド色である。また，黒色素胞が拡散型である*dm* は野生型より黒色化が強い。

d）黄色素胞の異常（*co, di, dx, ℓf, mℓ*, r^d, *Va*）

野生の黄色素胞はM/7.5NaCl中で拡散し，M/7.5 KClで凝集する。*co*とか*di* の遺伝子をもつメダカは黄色素胞のその生理反応が異常である。例えば，*co* 遺伝子をもつメダカにおいて，黄色素胞は点状で，NaCl溶液や麻酔液中で拡散しない。*di* 遺伝子をもつ個体において，黄色素胞は逆に拡散したままで，アドレナリンやKClの添加でも点状に凝集することはない(富田，1978)。*rf-2* は黄色素胞を欠失させるため，シロメダカ(*br*)と同じ体色になることがある。黄色素胞の発達を悪くさせる*mr-3*と同様に斑状に分布させることもある。

e ）白色素胞の異常（*dm, fℓ, ℓf, mm, mℓ, mo, vc, vℓ, wℓ*）

dm は胚や稚魚において正常な生理反応を示す白色素胞をもつが，成魚(10mm以上)では拡散したままの白色素胞を生じる。*ℓf* 遺伝子は発生初期から白色素胞を生じないままで，外見上欠失状態にする。この遺伝子は，他の白色素胞に関する遺伝子に対して上位にあり，ホモになると白色素胞のないメダカにする。白色素胞は多少オレンジの色調をしているが，*wℓ*遺伝子をもつメダカにおいて白色素胞をまっ白にする。

他にも，白色素胞の数に関する遺伝子として*fℓ*と*mℓ*が知られている。*fℓ*と*fℓ-2* は，白色素胞の数を減少させる遺伝子で，互いに異なる対立遺伝子である。一方，白色素胞の数を増加させる遺伝子*mℓ*において，*mℓ-3* がある。この*mℓ-3* は，白色素胞を背側の背中線上に３列もつ。変異メダカ*mℓ-3*(many leucophores-3)において，*pax7a*は発現するが，機能的SOX5の欠失が黄色素胞への分化の失敗を招き，そのためすべての前駆細胞から過剰に白色素胞が生じる（Nagao *et al.*,

2014）。*mm* は枝分かれの少ない萎縮型の白色素胞をもつが，*mo* は胚のとき少なかった白色素胞が孵化後２～３週間でなくなる。白色素胞は，プリン依存の光反射をするので虹色素胞に関係していると考えられていたが，*ℓf-2*（遺伝子*pax7a*の機能喪失変異体）が黄色素胞と白色素胞の前駆細胞の形成に欠陥を生じることから黄色素胞に似ている（Kimura *et al.*, 2014）。

f）虹色素胞の異常（*dg, gu, iℓ, mo, Si*）

同義因子の*iℓ-1*と*iℓ-2*は，劣性で，眼球と腹腔以外の部分の虹色素胞を欠失させる。例えば，鰓蓋上にある虹色素胞が欠失するために，鰓蓋が赤くみえる。*gu* や*gu-4* は*dg*と同様に成魚でもグアニンの沈着が少ないが，*gu-3* は成魚になると野生型のものと差がない。*Si* は優性で，眼球の後方の脳膜上にある一対の虹色素胞の半月状の斑点を欠失させる。

g）その他の色素胞の異常

突然変異種の表20に示すように，*dℓ*, *sℓ*, i^b, *dx*, *b*やr^dなどの遺伝子が発見されている。

Ⅲ．鰭の変異（*as, Da, df, em, if, fs, pℓ, rf*）

メダカの種を特徴づけている各鰭における鰭条数，鰭条節数や担鰭骨の変異が知られている。各鰭の鰭条にある節がところどころ欠失しているメダカ（*as*）や鰭条が細かく曲がったり，発達していないメダカ（*if*）が報告されている。

臀鰭と背鰭の後方に数本鰭軟条を追加し，鰭を大きくする遺伝子*em*，逆に神経棘間骨と血管棘間骨の基部を融合させ，鰭基部を小さくさせることによって，臀鰭と背鰭を小型にする遺伝子*fs* がある。*em* 以外に，背鰭を大きくする遺伝子*Da*（double anal fin）がある（図８・３）（富田，1969：Ishikawa，1990）。*Da* 遺伝子は，成瀬ら（2000）のリンケージグループ20（LG20）に座位をもつ。*Da* の変異胚では，嚢胚期から体節期までは形態的には正常であるが，その変異形質は胴部背面に腹部型の黒色素胞分布パターンとして発現する（Tamiya *et al.*, 1997）。成魚では，上肋骨が欠失，もしくは不完全である（Ohtsuka *et al.*, 2004）。尾部の背腹両側に臀鰭をそれぞれ持つ突然変異メダカ*Da*は，尾部の背側と腹側とが相称（鏡像）になっていて，背鰭（軟条数15～18）が臀鰭（軟条数17～19）の形態になっている。背鰭の各軟条からの近担鰭骨は第15椎骨～第23・第24椎骨の神経棘の間にあり，その位置が第13椎骨～第23椎骨の血管棘の間にある臀鰭の軟条から延びている近担鰭骨の位置とは少し異なっている。こ

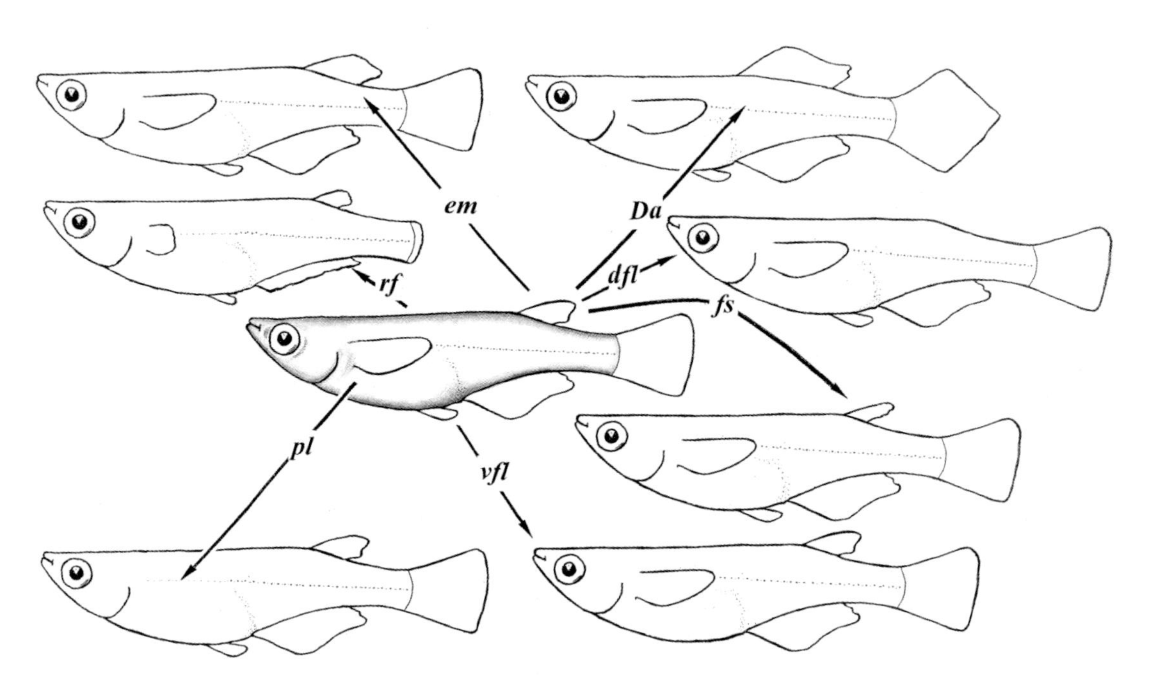

図8・3　鰭の遺伝的な異常（富田，1978より改図）

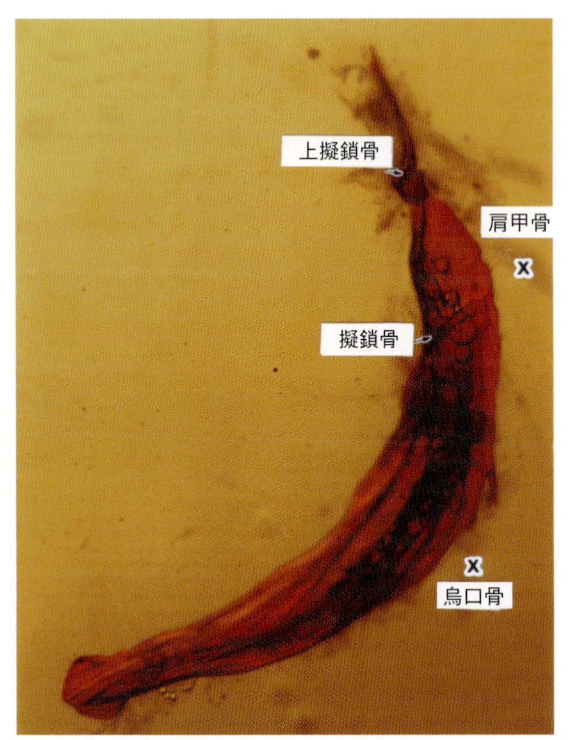

図8･4　胸鰭欠失メダカ *pl* の肩帯骨格
（注）肩甲骨や烏口骨などが欠失（×部）している．

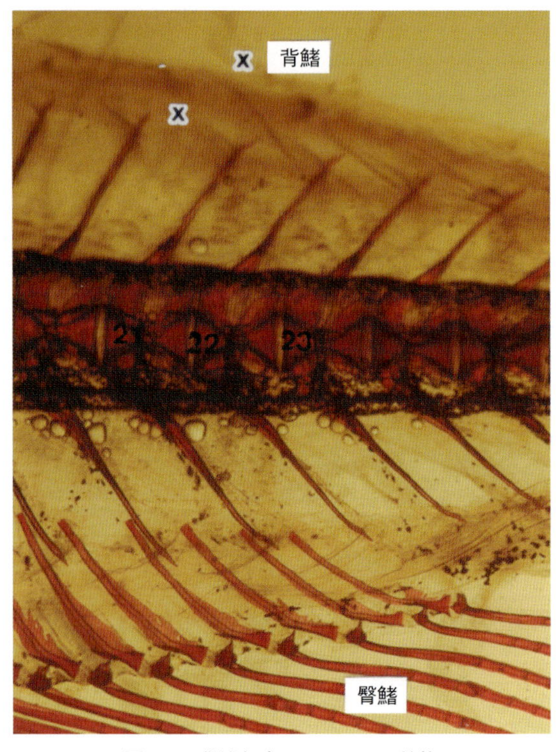

図8･5　背鰭欠失メダカ *dfl* の骨格

のように，背鰭側と臀鰭側とは完全に鏡像をなしていない。面白いことに，性的に成熟した雄では，臀鰭の第12軟条以降の軟条に乳頭状小突起があるが，背鰭の第７以降の軟条にもそれがある。

その他，正常な稚魚では尾の鰭膜の上脊索部 epichordal region があまり発達しておらず，脊索が尾部で背側に向いて伸びているが，*Da*稚魚ではその上脊索部が成長して脊索が曲がることなく尾端に向けてまっすぐ延びている。そのため，尾鰭の背側半分も腹側半分とほぼ鏡像になっていて，尾鰭全体が菱形にみえる（図８・３）。胴部も同様に背側の表皮は，腹側の表皮が反転した状態になっており，腹側の金属光沢の虹色素胞をもつため腹側の皮膚のように金属光沢色でキラキラ光ってみえる。したがって，市販では，鰭の反転がなくても，胴部の反転によって背側が光っており，俗に“光メダカ”という。胸鰭が，肩甲骨や烏口骨がないため，形成されない突然変異（*pℓ*）も知られている（富田，1990）。

野生メダカにおける胸鰭欠失突然変異 pectoral-finless（*pl*）は，劣性形質で，常染色体上にある遺伝子によることが知られていた（Tomita, 1993）。この *pl* の発生初期胚において，外胚葉性頂堤 apical ectodermal ridge（AER）の出現に続いて生じる胸鰭芽はみられない（Okamoto and Kuwada, 1991）。*pl* 遺伝子は第13染色体（LG XIII）上のマーカー stsM76-2（－6.4cM；95％信頼度）に位置している（Ohtsuka *et al*., 2007）。*pl*（*pfl*）において，胸鰭を支える肩帯のうち，肩甲骨，烏口骨，および鰭輻骨が完全に欠失している（図８・４）。欠失する烏口骨（図５・73）は，棒状骨と扁平な膜状骨からなっており（図７・75），他の不対鰭の近担鰭骨に対応する骨で，鰭輻骨も遠担鰭骨に対応する他の鰭の担鰭骨に対応する骨であるとすれば，背鰭や臀鰭を支える付属骨の欠失に当たる。しかし，*pl* でどうして肩甲骨が欠失しているのかについては，これらの肩帯の諸骨の形成過程に働く遺伝子群に関連した事項であろうが，不可解である。

pl 遺伝子座はリンケージグループ８（LG 8）上の STSマーカー“stsM76-2”から0 cM（-6.4 cM; 95%信頼度）の位置にある（Ohtsuka *et al*., 2007）。

背鰭欠失メダカ *dfl* は，鰭軟条と共に近担鰭骨，遠担鰭骨が完全に欠失している（図８・５）。最近光メダカの中には背部が銀色の金属光沢を呈し，体色がやや青みを帯びた黒の背鰭欠失 *dfl* メダカが市販されている。その *dfl* メダカには，他の鰭はすべて正常であるが，背鰭軟条だけでなく，鰭軟条を支えている鰭担骨も全く存在しない。この品種は交配すると，わずかであるが背鰭をもつ個体が生まれる。したがって，*pfl* は担鰭骨の完全欠失を伴った背鰭のない突然変異 *dfl* の場合と同じである。

成長のところで述べたように，すべての鰭において鰭軟条が付属骨格に先行して形成され，その退化も同様な順序で起こる。このことは，脊椎動物の進化の過程における鰭や四肢の出現と退化のメカニズムを遺伝子レベルで解明する上，極めて興味深い。また，育種の過程において，対鰭の欠失変異体 *vfl* と *pfl* では膜鰭も形成されない。さらに，遺伝子 *rf* をもつ個体では胸鰭は正常に形成されるが，孵化後その軟条がその形成時に折れ曲がったり，先端が退化して小型になったりする。このほか，発生途上膜鰭に切れ込みや部分的欠損を起こしたり，胸鰭も異常になる突然変異体 *df-1* と *df-2* が知られている。

腹鰭欠失メダカ：

無足魚においては，腹鰭だけでなく，それを支える腰帯 pelvic girdle までないものが多い。それらの魚類において，腹鰭や腰帯が進化の過程でどのように欠失する運命を辿ってきたかは極めて興味深い。腹鰭の発生学的観点から腹鰭欠失に関わる遺伝子の分析がなされている（Tanaka *et al.*, 2005）。まず，四足動物における足の位置づけ limb positioning 遺伝子 *Hoxc6*, *Hoxd9*, 足突出開始 limb bud initiation 遺伝子 *Pitx1*, *Tbx4*, *Tbx5*, そして足突出成長 limb bud outgrowth 遺伝子 *Ahh*, *Fgf10* に相当すると考えられる遺伝子を分離し，発生時にみられるそれらの遺伝子の発現パターンを追跡している。それによると，腹鰭形成開始時の体壁に *Hox9* の発現が起きないため，腹鰭の生じる位置の皮膚からの鰭突出とその開始がフグにはみられないこと，腹鰭欠失 three spine stickleback *Gastrosteus aculeatus* において変態中期の体側板中胚葉にある腹鰭の位置づけマーカー遺伝子 *Hox9a* の発現が変更したことに関係していることを示唆している。また，フグで活性化しない *Tbx4* はゼブラフィッシュでは腹鰭原基において4週間前に発現し始め（Ruvinsky *et al.*, 2000. Tamura *et al.*, 1999），その1週間後に腹鰭の芽出が始まる（Grandel and Schulte-Merker, 1998）。ちなみに，ゼブラフィッシュ zebrafish *Danio rerio* において *ectodysplasin* (*eda*) 遺伝子シグナルが鰭の発達に必要である（Harris *et al.*, 2008）。

トランスポゾンをもつニホンメダカ *Oryzis latipes* では変異種が多く，鰭の異常や欠損も知られている（富田，1978，1990）。図8・3に示されているいるように，ニホンメダカでは背鰭や臀鰭を大きくする遺伝子 *en* やそれらを小さくする遺伝子 *fs*, 腹部を背部に反転させて背鰭を大きくする遺伝子 *Da*, 胸鰭を欠失させる遺伝子 *pl*, 鰭軟条を異常にする遺伝子 *rf* や節の部分的欠失を生じる遺伝子 *as*, さらには鰭の先端を退化させ小型化する遺伝子 *rf* などが知られている。

近年，ドイツ人研究者ら（van Eeden *et al.*, 1996）はゼブラフィッシュにおいても，胸鰭の大きさの変異に関する9個の遺伝子を報告している。これらのうちの1つである daclel (*dak*) 変異をみると，胸鰭芽の後部中胚葉に sonic hedgehog mRNA の発現は見られるが，維持されない。その他，鰭を長くする遺伝子 longfin (*lof*), another longfin (*alf*), そして背鰭や腹鰭を小さくする遺伝子 stein und bein (*sub*) とか，成魚のすべての鰭を無くしてしまう finless (*fls*) と極小背鰭，体形，体色模様をおかしくする遺伝子 wand (*wan*) なども記載されている。残りの4つの遺伝子は胚体の皮膚形成に欠損をもたらすものである。しかし，これらの突然変異種をみても，腹鰭だけを欠失させたものはない。ただ上記のように，天然において腹鰭が欠失した無足魚類がいることから考えれば，腹鰭のある魚

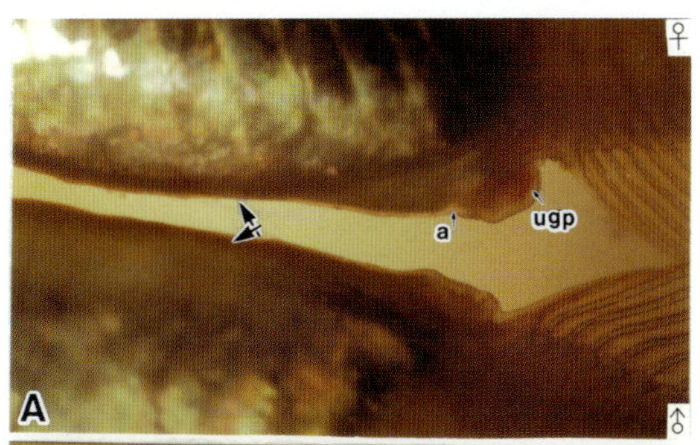

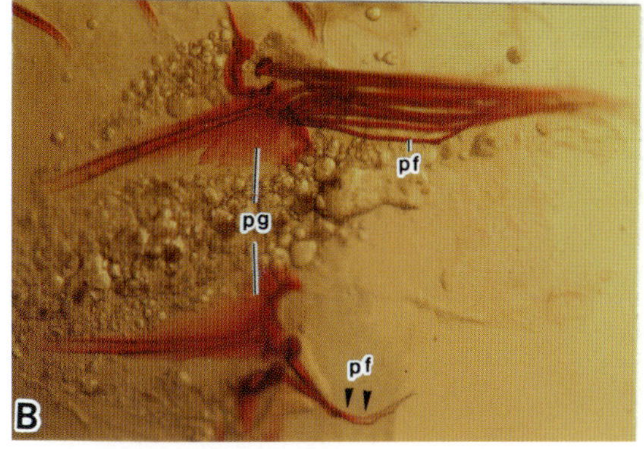

図8・6　腹鰭欠失メダカ *vgl* の外観と腰帯
A，腹鰭欠失部（矢印）　B，右腹鰭痕跡（矢尻）の腰帯
a：肛門，pf：腹鰭，pg：腰帯，ugp：泌尿生殖隆起.

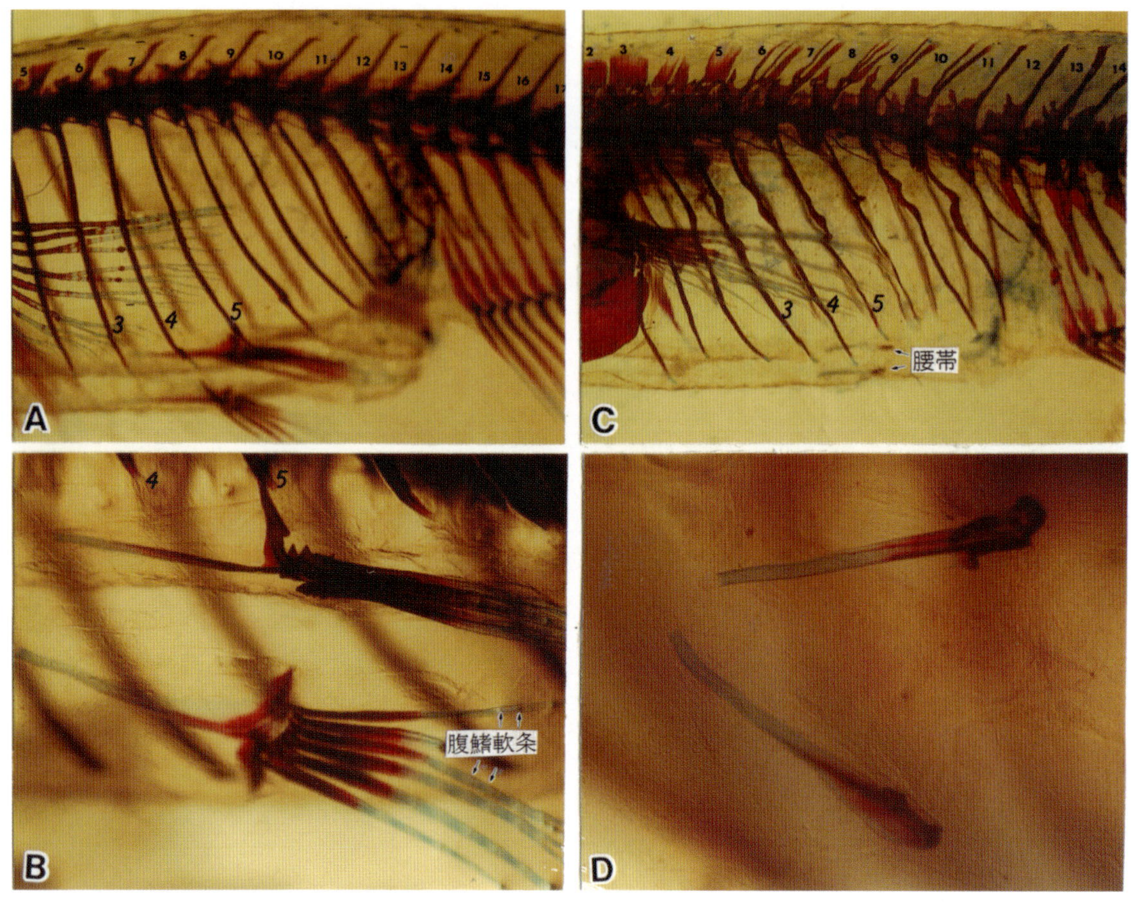

図8·7　正常と腹鰭欠失 *vfl* のメダカの腹鰭の軟条と腰帯の形態
A・B：正常メダカの胴部（A）と腹鰭軟条・腰帯（B）．C・D：腹鰭欠失メダカの胴部（C）と腹鰭欠失の退化腰帯．
大きい数字（斜字）は第3－5肋骨，小さい数字は脊椎骨番号．（岩松・中村，未発表）

においても腹鰭欠失の突然変異が生じる可能性は十分あり得る。したがって，腹鰭がなくても無足類のように生存および生殖には支障をもたらさないと考えられる。ちなみに，メダカでは腹鰭は生殖行動には関わっていない。

これまで，メダカにおいて腹鰭が欠失した突然変異体は報告されていない。ここに初めて報告する新奇なメダカ変異体は，成体において正常な胸鰭，背鰭，臀鰭，尾鰭をもつが，腹鰭だけが欠失している突然変異体 ventral finless（*vfl*）である。この突然変異体を育種・作出するのに用いたメダカ *Oryzias latipes* は，長年飼育保持している d-rR 系統の中に偶然出現したアルビノ（ci）であった。2008年に腹鰭のみが萎縮した，あるいは痕跡的な個体を偶然発見，その後4年間11世代にわたり継代育種を続ける中で，今回報告する外観上腹鰭が痕跡，あるいは欠失している個体（図8・6：岩松，2011）を得たのである。

メダカの正常発生・成長過程において，対鰭である腹鰭は，胚発生の段階ではまったく認められない。この点，胚発生時に生じる胸鰭とは異なる。変態前の幼魚段階においても，尾部の不対鰭と同様に腹（胴）部の肛門予定部の前方の正中線上に腹部膜鰭 membranous ventral fin fold が存在するだけである。そして野生型メダカにおいては，孵化後全長が約12mmになり，幼体から成体へと変態するに伴い，この腹部膜鰭が他の不対鰭に遅れて退化消失を開始する。この退化開始にやや先行して，その膜鰭がある左右両体側に一対の鰭芽（fin bud）が突出する。こうして，腹鰭は腹部膜鰭の消失完了前に芽出・伸長を始める。その後，その鰭膜に鰭軟条を生じ，第二次性徴が認められる前に鰭軟条数が揃って完成する（岩松，2010，2011）。一方，腹鰭が欠失する変異体 *vfl* においては，胚発生中に腹部膜鰭は胚発生後期に正常個体と同様に形成される。そして変態時に見られる腹部膜鰭の退化消失も野生型と同様に起こるが，この変異体は腹鰭原基予定位置に鰭芽が生じないまま成長が進み，腹鰭の欠失した成魚となってしまうのである。したがって，腹鰭形成遺伝子の場合は腹部膜鰭形成遺伝子と腹鰭形成に関与する遺伝子の活動とは必ずしも連動していないようである。

育種11世代の現段階において，得られた腹鰭欠損個体の中には腰帯が，正常個体のもの（図８・７）と同じく，第３・第５肋骨の先端間に位置している腰帯をもつもの，まったくないもの，痕跡的，あるいは異常な腰帯をもつものが混在していた。こうした腹鰭欠損個体同士の交配によって得られた子どものほとんど（92.6％，299匹）が正常腹鰭をもつメダカで，腹鰭及び腰帯が異常，痕跡あるいは全く欠失した個体は僅か7.4％（24匹）に過ぎなかった。この遺伝結果は当然のことながら，腹鰭形成に多くの遺伝子が関与していることを示唆している。腹鰭欠失魚でも腰帯は幾分異常であるが，存在する。外観上腹鰭が欠失していても，生じる異常な腰帯の位置は正常個体と同じであるので，その位置づけ遺伝子が異常である可能性はなさそうである。しかも異常ながらでも腹鰭をもつ個体においても腰帯の形態はほぼ正常であることから，腹鰭が腰帯に先行して退化するのが特徴である。それらの形成過程に関与する遺伝子の異常が原因となっていると考えられる。今後さらに詳細な遺伝分析および発生・退化に関する研究が必要で，そのためには *vfl* 系統の純化（純粋種の確立）が不可欠である。腹鰭をもつメダカにおける成長過程に腹鰭の多様な形態異常をもたらす遺伝子群の発現様式の分析が，個体発生，あるいは進化の途上における腹鰭形成機構を解明する上に求められる。

前述の中で注目すべきは，世代を追って退化・欠失する組織・器官（鰭と肩帯・腰帯）を観察すると，発生過程において先んじて形成されたものが先行して退化・欠失する傾向にある点である。

三ツ尾鰭メダカ *paf*：

d-rR系統メダカの育種中に図８・８に見るような下尾骨と尾鰭が退化・消失し，尾部脊椎骨の癒合と曲り（図８・９）がみられ，軟条18本の臀鰭を二葉もつ成魚の雄メダカが得られた。それぞれの臀鰭後部の軟条には乳頭状小突起および鰭の切れ込み notch がある。臀鰭は対をなしている二葉の臀鰭 a pair of anal fin（*paf*）の軟条基部にはそれぞれ担鰭骨（鰭趾骨）をもつ（図８・９）。背鰭にも切れ込みがみられ，腹鰭，胸鰭は正常な形態で機能的である。泳ぎはゆっくりで，交尾して雌を産卵させられなかったため，この個体の子孫を得ることができなかった。このメダカは尾が三ツ尾で，背鰭１葉と臀鰭２葉がそれぞれ長く伸びれば，金魚の三ツ尾と同じになる。

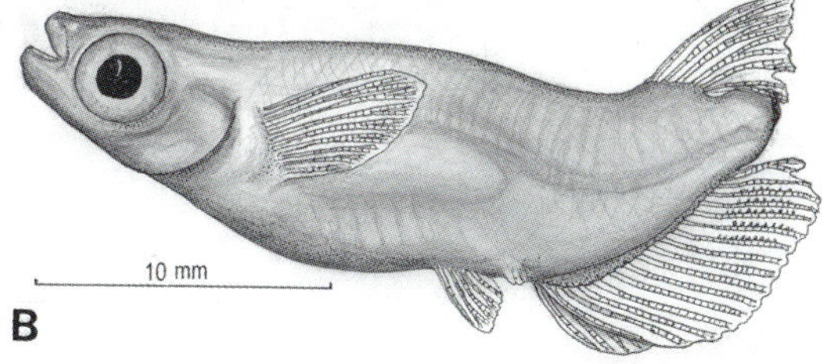

図8・8　三ツ尾鰭 *paf* メダカ雄
BはAのスケッチ．

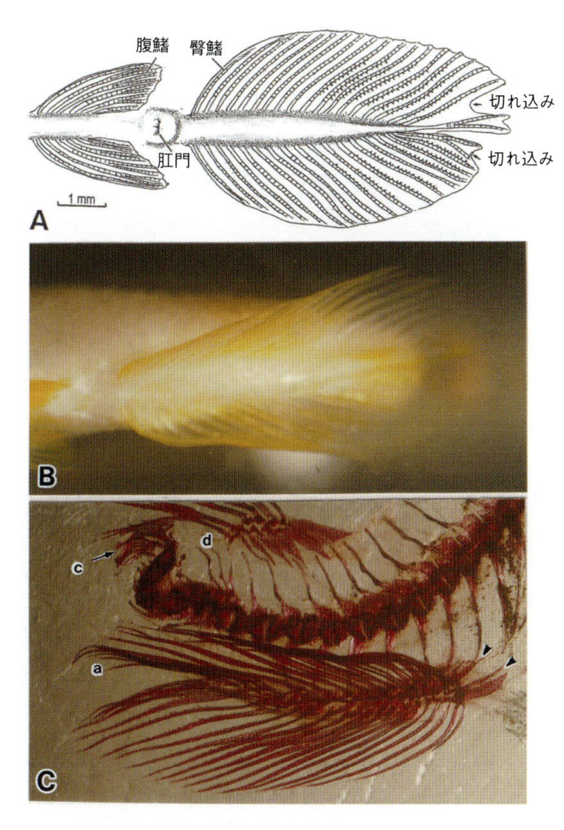

図8・9　三ツ尾鰭 *apf* メダカの尾部形態
a, 臀鰭軟条；c, 尾鰭軟条；d, 背鰭軟条；矢尻，担鰭骨．

Ⅳ. 骨格の変異（*fu, wy*）

脊椎骨融合を起こして脊椎が短くなる変異種チヂミ fused（*f*または*fu*）メダカは，會田（1930）によって発見されたもので，異常な椎体数が増すごとに尾部から頭部の方向へ椎体の欠失が多くなるし，*fu* 因子の発現に強弱の程度がある。図８・10は尾部脊椎骨の融合と変形の例である。胚発生過程に伴う胚の体長の増加は受精後４日目より差がみられ，孵化期では正常区で全長5.18mm，チヂミメダカ区で全長3.10mmである。孵化後に椎体の骨化が起こることから，*fu* 因子は体長の短縮と椎体欠損の両現象を支配し，ポリジーン polygenic である（大倉・竹内，1956; 竹内・作本，1971）。この発現率，特に発現度は外界の条件によって変化する。それは外界条件のうちでも，発生時の温度に著しく影響を受ける。比較的低い温度（20°C）で発生させると10～20％の発現を示し，高温（28°C）で発生させると100％近い発現を示す（松田，1959）。このチヂミ因子（*fu-1*）はセムシ因子（脊椎湾曲，wavy：*wy*）と共に常染色体上にあるが，リンケージ関係になく，体色や性とは独立して遺伝する単純劣性の形質である（會田，1930；Takeuchi，1966）。脊椎は背腹に波状に曲がったもので，同様な脊椎弯曲は水溶性ビタミンA，D液で卵を処理することによって尾部に人為的に誘導できる。

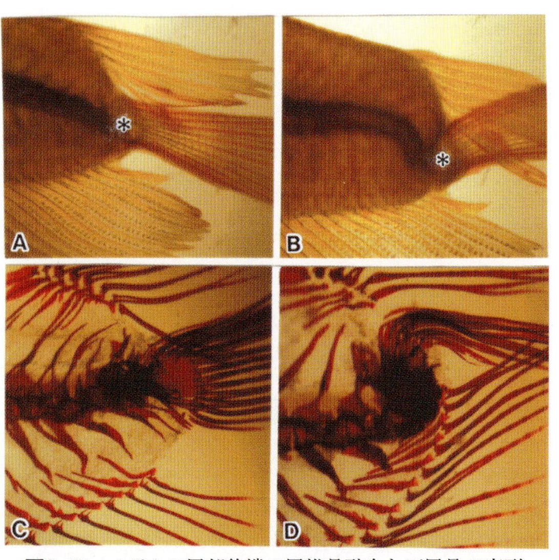

図8・10 メダカの尾部後端の尾椎骨融合と下尾骨の変形
A，B：生体(雄)，C，D：骨格標本，＊印：下尾骨部

このような*fu-1*とは表現型で区別し難いが，*fu-1* の対立遺伝子とも異なり，リンケージ関係にない因子（*fu-2～6*: 単純劣性)が見いだされている(富田，1967)。このほか，*fu-1* の対立遺伝子ではない脊椎骨のところどころに異常肥大や癒合などの骨格異常をきたす因子（劣性形質）もある（富田，1967）。また，図８・11に見られるように，部分的に肋骨（第７・第８椎骨の左側横突起に付く）が欠失しているものが，稀にみられる。

胴尾部の発生において，著しい欠失を示す頭部メダカ *headfish*（*hdf*）が知られている。これは中脳 - 後脳境界（MHB）を含む正常な頭部をもつ胴尾欠失の突然変異体である（Yokoi *et al.*, 2007）。この突然変異はメダカ*fgf receptor 1*遺伝子（*fgfr 1*）における無発現変異 null mutationである。繊維芽細胞増殖因子 fibroblast growth factor 1（*fgf1*：酸性FGFの発現）のリセプター*fgfr 1*は中胚葉形成と神経パターン形成に重要な役割を果たすが，*fgfr 1* ^{hdf} は機能的に*fgfr 1*の無効が原因になっているのである。

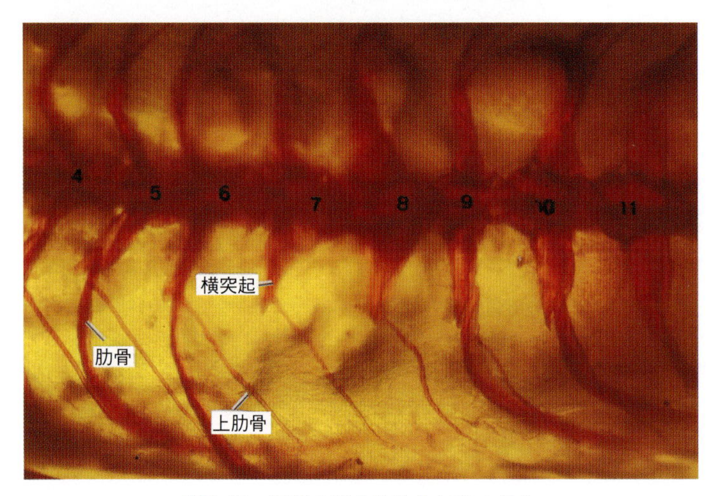

図8・11 胴部の部分的肋骨欠失メダカ

これまで，肋骨の欠失例は知られていない。図８・11にみる個体において，第７・第８の椎体の横突起部分には上肋骨が接着して体側筋に伸びているが，肋骨がない。この個体は生きているときには，まったく異常を示さなかったので，残念ながら変異株として保存できなかった。

Ⅴ. 鱗の変異(*rs*)

鱗の分化及びその発達が悪いため，鱗が小型になり，互いの重なり合いをもたないものが多い。著しい場合には，小型の鱗が体表に散在している個体になる。このような変異は常染色体上にある単純劣性の*rs* 遺伝子の支配による(富田，1969a, b)。

Ⅵ. その他の変異（*ha, pc, ro*）

内臓の異常はしばしば致死的であるため，発見・継代しにくい。そのためか，報告が少ない。*pc* は腎臓に嚢胞を生じるもので，*ha* は胚・稚魚では耳胞が外側に突出し，成魚では内耳に異常を示す。

野生メダカの中に，体色がより濃い黒色を示す個体が稀に見られる。その個体の眼は銀色にみえる。顕微鏡で観察すると虹彩が瞳孔を覆って閉じている(図8・12)。そのため，網膜に光が当たらず暗い環境下と間違えて，暗反応の時と同じく体表の黒色素胞がメラニンを拡散させ，体色がより黒くなる。

以上の変異種以外に，富田氏によって数多くの劣性因子の突然変異種 mutants が発見されているが，遺伝子の数からして当然これらよりはるかに多くの変異型が存在するものと推定される。上記のように確認されている変異種の多くは，体色や骨格，それに鰭に関するものである(表8・2，富田，1990 参照)。それらの表現形質は，発現の観点から，胚から成魚に至るまで認められるもの(A)，胚から成魚に育成する過程において一時期以後に認められるもの(B)，及び発現の度合や時期などにバラツキが著しいもの(C)に大別される。また，飼育の難易度の点から，野生メダカと同様に飼育できるもの(易)，活力が弱いため飼育中注意を要するもの(要注意)，飼育が困難もしくは不可能なもの(難・不可)が付記されている(富田，未発表)。その他，多くの遺伝的代謝異常があるが，異常反応に修飾や調節が起きるため,具現例を認めるのが難しい。

原腸胚期に，神経胚期において神経上皮細胞 neuroepithelial cells の集中がゆっくりで，神経管 neural tube の特に中脳部分で曲がるものがある。これがHO4C(田口，1980; Hyodo-Taguchi and Sakaizumi, 1993)の雄を*N*-ethyl-*N*-nitrosourea(ENU)で2時間処理して，20～26日目に雌と交尾させて得たF_1同士のF_2胚に発見された劣性致死突然変異*tb*(twisted brain)である(Ishikawa, 1996)。メダカでは同様に突然変異誘発化学物質としてENUを用いて，遺伝子のスクリーニングがなされている(Loosli *et al.*, 2000)。また，神経の難病であるパーキンソン病に似た症状を示すメダカではGBA遺伝子が異常であり，ドーパミンが合成されない。そのメダカを用いてパーキンソン病の原因解明や治療薬の開発が進められている。

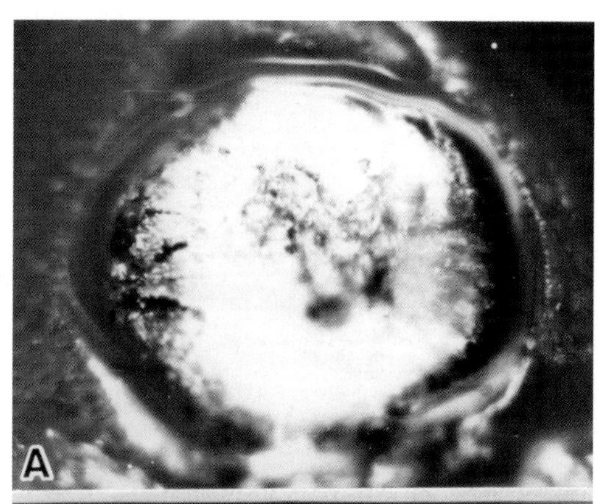

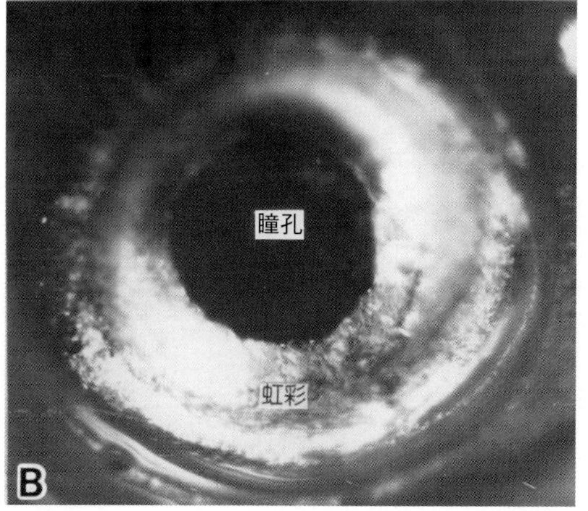

図8・12　瞳孔欠失メダカ
A：変異メダカ，B：正常メダカ

表8･2　メダカの突然変異種

遺伝系統の符号	形式の優劣	位置する染色体	形質の特徴	確認者（保存者）	付記
＜体色に関するもの＞					
b	劣性	常染色体	黒色素胞がほとんどメラニン顆粒をもたない。	會田（富田）	A，易
b^{d} $b^{d\ell}$ b^{p} b^{v}　$(B>b^{v}>b^{d}>B'>b^{d\ell}>b>b^{p})$	劣性	常染色体	bの対立遺伝子である。胚・稚魚の黒色素胞が黒変し始め，成魚においてBタイプに近くなる。	富田	B，易
n-BR	優性（$BBRR$）	—	野生メダカで，黒色素胞と黄色素胞はともに着色している。（n: Nagoyaの略）	山本（富田）	A，易
B'	劣性	常染色体	bの対立遺伝子である。黒い色素をもつ黒色素胞と無色のそれとが混在して黒斑をつくる。	會田（富田）	B，易
ci	劣性	常染色体	白色素胞がよく発達し，黄色素胞の発達が抑制される（color interferer）。	中堀・會田	B，易
$c\ell$	劣性	常染色体	胚のとき，黒色素胞・白色素胞・虹色素胞の発達が悪い。孵化後成長が遅れて死ぬ（致死）。	富田	C，難・不可
cm	劣性	常染色体	鰭以外にある黒色素胞は分化せず，点状で，拡散しない。鰭にある黒色素胞は正常に近い生理的な反応を示す。白色素胞･黄色素胞は正常(concentrated melanophore)。	富田	B，易
co	劣性	常染色体	黄色素胞が点状で，拡散しない。黒色素胞・白色素胞は正常（concentrated xanthophore）。	富田	B，易
de	劣性	常染色体	表現型$BdeR$では，胚稚魚のとき正常な黒色素胞を生じるが，体長約10mmから頭部･尾部の黒色素胞が少なく，赤黄色を帯びる。成体では，fmに酷似（decreased melanophore）。	富田	B，易
dg	劣性	常染色体	虹色素胞のグアニンが少ない。	富田	A，易
di	劣性	常染色体	黄色素胞が拡散したままで凝集しない。黒色素胞・白色素胞の生理的反応は正常（dispersed xanthophore）。	富田	B，易

dℓ	劣性 （*B*>*Bdℓ*>*b*）	常染色体	黒色素胞の黒化を少なく（淡色化）する。	富田	A，易
dm-1	劣性	常染色体	成魚の黒色素胞と白色素胞が拡散状態のままで点状に凝集することがない。黒色素胞の形が繊細になる（dispersed melanophore）。	富田	B，易
dm-2	劣性	常染色体	*dm-1*と同じ形質（*dm-1*とは対立遺伝子が異なり，リンケージ関係にない）。	富田	B，易
d-rr	劣性	常染色体	黄色素胞に黄色色素がなくなる。（*d*: domesticatedの略）	山本（富田）	A，易
d-RR	優性	性染色体	黄色素胞に黄色色素が生じる。	山本（富田）	A，易
d-rR	（*R*>*r*）	性染色体	雄の黄色素胞に黄色色素が生じ，雌の黄色素胞にそれが生じない。	山本（富田）	A，易
dx-1	劣性	常染色体	黄色素胞の黄色色素沈着量が減少する。	富田	B，易
dx-2	劣性	常染色体	*dx-1*と形質が酷似（*dx-1*と対立遺伝子が異なり，リンケージ関係にない）。	富田	B，易
fa	劣性	常染色体	稚魚が野生型，1〜数ヶ月で黒色素胞の破壊ヒメダカ型，さらに黄色素胞の破壊が起こるとアルビノ型になる。	竹内哲	B，易
fℓ-1	劣性	常染色体	胚・稚魚のとき，白色素胞の数が少ない。	富田	B，易
fℓ-2	劣性	常染色体	*fℓ-1*と同じ形質（*fℓ-1*とは対立遺伝子が異なり，リンケージ関係にない）。	富田	B，易
fm	劣性	常染色体	頭部および尾部での黒色素胞が少なく，その部分でオレンジ色が強く，*野生型*（*BR*）とヒメダカ（*bR*）の中間の体色を示す。*BfmR*では，胚及び稚魚期から黒色素胞の数が野生型に比べて極端に少ない。*bR*と*bfmR*及び*BfmR*と*BdeR*は外見上区別が難しい。このfm遺伝子は，単純劣性で常染色体上にあって，*b, ci, co, Da, dx-1*, $i\ell_1$, $i\ell_2$, *rs, vc*の各遺伝子とはリンケージ関係にない（富田，1975）。この突然変異個体の発見は島根県大原郡大東町で1965年出雲市の高橋耕二氏による。	山本（富田）	A，易

gf	劣性	常染色体	胚のとき，虹色素胞の色素沈着が悪く，脊索の先端が湾曲して，孵化後死ぬ。	富田	C，難・不可
gℓ	劣性	常染色体	胚・稚魚のとき，眼球の虹色素胞の色素沈着が悪い。孵化後死ぬ。	富田	C，難・不可
gu	劣性	常染色体	稚魚から成魚まで虹色素胞のグアニン量が少ない。腹部が黒く見える。	富田	A，難
gu-3	劣性	常染色体	幼生のとき眼球が真黒に見える。	富田	B，－
gu-4	劣性	常染色体	幼生のとき眼球が真黒に見え，成魚になってもグアニンが少ない。	富田	A，難
i	劣性	常染色体	黒色素胞におけるメラニン合成を阻害し，黄色素胞の黄色色素沈着も減少させる。	富田	A，要注意
i^2	劣性	常染色体	胚のとき，小型の黒色素胞(淡黒色)が生じやすい(*i*と同じ遺伝子か否か不明)。	富田	A，要注意(？)
i^3	劣性	常染色体	*i*と同じ形質(*i*とは対立遺伝子が異なり，リンケージ関係にない)。	富田	A，要注意
i^b	劣性 $(+>i^b>i>i^2)$	常染色体	黒色素胞のメラニン沈着が遅れ，孵化時には黒い黒色素胞と色素のない黒色素胞とが混在して黒斑を呈するが，その後2～3週間で黒化する(*i*との対立遺伝子)。	富田	B，易
iℓ-1, iℓ-2	劣性	常染色体	眼球や腹膜(体腔壁)以外の部分の虹色素胞が欠失する。鰓蓋は透けて血液の赤色を呈す(*iℓ-1*と*iℓ-2*は同義因子)。	富田	B，易
ℓc	劣性	常染色体	胚・稚魚で色素胞の発達が悪い，致死である。	富田	C，難・不可
ℓf	劣性	常染色体	ホモの個体において，胚から成魚期を通じて白色素胞がまったく発現しない。これは白色素胞の欠除によるのか，細胞はあるが色素粒がないためによるのか不明である。この因子は，単純劣性で常染色体上にあって，黒色素胞と黄色素胞の発現にほとんど影響しない。この突然変異個体は愛知県豊川市で採集した個体の子孫から富田英夫氏によって発見され，1971年に固定された。X-とY-染色体に連鎖している Wada *et al.*, (1998)。	富田	A，易

mℓ-1, mℓ-2	劣性	常染色体	胚・稚魚のとき，白色素胞の数が倍化する。成熟個体の生存は難しい（半致死）（*mℓ-1, mℓ-2* は同義因子）	富田	—
mℓ-3	劣性	常染色体	*mℓ-1*および*mℓ-2*とは同じ形質。致死ではない（*mℓ-1, mℓ-2* とは対立遺伝子が異なる）。	富田	B，易
mm	劣性	常染色体	成魚において，樹枝状の黒色素胞，白色素胞と未分化（点状に近い）の黒色素胞，白色素胞とが混在し，黒斑を呈する（mixed melanophore）。	富田	B，易
mo	劣性	常染色体	胚，稚魚のとき眼球の虹色素胞への色素沈着が少なく，白子以外のもので眼球が黒くみえる。	富田	B，—
r	劣性	常染色体	黄色色素のない黄色素胞になる。	富田	B，易
r^{d}	劣性	常染色体	*R*と*r* の中間色を呈する（*r* の対立遺伝子）。	富田	B，易
Si	優性	常染色体	頭部で眼球の後方にある虹色素胞の一対の斑点（脳膜上にある）が欠失する。	富田	B，易
sℓ	劣性	常染色体	黒色素胞の黒化が遅れる。孵化したとき，黒色の黒色素胞と色のない黒色素胞が混在し，成魚になると黒化する。	富田	B，易
sm	劣性	常染色体	背景を変えて体色変化させるとき長時間を要す。切り出した黒色素胞は等張KClアドレナリンでも凝集しない。メラトニンによって凝集する。生理的反応機構が異常らしい。	富田	B，易
Va	優性	常染色体	黒色素胞が大型になり，生理的反応のないものと正常に近い生理的反応を示すものとが混在する。黒色素胞が欠失した部域なども存在するため，黒斑を呈する。	富田	B，要注意
vc	劣性	常染色体	黒色素胞，白色素胞の有無による黒斑であり，黒色素胞の欠失部域では，白色素胞も欠失する場合が多い（variegated chromatophore）。	富田	B，易
v-ℓ1~3	劣性	常染色体	孵化後正常にあった白色素胞が消失し，成魚で白色素胞が少ない。	富田	B，易

wℓ	劣性	常染色体	胚・稚魚のとき，白色素胞が真白色である(正常ではオレンジ色の白色素胞が多い)。成魚になると，正常なものとの区別が困難である。	富田	B，易

＜骨格及び鰭に関するもの＞

Da	不完全優性	常染色体	*Da/Da*で背鰭の代わりに臀鰭が生じるため，背腹両側に臀鰭を生じて尾鰭が菱形となる。脊椎骨の後先端は上方に曲がらずまっすぐである。*Da/*＋では，背鰭の基底が大きくなり，鰭軟条数が増す(double anal fins)。	富田	B，易
df-1	劣性	常染色体	胚・稚魚のとき，背鰭，臀鰭，尾鰭は一連の膜鰭にならず，膜鰭が波状に切れ込んだり，欠失したり異常を生じる。胸鰭も異常である。異常なこれらも，鰭の分化に伴って正常になり，成魚では異常はほとんど認められない(稚魚のとき識別できる形質)。	富田	B，易
df-2	劣性	常染色体	*df-1*と同じ形質。*df-1*とは対立遺伝子が異なる。	富田	B，易
dfl	劣性	常染色体	胚，稚魚のとき，尾部背側に膜鰭はあるが，変態時にそれは消失し，背鰭軟条ができず，成魚の背鰭欠失。	—	B，易
em	劣性	常染色体	背鰭・臀鰭の基底が大きくなり，それぞれの鰭は大型になり，鰭軟条数も増加する。	富田	B，易
fs	劣性	常染色体	背鰭・臀鰭の支持骨である神経棘間骨，血管棘間骨が基底部で部分的に融合して背鰭・臀鰭が小型になる(fused interhemal spine)。	富田	B，易
fu-1	劣性	常染色体	脊椎骨が部分的に融合して脊椎が短くなる。臀鰭の軟条数も減少する（fused,チヂミメダカ)。	會田（富田）	C，要注意
fu-2	劣性	常染色体	*fu-1*と同じ形質。*fu-1*と対立遺伝子が異なり，リンケージ関係にない。	—	
fu-3, fu-4, fu-5	劣性	常染色体	すべて*fu-1*と同じ形質。*fu-2〜5*はそれぞれ対立遺伝子が異なる。	富田	C，要注意

fu-6	劣性	常染色体	胚のとき，脊索が波状に湾曲し，成長に伴って脊椎骨が部分的に融合する。*fu-6*同士の交配はしばしば胚のとき致死となる。	富田	A，難・不可
rf	劣性	常染色体	鰭が先端から退化し，消失したり小型になる。	富田	B，難
pℓ	劣性	常染色体	胚のときから，胸鰭が分化せず，欠失する。	富田	A，—
rℓ	劣性	常染色体	各鰭が分化した後，鰭軟条が退化し，それぞれの鰭が退化するため，鰭の支持骨だけが残る(半致死)。	富田	C，難・不可
vfl	劣性	常染色体	胚，稚魚のとき，腹部膜鰭はあるが，それは変態時に消失し，その両側に腹鰭軟条が痕跡的か，できない。成魚では異常な軟条や腰帯をもつ。	岩松	C，易
＜その他＞					
as	劣性	常染色体	鰭の鰭条節の部分的欠失。	富田	A，—
ha	劣性	常染色体	胚・稚魚のとき，耳胞が外側へ突出，成魚で内耳（三半規管）の異常で游ぎ方が異常になる。	富田	A，—
ha-2, ha-3	劣性	常染色体	*ha*と同様な形質で，同義因子である。	富田	A，—
if	劣性	常染色体	鰭の鰭条に異常がある。	富田	C，—
of	劣性	常染色体	受精後融合が遅れる油滴をもつ卵を産む。	田口	B，易
pc	劣性	常染色体	嚢胞腎である。体長約25mmから腹部が肥大する。腎臓が嚢胞を作り，容積で100倍くらいになる。生殖能を失い短命である。	富田	B，要注意
ro	劣性	常染色体	成魚において，高温のとき体をrollingさせながら遊泳する。甚だしいとき腹を上にして水面に浮かぶ。	富田	B，要注意
rs	劣性	常染色体	鱗の分化が遅れ，小型になる。鱗は屋根瓦状の重なりがなく，バラバラな場合もある(reduced scale)。	富田	B，要注意
rs-2	劣性	常染色体	鱗が小型になる。	富田	A，難
rs-3	劣性	常染色体	鱗の大部分が欠失する。	富田	A，—

sw	劣性	常染色体	胚・稚魚のとき，体表が膨潤し，孵化後死ぬ(致死)。	富田	B，不可
wy	劣性	常染色体	脊椎が波状に湾曲する(wavy, セムシメダカ)。	山本・富田	C，要注意
tb	劣性	常染色体	胚の神経管がよじれる(致死)。	石川	—，—

Ⅶ．転移因子

堀ら (Inagaki *et al.*, 1994; Koga *et al.*, 1995, 1996) は，黒色の色素メラニンの合成酵素であるチロシナーゼ(*Tyr*)遺伝子(cDNA)の構造を明らかにし，多数のメダカ突然変異種の中からアルビノの変異メダカの遺伝子解析を行っている。アルビノ変異メダカ (白子，図8・13) は体にメラニンがなく，眼が血液の色で赤い。1961年に富田 (前出) が自然突然変異種として分離し，系統保存していたアルビノメダカの*iℓ-1*と*iℓ-4*のうち，最初にアルビノ*iℓ-1*において*Tyr*遺伝子のエクソンの内部に両端に反復配列 terminal inverted repeats をもつ転移因子トランスポゾン transposon が挿入されていることを発見した。そして，この*Tyr* 遺伝子を異常にするDNA型トランスポゾンを*Tol-1* (transposable elements of *Oryzias latipes*) と命名した。*Tol-1* は全長が1.9Kbpで，自動能のない不完全なものである。頭部を眼の位置で輪切りにしてみると，眼の組織 (図8・13) をみても色素上皮層にメラニンはない。さらに，アルビノ*iR-4* においてメラニンができないのは，*Tyr* 遺伝子内に転移因子*Tol-2* が外から挿入されて，この遺伝子が破壊されており，メラニンを合成する機能をもたないチロシナーゼしかできないためであることが判明した。この*Tol-2* 転移因子は，長さ約5Kbpの両端に約20塩基対の逆位反復配列をもつDNA断片で，その塩基配列がトウモロコシから分離されている「動く遺伝子」*Ac*トランスポゾンに類似していることが解明されている。*Ac*だけでなく，転移因子は一般に染色体上を動き回る能力があり，いろいろな遺伝子の塩基配列間に入り込んだり，飛び出したりして，遺伝子の活動のON-OFFを引き起こす。メダカで発見された*Tol-2* 転移因子を使えば，従来と異なった突然変異誘発が可能であろう。

ちなみに，*Tol1* と*Tol2* は互いに独立したトランスポザーゼ-基質系で，*Tol1*トランスポザーゼは*Tol2*の転移を起こすのに働かないし，*Tol2*トランスポザーゼもまた*Tol1*の転移を起こす酵素としては機能しない (Koga *et al.*, 2009)。

a. 体色とトランスポゾン

体色変異個体は，富田によって40以上固定されている (Tomita, 1975)。中でも，アルビノ遺伝子型 i^1i^1 はチロシナーゼ活性が体内になく，完全なアルビノ表現型を示す。野生メダカのチロシナーゼ遺伝子は4.7kbにまたがる540アミノ酸残基をもつタンパク質を生じる5つのエクソン (LG12) と4つのイントロンを含んでいる。*Tyr*-i^1 では，*Tol1* が第1エクソンに挿入しているため，メラニン形成がみられない。メダカの疑似アルビノ表現型はトランスポゾン*Tol2* がチロシナーゼ遺伝子の第4エクソンの挿入されることによって生じる (Hori *et al.*, 1998)。*Tol2* はチロシナーゼ欠損突然変異魚のチロシナーゼ遺伝子座位に発見されたメダカのトランスポゾンである (Koga *et al.*, 1996)。この*Tol2* をゼブラフィッシュ受精卵に注入する実験で，自律因子であること，及び他の魚類においても活性を示すことがわかった (Kawakami *et al.*, 1998)。その*Tol2* は長さが4681dpで，内部に4つの open reading frame (ORF) を含んでいる (図8・13)。5'と3'の両端に短い末端逆位反復配列 terminal inverted repeats をもっており，内部に約300dpの長い内部逆位配列をもつ。おそらく，トランスポゼース transposase タンパク質をコードしたhAT (hoho, Ac, Tam3) ファミリーのトランスポゾンの1つである。また，i^4/i^4 遺伝子は，i^1/i^1 と同様に明るい皮膚の色をした疑似アルビノ表現型 quasi-albino phenotype で，眼色は赤ワイン色を示す (Koga and Hori,1997)。この突然変異メダカはチロシナーゼ遺伝子の第1エクソンに1.9kbトランスポゾン因子をもち，i^4 対立遺伝子の第5エクソンに4.7kbDNAが挿入されて生じた疑似アルビノ表現型を示す (Hori *et al.*, 1997, 1998)。これらの対立遺伝子は市販のヒメダカの中にみられるものである。古

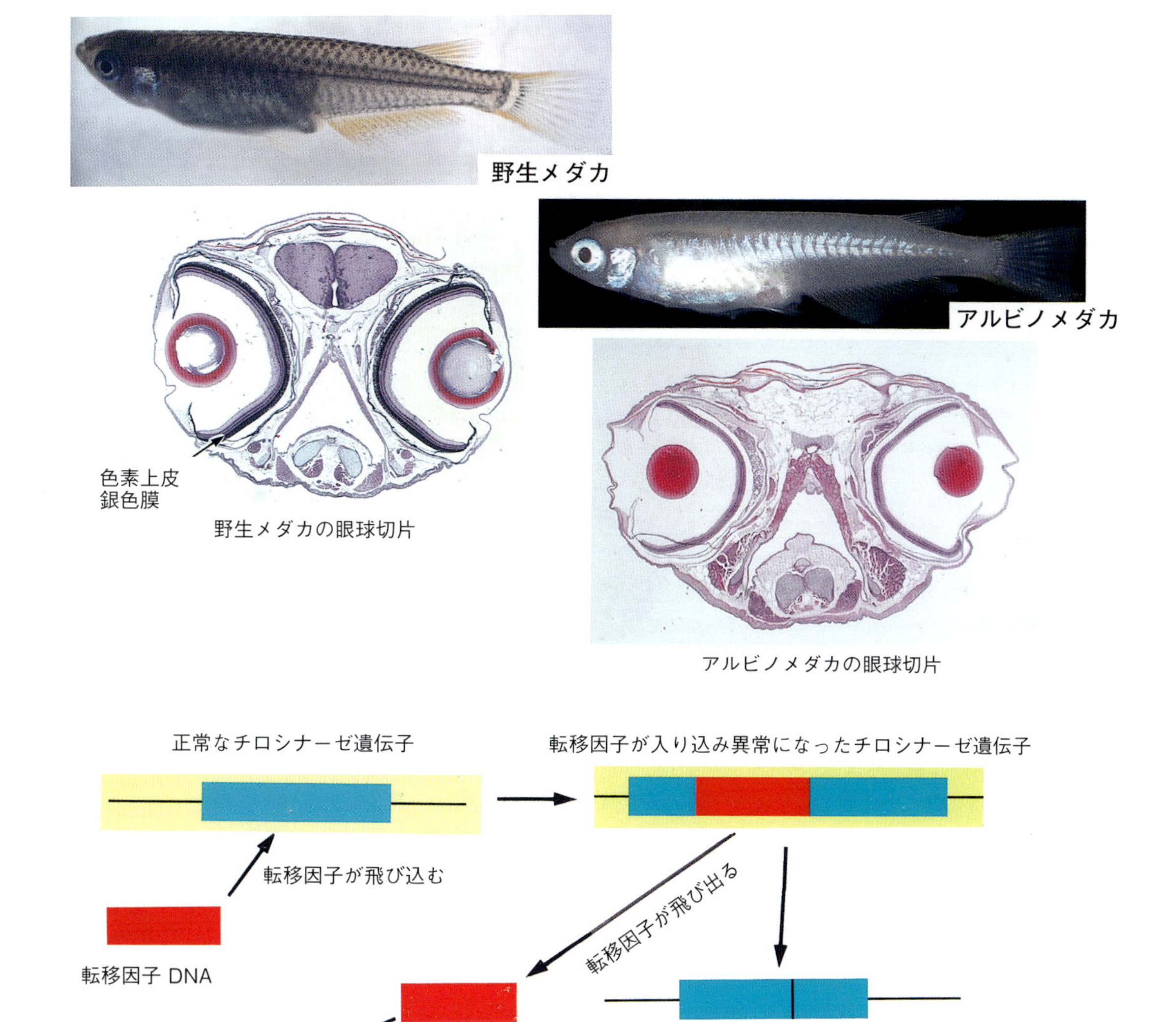

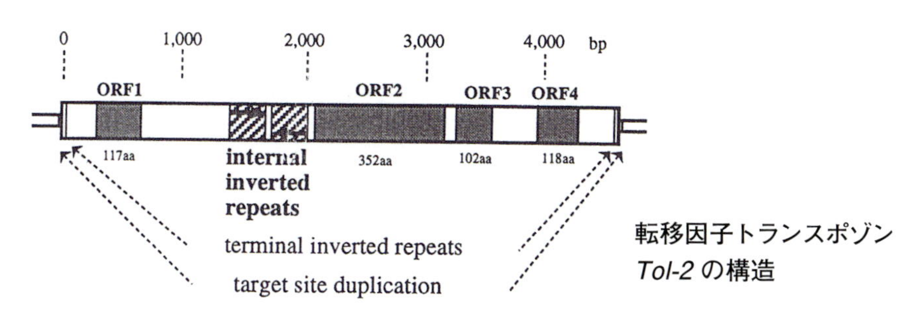

図8・13　チロシナーゼ遺伝子と転移因子（堀 寛博士提供）

賀・堀(1997)は，こうしたアルビノ以外にも，アルビノの表現型を生じる遺伝子座位の対立遺伝子をみつけている。それらは，i^4のそれとは違った位置にトランスポゾン*Tol2*が挿入しているi^5(非常に弱いアルビノ)とエクソン3にまたがる0.3kb(8bp, 44bp, 245bp)の欠失をもつi^6(Koga *et al*., 1999)とである。

古賀ら(2000)は，*Oryzias*属の*Tol2*の歴史を推定するために，10種のメダカのゲノムサザンブロット法とPCR分析を行っている。その結果，*Tol2*が10種のうちハイナンメダカとニホンメダカの2種に存在することがわかった。さらに，*Tol2*の取り込みが最近両種の一方に，もしくは両方に起きたと考えられている。

b. メラニン合成とチロシナーゼ

ヒメダカ(*bR*)の鱗をSH結合の阻害剤イオドアセタミドiodoacetamideとチロシナーゼの基質であるチロシンの存在下で培養すると，メラニンを含んだ細胞が現れることが報告されている(Hishida *et al*., 1961)。この研究において，ヒメダカにおいて皮膚のメラノフォアがメラニンを合成できないのはチロシナーゼをもっているが阻害因子によって不活性状態であると解釈した。その後，古賀ら(Koga *et al*., 1994)はチロシナーゼ遺伝子を調べ，ヒメダカの皮膚にチロシナーゼ遺伝子が野生型のメダカと同様に眼だけでなくメラニンのない皮膚にも発現していることを確認している。一方，5'上流部域をもつチロシナーゼcDNAからなる2種類のプラスミドをアルビノメダカの受精卵に注入して，TATA-ボックスのような調節因子がなくても，モザイク状であるがメラニン形成が起こることもみている(Inagaki *et al*., 1998)。このことはbに制御されている皮膚の色素形成において，チロシナーゼが遺伝子の発現に直接関係していないことを示す。稲垣らはメラニン形成のない黒色素胞amelanotic melanophoreがメラニン合成できないことに注目して，メラニン合成に重要なチロシナーゼの遺伝子cDNAをクローンした。そして，このcDNAクローンをプローブとして用いて，RNAブロット分析を行ったところ，メラニン形成のない皮膚にもTyr-mRNAが発現されていることがわかった。この結果は菱田(Hishida, 1961)のメラニン形成のないヒメダカの皮膚にも不活性のままチロシナーゼが存在するという結論と一致して，*b*座位の遺伝子はチロシナーゼ遺伝子*Tyr*の発現とは別の機構で体色のメラニン形成を調節しているようである(Inagaki *et al*., 1994)。したがって，マウスの*Tyr*遺伝子をメダカ卵に注入するトランスジェニック実験において，マウス*Tyr*遺伝子を導入されたヒメダカにメラニンをもつ黒色素胞を生じたという報告がある(Matsumoto *et al*., 1997)が，その真偽のための追試を求められることになる。

しかも，肝臓にチロシナーゼ遺伝子の発現がみられないというように，組織特異的にメラニンが形成されている。ちなみに，Fukamachi *et al*. (2001)が示しているように，b座位はOPH3-1(STS)の0-0.7cM(0/545)以内の位置にある。*b*座位突然変異個体間にみられるメラニン化は$B > bg^{21} > b^{d4} > b^{d2} > b^{d8} > b > b^{c1} > b^{g8}$の順で弱くなる(Matsumoto and Hirose, 1993)。

文献

Aida, T., 1921. On the inheritance of color in a fresh-water fish, *Aplocheilus latipes* Temmick and Schlegel, with special reference to sex-linked inheritance. Genetics, 6: 554-573.

———, 1922.「めだか」の体色の遺伝現象. 遺伝学雑誌，1: 159-171.

———, 1930. Further genetical studies of *Aplocheilus latipes*. Genetics, 15: 1-16.

———, 1932. メダカの体色の遺伝. 京都高等工芸学校創立三十周年記念論文集，pp. 119-120.

———, 1933. メダカの体色遺伝(帝国学士院賞受賞者講演録). 日本学術協会報告，pp. 1-5.

———, 1936. Sex reversal in *Aplocheilus latipes* and new explanation of sex differentiation. Genetics, 21: 136-153.

Ali, M. Y. and C. C. Lindsey, 1974. Heritable and temperature-induced meristic variation in the medaka, *Oryzias latipes*. Can. J. Zool., 52: 959-976.

Arai, A., H. Mitani, K. Naruse and A. Shima, 1994. Relationship between the induction of proteins in the HSP70 family and thermosensitivity in two species of *Oryzias* (Pisces). Comp. Biochem. Physiol. B, Biochem. Mol. Biol., 109: 647-654.

———, K. Naruse, H. Mitani and A. Shima, 1995. Cloning and characterization of cDNAs for 70-kDa heat-shock proteins (Hsp 70) from two fish species of the genus *Oryzias*. Jpn. J. Genet., 70: 423-433.

Arai, R., 1973. Preliminary notes on chromosomes of the medaka *Oryzias latipes*. Bull. Nat. Sci. Mus. (Tokyo), 16: 173-176.

Ashida, T. and H. Uwa, 1987. Karyotype polymorphism of a small ricefish, *Oryzias minutillus*.

Zool. Sci., 4: 1003.

Chong, S. S. C. and J. R. Vielkind, 1989. Expression and fate of CAT reporter gene microinjected into fertilized medaka (*Oryzias latipes*) eggs in the form of plasmid DNA, recombinant phase particles and its DNA. Theor. Appl. Genet., 78: 369-380.

Deschet, K., F. Bourrat, F. Ristoratore, D. Chourrout and J.-S. Joly, 1999. Expression of the medaka (*Oryzias latipes*) *Ol-Rx3* paired-like gene in two diencephalic derivatives, the eye and the hypothalamus. Mech. Develop., 83: 179-182.

Dodd, J. M., 1960. Genetic and environmental aspects of sex determination in cold blooded vertebrates. Mem. Soc. Endocrinol., 7: 17-44.

Du, S. J., Z. Gong, C. L. Hew, C. H. Tan and G. L. Fletcher, 1992. Development of an all-fish gene cassette for gene transfer in aquaculture. Mol. Mar. Biol. Biotechnol., 1: 290-300.

江上信雄, 1950. メダカ臀鰭の鰭條数の遺伝（予報）. 遺伝学雑誌, 25: 253.

———, 1951. メダカ臀鰭の鰭條数の遺伝（第2報）. 遺伝学雑誌, 26: 242.

———, 1952. メダカの臀鰭軟条数, 脊椎骨数の地理的変異とその原因. 遺伝学雑誌, 28: 164.

———, 1953. メダカの臀鰭軟条数, 脊椎骨数の地理的変異とその原因. 遺伝学雑誌, 28: 164.

———, 1954. メダカの臀鰭軟条数の変異に関する研究. Ⅱ. 鰭条数について. 魚類学雑誌, 3: 171-178.

———, A. Shimada and A. Hama-Furukawa, 1983 Dominant lethal mutation rate after gamma-irradiation of the fish, *Oryzias latipes*. Mutat. Res., 107: 265-277.

Elaroussi M. A. and H. F. Deluca, 1994. A new member to the astacin family metalloendopeptidases: a novel 1,25-dihydroxvitamin D-3-stimulated mRNA from chorioallantoic membrane of quail. Biochim. Biophys. Acta, 1217: 1-8.

Emori, Y., A. Yasuoka and K. Saigo, 1992. Identification of four FGF receptor genes in medaka fish (*Oryzias latipes*). FEBS Lett., 314: 176-178.

Finemam, R. M., J. Hamilton and G. Chase, 1975. Reproductive performance of male and female phenotypes in three sex chromosomal genotypes (XX, XY, YY) in the killifish, *Oryzias latipes*. J. Exp. Zool., 192: 349-354.

———, ——— and W. Siler, 1974. Duration of life and motality rates in male and female phenotypes in three sex chromosomal genotypes (XX, XY, YY) in the killifish *Oryzias latipes*. J. Exp. Zool., 188: 35-39.

Frankel, J. S., 1989. Allelic expression at the sorbitol dehydrogenase and glucosephosphate isomerase loci in an interspecific hybrid ricefish. Comp. Biochem. Physiol. B, Comp. Biochem., 92: 529-532.

Funayama, T., H, Mitani, Y. Ishigaki, T. Natsunaga, O. Nikaido and A. Shima, 1994. Photorepair and excision repair removal of UV-induced pyrimidine dimers and (6-4) photoproducts in the tail fin of the medaka, *Oryzias latipes*. J. Radiat. Res., 35: 139-146.

———, ——— and A. Shima, 1996. Overexpression of medaka (*Oryzias latipes*) photolyase gene in medaka cultured cells and early embryos. Photochem. Photobiol., 63: 633-638.

Fukada, S., M. Tanaka, M. Matsuyama, D. Kobayashi and Y. Nagahama, 1996. Isolation characterization, and expression of cDNAs encoding the medaka (*Oryzias latipes*) ovarian follicle cytochrome P-450 aromatase. Mol. Reprod. Dev., 45: 285-290.

Fukamachi, S., S. Asakawa, Y. Wakamatsu, N. Shimzu, H. Mitani and A. Shima, 2004. Conseved function of medaka pink-eyed dilution in melanin synthesis and its devergent transcriptional regulation in gonads among vertebrates. Genetics, 168: 1519-1527.

———, M. Sugimoto, H. Mitani and A. Shima, 2004. Somatolactin selectively regulates proliferation and morphogenesis of neural-crest derived pigment cells in medaka. PNAS, 101: 19661- 10666.

古畑種基・篠遠喜人・森脇大五郎, 1960. 遺伝の実験法. 8, メダカ. pp. 89-93.

Gong, Z., C. L. Hew and J. R. Vielkind, 1991. Functional analysis and temporal expression of promoter regions from fish antifreeze protein genes in transgenic Japanese medaka embryos. Mol. Marine Biol. Biotechnol., 1: 64-72.

Goodrich, H. B., 1926. The development of Mendelian characters in *Aplocheilus latipes*. Proc. Nat. Acad. Sci., 12: 649-652.

———, 1927. A study of the development of Mendelian characters in *Oryzias latipes*. J. Exp. Zool., 49: 261-280.

———, 1929. Mendelian inheritance in fish. Quart. Rev. Biol. 4, 83.

———, 1933. One step in the development of hereditary pigmentation in the fish *Oryzias latipes*. Biol. Bull. 65, 249.

———, 1935. The development of hereditary color patterns in fish. Amer. Natural. 69, 267.

———, G. A. Hall and M. S. Arrick, 1941. The chemical identification of gene-controlled pigments in *Platypoecilus* and *Xiphophorus* and comparisons with other tropical fish. Genetics, 26: 573-586.

Hama, A., N. Egami, R. Arai and K. Shiotsuki, 1976. Note on chromosome abnormalities found in irradiated *Oryzias latipes*. J. Fac. Sci., Tokyo Univ., Ⅳ, 13: 405-408.

Hama, T., 1969. Existence of tyrosinase in the albinos of *Oryzias latipes* embryo. Comp. Rend. Soc. Biol., 163: 234-235.

———, K. Gotoh, R. Karaki and Y. Hiyama, 1965. The relation between the pterins and chromatophores in the medaka, *Oryzias latipes*. Proc. Jap. Acad., 41: 305-309.

Hashimoto, H., R. Miyamoto, N. Watanabe, K. Ozato, Y. Kubo, A. Koga, T. Jundo, T. Narita, K. Naruse, K. Ohishi, K. Nagata, T. Shin-I, S. Asakawa, N. Shimizu, T. Miyamoto, T. Mochizuki, H. Hori, H. Takeda, Y. Kohara and Y. Wakamatsu, 2009. Polycystic kidney disease in the medaka (*Oryzias latipes*) pc mutant caused by a mutation in the gli-similar3 (*glis3*) gene. ProS. One, 4(7): 17; e6299.

Hirose. E., 1993. Deficiency of the gene B impairs differentiation of melanophores in the medaka fish, *Oryzias latipes* : fine structure studies. Pigment Cell Res., 6: 45-51.

Hishida, T., H. Tomita and T. Yamamoto, 1961. Melanin formation in color varieties of the medaka (*Oryzias latipes*). Embryologia, 5: 335-346.

Hong, Y., C. Winkler and M. Schartl., 1996. Pluripotency and differrentiation of embryonic stem cell lines from medaka fish (*Oryzias latipes*). Mech. Develop., 60: 33-44.

Hyodo-Taguchi, Y., 1979. A new mutant in the egg character of the medaka, *Oryzias latipes*. 動物学雑誌., 88 : 185-187.

———, 1980. メダカの近交系の作出. 動物学雑誌, 89 : 283-301.

——— and M. Sakaizumi 1993. List of inbred strains of the medaka, *Oryzias latipes*, maintained in the division of Biology, National Institute of Radiological Sciences. Fish Biol. J. Medaka, 5: 29-30.

Iida, A., H. Inagaki, M. Suzuki, Y. Wakamatsu, H. Hori and A. Koga, 2004. The tyrosinase gene of the i^6 albino mutant of the medaka fish carries a transposable element insertion in the promoter region. Pigment Cell Res., 17: 158-164.

Inagaki, H., Y. Bessho, A. Koga and H. Hori, 1994. Expression of the tyrosinase-encoding gene in a colorless melanophore mutant of the medaka fish, *Oryzias latipes*. Gene, 150: 319-324.

Inohaya, K., S. Yasumasu, M. Ishimaru, A. Ohyama, I. Iuchi and K. Yamagami, 1995. Temporal and spatial patterns of gene expression for the hatching enzyme in the teleost embryo, *Oryzias latipes*. Dev. Biol., 171: 374-385.

Iriki, S., 1932a. Preliminary notes on the chromosomes of pisces. I. *Aplocheilus latipes* and *Lebistes reticulatus*. Proc. Imp. Acad., 8: 262-263.

———, 1932b. Studies on the chromosomes of pisces. On the chromosomes of *Aplocheilus latipes*. Sci. Rep. Tokyo Bunrika Daigaku, 1: 127-131.

Inoue, K., N. Akita, T. Shiba, M. Satake and S. Yamashita, 1992. Metal-inducible activities of metallothionein promoters in fish cells and fry. Biochem. Biophys. Res. Commun., 185: 1108-1114.

石原 誠, 1916. メダカの体色の遺伝. 動物学雑誌, 28: 177.

———, 1917. On inheritance of body color in *Oryzias latipes*. Fac. Kais. Unity. Kyushu 4: 43-47.

———, 1919. On the inheritance of body-colour in *Oryzias latipes*. Mitt. Med. Fac. Kais. Univ. Kyushu, 4: 43-51.

石川千代松, 1912. 原種改良論. 水産講習所, p.104.

Ishikawa, T., S. Takayama and T. Kitagawa, 1978. Autoradiographic demonstration of DNA repair synthesis in granulosa cells of aquarium fish at various ages *in vivo*. Virchow Arch. B Cell Pathol., 28: 235-242.

Ishikawa, Y., 1990. Development of caudal structures of a morpohogenetic mutant (*Da*) in the teleost fish, medaka (*Oryzias latipes*). J. Morph., 205: 219-232.

______, 1996. A recessive lethal mutation, *tb*, that bends the midbrain region of the neural tube in the early embryo of the medaka. Neursci. Res., 24: 313-319.

______, 2000. Medakafish as a model system for vertebrate developmental genetics. BioEssays, 22 : 487-495.

———— and Hyodo-Taguchi, 1995. Recessive lethal mutants of the medaka (*Oryzias latipes*) maintained in the division of Biology, National Institute of Radiological Sciences. Fish Biol. J. Medaka, 7: 47-48.

———— and ————, 1997. Heritable malformations in the progenty of the male medaka (*Oryzias latipes*) irradiated with X-rays. Mutat. Res., 389 (2-3): 149-155.

岩松鷹司, 2010. メダカの腹鰭形成. Animate, No.8, 37-41.

————, 2011. 腹鰭突然変異体*vfl*について. Animate, No.9, 55-59

Kelsh, R.N., C. Inoue, A. Momoi, M. Furutani-Seiki, H. Kondoh, K. Ozato and Y. Wakamatsu, 2004. The Tomita collection of medaka pigmentation mutants as a resource for understanding neural crest cell development. Mech. Dev., 121(7-8): 841-859.

Kimura, T., Y. Nagano, H. Hashimoto, Y. Yamamoto-Shiraishi, S. Yamamoto, T. Yabe, S. Takada, M. Kinoshita, A. Kuroiwa and K. Naruse, 2014. Leucophores are similar to xanthophores in their specification and differentiation processes in medaka. PNAS, 111: 7343-7348.

————, M. Shinaya and K. Naruse, 2012. Genetic analysis of vertebral regionalization and number in medaka (*Oryzias latipes*) inbred lines. G3 (Bethesda), 2: 1317-1323.

Kinoshita, M., S. Kani, K. Ozato and Y. Wakamatsu, 2000. Activity of the medaka fish translation elongation factor 1 α-A promoter examined using the GFP gene as a reporter. Develop. Growth Differ., 42: 469-478.

————, ———— and K. Tatsumi, 1997. Medaka fish for mutant screens. Nature, 386 (6622): 234.

Koga, A., F.S. Cheah, S. Hamaguchi, G.H. Yeo and S.S. Chong, 2008. Germline transgenesis of zebrafish using the medaka Tol1 transposon system. Dev, Dyn., 237: 2466-2474.

————, I. Higashide, H. Hori, Y. Wakamatsu, Y. Kyono-Hamaguchi and S. Hamaguchi, 2007. The Tol1 element of medaka fish is transposed with only terminal regions and can deliver large DNA fragments into the chromosomes. J. Hum. Genet., 52: 1026-1030.

———— and H. Hori, 1999. Homogeneity in the structure of the medaka fish transposable element Tol2. Genet. Res., 73: 7-14.

————, I. Higashide, Y. Wakamatsu, Y. Kyono-Hamaguchi and S. Hamaguchi, 2007. The Tol1 element of medaka fish is transposed with only terminal regions and can deliver large DNA fragments into the chromosomes. J. Hum. Genet., 52: 1026-1030.

————, A. Iida, H. Hori, A. Shimada and A. Shima, 2006. Vertebrate DNA transposon as a natural mutator: the medaka fish Tol2 element contributes to genetic variation without recognizable traces. Mol. Biol. Evol., 23: 1414-1419.

————, A. Ide, H. Hori, A. Shimada and A. Shima, 2006. Vertebrate transposon as a natural mutator: the medaka fish Tol2 element contributes to genetic variation without recognizable traces. Mol. Biol. Evol., 23: 1414-1419.

————, H. Inagaki, Y. Bessho and H. Hori, 1994. Body color mutants and a transposable element affecting the tyrosinase gene of the medaka fish, *Oryzias latipes*. Fish Biol. J. Medaka, 6: 7-15.

————, ————, ———— and ————, 1995. Insertion of a novel transposable element in the tyrosinase gene is responsible for an albino mutation in the medaka fish, *Oryzias latipes*. Mol. Gen. Genet., 249: 400-405.

————, M. Sakaizumi and H. Hori, 2002. Transposable elements in medaka fish. Zool. Sci., 19: 1-6.

————, A. Shimada, T. Kuroki, H. Hori, J. Kusumi, Kyono-Hamaguchi and S. Hamaguchi, 2007. The *Tol1* transposable element of the medaka fish moves in human and mouse cells. J. Hum. Genet., 52: 628-635.

————, A. Shimada, A. Shima, M. Sakaizumi, H. Tachida and H, Hori, 2000. Evidence for recent invasion of the medaka fish genome by the Tol2 transposable element. Genetics, 155: 273-281.

———, M. Suzuki, H. Inagaki, Y. Bessho and H. Hori, 1996. Transposable element in fish. Nature, 383: 30.

———, K. Suzuki, H. Inagaki, Y. Bessho and H. Hori, 1996. Transposable element in fish. Nature, 383: 30.

———, Y. Wakamatsu, J. Kurokawa and H. Hori, 1999. Oculocutaneous albinism in the i6 mutant of the medaka fish is associated with a deletion in the tyhrosinase gene. Pigment Cell Res., 12(4): 252-258.

———, ———, M. Sakaizumi, S. Hamaguchi and A. Shimada, 2009. Distribution of complete and defective copies of the Tol1 transposable element in natural populations of the medaka fish *Oryzias* latipes. Genes Genet. Syst., 84: 345-352.

Kubota, Y., A. Shimada and A. Shima, 1992. Detection of gamma-ray-induced DNA damages in malformed dominant lethal embryos of the Japanese medaka (*Oryzias latipes*) using AP-PCR fingerprinting. Mutat. Res., 283: 263-270.

———, ——— and ———, 1995. DNA alterations detected in the progeny of paternally irradiated Japanese medaka fish (*Oryzias latipes*). Proc. Natl. Acad. Sci. USA, 92: 330-334.

Kuroda, N., H. Wada, K. Naruse, A. Simada, A. Shima M. Sasaki and M. Nonaka, 1996. Molecular cloning and linkage analysis of the Japanese medaka fish complement *Bf/C2* gene. Immunogenetics, 44: 459-467.

Loosli, F., S. Winkler, C. Burgtorf, E. Wurmbach, W. Ansorge et al., 2001. Medaka *eyeless* is the key factor linking retinal determination and eye growth. Development, 1289: 4035-4044.

Lu, J. K., T. T. Chen, C. L. Chrisman, O. M. Andrisani and J. E. Dixon, 1992. Integration, expression and germ-line transmission of foreign growth hormone genes in medaka (*Oryzias latipes*). Mol. Mar. Biol. Biotechnol., 1: 366-375.

松田典子, 1959. チヂミメダカ(fused)における脊椎骨融合. 動物学雑誌, 68: 49-50.

———, 1961. チヂミメダカに於ける形質発現とその感温期について. 動物学雑誌, 70: 17-18.

Matsuo, K., K. Sato, H. Ikeshima, K. Shimoda and T. Takano, 1992. Four synonymous genes encode calmodulin in the teleost fish, medaka (*Oryzias latipes*): conservation of the multigene one-protein principle. Gene, 119: 279-281.

Matsumoto, J., T. Akiyama, E. Hirose, M. Nakamura, H. Yamamoto and T. Takeuchi, 1992. Expression and transmission of wild-type pigmentation in the skin of transgenic orange-colored variants of medaka (*Oryzias latipes*) bearing the gene for mouse tyrosinase. Pigment Cell Res., 5: 332-327.

Matsuzaki, T., M. Sakaizumi and A. Shima, 1993. Inter- and intraspecific distribution of an antigenic epitope found in an inbred strain of the medaka, *Oryzias latipes*. J. Exp. Zool., 267: 198-208.

———, and A. Shima, 1989. Number of major histocompatibility loci in inbred strains of the fish *Oryzias latipes*. Immunogenetics, 30: 226-228.

Matsuzawa, T. and J. B. Hamilton, 1973. Polymorphism in lactate dehydrogenase of skeletal muscle associated with YY sex chromosomes in medaka (*Oryzias latipes*). Proc. Soc. Exp. Biol. Med., 142: 232-236.

McCarthy, J. F., H. Gardner, M. J. Wolfe and L. R. Shugart, 1991. DNA alterations and enzyme activities in Japanese medaka (*Oryzias latipes*) exposed to diethylnitrosamine. Neurosci. Biobehav. Rev., 15: 99-102.

Mikawa, N. 1996. Structure of medaka transferrin gene and its 5'-flanking region. Mol. Marine Biol. Biotechnol., 5: 225-229.

Mitani, H. and A. Shima, 1995. Induction of cyclobutane pyrimidine dimer photolyase in cultured fish cells by fluorescent light and oxygen stress. Photochem. Photobiol., 61: 373-377.

———, N. Uchida and A. Shima, 1996. Induction of cyclobutane pyrimidine dimer photolyase in culture fish cells by UVA and blue light. Photochem. Photobiol., 64: 943-948.

水岡　繁, 1963. メダカのしりびれのひれ条数についての交配実験. 動物学雑誌, 72: 357.

Mochizuki, E., K. Fukuta, T. Tada, T. Harada, N. Watanabe K. Ozato and Y. Wakamatsu, 2005. Fish mesonephric model of polycystic kidney disease in medaka (*Oryzias latipes*) pc mutant. Kidney Int., 68: 23-34.

Nagao, Y., T. Suzuki, A. Shimazu, T. Kimura, R.Seki,

Y. Taniguchi, K.Naruse, Y. Wakayama, R.N. Kelsh, M. Hibi and H. Hashimoto 2014. Sox5 functions as a fate switch in medaka pigment cell development. PLOS Genetics, 10: e1004246.

Nakano, E. and A. H. Whiteley, 1965. Differentiation of multiple molecular forms of four dehydrogenases in the teleost, *Oryzias latipes*, studied by disc electrophoresis. J. Exp. Zool., 159: 167-179.

Naruse, K., K. Ijiri, A. Shima and N. Egami, 1985. The production of cloned fish in the medaka (*Oryzias latipes*). J. Exp. Zool., 236: 335-341.

———— and A. Shima, 1989. Linkage relationship of gene loci in medaka, *Oryzias latipes* (Pisces: Oryziatidae), determined by backcross and gynogenesis. Biomed. Genet., 27: 183-198.

————, A. Shimada, and A. Shima, 1988. Gene-centromere mapping for 5 visible mutant loci in multiple recessive tester stock of the medaka (*Oryzias latipes*). Zool. Sci., 5: 489-492.

Noro, S., N. Yamamoto, Y. Ishikawa, H. Ito and K. Ijiri, 2007. Studies on the morphology of the inner ear and semicircular canal endorgan projections of *ha*, a medaka behavior mutant. Fish Biol. J. MEDAKA, 11: 31-41.

Ogawa, N. M., 1965. A phenogenetic study of the vertebral fused (*f*) in the medaka, *Oryzias latipes*. Embryologia, 9: 13-33.

Ohtsuka, M., N. Kikuchi, M. Kimura, K. Ozato and K. Yoda, 2007. Genetic mapping of the medaka *pectral-finless* (*pl*) mutant locus. Fish Biol. J. MEDAKA, 11: 15-16

————, ————, H. Yokoi, M. Kinoshita, Y. Wakamatsu, K. Ozato, J. Wittbrodt, H. Takeda, H. Inoko and M. Kimura, 2004. Possible roles of *zic1* and *zic4*, identiofied within the medaka Double anal fin (*Da*) locus, in dorsoventral patterning of the trunk-tail region (related to phenotypes of the Da mutant). Mech. Dev., 121(7-8): 873-882.

Ohyama, A., Y. Hyodo-Taguchi, M. Sakaizumi and K. Yamagami, 1986. Lactate dehydrogenase isozymes of the inbred and outbred individuals of the medaka, *Oryzias latipes*. Zool. Sci., 3: 773-784.

及川胤昭, 1967. メダカ(*Oryzias latipes*)の皮膚におけるクロム親和反応について．動物学雑誌，76: 385.

————, 1969a. クロム親和性細胞の出現時期と突然変異体の間のクロム親和性細胞の存否について．動物学雑誌，78: 70-71.

————, 1969b. メダカの皮膚におけるクロム親和性細胞の存在．動物学雑誌，78: 93-96.

————, 1971. Histochemical and physiological study of chromaffin cells in the skin of the medaka *Oryzias latipes*. Devolop. Growth & Differ., 13: 125-130.

Ojima, Y. and S. Hitotsumachi, 1969. The karyotype of the medaka, *Oryzias latipes*. Chromosome Inf. Serv., No.10: 15-16.

————, K. Ueno and M. Hayashi, 1976. A review of the chromosome numbers in fishes. La Kromosoma, 11-1: 19-47.

Oka, T. B., 1931. Effects of the triple allelomorphic genes in *Oryzias latipes*. J. Fac. Sci., Tokyo Univ., Ⅳ, 2: 171-178.

大倉永治・竹内哲郎，1956. メダカにおける"fused" の研究．Ⅰ．特に正常型とfused 型の発生学的比較研究．遺伝学雑誌，31: 308-309.

————・————，1960. メダカ *Oryzias latipes* の体色々素抑制遺伝子(*ci*)に関する研究．遺伝学雑誌，35: 284.

大山晃弘・山元佳代子・山上健次郎，1982. 近交系メダカ胚および成魚の乳酸脱水素酵素（LDH）．動物学雑誌，91:363.

Powell, J.F.F., S.L. Krueckl, P.M. Collins and N.M. Sherwood, 1996. Molecular forms of GnRH in three model fishes: rockfish, medaka and zebrafish. J. Endocrinol., 150: 17-23.

Sasaki, T., Y. Hyodo-Taguchi, I. Iuchi and K. Yamagami, 1988. Purification and some properties of lactate dehydrogenase A_4 and B_4 and each subunit from muscle of the inbred and outbred fish (*Oryzias latipes*). Isozyme Bull., 21: 167.

————, ————, ———— and ————, 1989. Purification and partial characterization of the muscle LDH-A4 and -B4 isozymes and the respective subunits of the fish, *Oryzias latipes*. Comp. Biochem. Physiol., 93B: 11-20.

Sato, A., J. Komura, P. Masahito, S. Matsukuma, K. Aoki and T. Ishikawa, 1992. Firefly luciferase gene transmission and expression in transgenic medaka (*Oryzias latipes*). Mol. Mar. Biol. Biotechnol., 1: 318-325.

Scheel, J. J., 1972. Rivuline karyotypes and their evolution (Rivulinae, Cyprinodontidae, Pisces). Z. Zool. Syst. Evolut.-fish., 10: 180-209.

Serrano, J., 1993. Analytical procedures and quality assurance criteria for the determination of major and minor deoxynucleosides in fish tissue DNA by liquid chromatography-ultraviolet spectroscopy and liquid chromatography-thermospray mass spectrometry. J. Chromatogr., 615: 203-213.

Shima, A. and H. Mitani, 2004. Medaka as a research organism: past, present and future. Mech. Dev., 121: 599-604.

———. and A. Shimada, 1988. Induction of mutations in males of the fish *Oryzias latipes* at a specific locus after gamma-irradiaition. Mutat. Res., 198: 93-98.

——— and ———, 1991. Development of a possible nonmammalian test system for radiation-induced germ cell mutagenesis using a fish, the Japanese medaka (*Oryzias latipes*). Proc. Natl. Acad. Sci. U.S.A., 88: 2545-2549.

———, ———, J. Komura, K. Isa, K. Naruse, M. Sakaizumi and N. Egami, 1985. The presentation and utilization of wild populations of the medaka, *Oryzias latipes*. Medaka, 3: 1.

Shimada, A. and N. Egami, 1984. Dominant lethal mutations induced by MMS and mitomycin C in the fish *Oryzias latipes*. Mutation Res., 125: 221-227.

———, A. Shima and N. Egami, 1988. Establishment of a multiple recessive tester stock in the fish *Oryzias latipes*. Zool., Sci., 5: 897-900.

篠遠喜人, 1952. メダカのかけあわせ. 採集と飼育, 14: 84-85.

Suzuki, R., 1968. Hybridization experiments in cyprinid fishes. XI. Survival rate of F hybrids with special reference to the closeness of taxonomical position of combinded fishes. Bull. Freshwater fish. Res, Lab. Tokyo, 18: 113-115.

田口泰子, 1979. メダカ卵の遺伝形質*of*について. 動物学雑誌, 88: 185.

———, 1985. メダカの近交系の作出とその応用. 遺伝, 39: 18-21.

Takagi, S., T. Sasado, G. Tamiya, K. Ozato, Y, Wakamatsu, A. Takeshita and M. Kimura, 1994. An efficient expression vector for transgenic medaka construction. Mol. Mar. Biol. Biotechnol., 3: 192-199.

Takashima, S., T. Kage, T. Yasuda, K. Inohaya, K. Maruyama, K. Araki, H. Takeda and Y. Ishikawa, 2008. Phenotypic analyses of a medaka mutant reveal the importance of bilaterally synchronized expression of isthmic *fgf8* for bilaterally symmetric formation of the optic tectum. Genesis, 46537-545.

Tamiya, G., Y. Wakamatsu and K. Ozato, 1997. An embryological study of ventralization of dorsal structures in the tail of medaka (*Oryzias latipes*) Da mutants. Develop. Growth Differ., 39: 531-538.

竹内邦輔, 1965. セムシーチヂミメダカ(*Wavy*)について. 動物学雑誌, 74: 370.

———, 1966. '*Wavy*-fused' mutants in the medaka, *Oryzias latipes*. Nature, 211: 866-867.

———, 1967. Discrimination of genetic sex in embryos of *d-rR* strain of the medaka (*Oryzias latipes*). Experientia, 23: 1-4.

竹内哲郎, 1966. メダカにおける遺伝子*B*のtyrosinase誘導に関する実験的証明. 岡山県私学紀要, 3: 86-92.

———, 1968. メダカにおける表皮白色素胞と*ci*因子の遺伝子効果について. 遺伝学雑誌, 43: 442.

———, 1969. A study of the genes in the gray medaka, *Oryzias latipes*, in reference to body color. Biol. J. Okayama Univ., 15: 1-24.

———・作本恵美, 1971. Fusedメダカの*f*因子分析の結果について. 動物学雑誌, 80: 469.

Tamiya, E., 1990. Spatial imaging of luciferase gene expression in transgenic fish. Nucleic Acids Res., 18: 1072.

Tanaka, M., 1995. Characteristics of medaka genes and their promotor regions. Fish. Biol. J. Medaka, 7: 11-14.

———, S. Fukada, M. Matsuyama and Y. Nagahama, 1995. Structure and promoter analysis of the cytochrome P-450 aromatase gene of the teleost fish, medaka (*Oryzias latipes*). J. Biochem. (Tokyo), 117: 719-725.

寺尾 新, 1933. 魚類の遺傳(綜述). 日本水産学会誌, 2: 195.

富田英夫, 1966. メダカの新変異種と生理的体色変化. 動物学雑誌, 75: 336-337.

———, 1967. メダカの骨格異常品種. 動物学雑誌, 76: 399.

———, 1969a. メダカの新突然変異種. 動物学雑誌,

78: 58.

————, 1969b. メダカの体色とうろこの突然変異種. 動物学雑誌, 78: 408.

————, 1970. メダカの新連鎖群. 動物学雑誌, 79: 390.

————, 1971. メダカの体色変異種. 動物学雑誌, 80: 450-451.

————, 1973. メダカの斑色. 動物学雑誌, 82: 382.

————, 1975a. メダカの突然変異遺伝子*fm*と*rf*について. 動物学雑誌, 84: 506.

————, 1975b. Mutant genes in the medaka. *In* "Medaka (killifish) Biology and Strain" (T. Yamamoto, ed.). Keigaku Publ. (Tokyo), pp. 251-272.

————, 1978. メダカの遺伝形質. 遺伝, 32: 47-54.

————, 1982a. Gene analysis in the medaka (*Oryzias latipes*). Medaka, 1: 7-9.

————, 1982b. メダカのひれ異常の遺伝. 動物学雑誌, 91:614.

————, 1984. Studies on the mutant of the medaka *dx-1*. Medaka, 2: 1-5.

————, 1985. Studies on the mutant of the medaka *co* and *di*. Medaka, 3: 5-16.

————, 1990. 系統と突然変異体. メダカの生物学(江上信雄・山上健次郎・嶋昭紘編), pp. 111-128.

———— and N. Matsuda, 1961. Deformity of vertebrate induced by lathyrogenic agents and phenylthiourea in the medaka(*Oryzias latipes*). Embryologia, 5: 413-422.

外山亀太郎, 1916. 一・二のMendel形質に就いて. 日本育種学会報, 1: 1-9.

Toyohara, H., T. Nakata, K. Touhata, H. Hashimoto, M. Kinoshita, M. Sakaguchi, M. Nishikimi, K. Yagi, Y. Wakamatsu and K. Ozato, 1996. Transgenic expression of L-gulono-gamma-lactone oxidase in medaka (*Oryzias latipes*), a teleost fish that lacks this enzyme necessary for L-ascorbic acid biosynthesis. Biochem. Biophys. Res. Commun., 223: 650-653.

Tsai, H. J., 1995. Initiation of the transgenic *lacZ* gene expression in medaka (*Oryzias latipes*) embryos. Mol. Marine Biol. Biotechnol., 4: 1-9.

Uchiyama, T, 1996. A highly repetitive sequence isolated from genomic DNA of the medaka (*Oryzias latipes*). Mol. Marine Biol. Biotechnol., 5: 220-224.

宇和　紘, 1984. メダカの細胞遺伝. 遺伝, 38: 24-30.

————, 1990. 核型と進化. メダカの生物学(江上信雄・山上健次郎・嶋昭紘編). 東京大学出版会.

———— and A. Iwata, 1981. Karyotype and cellular DNA content of *Oryzias javanicus* (Oryziatidae, Pisces). Chrom. Inf. Serv., 31: 24-26.

———— and T. Iwamatsu and O. P. Saxena, 1983. Karyotype and cellular DNA content of the Indian ricefish, *Oryzias melastigma*. Proc. Jap. Acad., 59B: 43-47.

————, and W. Magtoon, 1988. Description and karyotype of a new ricefish, *Oryzias mekongensis*, from Thailand. Copeia, 1986 (2): 473-478.

Van Beneden, R. J., K, W. Henderson, D. G. Blair, T. S. Papas and H. S. Gardner, 1990. Oncogenes in hematopoietic and hepatic fish neoplasms. Cancer Res., 50: 5671S-5674S.

Wada, K., K. Naruse, A. Shimada and A. Shima, 1995. Genetic linkage map of a fish, the Japanese medaka *Oryzias latipes*. Molec. Marine Biol. Biotech., 4: 269-274.

Wakamatsu, Y., K. Ozato, H. Hashimoto, M. Kinoshita, M. Sakaguchi, T. Iwamatsu, Y. Hyodo-Taguchi and H. Tomita, 1993. Generation of germ-line chimeras in medaka (*Oryzias latipes*). Mol. Marine Biol. Biotechnol., 2: 325-332.

————・————, 1998. メダカの地域集団・近交系・突然変異系統. 蛋白質核酸酵素, 43(11): 67-71.

Winge, O., 1930. On the occurrence of XX males in *Lebistes* with some remarks on Aida's so-called "non-disjunction" males in *Aplocheilus*. Genetics, 23: 69.

Winkler, C., Y. Hong, J. Wittbrodt and M. Schartl, 1992. Analysis of heterologous and homologous promoters and enhancers *in vitro* and *in vivo* by gene transfer into Japanese medaka (*Oryzias latipes*) and *Xiphophorus*. Mol. Marine Biol. Biotechnol., 1: 326-337.

————, J. R. Vielkind and M. Schartl, 1991. Transient expression of foreign DNA during embryonic and larval development of the medaka fish (*Oryzias latipes*). Mol. Gen. Genet., 226: 129-140.

————, 1994. Ligand-dependent tumor induction in medaka fish embryos by a *Xmrk* receptor tyrosine kinase transgene. Oncogene, 9: 1517-1525.

Wyban, J. A, 1982. Soluble peptidase isozymes of the Japanese medaka (*Oryzias latipes*): tissue distributions and substrate specificities. Biochem. Genet., 20: 849-858.

山本時男，1951. 遺伝子型雄のメダカにおける人工的性の転換．遺伝学雑誌，26: 245.

————，1952. 人工的に性を転換させたメダカのF_1について．遺伝学雑誌，27: 218.

————, 1953a. 人為的性転換メダカの子孫，特にYY雄について．遺伝学雑誌，28: 191.

————, 1953b. Artificially induced sex-reversal in genotypic males of the medaka (*Oryzias latipes*). J. Exp. Zool., 123: 571-594.

————, 1954a. 遺伝子型雄のメダカの機能的性転換の続報，特に二世代に亘る性の転換．遺伝学雑誌，29: 181.

————, 1954b. 遺伝子型のメダカにおける機能的性転換の人為的誘導．動物学雑誌，63: 416.

————, 1954c. 遺伝子型雄のメダカ（*Oryzias latipes*）における機能的性の転換．実験形態学, 8: 59-65.

————, 1955a. Progeny of artificially induced sex-reversals of male genotype (XY) in the medaka (*Oryzias latipes*) with special reference to YY-male. Genetics, 40: 406-419.

————, 1955b. 遺伝子型雄（XY）のメダカの一世代と二世代に亘る人為的な性転換魚の子孫．遺伝学雑誌，30: 192.

————, 1956. 遺伝子型メス（XX）のメダカの機能的性転換の続報，特に性転換魚の子孫．動物学雑誌，65: 176-177.

————, 1957a. メダカ性分化の人為的転換．遺伝学雑誌，32: 333-346.

————, 1957b. Estrone-induced intersex of genetic male in the medaka, *Oryzias latipes*. J. Fac. Sci., Hokkaido Univ., Ⅵ, Zool., 13: 440-444 (Prof. T. Uchida Jubilee Volume).

————, 1958a. メダカの性分化の転換に要するメチル･テストステロンの閾値及適量準位．動物学雑誌，67: 27.

————, 1958b. Artificial induction of functional sex-reversal in genotypic females of the medaka (*Oryzias latipes*). J. Exp. Zool., 137: 227-264.

————, 1959a. A further study on induction of functional sex-reversal in genotypic males of the medaka (*Oryzias latipes*) and progenies of sex-reversals. Genetics, 44: 739-757.

————, 1959b. メダカの性転換魚同士の子孫，特に性転換メスにおけるXとYの交叉．遺伝学雑誌，34: 316.

————, 1960. メダカの遺伝的オス（XY）の性転換魚の子孫，特に$Y^R Y^r$オスの生存能力．動物学雑誌，69: 33.

————,1962a. メダカのYY接合子の生存能力の問題．動物学雑誌，71: 349.

————, 1962b. メダカのYY接合子の生存能力の問題．2. 交叉魚$X^R_C X^r$の遺伝分析．遺伝学雑誌，37: 417.

————, 1963. The first stage in reprogressive evolution of the Y chromosome, as illustrated in the fish, *Oryzias latipes*. Proc. 16th Intern. Congr. Zool. (Washington, D. C.), 2: 205.

————, 1963. エストリオール誘導によるメダカのXYメスとその子孫． 動物学雑誌, 72: 346.

————, 1964a. The problem of viability of YY zygotes in the medaka, *Oryzias latipes*. Genetics, 50: 45-58.

————, 1964b. Linkage map of sex chromosomes in the medaka, *Oryzias latipes*. Genetics, 50: 59-64.

————, 1964c. メダカのエストロン誘導白YYメスと白YYオスの量産．遺伝学雑誌，39: 377.

————, 1967. メダカの白子の遺伝，特に因子干渉．遺伝学雑誌，42: 448.

————, 1968. Mating of YY males with estrone-induced YY females in the medaka, *Oryzias latipes* (Abstract). Proc. 7th Intern. Cong. Genetics (Tokyo), 1: 153.

————, 1969. Inheritance of albinism in the medaka, with special reference to gene interaction. Genetics, 62: 797-809.

————, 1970. メダカの系統．遺伝，24: 36-40.

————･及川胤昭，1968. メダカの白子（*i*）と色消し因子（*ci*）との連鎖．遺伝学雑誌，43: 449-450.

———— and ————, 1973. Linkage between albino gene (*i*) and color interferer (*ci*) in the medaka, *Oryzias latipes*. Jap. J. Genetics, 48: 361-375.

————, H. Tomita and N. Matsuda, 1963. Hereditary and nonheritable vertebral anchlosis in the medaka, *Oryzias latipes*. Jap. J. Genetics, 38: 36-47.

Yamanoue, Y., D.H.E. Setiamarga and K. Matsuura, 2010. Plevic fins in teleosts: structure, function and evolution (Review paper). J. Fish Biol., 77: 1173-1208.

Yasui, A., A. P. Eker, S. Yasuhira, H. Yajima, T. Kobayashi, M. Takao and A. Oikawa, 1994. A new class of DNA photolyases present in various organisms including aplacental mammals. EMBO. J., 13: 6143-6151.

Yasumasu, S., H. Shimada, K. Inohaya, K. Yamazaki, I. Iuchi, I. Yasumasu and K. Yamagami, 1996. Different exon-intron organizations of the genes for two astacin-like proteases, high choriolytic enzyme (choriolysin H) and low choriolytic enzyme (choriolysin L), the constituents of the fish hatching enzyme. Eur. J. Biochem., 237: 752-758.

Yasuoka, A., K. Abe, K. Saigo, S. Arai and Y. Emori, 1995. Molecular cloning of a fish gene encoding a novel seven-transmembrane receptor related distantly to catecholamine, histamine, and serotonin receptors. Biochim. Biophys. Acta., 1235: 467-469.

———, ———, ——— and ———, 1996. Molecular cloning and functional expression of the alpha1A-adrenoceptor of medaka fish, *Oryzias latipes*. Eur. J. Biochem., 235: 501-507.

Ⅷ．遺伝子リンケージマップ

ゲノムの研究はヒトを含むすべての生物の遺伝子を構成するすべての塩基配列を同定するもので，ヒトゲノムの国際的共同研究計画が1998年に創設された。DNAの塩基配列の変異を遺伝マーカーとして用いることによって遺伝子地図の作成と塩基配列の決定をする共同研究である。特に，個体の発生・成長の過程を制御している遺伝子の機能面を理解し，体が異常になる成因の解明と改善に寄与するものである。また，適合免疫認識 adaptive immune recognition に必要な主要組織適合複合体 major histocompatibility complex（MHC）のクラスIA，クラスIB，β2-ミクログロブリン（β2m），LMP7，TAP2および補体B/C2，C3，C4のそれぞれの遺伝子を分離しており（Naruse *et al.*, 2000），その構造に関する研究も進めている。そのゲノム領域は脊椎動物のゲノム進化を研究する調査モデルとしても役立つ（Shima *et al.*, 2003）。約400kbに及ぶ主要組織適合性複合体（MHC）のクラスI部位にある反復因子の特徴が報告されており（Matsumoto *et al.*, 2004），その部位にはミクロサテライト0.68%，低複雑部位0.98%，トランスポーザブル因子7.0%，そして他の反復2.9%が存在する。これらの11トランスポーザブル因子のうち８つがこの部位にあるから，これらの因子はメダカ特有のDNA再配列をなすのに何らかの役割を果たしていると考えられている。脊椎動物の原型としての魚類であるメダカは，（1）大規模な交配実験，（2）人為的性転換，（3）生殖細胞の突然変異誘起，（4）染色体操作，（5）胚の実験操作，（6）生殖細胞・胚の遺伝子導入，（7）種間交雑，（8）突然変異の固定などが容易である。海を渡ることの困難なメダカは東洋区のアジア広域に生息しており，これまで種分化の研究，自然突然変異系統が数多く集積されているため，若松・尾里（1998）によって指摘されているように，それらを用いてコンジェニック系統の開発，トランスポゾンの発見，近交育種による遺伝子解析にも適した系統の作成，およびトランスジェニックメダカの作成とその系統の確立などが可能であって，有用な研究材料である。

メダカゲノムにはジャンクが少ないので，すべての遺伝子を見いだしやすいし，メダカの遺伝子に対応させて，ヒトの遺伝子およびその機能を解明できる。*Hox* 遺伝子の数とゲノム編成の変化が後生動物の体形成の進化に重要な役割を果たしているが，メダカゲノムの*Hox* 遺伝子はゼブラフィッシュよりもフグのそれに似ていることもわかってきた（Kurosawa *et al.*, 1999）。メダカにおいても，トランスジェニック・アニマルと呼ばれる遺伝子を導入した系統も作成され，種々の遺伝子機能の解析に活用されている。限られた発現を示すトランスジェニック系統は，組織の四次元的同焦点分析，突然変異分析，エンハンサー遺伝子トラップ，ラベルした細胞の蛍光活性化細胞の仕分け，さらに特定cDNAライブラリーの生産などあらゆる応用面に活用されている（Shima *et. al.*, 2003）。そして，年々遺伝子工学の発展に伴い，単離した突然変異体の遺伝子を同定したり，ノックアウト法によって既知遺伝子の機能を破壊する技術が遺伝学的解明に適用されている。

Ohtsukaら（1999）によれば，北日本集団由来メダカと南日本集団由来メダカの純系が確立されており，これら両系統のメダカ間ではコード領域で約１%，非コード領域で約３%の塩基置換を示すという。BAC (bacterial artificial chromosome) ライブラリーが2種類の近交系（両日本集団由来の Hd-rR, Matsuda *et al.*, 2001：北日本集団由来のHNI系統）から作成されている。これからの2系統間の高多型性を利用して，これまでに400以上のEST（expressed sequence tagged site）マーカーを含む連鎖地図が作製されてきた（成瀬ら，2000）。この時点（2000年）において，10種類の遺伝子ファミリー（アクチン，カスパーゼ，繊維芽細胞増殖因子受容体，オプシン（視物質），グアニル酸シクラーゼ，*msx/msh* 型ホメオボックス遺伝子，*Hox*，補体*C3* および*C4*，嗅覚受容体，免疫グロブリンスーパー遺伝子ファミリー）のメンバー遺伝子間の連鎖関係も解析が進められている。嗅受容体 olfactory receptor（OR）の遺伝子のサブファミリーYとEについて，サザンブロット法によって調べたYasuokaら（1999）によれば，サブファミリーYのアミノ酸配列は他の魚類とは約30%の類似性があるのに対して，サブファミリーEのそれでは約50%の類似性があった。また，Sunら（1999）は4つの*OR* 遺伝子（*mfOR 1-4*）をメダカからクローニングしている。これらのうち，*mfOR4* が*Y2OR*とアミノ酸配列が一致しており，他の*mfOR3* もサブファミリー*E4OR* とは98%の類似性を示すものである。この遺伝子の発現と組織形態からして，メダカは他の魚類に比べて単純な嗅覚系をもっているようである。

メダカゲノム資源の現状についてはNaruseら(2004)によって検討されている。高資質のバクテリアの人工染色体 BAC が突然変異を起こした遺伝子のポジショナルクローニングを成功させるのには不可欠である。また，高オリゴヌクレオチド，あるいは高密度cDNAアレイを用いれば、数千の遺伝子を同時に測定できる。したがって，メダカ胚から分離した8,091遺伝子をもつオリゴヌクレオチド・マイクロアレイ（Medaka Microarray 8K）が作成されて，それで発生中のメダカ胚の遺伝子発現分析が試みられている（Kimura *et al.*, 2004）。

連鎖地図：

リンケージ地図は生命現象を分析するのにより効果

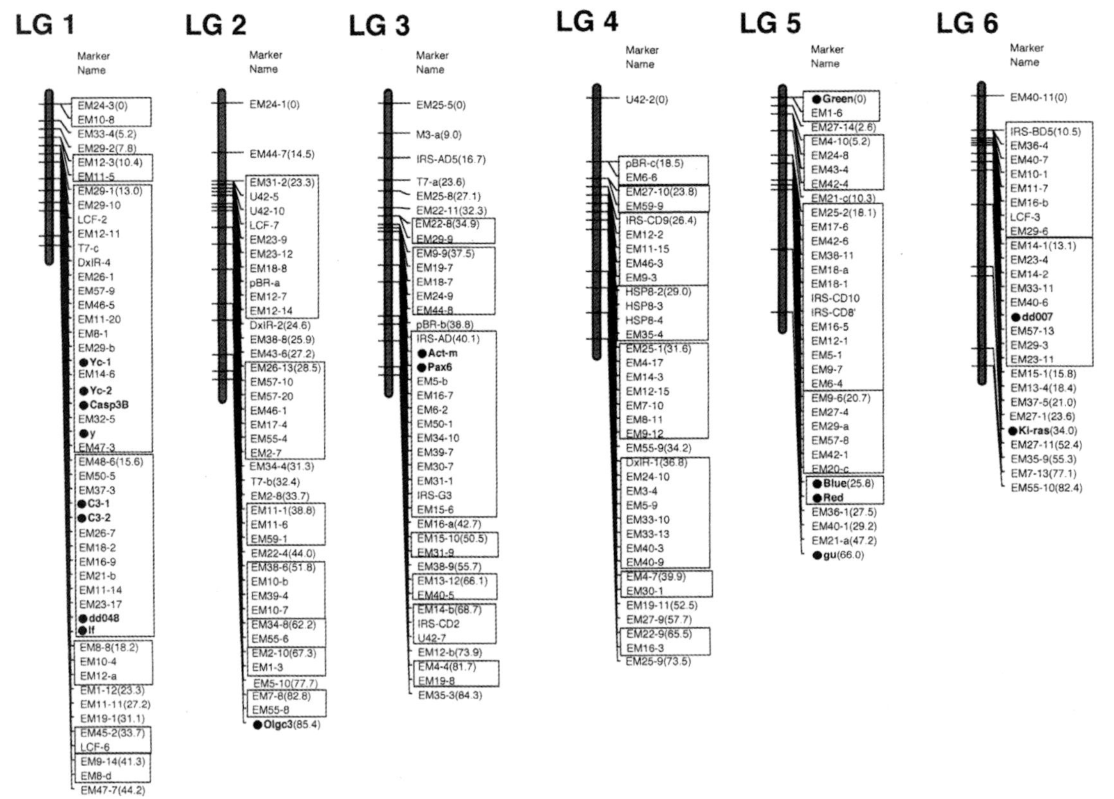

図8・14　メダカの遺伝子リンケージマップ

地図上の距離はセンチモルガンcM（カッコ内），ESTと表現型マーカーは太字で示し，ボックス内のマーカーは39減数分裂における非組み換えを示してある（Naruse *et al.*, 2000）。

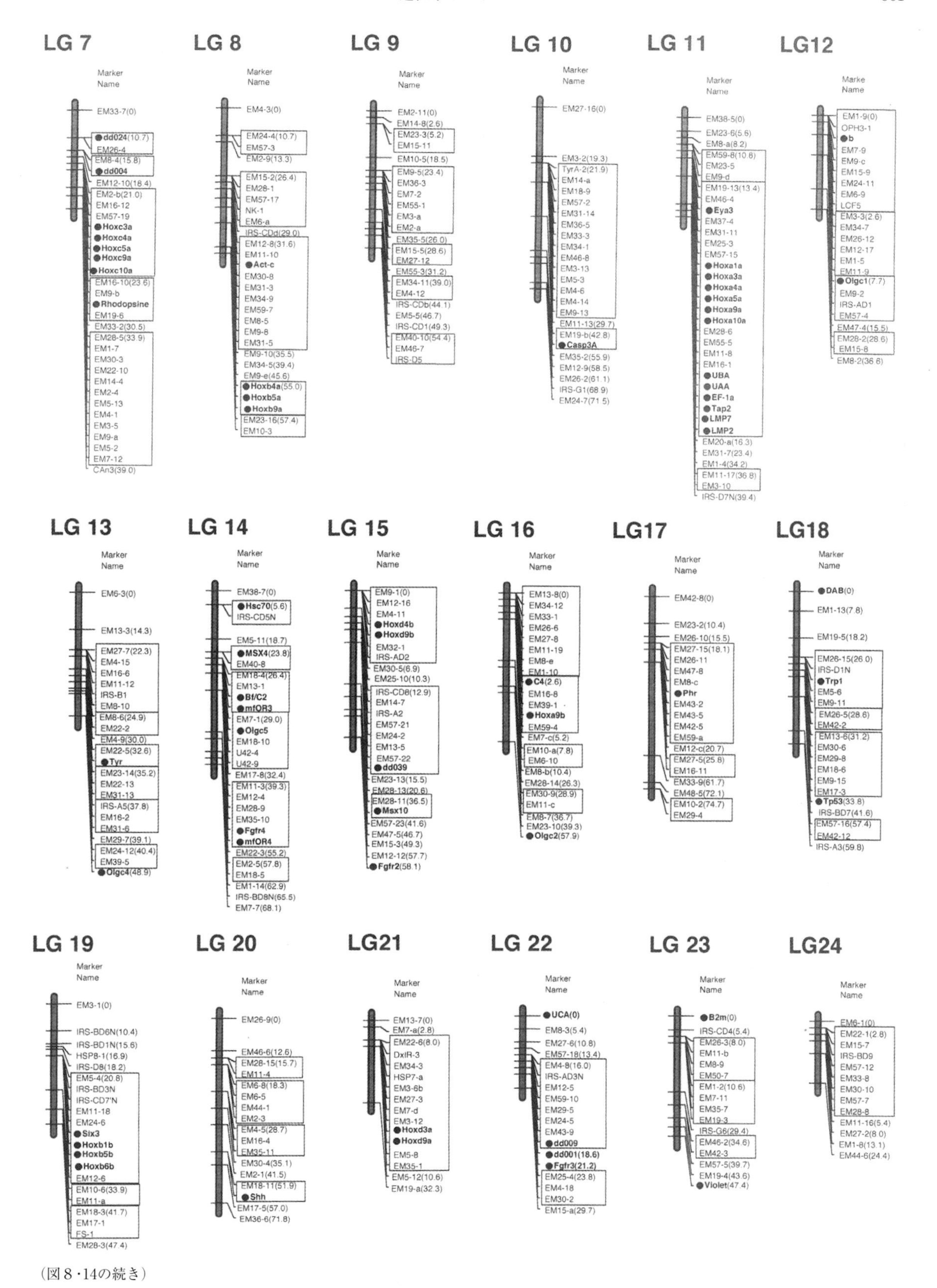
LG 7
Marker Name
EM33-7(0)
●dd024(10.7)
EM26-4
EM8-4(15.8)
●dd004
EM12-10(18.4)
EM2-b(21.0)
EM16-12
EM57-19
●Hoxc3a
●Hoxc4a
●Hoxc5a
●Hoxc9a
●Hoxc10a
EM16-10(23.6)
EM9-b
●Rhodopsine
EM19-6
EM33-2(30.5)
EM28-5(33.9)
EM1-7
EM30-3
EM22-10
EM14-4
EM2-4
EM5-13
EM4-1
EM3-5
EM9-a
EM5-2
EM7-12
CAn3(39.0)
LG 8
Marker Name
EM4-3(0)
EM24-4(10.7)
EM57-3
EM2-9(13.3)
EM15-2(26.4)
EM28-1
EM57-17
NK-1
EM6-a
IRS-CDd(29.0)
EM12-8(31.6)
EM11-10
●Act-c
EM30-8
EM31-3
EM34-9
EM59-7
EM8-5
EM9-8
EM31-5
EM9-10(35.5)
EM34-5(39.4)
EM9-e(45.6)
●Hoxb4a(55.0)
●Hoxb5a
●Hoxb9a
EM23-16(57.4)
EM10-3
LG 9
Marker Name
EM2-11(0)
EM14-8(2.6)
EM23-3(5.2)
EM15-11
EM10-5(18.5)
EM9-5(23.4)
EM36-3
EM7-2
EM55-1
EM3-a
EM2-a
EM35-5(26.0)
EM15-5(28.6)
EM27-12
EM55-3(31.2)
EM34-11(39.0)
EM4-12
IRS-CDb(44.1)
EM5-5(46.7)
IRS-CD1(49.3)
EM40-10(54.4)
EM46-7
IRS-D5
LG 10
Marker Name
EM27-16(0)
EM3-2(19.3)
TyrA-2(21.9)
EM14-a
EM18-9
EM57-2
EM31-14
EM36-5
EM33-3
EM34-1
EM46-8
EM3-13
EM5-3
EM4-6
EM4-14
EM9-13
EM11-13(29.7)
EM19-b(42.8)
●Casp3A
EM35-2(55.9)
EM12-9(58.5)
EM26-2(61.1)
IRS-G1(68.9)
EM24-7(71.5)
LG 11
Marker Name
EM38-5(0)
EM23-6(5.6)
EM8-a(8.2)
EM59-8(10.8)
EM23-5
EM9-d
EM19-13(13.4)
EM46-4
●Eya3
EM37-4
EM31-11
EM25-3
EM57-15
●Hoxa1a
●Hoxa3a
●Hoxa4a
●Hoxa5a
●Hoxa9a
●Hoxa10a
EM28-6
EM55-5
EM11-8
EM16-1
●UBA
●UAA
●EF-1a
●Tap2
●LMP7
●LMP2
EM20-a(16.3)
EM31-7(23.4)
EM1-4(34.2)
EM11-17(36.8)
EM3-10
IRS-D7N(39.4)
LG12
Marke Name
EM1-9(0)
OPH3-1
●b
EM7-9
EM9-c
EM15-9
EM24-11
EM6-9
LCF5
EM3-3(2.6)
EM34-7
EM26-12
EM12-17
EM1-5
EM11-9
●Olgc1(7.7)
EM9-2
IRS-AD1
EM57-4
EM47-4(15.5)
EM28-2(28.6)
EM15-8
EM8-2(36.6)
LG 13
Marker Name
EM6-3(0)
EM13-3(14.3)
EM27-7(22.3)
EM4-15
EM16-6
EM11-12
IRS-B1
EM8-10
EM8-6(24.9)
EM22-2
EM4-9(30.0)
EM22-5(32.6)
●Tyr
EM23-14(35.2)
EM22-13
EM31-13
IRS-A5(37.8)
EM16-2
EM31-6
EM29-7(39.1)
EM24-12(40.4)
EM39-5
●Olgc4(48.9)
LG 14
Marker Name
EM38-7(0)
●Hsc70(5.6)
IRS-CD5N
EM5-11(18.7)
●MSX4(23.8)
EM40-8
EM18-4(26.4)
EM13-1
●Bf/C2
●mfOR3
EM7-1(29.0)
●Olgc5
EM18-10
U42-4
U42-9
EM17-8(32.4)
EM11-3(39.3)
EM12-4
EM28-9
EM35-10
●Fgfr4
●mfOR4
EM22-3(55.2)
EM2-5(57.8)
EM18-5
EM1-14(62.9)
IRS-BD8N(65.5)
EM7-7(68.1)
LG 15
Marke Name
EM9-1(0)
EM12-16
EM4-11
●Hoxd4b
●Hoxd9b
EM32-1
IRS-AD2
EM30-5(6.9)
EM25-10(10.3)
IRS-CD8(12.9)
EM14-7
IRS-A2
EM57-21
EM24-2
EM13-5
EM57-22
●dd039
EM23-13(15.5)
EM28-13(20.6)
EM28-11(36.5)
●Msx10
EM57-23(41.6)
EM47-5(46.7)
EM15-3(49.3)
EM12-12(57.7)
●Fgfr2(58.1)
LG 16
Marker Name
EM13-8(0)
EM34-12
EM33-1
EM26-6
EM27-8
EM11-19
EM8-e
EM1-10
●C4(2.6)
EM16-8
EM39-1
●Hoxa9b
EM59-4
EM7-c(5.2)
EM10-a(7.8)
EM6-10
EM8-b(10.4)
EM28-14(26.3)
EM30-9(28.9)
EM11-c
EM8-7(36.7)
EM23-10(39.3)
●Olgc2(57.9)
LG17
Marker Name
EM42-8(0)
EM23-2(10.4)
EM26-10(15.5)
EM27-15(18.1)
EM26-11
EM47-8
EM8-c
●Phr
EM43-2
EM43-5
EM42-5
EM59-a
EM12-c(20.7)
EM27-5(25.8)
EM16-11
EM33-9(61.7)
EM48-5(72.1)
EM10-2(74.7)
EM29-4
LG18
Marker Name
●DAB(0)
EM1-13(7.8)
EM19-5(18.2)
EM26-15(26.0)
IRS-D1N
●Trp1
EM5-6
EM9-11
EM26-5(28.6)
EM42-2
EM13-6(31.2)
EM30-6
EM29-8
EM18-6
EM9-15
EM17-3
●Tp53(33.8)
IRS-BD7(41.6)
EM57-16(57.4)
EM42-12
IRS-A3(59.8)
LG 19
Marker Name
EM3-1(0)
IRS-BD6N(10.4)
IRS-BD1N(15.6)
HSP8-1(16.9)
IRS-D8(18.2)
EM5-4(20.8)
IRS-BD3N
IRS-CD7'N
EM11-18
EM24-6
●Six3
●Hoxb1b
●Hoxb5b
●Hoxb6b
EM12-6
EM10-6(33.9)
EM11-a
EM18-3(41.7)
EM17-1
FS-1
EM28-3(47.4)
LG 20
Marker Name
EM26-9(0)
EM46-6(12.6)
EM28-15(15.7)
EM11-4
EM6-8(18.3)
EM6-5
EM44-1
EM2-3
EM4-5(28.7)
EM16-4
EM35-11
EM30-4(35.1)
EM2-1(41.5)
EM18-11(51.9)
●Shh
EM17-5(57.0)
EM36-6(71.8)
LG21
Marker Name
EM13-7(0)
EM7-a(2.8)
EM22-6(8.0)
DxIR-3
EM34-3
HSP7-a
EM3-6b
EM27-3
EM7-d
EM3-12
●Hoxd3a
●Hoxd9a
EM5-8
EM35-1
EM5-12(10.6)
EM19-a(32.3)
LG 22
Marker Name
●UCA(0)
EM8-3(5.4)
EM27-6(10.8)
EM57-18(13.4)
EM4-8(16.0)
IRS-AD3N
EM12-5
EM59-10
EM29-5
EM24-5
EM43-9
●dd009
●dd001(18.6)
●Fgfr3(21.2)
EM25-4(23.8)
EM4-18
EM30-2
EM15-a(29.7)
LG 23
Marker Name
●B2m(0)
IRS-CD4(5.4)
EM26-3(8.0)
EM11-b
EM8-9
EM50-7
EM1-2(10.6)
EM7-11
EM35-7
EM19-3
IRS-G6(29.4)
EM46-2(34.6)
EM42-3
EM57-5(39.7)
EM19-4(43.6)
●Violet(47.4)
LG24
Marker Name
EM6-1(0)
EM22-1(2.8)
EM15-7
IRS-BD9
EM57-12
EM33-8
EM30-10
EM57-7
EM28-8
EM11-16(5.4)
EM27-2(8.0)
EM1-8(13.1)
EM44-6(24.4)

(図8・14の続き)

的な手段となる position-based cloning, guantitative trait locus analysis, comparative vertebrate genomics, 放射誘導DNA変異の検出などに有用である。三谷らは638マーカー（489 AFLPs, 28 RAPDs, 34 IRSs, 78 ESTs, 4 STSs と 4 表現形質）をマッピングしている。

RAPD（random amplification of polymorphic cDNA）マーカーとアロザイムマーカーを用いて，最初に雄の減数分裂に基づいて170余の遺伝子座（Wada *et al.*, 1995），次いで雌の減数分裂に基づく163遺伝子座（Ohtsuka *et al.*, 1999）を含む連鎖地図が作成された。その後，AFLPマーカー amplificated fragment length polymorphic marker を用いる方法をはじめ，複数のDNAフィンガープリント法とPCR-RFLP多型によってESTマーカーをマッピングすることで，634遺伝子座の連鎖関係を分析して24連鎖群 linkage group（LG）のメダカ連鎖地図（図8・14）を作成するに至っている（Naruse *et al.*, 2000）。

リンケージの総マップ長は，1354.5 cMで，24LGが半数体の染色体数24本に対応する。各連鎖群には49（LG1）から13（LG24）の遺伝子座が含まれている。Fukamachiら（2001）はb座位突然変異をγ線照射で誘発し，そのゲノム変化を分析して連座している9個のアノニマスDNAマーカーb座位をクローンして，*b* 座位を取り巻く47cMにわたる領域にマッピングしている。さらに，連鎖群の遺伝子座（全塩基配列）が完全に明らかになれば，種の多様性（進化），種の分化・絶滅や遺伝子機能の解析が可能になるであろう。動物は1万数千から4万個の遺伝子によって個体の形成，成長，恒常性維持，及び加齢現象（老化）など生命現象が制御されているが，突然変異を単離して解析する遺伝子の同定（順遺伝学），及びノックアウト法で既知の遺伝子の機能破壊（逆遺伝学）という手法で，こうした遺伝子の機能と遺伝子間のネットワークを解明している（成瀬・武田，2002）。近年，突然変異を誘発するのに，アルキル化剤エチルニトロソウレアethylnitorosourea（ENU）などを用いて生じた種々の突然変異体をスクリーニングすることによって，発生過程や変異原因遺伝子の解析，連鎖地図へのマッピングが急速に進められている。

三谷らは638マーカー（489 AFLPs, 28 RAPDs, 34 IRSs, 78 ESTs, 4 STSs と 4 表現形質）をマッピングしている。

例えば，メダカの卵膜（ZP）遺伝子は4つの連鎖群（LG6，LG8，LG17，LG24）に位置している。すなわち，エストロゲンの刺激を受けた肝臓で合成されるコリオゲニンH，Hマイナー及びLはLG6，*zpc3* と*zpc5* はLG8，*zpb*, *zpc1*, *2* 及び *4* はLG17，そして*zpax* はLG24に座位している。*zpax* は近交系HNIから得られた遺伝子で，21エクソンと20イントロンをもっている。また，自然集団の中から単離した *b*（体色）と*rs3*（鱗なし）の原因遺伝子もポジショナルクローニングなどにより同定されている（Fukamachi *et al.*, 2001; Kondo *et al.*, 2001）。鱗は上皮性間充織から分化する上皮付属物であるが，鱗の少ない自然突然変異メダカ *rs-3*（劣性突然変異*reduced scale-3*）の座位は哺乳類の毛の発達開始に必要なectodysplashin A・リセプター（*EDAR*）をコードしていることが報告されている（Kondo *et al.*, 2001）。LG21にある*rs-3* においては，新奇なトランスポゾンが*EDAR* の第1番目のイントロンから約100bp下流に挿入されているため，*EDAR* が機能を失って鱗ができない。このことは魚の鱗形成には*EDAR* が関与していることを示し，脊椎動物のゲノム進化中に転座よりも染色体の逆位が頻繁に起こっているという仮説を支持するものである。

メダカの体色は色素細胞の変異によってさまざまに変わるが，表8・2に示すように，体色変異に関する遺伝子は連鎖群1（Y染色体）から種々の連鎖群（常染色体）に存在する。

文献

Abe, K., Y. Takahama, M. Tanaka, H. Mitani, T. Katada, H. Nishina, N. Nakajima, J. Wittbrodt, H. Kondoh, 2004. A systematic genome-wide screen for mutations affecting organogenesis in medaka, *Oryzias latipes*. Mech. Develop., 121: 647-658.

Aizawa, K., H. Mitani, N. Kogure, A. Shimada, Y. Hirose, T. Sasado, C. Morinaga, A. Yasuoka, H. Yoda, T. Watanabe, N. Iwanami, S. Kunimatsu, M. Osakada, H. Suwa, K. Niwa, T. Deguchi, T. Henrich, T. Todo, A. Shima, H. Kondoh and M. Furutani-Seiki, 2004. Identification of radiation-sensitive mutants in the medaka, *Oryizas latipes*. Mech. Develop., 121: 895-902.

Arai, A., H. Mitani, K. Naruse and A. Shima, 1994. Relationship between the induction of proteins in the HSP70 family and thermosensitivity in two species of *Oryzias* (Pisces). Comp. Biochem. Physiol.

B. Biochem. Mol. Biol., 109: 647-654.

———, K. Naruse, H. Mitani and A. Shima, 1995. Cloning and characterization of cDNAs for 70-kDa heat-shock proteins (Hsp70) from two fish species of the genus *Oryzias*. Jap. J. Genet., 70: 423-433.

Brunner, B., U. Hornung, Z. Shan, I. Kondo, E. Zend-Ajusch, T. Haaf, H.H. Ropers, A. Shima, M. Schmidt, V.M. Kalscheuer and M. Schartl, 2001. Genomic organization and expression of the double sex-related gene cluster in vertebrates and detection of putative regulatory regions for DMRT1. Genomics, 77: 8-17.

Fukamachi, S., A. Shimada, K. Naruse and A. Shima, 2001. Genomic analysis of γ-ray-induced germ-cell mutations at the *b* locus recovered from the medaka specific-locus test. Mutat. Res. Genom., 458: 19-29.

———, A. Shimada and A. Shima, 2001. Mutations in the gene encoding *B*, a novel transporter protein, reduce melanin content in medaka. Nat. Genet., 28: 381-385.

———, S. Asakawa, Y. Wakamatsu, N. Shimazu, H. Mitani and A. Shima, 2004. Conserved function of medaka *pink-eyed dilution* in melanin synthesis and its divergent transcriptional regulation in gonads among vertebrates. Genetics, 168: 1519-1527.

———, M. Sugimoto, H. Mitani and A. Shima, 2004. Somatolactin selectively regulaes proliferation and morphogenesis of neural-crest derived pigment cells in medaka. PNAS, 101: 10661-10666.

Funayama, T., H. Mitani and A. Shima, 1996. Overexpression of medaka (*Oryzias latipes*) photolyase gene in medaka cultured cells and early embryos. Photochem. Photobiol., 63: 633-638.

Furutani-Seiki, M., T. Sasado, C. Morinaga, H. Suwa, K. Niwa, H. Yoda, T. Deguchi, Y. Hirose, A. Yasuoka, . T. Hendrich, T. Watanabe, N. Iwanami, D. Kitagawa, K. Saito, S. Asaka, M. Osakada, S. Kunimatsu, A. Momoi, H. Elmasri、C. Winkler,. M. Ramialison, F. Loosli, R. Quiring, M. Carl, C. Grabher, S. Winkler, F. Del Bene, A. Shinomia, Y. Kota, T. Yananaka, Y. Okamoto, K. Takahashi, T. Todo, K. Abe, Y. Takahama, M. Tanaka, H. Mitani, T. Katada, H. Nishina, N. Nakajima, J. Wittbrodt, H. Kondoh, 2004. A systematic genome-wide screen for mutations affecting organogenesis in medaka, *Oryzias latipes*. Mech. Dev., 121; 647-658.

Goodrich, H.B., 1927. A study of the development of Menderian characters in *Oryzias latipes*. J. Exp. Zool., 49: 261-280.

Henrich, T., M. Ramialison, E. Segerdell, M. Westerfield, M. Furutani-Seiki, J. Wittbrodt and H. Kondoh, 2004. GDD: a genetic screen database. Mech. Develop., 121: 959-963.

Hirose, E. and J. Matsumoto, 1992. Deficiency of the gene *B* impairs differentiation of melanohores in the medaka fish, *Oryzias latipes* : Fine structure studies. Pigment Cell Res., 6: 45-51.

Hyodo-Taguchi, Y., 1996. Inbred strains of the medaka *Oryzias latipes*. Fish Biol. J. Medaka, 8: 11-14.

———, 1985. Establishment of inbred strains of the medaka *Oryzias latipes* and the usefulness of the strains for biomedical research. Zool. Sci., 2: 305-316.

——— and M. Sakaizumi, 1993. List of inbred strains of the medaka, *Oryzias latipes*, maintained in the Division of Biology, National Institute of Radiol. Sciences. Fish Biol. J. Medaka, 5: 29-30.

———, C. Winkler, Y. Kurihara, A. Schartl and M. Schartl, 1997. Phenotypic rescue of the albino mutation in the medakafish (*Oryzias latipes*) by a mouse tyrosinase transgene. Mech. Develop., 68: 27-33.

Inagaki, H. Y. Bessho, A. Koga and H. Hori, 1994. Expression of the tyrosinase-encoding gene in a colorless melanophore mutant of the medaka fish, *Oryzias latipes*. Gene, 150: 319-324.

Inoue, K., K. Naruse, S. Ymagami, H. Mitani, N. Suzuki and Y. Takei, 2003. Four functionally distinct C-type natriuretic peptides found in fish reveal evolutionary history of the natriuretic peptide system. PNAS, 100: 10079-10084.

Ishikawa, Y. and Y. Hyodo-Taguchi, 1997. Heritable multiformations in the progeny of the male medaka (*Oryzias latipes*) irradiated with X-rays. Mutat. Res., 389: 149-155.

———, ———, K. Aoki, T. Yasuda, A. Matsumoto and M. Sasamura, 1999. Induction of mutation by ENU in the medaka germline. Fish Biol. J. Medaka, 10: 27-29.

Kanamori, A., K. Naruse, H. Mitani, A. Shima and H.

Hori, 2003. Genomic organization of ZP domain containing egg envelope genes in medaks (*Oryzias latipes*). Gene, 305: 35-45.

Kasahara, M., K. Naruse, S. Sasaki, Y. Nakatani, W. Qu, B. Ahsan, T. Yamada, Y. Nagayasu, K. Doi, Y. Kasai, T. Jindo, D. Kobayashi, A. Shimada, A. Toyoda, Y. Kuroki, A. Fujiyama, T. Sasaki, A. Shimizu, S. Asakawa, N. Shimizu, S. Hashimoto, J. Yang, Y. Lee, K. Matsushima, S. Sugano, M. Sakaizumi, T. Narita, K. Ohishi, S. Haga, F. Ohta, H. Nomoto, K.Nogata, T. Morishita, T. Endo, T. Shin-I, H. Takeda, S. Morishita and Y. Kohara, 2007. The medaka draft genome and insights into vertebrate genome evolution. Nature, 446: 714-719.

Khorasani, M.Z., S. Hennig, G. Imre, S. Asakawa, S. Palczewski, A. Berger, H. Hori, K. Naruse, H. Mitani, A. Shima, H. Lehrach, J. Wittbrodt, H. Kondoh, N. Shimizu and H. Himmelbauer, 2004. A first generation physical map of the medaka genome in BACs essential for positional cloning and clone-by-clone based genomic sequencing. Mech. Develop., 121: 903-913.

Kimura, T., T. Jindo, T. Narita, K. Naruse, D. Kobayashi, T. Shin-I, T. Kitagawa, T. Sakaguchi, H. Mitani, A. Shima, Y. Kohara and H. Takeda, 2004. Large-scale isolation of ESTs from medaka embryos and its application to medaka developmental genetics. Mech. Develop., 121: 915-932.

———, Y. Nagano, H. Hashimoto, Y. Yamamoto-Shiraishi, S. Yamamoto, T. Yabe, S. Takada, M. Kinoshita, A. Kuroiwa and K. Naruse, 2014. Leucophores are similar to xanthophores in their specification and differentiation processes in medaka. PNAS, 111: 7343-7348.

Kirita-Shimada, A., 1994. A study on spontaneous and induced germ-cell mutagenesis by developing a specific-locus test system using the Japanese medaka *Oryzias latipes*. A doctoral thesis sumitted to Tokyo University.

Koga, A. and H. Hori, 1997. Albinism due to transposable element insersion in fish. Pigment Cell Res., 10: 377-381.

———, H. Inagaki, Y. Bessho and H. Hori, 1995. Insertion of a novel transposable element in the tyrosinase gene is responsible for an albino mutation in the medaka fish, *Oryzias latipes*. Mol. Gen. Genet., 249: 400-405.

Kondo, S., Y. Kuwahara, M. Kondo, K. Naruse, H. Mitani, Y. Wakamatsu, K. Ozato, S. Asakawa, N. Shimizu and A. Shima, 2001. The medaka *rs-3* locus required for scale development encodes ectodysplasin-A receptor. Cur. Biol., 11: 1202-1206.

Kondo, M., I. Nanda, U. Hornung, M. Schmidt and M. Schartl, 2004. Evolutionary origin of the medaka Y chromosome. Cur. Biol., 14: 1664-1669.

Kurihara, Y., M. Sakaizumi and Y. Hyodo-Taguchi, 1992. Random genomic clones as a tool to construct genetic map in Japanese medaka, *Oryzias latipes*. Fish Biol. J. Medaka, 4: 27-29.

Kuroda, N., 1996. Molecular cloning and linkage analysis of the Japanese medaka fish complement Bf/C2 gene. Immunogenetics, 44: 459-467.

Kurosawa, G., K. Yamada, H. Ishiguro and H. Hori, 1999. Hox gene complexity in medaka fish may be similar to that in pufferfish rather than zebrafish. Biochem. Biophys. Res. Commun., 260: 6670.

Loosli, F., R.W. Koster, M. Carl, R. Kuhnlein, T. Henrich, M. Mucke, A. Krone and J. Wittbrodt, 2000. A genetic screen for mutations affecting embryonic development in medaka fish (*Oryzias latipes*). Mech. Develop., 97: 133-139.

Matsuda, M., H. Yonekawa, S. Hamaguchi and M. Sakaizumi, 1997. Geographic variation and diversity in the mitochondrial DNA of the medaka *Oryzias latipes*, as determined by restriction endonuclease analysis. Zool. Sci., 14: 517-526.

———, C. Matsuda, S. Hamaguchi and M. Sakaizumi, 1998. Identification of the sex chromosomes of the medaka, *Oryzias latipes*, by fluorescence in hybridization. Cytogenet. Cell Genet., 82: 25-262.

———, S. Sotoyama, S. Hamaguchi and M. Sakaizumi, 1999. Male-specific restriction of recombination frequency in the sex chromosomes of the medaka, *Oryzias latipes*. Genet. Res. Camb., 73: 225-231.

———, T. Yamagishi, M. Sakaizumi and S.-R. Joen, 1997. Mitochondrial DNA variation in the Korea wild population of medaka, *Oryzias latipes*. Korea J. Limnol., 30: 119-128.

Martinez-Morales, J., K. Naruse, H. Mitani, A, Shima

and J. Wittbrodt, 2004. Rapid chromosomal assignment of medaka mutant by bulked segregation analysis. Gene, 329: 159-165.

Maruyama, K., S. Yasumasu and I. Iuchi, 2002. Characterization and expression of embryonic or adult globins of the teleost (medaka *Oryzias latipes*). J. Biochem., 132: 581-589.

———, ——— and ———, 2004. Evolution of globin genes of the medaka *Oryzias latipes* (Euteleostei; Beloniformes; Oryziidae). Mech. Develop., 121: 753-769.

Matsuo, K., K. Sato, H. Ikeshima, K. Shimoda and T. Takano, 1992. Four synonymous genes encode calmodulin in the teleost fish, medaka (*Oryzias latipes*): conservation of the multigene one-protein principle. Gene, 119: 279-281.

Matsuo, M. and M. Nonaka, 2004. Repetitive elements in the major histocompatibility complex (MHC) class I region of a teleost, medaka: identification of novel transposable elements. Mech. Develop., 121: 771-777.

Mikawa, N., 1996. Structure of medaka transferrin gene and its 5'-flanking region. Mol. Marine Biol. Biotechnol., 5: 225-229.

Mise, T., M. Iijima, K. Inohaya, A. Kudo and H. Wada, 2008. Function of *Pax1* and *Pax9* in the sclerotome of medaka fish. Genetics, 46: 185-192.

Murata, K., T. Sasaki, S. Yasumasu, I. Iuchi, J. Enami, I. Yasumasu and K. Yamagami, 1995. Cloning of cDNAs for the precursor protein of a low-molecular-weight subunit of the inner layer of the egg envelope (chorion) of the fish *Oryzias latipes*. Develop. Biol., 167: 9-17.

———, H. Sugiyama, S. Yasumasu, I. Iuchi, I. Yasumasu and K. Yamagami, 1997. Cloning of cDNA and estrogen-induced hepatic gene expression for choriogenin H, a precursor protein of the fish egg envelope (chorion). Proc. Nat. Acad. Sci. USA, 94 (5): 2050-2055.

———, K. Yamamoto I. Iuchi, I. Yasumasu and K. Yamagami, 1997. Intrahepatic expression of genes encoding choriogenins: precursor proteins of the egg envelope of fish, the medaka, *Oryzias latipes*. Fish Physiol. Biochem., 17: 135-142.

Nagao, Y., T. Suzuki, A. Shimizu, T. Kimura, R. Seki, T. Adachi, C. Inoue, Y. Omae, Y. Kamei, I. Hara, Y. Taniguchi, K. Naruse, Y. Wakayama, R.N. Kelsh, M. Hibi and H. Hashimoto, 2014. Sox5 functions as a fate switch in medaka pigment cell development. PLoS Genetics,10: e1004246.

Naruse, K., S. Fukamachi, H. Mitani, M. Kondo, T. Matsuoka, S. Kondo, N. Hanamura, Y. Morita, K. Hasegawa, R. Nishigaki, A. Shimada, H. Wada, T. Kusakabe, N. Suzuki, M. Kinoshita, A. Kanamori,T. Terado, H. Kimura, M. Nonaka and A. Shima, 2000. A detailed linkage map of medaka, *Oryzias latipes*: comparative genomics and genome evolution. Genetics, 154: 1773-1784.

———, H. Hori, N. Shimizu, Y. Kohara and H. Takeda, 2004. Medaka genomics: a bridge between mutant phenotypes and gene function. Mech. Develop., 121: 619-628.

———, H. Mitani and A. Shima, 1992. A highly repetitive interspersed sequence isolated from genomic DNA of the medaka, *Oryzias latipes*, is conserved in three related species within the genus *Oryzias*. J. Exp. Zool., 262: 81-86.

———, A. Shima and M. Nonaka, 2000. MHC gene organization of the bony fish, medaka. *In* "Major Histocompatibility Complex - Evolution, Structure, and Function" (M. Kasahara, ed.), pp. 91-109. Springer-Verlag Tokyo.

———, A. Shimada and A. Shima, 1988. Gene-centromere mapping for 5 visible mutant loci in multiple recessive tester stock of the medaka (*Oryzias latipes*). Zool. Sci., 5: 489-492.

———・武田洋幸, 2002. ゲノム時代を泳ぎ抜く－小型魚類．特集　集まれ！モデル生物たち．細胞工学，21: 56-62.

———, M. Tanaka, K. Mita, A. Shima, J. Postlethwait and H. Mitani, 2004. A medaka gene map: The trace of ancestral vertebrate proto-chromosomes revealed by comparative gene mapping. Genome Res., 820-828.

Ohtsuka, M., N. Kikuchi, K. Ozato, H. Inoko and M. Kimura, 2004. Comparative analysis of a 229 kb medaka genomic region, containing the *zic1* and *zic4* genes, with fugu, human and mouse. Genomics, 83: 1063-1071.

———, ———, H. Yokoi, M. Kinoshita, Y.

Wakamatsu, K. Ozato, H. Takeda, H. Inoko and M. Kimura, 2004. Possible roles of *zic1* and *zic4*, identified within the medaka *Double anal fin (Da)* locus, in dorsoventral patterning of the trunk-tail region (related to phenotypes of the *Da* mutant). Mech. Develop., 121: 873-88.

————, M., S. Makino, K. Yoda, H. Wada, K. Naruse, H. Mitani, A. Shima, K. Ozato, M. Kimura and H. Inoko, 1999. Contruction of a linkage map of the medaka (*Oryzias latipes*) and mapping of the *Da* mutant locus defective in dorsoventral patterning. Genome Res., 9: 1277-1287.

Okubo, K., M. Amano, Y Yoshiura, H. Suetake and K. Aida, 2000. A novel form of gonadotropin-releasing hormone in the medaka, *Oryzias latipes*. Biochem. Biophys. Res. Commun., 276: 298-303.

————, H. Mitani, K. Naruse, M. Kondo, A. Shima, M. Tanaka, S. Asakawa, N. Shimizu, Y. Yoshiura and K. Aida, 2002. Structural characterization of *GnRH* loci in the medaka genome. Gene, 293: 181-189.

————, S. Nagata, R. Ko, H. Kataoka, Y. Yoshiura, H. Mitani, M. Kondo, K. Naruse, A. Shima and K. Aida, 2001. Identification and characterization of two distinct GnRH receptor subtypes in a teleost, the medaka *Oryzias latipes*. Endocrinology, 142: 4729-4739.

Oshima, A. N. Morimura, C. Matsumoto, A. Hiraga, R. Komine, T. Kimura, K. Naruse and S. Fukamachi, 2013. Effects of body-color mutations on vitality: An attempt to establish easy-to-breed see-through medaka strains by outcrossing. G, 3: 1577-1585.

Quiring, R., B. Wittbrodt, T. Henrich, M. Ramialison, C. Burgtorf, H. Lehrach and J. Wittbrodt, 2004. Large-scale expression screening by automated whole-mount *in situ* hybridization. Mech. Develop.,121: 971-976.

Sakamoto, D., H. Kudo, K. Inohaya, H. Yokoi, T. Narita, K. Naruse, H. Mitani, K. Araki, A. Shima, Y. Ishikawa, Y. Imai and A. Kudo, 2004. A mutation in the gene for δ-aminolevulinic acid dehydratase (ALAD) causes hypochromic anemia in the medaka, *Oryzias latipes*. Mech. Develop., 121: 747-752.

Sakamoto, H. and Y. Sasayama, 2007. Nucleotide sequence of cDNA of bone-mineralizing hormone calcitonin in medaka (Teleosti). Fish Biol. J. MEDAKA, 11: 5-8.

Sato T., S. Yokomizo, M. Matsuda, S. Hamaguchi and M. Sakaizumi, 2001. Gene-centromere mapping of medaka sex chromosomes using triploid hybrids between *Oryzias latipes* and *O. luzonensis*. Genetics, 111: 71-75.

嶋 昭紘 (1990)メダカ特定座位法による老化研究. 遺伝, 44: 26-30.

————, H. Himmelbauer, H. Mitani, M. Furutani-Seiki, J. Wittbrodt and M. Schartl, 2003. Fish genome flying - Symposium on medaka genomics. EMBO rep., 4: 121-125.

———— and A. Shimada, 1991. Development of a possible nonmammalian test system for radiation-induced germ-cell mutagenesis using a fish, the Japanese medaka (*Oryzias latipes*). Proc. Natl. Acad. Sci. USA, 88: 2545-2549.

———— and A. Shimada, 1994. The Japanese medaka, *Oryzias latipes*, as a new model organism for studying environmental germ-cell mutagenesis. Environ. Health Perspect., 102 (Suppl.): 33-35.

———— and A. Shimada, 1998. Combination of genomic DNA finger-printing and the medaka specific-locus test system for studying environmental germ-line mutagenesis. Mutat. Res., 399: 149-165.

————, A. Shimada, J. Komura, K. Isa, K. Naruse, M. Sakaizumi and N. Egami, 1985. The preservation and utilization of wild population of the medaka, *Oryzias latipes*. Medaka, 3: 1-4.

Shimada, A., S. Fukamachi, Y. Wakamatsu, K. Ozato and A. Shima, 2002. Induction and characterization of mutations at the *b* locus of the medaka, *Oryzias latipes*. Zool. Sci., 19: 411-417.

———— and A. Shima, 2001. High incidence of mosaic mutations induced by irradiating paternal germ cells of the medaka fish, *Oryzias latipes*. Mutation Res., 495: 33-42.

Sugiyama, H., M. Yasumasu, K. Murata, I. Iuchi and K. Yamagami, 1998. The third egg envelope subunit in fish: cDNA cloning and analysis, and gene expression. Develop. Growth Differ., 40: 35-45.

Tanaka, M., S. Fukada, M. Matsuyama and Y. Nagahama, 1995. Structure and promotor analysis of the cytochrome P-450 aromatase gene of teleost

fish, medaka (*Oryzias latipes*). J. Biochem., 117: 719-72.
Uchiyama, T., 1996. A highly repetitive sequence isolated from genomic DNA of the medaka (*Oryzias latipes*). Mol. Marine Biol. Biotechnol., 5: 220-224.
Wada, H., K. Naruse, A. Shimada and A. Shima, 1995. Genetic linkage map of a fish, the Japanese medaka *Oryzias latipes*. Mol. Marine Biol. Biotechnol., 4: 269-274.
Wakamatsu, Y., C. Inoue, H. Hayashi, N. Mishima, M. Sakaizumi and K. Ozato, 2003. Establishment of new medaka (*Oryzias latipes*) stocks carrying genotypic sex markers. Environ. Sci., 10: 291-392.
――――・尾里建二郎, 1998. メダカの地域集団・近交系・突然変異系統. 蛋白質核酸酵素, 43: 1487-1491.
Wang, Z., A. Shimada, H. Mitani, I. Hayata and A. Shima, 1998. Chromosome aberrations in F1 embryos derived from male medaka germ cell exposed to low dose γ-rays. J. Radiat. Res., 39: 413.
Winkler, C., J.R. Vielkind and M. Schartl, 1991. Transient expression of foreign DNA during embryonic and larval development of the medaka fish (*Oryzias latipes*). Mol. Gen. Genet., 226: 129-140.
Wittbrodt, J., A. Shima and M. Schartl, 2002. Medaka – a model organism from the Far East. Nature Rev. Genet., 3: 53-64.
Yasumasu, S., H. Shimada, K. Inohaya, K. Yamazaki, I. Iuchi, I. Yasumasu and K. Yamagami, 1996. Different exon-intron organizations of the genes for two astacin-like proteases, high choriolytic enzyme (choriosin H) and low choriolytic enzyme (choriolysin L), the constituents of the fish hatching enzyme. Eur. J. Biochem., 237: 752-758.
Yasuoka, A., K. Abe, K. Saigo, S. Arai and Y. Emori, 1995. Molecular cloning of a fish gene encoding a novel seven-transmembrane receptor related distantly to catecholamine, histamine, and serotonin receptors. Biochim. Biophys. Acta, 1235: 467-469.
――――, K. Abe, S. Arai and Y. Emori, 1996. Molecular cloning and functional expression of the alpha 1 A-adrenoceptor of medaka fish, *Oryzias latipes*. Eur. J. Biochem., 235: 501-507.
――――, K. Endo, M. Asano-Miyoshi, K. Abe and Y. Emori, 1999. Two subfamilies pf olfactory receptor genes in medaka fish, *Oryzias latipes*: Genomic organization and differential expression in olfactory epithelium. J. Biochem., 126: 866-873.

Ⅸ. トランスジェニック

近年，遺伝子の単離技術が発達して，遺伝子の機能部位の解析が可能になってきた。とりわけ，生体内における遺伝子の機能を研究するため，遺伝子のノックアウト法，ノックダウン法や遺伝子導入法（トランスジェニック法）が開発されている。

トランスジェニックメダカの作成

最初のトランスジェニックメダカの作成は，未受精卵の前核にDNAをマイクロインジェクションする方法が採られたが，それ以来いくつかの新しい方法が開発されている。

魚類における人為的遺伝子導入の技術は，木下ら（2000）に紹介されているように，一般に，(1) 微小ガラスピペットを用いて注入するマイクロインジェクション法，(2) 電気パルスで細胞膜融合を引き起こして導入するエレクトロポレーション法，(3) ベクターとしてレトロウィルスなどのウィルスを用いて導入するウィルスベクター法，そして (4) DNAを金微粒子にコートして細胞内に高速で注入する微粒子銃法 particle gun method（Yamauchi *et al.*, 2000; Kinoshita *et al.*, 2003）などがある。また，時として予め精子にDNAを付着もしくは取り込ませておいて，受精させる精子ベクター法も採られる。

メダカのマイクロインジェクション法に関しては，菱田（1964）が先の細いガラススポイトを用いてフリーハンドで受精卵の卵黄内に油に溶かしたステロイドホルモンを注入する実験が初期の試みである。その後，多精受精実験で精子（Iwamatsu, 1972），細胞質分極化の観察で炭粒子（Iwamatsu, 1973）を未受精卵表層細胞質にマイクロマニピュレーターを用いて注入している。同様なテクニックを用いて卵割誘導実験で精巣成分分画（岩松・太田，1973）のウニ精子微小管（Iwamatsu and Ohta, 1974），体外重合微小管（Iwamatsu *et al.*, 1974）ウニ精子微小管（Ohta and

Iwamatsu, 1981a, b)，さらには脳微小管（Ohta and Iwamatsu, 1980）を未受精卵の表層細胞質に注入している。

若松ら（Wakamatsu *et al.*, 1994; Hong *et al.*, 1998）は肝幹細胞（ES細胞）を用いた簡便的方法で遺伝子標的テクニックを発展させるべく努力を行っている。その方法開発のためにマイクロインジェクション法で無核ヒメダカ卵への非近交系 outbred 野生メダカ胞胚細胞核の移植を行ってクローンをつくる方法の確立を目指している（Niwa *et al.*, 1999）。そして，他種の遺伝子が核移植を受けた宿主の核の遺伝的マーカーとして使えるか否か調べるために，移植核に由来する*GFP*遺伝子の発現を核移植魚で調べ，*GFP*が核移植において移植核の他種の遺伝マーカーとして有用であることを確かめている（Niwa *et al.*, 1999; 2000; Wakamatsu *et al.*, 2001; Ju *et al.*, 2003）。こうして，マイクロインジェクション法による卵細胞質への外来物質導入操作が一般的になっている。

卵母細胞，受精卵や胚に外来の遺伝子を導入して，その遺伝子の発現，及び発現様式を分析する研究が急増している。遺伝子発現の機構を解明するだけではなく，宿主の個体の遺伝子に新しい遺伝子を取り込ませて，新遺伝系統の個体 transgenic strain を得ることができる。世界で初めて魚において，尾里ら（Ozato *et al.*, 1986; Kinoshita and Ozato, 1995）はメダカを用いてニワトリのクリスタリン遺伝子をマイクロインジェクション法で受精卵細胞質（胚）に注入して，その遺伝子の発現を確認した。その後，Vielkindら（Vielkind *et al.*, 1988; Chong and Vielkind, 1989）もクロラムフェニコール・アセチルトランスフェラーゼ（CAT）レポーター遺伝子を受精卵に注入して，その発現を見ている。トランスジェニックとそのベクターの最近の進展については，導入された外来遺伝子の発現の同定や誘導を可能にする因子やマーカー遺伝子に焦点を絞って，田中・木下（Tanaka and Kinoshita, 2001; Kinoshita and Tanaka, 2003）によって紹介されている。

(1) 体色白色化トランスジェニックメダカ（CMV-*MCH*）

木下ら（2001）はサイトメガロウィルス（CMV）のプロモーターにシロザケのメラニン凝集ホルモン(MCH)遺伝子を連結させたベクターを野生型近交系メダカHNE1の受精卵にマイクロインジェクションして，2%のトランスジェニックメダカを得ている。用いたMCHはサイクリックヘプタデカペプチドであり，野生メダカの黒色素胞内のメラニン顆粒を凝集させる作用があり，ヒメダカと同様に体色を明るくする。

(2) GFP-標識（*EF-1α-A-GFP*）トランスジェニックメダカ

ペプチド鎖伸長因子1α translation elongation factor 1α（*EF-1α*: Kinoshita *et al.*, 1999）は，アミノアシル化tRNAをリボゾームA部位に結合させてペプチド鎖伸長因子複合体を形成するもので，発生段階や組織で特異的に発現する複数のアイソフォームが存在する。メダカの*EF-1α*には，初期卵母細胞での*42Sp5*（Kanamori, 2000），筋肉でのみの*EF-1α-B*（木下ら，未発表），筋肉以外の組織での*EF-1α-A*の3種類が知られている。*EF-1α-A-GFP* を近交系HNI-1メダカの受精卵に注入し，約6%のGFP-標識トランスジェニックメダカを得ている。初期嚢胚期以後の胚で蛍光がみられ始め，筋肉以外の組織に強い蛍光を発する。このことは，得られたF_1雌と未処理雄との交配によって，F_2卵において1細胞期でもすでに蛍光を発することから*EF-1α-A* 遺伝子が卵形成時に転写されていることを示唆している（Kinoshita *et al.*, 1999）。

木下ら（2000）は*EF-1α-A* 遺伝子のプロモーター活性領域(5'上流域約2kbp)に緑色蛍光タンパク質(*GFP*)遺伝子をつないだベクター（*EF-1α-A*-プロモーター）が骨格筋以外の組織で転写活性をもつことを示した。その後，ヒメダカと近交系Qurt Eメダカを用いて，メダカ*vasa* 遺伝子（*olvas*）の推定プロモーター部域と3'部域を含む成分を産卵後3分以内の卵膜が硬化する前の受精卵にマイクロインジェクションすることによってトランスジェニックメダカを作成し，生きたまま緑色蛍光タンパク質（GFP）の蛍光を追跡することによって生殖細胞の移動を調べている。

田中・木下（2003）は*GFP*（緑色蛍光タンパク質）遺伝子に*vasa 3'UTR* をつないだRNAをメダカ受精卵に注入すると，生殖細胞系列にのみGFPによる緑色蛍光を確認して，*3'UTR* エレメント*GSE*（germline-specific element）が生殖細胞の形成に必要な*vasa* の内在性RNAのpoly（A）伸長の「増強」に不可欠であるものであることを見いだしている。*GSE* のRNAは生殖細胞に特異的に保存されており，RNAのpoly（A）伸長増強だけではなく，RNA安定化に役立っているという。

(3) *vasa-GFP*トランスジェニックメダカ

黒色素胞，虹色素胞，白色素胞（雌のみ）を欠いた多

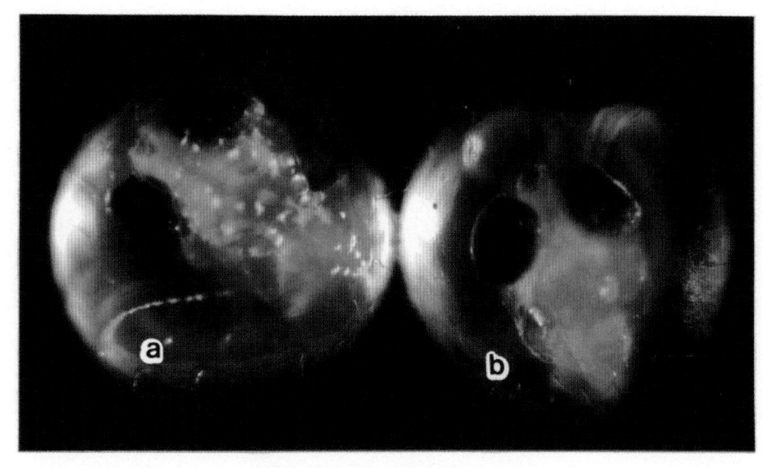

図8・15　Qurt 系統メダカの胚
受精後２日目胚で生じる白色素胞で雄(a)は，それがみられない雄(b)とは暗視野下で区別できる(Wada *et al.*, 1995).（×35）

重変異Qurt系統Qurt strainメダカが東京大学の和田ら(Wada *et al.*, 1998)によって作出されている(図８・15)。これを用いれば，発生初期から性を識別でき，内臓器官がよく見える。*vasa* のような母性RNAは卵巣中で卵に蓄積され，発生段階のある時期まで翻訳が制御されている。いったん翻訳されると，poly(A)が150塩基以上に伸びることが知られており，*vasa-3'*非翻訳域(3'UTR)を*GFP* 遺伝子につないでメダカ受精卵に注入すると，*3'UTR*の生殖細胞特異的翻訳制御エレメント(GSE)がpoly(A)伸長反応を増強し，翻訳を促進する(田中・木下，2003)。

メダカ*vasa* cDNAを単離して，その遺伝子*olvas*(*Oryzias latipes vasa*)を用いて，その発現を見ると，生殖細胞特異的である(Shinomiya *et al.*, 2000)。*olvas* の転写は，stage 16で少数の生殖細胞でみられ，stage 20でのGFP蛍光に先立って確認される。この*olvas* の開始コドンを含む制御領域が*GFP* 遺伝子に結合したベクター(*VEGFPA*)を作成し，Qurtメダカの受精卵に注入した。その結果，極めて高率で導入遺伝子をもつ子孫F_1を得られ，このベクター(*VEGFPA*)がトランスジェニック系のポジティブ選別用ベクターとしても有用であることがわかった(木下ら，2000)。

(4) アクチントランスジェニックメダカ

２つのメダカ筋肉アクチン遺伝子(*OlMA1, OlMA2*)と１つの細胞骨格アクチン遺伝子(*OlCA1*)の発現パターンが日下部らによって詳細に調べられている(Kusakabe *et al.*, 1999)。*OlMA1* は骨格筋のみで発現する骨格筋アクチンをコードしており，*OlMA2* は心筋と骨格筋の両方で発現する心筋アクチン遺伝子である。*OlCA1* は細胞骨格アクチン(βアクチン)をコードし，さまざまな組織で広汎な発現が見られる。

遺伝子上流領域を*GFP* 遺伝子に連結した融合遺伝子を導入したトランスジェニックメダカ胚を解析することにより，*OlMA1* と*OlMA2* の組織特異的発現に関わる転写制御領域が明らかにされている(Kusakabe *et al.*, 1999)。骨格筋特異的発現に十分な*OlMA1* の制御下にある*GFP* 遺伝子をもつトランスジェニックメダカ系統が木下によって作成された(Kinoshita, 2004)。このメダカは全身の骨格筋で*GFP* を多量に発現しており，通常の蛍光灯の照明下での強い蛍光を発する。骨格筋の発生過程を生きた胚や成体で詳細に観察することが可能であり，骨格筋の発生研究の有用なモデルになっている。同様に骨格筋で*GFP* を発現するメダカとして，ゼブラフィッシュの筋肉アクチンプロモーターに*GFP* 遺伝子を連結したトランスジェニック系統も作出されている(Chou *et al.*, 2001)。

βアクチン遺伝子*OlCA1*のプロモーターは，外来遺伝子を広範な組織で強制発現させるために用いられている(Hamada *et al.*, 1998; Yamauchi *et al.*, 2000; Chou *et al.*, 2001; Kinoshita *et al.*, 2003)。後述のエストロゲン受容体トランスジェニックメダカも，βアクチンプロモーターを利用してエストロゲン受容体を過剰に発現させたものである(Kawamura *et al.*, 2002)。

(5) エストロゲンリセプター過剰発現 (ER-overexpressing) トランスジェニックメダカ

エストロゲン・リセプターを過剰に発現する３種の

図8・16 蛍光体色トランスジェニックメダカ
シロメダカ（左下）の遺伝子に組み込んで発現させた２種類のトランスジェニックメダカ（Kinoshita, 2004）．サンゴの赤色蛍光タンパク質サンゴの遺伝子を導入・発現させたトランスジェニックメダカ（紅赤色，左上）とオワンクラゲの緑色蛍光タンパク質の遺伝子を導入したトランスジェニックメダカ（黄緑色，右下）で，この両系統のトランスジェニックメダカを交配して産まれた雑種メダカ（朱色，右上）を示す．

トランスジェニックメダカ系統を作成している。これらのトランスジェニックメダカは，エストロゲンに対して高感受性になり，エストラジオールE_2曝露後３日以内に血島に血液の凝固が起こり，卵黄中央静脈ができないで死ぬ。初期神経胚期後にE_2曝露させた場合，正常に発生するので，神経胚形成前にE_2感受期があるようである。なお，抗E_2剤タモキシフェンtamoxifenの存在下で培養すると，正常発生するから，E_2-リセプターの活性化がE_2-誘導発生障害を生じることを示す（Kawamura *et al.*, 2002）。

(6) ニジマスメタロチオネインAプロモーター（*rtMT-A*）トランスジェニックメダカ

バクテリアのクロランフェニコール・アセチルトランスフェラーゼ（*CAT*）遺伝子に*rtMT-A*を含むプロモーター領域をプラスミド（*prtMT-A-CAT*）DNAを受精卵に注入することによって染色体に組み込ませて作成している（Kinoshita *et al.*, 1994）。*CAT*遺伝子をレポーターとして用いたトランスジェニックメダカにおいて，*rtMT-A*を含むプロモーターの亜鉛誘導活性について調べている。*rtMT-A*プロモーターの活性が１μM以上の濃度の$ZnCl_2$によって誘導されることから，トランスジェニックメダカにおける遺伝子発現をコントロールするのにこの*rtMT-A*プロモーターが使えることを示唆している（Kinoshita *et al.*, 1994）。

(7) 蛍光体色トランスジェニックメダカ

緑色蛍光タンパク質（GFP）はオワンクラゲ（*Aequorea victoria*）由来のタンパク質で，それを脊椎動物の細胞で効率よく発現するようにした*EGFP*（Clontech, Palo Alto, CA. USA）が緑色蛍光体色トランスジェニックメダカ（図８・16）の作成に用いられている（Kinoshita, 2004）。使用された*GFP*遺伝子は，作成されたプラスミド-*pOlMA1-GFP*と呼ばれるもので，メダカの骨格筋アクチンプロモーターとエンハンサーによって調節されている*MA1*イントロン（+）を含んでいるものである（Kusakabe *et al.*, 1999）。

また，赤色蛍光タンパク質（RFP）は赤い珊瑚（*Discocoma* sp.）由来の*DsRed2*と呼ぶタンパク質で，その*DsRed2*遺伝子を赤色蛍光体色トランスジェニックメダカ（図８・16）の作成に用いている。その*pOlMA1-DsRed2*遺伝子は*pOlMA1-GFP*におけるメダカ骨格筋アクチンのプロモーターとエンハンサーが含まれている*EcoRI/SalI*断片を*pDsRed2-1*ベクター（Clontech）の*EcoRI/SalI*制限部位に挿入したものである。

木下（Kinoshita, 2004）はトランスジェニックメダカ系を確立するために，これらの外来遺伝子を*d-rR*系統メダカの受精卵に注入した。その胚発生をみると，緑色蛍光は12体節期，赤色蛍光は30体節期の前体節に初めて認められる。孵化すると，蛍光顕微鏡を使用しなくても骨格筋にそれぞれの蛍光が強く認められるようになる。遺伝子に組み込まれた緑色蛍光体色トランスジェニックメダカと赤色蛍光体色トランスジェニックメダカを交配すると，オレンジカラーの雑種（図8・16）が得られる。これらのトランスジェニックメダカは筋肉の研究のみならず，さまざまな研究における細胞や個体の同定に有用である（Kinoshita, 2004）。

(8) アニル酸シクラーゼトランスジェニックメダカ

サイクリックGMPは恒常性の維持や感覚器・神経系において重要な細胞内第2メッセンジャーであり，グアニル酸シクラーゼにより合成される。グアニル酸シクラーゼは膜結合型と可溶性型の2つのタイプに分けられ，それぞれのタイプには複数のアイソフォームが知られている（日下部・鈴木，2001）。組織特異的に発現するいくつかのグアニル酸シクラーゼ遺伝子があるが，北海道大学の鈴木範男教授らによってその転写調節領域の機能がトランスジェニックメダカ胚で調べられている。

可溶性型グアニル酸シクラーゼはαサブユニットとβサブユニットのヘテロダイマーで，両サブユニットの遺伝子は染色体上に隣接して並んでいる。GFPやルシフェラーゼをレポーターとして2つのサブユニット遺伝子の発現制御機構が調べられ，一方の遺伝子の上流領域がもう一方の遺伝子の発現制御に関わっていることが示された（Mikami *et al*., 1999; Yamamoto and Suzuki, 2002）。網膜や嗅上皮など感覚器官で特異的に発現する*OlGC3*, *OlGC4*, そして消化管で特異的に発現する*OlGC6* はいずれも膜結合型グアニル酸シクラーゼ遺伝子である。これらの組織特異的発現に関わる調節配列も，トランスジェニックメダカ胚を用いて明らかにされている（Kusakabe *et al*., 2000, 2001; Nakauchi and Suzuki, 2003）。

(9) 肝臓特異的トランスジェニックメダカ

GFP を付けた*chg-L* 遺伝子の1.5kb 5'-上流域（*chg-L* 1.5kb/GFP）を他の*REP* 遺伝子と融合させた胚グロビン遺伝子の*cis*-調節部域(*emgb/RFP*)に連結させて，受精直後の卵，もしくは2細胞胚の細胞質内に注入（Kinoshita *et al*., 1995）して，RFP を発現する胚を選択した。これらの胚から，*chg-L* 1.5kb/*GFP-emgb/RFP*-トランスジェニックメダカの系統を確立している（Ueno *et al*., 2004）。孵化後3カ月成熟雌魚及びE_2-曝露雄において，肝臓特異的発現がみられ，St. 37-38の胚でもE_2処理をすると，発現が認められる。RT-PCRとホールマウント・*in situ* ハイブリダイゼーションで，野生型St.34胚でも認められることから，肝臓分化後すぐE_2によって発現が誘起されることを示す。*chg-L* 遺伝子のエストロゲン応答因子（*ERE*）がその下流の*chg-L* 遺伝子の発現に重要な役割を果たしているらしい。エストロゲンに応答するこのトランスジェニックメダカは，内分泌かく乱化学物質のテスター動物として有用である。

この他，遺伝子機能の解析や環境汚染化学物質の影響調査，そして医療など応用科学のため，多岐に渡って種々のトランスジェニックメダカが作成されている。

文献

Chong, S.S.C. and J.R. Vielkind, 1989. Expression and fate of CAT receptor gene microinjected into fertilized medaka (*Oryzias latipes*) eggs in the form of plasmid DNA, recombinant phase particles and its DNA. Theor. Appl. Genet., 78: 369-380.

Chou, C.Y., L.S. Horng and H.J. Tsai, 2001. Uniform GFP-expression in transgenic medaka (*Oryzias latipes*) at the FO generation. Transgenic Res., 10: 303-315.

Fu, L., M. Mambrini, E. Perrot and D. Chourrout, 2000. Stable and full rescue of the pigmentation in a medaka albino mutant by transfer of a 17kb genomic clone containing the medaka tyrosinase gene. Gene, 241: 205-211.

Gong, Z., C.L. Hew and J.R. Vielkind, 1991. Functional analysis and temporal expression of promoter regions from fish antifreeze protein genes in transgenic Japanese medaka embryos. Mol. Mar. Biol. Biotech., 1: 64-72.

Hamada, K., K. Tamaki, T. Sasado, Y. Watai, S. Kani, Y. Wakamatsu, K. Ozato, M. Kinoshita, R. Kohno, S. Takagi and M. Kimura, 1998. Useless of the medaka β-actin promoter investgated using a mutant GFP reporter gene in transgenic medaka (*Oryzias latipes*). Mol.. Mar. Biol. Biotechnol., 7: 178-180.

Hardman, R.C., S.W. Kullman and D.E. Hinton, 2007. Application of in vivo methodlogies to investigation of biological structure, function and xenobiotic response in see-through medaka (*Oryzias latipes*). Fish Biol. J. MEDAKA, 11: 43-65.

Hyodo-Taguchi, Y., C. Winkler, Y. Kirihara, A. Schartl and M. Schartl, 1997. Phenotypic rescue of the albino mutation of the medakafish (*Oryzias latipes*) by a mouse tyrosinase transgene. Mech. Develop., 68: 27-35.

Inagaki, H., A. Koga, Y. Bessho and H. Hori, 1998. The tyrosinase gene from medakafish: transgenic expression rescues albino mutation. Pigment Cell Res., 11: 283-290.

Inoue, K., K. Ozato, H. Kondoh, T. Iwamatsu, Y. Wakamatsu and T. Fujita, 1989. Stage-dependent expression of the chicken delta-crystallin gene in transgenic fish embryos. Cell Differ. Dev., 27: 57-68.

————, S. Yamashita, J. Hata S. Kabeno, S. Asada, E. Nagahisa and T. Fujita, 1990. Electroporation as a new technique for producing transgenic fish. Cell Differ. Dev., 29: 123-128.

Kawamura, T., S. Sakai, S. Omura, R. Hori-e, T. Kawahara, M. Kinoshita and I. Yamashita, 2002. Estrogen inhibits development of yolk veins and causes blood clotting in transgenic medaka fish overexpressing estrogen receptor. Zool. Sci., 19: 1355-1361.

Kinoshita, M., 2004. Transgenic medaka with brilliant fluorescence in skeletal muscle under normal light. Fish. Sci., 70: 645-649.

————, S. Kani, K. Ozato and Y. Wakamatsu, 2000. Activity of the medaka translation elongation factor 1αa promoter examined using the *GFP* gene as a reporter. Develop. Growth Differ., 42: 469-478.

————, T. Nakata, T. Yabe, K. Adachi, Y. Yokoyama, T. Hirata, E. Takayama, S. Mikawa, N. Kioka, M. Takahashi, H. Toyohara and M. Sakaguchi, 1999. Structure and transcription of the gene coding for polypeptide chain elongation factor 1α of medaka *Oryzias latipes*. Fish. Sci., 65: 765-771.

————・田中実・山下倫明, 2000. トランスジェニックフィッシュ系統の作出とプロモーター解析. V. 新技術の展開. タンパク質 核酸 酵素, 45: 2954-2961.

————, H. Toyohara, M. Sakaguchi, N. Kioka, T. Komano, K. Inoue, S. Yamashita, M. Satake, Y. Wakamatsu and K. Ozato, 1994. Zinc-induced activation of rainbow trout methallothionein-A promoter in transgenic medaka. Fish. Sci., 60: 307-309.

————, ————, ————, K. Inoue, S. Yamashita, M. Satake, Y. Wakamatsu and K. Ozato, 1996. A stable of transgenic medaka (*Oryzias latipes*) carrying the CAT gene. Aquaculture, 143: 267-276.

————, M. Yamauchi, M. Sasanuma, Y. Ishikawa, T. Osada, K. Inoue, Y. Wakamatsu and K. Ozato, 2003. A transgene and its expression profile are stably transmitted to offspring in transgenic medaka generated by the particle gun method. Zool. Sci., 20: 869-875.

Kusakabe, R., T. Kusakabe and N. Suzuki, 1999. *In vivo* analysis of two striated muscle actin promoters reveals combinations of multiple regulatory modules required for skeletal and cardiac muscle-specific gene expression. Int. J. Dev. Biol., 43: 541-554.

Kusakabe, T. and N. Suzuki, 2000a. The guanylyl cyclase family in medaka fish *Oryzias latipes*. Zool. Sci., 17: 131-140.

———— and ————, 2000b. Photoreceptors and olfactory cells express the same retinal guanyly cyclase isoform in medaka: visualization by promoter transgenics. FEBS Lett., 483: 143-148.

————・————, 2000. グアニル酸シクラーゼ cGMP情報伝達系の多様性と進化. 蛋白質・核酸・酵素 増刊号「小型魚類研究の新展開」, 45(17): 2931-2936.

———— and ————, 2001. A cis-regulatory element essential for photoreceptor-specific expression of a medaka retinal guanylyl cyclase gene. Dev. Genes Evol., 211: 145-149.

Lu, J.K., T.T. Chen, C.L. Chrisman, O.M. Adrisani and J.E. Dixon, 1992. Integration, expression and germline transmission of foreign gro60えwth hormone genes in medaka (*Oryzias latipes*). Mol. Mar. Biol. Biotech., 1: 366-375.

Matsumoto, J., T. Akiyama, E. Hirose, M. Nakamura, H. Yamamoto and T. Takeuchi, 1992. Expression and transmission of wild-type pigmentation in the skin of transgenic orange-colored variants of medaka (*Oryzias latipes*) bearing the gene for mouse tyrosinase. Pigment Cell Res., 5: 322-327.

Mikami, T., T. Kusakabe and N. Suzuki, 1999. Tandem organization of medaka fish soluble guanylyl cyclase α1 and β1 subunit genes: implications for coordinated transcription of two subunit genes. J. Biol. Chem., 274: 18567-18573.

Mochizuki, E. Fukuta, T. Tada, T. Harada, N. Watanabe, S. Matsuo, H. Hashimoto, K. Ozato and Y. Wakamatsu, 2005. Fish mesonephric model of polycystic kidney disease in medaka *(Oryzias latipes) pc* mutant. Kidney International, 68: 23-34.

Nakamura, S., D. Saito and M. Tanaka, 2008. Generation of transgenic medaka using modified bacterial chromosome. Develop. Growth Differ., 50: 415-419.

Nakauchi, M. and N. Suzuki, 2003. Promoter analysis of a medaka fish intestinal guanylyl cyclase gene. FEBS Lett., 536: 12-18.

Niwa, K., S. Kani, M. Kinoshita, K. Ozato and Y. wakamatsu, 2000. Expression of GFP in nuclear transplants generated by transplantation of embryonic cell nuclei from GFP-transgenic fish into nonenucleated eggs of medaka, *Oryzias latipes*. Cloning, 2(1): 23-34.

Ogino, Y., T. Itakura, H. Kato, J.Y. Aoki and M. Sato, 1999. Functional analysis of promoter region from eel cytochrome P450 1A1 gene in transgenic medaka. Mar. Biotechnol., 1: 364-370.

Ohta, T. and T. Iwamatsu, 1974. Initiation of cleavage in fish eggs by injection of flagella or microtubules of sea urchin spermatozoa. Develop. Growth & Differ., 16: 67-74.

——— and ———, 1981a. Morphological observations on cleavage of the egg of the medaka, *Oryzias latipes*, following injection with flagellar microtubules of sea urchin spermatozoa. J. Exp. Zool., 218: 293-299.

———・———, 1981b. 精子鞭毛微小管による魚卵の卵割誘導. 遺伝, 35: 42-45.

———, ——— and T. Miki-Noumura, 1980. Inability of brain microtubules to cause cleavage induction in *Oryzias latipes* eggs. 動物学雑誌, 89: 317-320.

Ono, H., E. Hirose, K. Miyazaki, H. Yamamoto and J. Matsumoto, 1997. Transgenic medaka fish bearing the mouse tyrosinase gene: expression and transmission of the transgene following electroporation of the orange-colored variant. Pigment Cell Res., 10: 168-175.

Ozato, K. and Y. Wakamatsu, 1994. Developmental genetics of medaka. Develop. Growth Differ., 36: 437-443.

———・———, 1995. トランスジェニックメダカとES細胞株, タンパク質核酸酵素（増刊）トランスジェニック動物, 40（14）：22498-02256.

———・———, 1997. トランスジェニックメダカとES細胞. 魚類のDNA：分子遺伝学的アプローチ（青木　宙, 隆島忠夫, 平野哲也編）, pp.63-79, 恒星社厚生閣.

———, Y. Wakamatsu and K. Inoue, 1992. Medaka as a model of transgenic fish. Mol. Marine Biol. Biotech., 1; 346-354.

———, ——— and ———, 1992. Medaka as a transgenic fish. Mol. Mar. Biol. Biotechnol., 1: 346-354.

Sato, A., J. Komura, P. Masahiro, S. Matsukuma, K. Aoki and T. Ishikawa, 1992. Firefly luciferase gene transmission and expression in transgenic medaka (*Oryzias latipes*). Mol. Mar. Biol. Biotech., 1: 318-325.

Scholz, S., K. Kurauchi, M. Kinoshita, Y. Oshima, K. Ozato, K. Schmirmer and Y. Wakamatsu, 2005. Analysis of effects by quantification of green fluorescent protein in juvenile fish of the ChgH-GFP transjenic medaka. Environ. Toxicol. Chem., 24 (10): 2553-2561.

Takagi, S., T. Sasado, G. Tamiya K. Ozato, Y. Wakamatsu, A. Takeshita and M. Kimura, 1994. An efficient expression vector for transgenic medaka construction. Mol. Mar. Biol. Biotech., 3: 192-199.

Tanaka, M. and M. Kinoshita, 2001. Recent progress in the generation of transgenic medaka (*Oryzias latipes*). Zool. Sci.,18: 615-622.

———, M. Kinoshita, D. Kobayashi and Y. Nagahama, 2001. Establishment of medaka (*Oryzias latipes*) transgenic line with the expression of GFP fluorescence exclusive in germ cells: a useful model to monitor germ cells in a live vertebrate. Proc. Natl. Acad. Sci. USA, 98: 2544-2549.

Toyohara, H., T. Morita, M. Kinoshita, H. Hashimoto, M. Sakaguchi, y. Yokoyama, F. Kawai, M. Kanamori, Y. Wkamatsu and K. Ozato, 1996. Functional promoter activity of human heart-shock element in transgenic medaka fly. Ann. Rep. Interdiscipl. Res. Inst. Environ. Sci., 15: 49-53.

———, T. Nakata, K. Touhata, H. Hashimoto, M. Kinoshita, M. Sakaguchi, M. Nishikimi, K. Yagi, Y. Wakamatsu and K. Ozato, 1996. Transgenic expression of L-gulono-γ-lactone oxidase in medaka (*Oryzias latipes*), a teleost fish that lacks this enzyme necessary for L-ascorbic acid biosynthesis. Biochem. Biophys. Res. Commun., 223: 650-653.

Tsai, H.J., S.H. Wang, K. Inoue, S. Takagi, M. Kimura, Y. Wakamatsu and K. Ozato, 1995. Initiation of *lacZ* gene expression in medaka (*Oryzias latipes*). Mol. Mar. Biol. Biotech., 4: 1-9.

Wada, H., A. Shimada, S. Fukamachi, K. Naruse and A. Shima, 1998. Sex-linked inheritance of the *lf* locus in the medaka fish (*Oryzias latipes*). Zool. Sci., 15: 123-126.

Wakamatsu, Y., K. Ozato, H. Hashimoto, M. Kinoshita, M. Sakaguchi, T. Iwamatsu, Y. Hyodo-Taguchi and H. Tomita, 1993. Generation of germ-line chimera in medaka (*Oryzias latipes*). Mol. Marine Biol. Biotech., 2: 325-332.

———・Sergey Pristyazhnyuk・木下政人・田中実・尾里建二郎, 2002. 透明メダカ：生涯バイオイメージングのための新しいモデル動物. 細胞工学, 21 (1) : 76-77.

Winkler, C., J.R. and M. Schartl, 1991. Transient expression of foreign DNA during embryonic and larval development of the medaka fish (*Oryzias latipes*). Mol. Gen. Genet., 226: 129-140.

Yamamoto, T. and N. Suzuki, 2002. Promoter activity of the 5'-flanking regions of medaka fish soluble guanylate cyclase α_1 and β_1 subunit genes. Biochem. J., 361(Pt): 337-345.

Yamauchi, M., M. Kinoshita, M. Sasanuma, S. Tsuji, M. Terada, M. Morimyo and Y. Ishikawa, 2000. Introduction of a foreign gene into medakafish using the particle gun method. J. Exp. Zool., 287: 285-293.

Yokoi, H., A. Shimada, M. Carl, S. Takashima, D. Kobayashi, T. Narita, T. Jindo, T. Kimura, T. Kitagawa, T. Kage, A. Sawada, A. Naruse, A. Asakawa, N. Shimizu, H. Mitani, A. Shima, M. Tsutsumi, H. Hori, J. Wittbrodt, Y. Saga, Y. Ishikawa, K. Araki and H. Takeda, 2007. Mutant analyses revel different functiuons of *fgfr 1* in medaka and zebrafish despite conserved ligand-receptor relationships. Dev. Biol., 304: 326-337.

第9章　行　動

BEHAVIOR

　メダカが泳げるようになるのは孵化する頃からである。裸卵で発生させた場合でも，眼や胸鰭を動かしているのに，一定の発生段階に達しないと，刺激を与えても泳がない。泳ぐためには，神経と筋肉との機能的な結びつきの完成及び発達が大切である。視覚系も孵化後完成するようである（青木，1990）。

　メダカは，その外部形態，特に鰭や口の形態からわかるように，水面近くを泳ぎながら捕食するのに適している。すなわち，口は水面に浮遊している餌をとりやすいように下顎が発達し，尾鰭は扇のように上下に動かしてほぼ相称の台形で体を水平に推進させるのに適している。セレベスメダカやジャワメダカのような

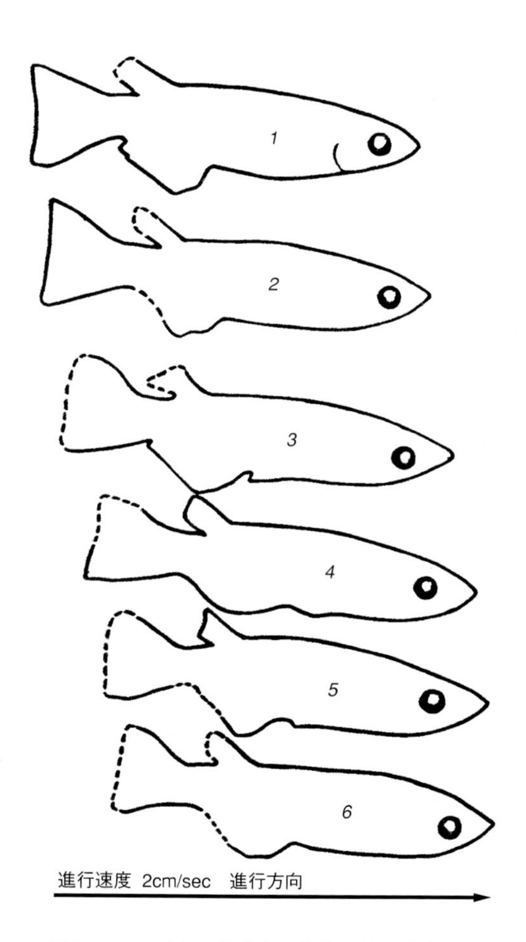

図9・1　メダカの前進するときの鰭の動き
破線が活発な動きを示す.

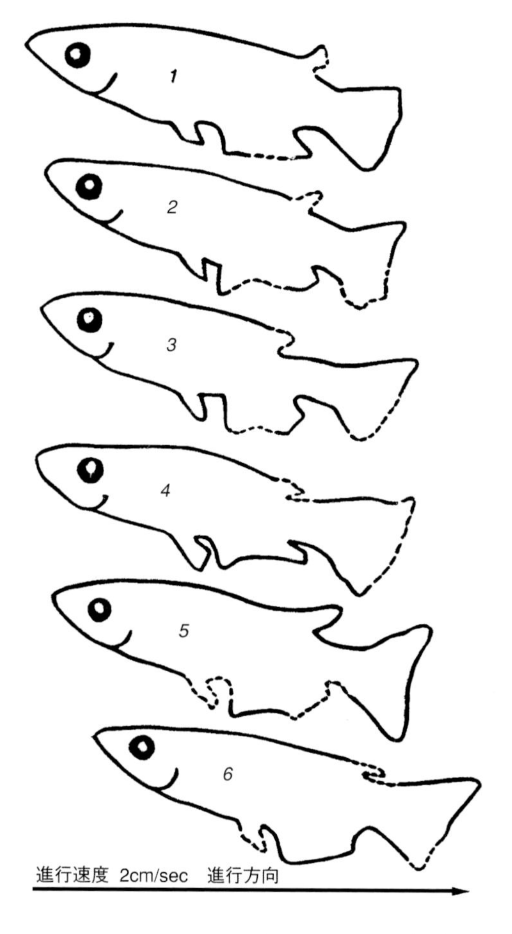

図9・2　メダカの後退するときの鰭の動き

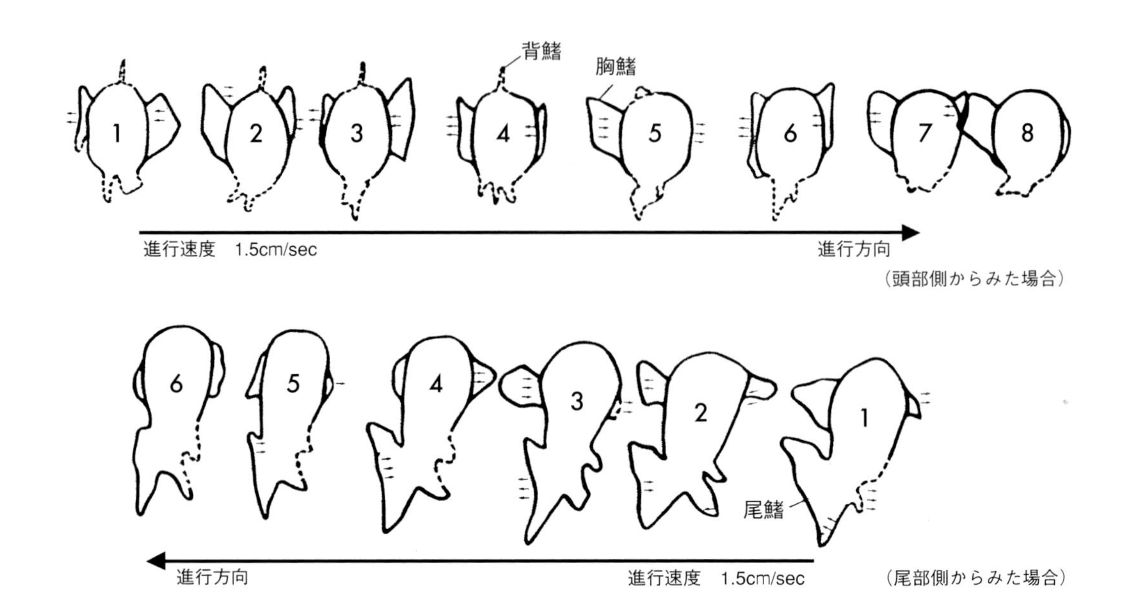

図9・3 メダカの横進のときの鰭の動き

熱帯域に棲息している野生魚の胸鰭は，ニホンメダカのヒメダカのそれより幅が狭く，それに付く筋肉がよく発達しており，動きが力強く，かつ迅速である。

泳いでいる時の各鰭の働きは，特定の鰭を基部から切断した個体の推進，そして体の定位や方向を保つとき，残りの鰭や体の働きをみることによって調べられる。ある鰭が切断されると，他の鰭がその機能を補うが，一般にその機能は低下する。胸鰭がない場合，頭部に左右の振れがみられ，尾鰭の先端を振って前進する。また，左折や右折のときにはそれぞれの側に尾部，背鰭と臀鰭を曲げて，尾鰭の先端を振る。このとき，臀鰭はあまり動かない。尾鰭がない場合，行動が鈍くなる。前進時には，尾部の先端を左右に振り，胸鰭を交互に動かす。胸鰭は，後退時には交互に外側に速く動く。また，横進時には，進行方向側の胸鰭は細かく，その反対側のそれは大きく動く（図9・3）。背・臀・腹鰭がない場合，胸鰭が微妙に動き，体のバランスを保っている。前進，後退，下降，横行における鰭の動きをスローモーション撮影で分析してみると，主な働きをする鰭も微妙に動いていることがわかる（図9・1～図9・3，神谷・三輪）。

メダカの行動も，他の動物と同じように，聴覚，視覚，嗅覚，味覚，触覚などの感覚に応じて生じるが，内発的（生理的）行動もある。それは，成魚において，集合（群れ）行動，摂食行動，闘争行動，種の識別行動，生殖（性）行動，逃避を含む移動行動，及び睡眠行動などに大別される。

Ⅰ．集合行動と種の識別行動

「メダカの学校」という言葉はメダカの行動にみられる特徴をよくつかんでおり，群がる「schooling」行動(集合行動)を指す。一般に，強敵がゆっくり接近してくると，数が多い場合は仲間を認識して集まり，群れをなして敵と逆の方向へ遊泳する（図9・4 a)か，物影に隠れる。しかし，突如自分の動きより速い強敵に襲われると，仲間を認識して集まる余裕がなく，敵と反対方向に反射的に動き，一斉に散る形になる（図9・4 b)。少なくとも，メダカが群がるのは相手を仲間と認めて接近する行動である。群れが大きくなれば，さらに多くの仲間を接近させる傾向が強くなる。しかし，仲間をひきつける力は1～4匹までは数が増すほど強くなるが，それ以上の数になっても増すことはない。この行動は「仲間を主として眼(視覚)によって認める」ことによって始まるという（植松，1978)。水を入れて，中央に遮蔽物を置いたタライを回転させた後，

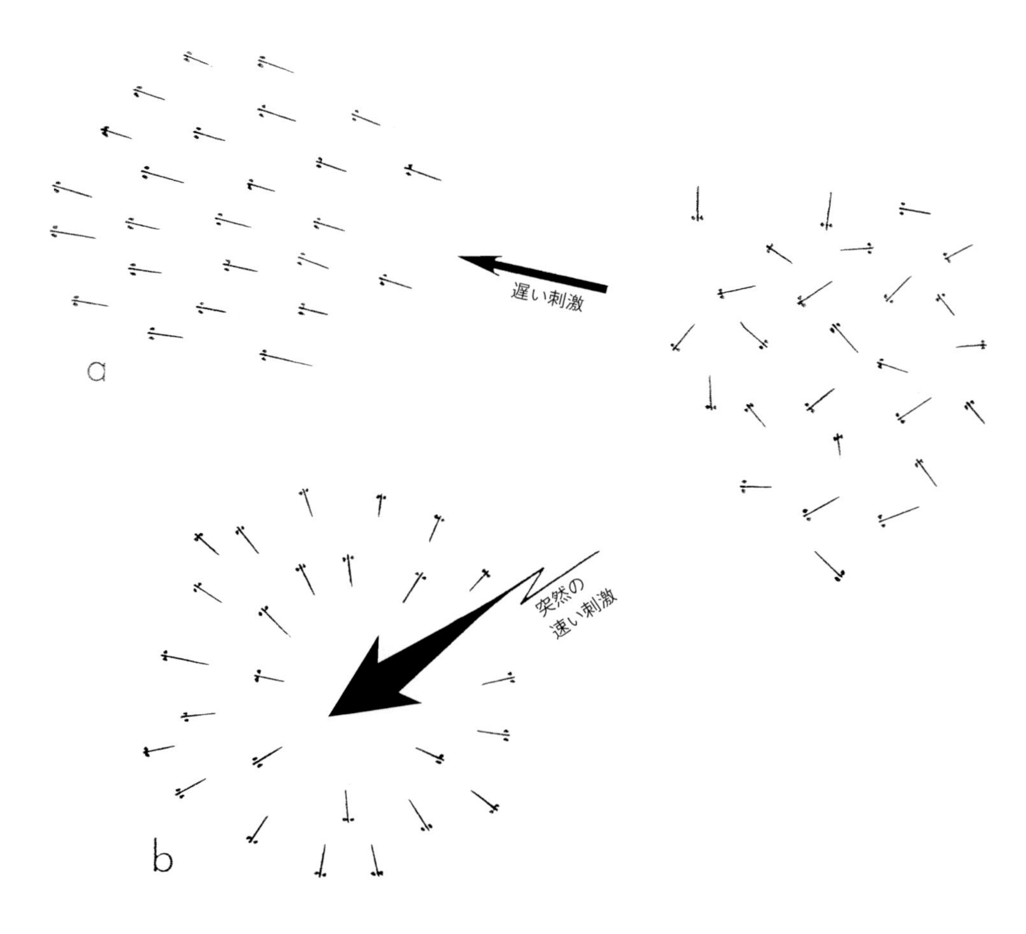

図9・4　外界の刺激に対するメダカの行動

急にその回転を止めることによって水流を起こし，群れのでき方をみると，ある程度水流の速い場合により群れができやすい。この群れは，先頭の１匹を頂点として後方にピラミッド形に編成し，ま後ろに位置して游泳するものはみられない。このときの群れが５匹の場合，先頭からの順位は例外はあるがある程度定まっている。先頭から２～４位の中位を群れの中で体重・体長・体重／体長比及び尾鰭の基部の周囲／胴周りの比が大きいものが占めており，１位を占める個体は群れのうち体重／体長比が小さい方から２～３番目のものが多い。群れの行動は体の成長と共に多くみられるようになる。二川（1956）によれば，群れ行動は体長が６mmですでにみられるが，その行動頻度は15mm前後まで成長と共に増す。その頻度は，特に体長が10～12mmを境として大きく変わる。また，行動は18～29℃の範囲では温度変化では影響を受けないという。

単独行動を行っている個体，あるいは群れが網地にさしかかった場合，網の目合いが10mm以下で前進の遮断効果がみられる。しかし，15mm以上になると，その遮断効果が失われる（落合・浅野，1955）。落合・浅野（1955）によれば，群れが大きくなるにつれ，先頭魚がいち早く網を通過し，他の個体の通過も多くなる。すなわち，群れの形成によって網地に対する警戒が薄れるためである。３匹の群れにおいて，各個体の左右の感覚をdとし，魚の体長をrとすると，d/rは約0.4である（落合・村松，1955）。岡（1948）によれば，体長25mmのメダカは網地の前方30～50mmのところで停止する。この距離は網地または障害物の前で停止する距離と，自然に群泳している場合の個体間の間隔と関係があるという。

メダカの模型を用いた実験（Ono and Uematsu, 1968a, b）は，大きさ（同大から２倍ぐらい），形（横に細長い円筒形)，及び動き(メダカの游泳様式)が仲間(魚種)と認める上で重要な目安になっていることを示している。テグスで吊したいろいろの模型に対する雄メダカの性(生殖)行動は死魚(A)＞魚形(B)＞二等辺三角形(E)＞円柱(D)＞半円(H)＞三角形(G)＞円錘形(C)＞球(I)，メダカ形のブリキ板(J)の順序で強く認められるという(図9・5)。

盲目のメダカは，同種の魚の分泌物(フェロモン)によって刺激され，種を識別することが考えられる。これらの行動には特に視覚と嗅覚の関与が考えられるが，嗅覚についてはまだ十分研究されていない。

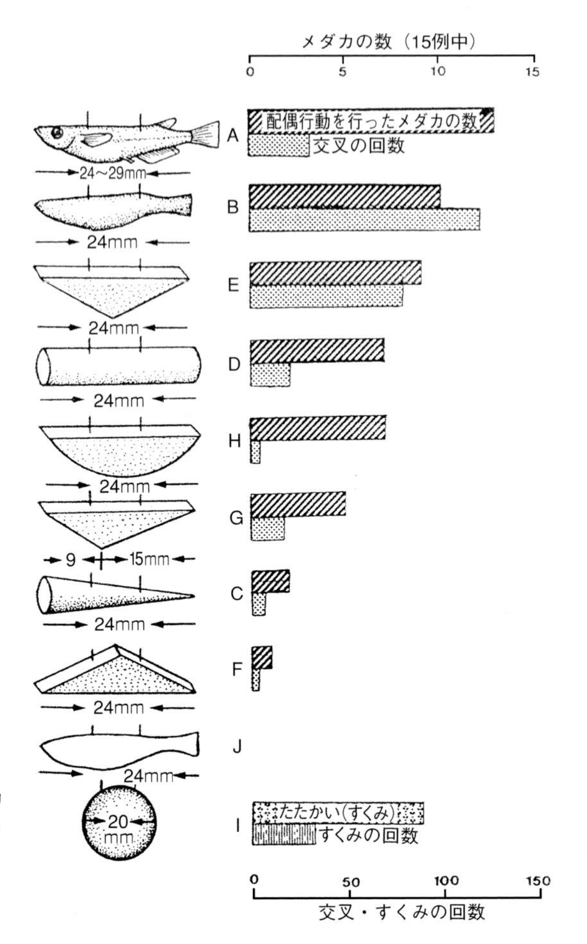

図9・5　いろいろの形のモデルに対して配偶行動を示したメダカの数と交叉の回数(植松，1978)
A：麻酔した雌メダカ，B～I：橙色の立体モデル，J：ブリキ板のモデル(各モデルについて雄メダカ15匹で，1匹について30分間観察)．

Ⅱ．生殖行動

この行動は主に視覚，嗅覚，及び触覚によって解発される。

進化における雌雄淘汰説(1871)がダーヴィンによって提示されて一世紀以上が経つ。雌が目立ち，競争に勝つ雄を選択し，子孫を遺す。その結果，雌の好みに合った雄型の子孫が繁殖することになる。メダカには，アジアに30種程の生存が確認されているが，いずれも雌は雄がいないと産卵しない習性をもつ。すなわち，雌雄は互いの交尾刺激によって放卵放精を行う(図9・6)。雌の交尾刺激の機会は，他種の雄メダカでもみられるが，同種の雄の好みがあって雄の間に交尾が行われるまでの時間が異なる。その配偶相手の選択がどんな要素によってなされるかは興味のあるところである。この問題は進化面でも意義深い。メダカ雌が交尾相手の雄を体の大きさで選択していることをHowardら(1998)は報告している。そのことを実験装置を改良して追試確認した畠山・狩野(2001)は，その配偶相手の選択要素として，雄の体の大きさと体重よりも鰭の長さなど他のものがあることを示唆している。

産卵は繁殖期の明け方のまだ暗い午前3～4時をピークに多くみられる。この産卵前に雄と雌とを分けておき，午前中に一緒にして，小さい覗き窓を開けたスクリーンの陰からメダカに気づかれないように観察すれば，産卵を確認できる。産卵は雌雄を同居させて30分以内に約半数のペアにみられる。1時間までにはほとんどが交尾し，産卵する。産卵につながる一連の行動を図9・7(Ono and Uematsu, 1957, 1968a, b, 植松, 1978)に示す。

雄は停止しているか，ゆっくり泳いでいる雌をみつけると，普通の速度で互いの距離を縮める(近づき)。互いの距離が5㎝以内になると，その間隔を保ちながら泳ぐ(したがい)。この配偶行動は群れ行動の一種とも考えられる。その後，雄が雌の下方やや後方に並列停止する行動（求愛定位）がみられる。これは，雌が游泳しない場合やゆっくり泳いでいる時に起こる。交尾を嫌う雌は頭部を30度ぐらいの角度でもち上げる行動（頭上げⅠ）を示す。それでも，雄は幾たびか求愛定位の位置から頭上げをしている雌の吻先を“ひらり”とかすめて円を描いて泳ぎ，もとの定位の位置に戻る（求愛円舞）。次いで，求愛定位のまま雌が静止していると，雄はゆっくりと雌の体側へ浮上する（浮上り）。このとき，雌を抱える状態になる。雄は雌よりも頭をやや下げて，背鰭と尻鰭で雌に抱接し，泌尿生殖口の部分を互いに近づける（交叉）。雌に抱接した雄は胸鰭と尾鰭を激しく動かして両個体の体を小刻みに振動させながら，ゆっくり頭を下げて底に沈んでいく（交尾）。この振動を始めて３秒後で，雄は体を２～３回体側で大きく雌の腹部を押すように動かして興奮し，泌尿生殖口から精子を出し（放精），雌も雄に尾の基部を押し付けて尾部を体軸に対して80°前後に折り曲げて力む産卵体勢に入って卵を出す（放卵）（図９・６：岩松，2001）。このときに，いわゆる体外受精が起こる。交尾開始から産卵までに要する時間は15～30秒で，20秒前後が最も多い。産卵し終わると，雌雄は頭部を互いに反発するように外側に弓なりになって，雄はゆっくり浮上する。約５㎝離れた位置から自由な游泳に移る。交尾中にさらに数匹の雄が擬似交尾行動を示すことがある。淡水中では，放卵された未受精卵は20秒間以内に放精された精子と出会い，100％近い率で受精が起こる。淡水中に放卵された未受精卵の受精率は、実験的には30秒間での72％から６分間たつと０％と急速に低下する（Yamamoto, 1944）。求愛円舞行動の頻度は新しい水槽に移しても差はないが，個体による差が非常に大きい（小野・植松，1955）。この性行動は野生メダカにおいて，10月～３月にはみられない（小野・植松，1958）。

雌メダカの産卵は通常雄の交尾行動がないと起きない。雄が雌の産卵を促す行動は，背鰭と臀鰭で雌を抱いて体を微妙に振動させて，臀鰭軟条の乳頭状小突起で雌の皮膚を刺激する（図９・７）。したがって，背鰭と臀鰭とが産卵刺激に重要であることを確かめるために，それらの鰭を切除して交尾させる実験がなされた（図９・８：Egami and Nambu, 1961）。その結果によると，雌雄の背鰭・臀鰭，あるいは臀鰭のみを切除した場合は，図９・８のＡとＣにおいて産卵率が著しく低下するのがわかる。しかも，雄の背鰭と臀鰭を切除すると，雌が正常（無処理）であっても同様に産卵率

図9・6　メダカの交尾行動
雌（手前）は尾部を80～90°に折り曲げて力んで放卵（矢尻，卵）し，一方雄は体をS字状にして雌に押しつけ震動させて興奮し，放精（小矢印，精液）する．

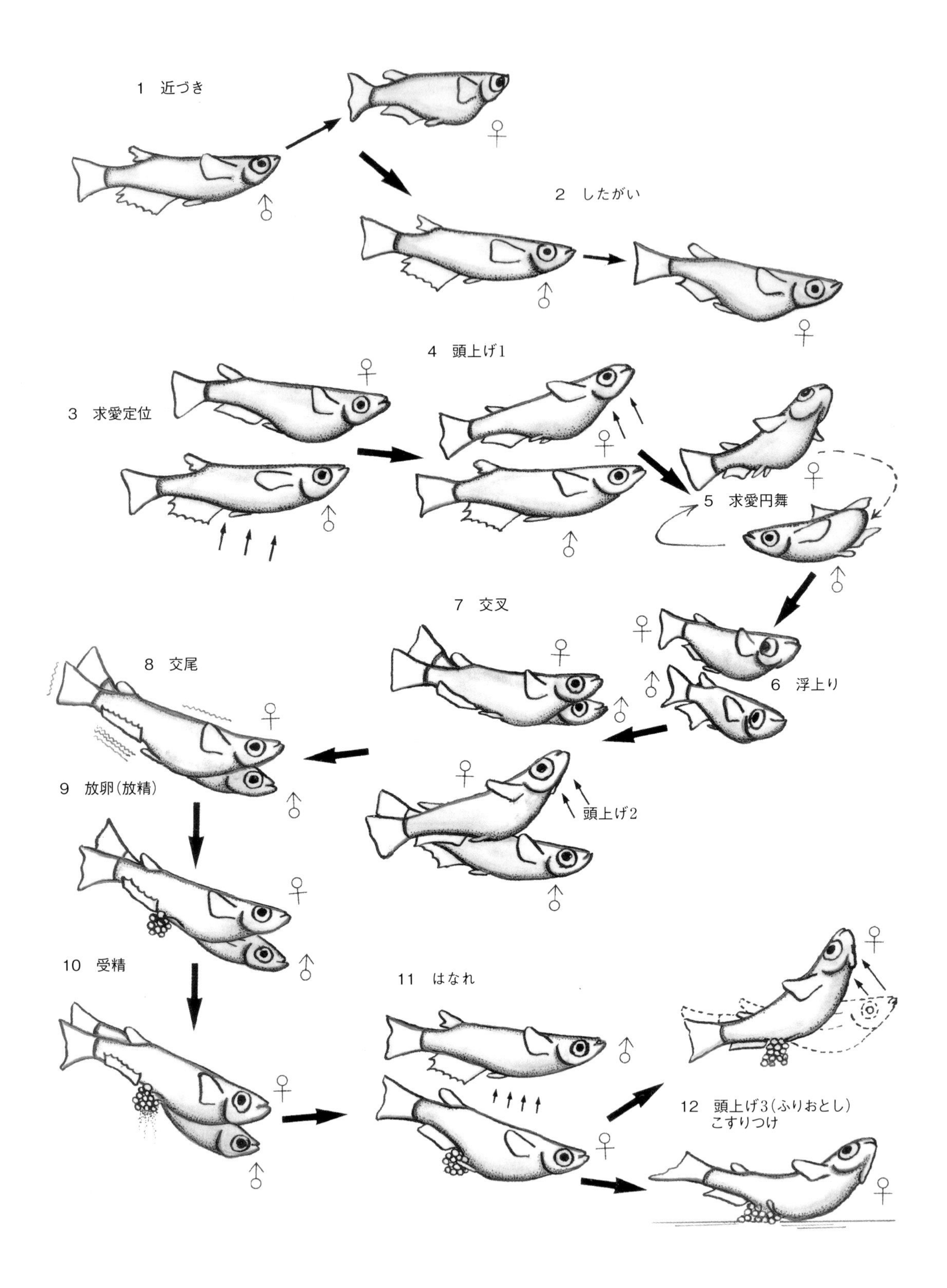

図9・7 メダカの生殖行動(Ono and Uematsu, 1957)

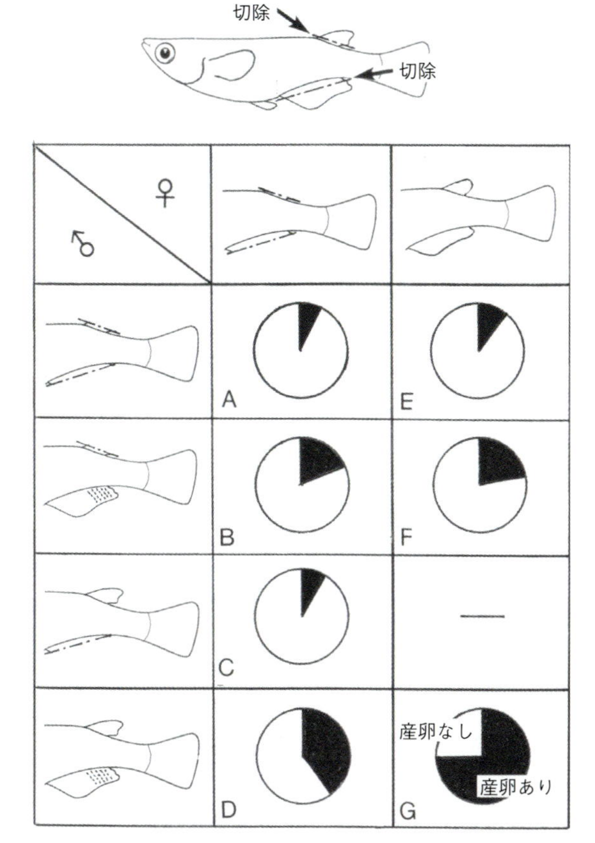

図9・8　メダカの雌または雄の背びれ，しりびれを切断したときの産卵に対する影響
（Egami and Nambu，1961より改図）

が低くなる（図9・8のE）。このように，雄の背鰭と臀鰭は，産卵のための交尾行動に重要であるようである。

容器内において，性行動は一般に上位の雄によって触発される。しかしこの雄の性行動は，雌の好みによって受け入れられない場合があり，しばしば他の個体の存在，游泳，接近にも影響を受ける。特に，周りの雄の行動によって強く影響を受ける。小川（1957）は雄の性行動のこうした邪魔を"雌まもりⅠ"及び"雌まもりⅡ（割込み）"と呼んでいる。

餌や雌などを求める対象物が増加し，時間が少なくなるにつれて，動物の攻撃性が増す。

野生メダカに尾部の基部がくびれていて，交尾行動の活発な雄をよくみかける（図9・9）。産卵行動において，雌は交尾を仕掛けるこうした雄を必ずしも選択しない。しかし，交尾時に，雌は雄を特定しない（Grant *et al.*, 1995）が，好みの雄を選択しているよう

図9・9　野生メダカの尾部にくびれがある雄
矢印：くびれの位置

である。一般に，狭い水槽内では，雄メダカは特定の場所に止まり，そこに入ってくる個体と闘争し，弱い個体を駆逐する。しかし，特定の雌を配偶としないし，交尾によって産卵した子を保護する行動はみられない（Howard *et al.*, 1998）。体の大きさと重さを配偶者選択の指標として観察した畠山・狩野（2001）によれば，雌メダカは不特定ではないにしても無作為に雄メダカを選んで交尾しているのではなく，何らかの指標によって相手を選択しているようである。雄の求愛頻度が雌選択の指標（Grant *et al.*, 1995）という結果は得られていない。少なくとも，雄間で闘争に強い雄が配偶者選択に優位であるようであるが，体の大きさと重さが選択指標にはなっていないという。

Grant と Green（1996）は，雌が他の雌の選択をまねて交尾するか，それとは別に活発に求愛する雄を好むかを調べている。観察の対象とした雌は，高い求愛率を示す雄を好み，そして交尾を許した雌が産卵した場合，産卵させたその雄を好むことがわかった。この結果から，雌が他の雌の交尾選択をまねる機会がなければ，活発に求愛する雄を好むようである。

一方，水槽中のような特殊な環境において，交尾行動が1ペアでなされるとは限らない。雌1匹に対して複数の雄が産卵に関わり合う場合とか，雄同士の交尾

行動がみられる。1雌多雄の交尾によって産まれた子は卵が異なる雄の精子で受精することが確認されている（恩地ら，2002）。

雌とつがっている雄の傍に割り込んで放精する雄がしばしばみられる。その雄はスニーカーsneaker，あるいはストリーカーstreakerと呼ばれるが，つがい雄と共に放精して，自分の子孫を遺そうとするものである。

雌に生殖サイズ優位性がある（Howard *et al.*, 1998）。大きい雄が交尾優位になる。雌は大きい雄とつき合う。雄間での交尾の争いが弱いと，雌のつき合う相手の選択が交尾相手の選択に対応する。それが強いと，大きい雄が雌のつき合い相手の選択に関係なく交尾する。したがって，大きいことが雌に対する生殖能力に優位性を与え，大きいことが雄に対して交尾の優位性を与えるから，メダカの雌雄は雄が小さいグッピーやカダヤシと違って互いの体の大きさが似ているようである。

雌雄の生殖行動は，無重力条件下でも正常にみられ（第10章：環境と適応性），卵の受精・発生も順調に起こる。

Ⅲ．たたかい行動

メダカには行動の優位性のはっきりしない場合，尾部での“打ち合い”の行動がみられる。打ち合いの前段階において，体の向きが逆さになって並ぶ平行定位（巴型定位，図9・10）がみられる。

この平行定位は，特に両個体間の順位 dominance が著しく近い場合に認められる（小野・植松，1963）。平行定位の次に打撃と打ち返しがみられるが，この定位はその前哨戦のように緊張した体をじっとさせたまま胸鰭と尾鰭を小さく活発に動かして保たれており，時に前後左右にゆっくり移動する。また，相手の尾を追うように回転することもある。この行動を示す両個体はすべての鰭を拡げ，野生メダカでは体色の黒色が濃くなっている（図9・11，小野・植松，1963）。

このときの体色変化は，神経支配（Ando, 1960）によると考えられる。“打撃”はこの平行定位から不意に尾部で相手の体側を打つ行動で，打撃を受けた個体がすかさず同様な打撃で反撃する行動を“打ち返し”と呼んでいる。この打撃と打ち返しは2～6回続くがこれを“打ち合い”と呼んでいる（小野・植松，1963）。この打ち合いの後に，打ち負かされた個体の黒体色は薄くなり，容器の隅や底に逃げる。勝った個体は逃げる個体をなおも“おどし”，“おっかけ”，“つつき”，“突進”の行動で追撃する。最終的に負けた個体は，劣位行動として鰭を縮め動きがほとんどなくなる“すくみ”を示す。たたかい行動は，全長が12～15mm程度の幼魚でもみられる。このたたかい行動は，概して，性に関係なくみられ，産卵期の過ぎた冬期においてもみられる。

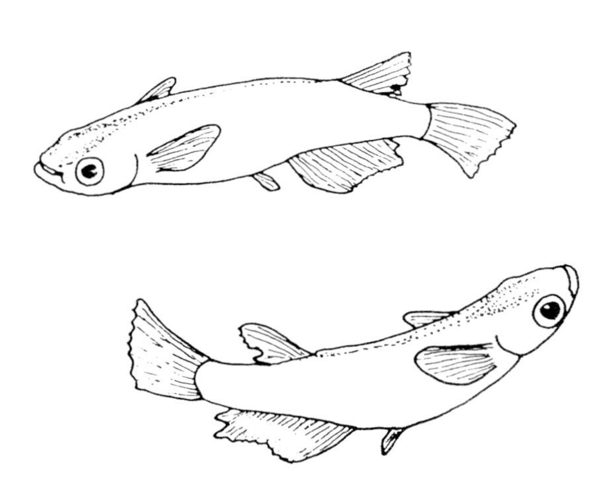

図9・10　メダカのたたかいの平行（巴型）定位の模式図

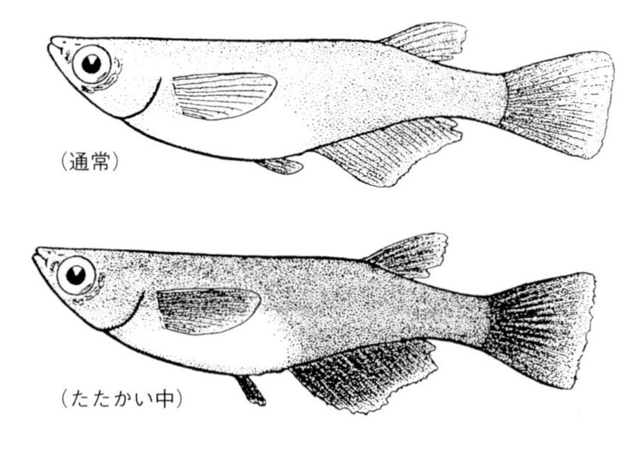

図9・11　野生メダカの雄の体色と攻勢
（小野・植松，1963より改図）

Ⅳ．なわばりと順位

メダカは野外で生活している場合，群れをなし，なわばり行動territorial behaviorはあまりみられない。しかし，水槽で飼育すると著しいなわばり制がみられる。このことは，なわばり制が限られた空間条件によって左右されることを意味する。特に，リーダーと思われる個体は認められないが，“1つの個体群において，なわばりをもつ1匹と他のなわばりをもたない個体とに分かれる”。このメダカのなわばりは容器の底，隅または藻で囲まれたところなどの何かの寄り所のある場所にできる（河端，1954）。このなわばり内に他の個体が侵入してくると，たたかい行動fighting behaviorがみられる。他の個体が接近すると，急激に突進し，相手はすばやく身をかわして逃げる。なわばりを守るための接近，突進，逃避の一連の行動は，主に容器の底近くでみられる。また，メダカの入れられた容器の大小が，たたかい行動の頻度に影響を及ぼす。1対当たり15×15×10cmの容積において，たたかい行動の頻度が最も高く，5×5×10cmで最も低い（森井，1970）。

Ⅴ．食餌行動

野生メダカは動物性プランクトンを好んで食べ，季節や生息場所によっては藻や植物性プランクトンを食べる。食餌行動には体内の生理状態，体長や性別などの内的要因と生物環境，水量，水質，水温や光などの外的要因が関係している。食餌活動は食餌行動と消化管内の充満度（消化管重量／体重×100）で調べることができる（寺尾，1985）。小野（1948）は個体密度の食餌行動に及ぼす影響を調べている。この4個体を用いた実験によれば，同居する個体が多いと，摂食行動の社会的促進率（*FR*）は，集団個体の平均摂取量（*GF*）が単独個体のそれ（*IF*）に対してどれだけ増加するかであって，$FR=[(GF-IF)/IF]\times 100$の百分率で表される（植松・斉藤，1973）。この*FR*は仲間の個体数の増加によって大きくなる。ヒメダカ *O. latipes* は水面に漂う餌を食べる行動がその野生型のものに比べて多い。セレベスメダカ *O. celebensis* は，人影のあるところでは一口食べると水面下に沈む。大きい雄は，底に餌がないとき小さい雄よりも上部水域を好むが，底に餌があるときには小さい個体よりも頻繁に下部水域を占めるようになる。この場合，大きい雄と小さい雄との間に攻撃行動やなわばり争いはみられないという（Machida, 1973）。また，食餌の活動リズムをみると，野生メダカは水温よりも光の変化に依存する昼行性である（図9・12）。あたりが明るくなると同時に活動を開始し，12〜14時ごろピークに達する（寺尾，1985）。8月の日が照っている暑い日は一日中水の浅いところ（1〜2 cm）に集まり，活発に餌をとっている。15〜16時ごろ，やや日が傾き始めると行動に変化がみられる。この摂食量の日周期的変化は，初冬期の低温下での遊泳活動の変化（小川，1959）ともよく一致する。

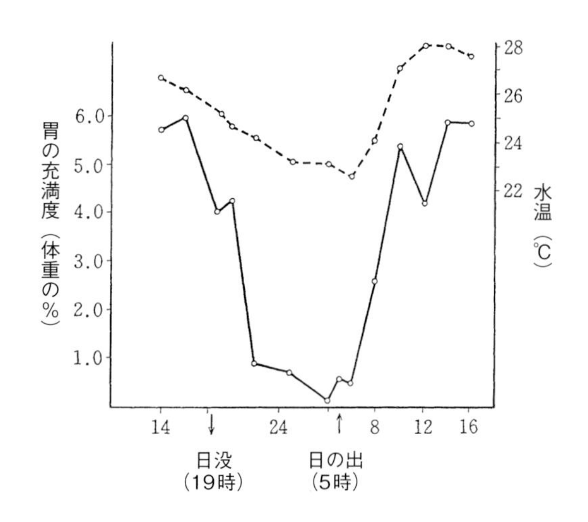

図9・12　メダカの摂餌日周期
8月24日から25日（茨城県水戸）
実線は胃の満足度，破線は水温を表す（寺尾，1985）．

Ⅵ．行動と視覚

メダカは，体の割に眼が大きく，魚類の中でも視覚を通して事象を認知する機構が発達していると考えられている。その機構がいつどのように形成されるかを調べるために，孵化後から日齢を追って視運動反応を行動学的に解析する試みがなされている（Ohki and Aoki, 1985）。視野全体を動かして網膜上の像を同じ位置に保持しようとする動き，いわゆる視運動を眼球，頭部あるいは全身の動きで観察する方法をとっている。すなわち，メダカを入れた水槽の外側に，中心から7〜10cm離して内側に白黒の縦縞を描いてある直径14cm，21cm，27cmの円筒を置いて，その円筒を一定速度で回転させる（図3・25）。そして，そのときのメダカの視運動反応をビデオカメラでモニターし，視運動反応を指標とした分解視力を視蓋の形態の発達と合わせて解析している。その結果，メダカの視運動反応は網膜と視蓋との情報処理によって分解視力が反映して発現してくると考えられている（青木，1990）。その発現を日齢を追ってみると，視運動反応を指標とした分解視力は孵化後5日目ごろから15日目ごろに急激によくなり，その後成魚と変わらない程度になる60日目ごろまで徐々によくなるという。また，大沢（1982）によれば，種々の色彩のうちメダカが最も好むのは黄緑色で，黄緑色＞紫色＞緑色の順であって，赤色，橙色，藍色を好まないようである。

以上，これらの行動と脳の中枢との関係は不明で，まだ残された問題である。解明手段としてさまざまな遺伝子欠損，外科的あるいは薬理的手法を用いた実験が考えられる。1例として，遊泳型と脳の関係を探るのに，GABA（γ-アミノ酪酸）のアゴニストあるいはアンタゴニストを左視床後外側部に注入して，行動の変化を確認している。その結果，その部分にGABA抑制性の神経による左右旋回を支配している中枢が1つあるらしいことが認められている（Takeuchi, 1994）。

Ⅶ．遊泳力と水流

光・水質などを適切な生活環境を得るための遊泳，敵から逃げる遊泳，餌を獲得する遊泳，なわばり確保や交尾のための相手に向かっての追泳など，メダカは他の多くの魚と同様に，通常生きていくための行動がなされる。その遊泳能力はからだが小さいために，決して優れているとは言えない。持続して遊泳する能力がまだ十分でない稚魚はもとより，なわばり確保や交尾する成魚の行動の妨げにならない5 cm/秒以下の流速域において最も多く棲息している（上月ら，2000）。ちなみに，愛知県内のメダカ棲息域の平均流速は1.6cm/秒（岩松ら，1996）及び6.8cm/秒（岩松ら，2003）であった。一般に水の流れに対して直進する速度の最大瞬間遊泳速度（突進速度40cm/秒以下：森下，1997）は，魚の場合には体長の10倍程度らしい。実験水路を用いて調べた端（2005）によれば，メダカの場合もそれに相当する30cm/秒程度であって，限界流速と呼んでいる。この流速では，メダカは数分間だけ流れに向かって泳ぐが，その後疲れるのか流れに身を任せる。全長27〜32mmの成魚で平均32.8cm/秒の流速まで水流に逆らって遊泳するのが確認されている（児玉ら，1999；児玉，2001）。コンクリート側面でできている用水路ではこの前後の速い流速のものが多く耐えられないので，流される結果になる。メダカにとって，流速約10cm/秒は体の位置を定位に保ち，流れてくる小さい餌を漁ることができる，いわゆる「定位摂食」の巡航速度「5 cm/秒以下：森下，1997」である（端，2005）。12〜22cm/秒の流速でも，メダカの棲息は広く確認されている（辻井ら，2003）が，この流速域でもおそらく場所によって稚魚が棲息できる5 cm/秒以下の流れ，すなわち生殖水域があるはずである。

文献

Ando, S., 1960. Note on the type of mechanism of the colour change of the medaka *Oryzias latipes*. Annot. Zool. Japon., 33: 33-36.

青木　清，1990. 視覚と行動．メダカの生物学（江上・山上・嶋　編），pp. 200-215, 東京大学出版会.

Breder, C. M. Jr., 1954. Equations descriptive of fish schools and other animal aggregations. Ecology, 35: 361-370.

Doi, S., 1969. The effect of testosterone propionate upon the female behavior in killifish（*Oryzias latipes*）. Ann. Animal Psychol., 19: 103.

Egami, N., 1959. Preliminary note on the induction of the spawning reflex and oviposition in *Oryzias latipes* by the administration of neurohypophyseal substances. Annot. Zool., Japon., 32: 13-17.

——— and M. Nambu, 1961. Factors initiating mating behavior and oviposition in the fish, *Oryzias latipes*. J. Fac. Sci., Tokyo Univ., Ⅳ, 9: 263-278.

二川卓也，1956. メダカ *Oryzias latipes* の群游行動の発達．動物心理学年報，6: 99-102.

Grant, J.W.A., M.J. Bryant and C.E. Soos, 1995. Operational sex ratio, mediated by synchrony of female arrial, alters the variance of male mating success in the Japanese medaka. Anim. Behav., 49: 367-375.

———, P.C. Casey, M.J. Bryant and A. Shahsavarani, 1995. Mate choice by male Japanese medaka (Pisces. Oryziidae). Anim. Behav., 50: 1425-1428.

——— and L.D. Green, 1996. Mate copying versus preference for actively courting males by female Japanese medaka (*Oryzias latipes*). Behav. Ecol., 7: 165-167.

Hamilton, J., R. Walter, R. Daniel and G. Mestler, 1969. Competition for mating between ordinary and supermale(YY sex chromosomes)Japanese medaka fish. Anim. Behav., 17: 168-176.

端　憲二, 2005. メダカはどのように危機を乗りこえるか. pp.154, 農山漁村文化協会.

———・竹村　武士・本間　新哉・佐藤　改良, 2001. 流れにおけるメダカの游泳行動に関する実験的考察. 農土誌, 69: 987-992.

Hirshfield, M.F., 1980. An experimental analysis of reproductive effort and cost in Japanese medaka *Oryzias latipes*. Ecology, 61: 282-292.

Howard, R.D., R.S. Martens, S.A. Innis, J.M. Drnevich and J. Hale, 1998. Mate choice and mate competition influence male body zise in Japanese medaka. Anim. Behav., 55: 1151-1163.

細田和雄, 1958. メダカ *Oryzias latipes* の潜在学習に及ぼす水温変換に及ぼす影響. 動物心理学年報, 8: 71-76.

岩松　鷹司・山高　育代, 1996. 愛知県内のメダカの生息状況と水域の調査. 愛知教育大学研究報告, 45: 41-56.

———・大山　邦雄・鹿島　英佑, 2003. 愛知県全域のメダカ及び外来魚の生息調査. Estrela, No.115, pp.34-42.

上月　康則・佐藤　陽一・村上　仁士・西岡　健太郎・倉田　健悟・佐良　家康・福田　守, 2000. 都市近郊用水路網におけるメダカの生息環境要因に関する研究. 環境システム研究論文集, 28: 313-320.

Kasuya, Y. and K. Aoki, 1987. Development of the optokinetic response and the activity of the directionally selective units in the midbrain of the medaka (*Oryzias latipes*). Zool. Sci., 4: 969.

河端政一, 1954a. メダカの社会生態学的研究. I. 社会行動について. 日本生態学会誌, 4: 109-113.

———, 1954b. メダカの順位制について. 動物学雑誌, 63: 95.

———, 1955. メダカの社会行動の観察実験. 生理生態, 6: 66-68.

———, 1961. 容器内のメダカの社会行動についての再検討. 動物学雑誌, 70: 68.

———, 1962. 大形容器内でのメダカの社会行動型. 動物学雑誌, 71: 367.

Kawamoto, N.K. and J. Konishi, 1952. The correlation between wave length and radiant energy affecting phototaxis. Rep. Fac. Fish., Prefec. Univ. Mie, 1: 197-208.

児玉　伊智郎・友田　郁夫・萩山　友貴・寺田　弘信・安田　沙織・金子　亜由美・木村紀代・三木洋美・猶　朋美, 1999. 山口県における（*Oryzias latipes*）とカダヤシ（*Gambusia affinis*）の種間関係. 山口生物, 26: 45-56.

川本信之・小西治兵衛, 1952. 魚類の趨光性に及ぼす輻射エネルギーと波長との相互関係について. 動物学雑誌, 61: 121.

神田猛・板沢靖男, 1978. 魚の生理生態現象に対する群の影響　－　II. メダカの成長に対する群の影響. 日本水産学会誌, 44: 1197-1200.

———・———, 1986. メダカ仔稚魚の運動量に対する群の影響. 日本水産学会誌 , 40: 235-238.

草下孝也, 1957a. 魚の種類による駆集網の駆集効果. Bull. Jap. Soc. Sci. Fish., 23: 1-5.

———, 1957b. 中央駆集法及び一端駆集法による漁網の色彩の効果. 日本水産学会誌, 22: 11.

Machida, T., 1973. A note on the effects of environment upon behavior of the teleost, *Oryzias latipes*. *In* “Responses of fish to environmental changes” (Chavin, ed.), Charles, C. Thomas Publ., pp. 270-278.

Magnuson, J. J., 1962. An analysis of aggressive behavior, growth and competition for food and space in medaka (*Oryzias latipes*). Can. J. Zool., 40: 313-363.

松田　敬, 1956.　メダカの右折あるいは左折游泳傾向, 及びそれと死後の体幹弯曲度との関係について（1). 動物心理学年報, 6: 87-89.

森井節子, 1970. 野生メダカ（*Oryzias latipes*）のたたかい行動に及ぼす場の大きさの影響. 動物心理学年報, 20: 109-114.

森本　肇, 1956. メダカ *Oryzias latipes* の社会行動に及ぼす性腺剔出の影響. 動物心理学年報, 6: 91-97.

森下　郁子, 1997. 川と湖の博物館 8（共生の自然科学）．山海堂．

長峯嘉之，1973. 魚類の視覚．遺伝，27: 90-98.

Nakamura, Y., 1952. Some experiments on the shoaling reaction in *Oryzias latipes* (Temminck et Schlegel). Bull. Jap. Soc. Sci. Fish., 18: 93-101.

Nakamura, R. and K. Aoki, 1989. Development and formation of the optic tectum following growth in the medaka. 動物生理，6: 205.

南部　実・関せい子・仁田原一郎，1970. メダカにおける産卵刺激の経路．動物学雑誌，70: 68-69.

Niihori, M., Y. Mogami, N. Naruse and S.A. Baba, 2004. Development and swimming behavior of Medaka fry in a space flight aboard the space shuttle Columbia (STS-107). Zool. Sci., 21: 923-931.

落合　明・浅野博利，1955. メダカの群衆の大きさと網地の遮断効果について．日本水産学会報，21: 154-158.

――――・松村　茂，1955. 容器内で群衆を形成するメダカの単位領域について．日本生態学会誌，14: 139-140.

小川和夫，1957. メダカ（*Oryzias latipes*）の3個体集団での社会行動について．動物心理学年報，7: 72-78.

小川　良徳，1959. 魚類の夜間行動に関する研究Ⅲ．初冬期におけるメダカ游泳層の日週期変化．日本海区水研報，(5)．

Ohki, H. and K. Aoki, 1985. Development of visual acuity in the larval medaka, *Oryzias latipes*. Zool. Sci., 2: 123-126.

岡　正雄，1948. 魚群の網目の通過に関する一実験．日本水産学会誌，13: 203-209.

Oka, T. B., 1931. On the processes of the fin-rays of the male of *Oryzias latipes* and other sex characters of this fish. J. Fac. Sci., Tokyo Imp. Univ. Ⅳ, 2: 209-218.

――――, 1935. メダカの最小識時に就いて．動物心理，1: 73.

――――, 1936. メダカの体刺激性に関する2，3の実験．動物学雑誌，48: 204.

小野嘉明，1931. メダカの雌雄に於ける試行並に錯誤現象Ⅰ．動物学雑誌，43: 675-687.

――――, 1934. “Exploratory drive”に依るメダカの定位行動の条件附は可能であるか．動物心理，1: 1.

――――, 1936a. 魚類の群游機構に就いて（第二報）．動物心理，2: 65-75.

――――, 1936b. 魚類の群游機構に就いて（第三報）．動物心理，2: 100-103.

――――, 1937. Orienting behavior of *Oryzias latipes* and other fishes. J. Fac. Sci., Tokyo Univ., Ⅳ, 4: 393-400.

――――, 1943. メダカの食餌行動における社会的容易化．動物学雑誌，55:354.

――――, 1948. メダカの食餌行動における社会的容易化．動物心理学年報，2: 37-44.

――――, 1953. メダカの種内認知に於ける視覚的役割について．動物学雑誌，62: 156.

――――, 1954. メダカの性行動の分析．動物学雑誌，63: 496.

――――, 1955a. 脊椎動物行動実験法．生物学実験法講座．中山書店．

――――, 1955b. Experimental studies of intra-specific recognition in *Oryzias latipes*. Mem. Fac. Lib. Arts Educ., Kagawa Univ., 2: 1-37.

――――, 1956. メダカの性行動の“三角関係”についての実験．動物学雑誌，65: 103.

――――, 1957. メダカの偽性行動．動物学雑誌，66: 175.

――――, 1968. Experimental analysis of the sign stimuli in the mating behaviour in the *Oryzias latipes*. Jap. J. Ecol. 18: 65-74.

――――・丘　直通，1935. 魚類の群游機構に就いて（第一報）．動物心理，2: 10-17.

――――・植松辰美，1955. ヒメダカ *Oryzias latipes* の性行動についての1，2の実験．動物心理学年報，5: 57-62.

―――― and ――――, 1957. Mating ethogram in *Oryzias latipes*. J. Fac. Sci., Hokkaido Univ., Ⅵ, 13: 197-202.

――――・――――, 1959. メダカ性行動のサイン刺激の実験的分析．動物学雑誌，68: 95.

――――・――――, 1958. ヒメダカ *Oryzias latipes* の社会行動の季節的変化．動物心理学年報，8: 63-69.

――――・――――, 1963. メダカのたたかい行動と体色変化．金沢大学理学部付属能登臨海実験所年報，3: 1-4.

―――― and ――――, 1968a. Sequence of the mating activities in *Oryzias latipes*. Jap. J. Ecol., 18: 1-10.

―――― and ――――, 1968b. Experimental analysis of the sign stimuli in the mating behaviour in *Oryzias latipes*. Jap. J. Ecol., 18: 65-74.

大沢一爽，1982. メダカの実験．共立出版．東京．

Ruzzante, D.E. and R.W. Doyle, 1993. Evolution of social behavior in a resource-rich, structured environment: selecion experiments with medaka (*Oryzias latipes*). Evolution, 47: 456-470.

末広喜代一・植松辰美，1976. ヒメダカにおける摂食行動の社会的促進．Ⅱ．社会的促進率の初期変化の再検討．日本生態学会報，26: 213-220.

竹内邦輔，1981，誰にでもできるメダカの実験．pp.110, 新光印刷(株)．

————, 1994. Circular swimming by the medaka, *Oryzias latipes*, induced by microinjection of GABA-ergic agonists and antagonists into the posterior thalamus. Jap. J. Ichthyol., 41: 295-299.

————, 富田英夫，1982. 回転メダカの三半規管．動物学雑誌，91:460.

田内森三郎・安田秀明，1926. 魚群の運動．Ⅲ．網壁に遭遇せし魚群の運動．水産講習所報告，24: 95-102.

辻井　要介・上田　哲行, 2003. コンクリート化された水路におけるメダカの分布とそれに影響を及ぼす環境要因について．環動昆，14: 179-197.

寺尾　修，1985. 野生メダカの生態．遺伝, 39: 47-50.

植松辰美，1956. ヒメダカでの性行動と順位行動との発現関係について．動物学雑誌，65: 103.

————, 1978. メダカの求愛円舞．アニマ，6: 31-35.

————・斉藤恵子，1973. 淡水魚における摂食行動の社会的促進．(2)ヒメダカ．動物心理学年報，23: 43-47.

————・小川幸子，1975. 淡水魚における摂食行動の社会的促進．(3)ヒメダカ．動物心理学年報，25: 57-64.

————・高森順子，1976. ヒメダカにおける摂食行動の社会的促進．1. 摂食初期の連続観察．日本生態学会誌，26: 135-140.

Walter, R. O., 1969. Effects of sex chromosomal type and androgenic treatment on mating behavior of male killifish, *Oryzias latipes*. Anat. Rec., 163: 281. (Abstract)

———— and J. Hamiltom, 1970a. Head-up movements as an indicator of sexual unreceptivity in female medaka, *Oryzias latipes*. Anim. Behav., 18: 125-127.

———— and ————, 1970b. Supermales (YY sex chromosomes) and androgen-treated XX males: Competition for mating females of killifish *Oryzias latipes*. Anim. Behav., 18: 128-131.

Weber, D. N., 1987. Effects of the light-dark cycle and scheduled feeding on behavioral and reproductive rhythms of the cyprinodont fish, medaka, *Oryzias latipes*. Experientia, 43: 621-624.

Yamamoto, T. 1944. Physiological studies on fertilization and activation of fish eggs. I. Response of the cortical layer of the egg of *Oryzias latipes* to insemination and artificial stimulation. Annot. Zool. Japon., 22: 109.

Yokota, T., 1992. Seasonal change in the locomotor activity rhythm of the medaka, *Oryzias latipes*. Int. J. Biometeorol., 36: 39-44.

第10章　環境と適応性

ENVIRONMENT AND ADAPTATION

生活環境の汚染を含む種々の自然の状況は生物を用いて生理学的に，あるいは生存率で調べられている。その調査に対して感受性の高い生物種･系統を用いるのがより効果的である。淡水魚のメダカは，そのような系統を作りやすいため，環境汚染のテスターとなり得る。近年活発になってきた癌研究においても，メダカは多臓器発癌モデル動物として極めて有用であると評価されている。

図10･1　スペースシャトル「コロンビア号」の打ち上げ（提供：NASA，井尻憲一博士のご好意による）

これまで，愛知県内の野生メダカの生息調査の結果（岩松ら，1983, 1996）から，メダカが生息できるのには，周年水の枯れない浅瀬があり，水温が比較的高く，流れが緩やかで，段差のない川や水路，外敵から身を隠し，動物性プランクトンの繁殖するのに都合のよい真菰（まこも），葦や蒲などが生えている環境があげられる。

また，近い将来，人類が他の天体で生息することになるであろうが，それに先駆けて人工大気，無重力でしかも宇宙線の多い環境で，人間や他の生物がどのように生き，その環境でどのように変化していくかを検討する段階に入ってきている。魚の代表としてのメダカでの研究もなされている（Hoffmann *et al*., 1978; 井尻，1987a, b, 1995; 井尻ら，1987）。とくに，種々の環境に感受性の高い系統を作出することによって，遺伝子レベルでの解析が可能になる（田口，1985）。

I．無重力環境

「他の天体でも，生物は子孫を殖やし，生存できるか」という問いに答えるべく，井尻博士の育てた４匹のメダカが日本人宇宙飛行士向井千秋さんと共に宇宙にスペースシャトル「コロンビア号」で旅立ったのは，1994年７月のことである（図10･１）。関心事の１つは，無重力下で雌雄の交尾（産卵）行動が可能であるかであり，もう１つは，無重力状態で卵の発生（胚軸形成，形態形成）が正常に起こるかであった。宇宙へ持っていく雌雄のペアには，視力がよく，光が差し込む方向に素早く背中を向ける「背向反応」を示すメダカで，相性の良いペアが選ばれたようである（井尻，2016: 山形県メダカの学校開放５号）。選ばれたのは４匹のメダカ（雌の夢と未来（みき）の２匹，と雄のコスモと元気の２匹）であった。宇宙用のメダカ水槽（図10･２A）に入れられ，スペースシャトル内の実験室（スペースラボ）に搭載された。そして狭い水槽内での産卵行動が観察・撮影された（図10･３）。受精も，それに続く発生も正常で（図10･２B），飛行12日目の終わりに，孵化した稚魚の游泳も認められた（図10･４）。この宇宙実験の結果は，０ｇから1.0ｇの範囲内の重力下で魚の産卵行動や発生が可能であることを示している（井尻，1995a）。

胚発生中に重力が左右相称と植物

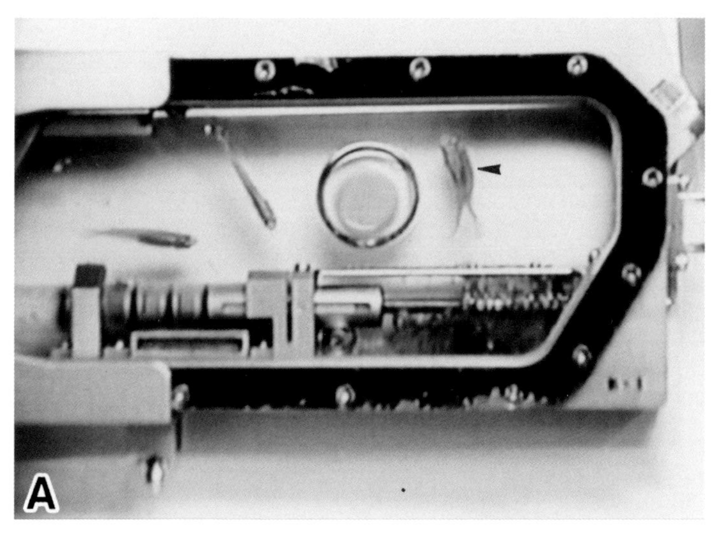

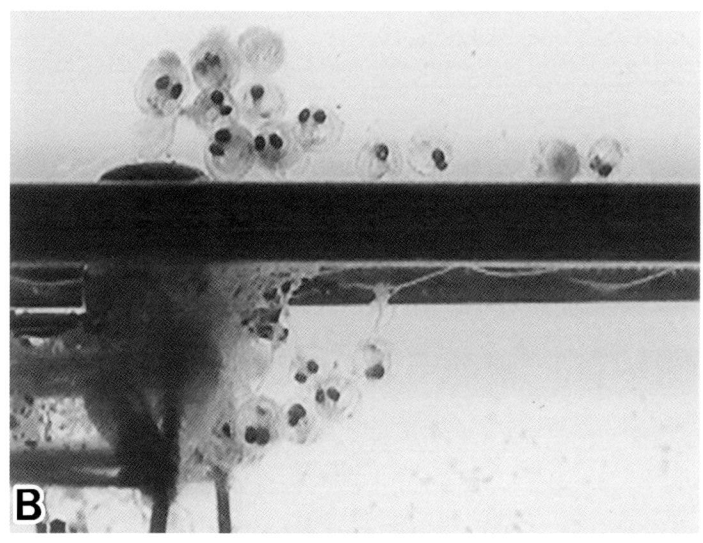

図10･2 宇宙の無重力下でのメダカの交尾行動と発生中の胚

A．水槽中の中央の丸いものは気泡，その右側の雌雄（矢じり）が交尾体勢をとっている．
B．胚は正常に発生しており，黒く大きい眼をもち，孵化直前の状態である。（井尻憲一博士提供）

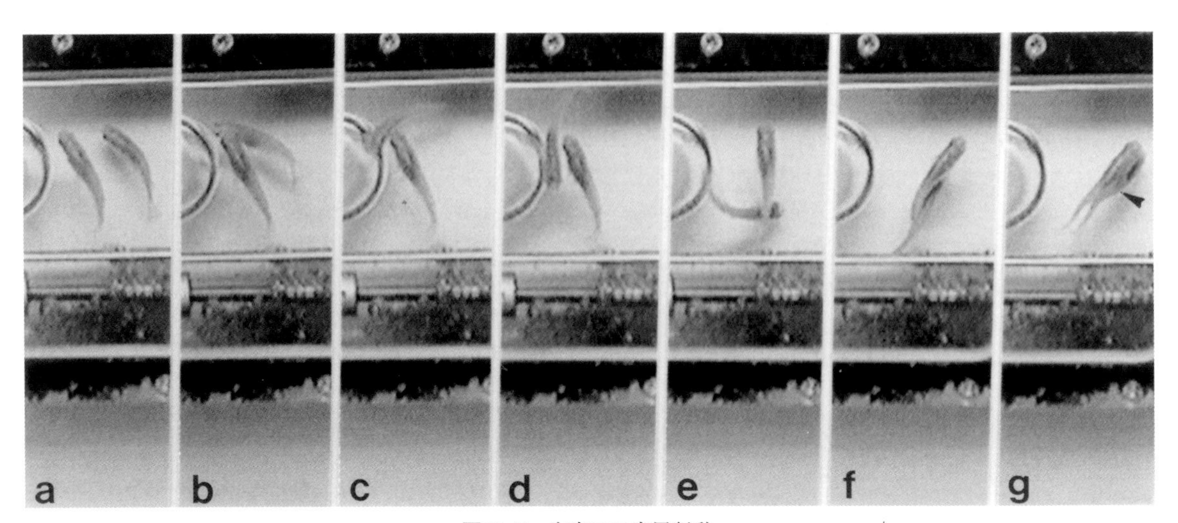

図10･3　宇宙での交尾行動

雄(矢じり)は雌の周りを１回転する円舞(a-f)を行い，交尾体勢(g)に入る。(井尻憲一博士提供)

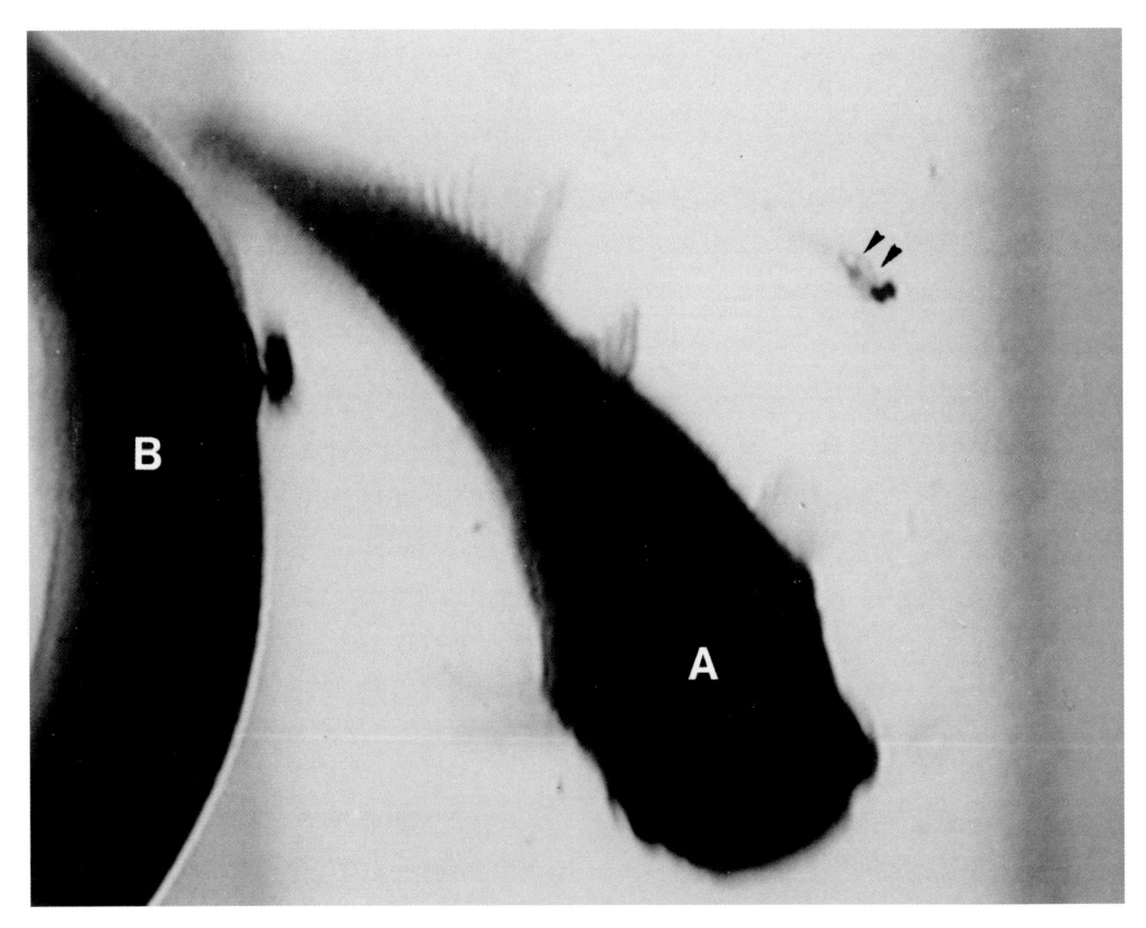

図10･4　宇宙滞在中のメダカ親子

孵化後間もない稚魚(矢じり)が気泡(B)に近い親メダカ(A)の横にみえる。(井尻憲一博士提供)

極部の微小管の編成に影響する（Fluck *et al.*, 1998）。根本らによれば，無重力下とは反対に，5Gの重力下で飼育されたメダカを1G下に戻すと，腹を内側にして回転する行動やスピン遊泳がみられる。5G下では耳石の染まり方に偏りがみられ，体の中心付近の骨や耳石の形成に過重力が影響を及ぼしているようである。内耳形成時には，*osteonectin* と *cadherin 11* が発現され，部分的に *BMP4* と *Pax2* の発現が認められる。また，耳石形成には耳石特異的タンパク質 *otolin* の発現がみられる。過重力下でのこれらの遺伝子の活動が興味深い。

メダカは無重力下での骨の恒常性に関わる因子を解明するのにも有用である。通常，宇宙飛行士が長い期間無重力下にいると，骨の消失がみられるが，無重力状態 microgravity が骨の破壊と形成に関わり合う遺伝子の発現にどのように影響しているかについてはまだわかっていない。このことに注目して，メダカの稚魚を用いて生体の遺伝子発現に関して過重力及び傾斜，回転の実験で重力変化の影響を調べている（Renn *et al.*, 2006）。孵化後１日目の稚魚に過重力と無重力を24時間かけて，骨形成調節遺伝子 *osteoprotegerin*（*opg*）の mRNA 発現をリアルタイム RT・PCP で調べている。こうした重力変化に骨の破壊と形成に関わり合う遺伝子発現は影響されないという。しかし，傾斜回転は造骨細胞形成を調節する重要な遺伝子 *core binding factor α*（*cbfa/runx2*）の発現を増加させることがわかった。

Ⅱ．耐塩性

淡水産硬骨魚は血液浸透圧が300mOsm前後で，環境水の変化に対しても，それを保持するように生理的調節を行っている。特に，腎臓，鰓及び消化管が外液の浸透圧の変化に対して体液の構成成分と浸透圧を調節している。

ニホンメダカ *O. latipes* 以外の数種のメダカ *O. luzonensis, O. melastigma, O. celebensis* も，淡水に棲息している。それらは大雨やその他の原因で洪水が起こると，しばしば海に押し流される。そうした場合でも，ニホンメダカはやや濃度の低い海水中に生き残り，再び川をのぼったり，河口域，特に潮溜り tide pool とか塩田に棲みついているのをみかける。それらはシオミズメダカ（海棲メダカ）と呼ばれるが，塩田や潮溜りに棲息する（山本孝, 1942；柳島・森, 1957a；佐々木・伊東, 1961）ばかりではなく，その海水中でも繁殖が可能である（柳島・森, 1957a, b；佐々木・伊東, 1961a, b, 1962；植松・矢崎, 1962）。淡水メダカの卵と精子は海水中では受精できない（伊東・佐々木, 1954；佐々木・伊東, 1962）が，海棲メダカでは36.7‰の海水中で44％受精し，37.36‰の海水中で20％が正常に発生する。薄い海水（汽水域の川やマングローブ）に棲んでいるジャワメダカ *O. javanicus*（ジャカルタ，シンガポー

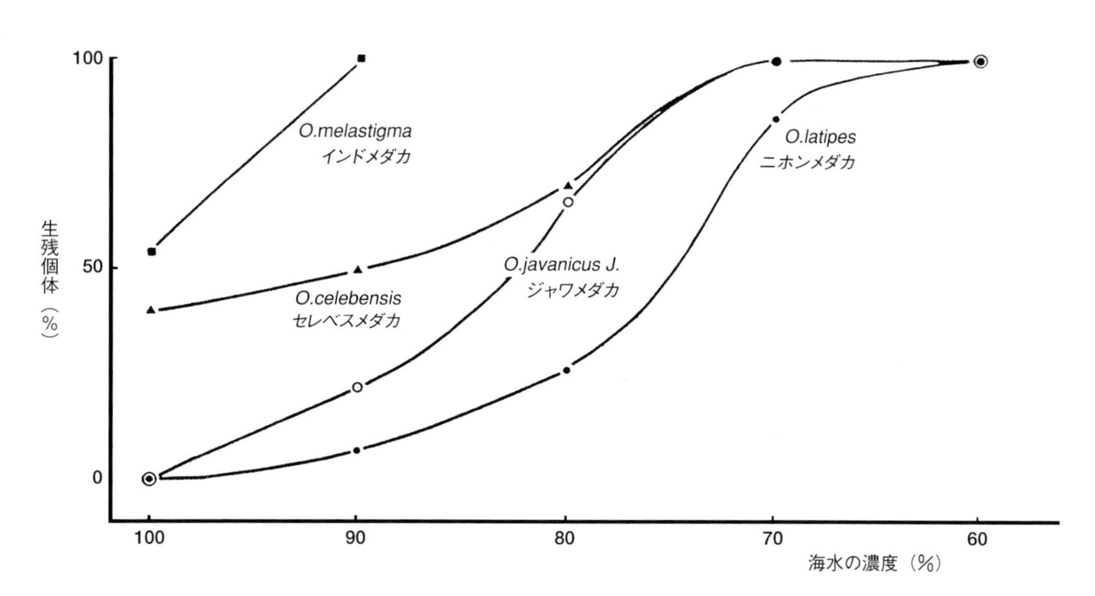

図10・5　数種メダカの耐塩性（岩松・半谷, 1989）

ル）はその環境に適応し，現在に至っている。すなわち，メダカはウナギ，ハゼなどと同等とまではいかないが，広塩性魚に分類されてもおかしくない。このように，他の多くの淡水魚に比べて，メダカは，海水の60％以下の稀釈海水に対する高い順応性（耐塩性）をもつ魚である（図10･5）。

また，シオミズメダカの繁殖は雨期の海水塩類濃度がやや低い時期と一致していることは興味深い。

淡水メダカは10～15％の稀釈海水なら，ほとんど死ぬことはないが，いきなり海水（塩分濃度，約3.4％）に入れられると3時間以内に死んでしまう。ところが4～5日毎に塩分濃度を約1～2％ずつ高くしていけば，海水の塩分濃度に達してもまったく死ぬことはない（山本孝，1942）。同様なことは，高岡・安藤（1950）によっても報告されている。また佐々木・伊東（1961b）によれば，3/5（60％）海水で48時間馴らして，海水に移せば死ぬことはないようである。ちなみに，メダカの生存限界の海水濃度は，天然海水の60～80％の間である（山本孝，1942; 高岡・安藤，1950; 佐々木・伊東，1962）が，人工海水においては80～100％の間である（柳島・森，1957c）と報告されている。この天然海水と人工海水との差は，両者の塩類組成・酸素分圧・pH・微生物などの微妙な差による可能性があるが，まだ判明されるには至っていない。

メダカ（雄）のNaCl溶液への耐塩性を$CaCl_2$が増強することが知られている。1.7～1.8％NaClで1～3日，2.0～2.4％NaClで16～19時間飼育された場合すべてのメダカは死ぬが，この致死的な濃度のNaCl溶液でも$CaCl_2$を濃度が0.2％になるように加えると死ぬことはない（尾崎，1961）。同様な結果を定塚・益子（1962）も報告している。このことは，人工海水の方がメダカに対する致死濃度が高い原因の1つとして，人工海水に一定量含まれているCaイオンの保護作用によることを推理させる。このように，Caイオンは高張液中におけるメダカの生存時間延長効果をもつと同時にCl摂取をも抑制する。

放射性ナトリウム^{24}Naを用いて海棲メダカのNa流出量を測定した門と百々（1971）によると，海水におけるNa流出量は海棲メダカで111.6mM Na/ℓ血液/時間で，淡水メダカでは131.5mM Na/ℓ血液/時間である。また，総血中のNa濃度は海棲メダカにおいて193±7.7mMであるのに対し，淡水メダカにおいては171±5.8mMである。このように，海棲メダカにおいては淡水メダカより血中Na濃度が高く，しかもNa流出率が低い。この差異が生じる主な原因として，ホルモンによる制御系の存在が考えられる。淡水で飼育されると，プロラクチン様ホルモンが浸透圧調節に作用しており，このホルモンを分泌している脳下垂体の細胞が活性化する。淡水で飼育されると，プロラクチン様ホルモンが浸透圧調節に作用しており，このホルモンを分泌している脳下垂体の細胞が活性化する。海水から淡水に移した後の短期間における脳下垂体前葉のプロラクチン分泌細胞をみると，細胞質にゴルジ体からの新たな分泌顆粒の生成とその分泌がみられる（Nagahama and Yamamoto, 1971）。NaClだけの低濃度0.5～1.0％溶液では，メダカに外見上の異常は認められないが，1.5～2.0％になると食餌量が少なくなり，皮下出血を起こす個体が生じ，2.0％では10日間以内に死ぬ個体が現れる。この場合，脳下垂体前葉の主葉吻部 rostral pars distalis にあるプロラクチン様ホルモンを分泌する細胞（Type I細胞; Aoki and Umeura, 1970）が退行し，その数に減少が認められる。また，甲状腺ホルモン，あるいはサイラディンと抗甲状腺剤であるジフェニール・チオウレア diphenyl thiourea やカルバミド carbamide がメダカの海水，あるいは淡水に対する適応に効果的であることが示されている（Kawamoto *et al.*, 1958）。もし，これらのホルモンが，耐塩性に関係しているとしても，それらがどこに働いているかについてはほとんどわかっていない。

順応時にメダカの体内にどのような変化が起きているかについていくつかの報告があるが，とりわけ鰓に関するものが多い。一般に，魚類の鰓の鰓薄板の基部に多い塩類細胞 chloride cell は，海水中ではNa^+やCl^-を排出し，淡水中ではそれらを取り込むのに重要である。光学顕微鏡で，淡水メダカの鰓には塩類細胞は認められないが，海水に順応するとともにそれが現れてくる（立石・山下，1956）。$AgNO_3$/ HNO_2-テストに対する反応は淡水メダカの鰓にはみられないことを確認している（定塚，1969）。さらに電子顕微鏡的に観察した結果によれば，淡水メダカにも，もともと塩類細胞はあるが，海棲メダカのそれといくつかの点で異なっている。鰓のATPase活性と海水への順応の関係を調べた報告によると，淡水メダカの海水への順応過程中に鰓のNa^+・K^+－ATPase 活性が増加する（Jozuka, 1976; Miyanishi *et al.*, 2016）。淡水メダカの鰓のNa^+・K^+－ATPase 活性は10μMP*i*/時間/mgタンパク質であるが，それが海水に順応して約1カ月経つと30μMP*i*/時間/mgタンパク質に増加する。コルチゾールや ACTH の作用で起こるこの酵素活性の増加は海水へ移されて３日で，鰓にある沢山の塩類細胞に開口部 apical pit ができること（定塚，1969）及びCaの存在と関連があり，耐塩性には鰓上皮の機能的な塩類細胞の形成も伴うものと考えられる。

Ⅲ．耐酸性

定塚と足立（1979a）によれば，硫酸・塩酸・蓚酸・クエン酸などによる酸性水におけるメダカの生存時間の方が，同じpH値(3.5)の酢酸による酸性水におけるそれより長い。この結果は酸の種類や塩類の存在によって生存時間が影響を受けることを示唆している。メダカでもpH4の条件下におくと，血中の平均pHは6.99±0.09で，対照区のpH 7.34±0.07より有意（$p < 0.01$）に酸性化していることを示す（Juzuka and Adachi, 1979）。同じ条件（pH 4, 硫酸）では約３時間半で死ぬが，その時の酸素消費量（O_2/g/hr）が0.77から0.44に減少する。この生存時間には酸素消費量の減少（Jozuka and Adachi, 1979a）が関係していることも考えられる。

硫酸酸性水において，NaCl, $CaCl_2$及び$MgCl_2$の生存時間延長に最大効果をもたらすそれらの濃度は，それぞれ100～200mM, 30mM及び50mMである。Caイオン欠如が体表の粘液を溶かして，海水中での^{36}Clの体内への流入を招く（益子・定塚，1962; Jozuka and Futatsuka, 1964）。逆に，外液のCaイオンを30 mMにすると，酸性環境におけるNaの消失を抑制することが知られている。海水中のCaイオンの存在は，メダカの^{36}Clの流入も減少させる（Jozuka and Futatsuka, 1964）。これはCaが体表の粘液を凝固させて，環境の浸透圧ストレスを和らげる重要な作用があるためでもある。酸性水におけるCaイオンの存在は鰓上皮を含む体表の粘液に凝固を促し，外液の浸透圧に対して保護するようである。酸性環境下でみられるメダカのもう１つの変化は血中のNa量が顕著に減ることである。pH4の水に4時間入れておくと，血中のNa量が約40%減少する。淡水メダカが海水に順応するのは血中の^{24}Naが体外に流出されることによるという。酸性水中で生存時間が短くなるのは，酸性水において体内からこれらの塩類が消失するためと考えられるが，このことが門と百々（1971）及び定塚と足立（1979a）によって示されている。これらの結果から，環境水の酸性は体内のNa量のバランスや酸素消費に著しく影響を及ぼしているといわれている。

また，メダカは酸性環境下に置かれると，血中のNa濃度やpHがどう変わるかを調べた定塚と足立（1979b）はpH4の中で４時間もすれば，血漿はpH7.34からpH6.99と低下するし，Na濃度も110.5mEq/ℓから66.4mEq/ℓに減少することを報告している。

Ⅳ．生物環境

メダカは，前述の通り，東洋区に広く分布しているが，その棲息状況は年々変化している。これらの地域においても，都市化が進むにつれ，メダカは姿を消している。メダカの消滅は，宅地造成以外，主として水田の二毛作(乾田化)，コンクリート側溝整備や生活汚水溝の整備，農薬・殺虫剤の乱用，天敵の少ない帰化水中動物の繁殖などによっている。ジャカルタ，インド，タイ，台湾，中国などの都市近郊においては，卵胎生メダカといわれるグッピー，タップミンノー(top minnow, カダヤシ)あるいはまれに卵生メダカの一種といわれるパンチャックス(*Panchax*)ばかりで，メダカは見当たらない。貪欲なグッピーやタップミンノーは水棲昆虫やメダカを含む他種の淡水魚の卵や幼(稚)魚を食べ，在来のメダカなどの棲息域を占拠しつつある。メダカ間でも，一定の空間(S)に棲息できる個体数(N)には限界があり，その個体群の密度(D)は$D=N/S$の式で表される。

自然において，温度耐性の弱いグッピーは，熱帯・亜熱帯(台湾を含む)域に限られている。比較的温度耐性の強いタップミンノーは，わが国（沖縄，高知，和歌山，滋賀，愛知，関東の平野）においても，近年急激に在来のメダカの棲息域を奪って繁殖しており，動物地理の変化が認められる（堤，1979）。タップミンノーはもともとわが国には棲んでいなかったが，1913年にハワイ・台湾を経由して，マラリア病原虫を媒介するハマダラ蚊の駆除の目的で導入された帰化淡水魚である。これは，メダカと同様に，悪い水質環境に強く，その上卵胎生で繁殖するため，着実に種族を維持できる。

１．群居密度と呼吸

メダカの呼吸における群効果が知られている（第11章参照：梅澤・渡部，1971）。メダカの呼吸は単一個体の場合よりも群中の各個体の方が低いらしい。また，その呼吸量は光によって影響を受ける（梅澤，1972, 1973）。ポーラログラフ酸素電極を用いて連続測定すると，それは波長403nm（9.6及び0.2ルックスを３分間隔）及び501nm（155及び4.5ルックスを30分間隔）の照明では明状態よりも暗状態において増加するが，その他の波長では明暗の影響は明らかでない。

2．群居密度と繁殖率

メダカの繁殖率（産卵率，孵化率）に及ぼす群居密度の影響が知られている（寺尾・田中，1928; 川尻，1948）。一般に，群居密度が増大するにつれ，１匹当たりの平均産卵数（あるいは孵化率）は$y=ax^b$の関係で低下する傾向がある。

V．温度耐性

環境温度へのメダカ*Oryzias*の耐性をみると，*O. latipes*と*O. luzonensis*を除く他の多くの熱帯産のものは8～15℃以下の水温域で死に至る（図10・6）。

温度変化に対する順応性（温度耐性temperature tolerance）は親の棲む水の温度，卵の発生途中，あるいは飼育中の水温によって大きく変わる（佃・片山，1957）。メダカを高温あるいは低温にさらすと，水面あるいは水底に横転し，すべての鰭の運動が止まる。この状態になっても心臓及び鰓蓋の運動がみられ，適温に戻すと100％回復する。このような麻痺 paralysis（昏睡 coma）状態を引き起こす温度を麻痺温度 paralytic temperature と呼ぶ。

高い水温に対する抵抗性については，松井（1940b）による報告がある。それによると，成魚を水温30℃の実験水中に移し，その温度を１℃約10～15分間で上昇させて目的の水温にもっていった後，２時間放置して致死率（もしくは温熱昏睡率）を調べた場合，その致死率には季節的差異が認められる。致死温度 lethal temperature（50％致死率を示す温度）は５月（16～17℃水温）のメダカでは34.5℃で，９月（21～22.5℃水温）のそれでは36.7℃である。このように，夏季には水温５℃上昇に対し2.2℃致死温度の上昇を示す。昏睡に至るまでの時間は，９月成魚が５月成魚に比べて長く，高い温度抵抗を示す。

この原因として９月成魚が５月の水温16～17℃から４ヵ月間徐々に上昇して21～22.5℃の水温に順応したことがあげられている。

野生メダカにおいて，異なる緯度に棲むメダカ群を

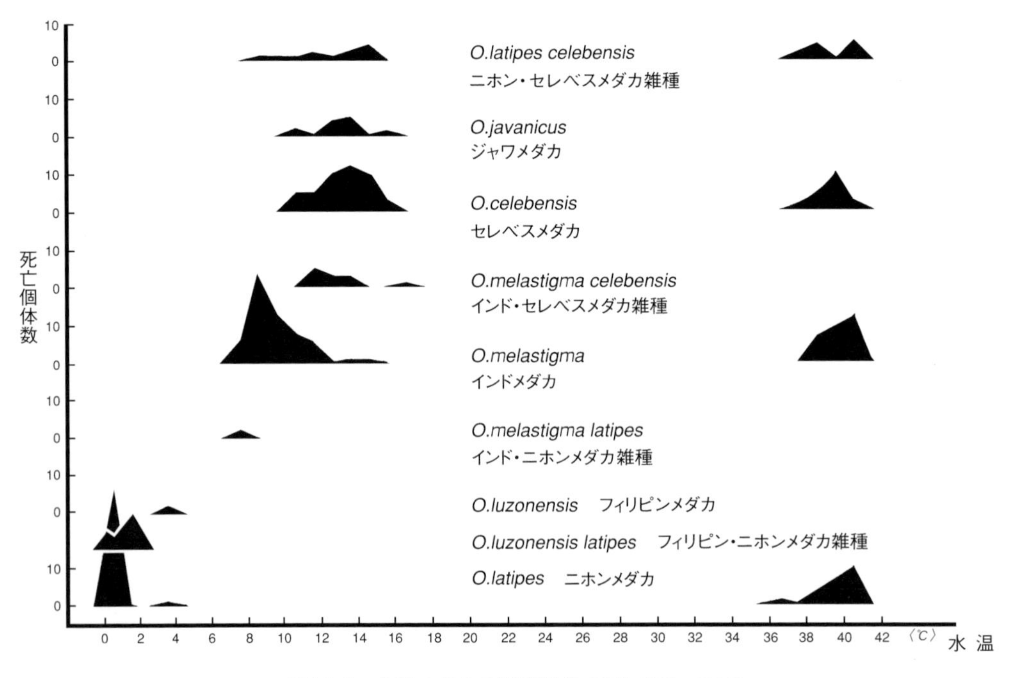

図10・6　各種メダカの温度耐性（岩松・半谷，1989）

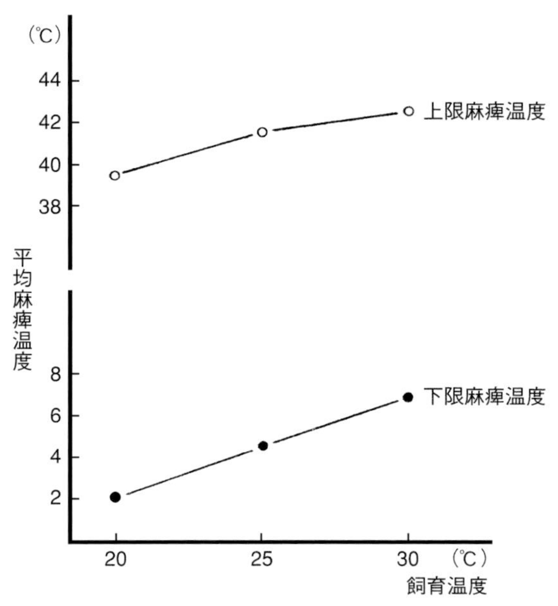

図10･7　飼育温度と上・下限麻痺温度の関係
（佃・片山，1957より）

様々な水温環境で飼育すると，成長率が最大になる水温は個体群も同じであったが，低緯度個体群よりも高緯度個体群の方がどの水温のもとでも成長が速いことが示されている（岡田ら，2001）。同様に高緯度のメダカ（青森）ほど，繁殖期は短いが，遺伝的に高い繁殖能力（GSI）を有することを示唆している（斉藤・山平，2005）。

ヒメダカにおいて，麻痺温度の上限は25℃飼育のものの41.4℃に比べて，20℃飼育のものではこれより1.9 ℃低く，30℃飼育のものでは1.0℃高い。また，その下限は25℃飼育のものの4.5℃よりも20℃飼育のものでは2.4℃低く，30℃飼育のものでは2.3℃高い（図10・7，佃・片山，1957, 1958）。

一方，卵の発生は，35℃以下であれば，水温が高いほど速いが，低い水温下で産み落とされた卵の方が孵化に要する日数が短い（図10・8，佃・片山，1957）。

このことは，卵形成あるいは成熟過程も環境水温の影響を受けており，その水温が胚の温度耐性に影響を及ぼしていることを示唆している。事実，比較的低い水温（24～25℃）で飼育し，産卵させると，卵割が規則正しく起こるものが得られるが，28～30℃で飼育した雌の産む多くの卵は，異常卵割を示す。

この他，胚の温度に対する耐性誘導に関する実験（Shimada, 1985）もある。それによれば，ニホンメダカは低温に強く，熱帯のセレベスメダカは高温に強い（島田，1985）。数種のメダカ *Oryzias* 胚の発生については，表10・1に示す通りである。

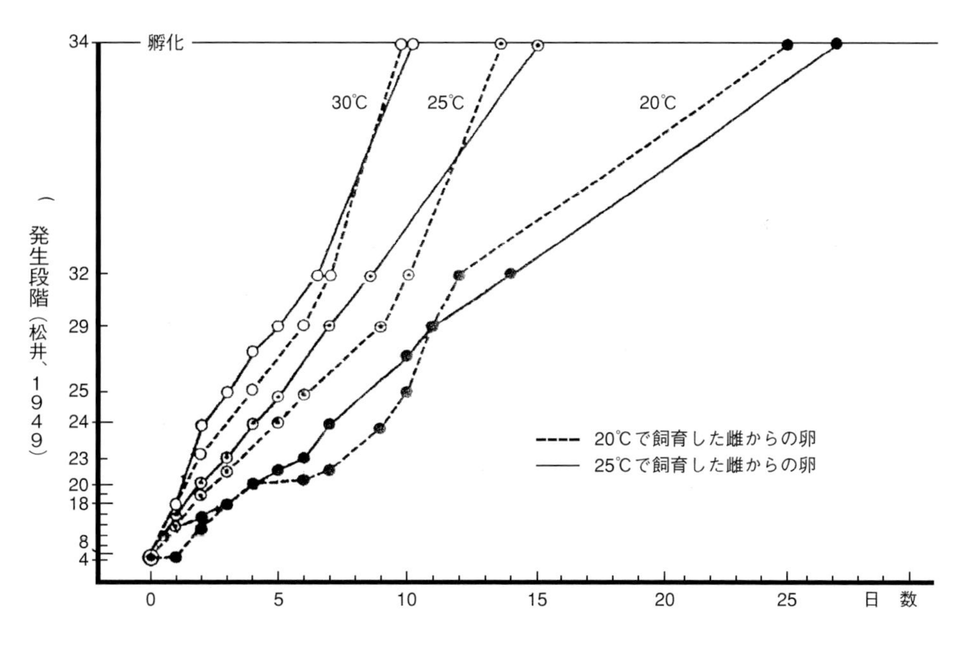

図10･8　３種類の温度におけるメダカ卵の発生速度（佃・片山，1957より）

表10・1　種々の水温下におけるメダカの発生

メダカ種	15℃	18℃	20℃	26℃	35℃	38℃	41℃
O. celebensis	15 %	56 %	100 %	100 %	100 %	40 %	27.8 %
	(13/3)	(20/5)	(20/5)	(20/3)	(3/2)	(6/3)	(14/3)
	心搏なし	血流停止	正常	正常	正常	血流停止	血流停止
O. javanicus	0 %	—	—	100 %	—	—	—
	(9/3)			(4/2)			
O. latipes	88.9 %	100 %	100 %	100 %	100 %	56.8 %	41.7 %
	(30/6)	(15/3)	(23/5)	(20/4)	(25/4)	(14/3)	(15/4)
	貧血流	正常	正常	正常	正常	血流停止	血流停止
O. luzonensis	80 %	100 %	100 %	100 %	—	0 %	—
	(5/1)	(6/2)	(10/3)	(6/2)		(4/1)	
	貧血流	正常	正常	正常			
O. melastigma	85 %	100 %	100 %	100 %	100 %	100 %	0 %
	(13/4)	(24/5)	(10/4)	(14/4)	(42/5)	(3/1)	(29/5)
	血流なし	正常	正常	正常	正常	血流停止	血流停止

カッコ内の数値は観察に用いた卵数/雌数を示す。

Ⅵ．薬物耐性

川や湖や池などの水質も，廃棄物の増加に伴って悪くなり，淡水中の生物相の著しい変遷をあちこちでみることができる。炭坑地域では，ぼた山から流れ出る汚水が川に混入し，生き物を消滅させている。このような地域では，メダカなどは民家の生活汚水の混じる溝に棲息しているのをみかける。生き物にとって体外(生活)環境は体内環境の延長である。したがって，微量の物質を能動輸送的に取り込み，体内に濃縮する生物にとって，生活環境の汚染は体内の汚染につながる。こうした観点から，環境の生物学的研究分野は「環境生物学」の部門として発展させることが大切であろう。

環境の汚染度の査定には，種々の基準があり，野生及び実験動物が用いられている。わが国のJIS工場廃水試験法においては，ヒメダカまたはコイが用いられることになっている。この場合にも，各試験に適する系統・年齢・性・季節（光，水温，餌）・時刻などの個体や飼育条件の選定が要求されるべきである。なお，種々の試験に適したメダカの系統はまだ充実していないため，その開発が必要であろう。

田口（1980）は，奈良県の大和郡山と愛知県の弥富のヒメダカの農薬に対する耐性を調べている。調査方法として，まずメダカを２週間以上25℃で飼育（照明に関して不明）し，次いで，48時間餌止めする。これらのメダカを試験液中に移し，48時間後にそれらの死亡率を調べる。この死亡率から，50％致死限界 median tolerance limit（TLm）をダードロフの方法にしたがって求める。すなわち，片対数グラフの対数目盛りに供試薬液の濃度をとり，普通目盛りに死亡率をとる。測定された死亡率が50％より上の点のうちから50％に一番近いものをそれぞれ選び出し，その２点を直線で結び，50％死亡率との交点の濃度をTLmとする。例えば，農薬パラチオンの48時間TLmは５～３ppmである（松江ら，1957）。田口氏の場合，試験液のpHを調整するため，リン酸緩衝液を用いているが，それが有毒（TLm= 5.2mM）である。そのため，この毒性を打ち消す1/10濃度のリンゲル－10mMリン酸緩衝液を用い，供試薬物を溶かして試験している。メダカを１ℓビーカーに５匹ずつ入れ，これを恒温槽（25℃）に48時間置く。供試薬物を加えないこと以外はすべて条件を同一にしたものを対照区とする。この結果，例えば無機リン酸についてみると，弥富産ヒメダカのTLmは45mMで，郡山産のものは38mMである。農薬の種類によって両産地間に薬物耐性の違いが認められる（表10・２；田口，未発表）。

この地域差が何に原因しているかは判明していないが，系統差や飼育環境水質差が十分考えられる。弥富では，メダカにつくイカリムシなどの寄生虫駆除に農薬が用いられている。また，試験液のpH以外に，その水温もTLmに影響を及ぼすようである（表10・３）。

殺虫剤のサイメットThimetに対するTLmは温度が

表10・2 メダカの薬物耐性の地方差（田口，1975〜1977）のデータ

薬　剤	大和郡山	弥　富
無機燐酸	0.038M	0.045M
重クロム酸カリ	277 ppm	450 ppm
S-α-(ethoxycarbonyl) benzyl dimethyl phosphothiolothionate（有機燐酸系殺虫剤）	0.42 ppm	0.18 ppm
Na-pentachlorophenoxide（有機塩素系除草剤）	0.34 ppm	0.28 ppm

表10・3 農薬に対するメダカの抵抗力と水温の関係（塚原・板沢，1973のデータより抜粋）

農薬	48時間TLm(ppm)				
	10℃	15℃	20℃	25℃	30℃
Thimet	0.087	—	0.024	—	0.017
DDT	—	0.10	0.13	—	0.18

高いほど低い値を示し，逆にDDTに対するそれは温度が低いほど低い値を示す。すなわち，DDTの毒性は低温ほど強いことを意味している（田村，1978）。

タイのバンコックで採集したタイメダカ（*Oyzias minutillus*）の性比は，ほぼ１：１であったり，地域によっては1：2.9，1:3.4，1:3.0，1:2.8であったりで，地域差がある（Ngamniyom *et al*., 2007）。とくに，二次性徴が明確でない個体が多い。これらの性徴がハッキリしない個体の背鰭において，性ホルモンに依存した骨形成タンパク質2b bone morphogenic protein,（Bmp2b）の発現レベルは正常な個体のものに比べて低い（Ngamniyom *et al*., 2009）。

タイでは，田んぼや池にDDTような有機殺虫剤が長期にわたって使用されおり，性比のアンバランスな2つの池の沈殿物に低いが，DDTが検出された。性を決めがたい生殖巣には間性はみられなかったが，精巣をもつ個体数が卵巣をもつ個体の２倍近くあった。

梅澤と小松（1980）は野生メダカに対する界面活性剤（pH7前後，25℃）の毒性を24時間のTLmで調べている。それによれば，非イオン性（ポリエチレン・ノニル・フェノールエーテル），陽イオン性（N－ヒドロキシルエチル・アルキル・アミンアセテート），及び陰イオン性（Na-ドデシルベンゼンスルフォン酸）などの界面活性剤のうち，陽イオン性のものに次いで陰イオン性のものの毒性は水の濁度 turbidity（粘土粒子）の増加とともに減少する。しかし，非イオン性のものはまったくその影響を受けない。

Sekizawaら（1975）は，１歳魚５匹をトリチウム化した麻酔剤フェンチアザミン溶50ml（5ppm，22℃）に48時間曝露させて後，毎日同量の新鮮な水を交換して排出させて魚体内の総残留量を燃焼法で求め，次いでラジオTLC法で分別定量している。それによれば、フェンチアザミンは魚体内から一定量急速に排出されるが，その代謝物はゆっくり排出される。薬物の毒性は残留量（残留期間）及び派生物の毒性との関係も留意すべきであろう。

近年，環境毒性化学会 Society of Environmental Toxicology and Chemistry（SETAC）のワークショップにおいてノニルフェノールによるメダカ個体群への影響評価の例が紹介されている（林，2003）。

Ⅶ. 金属塩に対する耐性

種々の金属のメダカに対する致死濃度は，笠井ら（1970）によって調べられている。彼らは，１歳魚であるヒメダカ（愛知県弥富産）を用い，金属塩の水溶液を作るのにすべて名古屋市内の井戸水を用いている。直径15㎝の円柱ガラス容器（500ml）にメダカを１〜５匹ずつ入れて24時間後に死亡率を調べている。pH

は厳密に定めていない。メダカの死ぬ最低濃度（生死のメダカの混ざっている種々の濃度のうち，中間濃度）をもって限界致死濃度として調べている。この実験結果によると，種々の金属はメダカに対する毒性（使用した金属塩類の限界致死濃度，ppm）の強弱で，表10・4にみる①〜④に分類することを試みている。表10・4には，これらの結果と岩尾氏の結果を合わせて要約してある。岩尾（1936）は薬物を入れた直径約４cmの円筒ガラス容器に３匹を入れて，24時間以内における限界致死濃度を定めている。

以上の結果は，メダカに対する金属の毒性がHg, Cu＞Au, Pd＞Ti＞Pb＞Cd≦Ce＞Ba＞K, Co＞Li, Mn＞Sr＞Mg, Naの順に弱いことを示す（岩尾，1936; 笠井ら，1970）。また，魏ら（Wui *et al.*, 1987a, b）は水銀が有機水銀（塩化メチル水銀）になると，無機水銀の10倍の毒性0.056ppmをもつことを示している。

表10・4　金属塩に対する耐性

毒性の分類	元素	限界致死濃度ppm（使用塩類）		
		魏ら（1987）	笠井ら（1970）	岩尾（1936）
!毒性の特に強いもの	Ag	—	1.2$(AgNO_3)$	—
	Al	—	4>$(Al(NO_3)_3)$	—
	Cr	25.5(CrO_3)	3　$(Cr(NO_3)_2)$	—
	Cu	—	1.2$(CuSO_4)$	1.5$(CuCl_2)$
	Fe	—	2.2$(FeCl_3)$	
			2.4$(Fe_2(SO_4)_3)$	—
			7.4$(Fe_2(SO_4)_3(NH_4)_2SO_4)$	
	Hg	0.6$(HgCl_2)$	1.5$(HgCl_2)$	4.9$(HgCl_2)$
	I	—	4　(Kl)	—
	Pd	—	4>$(PdCl_2)$	4.3$(PdCl_2)$
	Ti	—	3　$(TiCl_4)$	—
”毒性の強いもの	As	11.57(AsO_3)	20　(As_2O_5)	—
	Au	—	9　$(AuCl_4)$	—
	Bi	—	15>$(Bi(NO_3)_2)$	—
	Br	—	36　(KBr)	—
	Ce	—	7　$(Ce(NO_3)_3)$	110　(—)
	Cd	25　$(Cd(NO_3)_2)$	24　$(Cd(NO_3)_2)$	—
	Pd	50　$(Pb(NO_3)_2)$	30>$(Pd(C_2H_3O_2)_2)$	—
	Sb	—	16>$(SbCl_3)$	—
	Sn	—	20　$(SnCl_2)$	—
	Y	—	20　(YCl)	—
	Zn	—	20　$(Zn(NO_3)_2)$	
#毒性のやや強いもの	Al	—	200　$(AlCl_3)$	
	Co	—	320　$(Co(NO_3)_2)$	1800　$(CoCl_2)$
	F	—	110　(NaF)	—
	Fe	—	75　$(FeSO_4)$	—
	Ni	—	80　$(Ni(NO_3)_2)$	—
	Se	158　(SeO_2)	—	—
	Tl	約100　(TlCl)	10　(TlCl)	
$毒性の弱いもの	Ba	—	430　$(Ba(NO_3)_2)$	2100　$(BaCl_2)$
	Cs	—	400<(CsCl)	—
	K	—	520　(KCl)	1200　(KCl)
	Mg	—	1000<$(MgCl_2)$	6000　$(MgCl_2)$
	Mn	—	400<$(Mn(NO_3)_2)$	3400　$(MnCl_2)$
	Na	—	1000<(NaCl)	1500　(NaCl)
	Rb	—	700<(RbCl)	—
	Sr	—	415　$(Sr(NO_3)_2)$	11000　$(SrCl_2)$

文献

Ali, M. Y. and C. C. Lindsey, 1974. Heritable and temperature-induced meristic variation in the medaka, *Oryzias latipes*. Can. J. Zool., 52: 959-976.

Allinson, G., 1995a. Bioaccumulation and toxic effects of elevated levels of 3,3′,4,4′-tetrachloroazobenzene (33′44′-TCAB) towards aquatic organisms. I: A simple method for the rapid extraction, detection and determination of 33′44′-TCAB in multiple biological samples. Chemosphere, 30: 215-221.

———, 1995b. Bioaccumulation and toxic effects of elevated levels of 3,3′,4,4′-tetrachloroazobenzene (33′44′-TCAB) towards aquatic organisms. II: Bioaccumulation and toxic effects of dietary 33′44′TCAB on the Japanese medaka (*Oryzias latipes*). Chemosphere, 30: 223-232.

青木一子, 1971. 食塩水飼育メダカのプロラクチン様ホルモン分泌細胞. 動物学雑誌, 80: 61-64.

———, 1976. Hepatic changes of the teleost, *Oryzias latipes* after treatment with AF-2 and nitrofurazone. Mutat. Res., 38: 335.

———, 1977. Induction of hepatic tumors in a teleost (*Oryzias latipes*) after treatment with methylazoxymethanol acetate: brief communication. J. Natl. Cancer Inst., 59: 1747-1749.

———, 1984. Factors influencing methylazoxymethanol acetate initiation of liver tumors in *Oryzias latipes:* carcinogen dosage and time of exposure. Natl. Cancer Inst. Monogr., 65: 345-351.

———, 1978. メダカ胚および稚魚に対するカドミウムの効果. 動物学雑誌, 8: 91-97.

——— and H. Matsudaira, 1979. Effects of post-treatment with caffeine on the induction of liver tumors after MAM acetate treatment in a teleost, *Oryzias latipes*. Natl. Inst. Radiol. Sci. Ann. Rept. (NIRS-19, 1979), 37-38.

———, Y. Nakatsuru, J. Sakurai, A. Sato, P. Masahito and T. Ishikawa, 1993. Age-dependence of O6-methylguanine-DNA methyltransferase activity and its depletion after carcinogen treatment in the teleost medaka (*Oryzias latipes*). Mutat. Res., 293: 225-231.

——— and H. Umeura, 1970. Cell types in the pituitary of the medaka, *Oryzias latipes*. Endocrinol. Japon., 17: 45-55.

Baldwin, L.A., P.T. Kostecki and E. J. Calabrese, 1993. The effect of peroxisome proliferators on S-phase synthesis in primary cultures of fish hepatocytes. Ecotoxicol. Environ. Saf., 25: 193-201.

Briggs, J. C. and J. G. Wilson, 1959. Comparison of the teratogenic effects of trypan blue and low temperature in medaka fish (*Oryzias latipes*). Quart. J. Florida Acad. Sci., 22: 54-68.

Bradbury, S. P., 1993. Toxicokinetics and metabolism of aniline and 4-chloroaniline in medaka (*Oryzias latipes*). Toxicol. Appl. Pharmacol., 118: 205-214.

Braunbeck T. A., 1992. Ultrastructural alterations in liver of medaka (*Oryzias latipes*) exposed to diethylnitrosamine. Toxicol. Pathol., 20: 179-196.

Brittelli, M. R., H. H. Chen and C. F. Muska, 1985. Induction of branchial (gill) neoplasms in the medaka fish (*Oryzias latipes*) by *N*-methyl-*N′*-nitro-*N*-nitrosoguanidine. Cancer Res., 45: 3209-3214.

Bunton, T. E., 1990. Hepatopathology of diethylnitrosamine in the medaka (*Oryzias latipes*) following short-term exposure. Toxicol. Pathol., 18: 313-323.

———, 1991. Ultrastructure of hepatic hemangiopericytoma in the medaka (*Oryzias latipes*). Exp. Mol. Pathol., 54: 87-98.

———, 1993. The immunocytochemistry of cytokeratin in fish tissues. Vet. Pathol., 30: 418-425.

———, 1994. Intermediate filament reactivity in hyperplastic and neoplastic lesions from medaka (*Oryzias latipes*). Exp. Toxicol. Pathol., 46: 389-396.

———, 1995. Expression of actin and desmin in experimentally induced hepatic lesions and neoplasms from medaka (*Oryzias latipes*). Carcinogenesis, 16: 1059-1063.

———, 1996. *N*-methyl-*N′*-nitro-*N*-nitrosoguanidine-induced neoplasms in medaka (*Oryzias latipes*). Toxicol. Pathol., 24: 323-330.

———, 1996. Reactivity of tissue-specific antigens in *N*-methyl-*N′*-nitro-*N*-nitrosoguanidine-induced neoplasms and normal tissues from medaka (*Oryzias latipes*). Toxicol. Pathol., 24: 331-338.

Cantrell, S. M, 1996. Embryotoxicity of 2,3,7,8-tetrachlorodibenzo-*p*-dioxin (TCDD): the embryonic vasculature is a physiological target for TCDD-induced

DNA damage and apoptotic cell death in medaka (*Oryzias latipes*). Toxicol. Appl. Pharmacol., 141: 23-34.

Chatani, M., A. Mantoku, K. Takeyama, D. Abdweli, Y. Sugamori, K. Aoki, K. Ohya, H. Suzuki, S. Uchida, T. Shimura, Y. Kono, F. Tanigaki, M. Shirakawa, Y. Takano and H. Uchida, 2015. Microgravity promotes osteoclast activity in medaka fish reared at the international space station. Sci. Rep. S. 14172.

Chen, H. C., 1996. Neoplastic response in Japanese medaka and channel catfish exposed to N-methyl-N′-nitro-N-nitrosoguanidine. Toxicol. Pathol., 24: 696-706.

Cohen, C., A. Stiller and M. R. Miller, 1994. Characterization of cytochrome P4501A induction in medaka (*Oryzias laptipes*) by samples generated from the extraction and processing of coal. Arch. Environ. Contam. Toxicol., 27: 400-405.

Crawford, L., 1993. Steroidal alkaloid toxicity to fish embryos. Toxicol. Lett., 66: 175-181.

蛯谷宗哲・水野復一郎，1962. 変温動物の温度適応の解析 Ⅳ. 動物学雑誌，71: 386.

Egami, N. and K. Hosokawa, 1973. Responses of the gonad to environmental changes in the fish, *Oryzias latipes*. *In* “Responses of fish to environmental changes” (Chavin, ed.). Charles C. Thomas Publ., 279-301.

Enami, M., S. Miyashita and K. Imai, 1956. Studies in neurosecretion. Ⅸ. Possibility of occurrence of a sodium-regulating hormone in the caudal neurosecretory system of teleosts. Endocrinol. Japan., 3: 280-290.

江藤久美，1990. 個体・組織に対する放射線影響．メダカの生物学（江上信雄・山上健次郎・嶋昭紘編），pp. 219-233.

————, Y. Hyodo-Taguchi, and N. Egami, 1973. Responses of the cell renewal system of fish to ionizing radiation at different temperatures. *In* “Responses of fish to environmental changes” (Chavin, ed.). Charles C. Thomas Publ., 302-314.

Fabacher, D. L, 1991. Contaminated sediments from tributaries of the Great Lakes: chemical characterization and carcinogenic effects in medaka (*Oryzias latipes*). Arch. Environ. Contam. Toxicol., 21: 17-34.

Fluck, F.A., K.L. Krok, B.A. Bast, S.E. Michaud and C.E.Kim, 1998. Gravity influences the position of the dorsoventral axis in medaka fish embryos (*Oryzias latipes*). Develop Growth Differ., 40: 509-518.

福田博業，1955. 水産動物に対する有害物質に関する研究－Ⅰ. 有害度の測定方法について. Bull. Japan. Soc. Sci. Fish., 21: 486-491.

福井時次郎・小川良徳，1957. 石川県地方産野生メダカの臀鰭軟条数の変異. 動物学雑誌，66: 151.

Harada, T., 1991. Spontaneous ovarian tumour in a medaka (*Oryzias latipes*). J. Comp. Pathol., 104: 187-193.

Haruta, K., T. Yamashita and S. Kawashima, 1991. Changes in arginine vasotocin content in the pituitary of the medaka (*Oryzias latipes*) during osmotic stress. Gen. Comp. Endocrinol., 83: 327-336.

Hatanaka, J., 1982. Usefulness and rapidity of screening for the toxicity and carcinogenicity of chemicals in medaka, *Oryzias latipes*. Jpn. J. Exp. Med., 52: 243-253.

Hawkins, W. E., 1986. Intraocular neoplasms induced by methylazoxymethanol acetate in Japanese medaka (*Oryzias latipes*). J. Natl. Cancer Inst., 76: 453-465.

————, 1990. Carcinogenic effects of some polycyclic aromatic hydrocarbons on the Japanese medaka and guppy in waterborne exposures. Sci. Total Environ., 94: 155-167.

Heath, A. G., 1993. Sublethal effects of three pesticides on Japanese medaka. Arch. Environ. Contam. Toxicol. 25: 485-491.

Hinton DE, 1984 Effect of age and exposure to a carcinogen on the structure of the medaka liver: a morphometric study. Natl. Cancer Inst. Monogr., 65: 239-249.

Hiraoka, Y., 1990. Toxicity of fenitrothion degradation products to medaka (*Oryzias latipes*). Bull. Environ. Contam. Toxicol., 44: 210-215.

———— and H. Okuda, 1984. A tentative assessment of water pollution by the medaka egg stationing method: Aerial application of fenitrothion emulsion. Environm. Res., 34: 262-267.

Hoffman, R. B., G. A. Salinas, J. F. Boyd, R. J. von Baumgarten and A.A. Baky, 1978. Aviat. Space Environ. Med., 49: 576-581.

Holcombe, G. W., 1995. Acute and long-term effects of nine chemicals on the Japanese medaka (*Oryzias latipes*). Arch. Environ. Contam. Toxicol., 28: 287-297.

細田和雄，1958. メダカとグッピーの潜在学習に及ぼす水温の影響．日本心理学雑誌，29: 48-58.

Hsu, H.H., L.Y.Lin, Y.C. Tseng, J.L. Horn, and P.P. Hwang, 2014. A new model for fish ion regulation: identification of ionocytes in freshwater- and seawater-acclimated medaka (*Oryzias latipes*). Cell Tissue Res., 357: 225-243.

Huang, Y., 1986. Bioaccumulation of ^{14}C-hexachlorobenzene in eggs and fry of Japanese medaka (*Oryzias latipes*). Bull Environ. Contam. Toxicol., 36: 437-443.

Hyodo-Taguchi, Y., 1993. Vertebral malformations in medaka (teleost fish) after exposure to tritiated water in the embryonic stage. Radiat. Res., 135: 400-404.

——— and N. Egami, 1976. Cell population change in initiation spermatogenesis following exprosure to high temperature during sexually inactive seasons in the teleost, *Oryzias latepes*. Annot. Zool. Japon., 49: 96-104.

——— and H. Matsudaira, 1984. Induction of transplantable melanoma by treatment with *N*-methyl-*N′*-nitro-*N*-nitrosoguanidine in an inbred strain of the teleost *Oryzias latipes*. J. Natl. Cancer Inst., 73: 1219-1227.

Ijiri, K., 1987a. Developmental biology studies of fish in space. *In* "The proceedings of the first NASA-Japan space biology workshop" (NASA, ISAS and NASDA, eds.). pp. 107-116.

———, 1987b. ロケット搭載を想定してのメダカの産卵および胚発生（SFUによる魚類発生実験）．日本宇宙生物科学会，第一回大会議講演論文集，pp. 115-123.

———, 1995a. 宇宙メダカ実験のすべて．RICUT. pp. 57.

———, 1995b. Medaka fish had the honor to perform the first successful vertebrate mating in space. Fish Biol. J. Medaka, 7: 1-10.

———・河崎行繁・水谷　広，1987. 宇宙放射線の生物の発生に及ぼす影響．Proc. 4th Space Utiliz. Symp., 131-133.

———, R. Mizuno and H. Eguchi, 2003. Use of an otolith-deficient mutant in studies of fish behavior in microgravity. Adv. Space Res., 32 (8): 1501-1512.

Ikeda. Y., 1934. Change of body weight of *Oryzias latipes* in anisotonic media. J. Fac. Sci., Tokyo Univ., Ⅳ, 3: 505-507.

井上忠明，1974. ヒメダカの産卵と密度効果．遺伝，28: 17-22.

———, 1979. Importance of hepatic neoplasms in lower vertebrate animals as a tool in cancer research. J. Toxicol. Environ. Health, 5: 537-550.

Ishikawa, T., 1975. Histologic and electron microscopy observations on diethylnitrosamine-induced hepatomas in small aquarium fish (*Oryzias latipes*). J. Natl. Cancer Inst., 55: 909-916.

伊東鎮雄・佐々木直井，1954. 淡水及び海のメダカの海水中における受精の差異について．動物学雑誌，63: 419-420.

岩松鷹司・斉藤弘治・村松時夫・天野保幸・大林芳美・斉藤裕子　1983. 愛知県内のメダカの生息分布調査．愛知教育大学研究報告，32（自然科学編）: 131-143.

———・半谷 徹，1989. メダカの種間にみる温度及び海水に対する耐性の差異．愛知教育大学研究報告，38: 101-107.

———・山高育代，1996. 愛知県内のメダカの生息状況と水域の調査．愛知教育大学研究報告，45（自然科学）: 41-56.

岩尾泰次郎，1936. 諸種金属ノ毒性ニ関スル比較研究．実験薬物学雑誌，10: 357-380.

Iwasaki, S., 1952. On the Golgi apparatus, alkaline phosphatase and protein of liver cells of a fish (*Oryzias latipes*) during starvation. Ⅱ. On an alkaline phoshatase. Folia Anat. Japon., 24: 187-191.

———, 1953. On the Golgi apparatus, alkaline phosphatase and protein of liver cells of a fish (*Oryzias latipes*) during starvation. Ⅲ. On protein. Folia Anat. Japon., 25: 13-18.

Johnson, H.E., 1967. The effects of endrin on the reproduction of freshwater fish (*Oryzias latipes*). Diss Abstr., 28B, 1747-1748.

定塚謙二，1969. メダカの鰓における塩細胞．動物学雑誌，78: 16.

———, 1976. Adaptation of gill adenosinetriphosphatase in the euryhaline teleost, medaka (*Oryzias latipes*). Ann. Sci., Kanazawa Univ., 13: 81-90.

――――, 1978. メダカの血漿Naと環境水の無機化学的要因. 動物学雑誌, 87: 418.

――――, 1982. 魚類の血漿濃度の変動と環境水の無機化学的要因. 動物学雑誌, 91: 431.

――――, 安達博文, 1976. メダカの低pH環境水に対する耐性とそれに関わる二, 三の要因. 動物学雑誌, 85:389.

――――・――――, 1977. メダカの耐酸性の環境生理学Ⅱ. 環境水の無機化学的要因と血液の性状. 動物学雑誌, 86:412.

―――― and S. Futatsuka, 1964. The effect of Ca on the salinity tolerance and the ^{36}Cl uptake of the fresh water teleost, *Oryzias latipes*. Ann. Sci. Col. Lib. Arts, Kanazawa Univ., 1: 27-32.

―――― and H. Adachi, 1979a. Environmental physiology on the pH tolerance of teleost. Ⅰ. Some inorganic factors affecting the survival of medaka, *Oryzias latipes*, exposed to low pH environment. Jap. J. Ecol., 29: 221-227.

―――― and ――――, 1979b. Environmental physiology on the pH tolerance of teleost. 2. Blood properties of medaka, *Oryzias latipes*, exposed to low pH environment. Annot. Zool. Japon., 52: 107-113.

――――・益子帰来也, 1962. 魚類における^{36}Cl摂取と溶存Caとの関係. 動物学雑誌, 71: 42.

―――― 森譲治, 1980. メダカに対する溶在カドミウムの影響に関する環境生理学的研究. 動物学雑誌, 89: 431.

門 洋一・百々研次郎, 1970. メダカのNa effluxについて. 動物学雑誌, 79: 336.

―――― and ――――, 1971. Sodium efflux in the medaka (*Oryzias latipes*) adapted to salt water. J. Sci., Hiroshima Univ., (B-1), 23: 215-228.

笠井貞敏・浅井輝信・金平正碩, 1970. メダカに対する金属の致死濃度. 愛知学院大学論叢(一般教育研究), 18: 87-103.

Kaur, R., 1996. Toxicity test of Nanji Island landfill (Seoul, Korea) leachate using Japanese medaka (*Oryzias latipes*) embryo larval assay. Bull. Environ. Contam. Toxicol., 57: 84-90.

金関正彦・矢崎幾蔵, 1962. シオミズメダカの産卵と発生. 日本動物学会中国四国支部会報, 14: 6.

河合育子・門 洋一, 1976. メダカ, ワキンの腸形態に与えるコーチソルおよびプロラクチンの影響. 動物学雑誌, 85: 527.

――――・――――, 1977. メダカ, コイ, ワキンのアルカリホスファターゼアイソザイムパターンの塩水適応による変動. 動物学雑誌, 86: 418.

―――― 中根一芳, 1981. メダカおよびキンギョの希釈人工海水中における水飲料. 動物学雑誌, 90:536.

Kawamoto, N., Y. Kondo and T. Nishii, 1958. On the salt adaptation of medaka *Oryzias latipes* (T. et S.) with reference to the influence of thyroid hormone and anti-thyroid agents. Jap. J. Ecol., 8: 1-6.

川尻 稔, 1948. ヒメダカの繁殖率に及ぼす群居密度の影響. 日本水産学会誌, 15: 166-172.

Kelluner, K. R. and J. B. Hamilton, 1973. Apparatus development of aquatic embryos in controlled environments under continuous observation. Copeia, 1973: 809-810.

Khan, K. V. and Y. Hiyama, 1963. Mutual effect of Sr-Ca upon their uptake by fish and freshwater plants. Rec. Oceanogr. Wks. Japan N. S., 7: 107-122.

Kikuchi, S., A. Imaizumi and N. Egami, 1983. The effect of the temperature on the immunologic memory against allograft transplantation in the fish *Oryzias latipes*. J. Fac. Sci., Univ. Tokyo, Ⅳ, 15 (3): 325-328.

Kyono, Y., 1977. The effect of temperature during the diethylnitrosamine treatment on liver tumorigenesis in the fish, *Oryzias latipes*. Eur. J. Cancer., 13: 1191-1194.

――――, 1978. Temperature effects during and after the diethylnitrosamine treatment on liver tumorigenesis in the fish, *Oryzias latipes*. Eur. J. Cancer., 14: 1089-1097.

Lindsey, C. C. and M. Y. Ali, 1965. The effect of alternating temperature on vertebral count in the medaka (*Oryzias latipes*). Can. J. Zool., 43: 99-104.

―――― and ――――, 1971. An experiment with medaka, *Oryzias latipes*, and a critique of the hypothesis that teleost egg size controls vertebral count. J. Fish. Res. Board Can., 28: 1235-1240.

―――― and A. N. Arnason, 1981. A model for responses of vertebral numbers in fish to environments influences during development. Can. J. Fish. Aquat. Sci., 38: 334-347.

Lauren, D. J., S. J. Teh and D. E. Hinton, 1990. Cytotoxicity phase of diethylnitrosamine-induced hepatic neoplasia in medaka. Cancer Res., 50: 5504-

5514.

Llewellyn, G. C., 1977. Aflatoxin B1 induced toxicity and teratogenicity in Japanese medaka eggs (*Oryzias latipes*). Toxicon., 15: 582-587.

Machida, T., 1973. A note on the effects of environment upon behavior of the teleost, *Oryzias latipes*. *In* "Responses of fish to environmental changes" (Chavin. ed.). Charles C. Thomas Publ., 270-278.

益子帰来也・定塚謙二，1962. 魚類の鰓における粘液分泌細胞．能登臨海実験所年報，2: 1-8.

増田　晃，1952a. メダカの第二次性徴に関する研究．Ⅰ．第二次性徴消失と塩分濃度の関係．高知大学学術研究報告，1: 1-15.

————，1952b. メダカの第二次性徴に関する研究．Ⅱ．第二次性徴出現と塩分濃度の関係．高知大学学術研究報告，1: 49-56.

松平寛通・青木一子・道端　斉・江川　薫・田口泰子，1975. 発言: メダカに対するフリールフラマイドの影響．日本医師会雑誌，74: 936-939.

松江吉行・遠藤拓郎・田畑健二，1957. 致死濃度以下のパラチオンが水産動物に及ぼす影響．Bull. Japan. Soc. Sci. Fish., 23: 358-362.

松井喜三，1940a. 適温範囲内に於けるメダカ胚発育と温度との関係に就いて．動物学雑誌，52: 380.

————，1940b. メダカに於ける温熱抵抗の季節的変化．動物学雑誌，52: 385-389.

McCarthy, J. F., H. Gardner, M. J. Wolfe and L. R. Shugart, 1991. DNA alterations and enzyme activities in Japanese medaka (*Oryzias latipes*) exposed to diethylnitrosamine. Neurosci. Biobehav. Rev., 15: 99-102.

McDonald, D. G., J. Freda, A. Cavdek, R. Gonalez and S. Zia, 1991. Interspecific differences in gill morphology of freshwater fish in relation to tolerance of low-pH environments. Physiol. Zool., 64: 124-144.

Michibata, H. and R. Hori, 1979. The accumulation of manganese from the environmental medium by the egg of *Oryzias latipes*. J. Cell. Physiol., 98: 241-243.

————, 1981. Effect of water hardness on the toxicity of cadmium to the egg of the teleost *Oryzias latipes*. Bull. Environ. Contam. Toxicol., 27: 187-192.

————, 1986. Effects of calcium and magnesium ions on the toxicity of cadmium to the egg of the teleost, *Oryzias latipes*. Environ Res., 40: 110-114.

Minamitani, S., 1953a. Cytological and cytochemical changes of liver cells of an osseous fish caused by the alternation of water temperature. Ⅰ. On alkaline and acid phosphatase. Folia Anat. Japon., 25: 19-21.

————, 1953b. Cytological and cytochemical changes of liver cells of an osseous fish caused by the alternation of water temperature. Ⅱ. On polysaccharide and protein. Folia Anat. Japon., 25: 23-25.

————, 1953c. Cytological and cytochemical changes of liver cells of an osseous fish caused by the alternation of water temperature. Ⅲ. Cytological study. Folia Anat. Japon., 25: 111-116.

Mitani H. and A. Shima, 1995. Induction of cyclobutane pyrimidine dimer photolyase in cultured fish cells by fluorescent light and oxygen stress. Photochem. Photobiol., 61: 373-377.

水野復一郎・蛯谷米司・赤蔵　圭・多田　敏・酒井俊男・原田郁生，1960. メダカの温度適応の解析Ⅰ．動物学雑誌．69: 60.

————・————・原田郁生，1961. メダカの温度適応の解析Ⅱ．動物学雑誌，70: 28.

Miyamoto, T., T. Machida and S. Kawashima, 1986. Influence of environmental salinity on the development of chloride cells of freshwater and brackish-water medaka, *Oryzias latipes*. Zool. Sci., 3: 859-865.

Miyanishi, H., M. Inokuchi, S. Nobata and T.Kaneko, 2016. Past seawater experience enhances seawater adaptability in medaka, *Oryzias latipes*. Zool. Let., 2:12-22.

森　巌，1954a. メダカ*Oryzias latipes*の生活環境に対する無機イオンの作用について．動物学雑誌，63: 133.

————，1954b. メダカ*Oryzias latipes*の生活環境に対する無機イオンの作用について　Ⅱ．動物学雑誌，63: 449.

————，1956. メダカ*Oryzias latipes*の生活環境に対する無機イオンの作用について　Ⅲ．動物学雑誌，65: 127.

————，1957. メダカ*Oryzias latipes*の生活環境に対する無機イオンの作用について　Ⅳ．尿素の排出と神経液．動物学雑誌．66: 102.

————，1960. メダカ*Oryzias latipes*の生活環境に対する無機イオンの作用について　Ⅴ．色素の行動．動物学雑誌，69: 36-37.

Nagahama, Y. and K. Yamamoto, 1971. Cytological

changes in the prolactin cells of medaka, *Oryzias latipes* along with the change of environmental salinity. Bull. Jap. Soc. Sci. Fish., 37: 691-698.

Nakamura, Y., 1952. Some experiments on the shoaling reaction in *Oryzias latipes* (Temminck and Schlegel). Bull. Jap. Soc. Fish., 18: 93-101.

Nakazawa, T., 1985. Histochemistry of liver tumors induced by diethylnitrosamine and differential sex susceptibility to carcinogenesis in *Oryzias latipes*. J. Natl. Cancer Inst., 75: 567-573.

Niihori, M., Y. Mogami, N. Naruse and S.A. Baba, 2004. Development and swimming behavior of Medaka fry in a space flight aboard the space shuttle Columbia (STS-107). Zool. Sci., 21: 923-931.

西内康浩, 1971. 農薬製剤の数種淡水産動物に対する毒性 — X. 水産増殖, 19: 129-132.

————, 1974. 農薬製剤の数種淡水産動物に対する毒性 — XX. 水産増殖, 21: 127-130.

———— and Y. Hashimoto, 1967. Toxicity of pesticide ingredients to some fresh water organisms. Botyu Kagaku Bull. Inst. Insect Contr., 32: 5-11.

Ogawa, N. M., 1971. Effect of temperature on the number of vertebrae with special reference to temperature-effective period in the medaka (*Oryzias latipes*). Annot. Zool. Japon., 44: 125-132.

尾崎久雄, 1961. メダカの食塩水への抵抗力の$CaCl_2$による増大. 科学, 31: 594-595.

————, 1963. Lethal doses of PCP-Na in fishes. J. Fac. Fish., Univ. Mie, 6: 1-25.

Ortego, L. S, 1994. Early life-stage effects in medaka (*Oryzias latipes*) following *in ovo* exposure to polyamine biosynthetic inhibitors. Ecotoxicol. Environ. Saf., 28: 329-339.

Renn, J., D. Seibt, R. Goerlich, M. Schartl and C. Winkler, 2006. Simulated microgravity upregulates gene expression of the skeletal regulator Core-binding Factor α1/Runx2 in Medaka fish larvae *in vivo*. Adv. Space Res., 38: 1025-1031.

Sakaizumi, M., 1980a. Effect of mercury compounds on adult fish and fry of the medaka, *Oryzias latipes*. J Fac. Sci., Univ. Tokyo, Ⅳ, 14: 361-368.

————, 1980b. Effect of inorganic salts on mercury-compound toxicity to the embryos of the medaka, *Oryzias latipes*. J. Fac. Sci., Univ. Tokyo, Ⅳ, 14: 369-384.

————, 江上信雄, 1978. 水中水銀化合物のメダカに対する影響. 動物学雑誌, 87: 485.

————, ————, 1979. 水銀化合物のメダカ成魚器官および胚への蓄積について. 動物学雑誌, 88: 610.

————, K. Moriwaki and N. Egami, 1983. Allozymic variation and regional differentiation in the wild populations of the fish *Oryzias latipcs*. Copcia, 1983, 311-318.

佐原健二・小嶋 学・道端 斉, 1985. 魚類におけるカドミウムの毒性と環境要因の影響. 生態化学, 7: 27-32.

佐々木直井・伊東鎮雄, 1961a. 海棲メダカの研究 Ⅰ. 野外観察. 動物学雑誌, 70: 188-191.

————・————, 1961b. 海棲メダカの研究 Ⅱ. 淡水メダカの海水適応. 動物学雑誌, 70: 192-195.

————・————, 1962. 海棲メダカの研究 Ⅲ. 受精並びに発生に対する塩分濃度の影響. 動物学雑誌, 71: 143-147.

Scarano, L. J., 1994. Evaluation of a rodent peroxisome proliferator in two species of freshwater fish: rainbow trout (*Onchorynchus mykiss*) and Japanese medaka (*Oryzias latipes*). Ecotoxicol. Environ. Saf. 29: 13-19.

志柿智子・平野哲也・内田清一郎, 1969. メダカの脳下垂体除去と浸透圧調節. 動物学雑誌, 78: 394.

Sekizawa, Y., K. Umemura, M. Shimura, A. Suzuki and T. Kikuchi, 1975. Residue analyses on 2-amino-4-phenylthiazole, a piscine anesthetic, in fishes. I. A model radiotracer experiment with medaka. Bull. Jpn. Soc. Sci. Fish., 41: 449-458.

Shima, A. and A. Shimada, 1994. The Japanese medaka, *Oryzias latipes*, as a new model organism for studying environmental germ-cell mutagenesis. Environ. Health Perspect., 102: 33-35.

Shimada, Y., 1985. Induction of thermotolerance in fish embryos *Oryzias latipes*. Comp. Biochem. Physiol., 80A: 177-181.

————, N. Egami and A. Shimada, 1985a. Comparison of cold, heat and radiation sensitivities of the fish embryos among the genus *Oryzias*. Comp. Biochem. Physiol., 82A: 815-818.

————, ———— and ————, 1985b. Effect of heat on radiosensitivity at different developmental stages of embryos of the fish *Oryzias latipes*. Int.

J. Radiat. Biol., 48: 505-512.

白井 健, 1937. メダカの胚体発育に及ぼす温度の影響に就いて. 動物学雑誌, 35: 202-210.

鈴木 明・菊山 栄・安増郁夫, 1971. ヒメダカの海水適応. 動物学雑誌, 80: 399.

Tachikawa M, 1991. Differences between freshwater and seawater killifish (*Oryzias latipes*) in the accumulation and elimination of pentachlorophenol. Arch. Environ. Contam. Toxicol., 21: 146-151.

Tadokoro, H., 1991. Aquatic toxicity testing for multicomponent compounds with special reference to preparation of test solution. Ecotoxicol. Environ. Saf., 21: 57-67.

田端健二, 1972. ヒメダカを供試魚とするTLm標準試験法の提案. 用水と排水, 14: 51-56.

田口茂敏, 1976. 薬物耐性より見たメダカの地方差 I. 比較条件と1・2の薬物の結果について. 動物学雑誌, 85: 469.

———, 1977. 薬物耐性より見たメダカの地方差 II. 動物学雑誌, 86: 522.

———, 1980. 薬物耐性より見たメダカの地方差 III. 生態化学, 3: 68-72.

田口泰子, 1985. メダカの近交系の作出とその応用. 遺伝, 39: 18-21.

———, 松平寛通, 1981. メダカ胚に対する化学発癌剤 MNNG の影響. 動物学雑誌, 90: 452.

———・———, 1982. メダカ胚に対する化学発癌剤 MNNG の影響. II. 腫瘍発生について. 動物学雑誌, 91: 364.

高岡 實・安藤一三, 1950. メダカ*Oryzias latipes*の生存可能海水濃度範囲と海水適応 予報. 医学と生物学, 17: 313-316.

立石新吉・山下秀夫, 1956. メダカ*Oryzias latipes* (T. & S.)の塩水適応に関する組織生理学的研究. 動物学雑誌, 65: 194-197.

田村 保, 1978. 魚類の生理学概論. 恒星社厚生閣.

寺尾 新・田中友三, 1928. メダカの産卵に及ぼす群居密度の影響. 水産講習所報告, 24: 52-53.

Tonogai, Y., 1978. Biochemical decomposition of coal-tar dyes. II. Acute toxicity of coal-tar dyes and their decomposed products. J. Toxicol. Sci., 3: 205-214.

———, 1982. Actual survey on TLm (median tolerance limit) values of environmental pollutants, especially on amines, nitriles aromatic nitrogen compounds and artificial dyes. J. Toxicol. Sci., 7: 193-203.

Toshima, Y., 1992. Effects of polyoxyethlene (20) sorbitan monooleate on the acute toxicity of linear alkylbenzenesulfonate (C12LAS) to fish. Ecotoxicol. Environ. Saf., 24: 26-36.

Tsukuda, T., 1952a. On the mitochondria, ribonucleic acid, phosphatase and polysaccharide of liver cells of a fish (*Oryzias latipes*) during starvation. I. On the mitochondria and ribonucleic aicd. Folia Anat. Japon., 24: 96-102.

———, 1952b. On the mitochondria and ribonucleic acid, phosphatase and polysaccharide of liver cells of a fish (*Oryzias latipes*) during starvation. II. On acid phosphatase. Folia Anat. Japon., 24: 103-106.

———, 1952c. On the mitochondria, ribonucleic acid, phosphatase and polysaccharide of liver cells of a fish (*Oryzias latipes*) during starvation. III. On polysaccharide. Folia Anat. Japon., 24: 291-293.

Tsukuda, H., 1961. Temperature acclimatization on different organization levels in fishes. J. Biol., Osaka City Univ., 12: 15-45.

———, 1962. 淡水魚の心臓搏動にみられる温度順応. 動物学雑誌, 71: 46.

———, 1968. 実習のてびき15. 魚の心臓搏動の温度依存性. 生理生態, 15: 145-148.

———・片山トシ子, 1957. 魚類の温度適応. I. 温度耐性, 成長速度及び体形に及ぼす飼育温度の影響. 生理生態, 7: 113-122.

———・———, 1958. 魚類の温度抵抗性, 成長速度および体形に及ぼす飼育温度の影響. 動物学雑誌, 67: 37.

植松辰美・矢崎幾蔵, 1962. シオミズメダカの産卵と発生. 香川大学学芸学部研究報告, 第II部 第115号, 1-6.

Wagner, T.U., J. Renn, T. Riemensperger, J.-N., Volff, R.W. Koster, R. Goerlich, M. Schartl and C. Winkler, 2003. The teleost fish Medaka (*Oryzias latipes*) as genetic model to study gravity dependent homeostasis in vivo. Adv. Space Res., 32: 1459-1465.

Yamamoto, T., 1941. The osmotic properies of the egg of fresh-water. J. Fac. Sci., Imp. Univ. Tokyo, Ser. IV, 5: 461-472.

柳島静江・森 主一, 1957a. 魚類の適応変異に関する研究. 1. メダカの塩水適応 第1報 野外観察. 動雑. 66：351-358.
————・————, 1957b. 魚類の適応変異に関する研究. 1. メダカの塩水適応 第3報 野外観察. 動雑. 66：359-366.

Ⅷ. メダカの棲息と自然環境

1999年2月18日, 環境庁によって公表されたレッドデータブックにメダカが絶滅危惧種として掲載されて以来, 多くの場でメダカの絶滅を危ぶむ原因が論じられるようになった。しかし, 話題はメダカの絶滅に論点があるのではなく, その絶滅をも危惧させる自然の環境悪化に向けられて, 議論の盛り上がりをみせているのである。これまで人間の欲望を満たす経済発展に重きを置く政策が地球全域にまで及び, ますます表面化しつつある人間社会および自然環境の悪化は, 次代を背負う子供の人間形成のため基本教育を軽視しているところに根源があり, 根深い。消費拡大に期待する経済発展は 人間社会から広がる大気の物質汚染・温暖化, 砂漠化などをもたらす自然の破壊や無秩序な改造を助長してきた。人間がなす自然の無秩序化に対して自然自体が是正するかのような洪水や人的災害を招き, さらには情報・輸送系の迅速化によってもたらされる種々の化学物質や他の地域の病原菌・生き物は地球規模で急速に拡散している。繁殖力があるはずのメダカの絶滅は, そうした地球規模での環境変化の指標として把握されるべきものであろう。

アジアの固有種であるメダカは, アジアの各地域でその繁殖に適した棲息域を失いつつある。メダカが棲める水域の減少の背景には, 例えば, 水辺の宅地化・道路造成や農地・漁業の形態変化などがある。利便性, 快楽性と安全性のためになされる河川や沼沢域の改造や田畑のパイプライン化による土と水の分離は, 水辺の減少に追い打ちをかけるように, メダカなど水生生物の繁殖域を消滅させているのである。島国であるのに外来種輸入に厳しい法的規制がなされておらず, また管理できなくなった外来種のペットの放置, またフィッシングや蚊の撲滅のための外来種の放流もなされており, 日本在来の生態系を破壊し, 水生生物相を変化させている。

1. メダカを用いた内分泌攪乱化学物質に関する研究

地球は唯一水を保有する天体と考えられている。その水の汚染が種々の化学物質を創造する人類の出現によって続いている。すべての生き物のからだは水という媒体を介して起こる高次の反応系であるがゆえに, 化学物質による水の汚染は, 生き物に代謝異常をもたらして致死的事態を招くことになる。すなわち, 化学物質は地球という半ば閉鎖的な環境に充満し, 能動輸送の特性をもつさまざまな生き物の体内に濃縮されている。さらに, それらは階層構造をなす食物連鎖によって高次消費者のからだにより加速的に高濃度に濃縮されて生体機能に不調をもたらす結果になっている。レイテル・カーソンの『沈黙の春』(1962) によって話題になったように, これまで殺虫剤, 除草剤や洗剤そして車や工場の排ガスはもとより, 種々の化学工業の生産物やその廃棄物に含まれる成分が生体に毒性をもつ環境汚染物質として指摘されてきた。

私たち脊椎動物の原型としての構造・機能をもつ魚類は, 水の中に棲み, 化学物質の有害性を解明するのに好都合な動物である (江上, 1981)。生化学的パラメーター及び表現形質に変化を生じる内分泌修飾 (かく乱) 物質に対して高感度のテスト種を用いる。有害性の種差を明らかにしさえすれば, メダカ, ゼブラフィッシュやファットヘッドミノーなどの小形で, 世代が短くて飼育が容易である魚類が毒性試験に適している。メダカについては「生態影響試験ハンドブック」(日本環境毒性学会, 2003) に尾里・若松, 大島・横田, 萩野, 柏田の諸氏が紹介している。これらの一世代が短い魚類では, 年間一世代ばかりではなく, 数世代にみる長期試験が可能である。評価に用いられているエンドポイントには, 生存力, 成長, 性比, 生殖力, 胚損傷, 発生段階, 生殖巣形態, 肝体指標, 組織病理学, 生化学的パラメーターなどがある (Patyna *et al.*, 1999)。メダカを研究材料として用いる特徴は, これまでの先達の研究者によって集積されたデータが多い点にあるが, 最近の報告書をみると, それらを活用しない, あるいはできない研究者が多いのは極めて残念なことである。

ウエスターとカントン (Wester and Canton, 1986) は受精直後の卵および孵化後1カ月から3カ月の間メダカを殺虫剤である β-HCH (農薬 β-ヘキサクロロシクロヘキサン；β-hexachlorocyclohexane) の0.03-1.0

図10・9　流水式の化学物質曝露装置
容量５リットルのガラス水槽（４連－６濃度），換水率５～６回/日（国立環境研究所　鑪迫典久博士提供）

mg/ℓ水溶液中で飼育すると，雄に精巣卵と卵黄形成が生じる女性ホルモン作用を観察している。また，脳下垂体のTSH産生細胞の増加と甲状腺活動の活性化もみている。その後，女性ホルモン感受性の高いヒトの乳腺腫瘍細胞を用いた体外実験で β-HCHには女性ホルモン活性があることが判明したのである。こうした農薬を含む生活に密着した化学物質は『奪われし未来』(Colborn, Dumanoski and Myers, 1996）にもとりあげられ，特に，それらのうち悪性腫瘍，アレルギーなどの過敏症や内分泌撹乱を引き起こす化学物質，脳神経の形成・発達を阻害する神経毒などが社会問題になってきた。とくに，動物の内分泌を撹乱する化学物質が注目されている。それらの物質が体内でホルモン様の作用をもつ物質であったり，ホルモンの分泌や作用に影響を及ぼすことがわかってきた。内分泌撹乱化学物質endocrine disruptor chamicals (EDCs) の生態への影響は社会環境に及ぼす有害性を評価するという面から，重視されるようになった。初期（1970年中期）の調査において藻類，ミジンコ類や魚など水生生物に対する急性毒性試験を行い，得られた半数致死濃度 median lethal concentration (LC_{50}) をもって毒性を評価する方法が採られた。

既存，あるいは新たに工場で生産されている膨大な種類の化学物質の人体や自然への影響を防御するためには，それらの有害性を迅速かつ簡便に確認する試験法の開発や正しく評価するシステム（リスクアセスメント法）の確立が急務になっている。そこで，日本の化学産業界は米・欧・カナダと共に協力し合って化学物質の健康や環境に与える影響に関する科学的知見を増やし，検査・評価方法の開発に努めている。経済協力開発機構（OECD）も環境問題に力を入れてそれらの化学物質のスクリーニングや試験方法の開発を行っている。1980年代後半から，OECDや諸外国では，慢性毒性試験から得られた無影響濃度 non-observed effect concentration (NOEC) や最小影響濃度 lowest-observed effect concentration (LOEC) の値と，不確実係数を用いて，種の感受性分布による95%の種が保存されるときの化学物質濃度 hazardous concentration to 5% of species (HC_5) や予測無影響濃度 predicted no-effect concentration (PNEC) を推測して，化学物質の評価や規制のための目標値を定めるようになった。例えば，ノニルフェノール 4-nonylphenol (4-NP) に曝されたメダカ個体群増殖インパクトに対するPNECは0.82 μg/ℓと 2.10 μg/ℓとの間にある（林ら，2003)。他にも，28日齢幼魚を96時間曝露して，その50%致死値を最大受容毒性濃度 maximum acceptable toxicant concentrations (MATCs) としている例 (Holcombe *et al.*, 1995) もある。自然では，生涯通して性の変換を示さないメダカのような雌雄異体魚 gonochorist を用いて，生殖や性徴を変化させる内分泌攪乱化学物質が数多く知られている。それらの物質は，私たち生物のからだには水を通して作用するので，流水式曝露装置（図10・9）を用いてメダカなど水の中に棲む生き物への影響を見て，それらの物質の有害性を判断・評価する方法の開発が期待されている。

内分泌攪乱化学物質は，微量（ℓ当たりマイクログラムのレベル：$\mu g/\ell$）で水生動物の雄の雌化，特に雌への性転換を誘発する作用をもっている。まだ作用機構はほとんど解明されていないが，植物が作る女性ホルモン以外にも雌性化を引き起こすさまざまな化学物質が調べられている。内分泌攪乱化学物質の生体への影響を調べるのには，それらの物質が主として水に溶解して作用するため，水生生物への影響を指標とするのが得策である。そのため，脊椎動物への影響を調べるのにはメダカ，ファットヘッドミノー，ゼブラフィッシュなどの魚が用いられている。その影響の試験法は，米国ERAやOECDが中心になって各国の機関で提案されている。女性ホルモン作用をもつ物質を調べる方法として，第二次性徴の変化やビテロゲニン（卵黄タンパク質をつくる前駆物質）産生試験が用いられている。この試験は魚の雌が女性ホルモン（エストロゲン）の刺激受けると，肝臓から卵の成長に必要なビテロゲニンを合成するようになることを利用した方法である。卵をつくらない雄の肝臓でも，水やエサの中にある女性ホルモンの刺激を受けると，卵黄タンパク質の前駆物質をつくるから，雄がビテロゲニンをつくれば水中に女性ホルモン作用をもつ物質があるといえる。中には，2-アセチルアミノフルオレン(2-AAF)による肝臓の脂質酸化作用の抑制を調べて，女性ホルモンの作用物質をみている報告もある。

1996年にアメリカ・ミネソタ州のセントポール近くのミシシッピ－川に排出される下水汚物処理施設(STPs)の排水口近くで捕まえた雄コイの血液を調べて，雌の肝臓でしか合成されないビテロゲニンの上昇とテストステロン量の低下が雄に認められたとの報告がなされたのである (Folmer *et al.*, 1996)。その翌年には，イギリスでもSTPの放水路の排出口近くで捕獲した雄ニジマスでもビテロゲニンの合成 (Harries *et al.*, 1997) が認められ，そしてコイ科の雄ローチの精巣にも間性化（精巣卵 testis-ova の形成：Jobling *et al.*, 1998）が観察されている。それに続いて，同国では汚染河口で捕まえた雄ヒラメにもビテロゲニン合成や精巣の間性化が観察された (Allen *et al.*, 1999)。その他，カナダ，ドイツやスウェーデンでも環境水汚染（1-70 ng/Lのエストラジオール-17β，エチニル・エストラジオール，エストリオール，エストロン）による同様な魚の異常が報告されている。こうした都市化した地域におけるSTPから排出される環境エストロゲン（女性ホルモン作用をもつ物質，例えば490ng/LのビスフェノールA）が雄魚の雌化拡大と生殖巣の間性化を引き起こすと思われる。そうした天然や人工合成のエストロゲン，アルキルフェノールエトキシレートのような表（界）面活性剤 surface (interfacial) -active agent とか，プラスチック・合成ゴムに塑性をあたえる可塑剤などの分解産物などに環境ホルモンと呼ばれる内分泌攪乱化学物質が含まれており，現在までメダカを用いてそれらの化学物質のもつ女性ホルモン作用が次のような点について調べられている (Metcalfe *et al.*, 2001)：(1) 初期発生に対する毒性，(2) 生殖巣の発達と第二次性徴，(3) 生殖と交尾行動，(4) 多次世代魚のエストロゲン反応（肝臓のビテロゲニン合成など）の分析。特に，生殖への影響を評価する項目として (1) 生殖細胞の形成と生存，(2) 受精率，(3) 受精卵の状況，(4) 孵化率，(5) 胚・幼生の発達，(6) 性分化を挙げている (Metcalfe *et al.*, 1999)。

Metcalfeら (1997) は，五大湖から採集した魚の体内にppb濃度レベルで検出されるポリクロロジフェニルエーテル polychlorodiphenyl ethers (PCDEs) が魚に有毒であるか否かを調査している。それによると，PCDEは脂溶性の物質で，細胞内のアリルハイドロカーボンリセプター（AhR）に結合して毒作用を示すハロゲン化したアロマチックハイドロカーボン類（HAHs）グループに構造が似ているが，PCDE類の3,3',4,4'-tetrachlorodiphenyl ether，コンジェナー71 (2,3',4',6'-tetrachlorodiphenyl ether)，コンジェナー118 (2,3',4,4',5-pentachlorophenyl ether)，及びコンジェナー105 (2,3,3',4,4'-pentachlorophenyl ether) のうち，3,3',4,4'-tetrachlorodiphenyl ether 以外はすべてにメダカ胚に毒性があることがわかった。

Martley ら (1998) は，環境女性ホルモンの迅速な評価に対する生態毒性学のモデルとしてメダカを用いており，エストラジオール-17βでの48時間処理が生殖巣発達の攪乱を効果的に引き起こすことを提示した。この場合，孵化後間もない生殖巣の未分化の稚魚を25℃で48時間エストラジオール-17βに4.0, 29.4, および115.6 μg/ℓの濃度で処理している。処理後その稚魚を湧き水で2週間飼育して，組織学的に調べたところ，115.6 μg/ℓ区において高い致死が認められた。この実験では，4.0-115.6 μg/ℓのレベルで，雌化もしくは精巣卵が生じることを示した。

ニホンメダカがこうした内分泌攪乱化学物質の影響に関する研究に理想的な試験動物であることは多くの研究者が認めているところである（Metcalfe *et al.*, 1999；Patyna *et al.*, 1999）。魚類の生殖達成に衝撃を与える胚発生の毒性，発生の異常性，生殖巣の分化，第二次性徴の発達，性転換，ビテロゲニン合成の誘起，生殖能力および交尾行動を含むエンドポイント（評価）はメダカを用いて研究されている（Metcalfe *et al.*, 1999; Gray *et al.*, 1999b）。遺伝的に明確な雄メダカを用いれば，女性ホルモン活性をもつ化学物質を水に溶かして精巣の分化中に処理することによって，生殖巣（精巣）にいわゆる精巣卵（図10・10）が誘導されることを明確に示すことができる（Gray and Metcalfe, 1997; Gray *et al.*, 1999a）。エストロゲン受容体を過剰に発現するトランスジェニックメダカを用いれば，野生メダカの１万倍以上の高感度でエストロゲンに対して血管形成異常を示す（山下，2003）ので，エストロゲン作用をもつ化学物質の検出が可能である。山下（2003）によって指摘されているように，このトランスジェニックメダカはエストロゲン作用をもつ環境ホルモンを簡便的，かつ速やかにモニターするのに使用できるだけではなく，血栓発症のメカニズムおよび創薬分野での血管形成阻害物質のバイオアッセイ系のモデル動物として適用できる。

船底用の防食ペイントに用いられているトリブチルスズtributyltin（TBT）の毒性は，河口や淡水系の生物に認められている。Bentivegna と Piatkowski（1998）はメダカ胚をTBTに産卵直後（０日），体節完成期（３日目），そして肝形成期（５日目）に曝露して形態の形成への影響を調べている。それによると，急性の胚致死（96時間），発生速度，孵化率，異常性（孵化直後の眼径，体節数）を毒性評価のエンドポイントとしている。産卵時に曝露した96時間胚のLC_{50}（50%致死をもたらす最低濃度）は159 nMで，この濃度は３日目での360 nM，５日目での340 nMより低かった。亜慢性エンドポイントはTBTの毒性が濃度に関係していること，および0日目に曝露した胚が，５日目の胚より感受性が高いことを示している。孵化率に対する最低効果レベル（LOELs）は36 nM，３日目と５日目で 143 nMであった。さらに，孵化率と異常性を合わせた効果に対するLOELsは，０日目で36 nM，３日

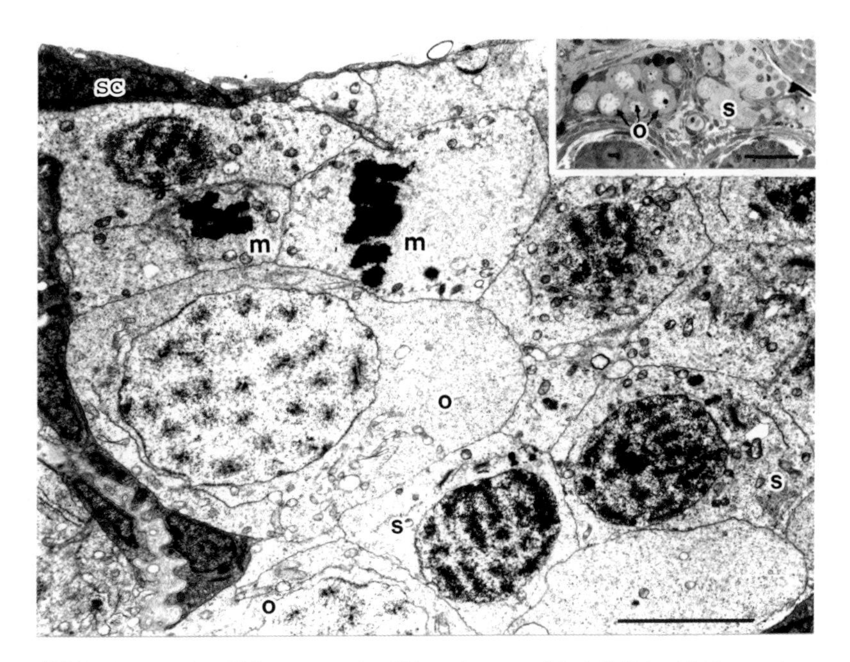

図10・10 エストラジオール−17 β の投与によって生じた精巣卵（体長９mm）

セルトリ細胞（sc）で仕切られた１つのシスト内にシナプトネマ複合体を示す精母細胞（s）と卵母細胞（o）および分裂中期像の精母細胞（m）が見られる電子顕微鏡像．Bar, 5 μm．右上挿入の光学顕微鏡（エポキシ切片）写真にも，卵母細胞（o; 精巣卵）とシスト内の精母細胞（s）を示す．Bar, 20 μm（小林啓邦博士のご厚意による）．

表10・5　内分泌攪乱作用及び発生毒を示す化学物質のメダカによる調査例

内分泌攪乱化学物質	生理活性	誘発効果	最小影響濃度（文献）
エストラジオール-17β	E	TO	4-115.6 μg/ℓ (Martley *et al.*, 1998)
〃	E	EF	3 n mol/ℓ (Shioda & Wakabayashi, 2000)
〃	E	SR	0.1 μg/ℓ (Hagino *et al.*, 2001)
〃	E	TO	4 ng/ℓ (Metcalfe *et al.*, 2001)
〃	E	EF	463 ng/ℓ (Kang *et al.*, 2002)
〃	E	VT	55.7 ng/ℓ (Kang *et al.*, 2002)
〃	E	VT	5 ng/ℓ (田畑ら，2003)
〃	E	IIS, TO	16 ng/ℓ (林ら，2003, 2004)
エストリオール	E	TO	750 ng/ℓ (Metcalfe *et al.*, 2001)
エストロン	E	TO	8 ng/ℓ (Metcalfe *et al.*, 2001)
ジエチルスチルベステロール	E	SR	32 ng/ℓ (Hagino *et al.*, 2001)
エチニルエストラジオール	E	TO	62.5 ng/ℓ (鶴ら，2000)
〃	E	SR	32 ng/ℓ (Hagino *et al.*, 2001)
〃	E	TO	0.03 ng/ℓ (Metcalfe *et al.*, 2001)
〃	E	TO,VT	63.9 ng/ℓ (Seki *et al.*, 2002)
ゲニステイン	E	DP	10 ng/ml (Song & Gutzeit, 2003)
エチルp-ヒドロキシベンゾエート	E	TO,VT	5 ppm（畠山ら，2003)
オクチルフェノール	E	TO	100 μg/ℓ (Gray *et al.*, 1999)
〃	E	YES	87.0 ng/ml (Metcalfe *et al.*, 2000)
〃	E	TO	50 μg/ℓ (Knörr & Braunbeck, 2002)
〃	E	TO,VT	11.4 μg/ℓ (Seki *et al.*, 2003)
4-t-ペンチルフェノール	E	SR	1000 μg/ℓ (Hagino *et al.*, 2001)
〃	E	VT	10 μg/ℓ (Kim *et al.*, 2002)
〃	E	TO	51.1 μg/ℓ (Seki *et al.*, 2003)
〃	E	VT	224 μg/ℓ (Seki *et al.*, 2003)
4-ノニルフェノール	E	TO	50～100 μg/ℓ (Gray & Metcalfe, 1997)
〃	E	YES	317.8 ng/ml (Metcalfe *et al.*, 2000)
〃	E	TO	17.7～51.5 μg/ℓ (Yokota *et al.*, 2001)
〃	E	VT	24.8 μg/ℓ (Kang *et al.*, 2003)
〃	E	TO	101 μg/ℓ (Kang *et al.*, 2003)
〃	E	TO,VT	11.6 μg/ℓ (Seki *et al.*, 2003)
〃	E	VT	50 μg/ℓ (田畑ら，2003)
〃	E	VT	16 μg/ℓ (林ら，2004)
ビスフェノールA	E	TO	837～1,720 μg/ℓ (Kang *et al.*, 2000)
〃	DP	孵化	10 μmol/ℓ (Shioda & Wakabayashi, 2000)
〃	E	TO	1 mg/ℓ (鶴田ら，2000)
〃	E	TO	1,820 μg/ℓ (Yokota *et al.*, 2000)
〃	E	TO	5.9 μg/ℓ (Metcalfe *et al.*, 2001)
〃	E	VT	500 μg/ℓ (田畑ら，2003)
〃	E	TO	1-5ppm (畠山・原田，2004)
ジ-2-エチルヘキシルフタレート	無	−	5 ng/ℓ (Metcalfe *et al.*, 2001)
〃	無 (DP)	−	−1 μmol/ℓ (Shioda &Wakabayashi, 2000)
〃	抗−E	GSI, VTI	10 μg/ℓ (Kim *et al.*, 2002)
β-ヘキサクロロシクロヘキサン	E	TO, VT	0.1～1.0mg/ml (Wester & Canton, 1986)
カータプ	DP	TT	40～250 ppb (Kwak *et al.*, 2000)
o,p'DDT	DP	YES	5,309 ng/ℓ (Metcalfe *et al.*, 2000)

ポリクロロジフェニルエーテル	DP	LD50	10.8 ng/ml (Metcalfe *et al.*, 1997)
〃	E	TO	5～50 μg/ℓ (Metcalfe *et al.*, 2000)
2,3,7,8-テトラクロロジベンゾ-p-ダイオキシン	DP	LD50	13 pg/ml (Wisk & Cooper, 1990)
〃	DP	LD50	20 pg/ml (Harris *et al.*, 1994)
〃	DP	LD50	5.7 pg/ml (Metcalfe *et al.*, 1997)
トリブチルスズ	DP	TT	71nM (Bentivegna & Piatkwski, 1998)

DP：発生毒，E：女性ホルモン作用，EF：産卵数・受精率，IIS：二次性徴，TO：精巣卵形成，TT：奇形，VT：ビテロゲニン合成，SR：性転換，VTI：ビテロゲニン合成抑制，YES：酵母エストロゲン・スクリーニング

目と5日目で71 nMであった。このように，TBT毒性に対する感受性が最も高いようであるが，発生段階依存の感受性は認められなかった。

富田・松田（1961）によれば，メダカ胚に lathyrogenic 剤（M/4000 aminoacetonitrile, M/4000 - M/100 methyleneacetonitril, M/1000 - M/100 semicarbozide）を作用させると，脊索の変形，脊椎関節強直，体長短縮を引き起こす。この場合，尾部脊椎の融合（着）や体長短縮に伴って，臀鰭軟条数の減少もみられる。M/200 semicarbozideの作用は，松井のstage 26-29（Iwamatsu の stage 26-34）に critical windowをもつ。これは，脊索の尾部（2/3に融合がみられる）の温度（28℃以上）感受性が松井のstage 27-29に対応する（Ogawa. Q965）。

同様な作用はM/1000 - M/100フェニールチオウレアにもみられる。殺虫剤（200,000-10.000倍稀釈パラチオンやホリドール，それにM/2,500 - M/200パラニトロフェノール，M/20 - M/2チオシアニド-Na）も激しい発生阻害をもたらす。

殺虫剤DDTの種々の異性体や代謝産物にも，魚類の胚発生，内分泌系や生殖巣の発達を攪乱させる作用のあることが一般に知られるようになった。そのことを確かめるために，Metcalfeら（2000）は，5,10, 50 μg/ℓの濃度の*o,p*'-DDT水溶液中で孵化1日後から100日間飼育して成熟した雌メダカを未処理の雄と交配し，生まれた子供F_1が母親経由で女性ホルモン作用をどれだけ受けるかを調べており，その*o,p*'-DDT中で飼育処理された雄メダカのうち，精巣に精巣卵が形成されているのを観察している。その結果は，生殖巣の分化のときに*o,p*'-DDTのような環境エストロゲンの女性ホルモン作用を受けて，その精巣の分化に変化をもたらすことを示している。Edmundsら（2000）とStewartら（2000）も*o,p*'-DDTを胚の卵黄中に511±22 ng/eggの量を注入したところ50%が死亡したが，227±22 ng/eggの*o,p*'-DDTに曝露すると雄の86%が機能的雌に転換するという結果を得ている。1967年に報告された殺虫剤カータプCartap（S,S'-[2-dimethylamino-1,3-propanediyl] dicarbomothioate）は，nereitoxin（4-N,N-dimethylamino-1,2,-dithiolone）の合成類似体で，Kwakら（2000）はその潜在致死毒性potential lethal及び亜致死毒性 sublethalの毒性をメダカ初期胚でLOECsとNOEC（40日間，25℃）を調べている。それによると，6 ppb 以上で生存率が低下し，40 ppb以上で奇形が出現し，そして死亡率の上昇がみられる。

ノニルフェノールポリエトキシレート（NPEOs）の分解産物であるノニルフェノール（NP）は非イオン性の界（表）面活性剤である。1990年代に入ってから，NPや他のNPEOの分解産物が女性ホルモン作用をもつ物質であることがニジマスを使って調べられてわかってきたのであるが，Gray and Metcalfe（1997）は，ノニルフェノールポリエトキシレートの分解産物である4-ノニルフェノール（NP）を10, 50及び100 μg/ℓの濃度で孵化から3カ月間メダカを処理して，50 μg/ℓ処理区の雄が50%，100 μg/ℓ処理区の雄が86%の割合で精巣卵を生じたと報告している（表10・5）。精巣卵誘発の最小影響濃度は50 μg/ℓのNPで，市営の下水処理施設からの排水で報告されているNP上限濃度より高い。性比も対照区では雄2：雌1であったのに対して，100 μg/ℓのNP処理区で雄1：雌2であった。また，Metcalfeら（2001）は10 μg/ℓの濃度でビスフェノールAを含む水でメダカを孵化時から100日間飼育処理すると，精巣に卵母細胞（精巣卵）が生じるという間性化もみている。同様な飼育処理法によって調べたところ，メダカでノニルフェノールモノエトキシレートとノニルフェノールジエトキシレートの混合物にはメダカの精巣を間性化させる活性が弱く，ノニルフェノールモノエトキシレートとジエトキシカルボキシレートの混合物にはその活性はまったく認められなかった。Grayら（1999）は，それらの中で，女性ホルモン作用のあるオクチルフェノール（OP）にメダカを種々の成

長段階（孵化後，1, 3, 7, 21, 35日目）から飼育することによって間性化，精巣卵を誘導する因子が何であるかを決定する実験を行っている。100 μg/ℓ OPで処理した場合，孵化100日後に精巣卵の出現率を調べると，孵化後３日目から処理を開始したメダカに精巣卵をもつ個体が最も多いことが判明した。また，この濃度では処理開始から３カ月目に初めて精巣卵が生じることも確かめられた。

Yokotaら（2000）は受精卵から孵化後60日間までビスフェノールA（BPA）に2.28, 13.0, 71.2, 355及び1,820 μg/ℓの濃度で処理しているが，孵化後60日目には成長と性分化以外，孵化達成，孵化日数，幼魚の生存，異常行動や外形には影響しないという。魚の成長は，BPA濃度が上昇すると抑えられて，対照区に比べて1,820 μg/ℓ処理区のものの体重や全長に有意差を生じる。外形にみる第二次性徴は1,820 μg/ℓ処理区の雄には確認できないが，精巣成分と卵母細胞からなる精巣が32%の雄に観察された。この検査からすると，早期のメダカに及ぼすBPAの最小影響濃度域は355 μg/ℓと1,820 μg/ℓの間にあるようである。性比から判断して，BPAのこれらの濃度レベルでは性転換が起こる可能性を示している。しかし，残念ながら，性と関連したマーカー遺伝子をもつ魚を用いていないので，そのことを判定できない。p-ノニルフェノール（NP）の方が精巣卵を生じる力価はBPAのそれより約35倍も高いという結果である。エストロゲン・リセプターへの結合性もエストラジオール（E_2）を１とすると，BPAが0.00032で，NPが0.00056であって，BPAの女性ホルモン活性がNPの結果も，比較的高濃度（５ppm）で，腎臓にも細尿管の嚢胞化と硬変化した糸球体が出現する。

続いて，Yokotaら（2001a）はメダカビテロゲニンに対する特異的なモノクローナル抗体及びビオチン化したポリクローナル抗体を用いたサンドウィッチ法であるELISA（enzyme-linked immunosorbent assay）法でメダカ肝臓のビテロゲニン合成を定量的に調べた。この結果は，分析レベルが0.488 μg/ℓから500 μg/ℓであれば，一匹当たりの肝臓におけるビテロゲニンでのELISA法が，エストロゲンの処理を施されたメダカの肝臓ビテロゲニン量を測定するスクリーニング分析法としての使用できることを示唆している。

また，二世代にまたがってメダカの生殖状況に及ぼす4-ノニルフェノール（4-NP）の長期の効果を調べるために，第一代の親メダカ（F_0）は4-NPに受精後24時間以内から104日間4.2, 8.2, 17.7. 51.5及び183 μg/ℓの流水濃度で曝露した（Yokota *et al.*, 2001b）。その間，孵化後102および103日目のF_0が産卵した卵を同様に孵化後60日まで孵化率，孵化後の生存率，成長及び性分化を調べている。この調査で，183 μg/ℓ処理区では，F_0魚の胚生存率，遊泳魚率が有意差をもって減少し，17.1および51.5 μg/ℓで処理したF_0魚のswim-up 後累積生存率が対照区のものより高いことを示す結果を得ている。4-NPの濃度関係効果は生存していたF_0魚の成長について孵化後60日時点では認められなかったが，第二次性徴でみた性比は51.5 μg/ℓ処理区において組織学的にみると，雌に偏っていた。その上，生殖巣17.7 μg/ℓで20%，51.5 μg/ℓで40%が精巣卵をもっていた。その結果からは，この世代の生殖能と受精能に及ぼす影響は71日から103日の間では，生殖能は4.2, 4.8, 及び17.7 μg/ℓのどの濃度でも影響されないようである。F_0魚の生涯を通して4-NPの観察しうるLOECと効果のみられない濃度はそれぞれ17.7 μg/ℓと8.2 μg/ℓで，F_1魚においても，孵化率，孵化後生存率，成長にはまったく影響はみられなかったが，8.2 μg/ℓと17.7 μg/ℓの処理区で精巣卵の誘起を観察している。これらの結果は4-NPが最低17.7 μg/ℓの濃度でメダカの生殖に影響を及ぼし得る効果をもっていることを示している。

Tsudaら（2001）によれば，生物濃縮因子bioconcentration factors（BCF＝魚体全体の化学物質濃度ng/g湿重量）／水の化学物質濃度（μg/ℓ）をメダカで調べたところ，4-ノニルフェノール（NP）で167±23（n=4），4-タートオクチルフェノール（OP）では261±62（n=4）であった。この両物質のBCF値の違いには，おそらく代謝能とか，鰓の機能に関連があるらしいという。

Kangら（2002a）は，BPAが成熟メダカの生殖能fecundity（fertility）に及ぼす女性ホルモン様作用と，それがさらにF_1個体にまで影響を及ぼす経代効果について調べている。３週間成魚を837 μg/ℓ，1720 μg/ℓ，3,120 μg/ℓのBPA濃度で処理したところ，この物質はF_1個体の受精能力，成長とか性比には影響しないが，3,120 μg/ℓにおいてビテロゲニン合成および精巣卵の形成を引き起こす活性があることがわかった。精巣卵の出現率についてみると，837 μg/ℓ，1,720 μg/ℓおよび3,120 μg/ℓのBPA処理区で，雄がそれぞれ13%，86%，及び50%であることが確かめられた。この結果は，胚から処理したデータ（Yokota *et al.*, 2000）とほぼ一致するが，この脂溶性および女性ホルモン作用の弱い（E_2の10,000分の１）BPAについては母親を経由した影響はみられなかった。

エストラジオール-17β（E_2）やその類似物質のような女性ホルモンが汚水処理場の排出物に最大64ng/ℓの濃度で検出されるが，生殖に関する影響を呼びかけた報告書は2，3に過ぎない。そこで，Kangら（2002b）は，E_2を29.3ng/ℓ，55.7ng/ℓ，116ng/ℓ，227ng/ℓおよび463ng/ℓの濃度で成熟メダカを21日間処理して，その間にメダカの交尾による受精率と産卵数に及ぼす影響を調べている。その結果，463ng/ℓ E_2で処理したものにおいて，受精・繁殖（GSI）や産卵数が有意に減少することがわかった。一方，55.7 ng/ℓ E_2の濃度では雄におけるビテロゲニン合成，及び精巣卵の形成を誘起することから，E_2の環境中に存在する濃度レベルで生殖巣に影響を及ぼし得ることをみている。

Sekiら（2002）は，成熟メダカを流水条件で32.6ng/ℓ 63.9ng/ℓ，116ng/ℓ，261ng/ℓ及び448ng/ℓの濃度のエチニル・エストラジオール（EE_2）水溶液で21日間飼育すると，受精能が低下し，63.9 ng/ℓ以上の濃度のE E_2では雄の肝臓でのビテロゲニン（VG）合成が増加すること，及び精巣内に卵母細胞が出現することをみている。これらの実験結果から，EE_2の最低効果レベルが63.9ng/ℓであることが示された。これに対して，488ng/ℓのEE_2濃度では受精卵が有意差をもって少なくなる。すなわち，LOECsの約8倍高いこの濃度では生殖能を抑制するようである。この結果は，メダカでは生殖能の低下をもたらす濃度より明らかに低濃度で雄のビテロゲニン合成とか，精巣卵の形成を誘起することを示している。この結果にみる濃度は，Kangら（2002）の結果のものとほぼ一致している。

このように，21世紀に入ってからというものは，内分泌攪乱化学物質には雄メダカの精巣内に卵を形成する女性ホルモン活性があるという報告が急増している。それらの内分泌攪乱化学物質における雄メダカの生殖巣に精巣卵形成を誘起する活性を比較したところ，*o,p'*-DDT（5 μg/ℓ）＞ビスフェノールA（BPA: 10 μg/ℓ）＞ノニルフェノール（NP：27.4 μg/ℓ）≈オクチルフェノール（OP：26.5 μg/ℓ）の順に活性が強い。こうした活性はイースト・エストロゲン・スクリーニング（YES）における OP>NP>*o,p'*-DDTとは一致しない。

KnörrとBraunbeck（2002）やSekiら（2003）は，受精後12時間以内の卵から孵化後60日の性的成熟期までのアルキルフェノールであるNPとOP，E_2とOPのそれぞれ2種に連続曝露し（24±1℃），そして性分化と肝臓ビテロゲニン合成に及ぼす影響を調べている。その結果，KnörrとBraunbeck（2002）は2 μg/ℓ以上のDP，100 μg/ℓ以上のE_2において死亡率の増加がみられ，50 μg/ℓのOPで出現頻度は低いが精巣卵の形成をみている。Sekiら（2003）の結果は初期の生活段階にみられる観察可能な最小影響濃度がNPで11.6 μg/ℓ，OPでは11.4 μg/Lであった。雌性化した第二次性徴は必ずしも永続しないが，精巣卵は長く存続するようである。さらに，Sekiら（2003）は4-タート・ペンチルフェノール 4-tert-pentylphenol（4-PP）の2世代にわたる連続曝露下での全生活環テスト（fish full life-cycle test, FFLC）によって生殖への影響を調べている。受精後12時間以内の胚から51.1, 100, 224, 402, 931 μg/ℓの濃度で4-PPに101日間連続曝露した場合，親（Fo）の成長抑制によって表される4-PPの致死・亜致死毒性はLOECが931 μg/ℓであった。精巣卵誘導およびビテロゲニン合成誘導の効果はそれぞれ224 μg/ℓおよび51.1 μg/ℓで，生殖の減衰に対する濃度も224 μg/ℓであった。この2世代にわたる4-PPの連続曝露はF_0における濃度より低い濃度で生殖に不利益な効果があることを示唆している。

内分泌攪乱化学物質と考えられている可塑剤ジ－2－エチルヘキシルフタレート（DEHP）についても，1, 10, 50 μg/ℓの濃度で孵化時から3カ月間メダカを飼育処理したところ，まず雌の血中ビテロゲニンのレベルが目立って減少する結果が得られた。そして，体重に対する生殖巣の重さ（GSI）も対照区に対して，10 μg/ℓ処理区では33%，50 μg/ℓ処理区では38%減少することが確認された（Kim *et al.*, 2002）．畠山ら（2003）は5ppmのエチルパラベン（*p*-ヒドロキシベンゾエート，EPH）を一年魚のメダカに30週間後ビテロゲニン合成，および30週間後3匹の雄に精巣卵が誘起されることをみている。このEPHの女性ホルモン作用に加えて，雌においても30週間後に卵巣に精子がみられるという男性ホルモン作用を認めている。これらの結果は，EPHがメダカにおいては女性ホルモン合成と同様に男性ホルモン合成に関する内分泌攪乱化学物質であることが示唆された。

この他，人畜無害といわれる除虫菊のピレトリンpyrethrinの類似殺虫剤ピレトロイドはカリフォルニアの果樹園で通常用いられているが，それをメダカの餌に混ぜて1週間食べさせると，21mg/kgで受精・孵化，148 mg/kgで幼魚の生存率が低下することが報告されている（Werner *et al.*, 2002）。また，有機リン殺虫剤ジアジノンDiazinonは体内に入ると，アセチルコリンエステラーゼ（AchE）を抑制する効果が強いオキゾン代謝産物に変わるといわれている（Hamm *et al.*, 2001）。

以上のように，内分泌攪乱化学物質による雌化現象がみられているが，雌の雄化を誘起する化学物質はメダカにおいてほとんどみられていない。雄化に関する初期の実験（Masuda，1952）において，雄メダカを去勢すると，雄特有の臀鰭におけるグアノフォアが消失することをみている。また，その去勢した雌に精巣を移植して１カ月余りで雄の性徴である尻ビレ軟条の乳頭状突起が出現することもみている。その後Egami（1954）は雌をメチルジヒドロテストステロンの希釈水中に入れておくと，同様にそれらの雄の性徴が現れることを示している。

生殖に関して，トリブチルスズとPCBsの混合液（Nirmala *et al.*, 1999），またはE_2（Kang *et al.*, 2002）に曝露されたメダカにおいて，産卵が減少することが知られている。Grayら（1999）は，10, 25, 50及び100 μg/ℓのオクチルフェノール（OP）で孵化後１日から６ヵ月間処理した雄と未処理雌に関する生殖試験を行った結果，25 μg/ℓと50 μg/ℓで雄の求愛行動courtship が減少することを報告している。その雄と雌を交配した卵にはその胚発生に異常（血流，緩急や鰾にガスが生じない）が生じた。精巣卵をもつ間性の雄も一匹生じ，未処理の雌の産んだ卵を受精させるという結果は，精巣卵をもつ雄でも機能があることを示唆している。この研究は25 μg/ℓ，50 μg/ℓ濃度で生殖達成に及ぼすOPが神経・内分泌系を経由して行動的かつ次代への影響を示す最初の例である。

大島ら（Oshima *et al.*, 2003）も，雄メダカにE_2を3 μg/g体重，あるいは30 μg/g体重を２週間投与して，雄の性行動（追従，円舞，浮上，交接）を観察している。プロスタグランディン$F_2\alpha$（PG）を注射してE_2に曝露しなかった雌に対して呼応する雄の性行動は劇的に抑制され，処理区では生殖能力が対照区に比べて低下するという結果である。逆に，E_2に曝露されなかった雄とそれに曝露した雌との性行動は非曝露の対照区のつがいと同じであった（Oshima *et al.*, 2003）。また，ニホンメダカを用いて性の分化と発達を研究した交尾による受精率や雄のとる交尾行動の頻度はE_2-曝露メダカにおいて減少するが，非性的行動には変化は認められなかった。したがって，E_2曝露区において，つがいの交尾行動の阻害が生殖の低下と関連していると思われる。このPGを用いた性行動の分析は，内分泌攪乱物質の影響を査定するのに使える手段になり得る。

２．外来種とメダカの棲息環境

メダカの棲息水域の減少として，水辺の宅地化・道路開通による消失や農地形態の変化にある。河川や湿地の改造は，水辺におけるメダカなど水生生物の存続を危うくしている。すなわち，日本の水辺は宅地化・交通網の開発・整備による減少と平行して，農業人口の減少（労働力不足）による機械化，農薬などの化学物質の使用による在来種の生物相の変化に関する報告が急増している。また，水辺は災害防止による変貌に加えて，釣りの楽しみや蚊などの撲滅のためとして放流されている外来魚，外来帰化動物の増殖によって日本古来の生態系が破壊されている。自然を理解し，破壊防止のための活動・教育の必要性が痛感される。

１）メダカの棲息を脅かすカダヤシの繁殖

日本へは，北米大陸原産のカダヤシ*Gambusia affinis*（タップミンノー top minnow）が台湾経由で奈良県へ導入されたのは1916年（中村，1941；佐藤ら，1972；和田，1979），沖縄諸島へは1919年（黒岩，1927）と言われている。当初カダヤシは蚊の幼虫ボウフラを食べるので蚊を絶やすと考えられた。そのため，蚊を媒介として広がる疫病を防ぐ効果があるといわれ（佐々，1971），各地域の衛生防疫行政部門で養殖・放流を繰り返してきた。比較的高い（25℃）水温下では，メダカに比べてカダヤシの方が多く繁殖する。メダカの棲息域にカダヤシを放流すると，闘争的で動きの敏捷なカダヤシが棲息域を独占し，動物食性が強いため，メダカの成魚を傷つけ，稚魚を食べる。寿命の短いメダカは，水草や藻の少ない水域では逃避できず，繁殖できないため，絶滅していく。棲息域が同じで浅瀬を好むカダヤシやグッピーは，過去30年ほど前から日本各地に放流されており，同じ棲息域をもつメダカの生殖可能な水域が減少して，絶滅に追いやっていると考えられている（堤，1971；佐原・幸地，1980；幸地，1984）。しかし，カダヤシが1971年ごろに移入・放流された山口県のように，それらがメダカを必ずしも駆逐している兆候はみられず，カダヤシが分布域を拡大している状況ではないところもある（児玉ら，1999）。メダカとカダヤシの活動の違いを調べた児玉ら（1999）および児玉（2001）によると，メダカは游泳力（平均最大32.8 cm/s），低温（５℃）ではカダヤシに対して優位に立てるし，汚水耐性と耐塩性（LD_{50}; 海水60%, 1.8% NaCl）ではカダヤシとは有意差がない。水槽内でメダカとカダヤシの雌雄５匹ずつの合計20匹を飼育したところ，カダヤシはメダカの後方から接近し，尾鰭，臀鰭に損傷を与えるものが多くいて，事実尾鰭に損傷を受けているメダカがいた（山崎ら，2003）。幅約20cm，長さ約６m，傾斜角度14°の魚道を水田に設置してメダカとカダヤシの生態を見ると，メダカはその魚道を遡上するのに，カダヤシにはその行動が見られないようである（田代ら，2005）。こうした魚道の設置はメダカの棲息域の確保に役立つかもしれない。

2）メダカと外来種カダヤシの生息調査

わが国の中央環境審議会において，「移入種対策に関する措置の在り方について」，2003年に環境大臣から意見が求められ，審議がなされた。その報告書（環境省中央審議会，2003）には，審議対象として外来種（移入種）による①在来種の捕食，②採食や踏み付けによる自然植生への影響，③在来種との競合や在来種の駆逐，④土壌環境のかく乱等を通した在来種への影響，⑤在来種への病気・寄生虫の媒介などを挙げている。そして，それらに関する制度化および対策の実施に際して，「外来種の基礎的調査・研究の充実とそのための人材養成の必要性，および生物の取り扱いに関する法律など関連する既存の諸制度との整合性に留意して解決策を推進する」とある。その通りであるが，「日本の外来生物」（多紀，2008）にも指摘されているように，さまざま外来生物の問題について正確な認識しているヒトは決して多くない。多くの市民は動植物種や生態に関する知識及び関心がなく，種々の外来種を正確に識別でき，かつ地域の自然環境保全の意義について理解できるヒトはほとんどいない。いわば，日本，そして地元の誇るべき自然をよく知らないところに問題がある。したがって，「移入種対策に関する措置のあり方」の実効を期するためには，外来種の取り扱いに関する厳正な法制化と生物に重きを置いた環境教育の強化がまずなされなければならない。これまで経年的に環境省・国土交通省の行ってきた河川における生物の生息調査データのうち，主としてメダカ（ニホンメダカ *Oryzias latipes*）と外来魚カダヤシ *Gambusia affinis* Baird & Girard の生息状況に注目している。

わが国の水辺における野生メダカは，外観が同じでも各地域の隔離された水系によって遺伝子構成が異なっている。したがって，地域固有のメダカの遺伝的多様性を保持する上にも，他水系のメダカを決して投入（放流）してはならない。すなわち，不可視的なものを重視するのが地域の自然環境保全や文化の理念であり，大切にしたいものである。経済的価値のないメダカについて正しく指導できる教育者がほとんどいないため，カダヤシのような外来種を駆除しようにも在来種メダカとそれらを確実に区別できるヒトが極めて少ないのが現状である。これでは，地域のメダカ，自然は護れない。

メダカ種は，アジアにしかない魚類で，現在20数種類が知られており，日本メダカ以外のメダカは，熱帯魚で耐寒性がない。もともと北アメリカ南部の熱帯性のカダヤシはグッピー *Lebistes reticulate* と同じキプ

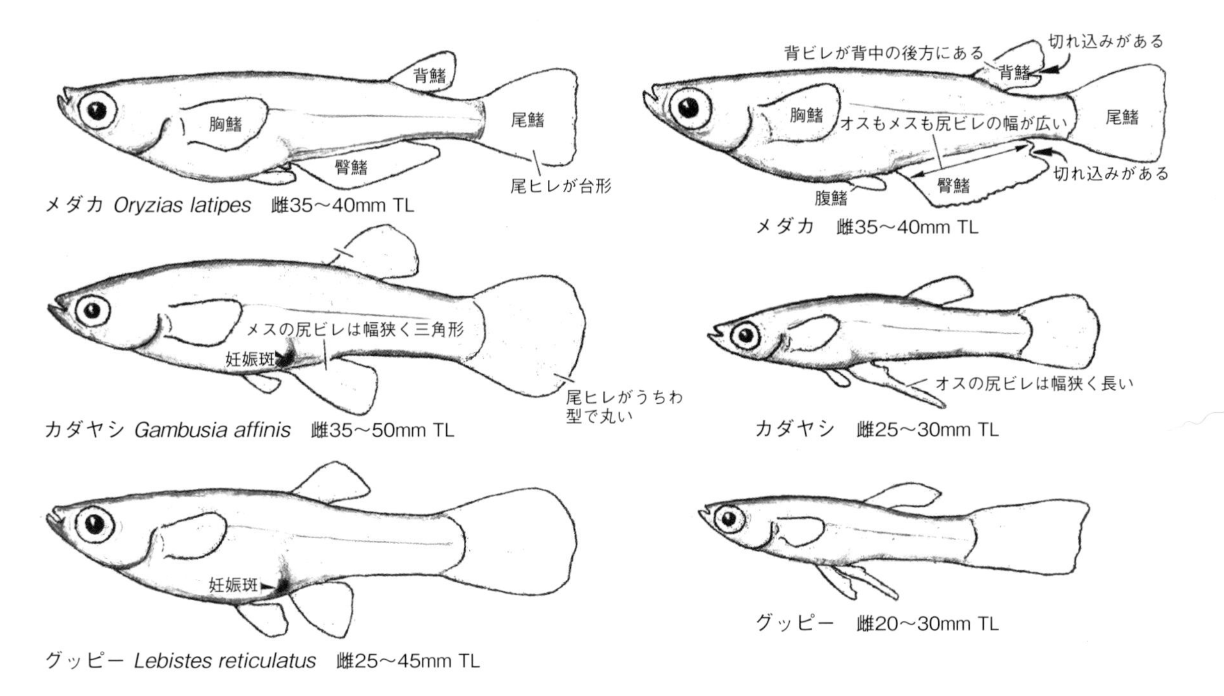

図10・11　メダカ，カダヤシおよびグッピーの外観と見分け方

リノドン上科 Cyprinodontoidea のカダヤシ科 Poeciliinae に分類されている卵胎生魚で，アドリアニクチス上科 Adrianichthyoidea のメダカ科 Oryziidaeに属する卵生魚であるメダカとはまったく種を異にする小魚（Rosen, 1964）である（図10・11）。ひと目でわかるようにカダヤシの臀鰭の幅はメダカとグッピーのものに比べて著しく狭く，背鰭前端の位置もメダカでは臀鰭前端よりもずっと後方であるが，カダヤシのそれは臀鰭前端と同様に全長のほぼ中央である。カダヤシでは，内臓のある胴部はメダカより短い。尾鰭の形もメダカでは台形であるのに対してカダヤシやグッピーは丸いうちわ形である。とくに，雄の体の大きさについても，メダカでは雌とはほぼ同じであるが，カダヤシやグッピーでは雌に比べて小さい。カダヤシやグッピーの雌は，メダカと違って卵を産まないで仔を産む胎生（卵胎生）魚であり，妊娠状態では腹側後端部の両体側にメダカにはみられない妊娠斑がみられる（図10・11）。体色や大きさなどが一見メダカに似ていることもあり，メダカとは別種の魚であるのに胎生メダカという俗名で呼ばれている。かつて，カダヤシやグッピーを含むタップミンノー上科 Poeciliicae をメダカ亜目と呼んだ Cyprinodontina の下に分類したこと，そしてキプリノドン科 Cyprinodontidae をメダカ科と呼んで，メダカ *Oryzias* をその魚類の中に分類した（松原，1963）のが表現の混乱を招く原因になっている。メダカは生殖が光に依存して産卵するが，カダヤシのような卵胎生魚は排卵しないで卵巣濾胞内で受精し，胚はそこで発生し続けて卵巣腔内に孵化して稚魚で出産される。したがって，カダヤシもグッピーも卵巣腔内に精子を注入する雄の臀鰭は雌の生殖口内に精子を注入するための交接脚gonopodiumに変形している。当然ながら，それを操る筋肉と骨格（交接脚射出骨，交接懸垂骨）も特殊化している。メダカもカダヤシも雑食性であるが，動きの速いカダヤシは方言で“浮きす”と呼ばれるメダカのように水面を漂う行動はなく，素早く沈み動物食を好む。そのため，水面にメダカは連続した波紋を描きながら泳ぐが，カダヤシは単一の波紋を描くので，遠くからでも両者の識別は可能である。同じ水域にいる動きの緩慢なメダカの稚魚などはカダヤシにす早く食べられてしまう。カダヤシの生息する水域では，寿命の短い野生メダカは次世代を失い，絶滅に追いやられることになる。

a．河川における外来種カダヤシの生息分布と経年的変化

わが国の河川において外来魚種がどのように拡散しているかを知るには，カダヤシ一種類だけでも経年的に調べれば，重要な情報を得ることが可能である。

過去約10年間国土交通省（2008）は，外来生物法によって生態系，ヒトの生命，身体，農林水産業への被害を及ぼすもの，または及ぼす恐れがあるものの中から指定された海外起源の特定外来種のカダヤシ，ブルーギル *Lepomis macrochirus*，オオクチバス（ブラックバス）*Micropterus salmoides*，コクチバス *Micropterus dolomieu*，チャネルキャットフィッシュ *Ictalurus punctatus* の５種について調査し，生存確認状況をまとめている。その確認調査は春から秋にかけて２回以上，水域を区分して調査地区を設定して捕獲，体長計測の調査を行ったものである。それによると，カダヤシは２巡目調査（1996～2000年）から３巡目調査（2001～2006年）にかけて得られた生息確認河

表10・6　全国河川におけるカダヤシ生息の経年的調査結果

1979年＊	鶴見川，荒川
1987年＊	多摩川，紀の川，狩野川
1991－1995年	太田川，大和川，木曽川，長良川，庄内川，富士川，中川・綾瀬川，江戸川，淀川，芦田川
1998年	国場川，白川，嘉瀬川，利根川，安倍川，鈴鹿川
1999年	那珂川，矢作川，常陸利根川，川内川
2000年	仁淀川，筑後川，本明川，天白川
2001年	岩下川，合津川，教良川，遠賀川，吉野川，日光川，小櫃川
2002年	緑川，中洲川，塩田川，富田川，音川，志登茂川，三滝川，高浜川
2003年	豊川，相川
2004年	笹ヶ瀬川，寝屋川，円山川，梅田川，球磨川
2005年	猪名川，雲出川
2006年	菊池川，境川

各調査年においてカダヤシ生息の新たな確認河川のみを記してある。＊印の環境省のデータ以外は国土交通省のデータ

川数（23/122調査河川）及び確認地区数には増加がみられる。ちなみに，１巡回目調査は1991～1995年度に行っている。

環境省（1979年，1987年）及び上記の国土交通省の調査結果（1991～2006年）によれば，メダカは東北地方以南（西）の河川で確認され，カダヤシは東北・北陸地方を除く関東地方以南(西)で確認されている。メダカに対して敏捷で攻撃性の高いカダヤシは2006年2月に特定外来種に指定されている。その生息は日本全土に広がり，九州地方，近畿地方，中部地方，関東地方の都市近郊の河川で継続して確認され，その数も年次を追って増加する傾向にある。1997年の時点において，日本自然保護協会は「カダヤシはまだ全国的に帰化しているわけではない」と述べており，生息域の拡大をまだ楽観視していた。しかし，1999年までは調査河川のうち25河川においてカダヤシの生息が確認され，その後2006年の時点でその生息確認総数は55河川にまで増加している（表10・6）。とくに，表10・6にもみられるように，年を追って九州地方，中部地方において新たな河川へとカダヤシが広がっている。ちなみに，カダヤシはリクレーション利用の構成比が高い上位10の河川（アジア航測，1987）の60％に生息している。野生メダカの突然変異種であるヒメダカも，1999年に島田川（中国），2000年に安部川（中部），2003年に荒川（関東），新井田川（東北），2004年に木曽川（中部），音羽川（中部），鶴見川（関東），2005年に神通川（北陸），そして2006年には日光川（中部），庄内川（中部）と年々新たに生息が確認されている。これらは，遺伝子レベルでの同定はなされていないが，確認数が高頻度であることから野生メダカの突然変異による増加とは考え難く，カダヤシと同様に放流によるものであろう。このほか，耐寒性のなく，冬期（水温13℃以下）麻痺するはずの観賞魚グッピーも1979年に沖縄の国場川ではカダヤシに代わって棲み，メダカはもはやみられていない（幸地，1980）。グッピーは1991～1995年に白川（九州），1998年に国場川（沖縄），中川・綾瀬川（関東），1996～2000年に菊地川（九州），2000年に大和川（近畿），2001年に大分川（九州），2003年に荒川（関東），2004年に梅田川（中部），そして2006年に狩野川（中部），庄内川（中部）と総計10河川で生息確認がなされている。

b．メダカとカダヤシの生息調査が示すもの

上記のように，国土交通省によるメダカやカダヤシの生息確認状況をみると，近年（2001～2006年）122河川のうち，メダカのみが確認された河川は72河川（58％），メダカとカダヤシの両種が確認されたのが22河川（18.0％），カダヤシのみが確認された河川は中部地方の庄内川の１河川（0.1％）であった。1998年から2006年の間に調査された主要河川において，メダカが確認されたのは約60～89％であった。また，カダヤシが確認されたほとんどの河川でもメダカが確認され，カダヤシのみが確認されている河川数の増加はみられず，カダヤシがメダカを駆逐しているという様子は伺えなかったと述べている。

262の全調査河川をみても，その両種が同一河川で確認されているのは48（18.3％）である。しかし，両種が確認された状況，すなわち両種の生息確認が同一水域におけるもの（共生）か否かについてはまったく記述がなく，カダヤシのメダカ「駆逐」という現象についても解説がない。また，調査方法と調査水域が不明であるため，調査結果から駆逐か否かを解釈するのは難しい。たとえ同一河川と記載があったとしても，開放系で長く広い河川においては棲み分けが可能な生息状況にあり，カダヤシとメダカとは同一水域では生息しているのではない可能性がある。広域にわたって流れる河川の調査においては，河川のどの位置をどのようにして各魚種の生息確認を行ったかを明記する必要がある。調査点を定めない場合，経年的に調査をしてもその結果は著しく変動することになり，解釈も難しい。したがって，調査方法・調査定点（限定した水域）を厳守して調査データの信頼性をより高める努力が求められる。雑食性とは云え，動物捕食性の強いカダヤシは，閉鎖系あるいはそれに近い水領域内ではメダカの餌のための動物性プランクトンを奪い，かつメダカなどの稚魚，幼魚を捕食するため，次世代のメダカを激減させることになる。事実，沖縄や関東での調査結果（和田，1974；幸地，1980）はその実態を反映している。

主要河川の調査管理は重要であるが，自然の水辺の生態的環境を捉えるのには必ずしも適切ではない。多様な水生小動物は小さい流れの用水路や暖かく広い水田域を生活および繁殖の場としている。地域の水辺の生態系を把握するためには，そうした水辺も調査すべきであろう。我々は愛知県内の水辺環境を把握すべく指標動物であるメダカの生息調査を行っている。ほぼ10年ごとの経年的調査（岩松ら，1984，1994，2003）では，河川の調査結果に先行して愛知県西部の知多半島を含む尾張地域におけるカダヤシの生息分布を確認していた。その生息分布は1970年代まで名古屋市及び

津島市が防疫を目的としてカダヤシを放流していたことにも原因がある。2003年には三河南部の水域にもカダヤシの生息が認められるに至った。前述の環境省と国土交通省の調査（表10・6）にもみられるように，1999年には三河の主要河川である矢作川に，そして2002年までには尾張域の大きな河川（庄内川・日光川・天白川）にカダヤシの生息分布がすでに拡大していることがわかる。その後2003年から2006年までにカダヤシの生息域は，愛知県東部の三河の豊川，梅田川，境川の主要水系にまで急速に広がっている。このことは，今なお自然に関する環境教育，環境保全活動の普及啓発及び人材育成が不十分であるため，各地域の自然環境を保全できない人の存在しており，地方自治体が外来魚の放流を厳重に取り締まらなければならない状況にあることを示している。かつて，愛知県の津島市は防疫のためカダヤシを1973～1998年の25年間養殖・放流を続けて，その数は1,728,050匹に上る（津島市生活生産部生活環境課，2013）。そのためか，津島市のある愛知県西部に隣接する三重県桑名市長島町ではカダヤシが生息しているが，メダカの生息は全く認められない（清水，2012）。清水ら（2012）よれば，岐阜県に接する多度町は揖斐川沿いに農地が広がり，多度川を挟み南北の地域に堤防によって分断されている。この地域には，カダヤシは一匹も確認できなかったが，愛知県に接する長島町，木曽岬町ではおびただしいカダヤシが生息している。この違いをすごく不思議に感じている。それは，カダヤシを放流し続けてきた愛知県の津島市に隣接していることに原因があると思われる。名古屋市の防疫センターも市内の水路や川に外来種カダヤシを長年にわたって10万匹以上を放流し続けた。そのためか，市内には都市化で水辺の減少に拍車をかけてメダカがいなくなってしまった。そのことを憂慮した東山動物園の「世界のメダカ館」は市内の子供たちにメダカを知ってもらい，親しみ増やしてもらうための名古屋メダカ里親プロジェクトを毎年行っている。しかし，メダカとカダヤシとを間違えて放流する人やフィッシングを楽しむためにブルーギルやブラックバスを放流する人が後を絶たない。また，これらの外来種やコイなどが川や池の在来種である小さい水生生物を食べつくして，気づかないところで，日本の自然の食物網が破壊されていることに危機感をもっていない。

3．野外での棲息環境

メダカの棲息に適した水辺環境の条件が，棲息調査によって検討されている。環境状況を知るため，指標動物としてのメダカの棲息が広域にわたって調査されているのは，決して多くはなく，愛知県（岩松ら，1983, 2003; 岩松・山高，1996；国土交通省，2002），大阪府（大阪自然　環境保全協会メダカ調査委員会，2001, 2002），徳島県（徳島県立博物館，1999），長野県（小林，1996），山形県（辻・矢口，2000）においてである。愛知県での調査結果によれば，比較的水温が高く，餌が豊富で，流れが緩やか（10 cm/sec以下）で段差のない川や水路（溝），外敵から身を隠し，水流を抑えて繁殖するのに都合の良い水草が生えている場所があることがメダカの棲息に適しているようである。池などでクロレラやユーグレナのような緑藻類が繁殖しすぎた場合，嫌気性細菌を多く含む水田の土を混ぜ込むと，緑藻類の増殖が抑えられてメダカも棲息できる。青森の実験水田において，稲刈り後多くの個体は隠れ場所の多い下流に降下して越冬するという（太田ら，2002）。小林（1998）や上月ら（2000）も沈水植物群落があり，10cm/sec以下の水環境が必要であることを確認している。水田などで，水路の流速を上げる三面コンクリート化はメダカなど水生生物の繁殖には不適切であることは，いうまでもない（小澤，2000）。しかし，辻・上田（2003）の指摘しているように，コンクリート水路でも，沈水植物・抽水植物が存在し流れが緩やか（22 cm/sec以下）で，年中一定の水があれば棲息に支障がないと考えられる。コンクリート水路でも，所々に水が涸れない窪みや小さな湾度を設けて，水草を生やして流速0～10cm/secのところができれば，多様な水生生物が確保できてメダカは繁殖が可能になる。

4．メダカの放流と遺伝子の撹乱

日本において，各地域に遺伝子の異なる地域特有の野生メダカが棲息していることが知られている（酒泉，1990）。この遺伝子の地理的差異は，ゆっくり変遷する山脈・河川や海・海峡などの地理的隔離によってもたらされるメダカの歴史を物語っている。生殖交流の地理的隔離は急変することはなく，数万年から数百万年の間続いたと推定されている（Takehana *et al*., 2003）。詳しく調べられた関東地方では，東日本特有のマイトタイプ（亜）群（B-I,B-II,C）が棲息しているが，利根川・荒川水系にはそれらと異なる瀬戸内海沿岸と九州北部に固有の亜群（B-IIとB-IX）が棲息していることが確認された（図10・12：竹花・酒泉，2002）。新潟でも同様な事態が認められ，地理的隔離を超えた

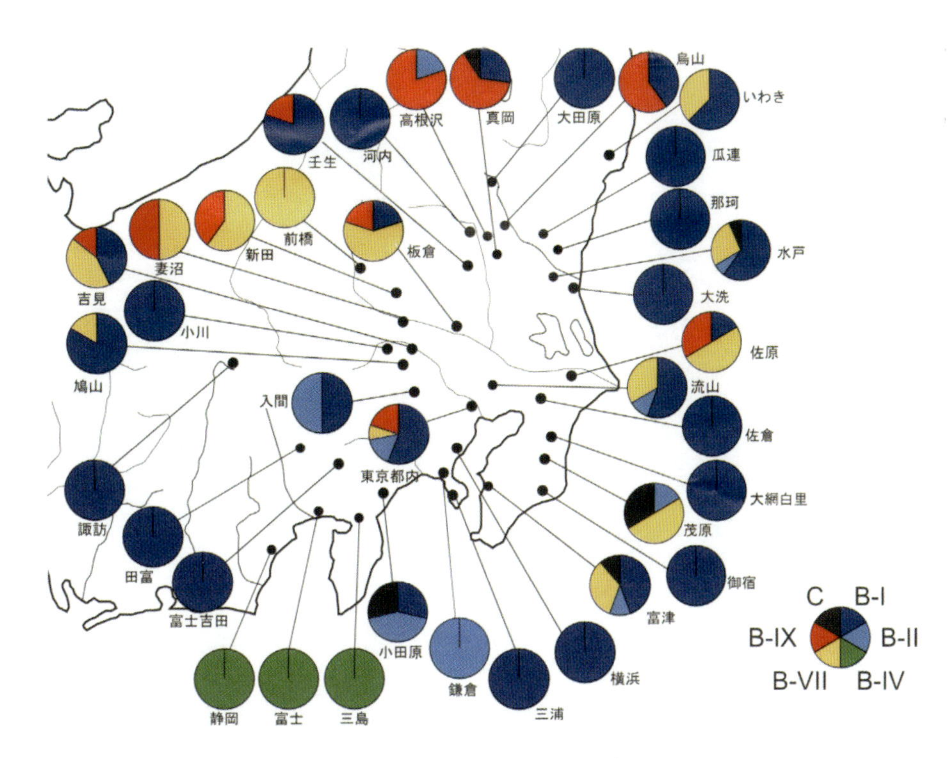

図10･12　関東地方におけるメダカのシトクロム *b* 地域亜群の分布

B-IとB-IIはマイトタイプCを含む東日本固有亜群，B-IVは静岡県固有亜群，B-VII・B-IXはそれぞれ瀬戸内海沿岸・北九州部の固有亜群を示す．注目すべきは瀬戸内海沿岸・北九州部の固有亜群の混在である．個体群当たりの各亜群の割合を円グラフで示してある．（竹花・酒泉，2002）

人為的要因であろうと考えられている。これまでの野生メダカの棲息調査でわかっているように，外観にまったく違いが無くても水系によって個体群の遺伝的特性や変異状況が異なっているため，他水系の個体群を放流すると交雑を行い，遺伝子構成が異なってくる。我々の愛知県内の広域調査でも，放流されたヒメダカの棲息がいくつかの地域で確認されている（岩松ら，2003）。また，なお他県の野生メダカを繁殖させて，販売したり放流している報道が後を絶たない。他水系のメダカの放流は，遺伝子の攪乱であり，少なくとも不可視レベルでの自然破壊行為である。

最近，大阪府立大学生命環境科学研究科との共同で，シニア自然大学校水辺環境調査会の林氏らは大阪府のメダカ生息分布調査（シニア自然大学校，2005，2010）に加えて，メダカ遺伝子プロジェクトを企画し，実施している（シニア自然大学校，2017）。それによると，野外の55カ所のメダカの mtDNA cytochrome *b* gene を解析し，大阪府在来のハプロタイプ haplotype は「瀬戸内型」であって，外来ハプロタイプ（東日本型ヒメダカ m40，北九州型，四国型，東海型，どのグレードにも属さない M-62）が大阪府全体広範囲に分布していることが判った（図10･13）。外来ハプロタイプのメダカの生息分布をみると，河川，公園池，そして水路，農業用溜池の順に多い。この結果は，他の地域からのメダカを放流しやすい場所に多く生息していることを示している。

はたしていつ頃から，移入種がこのような地理的分布を示すようになったかについては不明であるが，決してそう古い時代からではなさそうである。このような人為的移入によるメダカの遺伝子攪乱は，今後大阪府に限らず他の地域でも在来メダカが消滅する恐れがあることを警鐘している。

5．メダカの声なき叫び

日本は農業国から工業国に変わり，豊かで便利かつ快適な人の生活を優先して，大気のCO_2増加，オゾン層の破壊，酸性雨などをもたらす結果になり，然環境・生態系の保全や健康にほとんど配慮できない時代が続いてきた。それ生息を脅かされているコウノトリやメダカたちは，地域社会をユネスコの「ESD」の

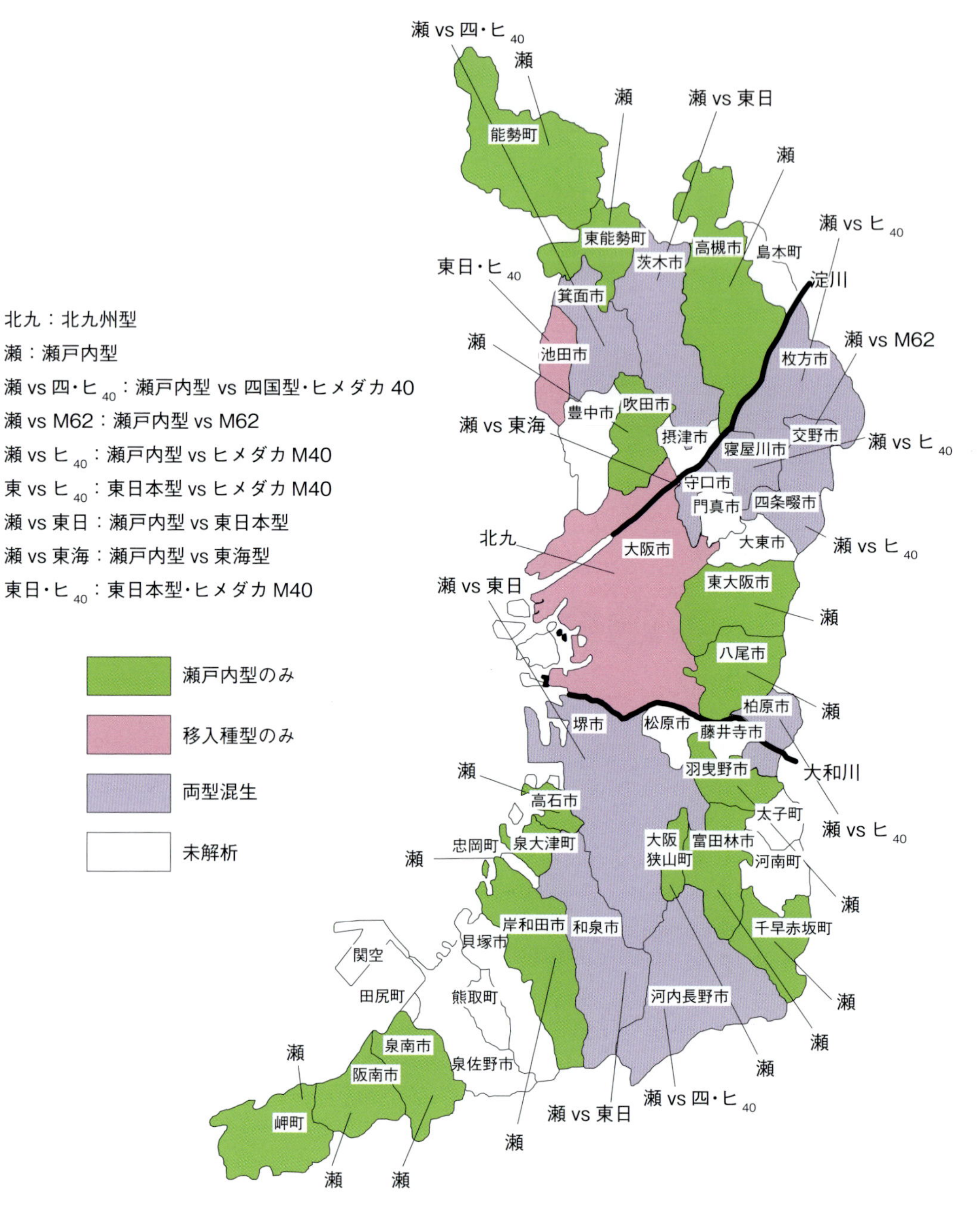

図10・13　大阪府における市町村別メダカ遺伝子型分布
（シニア自然大学校，2017の改図）

言うように，「自然環境に殆ど影響を及ぼさないレベル」で持続的に発展させてほしいと声なき叫びを上げ続けている。

戦後間もない食糧難の1940年代後半には，公衆衛生の改善と米の量産を目的に，ヒトの肝腫瘍を引き起こすDDT（1947年導入），BHC（ウンカやニカメイ虫の防除，1949年導入）が多量に使用された。それは，稲の害虫ウンカ，ニカメイ虫やカメムシなどの防除のためであったが，害虫ばかりか，害虫の天敵や水の中の生き物まで無差別に殺した。そして，1950年代前半には米の生産量を安定させるために，イモチ病対策に有機水銀が使用され，魚類も死滅した。また，1950年代後半から経済の高度成長は若者を農村から都会へと流出させ，農村における労働力不足をもたらすことになり，農家は少なくなった人手による除草に代わってフェノキシカルボン酸類の除草剤2,4-D（1950）や魚毒性の強いフェノール類のPCP（1971年生産中止）を使ったため，メダカやドジョウは悲鳴を上げて死んでいった。1960年代に入って，「国民所得倍増計画」が出され，1970年代増収と除草などの労力軽減のためますます農薬を用いるようになり，かつ農機具の機械化が進むことになった。

1971年にやっと，ヒトのからだまで蝕んだ有機塩素剤がやっと使用禁止になり，DDT，BHC，ホリドール（1952年導入），パラチオン（1943年導入）なども製造中止になってメダカやドジョウたちはホッとした。しかし，1960年代末期には米生産の過剰を招く結果となるとともに，米食から食の多様化によって米余り現象が起きたため，1968年にそれを解消する目的として稲作を他の作物栽培へ変換させる対策が取られるようになった。1969年11月19日には「農産物需給調整のための政策」の中で，コメの生産調整と農地流動化の促進などが取り上げられ，減反政策が始まった。1970年の田植え機やコンバインなどの機械化と共に，米生産制限は水田の休耕田と畑地転用を増加させて水辺が著しく減少した。さらに，労働力軽減のための農機具が機械化され，そのためパイプライン化による湿田の乾田化で土地と水の分離が進んだ。このことが水辺の減少に拍車をかけ，それに加えて水路や溝も三面コンクリート張りされ流速を速めて，メダカたちの餌や棲む場所を奪われることになった。これがメダカの一つの声なき叫びである。

一方，車社会の生活環境への必要性から，遊学域（安全な水環境，山野緑地，公園など）が減り，水路や小川の暗渠化によって水辺の生き物は人々の生活の場から消えた。また，習い事や電子機器の増加は自然の中で遊ぶ子供たちの時間を奪ってしまった。メダカたちは江戸時代からの遊び相手である子供たちもいなくなり，さぞ寂しくなったことであろう。そればかりか，かれらはペット業者に奪略され，自然の生態系を理解できない人たちに防疫のためといってカダヤシを用水路や池に放流されてメダカは住処を脅かされることになった。フィッシングを楽しむため，あるいは不用になったペットなどの天敵のいない外来魚が水辺に放流されて，それらにメダカおよびその稚魚は捕食され，また小さい在来の生き物も食べられて生息が厳しくなった。今やカダヤシは東北・北陸を除いて全国の河川に生息しているのが現状である。そのため，メダカは目にみえない水の中の多様な在来の生き物と共に消されている。可哀想なメダカは，日本列島ができて以来私たちよりも古い時代から，日本国土の歴史・変遷をじっとみつめてきたが，次々自然から消されて減少し，1999年２月18日の環境省レッドデータブックに絶滅危惧種として掲載されるところまできて嘆き悲しんでいる。

1962年には，レイテル・カーソン著の『沈黙の春』によって環境汚染が全世界の話題になった。イギリスで下水処理場から出るピルなどの人工女性ホルモンがコイ科の魚を雌化するなど身辺の人工化学物質が，生き物のホルモン作用や神経作用を攪乱させる「環境ホルモン」として働くことが次々報告された。空気中の有害物質もすべて水に溶けて生き物の体内で作用するから，それらが我々の体内に有害なものであるかどうかは，水の中に棲む生き物に害があるかどうかを調べればよい。そこで，世界中の研究者やOECDは環境汚染の指標動物としてメダカを用いて環境汚染物質を調べるようになった。その調査結果，実験に使われたメダカたちは，DDTなどの農薬を含むさまざまな化学物質が細胞内の女性ホルモン・リセプターと結合して女性ホルモン作用を示し，生殖不能や神経障害，過敏症，アレルギーなどを引き起こすと悲痛な声なき叫びを上げている。

文献

秋月岩魚, 1999. ブラックバスがメダカを食う. pp. 222, 宝島社.

Allinson, G. and M. Morita, 1995a. Bioaccumulation and toxic effects of elevated levels of 3,3',4,4'-tetrachloroazobenzene (33'44'-TCAB) towards aquatic organisms. I: A simple method for the rapid extraction, detection and determination of 33'44'-TCAB in multiple biological samples. Chemosphere, 30: 215-221.

——— and ———, 1995b. Bioaccumulation and toxic effects of elevated levels of 3,3',4,4'-tetrachloroazobenzene (33'44'-TCAB) towards aquatic organisms. II: Bioaccumulation and toxic effects of dietary 33'44'-TCAB on the Japanese medaka (*Oryzias latipes*). Chemosphere, 30: 223-232.

Aoki, K., Y. Nakatsuru, J. Sakurai, A. Sato, P. Masahito and T, Ishikawa, 1993. Age dependence of O6-

methylguanidine-DNA methyltransferase activity and its depletion after carcinogen treatment in the teleost medaka (*Oryzias latipes*). Mutat. Res., 293: 225-231.

Balch, G.C., K. Shami, P.J. Wilson, Y. Wakamatsu and C.D. Metcalfe, 2004. Feminization of female leucophore-free strain of Japanese Medaka (*Oryzias latipes*) exposed to 17β-estradiol. Environ. Toxicol. Chem., 23(11): 2763-2768.

Baldwin, L.A, T.P. Kostecki and E.J. Carabrese, 1993. The effect of perioxisome proliferators on S-phase synthesis in primary culture of fish hepatocytes. Ecotoxicol Environ. Saf., 25: 193-201.

Bass, E.L. and S.N. Sistrun, 1997. Effect of UVA radiation on development and hatching success in *Oryzias latipes*, the Japanese medaka. Bull. Environ. Contam. Toxicol., 59: 537-542.

Bentivegna, C.S. and T. Piatkowski, 1998. Effects of tributyltin on medaka (*Oryzias latipes*) embryos at different stages of development. Aquat. Toxicol., 44: 117-128.

Boorman, G.A., S. Botts, T.E. Bunton, J.W. Fournie, J.C. Harshbarger, W.E. Hawkins, D.H. Hinton, M.P. Jokinen, M.S. Okihiro and M.J. Wolfe, 1997. Diagnostic criteria for degenerative, inflammatory, proliferative nonneoplastic and neoplastic liver lesions in medaka (*Oryzias latipes*): Consensus of a national toxicology program pathology working group. Toxicol. Pathol., 25: 202-210.

Bradbury, S.P., J.M. Dady, P.N. Fitzsimmons, M.M. Voit, D.E. Hammermeister and R.J. Erickson, 1993. Toxicokinetics and metabolism of aniline and 4-chloroaniline in medaka (*Oryzias latipes*). Toxicol. Appl. Phamacol., 118: 205-214.

Braunbeck, T.A., S.J. The, S.M. Lester and D.E. Hinton, 1992. Ultrastructural alterations in liver of medaka (*Oryzias latipes*) exposed to diethylnitrosamine. Toxicol. Pathol., 20: 179-196.

Brittelli, M.R. et al., 1985. Induction of branchial (gill) neoplasms in the medaka fish (*Oryzias latipes*) by *N*-methyl-*N'*-nitro-*N*-nitrosoguanidine. Cancer Res., 45: 3209-3214.

Bunton, T.E.(1990) Heptopathology of diethylnitrosamine in the medaka (*Oryzias latipes*) following short-term exposure. Toxicol. Pathol., 18: 313-323.

———, 1994. Intermediate filament reactivity in hyperplastic and neoplastic lesions from medaka (*Oryzias latipes*). Exp. Toxicol. Pathol., 46: 389-396.

———, 1995. Expression of actin and desmin in experimentally induced hepatic lesions and neoplasms from medaka (*Oryzias latipes*). Carcinogenesis, 16: 1059-1063.

———, 1996a. *N*-methyl-*N'*-nitro-*N*-nitrosoguanidine-induced neoplasms in medaka (*Oryzias latipes*). Toxicol. Pathol., 24: 323-330.

———, 1996b. Reactivity of tissue-specific antigens in *N*-methyl-*N'*-nitro-*N*-nitrosoguanidine-induced neoplasms and normal tissues from medaka (*Oryzias latipes*). Toxicol. Pathol., 24: 331-338.

Calabrese, E.J., 1993. Ornithine decarboxylase (ODC) activity in the liver of individual medaka (*Oryzias latipes*) of both sexes. Ecotoxicol. Environ. Saf., 25: 19-24.

Cameron, I.L., W.C. Lawrence and J.B. Lum, 1985. Medaka eggs as a model system for screening potential teratogens. Prog. Clin. Biol. Res., 163C: 239-243.

Cantrell, S.M., L.H. Lutz, D.E. Tillitt and M. Hannink, 1996. Embryotoxicity of 2,3,7,8-tetrachlorodibenzo-p-dioxin (TCDD): The embryonic vasculature is a physiological target for TCDD-induced DNA damage and apoptotic cell death in medaka (*Oryzias latipes*). Toxicol. Appl. Pharmacol., 141: 23-34.

Chen, C.H., 1996. Neoplasmic response in Japanese medaka and channel catfish exposed to *N*-methyl-*N'*-ntro-*N*-nitrosoguanidine. Toxicol. Pathol., 24: 696-706.

Chen, C.M., S.C. Yu and M.C. Liu, 2001. Use of Japanese medaka (*Oryzias latipes*) and tilapia (*Oreochromis mossambicus*) in toxicity tests on different industrial effluents in Taiwan. Arch. Environ Contam. Toxicol., 40(3): 363-370.

Cheung, N.K., D.E. Hinton, D.W. Au, 2012. A high-throughput histoarray for quantitative moleculr profiling of multiple, uniformly oriented medaka (*Oryzias latipes*) embryos. Camp. Biochem. Phys. B, 155: 18-25.

Cohen, C., A. Stiller and M.R. Miller, 1994. Characterization of cytochrome P450 1A induction in medaka (*Oryzias latipes*) by samples generated from the extraction and processing of coal. Arch. Environ. Contam. Toxicol., 27: 400-405.

Colborn, T., D. Dumanoski and J.P. Myers, 1996. Our stolen future. 「奪われし未来」(長尾孟訳), 翔泳社.

Cooke J.B. and D.E. Hinton, 1999. Promotion by 17 beta-estradiol and beta-hexachlorocyclo-hexane of hepatocellular tumors in medaka (*Oryzias latipes*). Aquat. Toxicol., 45:b 127-145.

Cooper, K.R., L. McGeorge, 1991. Decreased effluent toxicity in the Japanese medaka, *Oryzias latipes*, embryo-larval assay following initiation of toxicant reduction strategy. *In* "Aquatic toxicology and risk assessment" (M.A. Mayesand M.G. Barron, eds.). vol. 14, ASTM STP 1124 Philadelphia: American Society for Testing Materials, 1991: 67-83.

———, T.F. Parkerton, R.A. Davi and P.J. Patyna, 1998. A multigeneration reproductive assay using the Japanese medaka (*Oryzias latipes*). Toxicol. Sci., 1998: 42(1-S) March.

Couch, J.A. and L.A. Courtney, 1985. Attempt of abbreviate time to endopoint in fish hepato-carcinogenesis assays. *In* "Water Chlorination, Chemistry, Environmental Impact and Health Effects" (R.L. Jolley, ed.). vol. 5, pp. 377-398, Lewis Publishers, Chelsea.

Crawford, L. and R.M. Kocan, 1993. Steroidal alkaloid toxicity to fish embryos. Toxicol. Lett., 66: 175-181.

De Koven, D.L., J.M. Nunez, S.M. Lester, D.E. Conklin, G.D. Marty, L.M. Parker and D.E. Hinton, 1992. A purified diet for medaka (*Oryzias latipes*); refining a fish mdel for toxicological research. Lab. Anim. Sci., 42: 180-189.

Edmunds, J.S.G., R.A. McCarthy and J.S. Ramsdell, 2000. Parmanent and functional male-to-female sex reversal in d-rR strain medaka (*Oryzias latipes*) following egg microinjection of o,p'-DDT. Environ. Health Persp., 108: 219-224.

江上信雄, 1981.「実験動物としての魚類　－基礎実験法と毒性試験」, 568 pp., ソフトサイエンス社（東京）.

El-Alfy, A.T., S. Grisle and D. Schlenk, 2001. Characterization of salinity-enhanced toxicity of aldocarb to Japanese medaka: Sexual and developmental differences. Environ. Toxicol. Chem., 20: 2093-2098.

Fabacher, D.L., J.M. Besser, C.J. Schmitt, J.C. Harshbarger, P.H. Peterman and J.A. Lebo, 1991. Contaminated sediments from tributaries of the great lakes: Chemical characterization and carcinogenic effects in medaka (*Oryzias latipes*). Arch. Environ. Contam. Toxicol., 21: 17-34.

Foran, C.M., B.N. Peterson and W.H. Benson, 2002. Transgenerational and developmental exposure of Japanese medaka (*Oryzias latipes*) to ethinylestradiol results in endocrine and reproductive difference in the response to ethinylestradiol as adults. Toxicol. Sci., 68: 389-402.

藤原茂樹・山田一裕・西村　修・須藤隆一, 1999. ヒメダカに対する界面活性剤とアンモニアの複合影響. 用水と廃水, 41: 598-602.

Funari, E., 1987. Xenobiotic-metabolizing enzyme systems in test fish. I. Comparative studies of liver microsomal monooxygenases. Ecotoxicol. Environ. Saf., 13: 24-31.

Gray, M.A. and C.D. Metcalfe , 1996. Induction of testis-ova in Japanese medaka (*Oryzias latipes*) exposed to *p*-nonylphenol. Environ. Toxicol. Chem., 16: 1082-1086.

———, A.J. Niimi and C.D. Metcalfe, 1999. Factors affecting the development of testis-ova in medaka, *Oryzias latipes*, exposed to octylphenol. Environ. Toxicol. Chem., 18: 1835-1842.

———, K.L. Teather and C.D. Metcalfe, 1999. Reproductive success and behavior of Japanese medaka (*Oryzias latipes*) exposed to 4-tert-octylphenol. Environ. Toxico;. Chem., 18: 2587-2594.

Gronen, S., N. Denslow, Manning, S. Barnes, D. Barnes and M. Brouwer, 1999. Serum vitellogenin levels and reproductive impairment of male Japanese medaka (*Oryzias latipes*) exposed to 4-tert-octylphenol. Environ. Health Persp., 107: 385-390.

萩野 哲, 2000. メダカを用いる試験法. 内分泌攪乱化学物質の生物試験法（井上　達監修), シュプリンガー・フェアラーク東京, pp.127-132.

———, 2003. メダカ性転換試験法. 生態影響試験ハンドブック－化学物質の環境リスク評価－（日本環境毒性学会編), pp. 221-227, 朝倉書店.

———, M. Kagoshima and S. Ashida, 2001. Effects of ethinylestradiol, diethylstilbestrol, 4-*t*-pentylphenol, 17β-estradiol, methyltestosterone and flutamide on sex reversal in S-rR strain medaka (*Oryzias latipes*). Environ. Sci., 8: 75-87.

———, M. Kagoshima, S. Ashida and S. Hosokawa, 2002. Evaluation of anti-androgenic effects of flutamide by sex-reversal in medaka (*Oryzias latipes*) S-rR strain. Environ. Sci., 9,6: 475-482.

Hamaguchi, S., 1993. Alterations in the morphology of nuages in spermatogonia of the fish, *Oryzias latipes*, treated with puromycin or actinomycin D. Reprod. Nutr. Develop., 33: 137-141.

Hamm, J.T., B.W. Wison and D.E. Hinton, 1998. Organophosphate-induced acetylcholinesterase inhibition and embryonic retinal cell necrosis *in vivo* in the teleost (*Oryzias latipes*). Neurotoxicology, 19: 853-869.

———, ——— and ———, 2001. Increasing uptake and bioactivation with development positively modulate diazinon toxicity in early life stage medaka (*Oryzias latipes*). Toxicol. Sci., 61: 304-313.

Han, S., K. Choi, J. Kim, K. Ji, S. Kim, B. Ahn, J. Yun, K. Choi, J.S. Khim, X. Zhang and J.P. Giesy, 2010. Endocrine disruption and consequences of chronic exposure to ibuprofen in Japanese medaka *(Oryzias latipes*) and freshwater cladocerans *Daphnia magna and Moina macrocopa*. Aquat Toxiicol., 98: 256-264.

Hano, T., Y. Oshima, T. Oe, M. Kinoshita, M. Tanaka, Y. Wakamatsu, K. Ozato and T. Honjo, 2005. Quantative bio-imaging analysis for evaluation of sexual differentiation in germ cells of olvas-GFP/ST-II YI medaka (*Oryzias latipes*) nanoinjected in ovo with ethinylestradiol. Environ. Toxicol. Chem., 24(1): 70-77.

———, ———, ———, ———, N. Mishima, T. Ohyama, T. Yanagawa, Y. Wakamatsu, K. Ozato and T. Honjo, 2007. Quantitative bioimaging analysis of gonads in olvas-GFP/ST-II YI medaka (transgenic *Oryzias latipes*) exposed to ethinylestradiol. Environ. Sci. Tech., 41(4): 1473-1479.

———, ———, ———, ———, Y. Wakamatsu, K. Ozato, M. Nassef, Y. Shimasaki and T. Honjo, 2009. In ovo nanoinjection nonylphenol affects embruyonic development of a transgenic see-through medaka (*Oryzias latipes*), *olvas*-GFP/STII-YI strain. Chemosphere, 77: 1594-1599.

Hara, T., S. Hagino and S. Hosokawa, 2004. Quantification of vitellogenin in several developmental stages of medaka (*Oryzias latipes*) S-rR strain. Environ. Sci., 11: 221-230.

Harada, T., J. Hatanaka and M. Enomoto, 1988. Liver cell carcinomas in the medaka (*Oryzias latipes*) induced by methylazoxymethanol-acetate. J. Comp. Pathol., 98: 441-452.

———, K. Itozawa, A. Kawamata, H. Hatakeyama and S. Kamiya, 2003. Influence of nonylphenol on the kidney and gonad of medaka, *Oryzias latipes*. Jap. J. Environ. Toxicol., 6: 11-19

———・国政美津子・山本修路・畑中　純, 1986. 化学発癌物質diethylnitrosamine（DEN）によるメダカ*Oryzias latipes*の肝癌形態発生について．日本獣医畜産大学研究報告，35: 234-240.

———・岡崎直子・佐藤雪香・畑中　純, 1992. 抗悪性腫瘍剤アリドマイシンによるメダカ*Oryzias latipes*への影響．日本獣医畜産大学研究報告，41: 106-113.

Harris, G.E., T.L. Metcalfe, C.D. Metcalfe and S.Y. Huestis, 1994. Embryotoxicity of extracts from lake Ontario rainbow trout (*Onchorynchus mykiss*) to Japanese medaka (*Oryzias latipes*). Environ. Toxicol. Chem., 13: 1393-1403.

Hartley, W.R., A. Thiyagarah, M.B. Anderson, M.W. Broxson, S.E. Major and S.I. Zell, 1998. Gonadal development in Japanese medaka (*Oryzias latipes*) exposed to 17β-estradiol. Mar. Environ. Res., 46: 145-148.

端　憲二・竹村武士・本間新哉・佐藤改良, 2001. 流れにおけるメダカの游泳行動に関する実験的考察．農土誌，69: 987-992.

畠山成久・菅谷芳雄・高木博夫・石川英律・尾里建二郎・若松佑子，2001. 17β-estradiol(E2)によるメダカの性転換とそれに伴う繁殖影響．環境毒性学会，4 (2)：99-111.

畠山　仁・原田隆彦, 2004. ビスフェノールAのメダカ（*Oryzias latipes*）への影響の病理組織学的検討．日本獣医畜産大学研究報告, 53: 7-12

———・伊藤珠美・澤田英和・池上拓馬・水口幸代・原田隆彦，2003. エチルパラベン（ethyl p-hydroxybenzoate）のメダカ*Oryzias latipes*への影響．環境毒性学会誌，6: 65-72.

———・糸沢佳津小・川俣明日香・原田隆彦，1999. Bisphenol A, Dibutyl phthalateのメダカ*Oryzias latipes*への影響．日本獣医畜産大学研究報告，48:

50-56.

———・皆川智子・原田隆彦, 2000. Estradiolのメダカ *Oryzias latipes* への影響—環境ホルモンスクリーニングのモデル—. 日本獣医畜産大学研究報告, 49: 33-39.

Hatanaka, J., N. Doke, T. Harada, T. Aikawa and M. Enomoto, 1982. Usefulness and rapidity of screening for the toxicity and carcinogenicity of chemicals in medaka, *Oryzias latipes*. Jap. J. Exp. Med., 52: 243-253.

羽田野泰彦・近江みゆき・西 和人・鑪迫典久・水上春樹・山下倫明・民谷栄一・榊原隆三, 2003. メダカ・ビテロジェニンアッセイによる外因性エストロジェンの影響評価研究. 水環境学会誌, 26 (11): 779-785.

日高秀生・立川 涼, 1985. 魚類における化学物質の忌避試験法 (3). 生態化学, pp.31-40.

Hawkins, E.W. *et al.*, 1985a. Tumor induction in several small fish species by classical carcinogens and related compounds. *In* "Water Chlorination, Chemistry, Environmental Impact and Health Effects" (R.L. Jolley, ed.). vol. 5, pp. 429-438, Lewis Publishers, Chelsea.

——— *et al.*, 1985b. Development of aquarium fish models for environmental carcinogenesis: Tumor induction in seven species. J. Appl. Toxicol., 5: 261-264.

———, J.W. Fournie, R.M. Overstreet and W.W. Walker, 1986. Intraocular neoplasms induced by methylazoxymethanol acetate in Japanese medaka (*Oryzias latipes*). J. Natl. Cancer Inst., 76: 453-465.

——— , W.W. Walker, J.W. Fournie, C.S. Manning and R.M. Krol, 2003. Use of the Japanese medaka (*Oryzias latipes*) and guppy (*Poecilia reticulata*) in carcinogenesis testing under national toxicology program protocols. Toxicol. Pathol., 31 (Suppl.): 88-91.

———, W.W. Walker, R.M. Overstreet, J.S. Lytle and T.F. Lytle, 1990. Carcinogenic effects of some polycyclic aromatic hydrocarbons on the Japanese medaka and guppy in waterborne exposures. Sci. Total Environ., 94: 155-167.

林 公義, 1976. 三浦半島の淡水魚類（三浦半島淡水魚類調査報告II）. 横須賀市博物館研究報告, 22: 29-38.

Heath, J.J. Cech, Jr., J.G. Zinkl and M.D. Steele, 1993. Sublethal effects of three pesticides on Japanese medaka. Arch. Environ. Contam. Toxicol., 25: 485-491.

Helmstetter, M.F. and R.W. Alden, III, 1995a. Passive trans-chorionic transport of toxicants in topically treated Japanese medaka (*Oryzias latipes*) eggs. Aquat. Toxicol., 32: 1-13.

——— and ———, 1995b. Toxic responses of Japanese medaka (*Oryzias latipes*) eggs following topical and immersion exposures to pentachlorophenol. Aquat. Toxicol., 32: 15-29.

Hinton, T.G., D.P.Coughlin, Y. Ti and L.C. Marsh, 2004. Low dosae rate irradiation facility: initial study on chronic exposures to medaka. J. Environ. Radioact., 74: 43-55.

Hiraoka, Y., S. Ishizawa, T. Kamada and T. Okuda, 1985. Acute toxicity of 14 different kinds of metals affecting medaka fry. Hiroshima J. Med., 34: 327-330.

———, J. Tanaka and H. Okudo, 1990. Toxicity of fenitrothion degradation products to medaka (*Oryzias latipes*). Bull. Environ. Contam. Toxicicol., 44: 210-215.

Hobbie, K.R., A.B., Deangelo, L.C. KingR.N. Winn and J.M. Law, 2009. Toward a molecular equivalent dose: use of the medaka model in comparative risk assessment. Comp. Biochem. Physiol. C, Toxicol. Pharmacol., 149: 141-151.

Holcombe, G.W., D.A. Benoit, D.E. Hammermeister, E.N. Leonard and R.D. Johnson, 1995. Acute and long-term effects of nine chemicals on the Japanese medaka (*Oryzias latipes*). Arch. Environ. Contam. Toxicol., 28: 287-297.

Huang, Y., 1986. Bioaccumulation of ^{14}C-hexachlorobenzene in eggs and fry of Japanese medaka (*Oryzias latipes*). Bull. Environ. Contam. Toxicol., 36: 437-443.

Hutchinson, T.H., H. Yokota, S. Hagino and K. Ozato, 2003. Development of fish tests for endocrine disruptors. Pur Appl. Chem., 75: 2343-2353.

Hyodo-Taguchi, Y. and H. Etoh, 1993. Vertebral malformations in medaka (teleost fish) after exposure to tritiated water in the embryonic stage. Rad. Res., 135: 400-404.

一恩英二, 2000. メダカと農業用水路. 平成11年度石川県「メダカ復活プロジェクト」報告書，pp.21-23, 金沢.

Imada, K., 1976. Studies on the vertebral maltiformation of fishes. III. Vertebral deformation of goldfish (*Carassius auratus*) and medakafish (*Oryzias latipes*) exposed to carbamate insecticides. Sci. Rep., Hokkaido Fish Hatchery, 31: 43-65.

Inoue, K. and Y. Takei, 2002. Diverse adaptability in *Oryzias* species to high environmental salinity. Zool. Sci., 19: 727-734.

石川隆俊・高山昭三，1975. Diethylnitrosamine (DENA)によるメダカ肝癌の組織発生．日本癌学会総会記事，34: 16.

———— , T. Shimamine and S. Takayama, 1975. Histologic and electron microscopy observations on diethylnitrosamine-induced hepatomas in small aquarium fish (*Oryzias latipes*). J. Natl. Cancer Inst., 55: 909-916.

岩松鷹司，2009. 野生メダカの生息調査から見た生物多様性国家戦略の現状．瀬木学園紀要，3: 51-57.

————, 2012. 環境指標動物メダカとカダヤシ，およびそれらのわが国の河川水辺における生息状況. Animate, No 10, 33-46.

————・大山邦雄・鹿島英佑, 2003. 愛知県全域のメダカ及び外来魚の生息調査．Estrela, 115; 34-42.

————・斉藤弘治・村松時夫・天野保幸・大林芳美・斉藤裕子, 1983. 愛知県内のメダカの生息分布調査．愛知教育大学研究報告（自然科学），32: 131-143.

————・山高育代, 1996. 愛知県内のメダカの生息状況と水域の調査．愛知教育大学研究報告（自然科学），45: 41-56.

Hutchinson, T.H., H. Yokota, S. Hagino and K. Ozato, 2003. Development of fish tests for endocrine disruptors. Pure Appl. Chem., 75: 2343-2354.

Jozuka, K. and H. Adachi, 1979. Environmental physiology on the pH tolerance of teleost. 2. Blood properties of medaka, *Oryzias latipes*, exposed to low pH environment. Annot. Zool. Japon., 5: 107-113.

上月康則・佐藤陽一・村上仁士・西岡健太郎・倉田健悟・佐良家康・福田守, 2000. 都市近郊用水路網におけるメダカの生息環境要因に関する研究．環境システム研究論文集，28: 313-320.

Kamiya, S., H. Hatakeyama, T. Harada and S. Yamano, 2001. Immunohistochemical vitellogenin expression in medaka, *Oryzias latipes*. − Preliminary examination of endocrine disruptor. Bull. Nippon Veter. Anim. Sci. Univ., 50: 34-37.

神奈川県立横浜高等学校生物部, 1971. タップミンノーとメダカの分布－三浦半島を中心として－．横須賀市博物館雑報，16: 10-14.

Kang, I.J., H. Yokota, Y. Oshima, Y. Tsuruda, T. Oe, N. Imada, H. Tadokoro and T. Honjo, 2002. Effects of bisphenol A on the reproduction of Japanese medaka (*Oryzias latipes*). Environ. Toxicol. Cnem., 21: 2394-2400.

————, ————, ————, ————, T. Hano, M. Maeda, N. Imada, H. Tadokoro and T. Honjo, 2003. Effects of 4-nonylphenol on reproduction of Japanese medaka, *Oryzias latipes*. Environm. Toxicol. Chem., 22: 2438-2445.

————, ————, ————, ————, T. Yamaguchi, M. Maeda, N. Imada, H. Tadokoro and T. Honjo, 2002. Effect of 17β-estradiol on the reproduction of Japanese medaka (*Oryzias latipes*). Chemosphere, 47: 71-80.

環境庁, 2000. 種の多様性調査（動物分布調査）の集計結果：汽水・淡水魚類．環境庁自然保護局生物多様性センター，pp. 5-24.

Kashiwada, S., 2000. Xeno-estrogenic effects of several chemicals on medaka, *Oryzias latipes* in short- and long-term exposure. Proc. Intern. Sym. Endocr.-Disrupt. Subst. Test. Medaka. Environ. Agency, Govern. Japan, Tokyo, pp. 89-90.

柏田祥策, 2003. メダカ（特異タンパク－Vtgバイオマーカー）．生態影響試験ハンドブック－化学物質の環境リスク評価－（日本環境毒性学会編），pp. 228-242, 朝倉書店.

片山信二・藤曲正登・大田原純子・宮本詢子・二瓶直子・白坂昭子・和田芳武・佐々学, 1973. 千葉市葭川に見いだされたグッピーの生息環境に関する研究. 衛生動物，23: 169-179.

Kaur, R., B. Buckley, S.S. Park, Y.K. Kim and K.P. Cooper, 1996. Toxicity test of Nanji Island Landfill (Seoul, Korea) leachate using Japanese medaka (*Oryzias latipes*) embryo larval assay. Bull. Environ. Contam. Toxicol., 57: 84-90.

Kim, Y.C. and K.O. Cooper, 1998. Interactions of 2,3,7,8-tetrachlorodibenzo-*p*-dioxin (TCDD) and 3,3',4,4',5-pentachlorobiphenyl (PCB126) for producing lethal and sub-lethal effects in the Japanese medaka embryos and Larvae. Chemosphere, 36: 409-418.

Kim, E.-J., J.-W. Kim and S.-K. Lee, 2002. Inhibition of oocyte development in Japanese medaka (*Oryzias latipes*) exposed to di-2-ethylhexyl phthalate. Environ. Intern., 28: 359-365.

木村郁夫，1976. 発癌研究と下等動物腫瘍．II. 化学発癌をめぐって．医学のあゆみ，96: 216-225.

――――，1986. 魚類の腫瘍と環境化学物質．衛生化学，32: 317-334.

――――，1990. 魚類とその腫瘍．図説臨床[癌]シリーズ　No.35，比較腫瘍学，pp. 44-56，メジカルビュー社.

――――，1990. 自然発生腫瘍．図説臨床[癌]シリーズ No.35，比較腫瘍学，pp. 57-70，メジカルビュー社.

――――，1990.　in vivo 発癌．図説臨床[癌]シリーズ No.35，比較腫瘍学，pp. 71-79，メジカルビュー社.

――――，M. Ando，N. Kiane，Y. Wakamatsu，K. Ozato and J.C. Harshbarger, 1984.　Proc. Jap. Cancer Assoc., 43: 60.

――――・石田廣次，1989. メダカの系統・発生段階と発癌感受性．日本癌学会総会記事，48: 65.

――――, MNNG induction of gill tumors in a platyfish/swodtail F_1 hybrid and in medaka (*Oryzias latipes*) and nifurpirinol induction of hepatomas in medaka. Annual Rep.: Aichi Cancer Center Res. Inst. Nagoya, 1982-1983, pp. 60-62.

北野聡・山形哲也・市川寛・小林尚, 2002. 長野県北部の水田用水路における魚類群集及メダカの推定個体数．信州大学志賀自然教育研究施設研究業績，39: 17-20.

Klaunig, J.E., B.A. Baruta and P.J. Goldblatt, 1984. Preliminary studies on the usefulness of medaka, *Oryzias latipes*, embryos in carcinogenicity testing. Natn. Cancer Inst. Monogr., 65: 155-161.

Knörr, S. and T. Braunbeck, 2002. Decline in reproductive success, sex reversal, and developmental alterations in Japanese medaka (*Oryzias latipes*) after continuous exposure to octylphenol. Ectoxicol. Environ. Safe., 51: 187-196.

Kobayashi, K., S. Tamotsu, K. Yasuda and T. Oishi, 2005. Vitellogenin-immunohistochemistry in the liver and the testis of the medaka, *Oryzias latipes*, exposed to 17β-estradiol and *p*-nonylphenol. Zool. Sci., 22: 453-461.

小林尚, 1996. 野生メダカを中心にした環境指標化への試み　II.　信州大学科学教育研究室報告，30: 1-5.

――――, 1998. メダカ *Oryzias latipes* の生息環境 II－緩やかな流れの意味するもの－．信州大学科学教育研究室農学部分室　研究報告，33: 9-17.

児玉伊智郎・友田郁夫・荻山友貴・寺田弘信・安田沙織・金子亜由美・木村由紀代・三木洋美・猶　比呂子・猶　朋美，1999. 山口県内のメダカ（*Oryzias latipes*）とカダヤシ（*Gambusia affinis*）の分布状況（1998年と1999年の調査結果）．山口生物，26: 39-44.

――――・――――・――――・――――・――――・――――・――――・――――・――――・――――, 1999，山口県内のメダカ（*Oryzias latipes*）とカダヤシ（*Gambusia affinis*）の種間関係．山口生物，26: 45-56.

Koger, C.S., S.J. The and D.E. Hinton, 2000. Determining the sensitive developmental stages of intersex induction in medaka (*Oryzias latipes*) exposed to 17β-estradiol or testosterone. Mar. Environ. Res., 50 (1-5): 201-206.

国土交通省河川局河川環境課，2006. 河川水辺の国勢調査 － 4巡目調査結果. 河川環境データベース.

国土交通省河川局河川環境課，2008. 河川水辺の国勢調査 － 1・2・3巡目調査結果総括検討．河川版，生物調査編.

幸地良仁，1980. カダヤシ．「日本の淡水生物 － 侵略と撹乱の生態学」（川合禎次・川那部浩哉・水野信彦編），東海大学出版会，pp. 106-117.

Kordes, C. E.P. Rieber and H.O. Gutzeit, 2002. An *in vitro* vitellogenin bioassay for oestrogenic substances in the medaka (*Oryzias latipes*). Aquat. Toxicol., 58: 151-164.

Kullman and D.E. Hinton, 2001. Identificcation, characterization, and ontogeny of a second cytochrome P450 3A gene from the fresh water teleost medaka (*Oryzias latipes*). Mol. Reprod. Develop., 58 (2): 149-158.

黒岩　恒, 1927.　琉球列島弧における淡水魚採集概報. 動物学雑誌，39: 355-368.

Kwak, H.-I., M.-O. Bae, M.-H. Lee, H.-J. Sung, J.-S. Shin, G.-H. Ahn, Y.-H. Kim, C.-Y. Lee and M.-H. Cho, 2000. Effects of cartap on the early-life stages of medaka (*Oryzias latipes*). Bull. Environ. Contam. Toxicol., 65: 717-724.

Kwak, H.-H., M.-O. Bae, M.-H. Lee, H.-J. Sung, G.-H.

Ahn, Y.-H. Kim, C.-Y. Lee and M.-H. Cho, 2000. Effects of cartap on the early-life stages of medaka (*Oryzias latipes*). Bull. Environ. Contam. Toxicol., 65: 717-724.

Kyono, Y., 1978. Temperature effects during and after the diethylnitrosamine treatment on liver tumorigenesis in the fish. Eur. J. Cancer, 14: 1089-1097.

———, A. Shima and N. Egami, 1979. Changes in the labeling index and DNA content of liver cells during diethylnitrosamine-induced liver tumorigenesis in *Oryzias latipes*. J. Natl. Cancer Inst., 63: 71-74.

Lauren, D.J., S.J. The and D.E. Hinton, 1990. Cytotoxicity phase of diethylnitrosamine-induced hepatic neoplasia in medaka. Canc. Res., 50: 5504-5514.

Lien, G.J. and J.M. McKim, 1993. Prediction branchial and cutaneous uptake of 2,2',5,5'-tetrachlorobiphenyl in fathead minnows (*Pimephales promelas*) and Japanese medaka (*Oryzias latipes*): Rate limiting factors. Aquat. Toxicol., 27: 15-32.

林 彬勒，2003. 特集：魚類個体群レベルにおける生態リスク評価 － ノニルフェノール．Newsletter, No.5, pp.4-5, 産総研化学物質リスク管理研究センター．

———, S. Hagino, M. Kagoshima, and T. Iwamatsu, 2009. The fragmented testis method: Development and its advantages of a new quantitative evaluation technique for detection of testis-ova in male fish. Ecotoxicol. Environ. Saf. 72: 286-292.

———・東海明宏・吉田喜久雄・冨永 衛・中西準子, 2003. 魚類個体群レベルにおける生態リスク評価手法の提案 — 4-ノニルフェノールによるメダカ個体群評価のケーススタデイー．水環境学会誌，26: 575-582.

———・萩野 哲・籠島通夫・芦田昭二・原 匠・岩松鷹司・東海明宏・吉田喜久雄・米澤義尭・冨永 衛・中西準子, 2003. メダカ（*Oryzias latipes*）精巣卵の定量的検出のための新手法（小片化法）．水環境学会誌，26: 725-730.

———・———・———・———・———・———・———・———・———・———,

———, 2004. メダカ（*Oryzias latipes*）第二次性徴による量的内分泌攪乱影響評価のための有効な手法（分節計数法）．水環境学会誌，27: 47-51.

———・———・———・———・———・———・———・———・———・———,

———, 2004. S-rR系メダカ（*Oryzias latipes*）を用いた三世代フルライフサイクルに及ぼす4-ノニルフェノールの影響試験．水環境学会誌，27: 727-734.

Llewellyn, G.C., G.A. Stephenson and J.W. Hofman, 1977. Aflatoxin B_1 induced toxicity and teratogenicity in Japanese medaka (*Oryzias latipes*). Toxcon, 15; 582-587.

Manning, C.S., W.E. Hawkins, D.H. Barnes, W.D. Burke, C.S. Barnes, R.M. Overstreet and W.W. Walker, 2001. Survival and growth of Japanese medaka (*Oryzias latipes*) exposed to trichlorethylene at multiple life stages: Implications of establishing the maximum tolerated dose for chronic carcinogenicity bioassays. Toxicol. Methods, 11: 147-159.

Marty, G.D., J.M. Nunez, D.J. Lauren and D.E. Hinton, 1990. Age-dependent changes in toxicity to Japanese medaka (*Oryzias latipes*) embryos. Aquat. Toxicol., 17: 45-62.

松原喜代松，1963.「動物系統分類学9（中）」（内田亨監修），中山書店（東京）．

McCarthy, J.F., H. Gardner, M.J. Wolfe and L.R. Shugart, 1991. DNA alterations and enzyme activities in Japanese medaka (*Oryzias latipes*) exposed to diethylnitrosamine. Neurosci. Biobehav. Rev., 15: 99-102.

McFarland, V.A., 1994 Measuring the sedimen/organism accumulation factor of PCB-52 using a kinetic model. Bull. Environ. Contam. Toxicol., 52: 699-705.

Melo, A.C. and J.S. Ramsdell, 2001. Sexual dimorphism of brain aromatase activity in medaka: Induction of a female phenotype by estradiol. Environ, Health Pers., 109: 257-264.

Metcalfe, C.D., M.S. Gray and Y. Kiparissis, 1999. The Japanese medaka (*Oryzias latipes*): An *in vivo* model for assessing the impacts of aquatic contaminants on the reproductive success of fish. *In* "Impact Assessment of Hazardous Aquatic Contaminants: Concepts and Approaches" (S. Rao ed.). Ann. Arbor. Press, Ann, Arbor, MI, USA, pp. 29-52.

———, T.L. Metcalfe, J.A. Cormier, S.Y. Huestis and

A.J. Niimi, 1997. Early life-stage mortalities of Japanese medaka (*Oryzias latipes*) exposed to polychlorinated diphenyl ethers. Environ. Toxicol. Chem., 16: 1749-1754.

————, ————, Y. Kiparissis, B.G. Koenig, C. Khan, R.J. Hughes, T.R. Croley, R.E. March and T. Potter, 2001. Estrogenic potency of chemicals detected in sewage treatment plant effluents as determined by *in vivo* assays with Japanese medaka (*Oryzias latipes*). Environ. Toxicol. Chem., 20: 297-308.

————, ————, Y. Kiparissis, A.J. Niimi, C.M. Foran and W.H. Benson, 2000. Gonadal development and endocrine responses in Japanese medaka (*Oryzias latipes*) exposed to o,p'-DDT in water and through transgenerational pathways. Environ. Toxicol. Chem., 19: 1893-1900.

Michelle, A.G., D. Chris, 1997. Mechalfe induction of testis-ova in Japanese medaka (*Oryzias latipes*) exposed to p-nonylphenol. Environm. Toxicl. Chem., 5: 1082-1086.

————, A.J. Miimi and C.D. Metcalfe, 1999. Factors affecting the development of testis-ova in medaka, *Oryzias latipes*, exposed to octylphenol. Environ. Toxicol. Cenm., 18: 1835-1842.

Murata, K., T. Sasaki, I. Yasumasu, I. Iuchi, I. Enami, I. Yasumasu and K. Yamagami, 1995. Cloning of cDNAs for the precursor protein of a low molecular weight subunit of the layer of the egg envelope (chorion) of the fish, *Oryzias latipes*. Develop. Biol., 167: 9-17.

Nagahama, Y., M. Nakamura, T. Kitano and T. Tokumoto, 2004. Sexual plasticity in fish: A possible target of endocrine disruptor action. Environ. Sci., 11: 73-82.

中村純, 1941. タップミノンーの飼育. 飼育と採集, 3: 186-187.

Ngamniyom, A., W. Magtoon, Y. Nagahama and Y. Sasayama, 2007. A study of the sex ratio and fin morphometry of the Thai medaka, *Oryzias minutillus*, inhabiting suburbs of Bangkok, Thailand. Fish Biol. J. Medaka, 11: 17-21.

日本環境毒性学会, 2003. 生態影響試験ハンドブック－化学物質の環境リスク評価. pp. 199-243, .朝倉書店(東京).

日本自然保護協会, 1997. フィールドガイドシリーズ③ 指標生物 － 自然を見るものさし. 平凡社(東京). pp. 364.

Niihori, M., Y. Mogami, N. Naruse and S.A. Baba, 2004. Development and swimming behavior of Medaka fry in a space flight aboard the space shuttle Columbia (STS-107). Zool. Sci., 21: 923-931.

Nirmala, K., Y. Oshima, R. Lee, N. Imada, T. Honjo K. Kobayashi, 1999. Transgenerational toxicity of tributyltin and its combined effects with polychlorinated biphenyls on reproductive processes in Japanese medaka (*Oryzias latipes*). Environ. Toxicol. Chem., 18: 717-721.

Nimrod, A.C. and W.H. Benson, 1998. Reproduction and development of Japanese medaka following early life stage exposure to xeno-estrogens. Aquat. Toxicol., 44: 141-156.

Nishi, K., M. Chikae, Y. Hatano, H. Mizukami, M. Yamashita, M. Sakakibara and E. Tamiya, 2002. Development and application of a monoclonal antibody-based sandwich ELISA for quantification of Japanese medaka (*Oryzias latipes*) vitellogenin. Comp. Biochem. Physiol., 132C: 161-169.

Nozaka, T., T. Abe, T. Matsuura, Sakamoto, N. Nakano, M. Maeda and K. Kobayashi, 2004. Development of vitellogenin assay for endocrine disruptors using medaka (*Oryzias latipes*). Environ. Sci., 11: 99-111.

Oh, H.S., S.K. Lee, Y-H. Kim and K.J. Roh, 1991. Mechanism of selective toxicity of diazinon to killifish (*Oryias latipes*) and loach (*Misgurnus anguillicaudatus*). *In* "Aquatic Toxicology and Risk Assessment" (M.A. Mayes and M.G. Barron, eds.), vol. 14, pp. 343-353.

太田昌志・五十嵐勇気・佐原雄二・東信行, 2002. 実験水田におけるメダカ(*Oryzias latipes*)の移動とすみ場選択. 日本魚類学会年会講演要旨, p.45, 信州大学.

Okihiro, M.S. and D.E. Hinton, 1996. Enzyme histochemical characterization of hepatic regeneration following partial hepatectomy in medaka (*Oryzias latipes*). Mar. Environ. Res., 4: 110.

Ortego, L.S, W.E. Hawkins, Y. Zhu and W.W. Walker, 1996. Chemically-induced hepatocyte proliferation in the medaka (*Oryzias latipes*). Mar. Environ. Res., 42: 75-79.

———, A.C. Nimrod, W.T. Brehm, G.R. Parsons and W.H. Benson, 1994. Early life-stage effects in medaka (*Oryzias latipes*) following *in ovo* exposure to polyamine biosynthetic inhibitors. Ecotoxicol. Environ. Safe., 28: 329-239.

大阪自然環境保全協会メダカ調査委員会, 2001. 大阪府におけるメダカ生息一次調査報告(1999). 日本めだか年鑑 2001年版. 日本めだかトラスト協会.

———, 2002. 水辺の生き物の環境維持・復元をめざして. 大阪府におけるメダカ生息状況報告－平成12年度生息調査結果. Estrela, 92: 47-53.

Oshima, Y., I.J. Kang, K. Kobayashi, K. Nakayama, N, Imada and T. Honjo, 2002. Suppression of sexual behavior in male Japanese medaka (*Oryzias latipes*) exposed to 17β-estradiol. Chemosphere, 50: 429-436.

———, ———, ———, ———, ——— and ———, 2003. Suppression of sexual behavior in male Japanese medaka (*Oryzias latipes*) exposed to 17β-estradiol. Environ. Toxicol. Chem., 47: 71-80.

———・横田弘文, 2003. 内分泌攪乱試験法. 生態影響試験ハンドブック－化学物質の環境リスク評価－(日本環境毒性学会編), pp. 207-220, 朝倉書店.

Owens, K.D. and K.N. Baer, 2000. Modifications of the topical Japanese medaka (*Oryzias latipes*) embryo larval assay for assessing developmental toxicity of pentachlorophenol and o, p'-dichlorodiphenyltrichloroethane. Ecotoxicl. Environ. Saf. 47(1): 87-95.

尾里建二郎・若松佑子, 2003. 試験動物としての魚類. 生態影響試験ハンドブック－化学物質の環境リスク評価－(日本環境毒性学会編), pp.199-206, 朝倉書店.

Pastva, S.D., S.A. Villalobos, K. Kannan and J.P. Giesy, 2001. Morphological effects of bisphenol-A pn the early life stages of medaka (*Oryzias latipes*). Chemosphere, 45: 535-541.

Patyna P.J. and K.R. Cooper, 1998. Evaluation of vitellogenin in Japanese medaka (*Oryzias latipes*), following oral exposure to two phthalate esters in a multigeneration study. Poster presented at the 19th Annual Meeting of the Society of Environmental Toxicology and Chemistry in Charlotte, NC, November 1998.

——— and ———, 2000. Multigeneration reproductive effects of three phthalate esters in Japanese medaka (*Oryzias latipes*). Mar. Environ. Res., 50 (1-5): 194.

———, R.A. Davi, T.F. Parkerton, R.P. Brown and K.R. Cooper, 1999. A proposed multigeneration protocol for Japanese medaka (*Oryzias latipes*) to valuate effects of endocrine disruptors. Sci. Total Environ., 233: 211-220.

———, T.F., R.A. Davi, P.E. Thomas and K.R. Cooper, 1998. Evaluation of two phthalate ester mixtures in a three generation reproduction study using Japanese medaka (*Oryzias latipes*). Toxicol. Sci., 42(1-S), March.

Rice, P.J., T.M. Klubertanz, J.R. Coats, C.D. Drewes and S.P. Bradbury, 1997. Acute toxicity and behavioral effects of chlorpyrifos, permethrin, phenol, strychnine, and 2,4-dinitrophenol to 30-day-old Japanese medaka (*Oryzias latipes*). Environ. Toxicol. Chem., 16: 696-704.

Rosen, D.E., 1964. The relationships and taxonomic position of the halfbeaks, killifishes, silversides, and their relatives. Bull. Mus. Nat. Hist., 127: 219-267.

Rotchell, J.M., J.B. Blair, J.K. Shim, W.E. Hawkins and G.K. Ostrander, 2001. Cloning of the retinoblastoma cDNA from the Japanese medaka (*Oryzias latipes*) and preliminary evidence of mutational alterations in chemically-induced retinoblatomas. Gene, 263(1-2): 231-237.

佐原雄二・幸地良仁, 1990. カダヤシ. 日本の淡水生物－侵略と攪乱の生態学(川合禎次・川那部裕哉・水野信彦編), pp. 106-117.

斉藤弘治, 1982. メダカ *Oryzias latipes* の生物教材としての利用度と西三河南部における棲息状況について. 愛知教育大学附属高等学校研究紀要, 9: 245-250.

佐々学, 1971. 生物を利用する環境衛生の改善－特に胎生メダカ科淡水魚の利用について. 学術月報, 23: 601-606.

佐藤英毅・大久保新也・佐々学・和田芳武・元木貢・田中寛・山岸宏・沖野外輝夫・栗原毅, 1972. 徳島市に蚊の天敵として移植したカダヤシに関する観察. 衛生動物, 23: 113-127.

佐藤陽一・上月康則・村上仁士・佐良家康, 1999. 徳島県におけるメダカの生息状況. 日本魚類学会年会講演要旨, p. 119.

Scarano, L.J., E.J. Calabrese, P.T. Kostecki, L.A. Baldwin and D.A. Leonard, 1994. Evaluation of a rodent peroxisome proliferator in two species of freshwater fish: rainbow trout (*Onchorynchus mykiss*) and Japanese medaka (*Oryzias latipes*). Ecotoxicol. Environ. Saf., 29: 13-19.

Schell, J.D., K.O. Cooper and K.R. Cooper, 1987. Hepatic microsoma; mixed-function oxidase activity in the Japanese medaka (*Oryzias latipes*). Environ. Toxicol. Chem., 6; 717-721.

Schmieder, P., D. Lothenbach, J. Tietge, R. Erickson and R. Johnson, 1995. ^{3}H-2,3,7,8-TCDD uptake and elimination kinetics of medaka (*Oryzias latipes*). Environ. Toxicol. Chem., 14: 1735-1743.

Scholz, S. and H.O. Gutzeit, 2000. 17β-ethynylestradiol affects reproduction, sexual differentiation and aromatase gene expression of the medaka (*Oryzias latipes*). Aquat. Toxicol., 50: 363-373.

———— and ————, 2001. Lasting effects of xeno- and phytoestrogens on sex differentiation and reproduction of fish. Environ. Sci., 8: 57-73.

Schreiweis, D.O. and G.J. Murray, 1976. Cardiovascular malformations in *Oryzias latipes* embryos treated with 2,4,5-trichlorophenoxyacetic acid. Teratology, 14: 287-290.

Seki, M., H. Yokota, M. Maeda, H. Tadokoro and K. Kobayashi, 2003. Effects of 4-nonylphenol and 4-tert-octylphenol on sex differentiation and vitellogenin induction in medaka (*Oryzias latipes*). Environ. Toxicol. Chem., 22: 1507-1516.

————, ————, Matsubara, Y. Tsuruda, H. Tadokoro and K. Kobayashi, 2002. Effect of ethinylestradiol on the reproduction and induction of vitellogenin and testis-ova in medaka (*Oryzias latipes*). Environ. Toxicol. Chem., 21: 1692-1698.

————, ————, ————, M. Masanobu, H. Tadokoro and K. Kobayashi, 2002. Fish full life-cycle testing for the weak estrogen 4-tert-pentylphenol on medaka (*Oryzias latipes*). Environ. Toxicol. Chem., 22: 1487-1496.

————, ————, ————, M. Maeda, H. Tadokoro and K. Kobayashi , 2004. Fish full life-cycle testing for the androgen methyltestosterone on medaka (*Oryzias latipes*). Environ. Toxicol. Chem., 23: 774-781.

Shi, M. and E.M. Faustman, 1989. Development and characterization of a morphological scoring system for medaka (*Oryzias latipes*) embryo culture. Aquatic Toxicol., 15: 127-140.

Shima, A. and A. Shimada, 1994. The Japanese medaka, *Oryzias latipes*, as a new model organism for studying environmental germ-cell mutagenesis. Environ. Health Persp., 102 (Suppl.): 33-35.

島田義也，1985. メダカ胚へ熱耐性を誘導する．遺伝，39 (8)：31-33.

————，1985. Induction of thermotolerance in fish embryos *Oryzias latipes*. Comp. Biochem. Physiol., 80A (2): 177-181.

清水孝昭, 2000. メダカの放流をやめよう．南予生物, 11: 46-50.

Shimizu, M., Y. Fujiwara, H. Fukada and A. Hara, 2002. Purification and identification of a second form of vitellogenin from asites of medaka (*Oryzias latipes*) treated with estrogen. J. Exp. Zool., 293: 726-735.

清水善吉, 2012. 三重県におけるメダカとカダヤシの分布2000. 三重自然誌, 第13号, pp.153-179.

Shin, S.W., N.I. Chung, J.S. Kim, T.S. Chon, O.S. Kwon, S.K. Lee and S.C. Koh, 2001. Effect of diazinon on behavior of Japanese medaka (*Oryzias latipes*) and gene expression of tyrosine hydroxylase as a biomarker. J. Environ. Sci. Health－Part B: Pest. Food Contam. Agr. Wast., 36: 783-795.

シニア自然大学校，2017. 大阪府に於けるメダカの生息と遺伝子型分布の実態に関する検討 ― 第四次メダカ調査結果報告（第４報）―. pp. 27.

Shioda, T. and M. Wakabayashi, 2000. Effect of certain chemicals on the reproduction of medaka (*Oryzias latipes*). Chemosphere, 40: 239-243.

Smithberg, M., 1962. Teratogenic effects of tolbutamide on the early development of the fish, *Oryzias latipes*. Amer. J. Anat., 111: 205-213.

Soimasuo, M.R., I. Werner, A. Villalobos and D.E. Hinton, 2001. Cytochrome P450 1A- and stress protein-induction in early life stages of medaka (*Oryzias latipes*) exposed to trichloroethylene (TCE) soot and different fractions. Biomarkers, 6 (2): 133-145.

Solomon, F.P. and E.M. Faustman, 1987. Developmental toxicity of four model alkylating agents on Japanese medaka fish (*Oryzias latipes*) embryos. Environ. Toxicol. Chem., 6: 747-753.

Song, M. and H.O. Gutzeit, 2003. Primary culture of medaka (*Oryzias latipes*) testis: a test system for the analysis of cell proliferation and differentiation. Cell Tissue Res., 313: 107-115.

Stoss, F.W. and T.A. Haines, 1979. The effects of toluene on embryos and fry of the Japanese medaka *Oryzias latipes* with a proposal for rapid determination maximum acceptable concentration. Environ. Pollut., 20: 139-148.

角埜　彰・小山次朗, 2000. 環境生物への影響を指標とする試験．内分泌攪乱化学物質の生物試験法（井上達監修），シュプリンガー・フェアラーク東京，pp. 119-126.

Tabata, A., S. Kashiwada, N. Miyamoto, H. Ishikawa, Y. Ohnishi, M. Itoh and Y. Magara, 2000. Polyclonal antibody against egg yolk extracts of medaka, *Oryzias latipes* (Teleostei), for investigating the influences of xenoestrogens. Jap. J. Environ. Toxicol., 3: 15-22.

———, ———, Y. Ohnishi, H. Ishikawa, N. Miyamoto, M. Itoh, T. Kamei and Y. Magara, 2001. Estrogenic influences of estradiol-17β, p-nonylphenol and bisphenol-A on Japanese medaka (*Oryzias latipes*) at detected environmental concentrations. Water Sci. Technol., 43: 109-116.

———, Y. Ohnishi, N. Miyamoto, M. Itoh, T. Kamei and Y. Magara, 2003. The effect of chloination of estrogenic chemicals on the level of serum vitellogenin of medaka fish. Water Sci. Technol., 47: 51-57.

田畑彰久・亀井　翼・眞柄泰基・渡辺哲理・宮本信一・大西悠太・伊藤光明, 2003. メダカビテロジェニンを指標としたノニルフェノール，ビスフェノールA，17β-エストラジオールおよびこれらの混合曝露の影響．　水環境学会誌，26: 671-676.

Tachikawa, M., 1991. Differences beteen freshwater and seawater killifish (*Oryzias latipes*) in the accumulation and elimination of pentachlorophenol. Arch. Environ. Contam. Toxicol., 21: 146-151.

Tadokoro, H., M. Koshio, H. Hori, M. Morita, and T. Iguchi, 2004. Validation or an enzyme-linked immunosorbent assay method for vitellogenin in the medaka. J. Health Sci., 50 (3): 1-8.

———, M. Maeda, Y. Kawashima, M. Kitano, D.F. Hwang and T. Yoshida, 1991. Aquatic toxicity testing for multicomponent compounds with special reference to preparation of test solution. Ecotoxicol. Environ. Saf., 21: 57-67.

Takehana, Y., Nagai, M. Matsuda, K. Tsuchiya and M. Sakaizumi, 2003. Geographic variation and diversity of the cytochrome b gene in Japanese wild populations of medaka, *Oryzias latipes*. Zool. sci., 20: 1279-1291.

多紀保彦（2008）「日本の外来生物」，平凡社（東京）.

Takimoto, Y., 1987. Comparative metbolism of fenitrothion in aquatic organisms. I. Metabolism in the euryhaline fish, *Oryzias latipes* and *Mugil cephalus*. Ecotoxicol. Environ. Saf., 13: 104-117.

———, S. Hagino, H. Yamada and J. Miyamoto, 1984a. The acute toxicity of fenitrothion to killifish (*Oryzias latipes*) at twelve different stages of its life history. J. Pesticide Sci., 9: 463-472.

———, ———, ——— and ———, 1984b. Fate of fenitrothion in several developmental stages of the killifish (*Oryzias latipes*). Arch. Environ. Contam. Toxicol., 13: 579-587.

Tatarazako, N., H. Takigami, M. Koshio, K. Kawabe, Y. Hayakawa, K. Arizono and M. Morita, 2002. New measurement method of P450 activities in the liver microsome with individual Japanese medaka (*Oryzias latipes*). Environ. Sci., 19(6): 451-462.

Teather, K., M. Harris, J. Boswell and M. Gray, 2001. Effects of acrobat Mz(R) and Tattoo C(R) on Japanese medaka (*Oryzias latipes*) : Development and adult male behavior. Aqua. Toxicol., 51(4): 419-430.

Teh, S.J., M.S. Okihiro and D.E. Hinton, 1995. Normal, regenerational and diethylnitrosamine-promoted hepatic growth in the medaka (*Oryzias latipes*). Mar. Environ. Res., 39: 373-374.

——— and D.E. Hinton, 1993. Detection of enzyme hitochemical markers of hepatic preneoplasia in medaka (*Oryzias latipes*). Aquat. Toxicol., 24: 163-182.

——— and ———, 1996. Gender specific effects on normal and neoplastic liver growth in medaka (*Oryzias latipes*): A model for environmental modulation of carcinogenesis in fish. Mar. Environ. Res., 2: 111-112.

Thiyagarajah, A., W.R. Hartley, C. Gennings, J.C.

Lipscomb, L.K. Teuschler, S. Cofield, S. Meadows and O. Conerly, 2001. Bromoform-induced alterations in development of medaka (*Oryzias latipes*). Toxicol. Suppl., 164 (1-3): 214-215.

Toledo, C., J. Hendricks, P. Loveland, J. Wilcox and G. Bailey, 1987. Metabolism and DNA-binding in vivo of aflatoxin B_1 in medaka (*Oryzias latipes*). Comp. Biochem. Physiol., 87C: 275-281.

Tomita, H. and N. Matsuda, 1961. Deformity of vertebra induced by lathyrogenic agents and phenylthiourea in the medaka (*Oryzias latipes*). Embryologia, 5: 247-256.

Torten, M., L. Zi, M.S. Okihiro, S.J. Teh and D.E. Hinton, 1996. Indiction of *Ras* oncogene mutations and hepatocarcinogenesis in medaka (*Oryzias latipes*) exposed to diethylnitrosamine. Mar. Environ. Res., 42: 93-98.

Toshima, Y., T. Katoh, N. Nishiyama, T. Tsugukuni and F. Sato, 1994. Biodegradation and toxicity to fish of di-long-chain tertiary amine salt containing ester and amide bonds. Ecotoxicol. Environ. Saf., 29: 113-121.

————, T. Moriya and K. Yoshimura, 1992. Effects of polyoxyethylene (20) sorbitan monooleate on the acute toxicity of linear alkylbenzenesulfonate (C12las) to fish. Ecotoxicol. Environ. Safe., 24: 26-36.

Toussaint, M.W., L.M. Brennan, A.B. Rosencrance, W.E. Dennis, F.J. Hoffmann and H.S. Gardner, 2001. Acute toxicity of four drinking water disinfection by-products to Japanese medaka fish. Bull. Environ. Contam. Toxicol., 66 (2): 255-262.

————, A.B. Rosencrance, L.M. Brennan, J.R. Beaman, M.J. Wolfe, F.J. Hoffmann and H.S. Gardner, 2001. Chronic toxicity of chloroform to Japanese medaka fish. Environ. Health Pers., 109(1): 35-40.

Tsuda, T., A. Takino, K. Muraki, H. Harada and M. Kojima, 2001. Evaluation of 4-nonylphenols and 4-tert-octylphenol contamination of fish in rivers by laboratory accumulation and excretion experiments. Wat. Res., 35: 1786-1792.

辻徹・矢口修一, 2002. 2001年（平成13年）山形県内メダカ（*Oryzias latipes*）生息地調査報告. 日本めだかトラスト協会, pp. 63-68.

辻井要介・上田哲行, 2003. コンクリート化された水路におけるメダカの分布とそれに影響を及ぼす環境の要因について. 環動昆, 14: 179-192.

Tsuneki, K. and T. Sasaki, 1957. Fixation of poison by population of *Oryzias latipes*. Jap. J. Ecol., 6: 153.

Tsuruda, Y., I.J. Kang,H. Yokota, M. Seki, Y. Ohshima, M. Maeda, H. Tadakoro, A. Nakazono and A. Honjo, 2001. Production and position of testis/ova in the gonads of Japanese medaka exposed to bisphenol A and ethynylestradiol. Environ. Sci., 8: 237.

堤　俊夫, 1971. 三浦半島におけるメダカとカダヤシの分布. 遺伝, 33: 47-51.

————・及川竹男・柳井晋, 1977. 三浦市におけるメダカ *Oryzias latipes* とカダヤシ *Gambusia affinis* について（その１）－三浦市初声町地域河川一帯を中心として－. 東急油壺マリーンパーク水族館年報, 9: 54-63.

Twerdok, L.E., D.T. Burton, H.S. Gardner, T.P. Shedd and M.J. Wolfe, 1997. The use of nontraditional assays in an integrated environmental assessment of contaminated ground water. Environ. Toxicol. Chem., 16: 1816-1820.

植松辰美・矢崎幾蔵, 1962. シオミズメダカの産卵と発生. 動物学雑誌, 71: 364.

梅村錞二, 1984. 淡水魚類：愛知文化シリーズ(3)　愛知の動物, 愛知県郷土資料刊行会.

梅澤俊一, 1972. メダカの酸素消費量におよぼす光の影響. 動物学雑誌, 81: 411.

————, 1973. メダカの酸素消費量におよぼす光の影響. 動物学雑誌, 82: 308.

————・渡部英機, 1971. メダカの呼吸における群効果. 動物学雑誌, 80: 417.

———— and K. Komatsu, 1980. Effect of turbidity on the toxicity of surfactants to the medaka, *Oryzias latipes*. Rep. Usa Mar. Biol. Inst., 2: 1-9.

Utida, S., S. Hatai and T. Hirano and F. I. Kanemoto, 1971. Effect of prolaction of survival and plasma sodium levels in hypophysectomized medaka, *Oryzias latipes*. Gen. Comp. Endocrinol., 16: 566-573.

打田鉄雄, 1978. メダカの受精卵の採集・飼育法とその教材化. 採集と飼育, 40: 507-513.

Villalobos, S.A., M.J. Anderson, M.S. Denison, D.E. Hinton, K. Tullis, I.M. Kennedy. A.D. Jones, D.P. Chang, G. Yang and P. Kelly, 1996. Dioxin-like properties of a trichloroethylene combustion-generated aerosol. Environ. Health Perspect. 104: 734-743.

———., J.T. Hamm, S.J. The and D.E. Hinton, 2000. Thiobencarb-induced embryotoxicity in medaka (*Oryzias latipes*): Stage-specific toxicity and the protective role of chorion. Aquatic Toxicol., 48(2-3): 309-326.

———, D.M. Papoulias, J. Meadows, A.L. Blankenship, S.D. Pastva, K. Kannan, D.E. Hinton, D.E. Tillitt and J.P. Giesy, 2000. Toxic responses of medaka, d-rR strain, to polychlorinated naphthalene mixtures after embryonic exposure by in ovo nanoinjection: A partial life-cycle assessment. Environ. Toxicol. Chem., 19(2): 432-440.

———, R. Soimasuo, S.J. The, T.W.-M. Fan, R.M. Higashi and D.E. Hinton, 1996. Mechanistic studies of pericardial edema (PE) in early life stages (ELS) of medaka (*Oryzias latipes*). Mar. nviron. Res., 42: 137.

Von Baumgarten, R. J., R. C. Simmonds, J. F. Boyd and O. K. Garriott, 1975. Effects of prolonged weighlessness on the swimming pattern of fish aboard Skylab 3. Aviat. Space and Environm. Med., 46: 902-906.

和田芳武, 1979. 舶来メダカによる蚊の駆除. (カダヤシの分布). p.152, 新宿書房 (東京).

———・佐原雄二・新井山潤一郎・深堀義一・中村譲・彭城郁子 (1976) カダヤシとメダカの関東地方における分布. 衛生動物, 25: 285-288.

Wagner, T.U., J. Renn, T. Riemensperger et al., 2003. The teleost fish medaka(*Oryzias latipes*) as genetic model to study gravity dependent bone homeostasis in vivo. Adv. Space Res., 32: 1459-1465.

Wakamatsu, Y., C. Inoue, H. Hayashi, N. Mishima, M. Sakaizumi and K. Ozato, 2003. Establishment of new medaka (*Oryzias latipes*) stocks carrying genotypic sex markers. Environ. Sci., 10: 291-392.

———, S. Pristyazhnyuk, M. Kinoshita, M. Tanaka and K. Ozato, 2001. The see-through medaka: A fish model that is transparent throughout life. Proc. Natl. Acad. Sci. USA, 98 (18): 10046-10050.

Walker, W. W., 1985. Development of aquarium fish models for environmental carcinogenesis: an intermittent-flow exposure system for volatile, hydrophobic chemicals. J. Appl. Toxicol., 5: 255-260.

Werner, I., J. Geist, M. Okihiro, P. Rosenkranz and D.E. Hinton, 2002. Effects of dietary exposure to the pyrethroid pesticide esfenvalerate on medaka (*Oryzias latipes*). Mar. Environ. Res., 54: 609-614.

Wester, P.W., 1991. Histopathological effects of environmental pollutants β-HCH and methyl mercury on reproductive organs in freshwater fish. Comp. Biochem. & Physiol. C, Comp. Pharmacol. Toxicol., 100: 237-239.

———, 1991. The usefulness of histopathology in aquatic toxicity studies. Comp. Biochem. Physiol. C, Comp. Pharmacol., 100: 115-117.

——— and J.H. Canton, 1986. Histopathological astudy of *Oryzias latipes* after long-term β-hexachlorocyclohexane exposure. Aquat. Toxicol., 9: 21-45.

——— and J.G. Vos, 1994. Toxicological pathology in laboratory fish: An evaluation with two species and various environmental contaminants. Ecotoxicology, 3: 21-44.

Winn, R.N., R.J. Van Beneden and J.G. Burkhart, 1995. Transfer, methylation and spontaneous mutation frequency of X174am3cs70 sequences in medaka (*Oryzias latipes*) and mummichog (*Fundulus heteroclitus*): In implications for gene transfer and environmental mutagenesis in aquatic species. Mar. Environ. Res., 40: 247-265.

Wisk, J.A. and K.R. Cooper, 1990a. The stage specific toxicity of 2,3,7,8-tetrachlorodibenzo-P-dioxin in embryos of the Japanese medaka (*Oryzias latipes*). Environ. Toxicol. Chem., 9: 1159-1169.

——— and ———, 1990b. Comparison of toxicity of several polychlorinated dibenzo-P-dioxins and 2,3,7,8-tetrachlorodibenzofuran in embryos of the Japanese medaka (*Oryzias latipes*). Chemosphere, 20: 361-377.

——— and ———, 1992. Effect of 2,3,7,8-tetrachlorodibenzo-p-dioxin on benzo(a)pyrene hydroxylase activity in embryos of the Japanese medaka (*Oryzias latipes*). Arch. Toxicol., 66: 245-249.

Wolfe, M.F., S.A. Villalobos, J.N. Seiber and D.E. Hinton, 1995. A comparison of carbamate toxicity to medaka (*Oryzias latipes*) embryos and larvae. Mar. Environ. Res., 39: 380.

Wui, I.-S., C.-G. Choi and H.-K. Min, 1987. Evaluation of the effects of heavy metals on the Korean killifish

(*Oryzias latipes*) by bioassay. 環境研究誌, 3: 1-23.

――――・――――, M. -K. Choi and H. -K. Min, 1987. Evaluation of the effects of cadmium heavy metal on the Korean killifish by bioassay method. 環境研究誌, 3: 24-39.

山岸宏・中村譲・和田芳武・沖野外輝夫・中本信忠, 1966. グッピーの生態学的研究 I. 日本の温泉地において自然繁殖するグッピーについて. 衛生動物, 17: 48-58.

山本孝治, 1942. メダカの海水における適応性について. 植物及動物, 10: 805-809.

山本時男, 1939. 生命現象における温度恒数の意義. 合成化学, 2: 75-84.

――――, 1941. The osmotic properties of the egg of fresh-water fish, *Oryzias latipes*. J. Fac. Sci., Imp. Univ. Tokyo, 4, 5: 461-472.

山下一郎, 2003. メダカによる環境監視－メダカの血管形成と環境監視への応用. バイオサイエンスとインダストリー, 61: 21-24.

柳島静江・森　主一, 1957a. 魚類の適応変異に関する研究. I. メダカ（*Oryzias latipes* T. & S.）の塩水適応. 第1報　野外観察. 動物学雑誌, 66: 351-358.

――――・――――, 1957b. 魚類の適応変異に関する研究. I. メダカ（*Oryzias latipes* T. & S.）の塩水適応. 第2報　実験的研究. 日本生態学会誌, 7: 123-126.

――――・――――, 1957c. 魚類の適応変異に関する研究. I. メダカ（*Oryzias latipes* T. & S.）の塩水適応. 第3報　実験的研究. 動物学雑誌, 66: 359-366.

安田峯生・仲村春和・奥田久徳, 1979. メダカおよびマウスにおけるカドミウムおよび亜鉛の催奇形成作用の比較. 環境科学研究報告, 1979, 38-44.

Yokota, H., 2000. Full life cycle test as the definitive testing method. Proc. Intern. Sym. Endocr.-Disrupt. Subst. Test. Medaka. Environ. Agency, Govern. Japan, Tokyo, pp.111-112.

――――, H. Morita, N. Nakano, I.J. Kang, H. Tadokoro, Y. Ohima, T. Honjo and T. Kobayashi, 2001. Development of an ELIZA for determination of the hepatic vitellogenin in medaka (*Oryzias latipes*). Jpn. J. Environ. Toxicol., 4: 87-98.

――――, M. Seki, M. Maeda, Y. Oshima, H. Tadokoro, Y. Ohima, T. Honjo and T. Kobayashi, 2001. Life-cycle toxicity of 4-nonylphenol to medaka (*Oryzias latipes*). Environ. Toxicol. Chem., 20: 2552-2560.

――――, Y. Tsuruda, M. Maeda, Y. Oshima, H. Tadokoro, A. Nakazono and T. Honjo and T. Kobayashi, 2000. Effect of bisphenol A on the early life stage in Japanese medaka (*Oryzias latipes*). Environ. Toxicol. Chem., 19: 1925-1930.

Yoshioka, Y., 1986. Evaluation of the test method "activated sludge, respiration inhibition test" proposed by the OECD. Ecotoxicol. Environ. Saf., 12: 206-212.

第11章　心臓の活動と呼吸
ACTIVITY OF HEART AND RESPIRATION

魚は水中に棲み，空気中に比べて酸素の少ない環境で活動している。そのため，血液は一定濃度の酸素を各組織に供給しているが，それには鰓蓋運動と心臓のポンプ作用が重要な役割を果たしている。

Ⅰ．心臓の拍動

他の魚類と同様に心臓の拍動には，静脈洞，心房（耳），心室の順に起こる収縮と弛緩が交互にみられる。動きの鈍い動物において，一般に心臓の拍動数は少なく，活発なものではそれが多い。拍動数は温度の上昇と共に増加（図11・1）し，10℃の上昇ごとに２～３倍になる*van't Hoff*の温度の法則に従う。その数値は温度以外に，成魚における体の大きさ，年令，胚における発生の段階でも異なる。

1．成魚における心臓の拍動

成魚から摘出した心臓の拍動数（心拍数）は55～70/分（温度不明；大沢，1982）である。頭部や体表に圧迫を加えると，反射的に迷走神経が興奮して，心臓の活動が抑制され，その拍動数が減少する。アセチルコリンを摘出心臓に1×10^{-7}g/mlの割合で作用させると拍動数は減少し，1×10^{-6}g/mlの濃度のものによって停止する（大沢，1982）。

また，迷走（副交感）神経の作用を抑制するアトロピンを注射すると，上記のような圧迫刺激による抑制効果はみられなくなる。このように，心臓は迷走神経によって支配されているばかりでなく，交感神経にも支配されているようである。

成魚を18℃，23℃，28℃に２カ月以上順化させて，体内，及び体外における心臓の拍動を調べたところ，体内のそのままの心臓においても，中枢神経系のない摘出心臓においても，拍動頻度の温度依存性には同じように順化の効果がみられる（佃，1962）。この順化の効果は拍動の絶対頻度より，むしろ頻度の温度依存性に質的な変化の起こる臨界温度に明白に現れている。高温では体

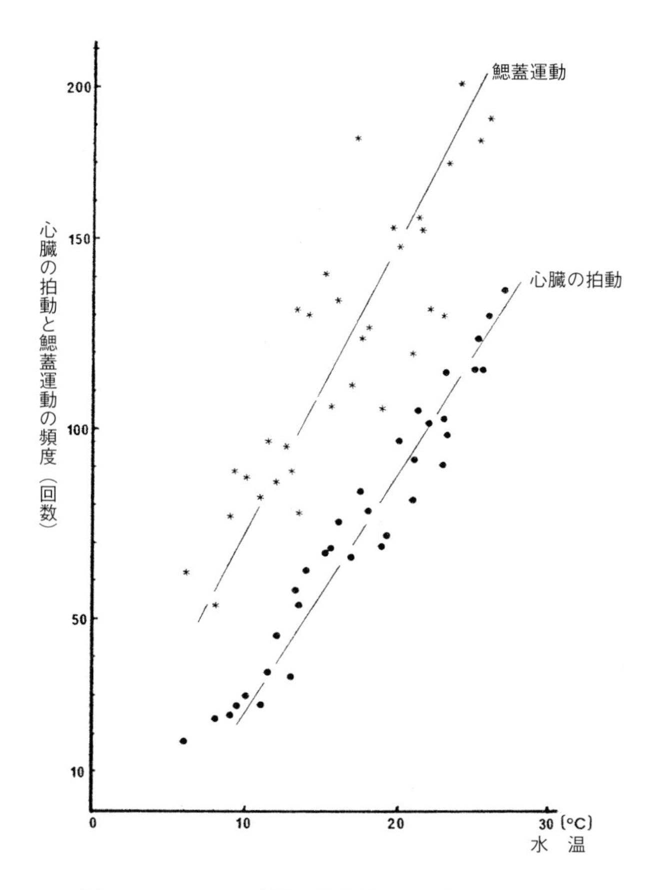

図11・1　メダカの心臓の拍動数及び鰓蓋運動と温度の関係

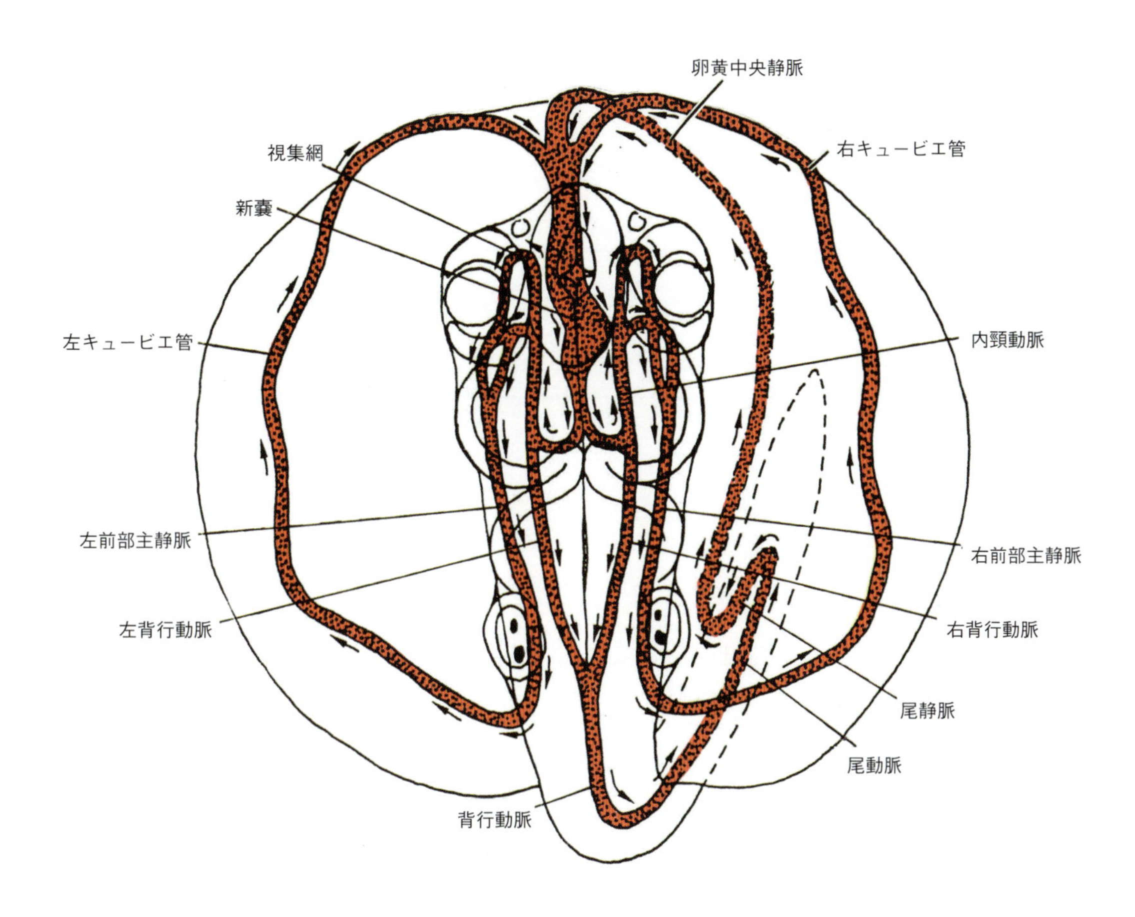

図11・2　メダカ胚の血液循環系の模式図
（stage 27：矢印は血流の方向を示す．Iwamatsu, 1994）

内心臓が摘出心臓より強い。

松浦（1933）によれば，成魚の摘出心臓はM/8KCl中で胚体の心臓が16〜17℃で最も長く拍動を続けるのに比べて，塩類溶液（M/8NaCl 100ml, M/8KCl 50ml, M/8$CaCl_2$ 2.4ml, pH7.2〜7.5）で15℃付近で最も長く拍動し続ける。

２．胚における心臓の拍動

メダカ胚は受精後２日で心臓原基において伸縮運動を開始するが，発生段階27（stage 27）になると基本的な血流パターン（図11・2）ができ上がる。

一定の温度における胚の心拍数は，胚の発生の進展に伴って規則的に増加する（図11・3）。その増加の割合は心拍開始時には急激であるが，発生と共にしだいに減少し，孵化直前にはほとんど増加はみられない。胚発生とこの心拍数の増加との関係は，

$$実験式\ dx/dt = k\,(A\text{-}x)$$

で表される（松井，1942b）。この式において，xはt時の拍動数，Aは最大拍動数，kは恒常数を示す。このkの値は胚発生の前期と後期とで異なり，前期は後期の約２倍である。この値の変換点は胚の心臓に迷走神経が入り，それが作用し始める時期に相当する。すなわち，まだ神経の支配を受けていない時期のk値は大きく，迷走神経の支配を受けるようになるとその値は小さくなる。

胚の心拍に及ぼす温度効果の研究は多くある。山本（1931）は胚の心拍の温度効果を成魚のそれと比較している。それによると，４日目及び８日目の胚の温度恒数A（アレニウス公式の$\mu/2$）は年齢に関係ない。心拍開始時の胚では，心拍速度（心拍数／分）がBělehrádekの式 $y=a/x^b$（y：ある生命現象の完了に要る時間，x：

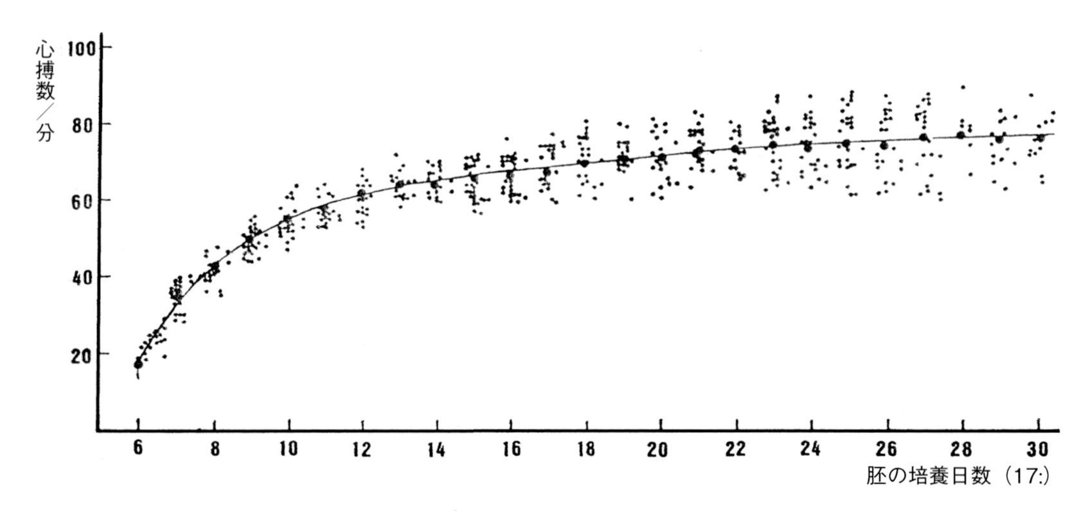

図11・3　メダカ胚の発生段階と心拍数の関係（Matsui, 1941b）

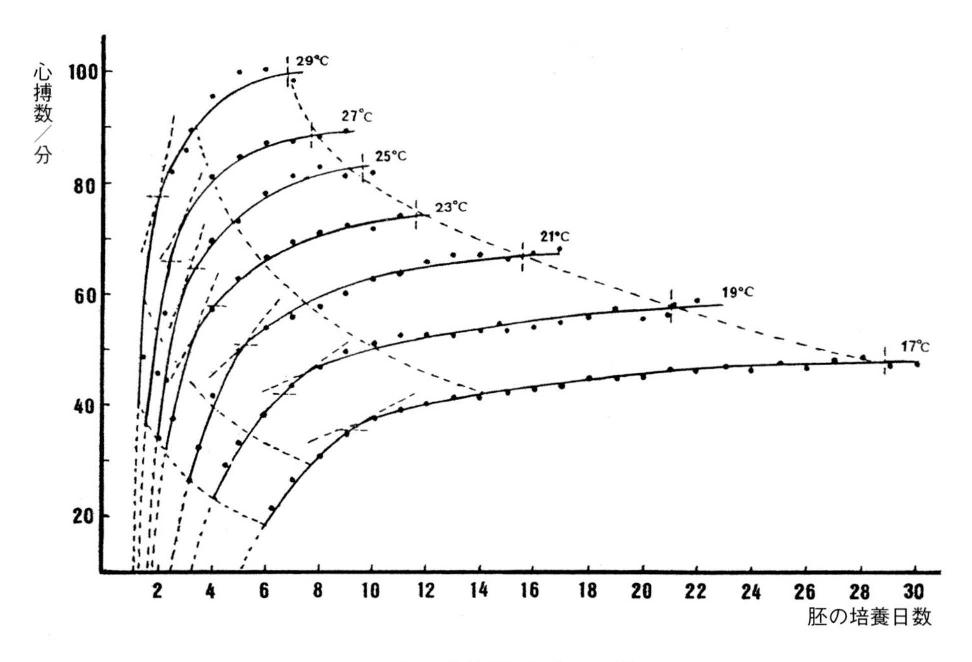

図11・4　メダカ胚の心拍数と温度の関係（Matsui, 1941b）

温度，a：定数，b：温度恒数)（(b=1.9, 2.1) に適合するが，発生後期胚ではArreniusの式 μ =16000) に適合する。

松井 (1941b) によれば，適温範囲内の種々の温度における心拍数曲線（図11・4）から，一定の胚期における心拍数と温度との関係を求めることができる。その結果をみると，心拍数は温度の直線関数となる。そして，以前低温あるいは高温で発生させた胚に種々の温度変化を与えて心拍数を求めると，その以前に発生させた温度によって胚の心拍数と温度との関係が異なる。また，胚発生期によって，心拍数が青酸に影響を受ける割合が異なる。石田 (1947) のデータからみると，それは25℃において7日目ごろより少し減少する傾向がある。

KCl溶液（M/8）中に入れられた胚は，まず心室ventricleの動きが止まり，ついで心房atrium（auricle）の活動が抑制される。静脈洞senus venosusが最後まで活動し続け，心臓は弛緩期diastoleで動きを停止する。この溶液中での心臓の拍動の維持には適温があって，それは16°～17℃である。しかも，M/8KCl中では28℃で発生させた３日目胚の心臓が他のどの発生段階のものより長く拍動し続ける。これらの結果から，筋及び血液の粘性に起因していると考え，心臓の拍動が最も永続するには心臓筋及び血液の粘性が最大になるような温度が重要であると結論づけられている（松浦，1933）。

II. 呼　吸

水環境に棲む魚は主として鰓や皮膚を通してO_2，CO_2などをからだの内外に出し入れしている。すなわち，水を介してガス交換，外呼吸 external respiration を行っている。水から体（血）液に移行した酸素は細胞内に供給されて，エネルギーを獲得するATP生成の酸化還元過程である細胞内呼吸 cellular respirationに使われる。その過程で発生するCO_2は血液を介して体外に放出される。血液の単位容量100 mlに含まれている全O_2量（ml）を酸素含量 oxygen content（ml/100 ml）というが，血漿中に溶け込んでいるO_2は酸素含量の5%以下で，その酸素分圧と組織中の酸素分圧の差によって組織中に拡散する（難波，2010）。うきぶくろのガス腺でのガス供給や組織へのO_2供給には，血球のヘモグロビンO_2親和性（O_2結合によるヘモグロビンのアロステリック効果allosteric effect）は，血中CO_2分圧の上昇，pHの低下や温度上昇の影響を受けて低下するボア効果 Bohr effect，またその逆のホールデーン効果 Haldane effect，あるいはルート効果 Root effect などの現象が関与している（難波，2010）。

他の動物と同様に，メダカも物質代謝によって，遊離エネルギーをATPへと転移しては，利用しながら生きている。そのための呼吸の速度は，温度や外部の酸素・炭酸ガスの濃度のみならず，体の大きさ・呼吸器官の形態・機能はもとより，光や音などの外部刺激に反応する生理・生態的特性に影響を受けている。

a. 呼吸測定

呼吸測定器（内径５mmのアクリル管，図11・5）内のメダカの呼吸に及ぼす水の流速の影響が調べられている（Umezawa and Watanabe, 1973）。それによると，流速の増加につれて酸素消費量の上昇がみられるが，呼吸（鰓蓋運動）頻度（200/min, 25℃）には変化はみられない。１回の鰓蓋運動で鰓を通過する水量は１～３$\mu\ell$である。鰓を通過する水を集めて測定した換水容積は体重200～300mgで0.2ml/min（0.1～0.3ml/min, 25℃）であるが，鰓を通る水量は周りの水流の増加に比例して増加することはない。酸素消費量の増加は水流を増加させる游泳運動が活発になることに関係があるらしい。例えば，25℃で流速50ml/hrで300ml/kg/hr，流速120～150ml/hrで約500ml/kg/hrと酸素消費量が変化する。平均流速（50～150ml/hr）では，標準酸素消費量が温度に影響され，18℃で200～300ml/kg/hr（梅澤，1969），20℃で250～400ml/kg/hrで，25℃で300～500ml/kg/hrである。

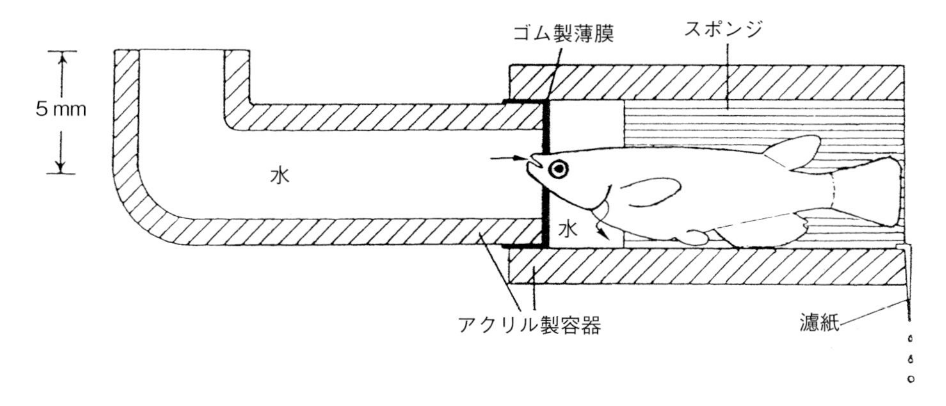

図11・5　メダカの飲水量を調べる実験装置の模式図（Umezawa and Watanabe, 1973）
メダカが吸い込んで吐き出した水は，スポンジを通って濾紙に漏出する．

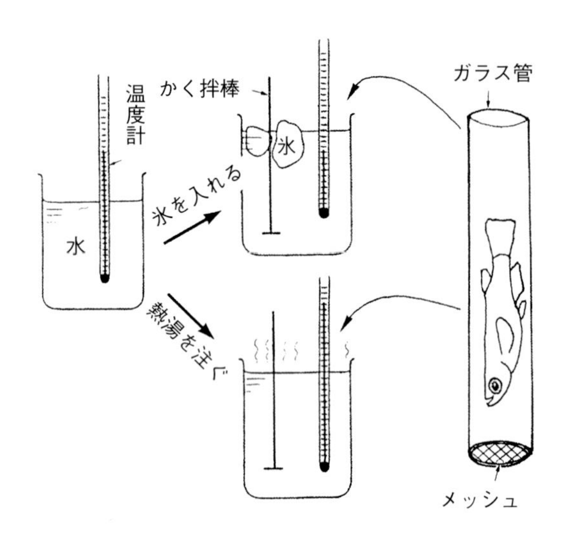

図11・6　メダカの鰓蓋運動の観察

酸素消費量は40～500mmHgの範囲の酸素分圧にも関係している。酸素消費量は，溶存酸素量が多ければ増加するし，少なければ減少する。一方，鰓蓋運動は溶存酸素量が多くなると低下し，少なくなると活発になる（Umezawa and Watanabe, 1969）。

光と呼吸の関係をみると，メダカは昼間では明の状態，夜間では暗の状態で通常静止する。そして，一般に暗の状態では，明の状態よりも酸素消費は低い。しかし，明から暗に，または暗から明に移すと，呼吸が活発になる（梅澤, 1972）。波長403nmから699nmの干渉フィルターを用いて呼吸に及ぼす光の影響が調べられており，波長403nmと501nmでは明の状態より暗の状態において，酸素消費量が増加するが，調べられた他の波長の光では明暗の状態における酸素消費量の差は認められていない。

また，梅澤と渡部（1979）はメダカの呼吸に及ぼす群効果を調べるために，流水呼吸測定装置を用いて，水の酸素分圧をポーラログラフィーの酸素電極で測定し，また，鰓蓋運動の頻度を調べるために呼吸運動に伴う電位変化を記録している。鰓蓋運動と酸素消費量は，メダカが自身の，あるいは他の個体の鏡像で視覚を通して接しても変化することはない。密閉したフラスコに入れられたメダカの酸素消費量は他のものと鏡での視覚接触によっても影響を受けない。1匹当たりの水量を同じにして調べると，1匹ずつ隔離したメダカの酸素消費量は，10匹群のメダカのものより僅かに多い。しかし，この増加は僅かなので，分離したメダカの代謝速度が視覚によって，また他種の魚と直接の接触によっても，著しく影響されないことを示唆する。

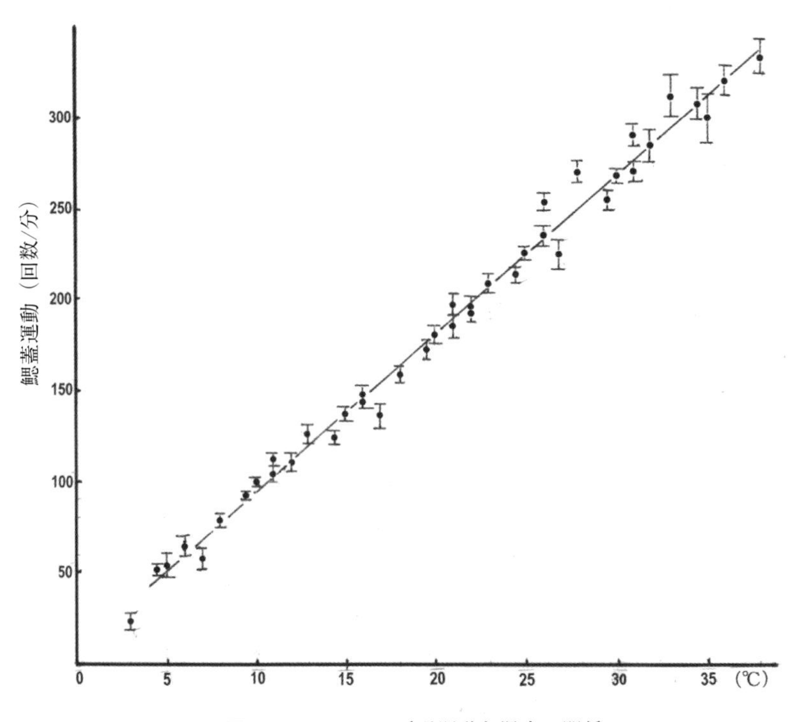

図11・7　メダカの呼吸運動と温度の関係

ちなみに，メダカの酸素消費量については森（1954）の報告もあり，それに及ぼす金属塩の毒性がNa＞Ca＞Kの順に認められるという。

b. Q_{10}の法則

変温動物では，発生や成長の速度と同様に，心臓の拍動数，鰓蓋運動や酸素消費量などが外界の温度に依存している。化学反応にみられるように，温度が10℃上昇するごとにこれらの生体の反応速度も2〜3倍になる。これをQ_{10}の法則と呼んでいる。この法則は簡便的にメダカの鰓蓋運動で検証できる。実験方法としては，図11・6のようにガラス容器の水の中にメダカを置いて，1分間の運動回数（頻度）を測定する。

メダカが入る太めの試験管（図11・6のように底がメッシュのもの）を準備する。そして，実験を開始するとき，メダカをメッシュ側に頭を向けて入れる。大きいガラス水槽に水を張り，お湯もしくは氷を入れて加熱もしくは冷却して温度を調節する。温度が一定になってから2分程してメダカが温度変化に順応してから測定を開始する。鰓蓋（呼吸）運動の測定は30秒間で，その2倍した値を呼吸回数としたのが図11・7である。

温度係数Q_{10}は，$Q_{10} = V_{t+10^o}/V_{t^o}$（$V_{t^o}$, V_{t+10°}はそれぞれt^o及び$t+10^o$における頻度）の式で求められる。検証実験に際して，湯と氷で，メダカの入っている水の温度を変えて，10℃（上昇・下降時）差毎に体温が一定になってから，鰓蓋運動の頻度を5回ずつ以上数える。温度が上昇すると，鰓蓋運動が著しく速くなり，1分間当たりのその頻度をカウントするのが極めて困難になるが，鰓蓋運動に合わせて鉛筆で白紙にマークすればカウントは可能である。Q_{10}値は水温が上昇するにつれて減少する。分子の衝突頻度が温度の関数であることに基づいたArrenius の式を適用した白井（1937）によれば，温度特性μ temperature characteristic = 12,286である。それは式$\mu = 2(\log f_2 - \log f_1)/0.4343(1/T_1 - 1/T_2)$（$f_2$は絶対温度$T_2$度における頻度，$f_1$は絶対温度$T_1$度における頻度）から得られる。これで各温度におけるQ_{10}値を求めると，それは実測値と同様に温度が高くなると減少する。

文献

石田寿老，1947．メダカ胚の心臓搏動及び呼吸に及ぼす青酸の影響．動物学雑誌，57: 44-46.

板沢靖男・松本勉・神田猛，1978．魚の生理生態現象に対する群の影響　I. ニジマスおよびメダカの酸素消費量に対する群の影響．日本水産学会誌，44: 965-969.

伊東隆太，1955a．日本産メダカ胚心臓の薬理学的研究．第1報　日本産ヒメダカの卵に対するhyaluronidaseの作用．日薬理誌，51: 608-613.

―――, 1955b. 日本産ヒメダカ胚心臓の薬理学的研究．第2報　胚心臓に対する諸強心配糖体の作用とそれに及ぼすethanol 及びeserineの影響．日薬理誌，51: 614-623.

―――, 1960. Micro-determination of cardiac glycosides by mean of the embryonic heart of Japanese killifish, *Oryzias latipes* (1). Jap. Circul. Jour., 24: 1328-1331.

Matui, K., 1940. Temperature and heart beat in a fish embryo, *Oryzias latipes* Ⅰ. The relation of temperature coefficient of heart beat to embryonic age. Sci. Rep. Tokyo Bunrika Daigaku, B, 5: 39-51.

―――, 1941a. Temperature and heart beat in a fish embryo, *Oryzias latipes* Ⅱ. The variation of heart beat rate and temperature coefficient caused by incubation temperature. Sci. Rep. Tokyo Bunrika Daigaku B, 5: 313-324.

―――, 1941b. Temperature and heart beat in a fish embryo, *Oryzias latipes* Ⅲ. Heart beat of the developing embryo at a constant temperature. Sci. Rep. Tokyo Bunrika Daigaku, B, 5: 325-346.

―――, 1941c. メダカ胚発育と心臓搏動数．動物学雑誌，53: 139-140.

―――, 1941d. メダカ胚発育と心臓搏動数．科学，11:48.

―――, 1943a. Temperature and heart beat in a fish embryo, *Oryzias latipes* Ⅳ. The arrest of heart beat by heat. Sci. Rep. Tokyo Bunrika Daigaku, B, 6: 129-138.

―――, 1943b. Temperature and heart beat in a fish embryo, *Oryzias latipes* Ⅴ. Time factor in the action of temperature. Sci. Rep. Tokyo Bunrika Daigaku, B, 6: 139-157.

松浦義雄，1933．心搏数に及ぼす温度の影響について．動物学雑誌，45: 367-368.

―――, 1934. Influence of temperature upon the action of potassium chloride on the heart beats of *Oryzias*. J. Fac. Sci., Tokyo Univ., Ⅳ, 3: 509-516.

森　巌，1954．メダカ*Oryzias latipes*の生活環境に対する無機イオンの作用について．動物学雑誌，63:

133-134.
難波憲二，2010．呼吸・循環．魚類生理学の基礎（会田勝美編），pp. 46-66. 恒星社厚生閣．
大沢一爽，1982．メダカの実験－33章．pp.158，共立出版，東京．
白井　健，1937．メダカの胚体発育に及ぼす温度の影響に就いて．博物学雑誌，35: 202-210.
佃　弘子，1962．淡水魚の心臓搏動にみられる温度順応．動物学雑誌，71: 46.
梅澤俊一，1969．メダカの酸素消費量．動物学雑誌，78: 314.
————, 1972．メダカの酸素消費量におよぼす光の影響．動物学雑誌，81: 411.
————, 1973．メダカの酸素消費量におよぼす光の影響 II．動物学雑誌，82: 308.
————・渡部英機，1969．メダカの呼吸．動物学雑誌，78: 400.
————・————・1971．メダカの呼吸における群効果．動物学雑誌，80: 417.
———— and ————, 1973. On the respiration of the killifish *Oryzias latipes*. J. Exp. Biol., 58: 305-326.
———— and ————, 1979. Group effect on the respiration of the medaka *Oryzias latipes*. Jap. J. Ichtyol., 26: 266-272.
Yamamoto, T., 1931. Temperature constants for the rate of heart beat in *Oryzias latipes*. J. Fac. Sci., Tokyo Univ., Ⅳ, 2: 381-388.
————, 1949．メダカの胚の心臓搏動と温度との関係．動物生理の実験，河出書房．

第12章　寿命と放射線の影響
LIFE SPAN AND EFFECT OF RADIATION

寿命 life span は，一般に死因や死亡率などから判断される。寿命を左右する主な要因は体質と環境である。体質には突然変異を含む先天（遺伝，内因）的体質と後天（環境，外因）的体質があり，環境には自然環境，社会環境，そして個体環境がある。体質によって老齢化の速度が著しく異なる。また，自然環境には光の波長，強さや日照時間，水温，水質，水深，水底の石・土壌（ウィルス・細菌を含む），流水速度，そして餌の種類，量，さらには寄生虫や水中植生などの要因，社会環境としての食物連鎖・食物網（仲間，天敵，餌の関係）や生殖条件（性比，生息密度），個体環境としての個体の体力に関する生活習慣などの諸要因がある。これらが体質とあいまって寿命に影響を及ぼしている。したがって，これらの要因が一様ではない野生生物の寿命は科学的には定めにくい。

メダカの生存日数も他の生物と同様，環境によって著しく影響を受ける（江上，1972）。千葉県の印旛沼近くの灌漑用水路や池と山口県の灌漑用池の野生メダカが調べられている（Egami *et al.*, 1988）。それによると，(1)繁殖シーズンは５月から８月であり，(2)春から夏にかけて成長がみられ，(3)野生メダカの寿命は１年と２，３カ月である。１歳魚を蛍光エラストーマーによって標識して，青森市郊外の水田・水路に放流すると，小さい個体は５，６月に成長が速いが，大きい個体は遅い（佐原ら，2005）。８月を最後に捕獲できなくなったことから，野外ではメダカのほとんどの個体が14カ月程度で死亡する（寺尾，1985；Awaji and Hanyu, 1987; Egami *et al.*, 1988 鵜野ら，2001）と

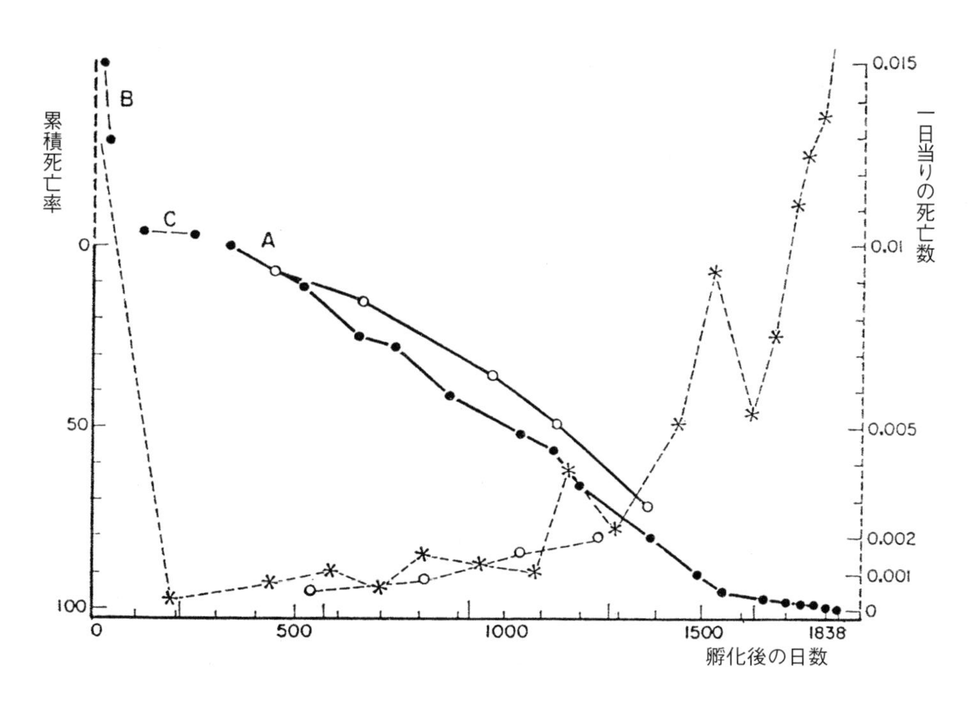

図12･1　メダカの寿命と年齢別死亡率（Egami, 1971より改図）

考えられている。しかし，死骸を確認しておらず，老化・寿命によって消失したか否かはなお不明である。野外では，環境が体内の生理的状態に影響を受けることが多く，加齢につれて動きが低下して外敵の攻撃を受けやすくなるので，一般に，短命になる。しかし，各個体を正確に追跡調査したものがない。したがって，野外での寿命は科学的信頼性に乏しい。陶器のカメ及び実験用池で飼育すると，450日以後の平均余命は1,007日（約２年９カ月）で，最長寿命は1,838日（約５年）で長寿 longevity であるという報告（Egami, 1971）がある（図12･１）。

また，Dingら（Ding *et al.*, 2010）の実験室内での飼育条件下では，メダカの寿命の中央値 median life span は1年10カ月で，１年８カ月で生存率は急激に低下する。より早期に見られる老化は肝臓に見られるという。骨格筋，眼のレンズや脳には老化の兆しはあまり認められないようである。しかし，メダカの愛好家今村高良氏（日本めだかトラスト協会理事）によれば，野生メダカを屋内で30cmガラス水槽に12（９雌３雄）〜15匹を飼育し続けて６年目（1938日，全長約48cm）に入っても，なお約20〜33%が生きて，雌は産卵しているという観察もある（2015年，私信）。図12･２，及び背中の曲がった雌の写真はその観察記録である。

愛知県刈谷市井ヶ谷町の水田の溝から採集した野生メダカを毎年冬になると，水面に氷が張る屋外の発泡スチロールの実験水槽（約60ℓ，水表面積3,100〜3,400cm²）で飼育した。稲を２株，マツモを少々入れて，水量が一定になるように側面に小さい穴を開けてある。１日１回の粉餌を与えた。巻貝は多数いたが，ヤゴなどの天敵は殆どいない環境で，増えすぎたアオミドロは適宜除去した。10月には稚魚が殖えて，総数が51を超えて，翌年５月には18mm以上に成長して，大きい個体は雌が多く占めていた。毎年夏期の繁殖シーズンには毎朝産卵していたが，個体数は42〜60の範囲内での変動にとどまった。また，生存している大きい個体には雌が多いことが判った。雌は11月以降越年できず冬期に死ぬものが多く，大きい雄は夏期に死ぬ傾向がみられた。少なくとも，３年は生きられることが認められた。

年を取りからだが大きくなると，臀鰭に折れている

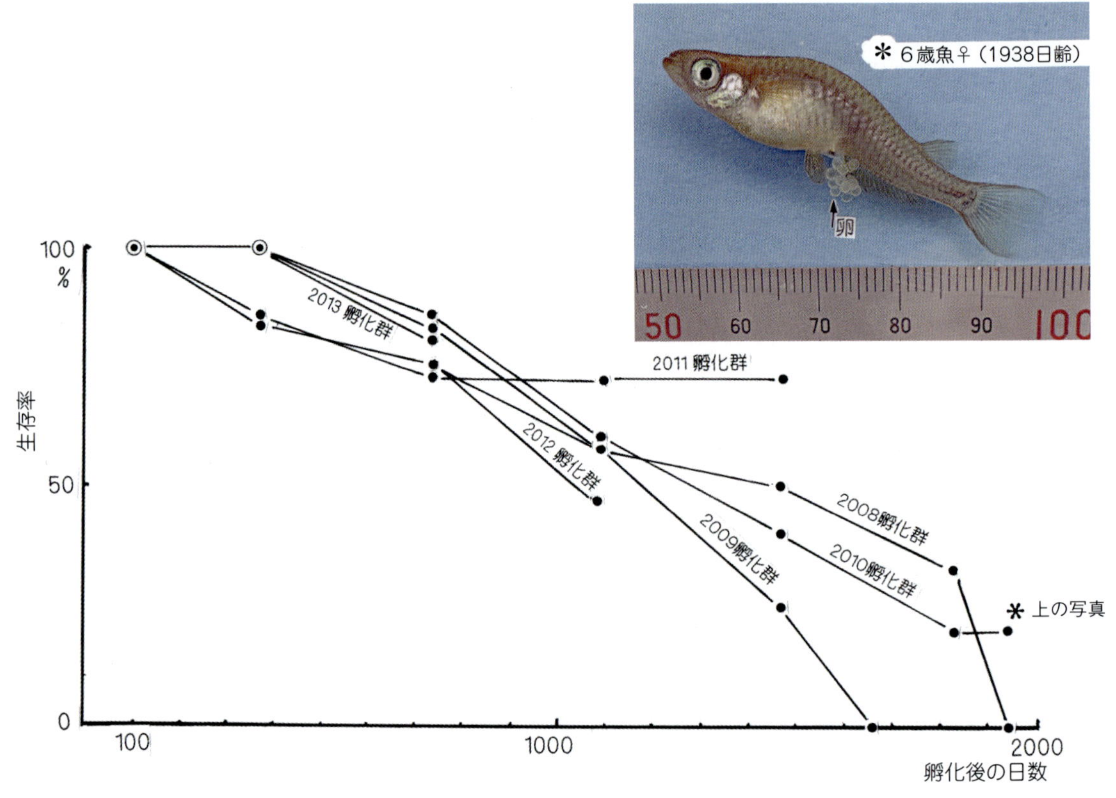

図12･2　飼育野生メダカの生存日数
写真は2010年生まれの６歳魚雌，今なお産卵している（今村高良氏データ）

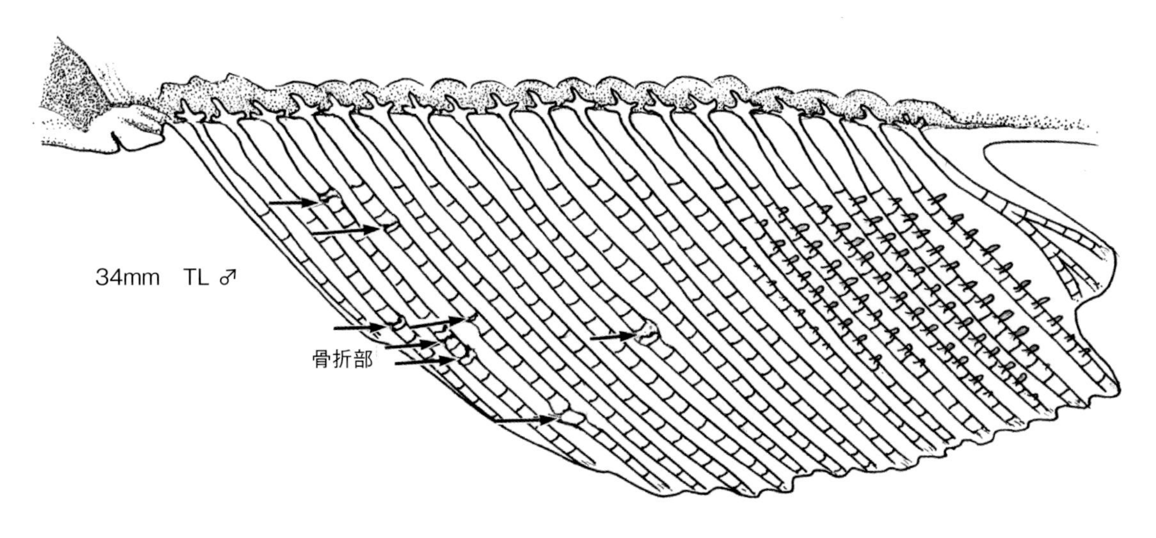

図12・3　雄成魚メダカの臀鰭における骨折軟条
（矢印：骨折部分）

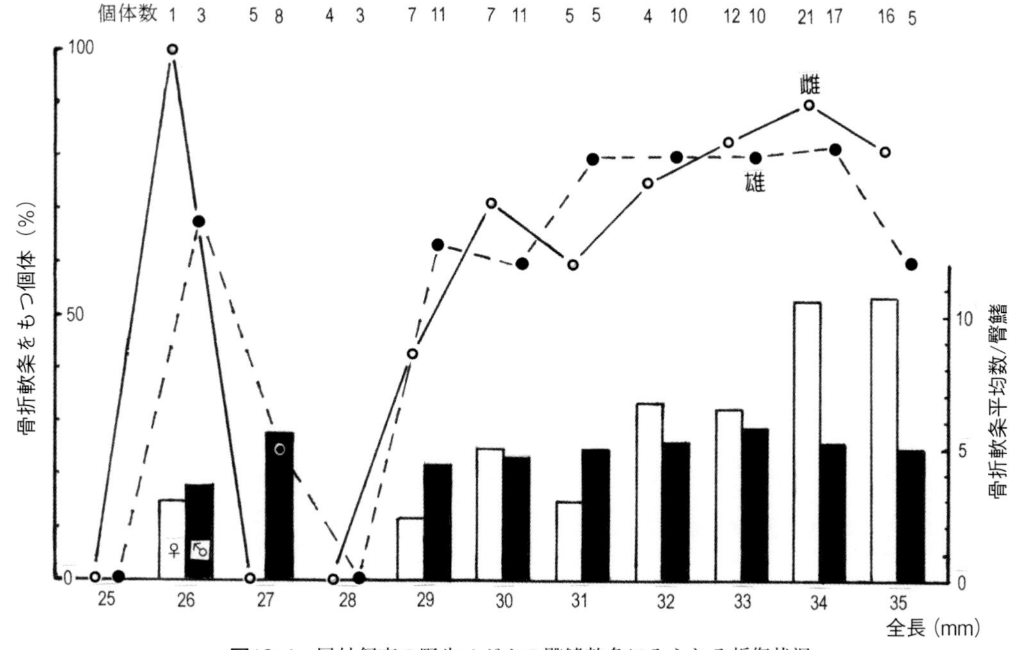

図12・4　屋外飼育の野生メダカの臀鰭軟条にみられる折傷状況
臀鰭に骨折軟条をもつ雌雄（%）は実線（－○－雌）と破線（－●－雄）で表し，上端の数字は観察個体数を示す．
１臀鰭当たりの骨折軟条平均は黒（雄）と白（雌）のカラムで表す．

軟条（骨折軟条：図12・３）をもつ個体が多くなる。その折れた個体は25mm以上になって初めて認められるようになる（図12・４）。全長32mm以上の個体において骨折軟条平均数は雄では５本未満であるが，雄では雌より多かった。１軟条当たりの折れた部分の数は多くの個体では１カ所であった。高齢（全長32mm以上）になると，産卵する雌の方が骨粗鬆症のような鰭軟条の折れた部分を雄より多くもっている傾向があった。

また，千葉県の印旛沼近くの灌漑用水路や池と山口県の灌漑用池の野生メダカが調べられている（Egami *et al.*, 1988）。それによると，(1)繁殖シーズンは５月から８月であり，(2)春から夏にかけて成長がみられ，(3)

野生メダカの寿命 life span は1年と2，3カ月である。

メダカは年齢を重ねるにつれて，肝臓や腎臓における組織の単位当たりの細胞数が減少したり，鰭軟条が折れ，鰭の再生力が減衰するという老化を示す。最長寿命のメダカは雄で，色が薄くなり，外観が肥っており，動きが鈍い。肝臓において，加齢するにつれて細胞当たりのDNA量は明確な変化を示さなくなる（Shima and Egami, 1978）。

魚体の成長につれ，鱗は大型になり，その隆起線 circuli の数も，体の部分によって異なるが，多くなる（小林，1936）。メダカの体長は，一般に年齢の増加と共に増すが，環境によって異なるため正確な年齢の指標にならない。

メダカに対する放射線の影響に関する研究は成魚の繁殖力に及ぼすX線の影響の調査（Solberg, 1938）に始まり，その後胚発生への紫外線の影響（中岡，1939），胚心拍へのX線の作用（村地，1944）が報告されている。また，種々の環境要因（塩類濃度，温度，溶存酸素圧）下の致死に及ぼす放射線の影響も調べられている（菱田，1959）。

1960年代に入って，江上，江藤及び兵藤らはメダカに及ぼす放射線の影響について大々的に研究を開始した。広範囲にわたる放射線量を照射して，メダカの生存期間に及ぼす線量を調べている。それによると，照射線量が100kR を超えた場合，中枢神経に支障をきたして生存期間が急減する（図12・5，江上ら，1962）。その即死的影響をもたらす線量より低線量域（7～50kR）において，照射線量が異なっても生存期間は一定である。この線量域を生存に関する線量不依存範囲という（田口，1981）。この範囲自体は水温によってあまり変わらないが，この範囲内では生存時間が水温に依存する（Etoh and Egami, 1965）。胚発生，成体組織（腸，造血器，鰓，胸腺），さらには免疫系に及ぼす放射線作用が調べられている（参照：田口，1981; 江藤，1990）。

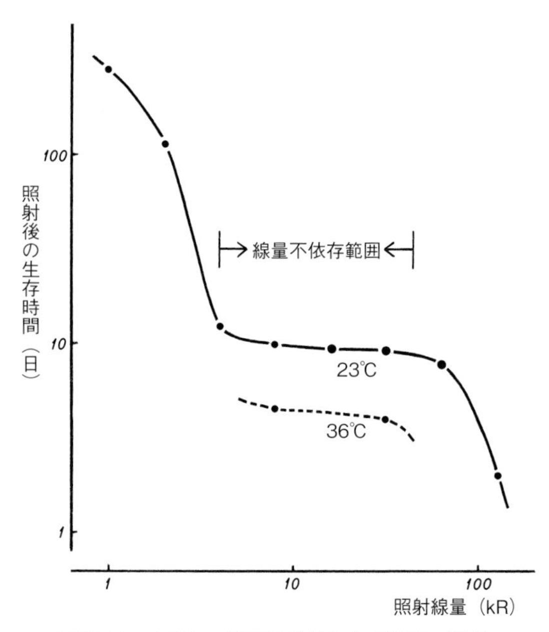

図12・5　メダカの被照射線量と生存時間の関係
（江上ら，1962：田口，1981より改図）

テロメア telomere と死の関係：

細胞分裂時に染色体末端にあるテロメアを完全には複製できないため，細胞分裂を繰り返すたびにテロメアが短くなっていく。そのため，テロメアは細胞分裂の回数に限度を生じるため，細胞寿命に関係するといわれている。当然，個体死は細胞死を反映している。発生中の胚におけるテロメアの消耗率 telomere attrition rate は，成魚のものより著しいから，テロメアの長さは体長の増加に逆比例している。発生初期においても，テロメアの長さは個体によって異なる。テロメアの3'末端にテロメア配列を付加するテロメラーゼ telomerase は一種のRNA依存性DNAポリメラーゼであり，その活性は胚体のみならず成体の全器官において生涯どこにでも検出できる。特に，卵巣や精巣の生殖細胞において，テロメラーゼは恒常的に発現している。メダカの加齢中のテロメア消耗率は死すべき運命を決める主要な因子であろうし，強いテロメラーゼ活性によるテロメアの保持は魚体が終生続く成長及び生殖の特徴にとっても必要らしい（Hatakeyama *et al.*, 2008）。また，メダカにおいても細胞分裂ごとにテロメアの短縮が起こるが，一方テロメラーゼはテロメアの両端に塩基配列 TTAGGG を付加することによってテロメアの長さを保持している。最近テロメラーゼ活性と体の成長の間に存在する相互関係を胚から老齢まで調べている。それによると，急速な成長期（0～7カ月）までのテロメアはテロメラーゼ活性の低下と共に短くなる。その後，若年期（7カ月～1年）には，テロメアは成長がゆっくりになるにつれて急速に長くなり，テロメアーゼ活性も上昇する。ほとんど成長しない成魚になると，テロメア活性は徐々に落ちて，テロメアも短くなる。このような研究（Hatakeyama *et al.*, 2016）が示すように，テロメアの消耗と回復は成長とテロメラーゼ活性に関連しており，テロメアの恒常性 homeostasis の重大な喪失がメダカの死と関係があるようである。

文献

Ding, L., W.W. Kuhne, D.E. Hinton, J. Song, and W.S. Dynan, 2010. Quantifiable biomarkers of normal aging in the Japanese medaka fish (*Oryzias latipes*). PLos ONE, 5(10): e13287.

Egami, N., 1966. Effect of temperature on the rate of recovery from radiation-induced damage in the fish *Oryzias latipes*. Radiat. Res., 27: 630-637.

———, 1969. X-ray effects on rejection of transplanted fins in the fish, *Oryzias latipes*. Transplantation, 8: 300-303.

———, 1969. Kinetics of recovery from injury after whole-body X-irradiation of the fish *Oryzias latipes* at different temperatures. Radiat. Res., 37: 192-201.

———, 1969. Temperature effect on protective action by cysteamine against X-rays in the fish, *Oryzias latipes*. Int. J. Radiat. Biol. Relat. Stud. Phys. Chem. Med. 15: 393-394.

———, 1970. Effects of cysteamine given before and after X-irradiation under different temperature conditions on mortality of the fish, *Oryzias latipes*. Int. J. Radiat. Biol. Relat. Stud. Phys. Chem. Med., 18: 391-394.

———, 1971. Further notes on the life span of the teleost, *Oryzias latipes*. Exp. Gerontol., 6: 379-382.

———, 1972. メダカの寿命と老齢変化(予報). 動物学雑誌, 81:320.

———, 1973. Effect of X-irradiation during embryonic stage on life span in the fish, *Oryzias latipes*. Exp. Gerontol., 8: 219-222.

———, 1976. 生物の老化のしくみに関するいくつかの実験. 日本老医学会雑誌, 13: 75-80.

———, 1981. 実験動物としての魚類. ソフトサイエンス社(東京).

——— and H. Etoh, 1969. Life span data for the small fish, *Oryzias latipes*. Exp. Gerontol., 4: 127-129.

———・———・館 鄰・兵藤泰子, 1962. キンギョとメダカにおけるX線被照射量と生存期間との関係. 動物学雑誌, 71: 313-321.

———・O. Terao and Y. Iwao, 1988. Life span of wild populations of the fish *Oryzias latipes* under natural conditions. Zool. Sci., 5: 1149-1152

工藤久美, 1990. 個体・組織に対する放射線影響. メダカの生物学(江上・山上・嶋編), pp. 219-233, 東京大学出版会.

———, and N. Egami, 1965. Effect of temperature on survival period of the fish, *Oryzias latipes*, following irradiation with different X-ray doses. Annot. Zool. Japon., 38: 114-121.

Fineman, R., J. Hamilton and W. Siler, 1974. Duration of life and mortality rates in male and female phenotypes in three sex chromosomal genotypes (XX, XY, YY) in the killifish, *Oryzias latipes*. J. Exp. Zool., 188: 35-39.

Funayama, T., H. Mitani, Y. Ishigaki, T. Matsunaga, O. Nikaido and A. Shima, 1994. Photorepair and excision repair removal of UV-induced pyrimidine dimers and (6-4) photoproducts in the tail fin of the medaka, *Oryzias latipes*. J. Radiat. Res. (Tokyo), 35: 139-146.

Ghoneum, M.M.H. and N. Egami, 1980. Effect of γ-irradiation of adult and embryo of *Oryzias latipes* on thymus size. *In* "Radiation Effects on Aquatic Organisms" (N. Egami, ed.). Japan Sci. Soc. Press, Tokyo/Univ., Park Press, Baltimore, pp.135-137.

——— and ———, 1982. Age related changes in morphology of the thymus of the fish, *Oryzias latipes*. Exp. Gerontol., 17: 33-40.

———, ——— and K. Ijiri, 1981. Effects of acute γ-irradiation on the development of the thymus in embryos and fry of *Oryzias latipes*. Int. J. Radiat. Biol., 39: 339-344.

———, K. Ijiri and N. Egami, 1979. A note on gamma-ray effects on the thymus in the adult fish of *Oryzias latipes*. J. Fac. Univ.. Tokyo, Ⅳ, 14: 299-304.

———, ——— and ———, 1982. Effects of gamma-rays on morphology of the thymus of the adult fish of *Oryzias latipes*. J. Radiat. Res., 23: 253-259.

———, ——— and ———, 1983. Effects of gamma-rays on the taste buds of embryos and adults of fish *Oryzias latipes*. J. Radiat. Res., 24: 278-283.

Gopalakrishnan, S., N.k. Cheung, B.W. Yip and D.W. Au, 2013. Medaka fish exhibits longevity gender gap, a natural drop in estrogen and telomere shortening during aging: a unique model for studying sex-dependent longevity. Front. Zool., 10: 78-88.

Hatakeyama, H., K-I. Nakamura, N. Izumiyama-Shimomura, A. Ishii, S. Tsuchida, K. Takubo and N.Ishikawa, 2008. The teleost *Oryzias latipes* shows telomere shortening with age despite considerable telomerase activity throughout life. Mech. Aging Dev., 129: 550-557.

———, H. Yamazaki, K. Nakamura, N. Izumiyama-Shimomura, J. Aida, H. Suzuki, S. Tsuchida, M.Matsuura, K. Takubo and N. Ishikawa, 2016. Telomere attrition and restoration in the normal teleost *Oryzias latipes* are linked to growth rate and telomerase activity at each life stage. Aging, 8(1): 62-76.

菱田豊彦，1959. 種々の影響下におけるメダカに及ぼすX線の影響について，1-5. 日医放誌，19: 93-116.

Hyodo-Taguchi, Y., 1969. Change in dose-survival time relationship after X-irradiation during embryonic development in the fish, *Oryzias latipes*. J. Radiat. Res., 10: 121-125.

———・近藤久美・江上信雄，1962. X－線照射をうけたメダカ卵，胚，稚魚及び成魚の生存期間について．動物学雑誌，71: 413.

Ijiri. K., 1977. Gamma-ray irradiation on primordial germ cells in fish *Oryzias latipes*. Quantitative assessment of changes in nuclear size. J. Radiat. Res., 18: 293-301.

———, 1980. Gamma-ray irradiation of the sperm of the fish *Oryzias latipes* and induction of gynogenesis J. Radiat. Res., 21: 263-270.

———, 1983. Chromosomal studies on radiation-induced gynogenesis and diploid gynogenesis in the fish *Oryzias latipes*. J. Radiat. Res., 24: 184-195.

——— and Egami, N., 1975. Effects of γ-ray irradiation on primordial germ cells in embryos of *Oryzias latipes*. Radiat. Res., 72: 164-173.

——— and ———, 1979. Effects of irradiation on germ cells and embryonic development in teleosts. Intern. Rev. Cytol., 59: 195-248.

———, P. N. Srivastava and N. Egami, 1978. A note on immediate mortality in the fish *Oryzias latipes* after exposure massive γ-radiation. Int. J. Radiat. Biol., 33: 201-203.

岩松鷹司，屋外飼育の野生メダカの成長と寿命について．Animate, No. 6, 36-38.

菊田彰夫，1977. メダカの胸腺の形態とその加齢変化．動物学雑誌，86:502.

小林久雄，1936. メダカの鱗．植物及動物，4: 626-628.

Masahito, P., K. Aoki, N. Egami, T. Ishikawa and H. Sugano, 1989. Life-span studies on spontaneous tumor development in the medaka (*Oryzias latipes*). Jpn. J. Cancer Res., 80: 1058-1065.

村地孝一，1944. 魚卵に対する放射線の作用．(1) X線照射胚心臓に及ぼすKClの作用．動物学雑誌，56: 5-7.

中岡邦治，1939. 近紫外線の生物に及ぼす影響に関する知見補遺，第2編 近紫外線の目高魚の卵発育に及ぼす影響についての実験的研究．正医会誌，58: 1470-1479.

Shima, A. and N. Egami, 1978. Absence of systematic polyploidization of hepatocyte nuclei during the aging process of the male medaka, *Oryzias latipes*. Exp. Gerontol., 13: 51-55.

Shu, Pung-Ru, 1947. A study of the life history of *Oryzias latipes* (T. and S.). Res. Bull. Fukien Acad., Biol. Sect., 2: 147-160.

Solberg, A. N., 1938. The susceptibility of the germ cells of *Oryzias latipes* to X-radiation and recovery after treatment. J. Exp. Zool., 78: 417-439.

Srivastava, P. N., 1966. Effect of ionizing radiation on the ovaries Japanese medaka, *Oryzias latipes* (T. et S.). Acta. Anat. (Basel), 63: 434-444.

田口泰子，1981. 放射線障害試験法（「実験動物としての魚類」江上信雄編），pp. 525-550, ソフトサイエンス社（東京）.

寺尾　修，1985. 野生メダカの生態．遺伝，39: 47-50.

Yukawa, M., K. Aoki, H. Iso, K. Kodama, H. Imaseki and Y. Ishikawa, 2007. Determination of the metal balance shift induced in small fresh water fish by X-ray irradiation using PIXE analysis. J. Radioanal. Nucl. Chem., 272(2): 345-352.

第13章　理科教育の教材としてのメダカ

前述のように，メダカはアジア各国に生息している。しかし，自然を理解し，生命を大切にする心を育む教育にメダカを教材として活用されていない。わが国においては，江戸時代から，子供たちはメダカの可愛さや素晴らしさに魅せられて，飼育して遊び相手にしてメダカを通して自然指針や行政，教員養成，学校の管理・運営，そして家庭教育などの諸問題を背景にして，教育現場では必ずしもメダカを効果的に活用できていないようである。

小学校５年生理科において，「からだのでき方」を生きたまままみることができ，誰もがみて感動するメダカ卵の動態は，「ヒトのからだのでき方」を動的にイメージ付けするのに適している。特に，６年生における「ヒトのからだのつくり」を深く理解させる上で大切である。

以前，小学校５年生理科の「メダカの誕生」の授業の進め方に関して報告したもの（岩松，2014）をもとに，ここに再び取り上げることにする。

地球は太陽の光エネルギーによって誕生し，その地球上の古代の海で生き物が誕生したと考えられている。そうした生き物も太陽の光エネルギーを活用しながら生き続けている。光エネルギーを化学的結合エネルギーとして分子間に蓄積できる植物が出現して以来，急増した光合成物質を餌にして原始的な細菌類や動物などが生存できるようになった。したがって，動植物には光がエネルギーの源泉として重要であって，それらはその他無機物や細菌を含む土，物質の化学反応に不可欠な水や大気，そして反応を促進する熱（温度）などが周期的に変化する環境の中で生息している。動物の一員である我々は，そのことを踏まえ，エネルギーの循環をなす多様な生物と共存することの大切さを理解するためにも自然環境の事物を観察して学び，科学的思考力と理解力，さらには洞察力を養うよう努めることが肝要である。ここでいう「理解」とは，自然現象や事物に含まれている筋道をつかむこと（文部省，1952）であり，「観察」とは可視的な事物を詳細にみることによってその背景にある不可視的な本質を察知することである。いわば，観察は心でものを観ることである。

また，生き物の特徴は，自らのからだを同じに保持する活動，そして生殖によって寿命を超えて同じからだを遺伝・存続するところにある。そうした活動が生命である。当然，変温動物である魚類の生殖は，ヒトを含む他の脊椎動物の生殖と同様に，主たる外的環境の光，温度，水，栄養（餌），そして生物間の相互作用などによって著しく影響を受ける。言い換えれば，これらの体外の開放的自然環境の要素が“からだ”という閉鎖的体内環境に刻々とさまざまな変化をもたらしているのである。したがって，生き物たちは途方も無い長い時間をかけてさまざまな自然環境に多様な適応をなしてきた生存様式や生殖活動の仕方を先祖から連綿と受け継いでいるのであり，自然環境とは切り離しがたい存在である。そのことを誰もが十分学ばなければならない。すなわち，生き物を知るためには，生体内物質の動態と生殖はもとより，自然環境の動態との関係すべてを理解することが重要である。

自然を科学的に把握・活用できる能力を修得させる理科教育においては，可視的な事物の背景にある事象（本質）を巨視的，微視的レベルで観察する機会を与え，自然の法則・真理の概念 concept を理解する能力を養うことを主軸として指導すべきであろう。その目標達成のために，「子供の成長に即応して自然に関する概念を理解させる方法及び教材」が理科の重要な課題であろう。わが国において，1942年に文部省は「自然の観察」で，オタマジャクシやメダカ（日高）の採集と飼育を通して動物の生態と生育に関心をもたせ，それらの理解を目的に「第一課　めだかすくひ」を設けている（参照：板倉，1987）。しかし，第二次大戦後1947年に出された文部省の新たな小学校指導要領理科編（試案）をみても，まだ「動物の誕生」に関連する内容は扱われていない（岩間・松原，2010）。1958年に入って1977年までの学習指導要領の改訂版には動物の卵から育ち方が扱われるようになった。そして，1988年以降には「メダカおよびヒトの発生」に関した内容が取り上げられるようになったのである。「動物の誕生」というタイトルで扱われるようになったのは2008年からである。

胎生であるヒトの発生は体内で進行するので直接みられない。また，入手しやすいコイ，キンギョやカエルなどの卵は体外で発生するが，不透明であるから反射光による顕微鏡観察が不可欠で，しかも卵の中を直接見ることができない。かつて，発生の観察にニワトリの卵が扱われたが，教材として問題が多い。これらと違って，体外発生するメダカ卵は入手しやすく，透明であるため，透過光によって顕微鏡観察することが可能であり，からだのできる過程を直接見られる利点がある。「メダカのからだのでき方」を観察させることによって，「ヒトの誕生」を推察させることができる。また，何といってもメダカは教材として多くの特長があり，メダカを通して生き物に接し親しみをもつ機会にもなる。

わが国において，江戸時代から庶民が愛着を持っていたメダカは小学校で，自然環境や生命を理解させるのに優れた理科教育の教材であることが述べられて久しい。また，メダカは生物科学の研究材料としても明治時代からの100年以上の歴史があり，活用のための紹介も数多い（内田，1978；江上，1985； 岩松，1974，1975，1976，1977，2006）。それらに述べられているように，ヒトを含む脊椎動物の原型である魚類は理科教材として活用するのに適切であることもよく認識すべきであろう。教材は，指導者の「ものの理解と見方・捉え方（教育理念）」の教授レベルによって活かされるか否かが決まる。したがって，指導者はまず教材とする生き物のからだと生活だけでなく， その生い立ちの歴史，他の生き物との関係（食物網，食物連鎖）と自然における進化的変遷に関心をもってより深く学ぶことが求められる。そして，指導者自身が，メダカを飼育して生き物のすばらしさに感動し，授業で児童たちにその同様な体験をさせることによって児童の生き物に対する探求意欲を湧かせるようにするのが何より大切である。

小学校５年生の理科「メダカのたんじょう」の授業展開

前述のように，生命とは「自分でからだを同じに保つ活動」であるが，動物には寿命があって，身代わりの同じからだの子どもを産んで生命をつなぐ。これが“子供の誕生”である。

「メダカの誕生」の授業において，生きた卵をよく観察させて，意識的に「どこ Where（空間）で」「なに What（物）が」「いつ When（時間）」（３W）を必ず記録する習慣づけさせるのが理科の重要な学習である。科学の特長である“再現性”のために事物を数量的に表現させるとともに，同時に３Wを記録する習慣を身につけさせることが大切である。

単元の目標：

文部省告示の小学校学習指導要領（文部省，1989，1998；国立印刷局，2006）の小学５年生の目標には，「生物の発生や成長をそれらにかかわる条件に目を向けながら調べ，見出した問題を意欲的に追究する活動を通じて，生命を尊重する態度を育てるとともに，生命の連続性についての見方や考え方を養う」とある。

実際メダカを飼育し，採卵して卵内での胚のからだが一日一日とできてくるのを観察し，ヒトの発生は資料を活用して調べ，生命のすばらしさに感動するとともに生命を尊重する心を育み，生命の連続性に関する認識を深めるようにする。

(1) 観察用メダカ

ここでは，名古屋大学で山本時男博士によってヒメダカから作出されたd-rR 系統（朝日大学の小林啓邦博士による飼育・保存）を用いた。この系統のヒメダカは遺伝的におすが赤（緋）色，めすが白色であって，体色でおすとめすを識別できて観察しやすい利点がある。発生している卵内に流れる血液がより赤く，特に肝臓や脾臓が明確に観察できる胚を選んで育種する。脊椎動物の“からだのでき方や育ち方”の教材に適したヒメダカ卵は，野生メダカ卵（図７･59：Iwamatsu, 2011）に比べて，諸器官の観察を妨げる黒色素胞がないので，生きたまま体内を観察しやすい（図７･58）。また，野生メダカが減少している現状に鑑み，乱獲による人為的絶滅を防ぐ必要があり，この系統や市販のヒメダカの方が入手にも便利である。したがって，そうした点で，野生メダカを発生・成長の学習のための教材として用いるのは適切ではない。

(2) 飼育の準備

(第１時間目)

メダカは少しずつ水が絶えず入れ代わっている池や川の水の中で棲んでいる。さまざまな小さい生き物がいる浅瀬には，水草や土があり，直射日光が降り注いで暖かい。こうした自然環境で生息している様子を観察し，飼育水槽を水辺に近い光と水温，水質にしておく。

メダカの飼育：

「小学校理科５年」“メダカの育ち方”に関して，教科書以外でも数多く解説書がある（柿内ら，1971；赤松，1978，1982；奥井，1982；内田ら，1984；立川，1987；武村，1991；堀，1997）。残念ながら，これらいずれの解説書をみても生き物の生存生息する自然環境に重きが置かれていないために，他の視点（分野）との関連について触れられておらず，かつメダカの教材としての特長を十分に把握・理解できていないまま記述されている。とくに，自然環境において光合成やホルモン分泌を行う生き物にとって光が重要なことについては，ほとんど言及していない。植物はもとより，種々の生き物の生殖にも光，温度および栄養（餌）などの外的要因が重要で，特に光のエネルギーによって温度が上昇し，餌としての食物網の微小な生物や種々の生き物の生殖活動も活発になる。多くの動物では，光が内分泌系や神経系を刺激して体内の代謝や行動を促している。

以上，メダカの飼育に際し，光の存在下で餌が増えること，および「第６章　生殖」のところで触れたように光の刺激で分泌されるゴナドトロピン（生殖巣刺激ホルモン）によって卵や精子が発達・成熟していることを重視する。

(3) 飼育の管理

近年筆者は「メダカの飼育マニュアル」を記述している（岩松，2013）。

とくに，メダカの飼育は児童・生徒の観察力，洞察力を養うためにも大切である。たとえば，“一匹のメダカが死んだ”という観察を通して，不可視的なその原因に気づかせ，連続して死なせないように指導する。

(4) おすとめすの準備

（第２時間目）

メダカのめすは産卵するのに，おすの交尾刺激が必要である。産卵のとき，おすはめすの産卵を促すとともに自分の生殖口とめすのそれとが互いに接するようにからだを交わらせて精子を放出する。こうして，放出されたばかりの卵の中に精子が入って受精する。したがって，産卵させるために，同棲させるおすとめすを識別する必要がある。

おすとめすの特徴（性徴）：

メダカの性徴に関して記述した資料は多く，学術的文献も列記できないほどある（参照，岩松，2006）。

メダカは全長が30mm以上になると，下記のような外観的性徴がみられるから，その特徴を一度顕微鏡で観察しておくと，おすとめすを見分ける鋭い目が養われる。その詳しい観察は，あらかじめ軽く麻酔しておいたメダカを麻酔に用いた液をからだが浸り横になる程度少量入れたペトリー皿に移して，透過光の解剖顕微鏡（10～20倍）を使って行う。観察中麻酔が深くなり過ぎて，鰓蓋運動や口の動きが弱くなると，メダカをスプーンで掬って素早く水に戻す。メダカの麻酔に際して，麻酔状態を確認しながらメダカの入れてある少量（50ml程度）の水に麻酔薬（フェニールウレタンの飽和溶液７：エタノール３の混合液）を滴下する。こうした観察で気づくメダカの性徴は次の通りである。

ア．外からはみえないが，お腹の中にはおすは精子をつくる精巣をもち，めすは卵が沢山入っている大きい卵巣をもっており，腹部が膨らんでいる。

イ．めすには，おすの腹ビレより長い腹ビレがある。また，腹部を拡大してよく見ると肛門の後ろに尿や卵を出す泌尿生殖口のまわりに乳房のような膨らみ（泌尿生殖隆起 urogenital protuberance, UGP）がある。（肛門がヒトとは違って泌尿生殖口の前にあることに気付かせる）

ウ．おすは交尾のときにめすを抱くための長い尻ビレと背ビレをもつ。それらの後端には切れ込み（notch）がある

エ．おすの眼から鼻にかけて及び尾ビレの先端は，白色素胞が多いため白く見える。

オ．おすは急な水温（35～40℃）の上昇，もしくは麻酔薬で麻痺状態になると，一般に腹を上にする。

カ．麻酔したおすを顕微鏡で見ると，尻ビレの後ろから約８軟条の節間に小突起（乳頭状小突起 papillar processes, PP）がある。おすは交尾のとき，それらでめすの尾部の肌を刺激して産卵を促す。

キ．大きいめすの尻ビレ軟条の先端が分岐しているが，おすのその先端は分岐しておらず突出している。

ク．おすは肛門部分の体高（側面から見たからだの幅）がめすより大きい。

ケ．おすの口の両端には大きい牙がある。

(5) 産卵と採卵

（第３時間目）

夏季メダカは午後９時ごろ卵成熟を始め，まだ暗い

午前2～4時に産卵する。メダカのめすはおすの交尾刺激がないと，産卵しない。産卵行動を観察するためには，毎日産卵しているめすを前日の下校時（産卵前）に網ですくって水温が同じ別の水槽（あるいは仕切りして接しないよう）におすと分けて餌を与えておく。

産卵の観察：

産卵の観察は卵が過熱にならない朝早い授業時間に行う。前日におすと分けておいためすをおすの入っている水槽に入れる。観察者は，メダカを刺激しないように，できる限り身動きをしないようにする。

おすの水槽にめすが入れられると，おすは下方からめすに接近して寄り添う。めすはおすの交接行動（交尾行動，2006）を受けないとき，頭をあげて拒否する。めすが交接体勢に入るまで，おすはめすの鼻先で「円舞」を繰り返しては接触を試みる（図9・7）。めすがおすと互いに生殖口を接し合って交接すると，おすは背ビレと尻ビレでめすの尾部を抱き，尾部を振動させて尻ビレの突起（PP）でめすの肌を刺激する。すると，おすが放精するのとほぼ時を同じくして，めすは尾部を折り曲げて力んで泌尿生殖口（糞を出す肛門ではない）から産卵する（岩松，2001）。

採卵の仕方と観察卵の準備：

産卵して泌尿生殖口から卵塊をぶら下げているめすをゆっくりタモですくって，そのタモの水の中にそっと手を入れてめすを水と共にすくい卵塊だけを指でつまんでめすを水に泳がす。その卵塊を濡らした二重のガーゼの上に置き，水道の蛇口から少し水を垂らしながら卵をもみ洗いしてバラバラにする。卵を指につけて薄青い程度の濃さのメチレンブルー水が入ったペトリー皿に移す。10ml（深さ約5mm）のメチレンブルー水に約10個の卵を入れて発生させる（25～28℃）。そのペトリー皿に日時を記したラベルを貼っておく。5日目ぐらいでメチレンブルーが入っていない飼育水に水換えすると孵化しやすい。殺菌作用もあるメチレンブルーは酸素の代用をするので，胚の発生にはよいが，孵化を遅らせる傾向がある。

(6) 未受精卵と受精卵の観察

（第4時間目）

卵の観察：

前述のように，「メダカの誕生」の授業の多くにおいて，卵の中でからだができる様子を十分に観察させ

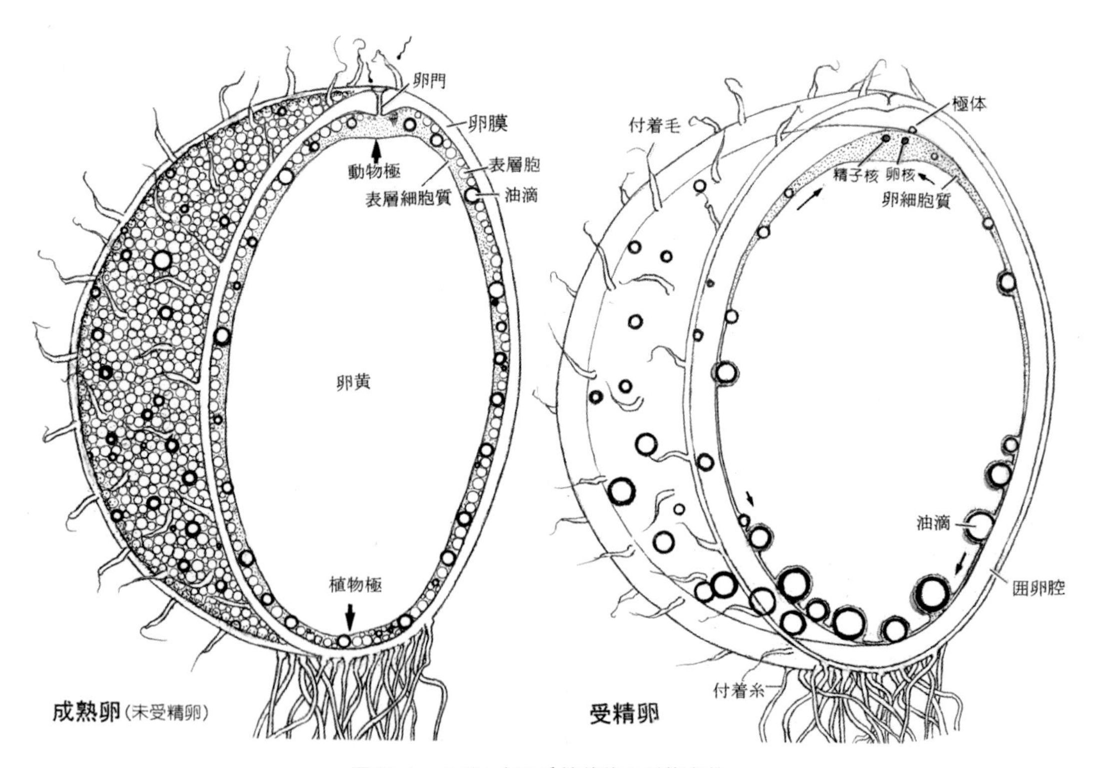

図13・1　メダカ卵の受精前後の形態変化

受精によって，卵表層の表層胞が囲卵腔に分泌することによって消失するため，受精卵はより透明になる．
（学習研究社，岩松，2006の改図）

ることができていないのが現状である。原因は，観察に用いる卵を準備する技術と時間的余裕がないためできないこと，そして適切な顕微鏡および観察用スライド，それに顕微鏡カメラからの画像を投影するカラーのモニターテレビなどの設備がないところに問題がある。ほとんどの教科書では，花粉を普通の光学顕微鏡で見させているのに，なぜかメダカ卵の中でからだができる様子を十分に観察させることができない「解剖顕微鏡（最大倍率20倍）」を用いさせている（葵生川，2012；内田，1978；内田ら，1984；大隅ら，2012；教育出版，2001；津幡ら，2002；東京書籍，2004；星野ら，2011；堀，1997；毛利ら，2010；養老ら，2012）。そのためか；「メダカのたんじょう」の授業においてメダカの飼育や採卵の失敗に加えて，こうした不適切な観察機器類の使用によって卵の観察実習が十分できないまま，単に教科書を解説するだけで終わっている。これでは，児童たちにいかに能力があってもメダカのからだのでき方を観察体験できないし生き物に対する興味や意欲も湧かない。効果的，かつ感動的な授業を展開するには，美しい卵とその観察のための機器類が揃っていることと，豊富な知識をもつ教師の適切な指導が大切である。ちなみに，この5年生の授業目的の背景には，次の６年生において学ぶ脊椎動物の“からだの成り立ち”を理解させるための外延的目的がある。

顕微鏡の使い方とメダカの未受精卵および受精卵の観察の仕方は，光学顕微鏡とメダカ卵観察専用のスライドガラス（図３･12）を用いて必ず透過光で実施する。まず，卵をスポイトで吸ってメダカ卵の観察用のスライドガラスの上に水と共に滴下する。そして，カバーガラスをその上にかぶせて顕微鏡のステージに置く。卵が視野いっぱいにみえるように10倍の対物レンズと10倍の接眼レンズの総合倍率100倍で，ステージの下からの光（透過光）を通して観察する。指でカバーガラスをずらせば，カバーガラスに接している卵は転がるので卵の中がよくみえるようにする。そうして， 顕微鏡カメラを通してモニターテレビに発生段階の異なる卵を投影して子供たちにみせて，卵内でからだのできる様子を解説する。その後，生徒たちにそれらの卵を顕微鏡で観察・スケッチさせる。そのとき，スケッチノートには，産卵日と観察日時，そして顕微鏡の倍率を必ず記録させる。

未受精卵と受精卵：

図13･１のように，卵の表面に内接した泡状の表層胞と油の粒である油滴があるので，成熟未受精卵は全体として白っぽく濁ってみえるし，卵膜もまだ柔らかいので，指でつまむと潰れる。この未受精卵の卵膜と卵表層細胞質の表面との間には隙間（囲卵腔）はない。そうした卵が精子の刺激で泡状の表層胞が卵表から外に分泌されて囲卵腔ができる。その分泌された表層胞の成分に卵膜を硬くする酵素が含まれているため，受精を開始して30分以内に卵は指で揉んでも潰れないほど卵膜が強靱になる。また，表層胞が分泌されてなくなるので，受精卵は透明にもなる。メダカ卵の外表をよくみると，卵膜の１カ所（植物極）に長さ５mm程度で伸びる付着糸（26本前後）があり，卵膜全表面に長さ0.15～0.25mmの短い付着毛が約190本ある。付着糸が付いている植物極の反対側（動物極）の卵膜には精子が入る小さい穴，卵門が１つある。卵の中に精子が入ることを受精といい，受精した卵を受精卵という。受精すると，卵の表面の泡状の粒（表層胞，図７･13，図７･17，図７･50，図７･61－０期）が消える。時間がたつにつれて，油滴もくっつき合って大きくなって数が少なくなる。卵膜は受精して30分もすると硬くなり，胚は透明で硬くなった卵膜に護られて発生する。受精卵は指でもんでも潰れないので，生徒に触れさせる。

受精していない卵は，未受精卵といい，発生しない。未受精卵を顕微鏡でみると，卵の全表面には油滴と泡粒（表層胞）があり（図７･17A，図13･１），白っぽく濁ってみえる。そのため，未受精卵はあまり透明ではなく，指でつまむとつぶれるほど柔らかい。その未受精卵はやがて死んで，カビや細菌を増やすことになるので取り除く。

(7) 受精卵の孵化までの変化の観察
（第５～７時間目）

A．メダカ卵の発生について

ヒトと同じ背骨のあるメダカは卵生であって，胎生であるヒトとはからだのでき方が違う。しかも，恒温動物のヒトの赤ちゃんのからだは37℃の暖かい体内で280日間もかかってでき上がるのに，メダカの赤ちゃんのからだは水の温度が26℃であれば９日という短い期間ででき上がる。こうしたメダカにおいて，受精卵（以後，卵という）の中でからだ（胚）ができ上がる様子を把握するためには，卵の発生過程（発生段階図，Iwamatsu，1994, 2004；岩松，2006）を孵化するまで日を追って観察するのが最善である。しかし，それら全発生過程の観察は授業時間数の都合上難しいので，からだができる様子を捉えられやすい０日目（産卵当日），１日目，２日目，４日目，８日目，それに孵化直後の６

グループを観察すれば十分であろう。ここに用いた発生図は26℃で観察した岩松（2006）のスケッチを改変したものである。これらの発生段階の異なる卵（胚）を準備するために，生徒を指導して準備に協力させれば，観察する教材に興味を持たせ，理解を深めるためにも役立つ。

B．卵の変化

a）0日目と1日目，2日目の卵の観察

（第５時間目）

０日目の受精卵：

「採卵の仕方」のところで述べたように，卵をペトリー皿（シャーレ）のメチレンブルー水（深さ５〜10 mm）に入れ，卵がゆっくり発生するように，そのペトリー皿を授業開始の時間まで冷蔵庫に保管しておく。産卵日（０日目）の卵の中には，メダカの姿は見られず，小さい細胞である卵割球が集まった塊りと互いにくっ付きあって大きくなったいくつかの油滴しかない（図７·61－15期）。小さい細胞（直径約0.01mm）が分裂して増えて，からだの部分をつくることを説明する。その観察によって，卵の中に小さいからだの赤ちゃんがいて，それが大きくなるという考え（前成説）は正しくないことを理解させる。

１日目の卵：

前日採った卵は１日目の卵として観察する。この産卵24時間後の卵には，赤ちゃんのからだが棒状にできているのがみえる。よくみると，棒状のからだの一方の端が太くなって頭部をなし，そこには脳と膨らんだ眼のもとの眼胞ができている（図７·61－18期）。こうして，からだの前後軸と左右軸が決まり，からだの卵黄側が腹になり，その反対側が背中になる。そして，尾の方には，からだの節（筋肉）が両体側にいくつか数えられる。このほか，互いに融合して大きくなった球状の油滴が数個みえる。

２日目の卵：

産卵（受精）して48時間（２日）後の卵には，大きくなったからだの頭部の決まった位置に脳と眼，耳（耳胞）がみられ，体節（筋肉）も数が増えている（図７・61－25期）。眼にはレンズ，耳の中には耳石がみえる。耳の後ろには，ヒトの手に当たる胸鰭ができ始めている。最も目立つのは頭の下方で心臓が拍動していることである。その拍動ごとに押し出される血液がで

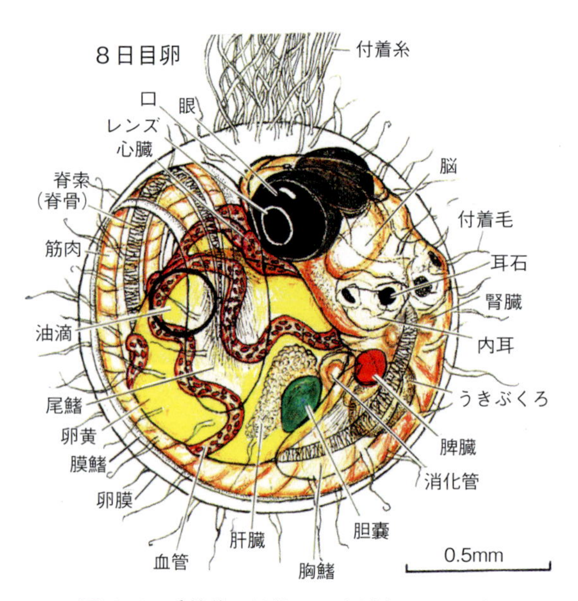

図13·2　受精後８日目のメダカ胚のスケッチ

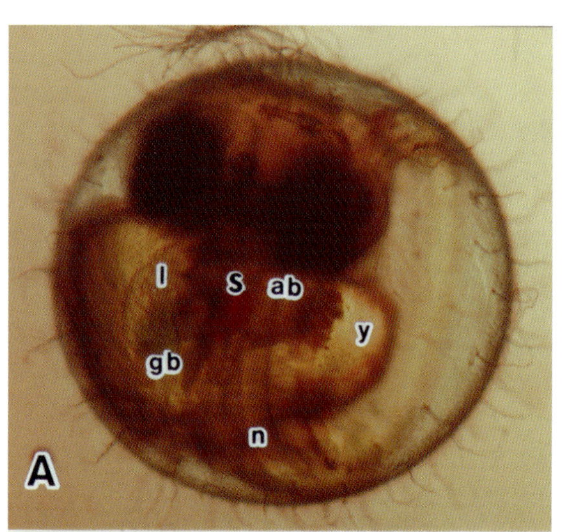

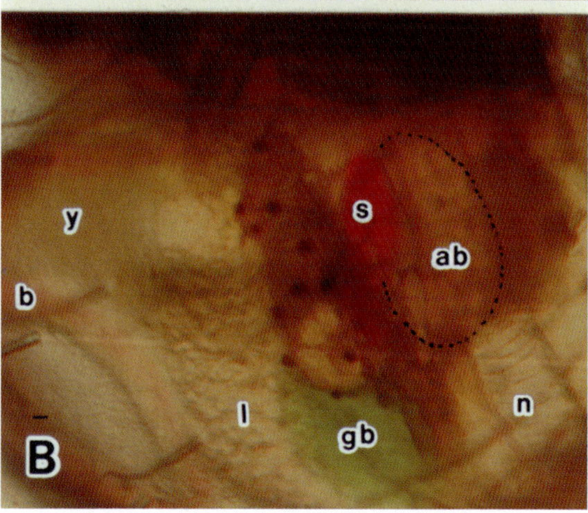

図13·3　受精後９日目のメダカ胚の背側面
ab：鰾（ウキブクロ），b：血管，gb：胆嚢，l：肝臓，n：脊索，s：脾臓，y：卵黄球（A×52，B×100）

きたばかりの血管内を流れている。それらを児童にみさせるとともに，10秒間当たりの心拍数を数えさせる。

b）4日目と8日目の卵，孵化直後の稚魚の観察

（第６時間目）

４日目の卵：

産卵（受精）して４日後の卵には，卵黄の表面を蛇行している血管，左から右に拍動する心臓，そして消化管，胆嚢，肝臓が決まってからだの左側に見え，うきぶくろがからだの右側にみえる（図7・61－32期）。メラニンができて黒くなった眼が左右２つ，大きくなった耳石を２つずつもつ耳胞が左右２つある。頭から背中に向けて脳・脊髄，そして筋肉，背骨のもと（脊索）ができている。産卵後３日目の眼にすでに認められる角膜がよりはっきりみえる。心臓の拍動を数えさせると，２日目の受精卵のものより拍動回数が多くなっていることがわかる。

８日目の卵：

卵黄の養分が血管から吸収されてからだの発達に使われて卵黄が小さくなっており，卵黄球を巻いている尾端は耳胞の後ろにまで伸びている。血液は心臓の左側（心房）から右側（心）に向かって押し出され，さらに心室から全身に送り出されるのがみえる。頭に近いからだの右側にうきぶくろがあり，その左側の腹側を迂回して後方に向かう消化管の背面には脾臓の赤い小球が見える。からだの左側にはブツブツにみえる肝臓と青っぽい緑色の球状の胆嚢がある（図７・61－38期，図13・２，図13・３）。

c）孵化直後の子メダカ（稚魚）

（第７時間目）

夏季において，メダカ卵は産卵後９日足らずの日数で孵化する。その間，卵の中で棒状のからだができ，卵黄の栄養を使っていろいろな内臓や器官が日を追って決まったところにできてくる。孵化のときには，口から卵膜を溶かす酵素（孵化酵素）が孵化酵素胞から出され（図７・61－39期），溶かされて薄くなった卵膜を尾の力で破って自由に泳ぎだす。

孵化して泳ぎだした稚魚をスポイトで吸って観察専用のスライドガラス（図３・12）に少量の水と共に滴下し，カバーガラスをかけて倍率10～20倍の顕微鏡で観察する。稚魚の腹部には，まだ油滴と卵黄がある（図７・61－40期）。腹部の前端に心臓があり，腹部の背中側に鰾がある。尾部には，動脈と静脈がみえる。まだ歯が生えていないし，鱗も肋骨もない。胸ビレは早くからあるのに，腹ビレはまだない（図７・61－40期）。背ビレ，尾ビレや尻ビレも，ひと続きの膜ビレのままでまだでき上がっていない。

以上，卵は産み出されると，受精してから孵化する時までに，卵の中で胸鰭，しっぽ，骨，筋肉，脳，耳，鼻，などの他に甲状腺，心臓，肝臓，胆嚢，腎臓，膀胱などが決まった位置に順序良くできてきて，自立生活が可能になって孵化する。しかし，まだ成魚のようなからだはできておらず，全長が約15mmになるまでの成長期に，オタマジャクシのように変態して，腹や尾の膜ビレが縮んでなくなり，後ろ肢に当たる腹ビレが生え，肋骨や鱗ができてくる。こうした観察によって，ヒトの赤ちゃんと同じように生まれるまでに内臓ができ上がることを実感できる。ただ，メダカは成魚になっても，ヒトのような肺や胃，盲腸，大腸もなく，肛門が泌尿生殖口の前方にあり，皮膚には鱗があるが毛はない。一方，ヒトも先祖が魚と同じであることを示すかのように，胎児のからだができる途中で卵から孵化し，鰓弓ができる。これらのことから，メダカとヒトは，それぞれ違った進化を遂げた脊椎動物であることも理解できる。

文献

葵生川武次，2012．新編楽しい理科５年．pp. 42-46，信州教育出版社．

赤松弥男，1978．能力を伸ばす理科の単元構成と展開5学年．pp. 29-43，初教出版．

赤松弥男，1982．理科単元別　授業の構成と能力の評価．pp. 78-126，初教出版．

板倉聖宣，1987．理科教育史資料．第１編　低学年理科教材史．pp. 70-72，東京法令．

岩間淳子・松原静郎，2010．小学理科における生命観育成及び科学的概念形成のための生物教材の分析－「動物の誕生（人）」を例に－．科学教育研究，34(4): 322-337.

岩松鷹司，1974．生物教材としてのメダカ *Oryzias latipes*. I. 分類学的位置と一般形態．愛知教育大学研究報告，23: 73-91.

————，1975．生物教材としてのメダカ．II. 卵母細胞の成熟及び受精．愛知教育大学研究報告，24: 113-144.

————，1976. 生物教材としてのメダカ．III. 発生過程の生体観察．愛知教育大学研究報告，25: 67-89.

————，1977．生物教材としてのメダカ．IV. 組織学的観察．愛知教育大学研究報告，26: 85-113.

————，1994. Stages of normal development in the

medaka *Oryzias latipes*. Zool. Sci., 11: 825-839.
――――, 2001. メダカの交尾行動中の放卵放精. Animate 第２号, 37-40.
――――, 2004. Stages of normal development in the medaka *Oryzias latipes*. Mech. Develop., 121: 605-618.
――――, 2006.「新版メダカ学全書」, pp. 473, 大学教育出版（岡山）
――――, 2011. Developmental stages in the wild medaka, *Oryzias latipes*. Bull. Aichi Univ. Educat., 60(Nat. Sci.): 71-81.
――――, 2014. メダカの飼育マニュアル. Animate, No.11, 1-6.
――――, 2014. 理科の教材としてのメダカの適切な活用 －小学５年生の理科「メダカのたんじょう」－. 愛知教育大学教育創造開発機構紀要, 4: 37-46.
内田早苗・小川 格・菊池武夫, 1984. 理科授業研究〈４・５・６学年〉［現代小学校学級担任辞典 第10巻］pp. 252-271, ぎょうせい.
内田鉄雄, 1978. メダカの受精卵の採集・飼育法とその教材化. 採集と飼育, 40(6): 507-513.
江上信雄, 1985. 野生メダカと研究用につくり出したメダカ －環境教育とメダカ－, 生物教育, 26(3): 151-155.
大隅良典・石浦章一・鎌田正裕ほか43名, 2012. わくわく理科５上. pp. 20-23, 新興出版社啓林館.
奥井智久, 1982. 小学校観点別評価の生かし方シリーズ. 理科学習状況の診断指導事例 5年. pp. 42-57, 明治図書.
柿内賢信・蛯谷米司・武村重和・茨須正義, 1971. 小学校理科指導辞典, pp. 194-196, 第一法規出版.
教育出版, 2001. 小学理科 ５上. 教師用指導書研究編. ３新しいいのち, pp. 79-113.
国立印刷局, 2006. 小学校学習指導要領. pp. 55-58, 国立印刷局.
武村重和, 1991. 新理科授業づくりの指導事例 ６, ５年「生物の発生と成長の学習」, pp. 79-106. 明治図書.
立川雄一, 1987. 日本の初等理科シリーズ/19. 人間を育てる生物の学習, pp. 166-187, 初教出版.
津幡道夫ほか10名, 2002. たのしい理科５年上 教師用指導書. 生命のつながり(3). 生命のたんじょう4. pp. 113-146, 大日本図書.
――――, 2004. 新版たのしい理科５年上 教科書解説本編. 生命のつながり(3). たんじょうのふしぎ４. pp. 111-135, 大日本図書.
東京書籍, 2004. 新編新しい理科５上（教師用指導書資料編）, pp. 62-75.
星野昌治ほか33名, 2011. たのしい理科５年－１ 教師用指導書 研究編, pp. 81-88.
堀 哲夫, 1997. 子どもを変える小学校理科. 第２巻 昆虫・動物・飼育・環境の授業. III. メダカの育ち方の授業. pp. 92-113, 地人書館.
毛利 衛・黒田玲子ほか20名, 2010. 新しい理科５. pp. 35-41, 東京書籍.
文部省, 942. めだかすくひ.「自然の観察」五（教師用）, pp. 1-8.（板倉聖宣, 1987から孫引き）
――――, 1952. 小学校学習指導要領 理科編（試案）. pp. 3-22, 大日本図書.
――――, 1989. 小学校学習指導要領 全文と改訂の要点. 第４節 理科, pp. 71-75.
――――, 1998. 小学校学習指導要領. pp. 54-123, 時事通信社.
養老猛司・角屋重樹ほか24名, 2012. 地球となかよし小学理科. pp. 30-37, 教育出版.

全訂増補版 あとがき

現在絶滅危惧種に指定されたメダカを見る目も，やっと私たち脊椎動物のモデルとして生態学的・生理学的側面と同時に環境汚染，資源枯渇，人口過剰から来る人間社会の危機感に向けられつつある。私はこれまで57年間メダカとつき合ってきたのに，メダカに見られる生命現象において完全に理解できたものは未だに何一つない。メダカだけでなく，地球上に多様に放散進化して生存する生き物の中でどれ一つとして，一種類の生き物を完全無欠に解き明かしたものはない。叶わぬことかもしれないが，メダカを脊椎動物のモデルとしてその生命現象を丸ごと解明することが筆者の願いである。

自然環境と同様にメダカも安定な姿への動態であって，生態学的・生理学的に他の自然環境とは一体化して切り離せない存在である。それなのに，私どもはメダカをそれぞれ異なった学問体系の視点からしか調べていない。おそらく，そのことが原因であろう。本書においても，メダカの生命現象を敢えていくつかの章に区分して取り上げている。元来，自然の各現象は，個眼的な視点の学問体系の下で認識されるべきではなく，複眼的に全体像を一度に捉えられるべきものである。とはいえ，全体像を区分してしか認識できない人間の能力の無さがある。現代では，研究が専門の異なる研究者がチームを組んでなされるようになり，１つの現象が異なった視点から同時に扱える兆しが見えてきた。これから得られる情報を，コンピューターの活用によって帰納的に分類・統合して，演繹的に系統立って展開することが可能になるであろう。将来，更なる方法・技術の進歩によって，各現象の全体像を同時に捉える研究がなされるようになれば，現在不可解な現象も解明できるようになるであろう。もしそうなれば，本書の各章，各節の情報が単に膨らむだけの初歩的発展ではなく，執筆のスタイルも大きく進化することになろう。

近年ありがたいことに，メダカを用いた研究が急増している。そのため，新たな発見で本書の内容に補遺が必要となり，また同時に訂正も求められて書いたのが本書である。しかし，メダカの生命現象をすべて一人でまとめるのには能力に限界があり，誠に遺憾ながら，その全分野の情報を正確に解説できていないことをご容赦戴きたい。

なお，メダカの情報としてインターネットに開設されている“メダカのホームページ”（URL= http://bioll.bio.nagoya-u.ac.jp:8000/），“生物教材研究の文献データベース（http://www.seibutsukyoiku.rika.juen.ac.jp/ bio.htm）も活用されたい。

2018年１月10日

井ヶ谷にて

著　者

索　引

[D]

[E]

[Q]

[R]

[S]

[T]

[U]

[V]

［さ行］

［な行］

［は行］

［ま行］

[や行]

［ら行］

［わ行］

■著者略歴

岩松　鷹司（いわまつ　たかし）（理学博士）

1938年　高知市長浜に生まれる

1961年　東京農業大学農学科卒業

1966年　名古屋大学大学院理学研究科博士課程修了

（1967年理学博士取得）

1978年　愛知教育大学教授

2001年　愛知教育大学名誉教授　現在に至る

専門　生殖生理学・発生生理学

全訂増補版 メダカ学全書

1997年12月20日　初版第１刷発行
2006年11月７日　新版第１刷発行
2018年７月20日　全訂増補版第１刷発行

■著　　者――岩松　鷹司
■発 行 者――佐藤　　守
■発 行 所――株式会社 大学教育出版
〒700-0953　岡山市南区西市855-4
電話（086）244-1268　FAX（086）246-0294
■Ｄ Ｔ Ｐ――難波田見子
■印刷製本――モリモト印刷(株)

ISBN978－4－86429－482－9